国家电网公司
STATE GRID
CORPORATION OF CHINA

国家电网公司电网设备状态检修丛书

国家电网公司运维检修部　编

电网设备状态检测技术应用
典型案例（下册）

（2011～2013年）

中国电力出版社
CHINA ELECTRIC POWER PRESS

内 容 提 要

为深化电网设备状态管理工作，提升电网设备状态检测技术应用水平，国家电网公司运维检修部编制完成《国家电网公司电网设备状态检修丛书　电网设备状态检测技术应用典型案例（2011～2013年）》一书。

全书分为8章，包括输电线路状态检测、变压器状态检测、开关类设备状态检测、互感器状态检测、避雷器状态检测、电缆状态检测、开关柜状态检测及其他设备状态检测。书中介绍了各案例的案例简介、检测分析方法、经验体会及检测信息。

本书可供电力系统工程技术人员和管理人员使用，也可供其他相关人员学习参考。

图书在版编目（CIP）数据

电网设备状态检测技术应用典型案例（2011～2013年）/国家电网公司运维检修部组编. —北京：中国电力出版社，2014.12（2019.8重印）

（国家电网公司电网设备状态检修丛书）

ISBN 978-7-5123-6955-9

Ⅰ.①电…　Ⅱ.①国…　Ⅲ.①电网-电气设备-检测　Ⅳ.①TM7

中国版本图书馆 CIP 数据核字（2014）第 300029 号

中国电力出版社出版、发行

（北京市东城区北京站西街 19 号　100005　http://www.cepp.sgcc.com.cn）

北京盛通印刷股份有限公司印刷

各地新华书店经售

*

2014 年 12 月第一版　2019 年 8 月北京第三次印刷

880 毫米×1230 毫米　16 开本　56 印张　1776 千字

印数 3501—4500 册　定价 **395.00** 元（上、下册含 1DVD）

　　随着国家电网公司特高压交直流电网、智能电网的不断发展，新材料、新工艺、新设备的不断应用，以运行巡视和停电试验为主的传统运检手段已不能全面评估设备的健康状况，尤其对大型设备、全封闭型设备的潜伏性缺陷更不易提前发现。为确保电网设备安全运行，国家电网公司大力推广以带电检测和在线监测为主的状态检测技术，重点检测设备异常时"声、光、电、磁、热"等参数，运用综合分析手段，准确诊断设备"病患"，通过多年努力已积累了一定的经验。

　　为进一步深化电网设备状态管理工作，提升电网设备状态检测技术应用水平，国家电网公司运维检修部组织收集了公司系统各单位2011～2013年的状态检测案例751例，组织专家评审并筛选典型案例371例，编制完成了《国家电网公司电网设备状态检修丛书　电网设备状态检测技术应用典型案例（2011～2013年）》一书。全书共包括8章，检测对象涵盖输电线路、变压器、开关等电网设备；检测技术涉及局部放电检测、电气量检测、光学成像检测、油化检测等30余种带电检测技术。书中介绍了各案例的案例简介、检测分析方法、经验体会及检测信息，是公司系统各单位应用状态检测技术的宝贵成果和经验。

　　本书可供电力系统工程技术人员和管理人员使用，也可供其他相关人员学习参考。由于时间仓促，书中疏漏之处在所难免，望广大读者批评指正。

编者

2014 年 12 月

目 录

前言

上　册

下　　册

第4章　互感器状态检测

第6章　电缆状态检测 ……………………………………………………………………… 629

◆ 第8章　其他设备状态检测 ……………………………………………………………… 787

国家电网公司
STATE GRID
CORPORATION OF CHINA

第 4 章

互感器状态检测

国家电网公司

4.1.1 红外热像检测发现 220kV 九越变电站 110kV 线路 122 电流互感器接头发热

❖ 案例简介

国网福建省电力有限公司南平供电公司运维的 220kV 九越变电站 110kV 九铝线 122 单元 TA 于 2010 年 6 月投入运行。2011 年 3 月 4 日，工作人员在专业巡检工作中，利用红外成像测温，发现九越变电站 110kV 九铝线 122 单元 TA 的 C 相接头发热，最高温度点 27.6℃。随后，发现经过一段较长时间的平稳期后又出现温度升高趋势，最高温度达 59.3℃。经分析，TA 接头螺栓部位接触不良，导致发热，引起温度过高。

❖ 检测分析方法

（1）检测情况。

发现电流互感器的接头温度异常情况后，立即进行跟踪监测，并根据缺陷发展情况采取相应的应对策略。

2011 年 3 月 15 日，对该电流互感器进行红外检测。发现 C 相接头温度有增长趋势，最高温度已达 59.3℃，如图 1 所示，红外图谱显示明显，接头螺栓部位存在典型的过热性缺陷。2011 年 3 月 21 日，再次安排对该电流互感器进行红外检测。发现 C 相接头温度已经趋于正常，但是 B 相最高温度已达 51.0℃，如图 2 所示。B 相温度 51℃，A 相温度 32℃、C 相温度 27.5℃，相对温差 $\delta = (T_1 - T_2)/(T_1 - T_0) \times 100\% = (51 - 27.5)/(51 - 15) = 65\%$，温度和温升未超标但相对温差值大于 35% 为 Ⅳ 类缺陷（环境温度为 15℃）。根据 DL/T 664—2008《带电设备红外诊断应用规范》，其热像特征为以接头为中心的热像，故障特征为螺栓连接不良。

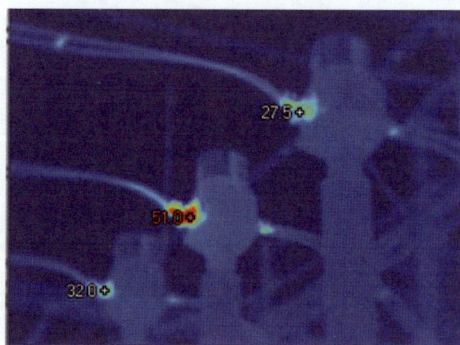

图 1　九越变电站 110kV 九铝线 122　　　　图 2　九越变电站 110kV 九铝线 122
单元 TA 的 C 相发热红外图谱　　　　　　　单元 TA 的 B 相发热红外图谱

（2）发热缺陷原因分析。

2011 年 3 月，工作人员结合停电机会对电流互感器进行直流电阻的测量，A 相绕组的直流电阻为 37MΩ，B 相回路电阻 140MΩ，C 相刀口接触部位电阻为 36MΩ，结合红外图谱判断，B 相接头接触不良，接触电阻增大，产生发热缺陷。

（3）处理措施。

根据测试情况对 B 相接头进行处理，用油砂纸对接口接触面进行打磨，调整压接弹簧的压接力度，使其接触良好。处理后对电流互感器进行直流电阻的测量，试验数据合格。

投入运行后，再次对该电流互感器进行红外跟踪测试，电流互感器温度恢复正常。

经验体会

（1）利用红外成像技术能有效、灵敏地发现运行设备存在的发热缺陷，通过相间横向比较能够准确地定位缺陷位置。

（2）通过对缺陷设备的红外成像跟踪，能够准确掌握缺陷的发展情况，确定检修策略。

（3）九铝线 122 单元 TA 接头试验工作中拆解等因素，很可能会引起螺帽的松动，从而引起发热缺陷，因此在检修过程中要注意接头的调整并且可靠固定，避免松动。

检测信息

检测人员	国网福建省电力有限公司南平供电公司：郑张强（30岁）、邓颖（31岁）
检测仪器	Fluk Ti55 红外热像仪
测试环境	温度 14℃、相对湿度 56％

4.1.2 红外热像检测发现 220kV 哈变变电站 66kV 电流互感器本体发热

案例简介

2012 年 4 月 13 日，220kV 哈变变电站例行红外检测发现西段电容器间隔电流互感器 A 相发热。如图 1 所示。

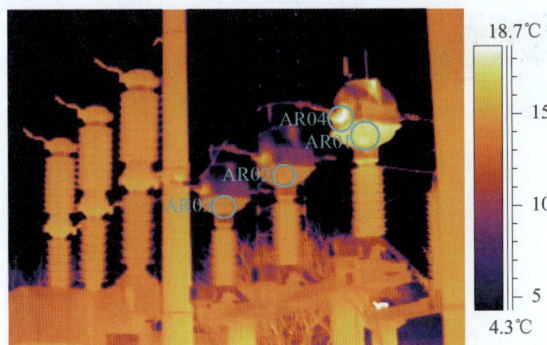

图 1　66kV 互感器本体热像分析图

检测分析方法

AR01-最大值 18.3℃；AR02-最大值 15.0℃；AR03-最大值 14.8℃；AR04-最大值 19.5℃。

A 相互感器上部与 B、C 相同位置最大温差 3.5℃。分析其热点为套管均压罩内部，外部线夹发热为内部热量外传。依据 Q/GDW/Z-23-001—2010《带电电力设备红外检测诊断规程》，判定为重要缺陷。现场建议纳入缺陷管理，制定检修策略，安排消除。

经验体会

倒置式电流互感器运行中不能采油样检测，红外检测的重点部位是绕组箱体下部温度。

检测人员	国网吉林省电力有限公司检修公司：葛猛（36岁）
检测仪器	FLIR P30 红外热像仪
测试环境	温度10℃、相对湿度46％

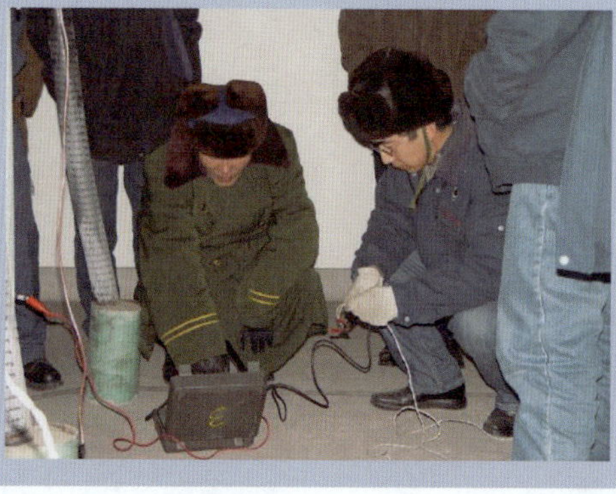

4.1.3 红外热像检测发现 220kV 长春变电站 220kV 电流互感器设备线夹接触不良发热

❖ 案例简介

　　2012年10月6日，国网吉林省电力有限公司长春供电公司运维的220kV长春变电站例行红外检测发现220kV 1号主变压器一次电流互感器设备线夹连线发热。

❖ 检测分析方法

　　拍摄的热像图如图1、图2所示，对图1、图2进行分析：线夹温度低于导线温度，最高热点位于线夹口外150～180mm处。线夹口处多股导线熔断，线夹口外150～180mm处多股导线熔断并有金属熔化痕迹如图3所示，为线夹体与导线接触不良，应判定为危急缺陷，缺陷确认后第4天停电处理。

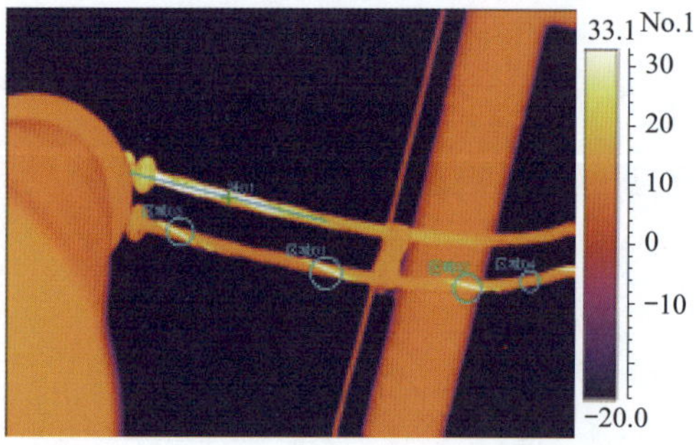

图1　拍摄的红外照片

图2　可见光照片

图3　导线多股导线熔断

　　停电检查，发现42股导线烧断12股，距离线夹50～250mm范围内的导线氢化发黄变脆。

❖ 经验体会

　　导线与线夹接触不良，其发热温度的最高点不是设备线夹与导线的连接处，而是导线距线夹150～180mm的导线上，以前曾发生过类似事故。导线与线夹接触不良，根据其发热特点的危害程度，缺陷判定标准不同于其他连接方式。

检测人员	国网吉林省电力有限公司长春供电公司检修分公司：耿建宇（33岁）
检测仪器	FLIR T330 红外热像仪
测试环境	温度11℃、相对湿度37％

4.1.4 红外热像检测发现110kV鸣谦变电站2号主变压器102电流互感器B相内部发热

❖ 案例简介

国网山西省电力公司晋中供电公司运维的110kV鸣谦变电站2号主变压器110kV102电流互感器为江苏思源公司LB6-110型产品，2008年7月26日投运。2013年11月1日，检修试验专业在例行红外诊断中发现2号主变压器102电流互感器B相内连接发热，以电流互感器内连接为发热中心，热点明显。随即安排高压试验，发现一次绕组回路直阻稍微偏大，其色谱有少量乙炔产生，存在局部放电现象。对该设备进行解体，发现B相内绕组连接不良，内部一次绕组连接处螺丝松动，对松动处进行打磨、清洗并且紧固后，回路直阻合格，重新送电后，红外热成像检测及油色谱跟踪检测均正常，缺陷消除。

❖ 检测分析方法

红外诊断过程中发现102TA的B相顶帽内连接处温度异常，选择成像的角度，拍下表面最高温度19.6℃，正常温度11.1℃，环境参照体9℃，温差8.5℃，相对温差80％，如图1～图4所示。当时的负荷电流为135A，致热原因为电流互感器内连接接触不良导致的发热。依据DL/T 664—2008《带电设备红外诊断应用规范》表A.1电流致热型设备缺陷诊断判据，电流互感器内连接相对温差大于80％，根据同类比较判断法和相对温差判断法，定性为电流致热型的严重缺陷。

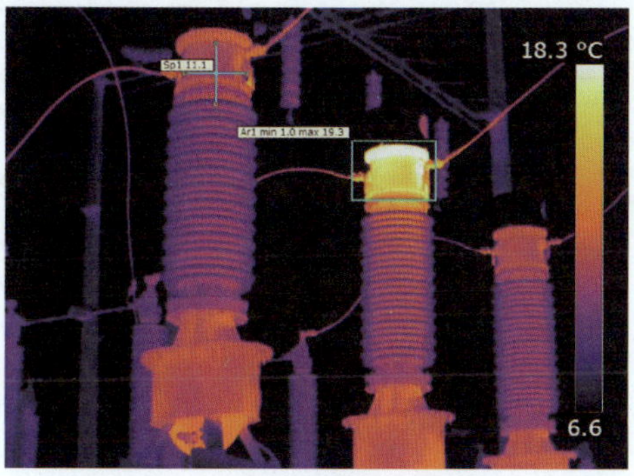

图1 电流互感器三相对比

图2 三相可见光图片

图 3　102 TA B 相顶帽发热

图 4　B 相顶帽可见光图片

立即将该设备退出运行，安排高压试验进行进一步验证。首先对电流互感器中的绝缘油进行了油色谱试验，从色谱试验数据中可以看出，有微弱的乙炔气体含量，证明该设备内部有放电；然后又进行高压绕组直流电阻试验，发现一次绕组 B 相为 0.000 69Ω 略高于其他两相，B 相可能存在电流互感器内绕组存在连接不良。电流互感器诊断性试验报告见表 1。

表 1　　　　　　　　　　　　　　　　　电流互感器诊断性试验报告

变电站名	鸣谦变电站		设备编号	102
温度（℃）	10		湿度（%）	20
试验日期	2013-11-1			
铭牌：				
型号	LB6-110		额定电压（kV）	110
额定电流（A）	1200		出厂日期	2008-3
生产厂家	江苏思源赫兹科技公司			
出厂编号	A 相：28 825		B 相：28 826	C 相：28 827
绕组直流电阻试验：			（Ω）	
编号及相别	A 相		B 相	C 相
一次绕组	0.000 40		0.000 69	0.000 43
二次绕组 1S1，1S2	0.8		0.8	0.8
二次绕组 2S1，2S2	0.8		0.8	0.8
二次绕组 3S1，3S2	0.7		0.7	0.7
试验标准	B 相电阻值较高于 A、C 相			
使用仪器	QJ44 双臂电桥			
油中溶解气体分析：				
氢气 H_2（μL/L）	33.68			
一氧化碳 CO（μL/L）	172.38			
二氧化碳 CO_2（μL/L）	1112.18			
甲烷 CH_4（μL/L）	9821			
乙烯 C_2H_4（μL/L）	13			
乙烷 C_2H_6（μL/L）	985			
乙炔 C_2H_2（μL/L）	0.03			
总烃（μL/L）	10 824.03			
试验仪器	河南中分			
结论：	存在低能量放电，建议退出运行			
备注：				

审核：张震　　　　　　　　　校阅：姜少华　　　　　　　　　试验：张国亮

安排检修人员对该设备进行解体，发现电流互感器内部一次绕组连接处松动，对松动处进行打磨、清洗并且加以紧固，TA 解体及故障部位如图 5、图 6 所示。

図5 对TA进行解体

螺栓松动处

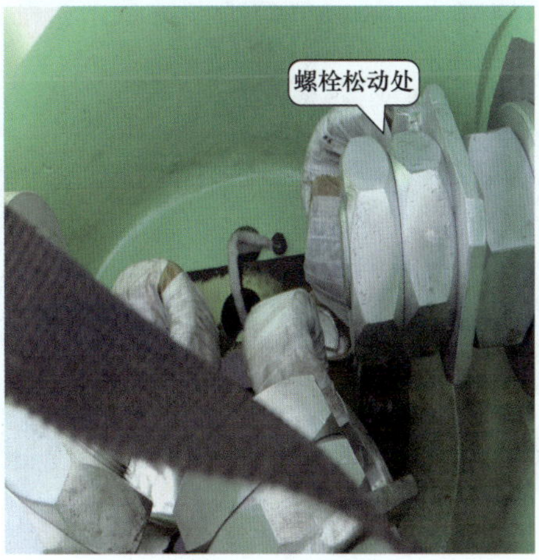

图6 故障部位

检修人员处理后,进行一次绕组直流电阻试验,B相为0.000 42Ω,与其他两相无明显差异,证明B相内连接良好。检修后诊断性试验报告见表2。

表2 电流互感器诊断性试验报告

变电站名	鸣谦变电站		设备编号	102	
温度（℃）	10		相对湿度（%）	20	
试验日期	2013-11-03				
铭牌：					
型号	LB6-110		额定电压（kV）	110	
额定电流（A）	1200		出厂日期	2008-3	
生产厂家	江苏思源赫兹科技公司				
出厂编号	A相：28 825		B相：28 826	C相：28 827	
绕组直流电阻试验：				（Ω）	
编号及相别	A相		B相	C相	
一次绕组	0.000 41		0.000 40	0.000 42	
二次绕组 1S1，1S2	0.8		0.8	0.8	
二次绕组 2S1，2S2	0.8		0.8	0.8	
二次绕组 3S1，3S2	0.7		0.7	0.7	
试验标准	B相电阻值较高于A、C相				
使用仪器	QJ44 双臂电桥				
结论：					
	合格				
备注：					

审核：张震　　　　　校阅：姜少华　　　　　试验：张国亮

送电后24h对102TA进行红外复测,B相TA温度正常,与其他两相无明显差异,如图7、图8所示。后期对电流互感器中的绝缘油色谱进行了跟踪测试,无明显增长。

❖ 经验体会

在日常红外巡视过程中,不仅要针对设备接头、接点进行测温,更要对电流、电压互感器、避雷器、变压器油枕、绝缘子等设备进行仔细诊断,准确发现和处理一些容易忽略的设备缺陷。同时要做到对红外热成像仪器熟练操作,特别是电压致热型缺陷要熟练掌握电平和温宽的使用,以便发现套管、避雷器等不易检测的发热缺陷。在检测过程中也要应用多种检测手段综合诊断设备内部缺陷，以免漏判误判。

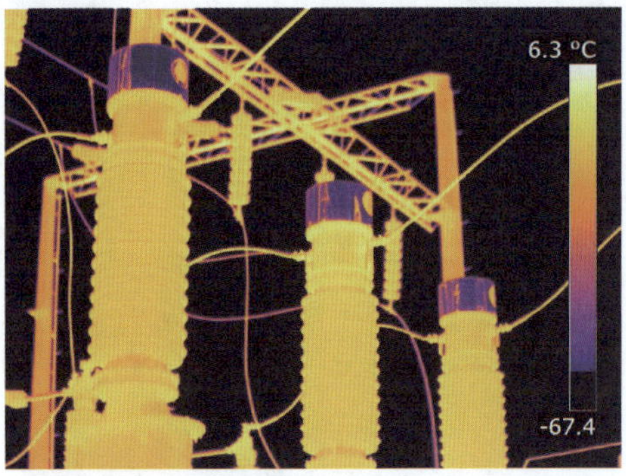

图 7　更换后的三相 TA

图 8　更换后的 B 相 TA

🔷 检测信息

检测人员	国网山西省电力公司晋中供电公司：张震（37 岁）
检测仪器	FILR P630 红外热像仪（辐射系数 0.9，环境温度 5℃，环境湿度 70%，测试距离 6 米）、绕组直流电阻测试仪、QJ44 双臂电桥（河南中分仪器有限公司）、中分 2000 绝缘油色谱仪
测试环境	温度 5℃、相对湿度 70%、大气压强 95kPa

4.1.5　红外热像检测发现 220kV 红卫变电站 231 电流互感器内部发热缺陷

🔷 案例简介

　　国网山西省电力公司阳泉供电公司 220kV 红卫变电站 220kV 阳红Ⅰ回 231 电流互感器于 2008 年 7 月投入运行。2011 年 1 月 14 日上午 10 时，运维人员在红外检测过程中发现 220kV 阳红Ⅰ回 231A 相电流互感器接线座内部温度异常，表面最高温度 65.93℃，负荷电流 705A，正常 B、C 相温度 18.8℃，环境温度 3℃。随后对发热设备进行跟踪红外检测，1 月 15 日，异常部位温度上升至 72℃，负荷为 725A。试验人员对其带电取油样进行色谱试验，试验数据显示各类气体严重超标。初步分析为电流互感器内部存在发热故障，造成接线板部位外壳温度分布异常。经停电解体检查，发现接线板内部螺栓松动、接触电阻增大导致发热，处理后缺陷消除。

🔷 检测分析方法

　　（1）红外诊断分析。运维人员对 220kV 红卫变电站 220kV 阳红Ⅰ回 231 电流互感器进行红外热成像检测时，发现 231A 相电流互感器接线座部位外壳温度分布异常，并对该电流互感器进行了重点红外诊断，选择成像的角度、色度，拍下了清晰的图谱及可见光照片，220kV 阳红Ⅰ回 231A 相电流互感器红外热像图如图 1 所示，220kV 阳红Ⅰ回 231A 相电流互感器可见光图如图 2 所示。

图 1　220kV 阳红Ⅰ回 231A 相
电流互感器红外热像图

图 2　220kV 阳红Ⅰ回 231A 相
电流互感器可见光图

对图谱认真分析发现，电流互感器最高温度点在一次进线与其内部绕组连接处，温度达到 65.93℃，正常相 18.8℃，负荷电流 705A，环境温度 3℃。根据 DL/T 664—2008《带电设备红外诊断应用规范》中的公式计算，相对温差为 74.9%，温差 47K。依据电流致热型设备缺陷诊断判据，判断热像特征是以互感器内部靠近接线板为中心的热像，发热区域大，为内部发热，缺陷性质为严重缺陷。

（2）油色谱数据分析。油中溶解气体试验数据分析：氢气、乙炔、总烃含量均严重超出注意值（注意值氢气≤150μL/L，总烃≤100μL/L，乙炔≤1μL/L）。且同 2008 年的试验数据比较，有明显增长，故判断该设备为典型的设备过热故障，建议立即停运检查。220kV 阳红Ⅰ回 231A 相电流互感器油色谱数据见表 1。

表 1　　　　　　　　　　　220kV 阳红Ⅰ回 231A 相电流互感器油色谱数据　　　　　　　　μL/L

设备名称	试验日期	H_2	CO	CO_2	CH_4	C_2H_4	C_2H_6	C_2H_2	总烃
231A 相 TA	2011-1-15	12 583	1653	686.7	5364	24 047	3158	1084	33 653
	2008-7-29	20.53	38.3	420.6	10.12	0	0	0	10.12

经过综合分析判断，因电流互感器瓷套温度无明显异常，可排除一次绕组存在缺陷，故初步认为是由于电流互感器接线座与一次绕组连接部位接触不良，接触电阻增大引起发热，致使 TA 外壳温度异常，随即制定消缺检查方案。

（3）解体检查。检修人员将互感器上部油箱解体检查，发现一次绕组与接线板连接处螺栓松动，螺杆表面有过热碳化痕迹，电流互感器内部螺栓松动如图 3 所示，螺栓发热碳化痕迹如图 4 所示。随后对接线螺栓进行打磨、清洗、紧固，重新更换合格的绝缘油，缺陷处理后恢复送电。送电后进行红外检测和油色谱跟踪试验，试验数据正常。220kV 阳红Ⅰ回 231A 相电流互感器消缺后红外热像图，如图 5 所示。

图 3　电流互感器内部螺栓松动

图 4　螺栓发热碳化痕迹

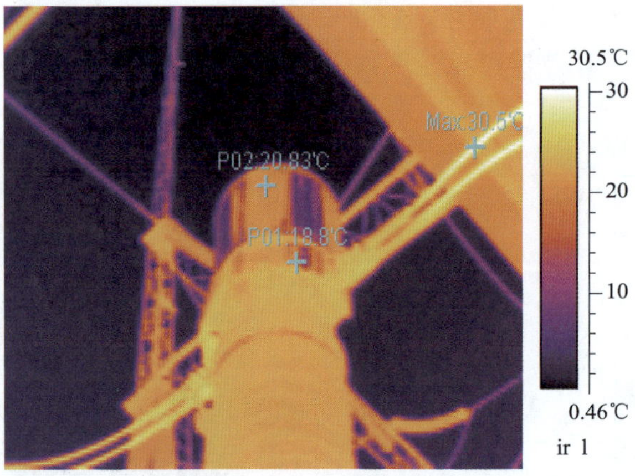

热像图信息	值
环境温度	6℃
日期	2011-1-16
时间	12:30
测量标识	温度值（℃）
P01温度	18.8
P02温度	20.83
Max:最高温度	30.5

图 5　220kV 阳红 I 回 231A 相电流互感器消缺后红外热像图

经验体会

利用红外热成像检测技术能够行之有效地发现电流致热型和电压致热型设备缺陷，除了日常红外诊断以外，适当增加重要设备间隔停电前的红外测温工作，能够有效指导设备检修，提高设备检修质量和针对性。从开展多年的设备红外检测经验来看，电流过热现象居多，主要原因有以下几点：

（1）设备线夹与引线接头接触不良，连接电阻增大，导致连接部位发热。

（2）隔离开关转头接触不良或断股，刀口弹簧压接不良造成隔离开关发热。

（3）断路器动静触头压指压接不良形成以顶帽和下法兰为中心的热像。

（4）电流互感器因螺杆接触不良，造成以串并联出线头或大螺杆出线夹为最高温度的热像或以顶部防雨帽发热的热像。

针对以上情况，提出以下几点措施：

（1）加大设备的巡视力度，严格按计划性红外诊断、日常红外检测、重点红外诊断周期和具体要求开展红外诊断工作。

（2）善于积累红外诊断典型案例，认真分析总结，提高运维人员检测质量。

（3）熟悉设备运行状况，恶劣气候和特殊运行方式下有针对性开展红外诊断。

检测信息

检测人员	国网山西省电力公司阳泉供电公司：王瑞刚（35 岁）、李小虎（42 岁）、卫永华（36 岁）
检测仪器	CA1884/600 型红外热像仪、中分 2000B 色谱仪
测试环境	温度 3℃、相对湿度 56％

4.1.6 红外热像检测发现 110kV 干校变电站 35kV 电流互感器发热

❖ 案例简介

2013 年 10 月 28 日上午 9 时 27 分，国网上海市电力公司奉贤供电公司状态检测人员在对 110kV 干校变电站进行专业巡检工作中，利用红外成像测温，发现干城 693 电流互感器 A 相本体存在发热现象，且有明显放电声音。测温时，环境温度为 16℃，相对湿度 70％。从红外图像中发现 A 相电流互感器本体为 37.9℃，B、C 两相电流互感器的温度都在 23℃左右，三相发热有明显的差异。

该电流互感器为福州天宇电气有限公司于 1988 年 6 月 1 日生产的 LCZ-35 型电流互感器。由于设备 A 相红外图像中温差较大，且存在明显放电声及肉眼可见的表面绝缘老化现象，参照 DL/T 664—2008《带电设备红外诊断应用规范》的相关内容，状态检测小组评价该缺陷为严重缺陷，将其记录在案。检测人员加强对该电流互感器的红外测温，跟踪其缺陷发展情况。变电检修人员于 11 月 12 日，将三相电流互感器全部进行了更换，更换为大连第一互感器有限责任公司生产的 LZZBJ9-36/250W2G1 型电流互感器。

❖ 检测分析方法

通过对干城 693 电流互感器红外热像图谱进行分析，发现该设备红外图像温度场分布梯度较大，A 相电流互感器本体为 37.9℃，且现场有明显放电声音。B、C 两相本体都在 23℃左右，三相发热有明显差异。红外热图和可见光图分别如图 1 和图 2 所示。红外热像检测的相关参数、分析结果分别见表 1、表 2。

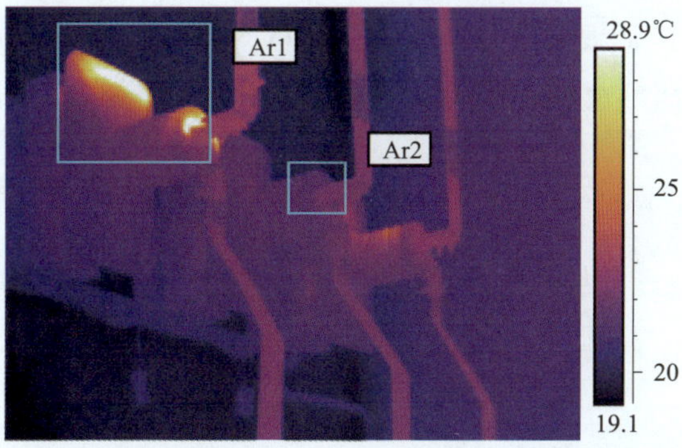

图 1 红外热像图

图 2 可见光图

表 1   **目 标 参 数**

单 位	奉贤供电公司	仪器型号	FLIR P630
变电站/线路名称	干校变电站	仪器编号	404002302
设备名称	干城 693 电流互感器	环境温度 T0（℃）	16.0
电压等级（kV）	35	环境湿度（％）	70.0
设备相位	A 相本体（放电）	检测距离（m）	3.0
时间（精确到小时）	2013-10-28 9：27：31	辐射系数	0.90
负荷电流（A）	120	风速（m/s）	0
额定电流（A）		图像编号	IR_7964.jpg

利用红外成像技术，可以清楚看到 A 相电流互感器本体发热与其他两相有明显差异。发生缺陷的干城 693 电流互感器 A 相表面情况如图 3 所示。

表2	分 析 结 果
热点部位	干城693电流互感器A相本体
热点温度T1	37.9℃
正常点温度T2	22.9℃
缺陷类型	放电
温升	21.9℃
温差	14.9℃
相对温差	68%
缺陷性质	严重缺陷

图3 干城693电流互感器A相表面情况

该电流互感器在2010年的电气试验报告相关内容见表3。

表3　　　　　　　　　　干城693电流互感器2010年电气试验报告

站名：干校变电站	设备：干庙693电流互感器（现为干城693电流互感器）		试验日期：2010-3-15		
项目	相别		A相	B相	C相
绝缘电阻（MΩ）耐压前/后	初级—其他及地		10 000/10 000	10 000/10 000	10 000/10 000
局部放电	测量电压（kV）		28.1	28.1	28.1
	局部放电量（pC）		9.4	10.3	9.8
交流耐压（1min）	初级—其他及地 81kV		合格	合格	合格
气候：阴	相对湿度：75%		环境温度：10℃		

11月12日，抢修过程中，对缺陷电流互感器的电气试验报告相关内容见表4。

表4　　　　　　　　　　干城693电流互感器2013年电气试验报告

站名：干校变电站	设备：干城693电流互感器		试验日期：2013-11-12		
项目	相别		A相	B相	C相
绝缘电阻（MΩ）耐压前/后	初级—其他及地		300/300	10 000/10 000	10 000/10 000
交流耐压（1min）	初级—其他及地 81kV		不合格	合格	合格
气候：多云	相对湿度：60%		环境温度：20℃		

外观检查发现，该电流互感器表面有不同程度的褪色、绝缘老化痕迹。进行绝缘电阻测试时，其绝缘电阻在300MΩ左右，且耐压试验不合格，其绝缘性能无法满足运行要求。因此，判断电流互感器绝缘材料绝缘强度降低导致电流互感器本体放电、发热。该电流互感器运行年数长，为避免绝缘材料的绝缘强度破坏而影响电网运行，公司决定将三相电流互感器全部进行更换。

在消缺工作结束的后续红外跟踪测温过程中，三相电流互感器温度基本相同，发热缺陷得到解决。

🔷 经验体会

（1）该起缺陷是由于设备绝缘材料的绝缘强度降低而引起的。发生缺陷的电流互感器运行年数长，绝缘材料存在老化现象。在今后工作中，应该加强对投运年数长的设备进行红外测温等状态检测工作。通过增加巡检频率，加大检测力度，建立科学的跟踪检测机制，确保每个设备能安全可靠运行。

（2）各类带电检测作业应结合先进、可靠的测试仪器与《带电设备红外诊断应用规范》等科学的技术规范，才能准确地评价设备运行状态以及缺陷性质。

红外成像技术是发现电网设备发热缺陷的有效手段。目前公司主要使用FLIR红外成像仪开展红外测温工作。这种便携式的红外热像仪器性能指标较高，操作简便，图像稳定，具有较高的温度分辨率及空间分辨率，分析软件丰富，适合对设备的准确检测。

随着状态检测工作的深入开展，红外测温在公司日常巡视、专业巡检工作中得到了很大推广及应用，成功发现了数起典型设备缺陷，提高了检修工作的效率和针对性，有效避免缺陷向中后期发展而导致设备的损坏。今后公司状态检修工作将以红外测温、地电波局部放电等为主，争取引入更加先进、丰富、高效的带电检测手段，将公司输变电状态检修工作逐步完善。

检测信息

检测人员	国网上海市电力公司奉贤供电公司：施会（28岁）、徐胡平（28岁）
检测仪器	FLIR P630（彼岸科技有限公司）
测试环境	温度16℃、相对湿度70%、大气压强101.3kPa

4.1.7 红外热像检测发现110kV曹桥变电站110kV电流互感器发热

案例简介

国网浙江省电力公司嘉兴供电公司运维的110kV曹桥变电站于2010年4月投入运行。2011年8月1日，变电站运行人员在对110kV曹桥变电站红外线测温时发现，110kV前曹1521线电流互感器A相上部有发热情况，当时环境温度34℃，B、C相测得温度均为34℃，A相41.4℃，现场测得发热温差有7.4℃。该发热点处于电流互感器内部，所测温度是从发热点传递到防护罩，考虑到所测得的温度有可能存在误差，所以当时经相关单位协商，立即安排停电处理。经过对电流互感器内部一次导电回路串并联改接部分靠近线路侧进行整体更换后，消缺工作结束，设备投入运行后红外测试结果正常，避免了互感器内部故障隐患。

检测分析方法

110kV前曹1521线电流互感器A相进行红外热成像检测时，发现电流互感器内部发热异常，红外测温图谱如图1所示。

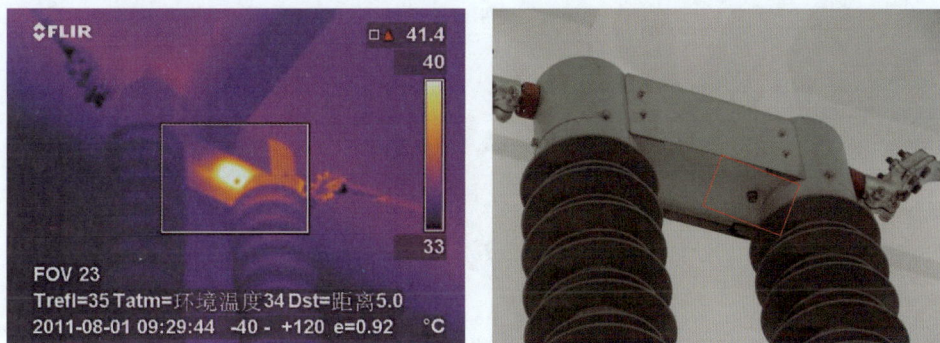

图1　110kV前曹1521线电流互感器A相红外测温图谱

停电对设备一次回路进行了回路电阻测试，测试方法如图 2 所示，试验设备为 5502 回路电阻测试仪，测试结果为 A 相：$1800\mu\Omega$，B 相：$320\mu\Omega$，C 相：$256\mu\Omega$，三相误差较大。对一次导电回路串并联改接部分靠近线路侧进行整体更换后，更换部件如图 3 所示，更换后测试结果为 A 相：$287\mu\Omega$，B、C 相数据没有明显变化，回路电阻数据正常。

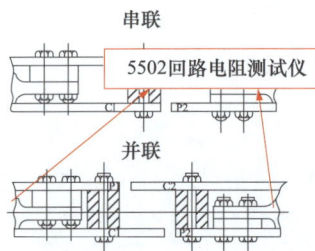

图 2　电流互感器回路电阻测试接线示意图

图 3　电流互感器内部更换部件图

结合现场检查情况和红外热像图来看，形成发热缺陷主要有以下 2 个原因：

（1）出厂制作工艺差，发热点位置正处于直角铝板搭接面处，直角铝板表面不平整也可能是导致发热的原因。不合格产品的使用给设备安全运行带来了隐患，设备厂家施工工艺较差、工序不到位。

（2）由测试结果看，主要原因是，在金属连接过程中有一点出现接触电阻偏大，导致产品在使用过程中产生比较高的温升。产生接触电阻过大的原因可能是在紧固过程中螺栓未彻底紧固，或是导电膏过厚所致。

经验体会

（1）对于有机复合绝缘型电流互感器，由于可进行串并联回路更改，导致电气连接接触点过多，可能导致发热的点也很多，建议该类设备投产前进行一次回路电阻测试，并保存，便于以后比较。

（2）电流制热的设备，出现发热情况，大多是由于接触不良造成的，而接触电阻能很好地反映电气连接的好坏，在处理电流制热型设备的发热处理过程中，应依靠接触电阻测试，和同组设备及出厂数据进行比较，不但能较容易发现缺陷，还能检查检修质量，避免重复检修。

（3）导电膏的使用过程中要注意，接触面必须经过认真处理后再涂导电膏，导电膏并非良导体，它在接触面上的导电性是借"隧道效应"实现的，因此如果涂抹过量的话，在接触面导电膏堆积成块硬化之后，不仅没有效果还容易导致发热。

检测信息

检测人员	国网浙江省电力公司嘉兴供电公司：孙立峰（38 岁）、龚培英（45 岁）、周迅（37 岁）
检测仪器	FLIR 红外线热像仪
测试环境	温度 34℃、相对湿度 65％

4.1.8 红外热像检测发现 220kV 曹城变电站 110kV TA 接点过热

案例简介

国网山东电力集团公司菏泽供电公司运维的 220kV 曹城变电站 103 曹砖线 TA 于 2007 年 11 月出厂，2010 年 5 月投运，TA 型号为 LVQHB-110W3/1200。2013 年 12 月 10 日，检测人员在使用红外热像仪检测过程中发现 110kV 103 曹砖线 A 相 TA-3 隔离开关侧串并联连板与铝排连接处发热（负荷电流 210A，环境温度 3℃）。最高温度为 70.8℃，正常温度为 37℃。

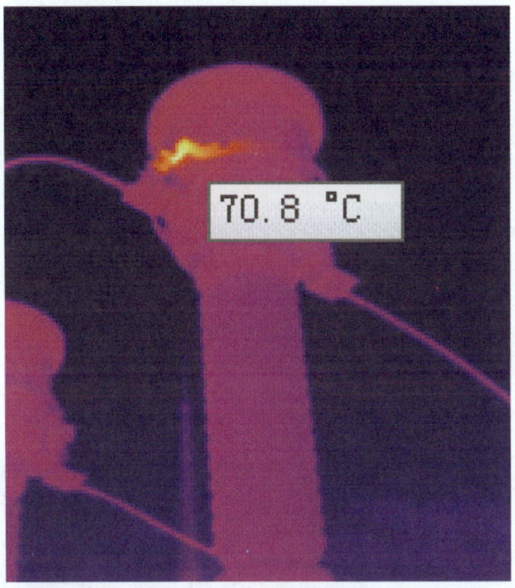

检测分析方法

如图 1 所示，TA 接点最高温度为 70.8℃，正常点的温度为 37℃，根据 DL/T 664—2008《带电设备红外诊断应用规范》中的公式计算，相对温差 δ 为 91.3%，属于严重缺陷。初步判断为引流排接触不良。

图 1　110kV103 曹砖线 A 相 TA 红外热像

经验体会

电力设备的热效应是多种故障和异常现象的重要原因，因此对电力设备的温度进行密切监测，是保障电力设备可靠运行的必备手段。应用红外测温诊断技术可以及时发现电力设备缺陷，特别是内部缺陷，使设备故障得到及时的消除，避免电力系统事故的发生。应用热像仪可以加强对无人值守变电站的全貌监视，尤其是对其电力设备温度的在线实时监控，构建具有红外测温功能的远程图像监控系统，实现过热设备的报警联动，热像仪应用的安全效益十分明显。

检测信息

检测人员	国网山东电力集团公司菏泽供电公司：武步勤（40 岁）、高宝军（40 岁）、李伟（21 岁）
检测仪器	TESTO 890 红外热像仪
测试环境	温度 8℃、相对湿度 50%

4.1.9 红外热像检测发现 500kV 朔州变电站 35kV 母线电压互感器油箱内部发热

案例简介

国网山西省电力公司检修公司 500kV 朔州变电站 35kV A 母线电压互感器于 2009 年 6 月 25 日投入运

行。2013 年 11 月 14 日 1 时 40 分，对 35kV A 母线电压互感器进行了红外热成像检测，发现 A 母线电压互感器 C 相底部油箱温度异常，温度达到 5.9℃，较其他两相温差达到 6.1℃，随后对故障相进行多次红外热像检测跟踪分析，未发现温度有明显的增长趋势。根据 DL/T 644—2008《带电设备红外诊断应用规范》中表 B.1 电压致热型设备缺陷诊断判据，油浸式电压互感器的热像特征，温差大于 3℃，判定为危急缺陷。对故障设备解体发现，电磁单元中阻尼器电容原件击穿，导致电阻发热功率增加，使得油箱温度上升，最后将该电压互感器进行整体更换。

检测分析方法

（1）红外热像照片、可见光照片对比及设备参数。红外热像检测时，天气晴，风速 1.5m/s，环境温度 −13℃，35kV A 母线运行电压 36.5kV。35kV 电压互感器的红外热像图和可见光照片如图 1～图 4 所示。

图 1　35kV A 母线电压互感器三相比对红外热像图

图 2　35kV A 母线电压互感器三相可见光照片

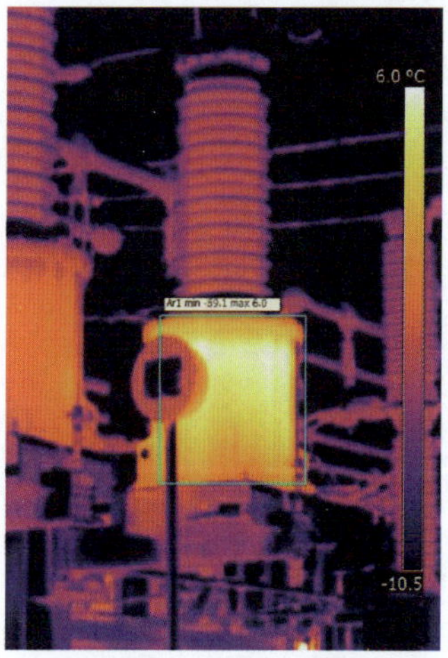

图 3　35kV A 母线 C 相电压互感器红外热像图

图 4　35kV A 母线 C 相电压互感器可见光照片

表 1　设备的基本参数

型　　号	TYD35/$\sqrt{3}$−0.02FH
额定电压	35kV
出厂日期	2008 年 8 月
生产厂家	西安西电电力电容器有限公司

设备基本参数见表 1。

（2）故障原因分析。2013 年 11 月 14 日，检修人员对 35kV A 母线 C 相电压互感器进行现场检查。设备外观完好，且一次侧分压电容温度无异常，一次电压无异常（15 时，U_{ab} 实测值为 36.34kV，U_{bc} 实测值为 36.15kV，U_{ca} 实测值为 36.44kV），由电压互感器的工作原理可知，二次电压并未失压，可以排除电磁单元变压器一次引线断线或者接地、分压电容器短路等故障。

2013 年 11 月 19 日，35kV A 母线 C 相电压互感器转检修后，试验人员对设备进行高压试验，试验结果见表 2。

表 2　　　　　　　　　　　　　　　　　　**高压试验结果**

试验站名	朔州 500kV 变电站	运行编号	35kV A 母线 C 相	
型　号	TYD35√3—0.02FH	投运日期	2009.6	
一次电压	35/√3kV	二次电压	100/√3V	
辅助电压	100V	出厂编号	0808358	
出厂日期	2008-8	制造厂家	西安西电电力电容器有限公司	
环境温度	4℃	相对湿度	15％	

一、绝缘电阻（MΩ）

测量部位	实测值	试验电压	
一次绕组对地	100 000	2500V	
二次对地及之间	10 000	1000V	
试验仪器	绝缘电阻测试仪	仪器编号	日本共立 3124

试验标准：
　　1. 极间绝缘电阻≥5000MΩ（注意值）；
　　2. 二次绕组绝缘电阻≥10MΩ（注意值）

二、tanδ（％）和电容量

电容分压器单元	编号	实测介损（％）	铭牌电容（pF）	实测电容（pF）	电容量初值差（％）
C1	080832	0.068	40 285	40 600	0.782
C2		0.046	40 500	41 030	1.309
试验仪器	自动抗干扰介损测量仪		仪器编号	上海思创 HV9003	

试验标准：
　　1. 膜纸复合绝缘 tanδ≤0.25％；
　　2. 电容量初值差不超过±2％

试验依据	Q/GDW 168—2008《输变电设备状态检修试验规程》

备注：

从高压试验数据分析，故障电压互感器的一次对二次及地、二次对一次及地、二次绕组之间绝缘均正常。电容量及介损误差均在正常范围内，与历史试验数据比较未发现异常。

油气专业人员在试验室对朔州变电站 35kV A 母线 C 相电压互感器的油样进行绝缘油色谱分析试验，具体试验数据见表 3、表 4。

表 3　　　　　　　　　　　　**简化试验数据**

序号	试验项目	标准	实测值	备注
1	外观检查	透明、无杂质或悬浮物	淡黄色、透明、无悬浮杂质	
2	击穿电压	≥35kV	36.1kV	
3	酸值	≤0.1 mg（KOH）/g	0.019mg（KOH）/g	
4	微水	220kV 及以下≤25mg/L	20.3mg/L	
5	介损（90℃）	330kV 及以下≤0.04％	0.017 58％	
6	体积电阻率（90℃）	330kV 及以下≥5×10⁹ Ω·m	2.97×10¹⁰ Ω·m	
7	油中含气量（υ/υ）	设备运行状况良好时，油中总含气量能维持低于 3	2.59％	

表 4　　　　　　　　　　**油色谱试验数据**　　　　　　　　　　μL/L

名称	CH$_4$	C$_2$H$_4$	C$_2$H$_6$	C$_2$H$_2$	H$_2$	CO	CO$_2$	总烃
数据	55.55	10.77	4.12	4.09	183.9	139.6	1049.45	74.53

根据 GB/T 7252—2001《变压器油中溶解气体分析和判断导则》，110kV 及以下电压互感器油中溶解乙炔达到 4.09μL/L，超过注意值 3μL/L；油中溶解氢气含量达到 183.93μL/L，超过注意值 150μL/L。

综合其增长通过改良三比值法判断其为电弧放电（三比值编码 101），其可能的故障为：线圈匝间、层间短路，引线对箱壳放电，线圈熔断，因环路电流引起电弧、引线对其他接地体放电等。

电气试验数据均正常，油气化验数据中乙炔和总烃含量超标，且发热部位在油箱内部，一次侧分压电容温度正常，一次侧电压无异常，分析可能原因如下：

1）一次侧保护装置 F 元件击穿。具体部位如图 5 所示。一次侧保护装置 F 原理上即为一支避雷器，当保护装置 F 元件发生击穿后，补偿电抗器 L 起不到补偿容抗的作用，使得一次绕组电压降低，进而使二次绕组电压降低，同时伴随着 F 元件处发热。

2）阻尼器中的电容击穿。部位如图 5 所示，结构如图 6 所示。

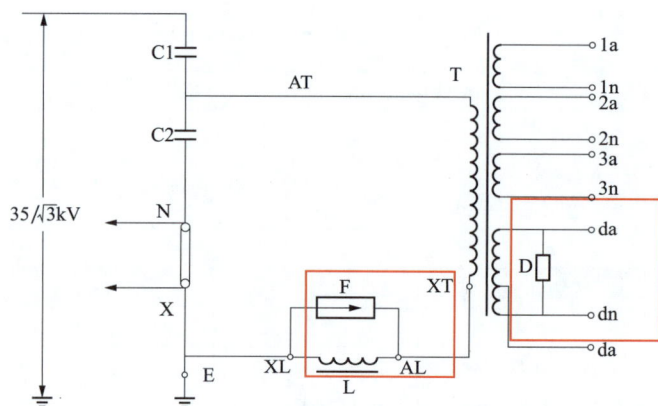

图 5 电压互感器电气原理图

1—高压电容；C2—中压电容；T—中压变压器；L—补偿电抗器；D—阻尼器；F—保护装置；
1a-1n—二次 1a-1n 绕组端子；2a-2n—二次 2a-2n 绕组端子；3a-3n—二次 3a-3n 绕组端子；
da-dn—二次 da-dn 绕组端子；da-dn—二次 da-dn 绕组端子；N—低压端子；
X—中间变压器一次绕组末端

图 6 阻尼器电气原理图

在工频电压下正常运行时，阻尼器如图 6 所示，呈高阻状态，相当于开路。当阻尼器中的电容击穿时，辅助绕组上的电压全部加在电阻 R 上，流经该电阻电流迅速增大，发热功率迅速增加，从而使油箱中的油温急剧上升。绝缘油在高温下裂解，产生大量气体且油色谱数据发生改变。发生阻尼器中电容击穿故障的原因主要有以下几种可能：①系统的过电压引起电容击穿；②由于电压互感器内部有较多的电容、非线性电感元件，可能会发生内部铁磁谐振，导致过电压，引发电容击穿；③阻尼器电容施工工艺差，质量不过关。

（3）设备解体。

将故障电压互感器进行解体检查后，发现故障部件为阻尼器中的电容元件，电容内部接线已断，有明显的放电灼烧痕迹。现场解体检查的组图如图 7 所示。

11 月 18 日上午 8 时，35kV A 母线电压互感器转检修，对备件进行外观检查、交接试验，确定各项数据合格后，于 11 月 19 日对 35kV A 母线 C 相电压互感器进行了整体更换，经调试、试验合格，送电后对更换后的电压互感器进行红外诊断，未发现异常。

✤ 经验体会

红外热像诊断技术在实际生产工作可有效检测设备发热故障，指导设备检修，提高工作质量和效率，关于红外诊断技术的应用，有 3 点体会：

（1）建立标准的红外图谱库是非常必要的。建立标准的红外图谱库，有助于今后某一设备发生故障时进行对比参考，对发现问题、找到问题症结有很大帮助，特别是新投运设备，及时建立标准的红外图谱库十分必要。

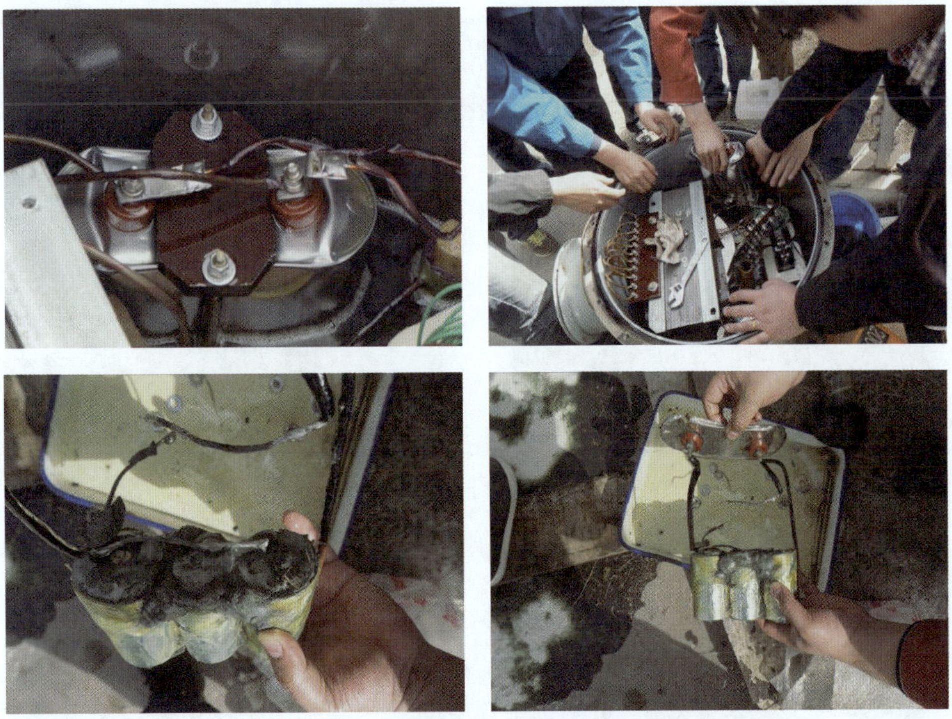

图 7　解体检查阻尼器电容元件

（2）在设备停电检修前和送电后进行红外热像跟踪监测，能够及时发现设备的缺陷，尽早准备消缺措施及备品备件，有助于更好的检修维护设备，送电后对设备进行红外检测，还能够避免设备未能完全消缺所带来的其他事故隐患。

（3）加强红外热像技术与带电检测技术、电气试验、绝缘油色谱分析的有机结合，准确判断设备运行状况及确定缺陷原因，有助于提高变电设备的检修质量和效率。

检测信息

检测人员	国网山西省电力公司检修公司：王毅（30岁）、李勇（29岁）
检测仪器	FILR GF306（红外图像分辨率：320×240 像素）
测试环境	温度−13℃、相对湿度 36%

4.1.10　红外热像检测发现 220kV 临晋变电站 271 线路电压互感器电磁单元阻尼器故障

案例简介

2011 年 10 月 23 日，国网山西省电力公司运城供电公司试验人员在进行红外热像检测时，发现 220kV 临晋变电站 271A 相线路 TV（型号为 TYD220/$\sqrt{3}$-0075H，2001 年 12 月投运）油箱上盖部位发热，温度达 109℃，设备热像图和可见光图如图 1、图 2 所示，为危急缺陷。随后，运行人员查看后台，显示电压偏低，为 118kV（正常应为 131kV 左右）。现场测量 271 线路 TV 二次剩余电压绕组为 90V，较正常时的 100V 低大约 10%，这同后台显示情况吻合，其他两个绕组（$100/\sqrt{3}$）电压为 53 V。停电后试验人员采用自激法测试电容量已无法升压，色谱分析乙炔及总烃严重超标，最后对该设备进行了更换。

图 1　271 线路 TV 红外检测图像

图 2　271 线路 TV 可见光图像

图 3　271 TV 解体后的中间变压器

🔶 检测分析方法

由于该设备采用自激法测试电容量时已无法升压，试验人员测试了其中间变压器绕组绝缘电阻没有发现短路接地现象，10 月 29 日，对更换下 TV 进行了解体，解体后发现其阻尼电阻发热，电胶木已经烤黄、炭化，此外，阻尼器电容元件击穿短路，如图 3 所示。同时对其油样进行了色谱分析，发现其乙炔及总烃超标，见表 1。三比值对应编码为"002"对应故障类型为"高温过热（高于 700℃）"。

表 1　　　　　　　　　　　　　　　　271 TV 油色谱分析值　　　　　　　　　　　　　　　μL/L

站名	设备名称	日期	H_2	CO	CO_2	CH_4	C_2H_6	C_2H_4	C_2H_2	总烃
临晋变电站	271TV	2011-10-29	1531	1167	12 254	1230	889	3667	188	5974

该 TV 阻尼装置 D 采用谐振型阻尼器，原理图如图 4 所示，由电容 C 和电感 L 并联后加阻尼电阻 R 组成，整个阻尼装置并接在剩余电压绕组。其电容为 150uF，电感为 67.5mL，阻尼电阻为 9.0Ω。在正常运行情况下由于 $f_0 \approx \frac{1}{2\pi\sqrt{LC}}$，电容 C 和电感 L 在工频下并联谐振，回路阻抗很高，只有很小的电流（毫安级）流过阻尼电阻，对正常运行

图 4　TV 阻尼装置示意图

的影响可以忽略。当出现分频谐振时，C 和 L 并联谐振的条件被破坏，阻抗下降、电流剧增，瞬时在阻尼电阻上消耗很大功率，从而有效地阻尼分频谐振。本案例中，因电容 C 击穿短路，阻尼电阻直接并接在剩余电压绕组两端。电压直接加在阻尼电阻（9.0Ω）上，按照现场测量 90V 计算则电流剧增到 10A、发热功率达到 900W，相当于一个小电炉持续运行。由图 3 可见阻尼电阻安装在油箱上部，这与红外图谱指示的热源位置是相符的。同时由于二次负载加重，中间变压器电压损失增加，导致其他两个绕组二次电压降低（实测 53 V）。

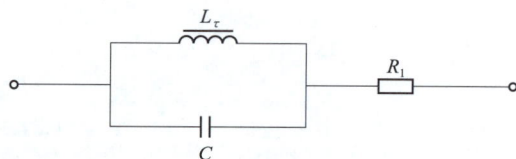

🔶 经验体会

本案例主要是由于低压电容被击穿、造成短路引起的。但是依靠常规试验和传统巡视都难以有效地发现此类故障，必须依靠缩短红外测温周期、加强状态检测。事实上任何绝缘击穿性事故的前期都伴随着热的产生和发展过程，因此采用红外热像仪能及时有效地发现这一类潜伏性故障，有助于早期发现异常、避免事故的发生。

检测人员	国网山西省电力公司运城供电公司检修公司：陈志刚、张建朝、王运平。 国网山西省电力公司运城供电公司运检部：李进、张毅
检测仪器	FLIR GF306 测温仪、河南中分 2000 色谱分析仪
测试环境	温度 25℃、相对湿度 42％

4.1.11　红外热像检测发现 110kV 泊里变电站 35kVⅠ段母线电容式电压互感器内部发热缺陷

案例简介

国网山西省电力公司阳泉供电公司 110kV 泊里变电站 35kVⅠ段母线电容式电压互感器（简称 CVT），2003 年 6 月 26 日投入运行。2011 年 6 月 16 日，运行人员在对泊里变电站 35kVⅠ段母线 CVT 进行红外检测时，发现 C 相 CVT 电磁单元严重过热已达 90℃，正常 A、B 相为 32℃，当时环境温度为 30℃。初步分析为电磁线圈过热故障，为查找故障原因，及时将其退出运行。

对退出运行的 CVT 进行常规高压试验均合格，采油样化验，多种气体含量超标。研究决定立即更换 C 相 CVT。次日，对 35kVⅠ段母线 CVT C 相进行更换，运行正常。

检测分析方法

（1）红外检测及运行分析。

35kVⅠ段母线 CVT 进行红外测温检测时，发现 C 相 CVT 电磁单元温度为 90℃，正常 A、B 相为 32℃，当时环境温度为 30℃。红外图如图 1 所示，可见光图如图 2 所示。

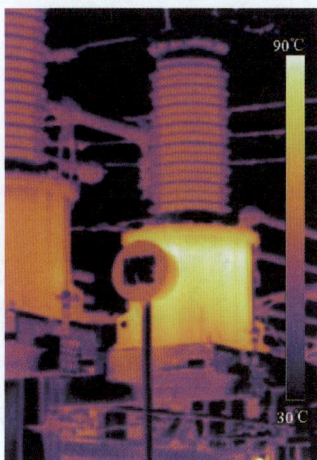

图 1　红外图　　　　　　　　　　图 2　可见光图

该CVT历年介质损耗因数 tanδ 和电容量测试数据见表1。

表1　　　　　　　　　CVT历年介质损耗因数 tanδ 和电容量测试数据

试验日期	自激法	试验电压（kV）	Ce（μF）	Cx（μF）		tanδ	反接法	Cx（μF）	tanδ
2008-3-16	C1	10	0.0197	0.0288	0.0198	0.023%	10kV	0.0200	0.023%
	C2	3		0.0637		0.026%			
2009-4-8	C1	10	0.0197	0.0290	0.0199	0.022%	10kV	0.0201	0.022%
	C2	3		0.0639		0.025%			
2010-3-17	C1	10	0.0197	0.0292	0.2000	0.023%	10kV	0.0201	0.025%
	C2	3		0.0636		0.026%			

从表1中数据可知，该CVT在历次试验中介质损耗因数 tanδ 和电容量C的测试结果均正常，符合Q/GDW168—2008《输变电设备状态检修试验规程》。

（2）解体检查。

2011年6月20日，在高压试验厂房对此CVT进行试验，测量二次绕组的直流电阻（a1x1 0.042Ω、a2x2 0.09Ω、dadn0.04Ω），绝缘电阻（10 000MΩ），二次绕组绝缘电阻及直流电阻见表2。测量C1串联C2的总体电容量（介质损耗反接线）及介质损耗（C12：0.02002μF、tanδ%：0.0193%），利用CVT自激法测量（C1：0.0293μF、tanδ%：0.0237%，C2：0.0635μF、tanδ%：0.0266%）等项目未见异常，介质损耗试验值见表3。油色谱分析试验，油中乙炔、氢气、总烃等项目（H_2：1863.6、CO：888.1、CO_2：24 710、CH_4：42 207、C_2H_4：7481、C_2H_6：2527、C_2H_2：72.68 总烃1 228 985，单位 μL/L）严重超过注意值，油中气体色谱试验数据见表4。

表2　　二次绕组绝缘电阻及直流电阻

二次直流电阻（Ω）			绝缘电阻（MΩ）
a1x1	a2x2	dadn	10 000
0.042	0.09	0.04	

表3　　　　　　　　　2011年6月20日介质损耗试验值

自激法	试验电压（kV）	Ce（μF）	Cx（μF）		tanδ	反接法	Cx（μF）	tanδ
C1	10	0.0197	0.0293	0.0198	0.0237%	10kV	0.02	0.023%
C2	3		0.0635		0.0266%			

表4　　　　　　　　　油中气体色谱试验数据　　　　　　　　　μL/L

设备名称	相序	试验日期	H_2	CO	CO_2	CH_4	C_2H_4	C_2H_6	C_2H_2	总烃
35kV CVT	C	2011-6-20	1863.6	888.1	24 710	42 207	7481	2527	72.68	1 228 985

确认其内部存在严重过热故障，为进一步查明高温原因。对问题CVT进行了解体检查，解体后可看到CVT内部辅助二次侧阻尼器中阻尼电阻烧损、阻尼电阻外漆包线已严重烧坏、铜线已暴露、缠绕电阻的绝缘板已发生过热。另外，能闻到明显的油烧糊味道。CVT解体俯视图如图3所示，红色箭头所指为谐振电容 C_0（上），黄色箭头所指为阻尼器电阻（下）。

经测试阻尼电阻为9Ω，虽外部烧损、漆包线严重烧坏但电阻值不变。压敏电阻交流耐压和绝缘电阻试验合格。在辅助二次侧 dadn 的线圈上加交流电压对LCR谐振回路进行伏安特性试验发现其内部有短路故障，拆除部分引线后发现，谐振电容 C_0 内部发生短路，此谐振电容 C_0 应该为150μF（厂家提供数据，耐压值未提供）。

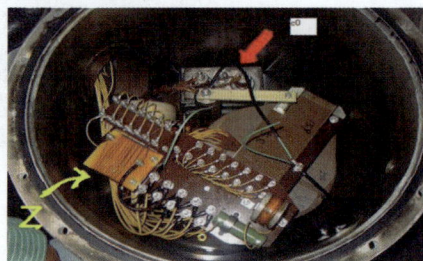

图3　CVT解体俯视图

经验体会

（1）CVT正常运行时，中间变压器内部因辅助二次侧阻尼器中的电容与电感产生并联谐振，阻尼器呈高阻状态，相当于开路。流经电阻的电流为几毫安，发热功率很低，当阻尼器中的谐振电容 C_0 击穿短路时，辅助绕组上的33V电压全部加在其电阻元件上（其电阻为9Ω），流经该电阻的电流为3.666A，发热功率为120.8W（长期工作相当于一只电炉丝），从而使底部油箱中的油温上升，绝缘油在高温下裂解，产生大量的气体、造成过热。过热产生的大量气体有可能引起油箱爆炸，另外，高温可引起主绝缘破坏，造成内部高压击穿放电，引起保护误动。

（2）同类故障分析：国网山西省电力公司阳泉供电公司 220kV 长岭变电站 110kV 西母线 B 相 CVT。桂林电力电容器总厂制造、型号 TYD110/$\sqrt{3}$-0.02H、额定电压：110/$\sqrt{3}$kV、额定电容：0.02μF、编号：98-1648。电容分压器编号：98-1648，1998 年 12 月出厂。2005 年 6 月 21 日，运行中发生电磁装置冒烟、喷油现象，设备返厂后，解体试验发现电磁单元压敏电阻（保护阀片）已烧毁。

（3）故障分析结论及防范措施：CVT 电磁单元辅助二次侧阻尼器中的谐振电容 C_0 击穿短路、压敏电阻（保护阀片）烧损等内部故障，致使油裂化产生高温是造成此类故障的原因。

谐振电容 C_0 与电抗线圈 L_0 并联然后和阻尼电阻进行串联。在现场运行中辅助二次的电压回路要接成开口三角形，电压不好测量。常规的高压试验，难以有效发现此类故障。

对此应采取相应的改进措施：①为防止损坏事故，对新投运的 CVT 应按规定严格把关；②对已经投运的 CVT 应加强监视并定期试验，发现问题立即处理；③红外热像仪能及时有效地发现设备过热性故障和潜伏性故障，有助于在设备故障早期发现异常。

❖ 检测信息

检测人员	国网山西省电力公司阳泉供电公司：赵万明（51 岁）、靳海军（46 岁）、唐领英（51 岁）、李晨（41 岁）
检测仪器	FLIR T330 红外热像仪、AL6000 高压介质损耗测试仪、QS1 双臂电桥
测试环境	温度 15℃、相对湿度 60％

4.1.12 红外热像检测发现 220kV 天柱变电站 220kV Ⅱ 母线 C 相电容式电压互感器内部缺陷

❖ 案例简介

国网安徽省电力公司安庆供电公司运维的 220kV 天柱变电站 220kV Ⅱ 母线电容式电压互感器 C 相系新东北电气（锦州）电力电容器有限公司 2009 年 1 月份产品，型号为 TYD220/$\sqrt{3}$-0.01H，2009 年 10 月 30 日投运。2011 年 10 月 30 日 19 时，对 220kV 天柱变电站 220kV Ⅱ 母线电容式电压互感器进行红外热像检测时，发现 C 相电压互感器中间变压器油箱温度异常，到达 79℃，A、B 两相油箱温度为 26℃。紧急汇报情况后，将该电压互感器停运进行检查，并与设备生产厂家联系备品。31 日，对 C 相互感器进行了更换，11 月 6 日，对其进行了解体分析，最终发现与辅助绕组并联的速饱和电抗器严重烧损。

❖ 检测分析方法

2011 年 10 月 30 日 19 时，工作人员在对 220kV 天柱变电站 220kV Ⅱ 母线电压互感器进行红外测温时，发现 C 相电压互感器中间变压器油箱温度异常，温度达 79℃，而其他两相温度为 26℃，环境参照体温度为 19℃，根据 DL/T664—2008《带电设备红外诊断应用规范》，相对温差 σ 为 88.3%，红外图谱如图 1 所示。

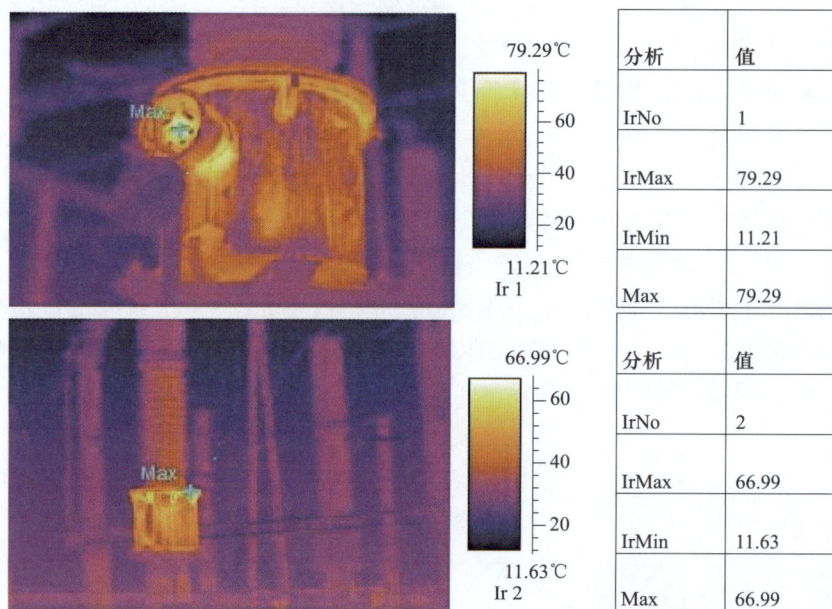

分析	值
IrNo	1
IrMax	79.29
IrMin	11.21
Max	79.29

分析	值
IrNo	2
IrMax	66.99
IrMin	11.63
Max	66.99

图 1   C 相电压互感器中间变压器油箱红外测温图谱

互感器停运后，公司立即组织人员对该相电压互感器进行了试验、化验等检查，具体数据见表 1、表 2。

表 1　　　　　　　　　　　　　　　电磁单元二次绕组直流电阻　　　　　　　　　　　　　　　　　　Ω

二次绕组	相　　　别		
	A	B	C
1a1n	0.0266	0.0264	0.0270
2a2n	0.0503	0.0507	0.0504
dadn	0.333	0.332	0.334

表 2　　　　　　　　　　　　　　　电磁单元油色谱分析数据　　　　　　　　　　　　　　　　　　μL/L

H_2	CO	CO_2	CH_4	C_2H_4	C_2H_6	C_2H_2	总烃
1258	1298	9226	1257.7	3588.9	4857.3	0	9703.9

进行油中微水分析，微水含量为 56.8mg/L。

根据上述试验数据，可以看出：

（1）红外图谱显示温度最高点为二次接线盒与箱体结合处，整个箱体温度很高，表明发热能量较大。

（2）二次绕组直阻变化不大，中间变压器二次绕组故障可能性较小。

（3）油中溶解气体各组分含量严重超出注意值，应用三比值法判断为内部存在 300～700℃ 严重高温故障。

为彻底分析原因，11 月 6 日，将该电压互感器进行解体，解体时，将下节电容器用吊车吊起，测量电容量，测量结果与出厂值无明显差异，见表 3。

表 3　　　　电 容 器 电 容 量　　　μF

	出厂值	实测值
C_{21}	0.0206	0.0205
C_{22}	0.1008	0.1002

抽干绝缘油后，发现并联在辅助绕组上的速饱和电抗器有明显的烧损痕迹，与速饱和电抗器串联的阻尼电阻也严重烧损，如图 2、图 3 所示。

图 2 电感线圈烧损情况   图 3 阻尼电阻烧损情况

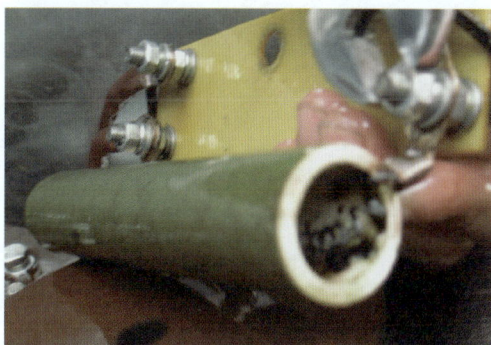

根据现场解体检查结果，分析故障的原因为：由于漆包线质量问题或者安装工艺原因，导致互感器的二次辅助绕组中的速饱和电抗器存在绝缘缺陷。运行中，绝缘薄弱点被击穿，导致匝间短路，从而流过速饱和电抗器和阻尼电阻上的电流增加、温度升高，导致速饱和电抗器和阻尼电阻烧损，红外测温及色谱出现异常。故障点如图 4 所示。

图 4 故障原理示意图

经验体会

（1）红外成像是发现电力设备缺陷的有效手段，具有不停电、准确、快速的优点，应用红外成像测温技术对带电设备表面温度场进行检测和诊断，可及时发现设备的异常和缺陷情况，为设备状态检修提供依据，提高了设备运行的可靠率。

（2）必须加强对电容式电压互感器、避雷器、电容式套管等设备的精确测温工作，及时准确地发现设备异常发热部位，及早排除事故隐患。

（3）CVT 缺陷需结合红外检测和其他试验、化验数据综合分析确定，避免盲目定论。

（4）开展同厂家、同类型、同批次的设备排查，判断是否属于家族缺陷，从而有针对性开展检修、技改工作。

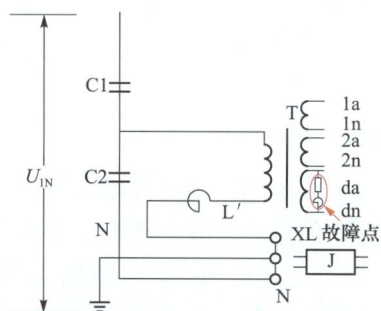

检测信息

检测人员	国网安徽省电力公司安庆供电公司：宋琪（56 岁）、张仁标（26 岁）
检测仪器	SAT-HY6800 红外测试仪（生产厂家：广州飒特电力红外技术有限公司）
测试环境	温度 19℃、相对湿度 60%、大气压强 0.101MPa

4.1.13 红外热像检测发现 220kV 抚顺变电站电容式电压互感器过热

案例简介

国网辽宁省电力有限公司检修公司运维的 220kV 抚顺变电站抚胜 1 号线 A 相电压互感器，为新东北电气（锦州）电力电容器有限公司 2012 年 4 月 16 日生产，其型号为 TYD-220/$\sqrt{3}$-0.005H，于 2012 年 8 月 30 日投入运行。2013 年 11 月 1 日 9 时，第四季度红外热像检测过程中，发现该电压互感器下节套管内部存在异常发热，正常部温度为 10.5℃，发热部位温度为 14.9℃，温差 4.4℃，为防止外界其他因素干扰导致误判，11 月 2 日、3 日连续对其进行红外热像检测。11 月 3 日 10 时，检测结果显示该电压互感器正常部位温度为 6.2℃，发热部位温度为 12.6℃，温差 6.4℃，证实电压互感器内部存在严重过热缺陷，建议立即更换。11 月 6~7 日，停电对该电压互感器进行了更换，并将故障设备返厂进行解体，发现电压互感器浸入油箱的中压电容套管部分与法兰盘平面并不垂直，向一侧弯曲，用手轻摇，中压电容套管左右摆动，与浸入下节瓷套的部分有断裂现象。

2013 年 11 月 1 日，红外热像检测发现 220kV 抚胜 1 号线 A 相电压互感器下节套管的温度出现异常。

检测分析方法

经精确测温，选择成像的角度、色度，拍下了清晰的图谱，如图 1 所示。由图谱可看出，电压互感器下节瓷套部位存在异常发热，正常部位温度为 10.5℃，发热部位温度为 14.9℃，温差 4.4℃。按照 DL/T 664—2008《带电设备红外诊断应用规范》规定，此类电压致热性设备存在 2~3℃ 的温差时即存在危急缺陷，有危及设备安全运行的可能。公司技术人员于 11 月 2 日、3 日对该互感器进行红外热像检测复测。11 月 3 日，检测结果显示抚胜 1 号线电压互感器正常部位温度为 6.2℃，发热部位温度为 12.6℃，温差 6.4℃，如图 2 所示，证实电压互感器内部存在过热缺陷。

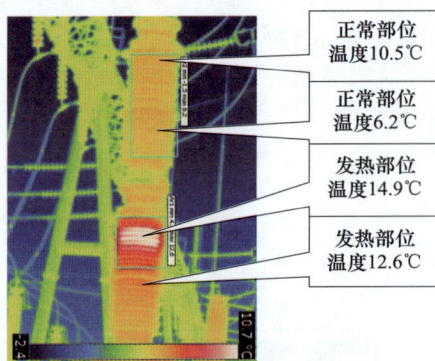

图 1　11 月 1 日红外热像图谱　　　　图 2　11 月 3 日红外热像图谱

停电更换前，对故障电压互感器进行常规试验，对比故障前后电容量及介质损耗的试验数据见表 1，可以发现：互感器下节电容 C1 电容量（14 070pF）较初始值（12 724.2pF）明显增大，初值差达到 10.6%，远超过电容量初值差不超过 +2% 的标准。介质损耗因素从初始值的 0.063% 增加至 0.249%，虽未达到 0.25% 的注意值，但增长速度较快。初步认为互感器下节电容部分存在过热和放电现象。

表 1　　　　　　　　　　故障前后电压互感器电容量及介质损耗试验数据

试验方式		试验项目					
		电容量（pF）	铭牌值（pF）	上次试验电容量（pF）	误差	介质损耗	上次试验介质损耗
A	C11	9978	9981.4	9990		0.072%	0.068%
	C12+C2	10 150	10 025.7	10 150	1.2%	0.359%	0.181%
	C1	14 070	12 724.2	12 850	10.6%	0.249%	0.063%
	C2	52 720		52 680		0.027%	0.055%

故障电压互感器返厂解体进行故障寻因，按设备外观——耦合电容——电磁单元——二次绕组及接线端子的顺序进行查找，重点放在下节电容单元部分的检查。检查发现：设备外观、电磁单元、二次绕组及接线端子均未出现异常，上节电容单元也没有检查出异常情况，各项试验数据合格。但当把下节瓷柱与油箱盖板分离时，发现下节瓷套内的绝缘油通过中压套管与密封胶圈的间隙不断渗漏。观察浸入油箱的中压电容套管部分与法兰盘平面并不垂直，向一侧弯曲。用手轻摇，中压电容套管左右摆动，与浸入下节瓷套的部分有断裂现象，如图3所示。

中压套管与密封圈间的缝隙不断有油渗漏

中压套管弯曲，与浸在下节瓷套内的部分有断裂现象

图3 电压互感器下节瓷套底部图片

依据解体检查分析电压互感器过热的原因：由于中压套管浸入油箱部分采用橡胶密封垫，用4个固定螺丝方式实现与下节电容部分隔绝，且橡胶密封垫无专用固定凹槽。若4个螺丝紧固不均，造成密封垫移位，与中压套管接触不紧密，将会破坏密封效果，导致下节瓷套内的绝缘油渗入电磁单元的油箱中。电磁单元内油位上升，下节分压电容器上部缺油，部分缺油单元电容暴露在空气中，造成表面闪络，内部发热，绝缘击穿，电容量增大。

经验体会

（1）红外热像检测技术对过热故障检测有较高的敏感度，能够有效的发现设备在运行过程中隐藏的缺陷。

（2）电压致热型设备采用红外热像检测时，需注意同一设备不同部位温度比较和同组设备相同部位的温度比较，严格按照标准规定的温度差判断设备运行状况，必要时进行复测。

（3）电容型电压互感器在发现过热故障后，可根据常规电容量及介质损耗测试进一步判断故障情况，如果在电磁单元存在过热现象，则考虑取油样进行油色谱分析。在使用红外热像检测技术的同时要充分利用其他检测技术综合分析，降低误判断概率，保证电网的安全可靠运行。

检测信息

检测人员	国网辽宁省电力有限公司电力科学研究院：鲁旭臣（33岁）
检测仪器	P360型 SF_6 气体红外热像检测仪（FLIR）
测试环境	温度10℃、相对湿度40%

4.1.14 红外热像检测发现110kV梅花变电站电容式电压互感器内部放电缺陷

案例简介

国网浙江省电力公司衢州供电公司检修公司110kV梅花变电站航梅1753线CVT B相2002年3月投

运，2011 年 12 月 20 日，红外测温时发现温度偏高，B 相温度最大值 17.68℃，A、C 相温度分别为 15.45℃、15.89℃，最大相间温差达 2.23℃，而正常的电压致热性温差一般不超过 1℃。热像特征：整体温升偏高，且中上部温度高；故障特征：介质损耗偏大、匝间短路或铁芯损耗增大。停电试验结果显示 B 相介质损耗相对偏高达 0.16％，其他两相为 0.12％左右，虽未超过标准 0.25％，综合红外检测结果，诊断内部存在潜伏性故障，解体后发现内部已存在烧伤发黑现象，随后更换了该只 CVT。

❖ 检测分析方法

2011 年 12 月 20 日，国网浙江省电力公司衢州供电公司状态检测人员在 110kV 变电站航梅间隔进行检测时，发现 B 相温度异常，随即进行详细拍摄分析，分别从相间如图 1 所示、整体如图 2 所示、单相如图 3 所示进行细拍，具体图形如图 1～图 3 所示。

图 1　A、B 相红外测温对比图

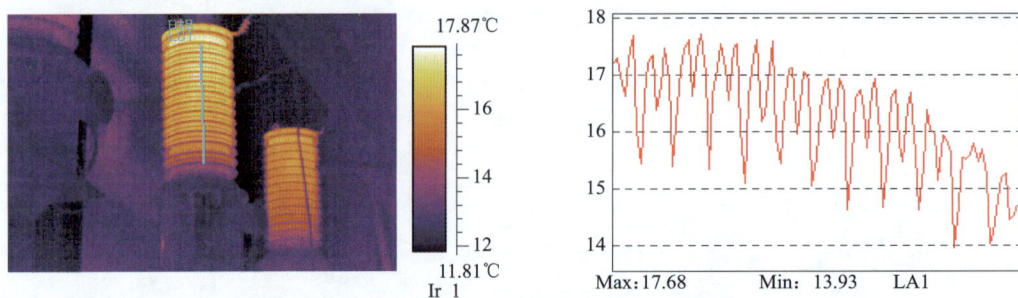

图 2　三相整体红外测温对比图

图 3　航梅 1753 B 相线路电压互感器直线温度曲线分析

从图 3 上看出 B 相温度最大值 17.68℃，A、C 相温度分别为 15.45℃、15.89℃，最大相间温差达

2.23℃。热像特征：整体温升偏高，且中上部温度高；故障特征：介质损耗偏大、匝间短路或铁芯损耗增大。随即安排停电处理检查，停电试验数据见表1。

图4　航梅1753 B相线路电压互感器整体可见光图像

表1　　　　　　　　　　停电试验数据表

试验部位	绝缘电阻（MΩ）	Cx（pF）	tanδ%
A相上	50 000	51 430	0.122
A相下	50 000	201 700	0.125
中间电压互感器	35 000	—	—
B相上	50 000	51 260	0.160
B下	50 000	200 900	0.164
中间电压互感器	35 000	—	—
C相上	50 000	51 100	0.106
C相下	50 000	191 600	0.112
中间电压互感器	35 000	—	—

从表1来看，B相CVT绝缘电阻、电容量未有变化，可以排除CVT渗漏油故障，从B相介质损耗偏高分析，B相介质损耗相对偏高达0.16%，其他两相为0.12%左右，虽未超过标准0.25%，综合红外检测结果，诊断内部存在潜伏性故障，可能有：①电容元件损伤；②内部其他绝缘件品质差异，如绝缘油，固定件等；③中间电压互感器匝间短路等。

1）介质损耗及电容量虽试验正常，B相介质损耗明显高于其他两相，温线偏高但未见明显峰值，需解体查找。

2）电容量较小，即使介质损耗较大，发热量也不会高，可以排除。

3）电压指示正常，可排除。我们对B相介质损耗偏大，进行了发热量计算，结果见表2。

表2　　　　　　　　　　功　率　计　算　结　果　表

相位	试验数据	08.2.20	电压（kV）	P（W）	总损耗（W）
A相上	Cx（pF）	51 430	50.605	50.454	63.636
	tanδ（%）	0.122			
A相下	Cx（pF）	201 700	12.904	13.182	
	tanδ（%）	0.125			
B相上	Cx（pF）	51 260	50.599	65.934	83.177
	tanδ（%）	0.160			
B相下	Cx（pF）	200 900	12.910	17.243	
	tanδ（%）	0.164			
C相上	Cx（pF）	51 100	50.137	42.754	54.803
	tanδ（%）	0.106			
C相下	Cx（pF）	191 600	13.372	12.049	
	tanδ（%）	0.112			

注　电容器发热量计算：运行电压$110/\sqrt{3}$kV。

从表2计算结果来看，B相功率P（W）最高达65.9W，发热量大于其他两相，符合温度偏差特征。随后我们对该CVT进行了解体分析，如图5所示。

从解体照片图5可以看出，B相内部电容元件存在短路放电现象，并且内部已经烧伤发黑，对该CVT更换后，航梅1732间隔复测后正常。

🏵 经验体会

（1）CVT内部有多层电容元件单元组成，故障发生初期电容量较难反映出来，特别是介质损耗及电容量，从上述停电试验情况来看，单凭停电试验电压下无法判断设备好坏，各项试验数据的合格甚至会导致误判设备状况，初期一两个元件的短路会造成局部电压的增高，产生放电现象，随着击穿短路的元件增多，放电趋势更加迅速，逐渐变为CVT炸毁事故，所以必须加强带电检测工作，深挖成效，有效补偿停电检测的缺漏。

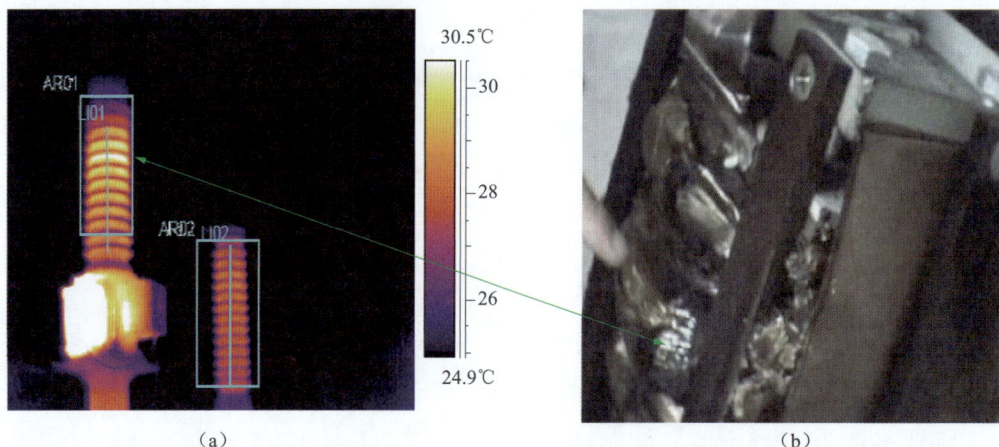

图5 内部已经烧伤（黑）

(a) 红外热图；(b) 可见光图

（2）加强CVT、避雷器等电压致热性设备的监测，白天外界环境的影响极易造成检测人员的漏判，对此类设备宜在清晨、傍晚时刻进行精确测温，每年至少1次全面排查巡视，有效排查隐患。

（3）红外检测必须综合考核环境温度、负荷电流大小，结合红外检测诊断分析导则，综合判断故障性质，检测人员需不断提高自身经验水平，给检修明确重点和方向。

检测信息

检测人员	国网浙江省电力公司衢州供电公司状态检测班：汪桢毅（29岁）、柯明生（39岁）、董树礼（31岁）
检测仪器	FILR P30红外测温仪（辐射系数：0.9，拍摄距离：5.6m，风速1.7m/s）
测试环境	温度29℃、相对湿度68%、大气压强101.378kPa

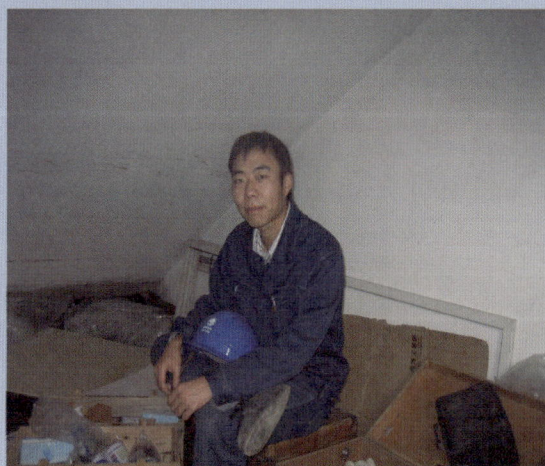

4.1.15 红外热像检测发现110kV季桥变电站电容式电压互感器内部局部发热

案例简介

2013年5月，国网江苏省电力公司淮安供电公司变电检修室电气试验班在红外测温工作中，发现

110kV季桥变电站Ⅰ段母线C相电压互感器二次端子箱与油箱连接处中间部位发热，连接处中间部位温度为33.6℃，上下两端温度为25℃，其他两相相同部位约为A相26.5℃、B相26.3℃，环境参照温度为15℃。测量电压互感器二次保护、计量及开口回路的三相电压正常。试验人员随即上报，申请停电处理。

🔷 检测分析方法

图1为该变电站Ⅰ段母线C相电压互感器端子箱与油箱连接处中间部位发热的热像图，图中最高温度为33.6℃，其他两相约为26.3℃、26.5℃，环境参照温度为15℃。根据公式

$$\delta_t = \frac{\text{对应点温差}}{\text{对应点温升}} = \frac{T_1 - T_2}{T_1 - T_0} \times 100\%$$

计算得出相对温差值为38.7%。根据热像图初步认为是电压互感器油箱内部发热，相对温差判断依据：$35\% \leqslant K_c \leqslant 80\%$ 为一般热缺陷；$80\% < K_c < 95\%$ 为严重热缺陷；$K_c > 95\%$ 为危险热缺陷。

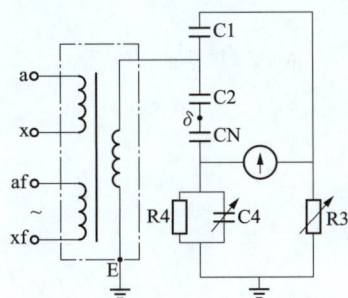

图1　该变电站Ⅰ段母线C相电压互感器端子箱与油箱连接处中间部位热像图

该电容型电压互感器型号为WVB110-20H，出厂日期为2005年3月15日，投运日期为2005年6月23日，生产厂家为无锡日新电机有限公司，额定电压比 $110/\sqrt{3} : 0.1/\sqrt{3} : 0.1/\sqrt{3} : 0.1$。上节电容量为28 000pF，下节电容量为67 000pF。

现场检查电容式电压互感器（CVT）外表无异常，接着对CVT的绝缘电阻、介质损耗、直流电阻逐一进行试验。试验结果如下：

（1）绝缘电阻试验。通过表1中的试验数据，检测极间绝缘电阻及低压端对地绝缘电阻均大于5000MΩ，绝缘合格。

表1 CVT绝缘电阻试验　　　　　　　　　　　　　　　　　　　　　　　　　　　　　　MΩ

相位		A相		B相		C相	
编号		C_1	C_2	C_1	C_2	C_1	C_2
绝缘电阻	极间	10 000	10 000	10 000	10 000	10 000	10 000
	低压端对地	5000		5000		5000	

（2）电容量和介质损耗的测量。采用济南泛华 AI-6000 电桥，使用自激法，测试电压为2kV；电容量和介质损耗测量原理图如图2和图3所示。

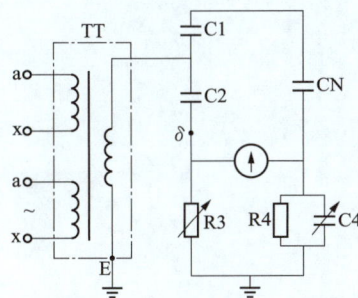

图2　自激法测量C1接线图　　　　　图3　自激法测量C2接线图

通过表2中的试验数据，C相高压电容C1电容量偏差为（28 530−28 000）/28 000×100%≈1.9%和中压电容C2电容量偏差（68 280−67 000）/67 000×100%≈1.9%，均在合格范围内，未出现异常。

表2

介质损耗及电容量试验

相　别	A 相		B 相		C 相	
编号	C_1	C_2	C_1	C_2	C_1	C_2
额定电容量 C_N（pF）	28 000	67 000	28 000	67 000	28 000	67 000
实测 C_X（pF）	28 370	68 570	28 570	68 680	28 530	68 280
$\tan\delta$	0.064%	0.074%	0.067%	0.076%	0.066%	0.074%

（3）阻尼电阻测量（测试时环境温度为 15℃）。

根据表3中的试验数据发现：C 相 1a-1n 阻尼电阻明显偏大，三相线间误差达到 6.52%，因此我们对比了 2005 年交接试验的阻尼电阻值发现 2005 年直流电阻 1 的阻值仅为 3Ω，增长了 6.67%。且根据红外测温发热图谱，发热部位为油箱中部，正好是阻尼电阻安装位置。初步判断 C 相电压互感器阻尼电阻 1a-1n 可能存在发热情况，导致阻尼电阻阻值上升，但要进一步确认，仍需对电压互感器进行解体诊断。

表3

阻　尼　电　阻

相位		A	B	C
阻尼电阻（Ω）	直流电阻 1	3.04	3.02	3.21
	直流电阻 2	4.79	4.78	4.81

解体后发现阻尼电阻固定螺杆与油箱壁碰接，如图4所示。对照红外图谱，发现发热的中心部位正好是阻尼电阻螺栓与油箱壁接触部位。

分析认为，此电压互感器由于当初阻尼器安装时的疏忽，其电阻固定螺杆与箱体接触，造成阻尼环形线圈形成环流，而阻尼器与油箱触电处产生了发热点，造成油箱中间段温度升高。

检修人员将阻尼器螺杆进行了适当的调整，并在原碰接处衬入绝缘电工纸，重新组装完整后，电气试验人员又对其进行了整套的交接试验。试验正常后，重新投入运行，并对其进行了 3 个多月的红外热像检测，均无发热现象。

接触部位

图4　阻尼电阻固定螺杆与油箱壁碰接

❖ **经验体会**

事实说明，对互感器这类电容型设备进行周期性的预防性试验并不能及时发现设备的所有缺陷，须在设备的运行过程中，采用红外热像检测等带电测量技术，才能行之有效地确保设备是否正常，以避免更严重的事故发生。

❖ **检测信息**

检测人员	国网江苏省电力公司淮安供电公司变电检修室：谢剑锋（32 岁）
检测仪器	T330 型红外热像仪、AI-6000 型介质损耗电桥、XD2905 型绝缘电阻测试仪、QJ44 型双臂电桥
测试环境	温度 20℃、相对湿度 50%

4.1.16　红外热像检测发现 220kV 哈达湾和城西变电站 66kV 电容器本体发热

案例简介

2012 年 10 月至 2013 年 6 月，国网吉林省电力有限公司例行红外检测发现 220kV 哈达湾和城西变电站多只 66kV 并联电容器本体异常发热。

检测分析方法

热像图分析：电容器箱体侧面中上部局部发热。本案并联电容器箱体热点与其他电容器同位置温差 9.7℃，电容器已向凸起，电容器内部电容极板击穿，定为危急缺陷，如图 1 所示。

热像图分析：电容器组熔丝发热，电容器箱体局部发热。本案电容器组 50 号电容器熔丝上部接触不良过热，53 号电容器上部温度比其他电容器同位置温度高 2.9℃，54 号电容器温度比其他电容器同位置高 3.3℃，如图 2 所示。

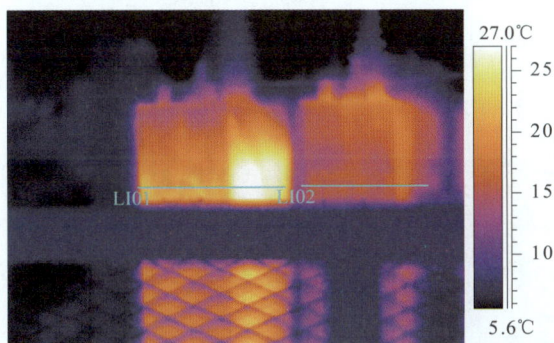

图 1　220kV 哈达湾变电站 66kV
东段电容器红外热像图

图 2　220kV 城西变电站 66kV
东段电容器红外热像图

经验体会

66kV 并联电容器是多发事故设备，电容器运行故障前必然会出现温度场分布异常，而且温差比较大，红外检测极易发现。

检测信息

检测人员	国网吉林省电力有限公司检修公司：葛猛（36 岁）。国网吉林省电力有限公司长春供电公司检修分公司：耿建宇
检测仪器	红外热像仪（型号：FLIR T330、FLIR P30）

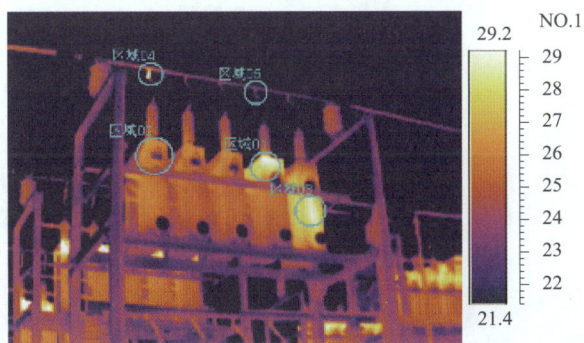

4.1.17 红外热像检测发现 10kV 跌落式熔断器闸口及熔丝管发热

❖ 案例简介

2013 年 11 月 17 日，国网吉林省电力有限公司在组织配网带电检测竞赛时，在比赛随意选择的配网设备上发现长春供电公司运维的 10kV 皓月线 19 号杆"T"接线路跌落式熔断器多处闸口及熔丝发热。

图 1　跌落式熔断器热像图

❖ 检测分析方法

如图 1 所示，热像图分析：A 相上引线与跌落式开关接触点、C 相下触点温差超过 20℃，为严重缺陷，A 相上、下闸口、C 相下闸口温差小于 20℃大于 5℃为一般缺陷，C 相熔丝管温差 4.9℃，为一般缺陷。

比赛结束后立即将设备缺陷信息转绿园供电分公司安排停电处理。

❖ 经验体会

在一次配网红外带电检测技术竞赛中随意选择的配网设备上发现一处跌落式熔断器闸口及引线接点多处缺陷，说明配网红外检测工作应引起管理部门的注意，在此上下功夫抓好。

❖ 检测信息

检测人员	国网吉林省电力有限公司：李慧颖（30 岁）
检测仪器	FLIR P30 红外热像仪
测试环境	温度－5℃、相对湿度 40％

4.2　油中溶解气体分析技术

4.2.1 油中溶解气体分析发现 220kV 高楼变电站 110kV 电流互感器内部放电

❖ 案例简介

国网冀北电力有限公司廊坊供电公司运维的 220kV 高楼变电站于 2007 年 6 月投入运行。2012 年 4 月 10 日，220kV 高楼变电站 101B 相电流互感器（出厂编号 K06040761）例行试验中发现色谱数据异常。为了及时分析设备故障原因，预防类似事件发生，保障电网安全稳定运行，2012年5月31日，廊坊供电公司相关人员同江苏精科智能电气股份有限公司相关人员一起在江苏精科智能电气股份有限公司生产车间内对缺陷电流互感器进行了解体分析，发现内部制造隐患。

检测分析方法

一、缺陷情况简介

2012年4月10日，220kV高楼变电站在进行例行试验中发现101B相电流互感器色谱数据异常。

101B相电流互感器为江苏精科智能电气股份有限公司生产的LB7-110W2型产品，2006年4月生产，2007年6月投运。

二、试验及数据分析

廊坊供电公司检修人员和江苏精科智能电气股份有限公司分别对101B相电流互感器进行了试验检查，并对试验结果进行比对分析，对事故原因进行初步判断。

（1）现场试验数据及分析。廊坊供电公司220kV高楼变电站例行试验中对101B相电流互感器进行了油色谱等试验，并对事故原因进行初步诊断。

对101B相电流互感器油色谱试验结果见表1。

表1 现场油色谱试验结果 μL/L

H_2	CH_4	C_2H_6	C_2H_4	C_2H_2	CO	CO_2	总烃
12 988.02	532.27	54.81	1.14	0.42	521.67	848.88	588.64

从试验结果看，氢气（H_2）和甲烷（CH_4）为特征气体的主要成分，并伴有乙烷（C_2H_6）以及少量的乙烯（C_2H_4）和乙炔（C_2H_2），总烃含量超标。

初步认为101B相电流互感器内部存在低能量局部放电现象，具体原因需要进一步结合解体现象分析。

（2）返厂试验及分析。江苏精科智能电气股份有限公司于2012年5月9日将101B相电流互感器运至工厂。

1）油色谱试验。返厂油色谱试验结果见表2。

表2 返厂油色谱试验结果 μL/L

H_2	O_2	N_2	CO	CO_2	CH_4	C_2H_6	C_2H_4	C_2H_2	总烃
5890	/	/	253	448	340.4	41.21	0.43	0	382.4

返厂油色谱试验结果显示，各特征气体组分及总烃含量相对现场油色谱试验结果明显减少，分析认为由于运输过程中的震荡和渗漏结果造成。因此油色谱试验应以现场试验数据为准。

2）局部放电试验。在局部放电试验中，加压126kV，放电量已经达到100pC。严重超出试验规程规定值。具体见表3。

表3 返厂局部放电试验结果

测量电压 （kV）	历时 （s）	放电量 （pC）	出厂时放电量 （pC）
126	30	100	
87	30	90	3.2

从试验现象看为气泡放电，说明油中气体含量较大。

3）直流电阻测量。对相同线圈直阻比对，二次线圈直流电阻差异不大，均在规定值范围内。具体见表4。

表4 返厂直流电阻试验结果（室温30℃） Ω

端子	S1-S2	S1-S3
1S	6.435	11.10
2S	6.210	11.83
3S	6.370	11.00
4S	3.208	10.67
5S	6.272	10.80
6S	3.462	6.218
7S	3.563	6.393

同时，一次直流电阻测量结果为 0.000 06Ω，正常。

4）电容及介质损耗试验。返厂电容量及介质损耗试验结果见表5。

产品出厂时电容量及介质损耗试验结果见表6。

表5　返厂电容量及介质损耗试验结果

	电压 （kV）	Cn （pF）	R_4 （Ω）	tanδ	C_x （pF）
耐压 前、后	10	101	318	0.0058	921
	36			0.0058	921
	73			0.0059	921

表6　产品出厂时电容量及介质损耗试验结果

	电压 （kV）	Cn （pF）	R_4 （Ω）	tanδ	C_x （pF）
耐压 前、后	10	101	318	0.0025	927
	36			0.0025	927
	73			0.0026	927

从电容量及介质损耗试验结果来看：电容量同出厂时基本相符，说明内部电容屏完好，无击穿现象；而介质损耗在不同测量电压下无明显增长，说明内部绝缘没有受潮，但介质损耗相比出厂时增长较大，为油中油中气体含量较大，泄漏电流增大所至。

三、解体步骤及现象

在返厂试验结束后，江苏精科智能电气股份有限公司对事故电流互感器进行解体检查，工厂解体步骤如下：

（1）检查外观有无异常。瓷套表面喷涂白色硅橡胶涂层，伞叶上附灰尘较多，并且涂层挂瘤现象严重，有多处涂层脱落。上油箱与压圈四周有油泥，油箱有锈蚀痕迹。具体如图1和图2所示。

（2）拆卸金属膨胀器。产品放净油后，将电流互感器顶部的金属膨胀器拆卸下来。外观检查：表面光整，膨胀节无明显拉伸变形，无放电灼烧痕迹，密封良好。如图3所示。

图1　产品外观　　图2　瓷套表面　　　　图3　拆卸后的金属膨胀器

（3）拆卸二次端子排及末屏组件。二次绕组与端子排及末屏引线端子连接完好，连接点无放电灼烧痕迹。如图4和图5所示。

图4　拆卸二次端子排及末屏引线端子后产品外观　　　　图5　拆卸二次绕组

（4）拆卸一次接线端子。一次接线端子连接紧固，无松动现象。接线端子表面无放电灼烧痕迹及局部

过热现象。如图 6 所示。

（5）内部绝缘解剖。取下套管、吊出器身，无纬带绑扎无松动现象，一次端子有轻微凹痕（为拆卸时敲击所至），器身表面完好光洁、无金属尘屑。如图 7 所示。

产品油箱内清洁，无金属及非金属尘屑；接触良好，无地电位悬浮；内壁漆完好牢固无污染。

末屏引线搭接良好，无异常现象，如图 8 所示。解剖中检查各主屏及端屏控制尺寸均在控制范围内，未发现异常，如图 9～图 11 所示。环部区域部分绝缘有褶皱现象。零屏引线搭接良好、可靠，如图 12 所示。

图 6　一次接线端子及紧固螺母

图 7　一次绕组外绝缘检查

图 8　末屏引线检查

图 9　主屏控制尺寸测量

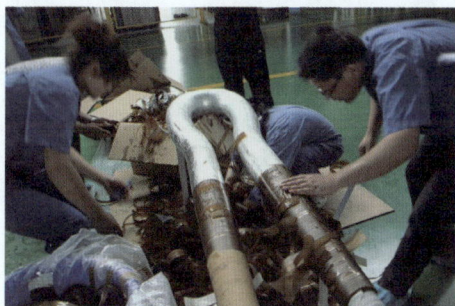

图 10　主屏外观检查

图 11　端屏控制尺寸测量

图 12　零屏引线检查

此型式电流互感器绝缘电容屏共分 0～6 屏，共计 7 个屏，6 号屏为末屏，在拆除各屏间绝缘纸时发现，6 屏至 5 屏间、5 屏至 4 屏间、4 屏至 3 屏间，在一次绕组 U 型弯底部一侧，存在绝缘纸褶皱现象，如图 13～图 15 所示，为绕制绝缘纸时工艺不良所致，三个屏间的绝缘纸褶皱都是在接近同一位置，分布在直径 12cm 范围内，6 屏至 5 屏间有十几处，5 屏至 4 屏间有十处左右，4 屏至 3 屏间有六处，而对侧的绝缘纸包扎的非常光滑，没有褶皱现象，如图 16 所示。

图13　6屏至5屏绝缘纸褶皱

图14　5屏至4屏绝缘纸褶皱

图15　4屏至3屏绝缘纸褶皱

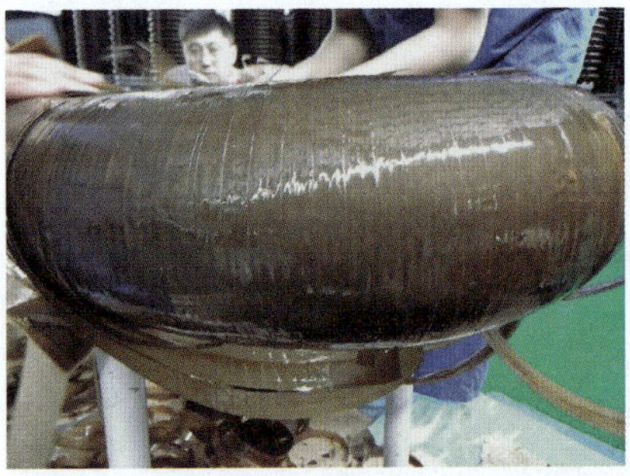

图16　对侧绝缘纸包扎

四、结果与分析

（1）试验结果分析。

1）油色谱试验结果分析。由于运输过程中的振荡和渗漏，返厂油色谱试验结果不准确，分析中采用现场油色谱试验结果，利用三比值法对故障进行分析诊断。经计算，编码组合为110，根据 GB/T 7252—2001《变压器油中溶解气体分析和判断导则》判故障类型为低能量放电，且 $CH_4/H_2 < 0.2$ 时为局部放电，因而该故障类型为低能量局部放电。

2）其他试验结果分析。其他试验包括微水测量、绝缘电阻测量、直流电阻测量、误差测定、电容量及介质损耗试验、局部放电试验等几项。

其中微水试验数据在设备出厂试验报告以及返厂试验报告中变化不大，在规定值范围内，可以证明设备内部未出现进水受潮现象。

绝缘电阻测量、直流电阻测量、误差测定与产品出厂值以及返厂试验值比较变化不大，在规定范围内，证明设备主绝缘不存在受潮现象，二次绕组不存在匝间短路、绕组断线等缺陷。

出厂报告中电容量及介质损耗试验、局部放电试验以及交接试验中未见异常，设备发生故障后的两项试验结果表明设备内部绝缘出现了相应的问题，表明设备内部存在放电现象。

（2）综合分析。

1）产品结构。该产品为油纸绝缘正立式电容型结构，主要组件为膨胀器、器身、瓷套、油箱、一次接线端子、二次接线板等。

2）主绝缘结构。该产品主绝缘为电容型。共有0、1、2、3、4、5、6计七个主屏，相邻主屏间设置四个端屏，以改善端部电场，提高局部放电水平；主屏材料为0.01mm铝箔，主屏间绝缘材料为变压器油和高压电缆纸，两者组成复合绝缘介质，以提高耐电强度；其一次导体形状为加强"U"字型，以提高其动稳定能力，其底部为 R160mm 的半圆；由于该产品额定一次电流为2000A，故其一次截面较大，其0主屏直径为 ϕ78mm，6主屏直径为 ϕ135mm。

3）产品绝缘制作工艺。该产品主绝缘采用半机械化包绕；其优点为绝缘绕制紧密、均匀、张力得当、电容量分散性小、同批产品一致性好；缺点是包绕质量同操作者的经验有一定关系，特别是当绝缘直径增大到一定值时，在直线同半圆相切处易使绝缘起皱，即存在一定的工艺分散性。而该台产品在3主屏以后的绝缘绕制中，由于半圆处随着直径的增大，其内外半径相差越来越大，在绕制中控制疏忽极易导致绝缘

516

起皱。

经验体会

（1）从解体过程中可以看到，主绝缘的 3～6 主屏间高压电缆纸存在绝缘起皱现象，即表面存在凹凸性。那么在凹槽中就可能存有空气。而制作过程中的工艺分散性加剧了其表面电场分布的不均匀程度，成为了设备长期运行过程中产生低能放电的隐患。从解体过程中可以看到相邻的绝缘纸上肯定也出现对应的褶皱现象。这就是在理论上形成了放电通道。

从放电理论上分析，油纸复合绝缘在长期电场作用下的电击穿场强远较短时击穿场强低。在交流电压下油纸复合绝缘中的油与气隙均为薄弱环节。根据电场理论复合介质中电场强度的分布和其介电常数成反比。因此在由绝缘纸褶皱而形成的两放电电极中，介质包含油纸复合绝缘、油及气隙。而绝缘油及气隙的击穿场强又比油纸复合绝缘低得多，在由于褶皱而产生的电场集中部位的气隙就会出现放电现象，产生部分气泡，导致该处的耐电强度进一步下降，游离放电加剧，再加上其绝缘采用多极电容屏，层间绝缘包扎紧密，因而其相对封闭，绝缘层间油同油箱内油交换困难，在故障初期很难发现，隐蔽性较强。因而绝缘包扎中绝缘纸褶皱是本次故障的根本原因。

（2）下一步应采取的措施。

1）加强对在运行中的同类型设备的检测，缩短检测周期。

2）同厂家同型号新设备运行三个月时，做油色谱试验，结果正常的情况下，设备运行半年再次进行油色谱试验，如两次结果均正常，在五年内应每年做一次油色谱试验，如均正常，此后可按设备正常检修周期进行检测。

3）要求生产厂家进一步完善该产品主绝缘包扎工艺并强化包扎人员培训，严格包扎过程的质量控制，加强局部放电试验检测有效性。

检测信息

检测人员	国网冀北电力有限公司廊坊供电公司：王建新（36 岁）、赵志山（32 岁）、安冰（31 岁）
检测仪器	气相色谱仪
测试环境	温度 15℃、相对湿度 40％

4.2.2　油中溶解气体分析发现 110kV 康保变电站 110kV 电流互感器内部严重放电

案例简介

2011 年 3 月，由于短时间内连续出现保定互感器故障，国网冀北电力有限公司张家口供电公司决定对 110kV 及以上电流互感器进行色谱排查。排查过程中发现 110kV 康保变电站 114 间隔电流互感器色谱数据异常，该设备为保定天威互感器有限公司，型号为：LB6-110GYW2，于2006年6月1日出厂，同年7月10日投运。

检测分析方法

（1）在色谱试验中发现，114电流互感器的B、C相油中氢气大大超过注意值。特别是C相油中乙炔组分高达4100μL/L，总烃组分高达9800μL/L，明显为内部存在高能量电弧放电故障特征。三比值目标位102，对应的故障性质为高能放电。试验数据见表1。

表1 康保114互感器色谱数据 μL/L

相别	H_2	CH_4	C_2H_6	C_2H_4	C_2H_2	CO	CO_2	总烃	日期
B	1108.1	46.1	10.1	1.1	0	149.7	287.8	57.3	2011年4月3日
C	17 141	3255.9	479.6	2050.5	4108	1447.6	234.2	9894	2011年4月3日

（2）更换该互感器后进行诊断性试验，初步印证故障性质的判断。其后的解体检查就是故障得到进一步证实。图1为该互感器解体后展现的故障位置和放电痕迹。它正确的判断了设备的内部故障性质，为必要的设备检修更换提供依据。又及时地避免了一次严重的设备事故，及可能由其而引发的系统故障。

图1 互感器解体图

经验体会

（1）对存在疑似缺陷的设备要加强油色谱排查。
（2）对存在色谱异常的设备要坚强监视，必要时加装在线监测装置。
（3）对同一类型的设备出现问题时，要进行全面排查，避免事故的发生。

检测信息

检测人员	国网冀北电力有限公司张家口供电公司：马志强、吴勇胜
检测仪器	中分2000气相色谱仪（河南中分仪器有限公司）

4.2.3 油中溶解气体分析发现110kV庙洼变电站110kV电流互感器内部放电

案例简介

国网冀北电力有限公司张家口供电公司110kV庙洼变电站内目前共有7个110kV间隔，全部采用倒置式电流互感器。除 110 间隔电流互感器（用户资产）为大连互感器厂生产的 LB6-126 型外，其余均为保定天威生产的 LVB-110W2 型。庙洼变电站 110kV 互感器自 2010 年故障部分更换后，2011 年 2 月，111、145 间隔电流互感器又发现膨胀器顶开，采油试验发现 111B 相和 145B 相色谱数据异常。

🔷 检测分析方法

（1）安排对 111 间隔 C 相电流互感器进行油色谱测试，数据见表 1。

表 1   庙洼 111 电流互感器 B 相色谱数据   μL/L

相别	H_2	CH_4	C_2H_6	C_2H_4	C_2H_2	CO	CO_2	总烃	日期
B	15 331.8	1195.6	355.4	119.8	533	170.4	143	2203.8	2011 年 2 月 11 日

由上述数据分析，根据油中溶解气体分析和判断导则，三比值编码为 110，特征气体主要表现 H_2、CH_4 高，次要气体 C_2H_6、C_2H_2 较高，总烃高，上述气体组分均成倍高出注意值，判断为该电流互感器内部可能存在放电故障。

（2）在对 111 间隔 B 相互感器更换后，进行局部放电和运行电压介质损耗试验，该互感器的局部放电量达到 850pk，介质损耗值变化不大。

（3）随后在生产厂家的指导下对该互感器进行解体检查，并在电容屏的上部发现放电部位，并发现其放电点已将多层电容屏击穿，如图 1 所示。

图 1   互感器解体图

🔷 经验体会

（1）对存在疑似缺陷的设备要加强油色谱排查。
（2）对存在色谱异常的设备要坚强监视，必要时加装在线监测装置。
（3）对同一类型的设备出现问题时，要进行全面排查，避免事故的发生。

🔷 检测信息

检测人员	国网冀北电力有限公司张家口供电公司：马志强、吴勇胜
检测仪器	中分 2000 气相色谱仪（生产厂家：河南中分仪器有限公司）

4.2.4 油中溶解气体分析发现 220kV 广安变电站 220kV 电流互感器内部放电

案例简介

国网冀北电力有限公司廊坊供电公司运维的 220kV 广安变电站于 2005 年 6 月投入运行。220kV 广安变电站 2213 A 相电流互感器，型号：LB7-220W2；序号：06L208 出厂日期：2006 年 4 月；制造厂：衡阳南方互感器有限公司。2007 年 3 月投运，2008 年 3 月在进行油色谱试验时发现其油中含有乙炔，并且乙炔含量超出规程规定，公司于 2008 年 5 月对其进行了更换。

检测分析方法

(1) 总体情况。2008 年 3 月在进行油色谱试验时发现其油中含有乙炔，并且乙炔含量超出规程规定，进行跟踪带电测试，分析内部存在局部放电，并且发展较快，公司于 2008 年 5 月对其进行了更换。数据见表1。

表 1 广安变电站 2213A 相电流互感器色谱数据 μL/L

设备名称	试验日期	试验数据							
		CH_4	C_2H_4	C_2H_6	C_2H_2	H_2	CO	CO_2	总烃
广安 2213C 相电流互感器	2008 年 3 月 12 日	2.34	0.97	0	1.69	26.33	162.78	336.68	5
	2008 年 4 月 10 日	1.36	1.2	0.75	4.42	29.52	140.7	459.99	7.73

表 2 局部放电数据

试验电压（kV）	放电量（pC）	试验电压（kV）	放电量（pC）
81	42	190	3300
120	420	195	4000
130	600	200	4700
140	820	210	4800
150	850	214	5000
160	850	220	5800
177	2700	225	溢出

(2) 解体分析情况。2009 年 2 月 20 日，公司与生产厂家于廊坊供电公司修试大厅对该电流互感器进行局部放电试验及解体检查，查找故障的确切部位。

1）试验情况分析。规程规定油浸式电流互感器在 $1.2U_m/\sqrt{3}$ 电压下放电量不大于 20pC，由表 2 数据可知，当电压降至 176kV 时，局部放电量已高达 2700pC，远大于规程规定。可以确定该电流互感器内部存在局部放电。

为了进一步分析放电是否伤及固体绝缘，因此进行了高电压下介质损耗试验。根据表 3 数据可知，当电压由 $0.5U_m/\sqrt{3}$，升到 $U_m/\sqrt{3}$ 时，$\tan\delta$（%）的增量为：0.504%－0.411%＝0.093%，而规程规定 $\tan\delta$（%）增量不应超过±0.2%，由此可以判断该台电流互感器主绝缘良好。

表 3 高压介质损耗数据

试验电压（kV）	C_x（pF）	$\tan\delta$
11.5	844.252	0.411%
73	845.060	0.490%
146	845.730	0.504%

2）解体情况分析。吊开瓷套检查发现一次线圈底部电容屏有磨损痕迹，电缆纸及铝箔均有破损。如图 1 和图 2 所示。该电流互感器一次线圈 U 型电容芯底直接安放在油箱底槽中，二次线圈分别套装在一次线圈上，二次绕组之间用硬质绝缘纸板隔离，由于 U 型电容芯底部在油箱内固定仅靠油箱盖板及二次绕组线包压紧，（如图 3 所示），造成该电流互感器在运输中，一次绕组 U 型弯与二次绕组隔离用的硬质绝缘纸板发生反复摩擦，将 U 型弯处一次绕组外绝缘和屏蔽层划破。

经验体会

(1) 发现该设备缺陷后，对在运的该厂设备进行了摸查，缩短色谱监督周期，每半年监测一次。

图1　一次线圈底部电容屏磨损痕迹

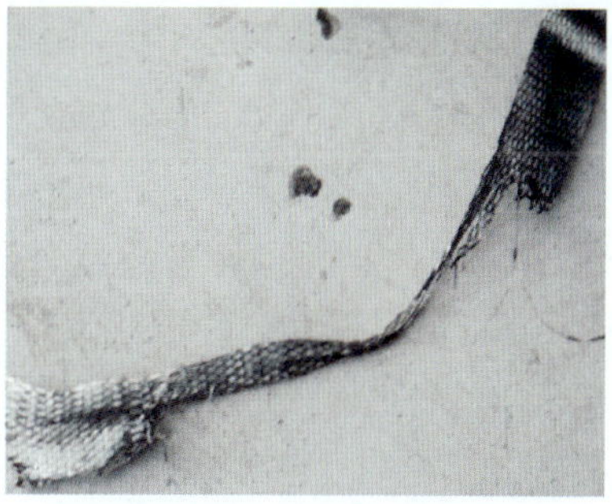

图2　电缆纸破损

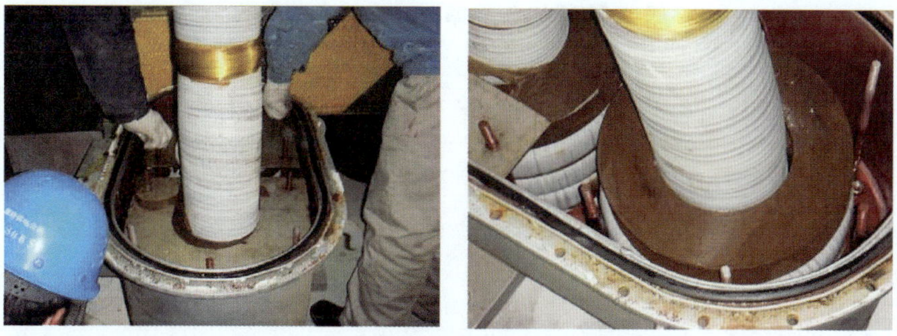

图3　U型电容芯底在油箱内的固定

（2）互感器油中溶解气体组分含量超过下列任一值时应引起注意：总烃：$100\mu L/L$，氢气：$150\mu L/L$，乙炔：$1\mu L/L$。

检测信息

检测人员	国网冀北电力有限公司电力廊坊供电公司：王建新（36岁）、赵志山（32岁）、安冰（31岁）
检测仪器	CP-3800 气相色谱仪
测试环境 	温度20℃、相对湿度40%

4.2.5　油中溶解气体分析发现220kV康仙变电站220kV电流互感器内部放电

案例简介

国网冀北电力有限公司廊坊供电公司220kV康仙变电站位于河北省霸州市，1994年10月一期投入运行。康仙2212型号：LB9-220W，厂家：湖南醴陵火炬电瓷电气有限公司，2005年7月出厂（B相编号：511，C相编号：506）。在2013年4月24日例行试验中发现，甲烷、氢气、总烃严重超标，且B相电容量增大了6%（交接值：753.6pF，2013年测试值801.4pF）。此设备已于2013年4月28日进行了更换。

🔷 检测分析方法

（1）问题简述。2013年4月24日，对康仙2212电流互感器例行试验，发现该电流互感器B、C相色谱分析结果异常（历次色谱数据见附表1），甲烷、氢气严重超标，乙炔超出注意值，三比值编码110，判断设备内部存在局部电弧放电，无法投入运行，25日转为冷备用。该互感器型号为LB9-220W，电流比2×1200/5，8组二次线圈（现用7组），由湖南醴陵火炬电瓷电器公司2005年7月出厂，2005年9月投运。

表1　　　　　　　　　　　　康仙2212电流互感器历次油色谱数据　　　　　　　　　　　　μL/L

站名	设备名	日期	H_2	CO	CO_2	CH_4	C_2H_6	C_2H_4	C_2H_2	总烃
220kV康仙变电站	2212-A	2013年4月24日	32.35	268.05	759.56	2.75	0	0	0	2.75
		2009年12月21日	18.76	231.32	682.74	2.74	0	0	0	2.74
		2007年11月5日	33.48	115.17	401.38	2.48	0.29	0	0	2.77
		2005年9月21日	22.44	57.03	343.61	2.08	0.13	0	0	2.21
	2212-B	2013年4月24日	28 902.3	168.51	803.6	1389.36	123.27	0.7	1.15	1514.48
		2009年12月21日	119.9	167.13	770.58	6.72	1.23	0.4	0	8.35
		2007年11月5日	115.14	137.18	700.58	2.77	1.01	0.18	0	3.96
		2005年9月21日	46.02	71.28	331.3	2.33	1.2	0	0	3.53
	2212-C	2013年4月24日	18 848	38.68	725.73	1374.44	937.12	3.34	5.04	2319.94
		2009年12月21日	52.2	228.82	805.8	6.31	1.52	0	0	7.83
		2007年11月5日	39.87	114.72	380.24	2.87	0.2	0	0	3.07
		2005年9月21日	42.11	66.6	392.11	2.67	3.74	0	0	6.41

（2）设备原因查找。2013年8月15日，国网河北省电力公司廊坊供电公司组织对湖南醴陵疑似家族性缺陷进行了解体检查。解体设备型号LB9-220W，电流比2×1200/5，为原康仙2212C相电流互感器。

解体前对互感器进行了全面的试验，对该设备进行额定电压下的介质损耗试验和局部放电试验，分别如图1和表2所示。其中，额定电压下的介质损耗试验测量电压从10kV升高到$U_m/\sqrt{3}$（145kV）时，介质损耗增量达到90.9%（规程要求不大于0.2%），且在$U_m/\sqrt{3}$电压下tanδ达到1.718%，远远超标。在1.2$U_m/\sqrt{3}$（174kV）电压下局部放电量达到177pC（规程要求不大于20pC）。

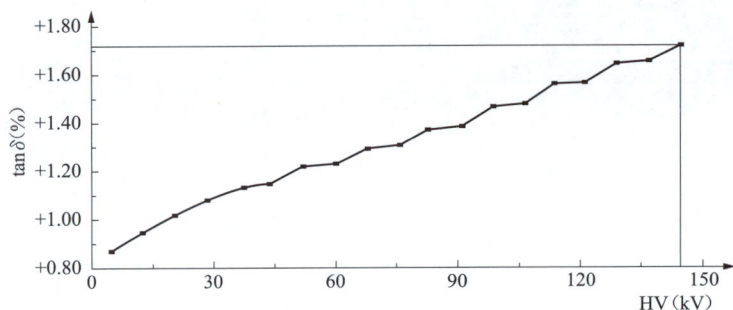

图1　额定电压下的介质损耗试验曲线

表2　　局部放电量数值

电压（kV）	放电量（pC）
71.5	34
90.8	52
110.7	70
131	80
151	131
174	177

试验完毕后，对互感器进行了解体检查，检查发现互感器内部屏蔽层锡箔纸存在大量孔洞（如图2），

锡箔纸卷制存在大量褶皱（如图3），并且锡箔纸存在孔洞部位成不规则分布（如图4），拆解末屏连接板，发现有大量灼烧痕迹（如图5），同时发现绝缘纸间发现大量粘状物（如图6）。

图2　存在孔洞屏蔽层情况

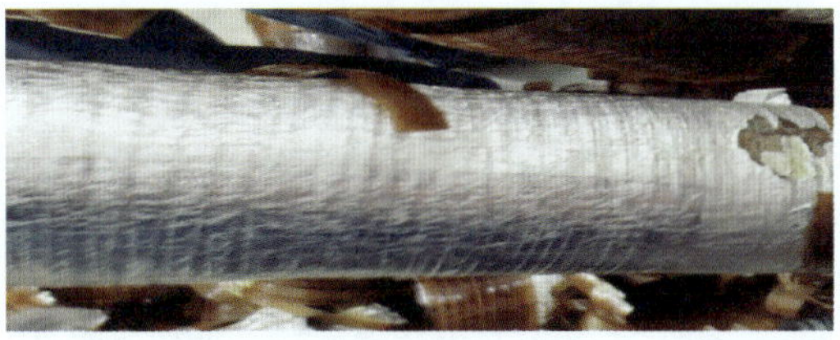

图3　未存在孔洞屏蔽层情况（存在大量褶皱）

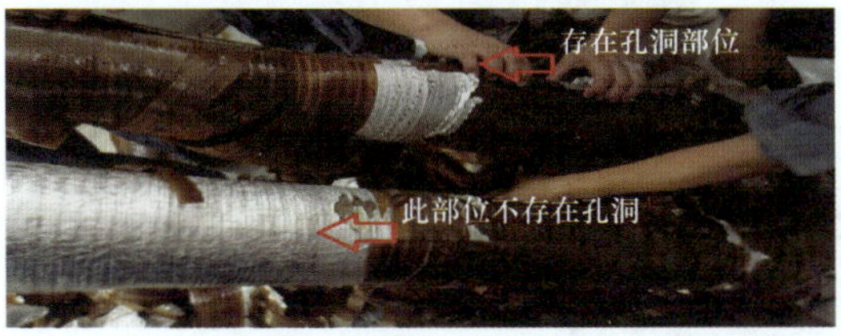

图4　屏蔽层绕包裹对比

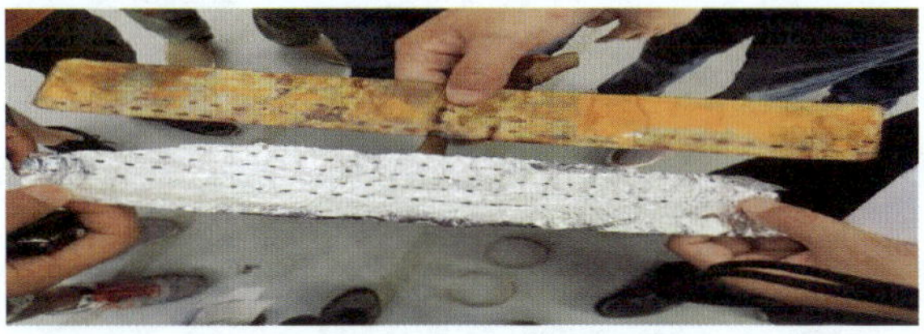

图5　局部放电情况及灼烧点

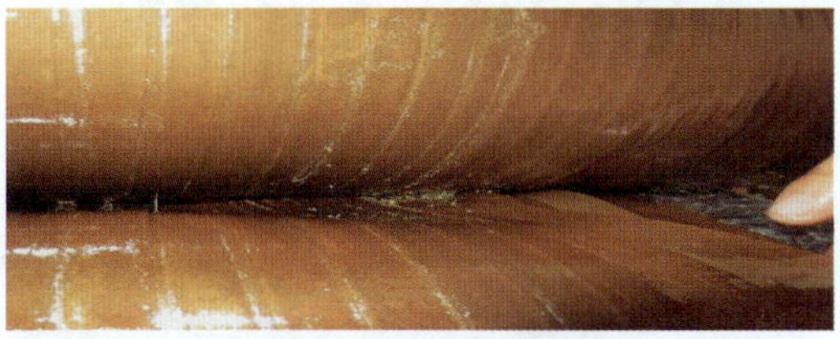

（3）原因分析。一是互感器内部屏蔽层绝缘纸及锡箔纸因设计原因存在孔洞，并且卷制的锡箔纸工艺不良存在大量褶皱，造成互感器末屏连接板与屏蔽层锡箔纸接触不良，锡箔纸与末屏连接板在孔洞处电压不均，造成局部放电，局部放电初期为低能量局部放电，低能局部放电随着时间逐步向高能放电发展，并造成末屏连接板放电处过热灼烧。从局部放电试验高达500pC的放电量及油色谱气体组分分析可以进行很好的佐证。如图7所示。

图6　绝缘纸间粘状物

二是互感器油质已发生变换，油中出现大量X蜡状物质，如图8所示，从互感器油质试验可以进行反映，同时也是造成互感器整体介质损耗偏高的原因之一。

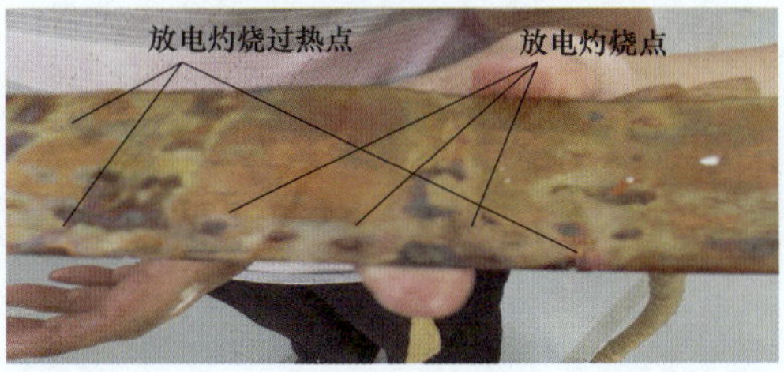

图7　局部放电及过热点

图8　X蜡状物质

三是湖南醴陵的该批互感器在生产制造工艺及绝缘油的选取均未能进行有效地控制，产品带隐患出厂，造成设备运行一段时间出现异常，为电网安全带来风险。

❖ 经验体会

（1）通过油色谱试验能够很灵敏的发现油浸式互感器内部故障，而通过高压介质损耗、局部放电试验的配合更改能够对互感器内部故障进行定性。

（2）开展对湖南醴陵电瓷电器有限公司同期产品进行远红外精密测温，同时开展互感器带电取油，对湖南醴陵同期、同类产品进行油色谱跟踪分析，查找隐患。

（3）同时认为该问题互感器为典型制造工艺或设计家族型缺陷，随着互感器运行时间的加长，隐患逐步显露，建议厂家改进设计，提高制造工艺，确保设备质量提高。

检测人员	国网冀北电力有限公司廊坊供电公司：王建新（36岁）、赵志山（32岁）、安冰（31岁）
检测仪器	CP-3800 气相色谱仪
测试温度	温度20℃、相对湿度40％

4.2.6 油中溶解气体分析发现220kV察北变电站220kV电流互感器绝缘缺陷

220kV察北变电站2217电流互感器为保定天威互感器有限公司2009年7月出厂产品，型号为LB10-220W3，正立、油浸、瓷绝缘电流互感器，二次线圈共8组，额定变比4000/1，二次额定输出为15VA，其中六圈为保护级（5P40），一圈为测量级（0.5），一圈为计量级（0.2S）；抽头变比2500/1，二次额定输出为7.5VA，2009年12月投运。

2011年3月6日15时40分，运行人员在巡视中发现2217C相电流互感器，上盖被膨胀器顶开，膨胀器变形。故障外观如图1所示。

图1 故障外观图

（一）安排对该组电流互感器进行油色谱测试，其中A相数据正常，B、C数据见表1。

表1 色 谱 测 试 数 据 μL/L

相别	日期	H_2	CH_4	C_2H_4	C_2H_6	C_2H_2	CO	CO_2	总烃
2217电流互感器B相	2011年3月6日	9502.5	513.6	1.1	14.2	0	36.1	172.0	528.9
2217电流互感器C相	2011年3月6日	36 330.3	3060.2	0.9	185.8	1.1	18.8	128.3	3248

从数据中可以看出，B、C相，油中分解特征气体含量已严重超标（正常值为：氢气小于150μL/L；总烃小于：100μL/L）。

（二）故障后，3月8日，公司安排用该站2245间隔电流互感器，更换了2217间隔缺陷电流互感器，当日恢复送电，并将2217缺陷电流互感器返厂进行试验、解体。

（三）3月10日，在保定天威互感器厂，电力科学研究院专家、我公司专业人员及厂家技术代表共同参加了察北变电站2217B相、C相电流互感器试验、解体分析。首先进行了两台故障电流互感器的油中微水含量、油色谱试验、局部放电试验、额定电压下介质损耗试验、绝缘试验、直阻试验等，最后进行了电流互感器的整体解体。

1. 试验结果

（1）油中微水。一台 $7.2\mu L/L$，一台 $9.1\mu L/L$，满足规程的运行要求。

（2）局部放电试验。在施加电压升至 60kV 左右时，出现明显放电，约 100 多 pC，起始放电电压很低。含气量较多的 C 相在 $U_m/\sqrt{3}$ 即 145kV 下放电量达 1000pC 以上，含气量相对较少的 B 相在 $1.2U_m/\sqrt{3}$ 即 174kV 电压下的放电量为 340pC。

（3）额定电压下介质损耗试验。含气量较多的 C 相的介质损耗随施加电压的升高呈增长趋势，说明主绝缘可能存在劣化或受潮。B 相介质损耗基本不随电压变化，具体见表 2。

表 2　2217C 相电流互感器介质损耗试验数据

施加电压（kV）	10	66	100	145
介质损耗	0.40%	0.46%	0.51%	0.59%

2. 解体情况

（1）未发现明显放电烧蚀痕迹。

（2）三处可疑点。

1）该电流互感器一次导电杆与一次端子之间连接的铝排，成形工艺较差，不平整，且在铝排与导电杆连接的根部存在疑似高温导致变形的痕迹，如图 2 所示。

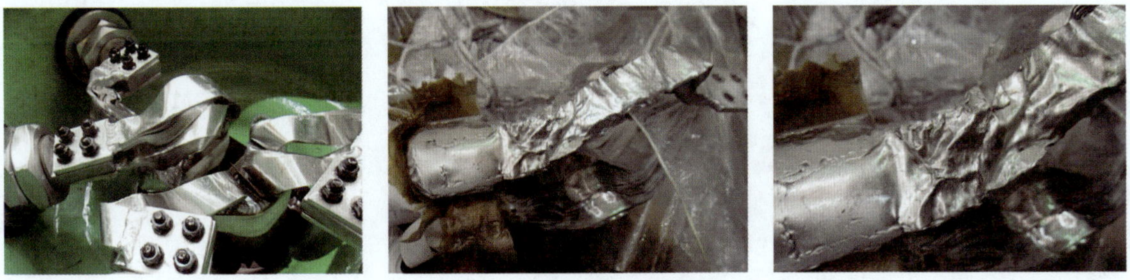

图 2　互感器解体图

2）未解体前由接线端子上测量一次绕组直阻与解体后由铝排端子上测量的一次绕组直阻值存在差别。其中 C 相电流互感器为 $200\mu\Omega$，B 相电流互感器为 $90\mu\Omega$，远大于设计值 $27\mu\Omega$。

3）B 相解体后的主绝缘处的铝箔纸上存在多处浅色黄斑，猜测高温会不会导致浅色黄斑产生，厂家解释是当时入厂的一批铝箔纸即存在该问题。

3. 故障原因分析

试验发现：局部放电试验不合格，其中 C 相电流互感器局部放电量为 1000pC，B 相电流互感器局部放电量为 340pC；一次绕组直流电阻不合格，其中 C 相电流互感器为 $200\mu\Omega$，B 相电流互感器为 $90\mu\Omega$，远大于设计值 $27\mu\Omega$。解体发现电流互感器铝排与导电杆连接的根部存在疑似高温痕迹。主绝缘层层解体后未发现明显问题。

油中溶解气体分析发现，烃类气体以 CH_4 为主，H_2 含量很高。分析认为，根据油色谱试验数据和局部放电试验情况，油纸绝缘中局部放电是产生大量 H_2 和 CH_4 的原因，故障中后期以气泡放电为主要放电形式。

互感器油中产生大量特征气体，存在以下几种可能：

（1）一次引线铝排处因工艺问题，存在局部过热点。

（2）一次引线接头松动，存在局部过热点。

（3）绝缘纸、铝箔纸缠绕工艺不良，以及纸的皱纹或重叠造成纸不完全浸渍留有空腔，导致互感器绝缘层间产生微弱的局部放电，产生少量气体。

综合试验和设备解体情况，分析认为电流互感器组装过程中，互感器内部铝排连接部分未完全紧固到位，接触电阻远远大于设计值，属于不合格产品。供货商出厂前未开展一次绕组直流电阻测试工作，交接试验也未开展电流互感器一次绕组直流电阻测试工作，因此故障隐患未能及时查出。电流互感器投运后，在较大运行电流作用下，铝排接触不良处发热或放电，引起油中气体含量增大，随着油中气体不断增大，产生油中气泡放电，油中气泡放电进一步产生更多的油中气体，形成恶性循环。当油中气体不断集聚时，互感器内部压力随之增高，最终导致上盖被膨胀器顶开。

经验体会

（1）加强全过程技术监督，要求厂方提供原材料的产地、进厂检验资料、检验项目报告。认真做好变电设备投运前的交接试验工作。

（2）对存在疑似缺陷的设备要加强油色谱排查。

（3）对存在色谱异常的设备要坚强监视，必要时加装在线监测装置。

（4）对同一类型的设备出现问题时，要进行全面排查，避免事故的发生。

检测信息

检测人员	国网冀北电力有限公司张家口供电公司；马志强、吴勇胜、孙宁
检测仪器	中分 2000 气相色谱仪（河南中分仪器有限公司）

4.2.7　油中溶解气体分析发现 110kV 太涡变电站 110kV 电流互感器局部放电

案例简介

2013 年 6 月，国网江苏省电力公司常州供电公司 110kV 太涡变电站 110kV 电流互感器 C 相在进行年度的绝缘油色谱分析时发现总烃为 1699.77μL/L，严重超标（注意值为 100μL/L）。停电以后该组电流互感器进行了 10kV 介质损耗试验，C 相主屏介质损耗为 0.26，已严重超标（规程规定应≤0.008），而末屏介质损耗为 0.48，也超过注意值（规程规定应≤0.02），经分析后认为，是内部局部放电所致。对此电流互感器吊罩处理后，发现了黑色的放电痕迹，验证了试验的推断。

检测分析方法

2013 年 6 月，712 开关电流互感器 C 相在进行年度的绝缘油色谱分析时发现总烃严重超标，712 开关电流互感器 C 相铭牌数据及色谱、微水历年试验数据见表 1。

表 1　　　　　　　712 开关电流互感器铭牌数据及色谱、微水历年试验数据

型号	LB6-110W2	出厂编号	060106	绝缘水平	126/230/550kV
标准	GB 1208	频率	50Hz	额定电流比	2×400/5
油号	25 号	额定短时热电流	40-kV/2S	额定动稳定电流	100-kV
电容量	758pF	出厂年月	2006 年 4 月	南京电气有限责任公司	

分析时间	成分分析（μL/L）								
	CH_4	C_2H_4	C_2H_6	C_2H_2	H_2	CO	CO_2	总烃	微水
2010 年 6 月	20.91	0.17	0.19	0	103	130	477	130	
2011 年 6 月	19.19	0.24	0.31	0	93	151	647	151	
2012 年 6 月	23.18	0.36	0.41	0	112	169	711	169	
2013 年 6 月	1533.33	22.64	143.18	0	13 509	64	728	1699.77	7.6
注意值				2	150			100	

根据色谱分析，主要特征气体为 H_2、CH_4，次要成分为 C_2H_2、CO_2、C_2H_6，C_2H_2 数据为 0，经查看前几年的数据并无异常，此次色谱分析数据超标属于骤然上升，对此次色谱数据运用三比值法结论为低能放电，初步分析故障原因有两种可能，第一种是油、纸绝缘中存在局部放电，第二种是电流互感器一次对末屏主绝缘电容芯子由于真空干燥不彻底含有水分形成热老化。随即对 712 开关电流互感器停电，做进一步分析。

　　处理过程：停电以后立即对运太线三相电流互感器采用正接线进行了 10kV 介损试验，并在试验前对互感器表面进行了反复擦拭，A、B 相数据正常，再通过反接线加压 2kV 对末屏做介损试验，C 相试验数据见表 2，通过试验数据发现，主屏介损已严重超标（规程规定应≤0.008），而末屏介损也超过注意值（规程规定应≤0.02），随后将三相互感器换下运回了检修车间，换上新的互感器保证正常供电。综合以上数据基本上确定故障类型为局部放电，决定做高电压介损试验做进一步分析与验证。

表 2 　　　　　　　　　　　　　　　　　　10kV 介损数据

相别	测试日期	温度（℃）	湿度	测试项目 / 设备部位	绝缘电阻（MΩ）	$\tan\delta$	C_X（pF）
C	2006 年 4 月	18	70%	主屏	10 000+	0.26%	754.48
				末屏	10 000+	0.48%	734.8
C	2013 年 6 月	23	65%	主屏	2000	2.092%	751.7
				末屏	1500	2.288%	741.8

高压介损数据见表 3。

表 3 　　　　　　　　　　　　　　　　　高 电 压 介 损 数 据

试验电压（kV）	10	20	30	40	50	60	70
$\tan\delta$ 电压升	2.092%	2.112%	2.235%	2.354%	2.679%	2.873%	3.122%
$\tan\delta$ 电压降	2.011%	2.522%	2.731%	2.879%	3.127%	3.246%	3.122%
C_X（pF）	751.7	768.3	771.4	775.5	781.2	783.6	788.9
C_X（pF）	767.4	770.2	775.1	778.2	783.6	785.3	788.9
$\tan\delta$ 最大互差（升）				+1.03%			
$\tan\delta$ 最大互差（降）				+1.11%			

　　根据高电压介损数据，此电流互感器电容屏内存在局部放电，为了确定故障的具体位置以及验证试验结果，对此电流互感器吊罩处理。

　　绝缘子吊出后，底座腔内散发出浓烈的酸臭味。

　　最终在靠近一次绕组的最后几屏中发现油纸绝缘处有很厚的黏状物，并且气味刺鼻，在部分绝缘纸上有黑色的放电痕迹，如图 1 所示，验证了以上试验的推断。

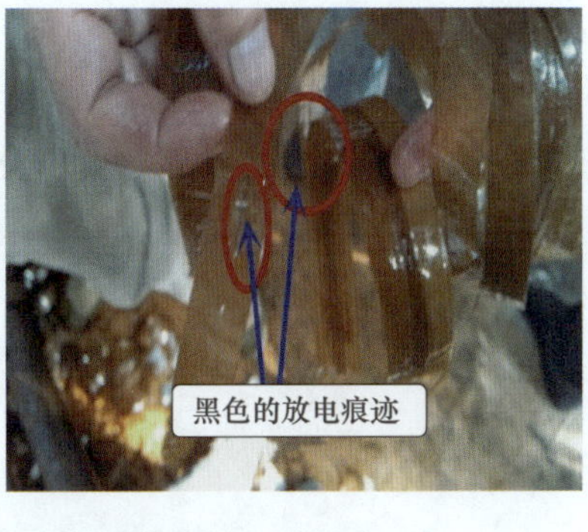

图 1　绝缘纸上有黑色的放电痕迹

❖ 经验体会

　　此次故障虽没有引起重大的后果，但若不及时发现并采取措施任由其发展后果不堪设想。很多互感器故障都是由于局部放电引发，究其原因主要是由设备内部缺陷或故障引起的局部放电，绝缘材料选择、绝缘处理工艺（包括绝缘干燥、真空注油等）不到位而导致的局部放电，因生产以及装配质量控制差异而造成的互感器内部先天缺陷而引发的局部电场分布不均。

　　由此对设备制造工艺和出厂检测提出以下建议，以提高设备质量，避免设备安全隐患。

　　（1）建议生产厂家优化设计方案，严格制造工艺的控制和中间环节的检查，规范装配工艺，加强设备制造的全过程质量管控，以确保工艺缺陷在出厂前能及时发现并控制，降低设备故障率。

（2）设备运行和维护单位应加强对新投运设备的运行巡检和例行试验，建议新投运设备在投运半年或一年内进行一次绝缘油气相色谱分析，以了解掌握设备运行状况，防止事故发生。

❖ 检测信息

检测人员	国网江苏省电力公司常州供电公司：顾逸（29岁）、梁军（42岁）、杭强（40岁）
检测仪器	SP-6801气相色谱仪、HV9001上海思创精密介质损耗仪
测试环境	温度28℃、相对湿度60%

4.2.8 油中溶解气体分析发现 220kV 万溶江变电站电流互感器内部接地

❖ 案例简介

国网湖南省电力公司湘西供电分公司运维的220kV万溶江变电站220kV枇万线604电流互感器于1996年出厂，1997年投入运行，已运行16年，无不良运行记录。2013年2月28日，班组工作人员对220kV万溶江变电站油浸式电流互感器进行油色谱取样分析，发现220kV枇万线604C相电流互感器乙炔含量达到13.3μL/L，严重超过注意值1μL/L。3月2日上午将该油样送至国网湖南省电力公司科学研究院进行确诊，试验数据与之前分析的结果一致。3月2日下午再次取样跟踪分析，乙炔含量已增加至15.07μL/L。3月4日，将该互感器进行了停电更换。对更换下的互感器进行解体发现，一次绕组向内侧变形弯曲，抱箍下滑造成接地不良，悬浮放电导致油色谱乙炔含量超标；此外器身密封圈存在密封不良，局部进水受潮，器身内部锈蚀，导致油色谱检测氢气含量超过注意值。

❖ 检测分析方法

（1）解体前试验诊断。该设备在2010年、2013年分别进行了油样色谱分析试验，具体数据见表1。

表1 缺陷互感器油色谱测试数据 μL/L

分析日期	2013年3月2日	2013年3月1日	2010年11月24日
CH_4	7.31	6.88	2.05
C_2H_4	6.47	5.97	0.89
C_2H_6	1.71	1.94	0.94
C_2H_2	15.07	13.30	0.00
H_2	182.63	124.05	77.33
CO	226.54	193.72	117.21
CO_2	1101.85	1043.35	686.68
总烃	30.56	28.09	3.88
分析结果	乙炔、氢含量超过注意值	乙炔含量超过注意值	含量未发现异常

根据 Q/GDW 1168—2013《输变电设备状态检修试验规程》，220kV 万溶江变电站枇万线 604C 相电流互感器油中溶解气体的乙炔含量已严重超过注意值（1μL/L），其异常原因可能是内部存在悬浮放电故障。同时，氢气含量超过注意值（150μL/L），该电流互感器可能存在进水受潮。

为进一步查找原因，班组工作人员分别于 3 月 1 日、2 日对该电流互感器进行了外观检查、红外测温和末屏接地检查，国网湖南省电力公司检修公司和国网湖南省电力公司电力科学研究院于 3 月 5 日对该互感器进行了常规试验及高电压介质损耗试验，均未发现异常。

（2）现场解体检查。2013 年 3 月 6 日下午，对该互感器进行了解体吊罩检查，发现一次绕组发生向内侧弯曲变形，如图 1 所示，其紧固抱箍（铁质）松动下滑，如图 2 所示，造成与底座支架接地连接螺栓松动，抱箍接地不良，如图 3 所示。继续对互感器末屏与零屏压接处进行检查，其接触牢固可靠，未发现异常；一次绕组与二次绕组之间、一次绕组底部等均未发现放电现象。互感器底座器身内发现有进水受潮生锈现象，如图 4 所示。

图 1　一次绕组弯曲向内变形

图 2　一次绕组抱箍紧固螺栓松动

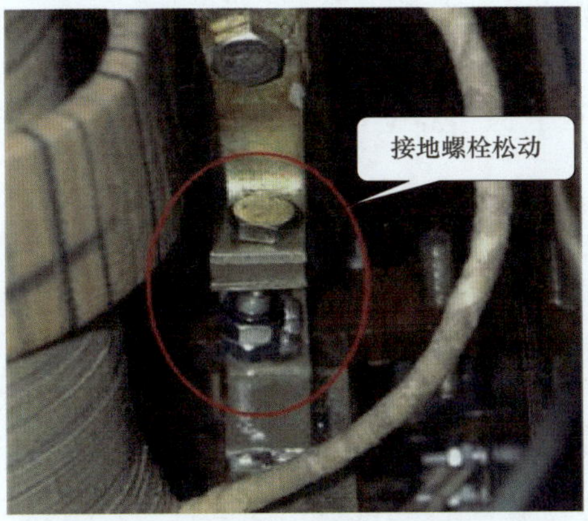

图 3　铁质抱箍与底座接地螺栓松动

图 4　底座器身进水受潮生锈

（3）事故原因分析。由于一次绕组中间段长期受铁质紧固抱箍拉紧力作用，在运行中出现一次绕组向内侧变形弯曲，抱箍下滑，造成与底座支架接地连接螺杆松动，抱箍接地不良；在一次绕组首端高电压对地的强电场中，铁质抱箍将悬浮放电，造成绝缘油裂解，出现大量乙炔。此外，该互感器由于底座器身密封圈存在密封不良，出现局部进水受潮，造成器身内部锈蚀，油色谱检测氢气含量超过注意值。

❖ 经验体会

油中溶解气体色谱分析对诊断电流互感器的异常或缺陷具有重要作用，要高度重视乙炔的含量，因为乙炔是反映放电性故障的主要指标；同时也不能忽视氢气和甲烷，因为这些组分是局放初期、低能放电的主要特征气体。

　　对于出现乙炔含量超标或增长较快的互感器，应及时停电进行相应的检查处理，及早消除设备隐患，保障电网的安全稳定运行。油浸正立式电流互感器应按照 Q/GDW 1168—2013《输变电设备状态检修试验规程》周期要求开展油中溶解气体分析检测工作，对检测结果出现异常的设备，要及时进行跟踪与分析，紧密关注特征气体含量发展趋势。

　　该互感器 2010 年油色谱检测正常，2013 年检查发现严重的内部故障，缺陷发展速度快，能发现此缺陷带有一定偶然性，因此建议对运行年限较长的老旧互感器，应适当缩短带电检测周期，严密监视设备状况。

❖ 检测信息

检测人员	国网湖南省电力公司湘西供电分公司：周小东（49岁）、郭文笔（27岁）、隆俊（33岁）
检测仪器	2000B 气相色谱仪（河南省中分仪器有限公司）
测试环境	温度13℃、相对湿度64%、阴天

4.2.9　油中溶解气体分析发现 220kV 前郭变电站电流互感器放电

❖ 案例简介

　　2012 年 3 月进行色谱定检发现 220kV 前郭变电站 1 号主变压器电流互感器 A 相油色谱异常，该设备氢气、总烃含量较高且甲烷占主要成分，试验人员将设备异常状况及时上报给国网吉林省电力有限公司电力科学研究院并纳入每月绝缘、油色谱异常设备统计报表内进行色谱跟踪监视，初始监视周期定为 6 个月。

　　2013 年 4 月，跟踪测试发现该电流互感器氢气超过规程注意值，总烃含量有明显增长，建议尽快安排设备停电检查，设备停运前色谱监测周期不超过 3 个月。

　　7 月 4 日，试验人员对设备进行油色谱跟踪测试发现：氢气含量为 324.15μL/L，乙炔含量为 0.21μL/L，甲烷占总烃主要成分，次日进行了样品复试，证明设备内部局部放电缺陷已经发展，继续运行十分危险，设备立即退出运行。

❖ 检测分析方法

　　色谱试验室历次色谱数据能比较准确反映该电流互感器不同阶段油中溶解气体组分异常变化情况，出现异常后上报给国网吉林省电力有限公司电力科学研究院并根据专家指导的检测周期进行色谱监测，始终掌握设备异常状态，在缺陷突然恶性变化时及时发现并采取果断措施进行设备停运检查，避免设备故障发生。历次色谱异常数据统计表见表 1。

表 1

试验日期	H_2	CH_4	C_2H_4	C_2H_6	C_2H_2	CO	CO_2	总烃	异常情况	监测周期
2012 年 3 月 25 日	85.13	51.25	0.84	2.45	0	87.25	275.21	54.54	氢气超过注意值，甲烷占总烃主要成分，出现乙炔	要求立即停运
2012 年 9 月 30 日	125.23	56.31	0.87	2.89	0	89.65	276.23	60.07		
2013 年 4 月 19 日	282.41	66.88	0.88	3.84	0	93.87	283.59	71.60		
2013 年 7 月 3 日	324.15	70.80	1.12	4.16	0.21	99.58	359.08	76.29		
2013 年 7 月 5 日	311.5	65.6	0.6	2.1	0.2	88.2	277.7	68.5		

表 1 试验室测试的历次色谱异常数据统计 μL/L

经验体会

（1）绝缘油色谱分析法能准确对充油电气设备油中溶解气体成分进行测量分析，具有灵敏度高、判断准确等优点，是现场发现、判断充油电气设备存在缺陷无法替代的有效手段，因此试验室内配置的气相色谱仪不仅不能减配置反而要高标准配置，确保对样品的准确分析。

（2）各基层单位一旦发现充油设备色谱异常后，应及时上报给电科院进行复试，由电科院统一对设备异常情况进行统计、分析确定科学合理的监测周期，能有效避免异常设备监督失控情况发生。国网吉林省电力有限公司电力科学研究院自 2009 年一直坚持上述做法，受到良好效果。

（3）对于正立式电流互感器最容易发生局部放电缺陷，缺陷特征为高氢、高甲烷和甲烷占总烃主要成分，缺陷初始阶段可以通过色谱跟踪监测进行监控，但是当出现乙炔组分后说明设备内部缺陷将快速恶化发展，不及时采取措施设备存在爆炸危险。

检测信息

检测人员	国网吉林省电力有限公司松原供电公司：陈唯一（27 岁）
检测仪器	ZTGC-TD-2014D 气相色谱仪
测试环境	温度 5～35℃、相对湿度≤80%

4.2.10 油中溶解气体分析发现 220kV 图门变电站 220kV 图延甲线电流互感器放电

案例简介

2011 年 4 月 21 日，巡检时发现 220kV 图门变电站 220kV 图延甲线电流互感器 B 相油位异常，取油样进行色谱分析确认设备内部存在放电故障，油中氢气含量达到 31 047.65μL/L。为了查找设备故障原因，互感器返厂解体检查。

检测分析方法

（1）设备厂家设备解体前对设备绝缘油检测数据见表 1。

表 1 设备异常后色谱分析数据 μL/L

试验日期	H₂	CO	CO₂	CH₄	C₂H₆	C₂H₄	C₂H₂	总烃
2010 年 9 月 30 日	0	54.58	250.6	0.92	0	0	0	0.92
2011 年 4 月 21 日	31 047.65	39.75	197.59	3180.90	38.28	6916.25	60.72	10 196.00
2011 年 4 月 28 日	14 072	70	256	5702.77	3946.17	43.27	101.93	9794.14

(2) 返厂后对 B 相设备进行耐压及局部放电试验，数据见表 2。

表 2 返厂后电流互感器局部放电试验数据

预加电压（kV）	测量电压（kV）	背景局部放电量（pC）	视在放电量（pC）	备注
126	126	6.2	26 000	起始 49kV，熄灭 30kV

(3) 返厂后对 B 相设备进行高压介质损耗因数及电容量测试试验，数据见表 3。

表 3 返厂后 B 相电流互感器高压介损试验数据

相别	编号	项目	施加电压（kV）		
			10	73	146
B	11100181	一次绕组对整体 tanδ	0.004 01	0.017 50	0.028 50
		一次绕组对整体 C_X（pF）	840.5	855.9	880.9
		一次绕组对末屏 tanδ	0.002 08	0.002 10	0.002 13
		一次绕组对末屏 C_X（pF）	261.1	261.1	261.1

(4) B 相电流互感器进行解体检查。

1) 拆解下已经变形的金属膨胀器，检查发现金属膨胀器因设备故障产气受到油气压力发生刚性形变，在薄弱的变形部位出现明显的开裂口，故障发生时绝缘油就是从这个开裂口喷出。

2) 二次绕组外面绝缘层由 36 层绝缘构成，每层绝缘由对二次绕组屏蔽罩圆环进行辐向缠绕的电缆纸和皱纹纸分别叠成（屏蔽罩外环还缠绕一层沿着圆环圆周方向的皱纹纸），经过逐层解剖发现，由内向外数第 28 层绝缘开始，整个圆环上的绝缘层用手触摸能感觉明显粘稠，如图 1 所示，解剖至第 17 层时有明显刺激性气味，最终解剖至第 4 层开始用手触摸绝缘纸无明显粘稠且刺激气味逐渐减弱。解剖到第 20 层绝缘时发现，二次绕组屏蔽罩外面绝缘层的内环出现相对的两片区域存在较多的鱼鳞状褶皱，如图 2 和如图 3 所示，用手触摸没有明显粘稠感，鱼鳞褶皱层在随后的解剖中不时出现，分析认为因人工缠绕导致各层绝缘纸松紧存在不可避免的差异，在干燥时就可能因绝缘纸收缩出现鱼鳞状褶皱。

图 1 手感粘稠的第 28 层绝缘

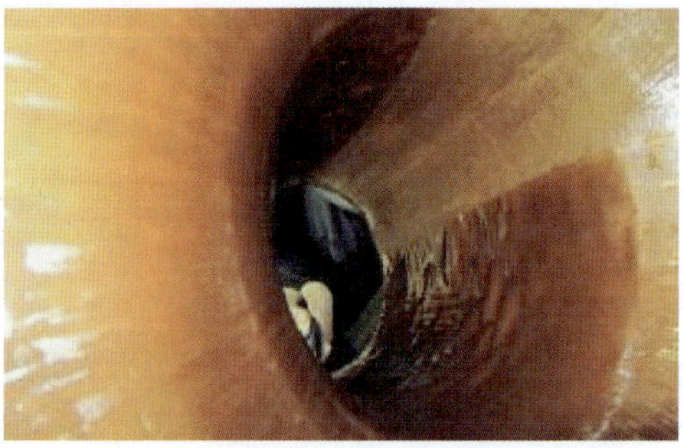

图 2 内环侧不时出现鱼鳞褶皱

图 3 鱼鳞褶皱样品

(5) 根据色谱数据及返厂解体情况，进行如下分析。

1) 本次解体前通过油色谱分析、局部放电、高压介损试验确认设备内部存在放电性故障，通过改良三比值判断设备内部存在高能局部放电，但根据设备结构特点和尚能经受运行额定电压的事实，初步判断设备内部可能存在大面积局部放电并逐渐发展到局部放电和低能量放电并存的放电性故障而不能定义为高能量放电。

2）设备解体过程中未发现明显的放电痕迹，仅发现二次绕组屏蔽罩外面的绝缘层中间各层存在手感粘稠物质和刺激性气味，判断出各绝缘层间存在 X 蜡，且存在面积较大。X 蜡是绝缘油在放电情况下的产物，因此可证实各绝缘层间存在局部放电和低能量的放电。

3）由于发现的 X 蜡产物仅能靠手触摸的粘稠感觉和出现刺激性气味来判断，说明设备故障发现的非常及时，一旦故障度过发展阶段设备将出现爆炸起火。

4）解体中发现出现 X 蜡产物部位不是集中部位而是主要分散于整个绝缘的第 4 层至第 28 层间，由此可判断故障存在大面积的特性，设备出厂存在真空干燥不彻底残留气泡或水分时就可能造成这种典型的大面积夹层局部放电进一步发展为局部放电和低能量放电并存的故障类型。

（6）解体结论及建议。

1）故障设备内部二次绕组屏蔽罩外面的绝缘层存在大面积局部放电和低能量放电故障，认为该设备真空干燥处理不彻底，残存气泡或水分造成故障的可能性非常高。

2）鉴于该厂工艺质量控制比较严格，应用技术相对先进，选用材料满足技术要求，不能定性家族类缺陷，暂将此故障归属为个案，但应尽快对该厂生产的同类型产品进行色谱普查或抽检。

❖ 经验体会

（1）该设备投运至发现缺陷历时 6 个月 22 天，在此期间仅能通过巡视油位和红外测温来对设备进行监督，最终是巡视中发现喷油后才确定设备存在故障。一般情况下故障都是要经过发生、发展、高潮的过程，因此针对此类设备应开展必要的监督工作，目前相对灵敏和准确的手段就是油色谱分析，虽然倒置式电流互感器属于密封少油型设备，但是在必要情况下也是允许取样分析的，按照厂家设计的盒式膨胀器类互感器结构，取样 500mL 不会影响互感器密封和油量需要，因此必要情况下进行 4～5 次色谱分析（验收 1 次，投运后 3 个月 1 次，投运后 5～6 年 1 次，可根据需要抽检 1～2 次，大体 4～5 次色谱试验就能有效监督倒置式电流互感器运行状况；特别注意每次 50mL 油样便足够）不会对设备造成不良影响。

（2）鉴于解体中出现明显假油位指示情况，在现场这种盒式金属膨胀器发生刚性形变后容易存在油位指示不变甚至变低的情况，因此不利于现场对油位的准确巡视和监督，正立式电流互感器很多年以前就不建议安装盒式膨胀器而采用波纹式金属膨胀器。

（3）加强对倒置式电流互感器的油位巡视，定期开展红外测试工作，发现异常及时处理。

❖ 检测信息

检测人员	国网吉林省电力有限公司延边供电公司检修分公司：张忠保、祖群（52 岁）、宫翠艳
检测仪器	ZTGC-TD-2014D 气相色谱仪
测试环境	温度 5～35℃、相对湿度≤80%

4.2.11 油中溶解气体分析发现 220kV 白城乔家变电站 220kV 电流互感器放电

❖ 案例简介

国网吉林省电力有限公司白城供电公司运维的 220kV 白城乔家变电站 2 号主变压器 220kV 侧 B 相电流互感器型号为 LVB-220W3，2011 年 6 月出厂。

2013 年 9 月 2 日 16 时 30 分，运行人员巡视发现 B 相电流互感器油位异常，并有渗漏，随即取油样进行色谱分析。色谱分析发现氢气含量异常偏高，甲烷占总烃主要成分，乙炔接近注意值，初步认定设备内部存在放电缺陷。为查找设备缺陷的根本原因，设备于 9 月 21 日返厂，并于 10 月 15 日进行解体检查。

❖ 检测分析方法

（1）设备出现异常后及时进行了色谱分析确认了缺陷，设备厂家也于设备解体前对设备内部绝缘油进行了一次色谱检测。色谱数据见表 1。

表 1　　　　　　　　　　　　　　设备异常后色谱分析数据　　　　　　　　　　　　　　μL/L

试验日期	H_2	CO	CO_2	CH_4	C_2H_6	C_2H_4	C_2H_2	总烃
2013 年 9 月 3 日	28 142.82	70.33	196.22	1797.85	324.14	4.33	0.94	2127.26
2013 年 9 月 21 日	11478	20	101	4643.9	456.79	1.15	0.95	5102.79

（2）返厂后对 B 相设备进行耐压及局部放电试验，数据见表 2。

表 2　　　　　　　　　　　返厂后两台电流互感器局部放电试验数据

相别	编号	预加电压（kV）	测量电压（kV）	背景局部放电量（pC）	视在放电量（pC）	备注
B	11105779	40	—	1.0	>100	不合格

（3）返厂后对 B 相设备进行高压介质损耗因数及电容量测试试验，数据见表 3。

表 3　　　　　　　　　　　返厂后 B 相电流互感器高压介损试验数据

相　别	编　号	项　目	施加电压（kV）		
			10	73	146
B	11105779	一次绕组对整体 $\tan\delta$	0.004 74	—	—
		一次绕组对整体 C_X（pF）	771.3	—	—
		一次绕组对末屏 $\tan\delta$	0.003 28	0.003 35	0.003 50
		一次绕组对末屏 C_X（pF）	251.3	251.3	251.3

注　因 B 相局部放电量大，电压升到 73kV 时，整体介质损耗在 73kV 时测量电桥无法达到平衡。

（4）15 日上午，对 B 相电流互感器进行解体检查，检查发现存在如下问题。

1）金属膨胀器鼓起变形，如图 1 所示。

2）将电流互感器壳体打开，进行吊芯检查，二次绕组屏蔽罩外面共有 36 层绝缘，最外层绝缘纸、金属屏蔽、屏蔽带、4 根屏蔽层连接线、半导体层等外观完好无异常情况，如图 2 所示。

3）将器身绝缘层逐层拆解，发现在内圈由电缆纸包扎的绝缘层，在第 33 层、27 层、20 层、14 层存在鱼鳞状褶皱，其他层未见明显异常。如图 3～图 6 所示。

4）在绝缘拆解过程中，检查绝缘层间未见出现明显的"X-蜡"现象，也无刺激性气味。

（5）根据色谱数据及返厂解体情况，获得如下结论。

1）初步分析认为一次主绝缘层存在工艺性缺陷，绝缘层间存在真空脱气不彻底或干燥不良情况，最终导致局部放电缺陷出现并发展。

2）一次主绝缘层间出现的鱼鳞状褶皱成因存在分歧：厂家认为包扎较厚的绝缘层在真空干燥过程中部分绝缘纸不均匀收缩造成褶皱存在；现场参加设备解体的部分专家怀疑，绝缘层间存在抽真空不彻底或干燥不良而发生夹层局部放电后产气，因气泡挤压绝缘纸而形成褶皱。因此，鱼鳞状褶皱成因尚需进一步研究。

图 1　严重变形的金属膨胀器

图 2　吊芯后互感器主绝缘

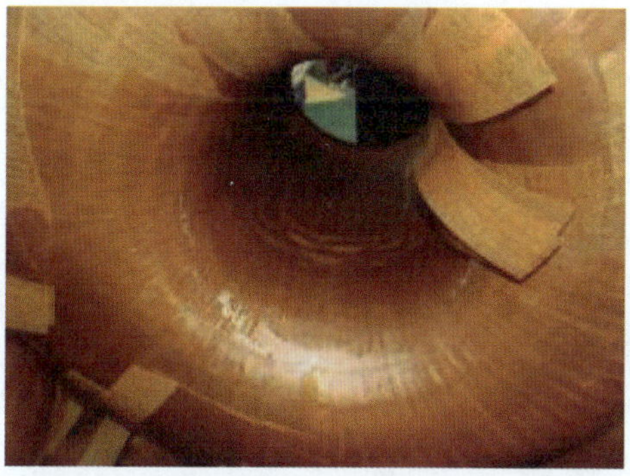

图 3　二次绕组屏蔽层外第 33 层绝缘

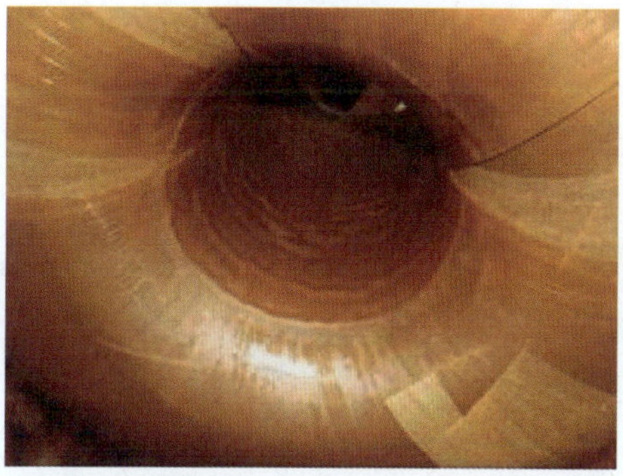

图 4　二次绕组屏蔽层外第 27 层绝缘

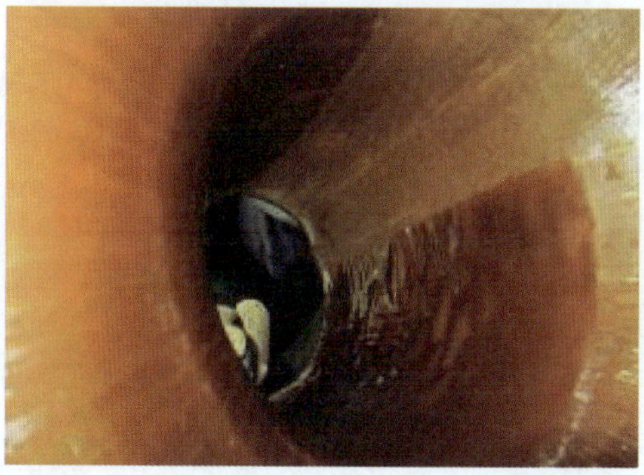

图 5　二次绕组屏蔽层外第 20 层绝缘

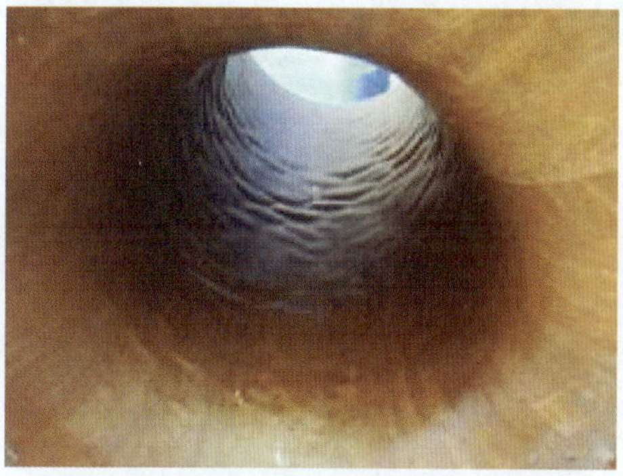

图 6　二次绕组屏蔽层外第 14 层绝缘

❖ 经验体会

（1）对于现场运行的充油电流互感器，加强巡视十分必要，一旦发现油位异常甚至膨胀器异常应及时采取措施进行检测，油色谱检测无疑是最有效和正确的手段。

（2）设备返厂解体检查不仅是为了确认缺陷部位的存在，更重要的意义在于增加专业人员经验积累，更好监督其他运行的设备。

（3）对于无法准确认定的缺陷部位，也应敢于推断，同时要作为今后工作的研究方向，努力通过科学方法真正解决疑难。

检测人员	国网吉林省电力有限公司白城供电公司：杨淑萍（50岁）
检测仪器	ZTGC-TD-2014D 气相色谱仪
测试环境	温度－40～65℃、相对湿度5％～95％

4.2.12　油中溶解气体分析发现 110kV 七市变电站新富线 2814 电流互感器绝缘缺陷

案例简介

国网黑龙江省电力有限公司七台河供电公司 2011 年 4 月 11 日在进行绝缘油油中溶解气体分析试验时，发现 110kV 七市变电站新富线 2814 电流互感器等 15 台倒置式电流互感器氢含量超标并含有乙炔，判断为设备绝缘缺陷。当年 6 月陆续返厂大修后投入运行，运行后经数次跟踪后发现氢含量不断增加，2012 年 1 月将同一批次倒置式电流互感器相继退出运行。

检测分析方法

15 台倒置式电流互感器故障时油中溶解气体分析试验数据见表 1，15 台倒置式电流互感器氢气含量均大于 150μL/L。并含有乙炔。经国网吉林省电力有限公司电力科学研究院高压及化学专业专家进行现场诊断、取油样检验，试验结果表明两台仪器检测误差符合要求。认定为设备自身缺陷。建议返厂大修。

表 1　　　　　　　　　　15 台倒置式电流互感器故障时油中溶解气体试验数据　　　　　　　　　μL/L

序号	出厂序号	带电检测试验数据								试验日期
		H_2	CO	CO_2	CH_4	C_2H_6	C_2H_4	C_2H_2	总烃	
1	098601	213.78	150.24	157.98	3.05	0.22	0.39	0.35	4.01	2011 年 4 月 11 日
2	098602	231.77	127.81	123.79	2.96	0.24	0.34	0.23	3.77	2011 年 4 月 11 日
3	098603	265.00	135.88	145.51	3.09	0.24	0.37	0.25	3.95	2011 年 4 月 11 日
4	098598	286.57	126.43	147.74	2.94	0.19	0.32	0.15	3.60	2011 年 4 月 14 日
5	098599	228.09	137.12	190.28	2.93	0.26	0.34	0.20	3.73	2011 年 4 月 14 日
6	098600	239.58	129.45	179.93	2.84	0.21	0.35	0.14	3.54	2011 年 4 月 14 日
7	098604	310.95	156.19	177.57	1.17	0.26	0.68	0.25	2.36	2011 年 4 月 14 日
8	098605	298.32	142.57	117.86	1.11	0.31	0.33	0.14	1.89	2011 年 4 月 14 日
9	098606	406.63	144.93	136.33	1.16	0.17	0.25	0.12	1.70	2011 年 4 月 14 日
10	098610	226.90	151.44	143.94	1.10	0.24	0.29	0.06	1.69	2011 年 4 月 14 日
11	098611	206.40	125.46	151.18	0.97	0.25	0.45	0.15	1.82	2011 年 4 月 14 日

序号	出厂序号	带电检测试验数据								试验日期
		H_2	CO	CO_2	CH_4	C_2H_6	C_2H_4	C_2H_2	总烃	
12	098612	284.88	138.86	130.28	1.19	0.29	0.31	0.16	1.95	2011 年 4 月 14 日
13	098607	266.36	116.27	166.66	1.04	0.20	0.23	0.15	1.62	2011 年 4 月 14 日
14	098608	154.95	70.66	108.58	0.63	0.10	0.12	0.07	0.92	2011 年 4 月 14 日
15	098609	227.42	121.72	119.00	1.04	0.18	0.36	0.20	1.78	2011 年 4 月 14 日

2011 年 7 月至 9 月将 15 台倒置式电流互感器返厂进行检修，检修后油中溶解气体试验数据见表 2。

表 2　　　　　　　　　15 台倒置式电流互感器返厂检修后油中溶解气体试验数据　　　　　　　　μL/L

序号	出厂序号	带电检测试验数据								试验日期
		H_2	CO	CO_2	CH_4	C_2H_6	C_2H_4	C_2H_2	总烃	
1	098601	63.13	54.79	223.97	1.11	0.25	0.18	0.09	1.63	2011 年 7 月 25 日
2	098602	86.55	78.11	225.32	1.29	0.39	0.26	0.09	2.03	2011 年 7 月 25 日
3	098603	67.41	48.94	203.10	1.15	0.23	0.19	0.12	1.69	2011 年 7 月 25 日
4	098604	89.15	44.44	150.65	0.65	0.19	0.13	0.00	0.97	2011 年 7 月 25 日
5	098605	33.01	49.11	172.99	0.64	0.00	0.14	0.00	0.78	2011 年 7 月 25 日
6	098606	55.42	64.18	172.47	0.78	0.00	0.15	0.00	0.93	2011 年 7 月 25 日
7	098610	20.05	16.79	177.85	0.55	0.00	0.11	0.00	0.66	2011 年 9 月 26 日
8	098611	14.80	14.50	134.86	0.47	0.00	0.00	0.00	0.47	2011 年 9 月 26 日
9	098612	18.25	15.35	139.07	0.50	0.00	0.00	0.00	0.50	2011 年 9 月 26 日
10	098607	48.34	20.06	138.70	0.47	0.17	0.29	0.10	1.03	2011 年 9 月 26 日
11	098608	42.57	16.71	121.42	0.45	0.07	0.16	0.06	0.74	2011 年 9 月 26 日
12	098609	36.01	15.74	125.90	0.34	0.17	0.14	0.10	0.75	2011 年 9 月 26 日

返厂检修后，化学专业根据 Q/GDW 168—2008《输变电状态检修试验规程》相关规定进行跟踪试验，2011 年 12 月 10 日，对其进行检测发现氢气含量超标，并发现膨胀器游标有上升趋势，在停电操作过程中，发现 110kV 七市变电站新富线 2814 电流互感器其中 B、C 两相膨胀器冒顶，如图 1 所示。该变电站该组电流互感器 B、C 两相在运行中膨胀器冒顶。说明电流互感器内部积聚大量气体、压力急剧上升，致使膨胀器鼓起。

2011 年 11 月对 15 台倒置式电流互感器进行了返厂检修后油中溶解气体跟踪试验，试验数据见表 3。

图 1　110kV 七市变电站新富线 2814
电流互感器正常运行状态

表 3　　　　　　　　　15 台倒置式电流互感器返厂检修后油中溶解气体试验数据　　　　　　　　μL/L

序号	出厂序号	带电检测试验数据								试验日期
		H_2	CO	CO_2	CH_4	C_2H_6	C_2H_4	C_2H_2	总烃	
1	098601	93.59	116.74	168.01	1.34	0.36	0.26	0.13	2.09	2011 年 11 月 29 日
2	098602	126.50	137.05	205.90	1.84	0.59	0.36	0.15	2.94	2011 年 11 月 29 日
3	098603	119.19	101.87	160.12	1.20	0.36	0.29	0.16	2.01	2011 年 11 月 29 日
4	098604	214.35	95.60	153.06	0.97	0.31	0.16	0.00	1.44	2011 年 11 月 29 日
5	098605	66.40	109.32	144.88	1.00	0.35	0.15	0.00	1.50	2011 年 11 月 29 日
6	098606	93.20	117.64	169.41	1.14	0.31	0.17	0.00	1.62	2011 年 11 月 29 日

序号	出厂序号	带电检测试验数据								试验日期
		H_2	CO	CO_2	CH_4	C_2H_6	C_2H_4	C_2H_2	总烃	
7	098610	36.04	25.59	128.66	0.51	0.00	0.10	0.09	0.70	2011年10月26日
8	098611	23.25	21.87	124.03	0.50	0.00	0.11	0.15	0.76	2011年10月26日
9	098612	26.05	22.86	118.91	0.37	0.00	0.18	0.08	0.63	2011年10月26日
10	098607	24.39	21.46	119.60	0.42	0.00	0.11	0.00	0.53	2011年10月26日
11	098608	30.93	17.90	194.34	0.61	0.00	0.11	0.00	0.72	2011年10月26日
12	098609	51.05	20.85	124.73	0.52	0.24	0.34	0.12	1.22	2011年10月26日

其中12台倒置式电流互感器跟踪发现氢气产期速率明显呈上升趋势，并含有乙炔。可以判定为电流互感器内部绝缘缺陷，2012年1月将同一批次倒置式电流互感器相继进行更换。

经验体会

（1）从管理上强化技术监督手段，对35kV及以上充油设备规范开展带电检测工作。

（2）在技术上加强对充油设备尤其是全密封倒置式电流互感器的交接验收工作，加强异常设备的带电检测跟踪工作，并按周期进行检测。防止其他设备类似故障再次发生。

检测信息

检测人员	国网黑龙江省电力有限公司七台河供电公司：刘戎武、李彦明
检测仪器	中分2000A气相色谱仪
测试环境	温度20℃、相对湿度35%

4.3 联合检测技术

4.3.1 红外热像和油中溶解气体分析发现110kV方埠变电站110kV电流互感器绝缘缺陷

案例简介

国网浙江省电力公司杭州供电公司110kV方埠变电站乔水1051线电流互感器为上海MWB公司IOSK型倒置式电流互感器，2007年9月投入运行。2013年4月24日，国网浙江省电力公司桐庐县供电公司运维人员日常巡视时，对110kV方埠变电站乔水1051线电流互感器进行了红外热像检测。在检测过程中发现A相电流互感器顶部温度异常，表面最高温度25.4℃，负荷电流62.8A。正常相19.6℃，负荷电流 62.8A，环境温度 17.3℃。发现异常情况后，立即安排对该组电流互感器进行了取样试验。2013 年 4 月 26 日，对乔水 1051 线电流压感器 A 相进行油色谱分析，检测出油中含氢气 13519.43μL/L，甲烷 1451.04μL/L，乙烷 2787.94μL/L，乙烯 30.92μL/L，乙炔 30.03μL/L，总烃 4300.03μL/L，油色谱试验数据严重超标，立即安排对该组电流互感器进行了整组更换，避免了设备事故的发生。

❖ 检测分析方法

（1）红外测温分析情况。乔水 1051 线电流互感器在进行红外热像检测时，发现 A 相电流互感器顶部有轻微发热现象，相同部位 A 相与 B、C 相存在 6℃左右温差，对该部位进行了精确测温，选择成像的角度、色度，拍下了清晰的图谱，如图 1 所示。

对图谱相间热像及可见光照片进行了比较分析，B 相电流互感器红外热像如图 2 所示，A 相电流互感器可见光照片如图 3 所示，B 相电流互感器可见光照片如图 4 所示：

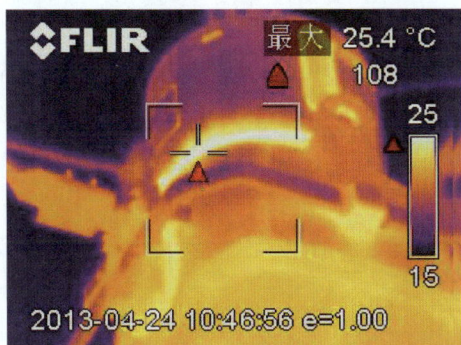

图 1　乔水 1051 线电流互感器 A 相
（负荷电流 62.8A）红外成像图谱

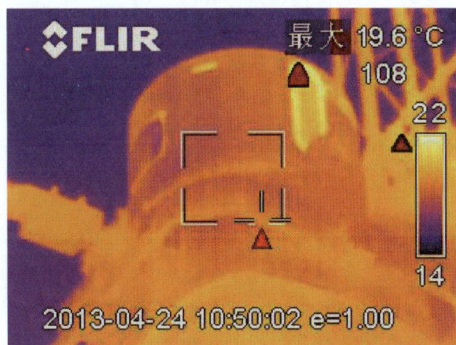

图 2　乔水 1051 线电流互感器 B 相
（负荷电流 62.8A）红外成像图谱

图 3　乔水 1051 线电流互感器 A 相可见光照片

图 4　乔水 1051 线电流互感器 B 相可见光照片

对图谱认真分析后发现 A 相电流互感器顶部温度异常，表面最高温度 25.4℃，负荷电流 62.8A。正常相 19.6℃，负荷电流 62.8A，环境温度 17.3℃。根据 DL/T 644—2008《带电设备红外诊断技术应用导则》中的公式计算，相对温差 δT 为 71.6%，温升 6K。通过比对分析发现乔水 1051 线 A 相电流互感器顶部有轻微发热现象，相同部位 A 相与 B、C 相存在 6℃左右温差，同时从外观上看该发热部位有少量积污情况。初步判断该电流互感器可能存在内部缺陷，导致绝缘油外溢，引起外表面积污和发热，具体情况需进一步的检测分析。

（2）油色谱分析情况。发现乔水 1051 线电流互感器 A 相发热现象后，桐庐公司立即组织人员对该组电流互感器进行取油样色谱分析，分析结果见表 1。

表 1　　　　　　　　　　　乔水 1051 线电流互感器油色谱分析数据　　　　　　　　　　　μL/L

相别	各组分含量							
	H_2	CH_4	C_2H_6	C_2H_4	C_2H_2	总烃	CO	CO_2
A	13 519.43	1451.04	2787.94	30.92	30.03	4300.03	32.86	244.97
B	11.27	3.26	0.78	0.17	0	4.21	354.38	204.17
C	5.84	3.10	0.76	0.17	0	4.03	344.82	135.46

依据 Q/GDW 168—2013《国家电网公司输变电设备状态检修试验规程》和 GB/T 7252—2001《变压器油中溶解气体分析和判断导则》，A 相电流互感器氢气、乙炔及总烃含量均严重超注意值。三比值编码 1，0，0，故障类型为低能量放电。由于 $CH_4/H_2 < 0.2$ 且 $C_2H_4/C_2H_6 < 0.2$，分析认为电流互感器内部存在局部放电故障。

（3）停电电气试验情况。在乔水 1051 线电流互感器停电后，立即进行了相关电气试验，发现 A 相电流互感器介质损耗因数 $\tan\delta$ 相间偏差较大，试验数据见表 2。

依据 Q/GDW 168—2013《国家电网公司输变电设备状态检修试验规程》，A 相电流互感器正接线和反接线介质损耗因数虽未超出规程规定值，但对比 B 相、C 相明显偏大，查阅历年试验报告，试验数据见表 3。

表 2　乔水 1051 线电流互感器介质损耗因数 $\tan\delta$ 及电容量数据

相别	正接		反接	
	介损因数 $\tan\delta$	电容量 (pF)	介损因数 $\tan\delta$	电容量 (pF)
A	0.007 18	148.8	0.003 29	1525
B	0.002 15	148.5	0.001 64	1575
C	0.0022	149.2	0.001 69	1641
天气情况	试验日期：2013 年 4 月 26 日，　天气：晴，　温度：28℃，　湿度：37%			

表 3　乔水 1051 线电流互感器历年介质损耗因数 $\tan\delta$ 及电容量数据

相别	正接		反接	
	介损因数 $\tan\delta$	电容量 (pF)	介损因数 $\tan\delta$	电容量 (pF)
A	0.001 57	147.57	0.001 21	1585
B	0.0017	148.1	0.0012	1509
C	0.001 62	148.64	0.001 24	1578
天气情况	试验日期：2007 年 9 月 17 日，　天气：晴，　温度：27℃，　湿度：53%			

依据 Q/GDW 168—2008《国家电网公司输变电设备状态检修试验规程》，A 相电流互感器介损因数虽未超出注意值，但与历史试验报告比较，增长明显，而 B、C 相正常。经纵横比分析，A 相偏差正接法达 +249.03%，反接法达 +99.23%，均存在显著差异。

综合红外热像检测、油色谱分析及停电电气试验检测数据，分析认为该电流互感器因制造工艺不良，投入运行后，纸不完全浸渍造成空气空腔或纸的褶纹、重叠处造成长期局部放电现象，导致介损增加和局部发热及油色谱严重异常，需立即进行更换处理。

经验体会

（1）红外热像检测技术能行之有效的发现设备过热缺陷，除了正常的缺陷标准定性外，运维人员红外测温时能通过设备三相间的对比发现温度差异，再利用其他检测手段综合检测分析判断，有效发现设备缺陷，避免缺陷发展为故障。

（2）本案例是典型的电压致热性缺陷，对于电压致热性缺陷，由于温度变化不是很明显，不易被发觉，故对检测人员的检测技能和责任心要求较高，需注重对相间温度的比对。

（3）运维人员在进行设备巡视时应加强对充油设备油位情况的关注，重点关注全密封电流互感器、电压互感器的金属膨胀器是否正常，结合红外测温进行初步分析和判断。

（4）油色谱分析对充油设备内部的过热性故障、放电性故障反应灵敏，能准确、可靠地发现充油电气设备内部的各类潜伏性缺陷，是一种成熟、有效的技术监督手段。

（5）在倒置式电流互感器定期油色谱分析受到限制时，应加强红外检测等其他带电检测手段的应用。互感器绝缘层间局部放电初始发热量很小，应注意与设备投运初始热像分析数据进行比对，发现温差增大，应及时安排油色谱检测。

（6）油色谱分析、红外热像检测等带电检测情况结合停电电气试验情况进行综合分析，对于准确判断故障类型和故障部位，确定处理方案都有十分重要的意义。

❖ 检测信息

检测人员	国网浙江省电力公司桐庐供电公司：徐大元（31 岁）、余卫成（33 岁）、李杨（29 岁）
检测仪器	FLIR P630 红外热像仪、中分 2000A 气相色谱仪（河南中分）、AI-6000H 介质损耗测试仪（山东泛华）
测试环境	温度：19℃（红外热像）、22℃（油色谱分析）、28℃（介质损耗因数）；相对湿度：52％（红外热像）、48％（油色谱分析）、37％（介质损耗因数）

4.4 其他检测技术

4.4.1 介质损耗及电容量检测发现 220kV 鹿泉变电站 110kV 电流互感器绝缘缺陷

❖ 案例简介

国网河北省电力公司石家庄供电公司 220kV 鹿泉变电站鹿铝线 193 C 相 LB7-110W 型电流互感器（以下简称 TA）2007 年 11 月 16 日投入运行。该电流互感器自投运以来一直按正常例行试验周期进行，例行试验数据正常。2013 年 3 月 19 日，220kV 鹿泉变电站带电测试发现 193C 相 TA 相对介质损耗因数较历次测试数据增大明显，电容量基本无变化。随即进行油色谱带电取样分析，油色谱分析结果显示 193C 相 TA 氢气、总烃超注意值，根据三比值判断为低能量密度局部放电。3 月 20 日鹿铝线 193 回路停电进行高压诊断试验，数据未见明显异常。停电更换后在高压试验大厅进行了额定电压下介损及电容量测试、局部放电测试，发现该 TA 10kV 下介损与额定电压下介损相比超过 0.3％，局部放电量为 234pC（标准值为 20pC），均超过标准值要求。解体发现该 TA L2 端腰部内侧第 4 屏、第 5 屏、第 6 屏铝箔纸均出现不同程度的纵向开裂，其中尤以第 6 屏最为严重。

❖ 检测分析方法

2013 年 3 月 19 日，对 220kV 鹿泉变电站 TA 进行介损及电容量带电测试，发现 193C 相 TA 相对介质损耗因数较历次测试数据增大明显，电容量基本无变化，分析情况如下：

（1）介损及电容量带电测试。2007～2013 年，193 TA 每年至少进行一次带电相对介损及电容量测试，2007 年 7 月～2012 年 3 月，193C 相 TA 相对介损及电容量，均未明显变化，但 2013 年 3 月 19 日带电试验数据与历次比较，相对介损由2012年的0.27%增加为现在的0.66%，介损增加显著，电容量无明显变化。历次测试数据见表1。

表1　　　　　　　　电流互感器介质损耗因数及电容量带电测试数据

试验日期	A		B		C	
	tanδ	C（pF）	tanδ	C（pF）	tanδ	C（pF）
2010年6月25日	0.17%	610	0.29%	654	0.22%	650
2011年4月11日	0.17%	624	0.27%	668	0.24%	664
2012年10月25日	0.15%	615	0.29%	659	0.27%	655
2013年3月19日	0.18%	611	0.39%	653	0.66%	651

介损初值差为：（0.66－0.22)/0.22×100%＝200%，依据《电力设备带电检测技术规范（试行）》（国家电网生〔2010〕11号）的要求，判断为缺陷设备。

（2）油色谱分析。2008年3月19日，带电取油样油色谱分析时发现C相TA氢气含量167μL/L，超过注意值，其他组分未见异常。2013年3月19日，色谱分析氢气含量13011.9μL/L、总烃640.0μL/L均超过注意值，经计算三比值为编码为010，判断故障类型为低能量密度的局部放电。试验数据见表2。

表2　　　　　　　　电流互感器带电取油样油色谱分析试验数据

试验日期	CH_4（μL/L）	C_2H_6（μL）	C_2H_4（μL/L）	C_2H_2（μL/L）	总烃（μL/L）	H_2（μL/L）	CO（μL/L）	CO_2（μL/L）	微水（mg/L）
2013年3月19日	621.77	17.84	0.46	0	640.0	13 011.9	377.03	1761.15	1.9
2008年3月19日	2.9	0.7	0.3	0	3.90	167.0	352	1420	4
2005年4月13日	1.9	0.5	0.2	0	2.60	99.0	103.9	447.7	/

（3）高压试验。为确认绝缘状况，停电后对该互感器进行了高压介损试验，主绝缘介损由0.319%变化为0.403%，增大0.084%，电容量无明显变化。末屏介损及电容量均无明显变化。具体数据见表3和表4。

表3　　　　　　　　电流互感器主绝缘介损及电容量试验数据

试验日期	A		B		C	
	tanδ	C（pF）	tanδ	C（pF）	tanδ	C（pF）
2013年3月20日	0.318%	631.2	0.323%	635.2	0.403%	644.7
2005年4月13日	0.280%	603.7	0.290%	634.8	0.319%	648.6
2004年4月23日	0.290%	631.2	0.290%	635.4	0.320%	649.2

表4　　　　　　　　电流互感器末屏介损及电容量试验数据

试验日期	A		B		C	
	tanδ	C（pF）	tanδ	C（pF）	tanδ	C（pF）
2013年3月20日	0.884%	1122	0.930%	1003	0.883%	1095
2004年4月23日	0.400%	1085	0.800%	994.3	0.600%	1099

（4）为进一步诊断该TA绝缘缺陷情况，国网河北省电力公司电力科学研究院对该TA进行了额定电压下介损试验。试验数据见表5，介损变化曲线如图1所示。

表5　　电流互感器额定电压下介损及电容量试验数据

序号	电压（kV）	介损	电容量（pF）
1	13.24	0.436%	644
2	30.5	0.477%	644.8
3	52.88	0.574%	645.8
4	64.01	0.697%	647.4
5	74.82	0.75%	648.8

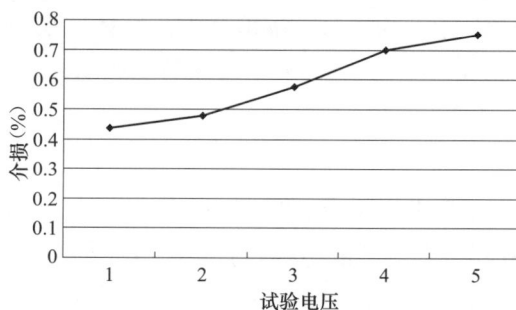

图1　介损变化曲线

依据《河北省电力公司输变电设备状态检修试验规程》，测量介质损耗因数与测量电压之间的关系曲线，测量电压从 10kV 到 $U_m/\sqrt{3}$，介质损耗因数的增量大于 ± 0.003，判断设备存在内部绝缘缺陷。

（5）局部放电测试。为进一步判断绝缘故障，对该 TA 进行局部放电测量，试验，施加电压 $U_m/\sqrt{3}$，局部放电量 234pC（远超标准值规定的 20pC），起始放电电压 57kV，熄灭电压 31kV。具体试验结果如图 2 所示。

（6）解体。对更换下来的 C 相电流互感器进行了解体检查：解体发现该 TA L2 端腰部内侧第 4 屏、第 5 屏、第 6 屏铝箔纸均出现不同程度的纵向开裂，长度为 150mm，纵向宽度为 5mm，其中第 6 屏最为严重。开裂情况如图 3 和图 4 所示。

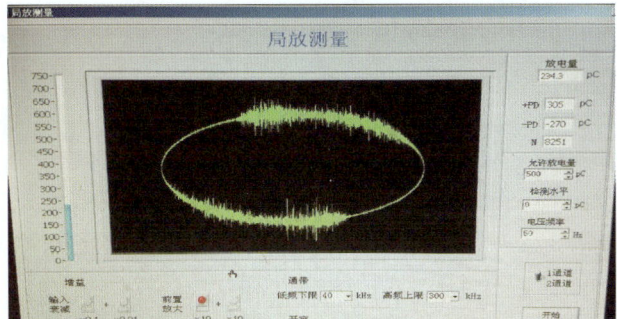

图 2　193C 相电流互感器局部放电试验数据

图 3　电容屏铝箔上裂纹

图 4　电容第 6 屏铝箔上裂纹

🔷 经验体会

（1）电容型设备介质损耗因数和电容量带电测试技术可及时发现运行设备中的绝缘缺陷，可有效判断设备的绝缘状况，为设备的健康、安全运行提供保证，为状态检修工作提供技术支持。

（2）运用介损电容量带电检测手段发现油浸式电容型电流互感器存在疑似缺陷后，辅以带电取油油色谱分析、红外测温等手段可以对设备状况进行综合分析判断。

（3）加强同厂同批次 TA 的带电检测、带电取油样、停电例行监测。

🔷 检测信息

检测人员	国网河北省电力公司石家庄供电公司：薄彦斌（47 岁）、李学伟（45 岁）、赵钰（31 岁）。 国网河南省电力公司电力科学研究院：岳啸鸣（34 岁）、高树国（32 岁）
检测仪器	RCD-1B 介质损耗带电检测仪（北京圣泰）
测试环境	温度 32℃、相对湿度 55%、大气压 101.3kPa

4.4.2 介质损耗检测发现 220kV 隆城变电站 110kV 电流互感器绝缘缺陷

❖ 案例简介

国网冀北电力有限公司承德供电公司 220kV 隆城变电站 122 间隔 110kV 电流互感器为江苏精科电气有限责任公司 2011 年产品，2011 年 12 月 30 日投入运行。2014 年 6 月 29 日 10 时对该站容性设备进行相对介质损耗因数检测时发现 122A 相对 121A 相 $\tan\delta$（$Ix-In$）值与 B、C 相对比明显偏大，数据异常，初步判断 122A 相或 121A 相电流互感器存在缺陷。经对 122A、121A 相互感器绝缘油进行气相色谱分析试验发现 122A 相电流互感器中单氢含量达到 3935.5μL/L 超标，远远超出 Q/GDW 168—2008《输变电设备状态检修试验规程》规定的 150μL/L 的数值。经对该电流互感器进行解体分析，发现一次绕组弯曲部分绝缘制造工艺存在明显缺陷。

❖ 检测分析方法

122、121 电流互感器相对介质介质损耗因数带电检测数据见表 1。

表 1   电流互感器相对介质损耗因数带电检测数据

被测设备	基准设备	相别	I_x（mA）	I_n（mA）	$\tan\delta$（I_x-I_n）	C_x/C_n	使用仪器
122	121	A	15.9	14.4	0.150%	1.110	TCM-2 介质损耗带电检测仪
		B	15.6	14	0.033%	1.117	
		C	15.7	14.5	0.042%	1.082	
122	121	A	15.9	14.3	0.161%	1.110	
		B	15.7	14	0.031%	1.112	
		C	15.7	14.5	0.040%	1.082	

用两台仪器进行相对介质损耗因数带电检测时发现 122A 相对 121A 相 $\tan\delta$（$Ix-In$）值与 B、C 相对比明显偏大，数据异常，初步判断 122A 相或 121A 相电流互感器存在缺陷。

为进一步诊断是否 122A 相或 121A 相电流互感器存在缺陷，对 122A、121A 相互感器进行了绝缘油气相色谱分析试验。试验发现 122A 相电流互感器中单氢含量达到 3935.5μL/L 超标，远远超出 Q/GDW 168—2008《输变电设备状态检修试验规程》规程规定的 150μL/L 的数值。由于无同种类型产品的备件，不能立即对此台电流互感器进行更换，为监测设备运行状况，对此台电流互感器进行了绝缘油气相色谱跟踪试验，试验数据见表 2。

表 2   绝缘油气相色谱跟踪试验数据 μL/L

试验日期	实验数据							
	CH_4	C_2H_4	C_2H_6	C_2H_2	H_2	CO	CO_2	总烃
2014 年 7 月 1 日	87.3	0.2	4.2	0	3935.5	65.2	215.8	91.7
2014 年 7 月 10 日	83.9	0.4	5.2	0	3196.3	60.1	293.5	89.6
2014 年 7 月 19 日	98.1	0.2	5	0	4079.3	76.1	163.4	103
2014 年 8 月 2 日	107.2	0.4	6	0.1	4125.7	77	179.5	114
2014 年 8 月 30 日	52.8	0.1	2.9	0.1	4170.4	34.4	88.4	55.8
2014 年 9 月 11 日	163.3	0	8.3	0	7235.8	100.2	182.7	172
2014 年 9 月 25 日	166.7	0.1	8.9	0	7785.9	138.8	189.6	175.7

10 月 14 日对 122A 电流互感器进行了更换处理。10 月 15 日，在解体前对此台电流互感器进行了局部放电试验，加压 126kV，放电量已经达到 800pC。严重超出试验规程规定值。测试数据见表 3。

表3		局部放电测试数据	
测量电压（kV）	历时（s）	放电量（pC）	抽空处理后放电量（pC）
126	30	800	3.6
87	30	500	2.1

从试验现象看为气泡放电，说明油中气体含量较大；经抽真空处理后局部放电试验合格，说明该故障为长期隐性故障。

对122A相电流互感器进行解体分析，发现一次绕组弯曲部分绝缘有压皱现象，压皱部位绝缘纸有明显褶皱现象，解剖至5主屏时（从外到内为第2主屏）P2端内侧绝缘表面附有X蜡。解体图如图1～图3所示。

图1　一次绕组解剖图1

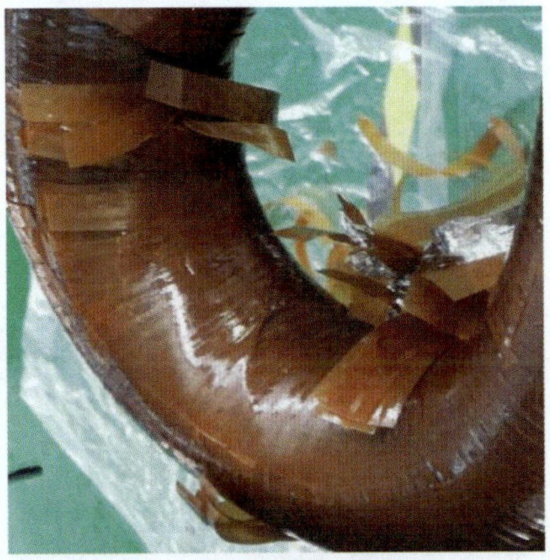

图2　一次绕组解剖图2

从解体过程中可以看到，主绝缘的2主屏至6主屏间由于在一次导体并紧过程中模具放置不当造成绝缘挤压变形引起高压电缆纸存在起皱现象，即高压电缆纸表面存在凹凸性。那么在凹槽中就可能存有空气。而制作过程中的工艺分散性加剧了其表面电场分布的不均匀程度，成为了设备长期运行过程中产生低能放电的隐患。从解体过程中可以看到相邻的绝缘纸上肯定也出现对应的褶皱现象。这就是在理论上形成了放电通道。

图3　一次绕组解剖图3

从放电理论上分析，油纸复合绝缘在长期电场作用下的电击穿场强远较短时击穿场强低。在交流电压下油纸复合绝缘中的油与气隙均为薄弱环节。根据电场理论复合介质中电场强度的分布和其介电常数成反比。因此在由绝缘纸褶皱而形成的两放电电极中，介质包含油纸复合绝缘、油及气隙。而绝缘油及气隙的击穿场强又比油纸复合绝缘低得多，在由于褶皱而产生的电场集中部位的气隙就会出现放电现象，产生部分气泡，导致该处的耐电强度进一步下降，游离放电加剧，再加上其绝缘采用多极电容屏，层间绝缘包扎紧密，因而其相对封闭，绝缘层间油同油箱内油交换困难，在故障初期很难发现，隐蔽性较强。因而一次导体并紧过程中模具放置不当造成绝缘挤压变形引起高压电缆纸起皱是本次故障的根本原因。

经验体会

（1）容性设备相对介质介质损耗因数测试是发现设备潜伏性运行隐患的有效手段；在进行相对介质损耗因数数据判断时要综合考虑同类设备不同相间 $\tan\delta$ (I_x-I_n)%的差异。

（2）本次缺陷的发现使用了容性设备相对介质损耗因数检测、绝缘油气相色谱分析等带电检测手段，为发现设备缺陷、隐患提供了更可靠的依据。

（3）互感器生产厂家应进一步完善该产品主绝缘包扎工艺并强化包扎人员培训，严格包扎过程的质量控制；加强一次导体并紧模具的管理，按照不同的绝缘外径增加配套模具并定期检查；加强一次导体并紧过程的质量控制，严格操作记录的管理。

❖ 检测信息

检测人员	国网冀北电力有限公司承德供电公司：王小明（54岁）、梁文雨（55岁）
检测仪器	TCM-2介质损耗带电检测仪（北京特思得科技有限公司）、中分2000A气相色谱仪（河南中分仪器股份有限公司）
测试环境	（1）介质损耗带电检测：温度13℃、相对湿度32%； （2）气相色谱分析：温度11℃、相对湿度30%

4.4.3　红外热像检测发现500kV巴南变电站5013号电流互感器SF₆气体泄漏

❖ 案例简介

2011年4月23日，国网重庆市电力公司检修分公司对500kV巴南变电站进行全站设备进行巡检，在对5013号电流互感器进行检查时发现A相电流互感器密度继电器显示压力值较B、C相偏低，经查询近一年的巡视记录发现A相气体密度继电器示值呈下降趋势，经分析该电流互感器可能存在气体泄漏。随即电气试验班专业人员采用GASFIND红外检漏仪对其进行红外泄漏成像检测，在5013号A相电流互感器的SF₆充气逆止阀处发现连续气体泄漏，2011年5月8日对其进行停电小修，更换逆止阀后，泄漏缺陷消除。

❖ 检测分析方法

2011年4月23日，对500kV巴南变电站进行全站设备进行巡检，在对5013号电流互感器进行检查时发现A相电流互感器密度继电器显示压力值较B、C相偏低，具体显示值见表1。

表1　密度继电器示值表

相别	A相	B相	C相
示值（MPa）	0.41	0.45	0.45

经查询近1年内巡检记录发现，A相气体密度继电器示值呈下降趋势，下降速度为0.0033MPa/月，经分析该电流互感器可能存在气体泄漏。电气试验班专业人员采用GASFIND红外检漏仪对其进行检测，在普通工作模式下检测未发现气体泄漏，遂将SF₆气体红外检漏仪调整到高精工作模式，在对密度继电器附近进行观察时发现有疑似泄漏，如图1所示。由于当时天气有微风3级，较难观测，需要工作人员对该处进行长时间观察。在SF₆充气逆止阀处发现连续气体泄漏，具体情况如图2和图3所示。在5月8日对其进行停电小修，更换逆止阀后，泄漏缺陷消除。

图1 密度继电器附近发现疑似泄漏图像

图2 长时间观察 SF_6 充气逆止阀处的泄漏图像1

图3 长时间观察 SF_6 充气逆止
阀处的泄漏图像2

根据现场应用经验结合状态量评价标准，制定 SF_6 气体红外检漏仪检测所呈现现象强度对应劣化程度表，具体内容见表2。

表2　　　　　 SF_6 红外检漏评价方法表

项目	劣化程度	泄漏连续性	颜色	扣分	状态
SF_6 红外检漏	I	间断	浅灰色（很透明）	6	正常
	II	较连续	灰色（较透明）	12	注意
	III	连续	黑色（不透明）	24	异常

注　上表中关于颜色的说明针对的是该型检漏仪正色（BL）和反色（WH）的选择（在不同工作状态下气体颜色可呈现黑色或白色）。注意状态如图4所示，异常状态如图5所示。

🔶 经验体会

（1）仪器使用。

1）观测中可在普通模式（HI ON）下先行粗略观测，对于较大的泄漏可直接观测到。普通模式未发现应在高清模式（HI OFF）下进行全方位观测。

2）在观测中应对常出现泄漏的点进行停留观测，例如密封件、法兰面等部位。

3）该仪器最佳测距为 2～8m，过近或过远常因为人眼视觉敏感度而无法观测到。

4）使用仪器时应保持观测视角为 45°左右，最低不宜低于 30°。

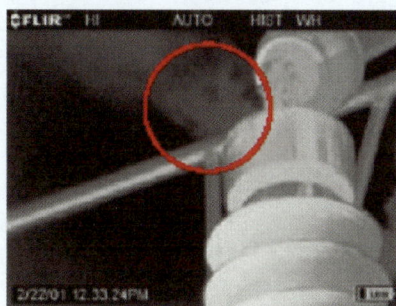

图4 注意状态　　　　　　　　　图5 异常状态

5）观测时应不断调整光学调焦，保持被观测点为最清晰位置。

6）观测时尽量不使用数字调焦，若应观测距离较远可适当使用 2 倍数字调焦。数字调焦（4 乘和 8 乘）可在已观测到泄漏位置进行录制图像资料时使用。

7）注意逆光，避免直视强光。背景较亮时，使用 BL 模式，背景较暗时，使用 WH 模式，彩色模式在观测中不易使用，录制时可适当使用。

8）使用时应避免强风天气。

（2）仪表、检漏仪配合使用。

1）进行检漏时应根据准确的密度继电器示值巡视记录和近期充补气记录先行判断漏气量大小。

2）对于微量泄漏，若在高精模式（HI ON）模式下未检出，在条件允许情况下可配合手持式检漏仪进行使用，手持式检漏仪应调整灵敏度至较高，对于手持式检测到可能存在泄漏的位置，使用红外检漏进行较长时间的观测（3min以上）。

3）由于人眼灵敏度限制且长期观测易疲劳，对于微量泄漏，应对图像资料进行录制，在计算机上进行观测（录制图像在计算机上显示更加清晰）。

从使用情况看，效果较好，能准确检测出气体泄漏点，有利于泄漏隐患的及时发现和消除，该仪器操作简单，适合在现场带电检测充气设备，但还应该不断摸索，积累经验，让该设备发挥更大的作用。

❖ 检测信息

检测人员	国网重庆市电力公司检修分公司：廖亮（36岁）、张作鹏（32岁）、任昌智（33岁）
检测仪器	FLIR Gas Find IR 红外成像检漏仪
测试环境	温度19℃、相对湿度69％

4.4.4 湿度检测发现110kV下梁变电站电压互感器SF₆气体湿度超标

❖ 案例简介

国网陕西省电力公司商洛供电公司110kV下梁变电站110kV Ⅰ、Ⅱ母电压互感器为上海MWB互感器有限公司生产型号为SVS 123的电压互感器，充SF_6型，2000年6月出厂，2000年11月投运。在2011年10月份例行试验中发现110kV Ⅰ、Ⅱ母电压互感器微水含量均超标（规程规定交接时的SF_6气体水分在20℃时的允许值≤250μL/L，运行中气体水分在20℃时的允许值≤500μL/L）并进行了跟踪测试，2012年6月并邀请陕西省电力公司电力科学研究院进行复测，微水含量有增大趋势，建议尽快处理。随后安排对电压互感器进行干燥处理后，达到运行标准。

❖ 检测分析方法

包括现场检测、处理和分析过程、开仓或解体检查情况、缺陷（故障）原因分析等。

SF_6气体中含有水分对设备及其安全运行的危害是多方面的，当SF_6气体中含水超过一定限度时，气体的稳定性会受到破坏，表现在气体中沿绝缘材料表面的耐压下降；当SF_6气体中的潮气足以使绝缘子表面凝成"露"时，则击穿电压显著下降，绝缘受到破坏，同时，由于含水使某些电弧分解气发生反应，产生腐蚀性极强的 HF 和 SO_2 等酸性气体，会加速设备腐蚀；又由于水解反应会阻碍开断后 SF_6 分解物的复原，从而增加气体中有害杂质的含量。SF_6 互感器中 SF_6 气体水分含量过高，不仅使 SF_6 气体放电或产生热分离，而且有可能与 SF_6 气体中低氟化物反应产生氢氟酸，影响设备的绝缘和灭弧能力，同时，在气温降到 0℃左右时，SF_6 气体中的水蒸气分压超过此温度的饱和蒸汽压，就会变成凝结水，附在绝缘物表面，使绝缘油表面绝缘能力下降，从而导致内部沿面闪络造成事故。

（一）检测周期及标准

根据规定，新投 SF_6 电压互感器通电后应 1 年检测 1 次。当 SF_6 气体水分稳定后，可 3 年检测 1 次。

规定交接时的 SF_6 气体水分在 20℃时的允许值≤250μL/L，运行中气体水分在 20℃时的允许值≤500μL/L。

2011 年 10 月例行试验以及 2012 年 4 月跟踪测试结果如图 1 和图 2 所示，下梁变电站 110kV 互感器和 35kV 断路器复测数据如图 3 所示。

单位	下梁变电站			电压等级	110kV
测试日期	2011-10-26			大气压力	94.3kPa
测试原因	周期				
环境温度	15.7℃			环境湿度	34%
测试结果					
设备名称	μL/L			标准要求	结论
	A	B	C		
110kV Ⅱ 母电压互感器	569	549	545	≤500	不合格
110kV Ⅰ 母电压互感器	501	356	302	≤500	不合格

图 1　2011 年 10 月商洛供电局 SF_6 电压互感器微量水分检测报告

单位	下梁变电站			电压等级	110kV
测试日期	2012-4-24			大气压力	94.3kPa
测试原因	复测				
环境温度	24.9℃			环境湿度	23%
测试结果					
设备名称	μL/L			标准要求	结论
	A	B	C		
110kV Ⅱ 母电压互感器	684	1027	569	≤500	不合格
110kV Ⅰ 母电压互感器	1474	678	457	≤500	不合格

图 2　2012 年 4 月商洛供电局 SF_6 电压互感器微量水分检测报告

（二）原因分析

一般情况下，SF_6 设备气体水分超标有以下几方面原因：

（1）SF_6 气体存放方法不当，出厂时带有水分。

（2）SF_6 设备器壁和固体绝缘材料析出水分。

（3）工艺不当，充气时气瓶未倒立，管路、接口未干燥，装配时暴露时间过长。

（4）环境温度高，空气湿度大。

（5）人为因素，如工艺掌握不熟练，责任心不强等。

检测报告

我所对贵局测试中发现的下梁变 110KV 互感器和 35KV 断路器进行复测测试数据如下：

1139B 相互感器微水	1257ppm
1139C 相互感器微水	1558ppm
110kVI 母 B 相 YH 微水	1587ppm
110kVI 母 C 相 YH 微水	1100 ppm
3501 开关微水	1000ppm
3501 开关组分 CO	1332μL/L

建议：微水均已超标尽快处理，3501 开关应安排大修或更换。

陕西电力科学研究院高压所

2012 年 6 月 25 日

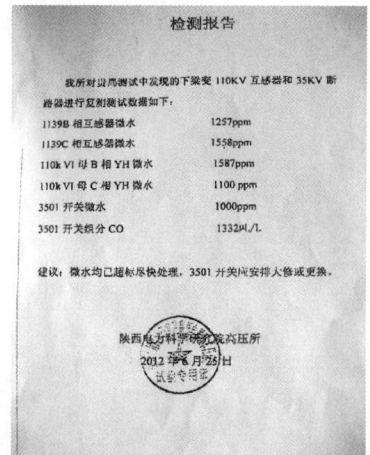

图 3　下梁变电站 110kV 互感器和 35kV 断路器复测数据

检测人员和上海 MWB 互感器有限公司工作人员对 SF_6 电压互感器气体水分超标的原因进行分析，提出如下观点：这些 SF_6 电压互感器出厂时在干燥处理过程中，产品内部真空度未达到工艺要求，产品真空处理不彻底，特别是产品二次绕组的层间绝缘（菱格绝缘薄膜）中含的少量水分残留，经长时间运行后，水分会慢慢释放出来。在运行的前几年释放出来的水分被装设在顶板大法兰处的分子筛（干燥剂）吸收，这时水分不会超标，但随着运行时间增加，分子筛趋于饱和，水分不能被充分吸收，造成了气体水分快速增加，SF_6 电压互感器气体微水超标。

（三）处理方案

（1）对设备进行现场处理，利用 SF_6 气体回收装置，将水分不合格的 SF_6 气体回收、处理成合格的 SF_6 气体，充回设备时气压不够再补充合格的新气到规定气压。

（2）固体绝缘材料及内壁析出水分，更换顶板大法兰处的分子筛（干燥剂），以随时吸收析出的水分。

（3）防止充气补气时接口管路带入水分，在使用前将合格的高纯氮气冲入管路及接口，以带走接口及管路水分。

（4）使气室达到足够的真空度，用真空泵将 SF_6 电压互感器气室抽真空，将气室内的空气、水分、杂质抽出气室。

（5）利用高纯氮气，使水分释放彻底，补充 99.999%的高纯氮气到 SF_6 电压互感器气室内直至规定气压，静置适当时间，置换气室内的水分、杂质，再进行抽真空。

（6）防止人员责任心不强，对微水超标的危害性认识不清，加强敬业爱岗教育和讲解微水超标对设备、人身的危害，以杜绝人为失误。

（7）环境温度高，排除温度对微水结果的影响。

（四）处理过程

（1）首先将 SF_6 气体回收装置 2 个过滤器进行 300℃ 高温干燥 5h，干燥时应将封盖打开，让水分跑出。

（2）用回收装置将互感器内的 SF_6 气体回收到回收装置的器罐中，并用回收装置的 2 支过滤器（另需 1 个 SF_6 气体钢瓶）对回收气体反复过滤，使其水分含量的体积分数为 $8×10^{-6}$ 加以下。

（3）对顶板大法兰处的分子筛（干燥剂）进行更换，新分子筛放入 450℃ 恒温箱干燥合格后回装。

（4）在使用前用 0.5MPa 的 99.999％ 高纯氮气对接口及管路冲洗 1～2min，并用 0.5MPa 的高纯氮气冲洗互感器内部 3 次。

（5）把互感器抽真空至真空度为 0.1MPa。抽真空时间持续 30h。

（6）将 0.5MPa 的 99.999％ 高纯氮气注入 SF_6 电压互感器气室内至 0.4MPa，静止 24h，再进行抽真空，来回 2 次。

（7）最后注入回收处理好的合格 SF_6 气体，通常要补充一些合格的新气到气压为 0.42MPa，静止 24h。

（8）使用常州爱特 DMT-242P 露点仪测量 SF_6 电压互感器 SF_6 气体水分，水分含量符合运行要求，用检漏仪对整个设备进行检漏，试验合格以后，整个处理过程完成。

❖ 经验体会

（1）加强运维带电检测。

（2）加强对测试异常数据的分析。

（3）加强检修人员技术培训，通过采取专家授课、到厂家培训、自学相结合的方式，逐步提高专业技术人员的技能水平，尤其是故障诊断和处理水平。

❖ 检测信息

检测人员	国网陕西省电力公司商洛供电公司电气试验二班：郭洪涛（40岁）、侯彦平（34岁）
检测仪器	DMT-242P SF_6 微水含量检测仪（常州爱特科技有限公司，测量温度范围：−80～20℃）
测试环境	温度 15.7℃、相对湿度 34％、大气压力 94.3kPa

4.4.5 暂态地电压局部放电检测发现 35kV 先进变电站长先 331 电压互感器外绝缘放电

❖ 案例简介

2013 年 7 月 1 日 15 时，国网上海市电力公司长兴供电公司在对 35kV 先进变电站进行巡检时，发现

35kV 先进变电站长先 331 开关柜发出轻微的疑似放电声，长先 331 开关柜型号为 DNF7，出厂日期为 2001 年 7 月，投运日期为 2004 年 10 月，长先 331 线当时作为联络线在运行中。后用 UTP1 手持式暂态地电压检测仪测得长先 331 开关柜各检测点的数据在 9～23dB 之间，而先进站的背景值为 2dB，其相对值已超过了 20dB，超出正常范围，随后超声波检查值也显示异常，初步判断该开关柜内可能存在放电现象，立即申请安排停电处理。停电后，在 35kV 先进变电站长先 331 电压互感器外绝缘表面发现放电痕迹，初步分析原因是现场空气湿度大，导致空气的击穿场强变低，电压互感器外绝缘薄弱点与电缆小线网状护套距离过近产生放电。随后，检修人员对电压互感器外绝缘放电处进行了清揩处理，将网状护套拆除，并将电缆小线固定绑扎在仓壁上。

❖ 检测分析方法

通过对检测数据进行分析，35kV 先进变电站长先 331 开关柜各检测点的暂态地电压数据在 9～23dB 之间变化，见表 1，其中后柜下仓数值在 23dB 左右浮动，而 35kV 先进变电站的背景值为 2dB，其相对值已超过了 20dB，根据 W 10114—2010《电力设备带电检测技术规范》的评判依据，暂态地电压相对值 23dB 属于异常状态。

表 1　　　　　　　　　　　　暂态地电压检测数据　　　　　　　　　　　　dB

开关柜名称	前中	前下	侧上	侧中	侧下	后上	后中	后下
长先 331	9	9	12	19	20	14	18	23

用超声波对 35kV 先进变电站长先 331 开关柜和其邻柜检测到的数据，最大数值同样也出现在后柜下仓，见表 2，根据《电力设备带电检测技术规范》的评判依据，超声波检测值超过 15dB 属于缺陷状态。

表 2　　　　　　　　　　　　超 声 波 检 测 数 据　　　　　　　　　　　　dB

开关柜名称	前中	前下	侧上	侧中	侧下	后上	后中	后下
长先 331	10	18	12	16	22	10	20	27

根据暂态地电压和超声波检测结果的综合分析，初步判断该开关柜内可能存在放电现象，且故障点在后柜下仓，立即申请安排停电处理。2013 年 7 月 4 日 9 时，在将 35kV 先进变电站长先 331 线停役并做好妥善的安全措施后，检修人员打开长先 331 后仓，发现在长先 331 线路电压互感器 C 相外绝缘表层靠近仓壁一侧存在放电痕迹如图 1 所示，沿着仓壁的电缆小线网状护套有一处断裂，且断口处线头呈圆头状如图 2 所示，可判断是放电后高温熔化所致。为进一步确认电压互感器的情况，检修人员使用日本共立 3125 型 2500V 绝缘电阻表和湖州兴迪 XD-GTB 试验变压器组，对电压互感器进行了绝缘电阻和交流耐压试验，试验数据均在正常范围内，结合试验数据和外观观测，认为电压互感器外绝缘为局部放电，绝缘并未完全击穿。当时现场测得的空气相对湿度为 82%，导致空气的击穿场强变低，电压互感器外绝缘薄弱点与电缆小线网状护套距离过近产生放电。

随后检修人员对电压互感器外绝缘放电处进行了清揩处理，将网状护套拆除，并将电缆小线固定绑扎在仓壁上，扩大其与电压互感器之间的间距，暂不对电压互感器进行调换，加强之后的运行监测，若绝缘进一步恶化再行安排调换。送电后，对 35kV 先进变电站长先 331 后仓进行复测，暂态地电压测量数据稳定在 14dB 左右，见表 3，在正常数值范围内，且放电声也消失。

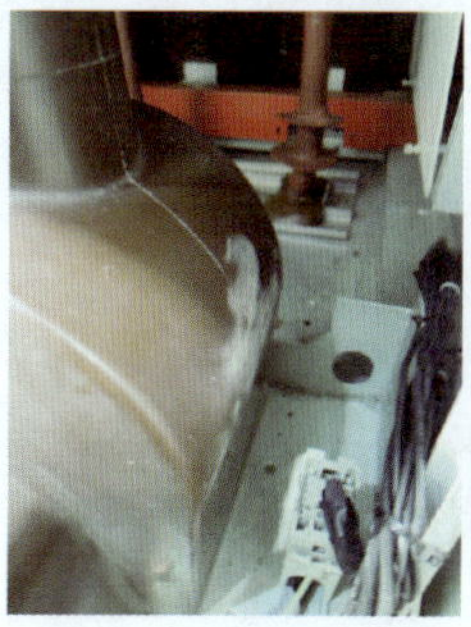

图 1　长先 331 线路
电压互感器 C 相

图 2　长先 331 电缆层内
电缆小线网状护套

表3				暂态地电压检测数据				dB
开关柜名称	前中	前下	侧上	侧中	侧下	后上	后中	后下
长先331	9	10	12	15	14	9	10	14

❖ 经验体会

　　暂态地电压检测可发现开关柜内的局部放电现象，结合超声波探测，具有一定的定位能力，是一种较好的带电巡检手段，可发现设备的早期缺陷，及时安排处理，可避免缺陷扩大。35kV 先进变电站内部分35kV 出线柜装有线路电压互感器，并带有消谐器，后仓还有二次电缆小线，当站内空气湿度较高时，电缆小线外的护套与线路电压互感器的间距小，容易产生放电。在夏季闷热潮湿的气候时，应加强对站内设备的巡视，并若开关柜内的电缆孔封堵有破损应及时修复，避免地下电缆层的潮气渗入开关柜内，同时建议在开关室内安装大型除湿机，改善设备运行环境。

❖ 检测信息

检测人员	国网上海市电力公司长兴供电公司：王寅超（27岁）
检测仪器	UTP1 暂态地电压检测仪（英国 EA 公司）
测试环境	温度 32℃、相对湿度 82％

4.4.6　不平衡电压监测发现 220kV 沥汇变电站电容式电压互感器电磁单元进水

❖ 案例简介

　　2013 年 3 月 6 日 16 时 10 分，国网浙江省电力公司绍兴供电公司二次电压实时监控发现 220kV 沥汇变电站 220kV 副母电压互感器 A 相二次保护、计量绕组电压均为 0，$3U_0$ 电压为 100V。运维检修部立即组织运行、检修人员赶赴现场进行查看，经测量就地二次电压，确认二次保护、计量绕组电压均为 0.3U_0。电压为 100V，紧急停运该组母线电压互感器，进行停电检修试验，确认 A 相电压互感器中间电磁单元存在绝缘问题，随即组织备品进行更换，成功避免了一起运行事故。

❖ 检测分析方法

　　（1）检测分析。电容式电压互感器二次电压采用调度监控和运行人员日常就地测量相结合的检测方法，确保二次电压正常，也能正确反映电压互感器电容器和中间电磁单元的状况。当检测到 220kV 副母电压互感器 A 相二次保护、计量绕组电压均为 0，$3U_0$ 电压为 100V，初步判断为中间电磁单元问题，停电后对该相电压互感器进行了全面的试验检查，大致分以下几个步骤进行：

　　首先对 A 相电压互感器中间电磁单元进行绝缘电阻测量，结果发现一次对二次及地的绝缘电阻小于 1MΩ，而同样条件下正常相 B 相中间电磁单元的一次对二次及地的绝缘电阻大于 500MΩ。其次进行介损及电容量试验，试验数据见表 1。

从表1中可以看出试验数据虽然合格，但在介损试验用自激法测量下节电容器介损及电容量的过程中发现，在升压时仪器的二次输出电流很快到达保护整定值10A，而此时显示电压仅为200V，电压升不上去（试验设置电压500V），这与平时试验电压升至

表1　　　　　　　介损及电容量数据

A相	C_x（pF）	铭牌电容量（pF）	ΔC_x	$\tan\delta$
C2	20 350	20 280	0.35%	0.000 50
C11	29 650	20 020	0.94%	0.000 22
C12	63 460			0.004 70

500V时、电流为4A左右情况不符。为证实这一不正常情况，立即对B相电压互感器下节电容在相同条件下进行同样试验，结果发现，电压可以升至试验电压500V，此时电流仅为4A，初步怀疑A相中间电磁单元存在问题。

最后分别对A、B相中间电磁单元进行变比试验，通过试验变压器升压，在相同的一次电压下，A相二次保护和计量绕组侧得电压均为1.5V，而B相二次保护和计量绕组侧得电压均为5.5V，说明A相中间电磁单元的变比已出现严重偏差。

综合以上分析和判断，A相上节和下节电容器完好，中间电磁单元存在缺陷。

（2）处理及分析。为了进一步了解电压互感器中间电磁单元异常的原因，公司组织专业人员对该相电压互感器进行了解体检查，外观检查无异常，油箱油位正常，无渗漏油缺陷，法兰密封良好。解开后电容单元无异常，但电磁单元油箱内螺丝锈蚀严重，底部有明显的积水沉淀，说明油箱内含有较多的水分，解体情况详见图1～图4。

图1　解体现场1　　　　　　　图2　解体现场2

图3　电磁单元油箱内螺丝锈蚀严重 　　　图4　油箱底部有明显的积水

从解体的结果来看，分析如下：

（1）测量电磁单元一次绕组绝缘电阻几乎为零，对油箱内的绝缘油进行油耐压和微水试验，结果油耐压为1.3kV，微水为$135\mu L/L$，试验结果不理想，也是导致中间电磁单元一次绕组绝缘不良的原因。

（2）从电压互感器外表查看结果表明，油箱法兰、油位观察窗密封良好，积水进入油箱的可能性似乎很小，在制造阶段带入水分的可能性较大。

◆❖ 经验体会

（1）电容式电压互感器二次电压的检测对反映电压互感器电容器单元电容量变化和中间电磁单元状况

比较有效，今后将需加强对二次电压的检测，有条件的将接入在线监测统一平台，实现预警、告警等管理，实时掌握二次电压数据。

（2）要加强异常设备的事后原因分析，找到问题根据，尽可能的举一反三，运用到生产实际，指导开展有针对性的预防工作。

（3）该 220kV 副母电压互感器 A 相生产厂家：湖南湘能电气有限公司，型号：TYD 220/$\sqrt{3}$-0.01H，出厂时间：2009 年 6 月 1 日，投运时间：2009 年 10 月 23 日，运行时间较短，根据解体原因分析，存在制造工艺质量把关不严，对在运同厂家、同型号、同期产品进行排查，包括二次电压测量，结合停电进行全面的试验排查，确保在运设备的安全、可靠。

检测信息

检测人员	国网浙江省电力公司绍兴供电公司：陈斌（36 岁）、刘安文（32 岁）、冯哲峰（32 岁）
检测仪器	介质损耗仪、绝缘电阻表、万用表
测试环境	温度 12℃、相对湿度 65％

国家电网公司
STATE GRID
CORPORATION OF CHINA

第 5 章

避雷器状态检测

5.1.1 红外热像检测发现 10kV 铁兆线避雷器进水受潮发热

✦ 案例简介

2012 年 8 月 23 日，国网吉林省电力有限公司梅河口供电公司在进行配网红外检测时发现 10kV 铁兆线气象分 11 号杆 B 相柱上电缆保护避雷器本体温度异常，9 月 6 日进行诊断性复测。

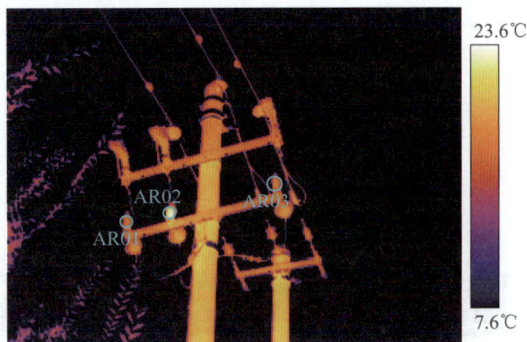

图 1 柱上避雷器热像分析图

✦ 检测分析方法

柱上避雷器热像分析图如图 1 所示。

AR01：最大值 16.4℃；AR02：最大值 23.8℃；AR03：最大值 16.7℃。

(1) B 相避雷器本体温度与 A 相、C 相最大温差 7.4K。

(2) B 相避雷器进水受潮阀片老化。

(3) 依据 Q/GDW/Z-23-001—2010《带电电力设备红外检测诊断规程》，判定为危急缺陷，建议立即安排更换。

(4) 9 月 12 日，国网吉林省电力有限公司梅河口供电公司采用不停电作业更换了故障避雷器。

图 2 避雷器外形照片

✦ 经验体会

避雷器更换后进行了实验室实验和解体检查，证实红外检测结论准确。解体图片如图 2～图 6 所示。

图 3 硅橡胶密封不良

图 4 避雷器下部水渍锈蚀

图 5 避雷器上部压电环锈蚀

图 6 避雷器阀片水渍明显，三处碎裂

根据输变电系统及配网红外检测经验，配网避雷器只要合理安排红外检测周期，可及时准确发现避雷器内部缺陷，用红外精确检测代替避雷器停电例行试验和六年轮试完全可行。

检测信息

检测人员	国网吉林省电力有限公司通化供电公司梅河口配电站：钱成家（28岁）、刘帅
检测仪器	FLIR T420红外热像仪
测试环境	温度16℃、环境湿度67%

5.1.2 红外热像检测发现10kV西昌线避雷器进水受潮发热

案例简介

2012年10月3日，国网吉林省电力有限公司通化供电公司江西供电公司在进行配网红外检测时发现10kV西昌线19号杆柱上避雷器本体温度异常。

检测分析方法

柱上避雷器热像分析图如图1所示。

区域01最高温度：17.1℃；区域02最高温度：17.1℃；区域03最高温度：18.7℃。

(1) 左侧相避雷器本体温度与其他相最大温差1.6K。

(2) 判定左侧相避雷器阀片老化，依据Q/GDW/Z-23-001—2010《带电电力设备红外检测诊断规程》，暂不认定为缺陷。

(3) 建议安排红外跟踪检测，跟踪周期为15天。

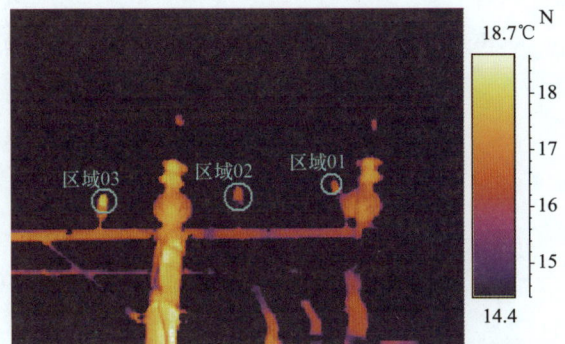

图1 柱上避雷器热像分析图

经验体会

配网避雷器重要缺陷诊断判据为温差≥2K，虽然暂不认定为缺陷，但避雷器本体的异常发热应为异常，实施红外检测跟踪非常必要。

检测人员	国网吉林省电力有限公司通化供电公司江西供电分公司配电站：赵四喜（29 岁）
检测仪器	DL 700E＋红外热像仪
测试环境	温度 13℃、环境湿度 35％

5.1.3　红外热像检测发现 66kV 主母线避雷器 B 相进水受潮发热

❖ 案例简介

2011 年 10 月下旬，运行人员巡检发现 66kV 主母线避雷器 B 相泄漏电流达到 1.2mA，A 相、C 相泄漏电流正常为 0.4mA，试验单位立即申请停电进行高压试验。

避雷器型号 $HY_{10}WZ-96/232$，大连 2010 年 11 月产品，投运时间 2010 年 12 月，运行时间 10 个月。

避雷器交接性试验直流 U_{1mA} 电压 136kV，停电高压试验，B 相避雷器直流 U_{1mA} 电压 39.6kV，降至交接试验值的 $0.75U_{1mA}$ 泄漏电流远超出试验仪器测量范围，无法测量。随后，试验单位将故障避雷器与正常避雷器在实验室进行红外模拟实验。

❖ 检测分析方法

避雷器热像分析图如图 1 所示，避雷器热像图曲线分析如图 2 所示。

图 1　避雷器热像分析图

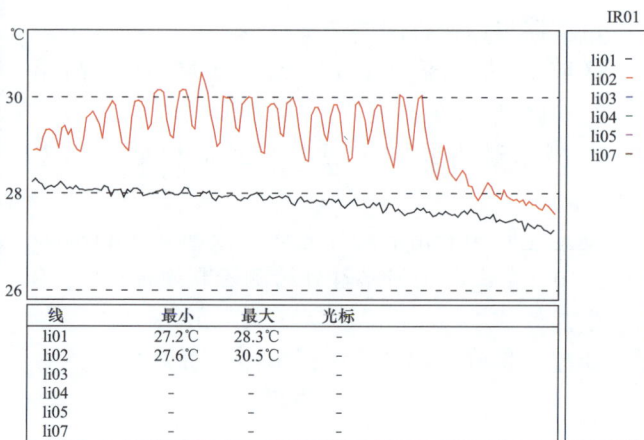

图 2　避雷器热像图曲线分析

红外热像图：最大值 31.8℃；LI01：最大值 28.3℃；LI02：最大值 30.5℃。

（1）避雷器施加额定相对地电压 38.7kV，30min 时热像图显示，故障避雷器阀片部位温度明显升高，相间温差为 2.2K。

（2）曲线分析，避雷器阀片部位较均匀发热，以避雷器中上部温度最高。

（3）系统母线电压高于额定电压约 5%，长时间带电状态下，避雷器运行温度将高于实验室实验测量的温度。

（4）避雷器解体检查，上端部注胶孔封闭不良进水，避雷器内衬绝缘管渍水受潮、阀片受潮过热。

❖ 经验体会

避雷器严重进水受潮，泄漏电流将发生变化，如果设备运行时进行红外检测，可更早发现避雷器故障。

❖ 检测信息

检测人员	国网吉林省电力有限公司长春供电公司安全监察质量部：耿建宇（33 岁）
检测仪器	FLIR T330 红外热像仪
测试环境	温度 10℃、环境湿度 35%

5.1.4　红外热像检测发现 66kV 避雷器进水受潮发热

❖ 案例简介

2011 年 7 月下旬，红外例行检测发现 66kV 主母线避雷器 B 相温度异常，避雷器带电检测，全电流、阻性电流 B 相参数有小幅增长。8 月 4 日热像图上传电力科学研究院协助分析。

❖ 检测分析方法

不同方向拍摄避雷器热像分析图如图 1、图 2 所示。

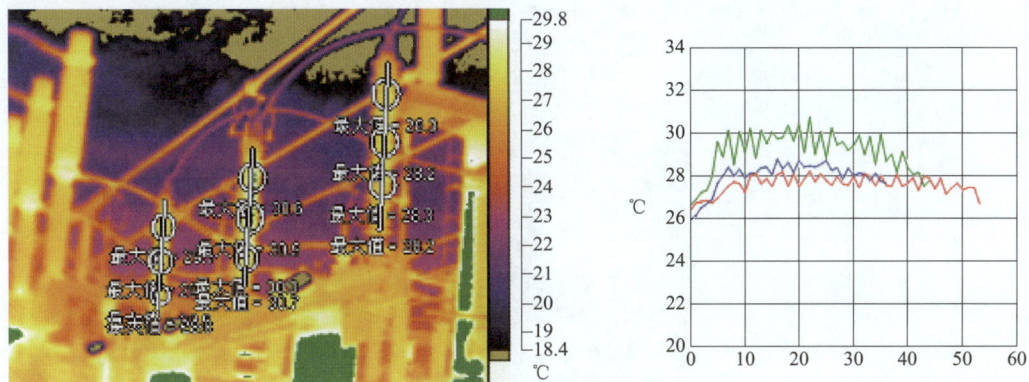

图 1　一个方向拍摄避雷器热像分析图

避雷器各部位温度加权平均值见表 1。

（1）避雷器以 B 相温度为最高，中部最大相间温差为 2.7K。

图 2　另一个方向拍摄避雷器热像分析图

表 1　避雷器各部位温度加权平均值

分析部位	两个角度平均最高温度（℃）	分析部位	两个角度平均最高温度（℃）
C 相避雷器上部	28.3	A 相避雷器中部	29.1
B 相避雷器上部	30.6	C 相避雷器下部	28.3
A 相避雷器上部	29.1	B 相避雷器下部	30.3
C 相避雷器中部	28.2	A 相避雷器下部	28.6
B 相避雷器中部	30.9		

（2）A 相避雷器与 C 相避雷器最大相间同位置温差在上、中部，为 0.8K。

（3）B、A 相避雷器温场分布仍基本均匀，无明显热点。

（4）如避雷器有制造质量的差异，一般情况下不会出现大于 1K 以上的最大相间温差，怀疑避雷器为初期的进水受潮或阀片劣化，初期的进水受潮或阀片老化。

（5）B 相避雷器最大相间同位置温差已达到 2.7K，虽然温场分布仍较均匀，根据 Q/GDW/Z-23-001—2010《带电电力设备红外检测诊断规程》，判定可能存在进水受潮或阀片老化，为危急缺陷。

（6）A 相避雷器与 C 相同位置最大相间温差 0.8K，怀疑与制造质量差异有关，且没有达到 Q/GDW/Z-23-001—2010《带电电力设备红外检测诊断规程》电压致热缺陷认定的参数控制值》，暂不认定为缺陷。

（7）建议：对本组避雷器进行停电试验，做好避雷器更换准备；避雷器未停电试验及更换前，对本组避雷器进行红外检测跟踪，跟踪周期为 1 天；跟踪检测的红外热像图应及时进行分析。

经验体会

某些品牌热像仪距离温度一致性不能满足精确检测分析需要，可采取两个方向拍摄热像图进行加权平均修正。

检测信息

检测人员	国网吉林省电力有限公司通化供电公司检修分公司变电检修室：马骏（29 岁）
检测仪器	FLUKE Ti25 红外热像仪
测试环境	温度 21℃、环境湿度 50%

5.1.5 红外热像检测发现220kV三岔子变电站避雷器本体进水受潮发热

案例简介

2011年7月下旬，集控站值班员发现220kV三岔子变电站主母线A、B相避雷器红外检测上节过热，运行泄漏电流无变化，试验人员检测避雷器运行全电流、阻性电流未见异常。8月3日将热像图上传至电力科学研究院请求协助分析。

检测分析方法

(1) 红外测试。避雷器红外热像图如图1所示，避雷器红外测试温度曲线如图2所示，分析部位最高温度见表1。

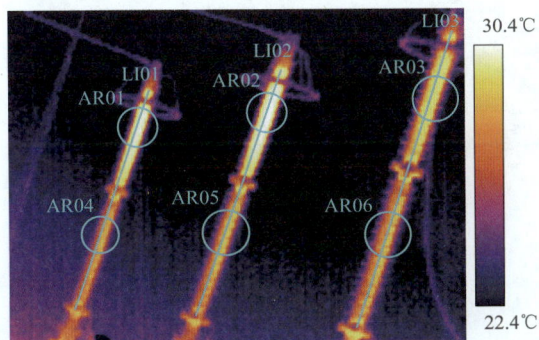

图1 避雷器红外热像图

图2 避雷器红外测试温度曲线

线	最小	最大	光标
li01	24.6℃	29.7℃	–
li02	24.4℃	30.6℃	–
li03	23.9℃	27.4℃	–

1) A相、B相上节中上部阀片部分明显发热，下节温度正常。

2) 以C相避雷器上节上部温度为基数，A相避雷器上节上部最大相间温差为3.1K，B相最大相间温差为2.6K。

3) 如避雷器有制造质量的差异，一般情况下不会出现大于1K以上的最大相间温差，怀疑避雷器为初期的进水受潮或阀片劣化。

4) A相、B相上节的进水受潮或阀片老化，目前没有影响到下节，即避雷器上、下节分担的运行电压基本正常。

表1 分析部位最高温度

分析部位	最高温度（℃）
A相避雷器上部	30.8
B相避雷器上部	30.3
C相避雷器上部	27.7

(2) 结论。A相、B相避雷器上节避雷器进水受潮，判定为危急缺陷，应安排更换。

(3) 建议。

1) 运行人员加强对本组避雷器运行全电流的检查监测，做好记录，如有变化及时向上级汇报。

2) 对本组避雷器安排停电试验并做好避雷器更换准备。

3) 避雷器未停电试验及更换前，对本组避雷器进行红外检测跟踪，跟踪周期为1天。跟踪检测的红外热像图应及时进行分析，分析结果及时上报。

4) 避雷器A相、B相上节的内部故障没有向好的方面转化的可能，宜及早安排更换。

5) 对同厂家、同批次避雷器启动家族性缺陷认定程序。

6) 避雷器运行泄漏电流检测数据见表2。

表2 避雷器带电检测数据 mA

相别	计数器指示电流	全电流	容性电流	阻性电流峰值
A	0.6	0.581	0.570	0.188
B	0.6	0.578	0.569	0.166
C	0.6	0.544	0.536	0.158

经验体会

(1) 新调动避雷器内部故障率集中并且同位置故障率较高，是新设备红外检测的重点。

（2）带电全电流、阻性电流检测在判断避雷器阀片受潮劣化初期缺陷时反应不灵敏或者无所作为，红外检测在诊断避雷器内部缺陷上有明显的优势。

❖ 检测信息

检测人员	国网吉林省电力有限公司通化供电公司检修分公司变电检修室：张学龄（52岁）
检测仪器	FLIR E30 红外热像仪
测试环境	温度 23℃、环境湿度 45％

5.1.6　红外热像检测发现 220kV 临江变电站 220kV 避雷器进水受潮发热

❖ 案例简介

2011 年 7 月 29 日 220kV 临江变电站红外例行检测发现主变压器一次避雷器 B 相下节可能存在局部发热，检查避雷器泄漏电流监测仪，B 相略大于 A、C 相，检测避雷器运行全电流、阻性电流发现 B 相避雷器泄漏电流略有增大。在吉林省电力有限公司电力科学研究院专业人员指导下进行主变压器一次主避雷器、220kV 主母线避雷器红外复测，并立即将热像图上传至国网吉林省电力有限公司电力科学研究院进行分析。

❖ 检测分析方法

主变压器一次避雷器热像分析如图 1 所示，主变压器一次避雷器红外测温曲线如图 2 所示，主变压器一次避雷器带电检测数据见表 1。

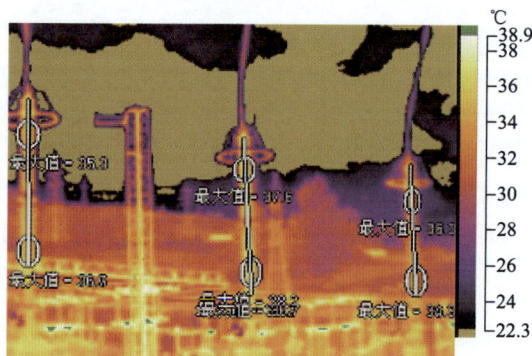

图 1　主变压器一次避雷器热像分析图

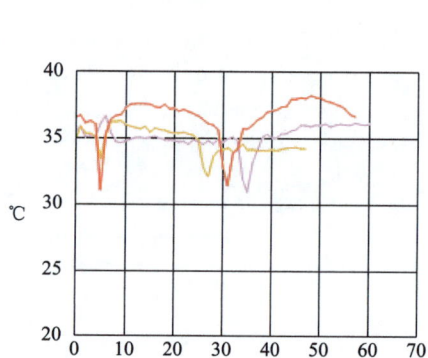

图 2　主变压器一次避雷器红外测温曲线图

表1				主变压器一次避雷器带电检测数据			μA
相别	测试日期	I_{jsq}	I_x	I_r	I_{clp}
A	2011-4-26	650	611	117	862
B	2011-4-26	650	639	178	867
C	2011-4-26	600	569	42	802
A	2011-7-28	650	618	175	840
B	2011-7-28	800	740	301	956
C	2011-7-28	600	597	89	839

220kV 主母线避雷器红外热像分析如图 3 所示，220kV 主母线避雷器红外热像测温曲线如图 4 所示，220kV 主母线避雷器带电检测数据见表 2。

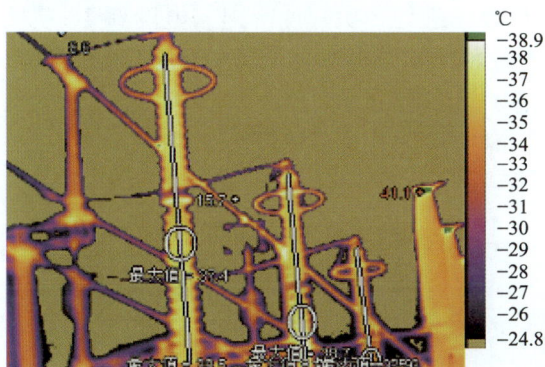

图 3　220kV 主母线避雷器红外热像分析图

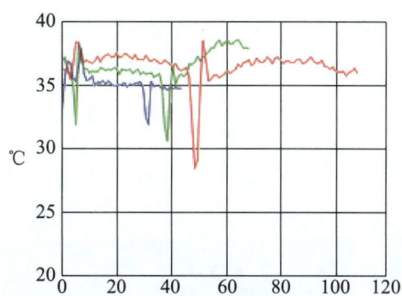

图 4　220kV 主母线避雷器红外热像测温曲线

表2				220kV 主母线避雷器带电检测数据			μA
相　别	测试日期	I_{jsq}	I_x	I_r	I_{clp}
A	2011-4-26	650	621	133	879
B	2011-4-26	650	620	<u>152</u>	876
C	2011-4-26	600	550	18	777
A	2011-7-28	650	635	150	875
B	2011-7-28	650	615	<u>179</u>	902
C	2011-7-28	600	589	88	801

（1）主变压器一次避雷器热像图相邻相校正温度 0.4K，避雷器上节 A 相 36.3℃，B 相 37.6℃，C 相 35.3℃，B 相温度比 C 相高 2.3K，实际温差应为 1.9K。

（2）主变压器一次避雷器下节中部温度 A 相 36.6 ℃，B 相 38.2℃，C 相 34.3 ℃。B 相比 C 相高 3.9K，修正后温差 3.5K。A 相比 C 相高 2.3K，修正后温差 1.9K。

（3）主变压器一次避雷器温场曲线分析，各相温场曲线相互交叉，B 相曲线跃升到 A 相上方最高，B 相上、下节均过热，下节过热严重，A 相下节过热。判定 B 相 A 相下节避雷器进水受潮或阀片老化，为危急缺陷。

（4）主变压器一次避雷器两次检测 B 相泄漏电流表计增大 23.08%，A 相无变化，带电检测阻性电流各相均增大，B 相增大 121 μA，增大 69.10%，A 相增大 61 μA，增大 49.57%，C 相增大 47 μA，增大 111.90%。

（5）主母避雷器上节上部温度 A 相 36.5 ℃，B 相 37.8℃，C 相 38.4 ℃。热像图设备由近至远温度呈梯度下降，红外热像图相邻相校正温度 0.7K。

（6）主母避雷器下节上中部温度 A 相 35.7℃，B 相 39.3℃，C 相 38.0℃。B 相温度比 A 相高 3.6K，修正后为 2.9K。

（7）主母避雷器温场曲线分析，各相温场曲线相互交叉，B 相下节曲线本应在 A 相、C 相曲线之间，但已跃升超过各相，判定 B 相下节避雷器进水受潮或阀片老化，为危急缺陷。

（8）主母各相避雷器运行泄漏电流无变化，带停电检测，B相全电流基本不变、阻性电流各相均有小幅均匀增加，不能认定避雷器存在异常。

（9）2011年7月29日，变电站全停电进行避雷器试验和更换，停电试验证实主变压器一次避雷器B相下节、A相下节、主母避雷器B相下节直流U_{1mA}试验电压均不合格。检修单位将3只可用的避雷器拼成一组临时运行，待更换备品到位后再进行全部更换。

经验体会

（1）6支避雷器三支下节同时出现故障，设备故障率达到50％。

（2）三支红外检测发现异常的避雷器，只有一支泄漏电流、带电检测全电流、阻性电流出现可引起运行人员注意的变化。

（3）避雷器带电检测相隔时间仅为3个月，并且一年内已进行2次，说明国家电网新18项反事故措施规定的35kV及以上金属氧化物避雷器可用带电泄漏电流检测代替避雷器试验的认定依据不足。

（4）案例反映了红外检测在描述避雷器运行技术状态，诊断避雷器内部故障上的有不可替代的作用。

（5）对距离一致性较差的热像仪，拍摄的热像图分析时应进行人为误差修正。

检测信息

检测人员	国网吉林省电力有限公司白山供电公司检修分公司：孟庆田（50岁）
检测仪器	FLUCK Ti25 红外热像仪
测试环境	环境温度21℃、环境湿度50％

5.1.7 红外热像检测发现10kV河南线柱上避雷器受潮

案例简介

国网黑龙江省电力有限公司大兴安岭供电公司配电运检工区2012年6月11日16：00在进行配网设备红外精准巡检时，发现加格达奇区10kV河南线45号杆柱上避雷器本体温度异常，红外热像图谱如图1所示，分析判断为该避雷器进水受潮阀片老化，不满足运行条件，后对该设备进行更换，更换后设备运行正常。

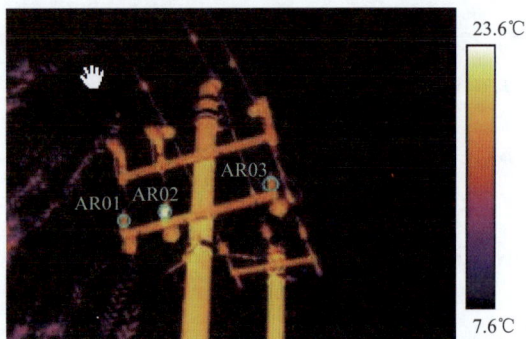

图1 10kV河南线45号杆柱上避雷器红外热像图谱

检测分析方法

AR01：最大值16.4℃；AR02：最大值23.8℃；AR03：最大值16.7℃。

（1）B相避雷器本体温度与A相、C相最大温度差7.4K。

（2）B相避雷器经测温后温度分别高于A、C相，且供电正常，没有因温度高相的避雷器导致跳闸现象的发生。判断为进水受潮阀片老化。

（3）依据 Q/GDW/Z-23-001—2010《带电电力设备红外检测诊断规程》，判断为因进水导致碳化硅阀片受潮、老化原因，绝缘电阻降低而使其本体温度升高，建议立即安排更换新的避雷器。

6月12日，国网黑龙江省电力公司大兴安岭供电公司配电运检工区对不合格的故障避雷器进行了更换，更换完送电后，又经过测温，B相避雷器温度为16.5℃，此时，三相阀式避雷器的器身温度基本平衡。将换下的避雷器进行绝缘电阻摇测，阻值为600MΩ，判定此避雷器不合格。

解体检查避雷器金属件与柱体结合部复合绝缘外套开裂，外部雨水从此渗入避雷器。避雷器金属件锈蚀，积有大面积绿色锈迹，各阀片均有水渍。

❖ 经验体会

（1）配网柱上安装的避雷器本体温差达到 7.4K，根据标准相间温差达到 4K 以上应诊断为危机严重缺陷。

（2）配网柱上避雷器状态检修试验规程要求执行 6 年轮试制。一年两次的红外精确检测可准确掌握避雷器的技术状态量，没有必要再进行轮试。

（3）避雷器进水受潮并且底座绝缘受潮劣化，造成避雷器运行中泄漏电流被分流，掩盖了避雷器进水受潮现象，运行人员不容易发现避雷器进水受潮故障。标准只规定避雷器运行泄漏电流增大时，停电进行特性试验，而对泄漏电流减少情况没有规定。

❖ 检测信息

检测人员	国网黑龙江省电力公司大兴安岭供电公司：赵津、王洋
检测仪器	FLIRT630 _ NR2.2B红外热像仪
测试环境	测试温度15℃、相对湿度30％

5.1.8　红外热像检测发现 330kV 炳灵变电站 1 号主变压器 330kV 侧避雷器内部阀片老化

❖ 案例简介

2012 年 8 月 30 日 11：00，测试人员对国网甘肃省电力公司检修公司 330kV 炳灵变电站进行红外测试时，发现 1 号主变压器 330kV 侧氧化锌避雷器 B 相上节靠 2 号主变压器侧有局部发热点，其温度与本相下节相同部位有 1.8℃温差，与其他相（A、C 相）上节相同部位有 1.1℃温差（测试 8h 前下过雨）；为了排除环境影响，9 月 2 日 11：00，再次对该设备进行红外测试，B 相避雷器上节靠 2 号主变压器侧仍然有局部发热点，其温度与本相下节相同部位有 1.2℃温差，与其他相（A、C 相）上节相同部位有 1.1℃温差（测试前未下过雨），初步判断 B 相避雷器上节存在内部发热缺陷。

检测分析方法

金属氧化物避雷器为电压致热型设备，其发热故障多为内部故障，无间隙金属氧化物避雷器异常热像特征为整体或局部有明显发热。图1、图2及表1为330kV炳灵变电站1号主变压器330kV侧避雷器热像图、可见光图及红外测试情况。

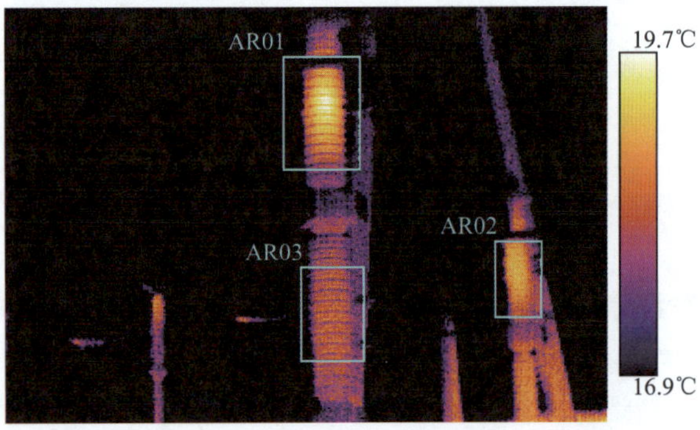

图1　8月30日1号主变压器330kV
侧避雷器热像图

图2　8月30日1号主变压器330kV
侧B相避雷器可见光图

表1　　　　　　　　　　8月30日1号主变压器330kV侧避雷器红外测试分析表

红外热图信息	数值	红外热图信息	数值
创建日期	2012-8-30	标签	数值
目标参数	数值	AR01：最大值	19.8℃
辐射系数	0.92（瓷套）	AR02：最大值	18.7℃
目标距离	5.0m	AR03：最大值	18.1℃
环境温度	17.0℃		

注　B相避雷器上节靠2号主变压器侧有局部热点，其温度与本相下节相同部位有1.8℃温差，与其他相（A、C相）上节相同部位有1.1℃温差（测试8h前下过雨）。

（1）2012年8月30日11：00，测试人员对1号主变压器330kV侧相避雷器进行红外测试时发现B相避雷器上节温度异常。8月30日1号主变压器330kV侧避雷器热像图如图1所示，8月30日1号主变压器330kV侧避雷器可见光图如图2所示，8月30日1号主变压器330kV侧避雷器红外测试分析表见表1。

（2）2012年9月2日11：00，为了排除降雨环境对测试的影响，测试人员再次对1号主变压器330kV侧相避雷器进行红外测试，发现B相避雷器上节温度异常现象依然存在。9月2日1号主变压器330kV侧避雷器热像图如图3所示，8月30日1号主变压器330kV侧避雷器可见光图如图4所示，9月2日1号主变压器330kV侧避雷器红外测试分析表见表2。

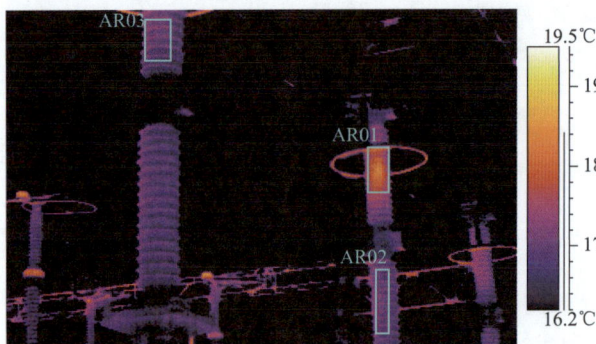

图3　9月2日1号主变压器330kV侧避雷器热像图

图4　9月2日1号主变压器330kV侧避雷器可见光图

表 2　9 月 2 日 1 号主变压器 330kV 侧避雷器红外测试分析表

红外热图信息	数 值	红外热图信息	数 值
创建日期	2012-9-2	标签	数值
目标参数	数值	AR01：最大值	18.6℃
辐射系数	0.92（瓷套）	AR02：最大值	17.4℃
目标距离	5.0m	AR03：最大值	17.5℃
环境温度	22.0℃		

注　B 相避雷器上节靠 2 号主变压器侧有局部热点，其温度与本相下节相同部位有 1.2℃温差，与其他相（A、C 相）上节相同部位有 1.1℃温差（测试前未下过雨）。

　　根据 8 月 30 日和 9 月 2 日对该避雷器的红外测试情况可以看出，B 相避雷器上节和下节温差分别为 1.8℃和 1.2℃，而三相同部位温差达到 1.1℃，排除环境因素影响，可以确定发热类型为局部发热，缺陷部位在避雷器内部。根据温差做出判断，作为电压致热型设备，B 相避雷器上节内部可能出现了放电故障，且较严重，应该立即进行停电检修。后对该避雷器上节进行解体检查发现，由于该避雷器绝缘老化，内部氧化锌绝缘桶出现电弧放电痕迹，经处理后恢复正常。

❖ 经验体会

　　（1）红外热像技术具有不接触、不停运、不取样、不解体、安全直观等特点，可以保证电力设备安全经济运行，同时降低工作人员的劳动强度。

　　（2）红外热像技术既可定性反映设备的故障存在与否，又能定量地反映故障严重程度，对老旧或存在隐患的设备，可以随时跟踪监视其运行状况，最大限度地利用其剩余寿命。

　　（3）红外热像技术在变电设备各方面的应用，诊断发现了大量的设备缺陷，其中不乏主设备方面的严重缺陷，对降低变电设备故障率起到了良好作用，它在一定程度上弥补了电气设备离线试验中所不易或无法发现设备缺陷的不足，并填补了许多高压设备缺少在线监测的空白，尤其在提倡状态检修的发展形势下，热像诊断已经成为电气设备从定期检修向状态检修转变中一个不可缺少的技术手段。

❖ 检测信息

检测人员	国网甘肃省电力公司检修公司：杨炜（35 岁）
检测仪器	FLRE P65 红外热像仪

5.1.9　红外热像检测发现 110kV 方北变电站 110kV 金属氧化物避雷器受潮

❖ 案例简介

　　国网河北省电力公司石家庄供电公司 110kV 方北变电站兆方Ⅱ线 186A 相 YH10W5 102/266 型避雷

器，2009 年 5 月 16 日投入运行。2013 年 5 月 9 日，对 110kV 方北变电站避雷器带电测试时发现，兆方Ⅱ线 186 线路避雷器 A 相全电流、阻性电流、有功损耗较 B、C 相有明显增长。查阅历史发现 A 相避雷器带电测试数据均有逐年递增的趋势，且与去年数据相比，增长较为明显。红外测温发现 A 相整体比其他两相温度略高，综合红外测温、高频局部放电信号波形为放电衰减波，具有标准局部放电信号波形特征，放电信号最大幅值为 70mV，频率为 10～20MHz，频率较高为近点放电，依据《电力设备带电检测技术规范》将该相避雷器定为异常状态。综合三个试验数据，判断认为该避雷器存在缺陷。停电更换后，解体检查发现避雷器内部阀片受潮。

❖ 检测分析方法

2013 年 5 月 9 日，对 110kV 方北变电站避雷器带电测试时发现，兆方Ⅱ线 186 线路避雷器 A 相全电流、阻性电流、有功损耗较 B、C 相有明显增长，之后进行如下检测分析：

（1）电流法测试及分析。2013 年 5 月 16 日，对 186 线路避雷器进行复试，测试结果及历次测试数据见表 1。

表 1　　　　　　　　　　　186 线路避雷器历次带电测试数据（电流法）

测试时间	A 相			B 相			C 相		
	I_{XP}（μA）	I_{RP}（μA）	P（mW）	I_{XP}（μA）	I_{RP}（μA）	P（mW）	I_{XP}（μA）	I_{RP}（μA）	P（mW）
2013-5-16	1073	190	108	750	107	73.7	761	108	75.7
2013-5-9	1076	196	110	742	108	73	756	110	75
2012-10-9	818	180	212	756	156	110	761	162	113
2012-4-26	753	163	113	756	156	110	761	162	113
2011-10-26	772	166	114	715	147	105	728	151	109
2011-6-17	749	159	113	730	152	109	743	156	113
2010-11-9	728	154	110	712	144	106	720	158	109

1）横向分析：投运后至 2011 年 6 月，A、B、C 三相的全电流、阻性电流、有功损耗数据均比较接近，相差不大。2011 年 10 月后，A 相的全电流、阻性电流、有功损耗与 B、C 对应数据比较，相差较大，而 B、C 相的数据较为接近。

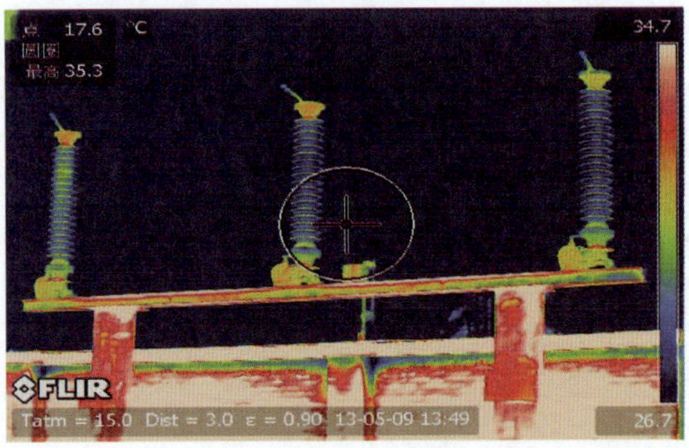

图 1　避雷器红外精确测温图谱
（三相，左边为 A 相，迎光侧拍摄）

2）纵向分析：A 相的历次带电测试数据表明自 2011 年 10 月，全电流、阻性电流、有功损耗均有所增加，尤其是 2013 年 5 月的测试数据与上次测试相比，增加较为明显。

（2）红外测试。发现带电测试数据异常后，对 186 线路避雷器进行了红外精确测试。测温图谱如图 1 所示。

温度数据：A 相 34.2℃，B 相 33.5℃，C 相 33.3℃。

由红外图（图 1）可知，A 相整体红外热像颜色比 B、C 相略显发亮，说明 A 相整体温度比 B、C 相略高。由温度数据也可知 A 相温度较 B、C 相高。

（3）高频局部放电测试。2013 年 5 月 16 日，对该避雷器进行了高频局部放电测试（同步信号采用交流电源，没有设置相位角），测试图谱如图 2、图 3 所示。

为了排除干扰，提出其中红色区域进行分析，红色区域对应的相位谱图、放电脉冲波形以及对应的频谱图分析认为：该放电谱图以一、三象限为主，具有 180° 相位特征，幅值正负分明；信号波形为放电衰减波，具有标准局部放电信号波形特征。该放电信号最大幅值为 70mV，频率为 10～20MHz，频率较高为近点放电，依据《电力设备带电检测技术规范》将该相避雷器定为异常状态。

图 2 避雷器高频局部放电测试
(a) 相位谱图；(b) 分类谱图

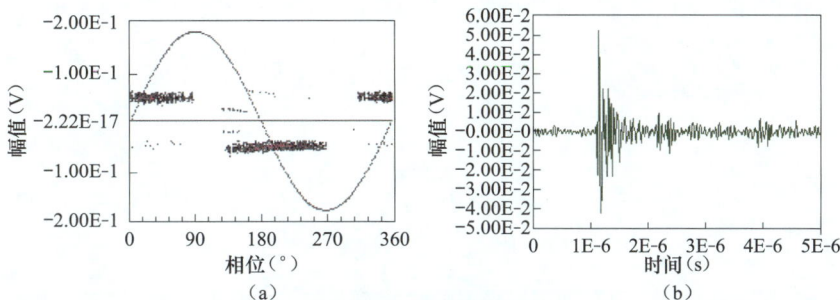

图 3 避雷器高频局部放电测试
(a) 相位谱图；(b) 放电脉冲波形图

结合带电测试数据以及红外测温分析，初步认为 A 相避雷器存在内部放电故障。

（4）直流 1mA 下的泄漏电流数据分析。判断该避雷器内部阀片受潮后，立即将其退出运行，从而避免了一起恶性事故的发生。对 186 号避雷器进行停电试验。发现 A 相避雷器的直流 1mA 电压减小，75% 直流 1mA 电压下的泄漏电流增大，该避雷器停电测试数据见表 2。

表 2 避雷器停电测试数据

相 别	初始值		试验数据	
	U_{DC1mA} (kV)	$I_{75\%UDC1mA}$ (μA)	U_{DC1mA} (kV)	$I_{75\%UDC1mA}$ (μA)
A	157.7	17	125.8	302
B	158.4	23	154.6	13
C	159.6	17	153.1	17

经过现场停电试验和分析，186 号避雷器的 A 相 U_{DC1mA} 比初始下降了 25.36%，且明显比铭牌上直流参考电压 148kV 小，$I_{75\%UDC1mA}$ 已远远超出注意值（50μA），因此判断该相避雷器存在缺陷。初步分析避雷器内部整体受潮。随后进行了解体，发现避雷器硅橡胶与阀片结合多处有水珠，如图 4 所示。

图 4 186A 相避雷器阀片受潮

◆ 经验体会

（1）氧化锌避雷器阻性电流带电测试对于氧化锌避雷器内部阀片受潮缺陷的检测较为灵敏，红外测温也能够发现内部阀片受潮的缺陷。

（2）加强本批次氧化锌避雷器的带电测试和红外测温工作，加强带电组合检测，综合判断设备缺陷，防止误判。

检测人员	国网河北省电力公司石家庄供电公司：樊学军（45 岁）、韩海军（39 岁）、王泽林（45 岁）。 国网河北省电力公司电力科学研究院：岳啸鸣（34 岁）、高树国（32 岁）
检测仪器	红外热像仪（FLIR P630，美国 FLIR 公司）、氧化锌避雷器泄漏电流测试仪（HDY-20，苏州华电电器技术有限公司）、高频局部放电检测仪（PDCHECK 型，意大利 TE-CHIMP 公司）
测试环境	温度 23℃、相对湿度 65.0 %、风力 1 级

5.1.10 红外热像检测发现 220kV 丹河变电站 1 号主变压器 35kV 侧避雷器本体过热

案例简介

国网山西省电力公司晋城供电公司运维的 220kV 丹河变电站 1 号主变压器 35kV 侧避雷器于 2012 年 9 月 24 日投入运行，例行停电及带电测试数据全部合格。2013 年 12 月 24 日 10：45，变电检修专业工作人员在对 220kV 丹河变电站进行红外热像测温过程中，发现 1 号主变压器 35kV 侧 A 相避雷器有明显发热现象，热点温度为 40.1℃，B、C 相分别为 3.1℃、3.0℃，A、B 相温差为 37K。1 号主变压器 35kV 侧避雷器红外图谱和可见光照片如图 1、图 2 所示。

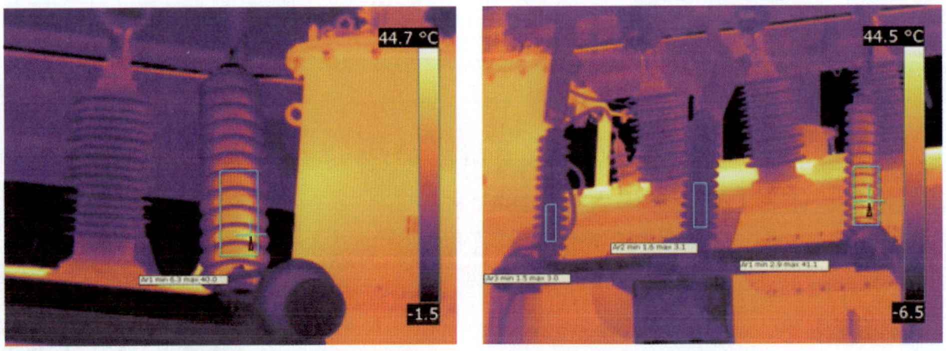

图 1 1 号主变压器 35kV 侧避雷器红外图谱

（a）A 相避雷器相红外图谱；（b）三相避雷器红外图谱

现场观测避雷器在线监测装置，发现 A 相全电流严重偏大，约为正常值 10 倍。运用避雷器带电测试仪对其进行带电测试，A 相避雷器全电流、阻性电流与 2013 年 4 月 27 日数据相比明显增大，阻性电流几乎增加 9 倍。经分析认为 A 相避雷器内部阀片受潮引起发热异常，判定为危急缺陷，申请立即停电，进行了三相避雷器整体更换处理，重新投运后红外热像测温、避雷器在线监测和带电测试数据正常。

图2 1号主变压器35kV侧避雷器可见光照片

(a) A相避雷器可见光照片；(b) 三相避雷器可见光照片

检测分析方法

经过对红外图谱认真分析，发现A相避雷器整体过热，热点温度为40.1℃，B、C相温度正常，分别为3.1℃、3.0℃。根据DL/T 664—2008《带电设备红外诊断应用规范》，正常避雷器整体为轻微发热，三相温差在0.5~1K之间，整体或局部过热为异常。A相红外图谱与避雷器内部阀片受潮特征相同，A、B相温差为37K，初步认定为A相避雷器内部进水受潮引起本体发热异常，属于电压致热型缺陷。

现场观测避雷器在线监测装置，发现A相全电流严重偏大，已达到1550μA，B、C相全电流为150μA、145μA。运用避雷器带电测试仪对其进行带电测试，数据见表1，从中可以看出，A相避雷器全电流、阻性电流与2013年4月27日数据相比明显增大，阻性电流几乎增加9倍。通过以上分析，确认A相避雷器内部阀片受潮引起发热异常，判定为危急缺陷。红外检测人员立刻向变电检修专业领导详细汇报设备运行状况，申请立即停电处理。2013年12月24日21：15，1号主变压器停电完毕，检修人员用试验合格的新避雷器将旧避雷器整体更换并带回，检修过程如图3所示。2013年12月25日03：20，1号主变压器恢复送电。

表1　　　　　　　　　避雷器带电测试数据　　　　　　　μA

设备名称	相别	2013年4月27日		2013年12月24日	
		全电流	阻性电流	全电流	阻性电流
1号主变压器35kV侧避雷器	A	171	25	1678	239
	B	168	24	158	23
	C	173	25	164	24

标准：测量运行电压下的全电流、阻性电流，测量值与初始值相比，不应有明显变化，阻性电流初值差达到+50%时，适当缩短监测周期；阻性电流增加一倍时，必须停电检查。

图3 避雷器更换现场图

2013年12月25日08：30，电气试验人员对旧避雷器进行了绝缘电阻和直流泄漏电流试验，试验数据见表2。从中可以明显看出，A相避雷器绝缘电阻和直流1mA时的电压U_{1mA}严重降低，75%U_{1mA}下的泄漏电流远远大于50μA。

表2　　　　　　　　　　　　　　　　避雷器停电试验数据

设备名称	相别	绝缘电阻（MΩ）	底座绝缘电阻（MΩ）	直流1mA时的电压 U_{1mA}（kV）	75%U_{1mA}下的泄漏电流（μA）
1号主变压器35kV侧避雷器	A	66	25 000	15.2	360
	B	320 000	23 000	77.7	10
	C	310 000	23 000	77.6	6

标准：绝缘电阻不低于1000MΩ；75%U_{1mA}下的泄漏电流不大于50μA。

2013年12月25日09：30，对A相避雷器进行了解体检查，发现内部受潮严重，有清晰的水痕，如图4所示。受潮原因是顶部螺栓松动，潮气沿螺栓缝隙大量进入避雷器本体，造成内部阀片严重受潮，如图5所示。

图4 避雷器内部阀片受潮照片   图5 避雷器顶部螺栓照片

2013年12月26日09：20，红外检测人员对1号主变压器35kV侧避雷器进行精确测温，A、B、C三相温度分别为3.1、3.1、2.9℃，三相温差小于1K，1号主变压器35kV侧避雷器红外图谱和可见光照片如图6、图7所示，并将两次红外检测图谱数据纳入红外图谱诊断数据库。

(a)

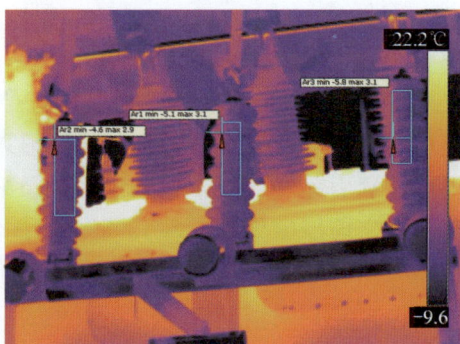
(b)

图6 检修后避雷器红外图谱
(a) A相避雷器红外图谱；(b) 三相避雷器红外图谱

(a)   (b)

图7 检修后避雷器可见光照片
(a) A相避雷器可见光照片；(b) 三相避雷器可见光照片

⬡ 经验体会

（1）红外检测技术的应用，极大地丰富了电力设备状态信息，对发热隐患及时采取重点监控、降低负荷、停电处理等措施，有效地减少了设备故障的发生，降低了检修强度和成本，提高了检修效率，使检修工作更加科学化。

（2）对于温差较小的避雷器、互感器等电压致热型设备缺陷，在精确测温时，应对红外热像仪色标量程手动调节，使其具有清晰的温度层次。

（3）红外检测能够远距离、非接触、直观、实时、快速地获取设备的运行状态信息。在线监测、停电试验和其他带电测试手段运用较为成熟，历史数据翔实。红外检测与其他试验手段相结合，可以发挥各自的优点，互相印证，为设备缺陷诊断分析提供大量参考信息，使检修策略更有针对性和计划性。

❖ 检测信息

检测人员	国网山西省电力公司晋城供电公司变电检修专业：李磊（26岁）、栗国晋（47岁）、彭飞（40岁）、高佳琦（26岁）
检测仪器	FLIR T330 红外热像仪、JD2316A 氧化锌避雷器特性测试仪、FLUKE-1550B 绝缘电阻表、ZGS-Q-120/2 直流高压试验器
测试环境	环境温度 8℃、相对湿度 35%

5.1.11　红外热像检测发现 110kV 柏树庄变电站氧化锌避雷器内部受潮

❖ 案例简介

国网冀北电力有限公司唐山供电公司 110kV 柏树庄变电站 117 避雷器投运于 2005 年 8 月，基本情况见表 1。2013 年 4 月 2 日 10：00，国网冀北电力有限公司唐山供电公司运行人员在进行例行红外测温时，发现 110kV 柏树庄变电站的 117 B 相避雷器设备温度异常，之后分析发现 B 相避雷器与同线路 A 相和 C 相相差较大，检测人员上报运维检修部，建议进行带电阻性电流和全电流测试，发现全电流和阻性电流都存在较大变化，怀疑存在设备绝缘劣化，马上停电进行诊断性试验，试验结果不合格，随即进行更换并对该避雷器进行解体，证实的确存在内部受潮，由此避免了事故的发生。

表 1　　　　　　　　　　　　柏树庄变电站 117 B 相避雷器设备基本情况

型　　式	Y10W-108/281W	生产厂家	北京电力设备总厂电器厂
出厂日期	2005 年 3 月	投运日期	2005 年 8 月
出厂序号	H780030	上次试验时间	2012 年 10 月

❖ 检测分析方法

运行维护人员在例行带电红外检测时，发现该 110kV 柏树庄变电站的 117 B 相避雷器设备温度异常，

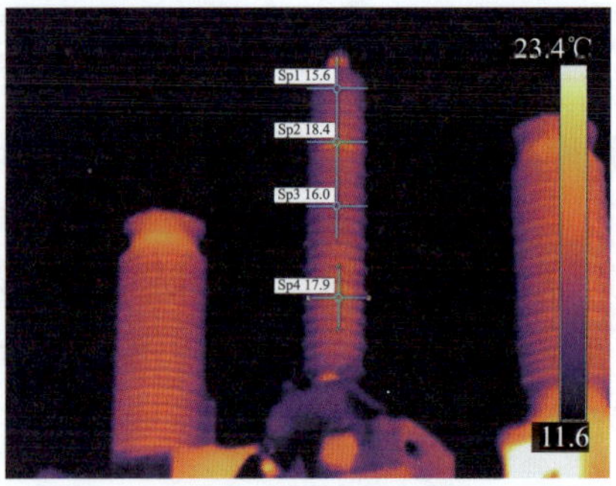

图1　110kV柏树庄变电站117 B相避雷器红外测温图谱

如图1所示。

其中，SP1：15.6 ℃；SP2：18.4 ℃；SP3：16.0 ℃；SP4：17.9 ℃。

通过比较分析图片温差为3K，根据DL/T 664—2008《带电设备红外诊断应用规范》，判断热像特征为多节局部发热（如图1所示），结合带电测试和停电试验项目，初步分析故障为内部受潮或老化。

2013年4月3日，高压试验人员对该避雷器进行带电试验，发现全电流和阻性电流都存在较大变化，怀疑存在设备绝缘劣化，带电全电流测试数据见表2。

表2　117 B相避雷器带电测试数据

日　期	相　别	A	B	C	运行电压（kV）
2012-10-9	全电流（μA）	576	570	570	114
	阻性电流（μA）	70	69	70	
	在线监测仪（μA）	600	600	600	
2013-4-3	全电流（μA）	569	888	572	114
	阻性电流（μA）	67	121	70	
	在线监测仪（μA）	600	800	600	

阻性电流增量为75％，全电流增量55.7％，根据DL/T 393—2010《输变电设备状态检修试验规程》，阻性电流增量已经超过50％，决定停电进行诊断性试验。

2013年4月5日，停电进行了诊断性试验，其中，绝缘电阻降低，U_{1mA}偏小，且$0.75U_{1mA}$下泄漏电流为145μA，见表3。

表3　避雷器诊断性试验数据

试验项目：避雷器诊断性试验									
绝缘电阻（MΩ）	上节	中节	下节	上节	中节	下节	上节	中节	下节
		3500							
	使用仪器		BM21	仪器编号			1530		
	上节	中节	下节	上节	中节	下节	上节	中节	下节
直流1mA电压（kV）		38					153.1		
75％ 1mA电压下电流（μA）		145					15		
	使用仪器		Z-VI	仪器编号			A20301146-2		

由此判断该避雷器内部受潮，随即进行了更换，并对该避雷器进行解体，发现内部受潮严重，如图2所示。

经验体会

通过最后解体所发现的避雷器内部受潮，证实了在此之前的判断，说明了带电检测手段在状态检修过程中所处的重要性，在这个过程中，有以下几点体会：

（1）红外测温检测方法已经广泛应用于日常的设备巡视，并且对输变电设备的发热性故障具备很好的监测功能。

图2　避雷器内部受潮情况

（2）采用带电检测方法对避雷器设备的全电流和阻性电流可以进行较为精准的检测，由于现场带电作业，并且各个厂家型号不一，检测人员需要更专业的技能和更负责的态度。

（3）由于带电检测技术日新月异，需要不断的开阔视野和更新知识和技能，更多的进行技能培训和经验交流。

检测人员	国网冀北电力有限公司唐山供电公司运维检修部变电检修室：周建强（45岁）、王超（35岁）
检测仪器	红外热像仪（型号：P30、厂家：FLIR、仪器编号：23404817、空间分辨率：1.3mrad、精度度：±2%、图像刷新率：50/60Hz、光谱范围：7.5～13μm、操作温度范围：－15±50℃、存储温度范围：－40±70℃、湿度：0～95%）、避雷器带电测试仪（型号：MD810A、厂家：北京华科兴盛电力工程技术公司、仪器编号：1001016、电压量程：0～125V、电流量程：0～10mA、有功损耗测量范围：0～10 000mW/kV、读数显示频率：1次/s、温度范围：工作温度0～40℃、储存温度－10～60℃）
测试环境	测试温度7℃、相对湿度40%、大气压101kPa

5.1.12 红外热像检测发现110kV罗店变电站多只110kV避雷器受潮

案例简介

国网浙江省电力公司金华供电公司所辖110kV罗店变电站的仙北1544罗店支线避雷器、鹿罗1317线路避雷器、1号与2号主变压器中性点避雷器均由北京电力设备总厂生产，型号是HY10W-100/260W及HY1.5W-72/186，出厂日期是2000年12月，已运行10年，上次检修时间为2006年2月27日。此变电站自投产以来一直承担着金华城区重要的生产生活用电。

2011年9月2日20：00在对110kV罗店变电站远红外测温过程中，发现仙北1544罗店支线避雷器、鹿罗1317线路避雷器存在明显过热现象，经上报主管部门后将该两条线路分别停电对线路避雷器及主变压器的110kV中性点避雷器进行诊断检查，发现部分避雷器绝缘电阻异常偏低，其中仙北A、C相，鹿罗A、C相，1号主变压器中性点避雷器的75%直流1mA参考电压下的泄漏电流值有大幅增长，且超出了50μA的规程定值。技术人员对该变电站全站110kV避雷器进行交接更换后，将换下异常的避雷器进行解体检查分析，发现其绝缘性能的大幅度下降与其内部构件受潮有关，属于疑似家族性缺陷，对使用该厂家当年批次产品的各变电站避雷器设备加强了跟踪监测。

检测分析方法

技术人员在对110kV罗店变电站远红外测温过程中，发现仙北1544罗店支线避雷器、鹿罗1317线路避雷器存在明显过热现象，测试数据见表1。图1为鹿罗1317线路避雷器红外图谱及线温分析图。

表 1 鹿罗 1317、仙北 1544 罗店支线避雷器红外测温结果

鹿罗 1317 线路避雷器				仙北 1544 罗店支线避雷器	
A 相最高温度	B 相最高温度	C 相最高温度	A 相最高温度	B 相最高温度	C 相最高温度
29.75℃	27.09℃	29.25℃	26.91℃	26.13℃	27.11℃

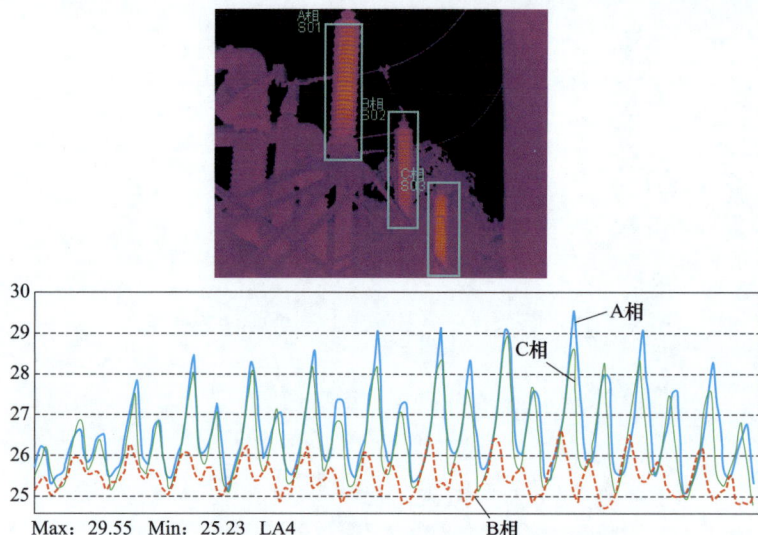

图 1　鹿罗 1317 线路避雷器红外图谱及线温分析图

正常运行中的氧化锌避雷器为整体轻微发热，相间温差不大于 0.5K。从表 1 数据和图 1 可以看出，鹿罗 1317 线路避雷器 A、C 两相避雷器整体温度明显高于 B 相（A 相与 B 相相差 2.66℃、C 相与 B 相相差 2.16℃）。仙北 1544 罗店支线避雷器（A 相与 B 相相差 0.78℃、C 相与 B 相相差 0.98℃）与鹿罗 1317 线路避雷器存在相似情况。经上报主管部门将该两条线路分别停电后技术人员对线路避雷器及主变压器的 110kV 中性点避雷器进行诊断性检查试验，试验结果见表 2。

表 2　　　　　　　　　110kV 罗店变电站所有 110kV 等级避雷器试验结果

设　备	绝缘（MΩ）	U_{1mA}（kV）	$I_{75\%U1mA}$（μA）
仙北 1544 A 相避雷器	9500	150.5	69
仙北 1544 B 相避雷器	23 000	150.4	24
仙北 1544 C 相避雷器	10 080	150.2	55
鹿罗 1317 A 相避雷器	1170	149.4	>100
鹿罗 1317 B 相避雷器	19 400	149.2	24
鹿罗 1317 C 相避雷器	1010	150.5	>100
1 号主变压器中性点避雷器	120	63.7	>100
2 号主变压器中性点避雷器	13 200	105.7	27

通过试验发现部分避雷器绝缘电阻异常偏低，其中仙北 A、C 相，鹿罗 A、C 相，1 号主变压器中性点避雷器的 75% 直流 1mA 参考电压下的泄漏电流值有大幅增长，且超出了 $50\mu A$ 的规程定值。说明仙北 1544 罗店支线 A、C 两相避雷器，鹿罗 1317 线路 A、C 两相避雷器及 1 号主变压器中性点避雷器存在严重绝缘缺陷。

该变电站所有 110kV 避雷器均为北京电力设备总厂生产，出厂年月是 2000 年 12 月（已运行 10 年）。结合红外图谱和试验数据，初步分析其绝缘性能的大幅度下降与其内部构件受潮有关。技术人员对避雷器进行了解体检查。

（1）解体经过。以仙北 1544C 相避雷器解体为例，首先将避雷器顶部帽盖拆离后发现：

1）避雷器上电极边缘的浇铸工艺不到位，存在部分段的间隙（见图 2）。

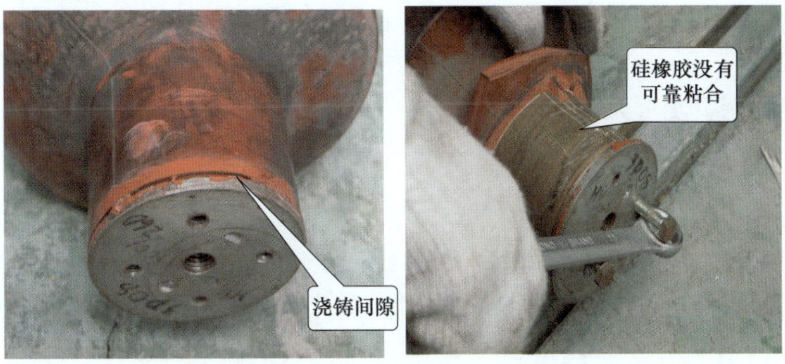

图 2　仙北 1544C 相避雷器顶部解体图

2）外层硅橡胶可整体剥离，与内部环氧筒未可靠粘合（见图 2）。

之后技术人员用工具将避雷器的 ZnO 阀片与环氧树脂筒分离，对部分阀片依次进行参数测试，试验数据合格，试验数据见表 3。

表 3　　　　　　　　　　　　仙北 1544C 相阀片参数测试结果

仙北 1544C 相阀片					
阀片编号	U_{1mA}	$I_{75\%U_{1mA}}$	阀片编号	U_{1mA}	$I_{75\%U_{1mA}}$
1 号	3.38	6	7 号	3.41	6
2 号	3.41	6	8 号	3.41	5
3 号	3.38	5	9 号	3.37	5
4 号	3.41	6	10 号	3.42	5
5 号	3.41	5	11 号	3.41	6
6 号	3.42	5	12 号	3.37	6

将仙北 1544 避雷器环氧筒分离后检查发现仙北 1544C 相环氧套筒的内表面与试验数据正常的仙北 1544B 相避雷器的环氧套筒有轻度的色差（见图 3），表面存在少许潮气。技术人员将仙北 1544 B、C 相环氧套筒（切割尺寸相同，长 230mm）同时送至试验室，进行直流泄漏试验，试验数据见表 4，电压未升到 3kV，C 相套筒的电流已经满偏（电流表量程 50μA），说明 C 相套筒已经受潮。经解体其他绝缘性能下降的避雷器，发现均存在相同问题。

图 3　仙北 1544C 相环氧套筒

表 4　仙北 1544 B、C 相避雷器环氧套筒直流泄漏试验值

仙北 1544C 相环氧套筒	
施加电压（kV）	Ix（μA）
3	50
仙北 1544B 相环氧套筒（正常相）	
施加电压（kV）	Ix（μA）
20	10

（2）原因分析。

1）复合套氧化锌避雷器的环氧筒吸潮能力极强，若与硅橡胶合成套粘合不良，极有可能使潮气从硅橡胶和环氧筒边缘处渗透，引起环氧筒受潮。

2）从表 3 和表 4 的试验数据来看，避雷器本体阀片没有出现明显的绝缘受潮或者劣化现象，说明避雷器绝缘下降与阀片没有直接的关系，而环氧筒受潮使得泄漏电流明显增高。

通过上述解体试验和分析认为，本案例避雷器绝缘性能下降的主要原因为环氧树脂绝缘筒受潮，而环氧筒受潮的原因主要是生产工艺不良引起。由于避雷器阀片与环氧筒之间有填充胶密封，环氧筒受潮不一定影响阀片绝缘。

（3）结论。

1）由于复合套氧化锌避雷器环氧树脂绝缘筒受潮，绝缘电阻大幅下降，泄漏电流明显增大，造成避雷器表面温升异常增高，可以通过红外测温有效检出此类绝缘故障。

2）对同一厂家的此类产品，应采取红外测温和带电测试手段安排特巡，发现异常及时安排停电试验，避免因避雷器绝缘筒受潮而引发重大设备事故。

❖ 经验体会

（1）由于此变电站自投产以来一直承担着金华城区重要的生产生活用电，定期运用成熟的远红外测温技术手段对变电站一次设备进行红外测温能够及时有效地发现缺陷隐患，有效避免了因缺陷扩大造成停电事故。

（2）鉴于 2000~2002 年北京电力设备总厂生产的硅橡胶合成套无间隙避雷器产品存在设计结构性缺陷的问题，容易导致内部绝缘件受潮，存在严重安全隐患，对电网内使用同一厂家的此类产品，应采取红外测温和带电测试手段安排特巡，发现异常及时安排停电试验，避免因避雷器绝缘筒受潮而引发重大设备事故，必要时进行更换。

❖ 检测信息

检测人员	国网浙江省电力公司金华供电公司：徐勇俊（29岁）、楼钢（45岁）、吴胥阳（30岁）、吴峰（30岁）
检测仪器	FLIR 远红外测温仪
测试环境	测试温度 26℃、相对湿度 65％

5.1.13 红外热像检测发现 220kV 宁国变电站 1 号主变压器 220kV 侧避雷器 A、C 相老化

❖ 案例简介

国网安徽省电力公司宣城供电公司运维的 220kV 宁国变电站 1 号主变压器 220kV 侧避雷器于 1998 年 1 月 1 日投入运行。2012 年 7 月 12 日 10：00，试验人员在对 220kV 宁国变电站开展专业巡视时，发现 220kV 宁国变电站 1 号主变压器 220kV 侧避雷器 C 相下节第 5、6 片绝缘子伞群温度与其他绝缘子伞群温度相比存在较大温差，较 C 相整体温度高出约 3℃，A 相下节温度略高，B 相无明显异常。根据相关标准判断 C 相存在异常，随后开展的带电测试数据显示 A、C 相避雷器全电流和阻性电流值均高于正常相。该组避雷器 1998 年初投运至今已运行近 15 年，初步分析判断该组避雷器 A、C 相可能存在较为严重的劣化现象，为确保电网安全、可靠运行，决定对该组避雷器进行整体更换，在等待备品期间加强监测。7 月 20 日完成 220kV 侧避雷器整体更换，通过对更换下来的避雷器进行绝缘电阻和直流泄漏电流试验，试验结果显示 A、C 相下节避雷器均不合格，且 C 相下节已无法施加直流参考电压，验证了此前红外测温和带电测试结果。

❖ 检测分析方法

（1）带电检测情况。2012 年 7 月 12 日 10 时，在对 220kV 宁国变电站 1 号主变压器 220kV 侧避雷器

进行红外测温时，发现 C 相避雷器下节第 5、6 片绝缘子伞群温度与其他绝缘子伞群温度存在较大温差，较 C 相整体温度高出约 3℃，A 相下节温度略高，如图 1～图 3 所示。

根据 DL/T 664—2008《带电设备红外诊断应用规范》中相关电压致热型设备的诊断依据，判断为严重缺陷，随即加强了跟踪检测，并开展避雷器带电测试，重点检测电流电压相角、泄漏电流有效值和阻性电流波峰值，相关测试数据见表 1。

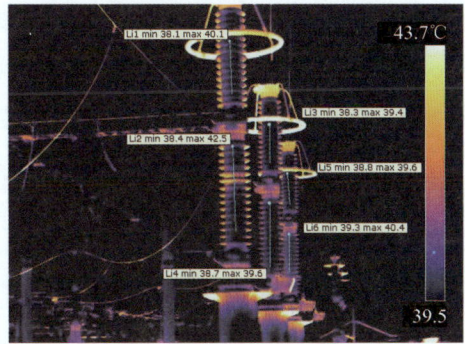

图 1　三相避雷器红外图谱

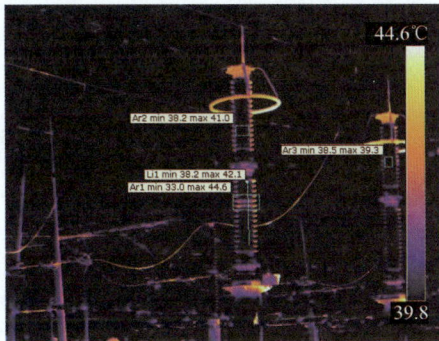

图 2　C 相避雷器红外图谱

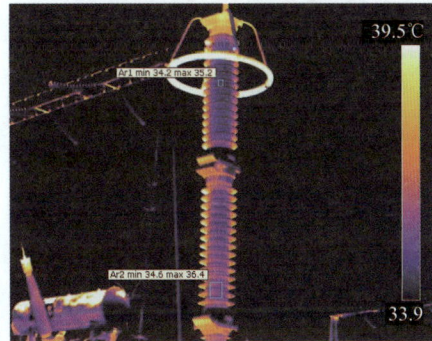

图 3　A 相避雷器红外图谱

表 1　　　　　　　　　　　　　7 月 12 日 1 号主变压器 220kV 侧避雷器带电测试数据

单元编号		φ（电流超前电压角度）	总泄漏电流有效值（mA）	阻性电流基波峰值（mA）
1 号主变压器 220kV 侧避雷器	A	73.88°	0.939	0.368
	B	85.57°	0.753	0.082
	C	63.32°	1.387	0.877

（2）初步分析及处理。通过试验数据对比分析，B 相避雷器全电流、阻性电流和相角均在合格范围内且无明显变化，A、C 相全电流和阻性电流均有不同程度增长且相角 φ 数值减小，阻性电流分量占的比例上升，超出生变电〔2010〕11 号《电力设备带电检测技术规范（试行）》规定。该组避雷器为南阳避雷器厂生产的 Y10W-200/520 型氧化锌避雷器，1997 年 10 月生产，1998 年初投运至今已运行近 15 年，上次例行试验时间为 2010 年 9 月，当时试验未见异常，初步判断 A、C 相避雷器可能存在劣化现象，其中 C 相较为严重。因此，为确保电网安全、可靠运行，在征得上级部门同意的情况下，制定处理措施如下：

1）该组避雷器运行已近 15 年，此次检测发现异常，将 1 号主变压器 220kV 侧三相避雷器整体更换，彻底消除隐患。

2）设备更换前，加强红外检测，缩短避雷器带电测试周期，密切跟踪设备状况。

（3）跟踪检测情况。在等待备品到达期间，7 月 16 日安排对该组避雷器进行了跟踪检测，数据基本保持一致，缺陷未急剧发展，如图 4、图 5 所示。

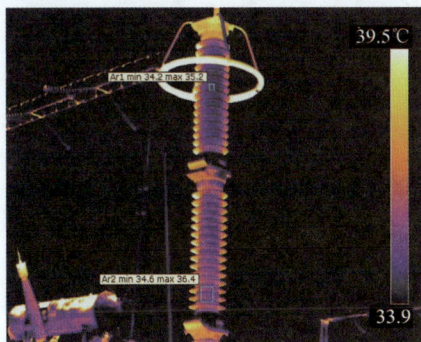

图 4　A 相避雷器红外图谱

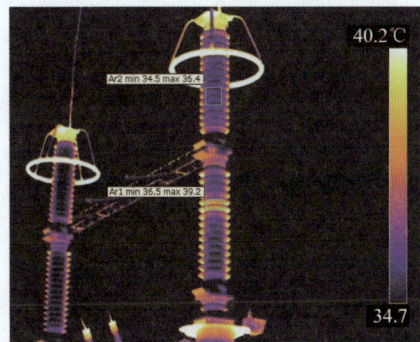

图 5　C 相避雷器红外图谱

避雷器带电测试电流电压相角、总泄漏电流有效值和阻性电流波峰值与 12 日数据相比也无显著变化，见表 2。

表 2   7 月 16 日 1 号主变压器 220kV 侧避雷器带电测试数据

单元编号		φ（电流超前电压角度）	总泄漏电流有效值（mA）	阻性电流基波峰值（mA）
1 号主变压器 220kV 侧避雷器	A	71.18°	0.904	0.435
	B	84.01°	0.747	0.142
	C	65.05°	1.335	0.963

（4）缺陷分析。7 月 20 日现场完成该组避雷器的整体更换，7 月 24 日，对更换下来的避雷器进行绝缘电阻和直流泄漏电流试验，通过对试验数据的分析，A、C 相下节避雷器均不合格，且 C 相下节已无法施加直流参考电压，严重劣化，证实了此前红外测温和带电测试结果，试验数据见表 3、表 4。

表 3   绝缘电阻试验数据

编号	试验电压（kV）	绝缘电阻（MΩ）
A 相上节	5	59 600
A 相下节	5	289
B 相上节	5	47 100
B 相下节	5	74 800
C 相上节	5	34 100
C 相下节	2	1.43

表 4   直流泄漏试验数据

编号	U_{1mA}（kV）	$0.75U_{1mA}$ 下的泄漏电流（μA）
A 相上节	148.4	36.5
A 相下节	103.9	361
B 相上节	148.5	38
B 相下节	147.6	38
C 相上节	148.4	49
C 相下节	0	0

经验体会

（1）红外诊断作为一种成熟的带电检测技术手段，利用图谱比对和判断分析能够及时发现并准确判断设备缺陷及其部位，为制定针对性检修策略提供依据，在状态检修工作中发挥着积极的作用。

（2）电压致热型缺陷一般比较严重，通常定为严重或危急缺陷。但这类过热缺陷一般温升较小，不容易被发现。因此，对检测人员的水平要求较高，检测时要细心细致，提高对设备缺陷的判断分析能力。

（3）对电压致热效应引起的设备缺陷，红外图像诊断一般采用同类比较法，对同一回路中三相设备作比较，或对相邻回路中同类型设备比较来判断缺陷。一般情况下，当同类设备温差超过允许温升值的 30% 时，应定为"重要及以上"缺陷。

检测信息

检测人员	国网安徽省电力公司宣城供电公司：谢清松（30 岁）
检测仪器	FLIR P630 红外热像仪、AI-6106 氧化锌避雷器带电测试仪
测试环境	测试温度 38℃、相对湿度 60%

5.1.14 红外热像检测发现 220kV 华阳变电站 110kV 避雷器本体发热

❖ 案例简介

国网福建省电力有限公司南平供电公司的 220kV 华阳变电站 110kV Ⅰ段母线间隔线路避雷器于 2004 年 4 月投入运行。2011 年 1 月 14 日，工作人员在专业巡检工作中，利用红外热像测温，发现 220kV 华阳变电站 110kV Ⅰ段母线间隔避雷器本体有发热现象，最高温度点 39.6℃，同类设备为 35.2℃。随后对其进行了带电测试跟踪检查（每月不少于一次），同时结合停电对其进行诊断性试验。经拆解分析，避雷器本体阀片受潮局部放电故障，对避雷器整体进行更换。

❖ 检测分析方法

（1）红外检测结果初步分析。如图 1 所示，避雷器的红外检测图谱，根据 DL/T 664—2008《带电设备红外诊断应用规范》，避雷器的热像特征正常整体轻微发热，发热点一般靠近上部且不均匀，多节组合从上到下各节温度递减，引起整体发热或局部发热为异常。故障特征为阀片受潮或老化，与同类型设备比较温差大于 4K，属于危急缺陷。

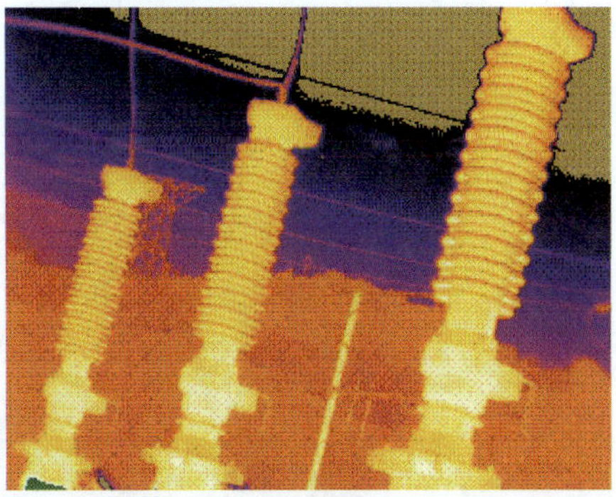

（2）避雷器泄漏电流带电检测分析。对其进行带电测试及结合停电检查试验，测量其各阻性电流、容性电流、全电流及绝缘参数准确判断设备具体发热部位。

图 1 110kV Ⅰ段母线间隔线路避雷器
红外测温图谱

1 月 15 日，安排专业人员对该组避雷器进行带电测试，同时与 2010 年 7 月带电测试数据进行比对，从而提供研判依据，见表 1、表 2。

表 1 　　　　　　　　　　2011 年 1 月 15 日避雷器泄漏电流带电检测数据

相别	运行电压（kV）	全电流（μA）	阻性电流（μA）	电容电流（μA）	Φ_{I-U}（°）	泄漏电流（mA）
A	68.9	489	59	485	83.04	6
B	69.1	521	88	514	80.24	5
C	68.9	483	48	481	84.31	5

表 2 　　　　　　　　　　2010 年 7 月避雷器泄漏电流带电检测数据

相别	运行电压（kV）	全电流（μA）	阻性电流（μA）	电容电流（μA）	Φ_{I-U}（°）	泄漏电流（mA）
A	67.9	474	53	471	88.61	5
B	68	507	85	500	80.36	7
C	67.9	471	42	469	84.83	7

对比发现该避雷器带电检测数据与上次带电检测比较在规定的范围内，继续开展重点特巡工作，每月开展带电检测。2011 年 7 月 13 日的带电测试中发现阻性电流突然增大，泄漏电流增大较多，同时安排停电检查试验，数据见表 3，根据避雷器状态量评价标准，该避雷器被评价为异常状态。

表 3 　　　　　　　　　　2011 年 7 月 13 日避雷器泄漏电流带电检测数据

相别	运行电压（kV）	全电流（μA）	阻性电流（μA）	电容电流（μA）	Φ_{I-U}（°）	泄漏电流（mA）
A	68.1	537	99	533	83.36	24
B	68.3	569	124	565	79.08	25
C	68.1	524	87	520	84.49	24

2011 年 7 月，工作人员对该台避雷器进行了更换，同时加强同类型设备的重点跟踪巡视，加强红外测温与避雷器带电测试工作。

经验体会

（1）红外热像技术是发现电网设备热缺陷的有效手段，利用横向、纵向比较，可以及时发现电气接触存在的隐患、绝缘受潮隐患。

（2）对于电压致热型设备积极开展在线监测与带电检测工作，实时监控电网设备运行状况。

（3）该设备为家族性缺陷设备，应尽快对该产品进行更换，如无法及时更换的应加强带电测试。

检测信息

检测人员	国网福建省电力有限公司南平供电公司：张靖潇（33 岁）、叶钟荣（41 岁）
检测仪器	Fluk Ti55 红外热像仪
测试环境	温度 13℃、相对湿度 53%

5.1.15 红外热像检测发现 110kV 避雷器表面污秽

案例简介

国网河南省电力公司濮阳供电公司某 110kV 变电站 1996 年投入运行。避雷器型号 Y10W1-100/260W，2001 年 2 月抚顺电瓷厂产品。从 2012 年 5 月 9 日红外诊断发现异常，经过检修人员进行带电测试，到 2012 年 7 月 25 日，喷涂 RTV 涂料后运行正常。经过七次红外监督，认真分析各类原因，最后认定是外部污秽受潮后放电温度存在避雷器内部所致。随即采取喷涂 RTV 涂料的检修措施，消除缺陷后红外复测正常。

检测分析方法

2012 年 5 月 9 日，多云，环境温度 30℃，国网河南省电力公司濮阳供电公司胡红光、赵阳对某变电站 110kV 西母避雷器在进行红外热像检测，采取"图像特征判断法"发现三相套管端部温度分布异常。110kV 西母避雷器 A、B、C 相上端发热 32.5℃。相邻避雷器设备温度 30.5℃，温差 2K（运行电压 113kV）。执行 DL/T664—2008《带电设备红外诊断应用规范》表 B.1 电压致热型设备缺陷诊断判据（见图 1）判定为严重缺陷。当时红外诊断人员提出的建议及措施为：避雷器内部或外部受潮引起泄漏电流增大，加强实时监督，尽快进行高压试验，采取检修措施。第二天，高压试验班对避雷器带电测试，未发现异常继续运行。

2012年6月6日9：20，环境温度24℃，风力2级，阴天，进行第三次跟踪红外诊断，测温人员胡红光、胡亚飞。三相避雷器之间的红外热像有明显差异，110kV西母避雷器C、B相温度30.1℃，A相温度24.8℃。温差5.3K（电压113kV）。根据DL/T 664—2008《带电设备红外诊断应用规范》表B.1，避雷器温差超过0.5～1K，为严重缺陷，如图2、图3所示。运维检修部召开专题分析会，对避雷器局部发热进行运行巡视与红外诊断精确监督。但修试工区给出的结论还是无异常，咨询河南省电力公司电力科学研究院，建议按照受潮设备加强红外监督分析，确保设备安全运行。

图1　晴天避雷器上部发热红外热像及可见光照片
(a) 红外热像图谱；(b) 可见光照片

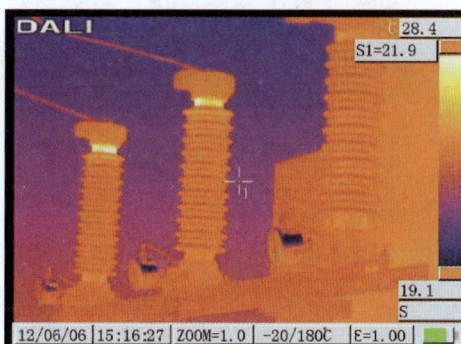

图2　阴天避雷器两相异常红外热像图谱　图3　避雷器C相运行异常红外热像图谱

2012年7月9日，中雨，环境温度29℃，进行第五次跟踪测温，测温人员胡红光、胡亚飞。110kV西母避雷器A、B、C三相绝缘子污秽，表面温度38.8℃。110kV东母避雷器设备温度29.2℃，温差9.4K（电压114kV）。执行DL/T 664—2008标准，电压致热型设备发热缺陷诊断判据，温差在0.5～1K，判定为严重缺陷。红外诊断结论：避雷器外部绝缘子污秽，泄漏电流在瓷套表面形成较高温度，持续传递到避雷器内部，在避雷器内部积温未全部散发前，避雷器内部向上部存在较高温度，建议尽快采取涂防污闪涂料措施，如图4～图7所示。

图4　雨天避雷器运行异常红外热像图谱　图5　雨天避雷器运行正常红外热像图谱

图 6　雨中运行的避雷器可见光照片

图 7　雨中进行红外诊断可见光照片

2012 年 7 月 25 日，雨后，环境温度 33℃，110kV 西母避雷器涂 RTV 涂料后运行正常，红外复测无异常。第七次涂 RTV 涂料后红外复测，如图 8、图 9 所示。

图 8　雨后避雷器运行正常红外热像图谱

图 9　喷涂 PRTV 后避雷器可见光照片

由于，避雷器内外部缺陷各种技术监督手段，较难判断性质，红外诊断发现问题后，通过晴天、阴天、雨中三种天气状态的红外数据采集，最终找到了发热原因。经外表喷涂 PRTV 防污闪涂料后，运行正常，经过几个月雨、雾天气的七次红外诊断，最终发现绝缘子表面污秽造成局部发热，解决了多年找不到症结的技术难题，防止避雷器污秽闪络事故。

❖❖ 经验体会

国网河南省电力公司濮阳供电公司多年诊断避雷器内外部异常的经验有以下几点：

（1）测温时机选择恰当。选取各站天气类型进行测温比对。雨后的阴天阳光干扰小，气温较低，红外热像清晰，能自然反映避雷器在不良环境下的运行状态。

（2）红外技术支撑扎实。由于电压致热型设备是以泄漏电流与内部介质损耗增大的形式产生热量，发热能量小，红外热像较难发现设备内、外部缺陷。电压致热型设备的红外诊断中，使用点、线、区域测温方法，从不同角度判断问题。调整红外热像仪的"色温范围"，改变红外图像的明亮度与对比度，进行精确测温。发现异常后，应进行区域温度跟踪，用横向与纵向比较相结合的手段对缺陷设备进行定位；然后，根据红外热像显示发热部位的温差数据，结合"同类比较判断法"对设备缺陷定性。采用仰拍与俯拍相结合的方法全方位观察疑点。

（3）针对避雷器异常，进行了七次紧密型精确红外测温，局部发热点，始终确定在相同部位，说明反映异常的真实存在。虽说现场避雷器异常状态无声无息，但红外热像真实是表述了问题的存在。发热原因会随着各次、各方面的信息汇总，而面目逐渐清晰。做技术诊断工作要全面掌握数据，用事实说话；技术人员要坚持原则，追根刨底，找到问题根源。大量事实说明红外热像检测技术能够行之有效的发现设备过热缺陷，能够有效指导设备状态检修，提高检修工作质量和安全效率。

检测人员	国网河南省电力公司濮阳供电公司：胡红光（47岁）
检测仪器	E60红外热像仪
测试环境	温度33℃、相对湿度65％

5.1.16　红外热像检测发现66kV长兴变电站避雷器阀片受潮

案例简介

国网辽宁省电力有限公司大连供电公司长兴变电站66kV兴棉左线C相避雷器，大连避雷器有限公司2008年6月生产，型号为YH10WZ-96/235，2009年2月投入运行。2012年3月22日14：00对该避雷器进行红外热像检测时发现局部最高温度达28.9℃，三相温差高达17℃以上。为准确评价设备运行状况，对此台避雷器进行了阻性电流带电测试，发现阻性电流值高出正常值的3倍。根据红外诊断和阻性电流带电测试的结果，初步分析该相避雷器内部阀片存在受潮缺陷，为避免阀片严重过热引起的设备损坏和人身伤害，3月23日10：00，采用备用间隔同型号的避雷器进行了紧急更换。

红外热像检测发现66V兴棉左线C相避雷器的最高局部温度达到了28.9℃。

检测分析方法

工作人员对兴棉左线C相避雷器红外热像检测时发现温度异常，超出规程规定允许值，如图1所示。A、B两相避雷器的温度仅为11℃，如图2所示。由图谱可看出，C相避雷器明显存在异常发热，为准确

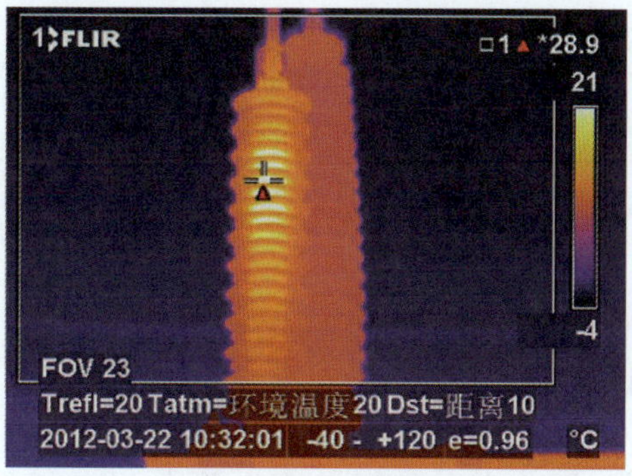

图1　66kV兴棉左线C相避雷器
红外热像图谱

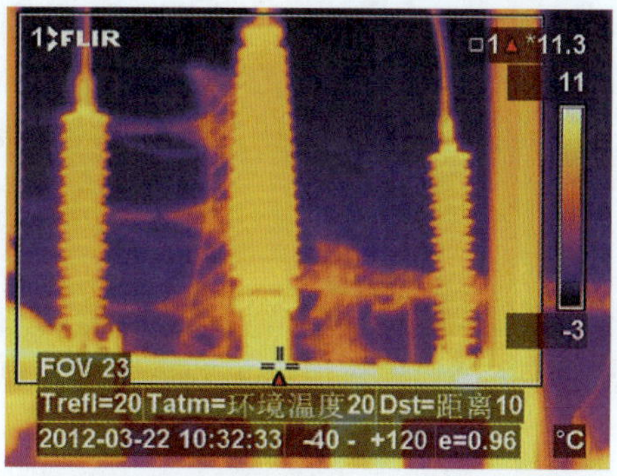

图2　66kV兴棉左线A、B相避雷器
红外热像图谱

585

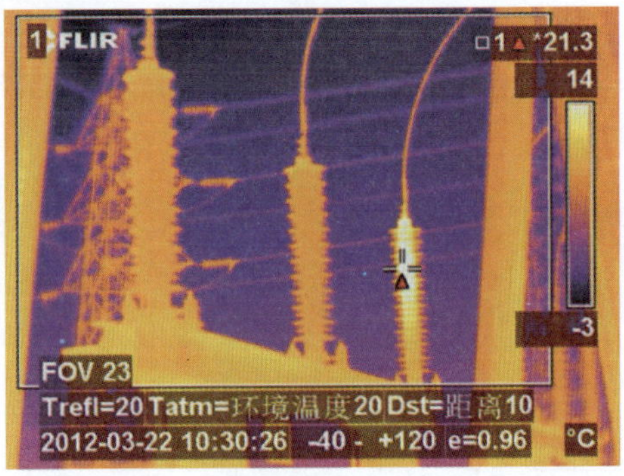

图3 66kV兴棉左线A、B、C相避雷器
红外热像图谱

评价缺陷情况，在选择好合适的成像角度、色度后，将三相避雷器一同进行了对比分析，如图3所示。

从图3中可以发现，避雷器的三相温差高达7.3K，按照DL/T 664—2008《带电设备红外诊断应用规范》的规定，此类电压致热性设备存在2～3K的温差时即存在危急缺陷，有危及设备安全运行的可能。但为了准确把握缺陷情况，国网辽宁省电力有限公司大连供电公司相关人员进行了阻性电流的带电测试。经检测发现，该性阻性电流值为0.334mA，是正常相的3倍左右（正常相为0.109mA），规程中规定当阻性电流增加一倍时应停电检查，因此，大连供电公司相关人员于3月23日，采用备用间隔同型号的避雷器对其进行了紧急更换。

3月26日在大连试验所高压室对该支异常避雷器进行了诊断试性验，试验结果如下：

（1）绝缘电阻：19.9MΩ，规程要求大于2500MΩ。

（2）1mA下的直流参考电压：17.6kV，规程要求大于等于140kV。

（3）工频参考电压和持续电流：在38kV交流电压下，测得阻性电流为4.183mA，出厂要求76kV下阻性电流有效值不大于0.5mA，而38kV时就已远远超过出厂值。

试验室试验结果验证了带电检测结果的正确性，该支避雷器确实存在严重的内部缺陷。通过带电检测数据和诊断性试验数据，初步分析避雷器的内部缺陷由内部阀片受潮所致。后经返厂解体证实，除端部锈蚀外，电阻片表面受潮严重，甚至有水珠覆在表面，如图4、图5所示。

图4 异常避雷器端部锈蚀严重

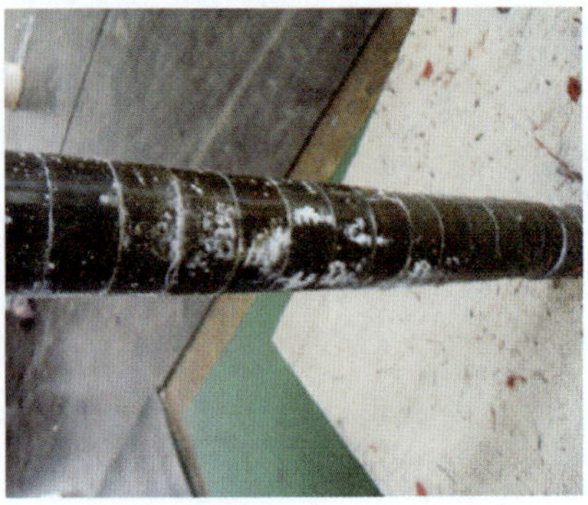

图5 异常避雷器内部阀片受潮严重

依据拆解检查时发现的异常情况，以及拆解前的试验数据可以推断出两个导致此支避雷器受潮的主要原因：

（1）产品密封结构设计不合理，避雷器投运后避雷器根部机械应力最大，在避雷器端部拉力、迎风面风力作用下，环氧管与电极接触面经常受机械力作用，潮气容易进入避雷器内部。另外，运行条件、环境条件的变化以及避雷器内部空腔的呼吸作用，最终导致水分子进入环氧管。

（2）未执行灌封工艺，加剧了潮气进入的速度。

❖ 经验体会

（1）红外热像检测技术对过热故障检测有较高的敏感度，能够准确判定避雷器进水受潮的缺陷。

（2）增加避雷器红外热像检测的频次，可以有效防止避雷器进水受潮发现不及时导致的避雷器热崩溃事故。

（3）相对温差判断法在现场判定时更具有客观性及准确性，对于发现电压型设备缺陷有很大的帮助。

检测人员	国网辽宁省电力有限公司电力科学研究院：应勇（45）
检测仪器	FLIR 产 P630 型 SF$_6$ 气体红外泄漏检测仪
测试环境	测试温度 10℃、相对湿度 40％

5.2 泄漏电流检测技术

5.2.1 避雷器带电检测发现 220kV 致富变电站 66kV 避雷器受潮

案例简介

2013 年 10 月 9 日避雷器例行带电检测检测中发现 220kV 致富变电站 66kV 2 组电容器避雷器 C 相带电试验数据异常；红外图谱显示 C 相与其他两相存在明显温差。避雷器型号为 YH10WZ-96/232，大连避雷器厂，出厂日期：2007 年，投运日期：2008 年。

检测分析方法

带电试验数据见表 1，红外图谱见图 1。

表 1   **带 电 试 验 数 据**

相别	在线指示 I_{jsq}（μA）	全电流 I_x（μA）	阻性电流 I_{rp}（μA）
试验日期：2012-8-30 天气：晴 环境温度：30℃ 环境湿度：66％			
A	300	228	39
B	300	231	39
C	300	228	39
三相互差（％）	0	1.3	0
试验日期：2013-10-09 天气：晴 环境温度：20℃ 环境湿度：45％			
A	300	237	40
B	300	221	38
C	400	475	81
三相互差（％）	33.3	114.9	113.2
使用仪器	HS400＋氧化锌避雷器阻性电流测试仪		

图 1　红外图谱

2013 年 I_x 三相互差 114.9％，I_{rp} 三相互差 113.2％（根据吉林省氧化锌避雷器带电阻互差 0.0％）。

2013 年 C 相本次试验 I_x、I_{rp} 较 2012 年增大 2.08、2.07 倍；其他两相未见增长。

历年对比及三相间比较，C 相存在缺陷。

Li 1（A 相）最高温度：21.7 ℃；Li 2（B 相）最高温度：21.3 ℃；Li 3（C 相）最高温度：23.8 ℃。

图 1 中右侧为 C 相，C 相避雷器最高温度与 B 相避雷器最大温差相差 2.5K。

根据 DL/T 664—2008《带电设备红外诊断应用规范》，电压致热型设备缺陷诊断判据：氧化锌避雷器相间温差不大于 1K。此缺陷为危急缺陷。

当即向有关部门上报，并退出运行。

经验体会

（1）氧化锌避雷器带电测量阻容电流对及时发现避雷器受潮（老化）缺陷很有效。

（2）当阻容电流测量数据异常时，需进行红外检测印证，如果红外检测印证未见异常，以红外检测结果为最终判据。

检测信息

检测人员	国网吉林省电力有限公司四平供电公司检修公司电气试验一班：岳玉明（42 岁）、袁志文、房崇峰
检测仪器	HS400＋氧化锌避雷器阻性电流测试仪、FLIR T330 红外热像仪
测试环境	温度 18 ℃、环境湿度 45％

5.2.2　避雷器带电检测发现 110kV 横林变电站芳横 7709 线线路避雷器受潮

案例简介

国网江苏省电力公司常州供电公司 110kV 横林变电站芳横 7709 线线路避雷器 1998 年投入运行。2014 年 2 月 24 日，在避雷器带电检测中，对该组避雷器的本体泄漏电流和总电流中的阻性电流进行测量。在检测过程中发现 A 相避雷器的阻性电流高达 208μA，总电流为 631μA；而另一条线路同批次同相避雷器的正常的阻性电流为 60μA，总电流为 629μA。经过停电试验诊断后发现，该组中的 A 相避雷器 75％U_{1mA} 电压下的泄漏电流值高达 231μA，超出规程规定的 361％；B 相避雷器 75％U_{1mA} 电压下的泄漏电流值也有 125μA，超出规程规定的 150%。经分析后认为，是内部原因所致。经检修人员解体检查后，打开顶盖板发现避雷器内部锈蚀严重，随即进行更换。

🔷 检测分析方法

110kV 芳横 7709 线线路避雷器在进行带电检测时，发现 A 相避雷器的阻性电流异常，并对该相避雷器进行同批次同相比对，记录试验数据见表 1，并将此情况上报运维检修部。

表 1 　　　　　　　　　　　　横林变电站 110kV 避雷器带电测量数据

试验时间	110kV 芳横 7709 线线路避雷器			110kV 遥横 7717 线线路避雷器		
2014-2-24	总电流 I_x (mA)	阻性电流 I_r (mA)	阻性占比 I_r/I_x	总电流 I_x (mA)	阻性电流 I_r (mA)	阻性占比 I_r/I_x
A 相	0.631	0.208	33%	0.629	0.060	10%
B 相	0.534	0.116	22%	0.617	0.038	6%
C 相	0.526	0.026	5%	0.584	0.004	1%

对试验数据认真比对后发现，A 相避雷器的阻性电流高达 208μA，总电流为 631μA；而另一条线路同批次同相避雷器的正常的阻性电流为 60μA，总电流为 629μA。根据 Q/GDW-10-J206—2010《输变电设备交接和状态检修试验规程》，通过与同组间其他金属氧化物避雷器的测量结果相比较做出判断，相间应无显著差异；测量运行电压下的全电流、阻性电流或功率损耗，测量值与初始值比较，有明显变化时应加强监测，当阻性电流增加 1 倍时，应停电检查。综合考虑避雷器近期运行工况和之前的试验数据，下一步进行停电例行试验深入诊断分析。

110kV 芳横 7709 线线路避雷器停电后，对避雷器进行例行试验数据见表 2，发现 A 相和 B 相避雷器的试验数据不合格。

表 2 　　　　　　　　横林变电站 110kV 芳横 7709 线避雷器停电试验数据

2014-2-24	持续运行电压下的持续电流 I_x （mA）	持续电流中的阻性分量 I_r （mA）	阻性占比 I_r/I_x	直流电流 1mA 下的参考电压 U_{1mA} （kV）	75% U_{1mA} 电压下的泄漏电流 $I_{75\% U_{1mA}}$ （μA）
A 相	0.719	0.216	30.0%	140.2	231
B 相	0.755	0.206	27.2%	152.7	125
C 相	0.658	0.123	18.7%	161.7	18

2014 年 2 月 24 日下午，在现场停电试验中，该组中的 A 相避雷器 75% U_{1mA} 电压下的泄漏电流值高达 231μA，超出规程规定的 361%；B 相避雷器 75% U_{1mA} 电压下的泄漏电流值也有 125μA，超出规程规定的 150%，说明 A 相、B 相避雷器存在严重缺陷。

经过综合分析判断，初步认为是由于避雷器内部劣化。随即制定解体检查方案。

2014 年 2 月 27 日下午，修试人员对该避雷器进行了解体检查。在拆开避雷器顶部帽盖后发现，避雷器内部锈蚀严重，如图 1 所示。

图 1　避雷器内部劣化锈蚀

以上异常数据对避雷器带电测量和停电试验的结果进行了很好的印证。随即，对 110kV 芳横 7709 线线路避雷器组进行了更换，进行复测，测量数据合格。送电后的避雷器带电检测中试验数据正常。

经验体会

分析一般引起避雷器阻性泄漏电流增加的原因有下面主要方面：

（1）避雷器的内部受潮而产生的内部绝缘下降。

1）避雷器在制造中由于在正常的气候条件下进行组装，留存有一定的湿度。

2）避雷器内部的绝缘材料的吸潮性或者内部有潮气而没有将其排除进行组装，投入运行以后缓慢的释放。

3）本体本身与密封口的呼吸作用。

4）外瓷套本身材料老化或者呼吸作用。

（2）避雷器的氧化锌片本体在通流负载下质量发生变化。

1）大雷电流冲击引起积累效应。

2）高内过电压冲击。

3）长期运行电压下的自然老化。

4）氧化锌片的通流容量与实际的通流量不符合加剧老化。

资料反映，在避雷器损坏的统计中是由于内部受潮所引起的比例达到总故障数50％以上，而氧化锌片的劣化所引起的事故大约不到30％。

通过多年的数据积累和实际经验，当测量值与初始值比较，阻性电流增加1倍时，应停电检查。很多实测例子表明，阻性电流增加30％～50％时，就应注意加强监测，这就需要加强变电站值班人员的日常巡视制度。当阻性电流增加1倍时就应报警，安排停运检查。带电测量原则上可以代替部分停电试验，但是，当带电检测发现绝缘有问题时，还应停电试验。

以上对设备质量的把关和日常监测提出了更高的要求，保证试验质量，全面检查不留死角。

检测信息

检测人员	国网江苏省电力公司常州供电公司：庄洁（42岁）、蒋文燕（47岁）、杭强（40岁）
检测仪器	AI-6103型氧化锌避雷器带电测试仪、ZVI300/5型直流发生器
测试环境	温度15℃，相对湿度50％

5.2.3 泄漏电流检测发现110kV腰庄变电站731腰田线避雷器C相内部受潮

案例简介

2012年9月6日10：30国网江苏省电力公司南通供电公司县域检修公司接到操作班运行人员汇报：110kV腰庄变电站731腰田线避雷器C相雷击计数器电流指示异常，其中A、B两相雷击计数器电流指示为0.7mA，而C相电流指示为0.85mA，三相不平衡差值在13％（雷击计数器指示都在"0"）。731腰田线避雷器于 2009 年 11 月投入使用，是由温州益坤电气有限公司所生产的型号为 Y10W-102/266 避雷器，投运至今未发现异常情况。经过分析，C 相避雷器出现了异常，异常的原因有两个：一是避雷器本体发生异常，二是雷击计数器电流指示出现异常。若只是雷击计数器电流指示出现异常而将设备停电检查，将在无形之中增加了工作量，而且腰田线避雷器在 110kV 线路侧，贸然停电与加强供电可靠性的宗旨不符，为了进一步确定故障位置，组织运检人员对避雷器进行带电测试，对避雷器的运行状态进行判断。

检测分析方法

（1）带电检测。海安变电运维站电气试验班接到通知后立即到达变电站现场，对 731 腰田线避雷器进行了带电测试与分析，测试结果见表 1，2011 年的历史数据见表 2。

表 1　　731 腰田线避雷器带电测试结果
（试验日期：2012 年 9 月 6 日）

试　验　数　据			
	A	B	C
φ （°）	80.3	82.4	72.4
I_x （μA）	708	711	945
I_C （μA）	698	705	900
I_r （μA）	190	155	459
I_{rl} （μA）	167	131	404

表 2　　731 腰田线避雷器带电测试结果
（试验日期：2011 年 8 月 26 日）

试　验　数　据			
	A	B	C
φ （°）	84.2	83.0	83.6
I_x （μA）	704	685	686
I_C （μA）	692	674	675
I_r （μA）	123	157	130
I_{rl} （μA）	99	126	118
U_x (kV)	67.2	67.2	67.1

φ：电压与电流夹角；I_x：泄漏电流全电流；I_C：泄漏电流电容电流；I_r：泄漏电流阻性电流；I_{rl}：泄漏电流阻性电流基波分量；U_x：运行电压。

（2）初步分析。金属氧化锌避雷器运行参数可简化等效为一个可变电阻和一个不变电容的并联电路，在交流电压作用下，避雷器的总泄漏电流包含阻性电流和容性电流。在运行情况下，流过避雷器的主要电流为容性电流，而阻性电流只占很小一部分，为 10％～25％，但当内部老化、受潮等绝缘部件受损以及表面严重污秽时，容性电流变化不多，而阻性电流却大大增加，因此通过测量避雷器阻性电流的变化，就可以了解氧化锌避雷器的运行状况。一般情况下这些变化都可以从避雷器的如下几种电气参数的变化上反映出来：①运行电压下，泄漏电流阻性分量峰值的绝对值增大；②在运行电压下，泄漏电流谐波分量明显增大；③在运行电压下的有功损耗绝对值增大；④在运行电压下的泄漏电流的绝对值增大，但不一定明显。

避雷器状态判断：由于每个厂家的阀片配方和装配工艺不同，所以避雷器的泄漏电流标准也不一样，根据厂家提供的标准，C 相全电流或阻性电流基波值超标，可初步判断避雷器存在质量问题，横向比较：同一厂家、同一批次的产品，避雷器的参数应大致相同，但 C 相全电流或者阻性电流与 A、B 相差别较大，避雷器存在异常问题更明显。

（3）停电复测。为了进一步确认避雷器故障，安排停电做直流试验，根据直流测试数据作出最终判断，试验数据见表 3。

表 3　　　　　731 腰田线避雷器带电测试结果（试验日期：2012 年 9 月 6 日）

试　验　数　据			
	A	B	C
绝缘电阻（$M\Omega$）	10 000	10 000	5600
79.6kV 下全电流 I_x（μA）有效值	977	970	1259
79.6kV 下阻性电流 I_R（μA）峰值	312	292	896
工频参考电压（kV）峰值	107.2	107.6	106
U_{1mA}（kV）	156.8	157.3	141.2
75％U_{1mA} 下电导电流（μA）	4.6	5.4	336

根据试验数据，79.6kV 下全电流 I_x（μA）有效值远大于厂家标准，75％U_{1mA} 下电导电流（μA）也远大于试验规程≤50 的标准，因此判断避雷器 C 相不合格。

（4）故障原因分析。110kV腰庄变电站故障避雷器型号为Y10W-102/266，温州益坤电气有限公司生产，2009年8月出厂，出厂序号为110。于2009年11月安装投运，2011年8月26日进行带电测试，试验周期符合要求，历次试验数据均合格。

2012年9月12～13日，温州益坤电气有限公司技术人员、海安县域检修分公司相关人员对故障避雷器进行了解体检查，情况如下：橡胶密封圈外还有一层塑料密封圈，存在一缺口；将橡胶密封圈密封至瓷柱上的白色密封胶涂抹不均匀，成不规格形状分部，还有未涂到的部位，无法保证密封可靠。

通过对110kV腰庄变电站腰田731线C相避雷器解体发现，避雷器内部已受潮，法兰和弹簧已经氧化，如图1、图2所示。

图1　顶座氧化

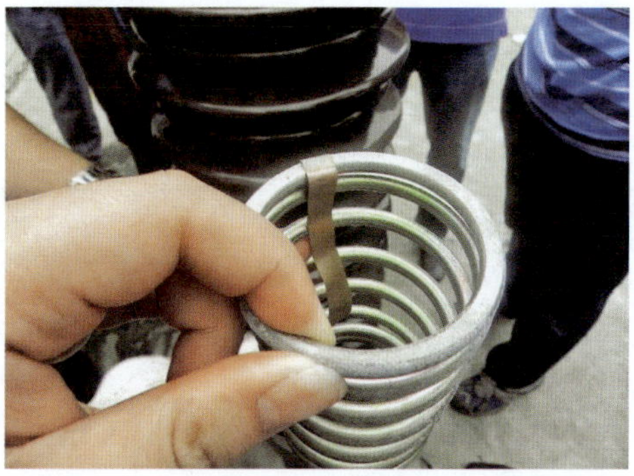

图2　弹簧氧化

（5）结论。经现场解体分析认为：生产厂家在生产工艺上存在一定问题，密封圈密封胶涂抹不均匀，组装时螺栓受力不均匀，密封圈变形严重，密封效果不好。长期运行后，潮气慢慢渗入避雷器内部，逐步形成凝露，附着在绝缘支架上。设备运行时间久了，避雷器内部绝缘下降。

❖ 经验体会

（1）介于目前已有3起避雷器数据异常的情况发生。国网江苏省电力公司南通供电公司已将该厂家避雷器作为家族性缺陷进行排查，特别是尽快对2009年出厂的该型号避雷器开展排查工作。立即开展避雷器带电测试工作，加强避雷器日常巡视监测，发现异常立即汇报处理，如发现泄漏电流表示数大于0.8mA需密切关注。

（2）2013年安排专项修理项目针对该厂家避雷器特别是2009年后出厂的避雷器进行了全面排查更换。

❖ 检测信息

检测人员	国网江苏省电力公司南通供电公司海安县域检修公司：柳峻（42岁）
检测仪器	MODEL3121绝缘电阻表、ZGS－Ⅲ直流高压试验器、HDYB-Z10A型氧化锌避雷器泄漏电流测试仪
测试环境	温度27℃、相对湿度50％

5.2.4 阻性电流检测发现110kV钟管变电站林钟1572线避雷器受潮

案例简介

2013年5月15日,国网浙江省电力公司湖州供电公司对110kV钟管变电站进行每年的金属氧化锌避雷器带电测试普测工作,测试进行前试验人员发现林钟1572线线路避雷器C相在线监测仪所显示的运行中全电流有效值明显偏大,随后进行的带电测试数据见表1。

该避雷器2012年度的普测数据见表2。

表1 　　　　　　　林钟1572线线路避雷器带电测试数据

天气:晴	温度:30℃	湿度:56%	仪器:AI-6106
相别	A相	B相	C相
U(V)	58.63	58.65	58.19
I_x(mA)	0.705	0.705	1.389
I_xp(mA)	1.005	1.015	1.873
I_{rlp}(mA)	0.135	0.121	1.006
I_{rp}(mA)	0.161	0.149	1.170
φ_{U-I}(°)	82.20	83.01	59.10

检测分析方法

(1) 本次带电测试中C相全电流值较其他相和去年数据均明显偏高,由此可判断C相避雷器金属氧化锌阀片可能发生老化。避雷器带电测试中的全电流是流过金属氧化锌阀片的电流矢量和,其由阻性电流和容性电流构成,容性电流只决定金属氧化锌阀片上的电压分布,而绝对值较小的阻性电流决定了运行电压下阻金属氧化锌阀片的发热情况;全电流数值的显著升高通常是由于金属氧化锌阀片的整体老化造成的。

表2 　　　　林钟1572线线路避雷器2012年度的普测数据

天气:阴	温度:8℃	湿度:70%	仪器:AI-6106
相别	A相	B相	C相
I_x(mA)	0.672	0.684	0.749
I_{rlp}(mA)	0.126	0.113	0.163
I_{rp}(mA)	0.151	0.14	0.192
φ_{U-I}(°)	82.36	83.23	81.11

(2) C相阻性电流峰值较其他相和去年数据均明显偏高,已超过全电流峰值的1/2;电压电流角较其他相和去年数据均明显偏低;由此可判断为金属氧化锌阀片发生了严重劣化。避雷器带电测试时用电压电流角从全电流中分解出阻性电流,当金属氧化锌阀片发生劣化时电压电流角下降、阻性电流上升,此时金属氧化锌阀片在运行电压下的发热量明显增大,当发热量积聚破坏避雷器的热稳定时最终造成避雷器爆炸。

通过对带电测试数据的分析判断该避雷器金属氧化锌阀片可能发生了严重的老化和劣化,应立即将该避雷器停运并做进一步的检查,否则有发生爆炸的危险。

随后立即将疑似故障避雷器停运,并对其进行诊断性试验:一次绝缘电阻C相为5MΩ,其余两项均为5000MΩ;C相直流泄漏试验中电压升至20kV时直流发生器便由于过电流保护跳闸(2006年预试时参考电压为151.1kV)。由此可确认该避雷器已严重劣化,不可继续运行,必须进行更换。

为了进一步研究本案例中金属氧化锌避雷器劣化的原因和具体细节,深化对本起避雷器劣化案例的研究,2013年5月21日对拆回的故障避雷器进行了解体,如图1～图6所示。

图1 底板已严重锈蚀脱落

图2 内部金属件已严重锈蚀

图 3　避雷器底部金属密封部件锈蚀严重

图 4　金属部件严重锈蚀

图 5　阀片潮湿并严重积露、内部硅胶变色、上部绝缘筒存在放电痕迹

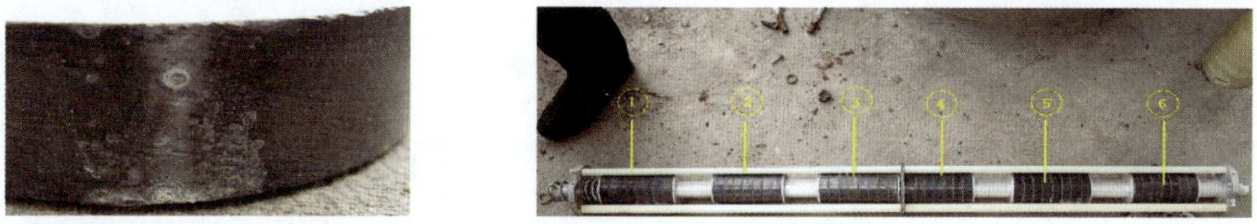

图 6　氧化锌阀片表面严重氧化锈蚀

于是对氧化锌阀片分段进行检查拆解前测量各段氧化锌阀片的绝缘电阻值见表 3～表 7。

由表 3 可见，1～4 段氧化锌阀片的绝缘电阻值明显偏低，对这 4 段进一步进行拆解检查，见表 4～表 7。

表 3　各段氧化锌阀片的绝缘电阻值

段	1	2	3	4	5	6
绝缘电阻值（MΩ）	55	35	40	60	350	400

表 4　段 1 各阀片的绝缘电阻值

片	1	2	3	4	5	6	7	8	总
绝缘电阻值（MΩ）	5	3	4	0	1	0	0	2	40

表 5　段 2 各阀片的绝缘电阻值

片	1	2	3	4	5	6	7	总
绝缘电阻值（MΩ）	0	1	0	0	1	0	0	20

表 6　段 3 各阀片的绝缘电阻值

片	1	2	3	4	5	6	7	8	总
绝缘电阻值（MΩ）	0	1	2	0	0	2	0	1	25

表 7　段 4 各阀片的绝缘电阻值

片	1	2	3	4	5	6	7	总
绝缘电阻值（MΩ）	0	5	2	0	7	0	5	45

以上数据说明避雷器中上部氧化锌阀片已经由于受潮、氧化而严重劣化，使氧化锌阀片绝缘电阻值显著下降，其中很多阀片绝缘已跌零。

通过对事故避雷器的解体、检查和分析，可以还原故障发生的过程和原因：由于故障避雷器的底板锈蚀和密封圈劣化，造成避雷器密封性严重破坏，潮气慢慢渗透进入避雷器内部；潮气入侵造成避雷器内部锈蚀、积露，特别是中上部潮气聚集尤为严重；最终造成金属氧化锌阀片大面积劣化、老化，避雷器中上部金属氧化锌阀片的劣化情况尤为严重，造成流过避雷器的全电流和阻性电流急剧上升。如未及时发现可能导致避雷器热稳定破坏而造成严重事故。

❖ 经验体会

本案例为一例当前状态检修环境下较典型的发现缺陷、排除故障案例。从例行性试验中的 D 级检修发现缺陷，到诊断性试验确认故障进行更换，最后对故障避雷器解体研究分析原因，整个过程比较完整，各种状态检修的手段在各个阶段起到了应有的作用。特别是最后的解体研究过程，不仅分析了缺陷的成因、对预防类似缺陷的形成有着重要意义，而且完全验证了金属氧化锌避雷器带电测试数据所反映的设备故障，是对带电测试这种新兴状态检测手段的有力支持，为今后金属氧化锌避雷器带电测试数据的分析提供了可靠依据，有效提升了带电测试水平，对完善整个状态检修体系有着重大意义。

同时通过对本案例的研究，也得出了预防和发现类似缺陷的措施：

（1）加强对运行中金属氧化锌避雷器的外观巡查、在线监测数值记录和红外线测温，发现问题时必须高度重视，立即处理。

（2）对运行中避雷器进行带电测试时必须认真分析测试数据、对比历年记录，当数据有突变时应结合其他带电测试和停电检查的手段查明原因，不可麻痹大意。

❖ 检测信息

检测人员	国网浙江省电力公司湖州供电公司：郭政（38岁）、何栋华（41岁）、干炜（31岁）
检测仪器	济南泛华 AI-6106 氧化锌避雷器带电测试仪
测试环境	温度8℃、相对湿度70%

5.2.5　阻性电流检测发现 220kV 双山变电站 110kV 避雷器受潮和老化

❖ 案例简介

国网浙江省电力公司嘉兴供电公司 220kV 双山变电站于 2000 年 3 月投入运行。2012 年 8 月 21 日，运行人员巡检发现双山变电站 1 号主变压器 110kV 避雷器 B 相在线监测电流指示异常，全电流指示达 2mA，而正常值为 0.5mA。检修部门随即安排人员开展在线监测仪表检查和避雷器带电检测工作，其中带电检测内容包括避雷器阻性电流检测和红外线测温，各状态量检测结果均表现异常，依据 Q/GDW-11-113《金属氧化物避雷器状态评价导则》对该相避雷器状态评价，认定为重大异常状态设备，随即对隐患避雷器做退出运行处理，更换了新设备。随后对该避雷器进行了解体，发现避雷器已严重受潮，避免了一起设备事故。

❖ 检测分析方法

（1）阻性电流检测。对 220kV 双山变电站 1 号主变压器 110kV 避雷器进行了阻性电流测试，测试结果显示 B 相避雷器阻性电流接近全电流值，阻抗角接近 30°，与其他两相比较有显著性差异，不满足 Q/GDW 168—2008《输变电设备状态检修试验规程》中避雷器阻性电流应"与同母线上其他同型号的避雷器测量结果相比无显著性差异"要求，检测数据见表 1。

表 1 　　　　　　　　　　　**1 号主变压器 110kV 避雷器阻性电流检测分析表**

相　别	阻性电流（mA）峰值	全电流（mA）峰值	基波相角
A	0.106	0.524	81.7
B	1.87	2.06	34.02
C	0.105	0.518	81.71

（2）红外线热像检测。发现 B 相避雷器中上部有异常高温区域，热点最高温比正常相同部位高出 10.7℃，根据 DL/T 664—2008《带电设备红外诊断应用规范》判断，设备存在危急缺陷，红外测温图如图 1、图 2 所示。

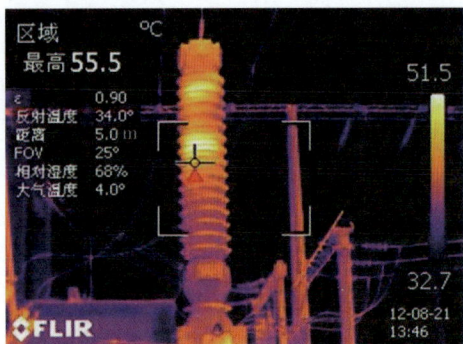

图 1　缺陷相红外测温图谱

图 2　正常相红外测温图谱

（3）诊断性试验。解体前对该组避雷器进行了诊断性试验，测试项目为绝缘电阻、直流 1mA 下参考电压及 75% 直流 1mA 参考电压下的泄漏电流，检测数据见表 2。

表 2　　　　　　　　　　　　1 号主变压器 110kV 避雷器诊断性试验分析表

相别	初值			诊断值		
	U_{1mA}（kV）	$I_{75\%U_{1mA}}$（μA）	绝缘电阻（MΩ）	U_{1mA}（kV）	$I_{75\%U_{1mA}}$（μA）	绝缘电阻（MΩ）
A	150.5	22	10 000	152.0	28	9300
B	149.9	27	10 000	—	—	0.748
C	149.1	20	10 000	150.2	27	9810

注　因 B 相避雷器绝缘电阻太低，直流泄漏电流无法测试。

（4）避雷器解体分析。

顶部：由接线盖板、金属压环、密封件、防爆膜等组成，打开 B 相避雷器顶部金属盖板发现顶部金属压环及固定螺栓锈蚀十分严重，金属件脱层剥离，如图 3 所示。

内腔：凿开顶部隔膜，清晰可见空腔沿面、金属件、绝缘件外表面有凝结水珠，如图 4 所示。

图 3　B 相避雷器顶部金属盖板图

图 4　B 相避雷器内腔图

避雷器阀片：阀片串外表面水分明显，部分金属支架有变质、氧化情况。检查整组阀片无放电痕迹、无肿大变形情况，各阀片绝缘电阻都超过 10 000MΩ，如图 5 所示。

正常相检查：为了检查相同批次设备是否存在相同问题，将其他相的设备也解体检查，正常相顶端压环未出现锈蚀，但部分螺栓垫片出现不同程度的锈蚀，如图 6 所示。

带电检测结果表明避雷器内部存在严重受潮或老化缺陷，绝缘性能诊断测试避雷器绝缘电阻低于 1MΩ，反映出避雷器绝缘性能基本丧失，内部存在贯彻性缺陷。经解体检查，发现避雷器空腔沿面、阀片外表面、金属件、绝缘件外表面都有大量水分，解体情况与带电检测和诊断性试验表征现象完全吻合。220kV 双山变电站 1 号主变压器 110kV 避雷器为 1999 年景德镇产品，至 2012 年已运行接近 13 年，长期运行下顶端金属压环及螺栓锈蚀，紧固压力下降，导致密封不良，水分从顶端延内壁进入空腔，使得阀片及绝缘件延面形成贯穿性导电通道，促使避雷器全电流及阻性电流激增。此外，水分改变了避雷器电场分布，局部场强集中过大引起出现放电，在阻性电流和局部放电的作用下引起避雷器内部温度场分布不均。因此，220kV双山变电站1号主变压器110kV避雷器B相运行状态量异常是由顶端密封不严渗水受潮引起。

图5 B相避雷器内部阀片图

图6 避雷器正常相图

经验体会

（1）对各运行单位上报的避雷器在线监测仪指示异常的缺陷应快速响应，尤其是电流指示增大的缺陷，需迅速安排带电检测。

（2）在对避雷器进行红外线测温普测时，要求使用小温差精确测温方式进行测温，发现异常需进行阻性电流检测。

（3）严格按照变电设备带电检测规定周期要求执行，及时发现缺陷设备确保设备的安全运行。

检测信息

检测人员	国网浙江省电力公司嘉兴供电公司：钱昊（39岁）、龚培英（45岁）、周迅（37岁）
检测仪器	FLIR红外热像仪
测试环境	温度34℃、相对湿度68%

5.2.6 持续运行电流检测发现220kV五光变电站220kV避雷器绝缘受潮

案例简介

2013年2月25日，国网江西省电力公司赣州供电分公司220kV五光变电站避雷器泄漏电流带电检测，发现220kVⅠ段母线B相避雷器全电流与阻性电流均比A、C相大1倍左右，而A、C相测试数据与同型号的1号主变压器220kV侧、雷五线211线路避雷器测试数据基本一致，初步判断220kVⅠ段母线B相避雷器存在绝缘问题。避雷器为南阳金冠生产，型号Y10W-204/532W，2011年9月21日出厂，2012

年 3 月 28 日投运。

2013 年 2 月 26～28 日，停电诊断性试验发现 220kV I 段母线 B 相避雷器下节绝缘仅有 35MΩ，远低于规程要求的 2500MΩ，直流 1mA 电压、75％U_{1mA} 泄漏电流均不满足规程要求，判断该避雷器下节存在严重绝缘缺陷，2 月 28 日进行了更换。3 月 7 日，解体检查发现该避雷器下节内部金属件锈蚀，底座环氧树脂板上有一明显裂纹，潮气由此进入导致内部受潮。

❖ 检测分析方法

（1）带电测试情况。2 月 25 日泄漏电流测试数据见表 1。采用同组设备三相横向比较进行分析，220kV I 段母线 B 相避雷器全电流与阻性电流均比 A、C 相大 1 倍左右，需停电开展诊断性试验进一步分析。

表 1　　　　　　　　　　　220kV I 段母线避雷器泄漏电流带电测试数据　　　　　　　　　　　　μA

设备编号	出厂编号	全电流峰值	全电流有效值	阻性电流峰值	阻性电流有效值
A 相	861627A	588	420	45	32
B 相	861594A	1405	1004	80	57
C 相	861614A	621	444	45	32

（2）停电诊断性试验。停电试验前该变电站 9 台 220kV 避雷器计数器除 220kV I 段母线 B 相避雷器显示 13 次、雷五线 211 线路 B 相避雷器显示 12 次外，其余 7 台避雷器均显示 10 次，可判断投运后 220kV I 段母线 B 相避雷器动作了 3 次，雷五线 211 线路 B 相避雷器动作了 2 次，动作次数较少，可排除因避雷器运行中频繁动作导致的绝缘下降。

1）绝缘电阻。220kV I 段母线避雷器停电绝缘电阻试验数据见表 2。B 相下节绝缘电阻仅为 35MΩ，远低于 2500MΩ。

表 2　　　　　　　　　　　220kV I 段母线避雷器绝缘电阻试验数据

设备编号	出厂编号	部位	出厂试验	交接试验	本次诊断试验	技术要求
A 相	861627A	上节	无	50 000	10 000	
		下节	无	50 000	10 000	
		底座	无	2500	10 000	
B 相	861594A	上节	无	50 000	10 000	
		下节	无	50 000	35	上、下节不低于 2500MΩ，底座不低于 10MΩ
		底座	无	2500	10 000	
C 相	861614A	上节	无	50 000	10 000	
		下节	无	50 000	10 000	
		底座	无	2500	10 000	
		下节	无	50 000	10 000	
		底座	无	2500	10 000	
		底座	无	2500	10 000	

2）直流 1mA 电压。220kV I 段母线避雷器直流 1mA 电压 U_{1mA} 测试值见表 3，B 相下节仅为 30kV，例行试验数据与出厂值的初值差为 −80.37％，严重超标。

表 3　　　　　　　　　　　220kV I 段母线避雷器直流 1mA 电压 U_{1mA}　　　　　　　　　　　kV

设备编号	出厂编号	部位	出厂试验	交接试验		本次诊断试验		技术要求
				数据	初值差（%）	数据	初值差（%）	
A 相	861627A	上节	153.4	154.1	0.46	151.3	−1.37	直流 1mA 电压不小于 148kV，且与出厂值相比变化不大于 ±5%
		下节	152.8	153.5	0.46	151.1	−1.11	
B 相	861594A	上节	153.4	154.0	0.39	151.2	−1.43	
		下节	152.8	153.2	0.26	30	−80.37	
C 相	861614A	上节	153.4	154.2	0.52	151.6	−1.17	
		下节	153.1	154.5	0.91	151.5	−1.05	

注　初值取出厂试验数据。

3）75％U_{1mA}下的泄漏电流。220kVⅠ段母线避雷器75％直流1mA参考电压下的泄漏电流见表4，B相下节高达1000μA，远远超过规程要求的50μA。

表4　　　　　　　　　　　　220kVⅠ段母线避雷器75％直流1mA电压下的泄漏电流　　　　　　　　　　　　μA

设备编号	出厂编号	部位	出厂试验	交接试验	本次诊断试验	技术要求
A相	861627A	上节	无	9.2	15	≤50μA
		下节	无	9.3	12	
B相	861594A	上节	无	8.9	17	
		下节	无	8.7	1000	
C相	861614A	上节	无	8.4	11	
		下节	无	6.0	12	

（3）解体检查分析。根据以上测试和分析结果，更换了该相缺陷避雷器，并在3月7日对其进行了解体检查。解体检查发现B相避雷器下节顶盖、压紧弹簧等锈蚀严重，如图1（a）所示，但密封垫旁无明显锈蚀，因此判断水汽进入点不在此处。另外，抽出电阻片芯体发现电阻片外表面布满了明显的水渍，如图1（b）所示。

图1　顶盖、压紧弹簧锈蚀及电阻片表面水渍

（a）顶盖及压紧弹簧锈蚀情况；（b）电阻片表面多处有明显水渍

取出避雷器下节底座后发现，底座环氧树脂板上有一明显裂纹如图2（a）所示，裂纹旁的金属板也有明显锈蚀痕迹，如图2（b）所示，可以判断此处裂纹即为内部受潮原因。

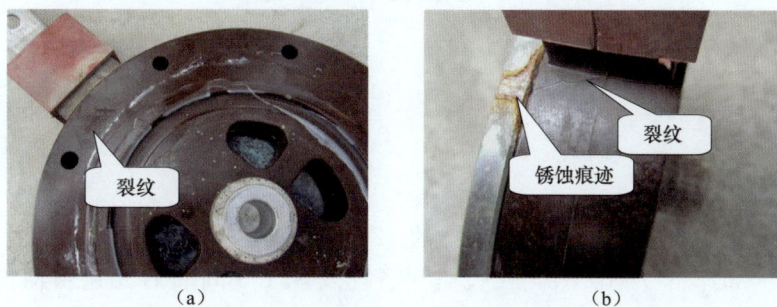

图2　底座环氧树脂板开裂情况

（a）底座环氧树脂板正面图；（b）底座环氧树脂板侧面图

分析造成此裂纹的原因是避雷器在安装或运输过程中，其底座引出接线铜排受外力作用发生弯曲，造成底座环氧树脂板受力形成裂纹，裂纹处即是弯曲主要受力点，铜排根部有明显压痕，判断为校正留下的夹痕。

（4）综合分析。带电测试显示五光220kV变电站220kVⅠ段母线B相避雷器全电流与阻性电流均比A、C相大1倍左右；停电试验显示B相下节绝缘仅有35MΩ，远低于2500MΩ；直流1mA电压30kV，不满足厂家技术要求的大于或等于148kV；75％U_{1mA}为1000μA，严重超标，因此判断220kVⅠ段母线B相避雷器下节存在严重绝缘缺陷，解体检查最终查明为底座环氧树脂板受力形成裂纹，导致进水受潮。

同时对该变电站其他8台220kV避雷器进行了排查，试验数据均合格。

经验体会

（1）避雷器持续运行电流检测对发现避雷器内部受潮缺陷有效，公司在雷雨季节前对所有的 110kV 及以上避雷器进行了带电检侧，对检测数据异常的避雷器及时进行了分析，最终通过停电诊断及解体分析进行了缺陷确认。

（2）避雷器泄漏电流数据分析判断中应重视横向比较法的应用，即与同电压等级、同批次、同型号产品的测试值进行横向比较。

检测信息

检测人员	国网江西省电力公司赣州供电分公司：罗建国（34 岁）、兰向明（47 岁）、郭家鑫（30 岁）、高川（36 岁）、林建（35 岁）、张小飚（33 岁）、肖舒中（29 岁）。 国网江西省电力公司电力科学研究院：刘明军（31 岁）
检测仪器	AI-6105 型氧化性避雷器带电测试仪［全电流测量范围：0～10mA 有效值，阻性电流基波测量准确度：±（读数×5％＋5μA），济南泛华佳业微电子技术有限公司生产］
测试环境	温度 21℃、相对湿度 60％、大气压 101kPa

5.2.7　阻性电流在线检测发现 220kV 赤水变电站 110kV 线路避雷器泄漏电流增大

案例简介

国网福建省电力有限公司龙岩供电公司运维的 220kV 赤水变电站 110kV 赤曹Ⅰ路在线监测系统于 2011 年 1 月投入运行。2012 年 7 月 2 日，在线监测系统发现 133 间隔 B 相避雷器泄漏电流、阻性电流、容性电流数据波动较大，A、C 相避雷器数据没有明显变化。到 7 月，上述数据急剧增大，阻性电流已经超过 250μA。赤水变电站技术人员对其进行带电测试，试验数据均超标，随即更换故障避雷器。

检测分析方法

（1）避雷器在线监测数据分析。由国网福建省电力有限公司在线监测系统发现，赤水变电站 110kV 赤曹Ⅰ路 B 相避雷器泄漏电流、阻性电流、容性电流数据波动较大，A、C 相避雷器数据没有明显变化，如图 1 所示。B 相变化异于其余两相，说明 B 相数据不正常，但避雷器的泄漏电流受外界温湿度、外绝缘污秽水平等影响较大，电磁干扰、系统电压等因素也会影响避雷器在线监测的数据，不能排除外部因素的影响，因此将赤水变电站 110kV 赤曹Ⅰ路 133 间隔避雷器列入跟踪的设备。

（2）避雷器带电分析。2012 年 7 月 12 日，根据在线监测系统发现该避雷器泄漏电流、阻性电流、容性电流数据呈急剧增长的趋势，阻性电流已经超过了 $250\mu A$，随即决定对该避雷器进行带电测试。

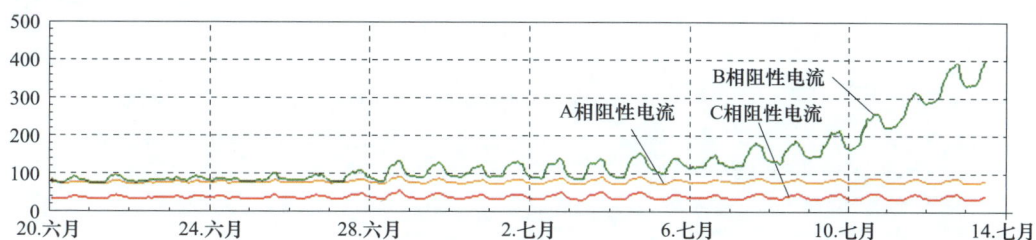

图 1　在线监测数据变化趋势

7月13日，对 220kV 赤水变电站 110kV 赤曹Ⅰ路 133 线路避雷器进行红外测温和避雷器带电测试试验，试验结果见表1。通过对避雷器带电测试发现，B 相避雷器全电流、阻性电流均明显增大，阻性电流已达 $287\mu A$，已超过标准的要求（超过 $250\mu A$ 时，应停电做直流试验）。避雷器带电测试的数据和红外测温热像图如表1、图2所示。

表 1 避雷器带电测试的数据分析

试验日期	仪器	相别	I_x（μA）	I_r（μA）	φ
2012-3-12	AI-6106	A	458	29	86.14°
		B	444	29	87.01°
		C	448	29	86.15°
2012-7-13	AI-6106	A	480	42	85.04°
		B	637	287	63.38°
		C	470	42	85.05°

从表1可以看出，AC 两相数据与历史数据相比，均无明显偏差，但是 B 相的全电流和阻性电流均急剧增大。分析是由避雷器内部阀片性能下降所致。

红外热像图也显示出 B 相的最大温度也大于其余两相，这是由于阻性电流超标，阀片发热量增大所致，与上述试验结果相吻合。

（3）停电试验分析。在基本确定 B 相避雷器存在缺陷时，立即对该避雷器进行停电试验，实验结果表明该支避雷器的直流参考电压和 75% 直流参考电压下的直流电流均大幅超过标准规范要求，试验结果见表2。这表明该支避雷器已经劣化，不能满足安全运行条件。现已更换劣化避雷器。

图 2　红外测温图谱

表 2 避雷器停电试验数据分析

试验日期	温度（℃）湿度（%）	相别	主绝缘电阻（GΩ）	U_{1mA}（kV）	$I_{75\%U_{1mA}}$（μA）	仪 器
2012-7-13	35/50	B	21.5	119.7	242	2500V/100GΩ，3125 绝缘电阻表；Z—V200／2直流高压发生器

🔷 经验体会

（1）在线检测能够及时发现电力设备早期隐患，为设备的跟踪以及综合评价提供依据。

（2）多种手段同时进行设备的诊断提高故障的判断水平。

（3）避雷器在线监测装置的可靠性相对较高，在发现避雷器的在线监测数据异常时，应及时与供电公司沟通反应，结合带电检测数据综合判断避雷器的运行状态，杜绝避雷器"带病"运行，确保电网安全与稳定。

检测信息

检测人员	国网福建省电力有限公司龙岩供电公司：陈炜明（30 岁）
检测仪器	AI-6106 氧化锌避雷器泄漏电流分析仪、TI55 红外热成像仪
测试环境	测试温度 32℃、相对湿度 50％

5.3 多方法联合技术

5.3.1 红外热像和阻性电流测试发现 500kV 清苑变电站 35kV 避雷器受潮

案例简介

国网河北省电力公司检修公司 500kV 清苑变电站 35kV 4 号母线 TV 间隔安装避雷器一组，为河北乾盛电力电器设备有限公司产品，型号为 YH5WZ-51/134，额定电压为 51kV，2011 年 12 月生产，2012 年 6 月 30 日投运，投运后运行正常，投运后一周内及 2013 年 4 月进行过两次氧化锌避雷器阻性电流带电测试，试验合格。2012 年 9 月 13 日，运行中发现该组避雷器 B 相泄漏电流迅速增大缺陷，经过红外测温及阻性电流带电测试，发现 B 相氧化锌避雷器阻性电流增大，且伴有避雷器本体发热情况，更换后解体发现为内部进水阀片受潮引起的缺陷。

检测分析方法

2012 年 9 月 13 日，500kV 清苑变电站运行值班人员在例行巡视时，发现 35kV 4 号母线避雷器 B 相泄漏电流为 0.4mA，A 相泄漏电流为 0.21mA，C 相泄漏电流为 0.22mA，B 相泄漏电流增长近一倍。得知这一情况后，国网河北省电力公司检修公司和国网河北省电力公司电力科学研究院电气试验专业人员先后采用红外测温和阻性电流带电测试两种方式对该避雷器进行了检测。

（1）避雷器红外热像检测。红外测温发现：避雷器 B 相最高温度为 21.1℃，A 相最高温度为 16.3℃，B 相与 A 相温差最大为 4.8℃（红外图谱如图 1 所示）依据 DL/T 664—2008《带电设备红外诊断应用规范》诊断 B 相避雷器存在异常发热，可能为阀片受潮或老化，为确定缺陷原因，进一步开展了阻性电流带电测试。

（2）避雷器阻性电流测试。利用 HDY-20 氧化锌避雷器泄漏电流测试仪对该避雷器全电流和阻性电流进行了带电测试，结果发现 B 相阻性电流初值差为 583％，35kV4 号母线避雷器运行中持续电流带电测试数据见表 1。依据国家电网公司《电力设备带电检测技术规范（试行）》，初步诊断为避雷器受潮或阀片老化。

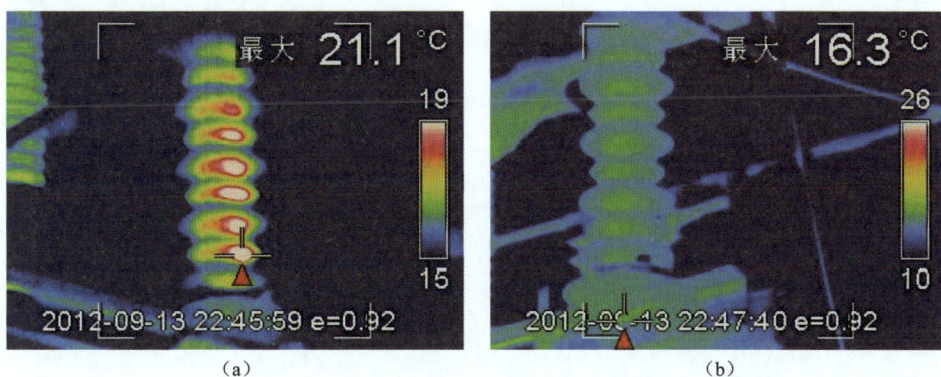

图1　35kV 4号母线避雷器红外图谱对比

(a) B相避雷器红外图谱；(b) A相避雷器红外图谱

表1　　　　　　　　　　　　　**35kV 4号母线避雷器带电测试数据**

项目	I_x（mA）			I_{RIP}（mA）			运行电压（kV）
	A	B	C	A	B	C	
本次	0.214	0.393	0.225	0.011	0.205	0.012	21
前次	0.231	0.232	0.241	0.025	0.030	0.027	21

（3）处理措施。根据上述测试结果分析，认为该避雷器内部阀片存在受潮或老化，公司立即申请了更换该支避雷器。更换后并对该避雷器进行高压试验检测和解体检查，避雷器外观检查无异常，绝缘电阻测试发现极间绝缘电阻仅205MΩ，远低于规程大于或等于1000MΩ的要求。

避雷器解体检查，发现避雷器顶部的一段金属管内有大量水珠，如图2所示。将氧化锌阀片取出后，发现部分氧化锌阀片边缘已经明显受潮，如图3所示。

图2　避雷器内部的金属管内有大量水珠

图3　受潮的氧化锌阀片

将氧化锌避雷器顶部、底部的固定螺栓取下后，没有发现有受潮痕迹，且避雷器顶部、底部的固定装置采用非通孔结构，确保密封良好。但是，当将避雷器顶部的硅橡胶曾割开后发现，避雷器顶部的硅橡胶厚度只有2mm左右，底部的硅橡胶厚度有9mm左右。厂家技术人员介绍，避雷器的高度、与外部硅橡胶的厚度是一定的，外部硅橡胶的厚度约为11mm。在浇注硅橡胶工艺时，由于操作人员没有将避雷器位置放在中间位置，造成避雷器顶部、底部硅橡胶厚度偏差较大，是造成本次避雷器受潮的直接原因。

❖ 经验体会

（1）经过本次缺陷处理与避雷器解体检查结果，认为避雷器红外热像检测和运行中持续电流检测相结合是检测避雷器缺陷的有效方法。氧化锌避雷器阻性电流带电测试对于氧化锌避雷器内部阀片受潮缺陷的检测较为灵敏，红外测温也能够发现内部阀片受潮的缺陷。

（2）造成本次避雷器受潮缺陷的主要原因是由于制造厂家个别工人对工艺把关不严，避雷器两端硅橡胶厚度不均，且厂家没有针对性的检测方法及控制措施。

（3）发现类似问题后对同批次、同厂家、相同制造工艺的避雷器安排重点排查，结合停电检修机会，将顶部引线拆除，检查避雷器外部硅橡胶厚度是否均匀、是否满足工艺要求。运维过程中加强红外线检测、阻性电流联合测试分析，提高避雷器等电压致热型设备缺陷诊断准确性。

检测信息

检测人员	国网河北省电力公司检修公司：胡伟涛（37岁）、王绪（25岁）、杨世博（26岁）。 国网河北省电力公司电力科学研究院：张志猛（32岁）、王庚森（29岁）
检测仪器	FLIR P630 红外热像仪、HDY-20 氧化锌避雷器泄漏电流测试仪（苏州华电电器技术有限公司）
测试环境	温度 23℃、相对湿度 65.0%、风力 1 级

5.3.2 红外热像检测和阻性电流检测发现 220kV 钱塘变电站 110kV 钱院 1168 线线路避雷器内部故障

案例简介

2011 年 3 月 12 日 15：00，国网浙江省电力公司杭州供电公司运行人员在对 220kV 钱塘变电站内运行设备进行巡视时，发现 110kV 钱院 1168 线线路 A 相避雷器在线监测全电流读数严重超标。为确定设备具体情况，试验人员赶赴现场进行了红外热像检测和阻性电流检测。

图 1　110kV 钱院 1168 线线路避雷器
A 相红外热像图谱

修试人员在对该避雷器进行红外热像检测时，发现 A 相有明显发热现象，A 相最高温度为 20.7℃，其余 B、C 两相最高温度分别为 15.4℃和 16.1℃。A 相红外热像图如图 1 所示。

随后，试验人员对避雷器进行阻性电流检测，发现该组 A 相避雷器的交流泄漏全电流有一定增长，阻性电流分量明显增大。

红外热像检测和阻性电流检测结果表明，该组 A 相避雷器内部出现了故障。随后，检修人员在停电后更换了该组避雷器，避免了可能发生的避雷器爆炸事故。

检测分析方法

试验人员在对该避雷器进行红外热像检测时，分析发现 A 相避雷器与其他两相的最高温差为 5.3K，根据 DL/T 664—2008《带电设备红外诊断应用规范》，怀疑避雷器内部存在电压致热性缺陷。

随后，试验人员对避雷器进行阻性电流带电测试，测试结果见表 1。

表 1　　　　　　　　　　110kV 钱院 1168 线线路避雷器阻性电流试验数据

测试时间	2011-3-12			2011-3-14		
测试地点	220kV 钱塘变电站现场			工区工场间		
测试环境	温度（℃）12		湿度（%）68	温度（℃）17		湿度（%）66
测试方法	三相（禁用补偿）			单相（禁用补偿）		
测试相	A/ABC	B/ABC	C/ABC	A	B	C
I_x (mA)	1.503	0.674	0.705	1.108	0.751	0.764
I_{xp} (mA)	1.991	0.934	0.980	1.504	1.050	1.063
I_r (mA)	0.811	0.059	0.066	0.658	0.223	0.207
I_{rp} (mA)	1.332	0.110	0.120	1.035	0.394	0.364
I_{r1p} (mA)	1.127	0.077	0.085	0.928	0.308	0.288
I_{c1p} (mA)	1.789	0.950	0.993	1.260	1.014	1.039
P_1 (W)	53.27	3.638	4.058	37.78	12.65	11.77
C_x (nF)	0.060	0.032	0.033	0.049	0.039	0.040
φ	57.78°	85.36°	87.38°	53.62°	73.01°	74.49°
参考电压	正母压变 A 相 66.79kV			加压 63.5kV		

从表 1 中可以看出，与 B、C 两相比较，A 相避雷器的交流泄漏全电流 I_x 增大约 123% 和 113%；阻性电流 I_{rp} 增加约 11 和 10 倍。阻性电流 I_{rp} 在交流泄漏全电流 I_x 中占的比例 I_{rp}/I_x 达到 88.6%，（一般正常为小于 20%），功率损耗明显增大，电流电压相角 φ 下降为 57.78°，正常为 77°～87°，根据 Q/GDW-11-41.59—2011《氧化锌避雷器带电检测作业指导书》，判断阻性电流检测结果为不合格。

红外热像测试和阻性电流测试结果表明，该组 A 相避雷器内部出现了故障，需立即停电检修，否则随时可能会发生爆炸事故。

（1）带电检测结果验证及分析。

1）停电试验。为证实现场带电测试分析判断的正确性，2011 年 3 月 14 日，试验人员在工区工厂间对该线路避雷器进行了直流 1mA 参考电压、75% 直流 1mA 参考电压下泄漏电流值、工频 1mA 参考电压等试验项目，试验数据见表 2。此外，还进行了外施电压下阻性电流测试，试验数据见表 1。

表 2　　　　　　　　　　110kV 钱院 1168 线线路避雷器停电试验数据

相别	直流 1mA 参考电压（kV）			75% 直流参考电压下泄漏电流值（μA）	工频交流 1mA 参考电压（kV）	结论
	出厂值	实测值	误差（%）			
A	151	134	−11.26%	442	57.12	不合格
B	150.9	150.3	−0.40%	18	83.4	合格
C	149	148.2	−0.54%	19	82.93	合格

由表 2 中数据可知，A 相直流 1mA 参考电压初值差达−11.26%，75% 直流 1mA 参考电压下泄漏电流值达 442μA，工频 1mA 参考电压与其余两相比下降约 31%，根据 Q/GDW 168—2008《输变电设备状态检修试验规程》可知，直流 1mA 参考电压初值差不仅远大于规程要求的 5%，而且远小于要求的 145kV，75% 直流 1mA 参考电压下泄漏电流值为 442μA，也远远超过了规程要求的 50μA。根据规程可知，三项停电试验数据均不合格。从表 1 中所列的外施电压下阻性电流测试数据可以看出，其三相变化情况也基本与现场带电阻性电流测试结果相吻合，从而进一步确定了 A 相避雷器存在严重缺陷，也证实了现场带电测试结果的有效性。

2）解体检查。为进一步查明避雷器故障原因，2011 年 3 月 15 日，检修人员对该线路 A、B 两相避雷器进行了解体。检查发现：

（a）避雷器 A 相的氧化锌电阻阀片表面釉层有明显的闪络痕迹，而正常相 B 相电阻片表面釉层光洁发亮，如图 2、图 3 所示。

（b）A 相避雷器两端盖板锈蚀严重，防爆板表面已全部呈现绿色铜锈，金属附件上也呈现锈蚀和锌白，某些部分有红褐色锈斑和黑色粉末，如图 4、图 5 所示。

图2 电阻片釉面异常相（A相）

图3 正常相（B相）对比

图4 两端盖板锈蚀严重

图5 两极出现锈蚀

（c）避雷器密封胶圈弹性明显变差，存在一定程度的老化现象，分析认为采用的密封圈可能材质较差。

（d）解体后，试验人员对电阻片分段进行了绝缘电阻测试，试验数据见表3，测量示意图如图6所示。

表3　110kV钱院1168线线路避雷器解体后
绝缘电阻数据　　　　　　　　　MΩ

相别	分段1	分段2	分段3
A	3500	50	101
B	16 000	52 000	21 000

注　从头部开始各段依次标为1、2、3，如图6所示。

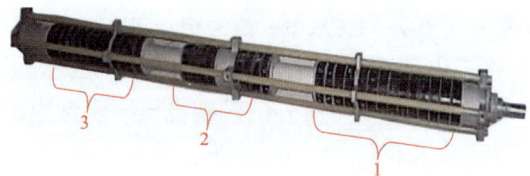

图6 避雷器解体后绝缘电阻测量示意图

从表3中可以看出，A相电阻片各段绝缘电阻值明显变小，尤其是靠近底座部分，从而使得绝缘性能大大降低，而B相电阻片绝缘电阻值合格。

（2）原因分析。根据解体检查情况，结合红外热像图和电气试验结果，认为缺陷主要原因是由于避雷器在组装时因工艺及组装环境湿度太大使得潮气随电阻片带入MOA内腔，或由于密封不严引起内部受潮。

606

1）避雷器腔体内水汽及电阻片的受潮导致局部放电，使电阻片釉面高温碳化留下电弧痕迹，电弧放电在腔内产生高温，使瓷套表面温度升高，因而通过红外热像技术可以发现设备热像图异常现象。

2）电阻片受潮，则在通过阻性电流时会发热，使电阻片温度升高，将潮气赶出，形成微量水分，从而加大了 MOA 内腔的相对湿度，当周围环境温度降低时，密封在 MOA 内的水分会遇冷凝聚吸附在电阻片和瓷套内壁表面，造成电阻片泄漏电流增大或瓷套闪络电压降低。当系统出现过电压时，会使通过 MOA 内的阀片电流迅速增大，从而导致避雷器爆炸事故的发生。

3）解体发现避雷器的密封胶圈存在老化现象，若密封胶圈永久性压缩变形的指标达不到设计要求，也会导致避雷器装入后，使得密封失效，从而使潮气或水分侵入。

经验体会

通过前面的原因分析，为防止类似情况的出现，除了要求 MOA 制造厂家要提高产品质量，高度重视 MOA 的结构设计密封、总装环境等决定质量因素；电力部门在购买产品时要提高技术监督力度，严把质量关。同时建议运行人员要加强巡视，对运行中同厂同批次避雷器要定期检查泄漏电流监测仪，判断避雷器运行状况，防止电网事故发生。此外，建议定期开展避雷器阻性电流测试和红外热像测试等带电测试。

阻性电流测试和红外测温工作已在普遍开展，但仍需不断提高测试技能，注重试验数据的积累，加强对设备故障定性和定位的分析能力，在试验过程中注意对各种干扰因素的排除。

（1）阻性电流基波分量 I_{rp} 和电流电压相角 φ 的变化能比较灵敏的反映避雷器的缺陷，如是否存在受潮，电阻片老化、劣化等情况。

（2）阻性电流测量的准确性受多种因素影响，测量方法、测量条件、测量设备的不同均会产生较大的影响。在现场测试分析时，要注意参考电压相位角的选取、现场测试设备的布置和接线、电网接线方式、电网谐波及电磁干扰，还有环境相对湿度、温度等对试验结果的影响。

（3）对于电压致热性缺陷，红外测温时应考虑到设备绝缘材料对测试结果的影响。因电压致热性缺陷通常在设备外部反映出来的温度变化较小，会受绝缘层的热传导系数的影响。如瓷外套的热传导系数比复合外套的热传导系数要小，绝缘材料与阀片间的介质如空气间隙等会阻碍热量传导。

检测信息

检测人员	国网浙江省电力公司杭州市供电公司变电检修室电气试验一班：马涛（47 岁）、唐铁英（33 岁）、许杰（29 岁）、杨中彪（43 岁）、徐建文（43 岁）
检测仪器	FLIR P65 红外测温仪、山东泛华 AI-6106 避雷器阻性电流测试仪
测试环境	温度 12℃、相对湿度 68％

5.3.3　阻性电流检测、红外热像检测发现 110kV 避雷器内部受潮

❖ 案例简介

国网冀北电力有限公司廊坊供电公司运维的 110kV 化营变电站于 2006 年 2 月投入运行，负责廊坊开发区部分工厂的供电。2011 年 1 月 12 日 10：00，班组工作人员对化营 110kV 避雷器进行阻性电流带电检测，发现 114 梨化一线 C 相避雷器阻性电流数据异常，遂用红外热像检测仪对该避雷器进行测试，发现其温度分布异常，遂对该避雷器进行停电试验，其直流试验数据超标，解体后发现该避雷器内部严重受潮。

❖ 检测分析方法

对历年数据进行横向和纵向比较，发现 114 C 相避雷器数据异常。根据 Q/GDW-01《电力设备交接和预防性试验规程》规定运行电压下的全电流、阻性电流或功率损耗测量值与初始值比较，不应有明显变化，当阻性电流增加 50％（与初始值比较）时，应适当缩短监测周期，当阻性电流增加 100％时，必须停电检查，进行直流试验。测试数据见表 1。

表 1　　　　　　　　　　　历 年 测 试 数 据

测试时间	相别	全电流 I_x（μA）	阻性电流 I_r（μA）	计数器底数
2010-3-29	A	499	70	3
	B	486	68	3
	C	507	71	3
2010-8-10	A	536	75	3
	B	520	73	3
	C	530	74	3
2011-1-25	A	501	70	3
	B	488	68	3
	C	880	130	3

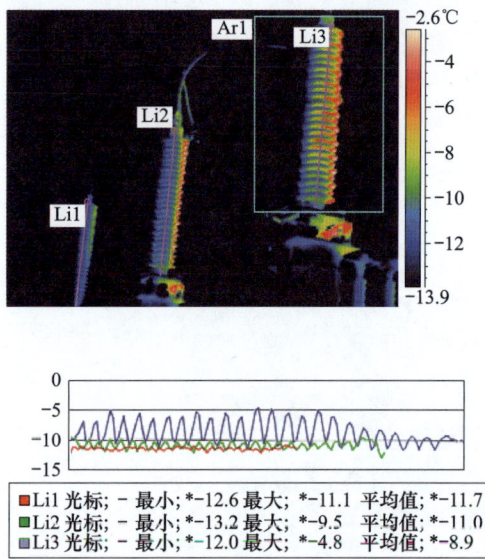

图 1　红外图谱及等温线

数据显示化营 114 C 相避雷器全电流阻性电流与初始值比较已明显变化，全电流 I_x 相比初始值增加 74％，超出其他相约 80％，阻性电流 I_r 相比初始值增加 83％，超出其他相约 90％，此避雷器可能存在阀片老化或者受潮，为此应引起注意，缩短监测周期。避雷器计数器底数全部为 3，在排除避雷器计数器故障后，判定避雷器并未经受过电压损伤。

随即对该三组避雷器进行红外热相精密测温，并应用红外测温软件对整组避雷器进行分析，设置等温线。避雷器从左到右依次排列为 A、B、C 相。排除太阳光在避雷器表面产生的反射光的影响，可以明显看出 C 相等温线 Li3 在 A、B 相等温线之上，表明在相同部位 C 相避雷器表面温度高于 A、B 相。而且 C 相温度梯度较大，由红外图片及等温线均可看出 C 相 MOA 上半部发热严重，如图 1 所示。

进行停电测试检查，测试数据见表 2。

表 2　　　　　　　　　　　停 电 测 试 数 据

安装地点：化营 114		型号：$HY_{10}W7-102/266$	生产日期：2008-1		厂家：北京电力设备总厂
	相别	A	B		C
试验项目	厂号	13 845	13 847		13 848
	U_{1mA}（kV）	152.9	153.6		21.7
	$0.75U_{1mA}$ 下泄漏电流（μA）	3.5	3.6		98
	绝缘电阻（MΩ）	>10 000	>10 000		14

图2　避雷器本体受潮情况

通过试验数据可见，C 相避雷器的 U_{1mA}（kV）、$0.75\,U_{1mA}$ 下泄漏电流（μA）、绝缘电阻均与其他相有较大差异，均不符合规程规定。数据表明此只避雷器存在严重缺陷，对该只避雷器进行解体，发现该避雷器密封不严，进水受潮，如图2所示。

经验体会

（1）运行电压下 MOA 的泄漏电流（全电流 I_x）可分为阻性分量 I_r（有功分量）和容性分量 I_c（无功分量）。全电流 I_x、阻性电流 I_r 检测可以判断 MOA 的运行状态，可以发现受潮缺陷以及分析电阻片的老化情况。

（2）避雷器内部故障可以通过红外测温及避雷器带电测试进行综合判断，进行有效发现。

（3）红外测温等温线的应用对于设备精密测温，故障分析有较大的作用。

检测信息

检测人员	国网冀北电力有限公司廊坊供电公司：王建新（36 岁）、赵志山（32 岁）、安冰（31 岁）
检测仪器	FLIR T330 红外测温仪、MD810A 避雷器带电测试仪
测试环境	温度0℃、相对湿度40％、大气压101kPa

5.3.4　综合法带电检测发现 220kV 井矿变电站 220kV GIS 避雷器气室内局部放电

案例简介

国网河北省电力公司石家庄供电公司 220kV 井矿变电站 213B 相 Y10WF-204/532 型避雷器，生产日期：2012 年 3 月，2013 年 1 月 16 日投运。投运不到一年，尚未达到检修周期。2013 年 11 月 22 日 10：40，石供罗井运维班人员在 220kV 井矿变电站巡视时听到 213 B 相主进避雷器气室有"嗒、嗒"间隔较长的异常声响，带电检测发现避雷器运行中阻性电流较上次试验超 1 倍；GIS 超声波局部放电检测超量程，显示 B 相避雷器气室内部存在异常；红外热像检测和高频局部放电检测，各项检测结果均显示 B 相避雷器气室内部存在严重的局部放电，且局部放电发展较快，有进一步增大趋势，严重时会造成事故停电，现场紧急停电进行更换。

检测分析方法

2013 年 11 月 22 日 10：40，石供罗井运维班人员在 220kV 井矿变电站巡视时听到 213 B 相主进避雷器气室有"嗒、嗒"间隔较长的异常声响，之后进行了带电检测及分析：

（1）避雷器运行中持续电流检测。避雷器投运以来，历次 213 B 相避雷器带电测试的数据见表1。

表1 　　　　　　　　　　　　　　　　　213 B 相避雷器历次带电测试数据

测试时间	环境温度（℃）	环境湿度（%）	A 相			B 相			C 相		
			I_{XP}（μA）	I_{RP}（μA）	P（mW）	I_{XP}（μA）	I_{RP}（μA）	P（mW）	I_{XP}（μA）	I_{RP}（μA）	P（mW）
1.25	1	59	737	118	72	736	115	73	724	115	73
11.4	18	34	748	115	75	748	112	75	735	116	75
11.22	9	50	757	115	75	787	276	71	749	115	74
11.23	8	52	752	112	75	700	266~280	72	747	111	74

横向分析：投运后至 2013 年 11 月 4 日，A、B、C 三相的全电流、阻性电流、有功损耗数据均比较接近，相差不大。2013 年 11 月 22 日，B 相的阻性电流与 A、C 对应数据比较，相差很大，而 A、C 相的数据较为接近。

纵向分析：B 相的历次带电测试数据表明，2013 年 11 月 4 日的测试结果与 1 月 25 日的测试结果一致，11 月 22 日测试的阻性电流比 11 月 4 日测试的数值增加了 146%，全电流较 11 月 4 日的测试数值增大了 5%，有功损耗没有明显变化，11 月 23 日的复测结果与 11 月 22 日的测试数据一致。A、C 相避雷器历次测试结果未见异常。

（2）GIS 超声波局部放电和特高频局部放电检测。为了进一步检测避雷器内部缺陷情况，对避雷器气室进行了 GIS 超声波局部放电和特高频局部放电检测。检测结果如图 1 和图 2 所示。

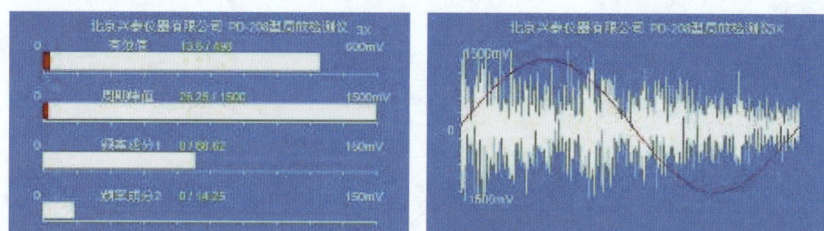

图 1　213 B 相避雷器超声局部放电测试结果

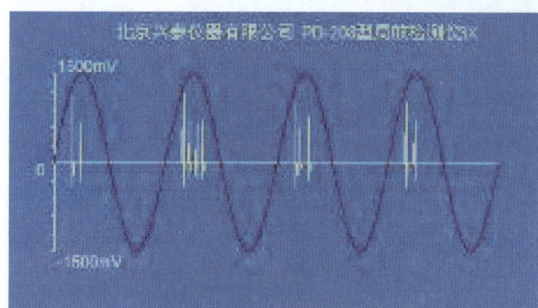

图 2　特高频局部放电测试结果

从超声波局部放电测试结果可以看出，3 号主变压器 220kV 侧 B 相避雷器气室检测到峰值为 1500mV（超量程）的异常脉冲信号，有效值为 498mV，100Hz 相关性为 14.25mV，50Hz 相关性为 68.62mV，50Hz 相关性明显大于 100Hz 相关性。从特高频局部放电测试结果可以看出，该气室检测到峰值为 1200mV 的间歇性、异常脉冲信号，该信号出现在电压的峰值，初步分析认为 B 相避雷器气室内部存在严重的尖端或悬浮放电。

（3）避雷器高频局部放电检测。B 相避雷器的相位谱图和分类谱图如图 3 所示。

检测到的信号幅值超过了仪器的最大量程（5V），依据《电力设备带电检测技术规范》的要求"放电幅值大于 500mV 为严重缺陷"，判断 B 相避雷器气室内部存在非常严重的放电。

（a）　　　　　　　　　　（b）

图 3　213 B 相避雷器高频局部放电测试结果（一）
（a）相位谱图；（b）分类谱图

610

图 3　213 B 相避雷器高频局部放电测试结果（二）
(c) 黑簇相位谱图；(d) 黑簇波形谱图；(e) 黑簇频谱图；
(f) 红簇相位谱图；(g) 红簇波形谱图；(h) 红簇频谱图

（4）GIS 红外热像检测。红外测试结果如图 4 所示。

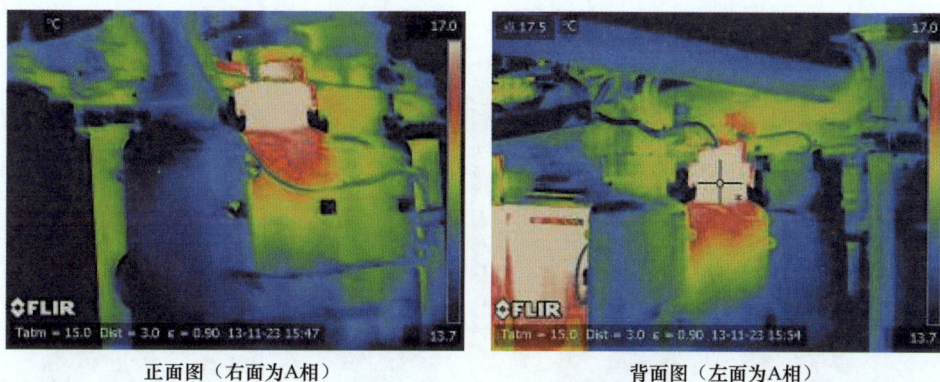

正面图（右面为 A 相）　　　　　　　背面图（左面为 A 相）

图 4　213 B 相避雷器红外测温结果

A 相避雷器气室 15.1℃，C 相避雷器气室 15.3℃，B 相避雷器气室绝缘盆子处 17.5℃，B 相与 A 相相同部位温差 2.4K，B 相与 C 相相同部位温差 2.2K，依据 DL/T 664—2008《带电设备红外诊断应用规范》氧化锌避雷器缺陷诊断判据："温差超过 0.5～1K 定性为危急缺陷"，判断 B 相避雷器气室内部存在危急缺陷。

红外热像测试、高频局部放电测试、避雷器持续电流测试、GIS 超声波局部放电测试、特高频测各项测试数据均表明，B 相避雷器气室内部存在严重的缺陷。

（5）解体检查。2013 年 12 月 7 日，国网河北省电力公司石家庄供电公司、国网河北省电力公司电力科学研究院、平高电气三方技术人员在该避雷器生产厂家大厅对退网的 213 B 相 GIS 避雷器进行了解体检查。

现场检查发现避雷器芯体、均压屏蔽罩、密封圈、罐体等零配件均无异常状况、装配完整可靠。

检查发现盆式绝缘子内表面、避雷器均压屏蔽罩表面覆满粉尘（见图 5），避雷器导电棒和梅花触头接触表面存在明显烧蚀痕迹（见图 6）；避雷器芯体及底板等零部件表面覆有粉尘（见图 7）。

根据避雷器的实际运行工况，在系统正常运行条件下，由于通过避雷器电流很小，考虑只要避雷器导电棒与梅花触头保证可靠接触即可，因此在设计生产时导电棒与梅花触头配合的过盈量选择为 1.5～2mm（平高电气为 6mm 左右），生产车间在避雷器装配时，要求装配人员应先对导电棒与梅花触头进行试配和验证。

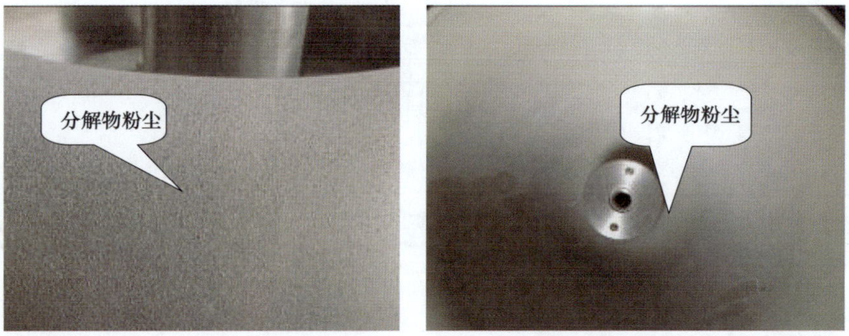

图 5　盆式绝缘子、均压屏蔽罩表面粉尘

图 6　导电棒和梅花触头表面烧蚀情况

图 7　避雷器芯体及其他零部件装配情况

经现场测量，导电棒和梅花触头接触部分直径为 45.5mm（技术要求 φ47），梅花触头内径为 45.6mm 左右（梅花触头为河南平高电气有限公司配套件，经测量，厂家现库存平高电气梅花触头内径为 44～45mm，导电棒为该公司外购），导电棒和梅花触头配合过盈量为 −0.1mm，不符合技术要求。

（6）缺陷原因分析。

1）井矿变电站 220kV 主变压器侧 213B 相 GIS 避雷器运行异常的直接原因为避雷器导电棒和梅花触头配合尺寸不符合要求，导电棒和梅花触头抱紧力不够，造成接触虚接引起放电。

2）导电棒与梅花触头接触不良后，引起局部发热，梅花触头的铝屏蔽罩表面发生粉化，产生铝粉，散落气室各部位，引起局部放电数值增大。个别粉末附着在避雷器阀片外表面，引起运行检测电流增大。

❖ 经验体会

（1）本案例运行局部放电测试、带电测量无间隙金属氧化物避雷器（MOA）泄漏电流等多种带电测试技术相结合，发现全封闭组合电器（GIS）MOA 内部存在严重缺陷，并对缺陷的类型及位置做出详细分析和判断，通过停电解体检查证实了分析的准确性。

（2）多种带电测试技术相结合能有效检测 GIS 罐式金属氧化物避雷器故障。因此针对 GIS 罐式避雷器要采用综合带电检测技术及时发现 MOA 缺陷，保障 GIS 设备的安全稳定运行。

🔷 检测信息

检测人员	国网河北省电力公司石家庄供电公司：张丽芳（42 岁）、苏轶超（27 岁）、郭慧英（36 岁）。 国网河北省电力公司电力科学研究院：岳啸鸣（34 岁）、高树国（32 岁）
检测仪器	AIA-1 型超声波局部放电检测仪；PRDM2000 特高频局部放电检测仪；PDcheck 高频局放检测仪（意大利 TE-CHIMP 公司）
测试环境	温度 35℃、相对湿度 50%、大气压 101.3kPa

5.3.5 避雷器泄漏电流带电检测和红外测温发现 220kV 瑞仙变电站 2 号主变压器 110kV 避雷器 A 相内部受潮

🔷 案例简介

2011 年 10 月 8 日国网浙江省电力公司温州供电公司变电检修室，对 220kV 瑞仙变电站进行避雷器带电测试时，发现 2 号主变压器 110kV 避雷器 A 相阻性电流和全电流异常。夜间对该避雷器进行红外测温，同样发现温度异常。对该避雷器进行了局部放电和直流泄漏试验，测试数据均确认了避雷器存在的绝缘故障。

解体检查发现避雷器内部已经严重受潮，避雷器下盖板漏装密封圈，导致了避雷器芯体浸水受潮，性能下降。

🔷 检测分析方法

（1）避雷器带电检测数据异常。2011 年 10 月 8 日，国网浙江省电力公司温州供电公司变电检修室所辖的 220kV 瑞仙变电站进行避雷器带电测试，发现 2 号主变压器 110kV 避雷器 A 相阻性电流和全电流异常，全电流测试值与避雷器在线监测表计读数一致，测试环境温度为 22℃。该避雷器型号为 Y10W-102/266W，生产日期为 2011 年 3 月，于 2011 年 6 月投入运行，测试数据见表 1。

从表 1 可以看出，该组避雷器 A 相的交流泄漏电流与其他两相比较增加超过 130%，远大于投产时全电流数值（A 相投产时全电流为 0.33mA）；阻性电流增加约 8 倍，表明避雷器内部出现劣化或受潮等情况，并可能导致避雷器热稳定破坏；

表 1   某变电站避雷器带电测试数据

电流参数 相别	全电流 I_x （mA）	阻性电流 I_{RP} （mA）
A 相	0.796	0.406
B 相	0.331	0.047
C 相	0.337	0.05

阻性电流 I_{RP} 占全电流比例达到 51%（正常时 $I_{RP}/I_x < 20$% [2]），带电测试结果不合格。

发现带电测试数据异常后，检修人员在夜间对该组避雷器进行了红外测温，A 相红外热像图谱如图 1 所示。

该组 A 相避雷器第五节瓷裙处最高温度为 34.1℃，周围环境及 B、C 相温度为 26℃，温度相差 8.1℃，避雷器属于电压制热型设备，由于绝缘层热传导系数的影响，A 相避雷器内部温升已很高。

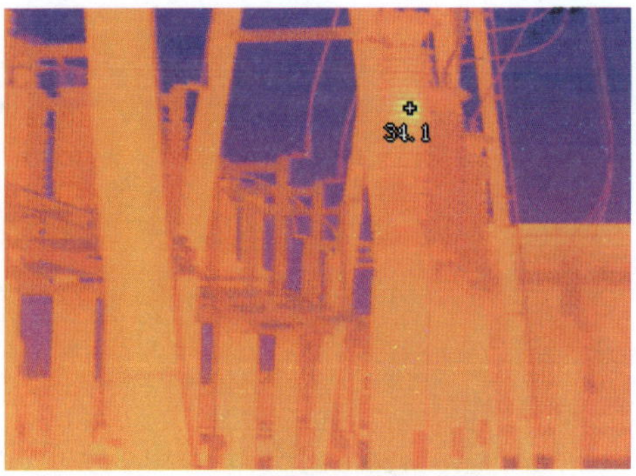

图1 异常避雷器红外热像图谱

避雷器带电检测与红外测温数据表明，2号主变压器110kV避雷器相出现了故障，由于该组避雷器投运时间不长，怀疑避雷器制造工艺存在缺陷，需立即停电处理。

（2）异常避雷器常规停电试验。

1）故障避雷器运行电流测试和局部放电试验。避雷器停役更换后，在高压试验大厅对异常避雷器进行了带电复测，施加63.5kV的工频运行电压，下接线端引出电流与局部放电信号，测试数据见表2。

测得数据显示阻性电流与运行时一致，加至试验电压时局部放电量很大。

表2   故障避雷器全电流测试和局部放电试验

试验电压（kV）	全电流（mA）	阻性电流（mA）	局部放电量（pC）
63.5	0.704	0.405	950

2）直流泄漏电流试验。对异常避雷器进行了直流1mA下参考电压U_{1mA}及0.75倍U_{1mA}下泄漏电流$I_{0.75U_{1mA}}$测试，测试数据见表3。

A相避雷器U_{1mA}为100.2kV，与交接值相比初值差为−34.2%（U_{1mA}的初值差要求不超过±5%），而且不符合铭牌要求的直流参考电压大于或等于148kV要求。泄漏电流I高达400μA，远大于规程要求的50μA，比交接值增大了44倍。两项试验数据均不符合规程的要求，进一步确定了2号主变压器110kV A相避雷器存在严重缺陷。

表3   故障避雷器直流泄漏试验数据

相 别	DC U_{1mA}（kV）		$I_{0.75U_{1mA}}$（μA）	
	本次检查	交接	本次检查	交接
A相	100.2	152.2	400	9
B相	152.6	152.5	8	9
C相	152.4	152.5	8	9

（3）避雷器解体检查。2011年10月28日，对故障避雷器进行了解体检查。解体前，外观检查未发现避雷器破损和结构不良问题。

1）打开上盖板时未发现密封不良，但在上盖板见到明显的绿色锈斑，与上盖板的接触面有黑褐色锈蚀，并在瓷套内壁发现水珠，仔细观察芯体上有盖板掉落的铁锈，如图2所示。

2）随后抽出避雷器芯体，电阻片间的白色合金出现氧化并形成了白色粉末，芯体下部的金属导杆严重锈蚀。电阻片表面有水雾，有老化迹象，一片电阻片表面的陶瓷釉发现有破损，比对发现刚好是红外测温的发热点。图3为芯体有锈蚀照片，图4为阀片有破损照片。

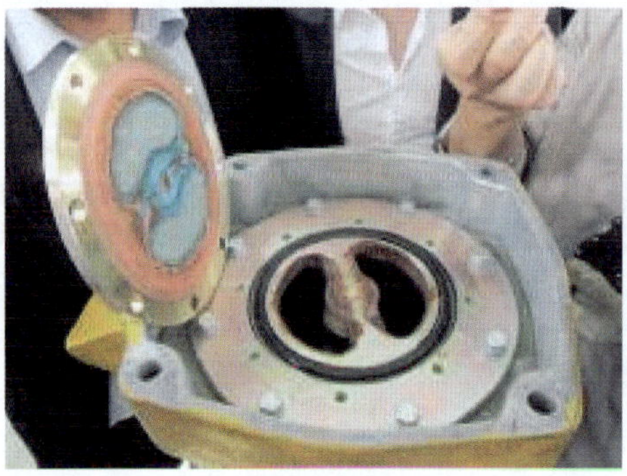

图2 上盖板有明显铜锈

图3 芯体有锈蚀

3）打开下盖板后，发现下盖板与避雷器腔体间漏装密封圈，如图5所示。

（4）原因分析。根据避雷器带电测试和停电试验数据，并结合对设备的解体检查情况，可以认定避雷

614

器缺陷产生的原因：

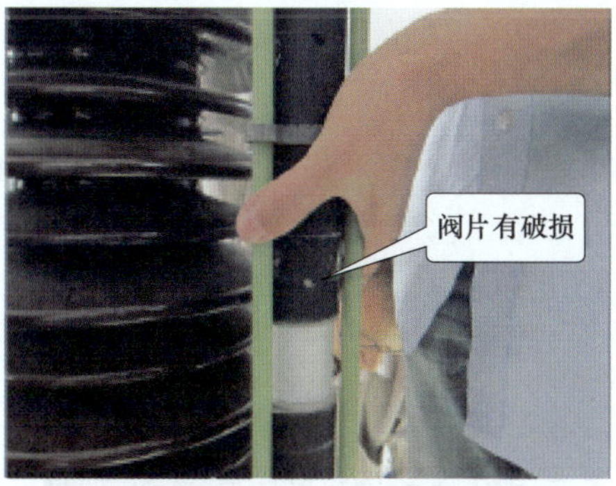

图 4 阀片有破损

图 5 未装密封圈

1）该避雷器在生产安装过程中出现了失误，漏装下盖板与避雷器腔体间的密封圈，使水汽进入避雷器密封腔内，导致避雷器芯体受潮劣化。

2）腔体内水汽受热上浮，导致上盖板上的铜板氧化出现铜绿。

3）电阻片的受潮劣化引发局部放电，导致避雷器阻性电流和全电流增大，并使得电阻片发热。电阻片和其表面的陶瓷釉受热膨胀，在薄弱点出现了破损。

4）电阻片陶瓷釉破损导致该片绝缘性能下降，同时，电阻片间的均一性发生变化，形成避雷器运行电位分布的不均匀，从而出现该避雷器电阻片破损处对应点温度升高。

经验体会

（1）需严格控制避雷器制造、组装工艺，避免出现设备漏装附件、密封不良等质量问题。

（2）氧化锌避雷器的受潮及阀片的老化将造成阻性电流和全电流的增大，利用阻性电流带电检测装置可以快速、方便地发现避雷器缺陷，避免避雷器状态的进一步恶化。新设备出厂及交接试验不一定能发现设备隐藏的缺陷。设备投入运行后，设备状态可能发生较大变化，因此在设备投运后应加强带电检测。

（3）目前，温州电网的避雷器均安装了全电流在线监测仪，监测仪可发现部分缺陷，如此次避雷器全电流在线监测仪数值 0.8mA，已明显大于正常值，因此应加强对避雷器的巡视工作。

检测信息

检测人员	国网浙江省电力公司温州供电公司变电检修室电气试验一班：叶隆（29岁）
检测仪器	山东泛华 AI-6106 型氧化锌避雷器带电测试仪
测试环境	温度 22℃、相对湿度 50%

5.3.6 避雷器带电检测和红外热像检测发现220kV莫梁变电站莫贝1527线及220kV白雀变电站白华1583线避雷器绝缘

✦ 案例简介

(1) 220kV莫梁变电站110kV莫贝1527线。2013年8月7日，国网浙江省电力公司湖州供电公司对220kV莫梁变电站110kV莫贝1527线避雷器进行红外检测诊断试验时，发现C相避雷器本体上部有过热点，与正常部位（39.7℃）温差4.3℃，与相邻设备比较温度存在差异，超过DL/T 664—2008《带电设备红外诊断应用规范》标准，判断C相避雷器内部阀片存在异常发热情况。其红外热像图谱如图1、图2所示。

图1 莫贝1527线线路C相避雷器 红外热像图谱

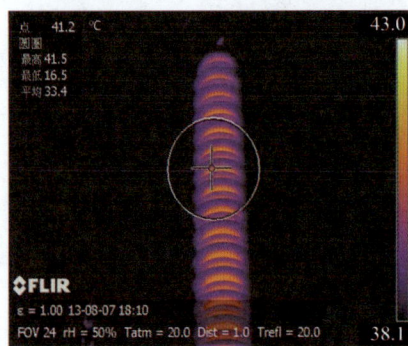

图2 莫贝1527线线路B相避雷器（正常）红外热像图谱

随即进行带电检测，数据见表1。

表1   莫贝1527线避雷器带电检测数据

天气：晴	温度：32℃		湿度：60%	仪器：AI-6106
型号：YH10WZ-100/260W	生产日期：2009-3		生产厂家：湖州泰仑电力电器有限公司	
相别	A相		B相	C相
设备 ID	542669		541747	541830
I_x (mA)	0.407		0.393	0.486
I_{rlp} (mA)	0.078		0.063	0.152
I_{rp} (mA)	0.091		0.077	0.173
φ_{U-I} (°)	82.19		83.45	77.16

2013年1月29日，莫贝1527线避雷器进行金属氧化锌避雷器带电测试工作，测试数据见表2。

表2   莫贝1527线避雷器带电检测数据

天气：阴	温度：8℃		湿度：67%	仪器：AI-6106
型号：YH10WZ 100/260W	生产日期：2009-3		生产厂家：湖州泰仑电力电器有限公司	
相别	A相		B相	C相
设备 ID	542669		541747	541830
I_x (mA)	0.377		0.364	0.382
I_{rlp} (mA)	0.038		0.033	0.035
I_{rp} (mA)	0.05		0.049	0.046
φ_{U-I} (°)	85.83		86.26	86.21

对比表1和表2数据发现，C相阻性电流明显增大，φ_{U-I}角度变化较大，判断避雷器存在缺陷，应立即进行更换。

2013年9月11日，对该故障避雷器进行断性试验，数据见表3。

表3　　　　　　　　　　　　　莫贝1527线避雷器断性试验数据

天气：晴	温度：28℃	湿度：55%	
相别	绝缘电阻（MΩ）	直流1mA电压 U_{1mA}（kV）	$0.75U_{1mA}$下的泄漏电流（μA）
C相	10 000	149.8	204

对以上数据分析可以发现，110kV莫贝1527线C相避雷器虽然绝缘电阻和直流1mA电压 U_{1mA}（要求≥145kV）都达到标准，但是其 $0.75U_{1mA}$ 下的泄漏电流远远大于标准电流（要求≤50μA）。该离线诊断性试验印证了红外检测诊断试验的正确性，确认该避雷器存在故障，若不及时停运，则有发生爆炸的危险，危及周围变电设备的安全运行。初步判断该避雷器金属氧化锌阀片可能发生了严重的老化和劣化，需对其做解体试验做进一步的检查和确认。

（2）220kV白雀变电站110kV白华1583线。2013年8月20日，国网浙江省电力公司湖州供电公司对220kV白雀变电站110kV白华1583线避雷器进行红外检测诊断试验时，发现C相避雷器本体上部（35.6℃）与下部（正常温度33.5℃）比较有2.1℃的温升，超过DL/T 664—2008《带电设备红外诊断应用规范》标准，判断C相避雷器内部阀片存在异常发热情况。其红外热像图谱如图3所示。

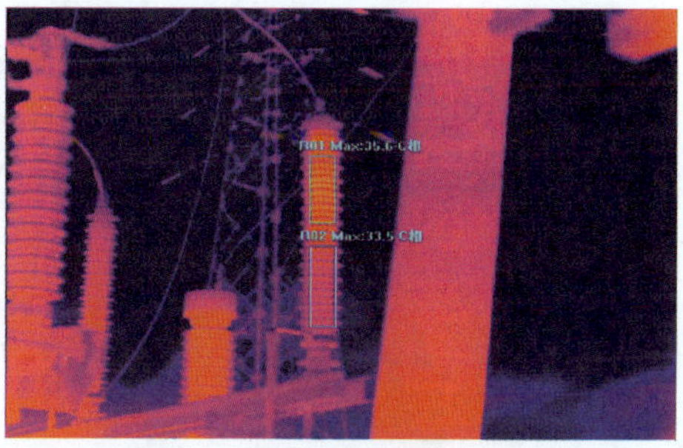

随即进行带电检测，由于天气原因未能完成。

图3　白华1583线线路C相
避雷器红外热像图谱

2013年1月30日，对220kV白雀变电站110kV白华1583线避雷器进行金属氧化锌避雷器带电测试工作，测试数据见表4。

表4　　　　　　　　　　　　　白华1583线避雷器带电测试数据

天气：晴	温度：10℃	湿度：65%	仪器：AI-6106
型号：YH10WZ-100/260W	生产日期：2009-3	生产厂家：湖州泰仑电力电器有限公司	
相别	A相	B相	C相
设备ID	918156	918157	918158
I_x（mA）	0.397	0.375	0.373
I_{rlp}（mA）	0.023	0.032	0.04
I_{rp}（mA）	0.045	0.055	0.063
$\varphi_{U\text{-}I}$（°）	87.62	86.56	85.59

带电测试无对比数据，但通过红外测温试验，C相避雷器中上部最高温度为35.6℃，下部温度为33.5℃。A、B相避雷器红外热像温度也均正常。可以判断C相避雷器内部阀片存在异常发热情况，避雷器存在缺陷，应立即进行更换。

2013年9月11日，对该线避雷器C相进行离线诊断性试验，数据见表5。

表5　　　　　　　　　　　　　白华1583线C相避雷器测试数据

天气：晴	温度：28℃	湿度：55%	
相别	绝缘电阻（MΩ）	直流1mA电压 U_{1mA}（kV）	$0.75U_{1mA}$下的泄漏电流（μA）
C相	10 000	144.7	430

2010年3月8日，白华1583线线路C相避雷器投产试验数据见表6。

表6　　　　　　　　　　　　　白华1583线C相避雷器投产试验数据

天气：晴	温度：15℃	湿度：50%	
相别	绝缘电阻（MΩ）	直流1mA电压 U_{1mA}（kV）	$0.75U_{1mA}$下的泄漏电流（μA）
C相	10 000	151.8	9

对以上数据分析可以发现，110kV白华1583线C相避雷器虽然绝缘电阻达到标准，但是其直流1mA电压 U_{1mA}（要求≥145kV）异常，而 $0.75U_{1mA}$ 下的泄漏电流则远远大于标准电流（要求≤50μA）。同样，

该离线诊断性试验也印证了红外检测诊断试验的正确性，确认该避雷器存在故障，若不及时停运，则有发生爆炸的危险。初步判断该避雷器金属氧化锌阀片可能发生了严重的老化和劣化，需对其做解体试验做进一步的检查和确认。

❖ 检测分析方法

为了进一步确认本案例中金属氧化锌避雷器劣化的原因和具体细节，2013 年 9 月 11 日下午对以上两组故障避雷器进行解体。

对两组避雷器进行整体外观检查如图 4～图 7 所示，外层硅橡胶绝缘明显无损坏，金属无锈蚀，未发现异常。

图 4　莫贝 1527 线 C 相避雷器　　图 5　白华 1583 线 C 相避雷器　　图 6　白华 1583 线 C 相避雷器氧化锌阀片

取出内部氧化锌阀片段（两组避雷器型号相同，内部结构一样）。发现该型号避雷器内部由上下两节金属氧化锌阀片组成，观察上下两节阀片，发现莫贝 1527 线 C 相避雷器和白华 1583 线 C 相避雷器上节金属阀片表面均有明显凝露现象。

（1）白雀变电站白华 1583 线 C 相避雷器。220kV 白雀变电站白华 1583 线 C 相避雷器上、下节氧化锌阀片如图 8～图 11 所示。

图 7　莫贝 1527 线 C 相避雷器　　图 8　上节氧化锌阀片
　　　　氧化锌阀片

图 9　下节氧化锌阀片　　　　图 10　上节氧化锌阀片局部放大图

图 11　上节氧化锌阀片

拆解前测量上、下两节氧化锌阀片绝缘电阻值，数据见表 7。

表 7　　　上、下两节氧化锌阀片绝缘电阻值

氧化锌阀片	上节	下节
绝缘电阻值（MΩ）	1	10 000

由数据可知，上节阀片受潮已劣化，而下节阀片则正常。

拆解上节阀片如图 11、图 12 所示。

测量每上节各阀片的绝缘电阻值见表 8。

由表 8 数据可知，第 13 节阀片电阻值偏低。结合以上数据分析，造成上节氧化锌阀片绝缘电阻值偏低的原因在于其阀片外绝缘层受潮以及内部各阀片受潮。

（2）莫梁变电站莫贝 1527 线 C 相避雷器。220kV 莫梁变电站莫贝 1527 线 C 相避雷器上、下节氧化锌阀片如图 13~图 15 所示。

图 12　上节氧化锌阀片外绝缘层

表 8　　　　　　　　　　每上节各阀片的绝缘电阻值

片	1	2	3	4	5	6	7	8	9	10	11	12	13
绝缘电阻值（MΩ）	3000	3000	1500	2000	1500	2000	2000	2000	1500	2000	2000	1500	750

图 13　上节氧化锌阀片

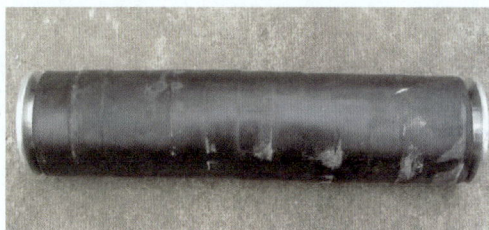

图 14　下节氧化锌阀片

图 15　上节阀片局部放大图

拆解上节阀片如图 16、图 17 所示。

拆解前测量上、下两节氧化锌阀片绝缘电阻值，数据见表 9。

表 9　上、下两节氧化锌阀片绝缘电阻值

氧化锌阀片	上节	下节
绝缘电阻值（MΩ）	7	10 000

由数据可知，上节阀片受潮已劣化，而下节阀片则正常。

图 16　上节氧化锌阀片

图 17　上节氧化锌阀片外绝缘层

测量每上节各阀片的绝缘电阻值见表10。

表10   **每上节各阀片的绝缘电阻值**

片	1	2	3	4	5	6	7	8	9	10	11	12	13
绝缘电阻值(MΩ)	1500	1500	2000	1500	1000	1000	750	750	750	1000	750	1000	1000

由表10数据可知，第7、8、11节阀片电阻值偏低，原因在于其外面绝缘层受潮，使内部阀片受潮阻值降低。

❖ 经验体会

通过对故障避雷器的解体、检查和分析，造成故障发生的原因：由于避雷器顶部密封硅胶存在老化问题，潮气入侵造成避雷器内部，主要聚集在上节阀片外绝缘层表面，使其受潮造成上节阀片绝缘性能大大下降，泄漏电流增大。

同时通过对解体的分析，提出预防和发现类似缺陷的措施：

（1）加强对运行中金属氧化锌避雷器的外观巡查、在线监测数值记录、带电检测数据和红外热像检测，发现问题时必须高度重视，立即处理。

（2）本案例中两组故障避雷器属同型号 YH10WZ-100/260W，由湖州泰仑电力电器有限公司于2009年3月生产，其故障成因、现象大致相同，疑似氧化避雷器内部设计存在不合理，属家族性缺陷，因此，需要对运行中的该批次避雷器加强监测。

（3）需严格控制避雷器制造、组装工艺，避免出现设备漏装附件、密封不良等质量问题。

（4）运行的避雷器大部分均安装了全电流在线监测仪，运行人员可根据全电流在线监测仪监测到的全电流数据初步判断避雷器是否存在故障，因此应加强对避雷器特别是全电流在线监测仪的巡视工作。

（5）故障诊断应充分结合在线检测、带电检测、停电试验等多种方式，必要时通过解体查找故障，避免遗漏设备可能存在的家族性缺陷。

❖ 检测信息

检测人员	国网浙江省电力公司湖州供电公司：洪建敏（42岁）、刘团（38岁）、何栋华（41岁）
检测仪器	济南泛华 AI-6106 型氧化锌避雷器带电测试仪
测试环境	温度8℃、相对湿度67%

5.3.7   避雷器带电检测和红外热像检测发现 110kV 避雷器内部受潮

❖ 案例简介

国网河南省电力公司开封供电公司某变电站110kV线路避雷器于2012年6月投运。2013年3月在进行避雷器带电检测工作中，发现运行电压下 A 相交流泄漏电流阻性分量与初始值对比增加超过 50%，进行避雷器精确测温，A 相最高温度 23.69℃，负荷电流 362A，正常相温度为 16.50℃，负荷电流 362A，本体温升系数大于 2，相间温差系数大于 2，随即进行停电更换。经过停电例行试验诊断后发现该 A 相避雷器 1mA 下的直流电压明显下降，经分析后认为是内部受潮原因所致。经过检修人员解体检查后，发现底部盖板密封不严，阀片有明显受潮现象。

✿ 检测分析方法

3 月 29 日，进行线路侧避雷器进行带电测试及红外线精确测温时发现：

（1）A 相避雷器泄漏电流指示与 B、C 两相相比，三相不平衡严重，纵横比增大 100%。按照 Q/GDW 454—2010《金属氧化物避雷器状态评价导则》A 相线路侧避雷器评为严重状态。

（2）进行避雷器带电测试，运行电压下 A 相交流泄漏电流阻性分量与初始值对比增加超过 50%。按照 Q/GDW 454—2010《金属氧化物避雷器状态评价导则》A 相线路侧避雷器评为异常状态。

（3）进行避雷器精确测温，本体温升系数大于 2，相间温差系数大于 2。按照 Q/GDW 454—2010《金属氧化物避雷器状态评价导则》，A 相线路侧避雷器评为严重状态。

为避免避雷器发生爆炸事故的发生，迅速停电处理，21：11，避雷器更换完毕，线路恢复送电。

避雷器带电测试结果见表 1。

表 1　　　　　　　　　　　　　　避雷器带电测试结果

2013-3-29	相对湿度：30%	天气温度：12℃	
相别	A	B	C
母线相电压（kV）	64.77	64.76	64.75
电流相位 φ（°）	85.1	85.1	85.1
全电流有效值 I_x（μA）	925.04	482.32	466.05
阻性电流基波峰值 $I_r I_P$（μA）	158	84	82
基波功耗 P_1（W）	7.240	3.772	3.647

避雷器测温结果见表 2。

表 2　　　　　　　　　　　　　　避雷器测温结果

2013-3-18									
A 相（℃）		B 相（℃）		C 相（℃）		温升（K）	相间温差（K）	本体温升系数	相间温差系数
上部	下部	上部	下部	上部	下部	—	—	—	—
18	18	18	18	18	18	0	0	0	0
2013-3-29									
A 相（℃）		B 相（℃）		C 相（℃）		温升（K）	相间温差（K）	本体温升系数	相间温差系数
上部	下部	上部	下部	上部	下部	—	—	—	—
23.69	18.88	16.75	16.75	16.50	16.50	4.81	7.19	4.81	14.38
2013-4-1									
A 相（℃）		B 相（℃）		C 相（℃）		温升（K）	相间温差（K）	本体温升系数	相间温差系数
上部	下部	上部	下部	上部	下部				
36	22	22	22	22	22	14	14	14	28

避雷器更换后，对问题避雷器进行检查试验及解体检查，试验结果见表 3。

表3 避雷器更换后试验结果

相对湿度：40％　　　天气温度：10℃

相　别	A		B		C	
位　置	—	—	—	—	—	—
绝缘电阻（MΩ）	50 000	—	120 000	—	50 000	—
直流 U_{1mA}（kV）	87	—	163	—	165	—
75％U_{1mA} 电压下泄漏电流（μA）	36	—	7	—	7	—

A 相 1mA 下的直流电压明显下降，根据输变电设备状态检修试验规程要求：避雷器 1mA 下的直流电压初值差不超过±5％；同时 75％U_{1mA} 电压下泄漏电流（μA）增大明显，初步判断避雷器内部受潮。

随后，将避雷器进行解体检查。发现避雷器导电片上明显出现绿色锈斑，氧化锌阀片上明显有大量水珠，如图1、图2所示。阀片有明显受潮痕迹，阀片有明显闪络放电痕迹，如图3、图4所示。避雷器底部盖板密封处发现气孔，避雷器底部密封处有大量锌白同时发现底部橡胶皮上有疑似放电点，如图5～图7所示。打开避雷器上部时，需要用喷灯、管钳等工具很费力才能打开，如图8所示。打开避雷器底部时，盖板用手就可以打开，如图9所示。

图1　避雷器导电片绿色锈斑

图2　氧化锌阀片上水珠

图3　阀片受潮痕迹

图4　阀片闪络放电痕迹

该避雷器由浙江瑞丽避雷器有限责任公司生产，2012年2月出厂，型号为 YH10W-108/281。2012年6月安装投运，安装及试验报告显示该设备符合投运技术条件。

根据现场解体情况认定，阀片侧面有明显闪络痕迹，在金属附件上有锈斑和锌白，这些都是金属氧化物避雷器受潮的证明。在打开避雷器底部时，盖板用手可以打开，而避雷器上部需用喷灯、管钳等工具很费力才能打开,说明避雷器下部盖板密封不严,同时在故障避雷器底部盖板密封处发现有一个气孔,判断是由于底端的盖板加工粗糙所致,在设备运行中由于呼吸作用,潮气通过底部密封不严的位置侵入,所以判断潮气是从避雷器底部进入避雷器内部,从而造成内部绝缘下降,导致避雷器泄漏电流增大。

图 5   避雷器底部盖板密封处气孔

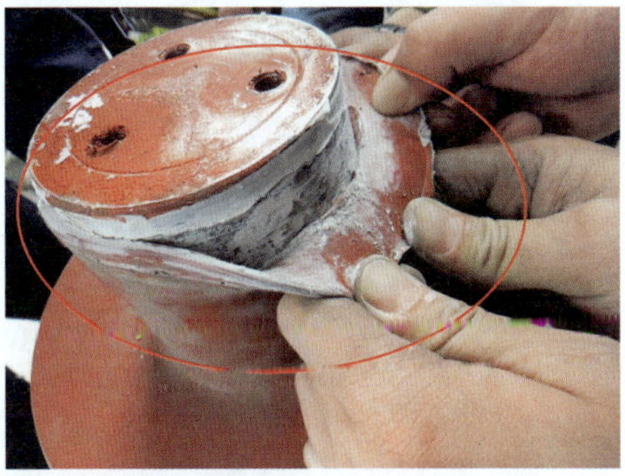

图 6   避雷器底部密封处锌白

图 7   底部橡胶皮上疑似放电点

图 8   打开避雷器上部

❖ 经验体会

(1)避雷器阻性电流测试、红外热像技术可以有效发现氧化锌避雷器运行中内部受潮缺陷。

(2)避雷器阻性电流测试、红外热像技术是常用的带电检测手段,同时要想准确的进行诊断分析,发现内部缺陷,对人员的专业水平要求较高,检测人员的综合素质必须高,操作流程要符合规范,监测数据结合现场经验准确判断。

(3)避雷器制造工艺对其是否能够安全稳定运行具有重要意义。

针对以上情况,提出以下几点措施:

(1)强化运维人员的责任心,加强避雷器泄漏电流监测记录与分析和红外线测温:设备巡视要进行避雷器泄漏电流监测书面记录,雾霾、小雨、大雾等特殊天气要增加避雷器泄漏电流监测书面记录;设备巡视中进行红外测温,建立设备发热台账;检修人员进行专业巡检要加强带电检测、避雷器精确测温并形成书面记录,建立设备发热缺陷库,出现异常时要高度关注,尤其要提高电压至热型缺陷的敏感性。

图 9   打开避雷器底部

(2)结合春检例行试验,在雷雨季节前进行避雷器例行试验工作,发现不合格设备及时处理更换,同时加强检修维护,对避雷器进行清扫,减小避雷器表面泄漏电流对泄漏电流表指示值的影响,便于判定设备状态。

(3)在设备采购阶段,尽量采购质量过硬、口碑良好的厂家的产品,在源头上避免不良设备进入电网。

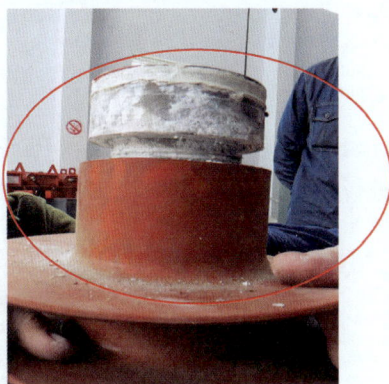

检测信息

检测人员	国网河南省电力公司开封供电公司：王旭（29岁）
检测仪器	Ti55 红外测温仪、HCYB-20A 避雷器带电测试仪

5.3.8 高频、特高频检测发现 330kV 杨乐变电站 2 号主变压器 110kV 侧避雷器泄漏电流表螺栓松动局部放电

案例简介

2013 年 9 月 2~5 日，国网青海省电力公司西宁供电公司在对 330kV 杨乐变电站 110kV GIS 电缆例行试验局部放电试验时，使用 PDS-T55 高频局部放电测试仪（巡测设备）在 110kV GIS 区域的杨峡Ⅰ回出线电缆处检测到明显的金属性放电信号，结合变电站局部放电定位设备"PDS-G1500"对该信号进行定位后，确认该信号来源于离 GIS 约 20m 处"2 号主变压器 110kV 侧 A 相避雷器"，详细检测避雷器泄漏电流表发现该避雷器泄漏电流表后部的固定螺母基本脱落，停电处理后该信号消失，缺陷消除。

检测分析方法

（1）高频电流法巡检。用 PDS-T55 高频局部放电测试仪对杨乐 330kV 变电站 110kV 杨峡Ⅰ回出线电缆进行巡测，测试中发现明显的高频电流信号，测试数据如图 1 所示。

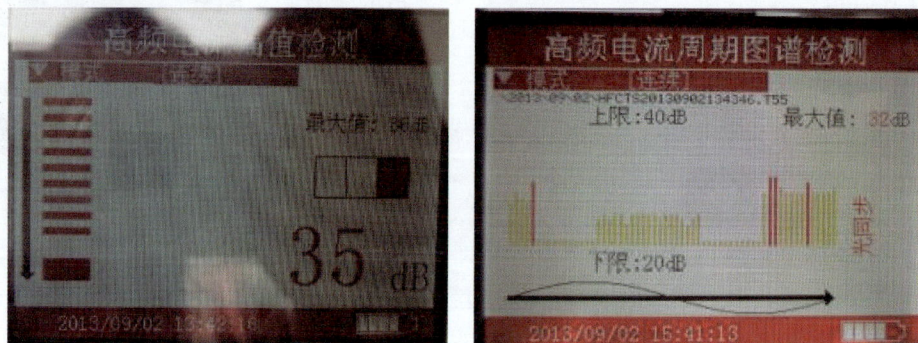

图 1　110kV 杨峡Ⅰ回出线电缆巡检数据

对测试数据进行分析，确认此类型高频电流信号为典型的因接触不良造成的金属性放电。

（2）信号定位。首先用高频测试方法对 110kV GIS 区域的电缆进行测试，对电缆的整体测试数据进行分析确定高频电流信号源位于 A 相（即黄相，18 根出线电缆测试中均表现为黄相信号反相），典型的测

试照片及数据如图2所示。

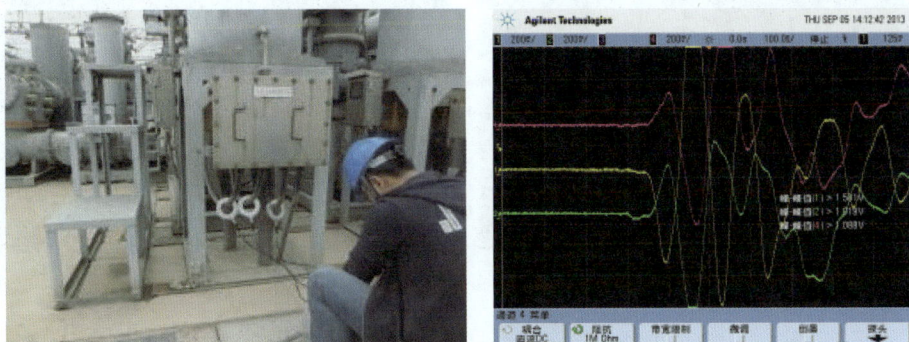

图2　PDS-G1500局部放电定相测试数据

从测试数据中可以看到A相（黄相）反相，说明缺陷由A相设备引起；典型的多周期测试数据如图3所示。

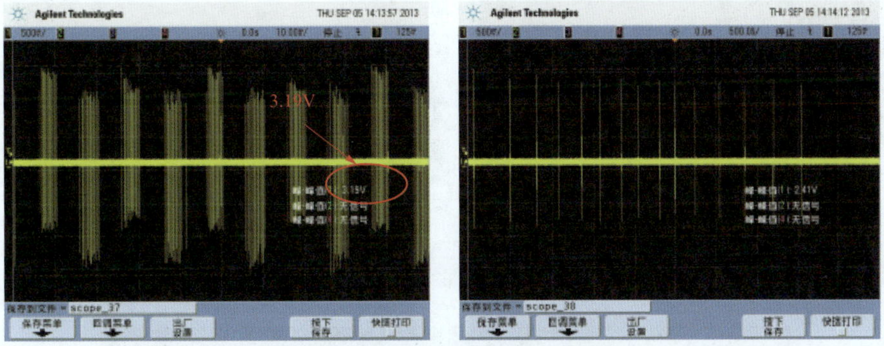

图3　高频电流多周期测试数据

根据18根110kV电缆的高频测试数据分析，靠近架空出线的110kV GIS间隔的高频信号较大，尤其是靠近2号主变压器架空出线的110kV GIS间隔高频信号幅值最大（达3.19V），使用高频法在"110kV杨峡Ⅰ回91断路器"出线电缆处检测定位；高频电流信号追踪如图4所示（黄色通道信号传感器位于架空出线侧接地排处，紫色通道信号传感器位于出线电缆侧接地线）；测试数据如图5所示，从图5可知，黄色传感器信号先接收到放电信号。

图4　高频电流脉冲信号追踪测试照片

将一传感器放于110kV的GIS侧，另一传感器放置于变压器侧，测试数据如图6所示（黄色通道信号传感器位于GIS侧，紫色通道信号传感器位于主变压器侧）。

根据高频电流测试数据分析确定紫色通道领先黄色通道约15ns（约4.5m），根据测试结果分析局部放电信号来自变压器侧，且GIS侧电缆出线信号与变压器侧避雷器接地高频信号为同一信号源引起。

采用PDS-T90对此变电站该区域进行特高频的巡检普测，典型的测试照片如图7所示。

图5 跟踪测试数据1

图6 跟踪测试数据2   图7 PDS-T90巡检照片

典型的PRPD、PRPS巡检测试数据如图8（全带通）所示。

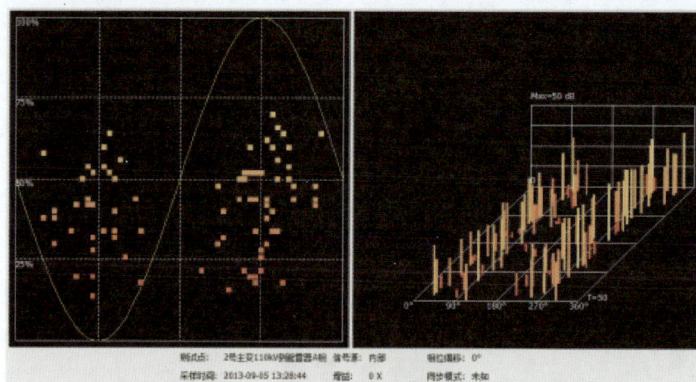

图8 PDS-T90巡检测试数据（全带通）

典型的特高频、高频TA多周期测试数据如图9所示（黄色通道为特高频信号，紫色通道为HFCT信号）。

图9 特高频、HFCT多周期联合测试数据

根据以上的测试数据分析确定此信号的放电类型为浮电位（金属对金属）放电类型，且信号来自主变压器侧。

在主变压器侧采取特高频、HFCT 的联合定位，平面定位典型测试照片如图 10 所示（时延差 13ns、传感器距离 4.5m）。

图 10　特高频平面定位测试数据

根据平面定位确定信号源位于"2 号主变压器 110kV 侧 A 相避雷器"；直角三角法高度定位测试数据及照片如图 11 所示（时延差 7ns、传感器距离 4m）。

图 11　特高频高度定位测试数据

根据所给条件计算得出信号源距离地面传感器 3m 左右。

（3）验证检测。根据测试数据分析，检查"2 号主变压器 110kV 侧 A 相避雷器"及其他相，发现信号源的位置可能位于图 12 所示的避雷器泄漏电流表附近。

详细检测避雷器泄漏电流表发现"2 号主变压器 110kV 侧 A 相避雷器"避雷器泄漏电流表后部的固定螺母基本脱落，如图 13 所示。

图 12　2 号主变压器 110kV 侧 A 相避雷器

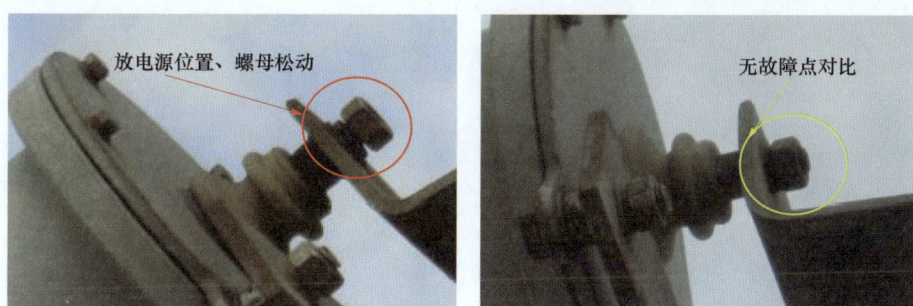

图 13　故障位置对比图

经验体会

（1）普测与精确定位仪器的配合使用，能够有效地检测及定位变电站内局部放电现象。

（2）基于时差法的局部放电定位技术，是局部放电测试的重点。

（3）变电站局部放电测试过程中，要考虑整站的检测，往往变电站其他设备的局部放电，会给被测设备造成检测的干扰信号，但通过特征图谱，分析信号的类型，再通过定位方法，能够有效地找出变电站中其他设备的故障。

检测信息

检测人员	国网青海省电力公司西宁供电公司：孙智铭（44岁）、陈龙（25岁）
检测仪器	PDS-T55高频局部放电测试仪、PDS-G1500变电站局部放电定位设备
测试环境	温度26℃、相对湿度49％

第6章

电缆状态检测

6.1.1 振荡波局部放电检测发现 10kV 大成路电缆线路局部放电

❖ 案例简介

2012 年 6 月 15 日，对 10kV 大成路电缆线路进行 OWTS 局部放电检测试验发现距青塔变电站约 530m 处的电缆中间接头存在局部放电集中情况，局部放电量达 2000pC。于 2012 年 7 月 17 日将该接头更换，之后复测未发现明显局部放电现象。

将问题接头解体分析发现接头施工工艺存在较严重的问题，如外半导电层剥离过长导致应力锥安装失效，压接管误缠半导电带导致产生局部放电等。

❖ 检测分析方法

（1）断开被试电缆两端开关，拉开接地刀闸，将电缆接地放电。

（2）利用 2500V 绝缘电阻表分别测量电缆三相绝缘电阻并记录。

（3）利用闪测仪测量电缆全长和接头位置。

（4）设备接线并启动，输入电缆起止点、长度、接头位置等基本信息。

（5）图 1 所示为标准局部放电电路图。

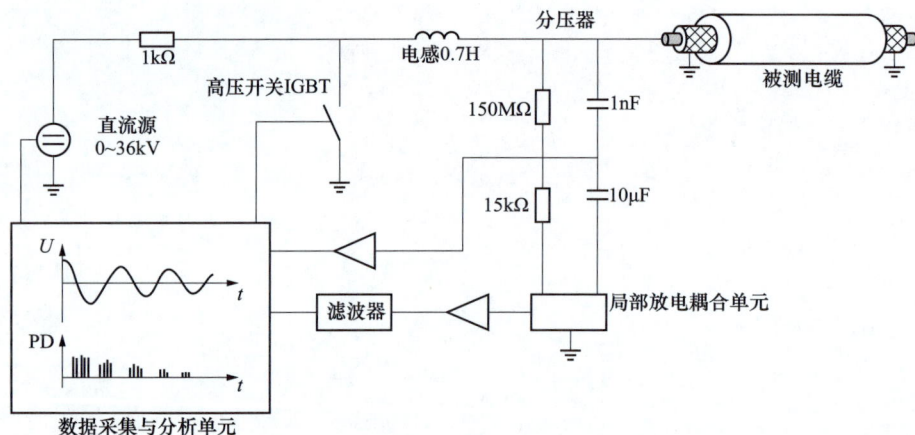

图 1　标准局部放电电路图

（6）在各电压等级下，分别对三相依次进行测量，表 1 为各电压等级下的测试目的。

表 1　　　　　　　　　　　　电缆三相各电压等级下测试目的

电压等级（U_0）	加压次数	测 试 目 的
0	1 次	测量环境噪声
0.5、0.7、0.9	各 1 次	观察电压逐级升高时的局部放电现象
1.0	3 次	测试电缆在运行电压下的局部放电情况
1.2、1.3	各 1 次	观察电压逐级升高时的局部放电现象
1.5	3 次	IEC 60502 要求的局部放电测试电压等级
1.7	5 次	非有效接地系统单相接地故障时的电压
2.0	3 次	对新投运电缆所加最高电压
1.0	1 次	观察试验对电缆是否产生不良影响
0	1 次	类似放电作用

（7）利用2500V绝缘电阻表分别测量电缆三相绝缘电阻并记录。

（8）恢复设备试验前状态。

（9）对试验结果进行分析，发现在530m处有局部放电集中和超标情况，图2为局部放电检测信号。

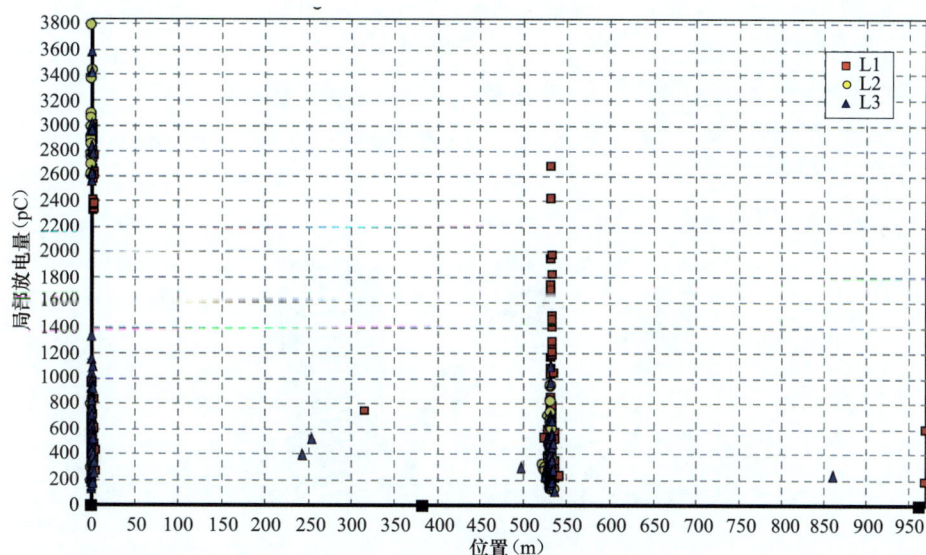

图2　电缆接头更换前局部放电检测信号

将接头更换后进行复测，未发现局部放电超标情况，图3为局部放电检测信号。

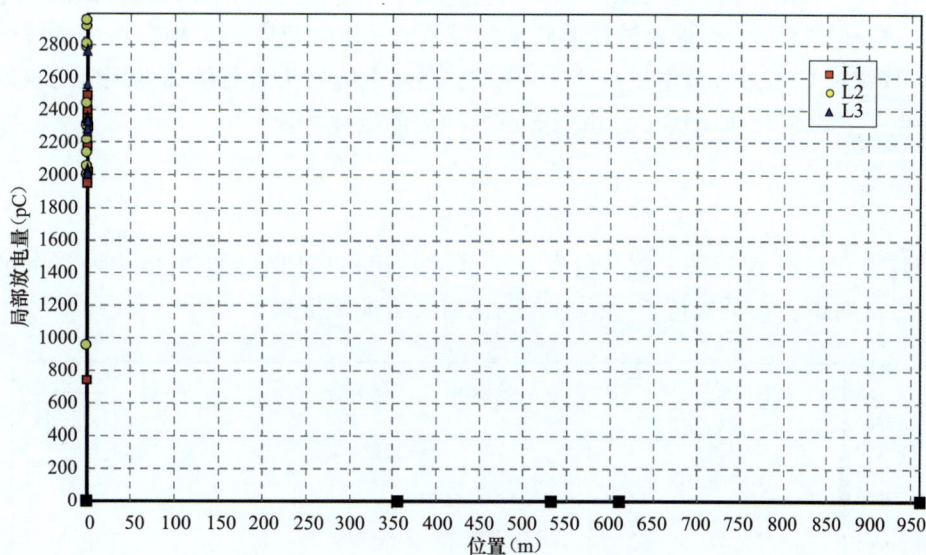

图3　电缆接头更换后局部放电检测信号

❖ 经验体会

（1）OWTS局部放电检测能够有效的查出电缆中间接头施工工艺严重问题，是检测中间接头质量的重要手段之一。

（2）OWTS局部放电检测工作较为复杂，尤其是后期数据分析工作，需要有经验的人员认真分析，否则会得出错误的结论。

（3）现场应有较为稳定的电源，否则会影响到试验结果。

检测人员	国网北京市电力公司电力科学研究院：王文山（27岁）、方烈（43岁）、于彤（43岁）
检测仪器	赛宝凯特 M28 OWTS 局部放电检测仪
测试环境	温度 22℃、相对湿度 30％、大气压强 101.2kPa

6.1.2　振荡波局部放电检测发现 10kV 京会花园二路电缆应力锥安装失效

❖ 案例简介

2013年2月1日，利用振荡波法发现10kV京会花园二路电缆应力锥安装失效缺陷，电缆全长963m，中间接头位置为382m、540m。经振荡波检测距离站端540m处中间接头三相存在局部放电，A相最大放电量为2000pC，B相和C相最大放电量均为1000pC。经对电缆接头进行解体发现应力锥安装失效、压接管外缠绕的半导电带、电缆接头制作工艺粗糙等造成局部放电异常。

❖ 检测分析方法

利用振荡波技术，发现A相最大放电量为2000pC，B相和C相最大放电量均为1000pC，图1为电缆局部放电检测信号。对试验数据进行了分析后，确认需要更换该接头。

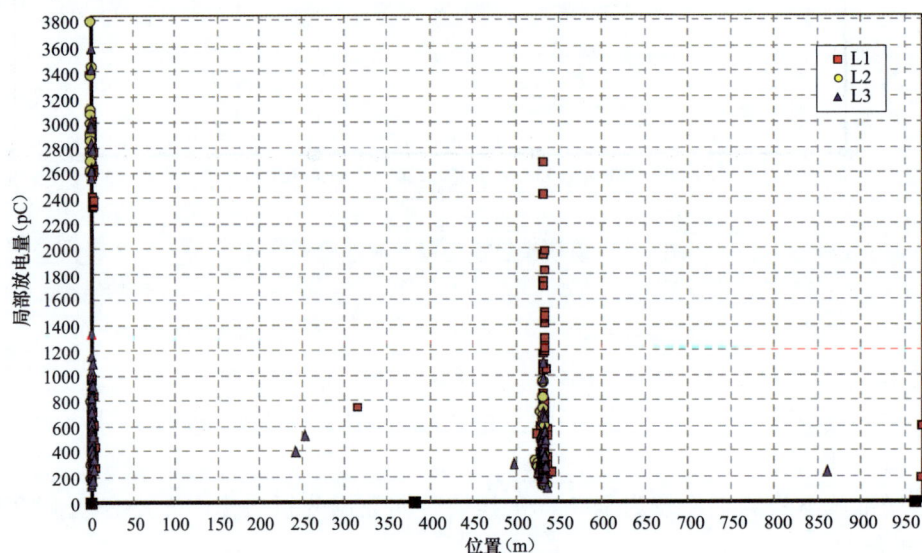

图1　电缆局部放电检测信号

2012 年 8 月 1 日，对此故障电缆接头进行了接头解体分析，发现的问题总结如下：

（1）外护套没有做防水。根据 3M 公司的中间接头施工工艺，应该在电缆中间接头内、外护套均应做防水处理，该条电缆外护套没有做防水，在长期运行中可能导致电缆中间接头受潮，图 2 表明外护套未做防水处理。

（2）应力锥安装失效。3M 公司提供的截面为 $3 \times 240mm^2$ 电缆中间接头安装工艺如图 3 所示。工艺要求两端半导电断口间距应为 250mm，实际测量约为 350mm；铜屏蔽断口间距离应为 350mm，实际测量为 450mm。

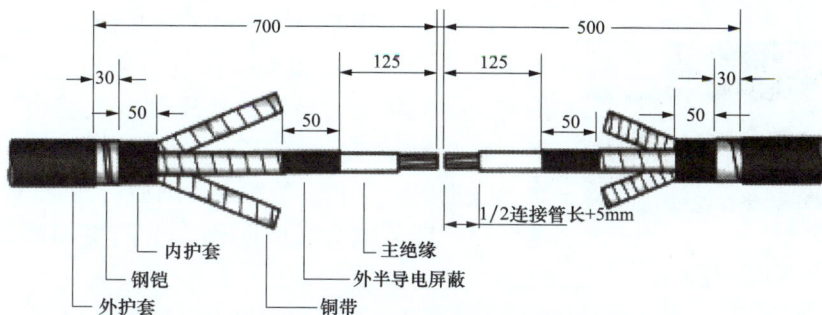

图 2 外护套未做防水处理

图 3 3M 公司接头施工工艺

由于外半导电层剥离过长，导致应力锥不能覆盖剥开的外半导电层断口，使得应力锥均匀电场的功能失效。为了弥补安装过程中的失误，施工单位在导体连接管两侧的外半导电层断口至应力锥位置缠绕半导电胶带来均匀电场，但由于三相缠绕的半导电胶带未能将外半导电断口与应力锥进行有效连接，其中 2 号电缆接头漏出 XLPE 绝缘 1.5cm，这样在运行电压下，三相电缆中间接头均会产生局部放电，如图 4 所示。

（a）

（b）

（c）

图 4 应力锥安装失效分析
（a）应力锥实际安装情况；（b）去除半导电胶带；（c）实际尺寸

（3）电缆接头制作工艺粗糙。三相中间接头的主绝缘上均发现有划痕，并未根据施工工艺要求使用砂纸打磨，在电缆外半导电层剥切过程中，外半导电断口有尖角，绝缘环切中，主绝缘留有毛刺，如图 5 所示。

(a)　　　　　　　(b)　　　　　　　(c)

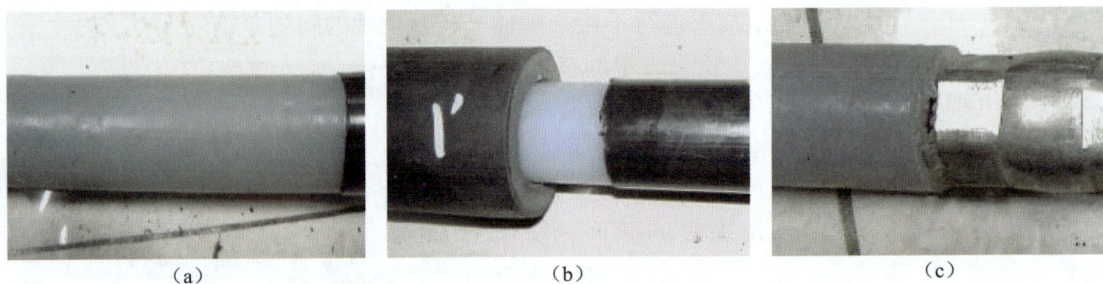

图 5　中间接头解体情况

（a）主绝缘划痕；（b）半导电断口有尖角；（c）绝缘环切有毛刺

图 6　压接管外缠绕半导电带

（4）压接管缠绕半导电带产生放电。根据 3M 中间接头施工工艺要求，电缆接头压接管外涂有 P55 绝缘混合剂后，直接与应力锥接触。该接头在压接管上缠绕了多层 13 号半导电带，在半导电带上涂有 P55 绝缘混合剂后与应力锥接触。13 号半导电带在涂有 P55 绝缘混合剂后，测量电阻显示为绝缘材料，这样半导电带就会在中间接头中产生局部放电，如图 6、图 7 所示。

(a)　　　　　　　　　(b)

图 7　半导电带测量电阻

（a）未涂 P55 测量电阻；（b）涂 P55 后测量电阻

基于上述解体情况，分析局部放电超标原因如下：

（1）应力锥安装失效是造成此次中间接头局部超标的主要原因之一，其中 2 号相接头失效情形较 1 号相和 3 号相接头严重，局部放电检测结果也表明 A 相接头放电量是其余两相的 2 倍。

（2）压接管外缠绕的半导电带是造成此次中间接头局部放电超标的另一个主要原因。3M 工艺要求压接管外不应缠绕半导电带，但该送检接头三相压接管外均缠绕了半导电带，半导电带外涂有的 P55 绝缘混合剂，使得半导电带的电阻检测显示为绝缘材料，在试验中会产生悬浮放电。

（3）电缆接头制作工艺粗糙是造成此次中间接头局部放电超标的次要原因。该中间接头主要存在主绝缘划痕、半导电断口有尖角、绝缘环切有毛刺，均有诱发中间接头产生局部放电的可能。

（4）电缆接头制作过程中未做外护套防水，虽然不会导致电缆接头局部放电超标，但可能会使电缆在长期运行中会导致接头受潮，存在的潜在的问题不容忽视。

◆ 经验体会

（1）开展振荡波法状态检测工作能够及时发现电缆中间接头加工质量缺陷，有利于保障电缆安全运行。

（2）对安装过程中的接头现场加强施工监理，对现场安装完成后的接头类设备加强竣工试验及施工验收工作。

（3）严格按照安装工艺进行接头操作，控制施工质量，加强技能培训，提高技术水平，保障工程安全投运并稳定运行。

❖ 检测信息

检测人员	国网北京市电力公司电力科学研究院：杨东生（27岁）、方烈（43岁）、张振兴（27岁）
检测仪器	赛宝凯特 M28 OWTS 局部放电检测仪
测试环境	温度 13℃、相对湿度 53%、大气压强 101.2kPa

6.1.3　振荡波局部放电检测发现 10kV 世纪一路电缆中间接头安装工艺粗糙

❖ 案例简介

2013 年 6 月 27 日 10 时，对 110kV 苏州街变电站世纪一路电缆线路进行 OWTS 电缆振荡波试验时，发现 7 号电缆中间接头存在问题，由于世纪一路电缆线路中间接头投运时间较长绝缘老化，并受雨季湿度大的影响，造成电缆接头绝缘阻值降低，严重受潮所致不符合运行标准无法正常运行，安排当日对存在缺陷的 7 号电缆中间接头进行更换工作，经过电缆震荡波试验合格后恢复正常供电。

❖ 检测分析方法

OWTS 电缆振荡波试验检测技术是以电缆本体或附件绝缘中存在一点或多点缺陷，使该点局部场强增加，当其超过所处绝缘介质的耐电强度时会发生局部放电，所产生的放电脉冲电流会在电缆线路回路中传播，通过在加压端采用高频检测技术，采集传播到加压端的脉冲信号，利用时延鉴别的方法对脉冲信号进行抗干扰和局部放电定位，电力科学研究院对故障电缆进行了解体，发现故障点位于中间接头内部，对接头半导电材料进行了导电率的测试，证明其确为半导电材料。

2013 年 8 月 1 日，对故障电缆进行了解体分析，情况如图 1～图 5 所示。

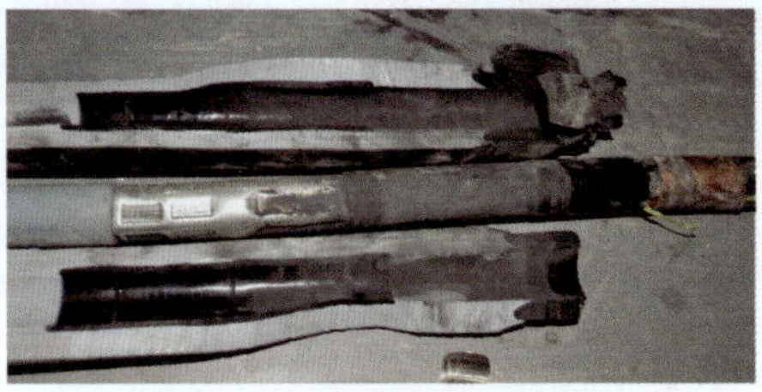

图 1　故障电缆接头故障相特写 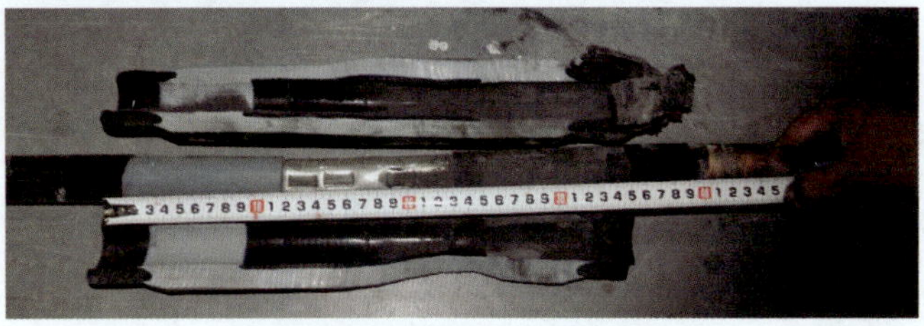　　　　图 2　故障电缆接头尺寸测量照片

由图 1 可见电缆中间接头端部烧蚀严重，击穿点位于中间接头内半导电层断面处，电缆绝缘烧蚀严重，已发生碳化。

由于运维单位未提供相关附件的安装工艺图纸，电力科学研究院对中间接头部位安装尺寸进行了测量，如图 2 所示。根据对非故障相的解体，电缆接头半导电端口处理较为平齐，主绝缘剥切部位表面打磨较为光洁，施工工艺不存在问题。

图 3　故障相进水痕迹照片

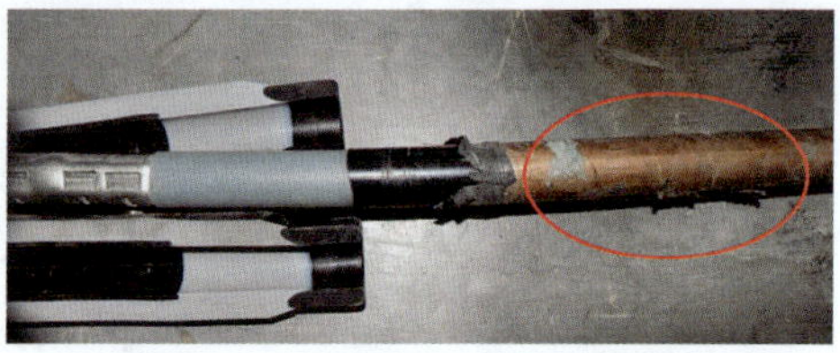

图 4　非故障相进水痕迹照片

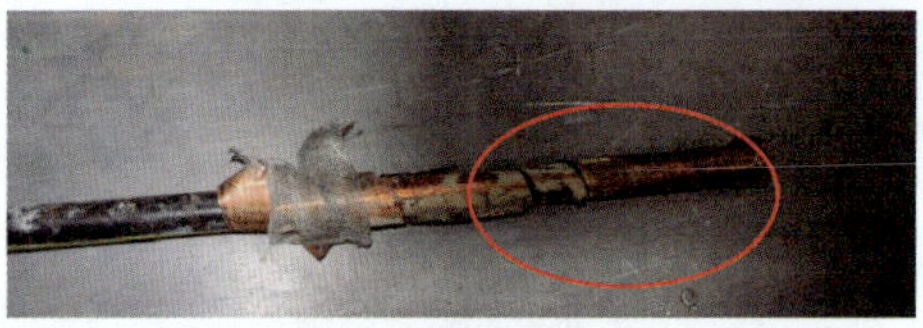

图 5　非故障相进水痕迹特写

由图 3 可见，故障电缆接头严重受潮，铜屏蔽多处发生锈蚀，且有明显浸水痕迹。故障相的故障位置在主绝缘表面，可以断定为接头进水，导致绝缘强度降低，水迹的存在导致电缆接头在运行过程中沿主绝缘表面爬闪，最终形成轴向的贯穿性放电通道。

经验体会

（1）加强电缆线路的 OWTS 试验，对于试验结果不合格的电缆路段及时制定整改措施。

（2）加强电力电缆巡视工作、发现缺陷及时组织处理。

检测信息

检测人员	国网北京市电力公司检修分公司：赵璧（29 岁）、方烈（43 岁）、张振兴（27 岁）
检测仪器	OWTS 电缆局部放电测试仪
测试环境	温度 21℃、相对湿度 49%、大气压强 101.2kPa

6.1.4　振荡波电缆局部放电检测发现 10kV 洞宇 1 号至洞新 1 号开关柜电缆终端接头制作工艺不规范

案例简介

2013 年 12 月 26 日，国网重庆市电力公司南岸供电分公司 10kV 洞宇 1 号（星宇花园 A）环网柜宇新 15 号间隔至 10kV 洞新 1 号（南坪车站）环网柜新宇 15 号间隔新施放 10kV 电力电缆。由于地理环境复杂，制作完毕两个终端接头和两个中间接头，进行串联谐振交流耐压试验和耐压前后电缆主绝缘电阻测试，发现 10kV 电力电缆 B 相绝缘电阻低于合格绝缘电阻值，A、C 两相也在合格绝缘电阻值附近，交流

耐压试验在 $2U_0$（U_0 为电缆导体对地或对金属屏蔽层间的额定电压）试验电压值下无法承受 5min 的加压时间。后经电缆走向环境巡视和环网柜内清洁干燥，再次进行电缆例行试验，仍然发现三相绝缘电阻值在合格值附近，随即确定进行 OWTS 电缆局部放电诊断性试验，检测终端接头或中间接头制作工艺水平。初步分析原因是 10kV 洞宇 1 号（星宇花园 A）环网柜宇新 15 号间隔电缆终端接头存在明显放电，经电缆接头解体剖析发现制作工艺不规范，半导体胶带和绝缘胶带绕包错误所致。

❖ 检测分析方法

（1）初步掌握电力电缆及环网柜整体状态。检测人员使用电缆故障定位仪测出该段电缆在交联聚乙烯绝缘电力电缆经典波速度 170m/μs 下全长为 241m，分析测试波形判别中间接头有两处，分别位于 120m 和 190m 处［起始端为 10kV 洞宇 1 号（星宇花园 A）环网柜宇新 15 号间隔终端接头］，符合施工方提供的信息。两处环网柜均为 SF_6 断路器。

（2）校准电缆局部放电量。由于该段电缆全长较短，其电容值过小，阻尼振荡波的振荡频率过高会导致测试系统无法工作，因此连接辅助降频装置。电缆局部放电量校准范围为 500pC～100nC，如图 1、图 2 所示。

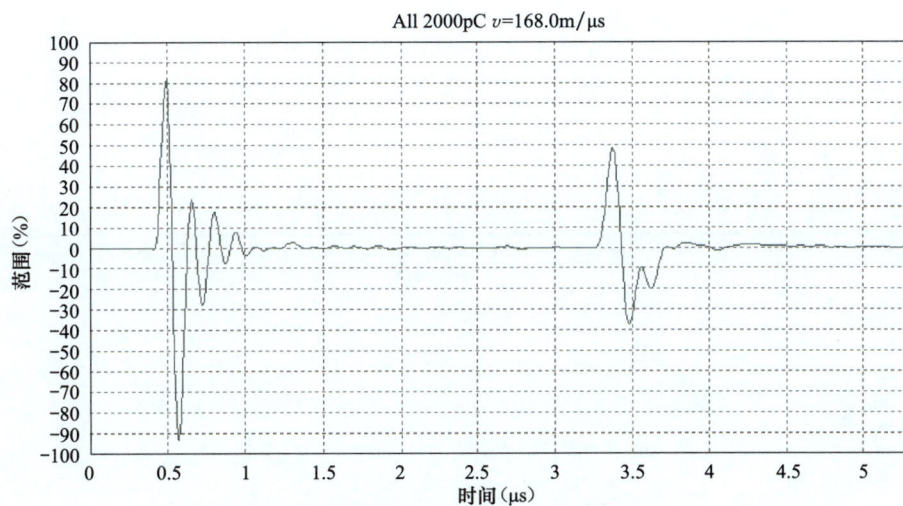

图 1　电缆局部放电量校准值 2000pC

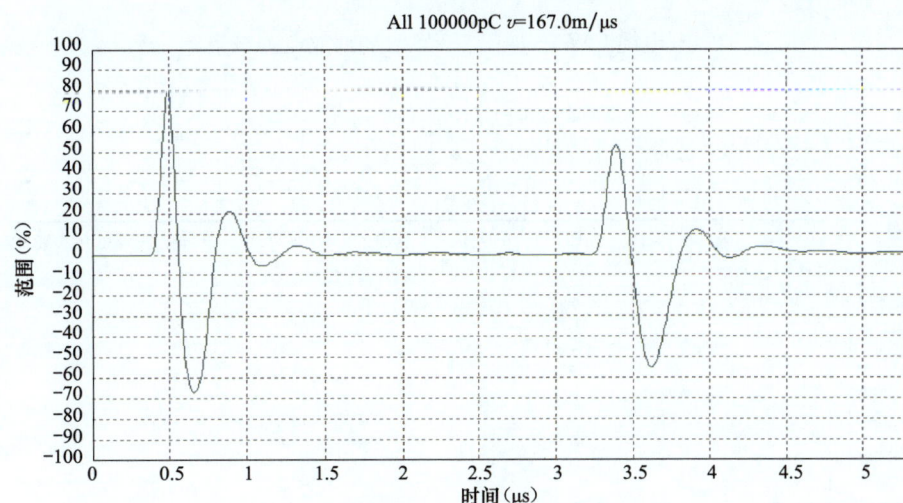

图 2　电缆局部放电量校准值 100nC

（3）OTWS 加压测试。电缆独立分相加压测试，试验电压顺序及次数为 0、$0.5U_0$、$0.7U_0$、$0.9U_0$

各一次，$1.0U_0$ 三次，$1.2U_0$、$1.3U_0$ 各一次，$1.5U_0$ 三次，$1.7U_0$ 五次，$1.0U_0$、0 一次。局部放电测试中选择合适的量程，如果出现局部放电量溢出，则选择更高的量程再次试验。图 3～图 5 为电缆 B 相局部放电分别加压 12kV、18kV、20kV 时局部放电测试数据。

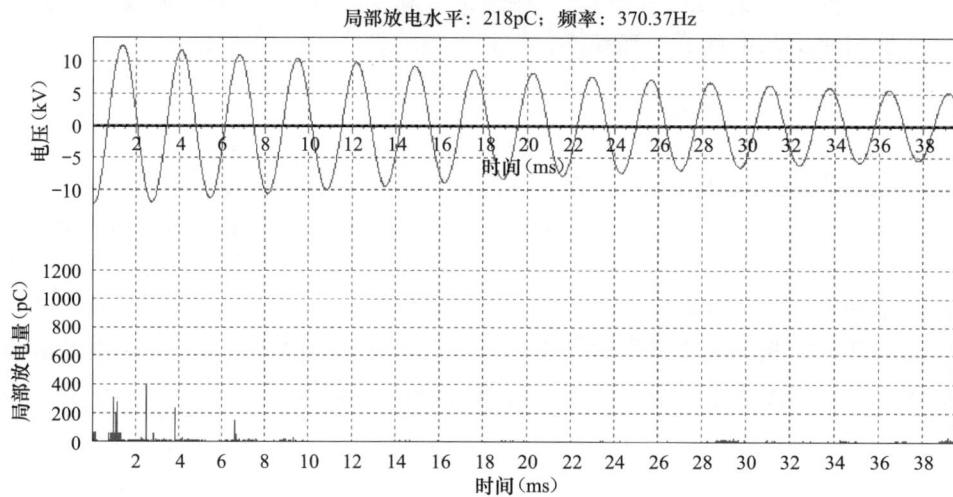

图 3　电缆 OWTS 加压 12kV 时局部放电测试谱图

图 4　电缆 OWTS 加压 18kV 时局部放电测试谱图

图 5　电缆 OWTS 加压 20kV 时局部放电测试谱图

（4）局部放电数据分析。经过统计，电缆三相局部放电水平及局部放电量见表1，电缆局部放电量分布见表2，电缆三相局部放电量分布如图6所示，电缆三相局部放电次数分布如图7所示，电缆B相局部放电次数分布如图8所示。

表1　　　　　　　　　　　　　　　　　电缆局部放电水平及局部放电量

相　别	L1	L2	L3
环境噪声（pC）	56	58	53
PDIV（kV，有效值）	—	—	—
PDEV（kV，有效值）	—	—	—
局部放电最大值（pC）（PDIV）	—	—	—
局部放电水平（pC）（PDIV）	—	—	—
局部放电最大值（pC）（U_0）	170	977	490
局部放电水平（pC）（U_0）	84	385	153
局部放电最大值（pC）（$1.7\times U_0$）	2933	4634	1621
局部放电水平（pC）（$1.7\times U_0$）	1191	1909	728
局部放电最大值（pC）（$2.0\times U_0$）	—	—	—
局部放电水平（pC）（$2.0\times U_0$）	—	—	—
电容（μF）	0.247	0.247	0.249
频率（Hz）	370.37	370.37	369.52
介损	0.1%	0.1%	0.1%

表2　　　　　　　　　　　　　　　　　　　电缆局部放电量分布

项目	PDIV (kV)	PDFIV 下局部放电 (pC) 最大值	均值	局部放电水平 $U<U_0$ (pC) 最大值	均值	局部放电数量 $U<U_0$	局部放电水平 $U_0<0<2U_0$ (pC)		局部放电数量
整条电缆	11.0	280	200	280	165	1	2858	607	2
终端	12.3			170	170	1	1950	582	2
电缆本体	11.0	280	200	280	165	1	2858	645	1
接头						0			0
电缆本体						0			0
接头						0			0
电缆本体	14.7	446	446			0	446	446	1
终端						0			0
L1	15.9	127	127			0	818	325	3
终端	18.4	462	297			0	818	388	2
电缆本体	15.9	127	127			0	791	257	2
接头						0			0

	PDIV (kV)	PDFIV下局部放电 (pC)		局部放电水平 $U<U_0$ (pC)		局部放电数量	局部放电水平 $U_0<0<2U_0$ (pC)		局部放电数量
		最大值	均值	最大值	均值	$U<U_0$			
电缆本体						0			0
接头						0			0
电缆本体						0			0
终端						0			0
L2	11.0	121	121	212	149	2	2858	919	3
终端	12.3			170	170	1	1950	739	2
电缆本体	11.0	121	121	212	144	1	2858	1290	2
接头						0			0
电缆本体						0			0
接头						0			0
电缆本体	14.7	446	446			0	446	446	1
终端						0			0
L3	11.0	280	280	280	206	1	403	268	1
终端						0			0
电缆本体	11.0	280	280	280	206	1	403	268	1
接头						0			0
电缆本体						0			0
接头						0			0
电缆本体						0			0
终端						0			0

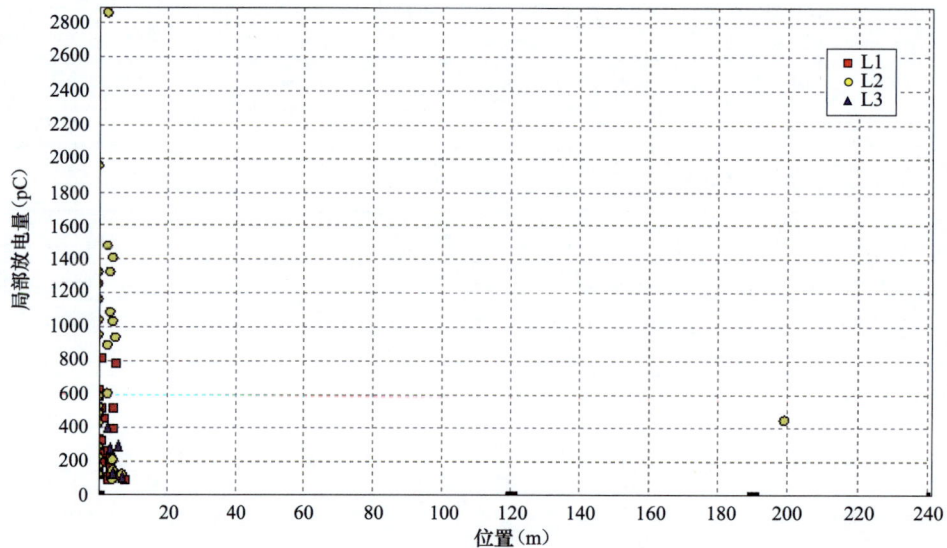

图 6　电缆三相局部放电量分布图

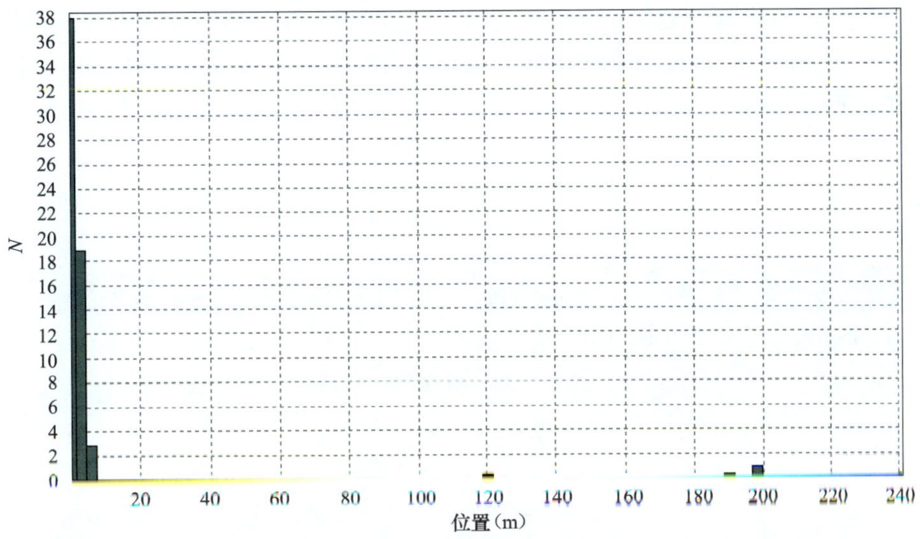

图 7　电缆三相局部放电次数分布图

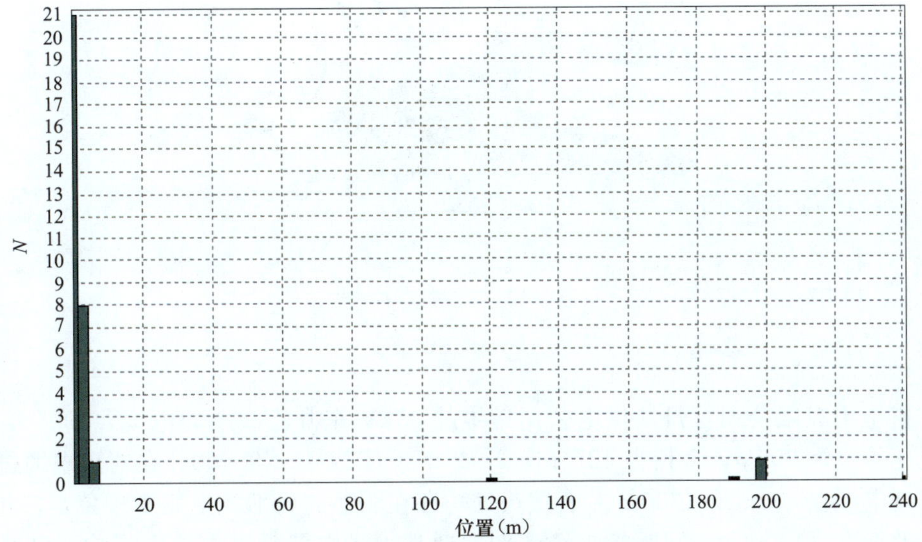

图 8　电缆 B 相局部放电次数分布图

从表 1、表 2 和图 6～图 8 中可以看出，10kV 洞宇 1 号（星宇花园 A）环网柜宇新 15 号间隔电缆终端接头存在明显放电量，最大放电量达 4634pC，放电次数合计 60 次，且集中体现在 $U_0 < U < 2U_0$ 局部放电水平，远超出新制作电缆局部放电量低于 100pC，其中以 B 相最为明显，局部放电达 30 次。后经电缆接头解体剖析发现制作工艺不规范，半导体胶带和绝缘胶带绕包错误，预制应力锥位置不当。重新制作终端接头后，经例行试验发现三相绝缘电阻良好，交流耐压试验合格，且耐压过程中泄漏电流明显小于缺陷处理前的试验数据，充分印证了电缆振荡波试验数据分析结果。

❖ 经验体会

10kV 电力电缆 OWTS 局部放电检测能有效检测电缆主绝缘、中间接头和终端接头的绝缘状况，定位缺陷位置，以便提前采取维护措施，避免橡塑电缆绝缘材料在局部放电长期作用下导致耐放电性恶化，最终导致主绝缘击穿，造成停电事故。主要经验体会：

（1）提升电缆接头制作人员工艺水平，严格遵守标准制作流程。

（2）OWTS 电缆局部放电检测建议用于新施放电缆，避免老旧电缆或长时间运行电缆由于近端局部放电因为局部放电波形在电缆里来回传播过久而衰减湮没，不能准确反映整段电缆局部放电缺陷。

（3）OWTS 电缆局部放电检测建议用于 3km 及以下长度的电缆，超短电缆需要连接辅助降频装置。

（4）对于老旧电缆或长时间运行电缆的局部放电测试需要采取电缆两端试验、带电超声波局放分析等其他方法综合评价电缆状态。

检测信息

检测人员	国网重庆市电力公司南岸供电分公司：张仕焜（28 岁）、王丞（29 岁）
检测仪器	OWTS M28 电缆振荡波局部放电测试系统
测试环境	测试温度 6℃、相对湿度 70％

6.1.5 振荡波局部放电检测发现 35kV 东升乙线电力电缆局部放电

案例简介

国网黑龙江省电力有限公司牡丹江供电公司运维的 35kV 东升乙线电力电缆，2004 年出厂，于 2005 年投入运行，电压等级为 35kV，全长为 4274m。2012 年 8 月 21 日。9：00，在对该电缆进行振荡波局部放电检测时，发现电缆在 500m 和 1300m 左右接头处均存在明显的局部放电集中现象，三相最大局部放电量均超出规定中的标准（100pC）。问题接头经解剖发现其绝缘内部受局部放电影响，已经产生很严重的变化。将问题接头更换后继续对东升乙线做振荡波局部放电试验，检验新做接头的工艺，在电缆内部未发现局部放电集中情况，隐患消除。

检测分析方法

（1）使用便携式脉冲反射仪测量东升乙线的全长及中间接头位置，测得全长为 4274m，中间接头数量为 11 个，分别为 500、703、976、1326、1690、2030、2294、2866、3314、3618、4009m 和 4274m。

（2）进行校准，加压测试采集局部放电波形。局部放电校准过程是整个局部放电试验最关键的部分，如有错误，会直接影响到背景干扰水平大小，局部放电测量值大小以及局部放电源的定位准确度。要求始端脉冲应停在 80％ 位置附近，校准波速在 170m/μs 左右，前者影响局部放电值，后者影响局部放电定位，如图 1 所示，始端在 80％ 附近，波速为 168m/μs。

本次对电缆的三相进行加压测试，诊断试验最高允许电压设定为 $1.5U_0$/55kV 峰值，本次试验升压步骤为：0kV 一次，$0.5U_0$ 一次，$0.7U_0$ 一次，$0.9U_0$ 一次，$1.0U_0$ 三次，$1.1U_0$ 一次，$1.3U_0$ 一次，$1.5U_0$ 五次，0kV 一次。测试情况如下：

加压至 $0.5U_0$/18kV 峰值，局部放电波形如图 2 所示，未发现明显的局部放电信号。

加压至 $0.7U_0$/25.7kV 峰值，局部放电波形如图 3 所示，未发现明显的局部放电信号。

642

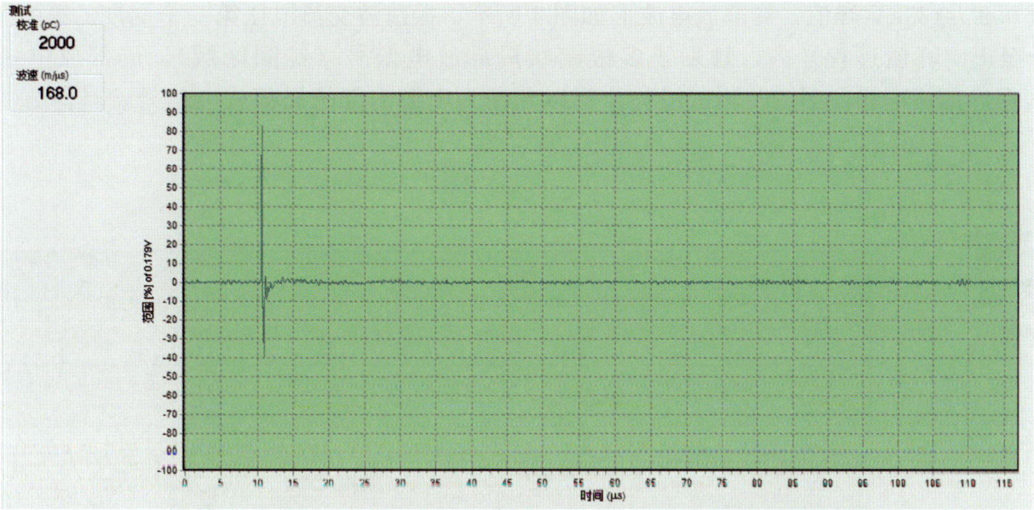

图 1　35kV 东升乙线电力电缆 2000pC 的局部放电校准波形

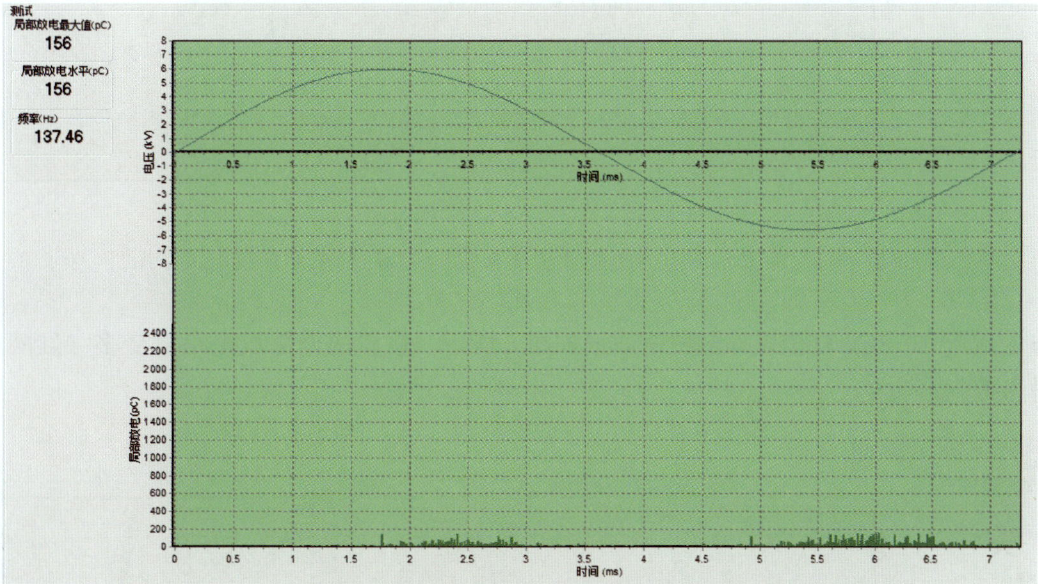

图 2　35kV 东升乙线电力电缆加压至 $0.5U_0/18kV$ 峰值局部放电波形图

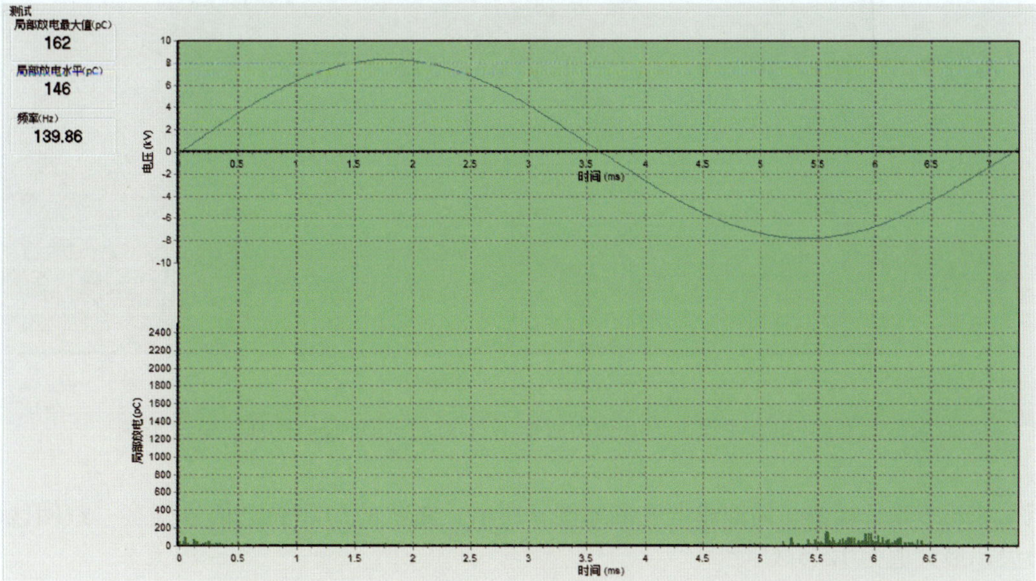

图 3　35kV 东升乙线电力电缆加压至 $0.7U_0/25.7kV$ 峰值局部放电波形图

加压至 $0.9U_0/33kV$ 峰值，局部放电波形如图 4 所示，振荡波交流电压第一个周期的第一象限（即电压由零点升至正向峰值过程）内，触发了多根簇状局部放电信号（红圈区域），局部放电量最大值为 1096pC，根据局部放电相位图谱及测试经验，可以判断为电缆内部的局部放电信号，具体分析见后面脉冲反射分析。

图 4　35kV 东升乙线电力电缆加压至 $0.9U_0/33kV$ 峰值局部放电波形图

加压至 $1.0U_0/36.8kV$ 峰值，局部放电波形如图 5 所示，簇状的局部放电信号变多（红圈区域），局部放电量最大值为 979pC。

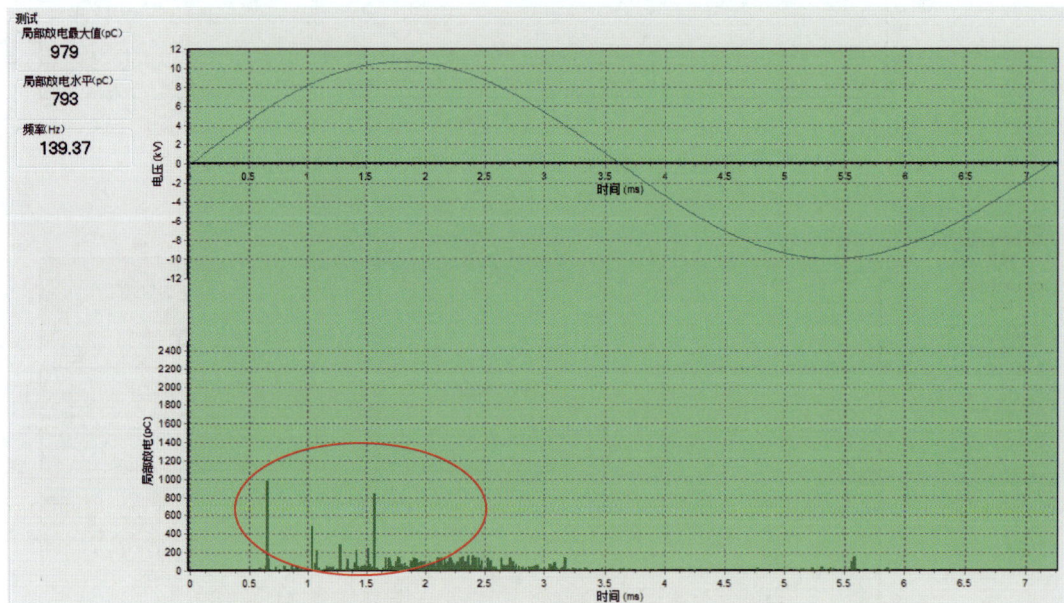

图 5　35kV 东升乙线电力电缆加压至 $1.0U_0/36.8kV$ 峰值局部放电波形图

加压至 $1.5U_0/55kV$ 峰值，局部放电波形如图 6 所示，簇状的局部放电信号变多（红圈区域），且局部放电量增大，最大值为 1266pC。

对完整的测试数据进行脉冲反射分析，发现了典型的电缆内部局部放电，如图 7 所列出的每张波形图

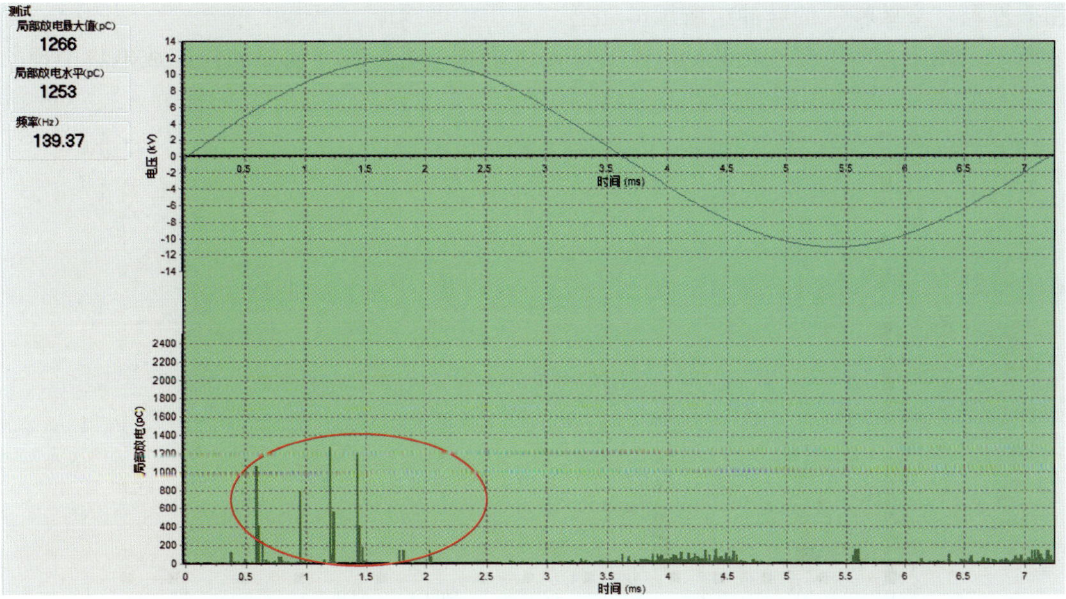

图 6 35kV 东升乙线电力电缆加压至 $1.5U_0/55kV$ 峰值局部放电波形图

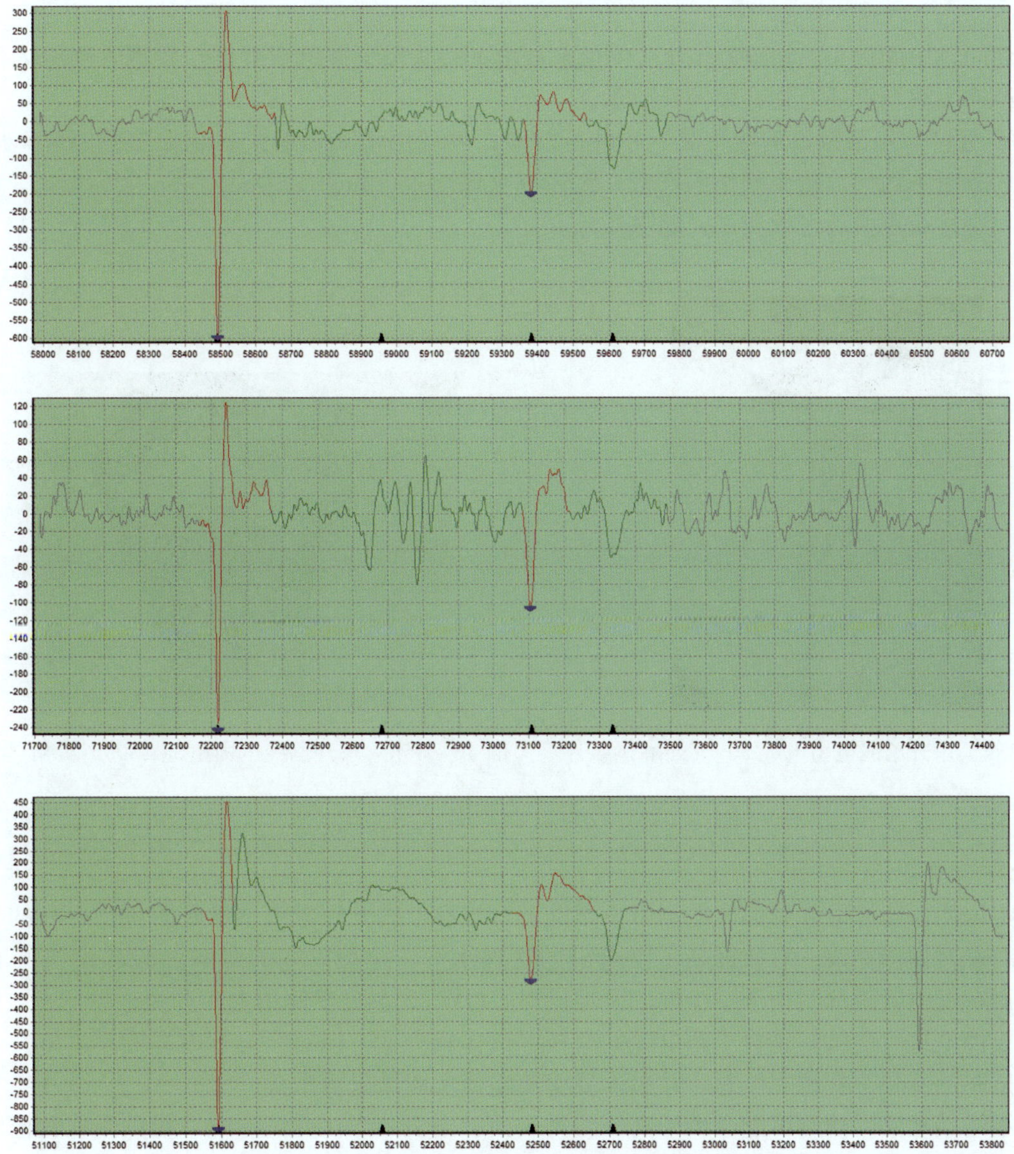

图 7 35kV 东升乙线电力电缆局部放电脉冲图

中具有"相似性"、"衰减性"的脉冲组所示。

如图8所示,图中表明电缆三相500m和1300m左右接头处均存在明显的局部放电集中现象。

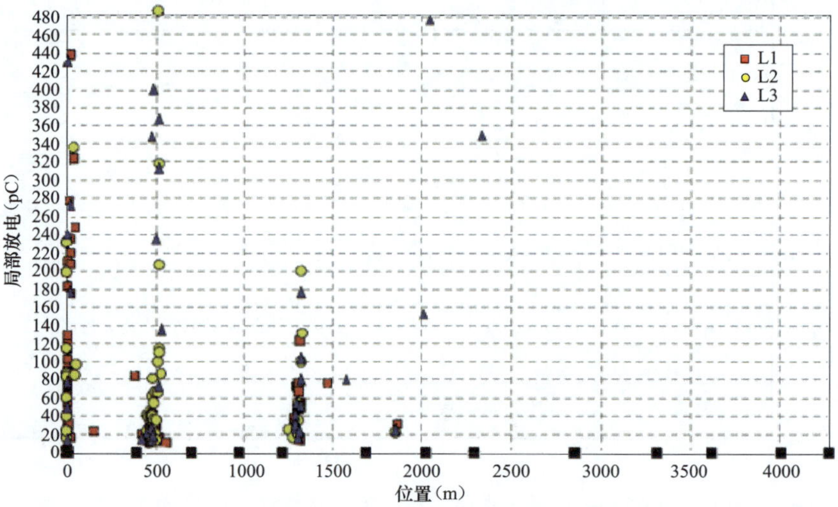

图8　35kV东升乙线电力电缆局部放电分布图

(3) 解剖问题中间接头。将500m处产生局部放电的接头取下并进行解剖,发现其绝缘内部受局部放电影响,已经产生很严重的变化,如图9所示。

将1300m处产生局部放电的接头取下并进行解剖,发现由于其热缩接头制作工艺问题,应力锥受力不均导致电场分布不均匀,接头制作不严密,已经有水珠渗入,如图10所示。

(4) 将问题接头更换后继续测试,隐患排除。

图9　35kV东升乙线电力电缆500m处解体照片 　　图10　35kV东升乙线电力电缆1300m处解体照片

◆ 经验体会

大量事实说明振荡波电缆局部放电测试技术能够行之有效的发现电缆本体及附件中存在的局部放电隐患,保电部门及时做出整改,有效提高了供电局的管理水平。这是以往的测试经验和设备所不具备的优势,非常值得在配电管理部门作进一步推广。但同时,OWTS系统在使用上尚存在一些问题,如:

(1) 需要停电进行测试。这对于新电缆的交接测试比较合适,但对于运行电缆则不太方便。

(2) 测试时的背景干扰源需汇总,并采取妥善策略使实验结果更准确。

(3) 电缆终端缺陷的检测可能会由于高压线夹表面放电引入干扰受到影响,建议采取其他辅助检测手段如开关柜局部放电检测技术或对高压线夹进行防电晕处理以提高全范围检测效果。

检测人员	国网黑龙江省电力有限公司牡丹江供电公司：刘洋。国网黑龙江省电力有限公司电力科学研究院：张德文
检测仪器	OWTS M60 振荡波电缆局部放电测试系统（生产厂家为德国 SebaKMT 公司；技术参数：阻尼交流输出电压最大值：60kV，有效值：42kV；阻尼交流电压频率范围：50～500Hz；电容范围：0.05～2μF；高压充电电流：10mA；局部放电测试范围：1pC～100nC；局部放电水平检测：根据 IEC 60270 标准；局部放电定位带宽：150k～45MHz；介损值 tanδ0.1%～10%；供电电压：110/240 VAC 50/60Hz；能量消耗：500VA；操作温度：－10℃～＋40℃）
测试环境	环境温度 31℃、相对湿度 72%

6.2 电缆接地电流检测技术

6.2.1 电缆外护层电流检测发现 110kV 新区 7506 线 15-16 号电缆接地箱缺陷

案例简介

国网江苏省电力公司常州供电公司 110kV 新区 7506 线 15-16 号电缆于 2010 年 10 月 10 日投入运行，电缆全长为 1.225km，2 个绝缘中间接头，15 号杆塔终端护层为保护接地，16 号则为直接接地，基本概况见表 1，电缆接线如图 1 所示。国网江苏省电力公司常州供电公司运维检修部电力电缆室于 2014 年 1 月开始对全市部分电力电缆线路进行护层电流的排查工作。在 2014 年 1 月 2 日的检测过程中发现新区线 15-16 号电缆护层电流普遍较大，最大的位于 1 号接头井中测得的数值为 64A，大于电缆当时的负荷电流，为负荷电流的 109.16%，大大超出标准，属于严重缺陷。经过带电拆箱诊断检查后发现 2 号接头的交叉互联箱接线错误，未完成完整的 A→B→C 的换位循环，在换位的过程中缺少一项，使得电力电缆的护层感应电流增大，无法抵消。经过工程人员抢修处理，重新接线后，护层电流降低，恢复到正常水平。

表 1　　　　　　　110kV 新区 7506 线 15-16 号电缆概况

	起点位置	新区线 15 号（ZD506401）	生产厂家
分段电缆 1	型号规格	YJLW03-64/110-1×630	远东电缆有限公司
	长度（m）	405	

	起点位置	JJ506401	远东电缆有限公司
分段电缆2	型号规格	YJLW03-64/110-1×630	
	长度（m）	405	
	起点位置	JJ506402	常州安凯特电缆有限公司
分段电缆3	型号规格	YJLW03-64/110-1×500	
	长度（m）	415（450-35）	

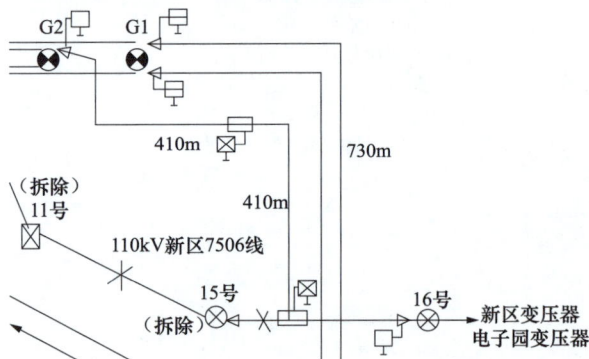

图1　110kV 新区 7506 线 15-16 号电缆接线

检测分析方法

110kV 新区 7506 线 15-16 号电缆在用钳形电流表记进行测量时，发现护层电流异常，并记录了时间，利用调度 SCADA 与当时线路的负荷电流进行比对。

由表 2 可知，护层电流过大，最大的位于 1 号接头井中测得的数值为 64A，大于电缆当时的负荷电流，为负荷电流的 109.16％，大大超出标准，属于严重缺陷。并且所有测试数据均大于负荷电流的 50％，经分析得出两种可能：①电缆护层严重破损；②接地系统接线错误。因电缆护层破损点需要特殊设备，所以先从护层接线检查开始。打开交叉互联接地开箱检查，110kV 新区 7506 线 15-16 号电缆 1 号接头原状态，如图 2 所示，从左到右为 B、A、C 相。

表 2　　　　　　　　110kV 新区 7506 线 15-16 号电缆原护层电流测试情况

电缆名称	位置	时间	A 相	B 相	C 相	接地线	负载电流	占负载电流百分数	接地箱类型
110kV 新区 7506 线 15-16 号	15 号杆	2014.01.02 (13：11)	25.6	30.5	37.4	2.3	58.63	65.79％	直接接地箱
	1 号接头井	2014.01.02 (13：56)	64	45.2	61	0.0147	58.63	109.16％	交叉互联箱
	2 号接头井	2014.01.02 (13：38)	63	43	58	0.0033	58.63	107.45％	交叉互联箱
	16 号杆	2014.01.02 (10：55)	29.8	34.8	43.4	3.1	65.66	66.10％	直接接地箱

由图 2、图 3 可知，此时的交叉互联接线，护层循环为 A 外→B→A 内、B 外→C→B 内、C 外→A→C 内，未完成交叉互联。疑似为工程缺陷，所以组织整改。

图2　110kV 新区 7506 线 15-16 号电缆1号接头原状态

图3　110kV 新区 7506 线 15-16 号电缆2号接头原状态

经过修理结束后情况如图4所示。

图 4　110kV 新区 7506 线 15-16 号电缆 2 号接头修理后状态

经过修理后，更改了原来的 2 号接头的接线，理论上护层完成了 A→B→C 的换位循环。电缆室人员立即进行了验证，验证结果见表 3。

表 3　　　　　　　110kV 新区 7506 线 15-16 号电缆现护层电流测试情况

电缆名称	位置	时间	A相	B相	C相	接地线（mA）	负载电流	占负载电流百分数	接地箱类型
110kV 新区 7506 线 15-16 号	15 号杆	2014.01.24（13：20）	3.1	11.0	9.5	1	36.37	30.24％	直接接地箱
	1 号接头井	2014.01.24（13：11）	20	4.0	9.6	0.19	36.37	54.99％	交叉互联箱
	2 号接头井	2014.01.24（13：00）	19.3	7.8	12.8	4.3	35.19	54.85％	交叉互联箱
	16 号杆	2014.01.24（13：40）	11.3	9.5	2.9	1	36.37	31.07％	直接接地箱

◈ 经验体会

大量事实说明护层电流测试能够有效的发现电缆设备接地系统存在的缺陷，除了例行周期性护层电流测试，适当增加重载线路，特殊方式运行的线路的电缆的护层电流测试工作，能够有效指导设备检修，提高工作效率和质量。本部门从此类案例中得出发生此类事件的主要经验体会有：

（1）接地系统为电力电缆重要的附属设备，能够有效地提高电力电缆的输送效率。并且可以在系统内、外过电压的情况下保护电缆设备，但在电缆敷设过程中有可能会对电缆护层及绝缘造成不可逆转的损害，导致接地系统无法正常工作。

（2）接地系统的连接是电缆工程中较易发生错误的地方，这时候需要工程负责人，监理发挥应有的作用，运行验收人员需要仔细核对所有的接线，确保万无一失。

（3）在电缆割接工程或者在原线路上改接线等工程时，较易发生接地系统的接线错误，这时候工程方及运行方应在工程进行前进行仔细的核对，进行工程的全面交底，确保电力电缆护层交叉互联的准确。

（4）运行单位在做生产准备的过程中需要对系统的电气接线方式有明确的认识，注意收集资料，确保资料的准确性，必要时去现场核对。

（5）验收过程中，必须严格把关，并且做好各项交接试验，及时记录数据，以便以后比对。

（6）在工程投运结束后一个月必须组织对该电缆进行状态检修试验，利用带电护层电流检测技术对电缆线路进行检测，及时发现问题。

❖ 检测信息

检测人员	国网江苏省电力公司常州供电公司运维检修部电力电缆室：蒋乃建（50岁）、蒋鹏（30岁）、何轶聪（28岁）、庄严（25岁）、陈朝阳（29岁）、申文俊（31岁）、柴洁（44岁）
检测仪器	（KYORITSU）KEWSNAP2413F钳形电流表
测试环境	温度5℃、相对湿度60%

6.2.2 XLPE 单芯高压电缆接地电流带电检测发现 110kV 东云 1421 线、东云 1421 线迪荡支线电缆接地系统缺陷

❖ 案例简介

国网浙江省电力公司绍兴供电公司运维的 110kV 东云 1421 线、东云 1421 线迪荡支线于 2009 年 7 月 17 日投入运行，是绍兴城区 110kV 五云变电站、110kV 迪荡变电站的主供线路。2013 年 10 月 12 日 10：00，班组工作人员对 110kV 东云 1421 线、东云 1421 线迪荡支线电力电缆进行接地电流带电检测，发现该高压电缆接地电流数值严重异常，已经接近线路负荷电流。经过对后续复测数据分析确定该电缆存在接地系统缺陷，随即组织专业技术人员进行现场实地勘查并制定详细周密的停电试验检查处理方案。东云 1421 线、东云 1421 线迪荡支线电缆停电后，按照试验方案对电缆接地系统和所有连接元件进行逐相分段试验检查，最终在该两回电缆保护接地处接地电缆引出端发现绝缘损坏以及有大电流流过的烧灼痕迹。缺陷发现后对该处重新进行绝缘恢复加强，改变原有接地电缆固定方式，避免由此可能引起的电缆主绝缘损坏事故的发生。

❖ 检测分析方法

（1）电缆概况：110kV 东云 1421 线 4 号塔—五云变电站、迪荡支线五云变电站—迪荡变电站电缆概况如下，电缆布置示意图如图 1 所示。

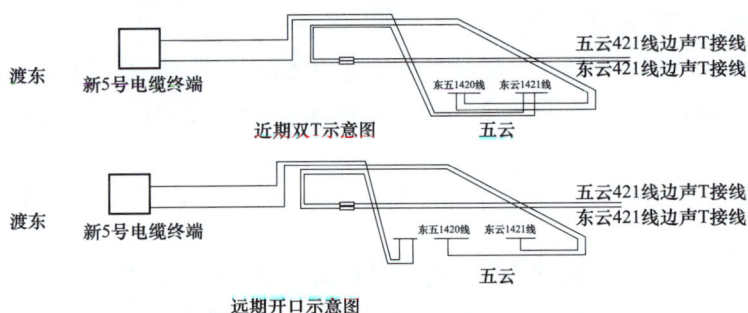

图 1　电缆布置示意图

1）110kV 东云 1421 线 4 号塔—五云变电站电缆全长 855m，电缆型号为 YJLW03-64/110-1×630，电缆线路于 2007 年 4 月 26 日投运。

敷设形式为排管+非开挖顶管，其中 4 号塔—电 13 号井电缆与东五线同埋，电 13 号井—电 15 号井电缆与东五迪荡 T 线、东五线东云迪荡支线同埋，

电 15 号井—五云电缆与东云迪荡支线同埋；4 号塔—五云电缆实际长度 855m。

东云 1421 线 4 号塔—五云变电站电缆采用的接地方式 4 号塔与五云变电站内终端为经保护器接地，离 4 号塔 350m 处使用一个中间绝缘接头，与两侧对应分别采用直接接地方式连接。

2）迪荡支线五云变电站—迪荡变电站电缆全长 1437m，电缆型号为：五云—电 6 号井：YJLW03-64/110-1×630；电 6 号井—迪荡：YJLW03/02-64/110kV-1×500mm²，电缆线路于 2009 年 7 月 17 日投运。

敷设形式为排管＋非开挖顶管，线路从五云变电站东云终端支接，五云—电 4 号井电缆与东云线同埋，电 4 号井—电 6 号井电缆与东五线东云线东五迪荡 T 线同埋，电 6 号井—迪荡电缆与东五迪荡 T 线同埋。

迪荡支线五云变电站—迪荡变电站电缆采用的接地方式五云变电站和迪荡变电站内终端为经保护器接地，中间使用三个绝缘接头，接地方式分别为直接接地—经保护器接地—直接接地（五云变电站—迪荡变电站方向）。

（2）检测数据分析：2013 年 10 月 12 日 110kV 东云 1421 线、东云 1421 线迪荡支线电力电缆接地电流、护层电压分析表及 10 月 20 日复测分析见表 1～表 4。

表 1　　　　110kV 东云 1421 线电缆直接接地箱—东云 1421 五云变电站侧接地电流分析表

线路名称	测试部位		
东云 1421 线	直接接地箱—五云变电站侧		
测试仪器	KEWSNAP.2413F 型钳形电流表		
测试日期	2013-10-12	负荷电流（A）：93.4	
测试数据（A）	A：85.5	B：83.6	C：92.1
测试日期	2013-10-20	负荷电流（A）：84.5	
测试数据（A）	A：76.5	B：69.5	C：77.4

表 2　　　　110kV 东云 1421 线五云变电站内保护接地箱护层电压及接地电流分析表

线路名称	测试部位		
东云 1421 线	五云变电站内保护接地箱		
测试仪器	FLUKE117C　KEWSNAP.2413F 型钳形电流表		
测试日期	2013-10-20	负荷电流（A）：84.5	
电流测试数据（mA）	A：0.1	B：0.1	C：0.1
电压测试数据（V）	A：0.030	B：0.037	C：0.025

表 3　　　　110kV 东云 1421 线迪荡支线五云变电站内保护接地箱护层电压及接地电流分析表

线路名称	测试部位		
东云 1421 线迪荡支线	五云变电站内保护接地箱		
测试仪器	FLUKE117C　KEWSNAP.2413F 型钳形电流表		
测试日期	2013-10-20	负荷电流（A）：54.5	
电流测试数据（mA）	A：0.1	B：0.1	0.1
电压测试数据（V）	A：0.01	B：0.022	0.047

表 4　　　　110kV 东云 1421 线迪荡支线直接接地箱—五云变电站侧接地电流分析表

线路名称	测试部位		
东云 1421 线迪荡支线	直接接地箱—五云变电站		
测试仪器	KEWSNAP.2413F 型钳形电流表		
测试日期	2013-10-20	负荷电流（A）：54.5	
电流测试数据（A）	A：20.4	B：17.6	19.4

根据国家电网公司《电力设备带电检测技术规范》（试行）（生变电〔2010〕11 号）规定，当接地电流与负荷比值大于 50％时，判断该电缆设备存在缺陷。通过数据分析首先检查变电站内保护接地箱保护器状况，发现保护器外观正常，由于当时设备不停电所以不能对保护器进行试验以判断其绝缘状况，但从保护接地箱所测量数据分析，假如保护器击穿接地，其接地电流不应会是所测的数量级，通过测量数据分析该缺陷具有以下特点：①变电站接地保护箱内测试保护器两端既无电压也无电流数据，测量所显示数据完全为感应所得；②调用红外线和紫外线仪器对电缆本体及各附件进行测量，测量结果显示一切正常；③三相接地电流数值大且相对平衡，而单芯电缆设备三相同时出现故障概率不大。从测试数据分析该电缆金属护层发生多点接地应该为金属性全接地，而且接地点应该位于变电站靠近保护接地处，且具有一定的共性。

（3）现场试验故障排查及处理：按照制定的技术方案对 110kV 东云 1421 线 4 号塔—五云变电站、迪荡支线五云变电站—迪荡变电站电缆进行停电试验检查确认引起接地电流异常原因及实施缺陷处理。

试验时将护层过电压保护器和对侧接地箱接地断开，然后在变电站电缆保护接地端引出线进行绝缘电阻摇测，测量结果显示数据均为 0kΩ。说明该电缆金属外护层存在多点接地现象，且接地类型为金属性全接地。登构架对电缆接地端引出线进行打开检查，发现该处绝缘由于老化、接地电缆自重下坠等原因破损而与金属构架直接短路接地。最终检查发现东云 1421 线 4 号塔—五云变电站、迪荡支线五云变电站—迪荡变电站电缆（两回路共计六相）都存在相同情况。

2013 年 12 月 12 日工作人员对电缆接地端引出线重新进行绝缘恢复加强，改变接地电缆固定方式，对电缆外护层绝缘进行重新摇测，确认绝缘电阻恢复正常。随即在东云 1421 线、东云 1421 线迪荡支线恢复运行后重新对接地电流进行带电检测，数据分析见表 5。

表 5　　　　　110kV 东云 1421 线直接接地箱—五云变电站侧外护套接地电流分析表

线路名称	测试部位		
东云 1421 线	直接接地箱—五云变电站侧		
测试仪器	FLUKE117C　　KEWSNAP.2413F 型钳形电流表		
测试日期	2013-12-13	负荷电流（A）：62	
直接接地箱测试数据（A）	A：1.86	B：1.85	C：1.86
保护接地箱测试数据（V）	A：5.6	B：5.1	C：6.3
线路名称	测试部位		
东云 1421 迪荡支线	直接接地箱—五云变电站		
测试仪器	FLUKE117C　　KEWSNAP.2413F 型钳形电流表		
测试日期	2013-12-13	负荷电流（A）：38.9	
直接接地箱测试数据（A）	A：0.70	B：0.71	C：0.73
保护接地箱测试数据（V）	A：0.4	B：0.7	C：0.4

该缺陷处理前，构架上电缆线路运行时现场照片如图 2、图 3 所示。

图 2　构架上电缆线路疑似接地处

图 3　构架上电缆线路疑似接地处

该缺陷处理前，停电登构架检查时现场照片如图4~图7所示。

图4 构架上电缆线路停电登构架检查

图5 构架上电缆线路停电登构架检查

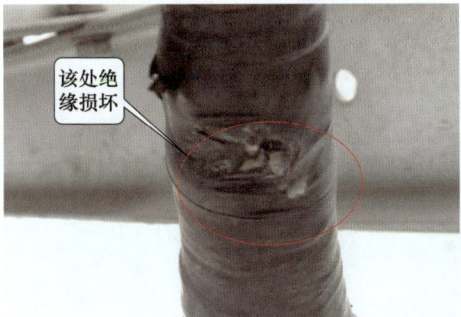

图6 绝缘损害位置

图7 电流发热痕迹

该缺陷处理后，现场照片如图8所示。

图8 缺陷处理后

经验体会

单芯高压电缆带电检测中发现接地电流数据异常，而高压电缆接地电流过大首先会降低电缆线路的传输能力，增加线路的传输损耗，此外还会引起高压电缆本体温度升高，缩短电缆设备的使用寿命，最致命的是接地电流过大引起电缆主绝缘故障从而使整条电缆设备报废。引起接地电流变化的因素很多，最常见的为电缆金属护层出现多点接地。

上述两回电缆接地电流出现异常，由于接地点离电缆终端带电部位较近，平时运行时不能近距离观察，使缺陷不易被发现。且该缺陷反映的检测数据比较典型，也比较特殊，对今后高压电缆外护层缺陷分析判断、新电缆投产验收、运行维护可以提供一定的参考经验。

通过对缺陷的处理，有以下5点经验体会：

（1）加强完善设备带电检测工作；定期召开设备运行分析会；加强人员培训，提高人员技能水平和分析判断能力。

（2）重视对高压电缆接地系统等附件的施工安装质量、试验质量的监督，加强高压电缆的绝缘监督。本次案例就是由于接地电缆引出端采用绝缘胶带对露出部分进行缠绕绝缘，绝缘强度薄弱，再加上固定方式不合理，使接地电缆自重下坠等因素而与构架直接短路引起的。而且两回六相同时出现相同情况，具有共性。

（3）加强对重要线路的运行巡视，提升日常设备运行质量，电缆线路运行巡视不但要关注通道安全，还要重点关注杆塔上电缆终端和附件等设施情况。

（4）加强新设备验收关，重视新电缆投运后首次带电检测数据，作为日后运行分析的重要依据，避免新设备投运后"带病"工作。

（5）采用专用抱箍对接地电缆进行固定，在过电压保护器接地端装设动作记录仪。

检测人员	国网浙江省电力公司绍兴供电公司：黄晓光（40岁）、杨晓丰（33岁）、林祖荣（32岁）、单建华（47岁）、周永伟（47岁）、刘博强（30岁）
检测仪器	KEWSNAP.2413F型钳形电流表（参数200mA～1000A）、FLUKE117C型万用表、DL700E＋红外热像仪（参数－20.0/180.0）、Daycor紫外成像测试仪（参数120V、18W）、AVO/S1-5001绝缘电阻测试仪（参数500～5000V）
测试环境	温度12℃、相对湿度63％、大气压101kPa

6.2.3 电缆护层接地电流检测发现110kV梁苇线电缆护层保护器击穿

案例简介

国网新疆电力公司乌鲁木齐供电公司110kV梁苇线18-19号塔电缆，型号为YJLW013-64/110kV-1×400，2013年10月生产，2013年12月29日投运。2013年12月30日，检测人员对新投运的110kV梁苇线18-19号塔电缆交叉互联箱保护器进行护层接地电流测试和红外热像测温，发现该保护器已击穿，更换保护器并恢复至原状态后再次对护层接地电流进行测量，检测未见异常。

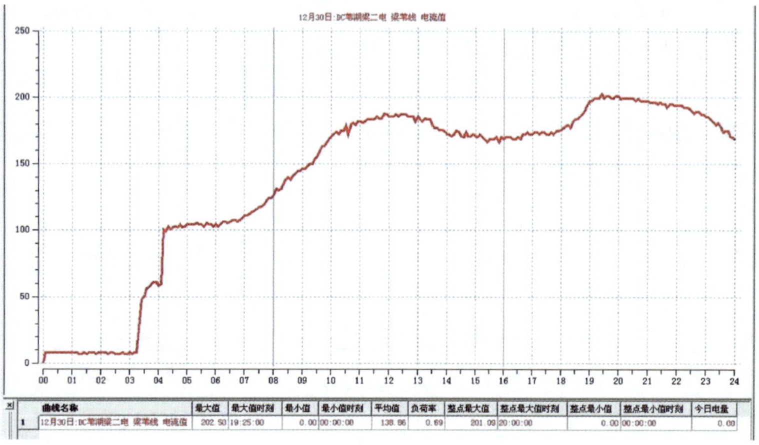

图1　负荷电流曲线图

检测分析方法

2013年12月30日，检测人员对新投运的110kV梁苇线18-19号塔电缆交叉互联箱保护器进行护层接地电流测试和红外热像测温。护层接地电流检测其负荷电流为172～175A，如图1所示；对1号中间头交叉互联箱处接地电流测试，如图2所示，测得三相接地电流数据值见表1。

数据显示，其护层接地电流值明显偏大，最大值99.6A已超出负荷电流175A的50％，且互联箱的接地电流值为8.24mA，数值明显偏小。按照Q/GDW 456—2010《电缆线路状态评价导则》要求：护层接地电流与负荷的比值大于50％，其状态评价为异常状态。初步判断电缆接地系统遭到破坏，使电缆外护层与大地之间形成环流。再对该电缆全线进行外护套巡视检查和红外测温，发现1号中间接头处交叉互联箱内 A 相护层保护器温度达 126℃，图谱如图 3 所示。

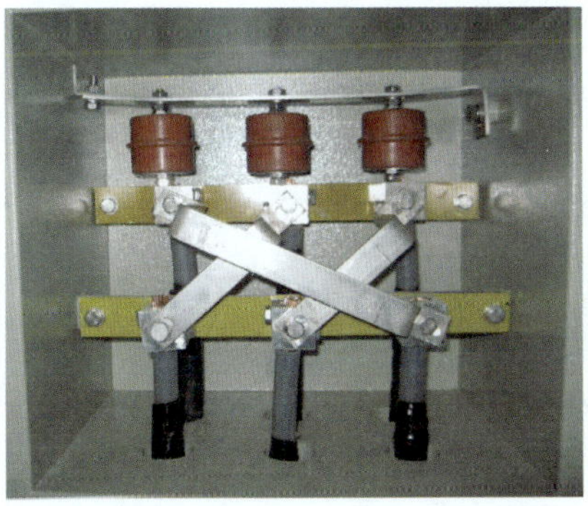

图 2　1 号中间接头交叉互联箱内部图

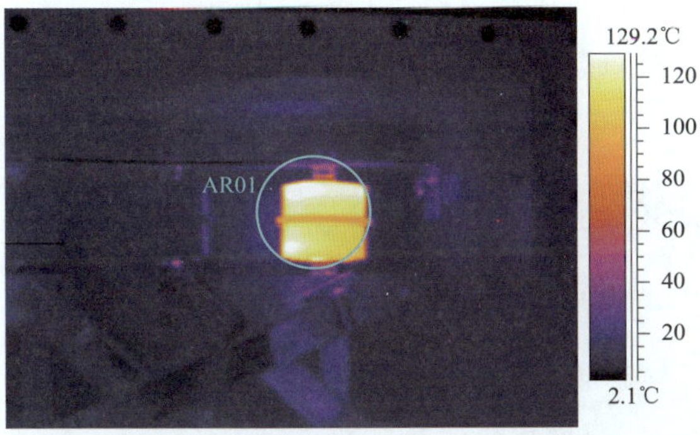

图 3　护层保护器红外热像图谱

表 1　　　　　　　　接地电流测试记录表

测试地点	相　序	测量值
1 号中间头 交叉互联箱	A 相直/斜	77.1A/99.6A
	B 相直/斜	99.3A/86.5A
	C 相直/斜	86.4A/76.6A
	D	8.24mA

对拆下的保护器进行试验检查，绝缘电阻为零，保护器已击穿。更换保护器后测量护层接地电流，未见异常，缺陷已消除，测试数值见表 2。

表 2　　　　　　　　接地电流测试记录表

测试地点	相　序	测量值
1 号中间头 交叉互联箱	A 相直/斜	4.74A/7.06A
	B 相直/斜	7.06A/10.82A
	C 相直/斜	10.82A/4.77A
	D	2.46A

经验体会

（1）测量电缆设备的护层接地电流，结合负荷电流综合分析，能有效检测出电缆线路接地系统的不良运行工况。

（2）钳形电流表检出异常数值后，建议用红外热像仪、绝缘电阻表再次检测，进行综合分析诊断，制定合理的检修策略。

检测信息

检测人员	国网新疆电力公司乌鲁木齐供电公司：徐善章（46 岁）、李超（29 岁）、张朦（29 岁）。 国网新疆电力公司电力科学研究院：庄文兵（30 岁）、张小军（28 岁）、郑子梁（31 岁）
检测仪器	CLAMPLEAKER 140 MULTI 钳形电流表（0.00mA～300A）；红外热像仪（ThermaCAMP20，FLIR SYSTEMS）；万用表（VC890C＋，深圳胜利仪）
测试环境	温度－15℃、相对湿度 40％、大气压 91.4kPa

6.2.4　电缆接地电流在线监测发现 110kV 一电 2 号线电缆外护层破损

🔷 案例简介

2012 年 6 月 18 日，国网山西省电力公司太原供电公司电缆在线监控中心接到异常报警信号：接地电流在线监测装置监测到 110kV 一电 2 号电缆金属外护套电流异常报警，接地电流值显示为 23.6A，属于严重报警，位置位于一电厂 110kV 一电 2 号线 8 号井内。运检人员到现场进行检查，确认是 110kV 一电 2 号线 B 相电缆排管出口外护层破损，在电缆井积水情况下发生外护层接地，对外护层进行绝缘防水包封处理后，110kV 一电 2 号 B 相接地电流恢复正常。

🔷 检测分析方法

电缆在线外护层环流监测，通过接地电流采集器终端，对运行中的电缆进行定时不间断监测，通过采集器采集接地电流信号，处理后由光纤上传至数据服务器，经过数据分析，对不正常数据发出数据异常报警。系统运行图如图 1、图 2 所示。

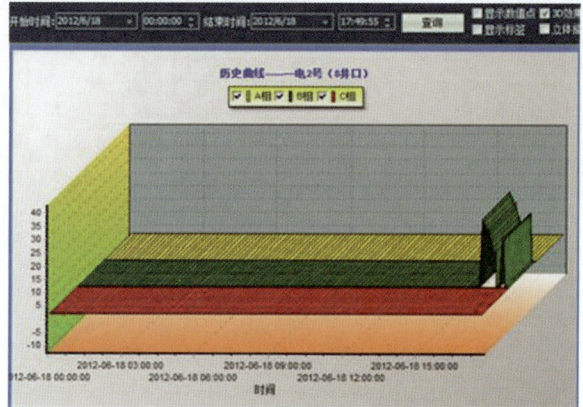

图 1　接地电流在线监测系统　　　　　图 2　电缆在线监测系统报警曲线

运检人员到达现场发现在 8 号井内，有 0.5m 深积水，并且检查井内墙壁上有水珠，但没有异响等情况，遂安排抽水。抽水完毕，检查人员下井逐相查看，在检查过程中发现，110kV 一电 2 号线 B 相电缆在排管出口 200mm 处，有一明显伤痕（3cm×5cm）破口，暴露出金属屏蔽层，如图 3 所示。

针对缺陷部位，决定采用绝缘防水带进行缠绕消缺处理。因井内水汽重、湿度大，必须进行了充分地干燥，对缺陷表面进行了干燥处理，待表面干燥后，遂将绝缘防水带对电缆缺陷表面进行了施压缠绕包封，如图 4 所示。

图 3　110kV 一电 2 号（8 号井）故障点　　　图 4　110kV 一电 2 号（8 号井）故障点绝缘包封后

通过绝缘防水包封处理后，110kV 一电 2 号 B 相接地电流恢复正常，处理后 B 相电流值为 0.2A。

电缆在线外护层环流监测，能实时监测电缆接地电流变化，故障电缆能得到第一时间维修，可以节省一线技术人员查找故障的时间，提高故障查找效率，有较强的实用性。

❖ 检测信息

检测人员	国网山西省电力公司太原供电公司检修公司：任智（35岁）
检测仪器	电缆在线监控系统

6.2.5　电缆护套接地电流检测发现110kV及以上交联单芯电缆护层破损

❖ 案例简介

国网冀北电力有限公司秦皇岛供电公司运维的220kV港东变电站2216港孟一线电缆投运于2010年5月，型号为ZRBYJLW02，截面为2000mm²，电缆长度198m，为全电缆隧道敷设。2011年11月15日10：00，班组工作人员使用钳形电流表对220kV港东变电站2216港孟一线电缆护层接地线电流进行检测诊断，发现该电缆B相护层接地线电流值异常为18A，其余A、C两相电缆护层接地线电流值小于1A。后进行停电进一步检查，使用1000V绝缘电阻表测得该电缆B相护层绝缘数值为0MΩ，其他A、C两相电缆护层绝缘数值为200MΩ。判定电缆B相护层损坏，金属护层直接接地，班组人员在隧道内对电缆线路摸排中，发现距220kV港东变电站内2216港孟一线GIS电缆终端68m处一电缆支架尖端将电缆外护层扎破，修补后，用1000V绝缘电阻表测得B相电缆护层绝缘数值为200MΩ。电缆送电后一周内使用钳形电流表测得电缆B相护层接地线电流值为小于1A。

❖ 检测分析方法

使用钳形电流表进行电缆护层接地线电流检测中，发现220kV港东变电站2216港孟一线电缆B相护层电流值为18A，正常A、C相电缆护层电流值小于1A。检测方法如图1所示，后进行了停电检查，用1000V绝缘电阻表测得港孟一线电缆B相护层绝缘数值为0MΩ，其他A、C两相护层绝缘数值为200MΩ。220kV港东变电站2216港孟一线电缆护层接地线电流值分析见表1。

图1　电缆护套接地线接地电流检测方法

表1　220kV港东变电站2216港孟一线电缆护层接地线检测分析表（2011年11月）

电缆相序	接地线电流数值（A）	护层绝缘值（MΩ）
A	<1	200
B	18	0
C	<1	200

判定该电缆 B 相护层损坏，电缆金属护套直接接地，电缆停电检修时班组人员对电缆线路摸排中，距 220kV 港东变电站内 2216 港孟一线 GIS 电缆终端 68m 处发现一电缆支架尖端将 B 相电缆外护层扎破如图 2 所示，

修补时发现只是电缆外护层破损，内部金属护套没损伤，先将外护层破损处周围 5～10cm 的半导体层刮出干净如图 3 所示。

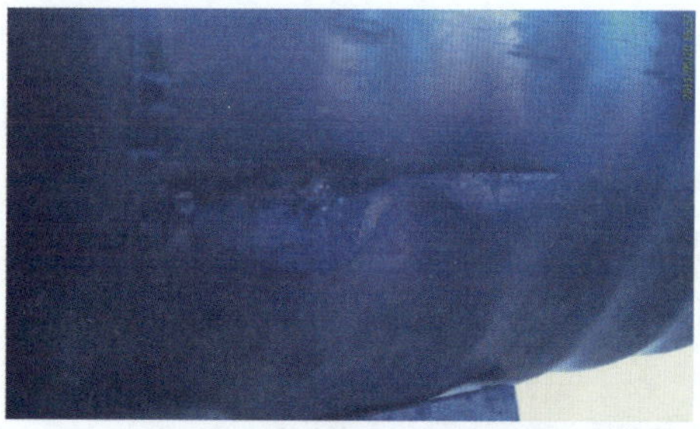

图 2　2216 港孟一线电缆
B 相外护层破损

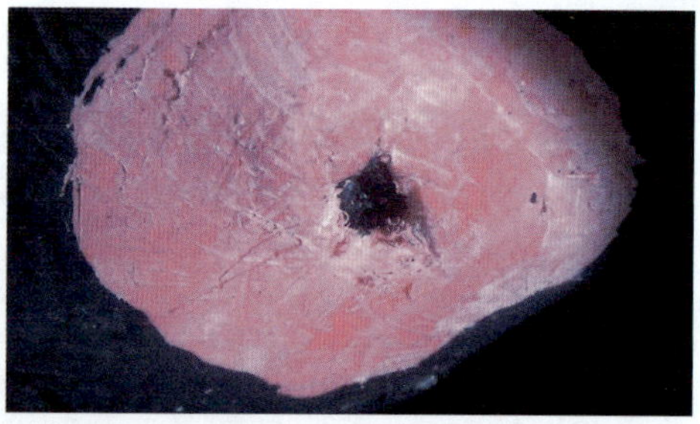

图 3　外护层破损处周围 5～10cm 的
半导体层刮出干净

清洁外护层表面用防水胶带填平破损处后，再用绝缘胶带缠绕修补可消除此项故障，如图 4 所示。

110kV 及以上单芯电缆金属护套接地，将在金属护套上产生环流，直接影响设备与人身安全。220kV 港孟一线电缆 B 相护层修补后，用 1000V 绝缘电阻表测得电缆护层绝缘数值三相均为 200MΩ。电缆送电后一周内使用钳形电流表测得电缆 B 相护层接地线电流值为小于 1A，消除了此类隐患。220kV 港孟一线电缆护层修补后检测分析见表 2。

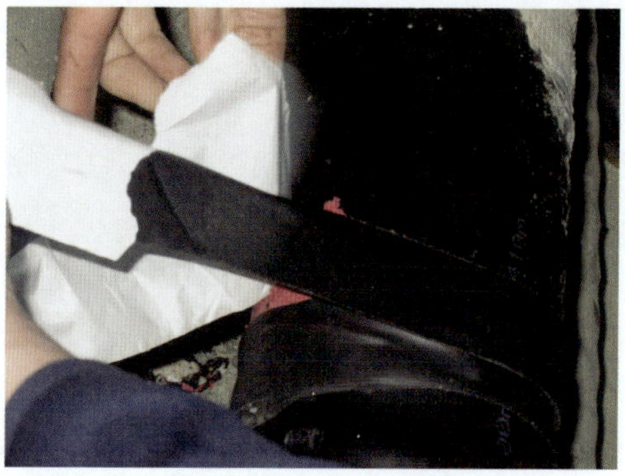

图 4　包绕防水胶带

表 2　　　220kV 港孟一线电缆护层修补后
检测分析表（2011 年 12 月）

电缆相序	接地线电流数值（A）	护层绝缘值（MΩ）
A	<1	200
B	<1	200
C	<1	200

💠 **经验体会**

（1）使用钳形电流表带电对管辖的 110kV 及以上电缆线路金属护层连接线上的电流检测工作过程要注意人身和设备的安全．金属护层接地电流测试周期：220kV 电缆线路应 3 个月，110kV 及以下电缆线路 6 个月，新投运线路 1 周内。

（2）发现异常电流后用 1000V 绝缘电阻表测量该相金属护套对地绝缘进行判定。

（3）修补时护层破损处周围 5～10cm 的半导体层刮出干净，修补时发现只是外护层破损金属护套没损伤，先将外护层破损处周围 5～10cm 的半导体层刮出干净（如金属护套也有破损，可用封铅法先修补金属护套，再修补护层绝缘），清洁外护层表面用防水胶带填平破损处后，再用绝缘胶带缠绕修补可消除此项故障，通过试验护层绝缘电阻良好。

（4）110kV 及以上电缆安装施放过程中应由工作认真负责，能胜任电缆施工安装和运行维护的电缆技术人员全程进行现场监督指导。并对电缆施放施工人员讲解 110kV 及以上电缆线路的认识，增强对电缆接地方式的了解，制定电缆施工规范，加强质量控制，保证安全运行。

检测信息

检测人员	国网冀北电力有限公司秦皇岛供电公司：张庚喜（39 岁）
检测仪器	DT2800C＋MITIR 钳形电流表
测试环境	温度 8℃、湿度 10％

6.2.6　电缆护套接地电流检测发现 110kV 电力电缆两端接地

案例简介

2012 年 12 月 7 日，国网冀北电力有限公司唐山供电公司韩河苑南支一线电缆投运在即，运维检修人员对该线路运行状况开展空投带电检测评估，测试发现 1 号电缆中间接头接地电流明显偏大，测得数值高达 80A，甚至随着负荷变化，一度超过 100A，考虑到空投情况已经达到注意状态，如果实际投运，如此之大的接地电流可能将电缆护套烧毁，造成电缆主绝缘故障，引发停电事故。后经分析逐个排查发现苑南站侧 1 号接地端子箱存在多点接地，后改装保护箱消除故障。苑南站 1 号接地箱基本概况见表 1。

表 1　苑南站 1 号接地箱基本概况表

型式	ZJD-I3	生产厂家	长缆电工科技股份有限公司
出厂日期	2012-5	投运日期	2012-12-8
出厂序号	JD456112	上次试验时间	首次带电检测

检测分析方法

2012 年 12 月 7 日，运维检修人员对该线路运行状况开展空投带电检测评估，测试发现 1 号电缆接地电流数值高达 80A，甚至一度超过 100A，根据《电力设备带电检测技术规范》，接地电流明显偏大，尤其是实际投运以后，负荷大大增加，产生的后果也更加严重，后经对该段电缆线路结构分析发现，存在两端接地，接线方式如图 1 所示。

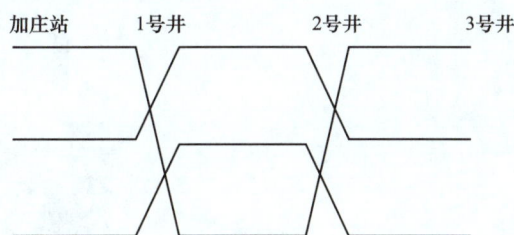

图 1　电缆两端接地现场实物及原理图

2012 年 12 月 8 日，经过运维检修部专家组分析建议改变接线结构，并且加装保护器，系统结构如图 2

659

所示。

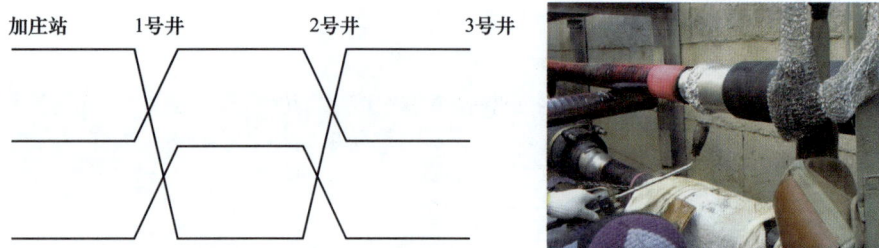

图 2　改进方式电缆的原理及安装现场图

改装后，进行同条件下接地电流测试，前后数据对比见表 2。

表 2　　　　　　　　　　　**韩苑线 1 号端子箱处理前后带电接地电流对比表**

接地电流（A）	中间接头		终端杆侧			苑南站侧		
			A	B	C	A	B	C
	1号	处理前	1.2	1.2	1.2	88	88	95
		处理后	0.5	0.4	0.6	0.3	0.3	0.3
	使用仪器		钳形电流表	仪器编号		SY2003		

测试项目：苑南支一线带电接地电流

经验体会

通过最后对比端子箱处理前后带电接地电流的大小，证实了两端接地引起环流的分析判断，也说明了带电检测手段在电力电缆状态检修过程中所处的重要地位，在这个过程中，有以下几点体会：

（1）包括红外热像、带电局部放电、带电接地电流等带电检测方法可以作为设备巡检很好的测试手段，尤其在重要输电或变电设备不停电的情况下，可以最为重要的参考标准。

（2）由于电力电缆检测需要带电作业，而判断故障类型和位置尤为重要，所以检测人员需要更专业的技能和更负责的态度。

（3）由于带电检测技术日新月异，需要检测人员具备开阔视野、不断的更新知识和技能以及更多的进行技能培训和经验交流。

检测信息

检测人员	国网冀北电力有限公司唐山供电公司运维检修部电缆班：董杰（50 岁）
检测仪器	HIOKI-2011 型钳形电流表（厂家：日本共立电气计器株式会社）
测试环境	温度－13℃、相对湿度 45％、大气压 101kPa

6.3 高频局部放电检测技术

6.3.1 高频局部放电检测发现 220kV 闸蕴 2268 电缆接头缺陷

案例简介

国网上海市电力公司检修分公司运维的 220kV "闸蕴 2268" 电缆线路为上海电缆厂产品，1996 年 7 月投运。2013 年 7 月 3 日 11：00，电缆检修中心对线路 "闸蕴 2268" 电缆 9 号接头进行带电局部放电检测，发现明显局部放电信号。此次局部放电检测是在电缆油色谱试验发现数据超标问题后进行的复测，经过带电检测分析发现明显局部放电信号，证实了接头内存在缺陷问题。对发现缺陷问题的 C 相塞止接头进行检修，发现接头内腔预制纸卷外表面有放电后产生的黑色物（为油放电击穿后的产物）。

检测分析方法

（1）信号出现频率。在 8M 以下均发现疑似局部放电信号，该信号每 2～3min 出现一次。

（2）局部放电图谱。"闸蕴 2268" 电缆 9 号接头三相检测的局部放电信号图谱如图 1 所示，以下图谱对应频率为放电量最高的典型频率。

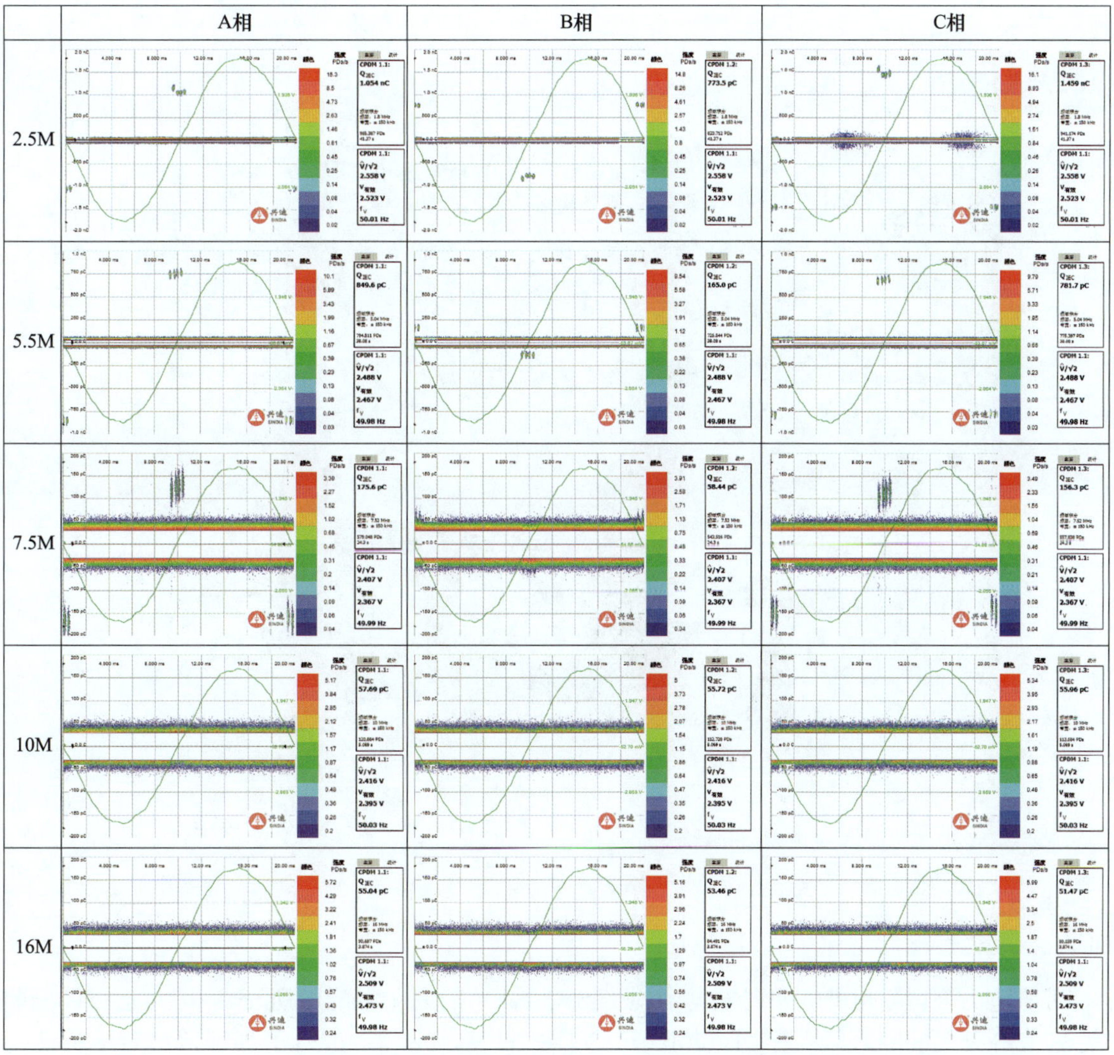

图 1 "闸蕴 2268" 电缆 9 号接头三相局部放电检测信号

（3）停电消缺。2013 年 7 月 5 日，对出现异常问题的 C 相塞止接头进行检修，现场发现接头内腔预制纸卷外表面有放电后产生的黑色物（为油放电击穿后的产物），如图 2、图 3 所示。

图 2　内腔纸卷表面放电痕迹

图 3　内腔预制纸卷表面放电痕迹

经验体会

（1）对于充油电缆，局部放电检测也应该重视，可以将油样检测与局部放电检测等多种在线监测手段相结合，共同判断电缆及接头运行状况。

（2）充油电缆运行时间较长，存在缺陷的概率较大，但是目前仍旧有不少充油电缆处于运行中且有许多重要线路，通过对充油电缆进行局部放电检测，收集典型有缺陷的局部放电图谱，对于诊断运行中的充油电缆有重要意义。

（3）局部放电检测目前发现有疑似局部放电的案例较少，发现疑似局部放电后进行停电解体、分析的案例更少，对于电缆局部放电检测可能需要有后续更多的技术手段、方法进行支持。

检测信息

检测人员	国网上海市电力公司检修分公司：顾黄晶（32 岁）、杨洋（28 岁）、陈越超（28 岁）、周婕（30 岁）
检测仪器	兴迪 CPDM-100T（技术参数：三单元采集通道；供电电压 12V；分析频谱范围：0～32MHz；同步信号通道适用范围 0.5～2500Hz）
测试环境	温度 −10～+80℃、相对湿度 0～100%、大气压 101kPa

6.3.2　高频电流局部放电检测发现 10kV 朗庭 4 号配电所 3 号主变压器电缆接头处破损

案例简介

国网江苏省电力公司苏州供电公司配电运检工区对 10kV 朗庭 4 号配电所于 2007 年运行的施耐德 SM6 10kV 开关柜 2A3 开关间隔—3 号主变压器电缆（YJV22-12/400mm）进行了局部放电带电检测。检测人员使用高频电流脉冲 HFCT 局部放电检测方法巡检时发现检测数据异常，放电量高达 20 000pC，随即组织专业技术人员制定详细周密的电缆局部放电精确定位检测方案，按照试验方案分段排查，最终发现电缆接头处出现破损，分析原因是该设备因受外力破坏导致的放电现象。

检测分析方法

（1）高频电流脉冲 HFCT 检测：检测人员在巡检时发现，2A3 开关间隔—3 号主变压器电缆（YJV22-12/400mm）放电量为 20 000pC，初步判断该条电缆有明显放电现象。

（2）在线式高频电流脉冲 HFCT 检测：2A3 开关间隔—3 号主变压器电缆（YJV22-12/400mm）变压器侧接头部位受外力伤害而破损。

背景测试见表 1。

表1   背 景 测 试 结 果

方 位	照 片	数据 HFCT（pC）
室外		0
室内		600

结果：测试后发现背景值低，周围无明显干扰源。

高频电流脉冲 HFCT 电缆巡检测试如图 1、图 2 所示。

根据图 1 测试结果，测试发现此电缆局部放电量 HFCT 放电量为 20 000pC。

根据图 2 测试结果，测试发现由其他电缆的 HFCT 放电量为 600～1200pC。

图1   2A3 开关间隔—3 号主变压器电缆 HFCT 测试

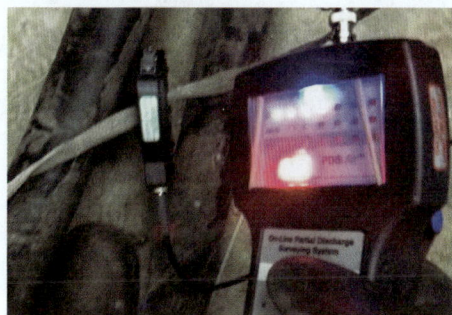

图2   其他电缆 HFCT 测试

表2	高频电流脉冲 HFCT 数据		
序号	开关柜名称/编号	电缆 TA 数值 pC	分析
1	2A3	20 000	严重放电
2	2A2	1200	干扰
3	257 朗 4-3 联络开关	1200	干扰
4	258 庭 4-3 联络开关	1200	干扰
5	2B2	600	干扰
6	2B3	1200	干扰

高频电流脉冲 HFCT 数据见表2。

根据表2的对比分析结果,发现 2A3 开关间隔—3 号主变压器电缆放电量为 20 000pC,已处于危险状态。

对电缆局部放电点进行精确定位测试,测试结果如图3所示。

根据图3可以看出,此波形符合电缆局部放电波形特征,相位符合局部放电特征,从统计可以进一步肯定为局部放电电缆。

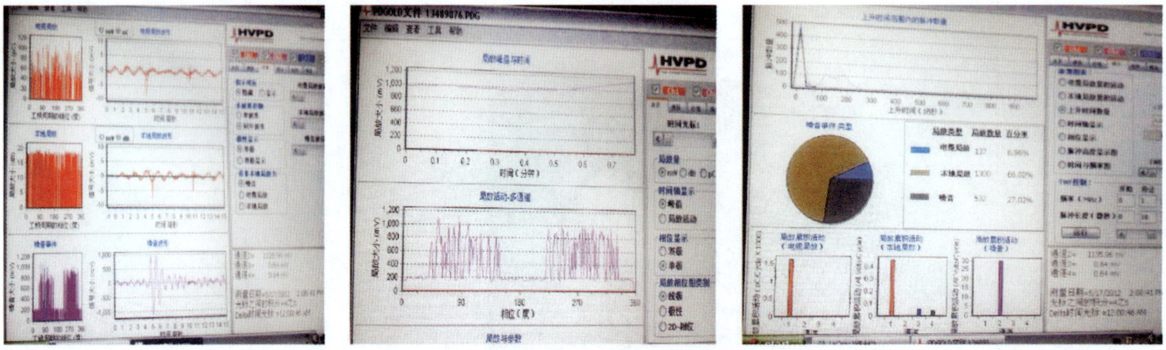

图 3　电缆局部放电精确定位测试结果

(a) 测试波形;(b) 测试相位图;(c) 测试结果统计信息

经过定位后发现局部放电位置在该电缆在主变压器侧接头处,排查后发现电缆已出现破损,如图 4 所示。

经过综合分析判断,初步认为是由于设备施工工艺不过关、存在明显的瑕疵,也有可能是在运行中被外力伤害而导致的破损。随即制定检修方案,检修人员停电后重新制作了该处接头,对其进行复测,复测显示 HFCT 放电量恢复正常,如图 5 所示。

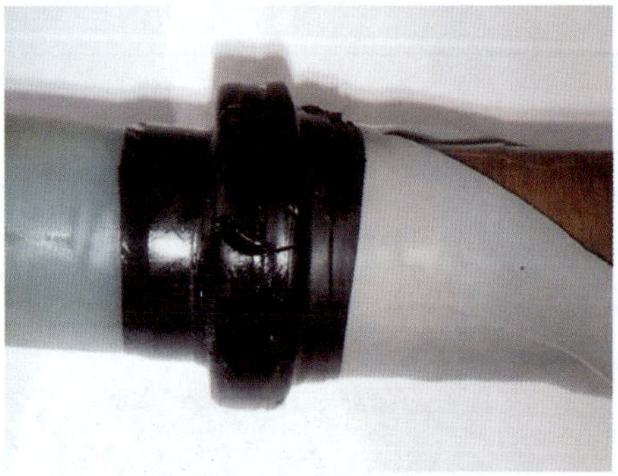

图 4　主变压器侧接头电缆破损处

图 5　更换接头后复测的 HFCT 结果

经验体会

(1) 高频电流脉冲 HFCT 检测技术对室内开关柜类设备的局部放电检测有较强的敏感度,能够有效的发现电缆在安装、运行、检修过程中隐藏的缺陷。

（2）局部放电检测技术对人员的专业水平要求较高，要具有较高的现场观察与判断能力，操作流程要符合规范，监测数据结合现场经验准确判断。

检测信息

检测人员	国网江苏省电力公司苏州供电公司配电运检室：王加臣（31 岁）、王刚（40 岁）、陈鑫（30 岁）、杨启明（32 岁）
检测仪器	HVPD 手持式局部放电巡检仪、HCPD 电缆局部放电精确定位仪
测试环境	温度 24℃、相对湿度 72%

6.3.3　高频局部放电检测发现 220kV 电缆终端故障隐患

案例简介

国网浙江省电力公司宁波供电公司 220kV 宁潘 2320 线电缆型号：YJLW03-127/220kV-1×2500mm²，电缆终端：220kV 户外瓷套电缆终端头，允许载流量：1256A。投运日期为 2011 年 6 月 27 日，检测发现异常之前，设备运行状况良好，红外热像及接地环流检测正常。

2012 年 6 月 28 日，检测人员利用便携式电缆局部放电检测仪 PDT-832C 对宁潘 2320 线进行例行局部放电检测。测试结果显示，宁潘 2320 线 A 相护层保护箱 9-1 号、护层保护箱 9-2 号高频脉冲明显偏大，测试到的信号幅值达到或超过检测仪器最大量程（2500mV），存在异常电流，达到缺陷状态。

6 月 29 日，对宁潘 2320 线电缆终端 A 相更换处理。更换后，再次对宁潘 2320 线 A 相 9-1 号、9-2 号护层保护箱进行局部放电检测，测试数据正常，及时避免了一起电缆终端故障的发生。

检测分析方法

对更换电缆终端前测试图谱进行分析：PDT-832C 便携式电缆局部放电检测仪的最大测试量程为 2500mV，而检测到的 A 相电缆的最大信号幅值均达到或超过本仪器的最大测试量程 2500mV。通过将测试图谱与电缆高频局部放电典型图谱进行对比分析，可以判断本次检测到的信号不是某种单一的典型放电，A 相电缆接头存在异常电流，且电流幅值非常大，A 相电缆接头都存在缺陷。

（1）检测结果与规程要求比较分析。根据 IEC 60270《局部放电测量》以及 GB/T 7354—2003《局部放电测量》要求，220kV：$U > 500mV$，按照电缆高频局部放电检测标准和建议，处于缺陷状态，建议密切监视该电缆，必要时停电，进行离线检测并检修。

（2）同类型电缆终端运行情况分析。某供电公司曾发生过与宁潘线 220kV 同型号、同厂家电缆终端击穿事件。外省故障电缆终端的返厂解体分析结论为："电缆终端存在局部放电现象"。

（3）更换前后局部放电监测结果对比分析。更换前，检测到的 A 相电缆的最大信号幅值均达到或超过本仪器的最大测试量程 2500mV。通过将测试图谱与电缆高频局部放电典型图谱进行对比分析，可以判断本次检测到的信号不是某种单一的典型放电，A 相电缆接头都存在异常电流，且电流幅值非常大，超过仪器最大量程，A 相电缆接头都存在缺陷。

更换后，检测到的 A 相电缆的最大信号幅值约为 400mV。对更换电缆终端后测试图谱进行分析：信号在 0°～360°相位内有规律的变化着，将测试图谱与电缆典型局部放电图谱比较分析，不具备局部放电特征，应该为电磁噪声信号，但电压幅值平均达到 400mV，可能由于背景干扰过大，也可能由于线路其他原因造成。按照电缆高频局部放电检测标准和建议，处于正常状态，建议按正常检测周期进行检测。局部放电检测前后对比分析如图 1～图 4 所示。

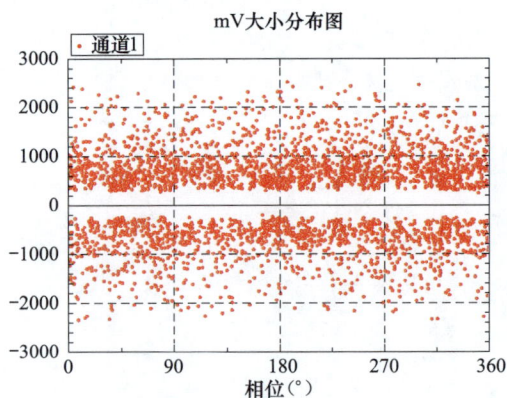

图 1　更换前 A 相电缆放电幅值大小分布图

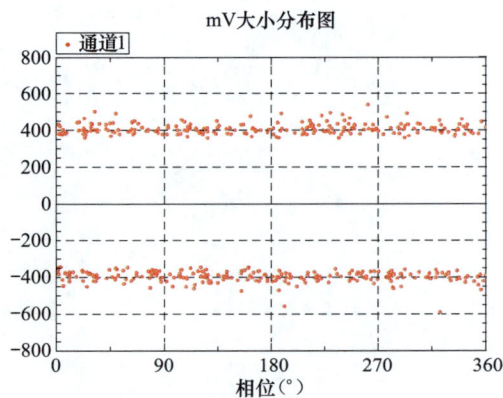

图 2　更换后 A 相电缆放电幅值大小分布图

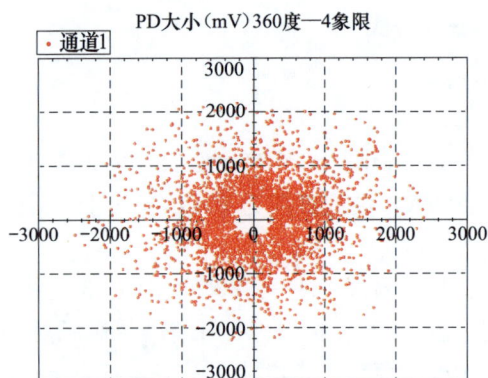

图 3　更换前 A 相电缆 PD360°图谱

图 4　更换后 A 相电缆 PD360°图谱

（4）同线路上其他接地箱检测结果分析。根据现场对 9-2 号接地箱电检测结果分析，情况与 9-1 号接地箱基本相同，存在明显局部放电情况。电缆终端更换后检测结果正常。

（5）检测结论及措施。综上所述，根据 IEC 60270《局部放电测量》以及 GB/T 7354—2003《局部放电测量》相关要求，结合同类型电缆终端故障情况以及更换前后检测结果对比分析，可以得出结论：该型号电缆终端存在缺陷。

为确保电缆线路安全稳定运程，公司将逐步更换该型号电缆终端，更换前严密监测该型号电缆终端局部放电情况，发现异常放电情况立即采取应急处置。

经验体会

（1）局部放电测试能有效排查运行中电缆附件缺陷，并进一步指导生产，确保电缆网运行安全，提升设备检修效益。

（2）发现局部放电异常现象要及时采取措施处理，可以及时避免电缆故障的发生。

（3）加强局部放电检测方法对电缆带电检测的力度，确保电缆安全稳定运行。

检测信息

检测人员	国网浙江省电力公司宁波供电公司：程国开（32岁）
检测仪器	PDT-832C便携式电缆局部放电检测仪
测试环境	温度3℃、相对湿度60%、大气压101kPa

6.3.4　高频局部放电检测发现110kV 1236线路电缆局部放电超标

案例简介

国网江苏省电力公司苏州供电公司管辖的三回110kV电缆自2008年至今连续发生本体故障，三回电缆线路故障均发生在投运一年左右，为此国网江苏省电力公司苏州供电公司将所属某电缆厂进行了全面统计，并安排了局部放电带电测试计划。该部分电缆的是某电缆厂2006年6月生产的型号为YJLW03/110kV-1×630的110kV单芯电缆，均于2006年投运。2011年，局部放电带电检测发现110kV 1236线路发现局部放电信号，跟踪监测一段时间后，结合改造，对放电电缆进行了更换。

检测分析方法

1236线路（2006年4月出厂全长3.9km）进行局部放电带电测试。此项局部放电试验是采用电流脉冲法在电缆换位箱处获取局部放电信号，测试频率分为24、16、8、4MHz四种，可检测与电缆换位箱连接两段电缆的局部放电情况，并可根据测试波速与电缆交叉互联情况判断局部放电点的大致位置。

图1为1236电缆线路交叉互联接线情况。

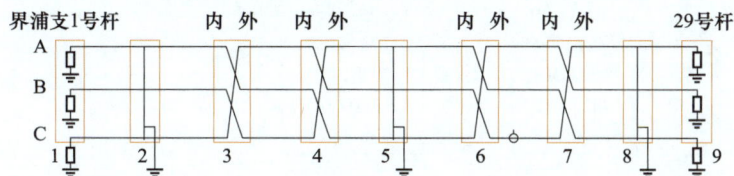

图1　1236电缆线路交叉互联接线情况

第一次测试：2011年4月29日，苏州110kV 1236线路电缆线路进行局部放电（PD）带电测试，测试进程及结果如图2所示。

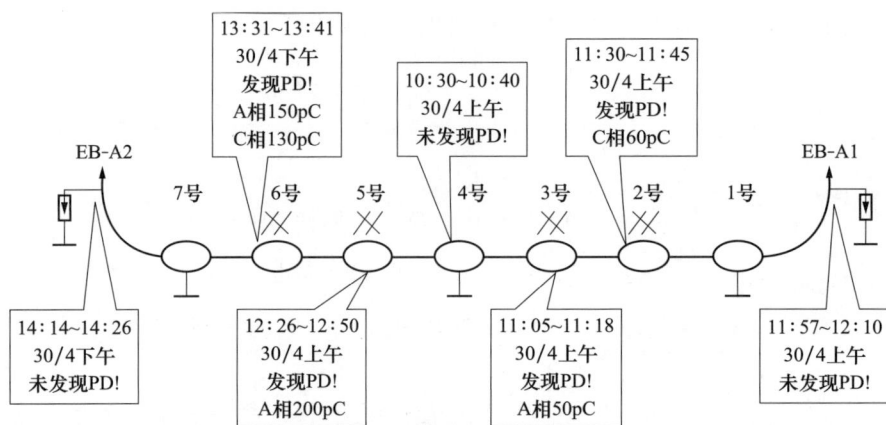

图 2　第一次 1236 电缆线路测试进程及结果

第二次测试：2011 年 7 月 23 日对 110kV 1236 线路电缆线路进行局部放电带电测试（复测），测试进程及结果如图 3 所示。

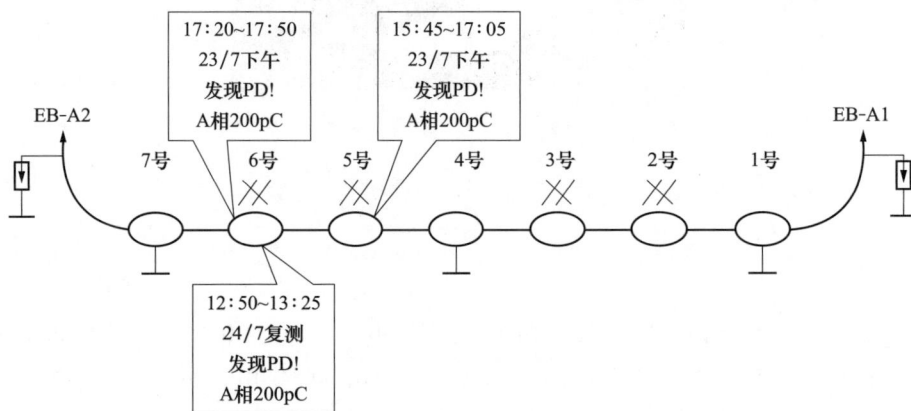

图 3　第二次 1236 电缆线路测试进程及结果

第三次测试：2012 年 2 月 11 日对 1236 线路（第三次测试）电缆线路进行局部放电带电测试，测试顺序及测试系统如图 4 所示。

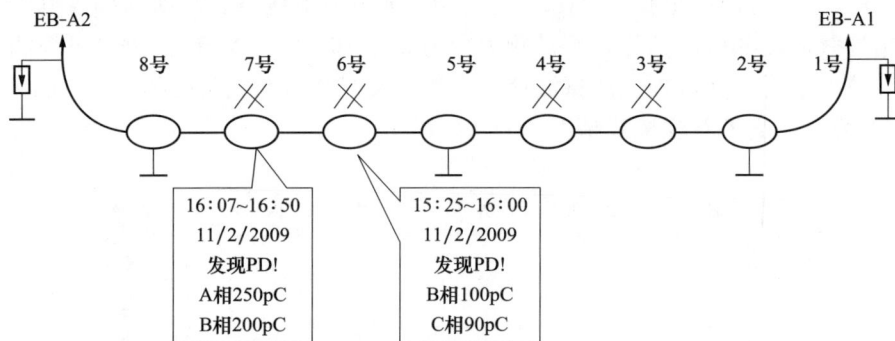

图 4　第三次 1236 电缆线路测试顺序

三次测试的具体数据见表1。

表 1

电缆线路的各项测试数据

线路名称	测试时间	接头数	PD/BD 位置、大小（最大视在值 pC）									
			EB-G（A）	1号	2号	3号	4号	5号	6号	7号	8号	EB-G（A）
1236 线路	29/4/2011	7	未发现 PD	—	C-60	A-50	—	A-200	A-150 C-130	—	—	未发现 PD
1236 线路	23/7/2011 （复测）	7	—	—	—	—	—	—	A-200	A-200	—	—
1236 线路	11/2/2012 （第三次 测试）	7	—	—	—	—	—	—	A-250 B-200	B-100 C-90	—	—

结论：本电缆线路选择了七个测试点，分别为1、3、4、5、6、7、9，其中1、9点为保护接地箱，受电缆终端背景噪声干扰影响，未发现明显局部放电现象，5点为直接接地箱测试灵敏度差，故测试结果偏小，也未发现有局部放电现象。在3、4、6、7四点测试过程中，3、4点处三相局部放电量均小于30pC，而在6、7点A相测试波形上发现有反相现象，70%可能为局部放电，6点A相局部放电量为20～200pC，7点A相局部放电量为20～100pC，根据电缆护层接线方式和测试波速推算，局部放电点距6点200m处且极有可能为一点局部放电。

建议：整条电缆总体局部放电量较小，对6-7段的A相局部放电点加强监测，有条件情况下进行更换。

2012年7月，结合停电改造工程，对1236线路A相约500m电缆进行更换，做好标识，在距6点约250m处发现电缆外屏蔽已有受损现象，如图5所示。

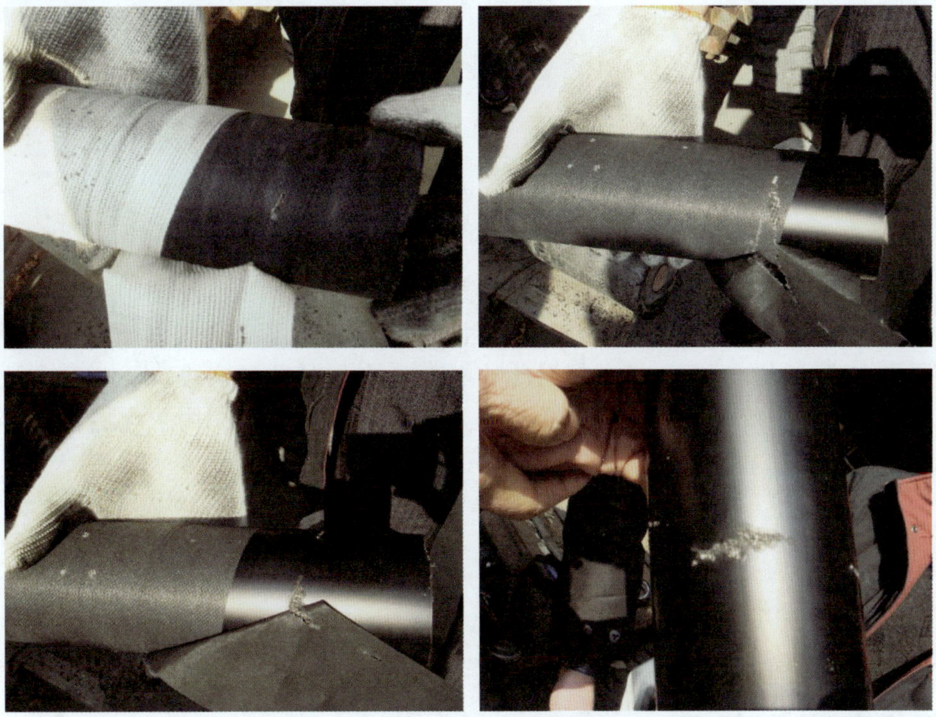

图5　1236电缆线路屏蔽层受损情况

经验体会

经过该次测试中发现目前电缆在运行管理方面还有许多改进之处：

（1）在施工中建议取消使用电缆直通中间接头，所有中间连接均采用绝缘中间接头，使用同轴电缆将两侧护套引入接地箱，再分别互联接地。此项连接方式便于今后电缆的测试、维护工作。

（2）今后敷设电缆时，应将每相（段）电缆生产厂家的盘号、出厂批次等相关信息进行更加仔细登记，以便于今后该相（段）电缆资料的追溯。

（3）结合测试工作对换位箱进行检查、标识、清扫，并对接线图进行核对、照相存档。

◆ 检测信息

检测人员	国网江苏省电力公司苏州供电公司，张梁（40 岁）、姚雷明（38 岁）、吴仁宜（30 岁）
检测仪器	电缆局部放电检测仪
测试环境	温度 28.9℃、相对湿度 69%

6.3.5　高频局部放电带电检测发现 10kV 东风大道 8-9 号道路变压器 02 柜路灯供电电缆中间接头绝缘缺陷

◆ 案例简介

国网湖北省电力公司武汉供电公司东风大道 8-9 号道路变压器 02 柜 10kV 路灯供电电缆线路 2003 年投入运行，该条线路属路灯供电专线电缆，运行方式为 A、C 相供电，B 相作为冷备用状态，供电方式为昼停夜开。在 2013 年"迎峰度夏"期间，国网湖北省电力公司电力科学研究院于 5 月 20、21 日，对该条线路开展联合测试，在夜间采用高频局部放电带电检测时发现该线路 C 相存在疑似局部放电信号，为进一步查明原因，检测组于次日对该条线路进行离线诊断，采用阻尼振荡波局部放电检测及定位疑似局部放电源，最终确认局部放电源为距测试首端 212m 处中间接头。将该接头现场截取后送至试验室进行二次局部放电测试，证实该接头存在明显局部放电信号。解剖后发现该接头预制件端部与电缆本体的界面潮湿，铜屏蔽层发生严重锈蚀，同时，预制件内外电极附近均发现明显放电痕迹。初步分析原因为长时间运行以及内部浸水导致预制件材料劣化，自身弹性握紧力松弛，导致复合界面压力下降，绝缘强度降低，复合界面缺陷部位电场畸变产生放电，并逐步造成附近区域绝缘材料的降解与碳化。

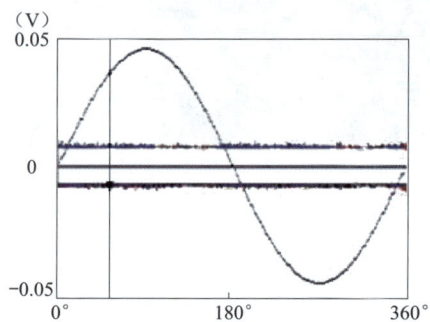

图 1　PDcheck 在首端测试结果（A 相）

◆ 检测分析方法

该条线路采用 TechImp 公司的高频局部放电测试仪——PDcheck 在首、末两端分别进行测试，首、末端测试结果如图 1～图 3 所示。

图 2　PDcheck 在首端测试结果（C 相）

图 3　PDcheck 在末端测试结果（C 相）

由于末端三相电缆距离过近，高频 TA 难以卡在 A 相本体上进行测量，因此在这一侧只能采集 A 相信息。从图 1、图 2 中可以看出，该条电缆 C 相存在一定程度的内部放电，但放电幅值不大。可能为疑似局部放电信号随距离衰减所致。由于局部放电信号较弱，对其进行提纯后进行模式识别，如图 4～图 7 所示。

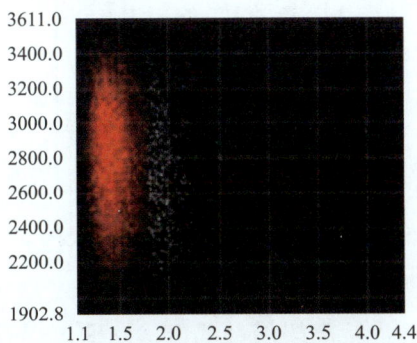

图 4　局部放电信号 TF 谱图

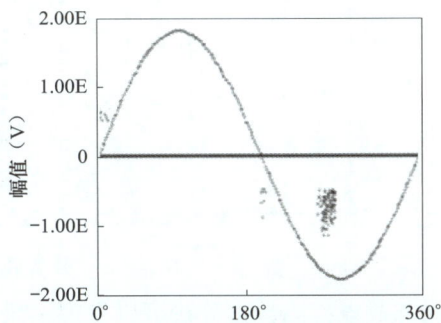

图 5　局部放电信号时域散点图

图 6　局部放电信号波形图

图 7　局部放电信号频谱图

由图 4 可见，按时频将局部放电脉冲信号分成两类，其中白色部分对应的放电谱图如图 5 所示，其放电主频为 2MHz 左右，由放电谱图以及放电波形图 6 可见，该局部放电集中在负半轴上。

为了检测及定位局部放电源，检测组采用 OWTS 进行离线诊断，如图 8 所示。从图 9 中可以看出，该条电缆的局部放电点非常集中，均为距离首端 212m 处的接头。在 U_0 电压下，A 相在首端与 212m 处均有局部放电，最大放电量约为 130pC；B 相仅在首端处有局部放电，最大局部放电量约为 240pC 采用振荡波加压法测试局部放电时，需要指出的是，对于定位在测试端终端头的局部放电信号可能因为高压线夹处在一定电压下激发表面放电，从而引入到测试过程中影响了对真实局部放电位置的判断，结合高频局部放电得检测结果，故排除终端头产生

图 8　10kV 路灯供电电缆振荡波测试现场

671

局部放电的可能；C 相在 212m 处有局部放电，与前述判断一致，最大放电量约为 180pC。当电压等级升至 $U_0 < U < 1.7U_0$ 范围内，A、C 相放电幅值、次数均急剧上升，A 相最大值达到 2379pC，C 相最大放电幅值达到 2000pC。

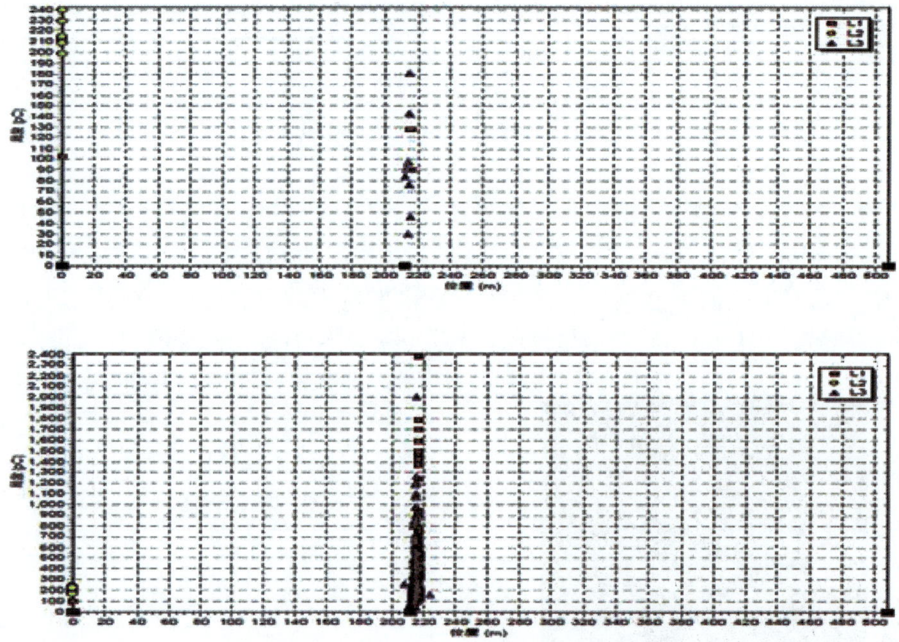

图 9   振荡波局部放电测试结果

结合高频局部放电检测数据分析可以发现，采用 OWTS 进行离线局部放电诊断通过提升试验电压能够较好检出因绝缘内部缺陷过于微小难以暴露在正常运行电压下的隐患。

联合诊断结果表明，该条线路存在较严重缺陷，制定检修策略为：更换距离测试首端 212m 处接头。

图 10   接头一侧 1m 处电缆剖面

5 月 22 日，赴疑似缺陷现场进行消缺处理，打开电缆沟盖板后，发现此段电缆为排管、电缆沟混合敷设方式，在采用电缆识别仪对缺陷电缆识别后，为确保安全，在距离疑似缺陷接头 1m 处从外护套沿径向打入一接地钢钉，发现有水渗出，在该处切割后发现线芯严重受潮（见图 10）。由于该段电缆两侧均为管群，考虑到后期试验室二次电气测试及解剖的要求，为防止在管群内拖拽损伤电缆接头，在距离中间接头一侧 1m 处开断后将另一侧电缆从管群内抽出 10m 并进行开断（见图 11），发现该处电缆线芯依然严重含水，且铜屏蔽、铠装层严重锈蚀。

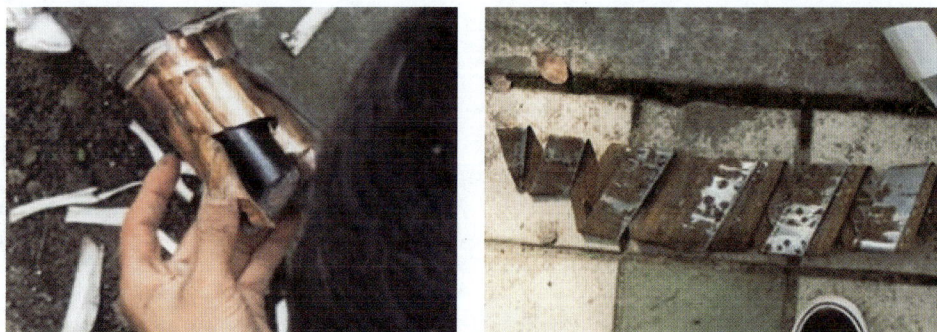

图 11   接头对侧 10m 处电缆开断现场

为验证在现场检测准确度和有效性，将截取的电缆线路带回试验室进行二次测量。

（1）实验室局部放电检测。将截取的线路部分进行局部放电检测（见图 12），检测结果见表 1。

图12 现场截取样品实验室内局部
放电测量现场

表1　　　　　实验室局部放电检测结果

相别	PDIV	$1.7U_0$
A	9kV（42.5pC）	＞858pC
B	12kV（38.5pC）	60pC
C	9kV（58.1pC）	722pC

从测试结果可以看到，三相均产生局部放电现象，其中B相的放电现象轻微，且B相的局部放电起始电压为12kV高于U_0。由表1可见，A、C相的局部放电起始电压均低于B相，同时，A、C相的最大放电量均高于B相，与现场结果基本一致。

（2）接头解剖检查。解剖过程发现三相接头浸水严重，接头内个各层绕包带材均潮湿含水，剖开绕包带，预制件外表面有明显水渍。预制件端部与电缆本体的界面潮湿，铜屏蔽层发生严重的锈蚀。同时，预制件内外电极附近均发现明显放电痕迹（见图13），这可能是长时间运行以及内部浸水导致预制件材料劣化，自身弹性握紧力松弛，导致复合界面压力下降，绝缘强度降低，复合界面缺陷部位电场畸变产生放电，并逐步造成附近区域绝缘材料的降解与碳化。

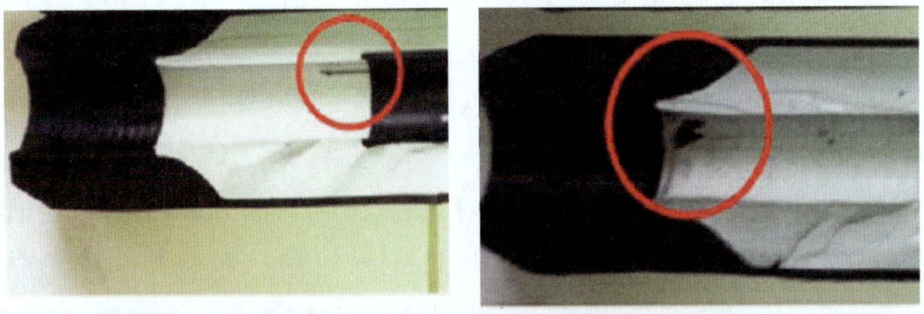

图13　A、C相接头预制硅橡胶绝缘内表面放电痕迹

经验体会

（1）中间接头应具备密封防潮、绝缘、均匀电场三大作用，由于其结构复杂，且存在绝缘界面，受施工工艺水平的影响，易产生不同类型的绝缘缺陷，导致局部电场畸变，进而引发绝缘的快速击穿，是电缆线路的绝缘薄弱点，也是故障高发部位。中间接头密封不良，投入运行后使绝缘内部受到潮气、水分的侵蚀，引起绝缘材料劣化。应高度重视电缆通道的防水工作，避免中间接头浸泡于积水内。

（2）高频局部放电带电检测不影响供电可靠性，是日常运维检缺的有效手段，但也存在难以定位局部放电源，难以按照IEC标准精确量化局部放电水平的问题。此外，运行电压下微小的潜在性缺陷难以通过局部放电形式表征，因此采用高频局部放电可对电缆线路普测，在发现疑似局部放电信号时，应结合阻尼振荡波在离线阶段实现局部放电量的检测及定位，并及时消除隐患。

检测信息

检测人员	国网湖北省电力公司电力科学研究院：杨帆、张耀东
检测仪器	TechImp公司高频局部放电测试仪（PDCheck）、sebaK-MT阻尼振荡波局部放电检测系统
测试环境	温度34℃、相对湿度92％

6.4.1 高频、超声波局部放电检测发现 220kV 朝阳门变电站 1 号主变压器电缆终端应力锥放电

🔹 案例简介

2013 年 1 月 29 日，检测人员发现 220kV 朝阳门变电站 1 号主变压器 110kV B 相变压器侧电缆终端存在高频局部放电信号，随后组织相关人员对 B 相电缆终端进行了超声波局部放电定位，依据带电检测情况与分析结果，确定定位放电点集中在尾管中部外侧位置，考虑到局部放电信号的串扰影响，对 1 号主变压器侧和 GIS 侧电缆终端进行了更换，并对更换下来的设备开展解体分析工作。使用特高频在 1 号主变压器 110kV 电缆 B 相上同样可以测得异常信号，在 110kV B 相电缆处信号最大，且特高频信号的形态也与高频信号的形态类似。

🔹 检测分析方法

（1）超声波定位测试数据。对 1 号主变压器 110 kV 侧 B 相电缆仓进行超声异常定位，如图 1 发现超声波幅值较小且定位点集中在底部中央位置，初步判断放电点位于电缆终端内部。

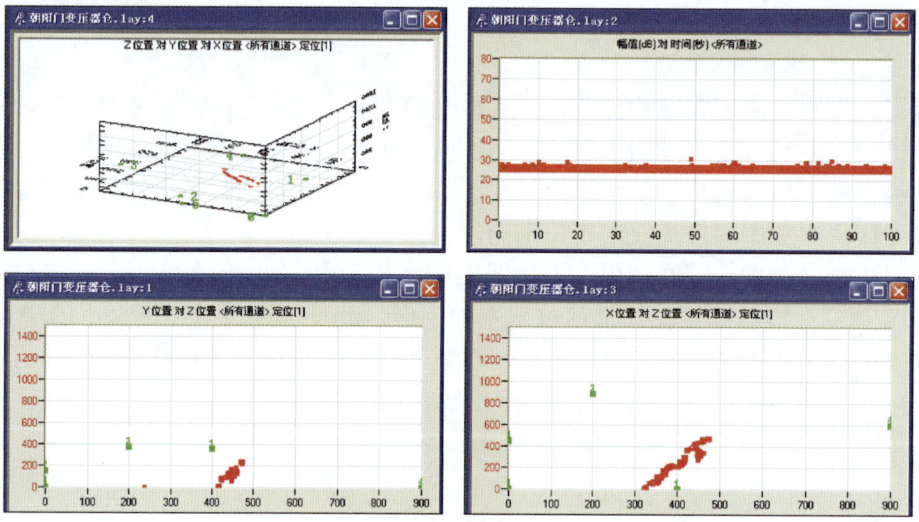

图 1　1号主变压器 110kV 侧 B 相电缆仓测试情况

随后，对 1 号主变压器 110 kV 侧 B 相电缆尾管进行超声波异常定位，如图 2 发现超声幅值有明显增加，最后定位放电点集中在尾管中部外侧位置。

从放电位置分析，可确定放电源位于电缆终端，如图 3 所示，排除了与变压器连接线的放电，进一步定位放电点位于电缆终端尾管处。该处是电缆外屏蔽接地的位置，电场强度较低，可能由地电位放电引起。

将应力锥拆下后，检查发现主绝缘管内口部留有三处放电痕迹，如图 4 所示，爬电方向为从应力锥口向应力锥内方向，放电痕迹如图 5 所示。

经解体测量发现电缆剥削外半导电位置距应力锥口 83mm，应力锥内喇叭口位置距应力锥口 76mm，电缆外半导电位置超过应力锥喇叭口位置，红色线位置为正确电缆外半导电剥削位置，如图 6 所示，实际情况不符合安装工艺要求。

经检查发现，应力锥内电缆外半导电层表面附着一层黏稠物质，利用万用表测量电缆外半导电层外侧直流电阻为无穷大，测量情况如图 7 所示。

图 2　1号主变压器 110 kV 侧 B 相电缆尾管定位情况

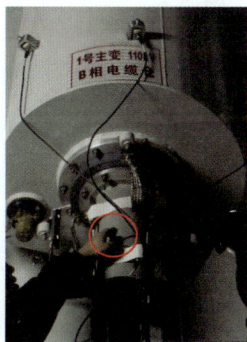

图 3　定位点部位示意图

图 4　接地线与内绝缘放电痕迹

图 5　主绝缘管内部放电痕迹

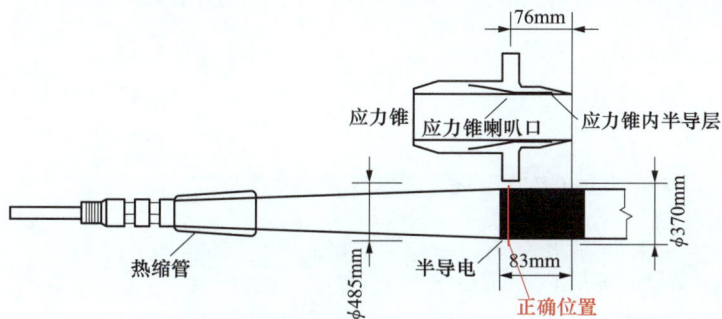

图 6　应力锥安装位置示意图

图 7　电缆外半导电层直流电阻测试情况

利用 2500V 绝缘电阻表测试结果为 48 000MΩ，外半导电层外表面呈现绝缘特征。

（2）电缆本体进油的原因分析。电缆终端瓷套管内壁和电缆外护套残留油样成分和变压器油相近，说明变压器油在运行中通过电缆终端进入到了电缆本体，间接证明了运行中电缆终端套管存在裂纹，变压器油通过套管裂纹进入。

从雪力克电缆结构以及现场检查来看，电缆终端瓷套管上部、均压罩和导体之间有双层密封结构，油不会从套管顶部导体渗入；瓷套管下部应力锥与尾管之间良好密封，未见油渍，油也不会从应力锥外部进入护套。

正常情况下，应力锥与电缆紧密配合和两者间的界面压力能够承受电缆套管内的油压，保证套管内的油不进入电缆本体。但当电缆终端瓷套管有裂缝，电缆桶内的变压器油进入瓷套管内，在变压器油压的作用下，应力锥与电缆配合的界面压力减少甚至消失，变压器油由应力锥与电缆界面进入，最终有大量变压器油进入到电缆外护套。

（3）局部放电原因分析。从雪力克电缆应力锥结构分析：正常运行情况下，应力锥内的半导电喇叭口通过电缆外半导电层接触接地，应力锥金属法兰与应力锥半导电喇叭口不连接，金属法兰通过两根细接地

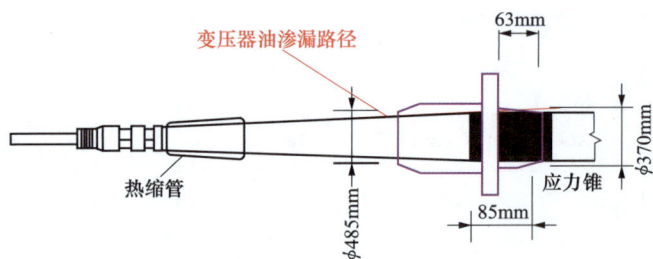

图 8　变压器油渗漏路径示意图

线钳制地电位。一般的电缆设计此处的场强很低，电位基本是地电位。所以正常时，钳制悬浮电位用较细的地线即可。现在从解剖的照片可见，两根细地线与应力锥外表面接触部位发生放电，同时应力锥内表面沿着半导电断口向应力锥下端口有爬电痕迹，说明应力锥内外表面放电位置均存在电位差。

通过测量应力锥接触的电缆外半导层电阻为绝缘，可以推断由于渗漏油原因在电缆外半导电层与应力锥内半导电层间形成油膜，破坏了应力锥内半导电喇叭口均压结构，应力锥半导体结构在较强电场作用下形成悬浮电位，分别造成应力锥外表面与接地小辫之间放电，应力锥内侧半导电与电缆外半导电层之间爬电。

另外，需要说明的是在解体应力锥测量电缆尺寸时发现，电缆外半导电层安装位置超过应力锥口6mm，与应力锥设计图位置不符，属于安装工艺问题，但由于电缆外半导电曾外覆盖油膜，未造成外半导电与高压导体之间的爬电闪络。

（4）套管断裂原因分析。部分套管瓷块瓷质孔隙性试验（吸红试验）合格，说明瓷质烧结程度无问题。因厂家不能提供套管出厂形式试验数据且无法获得施工图纸与记录，有可能是套管安装过程中产生的应力释放或瓷质套管原来存在裂纹等原因所致。

经验体会

（1）对于变压器电缆终端尾部放电缺陷，超高频、高频局部放电检测手段均能有效发现，同时应用超声波定位手段可以有效定位电缆仓附近局部放电信号来源，有利于指导设备检修。

（2）对于接地线附近局部放电现象使用暂态地电压仪器检测数据与高频、特高频检测数据在形态上基本一致，使用 PDT-110 的定位功能对该信号源进行查找，水平位置可以确定在 1 号变压器 110kV B 相附近，垂直位置由于高度限制只能确定来自 1 号主变压器上部，并不能确定信号源是否位于变压器内部或电缆内部。

检测信息

检测人员	国网北京市电力公司电力科学研究院：刘弘景（33 岁）、方烈（43 岁）、张振兴（27 岁）
检测仪器	DMS 特高频局部放电检测仪、Lecroy 高速示波器、Micro II 变压器超声波局部放电定位仪
测试环境	温度 26 ℃，相对湿度 61 ％，大气压强 101.2 kPa

6.4.2　特高频及超声法联合检测发现 220kV 静宜变电站开关柜局部放电

案例简介

国网上海市电力公司检修分公司 220kV 静宜变电站 35kV 开关柜是厦门 ABB 公司产品，2006 年 6 月投运。2013 年 3 月 22 日 16：00，检修公司状态巡检人员在静宜站带电检测巡检中发现宜连 7144、宜美

7145 开关柜局部放电异常。通过超声、特高频法、高频法联合测量和定位分析，确定放电点在宜连 7144、宜美 7145 间隔中间的母线侧 C 相。随后，立即申请停电处理该缺陷。

检测分析方法

检测人员首先用特高频传感器在开关柜的玻璃观察窗口进行测量，当检测到 35kV 开关室内宜美 7145 开关柜是检测到明显特高频放电信号，如图 1 所示。

随后，将三个超高频传感器分别布置在 35kV 1 号主变压器一段、宜美 7145 母线、宜连 7144 母线三个开关柜的顶部缝隙处，如图 2 所示。通过各传感器检测信号之间的时差对放电源位置进行定位分析。其中宜连 7144 与宜美 7145 开关柜顶部两传感器检测特高频局部放电信号如图 3 所示。

图 1　宜美 7145 开关柜特高频局部放电信号

图 2　超高频传感器布置图

由图 3 的信号可知，可初步判断局部放电信号源应位于宜连 7144、宜美 7145 开关柜之间的区域。

采用超声波传感器沿着开关柜的各处缝隙处检测，发现在宜连 7144、宜美 7145 间隔中间的母线侧的信号最大，因此通过现场初步分析，判断信号来自宜连 7144、宜美 7145 间隔中间的母线区域附近。

为缩小缺陷范围，方便检修处理，检测人员采取高频电流传感器（HFCT）对开关柜出线电缆进行局部放电检测，以确定信号来自哪一相的设备。在检测三相电缆上高频局部放电信号时布置一个特高频传感器，作为参考放电信号，以确定检测的是同一个放电信号。电缆上高频传感器布置如图 4 所示，现场检测

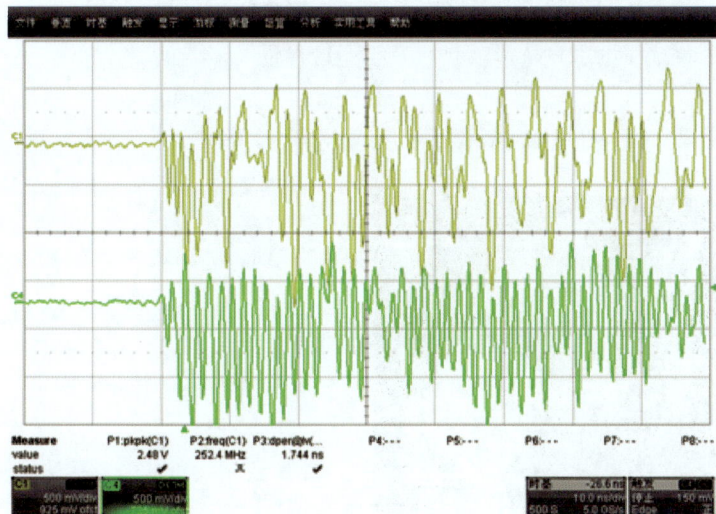

图 3　宜连 7144 与宜美 7145 开关柜顶部两传感器特高频局部放电信号

图 4　高频传感器布置图

信号如图5所示。

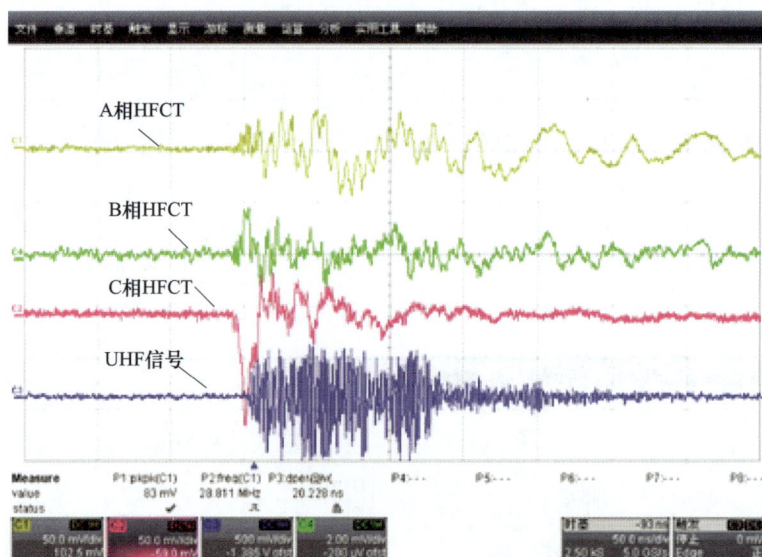

图5 电缆层高频局部放电信号

由图5所示，C相电缆的高频局放信号明显与A、B相高频局放信号反相，而且信号幅值也最大。因此，可判断放电点位于C相。

因此，通过以上分析可判断，放电点位置位于宜连7144、宜美7145间隔中间的母线侧C相区域。

❖ 经验体会

（1）特高频、超声波局部放电检测法是检测、诊断开关柜内部放电缺陷比较有效的方法。

（2）超声波、特高频与HFCT多种手段联合检测分析能有效确定开关柜局部放电的位置，有利于提高检测的准确性，提高检修处理效率。

❖ 检测信息

检测人员	国网上海市电力公司检修分公司：俞燕乐（32岁）、朱珺（32岁）、邱毓慜（27岁）、冯远程（32岁）
检测仪器	PDS-G2500局部放电检测与定位系统（生产厂家：上海华乘电气；技术参数：4通道，可接特高频、超声信号或高频信号，检测带宽：高频：500～1500MHz；超声：20～300kHz；HFCT：500kHz～30MHz）
测试环境	温度10℃、相对湿度63%、大气压101kPa

6.4.3 局部放电检测发现 110kV 城中变电站繁荣Ⅱ线 195 开关柜出线电缆放电

案例简介

国网江苏省电力公司淮安供电公司变电检修室 2013 年 6 月 19 日对本公司 10kV 开关柜进行低电波 (TEV) 和超声波局部放电检测，检测人员在使用超声波检测模式过程中，发现 110kV 城中变电站繁荣Ⅱ线 195 开关柜后下部超声值为 24dB，与其他间隔比较明显异常，存在明显超声放电声，经过重复检测定位，申请停电后，检查发现繁荣Ⅱ线 195 开关柜出线电缆存在明显的放电痕迹。初步分析原因为电缆头与母排搭接时，A、B 相电缆根部间距不足，触碰在一起，绝缘距离不足，导致放电。

检测分析方法

（1）开关柜低电波检测。使用 UltraTEVLocator 多功能局部放电检测仪对该变电站开关柜进行低电波检测，对该开关室低电波（TEV）检测时，背景 TEV 幅值较大（最大为 13dB），说明现场存在一定的干扰，所检测开关柜上 TEV 值最大为 15dB，与背景比较，无明显异常，低电波检测幅值均在正常范围内。检测结果见表 1。

表 1　　　　　　　　　　　　　开关柜低电波检测结果

开关柜名称/编号	空气中 TEV 读数：5dB									
	TEV 检测（dB）									
	前部				后部					
	中		下		上		中		下	
	幅值	脉冲	幅值	脉冲	幅值	脉冲	幅值	脉冲	幅值	脉冲
Ⅰ段母线电压互感器	15	64 000	14	64 000	13	64 000	14	64 000	14	64 000
1 号电容器 105	12	64 000	13	64 000	12	64 000	13	64 000	12	484
1 号接地变压器 103	13	64 000	13	64 000	8	0	14	64 000	12	64 000
繁荣Ⅰ线 185	14	64 000	12	64 000	15	64 000	13	64 000	12	64 000
昆仑 186	15	64 000	13	64 000	17	72	12	64 000	13	64 000
新华 187	13	64 000	13	64 000	11	64 000	13	64 000	15	64 000
新亚 188	13	64 000	14	64 000	13	64 000	12	64 000	13	64 000
繁荣Ⅱ线 195	11	146	14	64 000	15	64 000	14	64 000	11	20
工农Ⅱ线 194	12	64 000	13	64 000	13	64 000	13	64 000	13	64 000
2 号主变压器 102	13	64 000	13	64 000	13	64 000	11	64 000	12	64 000
路灯Ⅱ线 193	13	64 000	13	64 000	12	64 000	13	64 000	13	64 000
淮海西Ⅱ线 192	14	64 000	15	64 000	13	64 000	13	64 000	10	64 000
人民Ⅱ线 191	11	5600	13	64 000	12	64 000	13	64 000	11	64 000
淮海东Ⅱ线 190	13	64 000	14	64 000	12	64 000	13	64 000	13	64 000
母联 110	11	64 000	13	64 000	13	64 000	13	64 000	12	64 000
母线隔离柜	13	64 000	14	64 000	14	64 000	14	64 000	13	64 000
淮海东Ⅰ线 180	12	2240	13	64 000	13	64 000	13	64 000	14	64 000

（2）开关柜超声波局部放电检测。技术人员随后使用同一台检测仪器，检测模式改为超声波检测方式，检测发现繁荣Ⅱ线 195 后柜门中下部超声放电达到 24dB，而其他开关柜超声波放电至为 −3dB 左右，明显存在异常，检测人员高度重视，对该柜子进行了复测，复测结果见表 2，通过超声转换耳机，能够听到"咝咝"明显的放电声。

表 2　　　　　　　　　　　　　　　　　　开关柜超声波局部放电检测数据

空气中超声读数：−3dB			
开关柜名称/编号	超声检测及定位（dB）		备注
	前部	后部	
Ⅰ段母线电压互感器	−4	−4	
1号电容器105	−4	−4	
1号接地变压器103	−3	−4	
繁荣Ⅰ线185	−4	−3	
昆仑186	−5	−4	
新华187	−4	−5	
新亚188	−5	−3	
繁荣Ⅱ线195	−6	中下24	存在明显异常
工农Ⅱ线194	−4	−5	
2号主变压器102	−3	−4	
路灯Ⅱ线193	−4	−3	
淮海西Ⅱ线192	−5	−4	
人民Ⅱ线191	−4	−3	
淮海东Ⅱ线190	−5	−4	
母联110	−4	−3	
母线隔离柜	−5	−4	
淮海东Ⅰ线180	−4	−3	

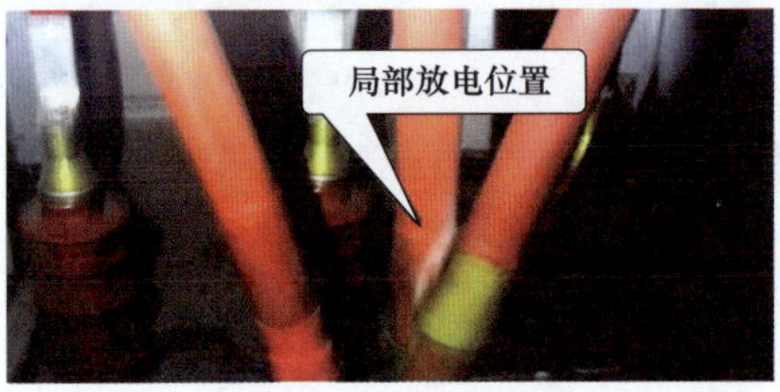

图1　放电痕迹

（3）检查处理。根据测试结果，可以初步判断局部放电异常部位为繁荣Ⅱ线开关柜后柜中下部。工区随即上报缺陷，并停电对开关柜进行检查，检修人员打开开关柜柜门后检查发现，繁荣Ⅱ线出线电缆A、B相触碰在一起，在触碰处周围5mm²范围内存在明显的放电痕迹，如图1所示。

为了彻底解决问题，工区安排检修人员对电缆进行拆除，旋转一定角度后，控制好A、B相足够间距后，重新搭接电缆头，并对电缆进行了绝缘诊断试验，试验合格。

（4）复测。恢复送电后，工区安排厂家技术人员对该开关柜进行超声波局部放电复测，复测结果正常。数据见表3。

（5）结论。造成此电缆缺陷的根本原因是，施工人员在进行电缆搭接时，没有调整好电缆头三相的距离，电缆头根部A、B相间触碰，引起局部放电。

表3　　　　　繁荣Ⅱ线超声波局部放电复测结果

空气中超声读数：−3dB			
开关柜名称/编号	超声检测及定位（dB）		备注
	前部	后部	
繁荣Ⅱ线195	−6	−4	测试合格

🔹 经验体会

（1）地电波（TEV）检测技术对室内开关柜类设备的局部放电检测较灵敏，同时要求检测人员的具备较高的专业水平和分析能力，操作时符合规范。对开关柜内设备的绝缘内部局部放电缺陷反映灵敏。

（2）超声波检测技术对开关柜内设备外表面绝缘放电较为灵敏，尤其是能够有效测出绝缘体表面爬电、设备紧固螺栓松动等放电现象。

（3）超声波检测时耳机放电倍率应尽可能大，确保细小的局部放电也能够检测到。

（4）停电检查前必须制定行之有效的试验方案，考虑所有的可能性，针对每一个环节进行细致排查。检查处理完成后应该对设备进行复测，以确保处理的效果。

检测人员	国网江苏省电力公司淮安供电公司变电检修室，谢剑锋（32 岁）
检测仪器	UltraTEVLocator 多功能局部放电定位仪、ST-200 电缆串联谐振耐压测试装置
测试环境	温度 26.4℃、相对湿度 55%

6.4.4 振荡波法和故障测寻检测发现 110kV 河南东路变电站 10kV 河展一线电力电缆中间接头受潮

案例简介

国网新疆电力公司乌鲁木齐供电公司 110kV 河南东路变电站 10kV 河展一线出线电缆，型号 ZR-YJV22-8.7/15-3×400，长度 750m，2011 年 3 月生产，2011 年 8 月 1 日投运。2012 年 8 月 24 日，检测人员对此电缆线路用振荡波检测法发现加压至 17kV 时击穿，计算机屏显"接线错误"。随后采用故障测寻的方式对击穿处进行精确定位约 350m 处的一个中间接头有放电现象，将该接头重新制作，交接试验合格，再次检测无异常，恢复送电。

图 1　0kV 下背景噪声检测图

检测分析方法

2012 年 8 月 24 日，检测人员对 10kV 河展一线电缆进行振荡波检测，试验前电缆 A、B、C 三相主绝缘电阻值均大于 2000MΩ。0kV 下背景噪声为 900～1000pC，干扰较大，背景噪声检测情况如图 1 所示。

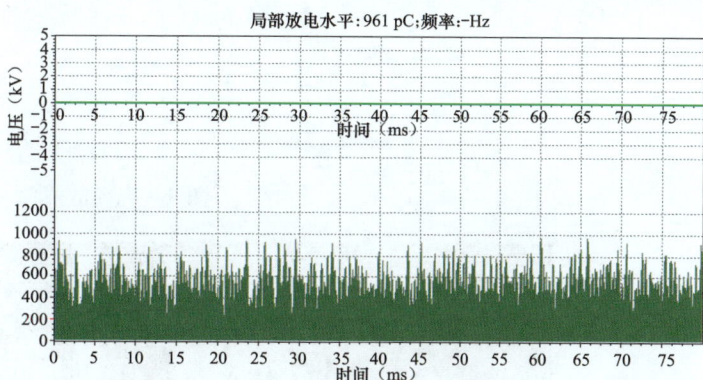

校准波形 1000pC，与背景噪声相吻合，即 1000pC 以下局部放电探测受干扰影响大，如图 2 所示。

测试电压加至 17kV 击穿后再次加压时系统出现的错误提示如图 3 所示。

在电缆被击穿前的任一振荡波电压下，该套仪器均未检测出击穿处的集中局部放电。但在加压至一定值时，发生了击穿性的放电，并且该电压值小于规程要求的加压值。采用故障测寻的方式对击穿处进行精确定位约 350m 处的一个中间接头有放电，如图 4 所示。

随后对该电缆中间接头进行解体，发现 A 相电缆中间接头主绝缘沿面有不同程度的爬电痕沟，爬电痕沟中存在大量水汽，且呈树枝状，如图 5 所示。分析诊断为电缆中间接头部位进水受潮，水分侵入到交联聚乙烯主绝缘表面，导致该处爬电距离不足，引发树枝状局部放电，加速主绝缘横向、纵向老化并最终击穿。将该接头重新制作，交接试验合格，再次检测无异常，恢复送电。

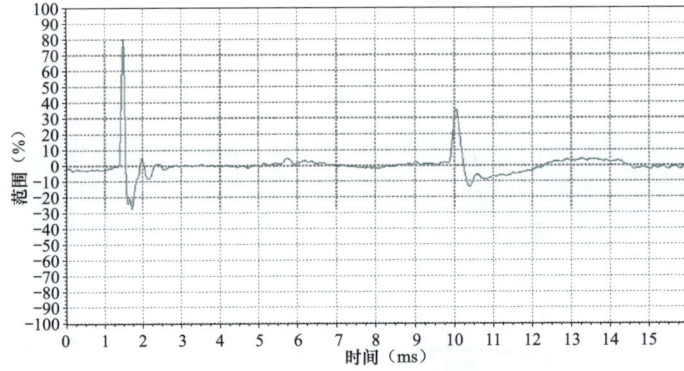

图 2 1000pC 时波形校准图

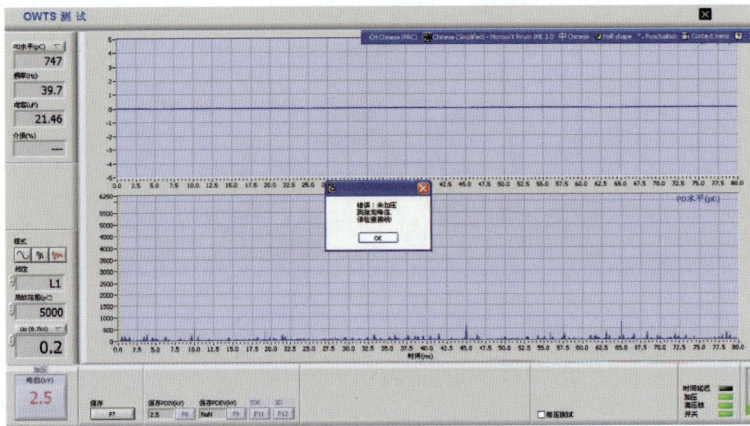

图 3 电缆击穿时仪器显示图

距离值
350.50m
采样频率
40.0MHz
介质速率
172.00m/μs

图 4 电缆故障测寻图

图 5 电缆中间接头解剖图

经验体会

类似本案例中电缆受潮缺陷，电缆振荡波测试无法检测到集中局部放电。建议在实际测试过程中补充开展故障测寻工作，形成技术互补，提高缺陷的检出率。

检测人员	国网新疆电力公司乌鲁木齐供电公司：李超（29 岁）、张朦（29 岁）。 国网新疆电力公司电力科学研究院：庄文兵（30 岁）、张小军（28 岁）、郑子梁（31 岁）
检测仪器	指针式绝缘电阻表〔（3122）日本共立，5000～10 000V〕；电缆局部放电诊断与定位系统（OWTS M28-S-LAN 德国赛巴，28kV）；电缆故障闪测仪（RDL-7 西安锐驰电气）；直流高压试验电源（ZGH40 上海慧东电气设备）
测试环境	温度 31℃，相对湿度 30%，大气压 91.4kPa

6.4.5 超声波局部放电及暂态地电压检测发现 110kV 相思湖变电站 10kV 电缆放电

案例简介

国网新疆电力公司巴州供电公司 110kV 相思湖变电站 10kV 电力电缆，型号为：ZRYJLV22-3×150-10，生产日期：1999 年 10 月 25 日，投运日期：2002 年 8 月 15 日。2013 年 3 月 12 日检测人员用超声波局部放电检测仪发现 10kV 母联 1050、2 号电容器 102R 开关柜内存在放电信号。用超声波局部放电、暂态地电压测试仪跟踪复测，发现 102R 开关柜后柜下方存在局部放电缺陷。停电检查发现 C 相电缆与母排接触不紧密，导致电缆外护套发热，电缆产生局部放电。重新制作电缆头，交接试验合格后送电，局部放电检测无异常。

检测分析方法

2013 年 3 月 12 日检测人员使用超声波局部放电检测仪发现 10kV 母联 1050 开关柜、2 号电容器 102R 开关柜后柜下部有明显放电声且幅值较大，超过规程规定的缺陷值 10dB，数据见表 1。2013 年 3 月 15 日使用超声波局部放电和暂态地电压检测，测试数据见表 2。

表 1　　超声波局部放电检测数据

开关柜名称	有无异音	幅值	标准
1050 开关柜	有	12dB	<10dB
102R 开关柜	有	15dB	<10dB

表 2　　　　超声波、暂态地电压局部放电检测仪联合检测数据　　　　　dB

开关柜名称	暂态地电压检测（相对值）						超声波局部放电检测	
	前上	前中	前下	后上	后中	后下	有无异音	幅值
1015	13	12	13	12	13	12	无	4
1050	13	14	14	14	15	13	有	12
102R	24	25	26	24	28	31	有	16
101R	13	13	12	13	12	13	无	6

标准：暂态地电压正常值<20dB、超声波测试正常值<10dB。

通过表1、表2看出，102R开关柜超声波局部放电测试数据均超过规程规定的缺陷值10dB，暂态地电压测试数据超过规程规定的缺陷值20dB，而1050开关柜超声波局部放电检测出幅值较低的放电声音，

图1　C相绝缘损坏照片

暂态地电压测试合格，由此判断1050开关柜的放电声音是由102R开关柜下部传过来的，102R开关柜可能存在局部放电缺陷。此开关柜为手车式开关柜、底部为电缆出线，初步判断此柜内电缆或者支柱绝缘子存在放电现象。随即对102R开关柜进行停电检查，发现102R开关柜内出线电缆头C相发黑，接线鼻子处有明显碳化迹象，如图1所示。

检查发现C相电缆与母排接触不紧密，导致电缆外护套发热，电缆产生局部放电。对电缆进行诊断性试验，A、B相电缆绝缘电阻值合格，C相电缆绝缘电阻值偏低，C相电缆进行交流耐压试验击穿。重新制作电缆头后，恢复送电，带电检测数据合格，检测结果见表3。

表3　　　　　　　　　超声波、暂态地电压局部放电检测仪联合检测数据　　　　　　　　dB

开关柜名称	暂态地电压检测（相对值）						超声波局部放电检测	
	前上	前中	前下	后上	后中	后下	有无异音	幅值
102R	13	12	13	12	13	12	无	2

标准：暂态地电压正常值＜20dB、超声波测试正常值＜10dB。

经验体会

（1）使用超声波、暂态地电压局部放电检测法对发现电缆局部放电缺陷是行之有效的，建议加强对运行年限较长的电力电缆进行局部放电检测。

（2）电缆发生局部放电的位置多见于电缆终端，在电缆终端制作及安装过程中，应严格执行电力电缆施工安装规范，建议安排人员对电缆终端制作过程进行旁站。

检测信息

检测人员	国网新疆电力公司巴州供电公司：赵勇（26岁）、徐晓山（27岁）。 国网新疆电力公司电力科学研究院：郑子梁（31岁）、张小军（28岁）、庄文兵（30岁）、朱章甫（36岁）
检测仪器	UP9000超声波局部放电测试仪、Ultra TEV Plus＋局部放电测试仪
测试环境	测试温度24℃、相对湿度30％

6.4.6 超声波局部放电和暂态地电压联合检测发现 110kV 金山变电站 10kV 电缆外绝缘局部放电

案例简介

国网新疆电力公司阿勒泰供电公司 110kV 金山变电站 10kV 开关柜，型号 XGN2-12，生产日期为 2012 年 8 月 12 日，投运日期为 2012 年 12 月 25 日。2013 年 3 月 21 日检测人员用暂态地电压和超声波局部放电检测仪在对 110kV 某变电站 10kV 开关柜例行带电检测时发现 10kV 二金线 1019 开关柜后下柜存在局部放电信号，复测结果显示该局部放电信号依然存在。停电检查，发现 10kV 二金线 1019 电缆出线电缆头安装工艺不规范，导致外绝缘损坏引起局部放电。经处理后缺陷已消除。

检测分析方法

2013 年 3 月 21 日，检测人员在对 110kV 某变电站 10kV 开关柜例行带电检测时，发现 10kV 二金线 1019 开关柜后下柜存在局部放电信号，测试结果见表 1。

表 1　　　　　　　　　　　　超声波、暂态地电压局部放电检测数据　　　　　　　　　　　　　dB

开关柜名称	暂态地电压测试数据（相对金属值）						超声波局部放电测试数据	
	前上	前中	前下	后上	后中	后下	后上	后中
1019 开关柜	1	2	0	4	3	6	17	3

注　超声波局部放电测试时采用 40kHz 非接触式模式，金属：10dB。

依据《新疆电力公司输变电设备带电检测试验规程》对测试数据分析：1019 开关柜后下柜存在较大幅值的局部放电信号，1019 开关柜后下柜与金属的相对差值为 6dB，在合格范围内。

2013 年 3 月 27 日，检测人员对该开关柜进行复测，复测结果见表 2。

表 2　　　　　　　　　　　　超声波、暂态地电压局部放电检测数据　　　　　　　　　　　　　dB

开关柜名称	暂态地电压测试数据（相对金属值）						超声波局部放电测试数据	
	前上	前中	前下	后上	后中	后下	后上	后中
1019 开关柜	0	2	1	2	2	5	16	18

注　超声波局部放电测试时采用 40kHz 非接触式模式，金属：10dB。

从表中可以看出，超声波信号存在异常。根据柜内结构判断开关柜后下部为电缆出线，有可能是电缆出线与铝排连接处螺栓松动引起局部放电。停电检查，发现 B 相出线电缆绝缘表层出现裂口，如图 1 所示，B 相电缆在安装过程中受到机械损伤致使电缆外护套破损，对电缆进行绝缘电阻测试，三相绝缘电阻均合格，B 相电缆交流耐压试验不合格。进一步对电缆头进行解体后发现电缆半导电层施工工艺不符合要求，未按要求将接地线焊接在铜屏蔽层上，如图 2 所示。

图 1　B 相电缆头上的裂口　　　　图 2　电缆制作工艺不佳

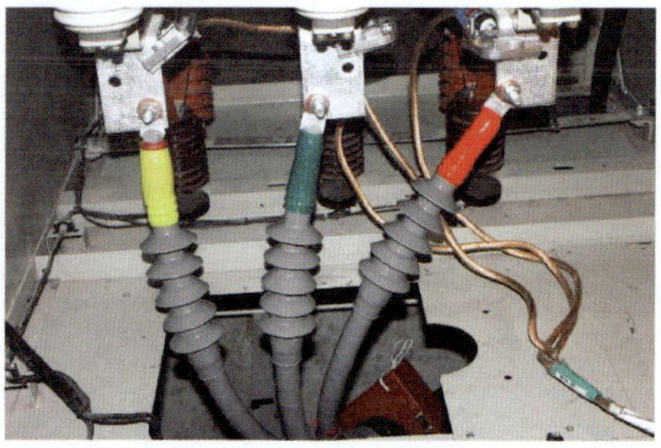

图 3　电缆处理后

对更换后的 10kV 电缆头进行各项试验，数据合格，处理后如图 3 所示。送电后对开关柜进行了局部放电检测，检测数据合格，见表 3。

表 3　　　　　　超声波、暂态地电压局部放电检测数据　　　　　　dB

开关柜名称	暂态地电压测试数据（相对金属值）						超声波局部放电测试数据	
	前上	前中	前下	后上	后中	后下	后上	后中
1019 开关柜	3	5	3	3	2	1	4	3

注　超声波局部放电测试时采用 40kHz 非接触式模式，金属：7dB。

经验体会

（1）从本案例可以看出电缆头制作安装工艺不规范，电缆在安装过程中受到机械损伤致使电缆外护套破损引起局部放电。应加强对施工单位现场管控，严格执行各项验收制度，确保设备零缺陷运行。

（2）超声波检测方法可以有效检测出在运电缆头局部放电缺陷，对电缆设备应严格按周期开展带电检测。

检测信息

检测人员	国网新疆电力公司阿勒泰供电公司：饶超沛（28 岁）、郭华伟（38 岁）、努尔兰别克（33 岁）。国网新疆电力公司电力科学研究院：郑子樑（31 岁）、庄文兵（30 岁）、张小军（28 岁）
检测仪器	Ultra TEV plus＋局部放电测试仪、Ultraprobe 9000 超声波局部放电检测仪
测试环境	温度 20℃、相对湿度 40％

6.4.7　超声波局部放电及暂态地电压联合检测发现 220kV 楼兰变电站 35kV 电缆头局部放电

案例简介

国网新疆电力公司吐鲁番供电公司 220kV 楼兰变电站 35kV 美汇一线电缆，型号 YJLV-38.5，1995 年 2 月出厂，1995 年 7 月年投入运行。2013 年 6 月 21 日，对 220kV 某变电站 35kV 开关柜带电检测时，发现 35kV 美汇一线柜内有异常信号。经多次检测，判断 35kV 美汇一线开关柜后柜下部位存在局部放电缺陷，且缺陷日趋严重。停电检查发现，A 相电缆头有放电痕迹，诊断试验数据不合格。电缆头重新制作送电后，设备正常运行，放电信号消失。

检测分析方法

2013 年 06 月 21 日，试验人员对 35kV 开关柜进行暂态地电压、超声波局部放电检测，发现 35kV 美汇一线、楼铁线、楼化一线开关柜检测数据超出规程要求，超声波检测局部放电信号明显，初步判断以上三个开关柜中存在局部放电缺陷，为进一步确定缺陷情况及位置，检测人员进行多次复测，测试数据见表1。

表1　　　　　　　　　　　　暂态地电压和超声波局部放电检测数据　　　　　　　　　　　　dB

测试时间	开关柜名称/编号	暂态地电压检测					超声波检测	
		前部		后部			前部	后部
		中	下	上	中	下		
2013-6-21 11：30	35kV 楼铁线	46	45	48	50	52	20	22
	35kV 美汇一线	48	45	49	51	54	23	28
	35kV 楼化一线	46	44	48	50	52	21	21
	金属值	18					—	—
	空气值	11						
2013-6-21 19：30	35kV 楼铁线	46	46	49	51	53	22	23
	35kV 美汇一线	48	46	51	52	57	26	31
	35kV 楼化一线	47	45	49	51	53	24	24
	金属值	18					—	—
	空气值	10						
2013-6-22 10：30	35kV 楼铁线	48	47	51	52	54	23	26
	35kV 美汇一线	49	48	52	53	58	27	34
	35kV 楼化一线	48	46	50	52	54	25	26
	金属值	18					—	—
	空气	10						

美汇一线开关柜后柜下部超声波异常声音明显，幅值较大、暂态地电压测试数据均高于邻近开关柜。综合分析判断，美汇一线开关柜后柜下部位置存在局部放电缺陷，结合开关柜结构，初步判断为出线电缆终端头存在缺陷。对比三次测试数据，发现缺陷情况较为严重，发展速度较快，随即进行停电检修。

检查发现，美汇一线出线电缆终端头 A 相表面有明显的放电痕迹，伞裙有龟裂现象，如图 1 所示。诊断试验发现绝缘电阻不合格，分析认为由于设备运行长达已有 18 年之久，气候环境恶劣，季节性温差大，致使设备老化速度较快。重新制作电缆头送电后，带电检测正常，缺陷消除。

图 1　美汇一线电缆头放电痕迹

经验体会

（1）通过此案例暴露出了电缆终端头冷缩套管抗老化、抗龟裂能力较差的问题。

（2）通过超声波、暂态地电压检测手段相结合可以及时发现设备局部放电缺陷，判断缺陷发展情况，制定合理的检修策略，提高电网设备运行可靠性。

（3）超声波与暂态地电压检测均能发现开关柜内局部放电缺陷，但超声波检测较暂态地电压对缺陷部位反映更灵敏，可以对缺陷进行准确的定位。

检测信息

检测人员	国网新疆电力公司吐鲁番供电公司：杨成刚（33岁）、苗永锋（28岁）、万奇峰（27岁）、岳万泉（25岁）。 国网新疆电力公司电力科学研究院：张小军（28岁）、郑子梁（31岁）、庄文兵（30岁）
检测仪器	UP9000超声波局部放电检测仪、UltraTEVPlus暂态地电压局部放电检测仪
测试环境	温度24℃、相对湿度40%、大气压力96.5kPa

6.4.8 超声波和暂态地电压联合检测发现110kV阿瓦提变电站35kV瓦塔线3573电缆局部放电

案例简介

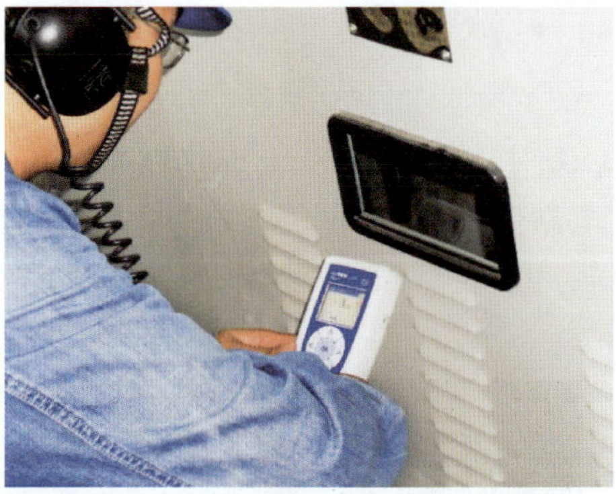

图1 3573开关柜后柜门处超声波检测

国网新疆电力公司阿克苏供电公司运维的110kV阿瓦提35kV瓦塔线3573电缆于2005年10月12日投入运行。2011年9月21日，检测人员使用超声波和暂态地电压检测仪对3573开关柜进行检测（见图1），发现后柜下部存在放电信号，通过超声波检测，确认放电信号源位于电缆三岔口处。9月30日对开关柜进行停电开柜检查，成功找到故障点，处理后放电信号消失，缺陷消除。

检测分析方法

采用超声波和暂态地电压局部放电检测仪对35kV开关柜进行检测，发现35kV瓦塔线3573开关柜信号较强，测试数据见表1。

表1 　　　　　　　　　　　　超声波、暂态地电压局部放电检测数据 　　　　　　　　　　　　dB

序号	开关柜名称	暂态地电压检测数据（相对金属值）						超声波检测数据	
		前上	前中	前下	后上	后中	后下	幅值	幅值位置
1	35kV瓦古线3572	0	0	4	4	8	12	4	后柜下部
2	35kV瓦塔线3573	5	3	10	8	13	21	27	后柜下部
3	35kV瓦乌线3574	0	1	4	3	8	15	6	后柜下部

注　暂态地电压空气值28dB，金属值32dB，超声波检测频率40kHz，环境温度15℃，相对湿度40%。

分析表1的测试数据，暂态地电压空气值28dB，金属值32dB表明在该高压室内有较强的背景噪声，瓦塔线3573后柜下部信号最强，相对金属值达到21dB。超声波局部放电检测瓦塔线3573开关柜后柜下部有放电信号,在做好安全措施情况下,检测人员进入电缆沟内进行超声波检测,超声波信号其幅值为27dB,发现电缆三岔口下坠(见图2),初步判断故障点位于电缆三岔口处。随后检测人员对该开关柜进行了连续2次跟踪复测,复测结果均显示电缆三岔口处存在局部放电缺陷。

停电检查发现3573电缆三岔口没有任何固定支撑措施,三岔口位于开关柜底部防火封堵材料下侧(见图3)。

检测人员分析放电信号来自于3573电缆头三岔口,由于未固定电缆三岔口,在重力作用下三岔口下坠,导致三相之间距离缩小,加之该电缆运行年限较长,绝缘强度有所下降,产生了局部放电。

检修人员将瓦塔线3573电缆三岔口提升并进行固定如图4所示。处理后试验人员对该电缆进行绝缘、耐压试验,试验合格,再次进行带电检测异常信号消失,缺陷消除。

| 图2 3573电缆三岔口 处超声波检测 | 图3 电缆三岔口未采取固定措施 | 图4 处理后的电缆三岔口 |

❖ 经验体会

(1)电缆安装工艺应严格按照规范要求施工,不规范的施工会造成局部放电,为了杜绝此类问题的发生,对电缆的安装和检修要进行严格验收,计划停电的电缆都要进行全面检查。

(2)超声波和暂态地电压局部放电测试仪操作方便、简单,能有效的发现开关柜内的放电缺陷。

❖ 检测信息

检测人员	国网新疆电力公司阿克苏供电公司:杨计强(30岁)、汪正刚(32岁)、周明(36岁)。 国网新疆电力公司电力科学研究院:庄文兵(30岁)、张小军(28岁)、郑子梁(31岁)
检测仪器	Ultra TEV Plus+局部放电检测仪
测试环境	温度15℃、相对湿度40%、大气压力0.1MPa

6.5.1 特高频法发现 110kV 仁和变电站 112 间隔 GIS 电缆终端内部空穴放电

🔷 **案例简介**

2013 年 9 月 12 日，在 220kV 仁和变电站进行状态监测工作时，检测人员发现 110kV GIS 112 间隔存在特高频异常信号。复测后确定 112 间隔 GIS 电缆仓内 B 相电缆终端存在空穴放电，经过检查发现其环氧套管内部存在空穴。

图 1 112 间隔实际设备图（该 GIS 绝缘盆子采取了金属全封闭结构）

🔷 **检测分析方法**

（1）112 间隔实际设备如图 1 所示。

（2）2013 年 8 月 26 日、9 月 12 日，分别对 112 间隔进行了检测，检测数据如图 2 所示。

（3）示波器定位结果如图 3 所示。

（4）分析及处理过程。

1）通过对比各间隔检测图谱，可以确定缺陷位于 112 间隔；

2）通过观察检测图谱可以确定该缺陷为绝缘内部缺陷，即空穴类缺陷；

3）通过使用示波器进行定位，可以确定该缺陷位于 112 电缆仓下部，即实际设备图红圈处；

4）对三相高频检测图谱进行对比，可以发现 B 相检测信号与 A、C 两相反相，因此缺陷位于 B 相；

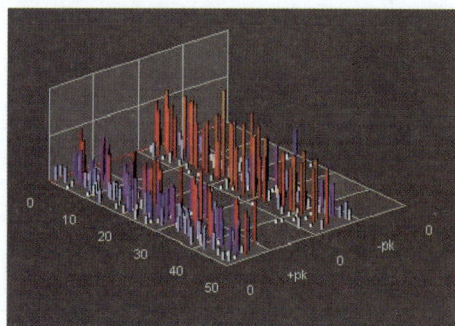

2013年8月26日112A相电缆终端

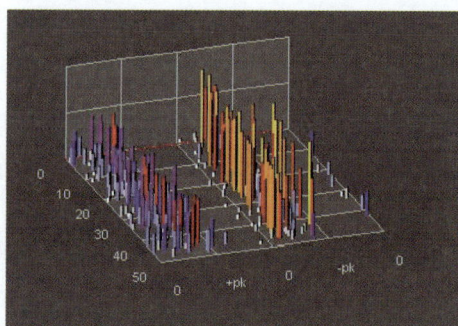

2013年9月12日112A相电缆终端

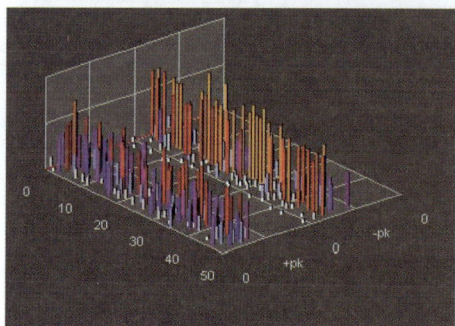

2013年8月26日112B相电缆终端

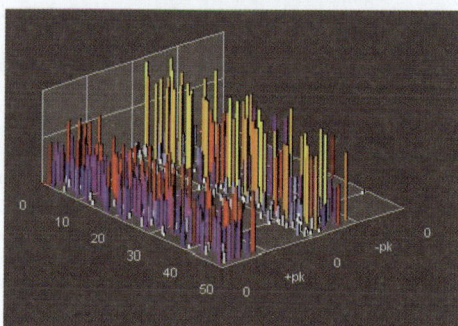

2013年9月12日112B相电缆终端

图 2 112 间隔特高频检测数据（一）

2013年8月26日112C相电缆终端　　　　　　　　2013年9月12日112C相电缆终端

2013年8月26日112B相电缆终端PRPD图　　　　　2013年9月12日112B相电缆终端PRPD图

图2　112间隔特高频检测数据（二）

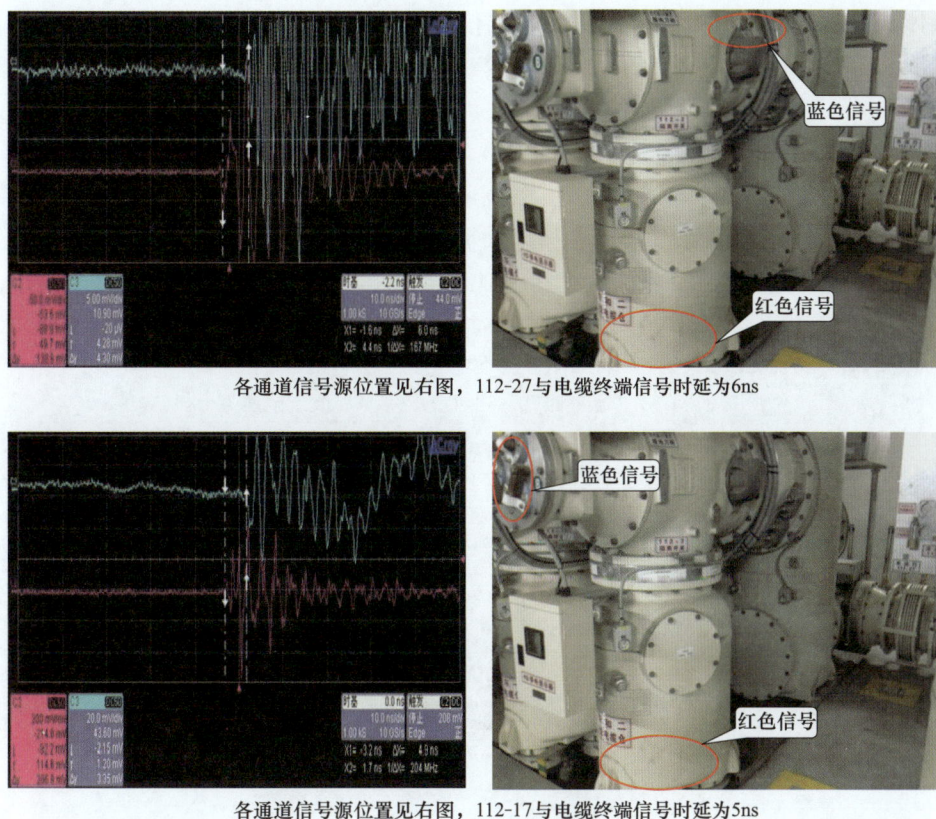

各通道信号源位置见右图，112-27与电缆终端信号时延为6ns

各通道信号源位置见右图，112-17与电缆终端信号时延为5ns

图3　示波器定位及各通道实际位置图

5）将特高频与高频信号进行对比，可以确定检测到的为同一信号；

6）将上述检测结果结合设备的实际内部结构，最终确定112电缆终端绝缘部分存在空穴放电。

确定原因后，对存在缺陷的设备进行了更换，通过实验发现该电缆终端环氧套管存在缺陷，随后使用X射线透视仪对该环氧套管进行了检测，结果如图4所示。

图 4　X 射线透视仪检测结果

（a）环氧套管 TA 扫描轴向重建图（箭头所指位置存在空穴）；（b）环氧套管 TA 扫描断面图（虚线所指位置存在空穴）

通过 X 射线扫描，发现该套管底部内衬件端部存在 3.9mm 不规则空腔。对存在缺陷的设备进行更换后，再次检测未见异常信号。

❖ 经验体会

（1）通过本案例，证明特高频局部放电检测能够有效检测出 GIS 绝缘内部放电（即空穴放电）。

（2）对于采取金属全封闭结构绝缘盆子的 GIS，使用特高频局部放电检测法在电缆终端及接地刀闸的绝缘位置能够发现 GIS 内部缺陷。

（3）使用示波器能够比较准确地对缺陷进行定位。

（4）三相共体式结构的 GIS，如能够检测到高频信号，可以确定缺陷所在的相。

（5）多种手段联合检测能够取得很好的检测效果。

❖ 检测信息

检测人员	国网北京市电力公司检修分公司：赵璧（29 岁）、陈东巍（33 岁）、白健（27 岁）
检测仪器	英国 DMS 特高频局部放电检测仪、意大利 Techimp 高频局部放电检测仪、美国力科高速示波器
测试环境	温度 21℃、相对湿度 42%、大气压强 101.2kPa

6.5.2　视频监控在线监测发现 10kV 向阳 B833 线电缆通道进水

❖ 案例简介

2013 年 7 月 21 日山西省临汾市城区暴雨，12h 降水量达到 52.3mm。期间，国网山西省电力公司临汾供电公司检修公司配电运检室运维人员通过电缆通道视频监控系统对电缆沟进行监控，发现山西省临汾市向阳西路 10kV 向阳 B833 线电缆沟内积水。2013 年 7 月 22 日国网山西省电力公司临汾供电公司检修公司配电运检室对临汾市向阳西路 10kV 向阳 B833 线电缆沟内积水进行了处理，防止电网事故发生。

❖ 检测分析方法

山西省临汾市向阳西路 10kV 向阳 B833 线电缆沟为 1998 年临汾市政部门投资建设，设计标准低。随着城市规划、道路规划建设造成电缆井井口降低，电缆沟内也无自动排水设施，由于短时间降雨量较大且排水不畅造成积水。国网山西省电力公司临汾供电公司检修公司配电运检室利用电缆沟视频监控系统对电缆沟运行情况有效地进行了监控，及时发现积水隐患并进行处理，避免因积水造成设备运行异常。视频监控图如图 1 所示，工作人员排水图如图 2、图 3 所示。

图 1　视频监控检测到 10kV 向阳 B833 线电缆沟积水

图 2　工作人员对积水进行排除（一）　　　图 3　工作人员对积水进行排除（二）

❖ 经验体会

国网山西省电力公司临汾供电公司检修公司配电运检室利用电缆沟综合监控系统，将视频有线传输信号接入内部系统网络，监控电缆沟有害气体、可燃气体、烟雾、氧气含量、空气温湿度等综合状态，发生异常时同时通过 GPRS 网络传输。目前，已有 3 座变电站 10kV 出线电缆沟内装视频监测仪 22 套、气体监测仪 5 套、温湿度监测仪 3 套。

视频监控有直观、准确、及时的优点，只需要一名工作人员的操作就能完成观察多个被控区域监测且可以同步记录。电缆沟内发生影响电缆运行的情况通过视频监控系统第一时间就可以发现，有效降低了运维人员劳动强度，确保了作业人员安全。

自视频监控系统投运以来，共发现电缆沟内积水异常共计 5 次，均及时进行了处理，视频监控系统应用提高了工作时效性。

❖ 检测信息

检测人员	国网山西省电力公司临汾供电公司检修公司配电运检室：杨晋（29 岁）、王飞（37 岁）
检测仪器	电缆沟智能电缆综合监测系统（厂家为上海博英信息科技有限公司。该产品是一款智能多功能采集监测设备，采用了多种抗干扰措施，静电放电抗扰符合 4 级；电快速瞬变脉冲群抗扰性符合 4 级，高压冲击抗扰符合 4 级；浪涌抗扰符合 3 级；面板防护等级符合 IP54；壳体防护等级符合 IP20）

6.5.3　油色谱检测发现 220kV 上森 2264 充油电缆接头缺陷

❖ 案例简介

国网上海市电力公司检修分公司运维的 220kV 上森 2264 电缆为上海电缆厂产品，2007 年 8 月投运。2013 年 5 月 6 日 10：00，电缆运检中心对 220kV 上森 2264 电缆线路结合停电维护工作，取电缆接头油样。5 月 8 日检测报告显示该电缆线路 6 号塞止接头 B 相杨厂侧油中溶解气体多项指标严重超限。5 月 9 日对该接头进行检查和消缺，经拆除该塞止接头后，发现了腔体内的放电部件，更换电缆接头附件，并进行冲洗和真空注油，最后进行油样试验，检测数据合格后汇报送电。

❖ 检测分析方法

（1）油色谱试验。5 月 8 日经专业机构对所取油样进行了油色谱试验，把试验结果与标准参考值以及上次检测结果进行了对比，发现多项油中溶解气体指标严重超限，如表 1 中加粗标注红色部分所示。

表 1　　　　　**220kV 上森 2264 电缆 6 号塞止接头 B 相杨厂侧油中溶解气体检测结果**

线路名称	试验日期	地点	相别	击穿电压	介质损耗因数	水分	氢气	甲烷	乙烷
上森 2264	2007-2-2	6 号塞止头杨厂侧	B	69	0.01706	7.7	42	1.2	1.5
				乙烯	乙炔	总烃	一氧化碳	二氧化碳	
				0.2	0	2.9	4	153	

线路名称	试验日期	地点	相别	击穿电压	介质损耗因数	水分	氢气	甲烷	乙烷
				击穿电压	介质损耗因数	水分	氢气	甲烷	乙烷
上森 2264	2013-5-8	6 号塞止头杨厂侧	B	83	0.1650	16.5	842	213	256.9
				乙烯	乙炔	总烃	一氧化碳	二氧化碳	
				1017	1008	2494.9	10	173	

（2）外观检查。外观检查情况如图 1～图 4 所示。其中图 1 为缺陷塞止盒实物外观照片，未见放电痕迹。图 2 为未装绝缘板侧内腔，有劣化电缆油痕迹，但环氧与触头金具未见放电痕迹。图 3、图 4 为现场绝缘塞止盒两侧电缆接头，未见放电痕迹及其他异常，未装绝缘板侧电缆油发黑。

图 1　塞止盒外观图

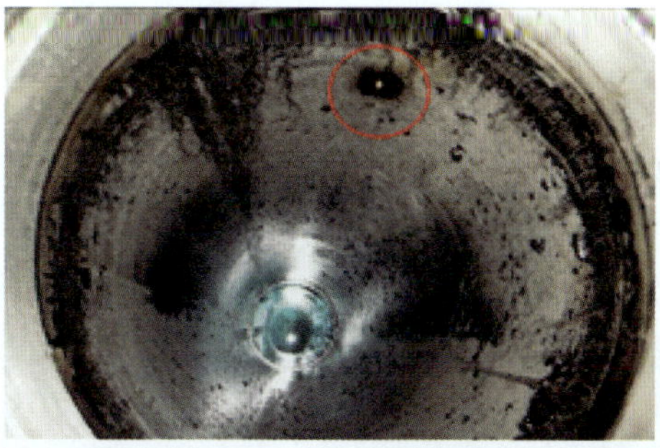

图 2　塞止盒内腔图（红圈处为锈蚀的油嘴）

图 3　未装绝缘板侧电缆
接头（电缆油发黑）

图 4　装绝缘板侧电缆接头图

（3）解剖检查。经打开塞止盒金属外壳，发现电缆油发黑劣化痕迹集中在中腔塞止管未装绝缘板侧上部，如图 5 所示。经剥除铜网屏蔽检查后发现，炭黑半导电屏蔽纸与绝缘纸未受损伤，如图 6 所示。

图 5　塞止盒中腔图

图 6　塞止盒中腔屏蔽纸与绝缘纸

（4）原因分析。首先，电缆塞止盒中腔内绝缘屏蔽纸和绝缘纸、两侧电缆接头都完好，未见放电痕

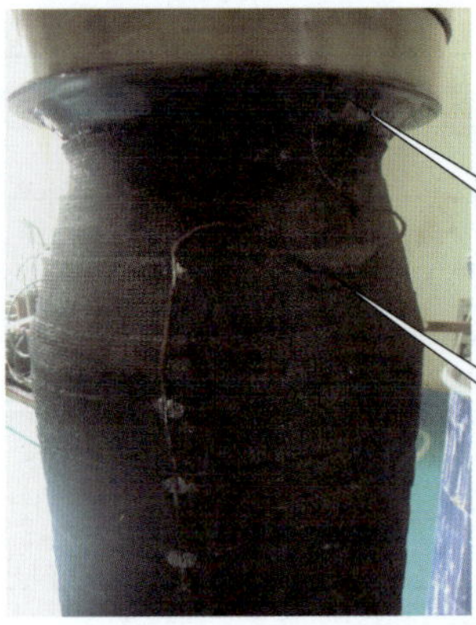

图 7 塞止盒中腔图

迹。电缆绝缘油劣化、发黑痕迹集中在塞止管未装绝缘板侧上部环氧处，说明此处长期存在内部放电。经检查、分析，认为电缆塞止盒中腔绝缘铜网屏蔽与不锈钢外壳之间的等位线，因长期投运后在振动下紧固螺栓松动，如图 7 所示。导致电气接触不良，存在电位差并产生放电，在长期放电下引起电缆绝缘油劣化，油中溶解气体超标。由于电缆塞止盒中腔与塞止管未装绝缘板侧内腔油路连通，劣化的电缆油出现在塞止盒中腔与连通的一侧内腔中，也与现场情况相符。

因为塞止盒中腔内的部件全部在工厂内制作，并应能承受电缆长期运行考验。分析认为可能是在工厂内紧固等位线螺栓时力矩不够，长期投运后在振动下松动，所以缺陷属于制造原因。

经验体会

（1）电缆附件厂，应针对本次缺陷发现的制造问题，进行产品改进，建议再增加一路等位线并规定紧固力矩。

（2）充油电缆运行管理单位，可采取带电取运行状态中的充油电缆每个供油段的第一个压力箱中油样，不必结合停电维护再取油样，以加强油样试验工作。

（3）充油电缆油色谱试验，是有效发现接头内缺陷隐患的手段，充油电缆运行管理单位应按现行相关规程、规定的要求，加强所辖充油电缆的压力箱油样周期性试验和附件内油样预防性试验管理工作，并做好充油电缆带电检测工作。

检测信息

检测人员	国网上海市电力公司检修分公司：沈磊（39 岁）、周咏晨（28 岁）
检测仪器	型号：FID，TCD；生产厂家：安捷伦；技术参数：EPC 全自动电子流量控制系统，2 个毛细柱，进验量 1mL
测试环境	温度 0～80℃、相对湿度 0～50%、大气压 101kPa

6.5.4 电缆终端塔防盗在线监测发现 110kV 接地电缆被盗

案例简介

2012 年 10 月～2013 年 1 月，国网浙江省电力公司杭州供电公司所辖的电缆线路中电缆终端塔接地引缆被盗已高达 7 次，其中有两次偷盗直接导致电缆接地箱冒火，线路被迫停运，严重影响线路的安全可靠运行。为避免类似偷盗行为再次发生，国网浙江省电力公司杭州供电公司经过多方调研，最终选定电缆终端塔防盗在线监测报警系统，如图 1 所示。在安装该在线监测报警装置后不久，2013 年 1 月 18 日

19∶53，国网浙江省电力公司杭州供电公司收到装置报警短信，如图2所示。随即赶赴现场，发现有不法分子正在盗窃电缆接地电缆，随即拨打110报警，在民警的协助下，现场将窃贼抓获，并当场搜出绝缘手套、卡钳、刀等作案工具。此次抓捕行动有效地打击了犯罪分子的嚣张气焰，制止了此类偷盗行为的再次发生。

图1　电缆终端塔防盗在线监测报警装置　　　　图2　手机收到报警短信照片

✦ 检测分析方法

电缆终端塔防盗在线监测报警系统采用GPRS、GSM、CDMA、3G、TCP/IP等传输方式实时传输数据到监控中心，监控中心电子地图上显示具体位置。操作人员可以通过监测主机对输电线路设备或现场进行监测，对终端设备进行多项设定、查询等操作。能对任一设备进行控制，实现对设备的实时监测、环境情况、线缆状态的管理，如图3所示。

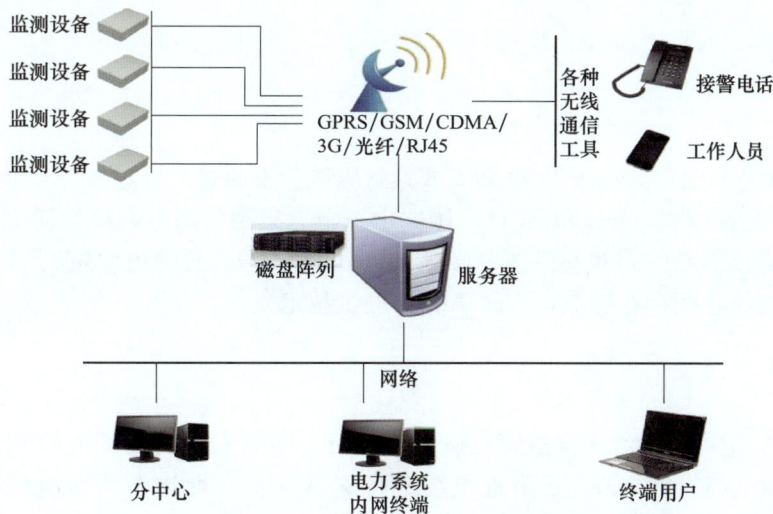

图3　电缆终端塔防盗在线监测报警系统

该系统能有效收集高压铁塔的预置监测数据，如环流数据、温度数据、防区报警数据等，可自主设定预警值与报警值，且能实时上传高压铁塔的数据给电力等相关部门来对高压输电线路运行状况实时分析，其中包括环流数据报警、温度检测、红外探测（非法闯入报警）、震动报警、箱门强开报警等（附带7个有效防区）。发生报警时，可发送2个报警短信息及3组语音电话，并可通过手机、电话等通信设备实现远程监听和对讲功能。同时红外探测报警将安装于终端塔塔身下段，针对杆塔登杆部位及接地箱部分进行360°弧形区域内检测，经导线与终端箱连接，实现区域入侵报警功能。所以当不法分子进入报警区域以后该系统成功触发报警功能，发送报警短信，帮助捕获犯罪分子。

经验体会

（1）由于接地电缆感应电压较低，且铜质材料价格较高，电缆终端塔处接地电缆被盗事件多有发生，一旦破坏对电力系统可靠运行影响很大。为有效解决接地电缆被盗问题，应采用"技防"和"人防"的有效结合，积极探索引入先进技术手段。

（2）从设计角度入手，在线路投运时，尽早考虑电缆防盗问题，一方面尽可能减短外露接地电缆长度，另一方面要采用相应防盗在线监测设备，从多个角度考虑防盗问题。

（3）加强电力设施保护宣传，开展群众护线活动。

检测信息

检测人员	国网浙江省电力公司杭州供电公司：张剑（28岁）
检测仪器	电缆终端塔防盗在线监测报警系统

6.5.5　X光机检测220kV电缆绝缘屏蔽层与主绝缘之间有缝隙

案例简介

2013年12月7日，某用户220kV电缆交接试验耐压试验不通过，经过故障排查，为主绝缘击穿。为进一步分析故障，2013年12月11日和12日，国网山东电力集团公司电力科学研究院相关技术人员在电缆隧道中利用带电检测仪器GIS可视化系统（GIS-Visualize200）对故障电缆进行X光检测，发现220kV电缆绝缘屏蔽层与主绝缘之间存在缝隙，为故障分析提供技术支撑。

检测分析方法

本次检测在220kV电缆主绝缘击穿故障点确定后进行，检测人员利用带电检测仪器GIS可视化系统（GIS-Visualize200）对电缆主绝缘击穿点附近电缆进行X光拍照。此次检测对电缆故障点附近的电缆从不同位置、不同方位进行检测。正常电缆的X光图像如图1所示。本次检测发现电缆缺陷一处，如图2所示，为电缆绝缘屏蔽层与主绝缘之间存在缝隙。本次检测利用X射线成像检测技术CR，DR实现了电缆内部结构的可视化诊断，可带电对故障进行检测。

经验体会

GIS可视化系统一般用于GIS的故障带电检测，本次检测为首次利用本单位的X光设备对电缆220kV电缆X光检测，检测结果表明，利用X射线数字成像技术能够检测电缆的绝缘缺陷。

由于检测试验经验较少，还没有形成X光数字成像技术对电缆检测的各种故障图谱，因此需进一步结合实际生产，利用此设备经行电缆带电检测，以积累经验，提高检测的准确性及效率。

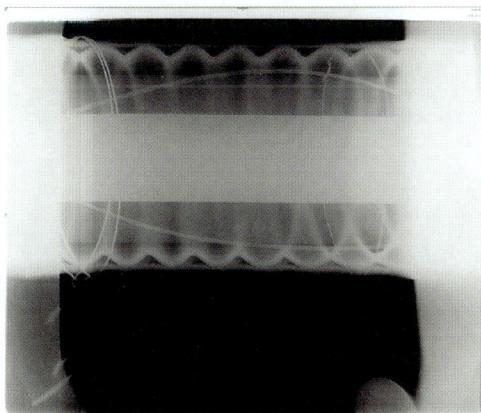

图1 正常电缆X光图片

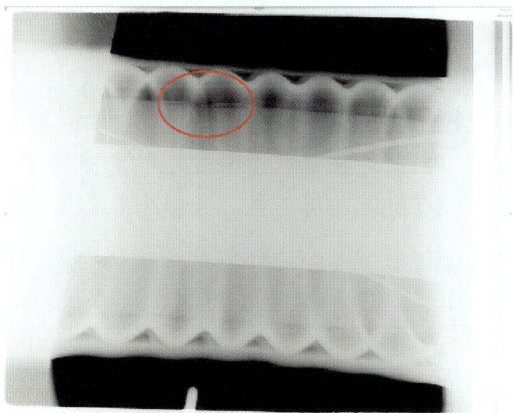

图2 缺陷电缆X光透视图

检测信息

检测人员	国网山东电力集团公司电力科学研究院：李秀卫（28岁）、胡晓黎（50岁）、刘嵘（40岁）
检测仪器	GIS可视化系统 GIS-Visualize200
测试环境	温度3℃

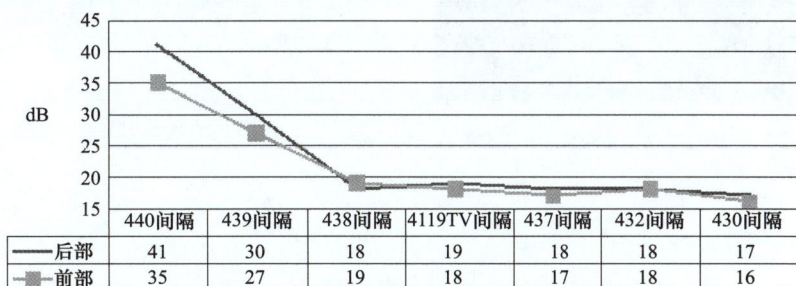

6.5.6 暂态地电压检测发现110kV川底变电站35kV川户线440开关柜内电缆头局部放电

案例简介

国网山西省电力公司晋城供电公司运维的35kV川户线440开关柜于2010年5月1日投入运行。2013年3月9日9时，变电检修专业工作人员在对110kV川底变电站进行开关柜暂态地电压检测时，发现35kV川户线440开关柜测试数值偏大，测试数据如图1所示。环境测试值为10dB。从图中可以明显看出，440开关柜测试数据严重超过注意值，存在局部放电现象，停电检查发现柜内电缆头三岔口受损，且电缆孔没有用防火泥封堵，使其在运行过程中出现电晕局部放电现象，随后检修人员重新制作电缆头，并在电缆孔用防火泥封堵。

	440间隔	439间隔	438间隔	4119TV间隔	437间隔	432间隔	430间隔
后部	41	30	18	19	18	18	17
前部	35	27	19	18	17	18	16

图1 110kV川底变电站开关柜暂态地电压测试数据

检测分析方法

横向比较法，就是对同一个配电室内同一电压等级所有开关柜的同一次测试结果减去背景干扰的绝对值进行比较，当某一或某几个开关柜的测试结果比其他开关柜的测试结果及现场背景值均大时，就可以判断此开关柜存在缺陷的可能性，具体可按以下步骤进行：

计算本次所有开关柜不同测试部位的暂态对地电压测试值的平均值 $A=\frac{\Sigma Ti}{n}$（ΣTi 为所有开关柜不同测试部位的测试值减去背景干扰值所得数值，n 为总的测试部位数量）、测试值偏移量 $\Delta m\%=\frac{Ti-A}{A}\times100\%$。

判断平均值 A 是否大于 20dB。当平均值 $A<20$dB 时，可以参考表 1 的内容进行分析。

表 1　　　　　　　　　　　　　　　　最大值偏移量判断标准

判断依据 $\Delta m\%$	危险等级	危险说明	应对措施
$\Delta m\%\leqslant100\%$	正常	可以运行	按照正常检测周期进行下一次检测
$100\%<\Delta m\%\leqslant150\%$	异常	关注	将异常（关注）开关柜的检测周期缩短为 1 个月
$150\%<\Delta m\%\leqslant200\%$		预警	定位局部放电源所在开关柜，将异常（预警）开关柜的检测周期缩短为 1 周
$200\%<\Delta m\%$	危险	需要停电	定位局部放电源所在开关柜，进行检修

440 开关柜测试值带入 $A=\frac{\Sigma Ti}{n}$ 可以算出平均值 A 前＝11.423dB，A 后＝13dB。

440 开关柜测试值带入 $\Delta m\%=\frac{Ti-A}{A}\times100\%$ 可以算出前部偏移量为 $\Delta m\%=\frac{Ti-A}{A}\times100\%=118.8\%$，后部偏移量 $\Delta m\%=\frac{Ti-A}{A}\times100\%=138.5\%$。

据表 1 可以判断 440 开关柜为异常。虽然测试的数据的绝对值不是特别大，但是根据横向比较法可以明显看出，440 开关柜存在局部放电现象，而且周围间隔所得数据是递减的，证明相邻间隔是受其影响数值偏大。

随后利用停电检修机会对 440 开关柜进行仔细检查，发现电缆头三岔口位置有裂口，且电缆沟没有用防火泥封堵，使其在运行过程中出现电晕局部放电现象。电缆头三岔口局部放电部位如图 2 所示。

随后检修人员更换制作新的电缆头，并在电缆孔处用防火泥封堵。带电运行后 35kV 开关柜暂态地电压检测数据如图 3 所示。此时环境数值为 9dB，从新测得的这一组数据可以看出，440 开关柜局部放电现象消除，开关柜运行良好。

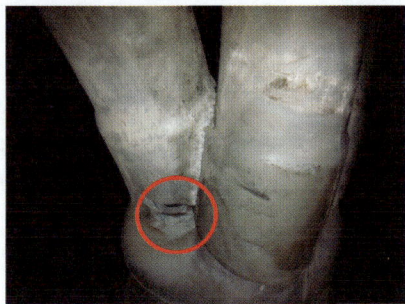

图 2　电缆三岔口局部放电部位

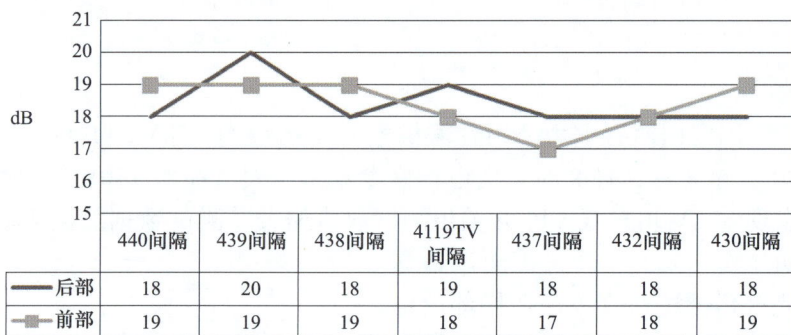

	440间隔	439间隔	438间隔	4119TV间隔	437间隔	432间隔	430间隔
后部	18	20	18	19	18	18	18
前部	19	19	19	18	17	18	19

图 3　消缺后 110kV 川底变电站开关柜暂态地电压测试数据

经验体会

（1）暂态对地电压检测技术是高压开关柜局部放电检测与定位的重要技术手段，它可以在不停电的情况下随时检测柜内设备的运行情况，大大提高了局部放电故障检测的实时性和准确度，保证了电网的供电可靠性。

（2）暂态对地电压检测部位主要是局部放电容易发生的位置，如母排连接处、穿心套管，支撑绝缘件、断路器、TA、TV、电缆头等设备所对应到开关柜柜壁的位置，这些设备大部分位于开关柜前面板中部及下部，后面板上部、中部及下部，侧面板的上部、中部及下部。

（3）在不同的时间段用电负荷不同，负荷增加时设备产生热效应，对设备绝缘造成伤害，长时间的累积效应就可能造成设备绝缘产生裂化从而产生局部放电。

（4）在不同的时间段，错开外界的干扰，分析背景干扰的波动对检测数值的影响，分析不同温度、湿度条件下检测数值的变化情况，根据开关柜的清扫频率分析不同污秽下检测数值的变化情况。

❖ 检测信息

检测人员	山西省电力公司晋城供电公司变电检修专业：高佳琦（26岁）、王文华（32岁）
检测仪器	英国 EA 公司 PD Locator 局部放电定位仪
测试环境	温度 11℃、相对湿度 50%

6.5.7　红外热像检测发现 110kV 下栅站 2 号电容器 10kV 电缆过热

❖ 案例简介

国网山西省电力公司吕梁供电公司 110kV 下栅站 2 号电容器 10kV 电缆，于 2008 年投运，可见光照片如图 1 所示。2013 年 11 月 14 日 18：00 进行例行红外检测，发现该电缆三岔口处的表面温度为 26.5℃，选取的两个参考点温度分别为 17.1℃ 和 16.5℃，温差达到 10K，此时负荷电流为 263.96A。根据 DL/T 664—2008《带电设备红外诊断应用规范》判定该电缆存在内部过热缺陷。对电缆头解体检查时，发现电缆三岔口内部严重锈蚀，并且铜屏蔽层与接地线的连接仅采用铜丝缠绕方式。随即进行处理，重新制作电缆头后恢复运行，测温正常。

图 1　110kV 下栅站 10kV 2 号电容器
电力电缆可见光照片

❖ 检测分析方法

110kV 下栅站 2 号电容器电缆在进行红外热像检测时，发现该电缆温度分布异常。对该电缆进行了精确测温，选择成像的角度、色度拍下清晰图谱，如图 2 所示，并上报国网山西省电力公司吕梁供电公司运维检修部。

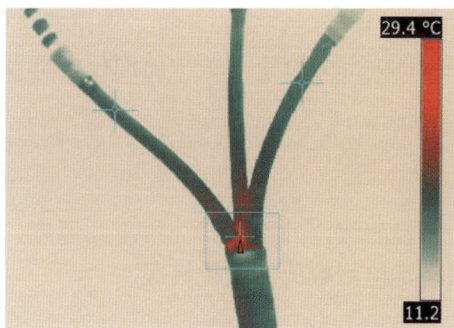

图 2　110kV 下栅站 10kV 2 号电容器
电力电缆红外热像图

图 2 采用"灰红"调色板，从图中可以看出，红色代表的高温区域集中于电缆三岔口处，最高温度为 26.5℃，选取了两个温度参考点温度分别为 17.1℃和 16.5℃，温差达到 10K。根据 DL/T 664—2008《带电设备红外诊断应用规范》判定该电缆存在内部过热缺陷。

分析认为可能导致温度异常的原因有以下三点：①电缆三岔口表面污秽引起的发热。②电缆内部由于绝缘损伤引起局部放电。③电缆内部受潮及铜屏蔽层与接地线接触不良引起发热。随即对该电缆进行停电处理。

（1）电缆表面未见明显污秽，对该电缆进行绝缘电阻及工频耐压试验均未见异常，如图 3 所示。

（2）剥离电缆套后未发现制作损伤及放电痕迹，如图 4 所示。

（3）检查发现电缆铜屏蔽层与接地线的连接仅采用铜丝缠绕方式，如图 4 所示。

图 3　110kV 下栅站 10kV 2 号电容器
电力电缆三岔口照片

图 4　110kV 下栅站 10kV 2 号电容器
电力电缆内部屏蔽层

（4）铜屏蔽层有明显氧化痕迹。去除恒力弹簧卡子后，发现电缆铠装严重锈蚀，如图 5 所示。

对电缆外护套、内衬层绝缘电阻及铜屏蔽层和导体电阻比进行测试，试验合格。电缆整体未受潮。

综合上述分析，电缆过热故障的原因为：

（1）电缆冷缩套与电缆密封不良，导致电缆头三岔口受潮，引起铠装锈蚀及铜屏蔽层氧化。

（2）铜屏蔽层与接地线的连接是铜丝缠绕方式，未按 GB 50168—2006《电缆线路施工及验收规范》进行焊接，铜屏蔽层氧化后与接地线接触不良。

上述原因导致了电容电流引起的电流致热型缺陷。

图 5　110kV 下栅站 10kV 2 号电容器
电力电缆铠装锈蚀

🔷 经验体会

以往发现电缆过热缺陷，通常直接定性为电压致热型缺陷，即怀疑电缆内部存在放电。通过此案例的分析及处理过程学习到，电缆发热除了由于内部发生绝缘缺陷导致的放电外，还有可能由以下原因导致：电缆的制作未能严格按照标准执行、电缆内没有填充胶、电缆冷缩套与外护套之间没有密封胶、电缆铜屏蔽层与接地线连接后未进行有效的焊接。电缆内部受潮后，导致了铜屏蔽层接地不良，引起发热。

针对上述问题，提出以下几点措施：

（1）严格按照标准制作电缆头。

（2）发现类似缺陷时，不能简单的定性为内部放电缺陷，应根据电缆表面污秽、制作工艺等多方面材料进行综合分析判断。

（3）发现缺陷后，不能仅仅停留在缺陷分析的阶段，应跟踪缺陷的发展及处理过程，完成缺陷处理的闭环管理。

❖ 检测信息

检测人员	国网山西省电力公司吕梁供电公司运维检修部：高源（32 岁）、白艳伟（29 岁）、白靖（27 岁）
检测仪器	FLIR T330 红外热像仪

6.5.8　红外热像检测发现 110kV 苇泊变电站 35kV 电缆终端发热

❖ 案例简介

国网山西省电力公司阳泉供电公司 110kV 苇泊变电站 35kV 苇西 I 回 441 电缆 2001 年投运。2013 年 8 月 30 日 20 时，在对 110kV 苇泊变电站进行红外热像检测时，发现 35kV 苇西 I 回 441 出线电缆 B、C 相分别有 1 个发热点：B 相电缆终端第四个伞裙处、C 相电缆终端第三个伞裙处，最高温度达 35.7℃，而正常处只有 24.0℃，温差为 11.7K，超过 DL/T 664—2008《带电设备红外诊断应用规范》中关于电缆终端严重缺陷的规定，属于危急缺陷。解体发现电缆终端根部密封不严，铜屏蔽受潮，导致局部放电，检修人员重新制作苇西 I 回 441 电缆终端，设备送电后红外图像显示发热点消失，缺陷消除。

❖ 检测分析方法

分析依据：DL/T 664—2008《带电设备红外诊断应用规范》；

分析软件：FLIR QuickReport 1.2 SP2；

检测仪器：FLIR T330 红外热像仪。

（1）红外热像检测条件见表 1。

（2）红外图谱分析。试验人员采用红外热像分析软件，对红外图像进行分析，判定电缆头发热现象属于电压致热型设备缺陷，判断方法为图像特征法，电缆终端三相红外图像及可见光照片如图 1 所示，电缆终端 B 相红外图像及可见光照片如图 2 所示，电缆终端 C 相红外图像及可见光照片如图 3 所示。

表 1　红外热像检测条件

天气情况	环境温度	环境湿度	风速
晴	26.2℃	60%	0 级
负荷电流	辐射系数	测试距离	环境参照体
0.39A	0.92	1m	24.2℃

根据图 2 分析，B 相电缆第四片伞裙与第五片伞裙之间有明显亮点。最高温度为 28.0℃，正常处温度 24.0℃，温差为 4K，超过 DL/T 664—2008 电缆终端 0.5～1K 的严重缺陷界定值，判定为危急缺陷。

根据图 3 分析：C 相电缆第三片伞裙与第四片伞裙之间，热点部位最高温度达 35.7℃，正常处温度

24.0℃；温差为11.7K，超过 DL/T 664—2008 电缆终端 0.5～1K 的严重缺陷界定值，判定为危急缺陷。

图1　电缆终端三相红外图像及可见光照片

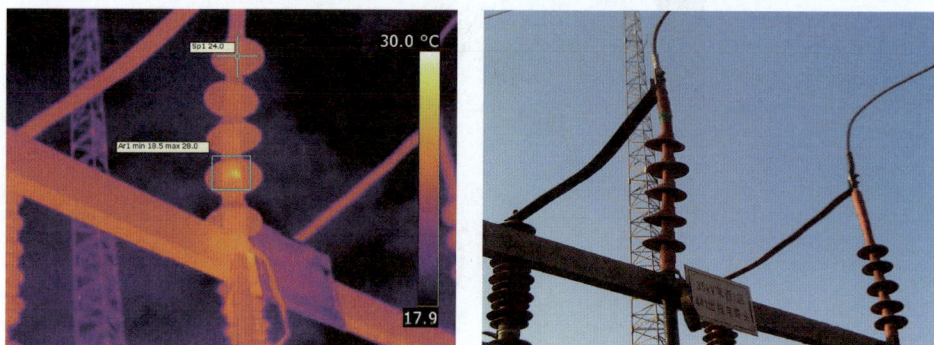

图2　电缆终端 B 相红外图像及可见光照片

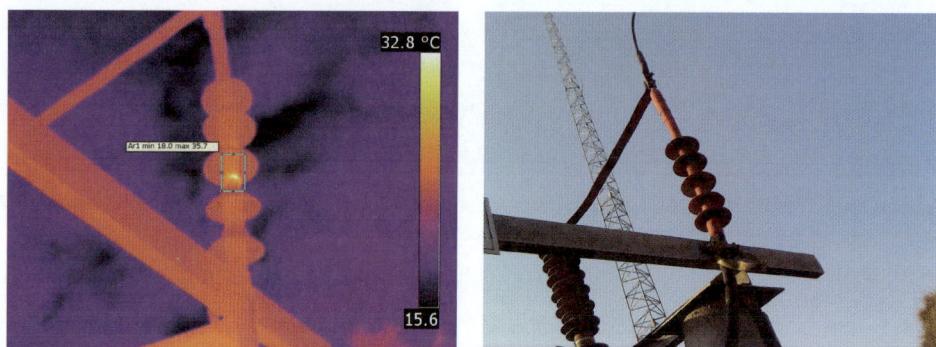

图3　电缆终端 C 相红外图像及可见光照片

根据 DL/T 664—2008 电压致热型设备缺陷处理原则：对电压致热型设备，当缺陷明显时，应立即消缺或退出运行。

（3）缺陷处理及原因分析。停电后，检修人员对 C 相电缆头进行解体检查，发现电缆终端根部防水胶带密封不严，湿气进入电缆后造成铜屏蔽受潮变色，主绝缘表面存在污渍痕迹，上述现象表明原电缆终端制作工艺存在缺陷，在电场作用下，热缩管内界面绝缘强度降低，形成局部放电。电缆终端解体图如图4所示。

图4　电缆终端解体图

重新制作电缆头后,对该设备进行绝缘电阻和交流耐压试验,试验合格。设备运行 24h 后,红外图像显示发热点消失,缺陷消除。电缆终端消缺复测红外图谱如图 5 所示。

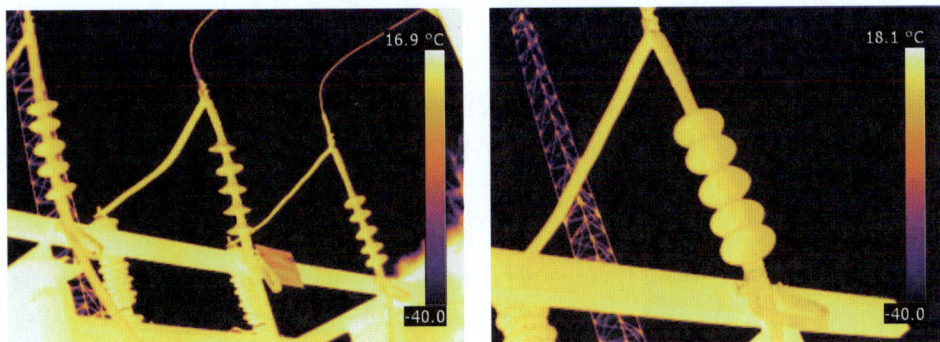

图 5 电缆终端消缺复测红外图谱

经验体会

(1)采用冷缩工艺代替热缩工艺。原莘西 I 回 441 出线电缆采用热缩电缆终端,该方法对施工人员制作工艺要求较高,极易产生热缩管表面灼伤、电缆密封不良等问题,降低热缩终端的绝缘强度和使用年限,建议采用冷缩工艺。

(2)加强电缆设备制作流程的监督、验收,及时发现并处理制作工艺中存在的问题。

(3)运行人员应熟悉设备结构和红外缺陷典型特征,根据红外热像特征和温度场分布来比对分析缺陷具体部位和原因。

检测信息

检测人员	国网山西省电力公司阳泉供电公司:杨敏(43 岁),张红萍(46 岁),唐领英(51 岁)
检测仪器	FLIR T330 红外热像仪
测试环境	温度 26.2℃、相对湿度 60%

6.5.9 红外热像检测发现 35kV 电缆过热

案例简介

国网四川省电力公司遂宁供电公司 110kV 赤城变电站 1 号主变压器 35kV 侧电缆 1998 年 1 月投入运行。2013 年 5 月"迎峰度夏"前夕,对该电缆进行了夜间红外热像检测。在检测过程中发现 1 号主变压器 35kV 侧电缆三相发热。经停电处理经分析后认为是制作电缆工艺不良，造成电缆绝缘层凹凸不平，致使电缆终端部位电场分布不均匀，最终导致发热。

检测分析方法

2013 年 5 月 30 日 20 时 27 分，工作人员对 110kV 赤城变电站 1 号主变压器在进行红外热像检测时，发现 35kV 侧电缆整体温度分布异常，并对该套管进行了精确测温，选择成像的角度、色度，拍下了清晰的图谱，如图 1 所示。

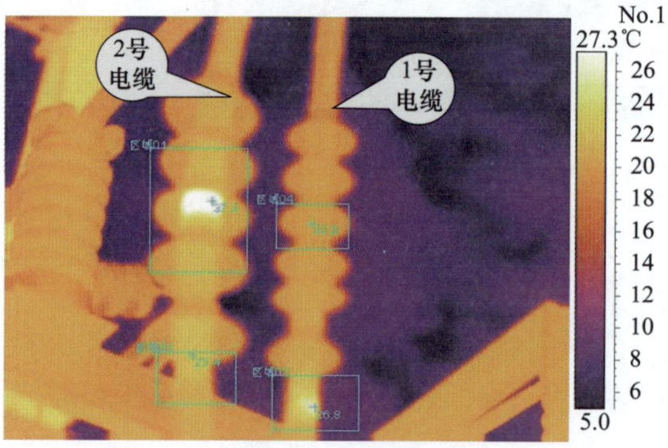

图 1　110kV 赤城变电站 1 号主变压器红外测温图像

图 1 中，右侧电缆为 1 号，左侧电缆为 2 号。测温时该电缆负荷电流为 36.63A，选用的测试仪器为 DL-700B 型红外测温仪，对图谱认真分析并根据 DL/T664—2008《带电设备红外诊断应用规范》中的公式计算，1 号电缆根部发热区域最高温度 26.8℃，对应 1 号电缆正常温度 22℃，室外环境温度为 21℃，温差 4.8℃，相对温差 82.76%，属于严重缺陷。2 号电缆第三片雨裙下部局部区域过热，最高发热温度 37.3℃，对应 1 号电缆正常温度 22℃，室外环境温度为 21℃，温差 15.3℃，相对温差 93.87%，属于危急缺陷。2 号电缆根部区域过热，最高发热温度 23.4℃，对应 1 号电缆正常温度 22℃，室外环境温度为 21℃，温差 1.4℃，相对温差 58.33%，属于严重缺陷。试验人员将此情况上报运检部后，相关人员认为由于电缆发热为电压致热，初步判断为电缆内部结构存在缺陷，以致发热，随后决定马上停电处理。

在处理过程中，发现电缆终端制作工艺粗糙，导致电场分布不均，最终使半导体层、绝缘层受损严重，如图 2 所示。

图 2　电缆终端半导体层、绝缘层受损严重

经验体会

（1）原因分析。根据国网四川省电力公司遂宁供电公司近年来高压电缆频繁发热的处理情况，发现主要存在以下几个原因：

1）对半导体剥离造成电缆主绝缘损伤严重。①剥离半导体时刀口对主绝缘划入太深，对刀口修复不到位；②有些半导体不易剥离的干脆用刀削，导致主绝缘表面严重不光滑；③主绝缘上的半导体未清理干净，留有黑点。

2）电缆的接地效果不佳。①铜屏蔽接地效果不好；②钢铠接地效果不好。

3）电缆终端热缩材质较差。

4）电缆终端密封不严，进水、受潮。

5）电缆主绝缘层不够清洁。

（2）建议措施。针对以上问题提出如下解决措施：

1）对半导体的剥离时，下刀一定不能过深而伤及主绝缘（掌握好刀口的深度，建议刀口可以倾斜进行）。对于特别难剥离半导体的电缆可以用吹风微微加热（此方法用于个别难剥的旧电缆，一般不推荐使用此方法）。

2）对已造成主绝缘不平整、光滑的，用 00 号砂布轴向打磨，使其平整、光滑。

3）清除干净主绝缘上的半导体黑点。

4）根据经验可以对半导体的切口打磨成坡面。

5）清洁电缆，并涂抹硅脂，让其填平主绝缘的划痕及凹处。

6）对铜屏蔽和钢铠接地时一定要打磨其氧化层，用铜扎丝扎牢并用电烙铁焊接，使其可靠接地。

7）热缩管在热缩过程中要均匀受热，使其热缩厚薄一致，不留气泡。

8）对密封胶较少的热缩管，在管口搭接处可缠绕密封胶，让其防潮。特别是电缆接线端子处，填充足够的填充胶和密封胶，做好防水、防潮措施。

9）在电缆终端热缩材料的选择上，选用合格厂家的产品，对放置较长时间的材料要谨慎使用（放置时间过长，材料极有可能受潮、老化）。

❖ 检测信息

检测人员	国网四川省电力公司遂宁供电公司检修分公司：刘红宇（27 岁）
检测仪器	DL-700B 型红外测温仪
测试环境	温度 21℃、相对湿度 63％

第 **7** 章

开关柜状态检测

7.1.1 红外热像检测发现 110kV 迎宾路变电站 10kV 开关柜隔离开关触头过热

🔷 **案例简介**

国网山西省电力公司大同供电公司运维的 110kV 迎宾路变电站 1 号主变压器低压侧 501 开关柜为山东淄博开关厂产 XGN 型开关柜，2001 年 8 月投运。柜内所配断路器为 ZN28-12 型，额定电流为 3150A，额定短路开断电流为 40kA，所用机构为该型号断路器专用弹簧机构，隔离开关为 GN30-12 型，额定电流 3150A，额定短路开断电流 31.5kA。

2013 年 12 月 3 日下午 6 时，红外诊断人员在对 110kV 迎宾路变电站进行例行红外诊断时，发现 1 号主变压器低压侧 501 开关柜内 501-0 隔离开关 B 相触头部位过热。

🔷 **检测分析方法**

检测时环境温度为 2℃，被测设备负荷电流为 1400A，目标参数设定为辐射率 0.64，距离 1m，湿度 40%，红外图谱如图 1 所示。

从图 1 中可以看出，1 号主变压器低压侧 501 开关柜内 501-0 隔离开关 B 相热点温度 81.0℃，B 相与 A 相温差 40.2℃，执行 DL/T 664—2008《带电设备红外诊断应用规范》表 A.1 电流致热型设备缺陷诊断判据，热点温度大于 80.0℃，判定为电流致热型严重缺陷。产生过热的原因初步分析应为：501-0 隔离开关 B 相动、静触头接触不良，接触电阻增大，造成触指压接部位过热。

2013 年 12 月 5 日零点，1 号主变压器低压侧 501 断路器停电后，检修人员对 501 开关柜内 501-0 隔离开关 B 相静触头进行了更换。发现更换下的静触头触指已经烧损发黑，如图 2 所示。

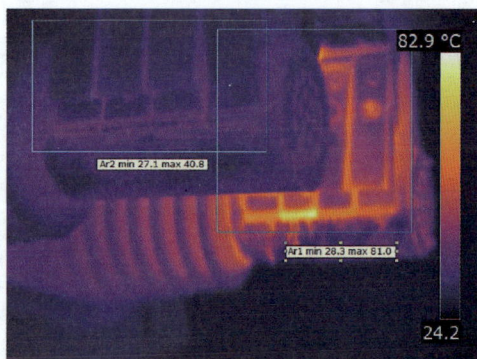

图 1　501-0 隔离开关 B 相触头热点部位　　图 2　501-0 隔离开关 B 相触头烧损发黑

导致该隔离开关过热的原因为：GN30 型隔离开关静触头采用弹簧固定于触指的形式，每相有 8 片触指，左右各 4 个，每对左右触指通过 1 根螺栓连接，结构如图 3 所示。

动触头为圆柱型，与各触指为线接触而不是面接触，因此在长期的运行中容易发生触指与动触头的接触压力不均衡，接触压力小的一边接触电阻逐渐增大，从而使接触位置温度上升。当动静触头压力不够，引起两侧接触电阻不等时，会有部分电流从螺栓处分流。由于螺栓的导电性很差，螺栓与静触头座仅通过弹簧连接，接触电阻很大，因此即使电流很小，螺栓发热也会很严重。一方面加剧了接头处的发热，另一方面螺栓和弹簧在温度较高时机械性能下降，又进一步造成静触头夹紧力不够，使发热现象更严重，如果不及时处理，最恶劣的结果会导致螺栓烧熔断裂。

501 断路器恢复正常运行后，再次进行红外诊断，501-0 隔离开关 B 相温度为 12℃，已恢复正常，如

图 4 所示。

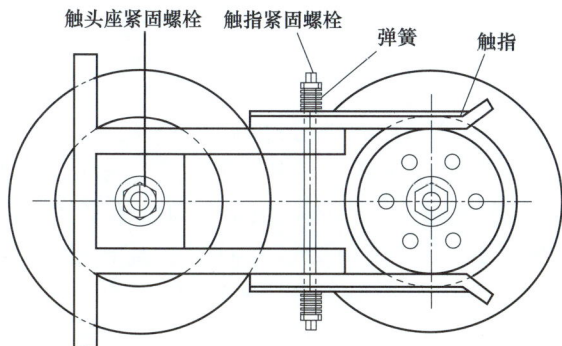

图 3　GN30 型隔离开关触头结构

图 4　更换 501-0 隔离开关 B 相触头后复测

经验体会

大量事实说明红外诊断能够行之有效的发现设备过热缺陷，能够指导状态检修工作，提高检修工作效率和质量。

GN30-10/3150 型隔离开关的型式设计存在问题，易发生过热，属已淘汰型产品。为防止同类型隔离开关再次发生过热缺陷，采取了以下防范措施：

（1）做好 GN30 型隔离开关过热缺陷的预防预控措施。目前已订购了 2 组 GN30 型隔离开关静触头作为备品，同时将迎宾路站已运行 13 年的 XGN 开关柜列入技改储备项目库，及早安排改造或更换，彻底解决运行隐患。

（2）加强 GN30 型隔离开关的技术监督管理。针对大同电网目前在运的 12 组 GN30 型隔离开关，正着手安装全波段多光谱透视窗口。安装后，可以在不停电、不接触的条件下通过红外热像方式对开关柜内各连接部位进行监测，有效保证高压开关柜的安全运行，同时也保证了工作人员的人身安全。

（3）提高 GN30 型隔离开关运维检修的针对性。针对 GN30 型隔离开关，要求运维单位每次检修或倒闸操作后，必须调整静触头夹紧度，检查是否合闸到位，并测试回路电阻。

检测信息

检测人员	国网山西省电力公司大同供电公司变电检修室：袁勋（33 岁）、张亚琴（30 岁）
检测仪器	FILR P630 红外热像仪（参数：空间分辨率远距离 0.3～0.7mrad；近距离大目标：1.3～2.5mrad；采样帧速率不低于 25Hz；探测器类型 640×480 像素非制冷焦平面探测器）
测试环境	温度 2℃、相对湿度 40%

7.1.2　红外热像检测发现 110kV 古堆变电站 5323 隔离开关发热

案例简介

2013 年 11 月 28 日，在专业化巡检中发现国网山西省电力公司运城供电公司 110kV 古堆变电站 532 高压开关柜中部较邻柜高 15℃，如图 1 所示，图 2 所示为其可见光图像。该开关柜生产厂家为上海天正机电有限公司，型号为 XGN2，隔离开关型号为 GN22，额定电流为 3150A，该柜负荷电流高达 1560A。后经从绝缘拉杆小孔处测温，发现 5323 隔离开关 B 相发热 141℃，停电测试其回路电阻 B 相为 $74\mu\Omega$，A、C 相分别为 29、$25\mu\Omega$。经检查发现，合闸后 5323 隔离开关 B 相合闸后滑块不能到位，隔离开关只有接触，没有锁紧动作，导致接触不良发热。

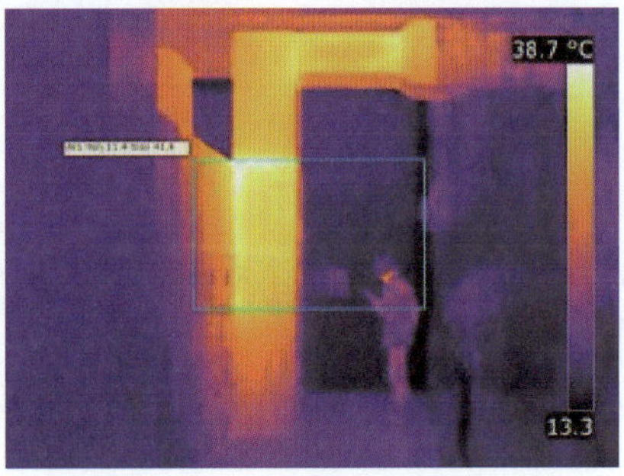

图 1　532 开关柜红外图像 　　　　图 2　532 开关柜可见光图像

检测分析方法

该柜为 XGN2 型封闭柜，结构太紧凑，按照五防设计，不停电无法开柜门。因为柜体小，出于安全考虑，不能改造加装测温孔。发现开关柜整体发热后，在专人监护下，用工具打开柜前门、板。从 2 号变压器低压母线侧 5323 隔离开关绝缘拉杆小孔处进行检测，红外测温图像及可见光图像如图 3 和图 4 所示。隔离开关绝缘拉杆处发热，A 相为 101℃，B 相为 141℃，C 相为 69℃，刀口部位实际温度更高。相对温差 64%，虽然不高，但刀口温度超过 130℃，依据 DL/T 664—2008《带电设备红外诊断应用规范》附录 A 的规定，判断为危急缺陷。次日，调整运行方式，进行停电检查发现重大隐患：5323 隔离开关合闸后滑块不能到位，隔离开关只有接触，没有锁紧动作。测量其回路电阻 B 相超过标准值，重新调整该隔离开关操作杆长度后，隔离开关合闸到位、锁紧，回路电阻测试合格，交接及停电处理前、后回路电阻测试值见表 1。送电后红外诊断无异常。

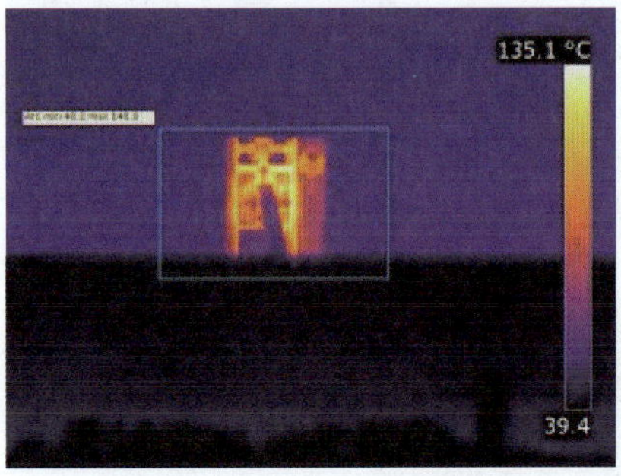

图 3　532 开关柜绝缘拉杆小孔处测温红外图像 　　　　图 4　绝缘拉杆小孔处测温可见光图像

表 1　　　　　　　　2 号主变压器开关柜 5323 隔离开关交接、停电回路电阻测试　　　　　　　　$\mu\Omega$

试验日期	A	B	C	标准	备注
2007-5-24	22	24	22		交接试验
2013-11-29	29	74	25	小于 $40\mu\Omega$	B 相超标
2013-11-29	26	28	23		处理后

（1）必须坚持"宁可怀疑，不可漏网"的原则开展包括设备红外诊断在内的特巡工作，才能发现更多的设备隐患，提高状态检修工作质量，确保电网安全运行。

（2）必须重视高压开关柜的红外诊断工作。实际工作中往往忽略高压开关柜的红外诊断，尤其是封闭式柜，导致其内部设备失去监督，一旦故障，往往造成主变压器近区短路、掉闸，甚至损坏主变压器。

（3）GN22 型隔离开关广泛应用于主变压器和分段间隔，该隔离开关合闸操作分两个步骤：①主动轴在转动前 80°为合闸角，用于转动触刀，使隔离开关动触头从开断极限位置运动到合闸位置；②在主动轴转动后 10°为接触角，用于锁紧机构动作。通过滑块运动，从而使两侧顶杆推出，将顶杆的推力放大约 5.5 倍后压紧在触刀上，形成接触压力。所有生产人员必须要掌握其两步合闸的特点，加强检修、验收，杜绝类似情况。

◈ 检测信息

检测人员	国网山西省电力公司运城供电公司：陈晋（39 岁）、奚华欣（34 岁）、李进（37 岁）、张毅（44 岁）
检测仪器	FILR P630 红外热像仪（参数：空间分辨率远距离 0.3～0.7mrad；近距离大目标 1.3～2.5mrad；采样帧速率不低于 25Hz；探测器类型 640×480 像素非制冷焦平面探测器）、SXDL-100A 回路电阻测试仪（参数：测量范围 1～1999μΩ；分辨率 1μΩ；工作电源 AC220±10%，50HZ；温度－10～40℃；湿度小于 80%RH）
测试环境	温度 9℃、相对湿度 35%

7.1.3 红外热像检测发现 10kV 开关柜隔离开关静触头与母线排连接处过热

◈ 案例简介

国网内蒙古东部电力有限公司检修分公司运维的 220kV 乌兰北郊变电站于 1987 年投入运行，2013 年 12 月 10 日 16：00，电气试验人员对 220kV 乌兰北郊变电站输变电设备例行红外检测，发现 10kV 查干线 152 开关柜 B 相隔离开关静触头与母线排连接处过热缺陷，连接处最高温度为 112.4℃，A、C 两相同位置最高温度为 17.1℃，当时环境温度为－5℃，负荷电流为 340A，随后安排停电检修，发现导电接触面导电膏的导电能力下降，经过检修人员更换弹簧垫，用砂纸打磨静触头与母线排的接触面，红外检测温度恢复为 17.4℃，最终避免了一起可能由导电回路过热而引起的开关柜故障。

◈ 检测分析方法

对 220kV 乌兰北郊 10kV 查干线 152 开关柜进行红外成像检测时，发现开关柜 B 相隔离开关静触头与母线排连接处最高温度为 112.4℃。10kV 查干线 152 开关柜红外测温图谱如图 1 所示。

图 1　横向定位　　　　　　　　　　　　　　　　图 2　定位波形

对该柜进行特高频现场测试，如图 3 所示。该柜周围的缝隙均能够检测到超强的特高频信号，信号最大值达到 36dB，周期图谱如图 4 所示，特高频 PRPD/PRPS 如图 5 所示，从两种图谱可以初步判断该局部放电，疑似为浮电位产生的放电。

图 3　特高频现场测试

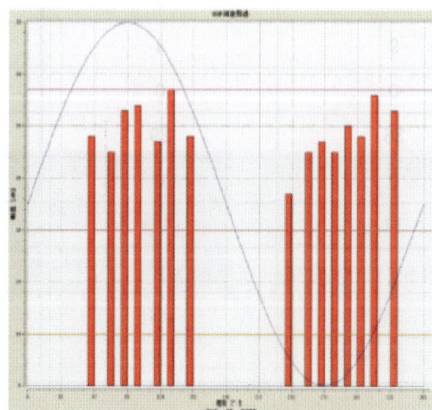

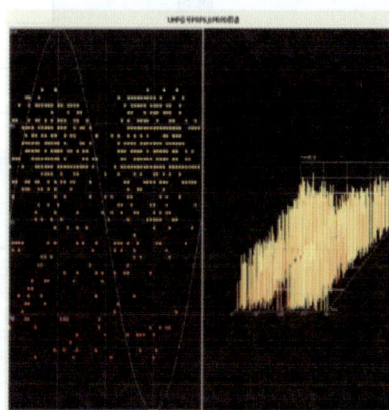

图 4　特高频周期测试　　　　　　　图 5　特高频 PRPD/PRPS 测试

将黄色传感器放在靠近门的位置，绿色传感器放在靠近开关柜的位置，如图 6 所示。如图 7 所示波形为绿色传感器先检测到信号，说明信号来自绿色传感器方向或者说离绿色传感器更近。

绿色传感器不动，继续移动黄色传感器到南溪 3165 开关柜下方缝隙处，如图 8 所示，定位波形如图 9 所示，可知绿色传感器信号较黄色传感器信号超前 7ns，说明信号来自绿色传感器方向或者说离绿色传感器更近。经过定位，2 号主变压器 35kV 开关柜上部的封闭小母线中部超声信号最强烈，最高值达到 36dB，大大超过 6dB 的注意值，显示内部存在较严重的局部放电，需要停电处理。停电后，对 2 号主变压器与 35kV Ⅱ 段母线之间的进线母桥（带 2 号主变压器 35kV TA）进行绝缘电阻测量，数据见表 2。

图 6　现场定位照片

图 7　示波器定位波形

图 8　现场定位

图 9　现场定位波形

从表 2 发现 2 号主变压器 35 进线小母线 B 相绝缘只有 320MΩ，拆开 2 号主变压器 35kV 进线母桥柜板，发现 B 相与 C 相母桥进线之间的隔离挡板倾倒，斜靠在 B 相母桥进线的热缩套上，热缩套已经烧焦，部分金属外露，如图 10 所示。

拆除三相之间的隔离挡板，对 B 相绝缘受损处进行重新包裹修复后，再次进行绝缘电阻试验，数据见表 3。

放电缺陷消除后投入运行，安全运行至今。

表 2　绝缘试验数据表　　MΩ

相　位	A	B	C
绝缘电阻	50 000	320	50 000

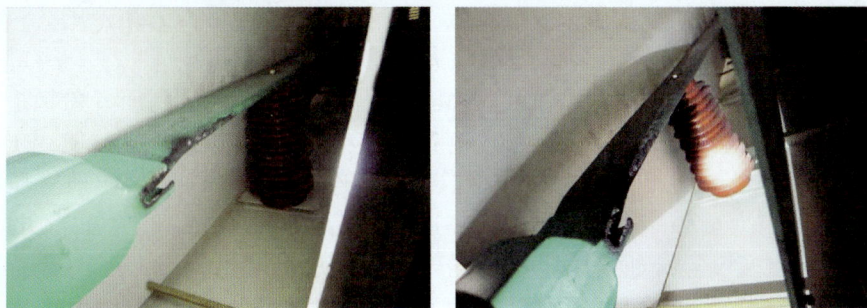

图 10　现场故障

表 3　更换后试验数据表　　MΩ

相　位	A	B	C
绝缘电阻	50 000	50 000	50 000
三相之间	AB	BC	CA
绝缘电阻	50 000	50 000	50 000

❖ 经验体会

（1）目前，较多的开关柜局部放电缺陷均通过超声波局部放电检测发现，TEV 暂态地电压尚未发现过案例，说明超声波对目前普通缺陷检出率要高于 TEV 测试方法。

（2）经过近几年开关柜局部放电检测的经验积累发现，在天气潮湿或者下雨时候开关柜局部放电发现的绝缘件放电现象更多一点，天晴时放电现象减弱或消失，但为考验在恶劣天气下开关柜运行工况的耐受能力，一般不建议在天晴时复测。

（3）开关柜现场测试时应注意干扰的排除，如一些室内的排风扇、日光灯等，避开无线电及其他电子装置的干扰信号。

检测信息

检测人员	国网浙江省电力公司衢州供电公司：徐翀（42岁）、周扬飞（26岁）、张汇杰（24岁）
检测仪器	Ultra TEV Plus＋多功能局部放电检测仪、PD Locator 局放定位仪
测试环境	温度39℃、相对湿度75％、大气压力101.412kPa

7.2.2 暂态地电波检测技术发现220kV温泉变电站35kV开关柜穿墙套管屏蔽环局部放电

案例简介

国网浙江省电力公司金华供电公司所辖220kV温泉变电站的35kV开关柜为ABB UniGear type ZS 3.2铠装封闭式户内交流金属封闭开关设备，配置厦门ABB公司2006年7月生产的ZS 3.2型开关、额定电流为1250A，于2007年6月投入运行，2008年9月停电进行例行试验。

2011年10月22日14：00，在220kV温泉变电站对开关室内35kV高压开关柜进行局部放电检测时发现整个开关室内的TEV暂态地电位背景值非常高，达到49dB以上。通过使用PDL1的定位功能最后把放电位置定位到35kV母分开关和泉坦3614开关柜连接处，以及1号接地变压器开关柜与泉马3589开关柜连接处。技术人员将35kV Ⅰ段母线停运排查后发现，35kV母分开关和泉坦3614开关柜连接处的母线穿墙套管以及1号接地变压器开关柜与泉马3589开关柜连接处的母线穿墙套管，套管内部与母排已有明显的放电痕迹。确定属于设计结构及安装工艺问题，穿墙套管内部连接均压环与套管屏蔽环接触不良，开关柜内一出现潮湿现象，就容易导致套管内部与连接均压环放电。经重新对母线穿墙套管及连接均压环处理后，放电现象消失。据了解此类型的ABB UniGear type ZS 3.2开关柜穿墙套管内部放电缺陷在全国普遍存在，此后技术人员对金华电网目前应用该型号开关柜的变电站的开关柜加强了检测。

检测分析方法

（1）技术人员在220kV温泉变电站35kV开关室内使用暂态地电波检测技术对35kV高压开关柜进行

718

局部放电检测。整个开关室内的 TEV 背景值非常高，达到 40dB 以上，某些开关柜上的测试值已经达到仪器的 60dB 以上，如图 1 所示。

（2）通过使用 PDL1 的定位功能最后把放电位置定位到 35kV 母分开关和泉坦 3614 开关柜连接处以及 1 号接地变压器开关柜与泉马 3589 开关柜连接处，如图 2 所示。

图 1　开关柜上暂态地电位的检测值

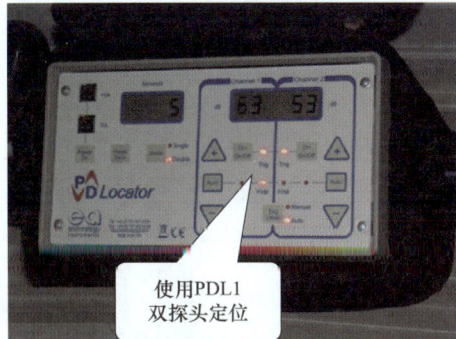

图 2　使用 PDL1 双探头定位

（3）将开关室内的 35kV Ⅰ 段母线停运排查后发现，35kV 母分开关和泉坦 3614 开关柜连接处的穿墙套管以及 1 号接地变压器开关柜与泉马 3589 开关柜连接处的穿墙套管，其母排（如图 3 所示）与套管内部（如图 4 所示）已有明显的放电痕迹。此发生局部放电的均压环和正常的均压环如图 5 所示。

图 3　发生局部放电的均压环

图 4　均压环与套管内屏蔽层放电痕迹

（4）由于设计结构及安装工艺问题，穿墙套管内部连接均压环与套管屏蔽环接触不良，且开关室的除湿器并未经常使用，开关柜内一旦出现潮湿现象，就容易导致套管内部放电。

经验体会

（1）对变电站新安装的开关柜加强验收工序，对安装工艺做好质量把关。

（2）对目前仍应用该型号开关柜的变电站的开关柜加强检测，查看是否存在疑似放电，数据是否有变大变强的趋势，若需要采取相应的措施处理；同时结合有停电机会安排检查处理。

（3）对已处理的开关柜进行跟踪检测，检查处理情况是否良好。

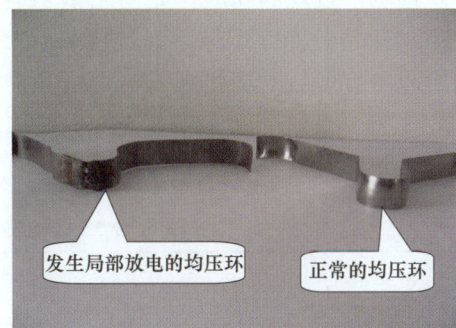

图 5　发生局部放电的均压环和正常的均压环

检测信息

检测人员	国网浙江省电力公司金华供电公司：楼钢（45岁）、吴胥阳（30岁）、徐勇俊（29岁）、吴峰（30岁）
检测仪器	PDL1（EA公司生产）
测试环境	温度20℃、相对湿度70%

7.2.3 暂态地电波检测技术发现110kV永昌变电站1号主变压器10kV开关柜异常放电

案例简介

国网浙江省电力公司金华供电公司所辖110kV永昌变电站1号主变压器10kV开关柜为KYN44-12/T1250铠装移开式户内交流金属封闭开关设备，配置厦门ABB公司2005年10月生产的VD4M1240-40型开关，额定电流为4000A，于2005年12月投入运行，2006年11月停电进行预防性试验。

2011年9月11日上午10时，班组对永昌变电站32面10kV开关柜进行了开关柜局部放电测试，测得背景值空气1dB、金属10dB。1号主变压器开关柜TEV最高为16dB，而其他柜子为8~10dB，对主变压器柜及相邻1号电容器开关柜进行超声波局部放电检测，发现柜体后右中部25dB左右的超声信号，根据超声波的声压强度与设备可能运行状态对照表，判断1号主变压器10kV开关柜、1号电容器开关柜存在表面放电的可能，已接近明显放电级别。

2012年5月29日下午2时，利用停电检修机会检查发现1号主变压器10kV主变压器开关母线侧B相触头有过热痕迹，主要原因为静触头安装不合理，固定螺栓选型不当，静触头未有效紧固。

检测分析方法

（1）检测中发现的问题。先使用多功能局部放电检测仪（UltraTEV Plus＋）的TEV模式对高压室内所有高压开关柜进行TEV信号普测，记录局部放电幅值（dB）和2s内的脉冲数。再使用超声波模式对开闭所内所有运行的高压开关柜进行超声波信号普测，并记录超声信号幅值。测得背景值空气1dB金属10dB。1号主变压器开关柜TEV最高为16dB，而其他柜为8~10dB，对主变压器柜及相邻1号电容器开关柜进行超声检测发现25dB左右的超声信号。具体见表1和图1。

表1　　　　　　　　110kV永昌变电站10kV开关室开关柜局部放电检测数据　　　　　　　　dB

序号	开关柜名称	前中	前下	后上	后中	后下	侧上	侧中	侧下	超声波测量结果
1	1号主变压器10kV开关柜	7	6	14	16	13				柜体前左中部6dB 柜体后右中部25dB
2	1号电容器开关柜	5	4	12	12	11				柜体后右中上部20dB

720

根据超声波的声压强度与设备可能运行状态的关系，该变电站1号主变压器10kV开关柜、1号电容器开关柜存在表面放电的可能，见表2，开关柜已接近明显放电级别。

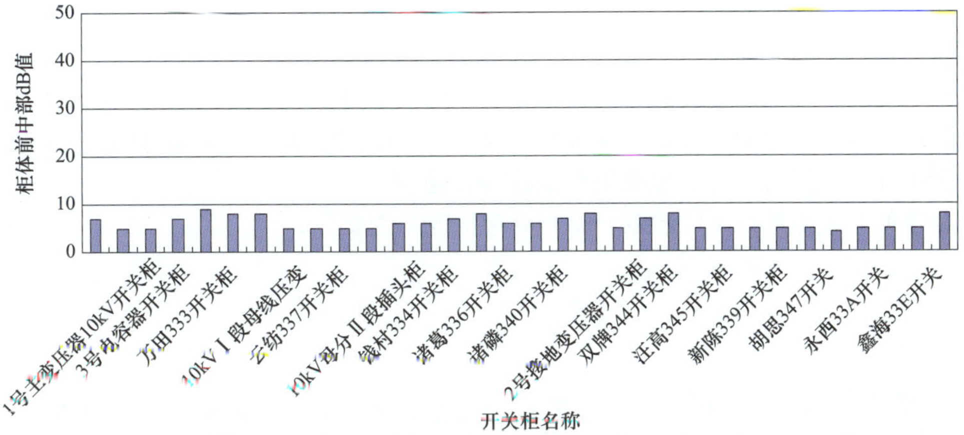

图1　110kV永昌变电站10kV开关室测试曲线

（2）停电检查。利用停电检修机会检查发现1号主变压器10kV主变压器开关母线侧B相触头有过热痕迹。观察发现，固定静触头的M10内六角螺栓螺纹根部有损伤的情况（如图2所示），通过尺寸测量，螺栓长度为75mm，其中螺栓螺纹只有30mm，无螺纹部分的螺杆长达45mm，而触头盒内螺纹35mm，静触头厚度20mm，双铜排厚度20mm，所以螺杆偏长，螺栓无法起到紧固静触头的作用，导致接触压力不足（如图3和图4所示，开关与触头盒之间接触面有过热变色现象），通过大电流情况下发热严重危及设备健康运行（如图5所示）。检查发现主要原因为静触头安装不合理，

表2　　超声波的声压强度与设备可能运行状态对照表

幅值	处理意见
＜6dB	无放电现象，按日常周期进行巡检
6～15dB	轻微放电，加强关注，缩短带电检测周期
15～25dB	放电明显，例行检修时注意清扫或进行相关电气试验
25dB以上	放电严重，尽早安排停电检修

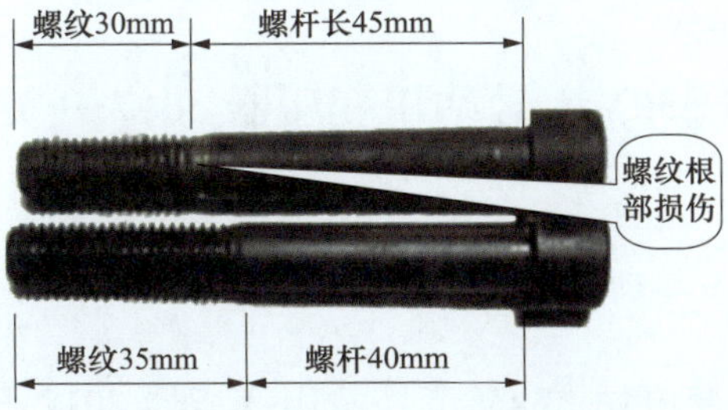

图2　选用不当的固定螺栓（上）与正确尺寸的固定螺栓（下）

图3　开关触头外绝缘颜色变深

图4　触头盒内的连接铜排和螺栓变色

图5　开关柜后柜门触头盒内铜排严重过热，热缩套烧焦

固定螺栓选型不当，静触头未有效紧固，之后及时更换了该批次静触头紧固螺栓，如图2所示，所采用合适的紧固螺栓其螺纹长度为35mm，螺杆长度为40mm。

经验体会

（1）制订计划对所辖变电站进行每年一次的轮测；加强对疑似放电缺陷的信息收集汇总。

（2）对已发现有疑似放电的开关柜加强跟踪检测，查看数据是否有变大变强的趋势，如果有的话，需要采取相应的措施处理；同时结合有停电机会安排检查处理。

（3）对已处理的开关柜进行跟踪检测，检查处理情况是否良好。

检测信息

检测人员	国网浙江省电力公司金华供电公司：楼钢（45岁）、徐勇俊（29岁）、楚文成（33岁）、吴峰（30岁）
检测仪器	PDL1（EA公司生产）
测试环境	温度26℃、相对湿度40%

7.2.4　暂态地电位检测技术发现220kV宝桥变电站35kV 1号站用变压器3017开关柜穿柜套管局部放电

案例简介

国网安徽省电力公司滁州供电公司运维的220kV宝桥变电站35kV 1号站用变压器3017开关柜为KYN-40.5型开关柜，2008年3月出厂，2008年6月投入运行。2012年，按照基建改造方案，对该开关柜进行了改造，将原仅有熔断器手车的开关柜改造为正常出线开关柜，增加了电流互感器、断路器手车等，并对连接母排进行了部分改造。改造后，经运维人员多次现场巡检发现，该开关柜整体及其周围呈现较明显放电声。2013年12月11日上午10点，公司组织专业技术人员采用超声波及暂态地电位方法对其及相邻开关柜进行了局部放电检测，经分析定位确定为穿柜套管处存在放电。随后申请停电消缺，检修人员打开开关柜后发现穿柜套管内等电位屏蔽弹簧锈蚀断裂，造成局部放电，随即进行更换处理，消除了缺陷。

检测分析方法

现场检测时，首先对变电站站内的开关柜进行巡检。巡检时对站内的背景噪声进行了测试，分别测试站内空气中的TEV（暂态地电位）背景值以及噪声监测器上的TEV背景值。然后采用开关柜局部放电巡检仪对开关柜进行巡检，分别采用TEV传感器以及超声波传感器检测了TEV的值以及超声波值，开关柜局放巡检结果见表1。

表1   开关柜局部放电巡检结果   dB

开关柜编号	前柜门 TEV 检测值			后柜门 TEV 检测值			超声波检测值	
	上	中	下	上	中	下	前柜门	后柜门
361	58	54	55	50	50	53	9	9
362	55	55	55	56	51	55	3	15
301	58	57	58	58	56	57	6	18
363	60	60	60	58	60	60	6	20
364	60	60	60	60	60	60	8	23
365	60	60	60	60	60	60	8	31
3017	60	60	60	60	60	60	25	73
366	60	60	60	60	60	60	11	35
35kV Ⅰ段母设	60	60	60	60	60	60	8	22
367	60	60	60	60	60	60	6	19
3001 隔离开关	60	60	59	60	60	60	3	14
300	58	56	56	58	58	58	6	3
35kV Ⅱ段母设	54	53	54	58	51	51	6	3
371	58	54	55	49	47	47	6	3
3027	54	54	53	51	49	48	3	6
372	51	52	52	49	47	46	6	0
373	51	49	48	48	46	46	0	0
374	48	46	44	46	45	46	0	3
302	46	44	46	46	44	42	0	0
368	45	44	43	47	45	42	0	6
369	40	39	39	45	43	42	3	0
370	40	40	41	44	44	44	3	0

    由表1中检测结果可知，35kV 1号站用变压器3017开关柜因为TEV信号幅值太大，已经超出量程，因此与相邻开关柜之间的差异不是很明显。但是对于超声波信号，无论是前柜门还是后柜门，与相邻开关柜的读数相比较，其放电幅值均为最大。因此，可以断定35kV 1号站用变压器3017开关柜有疑似放电现象。因此，决定采用四通道局部放电定位仪进行定位。

    首先采用"横一字形"模式对35kV 1号站用变压器3017开关柜进行定位，TEV传感器放置方式如图1所示。当前，对于疑似局部放电点的定位，普遍采用两种手段。一种是通过判断幅值的大小，其基本逻辑思路为：距离放电点最近的地方，放电幅值最大，随着距离的变大，放电幅值将逐渐衰减。因此，若在某处检测到最大值，则该处有可能为局部放电点。但是这种检测方法只能定性检测，较难定量分析。再加上电磁波在传

图1 横一字形检测模式定位

输的过程中，会有折射与反射，这些折射与反射分量叠加到原始信号波形上，使得基于幅值的判断方法在现场较难得到准确结果。第二种方法为基于时间差的检测方法。通过判断局部放电信号到达各传感器的时间差，可以准确的定位局部放电点。

    图1所示传感器的检测波形如图2所示，其放大图如图3所示。

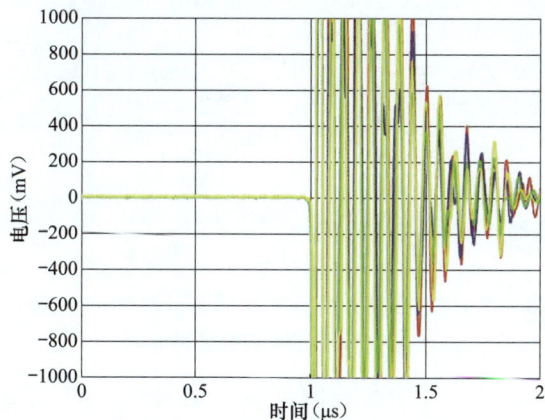

图2 横一字形检测模式定位波形

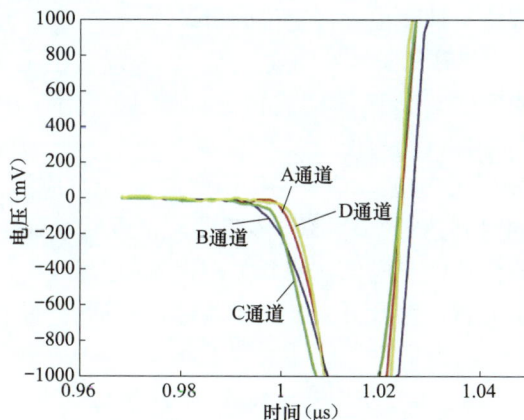

图3 横一字形检测模式定位波形放大

图 4　进一步定位

从图 3 可知，信号从通道 B 与通道 C 中间的缝隙处，先传输到通道 B 与通道 C 对应的传感器，然后再继续传播，到达通道 A 与通道 D 对应的传感器。通道 B 与通道 C 之间的时间差约为 1.2ns，而通道 A 与通道 D 的时间差约为 1.5ns，对应的空间传输距离最大不超过 40cm，这可能是因为放置传感器时，放置位置有误差所致。

为了确定疑似放电点是否在通道 B 与通道 C 的中间缝隙处，将传感器摆放如图 4 所示。在图 4 中，通道 A 与通道 D 传感器的对应位置没有变动，而将通道 B 与通道 C 对应的传感器靠近。传感器获取的信号放大后如图 5 所示，在图 5 中，横坐标每一格对应的时间为 10ns。从图 5 中可见，波形的起始沿很陡，如图中红色框图所示，为 3～5ns，说明局部放电信号很有可能是从该缝隙中传出。从图中还可见到，通道 B 与通道 C 对应信号基本重合，说明两个通道之间的时间差很小，进一步印证了局部放电点在两个传感器对应缝隙的猜测，即局部放电从 3017 开关柜与相邻开关柜之间缝隙传出。

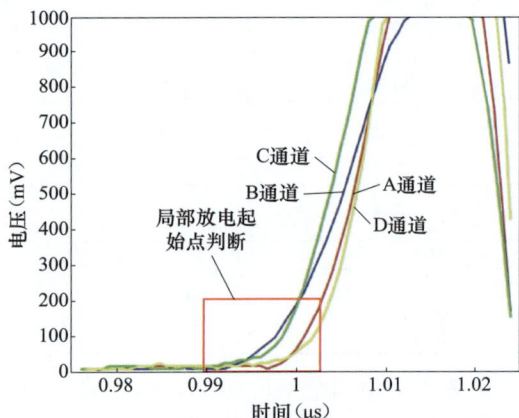

接下来，对 35kV 1 号站用变压器 3017 开关柜的背面进行检测，传感器摆放如图 6 所示。在图 6 中，传感器 C 所在开关柜即为 35kV 1 号站用变压器 3017 开关柜，传感器 B 与传感器 D 分别放置在相邻开关柜柜体中间，与传感器 C 的距离大约相等。检测的波形，进行放大后如图 7 所示。从图 7 中可见，信号先到达传感器 C，然后分别向左右两端传播，

图 5　放大波形

到达传感器 D 与传感器 B，由于传感器 C 与传感器 D 与传感器 B 的距离大约相等，因此传感器 D 与传感器 B 的信号时间差很小。信号继续向右传播，到达传感器 A，因此，传感器 A 与传感器 C 的时间差最大。

为了定位 3017 号开关柜的放电具体位置，需要对开关柜的上、中、下三个仓位进行定位，此时传感器摆放位置如图 8 所示。检测到的波形放大如图 9 所示，放电波形起始位置如图 9 中框所标注。从图 9 中可见，通道 A 与通道 B 的到达时间差相等，通道 C 与通道 D 的到达时间差相等，而通道 A、B 与通道 C、D 之间具有一定时间差。

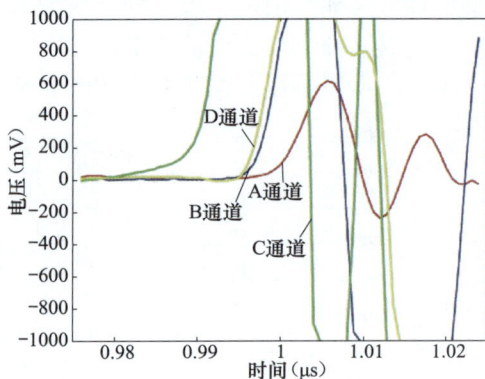

图 6　横一字形模式对 3017 开关柜背面做检测

由以上分析，大致可知：

（1）放电信号并未在传感器所框定的仓位内，而是从该开关柜的中部或上部传输而来。于是，接下来继续对该开关柜的中部或上部仓位进行定位分析。

（2）对 35kV 1 号站用变压器 3017 开关柜上部仓位的疑似放电点定位，传感器摆放位置如图 10 所示，传感器接收到的信号如图 11 所示。

从图 11 中可见，信号先传输到通道 A 对应的传感器，然后几乎同时到达传感器 B 与传感器 C，最后才到达传感器 D。因此，疑似放电点应该在该开关柜柜体的上部。

综上分析，结合开关柜内部结构，因此，最后可得到如下结论：

（1）35kV 1 号站用变压器 3017 开关柜放电幅值很大，TEV 信号检测到的幅值超过了 60dBmV；超声波传感器检测到的幅值约为 73dBμV。

图 7　横一字形模式对 3017 开关柜背面做检测的波形放大

（2）在 3017 号开关柜柜体前中间间隔处，有疑似放电点。

（3）在 3017 号开关柜柜体后上部间隔处，有疑似放电点。

在此基础上，公司检修人员申请对该间隔进行停电检查，发现 B 相穿柜套管中等电位屏蔽弹簧头断裂，导致放电，35kV 1 号站用变压器 3017 开关柜 B 相穿柜套管内屏蔽弹簧断头及放电情况如图 12 所示，35kV 1 号站用变压器 3017 开关柜 C 相穿柜套管正常情况如图 13 所示。

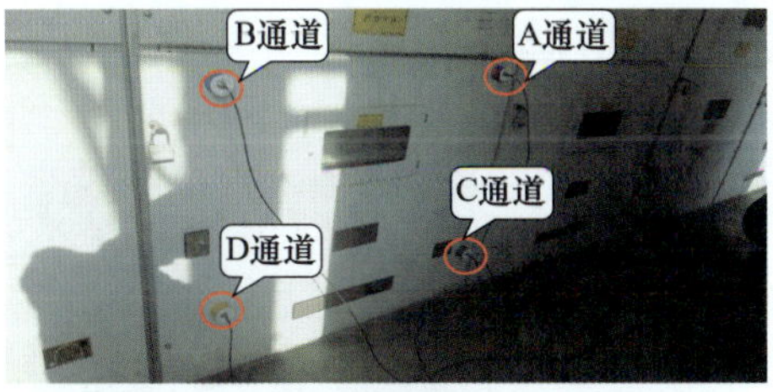

图 8　3017 开关柜放电具体间隔
定位传感器摆放位置

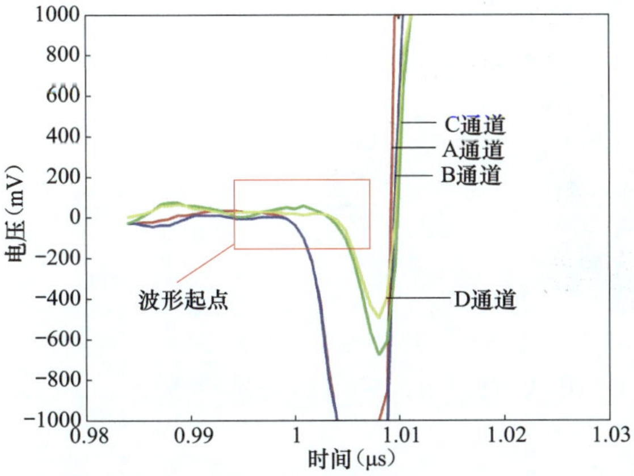

图 9　波形放大

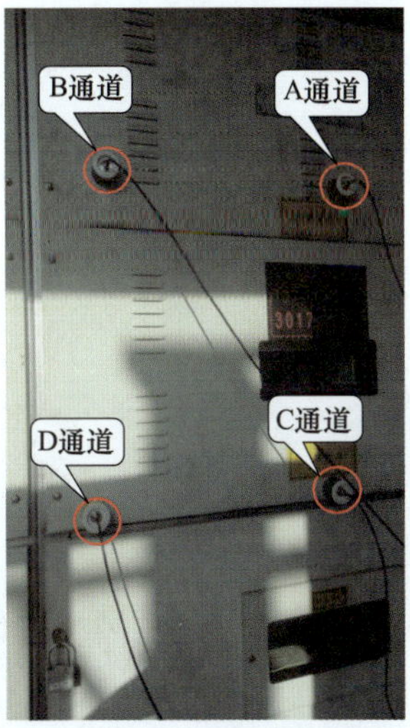

图 10　3017 开关柜放电上部仓位
定位传感器摆放位置

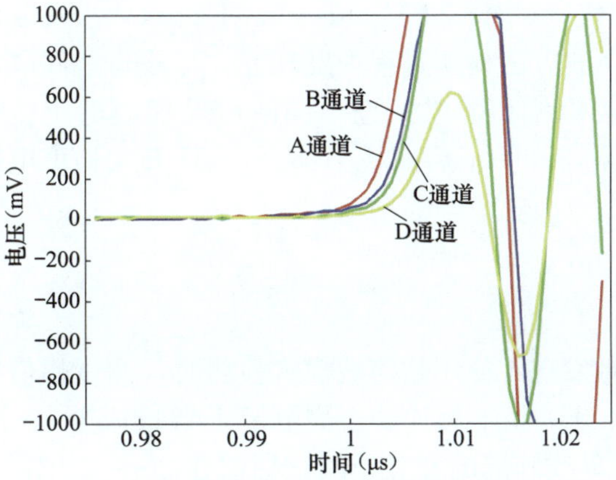

图 11　3017 开关柜放电上部仓位定位信号放大

经验体会

（1）室内开关柜类设备一般为金属铠装结构，属于"法拉第笼子"，超高频及超声波局部放电检测等方法较难准确判断及定位放电点，而 TEV（暂态地电位）检测技术对检测有较强的敏感度，能够有效的发现在开关柜运行过程中隐藏的缺陷。

（2）TEV（暂态地电位）检测技术对人员的专业水平要求较高，检测人员操作流程和综合分析判断能力必须达到要求。

（3）停电检查前必须制详尽的检测方案，考虑所有的可能性，针对每一个环节进行细致排查。

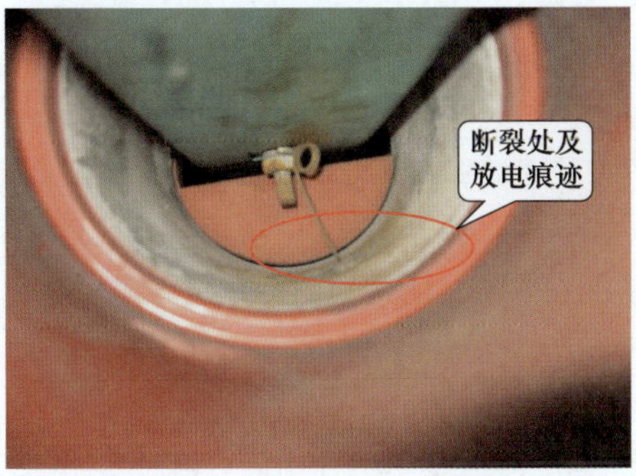

图 12　3017 开关柜 B 相穿柜套管
内屏蔽弹簧断头及放电情况

图 13　3017 开关柜 C 相穿柜套管
正常情况

检测信息

检测人员	国网安徽省电力公司滁州供电公司：吴媛媛（37岁）、应飞（36岁）、练建安（28岁）
检测仪器	开关柜局部放电巡检仪 PDS4000-M2、开关柜局部放电四通道定位仪 PDS4000-L4
测试环境	温度 10℃、相对湿度 41%

7.2.5 暂态地电压检测发现 220kV 惠安变电站 10kV 开关柜瓷支柱绝缘子裂纹

案例简介

国网福建省电力有限公司泉州供电公司运维的 220kV 惠安变电站 10kV 湄丰线 626 开关柜于 1992 年 5 月投入运行。2011 年 3 月 26 日，国网福建省电力有限公司电力科学研究院、国网福建省电力有限公司泉州供电公司组织专业人员使用便携式局部放电声电波检测仪（Ultra TEV plus＋）对 220kV 惠安变电站 10kV 开关柜进行局部放电带电检测。检测人员在使用超声波方法检测过程中发现Ⅱ、Ⅳ段母线间隔的开关柜有明显放电声；使用地电压方法检测发现该部分开关柜幅值异常，进一步使用局部放电定位仪（PDL1）进行定位，定位放电位置位于 10kV 湄丰线 626 断路器开关柜后面板中部。10kV 开关柜停电改造时，发现该开关柜 B 相母排的瓷支柱绝缘子有明显的裂纹。

检测分析方法

220kV 惠安变电站 10kV 开关柜进行局部放电带电检测时发现：使用超声波模式检测时，测试幅值很小，但有明显放电声音；使用 TEV 模式检测时，开关室内和开关柜不相连的金属制品上背景值为 20dB，Ⅰ、Ⅲ段母线间隔的开关柜测试幅值在 20～30dB，Ⅱ、Ⅳ段母线间隔的开关柜测试幅值在 30～40dB，个别开关柜超过 40dB，认为存在绝缘体内部放电。使用局部放电定位仪（PDL1）进行定位，定位放电位置位于 10kV 湄丰线 626 断路器开关柜后面板中部。

图 1　瓷支柱绝缘子放电位置照片

2011 年 5 月 6 日，220kV 惠安变电站 10kV 开关柜停电改造，对检测定位有局部放电的开关柜进行了检查，检查发现：10kV 湄丰线 626 断路器开关柜后面板中下部 B 相母排的瓷支柱绝缘子有明显的裂纹，裂纹长度在 3cm 左右，产生了一定程度的局部放电，现场照片如图 1 和图 2 所示。

检修人员对该绝缘子进行了更换，恢复后对开关柜复测，局部放电现象消失。

经验体会

（1）超声波法与 TEV 法对不同缺陷的敏感程度不同，配合使用可提高判断准确性。

（2）TEV 法的检测频带较宽，适合于频率、放电能量较高的局部放电的检测，如内部贯穿性放电；超声波法检测频带较窄，适合放电能量相对较小的局部放电检测，如绝缘子表面放电。而二者结合可起到互补不足的效果，可以提高检测效率。

（3）现场检测中，超声波检测法所受的干扰较小；TEV 检测法所受干扰较大，特别是变电站中干扰尤为明显，应注意做好排除干扰的影响。

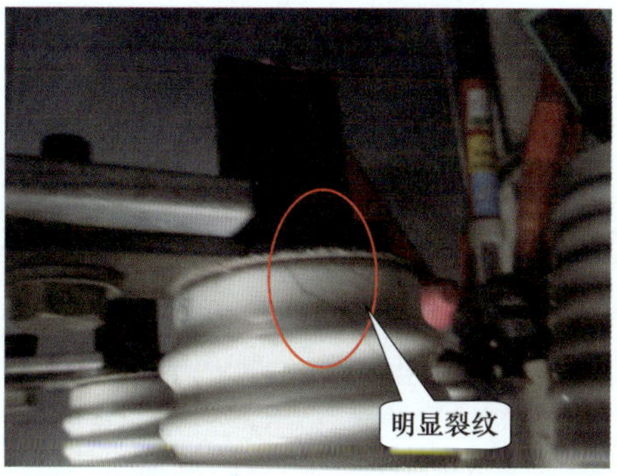

图 2　瓷支柱绝缘子裂纹

（4）运用 PDL1 可以准确地对局部放电源进行定位，提高了检修的效率。

检测信息

检测人员	国网福建省电力有限公司电力科学研究院：涂恩来（29 岁）。国网福建省电力有限公司泉州供电公司：沈谢林(38 岁)
检测仪器	Ultra TEV plus＋便携式局部放电声电波检测仪、PDL1 局部放电定位仪
测试环境	温度 14℃、相对湿度 50％

7.2.6　暂态地电压检测发现 110kV 青坨变电站 35kV 受总开关柜套管局部放电

案例简介

国网天津市电力公司武清供电有限公司运维的 110kV 青坨变电站 35kV 开关柜于 2007 年 10 月投运。2011 年 6 月 6 日下午 15 时，国网天津市电力公司武清供电有限公司变电运维人员在日常巡视中利用地电波巡检仪对 110kV 青坨变电站 35kV 开关柜进行局部放电带电检测。检测人员在使用地电波（TEV）方法检测过程中发现 35kV 开关室内空气中背景噪声较大，达到 18dB，其中 303 受总开关柜检测数据异常，为 44dB，高出背景噪声 26dB。经复测最终确定存在局部放电源，并组织专业技术人员制订详细周密的停电试验检查方案。2011 年 7 月 10 日，经过 35kV-44 母线停电，更换 303 开关柜内热缩套管和触头盒，在安装过程中加强工艺控制，最终安全投运，至今运行良好。

❖ 检测分析方法

（1）地电波检测。为排查空气背景噪声来源，检测人员分别对室外环境与室内空气背景噪声进行检测，结果见表1。

表1   测 试 结 果   dB

检测位置	室外	35kV 开关室
结果	5	18

对比结果初步排除 35kV 开关室内空气背景噪声来自室外的可能。随即对 35kV 开关室内各间隔进行地电波（TEV）检测，发现 303 开关柜地电波结果达到 44dB，高出背景噪声 26dB。根据地电波测试结果，判定 303 开关柜内部存在局部放电。

（2）停电处理。2011 年 7 月 10 日，35kV-44 母线停电后，按照试验检查方案对所有连接元件的逐相分段排查，最终发现本站 35kV 303 开关柜内绝缘件有明显放电现象。经分析判断，之前的绝缘件产品没有屏蔽设计，而且原材料抗老化、防污秽能力低，导致局部放电量偏大，引起相间或对地放电，长时间的放电又极易引起绝缘材料电老化，而绝缘性能的下降是一个不可逆的过程，最终可能引发绝缘故障甚至事故。本站开关柜内绝缘件放电现象如图1所示，存在极大的安全隐患。

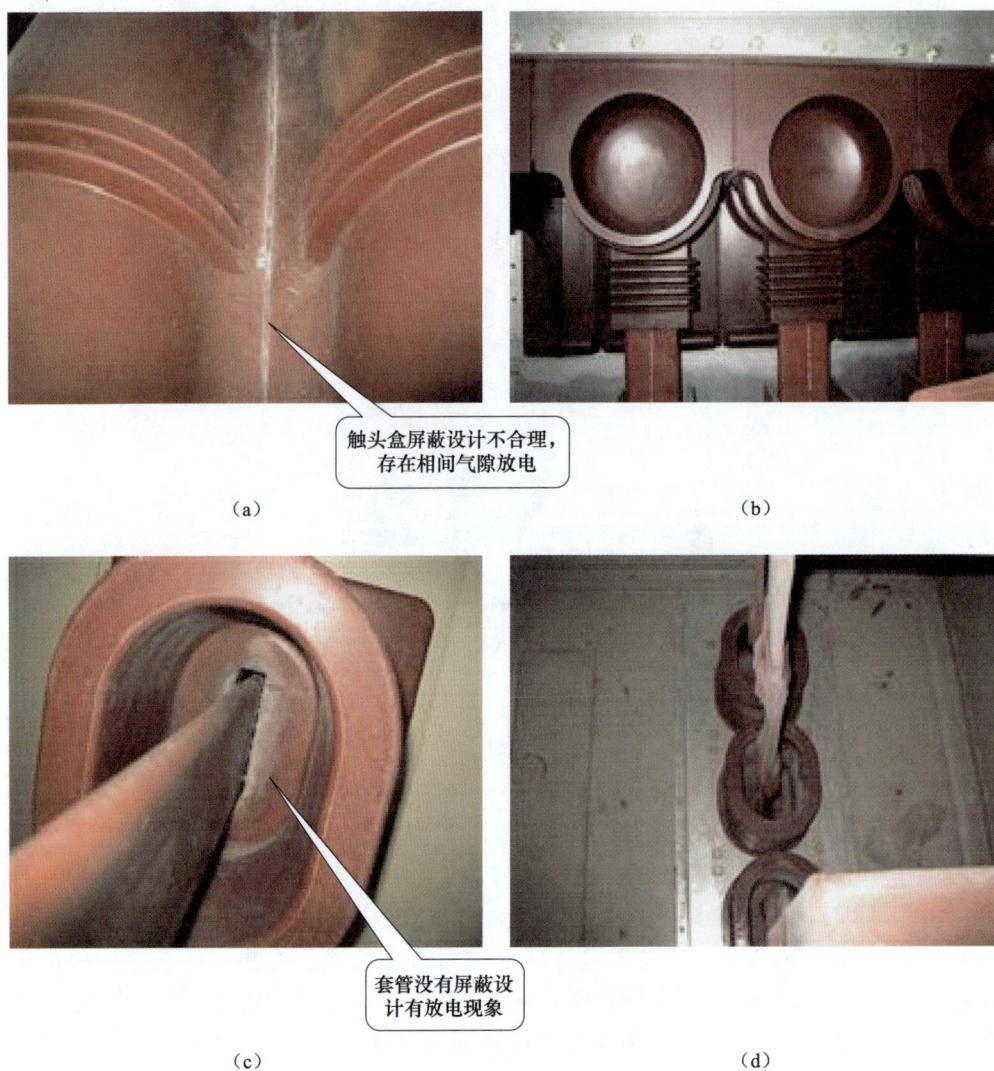

触头盒屏蔽设计不合理，存在相间气隙放电

（a）   （b）

套管没有屏蔽设计有放电现象

（c）   （d）

图1   303 开关柜内绝缘件放电现象

(3) 改造措施。

1) 更换采用七一公司生产的型号为 CTH12A-40.5 的改进型触头盒。该触头盒为改进屏蔽型设计，采用进口树脂、阻燃材料，能消除电场集中问题，使电场分布均匀，延长触头盒使用寿命。

2) 更换柜内老式套管，采用七一公司改进型 TGZ10A-40.5 套管。套管采用双层屏蔽设计、具有改善电场分布，提高爬电距离、增强防污秽能力等特点。套管加工和安装按 DL/T 1059—2007《电力设备母线用热缩管》执行。

3) 改进安装工艺，针对开关柜内元器件布置间距不足、母排倒角不合理等安装工艺的问题采取改进措施，图 2 所示为安装过程中存在的安全隐患和具体改进措施。母排拆卸和加工安装严格按照 GB 50149—2010《电气装置安装工程 母线装置施工及验收规范》执行。

经验体会

(1) 暂态地电压检测技术室检查开光柜内设备局部放电缺陷十分有效的一种措施，适当的增加地电压检测工作，对于预防开关柜内设备绝缘老化和发生局部放电现象具有十分重要的意义，可进一步提高开关柜运行健康水平。

(2) 地电波检测前应尽可能排除周边环境噪声的影响，关闭照明设备，选取开关室内至少 3 个不同位置测量环境噪声取平均值作为背景噪声值，确保暂态地电压检测局放检测有较好的效果。

(3) 开关柜在适宜的温湿度环境下运行也是确保安全运行的不可忽略的一个因素，本次改造一并检查加热除湿回路，对于母线桥架开设通风孔（位置现场确定），确保柜内通风通畅，散热效果好，为开关柜安全稳定运行提供良好运行基础。

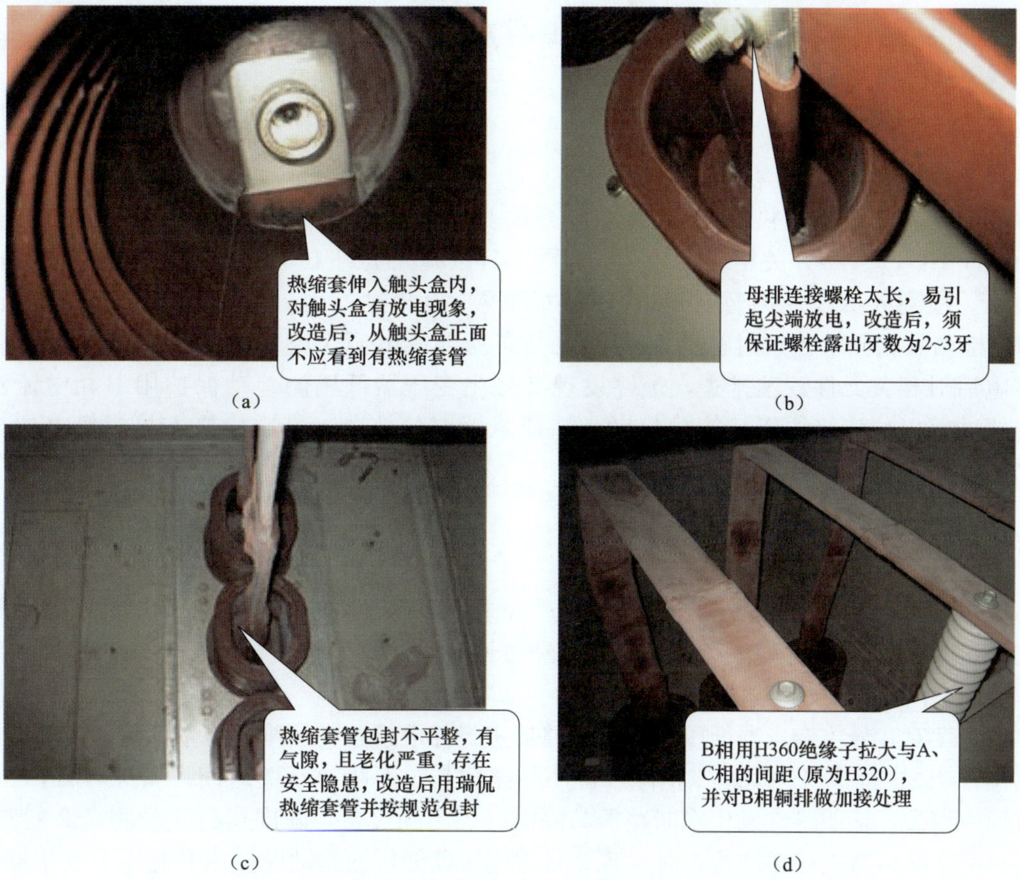

(a) 热缩套伸入触头盒内，对触头盒有放电现象，改造后，从触头盒正面不应看到有热缩套管

(b) 母排连接螺栓太长，易引起尖端放电，改造后，须保证螺栓露出牙数为 2~3 牙

(c) 热缩套管包封不平整，有气隙，且老化严重，存在安全隐患，改造后用瑞侃热缩套管并按规范包封

(d) B相用H360绝缘子拉大与A、C相的间距（原为H320），并对B相铜排做加接处理

图 2 安装缺陷存在的安全隐患并提出的改进措施

❖ 检测信息

检测人员	国网天津市电力公司武清供电有限公司：赵鑫（32岁）、曹磊（30岁）
检测仪器	Ultra TEV Plus＋暂态地电压检测仪
测试环境	温度26℃、相对湿度72％

7.2.7 暂态地电压检测发现110kV秀水变电站10kV开关柜内电流互感器等电位连接线松动放电

❖ 案例简介

国网山西省电力公司阳泉供电公司110kV秀水变电站10kV低压断路器柜于2000年12月投运，设备型号为GG-1A（F）型开关柜。2011年5月13日试验人员对110kV秀水站10kV开关柜进行局部放电带电检测。检测人员在使用暂态地电压法（TEV）检测过程中，发现2号主变压器低压侧10kV 752断路器柜检测数据异常。经过认真复测确定存在局部放电源，随即组织专业技术人员制订停电检查方案。停电后对相关元件逐项排查，最终发现2号主变压器低压侧差动保护用B相电流互感器与其穿芯母排连接的等电位连接线压接螺栓松动，造成悬浮电位放电。最后检修人员对等电位连接线做紧固处理，送电后再次检测，局部放电信号消失。

❖ 检测分析方法

检测人员在使用暂态地电压法（TEV）检测过程中发现2号主变压器低压侧752断路器柜内空气中背景噪声较大达到57dB（正常值不超过20dB），经过认真复测确定存在局部放电源，随即组织专业技术人员制订详细周密的停电试验检查方案。

当日申请调度对2号主变压器低压侧752断路器进行停电检查，运维人员依次拉开752断路器时背景噪声依旧，拉开752-1隔离开关时也未消除，证明断路器与1号隔离开关之间设备无异常，当拉开752-3隔离开关时噪声消失，证明异常发生在断路器与隔离开关之间设备，随即运行人员将752断路器转检修，当检修人员对752断路器进行详细检查时发现2号主变压器低压侧差动保护用B相电流互感器与其穿芯母排连接的等电位连接线松动，接线处有明显放电痕迹。初步分析原因是B相电流互感器与其穿芯母排连接的等电位连接线压接螺栓松动，导致母排与电流互感器连接不良，造成悬浮放电所致，电流互感器与穿芯母排等电位连接线如图1所示。

图 1　电流互感器与穿心母排等电位连接线

随后检修人员重新压接电流互感器等电位连接线，送电后检查设备无异常，检测人员再次使用暂态地电压法检测 752 开关柜空气中背景噪声为 15dB，确认设备运行正常。暂态地电压检测 752 开关柜处理前后对比如图 2 所示，暂态地电压检测（TEV 法）开关柜原理如图 3 所示。

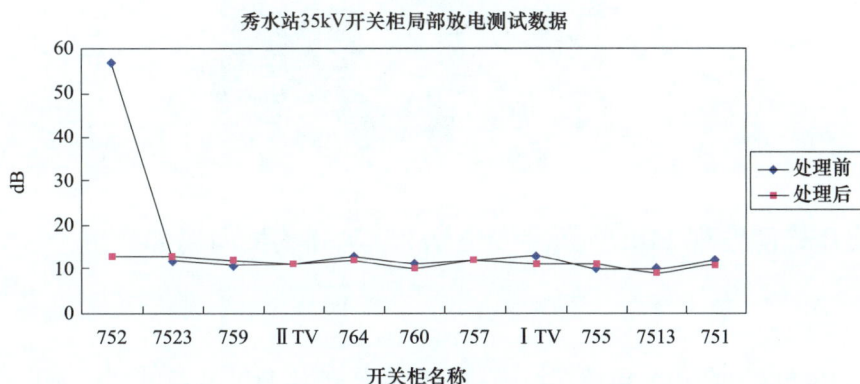

图 2　暂态地电压检测 752 开关柜处理前后对比

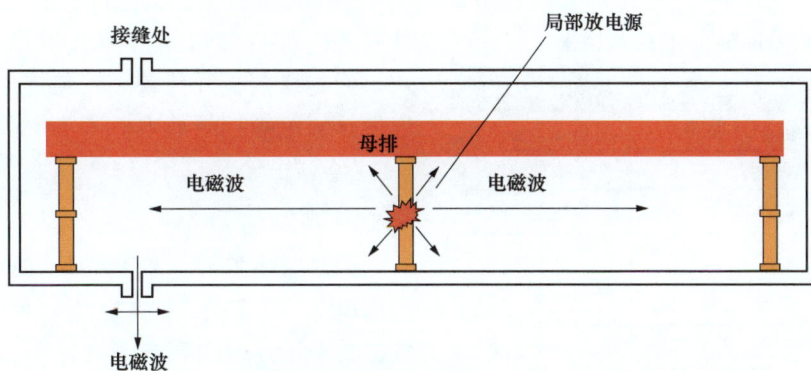

图 3　暂态地电压检测（TEV 法）开关柜原理

❖ 经验体会

（1）暂态地电压检测法（TEV）技术对开关柜类设备的局部放电检测具有较强的敏感度，能够及时有效的发现开关柜在运行过程中隐藏的缺陷，但该技术对检测人员要求较高，因此检测人员要具有高度的责任心、求真的态度、标准化的操作、严谨的诊断分析才能完成检测工作。

（2）停电检查前必须制定行之有效的试验方案，考虑所有的可能性，针对每一个环节进行细致排查。

（3）用暂态地电压检测法检测技术的同时要充分利用其他局部放电检测技术，多种手段并用多角度、全方位进行排查，降低误判断概率。

731

（4）如果有停电检修的机会需要重点观察设备内部的绝缘器件，加强开关柜设备的专业化巡检，发现异常情况缩短检测周期，确定发展趋势。

检测信息

检测人员	国网山西省电力公司阳泉供电公司：靳海军（46岁）、赵万明（51岁）、唐领英（51岁）
检测仪器	PDL1-001 局部放电检测仪
测试环境	温度16℃、相对湿度47%

7.2.8 暂态地电压检测发现 110kV 新港变电站 35kV 开关柜内局部放电

案例简介

国网江苏省电力公司泰州供电公司靖江运维站运行人员在对 110kV 新港变电站进行 35kV 开关柜局部放电带电检测时，发现母联 3102 手车柜后仓检测数据异常，而 35kV 开关室内空气中背景噪声不大。经过认真复测确定存在局部放电源，随即组织专业技术人员制订停电试验方案。35kV 母联 310 间隔设备停电后，按照试验方案对所有连接元件的逐相分段排查，最终发现连接排之间的绝缘挡板与连接排交叉处有放电烧灼痕迹。初步分析原因是绝缘挡板上积灰，而绝缘挡板开孔较小，与连接排距离较近，导致连接排对绝缘挡板放电。

表1   35kV 开关室内各间隔 TEV 检测结果   dB

序　号	间隔名称	测试部位	数值1	数值2	数值3
1	301	前仓	6	6	8
		后仓	8	8	12
2	3015	前仓	7	7	8
		后仓	8	7	8
3	313	前仓	6	6	7
		后仓	7	7	9
4	310	前仓	6	6	7
		后仓	9	9	9
5	3102	前仓	10	8	9
		后仓	19	17	19
6	302	前仓	3	3	8
		后仓	7	7	10
7	3025	前仓	5	5	8
		后仓	7	8	7
8	321	前仓	5	5	8
		后仓	8	7	8
9	323	前仓	5	5	8
		后仓	9	8	10

检测分析方法

（1）带电检测。检测人员在检测设备之前，先使用地电波（TEV）方法检测环境的背景噪声，检测数据为7dB，说明现场干扰较小。

对 35kV 开关室内各间隔进行地电波（TEV）检测发现 35kV 母联 3102 手车间隔后仓地电波结果最大，达到 19dB，而其余间隔检测结果均不高，根据地电波测试结果，初步判定 35kV 母联 3102 开关柜内部存在局部放电。检测结果见表1。

（2）停电排查。35kV 母联 310 间隔设备停电后，按照试验方案对所有连接元件的逐相分段排查，最终发现 3102 开关柜后仓连接排之间的绝缘挡板与连接排交叉处有放电烧灼痕迹，如图1所示。初步分析原因是绝缘挡板上积灰，如图2所示，而绝缘挡板与连接排距离较近，导致连接排对绝缘挡板放电。

将绝缘挡板进行清洗，运行一段时间后，在此对此开关柜进行局部放电检测，测试结果均正常。

图 1 绝缘挡板与连接排交叉处有放电烧灼痕迹

图 2 绝缘挡板上积灰

经验体会

（1）暂态地电压检测法（TEV）检测技术对室内开关柜类设备的局部放电检测有较强的敏感度，能够有效的发现在开关柜安装、运行、检修过程中隐藏的缺陷。

（2）暂态地电压检测法（TEV）检测技术对人员的专业水平要求较高，检测人员的综合素质必须高，操作流程要符合规范，监测数据结合现场经验准确判断。

（3）停电检查前必须制定行之有效的试验方案，考虑所有的可能性，针对每一个环节进行细致排查。在使用暂态地电压检测法（TEV）检测技术的同时要充分利用其他局放检测技术，多种手段并用多角度、全方位进行排查，降低误判断概率。

检测信息

检测人员	国网江苏省电力公司泰州供电公司靖江运维站：郑坚（56 岁）、陈勇（41 岁）
检测仪器	PDS-T90 型局部放电检测仪
测试环境	温度 20℃、相对湿度 55%

7.2.9 暂态地电压检测发现 35kV 开关柜电缆护层保护器放电

案例简介

国网浙江省电力公司舟山供电公司 220kV 昌洲变电站 35kV 开关柜，于 2010 年 7 月投入运行，设备

表1　　　　　未处理前的数据　　　　dB

空气中 TEV 读数：24dB				
开关柜名称/编号	TEV 检测			
	后柜			
	下		上	
	幅值	脉冲	幅值	脉冲
1号站用变压器	40	1850	37	1850
1号接地变压器	45	1600	42	1700
粮油 3201	50	1550	46	1700
1号电容器	32	1800	31	1840
3号电容器	31	1800	28	1850

型号为 VD4 4012-31M，生产厂家为厦门 ABB 开关有限公司。2012 年 9 月 13 日上午 10 时，高压试验人员对该站所有 35kV 开关柜进行局部放电检测，发现 35kV 粮油 3201 线暂态对地电压（TEV）最大，且在粮油 3201 线开关柜底部靠近 1 号接地变压器侧听到沿面放电声音。经过认真复测，检测人员认为在粮油 3201 线开关柜内可能存在局部放电故障，随即组织专业技术人员制定详细周密的停电试验检查方案，并及时更换了受损设备。

❖ 检测分析方法

（1）带电检测。检测人员使用暂态对地电压（TEV）法检测 35kV 粮油 3201 线和周围间隔的测量结果见表1。

通过数据分析，可以发现 35kV 粮油 3201 线暂态对地电压（TEV）最大，并且粮油 3201 线左右两个间隔的数据也异常，超过仪器技术标准，但离粮油 3201 线越远，暂态对地电压（TEV）越低。因此检测人员认为 1 号站用变压器和 1 号接地变压器测得的异常数据是由于粮油 3201 线局部放电信号沿金属表面传播引起的。应用开关柜局部放电超声波检测法，在粮油 3201 线开关柜底部靠近 1 号接地变压器侧听到沿面放电声音，而附近间隔无放电声音，因此检测人员认为故障点在粮油 3201 线开关柜内。

图1　粮油 3201 线电缆护层保护器

（2）停电检测。2012 年 10 月 9 日上午 11 时，检修人员对粮油 3201 线进行停电检查，在检查过程中发现电缆护层保护器内壁已经被烧黑，如图 1 所示，说明之前存在严重的放电故障，与检测人员之前分析的结果吻合。

粮油 3201 线更换电缆护层保护器后，检测人员对该开关柜和左右两侧开关柜进行复测，测得数据见表2。

表2　　　　　处理后的数据　　　　dB

空气中 TEV 读数：27dB				
开关柜名称/编号	TEV 检测			
	后柜			
	下		上	
	幅值	脉冲	幅值	脉冲
1号站用变压器	31	1250	29	1200
1号接地变压器	35	1200	32	1200
粮油 3201	34	1280	34	1260
1号电容器	32	1200	30	1200
3号电容器	30	1200	29	1210

对比表 1 和表 2 可以看出，粮油 3201 线暂态地电压（TEV）和周围间隔的测量结果都明显降低且相差不大，用超声波检测也没有发现放电声音，由此可以得出 35kV 粮油 3201 线开关柜内部故障已经消除，表 1 测得 1 号站用变压器和 1 号接地变压器数据异常都是由于粮油 3201 线电缆护层保护器内部放电引起的结论是正确的。

❖ 经验体会

（1）暂态对地电压（TEV）检测方法和超声波检测原理，对开关柜局部放电缺陷的检测是有效的，是一种便捷的检测技术。

（2）暂态对地电压（TEV）检测技术对人员的专业水平要求较高，检测人员的综合素质必须高，操作流程要符合规范，检测数据结合现场经验准确判断。

（3）停电检查前必须制定行之有效的试验方案，考虑所有的可能性，针对每一个环节进行细致排查。在使用暂态对地电压（TEV）检测方法的同时要充分利用其他局部放电方法，多种手段并用多角度、全方位进行排查，降低误判断概率。

❖ 检测信息

检测人员	国网浙江省电力公司舟山供电公司：金海龙（42岁）、张宪标（31岁）
检测仪器	UTP1 开关柜局部放电巡检仪（Ultra TEV Plus＋，EA科技有限公司生产）
测试环境	温度 27℃、相对湿度 56％

7.3 超声波局部放电检测技术

7.3.1 超声波局部放电检测技术发现�县变电站 36 出线开关柜内穿柜管等电位簧片虚接

❖ 案例简介

2011 年 9 月 13 日，110kV 溉县变电站 36 出线开关柜在超声监测工作中发现母线穿柜套管均压环放电，经联系设备厂家处理后，2013 年 7 月 30 日再次发现 36 开关柜穿柜套管存在放电，2013 年 9 月 4 日至 5 日经停 35kV 3、5 号母线，将所有老式均压环更换为新式均压环后复测暂无放电现象发生。

❖ 检测分析方法

该问题于变电站状态监测普测过程中发现，最后一次是在 2013 年 7 月 30 日发现的 35kV 36 出线柜顶母线桥下母线仓内的穿柜套管处存在放电，超声及 TEV 跟踪测试记录如图 1 所示。

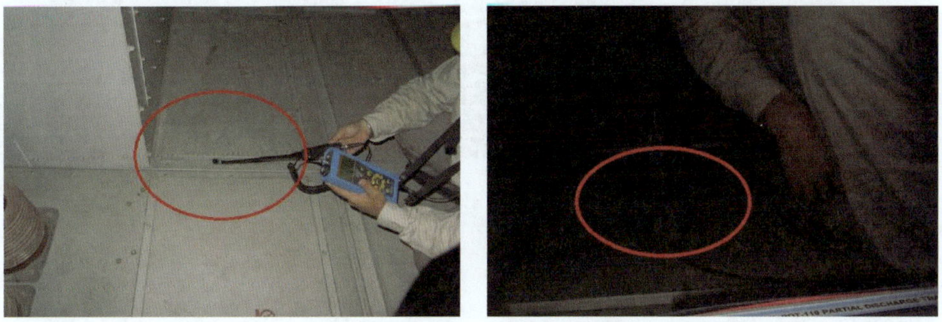

图 1　超声波检测异常位置

通过表 1 和表 2 测试数据综合超声监测结果，判定 35kV 36 出线母线仓内存在典型放电，2013 年 9 月 4 日停电后发现具体放电位置为 36 出线与后侧相邻 35kV 5 号母线连接柜间 C 相穿柜套管均压环间隙放电，且套管内壁已严重受损，需更换新套管后方可运行，套管内部结构如图2所示。

表1 　　　　　　　　　　　　　　　　**36 开关柜超声波检测数据表** 　　　　　　　　　　　　　dBμV

检测位置	检测时间	幅值	最大幅值
36 出线柜顶母线仓	2013-07-30 10：19：20	25.0	26.2
36 出线柜顶母线仓	2013-08-14 13：04：06	35.6	36.1
36 出线柜顶母线仓	2013-08-20 10：21：06	34.2	35.0
36 出线柜顶母线仓	2013-09-03 14：36：20	31.9	32.7

表2 　　　　　　　　　　　　　　　　**35kV 开关柜 TEV 检测数据** 　　　　　　　　　　　　　dB

检测设备	前中	前下	后上	后中	后下
303 侧面	—	—	52	53	48
303	50	48	45	45	42
36	51	45	52	46	42
35kV 5 号	43	38	49	49	41
5-9	42	40	48	47	42
35kV 5 号	45	37	48	45	41
335-5	43	36	48	44	36
335	42	38	49	46	38
35kV 3 号	41	37	50	47	43
35kV 3 号	41	34	49	47	42
3-9	40	37	48	45	40
31	41	37	39	40	37
301	45	37	42	37	32
301 侧面	—	—	40	39	34

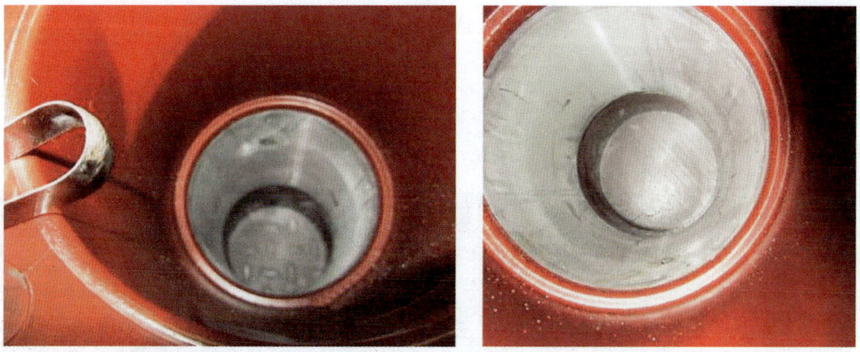

图2　36 开关柜 C 相穿柜套管内部结构

❖ 经验体会

　　该型开关柜穿柜套管均压环采用 Ω 型单片结构，初期运行弹片与套管均压层接触紧密，随着运行年限增加，金属弹性逐渐减弱直至消失，使均压弹片触点与套管均压壁之间产生空隙造成放电。此问题自 2008 年至今已经在多站 35kV 开关柜状态监测过程中发现同一类型缺陷，均为柜内穿柜套管均压环放电现象，经实践证明，超声波局部放电检测对此类均压环虚接放电准确有效。

检测信息

检测人员	国网北京市电力公司电力科学研究院：于彤（43岁）、方烈（43岁）、张振兴（27岁）
检测仪器	SDT270超声波局部放电检测仪
测试环境	温度21℃、相对湿度42%、大气压强101.2kPa

7.3.2 超声波局部放电检测技术发现35kV福州道变电站303开关柜套管放电

案例简介

国网天津市电力公司滨海供电分公司运维的35kV福州道变电站303开关柜于2005年投运，由苏州阿尔斯通开关有限公司生产，型号为FP4025D。2013年1月21日10时，电气试验人员对35kV福州道变电站开关柜进行超声波局部放电检测时发现，303开关柜上部局部放电数据大于15dB，并伴有明显放电声和异味。3月27日停电发现套管底部末裙表面釉质已被剥离，经检修处理，将该套管更换为屏蔽式绝缘套管，并对柜顶结构进行改造，采用铝板固定安装，防止出现闭磁回路，产生局部涡流发热异常。处理后，超声波局部放电检测无异常。

检测分析方法

2013年1月21日10时，国网天津市电力公司滨海供电分公司电气试验人员对福州道站35kV开关柜进行超声波局部放电检测，对每个柜体的前面、后面、侧面三个柜面的上、中、下三个位置共9个测试点均进行检测，发现303开关柜上部局部放电数据大于15dB，并伴有明显放电声，测试情况如图1所示。

超声波强度如图2所示，可以看出303开关柜测得数据明显高于其他柜体。

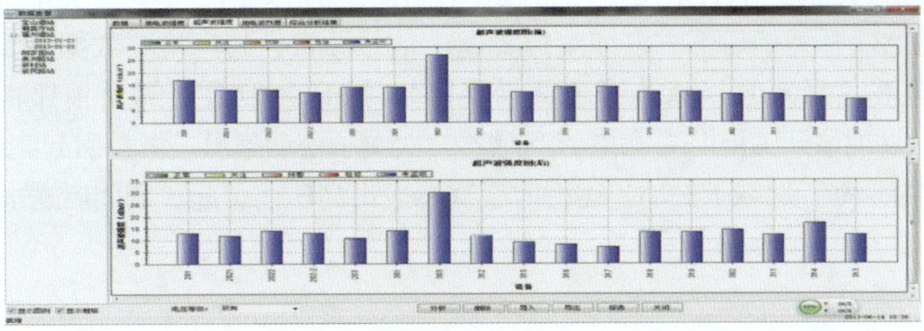

图1 检修试验人员对303开关柜进行测试

图2 35kV福州道变电站开关柜超声波强度

3月27日对303开关柜进行停电检查，发现放电源位于303开关柜顶部的穿柜套管处，可见明显放电点，套管底部末裙表面釉质已被剥离，具体如图3所示。经分析，该设备为早期的常规瓷质穿墙套管，

图3　303开关柜放电套管

在靠近端部的法兰处存在内部场强不均的设计缺陷，易产生局部放电。本次停电将其更换为屏蔽式绝缘套管，设备本身具有的屏蔽功能，避免出现场强不均造成的局部放电。同时将柜顶结构改为铝板安装，防止出现闭磁回路产生涡流导致局部发热异常现象。

设备送电后未出现异常声响和放电弧光，局部放电测试数据均在正常范围，运行一周后对303开关柜套管进行全面的带电检测，超声波、地电波局部放电测试结果及红外图谱分析结果均在正常范围。

经验体会

（1）开关柜超声局部放电测试时应对柜体的前面、后面、侧面三个柜面，上、中、下三个位置均应进行检测，更有可能发现柜内的放电缺陷。

（2）由于电磁波传播路径的不同，会出现实际放电但不一定能检测到数据的情况，检测时要根据现场情况，通过声音、气味等进行综合判断。

检测信息

检测人员	国网天津市电力公司滨海供电分公司：李岩（30岁）、宋长勇（42岁）、杨晓彤（26岁）
检测仪器	红相电力IDA-110型局部放电巡检仪
测试环境	环境温度10℃、相对湿度30%

7.3.3　超声波局部放电检测技术发现10kV开关柜内部放电

案例简介

国网冀北电力有限公司廊坊供电公司运维的110kV梨园变电站于2004年6月投入运行，负责廊坊开发区部分工厂的供电。2012年4月16日上午10时，班组工作人员对室内10kV开关柜进行了超声波局部放电带电检测，发现堤口路223开关柜后下方电缆室位置超声信号异常，超声检测数据为28dB，接上耳机可听到连续的放电声音，地电波信号正常（基本等于背景噪声），该开关柜后上部及相邻柜体均为环境背景噪声（−20dB），经停电检查后发现该开关柜内C相电流互感器二次端子松动隐患，极易引起闪络、开关跳闸事故。经分析，局部放电问题是由TA二次端子松动，运行时二次感应出高压而引起。紧固后送电，复测放电信号消失。

检测分析方法

2012年4月20日，使用北京特斯德公司生产的末屏放电检测仪（TPD-1型）对堤口路223开关柜进行复测。该末屏放电检测仪是以超声波测量为原理，可以即时的反映放电波形和幅值，其量程为15μV～200mV，测量频率是30～50kHz，测量结果异常，其所测波形如图1～图3所示。

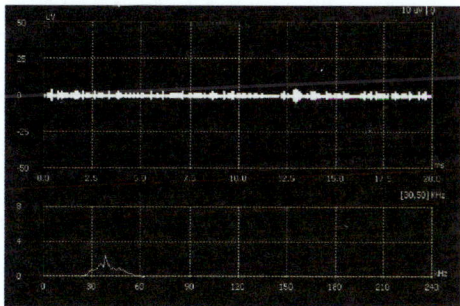

图1 相邻柜体二维波形

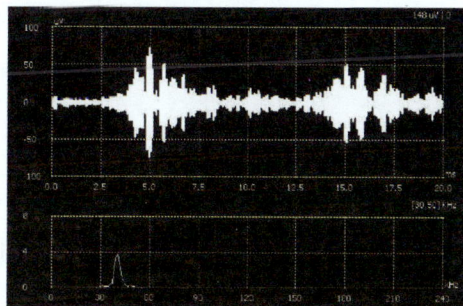

图2 223柜后下部测试二维波形

通过图1和图2的对比，可以看出开关柜有较典型的放电特征，由图3的三维波形可以看出其放电是连续的，认为223开关柜内存在放电缺陷。

2012年4月28日对223开关柜下部电缆室分别进行了如下检查：

（1）检查电缆护套和电缆三岔口表面的绝缘护套，未发现放电或烧焦痕迹。

（2）对TA表面的绝缘外壳进行检查，未发现爬电或烧焦痕迹。

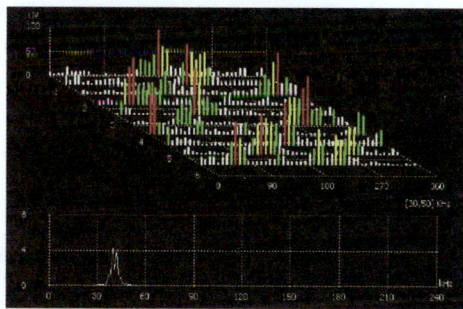

图3 223柜后下部测试三维波形

（3）将出线电缆拆除，对开关柜进行耐压试验，当所加电压达到20kV时，无放电声音。

（4）最后对开关柜下部电缆室进行全面检查，发现C相TA的3S1端子松动，如图4所示。

对3S1端子进行紧固后送电，进行复测放电信号消失。

图4 TA二次接线端子松动

❖ 经验体会

（1）超声技术是检查开关柜内部局部放电缺陷的有效检测手段，应严格按照周期，并结合设备的实际运行情况开展检测工作，保证设备的健康水平。

（2）开关柜的局部放电检测因各种干扰等因素造成内部故障判断困难，需应用多种测试手段综合判断分析，用以查找故障点，为制订检修策略提供依据。

❖ 检测信息

检测人员	国网冀北电力有限公司廊坊供电公司：工建新（36岁）、赵志山（32岁）、安冰（31岁）
检测仪器	Ultra TEV Plus＋超声局部放电测试仪、TPD-1型超声局部放电测试仪
测试环境	温度16℃、相对湿度50%、大气压101kPa

7.3.4　超声波局部放电检测发现 110kV 喀什明珠变电站 35kV 开关柜悬浮放电

❖ 案例简介

国网新疆电力公司疆南供电有限责任公司 110kV 喀什明珠变电站 35kV 3515 高压开关柜型号为 XGN17A-40.5，生产日期为 2003 年 7 月 1 日，投运日期为 2006 年 2 月 3 日。2012 年 5 月 30 日，检测人员对 35kV 高压室开关柜进行带电检测，发现 3515 开关柜内存在疑似放电缺陷，复测判定 3515 开关柜内超声波局部放电检测数据存在异常。对该开关柜停电检查，发现断路器与母线侧隔离开关间挡板螺栓脱落，导致挡板虚接产生悬浮电位放电，加装螺栓对挡板进行紧固，送电后测试，无异常。

❖ 检测分析方法

2012 年 5 月 30 日，检测人员使用超声波局部放电检测仪发现 3515 开关柜内存在疑似悬浮放电缺陷，暂态地电压测试正常，随后对该开关柜进行多次复测，测试数据见表 1。

表 1　　　　　　　　　　超声波、暂态地电压局部放电检测数据　　　　　　　　　　dB

测试日期	暂态地电压测试数据（相对金属值）						超声波局部放电测试数据
	前上	前中	前下	后上	后中	后下	
2012-5-30	3	4	3	5	3	2	18
2012-6-2	2	3	4	5	3	4	17
2012-6-5	3	4	5	4	3	3	18
2012-6-8	4	5	4	2	5	4	19
2012-6-10	4	4	3	2	3	4	18

注　超声波局部放电测试时采用 40kHz 非接触式模式。

通过测试数据可知，用超声波局部放电检测仪测试所得到的数据幅值大于国网公司生变电〔2010〕11 号文件《电力设备带电检测技术规范（试行）》中规定的缺陷值，综合分析判断，该开关柜内可能存在悬浮放电缺陷。

2012 年 6 月 11 日，开柜检查，发现断路器与母线侧隔离开关间挡板螺栓脱落，导致挡板虚接，如图 1 所示。加装螺栓对挡板进行紧固，如图 2 所示，送电后测试，无异常，测试数据见表 2。

图 1　挡板螺栓脱落

图 2　加装螺栓固定挡板

表 2　　　　　　　　　　超声波、暂态地电压局部放电检测数据　　　　　　　　　　dB

测试日期	暂态地电压测试数据（相对金属值）						超声波局部放电测试数据
	前上	前中	前下	后上	后中	后下	
6 月 11 日	4	3	2	3	3	2	3

注　超声波局部放电测试时采用 40kHz 非接触式模式。

经验体会

（1）对于此类缺陷，若不能及时发现处理，长时间的悬浮放电可能导致绝缘部件绝缘强度下降，发生严重设备事故。

（2）超声波局部放电测试可以初步判断信号来源位置，具有较高的灵敏度，能够有效发现开关柜内的机械振动和放电缺陷。

（3）开关柜交接和停电检查时，应检查各部位螺栓是否紧固，避免螺栓脱落引发事故。

检测信息

检测人员	国网新疆电力公司疆南供电有限责任公司：艾尼瓦尔·依明（32岁）、林正肚（30岁）、麦迪娜（38岁）。 国网新疆电力公司电力科学研究院：公多虎（29岁）、罗文华（26岁）、王建（28岁）
检测仪器	Ultraprobe 9000 超声波局部放电检测仪（检测频率40kHz）、Ultra TEV plus＋暂态地电压局部放电测试仪
测试环境	温度29℃、相对湿度33％

7.3.5 超声波局部放电检测发现 110kV 达勒特变电站 35kV 开关柜局部放电

案例简介

国网新疆电力公司博尔塔拉供电公司 110kV 达勒特变电站 35kV 高压开关柜型号为 JYN1-35FZ-15T，生产日期为 2000 年 6 月 8 日，投运日期为 2000 年 9 月 14 日。2011 年 11 月 19 日检测人员对高压室开关柜进行超声局部放电检测，发现 3530 开关柜、3529 开关柜存在超声波异常信号。通过使用超声波局部放电和暂态地电压两种局部放电检测手段进行检测分析，判断 3530 开关柜、3529 开关柜前柜中下部存在局部放电缺陷。停电检查发现 3529 开关柜积尘较严重、3530 开关柜内螺杆松动，判定放电原因为螺杆松动引起的局部放电，处理后恢复正常。

检测分析方法

检测人员利用超声波局部放电和暂态地电压检测进行测试，测试数据见表 1。

表 1 　　　　　　　　　　超声波、暂态地电压局部放电检测数据 　　　　　　　　　　　　dB

开关柜名称	暂态地电压（相对金属值）						超声波
	前上	前中	前下	后上	后中	后下	
3530 开关柜	46	49	35	37	39	46	22
3529 开关柜	45	47	23	30	27	45	14
352Y 开关柜	24	25	23	24	26	24	4

注 超声波局部放电测试时采用 40kHz 非接触式模式，金属测试值为 21dB。

使用超声波局放检测仪测试所得到的超声数据大于国网公司生变电〔2010〕11号文件《电力设备带电检测技术规范（试行）》中规定的缺陷值，检测结果显示，该开关柜前柜下部存在放电缺陷。3529开关柜，3530开关柜所测得信号数据超过异常值。综合判断局部放电信号来自3530开关柜前柜下部。

2011年11月20日，停电检修发现3529柜内积尘较严重，如图1所示。在3530柜内清扫时发现母线侧有电蚀痕迹，支撑绝缘子金属部件螺杆松动，如图2所示，随即对螺杆进行紧固，同时进行全面清扫，送电后无异常。

图1　3529开关柜内母排与支柱绝缘子积尘 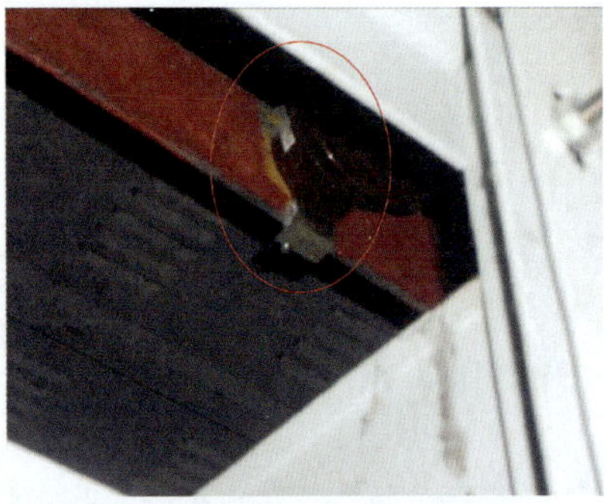　　　图2　3530开关柜内放电点

❖ 经验体会

（1）使用超声波局部放电检测仪和暂态地电压局部放电检测仪可以有效地发现开关柜内螺杆松动导致的放电的缺陷。

（2）使用超声波局部放电法进行检测时，其方向性较强，可以通过改变传感器的方向定位信号源。

❖ 检测信息

检测人员	国网新疆电力公司博尔塔拉供电公司：杨瑞祥（27岁）、武磊（36岁）、杨超（25岁）。国网新疆电力公司电力科学研究院：公多虎（29岁）、罗文华（26岁）、王建（28岁）
检测仪器	超声波局部放电检测仪（UP9000，检测频率40kHz）、暂态地电压仪
测试环境	温度31℃、相对湿度27%

7.3.6　超声波局部放电检测发现110kV三北变电站35kV开关柜局部放电

❖ 案例简介

国网新疆电力公司博尔塔拉供电公司110kV三北变电站35kV高压开关柜型号为JYN1-40.5，生产日期为2000年5月1日，投运日期为2000年11月8日。2013年11月22日，检测人员对110kV某变电站35kV高压室开关柜进行超声波局部放电检测，发现110kV 1号主变压器中压侧3501开关柜和3537开关

柜存在超声波异常信号。初步判断存在局部放电缺陷，停电检查发现 3537 开关柜内积尘严重，3501 开关柜内母线套管螺栓松动，通过清扫积尘和紧固螺栓，缺陷消除。

检测分析方法

（1）超声波局部放电、暂态地电压检测数据见表 1。

表 1 超声波、暂态地电压局部放电检测数据 dB

开关柜名称	暂态地电压（相对金属值）						超声波
	前上	前中	前下	后上	后中	后下	
3501 开关柜	44	35	20	45	34	44	21
3537 开关柜	40	33	18	42	33	40	29
3540 开关柜	17	18	20	21	21	17	5

注 超声波局部放电测试时采用 40kHz 非接触式模式；金属背景测试值为 17dB。

通过表 1 可以看出，3501 开关柜和 3537 开关柜超声波局部放电测试数据大于国网公司生变电〔2010〕11 号文件《电力设备带电检测技术规范（试行）》中规定的缺陷值。3501 开关柜及 3537 开关柜测试数据与金属背景测试值差值超过缺陷值，怀疑该柜存在较为严重的局部放电缺陷。

（2）2013 年 12 月 2 日停电检查，发现 3501 开关柜内 B 相母线套管与母线连接排处螺栓松动如图 1 所示，3537 开关柜内支柱绝缘子积尘较严重，如图 2 所示，立即对松动的螺栓进行紧固，同时对 3537 开关柜进行全面清扫。

图 1 3501 开关柜内 B 相母线套管与母线排连接处螺栓松动

图 2 3537 开关柜内支柱绝缘子积尘

（3）送电后复测，测试结果无异常见表 2。

表 2 超声波、暂态地电压局部放电检测数据 dB

开关柜名称	暂态地电压（相对金属值）						超声波
	前上	前中	前下	后上	后中	后下	
3501 开关柜	19	21	20	19	21	19	3
3537 开关柜	18	20	21	18	20	18	4
3540 开关柜	17	18	20	21	21	17	5

注 超声波局部放电测试时采用 40kHz 非接触式模式；金属背景测试值为 16dB。

经验体会

（1）超声波局部放电检测具有很高的灵敏度，能够有效发现开关柜内放电缺陷，并且通过正确使用超声波局部放电检测仪可以判断信号源位置，能够及时发现运行设备存在问题，提高运行可靠性，减少停电次数。

（2）应加强开关柜安装和大修验收，避免因螺栓未上紧而造成的局部放电，还应加强设备日常巡视维护，利用停电对设备内部进行清扫。

检测信息

检测人员	国网新疆电力公司博尔塔拉供电公司：杨瑞祥（27 岁）、武磊（36 岁）、杨超（25 岁）。 国网新疆电力公司电力科学研究院：公多虎（29 岁）、罗文华（26 岁）、王建（28 岁）
检测仪器	超声波局部放电检测仪（UP9000，检测频率 40kHz）、暂态地电压仪
测试环境	温度 31℃、相对湿度 27％

7.3.7 超声波局部放电检测技术发现 110kV 广场变电站 20kV 开关柜内放电

案例简介

2013 年 6 月 10 日，国网江苏省电力公司无锡供电公司检修人员对 110kV 广场变电站 20kV 开关柜进行局部放电检测过程中发现开关柜内部存在局部放电现象。在这次检测之后，检修人员对广场变电站 20kV 开关柜缩短检测周期，每月检测一次，加强关注并观察发展趋势，在迎峰度夏后进行停电检查。

10 月 9 日对广场变电站 20kV 开关柜进行停电检查，发现开关柜内壁积水，连接的铜母排也由于长时间受潮表面行成了一层绿色的铜锈，开关柜内支持绝缘子、触头盒、穿墙套管都存在沿面放电现象。

试验人员对柜内母排进行了绝缘试验，发现 A、B、C 三相母排对地绝缘为小于 $10M\Omega$，将母排分段拆开进行耐压试验升到 10kV 左右发现母排支持绝缘子、柜内穿墙套管均由于受潮产生放电。

现场将开关柜内支持绝缘子、触头盒、穿墙套管更换为带双屏蔽的绝缘件，经试验检测合格后投运，投运后跟踪开关柜局部放电检测无异常。

表1　开关柜超声波检测结果

开关柜	检测结果（dB）	放电部位
201	20、23	201 柜前顶部、后中部
2015	20	2015 柜后下部
213	6	210 柜前下部
2045	4	2045 柜前中部
244	6	244 柜前中部
204	8、20	204 柜前中、后中下部
203	30	241 柜后中部
2035	20、25	203 柜前中下、后中下部
2025	20、26	2025 柜前中下、后下部

检测分析方法

使用 UltraTEVPlus＋的超声波模式对高压室内所有开关柜进行超声波信号普测，检测结果见表1。

从检测结果分析得到，20kV 高压室内 201 柜前顶部、后中部，2015 柜后下部，210 柜前下部，2045 柜前中部，244 柜前中部，204 柜前中、后中下部，241 柜后中部，203 柜前中下、后中下部，2025 柜前中下、后下部发现有局部放电现象，且通过仪器能听到明显的放电声音。由于该站靠近河流，导致该站整体湿度较大，造成该站局部放电现象。

使用 UltraTEVPlus＋的 TEV 模式对高压室内所有高压开关柜进行 TEV 信号普测，记录局部放电幅值（dB）和 2s 内的脉冲数。首先，测试空气中，门和窗上的 TEV 信号，再测试开关柜上的 TEV 信号。一个开关柜上测试值有 6 组，分别对应于柜前上部、中部和下部，柜后上部、中部和下部。测试值如下所示。

（1）背景值。

1）空气中测试值见表 2。

2）高压室内金属制品上的测试值见表 3。

表 2　　　　　空气中测试值

地点	空气
幅值（dB）	0
2s 内脉冲数	0

表 3　　　　高压室内金属制品上的测试值

地点	门
幅值（dB）	6
2s 内脉冲数	0

（2）高压室开关柜上的测量值分析。

选择开关柜上相应的 TEV 测量值，按照开关柜的分布情况，对同一排的开关柜进行横向对比，绘制成数据图。第一排开关柜检测数据如图 1 所示。

第二排开关柜检测数据如图 2 所示。

20kV 高压室内开关柜上测试值都小于 10dB，未发现明显的局部放电现象。测试结论见表 4。

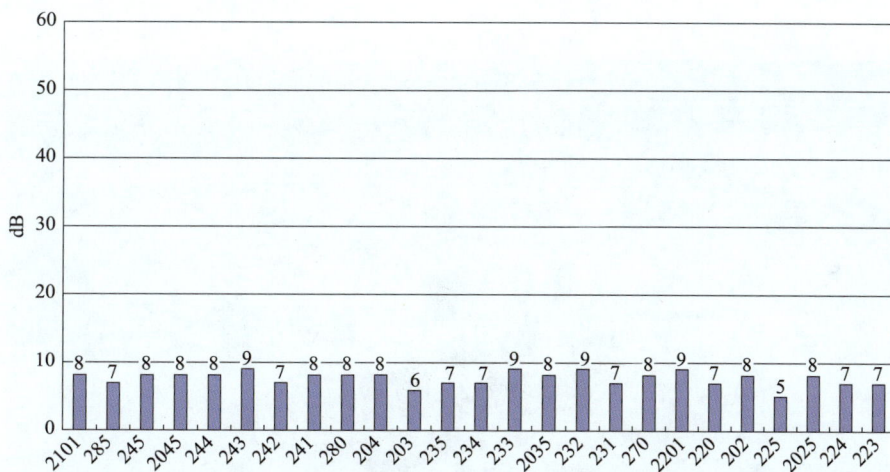

图 1　20kV 第一排开关柜 TEV 数据曲线

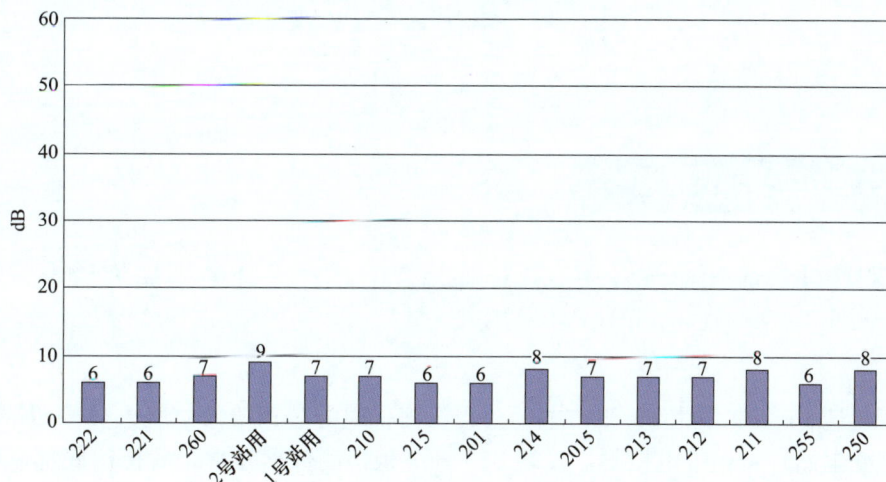

图 2　20kV 第二排开关柜 TEV 数据曲线

表4	20kV 高压室内开关柜测试结论
高压室	结　论
20kV 开关柜	从超声波检测结果分析，20kV 高压室内 201 柜前顶部、后中部，2015 柜后下部，210 柜前下部，2045 柜前中部，245 柜前中部，2043 柜前中、后中下部，241 柜后中部，203 柜前中下、后中下部，2025 柜前中下、后下部发现有局部放电现象，且通过仪器能听到明显的放电声音。 从 TEV 检测数据分析，20kV 高压室内开关柜上测试值都小于 10dB，未发现明显的局部放电现象

经验体会

该缺陷发生的主要原因是广场变电站靠近河流，导致该站整体湿度较大，造成开关柜内局部放电。针对此类缺陷，建议采取以下几点措施：

（1）对于运行环境较为潮湿的变电站，进行电缆层排查，发现积水通知运行部门整治，加装大功率除湿机降低高压室内湿度。

（2）对于没采用双屏蔽穿墙套管、触头盒绝缘件的 20kV 开关柜进行整治更换绝缘件。

（3）加强开关柜局部放电检测，对于存在缺陷的开关柜缩短检测周期进行跟踪检测，检测发现超标设备立即停电检查处理。

检测信息

检测人员	国网江苏省电力公司无锡供电公司：曹剑锋（41 岁）
检测仪器	UltraTEVPlus 型开关柜局部放电检测仪，ZC11D/11 型绝缘电阻测试仪
测试环境	温度 32℃、相对湿度 60％

7.4　其他方法联合技术

7.4.1　超声波和红外热成像检测发现 35kV 航园变电站 316 开关柜局部放电

案例简介

2013 年 8 月 19 日 15：00，国网天津市电力公司滨海供电分公司检修试验人员按照带电检测年度计划要求对 35kV 航园变电站开关柜带电检测，发现 316 开关柜检测数据异常，后柜门底部有明显放电声，超声波检测数据为 32dB。经数据分析判断放电缺陷位于后柜门底部电缆仓内，通过对 316 电缆检查发现 C 相电缆与楼板处的金属挡板附近有明显放电痕迹，A、B 相未发现放电痕迹。经分析，该电缆头与柜内铁板及接地距离不够，且为热缩工艺，易产生局部放电。经停电检修，将电缆头改为冷缩工艺，并将开关柜柜底改装为漏斗式布置，避免柜底的铁板与申缆终端直接接触，增大了设备对地距离。处埋后，超声波局部放电检测无异常。

检测分析方法

（1）超声波局部放电检测。2013 年 8 月 19 日 15：00，国网天津市电力公司滨海供电分公司检修试验人员对航园 35kV 开关柜进行超声波局部放电检测，对每个柜体的前面、后面两个柜面的上、中、下三个位置共 6 个检测点均进行检测，发现 316 开关柜检测数据异常，超声波检测数据为 32dB，后柜门底部伴有明显放电声，判断为存在放电缺陷。检测情况如图 1 所示，检测数据见表 1。

图 1　检修试验人员对 316 开关柜进行检测

超声波放电强度趋势如图 2 所示，通过图表可以得出 316 开关柜测得数据明显高于其他柜体。

表 1　316 开关柜局部放电检测数据　　　dB

温度：28℃　湿度：60%		
检测人员：张校东　记录人：王瑞庭		
	上	中	下
前柜门	15	16	17
后柜门	25	28	32

对温差 δ_T 为 68.7%。经过仔细查看后发现 316 后柜门内三相电缆头均有绿色不明附着物，C 相电缆头接头与其他两项比较相对严重，有发热迹象。经评价为异常状态。

经现场检查和以上数据分析，确定放电缺陷存在后柜门底部，初步判断因电缆终端制作工艺不良造成局部放电。

（2）红外检测。经局部放电检测确定放电位置后，用红外成像仪对 316 电缆进行精确测温，检测数据结果：A 相和 B 相为 30℃，C 相为 41℃，环境温度为 25℃。根据 DL/T 644—2008《带电设备红外诊断应用规范》中的公式计算，相

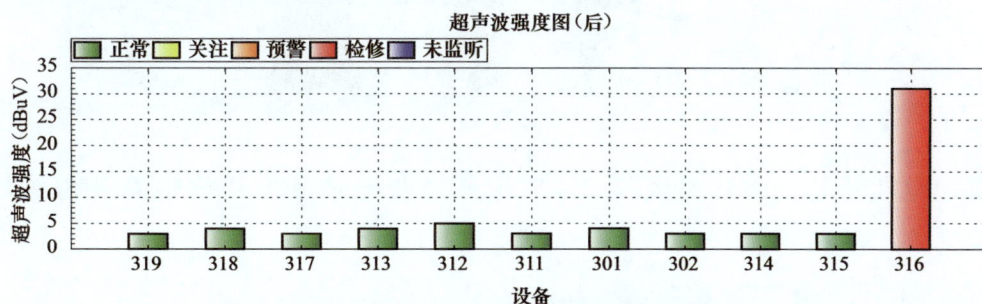

图 2　316 开关柜后柜门底部超声波强度

2013 年 8 月 22 日，对 316 开关柜进行停电检查，发现电缆终端在运行中因与封闭铁板及柜中外护套和内衬层接地极距离不够造成放电，使电缆绝缘性能降低，造成电缆发热、变软，并伴有明显的放电痕迹，如图 3 所示。

检修人员对电缆头进行了重新制作，将原热塑电缆终端改为冷塑终端。将柜底封闭铁板拆除，电缆头至电缆室焊装成漏斗式，使电缆与柜体接触部位由电缆终端改为电缆本体，增加了设备对地距离，如图 4 所示。设备送电后进行了红外热成像及超声波局部放电检测，检测数据正常。

图 3　316 开关柜电缆 C 相放电痕迹

图 4　处理后 316 开关柜电缆终端

经验体会

（1）利用超声波局部放电检测和红外热像检测两种检测手段，综合判断设备状态，可以更有效的发现设备缺陷。

（2）当进线电缆终端距离开关柜较近时，易发生局部放电现象，将电缆室改造成漏斗形，增加了绝缘距离，排除了设备隐患。

检测信息

检测人员	国网天津市电力公司滨海供电分公司：王瑞庭（48岁）、张校东（42岁）、杨晓彤（26岁）
检测仪器	美国 FILRP630 红外热像仪、红相电力 IDA-110 型局部放电巡检仪
测试环境	环境温度 28℃、相对湿度 50%

7.4.2 暂态地电压及超声波检测发现 35kV 琼州道变电站 311 开关柜 B 相母线均压环悬浮放电

案例简介

国网天津市电力公司城南供电分公司运维的 35kV 琼州道变电站于 2008 年 5 月 23 日投入运行。2012 年 3 月 28 日上午 10 时，进行了 35kV 开关柜局部放电带电检测，开关柜型号为厦门 ABB 生产的 ZS3.2 型，电气试验班检测人员对 35kV-4 母线开关柜进行了暂态地电压（TEV）检测，发现检测数值整体偏高，301 开关柜附近检测数据异常。为确定局部放电源具体位置，采用超声波局部放电仪进行复测和定位。随即组织停电检修，最终在 311 开关柜 B 相母线均压环与穿墙套管屏蔽层之间发现明显放电。分析原因为母排在安装过程中，均压环受挤压变形，导致均压环与套管金属屏蔽层之间存在间隙，产生电位差，造成悬浮放电。经过与生产厂家共同分析研究将原有均压环更换为改进型均压环，使之紧密接触母线并不易变形，及时处理了开关柜存在的隐患，保证变电设备健康运行。

检测分析方法

（1）暂态地电压检测发现异常。2012 年 3 月 28 日上午 10 时，检测人员在使用暂态地电压（TEV）方法检测过程中发现 35kV 开关室内金属背景噪声为 28dB。

对 35kV 开关室内各间隔进行暂态地电压（TEV）检测发现 311 开关柜至 313 开关柜测试数据明显偏高，检测数据见表 1。

表 1

位置	316	35-9	302	345	311	301	312	34-9	313
柜前	30	31	34	34	44	50	48	49	45
柜后	30	31	34	34	44	50	48	49	45

其中，301 开关柜数据达到 50dB，高出金属背景噪声 22dB，且与同室内另一条母线开关柜测试数据相比较，高出 60%。根据图 1 分析，初步判定，35kV-4 母线开关柜内部存在局部放电。

图 1　35kV-4 母线开关柜暂态地电压检测数据分析

（2）超声波局部放电检测定位。通过暂态地电压初步检测，发现 311 开关柜可能存在隐患后，采用超声波局部放电仪进行复测及定位，超声频率设定为 40kHz，检测现场如图 2 所示。

检测人员对 301 和 311 开关柜不同位置的检查，判断 311 开关柜与 301 开关柜的后上部为柜间穿墙套管部位，可能存在明显放电，测量值最高达到 31dB，见表 2，且伴有明显的"嘶嘶"放电声响。

（3）停电检修。2012 年 3 月 30 日上午 9 时，对 35kV-4 母线停电检修，对该两个开关柜连接处进行仔细检查后，在 311 开关柜 B 相母线穿墙套管均压环上发现放电痕迹，如图 3～图 6 所示。

图 2　对 311 开关柜进行超声波局部放电检测

表 2   301 和 311 开关柜超声定位测试数据   dB

位置	311 柜前	311 柜后	301 柜前	301 柜后
上	20	31	21	30
中	19	22	18	23
下	19	20	19	21

图 3　311 开关柜 B 相母线放电外观

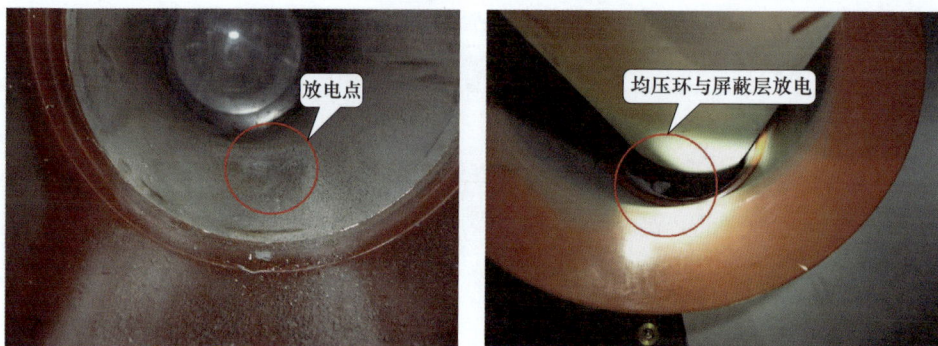

图4 套管金属屏蔽层与母排放电位置

图5 套管金属屏蔽层放电点特写

图6 母线均压环放电痕迹

（4）母线恢复。经处理后，对B相母线进行恢复。运行24h后，再一次进行局部放电试验，无局部放电信号产生。处理前后的测试数据如图7所示。

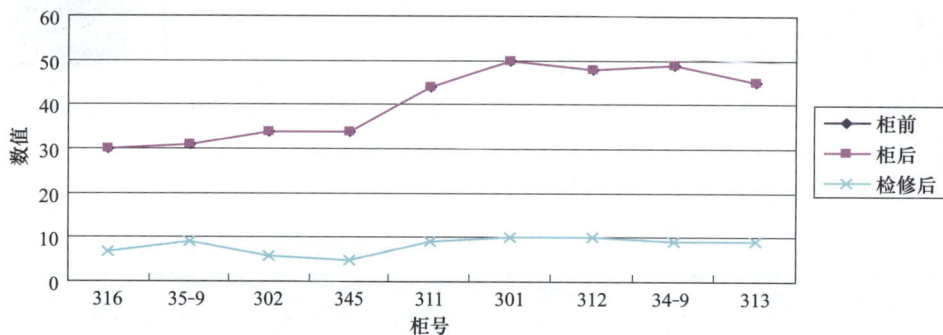

图7 35kV-4母线开关柜检修前后暂态地电压测试数据对比

（5）结论。初步分析原因是母排在安装过程中，均压环受挤压变形，导致均压环与套管金属屏蔽层之间存在间隙，产生电位差，造成悬浮放电。经过研究，对均压环进行改造，使其不易变形，且能够更紧密接触，如图8所示。

图8 新老均压环对比

◆ 经验体会

（1）暂态地电压（TEV）检测技术对室内开关柜类设备的局部放电检测有较好的效果，能够有效的发现在开关柜带电运行过程中隐藏的缺陷。但是暂态地电压检测容易受到周边环境噪声影响，存在不能精确定位的缺点，所以在定性定位方面还需要超声检测等多种手段的综合判断。

（2）暂态地电压（TEV）检测技术对人员的专业水平要求

较高，应加强检测技术培训，规范操作流程，提高判断能力和分析水平。同时检测时对环境提出较高要求，如需要关闭日光灯、碘钨灯、手机等干扰源。

（3）停电检查前需要加强对开关柜结构的了解，保存多次测量数据进行比较，寻找规律，进行综合判断，停电后要进行精心检查，制订周密的检修方案，修必修好。检修后要进行复测，保证设备健康运行。

检测信息

检测人员	国网天津市电力公司城南供电分公司：李卫军（43岁）、刘喆（32岁）、郑堃（32岁）
检测仪器	英国 EA 技术工业公司 UTP1 型暂态地电压检测仪、美国 UE9000MPH 超声波局放测试仪
测试环境	温度15℃、相对湿度45%

7.4.3 声电联合检测发现 220kV 石各庄变电站 35kV 开关柜存在局部放电

案例简介

2011 年 6 月 28 日 9 时，国网天津市电力公司检修公司变电运行人员在无人值守的 220kV 石各庄变电站 35kV 开关室内巡检时，听到微弱放电声音。变电运维人员到站确认后，上报生技科。随即电气试验人员于当日 15 时对该变电站 1 号主变压器 35kV 母线桥及相关联的开关柜进行了暂态地电压和超声波检测，发现 1 号主变压器 35kV 母线桥部位暂态地电压和超声波信号比较强烈。随后，当日 22 时紫外成像及红外热像检测也都证实其存在局部放电缺陷。302 开关母线桥以及 35kV-4、35kV-5 母线间均为此类缺陷，经停电检修后，此类缺陷已全部消除。

检测分析方法

进行暂态地电压（TEV）及超声波局部放电检测，分析数据发现：

（1）TEV 信号由主变压器穿墙套管向母线桥直角拐弯处递增，由母线桥直角拐弯处向 301 受总开关柜略微递减，超声信号也如此分布。图 1 所示为暂态地电压及超声信号检测图。

（2）TEV 信号由 301 开关柜向两侧开关柜递减，如图 2 所示。

为了进一步证实及查找局部放电源，电气试验人员进行了紫外成像检测，发现母线桥与绝缘挡板之间发生了放电。紫外成像检测如图 3 所示。

随后的红外热像检测也发现，母线上存在温度异常热区，如图 4 所示。设备主管部门当日晚间安排停电处理，并将相同类型的开关柜列入隐患排查范围，302 开关母线桥以及 35kV-4、35kV-5 母线间的均为

(a)　　　　　　　　　　　(b)

(c)　　　　　　　　　　　(d)

(e)　　　　　　　　　　　(f)

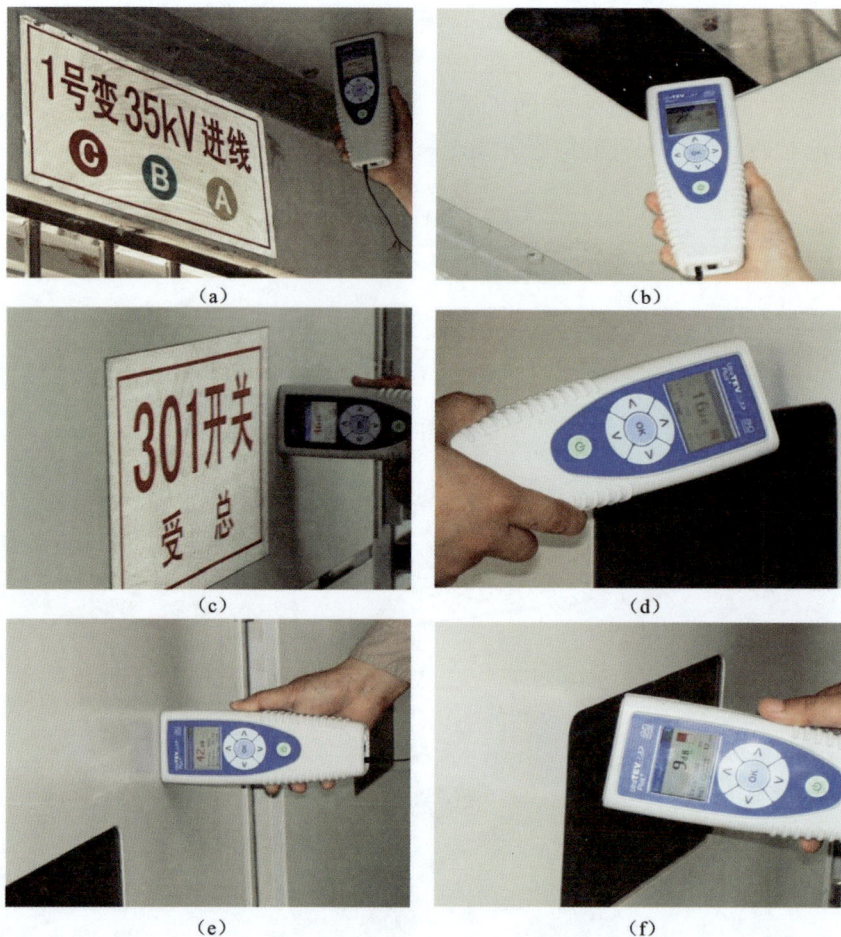

图 1　暂态地电压及超声信号检测

（a）母线桥暂态地电压检测（48～52dB）；（b）母线桥超声检测（28dB）；
（c）301 开关柜后上部 TEV 检测（46dB）；（d）301 开关柜后上部超声检测（16dB）；
（e）301 开关柜后下部 TEV 检测（42dB）；（f）301 开关柜后下部超声检测（9dB）

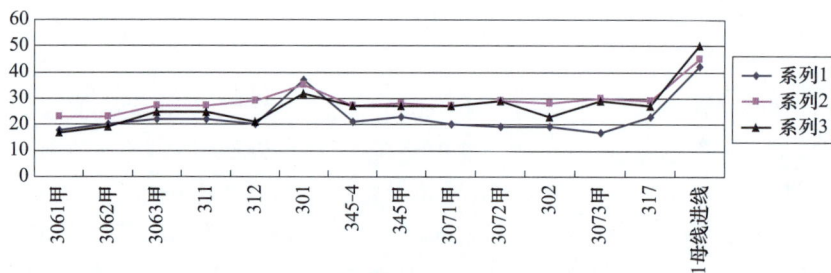

图 2　TEV 信号检测

(a)

图 3　紫外成像检测（一）

（a）1 号主变压器 35kV 母线 A 相

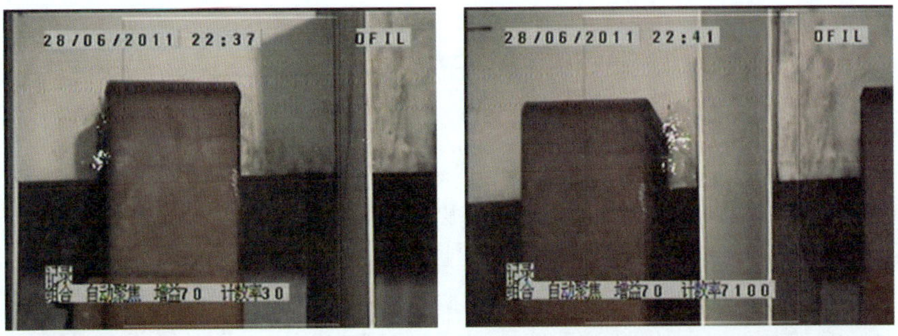

(b)

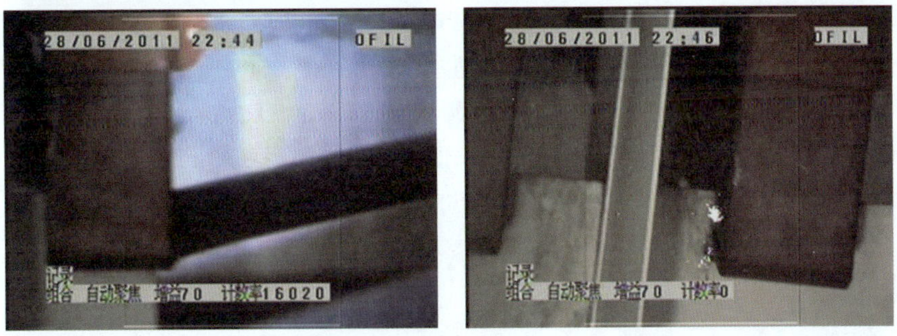

(c)

图 3　紫外成像检测（二）

（b）1 号主变压器 35kV 母线 B 相；（c）1 号主变压器 35kV 母线 C 相

此类结构，经停电检修，该站开关柜此类缺陷已全部消除。

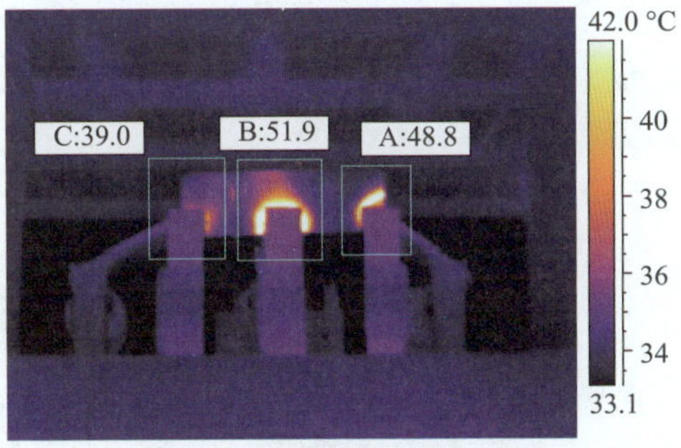

图 4　母线桥红外热像图

经验体会

（1）暂态地电压（TEV）检测技术对室内开关柜类设备的局部放电检测有较强的灵敏度，能够有效的发现在开关柜安装、运行、检修过程中隐藏的缺陷。

（2）暂态地电压（TEV）检测技术对人员的专业水平要求较高，操作流程要符合规范，检测数据要结合现场经验进行准确判断。

（3）应综合利用多种检测手段确定局部放电类型及局部放电源。

检测信息

检测人员	国网天津市电力公司检修公司电缆运检中心：殷震（34 岁）、田学诗（48 岁）、王小朋（27 岁）
检测仪器	英国 EA 公司 Tev Plus 暂态地电压检测仪、以色列 Day-Cor 紫外成像仪、广州飒特 G90 红外热像仪
测试环境	温度 20℃、相对湿度 40%

7.4.4 声电联合及在线监测发现 35kV 万新庄变电站 35kV 开关柜内部放电

案例简介

2013 年 9 月 11 日 9 时国网天津市电力公司城东供电分公司对 35kV 万新庄变电站 35kV 开关柜进行超声波局部放电检测及暂态地电压检测过程中，发现道制 312 开关柜和受总 301 开关柜已达到国网公司生变电〔2010〕11 号文件《电力设备带电检测技术规范（试行）》中超声波局部放电检测数据缺陷的标准和暂态地电压检测数据异常的标准。于 2013 年 9 月 16 日 10 时复测，发现异常数据真实、结果基本正确，根据国网公司生变电〔2010〕11 号文件《电力设备带电检测技术规范（试行）》中对"暂态地电压检测有异常情况时可开展长时间在线监测，采集监测数据进行综合判断"的规定，于 2013 年 9 月 20 日开始对 35kV 开关柜开展了长时间局放在线监测，通过对采集的监测数据进行综合判断得出，道制 312 开关柜和受总 301 开关柜存在较明显的放电现象。经过对开关柜进行检修，更换非屏蔽套管和触头盒，并更换了存在腐蚀的一次连接引线及老化的绝缘热缩材料，最终消除了开关柜的放电问题。

检测分析方法

（1）带电检测及复测。

1）带电检测及复测数据。2013 年 9 月 11 日 9 时，检测人员对万新庄 35kV 开关柜设备进行局部放电检测，超声波检测背景为 2dB，暂态地电压检测背景为 25dB，道制 312 开关柜超声波检测结果为 32dB，如图 1 所示，暂态地电压测试结果为 54dB，并伴有明显放电声音。

受总 301 开关柜超声波检测结果为 24dB，暂态地电压测试结果为 52dB，如图 2 所示，并伴有明显放电声音。

图 1　道制 312 开关柜超声检测

图 2　受总 301 开关柜暂态地电压检测

其余相邻间隔超声波检测结果数值均大于 8dB 且小于等于 15dB，暂态地电压测试结果为 45dB 左右，无明显放电特征声音存在。

2）带电检测及复测结论：可判断出道制 312、受总 301 开关柜内部可能存在较严重的局部放电，同时超声波检测数据均超过 20dB，且有明显的放电特征声音。但因为背景干扰较大，无法简单通过幅值判定，故于 2013 年 9 月 20 日开始使用局放在线监测仪器开展为期一周的在线监测，如图 3 和图 4 所示。

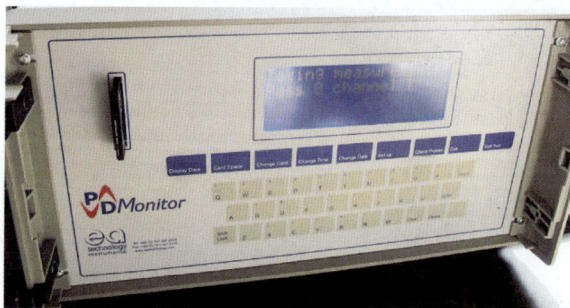

图 3　PDM03 在线监测仪

图 4　PDM03 在线监测仪接线

（2）长时间在线监测采集的监测数据。

1）幅值如图 5 所示。

图 5　在线检测幅值

2）短期严重度如图 6 所示。

图 6　短期严重度

3）脉冲数如图 7 所示。

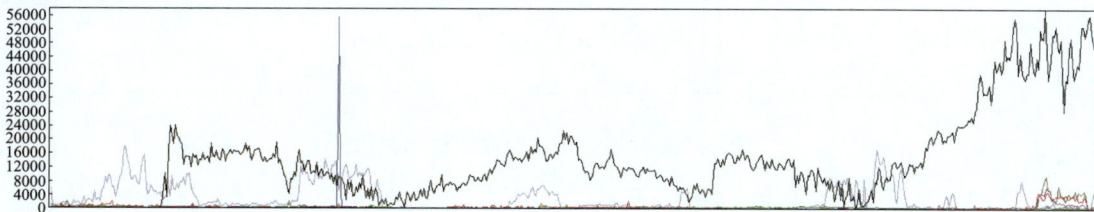

图 7　脉冲数

4）数据统计表及测试信息如图 8 所示。

		LEVEL			NUMBER OF PULSES					Severity	
Ch	Max Level	Nos of Pulses per cycle	Av Level	Short Term Severity	Nos of Pulses	% Pulses	Max Pulses per cycle	Assoc Level	% Time	Long Term	Max Short
1	37	0.007	3	0	68784	1	3.840	31	43	0	136
2	43	0.066	19	9	191223	2	0.326	28	99	0	19
3	37	0.099	20	7	64205	1	0.099	37	98	0	7
4	40	4.003	36	400	8326737	78	4.003	40	92	53	400
5	34	0.002	5	0	9496	0	0.067	22	72	0	1
6	31	0.006	5	0	73708	1	0.423	25	88	0	8
7	34	0.087	27	4	139927	1	0.127	28	100	0	4
8	25	0.029	7	1	148255	1	0.649	22	74	0	8
9	31	0.098	21	3	1613790	15	1.254	25	98	2	22
10	22	0.047	7	1	29425	0	0.080	19	70	0	1
11	0	0.000	0	0	0	0	0.000	0	0	0	0
12	0	0.000	0	0	0	0	0.000	0	0	0	0

图 8　数据统计表

Ch1、2 通道为背景传感器，Ch3～10 通道为设备测试传感器，Ch11、12 外部天线受现场条件限制未安装（测试结果可能会受到一定的外部干扰）。其中较为明显的通道为 Ch3（道万 313 开关柜）、Ch4（道制 312 开关柜）、Ch7（受总 302 开关柜）、Ch9（受总 301 开关柜）。

5）Ch3（道万 313 开关柜）幅值如图 9 所示。

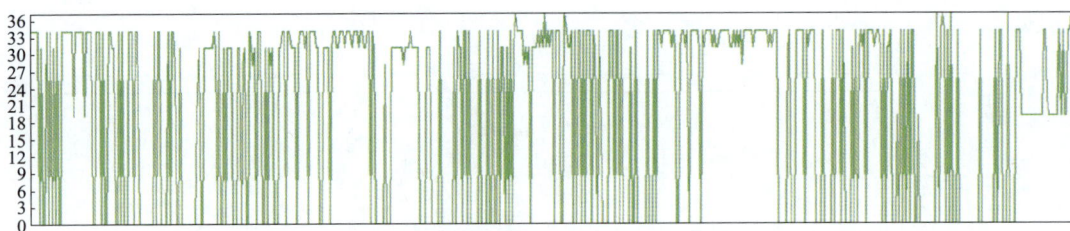

图 9　道万 313 开关柜在线检测幅值

6）Ch4（道制 312 开关柜）幅值如图 10 所示。

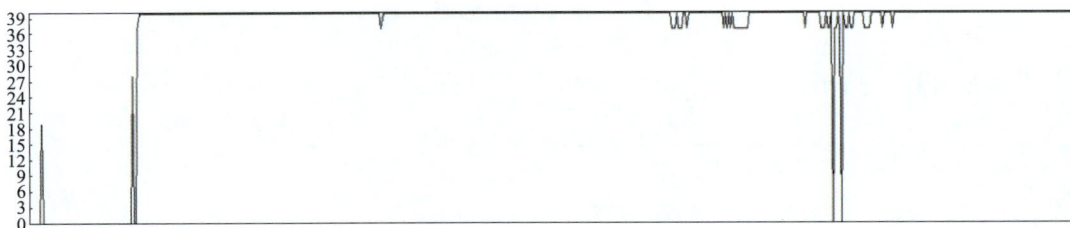

图 10　道万 312 开关柜在线检测幅值

7）Ch7（受总 302 开关柜）幅值如图 11 所示。

图 11　受总 302 开关柜在线检测幅值

8）Ch9（受总 301 开关柜）幅值如图 12 所示。

图 12　受总 301 开关柜在线检测幅值

其中通道 4（道制 312 开关柜）最为严重，判断标准：每周期脉冲数大于 0.05 即认为存在局部放电。通道 4 每周期脉冲数远大于 0.05，短期严重度为 400，远远超过其余通道。通道 9（受总 301 开关柜）脉冲数也较大。其余通道 3（道万 313 开关柜）、通道 7（受总 302 开关柜）每周脉冲数也大于 0.05，并且短期严重度大于 0。

（3）超声波局部放电检测及暂态地电压检测结合长时间在线监测采集到的监测数据进行综合判断得出的测试结论及相应的检修策略如下：

1）幅值：Ch4（道制 312 开关柜）平均值最大 36，Ch3（道万 313 开关柜）、Ch7（受总 302 开关柜）、Ch9（受总 301 开关柜）平均值在 20～30 之间，其余设备测试传感器均小于 10。

2）短期严重度：Ch4（道制 312 开关柜）为 400 大于 0（推荐报警值）且长期严重度为 53，大于 10（推荐报警值）。

3）脉冲数：Ch4（道制 312 开关柜）占所有测试脉冲数的 78%，Ch9（受总 301 开关柜）占所有测试脉冲数的 15%，其余通道在 1%左右。

根据带电检测数据并结合在线监测数据，可以判定道制 312 开关柜和受总 301 开关柜存在着非常明显的放电现象。在检修时重点对道制 312 开关柜和受总 301 开关柜进行检查。检查时，应对设备外观做详细检查，并进一步对内部绝缘部件和母线隔室进行检查。

（4）结合 35kV 万新庄变电站开关柜大修项目进行开关柜放电治理：

1）35kV 万新庄变电站 35kV 开关柜为全封闭式金属开关柜，密闭性较好，每个开关柜内部形成了相对独立的环境，当环境湿度较大时，道制 312、受总 301 开关柜为距离 35kV 开关室内仅有的两台空调出风口最近的设备，在空调降低 35kV 开关室整体温度时，出风口有大量低于室温的冷风吹出，严重加剧了紧邻的 312、301 和次邻的 313、302 开关柜内温度的急剧变化，导致凝露的形成，客观上为放电现象提供了环境条件。

2）35kV 万新庄变电站 35kV 开关柜所使用的穿柜套管和触头盒为老期的非屏蔽型产品，穿柜套管和触头盒内部与一次连接引线间存在电位差，加之道制 312、受总 301 开关柜内环境最为恶劣，一次连接引线与开关触头对穿柜套管和触头盒发生强烈放电，已导致部分穿柜套管和触头盒出现裂纹，如图 13 所示。

3）开关柜内一次连接引线附加热缩绝缘材料施工工艺不良，经过长时间运行和热胀冷缩等变化后，导致热缩材料与一次引线间存在缝隙，潮湿空气进入缝隙，并形成相对密闭的空间，进一步加速了一次连接引线的腐蚀，引起放电，如图 14 和图 15 所示。

图 13　由放电引起裂纹的触头盒

图 14　一次连接线腐蚀痕迹

图 15　一次连接线放电痕迹

✤ 经验体会

（1）国网公司生变电〔2010〕11 号文件《电力设备带电检测技术规范（试行）》中对"暂态地电压检测有异常情况时可开展长时间在线监测，采集监测数据进行综合判断"的规定，在实际工作中有着很好的指导意义，可以通过开展长时间在线监测对带电检测数据进行更好的验证并提供强有力的数据支撑，能够更准确的判断设备内部缺陷。

（2）开关柜超声波局部放电检测及暂态地电压检测需要检测人员具备良好的专业素质和一定的工作经验，并且在检测过程中要严格执行操作流程及相关仪器的使用规定，在发现问题后更要反复进行测试与分析，尽可能准确地反映出设备的不正常状态，为下一步的分析与处理提供准确的依据。

❖ 检测信息

检测人员	国网天津市电力公司城东供电分公司：王艳华（32 岁）、蔡淼（32 岁）
检测仪器	Ultraprobe 9000 超声波法局部放电检测仪、UTP1 暂态地电压检测仪、PDM03 在线监测仪
测试环境	温度 26℃、相对湿度 45％

7.4.5 超声波、暂态地电压检测发现 10kV 开关柜内部放电

❖ 案例简介

国网冀北电力有限公司廊坊供电公司运维的 110kV 薛营变电站于 1998 年 12 月投入运行，负责廊坊市区部分用户供电。2013 年 11 月 21 日下午 3 时，班组工作人员对室内 10kV 开关柜进行了超声波、暂态地电压局部放电带电检测，发现 216 董村路开关柜后下方电缆室位置信号异常但不超标，超声检测数据为 1dB（背景－5dB），暂态地电压数据为 16dB（相邻柜体 12dB），班组人员下到开关柜室下面的电缆夹层后，发现 216 董村出线电缆有人耳可听到的放电声音，用开关柜局部放电仪测量，超声信号为 26dB。经停电检查后发现该电缆护套严重受损，且主绝缘已受损，紧急对该电缆进行了处理，避免了一起因电缆绝缘损坏而造成的事故跳闸。

❖ 检测分析方法

2013 年 11 月 21 日，在对薛营站进行开关柜局部放电带电检测工作中，发现 216 董村路开关柜超声数据和地电压数据均有一定异常，但不超标，见表 1。

表 1　　　　　　　216 董村路开关柜后下部超声数据和暂态地电压数据　　　　　　　dB

位置	超声数据	地电波数据	判断标准
216 柜	1	16	超声数据不超过 8dB 为正常，地电波数据相对值不超过 20dB 为正常
相邻柜	－5	12	
背景值	－5	11	

工作人员下到开关柜室下面的电缆夹层后，发现该出线电缆有人耳可听到的放电声音，用开关柜局部放电仪测量，超声信号为 26dB（电缆夹层超声背景－5dB）。工作人员立即用 TPD-1 型末屏放电检测仪对该处进行测量和初步定位，其发生局部放电的部位位于电缆夹层上楼板与电缆交叉处附近，其放电特征如图 1～图 3 所示。

对比图 1 和图 2 可以明显看出，该处存在放电的典型图谱，在一个周期（20ms）内有两次放电脉冲，且脉冲幅值一个较大为 1mV，一个稍小为 0.5mV，这是由于正负极性的电晕起晕电压和电晕能量不同造成。由图 3 可以看出其放电是连续性的，即每个周期都有。

图 1　超声背景波形

图 2　超声测试波形

确认该处存有放电后，廊坊供电公司运检部立即联系对该线路停电，检查发现电缆护套受损、主绝缘受损。造成电缆受损的主要原因为：电缆在安装过程中随意拉拽磕碰，造成电缆头的护套多处破损，甚至已经造成主绝缘的损伤，如图 4 所示。

图 3　超声三维测试波形

经验体会

（1）开关柜局部放电检测因各种干扰等因素造成内部故障判断困难，但是需进行对比分析，排除干扰。

（2）开关柜内部问题查找，需要应用多种测试综合判断，用以查找故障点。

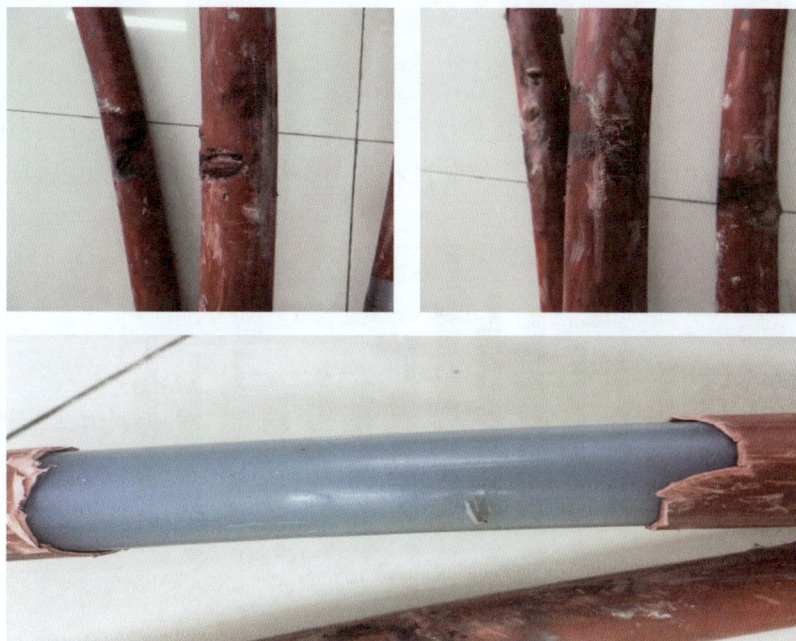

图 4　受损电缆情况

759

（3）超声局放典型图谱的对比应用，能够为现场测试人员提供技术支持。

检测信息

检测人员	国网冀北电力有限公司廊坊供电公司：王建新（36岁）、赵志山（32岁）、安冰（31岁）
检测仪器	Ultra TEV Plus＋超声局部放电测试仪，TPD-1型超声局部放电测试仪
测试环境	温度11℃、相对湿度40％、大气压101kpa

7.4.6 暂态地电压、特高频局部放电联合检测发现110kV龙南变电站10kV开关柜放电

案例简介

2013年5月17日，国网江西省电力公司赣州供电公司对110kV龙南变电站10kV开关柜进行超声波（AE）、暂态地电压（TEV）、特高频（UHF）局部放电联合带电测试，发现"9201母联"开关柜暂态地电压（TEV）最大幅值为46dB（金属背景TEV幅值19dB），并存在幅值约为55dB的特高频放电信号。7月16日，采用高速示波器对发现异常信号的10kV开关柜进行了复测和定位分析。根据定位结果，停电检查发现放电部位为9201母联开关柜内B相母排夹紧件悬浮电位放电，现场对螺栓与母排接触部位绝缘进行打磨，并紧固螺栓使夹紧件与母排接触良好，耐压试验通过后恢复送电，进行局部放电带电测试发现放电信号消失。

该开关柜型号为GG-1AF，户内固定式，赣州电力设备公司2002年9月1日生产，于2002年9月30日投运。

检测分析方法

（1）暂态地电压检测。采用暂态地电压巡检仪器进行普测，检测得到的各开关柜前后面板处暂态地电压信号强度如图1所示，"9201母联"附近信号最为强烈，最大幅值为46dB（金属背景TEV幅值19dB）。

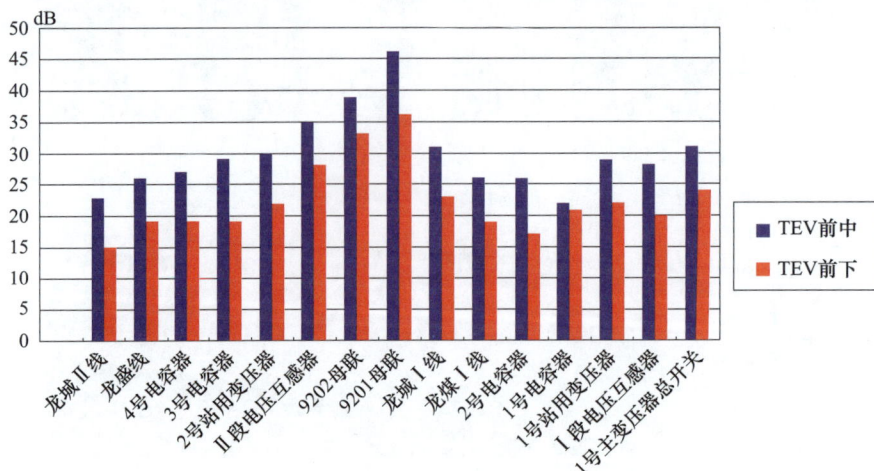

图1 暂态地电压巡检仪普测结果

（2）超声波检测。使用超声波巡检仪对 10kV 高压室内所有开关设备进行超声波信号普测，在测试过程中未发现有放电现象。

（3）特高频巡检仪普测。同时利用特高频巡检仪进行检测，结果如图 2 所示。由图 2 可见，"9201 母联"开关柜附近特高频信号幅值最大，达到 55dB，UHF 检测结果与 TEV 基本一致。

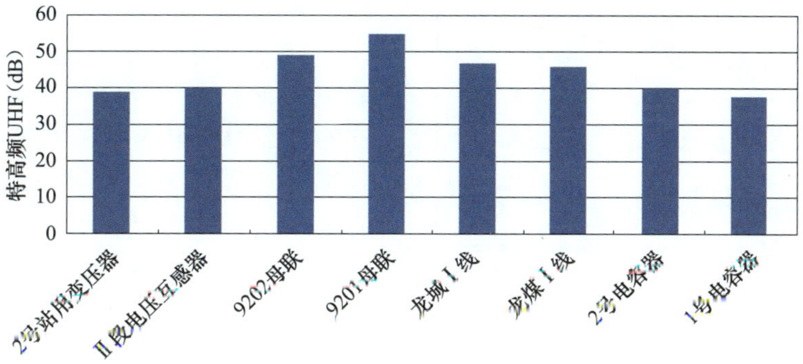

图 2　特高频巡检仪普测结果

（4）特高频精确定位。

1）定位放电缺陷所在开关柜。采用高速示波器对开关柜进行特高频精确定位分析，"9201 母联"处发现异常特高频放电信号，与巡检仪测试结果一致，如图 3 所示，该信号具有很强的工频相关性，且在一个周期内放电脉冲很少，根据信号相位分布特征初步判断为悬浮电位体型放电，需进一步采用时差法定位查找信号来源。

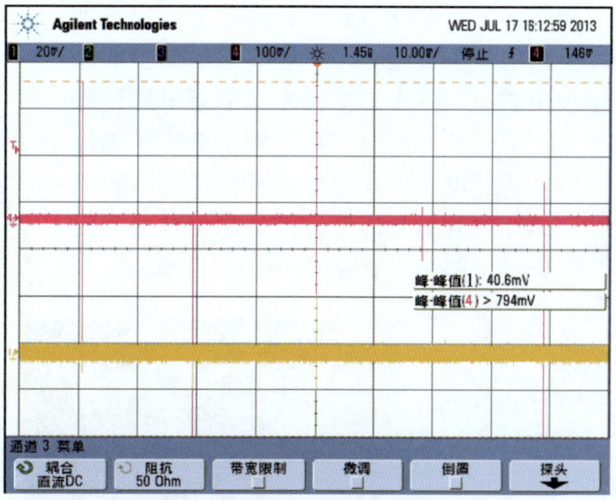

如图 4（a）所示，将蓝色传感器放置在"9201母联"下方，红色传感器放置在右侧的"龙城Ⅰ线"开关柜下方，检测得到的放电信号波形如图 4（b）所示，蓝色传感器检测的信号明显超前红色传感器，表面放电源在"9201 母联"开关柜附近。下面将放电信号源初步锁定在"9201 母联"开关柜，进行进一步的定位分析。

2）左右定位分析。将蓝色特高频传感器放置在母联开关柜中部左侧中部，红色传感器放置在右侧中部，检测信号到达两只传感器时延相同，如图 5 所示，表明信号来源于两只传感器的中分面附近。

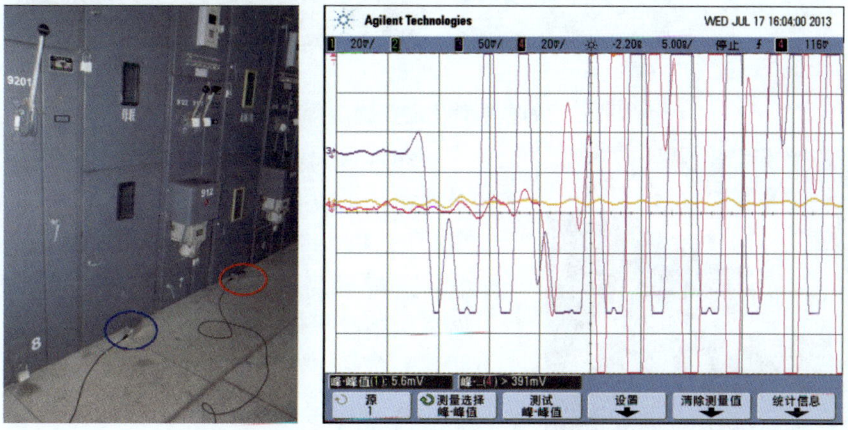

图 3　"9201 母联"开关柜特高频放电信号

（a）　　　　　　　　　　（b）

图 4　"9201 母联"开关柜特高频定位信号
（a）传感器布置；（b）UHF 信号波形

图5 "9201母联"开关柜特高频左右定位信号波形

（5）停电检查及处理。2013年9月2日对"9201母联"开关柜进行停电检查，主要针对前期带电检测定位分析的放电源位置附近进行详细检查，发现B相母排夹紧件螺栓松动，如图8所示，松动较为严重，用手即可轻松将螺帽拧下来。

将图8所示圆圈内的夹紧件取下，发现如图9所示的放电痕迹，该放电缺陷为典型的悬浮电位型放电，由于母排表面涂覆有一层绝缘介质，而夹紧件为金属材质，属于典型的悬浮电位体，悬浮电位体在强电场环境中不断积累电荷，从而螺栓的外边沿尖锐处与母排之间发生放电，此缺陷为设计原因产生。

3）上下定位分析。将蓝色特高频传感器放置在母联开关柜前面板上部观察窗，红色传感器放置在前面板下部观察窗，通过特高频放电信号到达两只传感器的时延可知，信号源位于两只传感器的中分面附近，略靠近蓝色传感器，如图6所示。

4）放电类型及放电位置。通过双特高频传感器中分面定位分析可知，图7（a）中红色方框位置的内部为放电源所在位置，通过观察窗和高度定位判断信号源来自于TA位置附近，如图7（b）所示，放电类型为悬浮电位体型，建议跟踪放电信号发展趋势，有条件停电进行悬浮放电类型放电源查找。

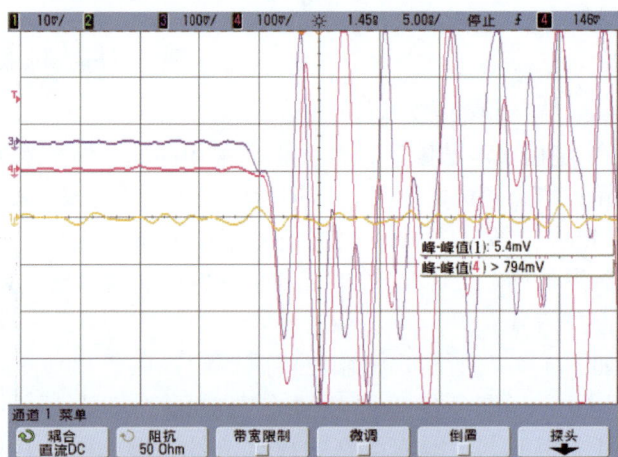

图6 "9201母联"开关柜特高频上下定位传感器布置及信号

（a）

（b）

图7 放电类型及位置确定现场照片

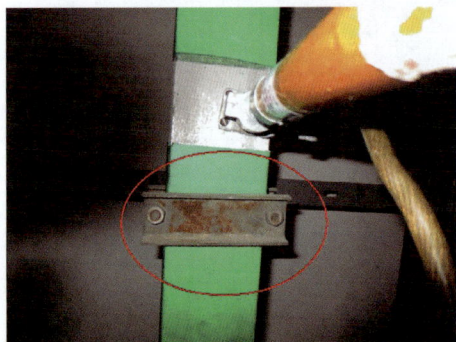

图8 "9201母联"开关柜B相母排夹紧件松动

在现场对螺栓与母排接触部位绝缘进行了打磨，并紧固螺栓使夹紧件与母排电气接触良好，处理完成后对"9201母联"开关柜进行了耐压试验，耐压试验合格。送电后进行了局部放电带电复测，发现放电信号消失，缺陷得以消除。

❖ 经验体会

（1）通过本次带电检测发现暂态地电压（TEV）法对悬浮电位型放电缺陷检测较为灵敏，而超声波方法对

762

此类缺陷的敏感度较低。

（2）作为暂态地电压（TEV）、超声波法的有效补充，特高频局部放电带电检测法可用于高压开关柜局部放电带电巡检的联合验证，其灵敏度较高。

（3）高压开关柜局部放电带电检测巡检发现异常放电信号后，宜采用高速示波器等诊断型仪器进行复测，除放电幅值外还应重点关注信号的工频相关性；双特高频传感器时延法可用于放电源精确定位。

图9　B相母排夹紧件螺栓与母排之间悬浮放电痕迹

检测信息

检测人员	国网江西省电力公司电力科学研究院：周友武（28岁）。国网江西省电力公司赣州供电分公司：郭家鑫（30岁）、屠志斌（47岁）、高川（36岁）、张小飙（33岁）、肖舒中（29岁）
检测仪器	PDS-T90型开关柜局部放电巡检仪，TEV检测带宽3～100MHz，超声波检测带宽20～300kHz，UHF检测带宽300～1500MHz（上海华乘电气科技有限公司生产）、PDS-G1500型高性能示波器局部放电定位仪，UHF检测带宽300～1500MHz（上海华乘电气科技有限公司生产）
测试环境	温度27℃、相对湿度60%、大气压力101kPa

7.4.7　超声波、特高频局部放电联合检测发现110kV马鞍山变电站10kV开关柜放电

案例简介

2013年6月19日，国网江西省电力公司景德镇供电分公司电气试验班对110kV马鞍山变10kV开关柜进行超声波（AE）、暂态地电压（TEV）、特高频（UHF）局部放电联合带电测试，发现10kV宇新专线913断路器开关柜存在幅值为6dB的超声波信号，特高频信号幅值20dB，TEV信号正常。开关柜为宁波天安（集团）股份有限公司生产，型号为KZN1（KYN28A），出厂日期为2008年11月30日，投运日期为2009年4月1日。

关闭高压室照明，通过开关柜后面板观察窗仔细检查，发现电缆A相与零序电流互感器处有微弱的放电晕光，2013年6月19日停电检查发现电流互感器上存在放电灼烧痕迹。对电缆缠绕绝缘处理，送电后局部放电测试结果正常，该放电缺陷得以消除。

检测分析方法

（1）超声波检测。使用超声波巡检测试仪对马鞍山110kV变电站高压室所有10kV开关柜进行超声波局部放电例行检测。测试过程中发现10kV宇新专线913断路器开关柜后面板中部缝隙有异常超声波信号，信号幅值6dB，使用内置式通道进行详细分析得到特征数据如图1所示，可以看出特征数据频率成分2分量（100Hz）为0.2mV，判断该处的异常的超声波信号的频率成分与工频有很好的相关性，该异常超声波信号由局部放电产生。

913断路器开关柜后面板超声波PRPD图谱如图2所示，可以看出该超声波信号具有很好的工频相关性，与超声波特征数据检测结果一致。

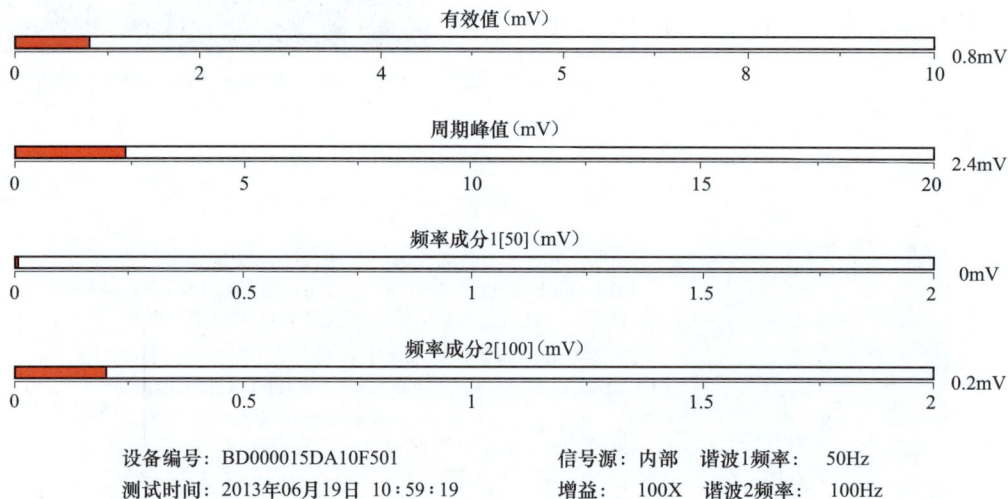

设备编号：BD000015DA10F501　　　　信号源：内部　谐波1频率：　50Hz
测试时间：2013年06月19日 10：59：19　　增益：100X　谐波2频率：　100Hz

图1　超声波特征数据

913断路器后面板中部超声波时域波形如图3所示，可以看出该信号有很好的工频相关性，与图1和图2数据具有一致性。

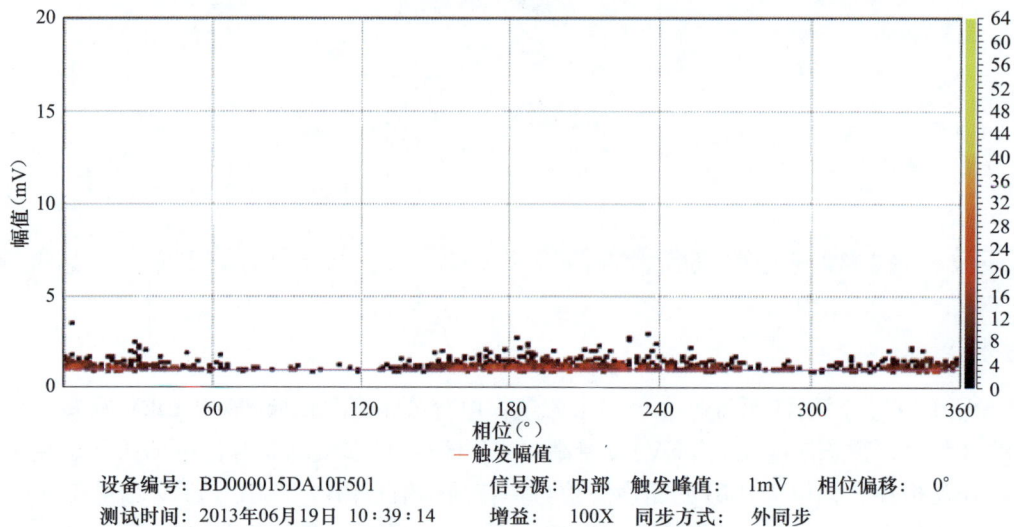

设备编号：BD000015DA10F501　　　　信号源：内部　触发峰值：　1mV　相位偏移：　0°
测试时间：2013年06月19日 10：39：14　　增益：100X　同步方式：　外同步

图2　超声波PRPD图谱

（2）暂态地电压检测。暂态地电压检测未发现明显的放电信号。

（3）特高频检测。使用特高频检测模式，对高压室进行特高频信号测试，在观察窗位置放置特高频传感器测得信号幅值20dB，信号微弱，沿着观察窗向上移动，特高频信号幅值减小，向下移动特高频信号幅值有增大趋势，判断信号来源于观察窗下部。

综合超声波、特高频检测数据，"10kV宇新专线913断路器"开关柜存在放电，关闭高压室灯光，通过观察窗仔细观察，发现后面板电缆与零序TA接触部位存在微弱的放电晕光，如图4所示。

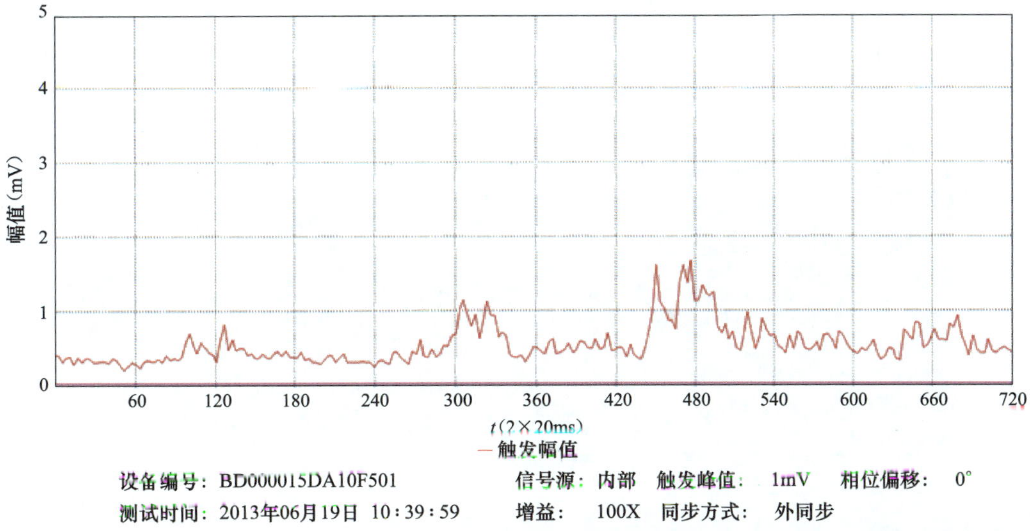

5
4
3
2
1
0
幅值（mV）
60
120
180
240
300
360
420
480
540
600
660
720
t(2×20ms)
— 触发幅值
设备编号：BD000015DA10F501
信号源：内部
触发峰值：1mV
相位偏移：0°
测试时间：2013年06月19日 10：39：59
增益：100X
同步方式：外同步

图 3　超声波时域波形

（4）停电检查及处理。2013 年 6 月 19 日下午，“10kV 宇新专线 913 断路器”开关柜停电检修，停电检查照片如图 5 所示，电流互感器表面因长期放电灼烧而产生残缺（圆圈处），电缆表面的绝缘材料放电处颜色变黑，放电原因为 A 相电缆与电流互感器表面棱角处接触，在压力作用下，电缆护套遭到一定的损伤从而产生放电。

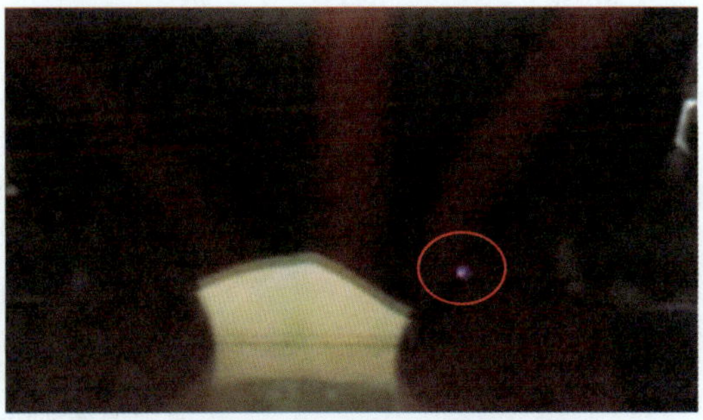

图 4　A 相电缆与 TA 间放电照片

对 A 相电缆与电流互感器放电部位进行了绝缘材料缠绕处理，如图 6 所示。处理完成送电后，再次使用手持设备进行局部放电复测，超声波、TEV 及特高频信号均处于正常水平，该放电缺陷成功消除。

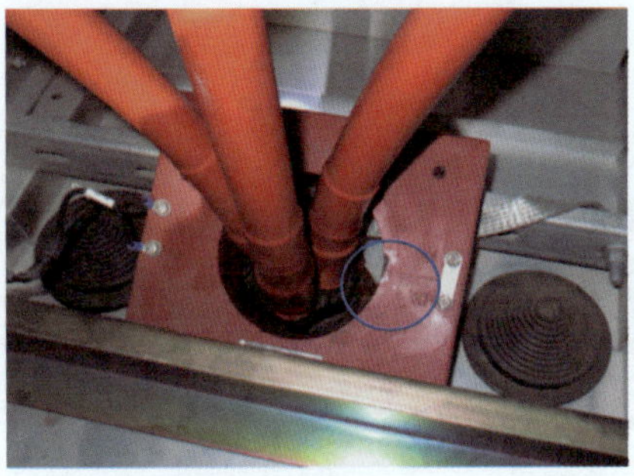

图 5　停电检查发现零序 TA 边角绝缘有放电烧蚀痕迹

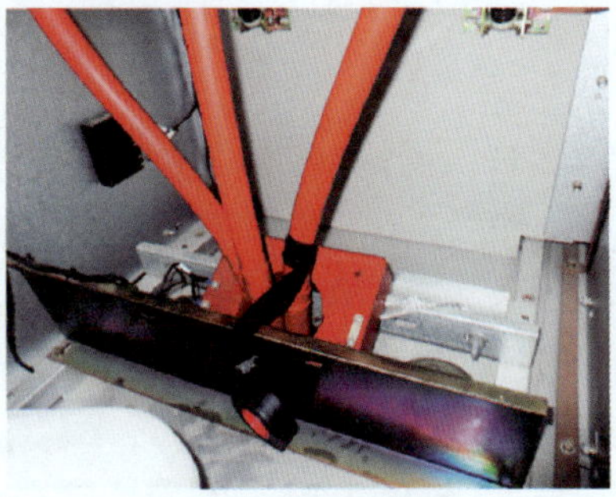

图 6　绝缘材料缠绕处理

经验体会

（1）超声波局部放电检测能够有效发现开关柜内部出线电缆对零序 TA 外绝缘局部放电缺陷，TEV 法对此类放电不敏感。

（2）超声波检测法现场使用时易受周围环境噪声或设备机械振动的影响，检测过程中除关注超声波信号幅值和放电声响外，还应分析超声波信号的工频相位相关性。

（3）特高频局部放电检测可用于高压室内开关柜局部放电检测，对超声波和暂态地电压检测起到补充和相互验证作用，当用一种局部放电检测方法检测到疑似放电信号时，宜采用多种手段进行相互验证。

检测人员	国网江西省电力公司电力科学研究院：王鹏（27岁）。 国网江西省电力公司景德镇供电分公司：江学勋（39岁）、魏鑫（39岁）、刘坤（25岁）、周钢（26岁）
检测仪器	DS-T90型开关柜局部放电巡检仪，TEV检测带宽3～100MHz、超声波检测带宽20～300kHz、UHF检测带宽300～1500MHz（上海华乘电气科技有限公司生产）、PDS-G1500型高性能示波器局部放电定位仪、UHF检测带宽300～1500MHz（上海华乘电气科技有限公司生产）
测试环境	温度19℃、相对湿度42%、大气压力99.2kPa

7.4.8　超声波、特高频局部放电联合检测发现220kV王源变电站10kV开关柜放电

案例简介

2013年6月22日，国网江西省电力公司上饶供电公司电气试验班对220kV王源变电站10kV开关柜进行超声波（AE）、暂态地电压（TEV）、特高频（UHF）局部放电联合带电测试，发现10kV化工线911开关柜存在幅值为17dB的异常超声波信号，特高频放电信号幅值为25dB，TEV信号正常。

最终通过特高频精确定位分析，判断信号来自于开关柜后电缆室后下部。关闭高压室照明，通过开关柜后面板观察窗仔细检查，发现出线电缆B、C相间，B相与零序TA间，以及A相电缆表面存在3处微弱的放电晕光，6月23日停电检查发现电缆外表面、零序TA上存在放电痕迹。对电缆缠绕绝缘处理，送电后局部放电带电测试结果正常，该放电缺陷得以消除。

开关柜为宁波天安（集团）股份有限公司生产，型号为KZN1（KYN28A），出厂日期为2008年11月30日，投运日期为2009年4月1日。

检测分析方法

（1）局部放电联合巡检。

1）超声波检测。2013年6月22日，使用超声波、暂态地电压、特高频巡检仪对该高压室开关柜进行局部放电带电巡检普测。发现10kV化工线911开关后面板超声波信号异常，信号幅值达到17dB。

2）暂态地电压检测。暂态地电压检测未发现明显的放电信号。

3）特高频检测。特高频局部放电检测发现10kV化工线911开关后面板观察窗有异常特高频信号，信号幅值25dB，超声波和特高频方法得到相互验证。综合判断该柜体内存在放电信号。

（2）特高频精确定位。

1）左右定位分析。采用基于高速示波器的特高频时差法，对"10kV化工线911开关"处异常放电信号进行定位。如图1所示，由现场照片和数据可以判断放电信号源距红色传感器位置（右侧）与黄色传感器（左侧）距离相等，信号源来源于两传感器垂直平分面上。

图1　10kV化工线911开关柜特高频左右定位照片及数据

2）上下定位分析。随后进行上下定位分析，如图2所示，由照片和信号时延可以判断信号源距红色传感器位置（上部）超前与黄色传感器（下部）大约2ns，距离约为0.6m。

图2　10kV化工线911开关柜特高频上下定位照片及数据

3）放电类型及放电位置。5个工频周期的特高频放电信号如图3所示，信号有很好的工频相关性，从放电幅值和工频周期的分布特性来看，判断存在多个放电点。通过特高频放电信号时延大致判断放电源在图3所示圆圈朝开关柜内侧，联合超声波在前后面板的测试结果，判断放电源位于开关柜后面板附近。

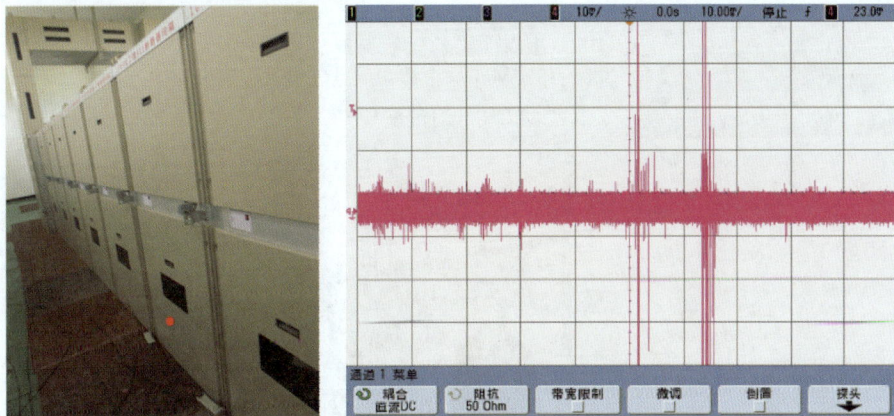

图3　放电类型及位置确定现场照片及数据

通过综合分析超声波、特高频数据，10kV化工线911开关柜内存在较为强烈的局部放电现象，且具有多个放电点；放电类型为金属对金属放电；放电位置在图3所示红色点朝开关柜内侧，位于开关柜后面板出线电缆附近。

最后，关闭高压室内照明，通过后面板观察窗仔细查看，从10kV化工线911断路器后面板观察窗处可以看到微弱的放电晕光，如图4所示，该开关柜电缆室存在3个放电点，分别是：B、C两相电缆相间放电、A相电缆表面放电、B相电缆与零序TA之间放电。

（3）停电检查及处理。2013年6月23日停电检查发现B、C两相电缆相间，A相电缆表面，B相电缆与零序TA之间存在放电灼烧痕迹，如图5所示。零序TA上部有明显的白色粉末，应为B、C相电缆放电导致绝缘老化落下所致，最后对电缆缠绕绝缘处理，送电后局部放电测试结果正常，该放电缺陷得以消除。

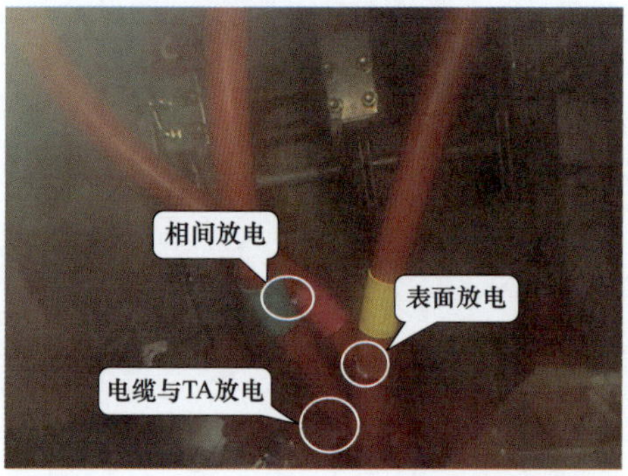

图4　10kV化工线911断路器放电照片

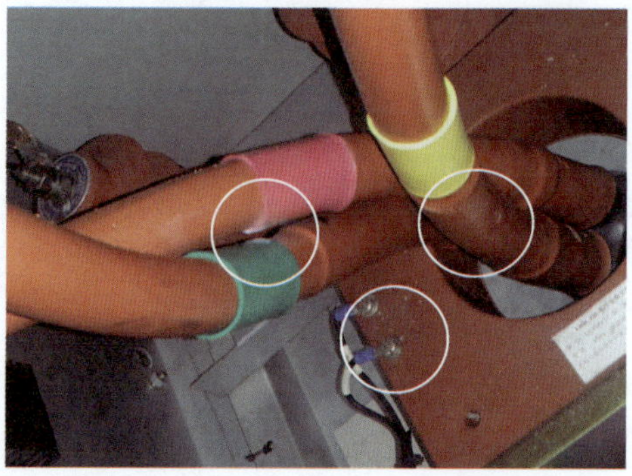

图5　10kV化工线911断路器解体检查照片

❖ 经验体会

（1）超声波局部放电检测能够有效发现开关柜内部电缆外表面电晕、电缆相间、电缆对零序TA外绝缘局部放电缺陷，TEV法对此类放电不敏感。

（2）特高频局部放电检测可用于高压室内开关柜局放检测，对超声波和暂态地电压检测起到补充和相互验证作用，且利用双特高频传感器和高速示波器能够进行放电源定位。

（3）当用一种局放检测方法检测到疑似放电信号时，宜采用多种手段进行相互验证。

❖ 检测信息

检测人员	国网江西省电力公司电力科学研究院：刘衍（30岁）。国网江西省电力公司上饶供电分公司：李红玉（55岁）、鄢文清（27岁）、谢细华（36岁）
检测仪器	PDS-T90型开关柜局部放电巡检仪，TEV检测带宽3～100MHz，超声波检测带宽20～300kHz，UHF检测带宽300～1500MHz（上海华乘电气科技有限公司生产）、PDS-G1500型高性能示波器局部放电定位仪、UHF检测带宽300～1500MHz（上海华乘电气科技有限公司生产）
测试环境	温度34℃、相对湿度35%、大气压103.0kPa

7.4.9　暂态地电压和超高频局部放电检测发现 110kV 29 团变电站 10kV 开关柜螺栓松动

❖ 案例简介

国网新疆电力公司巴州供电有限责任公司 110kV 29 团变电站 10kV 开关柜，型号为 KYN3-10，生产日期为 1997 年 9 月 1 日，投运日期为 1997 年 12 月 11 日。2013 年 5 月 10 日，检测人员使用暂态地电压检测仪发现 10kV 1016、1001、1022 开关柜存在局部放电异常信号。14 日使用超高频局部放电定位仪确定 1022 开关柜后柜中部断路器处存在缺陷。停电检查发现 1022 断路器与电流互感器连接母排的螺栓松动，处理后送电，复测无异常，缺陷消除。

❖ 检测分析方法

2013 年 5 月 10 日检测人员使用暂态地电压检测仪发现 10kV 1016、1001、1022 开关柜相对值超过暂态地电压缺陷值，检测数据见表 1。

2013 年 5 月 12 日，5 月 14 日对上述异常开关柜进行暂态地电压跟踪复测，发现局部放电信号仍然存在，没有明显的变化趋势，检测数据见表 2。

表 1　　暂态地电压检测相对值　　　dB

开关柜名称	前上	前中	前下	后上	后中	后下
1016 开关柜	38	38	36	37	37	36
1001 开关柜	37	37	35	36	36	37
1022 开关柜	36	37	35	37	38	38

缺陷：相对值大于 20dB 或同柜不同测量位置差值大于 20dB。

表 2　　暂态地电压跟踪测试相对值　　　dB

开关柜名称	跟踪日期	前上	前中	前下	后上	后中	后下
1016 开关柜	2013-5-12	35	36	35	34	36	35
	2013-5-14	34	35	36	37	34	36
1001 开关柜	2013-5-12	35	36	37	34	35	36
	2013-5-14	34	36	34	34	35	34
1022 开关柜	2013-5-12	37	35	35	34	34	35
	2013-5-14	36	34	35	35	33	35

异常：相对值大于 20dB 或同柜不同测量位置差值大于 20dB。

2013 年 5 月 14 日，检测人员使用超高频局部放电定位仪对 1001、1016、1022 开关柜进行局部放电定位，如图 1 所示，测试中将一个传感器贴在墙壁，另一个传感器贴在开关柜后柜，检测发现贴在墙壁的传感器较贴在开关柜后柜的传感器提前接收到信号，如图 2 所示。初步断定 1016、1001 开关柜的放电信号来自开关室的外部，1022 开关柜局部放电信号来自柜体内部。

为确定 1022 开关柜内的局部放电信号来自哪个部位，对开关柜进行了定位测试，如图 3 所示，测试数据如图 4 所示。

根据多周期测试数据结合局部放电信号特征分析，此信号以悬浮电位放电信号为主，夹杂绝缘类型放电。经精确定位确定信号源来自 10kV 1022 断路器开关柜的后部下方位置。

图 1　干扰定位照片

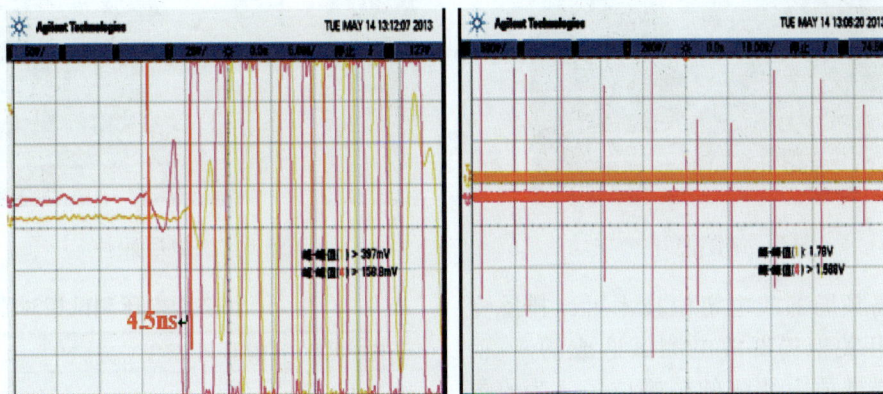

图 2　多周期图谱

注：深色通道信号为贴在墙壁的传感器接收的信号，浅色通道信号为贴在开关柜后柜的传感器接收的信号。

769

停电检查发现 1022 断路器与电流互感器连接排的螺栓松动，表面有明显的烧溶痕迹，如图 5 所示。对连接排进行更换，恢复送电后，缺陷消除，如图 6 所示，暂态地电压局部放电测试结果合格，测试数据见表 3。

❖ 经验体会

（1）暂态地电压局部放电测试仪操作简单、使用方便，能够灵敏地检测出开关柜内存在的局部放电缺陷。

图 3　定位测试照片

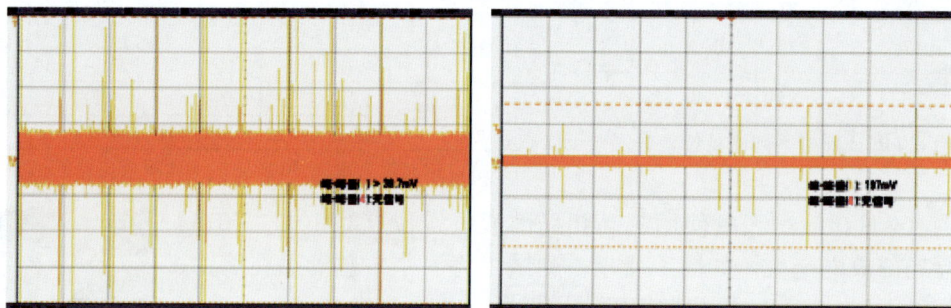

图 4　多周期测试数据图谱

图 5　缺陷照片

图 6　消缺后照片

（2）使用超高频局部放电定位技术可以排除变电站室外设备对开关柜局部放电测试造成的干扰，并能准确定位出局部放电缺陷的精确位置，为停电消缺指明方向。

表 3　　　　暂态地电压测试相对值　　　　dB

开关柜名称	前上	前中	前下	后上	后中	后下
1022 开关柜	2	1	2	3	1	2

缺陷：相对值大于 20dB 或同柜不同测量位置差值大于 20dB。

检测信息

检测人员	国网新疆电力公司巴州供电有限责任公司：徐晓山（27岁）、赵勇（26岁）、雷翔洋（30岁）。 国网新疆电力公司电力科学研究院：公多虎（29岁）、罗文华（26岁）、王建（28岁）
检测仪器	局部放电测试仪 Ultra TEV Plus＋、局部放电检测与定位系统 PDS-G1500/G2500
测试环境	温度 35℃、相对湿度 30％

7.4.10 超声波局部放电和暂态地电压检测发现 110kV 腾飞变电站 10kV 开关柜内积灰

案例简介

国网新疆电力公司乌鲁木齐供电公司 110kV 腾飞变电站 10kV 高压室开关柜，型号为 XGN2-12Z/T-03，2005 年 1 月 29 日生产，2005 年 4 月投运。2011 年 6 月 29 日，检测人员用超声波局部放电和暂态地电压法发现 10kV 腾七二线 1020、10kV 腾新二线 1019、10kV Ⅱ 母线电压互感器 102Y、10kV 分段 1050 开关柜后柜上柜母线室内部存在异常信号。复测确定母线室内存在局部放电缺陷，检修人员对该四个间隔的母线室进行了开柜检查，发现母线室积灰严重，彻底清扫后，恢复送电，复测正常。

检测分析方法

2011 年 6 月 29 日和 7 月 6 日分别用超声波局部放电和暂态地电压法对 10kV 某变电站开关柜进行测试，测试结果见表 1。

通过前后两次测试所得到的超声波局部放电检测数据远大于缺陷值 15dB。暂态地电压检测所得到的信号数据虽未发现明显局部放电现象，但是数据偏大，接近缺陷值 20dB。经过综合分析判断以上四个间隔的母线室内存在局部放电缺陷。

表 1　　　　　　　　　　　　　　局 部 放 电 检 测 结 果

开关柜测试部位	测试日期	温度（℃）	湿度（％）	超声波局部放电 检测数据（40kHz）	暂态地电压数据 （相对金属差值）
10kV 腾七二线 1020 后柜上柜母线室	2011-6-29	26	38	25dB	15dB
	2011-7-6	29	42	24dB	15dB
10kV 腾新二线 1019 后柜上柜母线室	2011-6-29	26	38	28dB	18dB
	2011-7-6	29	42	30dB	16dB

771

开关柜测试部位	测试日期	温度（℃）	湿度（%）	超声波局放检测数据（40kHz）	暂态地电压数据（相对金属差值）
10kV Ⅱ母电压互感器102Y后柜上柜母线室	2011-6-29	26	38	24dB	17dB
	2011-7-6	29	42	25dB	16dB
10kV分段1050后柜上柜母线室	2011-6-29	26	38	21dB	15dB
	2011-7-6	29	42	20dB	13dB

停电检查，发现开关柜母线室内脏污程度较为严重，其中母排、隔离开关动静触头、静触头支柱绝缘子、动触头旋转瓷套以及母线室四壁及底部隔板上均覆盖有大量尘土，特别是母线室内的母侧隔离开关的动触头两片触指表面几乎被尘土完全覆盖，如图1所示。

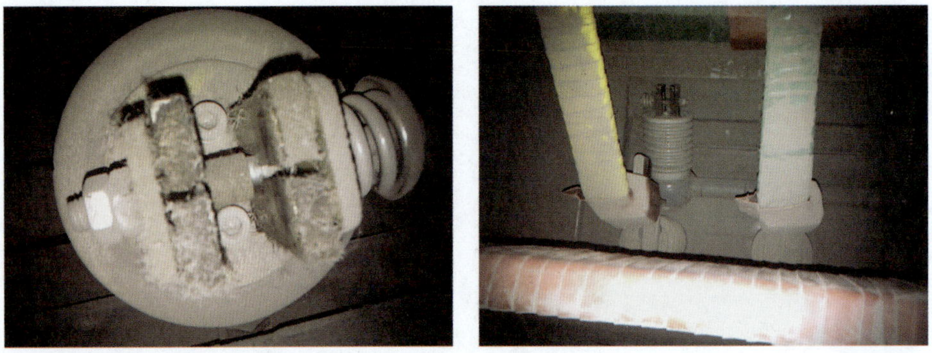

图1 母线室内覆灰情况

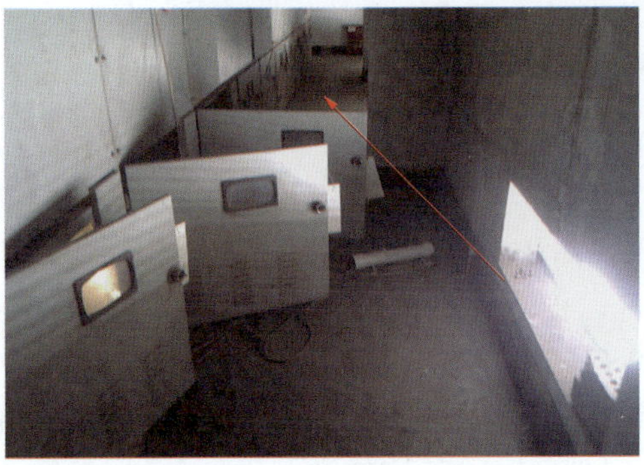

图2 高压室通风口和母线室通风口位置排列

仔细检查这四个间隔的母排和穿柜套管后，均未发现明显放电点，但10kV腾新二线1019开关柜后柜的正对面的高压室墙壁底部有一通风口，且其风口方向指向10kV腾新二线1019开关柜后柜母线室，与母线室通风口形成空气对流，很容易将外界尘土吹进母线室内，造成母线室内脏污严重，如图2所示。

根据上述情况，初步判定放电原因为母线动静触头表面灰尘过多造成的电晕放电。随后，检修人员对该四个间隔的母线室进行彻底清扫，送电复测结果正常，缺陷消除。处理后局部放电检测结果见表2。

表2 处理后局部放电检测结果

开关柜测试部位	测试日期	温度（℃）	湿度（%）	超声波局部放电检测数据（40kHz）	暂态地电压数据（相对金属差值）
10kV腾七二线1020后柜上柜母线室	2011-7-13	22	33	0dB	2dB
	2011-7-20	28	48	0dB	3dB
10kV腾新二线1019后柜上柜母线室	2011-7-13	22	33	0dB	2dB
	2011-7-20	28	48	0dB	1dB
10kV Ⅱ母电压互感器102Y后柜上柜母线室	2011-7-13	22	33	0dB	3dB
	2011-7-20	28	48	0dB	3dB
10kV分段1050后柜上柜母线室	2011-7-13	22	33	0dB	4dB
	2011-7-20	28	48	0dB	2dB

经验体会

（1）超声波局部放电检测和暂态地电压对开关柜内积灰缺陷具有较为灵敏的检测效果。

（2）超声波局部放电法进行检测时，其方向性较强，可以通过改变传感器的方向定位信号源。对于测试区域有多的超声信号，降低灵敏度确定最大声音的方向来排除干扰。暂态地电压检测发现异常数据时，应通过反复多次测试来确定测试值的准确性。

（3）建议在污秽严重地区，应加强开关柜内覆灰情况的检查，避免柜内设备表面灰尘过多造成闪络击穿事故。

❖ 检测信息

检测人员	国网新疆电力公司乌鲁木齐供电公司：艾比布勒·塞塔尔（33岁）、廖来新（35岁）、刘新宇（43岁）、安斌（28岁）、李欣宇（36岁）、周立（30岁）、韩昊（37岁） 国网新疆电力公司电力科学研究院：公多虎（29岁）、罗文华（26岁）、王建（28岁）
检测仪器	超声波局部放电检测仪（UP9000，UE，检测频率40kHz）、暂态地电压（MiniTEV，EA）
测试环境	温度22～29℃、相对湿度33％～42％、大气压90.9kPa

7.4.11　超声波局部放电和暂态地电压检测发现35kV亚瓦克变电站10kV开关柜间隙放电

❖ 案例简介

国网新疆电力公司疆南供电有限责任公司35kV亚瓦克变电站10kV高压开关柜型号为GG-1AF，生产日期为1990年7月29日，投运日期为1991年12月3日。2013年6月5日，测试人员使用超声波、暂态地电压局部放电检测仪发现1012开关柜存在疑似局部放电。复测确认1012开关柜内存在局部放电缺陷。停电检查发现1012开关柜内C相固定导电排的金属部件与导电排有间隙，形成间隙放电，处理后送电，复测无异常。

❖ 检测分析方法

检测人员分别于2013年6月5日和6月8日用超声波、暂态地电压局部放电检测方法对1012开关柜进行测试。测试数据见表1。

表1　　　　　　　　　　　超声波、暂态地电压测试数据　　　　　　　　　　　dB

开关柜名称	测试日期	暂态地电压测试数据（相对金属值）						超声波局部放电测试数据
		前上	前中	前下	后上	后中	后下	
1010开关柜	2013-6-5	12	14	15	13	11	13	5
	2013-6-8	13	12	14	11	12	14	6
102Y开关柜	2013-6-5	13	12	13	14	15	12	6
	2013-6-8	14	13	14	12	13	15	7

开关柜名称	测试日期	暂态地电压测试数据（相对金属值）						超声波局部放电测试数据（dB）
		前上	前中	前下	后上	后中	后下	
1012 开关柜	2013-6-5	17	22	23	16	23	23	19
	2013-6-8	14	24	25	17	23	24	21
1014 开关柜	2013-6-5	12	14	12	14	15	16	8
	2013-6-8	15	14	17	14	13	13	7

注 超声波局部放电测试时采用 40kHz 非接触式模式。

通过数据分析对比，1012 开关柜超声波和暂态地电压局部放电幅值均大于邻近的开关柜且已超过缺陷值。初步判定 1012 开关柜内存在局部放电缺陷。

停电开柜检查发现 1012 开关柜内 C 相固定导电排的金属部件与导电排有间隙，如图 1 所示，形成间隙放电，并且支柱瓷瓶上积灰过多。重新调整导电排的金属部件，使其与导电排连接紧密，对柜内设备清扫。处理完成恢复送电，复测无异常。测试数据见表 2。

图 1　1012 开关柜内的间隙

🟢 经验体会

（1）超声波和暂态地电压局部放电测试仪操作方便、简单，测试人员可以很直观的读取数据，且能有效的发现开关柜内的放电缺陷。

（2）开关柜内一部分放电缺陷能够同时检测到超声波和暂态地电压放电信号，而另一部分放电缺陷只能检测到两种信号中的一种，在实际使用中应以这两种检测方法相互补充，才能更好检测到局部放电缺陷。

表 2　　　　超声波、暂态地电压复测数据　　　　dB

开关柜名称	暂态地电压测试数据（相对金属值）						超声波局部放电测试数据
	前上	前中	前下	后上	后中	后下	
1012 开关柜	12	14	13	13	11	14	6

注 超声波局部放电测试时采用 40kHz 非接触式模式。

（3）南疆地区风沙较大，开关柜内灰尘较多，应加强停电检修时对开关柜内设备的清扫，避免柜内设备表面灰尘过多造成闪络击穿事故。

🟢 检测信息

检测人员	国网新疆电力公司疆南供电有限责任公司：窦峰川（28岁）、魏晓（31岁）、艾尼瓦尔·依明（31岁）、李道川（28岁）。 国网新疆电力公司电力科学研究院：公多虎（29岁）、罗文华（26岁）、王建（28岁）
检测仪器	Ultraprobe 9000 超声波局部放电泄漏检测仪、Ultra TEV plus＋暂态地电压局部放电测试仪
测试环境	温度 31℃、相对湿度 28％

7.4.12 超声波局部放电和暂态地电压检测发现 110kV 碱梁变电站 10kV 开关柜螺栓松动

案例简介

国网新疆电力公司乌鲁木齐供电公司 110kV 碱梁变电站 10kV 碱万一线 1019 开关柜，型号为 XGN2-12，2010 年 3 月 6 日生产，2011 年 6 月 10 日投运。2011 年 7 月 6 日、8 日，检测人员用超声波局部放电检测仪和暂态地电压检测仪对 10kV 碱万一线 1019 开关柜进行检测，发现该柜后柜中部偏右侧部位存在局部放电缺陷。停电检查发现该开关柜后柜内 A 相出线母排与支柱绝缘子的螺栓松动，处理后恢复正常。

检测分析方法

用超声波局放和暂态地电压检测仪对 10kV 开关柜进行测试，测试数据见表 1 和图 1。

通过表 1 和图 1 可知，10kV 碱万一线 1019 开关柜后柜中部存在局部放电信号源。用超声波局部放电检测仪所得到的数据远大于缺陷值 15dB，暂态地电压检测所得到的数据也超过缺陷值 20dB。检测结果综合显示，该开关柜后柜中部存在局部放电缺陷。

表 1   暂态地电压、超声波局部放电检测数据   dB

设备名称	环境	金属	前上	前中	前下	后上	后中	后下	侧上	侧中	侧下	超声波检测
1017 开关柜	13	17	30	34	31	26	25	27	—	—	—	3
1018 开关柜	13	18	31	32	31	29	30	30	—	—	—	4
1019 开关柜	13	19	32	31	30	32	40	33	—	—	—	28
1020 开关柜	13	19	31	34	32	30	32	34	—	—	—	2
1021 开关柜	13	18	32	34	33	31	32	32	—	—	—	1

为了对测试数据最大处的缺陷详细诊断，采用检测到的信号与开关柜内部设备部件结合分析的方法。如图 2 和图 3 所示，测试值最大处为圈内的设备。从开关柜观察窗口可以清楚观察到这个位置的设备为电流互感器和导电排。初步判断为悬浮电位放电。

从表 2 的复测数据来看，局部放电测试数据增大，缺陷有明显加剧趋势，立即安排停电检修。停电检查发现 10kV 碱万一线 1019 开关柜后柜内 A 相出线母排与支柱绝缘子的螺栓有

图 1 暂态地电压测试数据分布

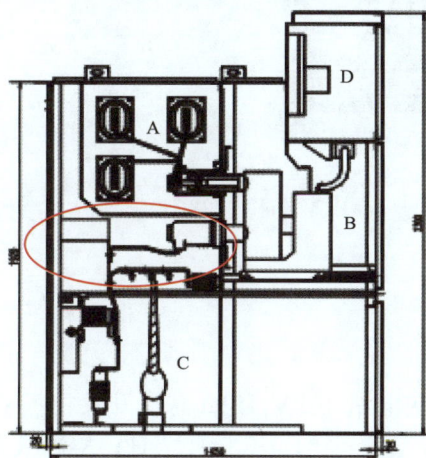

图 2 开关柜结构示意

图 3 超声波局放检测出异常超声信号的放电点大概位置

表2	局部放电检测结果			dB
开关柜名称	日期	金属值	后中	超声波检测
碱万一线 1019 开关柜	2011-7-6	11	32	28
碱万一线 1019 开关柜	2011-7-8	11	34	30

明显松动，如图4所示，判断放电原因为螺栓松动引起的局部放电。检修人员对松动的螺栓进行紧固后，恢复送电，复测正常。

经验体会

（1）超声波局部放电和暂态地电压方法对检测开关柜内螺栓松动的缺陷较为灵敏。

（2）超声波局部放电法进行检测时，其方向性较强，可以通过改变传感器的方向定位信号源。对于测试区域的超声信号较多时，降低灵敏度确定最大声音的方向来排除干扰。暂态地电压检测发现异常数据时，应通过反复多次测试来确定测试值的准确性。

（3）加强开关柜交接和检修验收，应检查螺栓是否紧固，避免由于螺栓脱落引发的事故。

图4 A相导电排与支柱绝缘子螺栓松动

检测信息

检测人员	国网新疆电力公司乌鲁木齐供电公司：周立（30岁）、刘新宇（43岁）、艾比布勒·塞塔尔（33岁）、杨柱石（27岁）、廖来新（35岁）、韩昊（37岁）、陈峰（28岁）。 国网新疆电力公司电力科学研究院：公多虎（29岁）、罗文华（26岁）、王建（28岁）
检测仪器	超声波局部放电检测仪（UP9000，UE，检测频率40kHz）、暂态地电压仪（MiniTEV，EA）
测试环境	温度31℃、相对湿度27%、大气压91.4kPa

7.4.13 超声波局部放电检测、暂态低电压检测发现110kV伽师变电站10kV开关柜螺栓松动

案例简介

国网新疆电力公司疆南供电有限责任公司110kV伽师变电站10kV 1012高压开关柜型号为XGN2-12，生产日期为2009年1月7日，投运日期为2010年9月3日。2013年5月7日，检测人员对110kV伽师变电站10kV高压室开关柜进行超声波和暂态地电压局部放电检测，发现1012开关柜后下部存在疑似局部放电。停电检查发现开关柜内A相导电排与电流互感器连接处螺栓松动，热缩绝缘护套已热熔碳

化，经处理送电后测试无异常。

检测分析方法

2013 年 5 月 7 日，检测人员使用超声波、暂态地电压局部放电检测仪对 1012 开关柜进行测试，测试数据见表 1。

表 1　超声波、暂态地电压局部放电测试数据　　dB

序号	设备名称	暂态地电压测试数据（相对金属值）						超声波局部放电检测结果
		前上	前中	前下	后上	后中	后下	
1	1008 开关柜	11	13	14	14	14	15	2
2	1010 开关柜	13	11	11	13	12	13	2
3	1012 开关柜	11	16	27	13	17	30	19
4	1014 开关柜	14	13	14	14	13	14	4
5	1016 开关柜	14	14	13	12	14	14	3

注　超声波局部放电测试时采用 40kHz 非接触式模式。

1012 开关柜超声幅值远大于注意值，该开关柜后下部暂态地电压相对值也超过缺陷值，测试数据与邻近开关柜相比明显较大，初步判定该开关柜后下部存在局部放电缺陷。

2013 年 5 月 10 日，检测人员对该开关柜进行复测，测试数据见表 2。通过两次测试数据综合判断该开关柜后下部存在局部放电。

表 2　超声波、暂态地电压局部放电检测数据　　dB

开关柜名称	暂态地电压测试数据（相对金属值）						超声波局部放电测试数据
	前上	前中	前下	后上	后中	后下	
1012 开关柜	12	14	29	13	11	32	20

注　超声波局部放电测试时采用 40kHz 非接触式模式。

停电检查发现 1012 开关柜内 A 相导电排与电流互感器连接处螺栓松动，热缩绝缘护套已热熔碳化，导电排上护套裂损，如图 1 所示。

分析判定为 A 相导电排与电流互感器连接处螺栓松动，导致接触电阻增大，接触处过热使热缩绝缘护套热熔碳化，并引起导电排热缩绝缘护套裂损。检修人员对螺栓进行紧固，重新制作绝缘护套。送电后测试无异常。测试数据见表 3。

经验体会

超声波、暂态地电压局部放电测试仪操作方便、简单，测试人员可以很直观的读取数据。超声波、暂态地电压局部放电测试能有效的发现开关柜内的放电缺陷，适合运维人员使用，为运维一体化打好基础。

图 1　A 相热缩绝缘护套热熔碳化

表 3　超声波、暂态地电压局部放电检测数据　　dB

开关柜名称	暂态地电压测试数据（相对金属值）						超声波局部放电测试数据
	前上	前中	前下	后上	后中	后下	
1012 开关柜	11	13	11	12	11	12	4

注　超声波局部放电测试时采用 40kHz 非接触式模式。

检测信息

检测人员	国网新疆电力公司疆南供电有限责任公司：魏晓（28岁）、阿巴拜克热（32岁）、王海飞（42岁）。 国网新疆电力公司电力科学研究院：公多虎（29岁）、罗文华（26岁）、王建（28岁）
检测仪器	UItraprobe 9000 超声波局部放电测试仪、Ultra TEV plus＋暂态地电压局部放电测试仪
测试环境	温度28℃、相对湿度20％

7.4.14 超声波局部放电检测、暂态低电压、射频检测发现110kV库车东城变电站10kV开关柜螺栓松动

案例简介

国网新疆电力公司阿克苏供电有限责任公司110kV库车东城变电站10kV开关柜，型号为KYN28-12（Z），生产日期为1997年1月1日，投运日期为1998年1月20日。2011年11月12日检测人员使用超声波局部放电检测仪发现10kVⅠ母线10R1一号电容器、10R3三号电容器、101YⅠ母线TV、10kV东工线1026、10kV东天线1029开关柜内有放电信号，随即采用暂态地电压局部放电检测法，确认放电源位于10kVⅠ母线柜内，并经射频局部放电检测法，证实高压室Ⅰ母线柜内确实存在局部放电信号。停电检查，发现10kVⅠ母线柜内积尘严重产生电晕放电，经处理放电信号消失。

检测分析方法

2011年11月12日，检测人员使用超声波和暂态地电压局部放电检测仪对10kVⅠ母线开关柜进行检测，10kVⅠ母线10R1一号电容器、10R3三号电容器、101YⅠ母TV、10kV东工线1026、10kV东天线1029五面开关柜检测数据见表1。

由表1可以看出，五面开关柜超声波局部放电检测数据后柜上部信号较大，均超过异常值，现场声音特征疑似电晕放电，暂态地电压检测数据可知后柜上部信号值较其他部位偏大，相对金属值均超过缺陷值，综合分析判断后柜上部存在局部放电。

表1   **超声波、暂态地电压局部放电检测数据**   dB

序号	开关柜名称	暂态地电压检测数据（相对金属值）						超声波检测数据	
		前上	前中	前下	后上	后中	后下	幅值	幅值位置
1	10R1 一号电容器	8	3	1	23	4	1	11	后柜上部
2	10R3 三号电容器	6	1	1	18	5	2	11	后柜上部

序号	开关柜名称	暂态地电压检测数据（相对金属值）						超声波检测数据	
		前上	前中	前下	后上	后中	后下	幅值	幅值位置
3	101Y I 母线 TV	7	2	2	23	3	1	11	后柜上部
4	1026 东工线	6	1	1	21	6	2	12	后柜上部
5	1029 东天线	6	3	4	20	7	2	14	后柜上部

注　暂态地电压空气值 5dB，金属值 22dB，超声波检测频率 40kHz，环境温度 14℃，相对湿度 70％。

检测人员使用射频局部放电检测仪对高压室进行射频频率分析扫描，如图 1 所示。和时域脉冲信号测量，如图 2 所示，试验结果再次证实高压室 I 母线柜内存在局部放电信号。

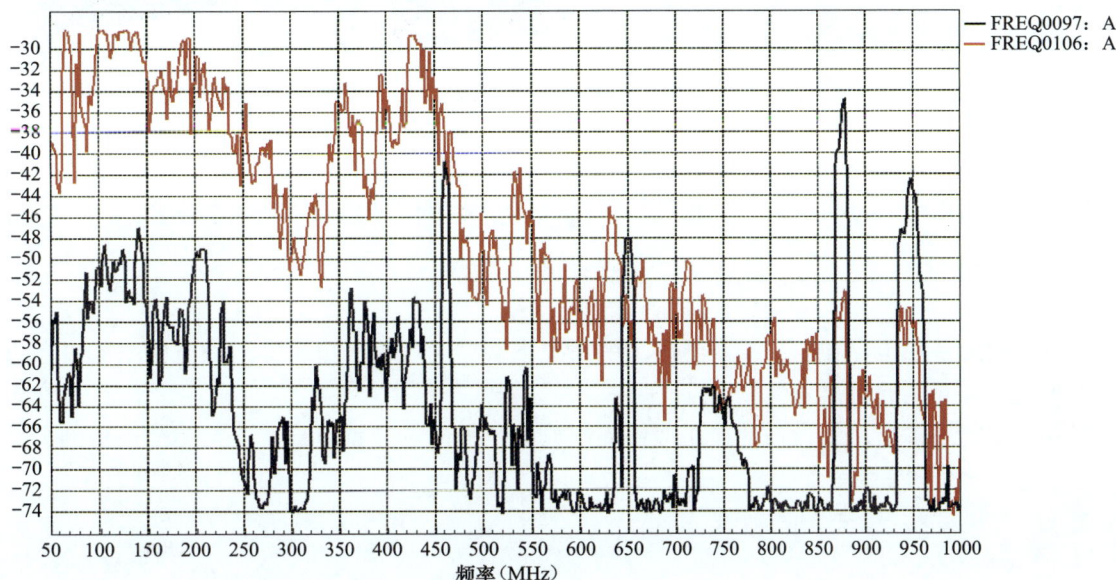

图 1　高压室射频频率分析扫描（蓝-基线，红-I 母线）

图 1 中，基线信号在变电站外采集，高压室信号在 10kV I 母线附近采集，高压室信号整体比基线信号强烈，最大差值达到 30dB，信号频域较高，从 50～800MHz 范围内都有较强的信号。取 600MHz 和 800MHz 作为中心频率，进行时域脉冲信号测量，测量图谱如图 2 所示。

从图 2 可看出，存在明显的放电脉冲信号，图谱特征判断，该段母线柜处存在局部放电。

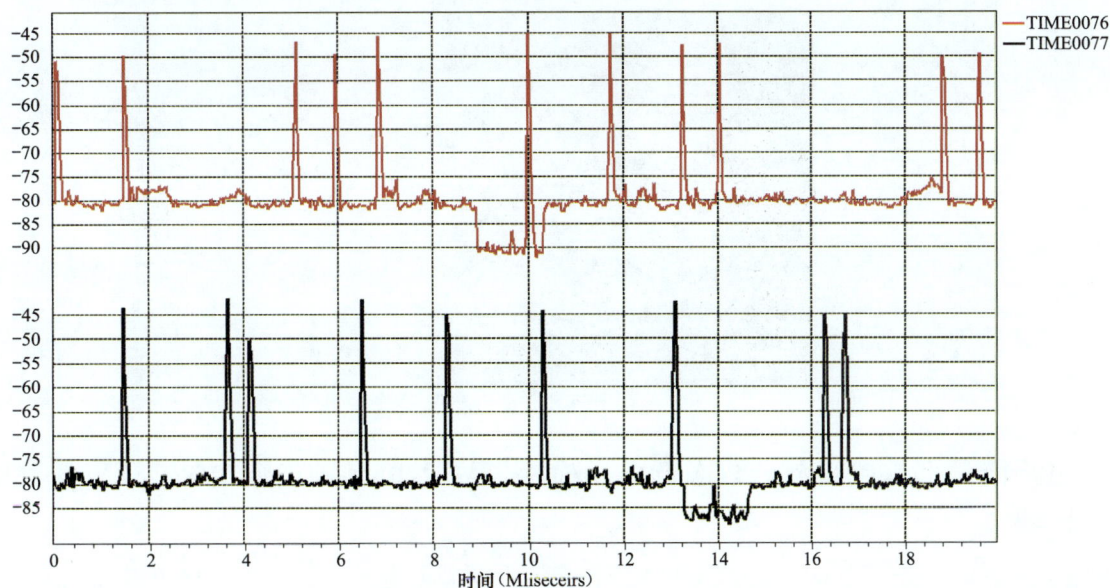

图 2　I 段母线时域脉冲信号测量
（红-600MHz，信号幅值 35dBm，蓝-800MHz，信号幅值 35dBm）

发现缺陷后，检测人员随即对该母线开关柜进行了连续 2 次跟踪复测，结果均显示存在局部放电。

停电检查发现 10kVⅠ段母线柜内 A、B、C 三相穿柜套管积尘情况如图 3 所示、导电排积尘情况如图 4 所示、支撑绝缘子积尘情况如图 5 所示。

图 3　穿柜套管积尘情况 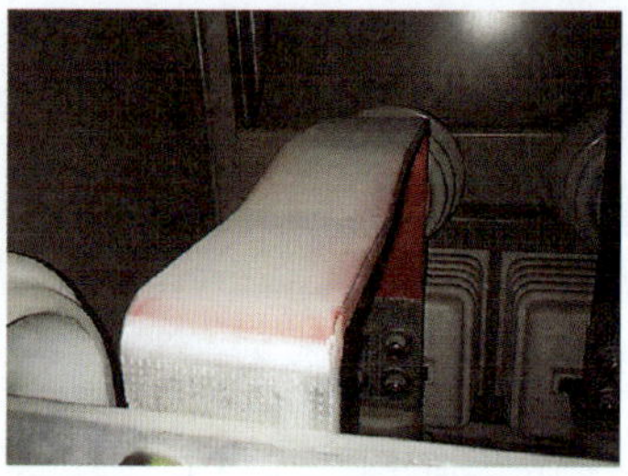　　　　图 4　导电排积尘情况 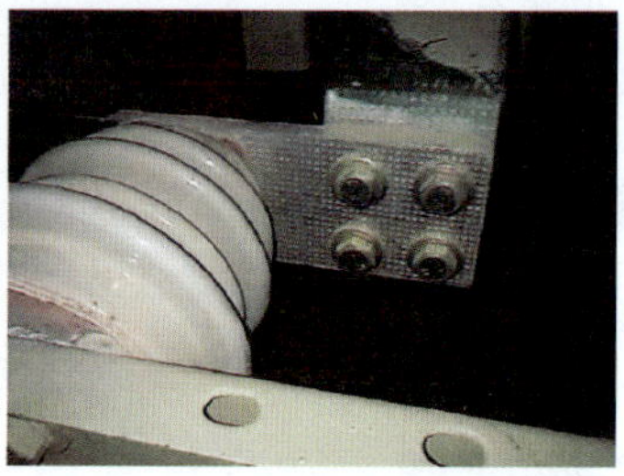　　　　图 5　支撑绝缘子积尘情况

经过分析，由于母线柜内积尘严重，加上该地区空气相对湿度较高（70％），产生电晕放电，随即对设备进行清扫。恢复送电后，再次对开关柜进行带电检测，异常信号消失，缺陷消除。

经验体会

（1）开关柜内设备积尘，在空气相对湿度大的情况下会产生电晕放电，今后应对停电的设备进行全面清扫检查，防止此类问题的再次发生。

（2）带电检测发现多个相邻设备存在相似性局部放电信号时，应重点检查连接多个设备的公共通道。

检测信息

检测人员	国网新疆电力公司阿克苏供电有限责任公司：汪正刚（32 岁）、杨计强（30 岁）、周明（36 岁）。 国网新疆电力公司电力科学研究院：公多虎（29 岁）、罗文华（26 岁）、王建（28 岁）
检测仪器	UP9000 超声波局部放电检测仪、PDL1 暂态地电压局部放电检测仪、PDS100 射频局部放电检测仪
测试环境	温度 14℃、相对湿度 70％、大气压力 0.09MPa

7.4.15　超声波局部放电检测、暂态低电压检测发现 220kV 钟山变电站 35kV 开关柜螺栓松动

案例简介

国网新疆电力公司阿勒泰供电公司 220kV 钟山变电站 35kV 开关柜，型号为 XGN2-35，生产日期

2006年11月15日，2007年7月25日投入运行。2013年3月19日，检测人员用超声波局部放电检测仪和暂态地电压在对该站35kV开关柜例行带电检测，发现35kV 1号站用变压器351S开关后柜上部存在局部放电信号。跟踪复测该局部放电信号依然存在。停电检查，发现隔离开关与断路器本体的母排连接处螺栓松动，经过处理缺陷消除。

❖ 检测分析方法

2013年3月19日，检测人员在对该变电站35kV开关柜进行例行带电检测试验时，用超声波局部放电检测仪检测发现35kV 1号站用变压器351S开关柜测试结果见表1。

表1　　　　　　　　　　　超声波、暂态地电压局部放电检测数据　　　　　　　　　　　　dB

开关柜名称	暂态地电压测试数据（相对金属值）						超声波局部放电测试数据	
	前上	前中	前下	后上	后中	后下	后上	后中
351S开关柜	3	2	1	2	2	1	11	3

注　超声波局部放电测试时采用40kHz非接触式模式，金属：5dB。

从以上测试数据可以看出，351S开关柜后上部存在较大幅值的超声波信号。351S开关柜后上部与金属的相对差值为2dB，在合格范围内。

2013年5月10日，检测人员对该变电站351S开关柜后上部进行了复测，结果见表2。从表中可以看出，超声波异常信号仍然存在，且有增大趋势。在开关柜后上部位置超声波信号较大，判断可能存在螺栓松动造成局部放电缺陷。

表2　　　　　　　　　　　超声波、暂态地电压局部放电检测数据　　　　　　　　　　　　dB

开关柜名称	暂态地电压测试数据（相对金属值）						超声波局部放电测试数据	
	前上	前中	前下	后上	后中	后下	后上	后中
351S开关柜	2	2	1	2	2	2	15	3

注　超声波局部放电测试时采用40kHz非接触式模式，金属：5dB。

随后对该开关柜进行停电检查发现断路器本体的母排与351S隔离开关B相母排连接处螺栓松动，如图1所示，因此判定放电原因为螺栓松动引起的悬浮放电。对连接处的螺栓进行紧固后，重新恢复送电缺陷消除，检测数据见表3。

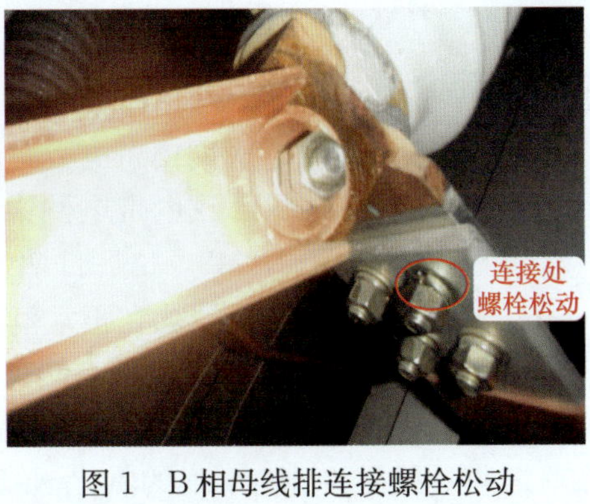

❖ 经验体会

（1）通过超声波检测仪可以有效地检测出开关柜内螺栓松动引起的局部放电缺陷。在检测中应持续跟踪监测，根据多次检测综合判断故障发展趋势有针对性制定检修策略。今后应对开关柜的安装和检修进行严格验收，确保类似的局部放电缺陷不再发生。

图1　B相母线排连接螺栓松动

表3　　　　　　　　　　　超声波、暂态地电压局部放电检测数据　　　　　　　　　　　　dB

开关柜名称	暂态地电压测试数据（相对金属值）						超声波局部放电测试数据	
	前上	前中	前下	后上	后中	后下	后上	后中
351S开关柜	2	2	1	2	2	1	3	3

注　超声波局部放电测试时采用40kHz非接触式模式，金属：6dB。

（2）检测之前，应加强背景检测，背景测量位置应尽量选择被测设备附近金属构架。检测过程中，应避免敲打被测设备，防止外界振动信号对检测结果造成影响。

检测信息

检测人员	国网新疆电力公司阿勒泰供电公司检修公司：努尔兰别克（33岁）、饶超沛（28岁）、郭华伟（38岁）。 国网新疆电力公司电力科学研究院：公多虎（29岁）、罗文华（26岁）、王建（28岁）
检测仪器	Ultra TEV plus＋局部放电测试仪、Ultraprobe 9000超声波局部放电检测仪
测试环境	温度20℃、相对湿度35％

7.4.16 暂态地电压和超声波局部放电检测发现110kV凤台变电站10kV开关柜母线套管受潮

案例简介

2013年7月29日，国网山东电力集团公司泰安市供电公司电气试验班作业人员对110kV凤台变电站10kV开关柜设备开展局部放电带电测试。检测人员使用暂态地电压（TEV）与超声波检测方法开展测试，开关柜型号为KYN28-2，出厂日期为2004年2月，电压等级10kV开关柜共32台。通过试验数据发现，所检测开关柜的TEV值均在正常范围内。95隔离手车前面下部超声波检测值为15dB，后面下部为20dB，601断路器柜前面和后面下部超声波检测值均为9dB，均能听到明显的放电声，其余所测开关柜超声波检测值均在正常范围内。作业人员通过95隔离手车观察窗发现柜体下部湿气较大，母线套管表面有凝露，A相导线压接处有明显的氧化铜绿，后下部母线穿柜套管与母线铜排处有明显的黑色放电痕迹。

初步分析原因是母线套管受潮，绝缘间隙不够，穿柜套管表面存在沿面放电。上报运维检修部安排停电检查及试验，母线套管绝缘电阻值低至800MΩ，进行交流耐压试验，电压升高至15kV时套管根部外表面出现爬电现象，套管受潮。检修人员更换新的通过绝缘试验的母线套管，对母线排用热缩套进行绝缘密封，对柜内设备进行全面清扫，对开关柜底部与电缆沟道的空隙进行封堵，防止电缆沟道内水汽进入开关内，消除隐患。

检测分析方法

检测人员首先使用暂态地电压方法检测110kV凤台变电站10kV开关柜设备。检测现场的背景噪声，背景 TEV 幅值最大为 11dB，说明现场存在一定的干扰。对 10kV 开关柜按照常规程序检测暂态地电压数据。暂态地电压测试数据见表 1。

表1　　　　　　　　　　　　　　　暂态地电压测试数据　　　　　　　　　　　　　　　dB

开关柜名称/编号	TEV 检测									
	前部				后部					
	中		下		上		中		下	
	幅值	脉冲	幅值	脉冲	幅值	脉冲	幅值	脉冲	幅值	脉冲
1号主变压器 51号断路器	13	64 000	13	704	12	64 000	12	12	8	0
621 断路器	13	64 000	16	1128	11	64 000	10	0	10	0
619 断路器	12	64 000	11	3040	13	64 000	9	0	4	0
617 断路器	15	7256	12	16	11	64 000	9	0	8	0
91 隔离手车	12	20	13	128	11	39 392	7	0	8	0
95 隔离手车	10	0	10	12	13	64 000	10	0	9	0
601 断路器	9	0	12	40	14	41 596	11	24	7	0
615 断路器	11	8	15	9	14	64 000	8	0	9	0
613 断路器	12	12	10	0	12	64 000	16	64 000	6	0
611 断路器	13	16	12	468	12	64 000	11	204	7	0
609 断路器	13	4	15	64	12	64 000	9	0	14	436
607 断路器	10	640	15	12	15	64 000	11	26 784	7	0
605 断路器	11	708	17	124	15	64 000	10	0	8	0
未知停运柜	14	12	18	20	13	64 000	8	0	6	0
93 隔离手车	12	24	10	188	13	64 000	10	0	6	0
50 断路器	12	36	12	8	13	64 000	8	0	7	0
50-2 断路器	15	820	13	88	14	64 000	13	24	5	0
92 隔离手车	13	4008	16	472	13	64 000	10	88	8	0
604 断路器	16	24	15	28	13	64 000	13	6	7	0
606 断路器	10	208	11	0	14	64 000	14	2920	7	0
608 断路器	10	12	9	0	14	64 000	11	64 000	6	0
610 断路器	12	316	10	0	16	64 000	11	3776	8	0
612 断路器	11	16	10	0	13	64 000	12	232	10	0
96 隔离手车	12	56	10	0	13	64 000	14	64 000	9	0
602 断路器	10	0	10	0	16	64 000	13	64 000	8	0
52 断路器	11	144	13	68	15	64 000	13	64 000	13	64 000
614 断路器	10	14	11	108	14	64 000	12	64 000	12	28
616 断路器	15	308	11	16	14	64 000	11	64 000	6	0
618 断路器	11	60	14	16	14	64 000	11	37 414	9	0
620 断路器	11	36	9	0	13	64 000	13	928	14	64 000
622 断路器	9	0	12	12	13	64 000	12	5612	9	0
94 隔离手车	15	4	10	12	15	64 000	9	0	12	64 000

综合现场背景噪声分析，开关柜上检测到的 TEV 幅值均在正常范围以内。

然后采用超声波检测功能对开关柜进行检测，超声检测数据见表 2。

表2　　　　　　　　　　　　　　　超 声 波 测 试 数 据　　　　　　　　　　　　　　　dB

开关柜名称/编号	超声检测及定位	
	前部	后部
1号主变压器 51号断路器	−4	−3
621 断路器	−3	−4
619 断路器	−4	−5

开关柜名称/编号	超声检测及定位	
	前部	后部
617 断路器	−4	−3
91 隔离手车	−3	−4
95 隔离手车	下部 15dB	下部 20dB
601 断路器	下部 9dB	下部 9dB
615 断路器	−3	−3
613 断路器	−4	−4
611 断路器	−3	−4
609 断路器	−4	−5
607 断路器	−5	−4
605 断路器	−6	−5
未知停运柜	−5	−7
93 隔离手车	−4	−7
50 断路器	−5	−5
50−2 断路器	−6	−6
92 隔离手车	−5	−4
604 断路器	−6	−5
606 断路器	−4	−4
608 断路器	−4	−4
610 断路器	−5	−6
612 断路器	−5	−5
96 隔离手车	−6	−4
602 断路器	−4	−5
52 断路器	−7	−5
614 断路器	−6	−7
616 断路器	−5	−4
618 断路器	−6	−6
620 断路器	−6	−5
622 断路器	−5	−6
94 隔离手车	−4	−5

超声波检测结果表明：开关室内中间上部进线桥架有很强的振动声，但无局部放电声；95 隔离手车前面下部超声值为 15dB，后面下部为 20dB，601 断路器柜前面和后面下部超声值均为 9dB，均能听到明显的放电声；其余所测开关柜超声值均在正常范围内，且无放电声，未发现明显的局部放电现象。

巡检过程中，作业人员通过耳机在 95 隔离手车部位监听到放电声，开关柜的检测值在 15dB 以上，横向分析其临近的开关柜的检测值也在 8~15dB 以内，怀疑 95 隔离手车开关柜存在较为严重的局部放电现象。

作业人员通过 95 隔离手车观察窗发现柜体下部设备表面湿气较大，如图 1 所示。母线套管表面有凝露，A 相导线压接处有明显的氧化铜绿，如图 2 所示。后下部母线穿柜套管与母线铜排处有明显的黑色放电痕迹，如图 3 所示。

检测结果表明：110kV 凤台变电站 10kV 开关室内的 95 隔离手车处于危险状态，建议尽快处理；601 断路器存在轻微局部放电，可靠性下降，建议加强关注，适时处理；其余开关柜处于正常状态，建议按照正常检测周期进行检测。

初步分析原因是母线套管受潮，绝缘间隙不够，穿柜套管表面存在沿面放电。上报运维检修部安排停电检查及试验，母线套管绝缘电阻值低至 800MΩ，进行交流耐压试验，电压升高至 15kV 时套管根部外表面出现爬电现象，套管受潮。检修人员更换新的通过绝缘试验的母线套管，对母线排用热缩套进行绝缘

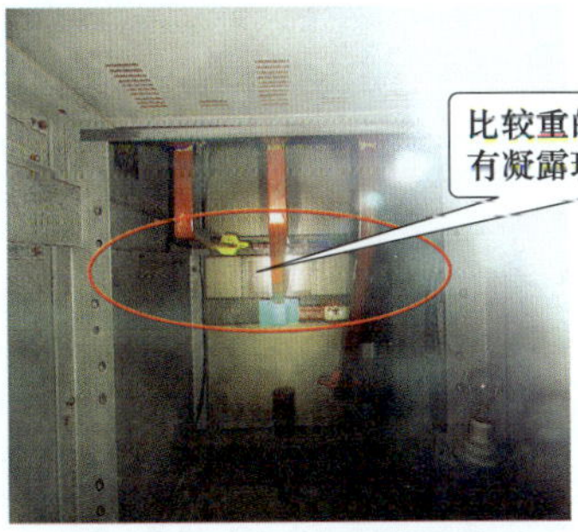

图 1　95 隔离手车柜内下部
设备表面湿气现场

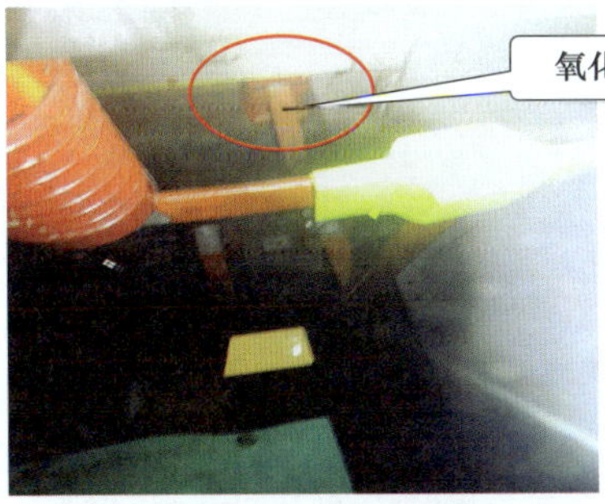

图 2　95 隔离手车柜内 A 相导线
压接处裸露部分有铜绿

密封，对柜内设备进行全面清扫，对开关柜底部与电缆沟道的空隙进行封堵，防止电缆沟道内水汽进入开关内，消除隐患。

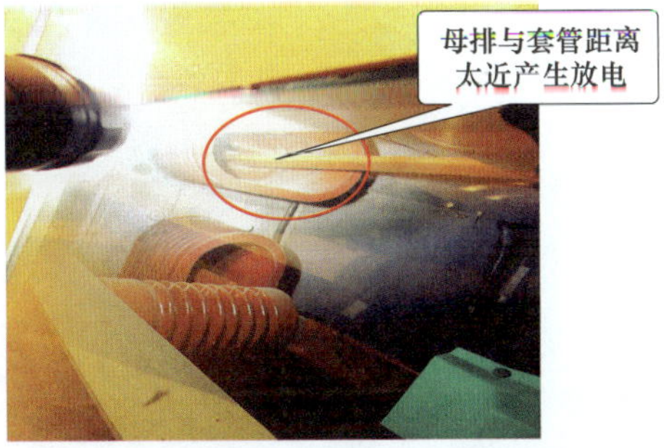

图 3　95 隔离手车柜内后下部母线
套管与母线铜排处有放电痕迹

经验体会

（1）暂态地电压检测技术与超声波检测技术联合使用，对室内开关柜类设备的局部放电检测有较强的敏感度，能够有效地发现在开关柜安装、运行、检修过程中隐藏的缺陷。

（2）暂态地电压检测技术对人员的专业水平要求较高，检测人员的综合素质必须高，操作流程要符合规范，监测数据结合现场经验准确判断。

（3）本案例中放电类型为沿面放电，暂态地电压检测没有有效发现，而采用超声波检测技术更加敏感的发现了缺陷，说明两种检测技术能够有效发现缺陷类型不同，现场局部放电现象的电磁特性和产生机理复杂多变，局部放电检测技术的应用要结合实际进行总结，多种技术联合使用效果更好。

检测信息

检测人员	国网山东电力集团公司泰安市供电公司：马云峰（38岁）、张大伟（36岁）、李海波（28岁）
检测仪器	Ultra TEV Locator 多功能局部放电检测仪、UP9000 超声波检测仪
测试环境	温度 27.9℃、相对湿度 54%、阵雨

第8章

其他设备状态检测

8.1.1　红外热像检测发现 10kV 漪苑线 29 号杆电缆隔离开关绝缘子裂纹

❖ **案例简介**

2012 年 9 月 25 日 18 时 45 分，国网山西省电力公司太原供电公司工作人员在巡视过程中通过红外检测发现 10kV 漪苑线 29 号杆东侧电缆隔离开关 C 相绝缘子存在温度异常的情况，发热部位位于瓷柱中部，该发热异常属于电压致热型缺陷，按照 DL 664—2008《带电设备红外诊断技术应用导则》的电压致热型缺陷判断依据，定性为严重缺陷。于 9 月 28 日申请线路临时停电，更换隔离开关。

❖ **检测分析方法**

10kV 漪苑线 29 号杆东侧 C 相隔离开关检测到的异常红外图谱如图 1 所示，对应的可见光照片如图 2 所示。通过软件分析，隔离开关瓷柱发热点温度达 28.6℃（如图 1 所示），正常部位的温度为 25.4℃，温差达 3.2℃，环境温度为 18℃。按照 DL/T 664—2008《带电设备红外诊断应用规范》的电压致热型缺陷判断依据，定性为严重缺陷。

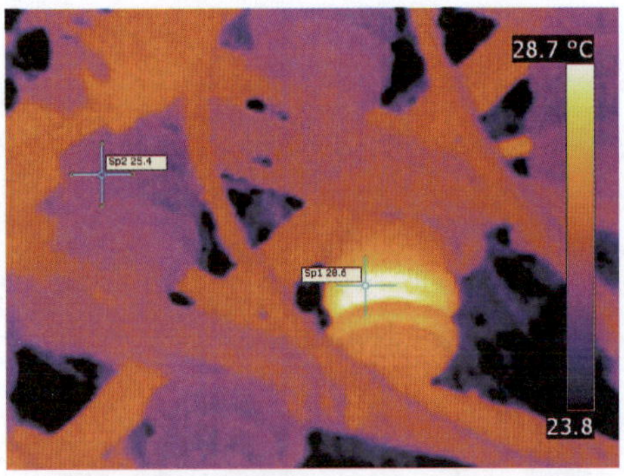

图 1　10kV 漪苑线 29 号杆东侧 C 相隔离开关红外图谱

图 2　10kV 漪苑线 29 号杆可见光照片

表 1　　瓷柱耐压试验结果

试验瓷柱	试验电压(kV/1min)	试验情况
正常绝缘子耐压	42	红外检测热像通体均匀发热，无明显发热点
发热绝缘子耐压	24	升至 24kV 时，红外测温发现明显发热点
	42	升至 42kV 时，发热温度升高，绝缘子中间瓷裙处横向断裂（如图 3 所示）

对隔离开关绝缘子进行常规检查，发现绝缘子表面稍有脏污但未见裂纹或其他异常情况。采用数字绝缘电阻表对其进行绝缘电阻测试，结果绝缘子绝缘电阻无穷大，测试结果合格。

在试验室对隔离开关进行耐压试验，耐压试验结果见表 1。

经运行及试验人员分析认为，该断裂的绝缘子存在制造缺陷，内部瓷质不均匀，在本次试验发生击穿前，在瓷件内部已形成空隙或断裂面。

该绝缘子在试验中发生断裂原因是由于加试验电压后，局部发热不均匀程度进一步发展，造成绝缘子的彻底断裂。因此该绝缘子在运行过程中的发热已不再是绝缘子的正常发热，而是由于绝缘制造缺陷引发的绝缘内部的局部放电造成的发热。

更换柱上隔离开关后，对开关本体及绝缘子多次进行红外检测，检测的红外图谱正常，如图 4 所示，均未发现发热等异常。

图3 耐压试验中断裂的绝缘子照片

图4 更换后图谱

❖ 经验体会

以上案例说明，红外热像检测技术能够行之有效的发现设备电压致热型缺陷。

（1）热像异常的瓷柱可以短时间运行，但严禁操作（特别是带电操作），同时必须持续关注。

（2）利用红外热像检测技术来检测设备电压致热型缺陷，对技术人员的专业水平要求较高，操作流程要符合规范，且监测数据结合现场经验准确判断。

（3）在日常巡视及设备检修过程中应全面检查、不留死角，保证巡视及检修质量。

❖ 检测信息

检测人员	国网山西省电力公司太原供电公司：李文生（47岁）
检测仪器	FILR E30 红外热像仪
测试环境	温度19℃、相对湿度26%

8.1.2 红外热像检测发现 66kV 电容器连接排发热

❖ 案例简介

国网冀北电力有限公司检修公司运维的 500kV 唐山东变电站 66kV 系统于 2012 年投入运行。2013 年 11 月 30 日下午 6 时，3 号主变压器综合停电检修前，对该变压器系统各电气设备外部各电气接头部位进行了红外热像检测。在检测过程中发现：631 电容器组 B 相 26 号电容器北侧水平连接排与垂直连接排连接处发热 74.2℃，A、C 相分别为 35℃。随后检修人员经对导电接触面进行打磨，并紧固连接螺栓，避免相同部位产生再次发热。

❖ 检测分析方法

3 号主变压器系统在进行红外热像检测时，发现 66kV 系统一次设备有多处发热现象。对该发热点进行了精确测温，选择成像的角度、色度，拍下了清晰的图谱，如图 1 所示，并将此

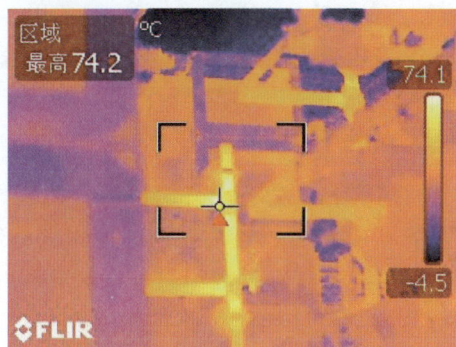

图1 66kV 631 电容器组连接排连接处发热红外测温图谱

情况上报运检部。

3号主变压器停电，对631电容器组检查，检修人员检查发现，造成发热的原因主要有两个方面：一是连接螺栓松动，二是导电接触面基建施工时涂抹导电膏多且不均匀，随即进行处理。

❖ 经验体会

大量事实说明红外热像检测技术能够行之有效的发现设备过热缺陷，除了例行周期性红外测温以外，适当增加设备间隔停电前的红外测温工作，能够有效指导设备检修，提高检修工作效率和质量。导致连接处过热的主要原因有以下几点：

（1）导线与金具为螺栓连接，随着运行年限增加，接触面严重锈蚀、氧化，导致过热。软连接与母排接触面采用螺栓连接，放电点多出现在连接头的四个角。经过分析认为整个接触面接触不好，只有四个角接触。

（2）导电接触面存在导电膏，有的涂抹不均匀，或者量过大，随着运行年限增加，导电膏导干枯，电能力逐渐下降，导致过热。

（3）电容器哈佛线夹夹紧力不足，分析认为深层次原因是施工人员很难掌控哈佛线夹的紧固力度，力度过大，哈佛线夹内部容易出现裂纹，甚至断裂；力度过小，线夹夹紧力达不到要求，容易造成发热。

❖ 检测信息

检测人员	国网冀北电力有限公司检修分公司：刘春生（41岁）、郑顺利（45岁）
检测仪器	FLIR T330红外热像仪
测试环境	温度−2℃、相对湿度55％

8.1.3 红外热像检测发现500kV串补电容器套管发热

❖ 案例简介

国网冀北电力有限公司检修分公司大同分部负责运维的浑源500kV开闭站串补装置于2007年12月31日，串补装置投运后使西电东送的枢纽站输送能力达4800MW。2011年3月27日，检修人员在对该站串补电容器开展红外测温过程中，发现托源三线串补A相其中一只电容器存在过热现象，故障点最高温度87℃，如图1所示，正常相温度22℃，如图2所示，环境温度6℃，环境湿度40％，通过分析、比对，确认发热原因为电容器套管接头过热。

图1 故障相红外测温照片

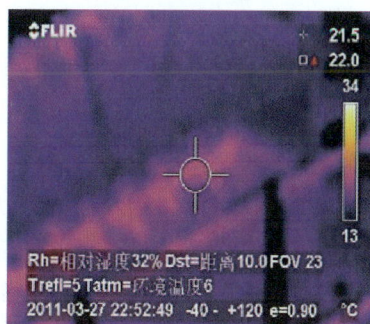

图2 正常相红外测温照片

检测分析方法

根据发热设备及状态，判断为电流致热性缺陷，依据 Q/GDW 1168—2013《输变电设备状态检修试验规程》及 DL/T 664—2008《带电设备红外诊断应用规范》附录 A.1，符合套管柱头的相关判断标准，热点温度为 87℃，超过 80℃，判定为危急缺陷（绝对温度超过 80℃即为危急缺陷）。

结合串补装置停电，检修人员对过热电容器进行检查，如图3所示，发现发热电容器套管柱头熔焊并脱落，外表有明显油渍，紧固螺栓有松动现象，如图4所示。对该只电容器进行更换处理后恢复正常。

图3 现场检查情况

图4 发热部位可见光照片

经验体会

（1）严格按照 Q/GDW 1168—2013《输变电设备状态检修试验规程》要求，开展周期性红外精密测温，同时在夏季大负荷期间增加检测频率，及时发现设备隐患，确保设备安全稳定运行。

（2）在进行红外测温过程中，大同分部发现了多次发热缺陷，但部分设备存在测试时距离较远，无法细致测试较小设备的发热点，不利于缺陷的判断，建议对红外测温设备进行更新，并适当的加装变焦镜头。

（3）测温过程中，电容器发现大量发热缺陷，均为电容器接头螺栓松动致接触不良，致使发热，发热后导致部分电容器熔焊。目前检修人员已对站内所有 5760 只串补电容器加装防松垫，效果良好。

检测信息

检测人员	国网冀北电力有限公司检修分公司：武斌（31 岁）、丁波（34 岁）
检测仪器	FLIR P30 红外热像仪
测试环境	温度 6℃、相对湿度 40%

8.1.4 红外热像检测技术发现 35kV 北蔡变电站 10kV 穿墙套管设备发热

案例简介

2013 年 7 月 9 日上午 10 时，国网上海市电力公司浦东供电公司东昌中心站运行人员在所辖 35kV 北蔡变电站的迎峰度夏特巡工作中，在主变压器进行红外热像检测时，发现 2 号主变压器 10kV 侧穿墙套管有发热现象，温度达到了 79.8℃。随后经进行深度专业检测，确认了 2 号主变压器 10kV 侧 B 相穿墙套管存在局部发热现象，并对发热点定位。

35kV 北蔡变电站 2 号主变压器 10kV 侧穿墙套管的红外热像如图 1 所示，其中 B 相套管有发热现象，温度达到了 79.8℃，另两相温度正常。

当天下午 2 时，变电修试二组对 2 号主变压器 10kV 侧穿墙套管进行了消缺处理。解体后发现 B 相穿墙套管内部存在凝露，其金属隔板与紧固螺栓锈蚀严重。而 B 相穿墙套管所处位置与之前通过状态检测所判断的发热位置非常吻合。经过检修人员对螺栓的打磨，垫圈更换，重新安装完成并进行交流耐压试验后投入运行，经检测结果正常，发热现象消失。

图 1　35kV 北蔡变电站 2 号主变压器
10kV 侧穿墙套管的红外热像

检测分析方法

为了确定具体发热点的位置，检测人员用红外热像仪进行逐相专业检测，如图 2 所示。

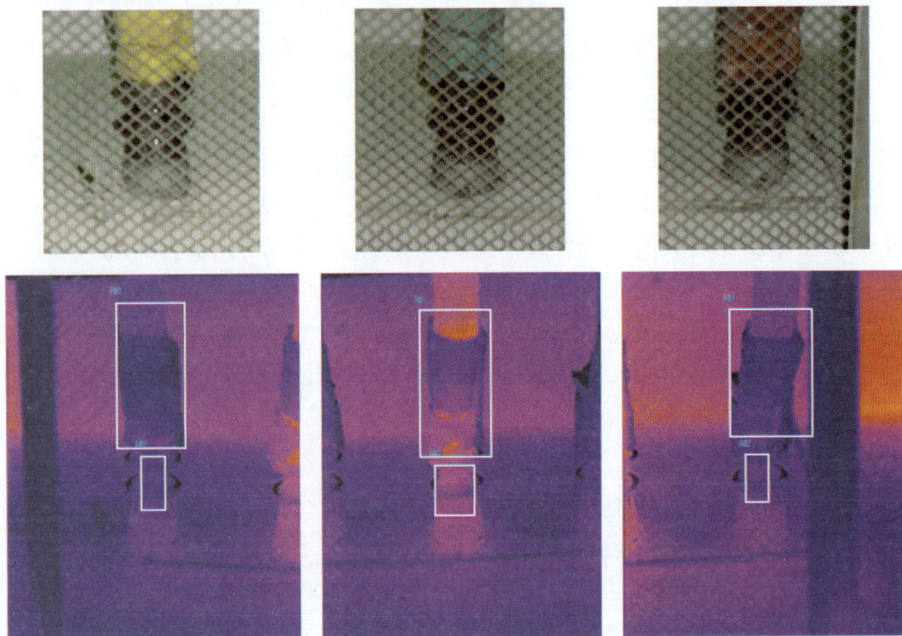

图 2　逐相专业检测

根据成像的结果得出结论：

（1）根据《输变电设备缺陷分类标准（交流一次部分）》的分类依据，判断 B 相热点温度接近于严重缺陷（热点温度大于 80℃或 $\delta \geqslant 80\%$），需要立即处理消缺。

（2）判断设备类别和部位：金属部件与金属部件的连接，接头和线夹。

（3）热像特征：以线夹和接头为中心的热像，热点明显。

（4）故障特征：接触不良。

最后由变电修试二组进行套管的拆解，发现金属隔板与紧固螺栓锈蚀严重，经停运检修处理之后，重新投入运行。

◆ 经验体会

传统的巡视方式是根据示温蜡片的融化程度以及负荷电流的大小来综合判断设备的发热情况。但是这种巡视模式不仅费时，也容易产生误看漏看的情况，同时也无法确定具体的发热位置，而通过红外检测技术，不但能直观地判断出设备发热情况，而且也能迅速做出深入检测并进行有针对性的检修。红外检测技术为运行人员的隐患排查工作提供了一条便捷高效的方法。

◆ 检测信息

检测人员	国网上海市电力公司浦东供电公司：施云（29 岁）
检测仪器	FLIR P630 型红外热像仪
测试环境	温度 35℃、相对湿度 20％

8.1.5 红外热像检测技术发现 500kV 5278 石山线 38 号杆塔合成绝缘子端部发热

◆ 案例简介

国网江苏省电力公司苏州市供电公司 500kV 5278 石山线 38 号杆塔 B 相北侧的合成绝缘子为德国赫斯特公司产品，2001 年 3 月投运。2013 年在测温时发现芯棒异常发热，发热点集中在高压侧距离金具约 30cm 处，发热点温度为 26.02℃（对比温度 17.89℃）。随即，苏州供电公司安排了带电更换。

◆ 检测分析方法

38 号杆塔 B 相北侧的合成绝缘子在进行红外热像检测时，发现芯棒异常发热，发热点集中在高压侧距离金具约 30cm 处，拍下了清晰的图谱，如图 1 所示，并将此情况上报运检部。

对图谱的认真分析后发现芯棒异常发热，表面最高温

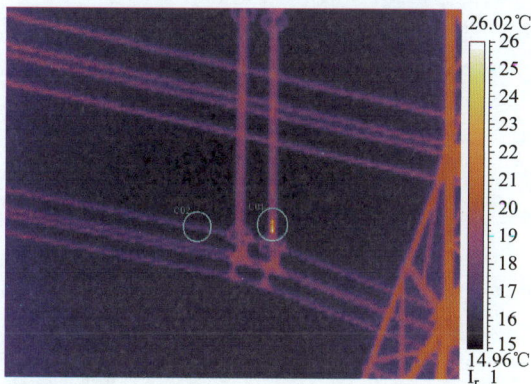

图 1 5278 石山线 38 号绝缘子红外发热缺陷

793

度 26.02℃（对比温度 17.89℃）。根据电压致热设备缺陷诊断判据，判断热像特征是以芯棒为中心的热像，热点明显；故障特征为芯棒绝缘损伤；缺陷性质为严重缺陷。带电将问题合成绝缘子换下，并送江苏省电力试验研究院有限公司进行进一步检测。

（1）外观检查。5278 线异常发热的合成绝缘子与 5278 石山线绝缘子同为德国赫斯特公司产品，外观检查发现，5278 线合成绝缘子伞裙无破损，表面污秽致密，伞裙较硬，高压护套侧多处蚀损点，如图 2 所示；端部金具锈蚀，金具与芯棒护套联接处出现密封胶脱落现象，如图 3 所示。

图 2　蚀损点

图 3　密封胶脱落

（2）憎水性试验。采用喷水分级法对合成绝缘子进行憎水性测试，分别按高压侧、中部、低压侧三个部分进行试验。

试验结果发现，5278 石山线合成绝缘子高压侧憎水性为 HC3，中部 HC4，低压侧为 HC3，如图 4 所示。按照 DL/T 864—2004《标称电压高于 1000V 交流架空线路用复合绝缘子使用导则》判定准则要求，两只合成绝缘子憎水性良好，满足继续运行要求，因此该批绝缘子不是因憎水性能变化导致的绝缘问题。

（3）机械试验。按照标准要求，对 5278 石山线发热绝缘子先进行 50％额定机械负荷耐受试验，再进行水煮试验和陡波冲击电压试验。试验要求合成绝缘子应在 50％额定机械负荷下耐受 1min 而不损坏、不位移。

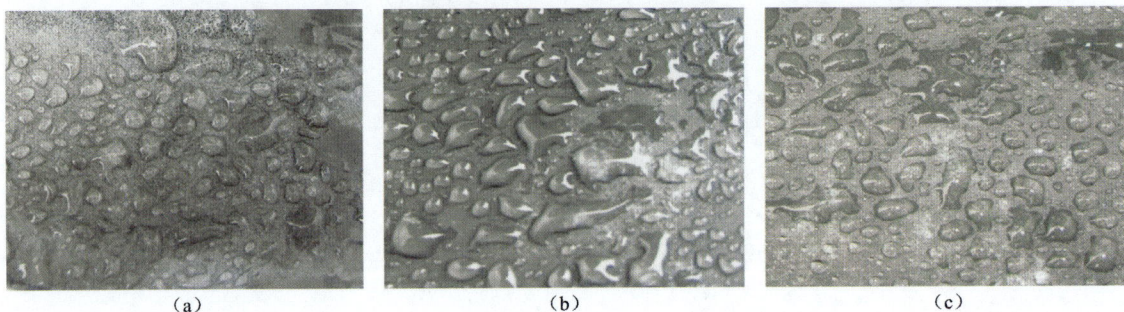

图 4　憎水性试验
(a) 高压侧 HC3；(b) 中部 HC4；(c) 低压侧 HC3

该合成绝缘子额定负荷为 180kN，将合成绝缘子固定在拉力试验机上，当施加 90.4kN 拉力时，合成绝缘子发生断裂。绝缘子未通过 50％额定机械负荷耐受试验，如图 5 所示。断裂后的芯棒颜色变为黄褐色，断口处的玻璃纤维均已酥脆，属脆性断裂并伴有拉丝现象，断裂部位与异常发热点位置吻合。

图 5　拉力试验

根据 DL/T 864—2004《标称电压高于 1000V 交流架空线路用复合绝缘子使用导则》判定准则，该类绝缘子应退出运行。

（4）故障分析。5278 石山线合成绝缘子异常发热的主要原因是，长期运行后芯棒护套与金具界面部位密封胶出现脱落，由于高压端电场强度高，电晕放电使得空气发生电离生成氮氧化物 NO_x，在水和潮气的环境下发生反应生成弱硝酸，渗入芯棒后加剧了芯棒的腐蚀，另外，工业的发展使得环境污染下酸雨尤为普遍，酸雨通过端部密封部分直接与芯棒接触，在芯棒护套处长期烧蚀。芯棒异常发热是脆断发生的早期症状，一旦继续运行将存在断串的安全隐患。

❖ 经验体会

合成绝缘子经过了几代产品的发展，在界面密封、压接方式、材料配方方面取得长足的进步，逐渐成熟，早期的国内外合成绝缘子在材料和工艺技术落后，是目前线路运行需要重点关注的对象。加强合成绝缘子的红外巡检，能及时发现各类隐性故障。

❖ 检测信息

检测人员	国网江苏省电力公司苏州市供电公司：姜华（42 岁）
检测仪器	SAT-6800 红外热像仪
测试环境	温度 26℃、相对湿度 60%

8.1.6 红外热像检测发现 220kV 汇控柜端子发热

❖ 案例简介

国网浙江省电力公司宁波供电公司 220kV 惠明变电站天明 4474 汇控柜于 2009 年 12 月投入运行，生产厂家为河南平高电气有限公司，型号为 ZF11-252（L）。2013 年 12 月，在班组定期（每季度）开展红外热像检测时发现天明 4474 汇控柜-X7-QE1 接地开关 EV1-1 端子处温度异常，表面最高温度 146.3℃，运行电压 0.4KV。正常端子温度 21.8℃，环境温度 8℃。经过现场诊断发现端子箱加热器电源端子有轻微烧焦迹象，固定端子的螺栓垫片有松动迹象，随即进行处理，避免了一起故障的发生。

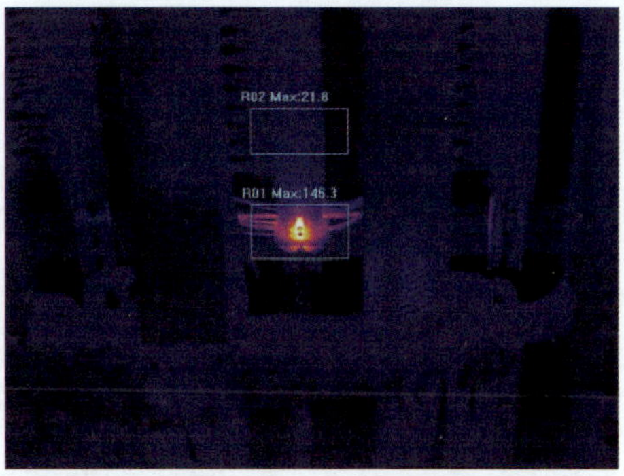

❖ 检测分析方法

天明 4474 汇控柜端子在进行红外热像检测时，发现汇控柜-X7-QE1 接地开关 EV1-1 端子温度异常，即对该接头进行了精确测温，选择成像的角度、色度，拍下了清晰的图谱，如图 1 所示。

图 1　天明 4474 汇控柜红外热像

对图谱的认真分析后发现天明 4474 汇控柜-X7-QE1 接地开关 EV1-1 端子处温度异常，表面最高温度 146.3℃，运行电压 0.4kV。正常端子温度 21.8℃，环境温度 8℃。根据 DL/T 664—2008《带电设备红外诊断应用规范》分析，异常点相对温差 δ_T 为 90%。依据电流致热型设备缺陷诊断判据故障特征接触不良，缺陷性质为危急缺陷。

经过检修人员现场诊断发现端子箱加热器电源端子有轻微烧焦现象，经过分析判断，初步认为是由于固定端子的螺栓垫片有松动，造成接触电阻变大，导致回路发热现象严重，最终造成端子轻微烧焦和严重发热的后果。随即制订了发热消缺方案。检修人员先断开加热器回路，将发热的端子进行更换处理，并将固定螺栓进行紧固处理后，再次进行红外线成像检测，红外图谱正常。

◆ 经验体会

大量事实说明红外热成像检测技术能够行之有效的发现设备过热缺陷。变电运行人员在定期红外线测温、日常巡视、专业巡视、隐患排查等方面要充分利用红外线检测设备，加大对运行设备的在线检测力度。特别是各类二次回路、所用电回路、各类端子箱发热属于隐蔽发热，巡视过程中不易被发现，通过红外热成像检测技术，定期开展在线检测红外测温工作，可以及时发现设备运行不良状态和隐患，保证设备平稳运行。

◆ 检测信息

检测人员	国网浙江省电力公司宁波供电公司：周盛锋（33 岁）
检测仪器	美盛 D 系红外热像仪（辐射率 0.9，测试距离 1m）
测试环境	温度 8℃、相对湿度 69%

8.1.7 红外热像检测发现 110kV 夏履变电站支柱绝缘子裂痕

◆ 案例简介

国网浙江省电力公司绍兴供电公司运维的 110kV 夏履变电站 1995 年 5 月份投运，其 1 号主变压器 10kV 母线桥支柱绝缘子型号为 ZS-20/1600，生产厂家为抚顺电瓷厂，出厂编号 FD1003d，该绝缘子生产日期根据变电站投运日期估算为 1994 年左右，运行年限已远远超过 15 年老旧绝缘子标准。2013 年 6 月 20 日班组工作人员在夏履变电站 D 级检修前例行检测中发现 1 号主变压器 10kV 侧母排支柱绝缘子（10kV 穿墙套管到主变压器第 11 组 C 相）温度异常，环境温度 32.00℃，绝缘子温度 47.7℃。经立即停电检查，发现该支柱绝缘子外表严重龟裂。第二天一早立即安排组织备品并于当晚实施更换。

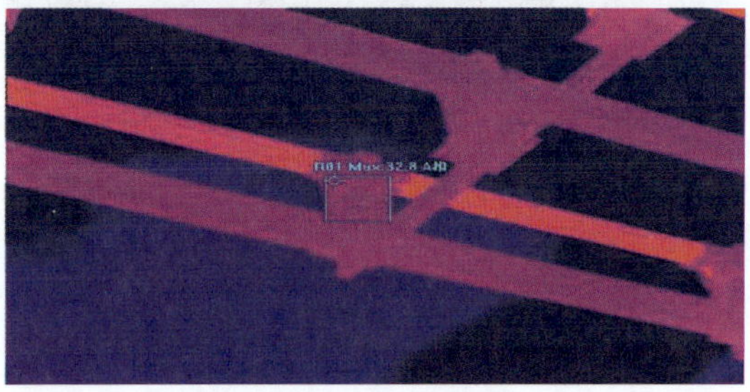

图 1 A 相红外线图像（正常）

◆ 检测分析方法

（1）1 号主变压器 10kV 侧母排支柱绝缘子红外线检测图像如图 1～图 3 所示。

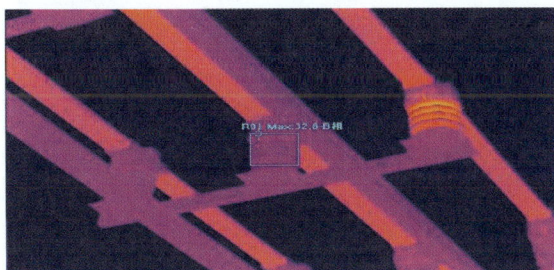

图2　B相红外线图像（正常） 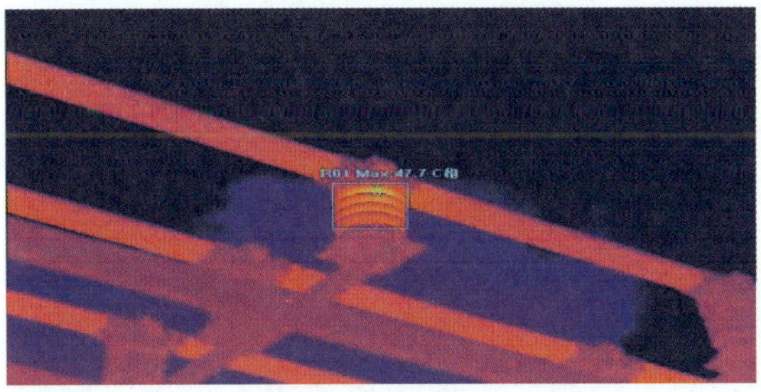　　　　　　图3　C相红外线图像（异常）

（2）红外线测温具体报告见表1。

表1　　　　　　　　　　　　　支柱绝缘子红外检测报告

变电站	夏履变电站		设备类型	支柱绝缘子	
间隔单元	1号主变压器10kV间隔		相别	C相	
设备名称	1号主变压器10kV侧母排支撑绝缘子（10kV穿墙套管到主变压器第11组）				
运行电压	10.56kV		负荷电流	1567A	
拍摄日期	2013-8-20		拍摄时间	18：59：29	
辐射率	0.90	测试距离	5.0m	环境温度	32.00℃	环境湿度	62%
检测结果：A相R01最高温度为32.8℃；B相R01最高温度为32.8℃；C相R01最高温度为47.7℃，温差为14.9K					
结论及处理意见：属于电压致热型，按DL/T 664—2008《带电设备红外诊断应用规范》判断为危急缺陷					
处理意见：立即安排处理					

（3）检查情况。经停电检查，发现该支柱绝缘子外表严重龟裂，解体后发现断裂面内外层存在明显色差，疑似绝缘子烧制过程中未烧透，俗称泥芯绝缘子。如图4～图6所示。

图4　支柱绝缘子表面明显裂痕

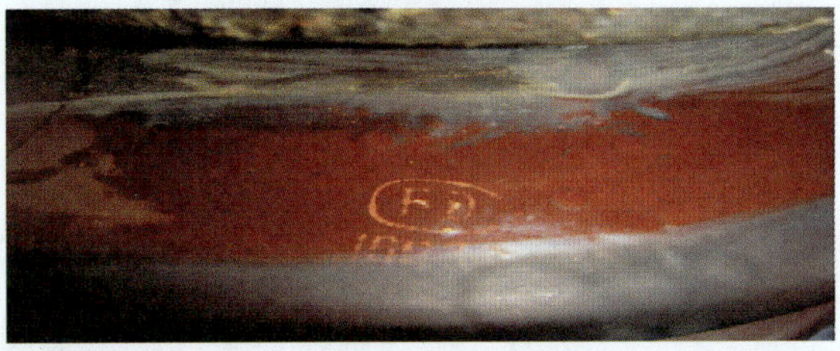

图5　支柱绝缘子上部污秽

（4）处理过程。为防御台风"潭美"，防止该缺陷绝缘子在台风期间发生意外而危及主设备安全。第二天即2013年8月21日一早，检修人员及时组织备品并于当晚实施更换，经更换备品后恢复正常，21：13分工作票结束。该隐患及时消除，有效避免了一次有可能发生的主变压器10kV出口短路事件。

（5）原因分析。110kV夏履变电站1号主变压器10kV母线桥支柱绝缘子发生温度异常，从外表上看绝

图6　支柱绝缘子开裂处

缘子（裙）龟裂严重，纵向、横向均出现明显裂痕，裂痕呈不规则蜘蛛网状，分析认为主要有以下原因引起。

1）绝缘子本身存在质量问题，根据图4所示绝缘子断面颜色深浅不一，判断该绝缘子为未烧透的泥芯绝缘子。

2）绝缘子安装时，由于相互之间不平及螺孔位置偏差等原因，紧固时存在一定的纵向应力，运行中由于应力或电动力作用出现疲劳，造成纵横向贯穿性开裂。

3）从图5所示绝缘子上部污秽情况看，上部法兰填充物处积水后痕迹明显，又因该绝缘子为泥芯绝缘子，受潮后经季节变化加速其老化开裂。

4）该支柱绝缘子属于早期产品，生产厂家质量控制不严，随意性较大。

以上四点原因均有可能引起绝缘子开裂，其中以泥芯绝缘子可能性最大，因泥芯绝缘子易受潮，受潮后抗弯破坏强度降低，又泥芯绝缘子烧制过程中未烧透，其内部存在一定的预应力，稍有外力作用或受其他环境影响，极易产生开裂甚至断裂。

（6）防范措施。需加强对该类老旧支柱绝缘子日常巡视力度，并列入红外线测温范畴；按照十八项反措要求对使用年限达到或超过15年的支柱绝缘子进行摸底和统计，结合停电或年度检修逐步进行更换；结合停电检修开展超声波绝缘子探伤，进一步提高设备可靠性。

❖ 经验体会

（1）对于电流致热型设备（温差较大时），红外测温时仪器采用自动调节方式即可（特点是：方便快捷）。

（2）对于电压致热型或混合型设备，应该采用手动调节方式进行调节，这样才能很好地调节图像的亮度和对比度，以便进行准确判断。

（3）一般情况下，偏重于对电流致热型设备导电接接（接触）部位的红外线测温工作。通过该案例，要充分利用红外线测温热成像的判断技术，加强对其他类型（电压致热型或混合型）设备发热的检测，如支柱绝缘子、氧化锌避雷器、互感器及电缆外绝缘等的测量分析工作。

❖ 检测信息

检测人员	国网浙江省电力公司绍兴供电公司：汤卫（47岁）、冯哲峰（32岁）、陈越伟（56岁）
检测仪器	GF306 SF6 红外检漏仪（参数：气体探测灵敏度小于0.001ml/s，测温范围为－40～＋500℃，精度为±1℃，功耗小于8W
测试环境	温度32℃、相对湿度62%、大气压力1.01×10⁵Pa

8.1.8 红外热像检测发现藕池A472线4号杆隔离开关过热

❖ 案例简介

国网浙江省电力公司宁波供电公司藕池A472线，2008年投运。2013年9月4日，藕池A472线最大电流约190A左右，运行人员对隔离开关进行红外热成像检测。检测发现，A相隔离开关53.3℃，B相68.64℃，C相29.83℃，A、B相与C相比较相对温差值达到44%和57%，属于危急缺陷。初步判定为隔离开关刀闸关合处接触不良，9月5上午安排临时检修进行了更换工作。

检测分析方法

（1）带电检测情况分析。通过对确定的问题隔离开关进行红外热像检测，发现 A、B 相温度异常，拍下较为清晰的图谱，如图 1 所示。

对图谱进行认真分析，发现 A 相单刀 53.3℃，B 相 68.64℃，C 相 29.83℃，A、B 相的相对温差值达到 44％和 57％，并且发热点集中隔离开关刀闸关合部位。根据检测结果，对比隔离开关结构，初步判定该隔离开关 A、B 或因相接触不良，致使接触电阻过大，导致隔离开关关合点过热引起红外测试温度异常，根据 DL/T 664—2008《带电设备红外诊断应用规范》分析，该缺陷属于危急缺陷。

（2）停电检查和消缺情况。9 月 5 日安排了缺陷隔离开关进行了调换处理。调换下缺陷隔离开关如图 2 所示。该隔离开关为 GW6-12/630 型隔离开关，观察发现，该隔离开关刀闸关合部位放电灼烧现象明显，通过手动机械测试，发现隔离开关关合部位存在关合不严、松动明显的问题。该停电检查分析结果表明，隔离开关质量不过关、运行周期偏长导致关合部位松动，引起接触点接触电阻过大，通过电流较大时发热现象明显，从而使得接合点温度异常，该分析结果与带电检测分析结果一致。

图 1　缺陷隔离开关红外检测　　　　图 2　缺陷隔离开关

经验体会

通过本次藕池 A472 线 4 号杆隔离开关红外带电检测，总结出以下经验体会：

（1）红外检测可以对发热类缺做到陷早发现早预防：利用热成像手段对 10kV 设备连接部位进行带电检测，可以根据现场获取的图谱进行分析，可以提早发现连接部位过热的异常现象，将连接部分发热缺陷消除在初期，避免缺陷升级为故障，影响供电可靠性。该方法对于因连接部位松动、锈蚀等问题引起的温度异常，可以起到很好的早发现早预防的效果。

（2）带电红外检测分析大大提高了运行工作的安全性：红外测温能够安全的读取难以接近的或不可到达的目标温度，非接触式测量可避免不安全的或接触测温困难的区域，确保了运行工作的安全性。

检测信息

检测人员	国网浙江省电力公司宁波供电公司：傅敏硕（43 岁）
检测仪器	DL770A（可测温范围－20～＋250℃，带 14 位测量数据图像，可语音注释）
测试环境	温度 27℃、环境湿度 58％、测试距离 16m

8.1.9　红外热像检测发现10kV求安8310线6号杆真空开关（受电侧）搭头发热

❖ 案例简介

国网浙江省电力公司温州供电公司运维的10kV求安8310线于2009年8月投入运行，是110kV横屿变电站为温州电视发射台和电力微波站供电的一条10kV架空线路。2013年3月28日上午11时10分，配电运检室班组工作人员对10kV求安8310线6号杆真空开关（受电侧）进行红外热像检测时，仪器显示断路器受电侧C相搭头发热246.46℃，环境温度为20.5℃，线路电流值为209A，超出线路的正常运行温度，属于紧急缺陷，工作人员立即汇报抢修指挥中心，请求立即处理此缺陷。工作人员进一步登杆检查后，发现此开关因螺栓安装连接处出现松动，长期高负荷运行导致发热。经分析，10kV求安8310线2号杆已安装分段开关，且6号杆前段无用电负荷，故工作人员决定将此开关拆除，及时消除了安全隐患，保证了温州电视发射台和电力微波站这两个重要用户的可靠供电。

图1　10kV求安8310线6号杆真空开关
（受电侧）红外测温图谱

❖ 检测分析方法

工作人员对10kV求安8310线6号杆真空开关（受电侧）进行红外热成像检测时，发现断路器搭头螺栓处温度异常。10kV求安8310线6号杆真空开关（受电侧）红外测温图谱如图1所示，10kV求安8310线6号杆断路器（受电侧）红外测温分析见表1。

表1　　　　　　　　10kV求安8310线6号杆开关（受电侧）红外测温分析表

单位名称	国网浙江省电力公司温州供电公司配电运检室		线路名称	10kV求安8310线	
杆号	6号		测试点	开关（受电侧）	
运行电压	10kV	负荷电流	209A	拍摄时间	2013-03-28 11：10
辐射率	0.9	天气	晴	风速	0m/s
环温	20.5℃	湿度	52％	拍摄人员	韩华云

通过对红外图谱、点分析数据的认真分析，发现10kV求安8310线6号杆断路器（受电侧）C相最高温度达到246.46℃，环境温度为20.5℃，参照DL/T 664—2008《带电设备红外诊断应用规范》附录A电流致热型设备缺陷诊断判据表A.1电流致热型设备缺陷诊断：

（1）设备类别和部位：金属部件与金属部件的连接，接头和线夹。

（2）热像特征：以线夹和接头为中心的热像，热点明显。

（3）故障特征：接触不良。

（4）缺陷性质：一般缺陷（温差不超过15K，未达到严重缺陷的要求），严重缺陷（热点温度大于90℃或$\delta \geqslant 80\%$），危急缺陷（热点温度大于130℃或$\delta \geqslant 95\%$）。

可以分析出求安8310线6号杆断路器（受电侧）温度远大于危急缺陷的标准，需要立即处理。经工作人员进一步登杆检查后，发现此断路器受电侧C相引线与开关连接处螺栓安装出现松动，长期高负荷运行导致发热，图2所示为10kV求安8310线6号杆真空开关（受电侧）C相搭头螺栓连接示意。

本案利用红外热成像仪对开关搭头、电缆头、线夹连接处、跌落式熔断器触点进行测温，并拍照记录，对超出额定值的点进行及时停电或带电作业处理，并做好记录，能够及时发现处理缺陷隐患，保证了设备的安全运行。

图2　10kV求安8310线6号杆真空开关
（受电侧）C相搭头螺栓连接示意

经验体会

（1）实时检测重载线路及带有重要用户的线路，采取各种带电监测手段及时发现缺陷，及时消缺，避免故障发生。

（2）做好线路日常巡视缺陷记录工作，对有发生过此类搭头发热缺陷的线路要重点巡视，缩短巡视周期，特别是迎峰度夏期间和台风期间要加强特巡。

（3）红外线热成像技术是一种成熟的带电检测技术，在设备状态检修中发挥着重要的作用，工作人员需参考设备的评分等级，在状态检修工作中提前发现异常、严重状态的设备，并及时制定有效措施进行消缺工作。

检测信息

检测人员	国网浙江省电力公司温州供电公司配电运检室，马劲东（42岁）、林振兴（30岁）、朱琪（26岁）、谷雨（41岁）
检测仪器	飒特 HM-360 型红外热像仪（辐射率 0.9）
测试环境	温度 20.5℃、相对湿度 52%、晴

8.1.10　红外热像检测发现天乐 4482 开关端子箱母差电流回路发热

案例简介

220kV 新乐变是国网浙江省电力公司宁波供电公司运维变电站。2014 年 2 月 13 日，检修人员对新乐变电站进行专业化持卡巡视时发现天乐 4482 线开关端子箱有一处明显的发热点，该发热点位于 B320 电流端子中间连片处，此电流回路涉及 220kV 母差保护，发热点温度约 12.6℃，周围端子温度 6℃。初步判断此连片已经有断裂迹象，若有异常振动或温度剧烈变化可能导致 TA 回路开路，并引起 220kV 母差保护误动，造成严重后果。停用天乐 4482 线开关后更换了电流端子，经带负荷试验后恢复正常运行方式。更换端子 30min 后复测温度正常。检查换下的发热端子，证实此连片已完全断裂，依靠螺栓压力维持连接状态。

图 1　天乐 4482 线开关端子箱 B 相端子
（母差 B320）红外热像

检测分析方法

220kV 天乐 4482 线开关端子箱端子排在进行红外热像检测时，发现端子箱 1D16 母差电流回路 B320 温度分布异常。随即对该端子进行了精确测温，选择成像的角度、色度，拍下了清晰的图谱，如图 1 所示。

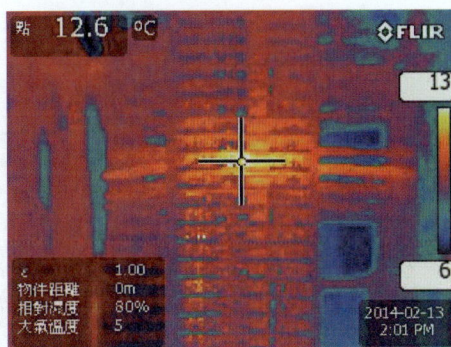

测温图分析：发热点位于 220kV 母差电流回路 B320 端子中间连片处，发热点温度约 12.6℃，周围端子温度约 6℃，温差约 6.6℃，与环境温度温差约 10℃。由于环境温度较低，发热的绝对温度并不高，但根据 DL/T 664—2008《带电设备红外诊断应用规范》中的公式计算，相对温差 δ_T 为 52.5%，属于严重缺陷。同时检修人员经过仔细观察发热部位外观及发热特点，初步判断此连片已经有断裂迹象，若有异常振动或温度剧烈变化可能导致 TA 回路开路，并引起 220kV 母差保护误动，切除母线各元件，造成重大设备事故；如果端子箱附近有人员巡视，TA 回路开路产生的极高电压，也有可能造成重大人员伤亡事故。基于以上情况，公司决定停用天乐 4482 线开关间隔以更换电流端子。

检查更换下来的发热端子，证实此连片已完全断裂，依靠螺栓压力维持连接状态，如图 2 所示。

检修人员更换完该端子后，经带负荷试验后运行人员恢复正常状态。30min 后复测温度正常，红外成像如图 3 所示。

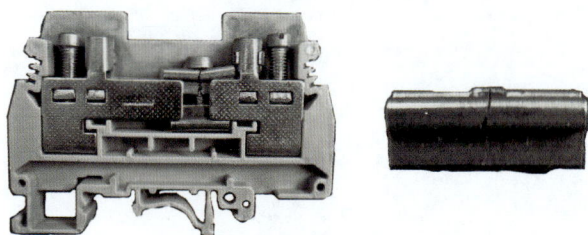

图 2 天乐 4482 线开关端子箱 B 相断裂端子

图 3 天乐 4482 线端子处理后红外热像

❖ 经验体会

大量事实说明二次回路红外热像检测技术能够行之有效的发现设备过热缺陷，除运行日常巡视外，检修人员也应该定期对于二次设备进行专业红外测温，尤其对于电流回路的二次回路，能够有效指导开展针对性设备检修，提高检修工作效率和质量。

（1）红外热成像检测技术对室外开关端子箱电流回路设备的检测有较强的敏感度，能够有效的发现在开关端子箱电流回路的安装、运行、检修过程中隐藏的缺陷。

（2）红外热成像检测技术对人员的专业水平要求较高，检测人员的综合素质必须高，操作流程要符合规范，仪器设备功能性能熟悉，操作方法熟练掌握，并能够对检测数据结合现场经验准确判断。

（3）停电检查前必须制定行之有效的试验方案，考虑所有的可能性，针对每一个环节进行细致排查。在使用红外热像检测技术的同时要充分利用其他设备的技术数据，多种手段并用多角度、全方位进行排查，降低误判断概率。

❖ 检测信息

检测人员	国网浙江省电力公司宁波供电公司：胡敬奎（31 岁）
检测仪器	FILR P630 红外热像仪
测试环境	温度 3℃、相对湿度 60%、大气压 101kPa

8.1.11　红外热像检测发现 10kV 跌落式熔断器发热

案例简介

2013 年 11 月 21 日，国网山西省电力公司晋城供电公司检修公司配电运检专业在对所管辖的 110kV 城南变电站出线 10kV 586 晋韩东路巡视检查，红外诊断过程中发现万苑 1 号公用变压器高压 A 相跌落式熔断器上下触头发热至 120.9℃；对该设备进行卡流发现该变压器三相负荷电流为：A 相 221A、B 相 235A、C 相 218A。跌落式熔断器设备参数：型号 HRW11-220A；生产日期 1998 年 7 月；投运日期 1999 年 7 月 11 日。

检测分析方法

万苑 1 号公用变压器在进行红外热成像检测时，发现高压 A 相跌落式熔断器上下触头发热温度异常，并对该高压跌落式熔断器进行了精确测温，拍下了清晰的图谱，如图 1 和图 2 所示。

图 1　高压 A 相跌落式熔断器照片

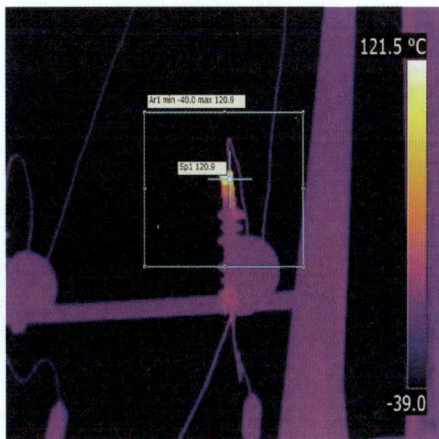

图 2　高压 A 相跌落式熔断器红外图谱

（1）对图谱认真分析，结合公用变压器负荷情况 A 相 221A、B 相 235A、C 相 218A，环境温度 11℃，负荷较均衡。发热不是负荷问题。

（2）根据 DL/T 664—2008《带电设备红外诊断应用规范》的规定，依据电流致热型设备缺陷诊断判据和 Q/GDW 745—2012《配电网设备缺陷分类标准》规定：危急缺陷为发热点实测温度大于 90℃ 或相间温差大于 40K；严重缺陷为发热点 80℃ 小于实测温度不超过 90℃ 或 30K 小于相间温差不超过 40K；一般缺陷为发热点 75℃ 小于实测温度不超过 80℃ 或 10K 小于相间温差不超过 30K，判断热像特征是以跌落式熔断器上下触头为中心的热像，热点明显，故障特征为跌落式熔断器上下触头接触不良，缺陷性质为危急缺陷。

（3）综合考虑跌落式熔断器近期运行工况和负荷情况后，停电对跌落式熔断器进行例行接触压力试验分析，A 相跌落式熔断器接触压力较低是发热的主要原因，试验结果，见表 1。

表 1　第 一 次 试 验 数 据

A 相（N）	B 相（N）	C 相（N）	标准（N）	结论
23	27	28	>24.5	不合格

（4）检修人员将跌落式熔断器取下后发现跌落式熔断器上下触头发热变黑，螺栓生锈，如图 3 和图 4 所示，使熔丝固定不紧导致跌落式熔断器接触压力降低；在对该变压器高压跌落式熔断器进行停电打磨、涂抹导电膏、调整触头紧固安装后，红外诊断查看一切正常，再次进行接触压力检测后，试验数据合格，见表 2。

以上数据对红外测试结果进行了鲜明的对比，测量数据合格，在跌落式熔断器恢复送电后进行红外热像检测跟踪，红外图谱正常，如图 5 所示。

图 3　发热跌落式熔断器照片

图 4　发热跌落式熔断器下触头螺栓照片

处理完毕后在 11～12 月的红外诊断观察中，对 10kV 586 晋韩东路万苑 1 号公用变压器各接触部位进行红外比较分析，高压跌落式熔断器运行温度正常，未发现异常，发热缺陷彻底消除。10kV 586 晋韩东路万苑 1 号公用变压器高压跌落式熔断器运行温度情况统计见表 3。

表 2　　　　　第 二 次 试 验 数 据

A 相（N）	B 相（N）	C 相（N）	标准（N）	结论
27	28	26	＞24.5	合格

表 3　　　万苑 1 号公用变压器高压跌落式
熔断器运行温度情况统计　　　　　　℃

月份	跌落式熔断器温度	环境温度	诊断结果
11	17	12	正常
12	10	7	正常

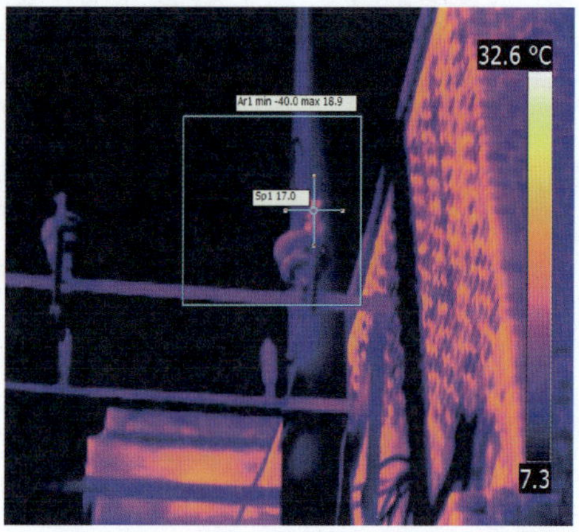

图 5　三相跌落式熔断器红外诊断

❖ 经验体会

就单论此类故障而言，动、静触头与导线连接处长时间经受风吹日晒、热胀冷缩等气候变化，再加上设备本身负荷变化很容易造成接触不良、螺栓松动等，导致设备发热现象，红外诊断技术的推广运用，能够及时、准确地帮助人们发现设备过热并消除缺陷，让事故消灭在萌芽状态。本专业对于跌落式熔断器发热缺陷进行梳理后发现主要原因有以下几个方面：

（1）跌落式熔断器长期暴露在外，遭受风雨日晒，跌落式熔断器铁质部件生锈，机械性能降低，压力降低，导致发热。

（2）操作人员拉、合跌落式熔断器用力不均，跌落式熔断器上下触头压力降低，导致跌落式熔断器上下触头发热。

针对以上问题，提出以下几点改进措施：

（1）对跌落式熔断器铁质部件要经常涂抹导电膏以防生锈导致发热。

（2）拉、合跌落式熔断器熔管时要用力适度，防止跌落式熔断器上下触头压力降低，导致发热。

检测人员	国网山西省电力公司晋城供电公司配电运检室：刘亚坤（34岁）
检测仪器	FILR T420 红外热像仪
测试环境	温度 11℃、相对湿度 63%

8.1.12　红外热像检测发现 110kV 穿墙套管瓷绝缘子污秽

案例简介

国网河南省电力公司濮阳供电公司某 110kV 变电站，1999 年 9 月投运，2012 年 3 月 22 日，雨雾中红外诊断发现 110kV 组合电器 SF_6 充气穿墙套管绝缘子污秽运行异常，平高集团有限公司制造。判断为严重缺陷，由于本变电站线路连接多个重要用户，暂时不能停电检修，于是凡遇雨雾天气，多次采取红外监督。2012 年 6 月 29 日，红外诊断发现套管绝缘子热区明亮，温差超标，声音异常，并有间断放电火花，运行绝缘子危急缺陷，进行红外诊断预警。晴天停电涂 RTV 防污闪涂料。喷涂防污闪涂料后运行正常。几个月雨雾中绝缘子放电发热数据详细，求证了污秽绝缘子闪络的极限温度，单元绝缘子污秽闪络周期。填补了 DL/T 664—2008《带电设备红外诊断应用规范》电压致热型设备缺陷诊断判据有关瓷绝缘子温差缺陷标准的空白。

检测分析方法

第一次红外诊断：2012 年 3 月 22 日，10：20，大雾，胡红光、胡亚飞红外诊断某变电站组合电器外部 110kV 穿墙套管瓷绝缘子运行异常。污秽绝缘子表面温度 12.4℃，环境参照体温度 0.8℃，温差 11.6K。有放电声音可见蓝色火花，如图 1 和图 2 所示。参照 DL/T 664—2008《带电设备红外诊断应用规范》电压致热型设备缺陷诊断判据，温度数据已经严重超标。红外热像显示天晴后，污秽绝缘子表面温差、热区即行消失，运行恢复正常。因该线路是 T 接线，带有电厂、大化等多个重要用户，暂时不能安排停电。又因为穿墙套管处于二楼高空无法进行带电清扫。采取后续紧密红外监督的方法，维持运行。

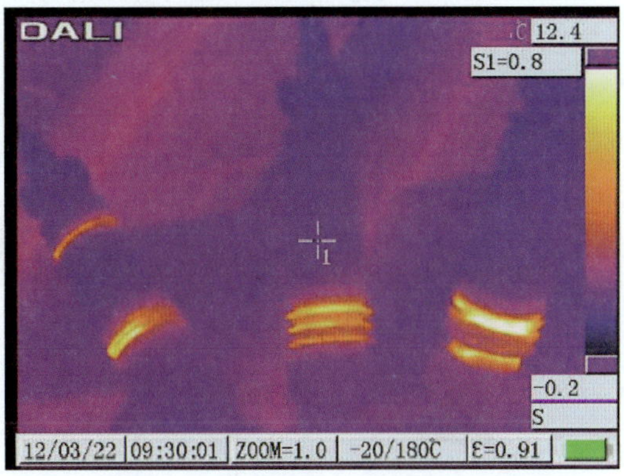

图 1　大雾瓷绝缘子污秽红外热像

第二次红外诊断：2012 年 6 月 29 日，17：40，风力 1 级，小雨，环境温度 24℃，胡红光、胡亚飞红外诊断某变电站组合电器外部 110kV 穿墙套管瓷绝缘子，绝缘子表面温度 30.6℃，环境参照体温度 24.3℃，温差 6.7K，绝缘子局部温度高、红外热像有明显热区分布，放电噪声大，如图 3 所示。天晴后此现象消失。套管污秽闪络必须具备三个条件：污秽、潮湿、高电压。套管绝缘子沿面放电发展情况如图 4 所示。

图 2 瓷绝缘子运行可见光照片

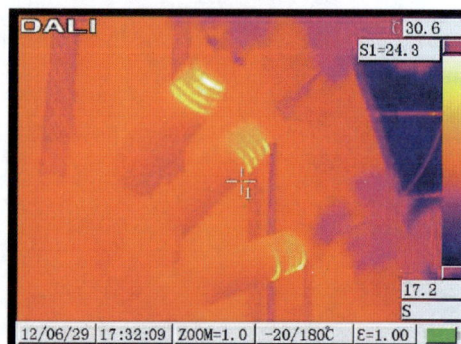

图 3 小雨瓷绝缘子污秽红外热像

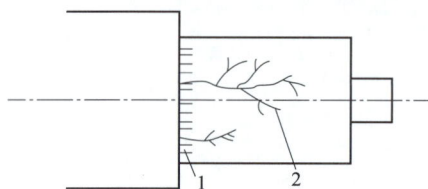

图 4 套管绝缘子放电示意
1—辉光放电；2—滑闪放电

第三次红外诊断：2012 年 7 月 9 日，12：00，环境温度 27℃，风力 1 级，小雨，某变电站组合电器外部 110kV 穿墙套管瓷绝缘子，绝缘子表面温度 46.3℃，环境参照体温度 28℃，温差 18.3K，绝缘子局部温度高、红外热像有明显热区分布，放电噪声大，可见放电红色火花。因为这次是通过楼体窗户近距离拍摄红外热像，在高空临近俯拍的绝缘子红外热像更接近实际发热温度，图谱细节更清晰。红外热像及可见光照片如图 5～图 8 所示。因为距离因素相对于在地面远距离仰拍的红外热像 38.6℃。远距离仰拍污秽绝缘子红外热像温度显示相差 7.7℃，视角大，图像小，清晰度及放大率差，如图 9 所示。

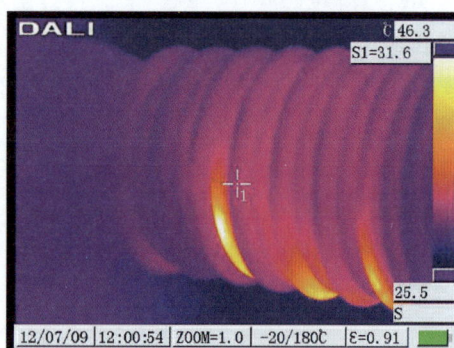

图 5 近距离俯拍污秽绝缘子红外热像

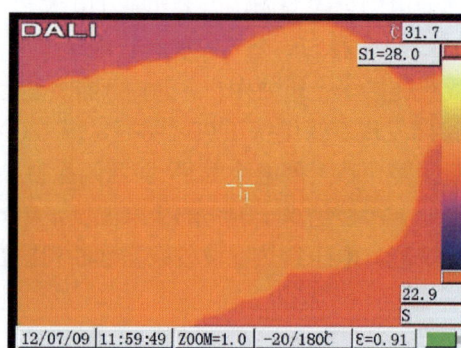

图 6 近距离俯拍正常绝缘子红外热像

图 7 污秽绝缘子可见光照片

图 8 喷涂正常绝缘子可见光照片

因为 DL/T 664—2008《带电设备红外诊断应用规范》中，电压致热型设备缺陷诊断判据，没有雨雾中污秽瓷绝缘子温差缺陷标准，雨雾中瓷质绝缘了实际运行温差数据大大超过 DL/T 664—2008《带电设备红外诊断应用规范》规定的"0.5-1K"的缺陷标准，红外诊断人员在实际工作中无法执行绝缘子的缺陷界定。濮阳供电公司多年在恶劣天气中摸索的经验数据如下：雨雾中污秽瓷绝缘子的红外热像反应的热区明亮清晰，温差超过 2、4、8K；分别为一般缺陷、严重缺陷、危急缺陷；超过 10K 为临近闪络事故状态。据此向值班调度员和运维检修部领导发出绝缘子严重状态的预警。缺陷原因：变电站运行 13 年，虽说是防污型绝缘子，但周围环境严重污染，绝缘子表面污秽严重，高空穿墙套管绝缘子不利于设备清扫作业，即使每年进行人工清扫，污秽状态也会继续加剧，同时还存在高空作业人员的作业风险。出现雨雾天气异常运行状态，环境污染状态如图 10 所示。

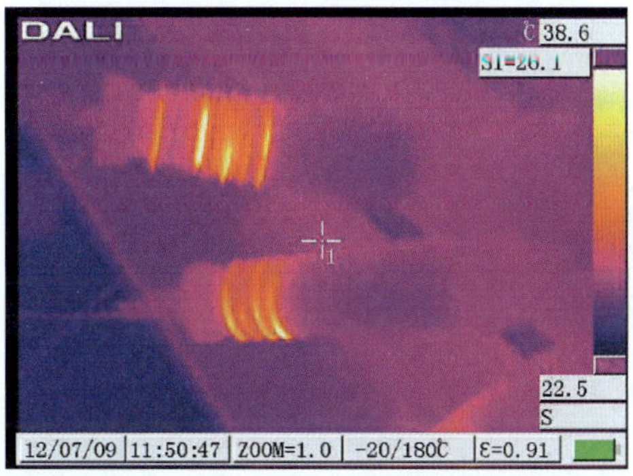

图 9　远距离仰拍污秽绝缘子红外热像 　　　　图 10　周围环境污染严重可见光照片

❖ 经验体会

绝缘子防污闪事故预防措施如下：

（1）国家电网公司《十八项电网重大反事故措施》规定（防止大型变压器、互感器损坏事故），在严重污秽地区运行的变压器等设备，可考虑在瓷套涂防污闪涂料等措施。

（2）根据此案例所述原理，要达到电力系统绝缘子整体安全运行，必须保证绝缘子在额定电压环境运行。在大雾等恶劣天气下，由于绝缘子受潮，造成爬距相对减少，各级值班调度员应使绝缘子在低值电压下运行；并应防止各类过电压（大气、操作、谐振）对绝缘子的不利影响。

（3）采用光学设备增加雨雾天气室外穿墙套管的特殊巡视（红外热像、望远镜、数码相机、数码摄影机）。红外热像快捷、准确、可视的方式，可完成绝缘子污秽状态及发展变化的有效监督。

（4）管理措施可采用"档案分析法"，建立"温差"数据库，并参考污区图，进行绝缘子污秽状态红外检测预警。

（5）建立变电站绝缘子污闪周期与绝缘子污秽状态判别标准。红外热像反映的绝缘子表面温度值达到 1.5K（严重缺陷——采取措施）；5K（紧急缺陷——计划检修清扫），无放电声音；10K 并有放电声音（故障预警状态——预备停电）；15K 并有放电声音，局部可见放电火花（事故临界状态——停电备用）。

（6）依据污区图与红外热像数据进行污闪事故周期界定。根据红外热像积累的资料，采用档案分析法，对历史上周围变电站曾经发生过污闪事故的变电站进行对比分析。此案例绝缘子预警状态经验表明：变电站穿墙套管在严重污秽环境中，雨雾天气中，最终污闪事故极限为 10 年。根据现有红外热像检测污秽绝缘子的效率，污秽绝缘子事故周期按照状态评估数据，输变电设备瓷质绝缘子防污闪事故的有效预防期为 5 年。必须采取喷涂 PRTV 防污闪涂料的措施。

（7）红外热像监督数据的准确采集：距离在 3m 以内为准确的表面温度，如输变电设备高空悬式绝缘子在 20m 左右，温差值应相差 6～8K。由于条件限制，不能近距离进行红外测温，远近距离温差损失的计算以此类推。如果忽略拍摄高空绝缘了与近距离拍摄绝缘子的温差数据差别的存在，将直接给高空污秽绝缘子表面温度的监督的真实性带来不良影响。

❖ 检测信息

检测人员	国网河南省电力公司濮阳供电公司：胡红光（47 岁）
检测仪器	DL-70C 红外热像仪
测试环境	温度 27℃、相对湿度 73％

8.1.13　红外热像检测发现 220kV 白沙变电站 110kV 及 220kV 悬式绝缘子劣化

❖ 案例简介

由于低、零值绝缘子发热功率随绝缘电阻值呈非线性变化，且绝缘子发热量有限，热像特征不明显，导致现有导则对红外劣化绝缘子检测技术漏检率较高。针对此问题，国网江西省电力科学研究院联合国网江西省电力公司赣西供电分公司，在研究绝缘子发热模型和相关模拟试验的基础上，引入数值分析方法，提出一种改进的劣化绝缘子诊断方法（基准温度特征法），2013 年 8 月 7 日，经 220kV 白沙变电站 110kV 及 220kV 悬式绝缘子红外实测，并通过绝缘电阻测试验证，将红外检测劣化绝缘子的诊断成功率从 20.61％提高到 59.54％。

❖ 检测分析方法

（1）绝缘子串温度分布的影响因素分析。按照 DL/T 664—2008《带电设备红外诊断应用规范》，低、零值绝缘子与相邻绝缘子温差超过 1K 为判据，受绝缘子劣化过程、导线温度以及现场环境条件的影响，部分低、零值绝缘子与相邻正常绝缘子的温差小于 1K，具体影响如下：

1）绝缘子劣化过程对温度分布的影响。逐渐劣化的绝缘子其劣化过程分为以下几个阶段：①当绝缘电阻值比正常值稍有降低时，发热功率增大，温升水平较正常绝缘子高；②当绝缘电阻值降低至等效容抗值时，发热功率达到最大值；③当绝缘电阻继续降低时，发热功率将下降，绝缘电阻值降至某个区段时，发热功率与正常绝缘子相似，在这个区域，仅依靠绝缘子的温度状况无法实现缺陷判断，即存在检测盲区；④当绝缘电阻值降至很低时，发热功率接近于零。故绝缘子在逐步劣化过程中其发热功率随绝缘电阻值呈较复杂的非线性变化特性。

2）导线温度对绝缘子温度分布的影响。受导线发热的影响，靠近导线的零值绝缘子也可能呈正常绝缘子红外热像特征，导致漏检。

3）污秽等外部环境因素对温度分布的影响。污秽等外部环境因素可能会改变绝缘子串的电压分布特性，导致低、零值绝缘子的与相邻绝缘子的温差较小，达不到规程中大于 1K 的温差值，造成漏检。

鉴于以上问题，红外热像法劣化绝缘子检测漏检率较高。国网江西省电力科学研究院在研究绝缘子发热模型和相关模拟试验的基础上，引入数值分析方法，提出一种改进的劣化绝缘子诊断方法，大幅提高了红外热像法劣化绝缘子检测成功率。

（2）红外热像劣化绝缘子诊断新方法。在分析红外热像法绝缘子检测技术主要存在的问题的基础上，结合绝缘子发热模型研究和相关测试数据分析结果，针对现行判断标准存在的不足，提出一种改进的劣化绝缘子诊断方法，称之为基准温度特征法。该法认为每个检测现场同型绝缘子在相同环境条件下的温升分布是相似的，故通过先用统计分析方法得到该现场基准温度特征，然后将待测绝缘子的温度特征与基准温度特征比较即可以实现劣化绝缘子的诊断。有效解决了绝缘子劣化过程、导线温度以及现场环境条件对红外热像法劣化绝缘子的影响。

基准温度特征法劣化绝缘子检测诊断主要包括以下步骤：

步骤一：在待检测现场采集一定数量无明显异常绝缘子串的红外热像图谱，形成本检测现场的基准样本集。考虑到相关条件下正常绝缘子串的稳定分别趋势是基本一致的，故无明显异常的判断原则是温度分布趋势与本现场采集的大部分绝缘子串的温度分布趋势相同。为了使像图谱基准样本集的测试条件保持一致，故该样本集的采集应在尽量短的时间内完成，降低环境条件改变带来影响。

假设待检测现场共有 m 串同类型瓷质悬式绝缘子串，则建议样本集数量 n 满足以下条件

$$0.1m < n < 0.5m (n > 2)$$

样本数量的选择不是唯一的，可以根据现场条件适当调整。由于绝缘子发热特征不明显，部分存在劣化绝缘子的绝缘子串的温度特征并不明现，故样本特征集中可能混入非正常串，为了最大化体现正常绝缘子串温度特征，样本数量不宜太少。

步骤二：统计基准样本集的温度特征信息，生成基准温度特征向量 a。应用红外热像仪自带的分析软件，可以获取绝缘子串红外热像图谱中每片绝缘子钢帽处的最高温度或局部平均温度。提取基准样本集中所有绝缘子串中第 i 片绝缘子温度信息，求算术平均得到基准温度特征向量 a 的第 i 个元素 a_i。基准温度特征向量是一个包括绝缘子位置信息的特征向量，向量的维度与绝缘子数量相同。这里的绝缘子位置是指每片绝缘子在绝缘子串中所处的位置，在指定方向后，绝缘子串中每片绝缘子的位置是唯一的。

步骤三：采集待诊断绝缘子串的红外热像图谱，并采集绝缘子串钢帽处温度信息，按位置保存得到待诊断绝缘子串特征信息向量 b。本步骤中绝缘子钢帽处温度统计方法及位置方向应与提取基准温度特征向量时保持一致。

步骤四：将待检测绝缘子串的温度特征信息向量减去基准温度特征信息向量，得到待检测绝缘子的缺陷诊断信息向量 c。将缺陷诊断信息去除最大值和最小值后求均值乘 1.2 得到上阈值 h。所述缺陷诊断信息去除最大值和最小值后求均值乘 0.8 得到下阈值 1。

步骤五：将待检测绝缘子的缺陷诊断信息向量中的元素与上下阈值比较。缺陷诊断信息向量中大于上阈值的元素所对应位置的绝缘子判断为低值绝缘子，小于下阈值的元素所对应位置的绝缘子判断为零值绝缘子。

（3）变电站内 220kV 绝缘子实例分析。图 1 所示为 220kV 白沙变电站 220kV Ⅱ 段母线间隔 4 号构架 B 相绝缘子的红外热像图谱，应用 DL/T 664—2008《带电设备红外诊断应用规范》中的方法判断该绝缘子串不存在低、零值。应用基准温度特征法对该绝缘子的进行诊断，诊断过程如下：

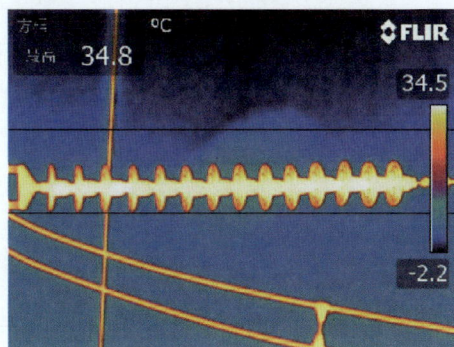

图 1　待诊断绝缘子红外热像图谱

1）获取基准温度特征信息向量。该变电站该类型绝缘子串共 40 串，故首先采集了 4 串无明显异常绝缘子串的红外热像图谱，获取钢帽处最高温度并按位置求算术平均后得到了基准温度特征信息向量（单位为℃）

$a = [a_1, a_2, \cdots, a_{14}] = [9.34, 8.74, 8.26, 7.78, 7.54, 7.42, 7.42, 7.42, 7.66, 7.78, 8.02, 8.14, 8.26, 7.06]$

注：从导线方向开始编号，即靠近导线的绝缘子为编号 1。

2）采集待诊断绝缘子串的温度特征信息向量。采集待诊断绝缘子的红外热像图谱后，利用图像处理技术获取每片绝缘子钢帽处的最高温度，得到待诊断绝缘子串温度特征信息向量

$$b=[b_1,b_2,\cdots,b_{14}]=[9.4,10.1,9.8,9.4,9.3,9.1,9.0,9.5,9.3,9.4,9.5,9.6,9.8,8.7]$$

3）生成缺陷诊断信息向量。将待检测绝缘子串的温度特征信息向量 b 减基准温度特征信息向量 a，即为缺陷诊断信息向量

$$c=[c_1,c_2,\cdots,c_{14}]=[0.06,1.36,1.54,1.62,1.76,1.68,1.58,2.08,1.64,1.62,1.48,1.46,1.54,1.64]$$

因此，上阈值

$$H=[\mathrm{sum}(c_1,c_2,\cdots,c_{14})-\max(c_1,c_2,\cdots,c_{14})-\min(c_1,c_2,\cdots,c_{14})]/12\times1.2=1.89$$

下阈值

$$L=[\mathrm{sum}(c_1,c_2,\cdots c_{14})-\max(c_1,c_2\cdots,c_{14})-\min(c_1,c_2,\cdots,c_{14})]/12\times0.8=1.26$$

4）缺陷诊断

$c_1=0.06<L=1.26$，判断靠近导线侧第 1 片绝缘子为零值绝缘子；

$c_8=2.08>H=1.89$，判断靠近导线侧第 8 片绝缘子为低值绝缘子。

以上第 1 片绝缘子经绝缘电阻测试验证为零值绝缘子，第 8 片验证为低值绝缘子。

（4）几种方法对比分析。2013 年 11 月，国网江西省电力科学研究院应用提出的基准温度特征法在赣西公司 220kV 白沙变电站开展了站内绝缘子的红外成像检测分析，发现劣化绝缘子 85 片。随后，赣西公司对该变电站安排实施了电压分布法（火花间隙）零值检测，并及时更换了同类型全部绝缘子。为了验证红外热像绝缘子检测和与电压分布法劣化绝缘子检测准确性，将更换下来的绝缘子采用绝缘电阻测试仪逐片测试了绝缘电阻。并将绝缘电阻测试结果与电压分布法、红外热像法（DL/T 664—2008《带电设备红外诊断应用规范》）和红外热像法（基准温度特征法）测试结果进行对比分析。具体情况如下：

以绝缘电阻检测结果为基准，对利用火花间隙法、红外热像均进行了检测的 39 串 546 片绝缘子的检测结果进行对比分析，结果见表 1。

表 1 　　　　　　　　　　　　白沙变电站绝缘子检查结果表

检测方法	检出总量（片）	正确检出数量（片）				误检数量（片）	漏检数量（片）	正确检出率
		零值	低值1	低值2	合计			
红外热像法（DL/T 664—2008）	35	2	12	13	27	8	104	20.61%
红外热像法（基准温度特征）	85	7	41	30	78	7	53	59.54%
火花间隙法	42	16	22	0	38	4	93	29.01%
绝缘电阻测试	131	20	59	52	131	—	—	—

注　1. 劣化判断以绝缘电阻检测结果为基准。
　　2. 零值（0～10MΩ），低值 1（10～100MΩ），低值 2（100～300MΩ）。
　　3. 正确检出率＝正确检出数量/（正确检出数量＋漏检数量）。

◈ 经验体会

（1）火花间隙检测法零值绝缘子效果好，但低值绝缘子的检测效果不佳。火花间隙检测法零值绝缘子检测效果较好，检出率达到了 80%，但是低值绝缘子检测效果不佳，检出率仅为 19%，特别是大于 100M 的低值绝缘子，基本上不能检测出来。总的劣化绝缘子检出率为 29%。火花间隙检测时若火花放电叉与上下绝缘子钢帽接触不好时可能导致其两端电压偏低，造成误检；一串绝缘子串中若同时存在多片劣化值绝缘子时可能导致某些零值绝缘子分压偏高，造成漏检。

（2）红外热像法（基准温度特征法）对低值绝缘子效果较好，检出率达到了 64%，但对零值绝缘子的检测效果不佳，检出率为 35%。总的劣化绝缘子检出率为 59.5%。分析导致基准温度特征法劣化绝缘子检测漏检和误检的原因，主要有以下是两点：一是零值绝缘子零值发热情况接近于劣化绝缘子的检测盲区（10MΩ 左右），单纯从温升角度无法判别；二是少数垂直悬挂的绝缘子串不易找到较理想的拍摄角度，无法获得较理想的红外图像。

（3）变电站悬式绝缘子带电检测，火花间隙检测法和红外热像法联合应用，可有效提高零值、低值绝缘子的检出率。

❖ 检测信息

检测人员	国网江西省电力公司电力科学研究院：李唐兵（31 岁）、周求宽（33 岁）、饶斌斌（26 岁）、况燕军（26 岁）、刘明军（31 岁）。 国网江西省电力公司赣西供电分公司：龚绍文（42 岁）、姜洪亮（38 岁）
检测仪器	FLIR P660 型红外热像仪，热灵敏度（NETD）小于 0.08℃（30℃时），波长范围 7.5～13μm，测温范围－40～＋1000℃，精度±2%（读数范围）或±2℃，美国 FLIR 公司生产
测试环境	温度 29.4℃、相对湿度 70%、大气压力 101kPa

8.1.14 红外热像检测发现 500kV 龙嘉 66kV 管母线 O 型线夹接触不良发热

❖ 案例简介

2012 年 8 月 28 日，500kV 龙嘉变电站例行红外检测发现 66kV 管母线 O 型线夹严重过热，变电站单电抗器运行，负荷电流 370A。

❖ 检测分析方法

（1）热像如图 1 所示。

图 1 热像 1

AR01：最大值 72.4℃   AR03：最大值 34.9℃
AR02：最大值 37.7℃   AR04：最大值 35.2℃

分析区域 AR01 为 C 相母线线夹

（2）热像如图 2 所示。

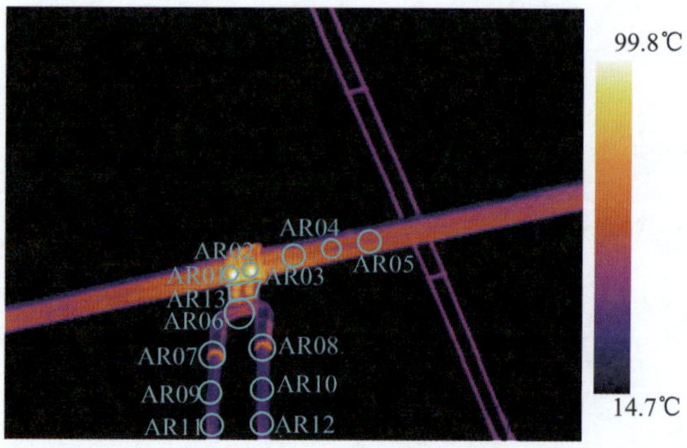

图 2　热像 2

标签	数值
AR01：最大值 118.6℃	AR08：最大值 44.0℃
AR02：最大值 102.9℃	AR09：最大值 23.9℃
AR03：最大值 43.1℃	AR10：最大值 24.3℃
AR04：最大值 39.4℃	AR11：最大值 28.6℃
AR05：最大值 36.5℃	AR12：最大值 28.4℃
AR06：最大值 41.4℃	AR13：最大值 57.6℃
AR07：最大值 43.5℃	

（3）热像图数据分析。

1）远距离热像图分析，66kV 联络母线 C 相线夹温度 72.4℃，与同类线夹最大温差 37.5K。

2）近距离拍摄的热像图分析，66kV 联络母线 C 相线夹发热点为管母线线夹的两只固定螺栓，温度分别为 118.6℃和 102.9℃。

3）母线线夹与引线线夹联接处的 4 只螺栓的温度为 57.6℃。

4）管母线从线夹处向外温度逐渐降低。

5）引线压接管口温度分别为 43.5℃和 44.0℃，分别高于引线线夹中部温度（41.4℃）2.1K、2.6K。

6）引线距离引线压接管口约 180mm 处的温度为 28.6℃和 28.4℃，高于距离管口约 100mm 处的导线温度 4.7K 和 4.1K。

（4）热像图分析。

1）单热源假设。

• 热源为管母线与线夹接触处。

• 管母线与母线线夹接触电阻增大，其接触部位线夹外表面温度 57℃左右，距离线夹越远管母线的温度越低。

• 母线线夹抱箍螺栓及设备线夹联板螺栓发热为热传导，导致的物体尖棱状部位热量集中。

• 引线压接管异常发热为物体尖棱状部位热量集中，引线发热量不平衡为压接部分金属体积较大散热影响。

2）双热源假设。

• 热源为管母线与线夹接触处、母线线夹抱箍螺栓与线夹接触处 2 处热源。

• 母线线夹抱箍螺栓整体温度较高，高出管母线线夹本体约 62K，一般情况下物体的尖棱状部位热量集中不会存在过大温差，据此怀疑存在第二热源，产生的原因为螺栓与线夹抱箍接触电阻增大。

3）多热源假设。

• 由于引线距离压接管口约 180mm 处的温度高于压接管本体和近距离导线的温度，除上述 2 个热源体处，可能存在第 3 热源体，即引线压接管与导线接触不良。

• 热像图压接管各棱面温度不一致，可能是压接棱面与热像仪镜头角度不一致折射的结果，引线管口近处导线与距管口 180mm 处导线温度不一致，可能为压接管体积较大散热较好影响。

- 第 3 热源的假设成立的可能性偏小。

4）结论。

- 管母线与母线线夹接触不良，同位置最大温差为 20～30K，母线线夹螺栓与线夹抱箍接触不良，同位置最大温差 60～83K，考虑物体尖棱状部位热量集中影响，判定为一般缺陷。
- 不排除引线压接管与引线接触存在缺陷的可能性。
- 建议红外检测将些缺陷部位例行红外检测时拍摄红外热像图并及时分析，监控其温度变化。
- 建议配合停电对 66kV 联络母线 C 相及温度较高的线夹接触状态进行检查和处理。
- 建议配合停电对 66kV 联络母线 C 相线夹压接管接触电阻进行测量。

❖ 经验体会

（1）管母线与母线线夹接触不良，同位置最大温差为 20～30K，母线线夹螺栓与线夹抱箍接触不良，同位置最大温差 60～83K，考虑物体尖棱状部位热量集中影响，根据判定为一般缺陷。

（2）排除引线压接管与引线接触存在缺陷的可能性；建议红外检测将些缺陷部位例行红外检测时拍摄红外热像图并及时分析，监控其温度变化。

1）建议配合停电对 66kV 联络母线 C 相及温度较高的线夹接触状态进行检查和处理。

2）红外跟踪周期 7 天。

❖ 检测信息

检测人员	国网吉林省电力有限公司检修公司吉林分部：俞洋（41岁）、谷峥
检测仪器	DL 700E＋
测试环境	温度 20℃、环境湿度 65％

8.1.15　红外热像检测发现 200kV 梅河变电站 220kV 母线 T 型线夹及母线发热

❖ 案例简介

2012 年 9 月 2 日，例行红外检测发现 200kV 梅河变电站 220kV 梅源线东隔离开关 A 相上引线 T 型线夹及附近母线过热。随后，对其进行了不间断的红外跟踪检查（每周不少于一次），发现经过一段较长时间的平稳期后又出现温度升高趋势。

❖ 检测分析方法

（1）9 月 2 日红外检测如图 1 和图 2 所示，热点最高温度 63.1℃，同类温差 38.1K。9 月 6 日红外检测，热点最高温度上升到 106.2℃，同类温差 81.2K。

图 1　热像分析

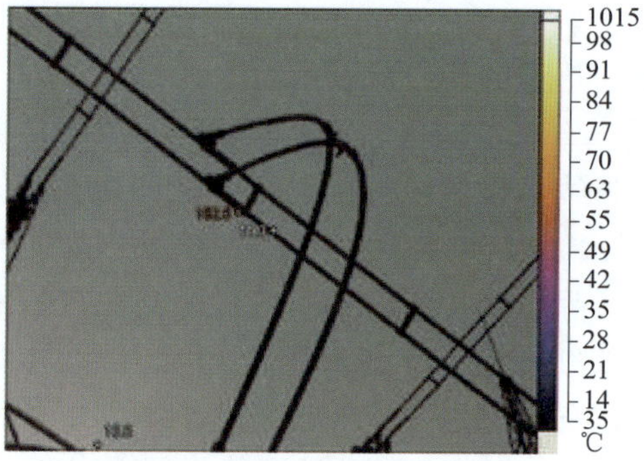

图 2　发热点可见光照片

（2）最热点位于 T 型线夹的外侧约 180mm 的母线上，线夹连接处的温升应为外部传导。压接管本体的温度低于母线温度。

（3）分析为母线 T 型线夹压接管与导线接触不良。

（4）母线同位置温差已达到 81.2K，判定为危急缺陷。

（5）建议立即安排停电处理。

（6）2012 年 9 月 7 日，系统安排停电进行了处理。

❖ 经验体会

母线与压接管接触不良，母线热点高于压接管温度，此类缺陷与线夹与线夹连接接触不良发热原理不同，导线熔断的危险性极高，温差达到 40K 即为危急缺陷。

❖ 检测信息

检测人员	国网吉林省电力有限公司通化供电公司检修分公司变电检修室：杨红柳（30 岁）
检测仪器	FLUCK Ti25
测试环境	温度 17℃、环境湿度 48％

8.1.16　红外热像检测发现 110kV 锦开变电站瓷质绝缘子串局部发热

❖ 案例简介

110kV 锦开变电站架构绝缘子为西安友谊电瓷厂 2003 年生产的瓷质绝缘子，其型号为 XWP2-70，在运行中出现电晕放电发热情况，通过红外热像仪发现有多处发热情况，并对此种状况进行了长期的跟踪监测，发现有逐步发展的趋势，特别是在阴雨天气，此放电发热情况更为明显，为了电网的安全，将瓷质绝缘子更换为复合材料绝缘子。

检测分析方法

　　该变电站内的瓷质绝缘子在运行过程中通过红外成像检测发现有多处发热情况，其红外热像测温图谱如图1所示。图2所示为2号主变压器套管处至110kV设备区门型架门型架侧瓷质绝缘子红外热像测温图谱。

图1　11746锦神Ⅰ线隔离开关上方瓷质绝缘子

图2　2号主变压器套管处至110kV设备区门型架侧瓷质绝缘子

　　将该绝缘子拆除后，经过检查后发现，瓷质表面有多处沿面放电情况，经过分析可能是由于以下原因造成该绝缘子沿面放电发热。

　　（1）10kV锦开变电站坐落于榆林能源化工基地锦界工业园区内，其周边区域工业分布图如图3所示。随着榆林经济的飞速发展，该区域逐步建成投产了多家化工、煤碳、电石等企业，该变电站负荷不断增加，重要性越发突出，而运行环境且日益恶化。特别是位于北元化工厂区有5口采卤水平井散发盐蒸汽，导致绝缘子表面盐密潮流，在雨雪雾天气下出现局部放电现象。

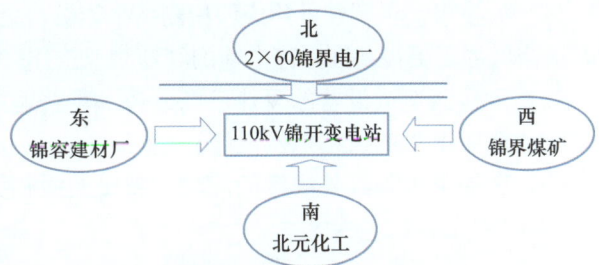

　　（2）现场周围情况调查如图4所示。

图3　锦开变电站周边区域工业分布

图4　周围环境

根据上述情况可知，该瓷质绝缘子发生局部放电发热主要是由于该瓷质绝缘子遭受严重污秽，造成绝缘子表面泄漏电流增大和电场不均，从而在绝缘子表面出现沿面放电和发热现象。

（3）采取措施。针对110kV锦界地区污区等级提高，结合绝缘子串耐污性能及结构尺寸等，榆林公司在充分调研的基础上，将110kV锦开变电站瓷质绝缘子更换为大爬距复合绝缘子，将110kV锦神线直线串绝缘子由普通瓷质绝缘子更换为合成绝缘子，如图5所示。

更换合成绝缘子后，进行了长期的红外成像测温工作，在红外测温成像中未发现绝缘子发热和局部放电现象，图6所示为1号主变压器门型架图，其红外图谱如图7所示。

图5　更换合成绝缘子

图6　1号主变压器门型架

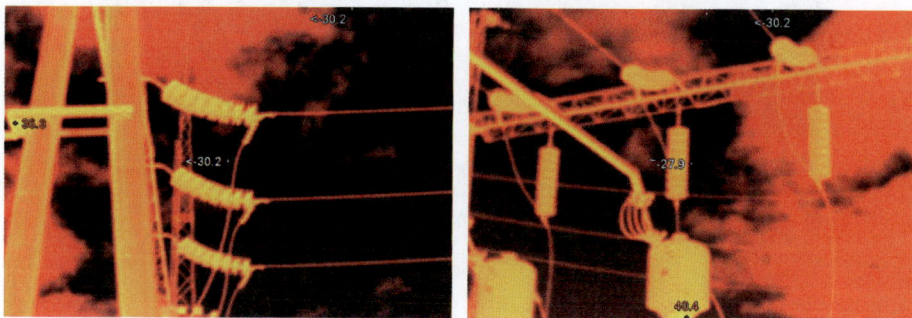

图7　1号主变压器门型架红外图谱

经验体会

（1）大量事实说明红外热成像检测技术能够行之有效的发现设备过热缺陷，除了例行周期性红外测温以外，适当增加重要设备间隔停电前的红外测温工作，能够有效指导设备检修，提高检修工作效率和质量。

（2）污秽区造成设备的发热已经成为一种普遍的现象，需要加大该重污区的设备红外成像测温特巡工作，防止造成严重的设备电网故障。

（3）在加强设备红外成像的同时，需要加强相关瓷质绝缘更换，更换为防污性能更好的复合绝缘子。

检测信息

检测人员	国网陕西省电力公司榆林供电公司：魏铎（25岁）
检测仪器	Fluke Ti27-11090463（美国福禄克）
测试环境	温度9℃、相对湿度80%、风速0.5m/s、测试距离4m

8.1.17　红外热像检测发现 110kV 城南变电站 10kV 电容器套管柱头发热

❖ 案例简介

2013 年 11 月 27 日，国网山西省电力公司长治市供电公司 110kV 城南变电站全站一次设备红外成像诊断过程中，发现 10kV C819 2 号电容器套管红外图谱异常，发热中心部位在 A 相、C 相套管接线座下部。将该电容器停电后进行处理。套管解体后，发现锁紧螺母发生松动是造成套管接线柱发热的主要原因。对锁紧螺母做了紧固等处理，恢复送电 6h 后进行红外诊断复测，发热缺陷得到消除。

❖ 检测分析方法

110kV 城南变电站 10kV 2 号电容器是西安电力电容器厂 1998 年 7 月生产的集合式并联电容器，1998 年 11 月投入运行，型号为 BFMH211/$\sqrt{3}$-3600-1×3W，容量是 3600kvar，一直处于运行状态，近两年没有进行过停电检修，在 2012 年 11 月的红外成像诊断过程中，未发现该电容器套管有发热情况。

2013 年 11 月 27 日下午 6 点，试验人员对 110kV 城南变电站全站一次设备开展了红外热像诊断，发现 10kV C819 2 号电容器套管红外图谱异常，图 1 和图 2 所示分别为电容器进线侧三相套管正面拍摄的红外热像图和可见光照片。

图 1　2 号电容器套管三相红外图谱

图 2　2 号电容器套管可见光照片

从红外图谱看到，发热中心部位在 A 相、C 相套管接线座下部，排除了接线座端部与母排连接处发热的可能性，初步判断该缺陷是套管内部连接不良引起的电流致热型缺陷。

对红外图像进行软件分析，如图 3 所示，A 相套管接线座区域最高温度 96.9℃，B 相套管接线座区域最高温度 14.1℃，C 相套管接线座区域最高温度 96.6℃，应用同类比较判断法，A 相和 C 相套管接线座区域最高温度远高于 B 相同等部位的最高温度，应用表面温度判断法，A 相和 C 相套管接线座区域最高温度均超过 80℃，根据 DL/T 664—2008《带电设备红外诊断应用规范》表 A.1 电流致热型设备缺陷诊断判据中套管设备电流致热型缺陷诊断依据，确定该缺陷为危急缺陷。

该集合式电容器套管端部电气连接由接线座、导电杆、锁紧螺母等部件组成。电容器内部软导线与导电杆焊接在一起，导电杆通过螺纹与接线座相连，由锁紧螺母紧固，保证导电杆与接线座的接触压力，如图 4 所示。

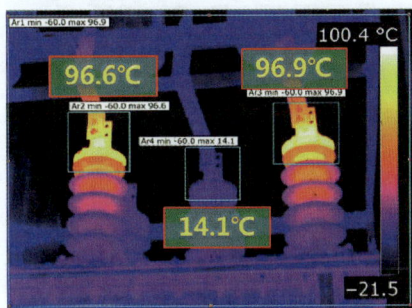

图 3　红外图谱软件分析

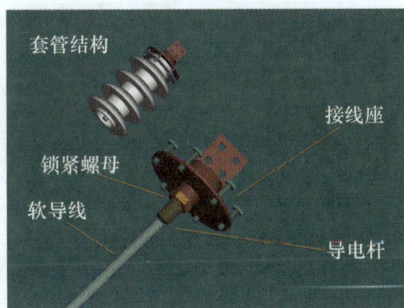

图 4　套管端部电气结构

从上述结构分析发热原因可能为：

（1）导电杆与软导线焊接不良。

（2）导电杆与接线座接触面积不足。

（3）导电杆锁紧螺母松动。

结合同类设备检修经验，推断可能性最大的原因是电容器运行过程中，由于振动，锁紧螺母松动，引起导电杆与接线座接触压力不足，导致发热。处理意见是电容器立即停运，2号电容器A相、C相套管端部解体检查，并对锁紧螺母做紧固等处理。

图5　套管端部解体

检修过程：11月28日，2号电容器停电检修，检修人员首先将A相、C相套管端部进行了解体，如图5所示。

发现A相、C相导电杆锁紧螺母松动，如图6所示，圆圈处为导电杆锁紧螺母，对A相、C相导电杆锁紧螺母进行了紧固处理，如图7所示，A相锁紧螺母紧固了大约3/4螺扣、C相锁紧螺母紧固了大约1/4螺扣。

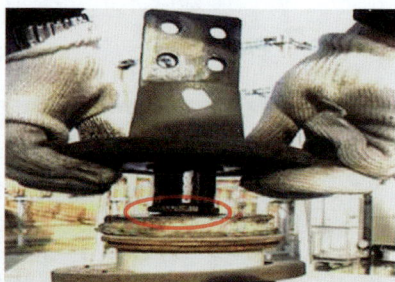

图6　套管端部解体后

图7　锁紧螺母紧固

同时对其余套管进行了解体检查，发现导电杆和接线座螺纹完好、接触面积充足、软导线与导电杆焊接良好，无异常，如图8所示。

最后，更换了电容器连接铝排，如图9所示，排除了套管柱头与铝排连接处发热的安全隐患。

图8　其他套管解体检查

图9　电容器套管检修完成

投运6h之后，重新对2号电容器进行了红外诊断，如图10和图11所示，A、B、C三相套管接线座区域最高温度分别为6.7、5.0、4.5℃，发热缺陷得到消除。

图10　检修后可见光照片

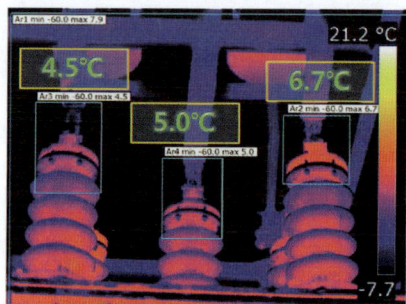

图11　检修后红外图谱

经验体会

（1）红外诊断作为一种成熟的状态检测技术，可以直观的发现变电设备发热的缺陷，带电检测人员应进一步加强理论学习和技能培训，强化对发热缺陷的分析能力，加强带电设备的红外成像诊断工作，提前发现电气设备的发热缺陷并及时处理，保证设备的可靠运行。

（2）技术人员进一步熟悉变电设备的结构，强化对发热缺陷的分析能力，才能对设备的故障提出更加准确的判断，提出更具针对性的处理意见。

（3）针对同类设备所具有的共同缺陷，在条件允许的条件下，可提前进行检查处理，提前发现电气设备的发热缺陷并及时处理，保证设备的可靠运行。

检测信息

检测人员	国网山西省电力公司长治供电公司变电检修室：齐振忠（29岁）
检测仪器	FLIR P630 红外热像仪
测试环境	温度−5℃、相对湿度30%

8.1.18　红外热像检测发现110kV晋清线低值绝缘子

案例简介

国网山西省电力公司太原供电公司110kV晋清线（晋阳变电站至清徐变电站）2002年5月1日投运，全长23km，60基铁塔，9片瓷质防污绝缘子，型号为XWP-7T，生产厂家为大连电磁厂，出厂日期为2001年9月17日。2012年雪后特巡，工作人员对全线绝缘子、接续管、引流线夹等处进行红外成像检测。在检测过程中发现2号铁塔小号侧下线绝缘子温度异常，如图1所示。第二天上午申请停电后对该串逐个绝缘子进行了耐压试验和绝缘试验，发现有5片绝缘子低值，随即对该串绝缘子进行了更换。

检测分析方法

110kV晋清线2号进行红外热成像检测时，发现小号侧下线绝缘子温度异常，并拍下了清晰了红外图谱，如图1所示，

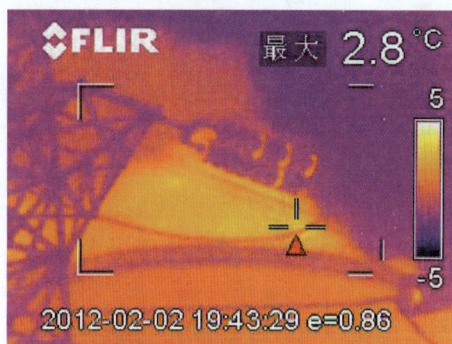

图1　110kV晋清线2号铁塔小号侧下线绝缘子温度异常图谱

图 2　通过软件分析得到温度图谱

并利用软件对其图谱进行分析，如图 2 所示。

对图谱认真分析发现发热绝缘子的温度分别为 1.3、1.3、1.1、0.9、0.4℃，正常绝缘子的温度为 −1.9℃ 左右，热点明显。当时运行电流为 390A，依据 DL/T 664—2008《带电设备红外诊断应用规范》中的电压致热型设备缺陷诊断的规定，发热绝缘子与正常绝缘子的温度相差 1K 时，可以判断为严重缺陷。通过对换回的 5 只绝缘子进行绝缘电阻测试得知，这 5 片故障绝缘子的阻值分别为，78、172、142、89、220MΩ，绝缘电阻值小于 300MΩ，证实为低值绝缘子。

❖ 经验体会

（1）使用红外诊断技术可以有效地发现瓷绝缘子的低值、零值和污秽甚至裂纹缺陷，具有远离被检测设备，安全可靠的特点，是输电线路绝缘子状态检测的重要手段。

（2）绝缘子缺陷属于电压致热性缺陷，温差小，正确判断绝缘子的状态需要正确使用红外热像仪，并选择适合的运行条件和时机进行红外诊断。

（3）输电线路绝缘子红外诊断周期应为每年两次，并在大负荷前后、新设备投运、设备检修前后、恶劣天气等情况下开展特殊红外诊断。

❖ 检测信息

检测人员	国网山西省电力公司太原供电公司：马兴誉（32 岁）
检测仪器	FLER E30 红外热像仪
测试环境	温度 −4℃、相对湿度 70%、测试距离 20m

8.1.19　红外热像检测发现 220kV 珏山变电站 220kV 兴珏 Ⅱ 线 293 间隔悬式绝缘子发热

❖ 案例简介

国网山西省电力公司晋城供电公司所辖 220kV 293 兴珏 Ⅱ 线于 2002 年 1 月 30 日投入运行。2013 年 12 月 5 日 20 时，变电检修专业工作人员在对 220kV 珏山变电站进行巡视时，发现 220kV 兴珏 Ⅱ 线 293 间隔 B 相悬式绝缘子发热，红外图谱及可见光照片如图 1 和图 2 所示。从图中可以看到悬式绝缘子 B 相热点温度为 5.8℃，相同位置 A、C 两相的温度为 2.5℃ 与 2.3℃。经分析认为 B 相第 15 片绝缘子绝缘降低，属于低值绝缘子发热，判定为一般缺陷，采取缩短检测周期，加强跟踪检测措施。

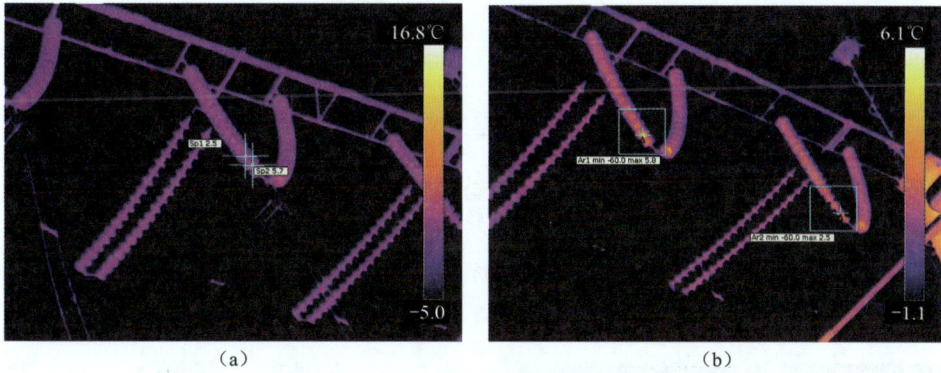

图1 220kV 兴珏Ⅱ线 293 间隔悬式绝缘子红外图谱
(a) B 相悬式绝缘子红外图谱；(b) B、C 相避雷器红外图谱

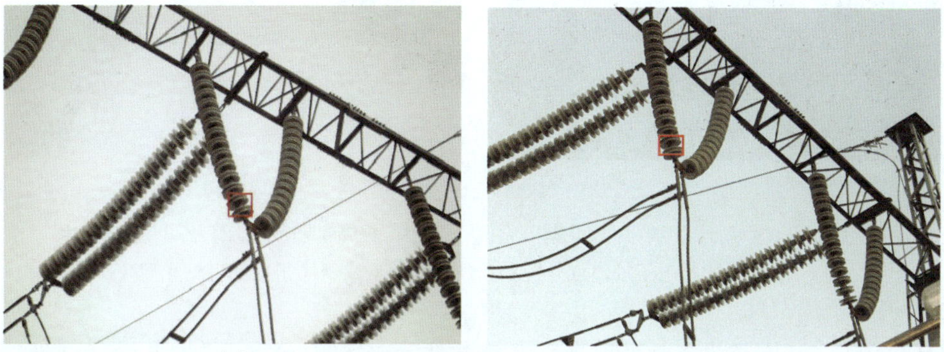

图2 220kV 兴珏Ⅱ线 293 间隔悬式绝缘子可见光照片
(a) B 相悬式绝缘子可见光照片；(b) B、C 相悬式绝缘子可见光照

◆ 检测分析方法

220kV 兴珏Ⅱ线 293 间隔悬式绝缘子型号为 XWP-70，是一种悬式防污型盘式绝缘子，如图 3 所示。

220kV 绝缘子串片数为 15 片时，悬式绝缘子带电测零检测标准电压分布如图 4 所示，从图中可以看到正常瓷绝缘子串电压分布是不对称的马鞍形，即在绝缘子串的两端部温度偏高，串的中间逐渐减低，温度是连续分布。相邻绝缘子间温差极小，一般不超过 1K。

绝缘子的绝缘性能劣化后，绝缘电阻减小，当绝缘电阻降为 10~300MΩ 时，称为低值绝缘子，当绝缘电阻降为 5MΩ 以下时，称为零值绝缘子。对于低值和零值绝缘子，由于它们的绝缘电阻值不同，绝缘子串的电压分布将发生变化，其发热规律也有相应改变。

图3 悬式防污型盘式绝缘子

B 相悬式绝缘子局部红外图谱及可见光照片如图 5 所示，从图中可以看到这一串绝缘子的温度场未连续分布，明显看到是以第 15 片绝缘子钢帽为发热中心的热像图，比其他正常绝缘子温度高，与 C 相绝缘子相同位置温差为 3.3K。低值绝缘子发热是由于内部钢帽及钢脚之间穿透性泄漏电流增大或介损增大所致，呈现以绝缘子钢帽为发热中心的热像图，且相邻片间温差超过 1K。

821

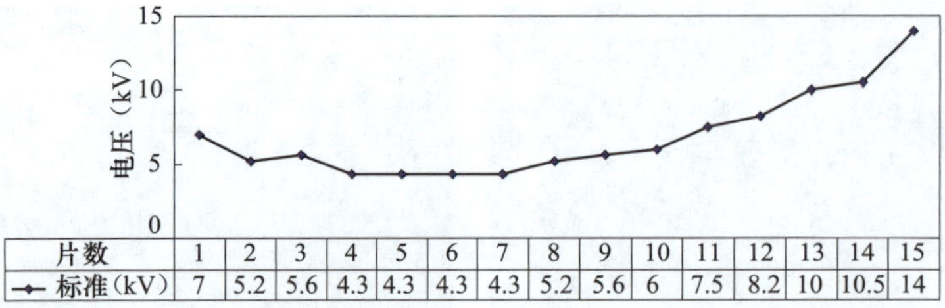

图 4 悬式绝缘子带电测零检测标准电压分布

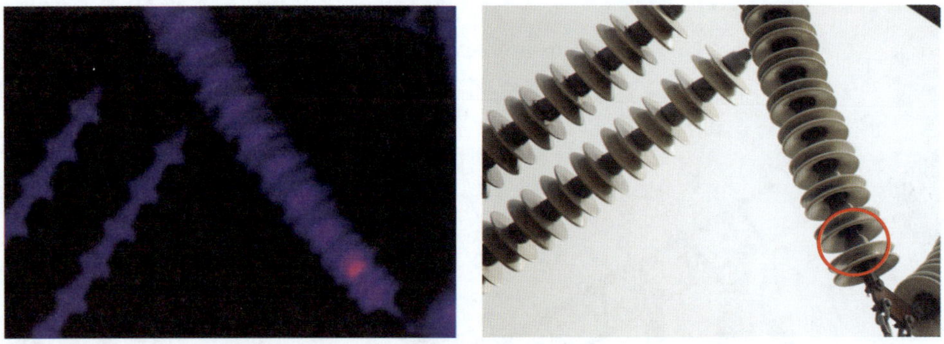

(a)   (b)

图 5 220kV 兴珏Ⅱ线 293 间隔 B 相悬式绝缘子局部红外图谱及可见光照片
(a) B 相悬式绝缘子局部红外图谱；(b) B 相悬式绝缘子局部可见光照片

综合图像特征判断法和同类设备比较判断法，根据 DL/T 664—2008《带电设备红外诊断应用规范》，判定该绝缘子为低值绝缘子。一串绝缘子中允许绝缘子零值片数见表 1，从表 1 中可以看出，220kV 绝缘子串片数为 13 时，最大允许 5 片零值绝缘子。220kV 兴珏Ⅱ线 293 间隔悬式绝缘子串片数为 15，其中只有一片属于低值绝缘子，可以判定绝缘子串整体为一般缺陷。

表 1   一串绝缘子中允许零值片数

电压等级（kV）	35	63（66）	110	220	330	500	750	1000	±500	±660	±800
绝缘子片数（片）	3	5	7	13	19	28	29	54	37	—	58
零值片数（片）	1	2	3	5	4	6	5	18	16	—	27

注 如绝缘子片数超过表 1 的规定时，零值绝缘子允许片数可相应增加。

分析此次缺陷原因，无论是瓷绝缘子还是合成绝缘子在带电运行过程中，因长期受机电负荷、雷击、风吹雨打、温度变化等因素，容易发生绝缘子电气性能降低现象。结合最近的几次绝缘子试验报告和投运以来的运行工况，基本可以排除厂家制造质量不良，运输与安装过程造成的损伤以及主网内发生短路故障，过电压事故等对绝缘子造成的损伤。最终认定为由于运行中导线重力、风力、振动、负重等机械力影响损伤，造成的绝缘子低值缺陷。

❖ 经验体会

（1）红外热成像检测技术能够行之有效地发现设备过热缺陷，除了例行周期性红外测温以外，适当增加重要设备间隔停电前的红外测温工作，能够有效指导设备检修，提高检修工作效率和质量。

（2）红外热像检测应主要参考 DL/T 664—2008《带电设备红外诊断应用规范》，但也要结合其他相应规范规定。

检测人员	山西省电力公司晋城供电公司变电检修专业：王文华（32岁）、李磊（26岁）、高佳琦（26岁）、吕晋红（46岁）
检测仪器	FLIR T330 红外热像仪
测试环境	温度6℃、相对湿度40%、阴、风力1级

8.1.20 红外热像检测发现220kV榆次变电站220kV悬式绝缘子发热

◆◆ 案例简介

国网山西省电力公司晋中供电公司运维的220kV榆次变电站220kV悬式绝缘子为大连电瓷集团股份有限公司XWP-10型产品，于2000年5月10日投运。2013年11月4日，检修试验专业在例行红外诊断中发现220kV 225断路器上方悬式绝缘子B相下数第一片铁帽发热，以铁帽为发热中心，热点明显。随后安排带电测零进行进一步证明悬式B相第15片绝缘降低，在未停电前加强红外监测，随后利用停电检修进行检修处理，对绝缘子进行了更换，更换后红外热成像检测正常。

◆◆ 检测分析方法

红外诊断过程中发现220kV 225断路器上方悬式绝缘子B相下数第一片铁帽温度异常，选择成像的角度，拍下表面最高温度12.7℃，正常温度10.6℃，环境参照体9℃，温差2.1K，三相及单相红外热像图及可见光图如图1～图4所示。依据DL/T 664—2008《带电设备红外诊断应用规范》表B.1电压致热型设备缺陷诊断判据，低值绝缘子故障温差为1K，根据同类比较判断表和图像特征判断法，并结合电力安全工作规程，定性为电压致热型一般缺陷。

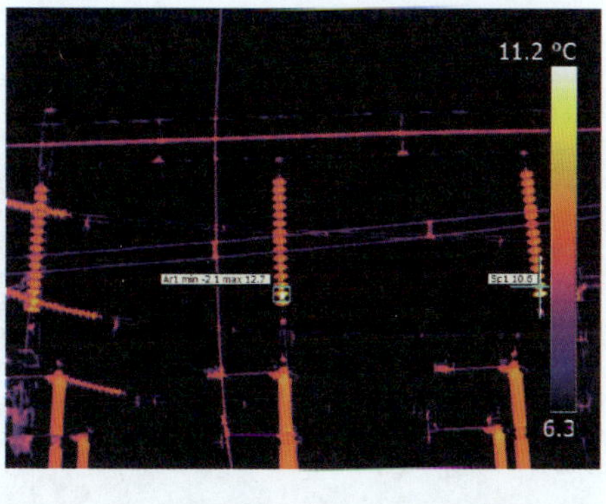

图1 悬式绝缘子三相热像    图2 三相悬式绝缘子可见光图片

绝缘子缺陷可分为三类：表面脏污绝缘子，其热像特征是以瓷盘为发热区；零值绝缘子，热象特征比正常绝缘子成暗色调，温度略低；低值绝缘子，就是相邻的绝缘子温差很小，以钢帽为发热中心的热像，

比正常绝缘子的温度略高。

图 3　B 相悬式绝缘子热像

图 4　B 相悬式绝缘子可见光图片

图 5　变焦相机拍摄到的劣化情况

白天用可变焦相机多角度对其局部进行拍摄，发现该绝缘子有明显的劣化，变焦相机拍摄如图 5 所示。

安排检修人员对 15 片绝缘子进行带电测零，检测发现第 15 片绝缘子（从接地侧数起）为低值绝缘子，各串绝缘子电压分布曲线的实测值与国家标准对比如图 6 所示。

根据电力安全工作规程规定，220kV 绝缘子串片数为 13 片时，最大允许 5 片零值绝缘子，此绝缘子串片数为 15 片，最大允许 7 片零值绝缘子。本次发现的 1 片低值绝缘子相对整串绝缘子，应属于一般缺陷。

由于绝缘子运行年代长，在未停电检修之前加强红外监测，随后利用停电机会进行对整串绝缘子进行了更换。送电后 24h 对绝缘子进行了红外复测，温度正常，无明显的温差，红外热像如图 7 和图 8 所示。

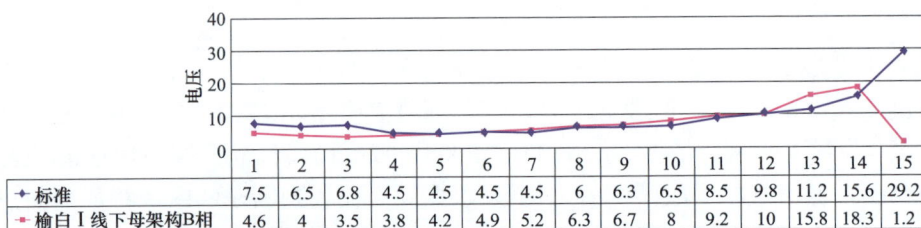

	1	2	3	4	5	6	7	8	9	10	11	12	13	14	15
标准	7.5	6.5	6.8	4.5	4.5	4.5	4.5	6	6.3	6.5	8.5	9.8	11.2	15.6	29.2
榆白Ⅰ线下母架构B相	4.6	4	3.5	3.8	4.2	4.9	5.2	6.3	6.7	8	9.2	10	15.8	18.3	1.2

图 6　绝缘子电压分布曲线的实测值与国家标准对比图

图 7　更换后的三相悬式绝缘子

图 8　更换后的 B 相悬式绝缘子

❖ 经验体会

红外诊断技术是一种诊断电气设备缺陷的先进测试技术，对及时发现、处理、预防重大事故的发生可以起到重大作用，具有远距离、不停电、不接触、不解体等特点，是电力系统主要的高压带电设备故障检测手段，在电力系统得到了广泛应用，具有良好的检测诊断效果。红外诊断技术在国家电网公司发布的Q/GDW168—2008《输变电设备状态检修试验规程》中被列为电网设备的例行试验主要项目内容，对电力设备安全运行中起着至关重要的作用。所以电气设备的红外热成像检查能够及时发现设备的缺陷和异常情况，为设备检修提供依据，为开展状态检修创造条件，提高设备运行的可靠率。在日常红外巡视过程中，不仅要针对设备接头、接点进行测温，更要对电流、电压互感器、避雷器、变压器油枕、瓷瓶等设备进行仔细诊断，准确发现和处理一些容易忽略的设备缺陷。同时要做到对红外热成像仪器熟练操作，特别是电压致热型缺陷要熟练掌握电平和温宽的使用，以便发现套管、避雷器等不易检测的发热缺陷。在检测过程汇中也要应用多种检测手段综合诊断设备内部缺陷，以免漏判误判。

❖ 检测信息

检测人员	国网山西省电力公司晋中供电公司：张震（37 岁）
检测仪器	FILR P630 红外热像仪（辐射系数 0.92）
测试环境	温度 5℃、相对湿度 80％、大气压力 95kPa、测试距离 10m

8.1.21 红外热像检测发现 35kV 电容器连接排发热缺陷

❖ 案例简介

2013 年 7 月 22 日，国网冀北电力有限公司检修分公司安定 500kV 变电站 343 电容器报发热缺陷，C30 号电容器引线与引流铝排下部连接螺栓处发热 97.3℃，8 月 1 日 12：30 分，安定站 343 电容器组过电压保护动作。该电容器组为无锡电力电容器有限公司产品，型号为 BAM6r12/2-334-1W，投运日期为 2003 年 4 月。本缺陷是通过红外热像检测的方法发现的，现场检查设备外观正常，无鼓肚、渗漏油现象，设备红外检测图像如图 1 所示，从红外检测图像中可以看到明显的发热点。

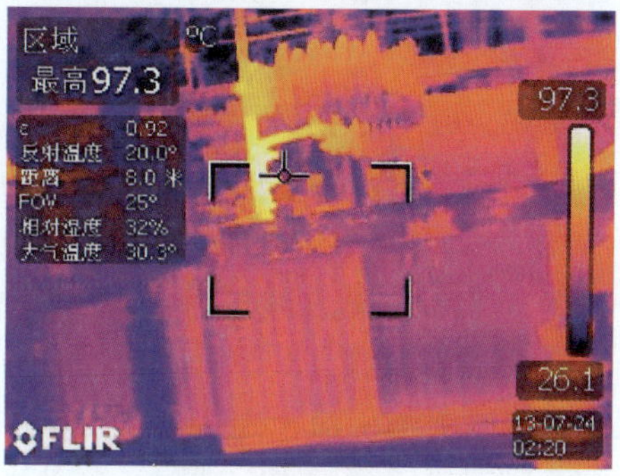

❖ 检测分析方法

根据红外检测图谱与现场勘查结果，工作人员最终确定 C30 号电容器引线与引流铝排下部连接螺栓处由于接触不良导致发热。电容器跳闸后，工作人员经停电试验发现，B 相 29、32、38 号，C 相 7、9 号电容器电容量超标，并对其进行了更换。

图 1　35kV C30 电容器红外测温图谱

工作人员发现导致连接处过热的主要原因有以下几点：

（1）导线与金具为螺栓连接，随着运行年限增加，接触面严重锈蚀、氧化，导致过热。软连接与母排接触面采用螺栓连接，放电点多出现在连接头的四个角。经过分析认为整个接触面接触不好，只有四个角接触。

（2）导电接触面存在导电膏，有的涂抹不均匀，或者量过大，随着运行年限增加，导电膏导干枯，电能力逐渐下降，导致过热。

（3）电容器哈佛线夹夹紧力不足，分析认为深层次原因是施工人员很难掌控哈佛线夹的紧固力度，力度过大，哈佛线夹内部容易出现裂纹，甚至断裂；力度过小，线夹夹紧力达不到要求，容易造成发热。

◆ 经验体会

（1）红外热成像检测技术能够行之有效的发现设备过热缺陷，除了例行周期性红外测温以外，适当增加设备间隔停电前的红外测温工作，能够有效指导设备检修，提高检修工作效率和质量。

（2）红外诊断作为一种成熟的带电检测技术手段，利用图谱比对和判断分析能够及时发现并准确判断设备缺陷及其部位，为制定针对性检修策略提供依据，在状态检修工作中发挥着积极的作用。

（3）电容器连接排发热是电容器设备运行中的常见缺陷，改进电容器连接排连接工艺是防止电容器连接排发热的重要技术手段，红外检测技术为实现变电设备的安全稳定运行提供强有力的理论支撑。

◆ 检测信息

检测人员	国网冀北电力有限公司检修分公司：殷锁敏（30岁）、刘贺生（30岁）、潘东紫（26岁）
检测仪器	FLIR T330 红外热像仪
测试环境	温度31℃；相对湿度30%

8.1.22　红外热像检测发现220kV威文线耐张引流线夹过热

◆ 案例简介

国网山东省电力集团公司威海供电公司运维的220kV威文线于1998年投入运行，导线型号为LGJ-400/50。2012年3月5日上午9时，工作人员对该线路耐张引流线夹进行红外热成像检测。在测温过程中，发现220kV威文线1号塔A相大号侧耐张引流线夹温度异常，表面最高温度72.5℃，当时负荷电流700A。正常相温度18.7℃，环境温度16.8℃，并将此情况上报运检部。经过工作人员停电开夹检查后发现该引流线夹与引流板连接处螺栓松动，表面氧化严重。工作人员开夹后，对表面氧化物进行打磨处理，并重新对螺栓进行紧固，消除了该处重大安全隐患。

检测分析方法

工作人员在对 220kV 威文线 1 号塔耐张引流板进行红外热成像检测时，发现 220kV 威文线 1 号塔 A 相大号侧耐张引流线夹温度分布异常。之后工作人员对该线夹进行了精确测温，选择成像的角度、色度，拍下了清晰的图谱。220kV 威文线 1 号塔 A 相大号侧耐张引流线夹红外热像如图 1 所示。

220kV 威文线 1 号塔引流线夹历年测温数据见表 1。

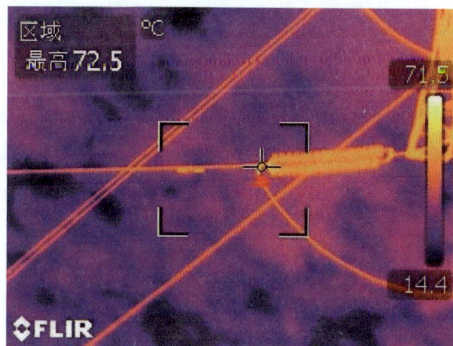

图 1 220kV 威文线 1 号塔 A 相大号侧耐张引流线夹红外热像

表 1   220kV 威文线 1 号塔引流线夹历年测温数据   ℃

测温日期	A 相耐张引流线夹	B 相耐张引流线夹	C 相耐张引流线夹	环境温度	结论
2002-6-10	23.5	23.8	22.9	22.5	合格
2004-10-18	28.1	27.5	28.5	27.4	合格
2006-8-5	35.1	34.2	34.6	34.0	合格
2008-12-2	3.4	3.2	2.9	2.1	合格
2010-5-15	21.9	21.4	22.1	20.5	合格
2011-6-21	24.5	25.4	25.1	24.1	合格
2012-3-5	72.5	18.5	18.9	16.8	不合格

经过对图谱认真分析，发现 220kV 威文线 1 号塔 A 相大号侧耐张引流线夹表面最高温度 72.5℃，正常相温度 18.7℃，环境温度 16.8℃。根据 DL/T 664—2008《带电设备红外诊断应用规范》中的公式计算，温升 53.7K。依据电流致热型设备缺陷诊断判据，判断热像特征是以线夹和引流板为中心的热像，热点明显；故障特征为接触不良；缺陷性质为危急缺陷。综合考虑以前测温数据，均未见异常。下一步结合停电开夹检查深入诊断分析。

经过综合分析判断，初步认为是由于引流线夹接触不良引起过热，随即制订消缺检查方案。

工作人员将威文线 1 号塔 A 相大号侧耐张引流线夹开夹后，发现该引流线夹与引流板连接处螺栓松动，表面氧化严重。检修人员对表面氧化物进行打磨处理，并重新对螺栓进行紧固。220kV 威文线 1 号塔引流线夹开夹检查照片如图 2 所示。

检修完送电后，工作人员再次对该点进行红外测温，220kV 威文线 1 号塔检修完送电后测温数据见表 2。

图 2 220kV 威文线 1 号塔引流线夹开夹检查

表 2   220kV 威文线 1 号塔检修完送电后测温数据   ℃

测温日期	A 相耐张引流线夹	B 相耐张引流线夹	C 相耐张引流线夹	环境温度	结论
2012-3-6	18.5	18.8	17.9	17.5	合格
2012-3-7	17.2	17.4	17.1	16.9	合格

以上检修结果对红外测试结果进行了很好的印证。220kV 威文线 1 号塔 A 相大号侧耐张引流线夹经过工作人员开夹，对表面氧化物进行打磨处理，并重新对螺栓进行紧固，送电后复测，测量数据合格，红外热成像检测中红外图谱正常。该处安全隐患得到消除。

经验体会

大量事实说明红外热成像检测技术能够行之有效的发现设备过热缺陷，除了例行周期性红外测温以外，适当增加线路停电前的红外测温工作，能够有效指导设备检修，提高检修工作效率和质量。公司从多年来处理过的各类过热缺陷中发现导致引流线夹过热的主要原因有以下几点：

（1）线夹与金具为螺栓连接，随着运行年限增加，接触面严重锈蚀、氧化，导致过热。

（2）接头螺栓强度不够（4.8级），随着运行年限增加，导线微风振动致使螺栓松动，接触面间接触不良，致使过热。

（3）导线与线夹在压接过程中，压接质量存在问题，外加运行工况较差，经过一段时间运行后，导致产生过热。

针对以上情况，提出以下几点措施：

（1）线夹导电接触面涂薄层凡士林，禁止使用导电膏，避免接触面接触不良导致过热。

（2）接头的连接应使用强度8.8级的螺栓，并且加装双螺母，避免由于螺栓松动造成接触面接触不良。

（3）加强对导线压接时监督，压接管上打钢印，做到谁压接谁负责，提高压接质量。

以上对设备检修工艺和质量提出了更高的要求，保证检修质量，全面考虑不留死角，而且在设备检修过程中对线夹的处理将更具针对性，避免日后出现过热现象。

检测信息

检测人员	国网山东省电力集团公司威海供电公司：孙冬冬（27岁）、赵龙（30岁）、杜东（27岁）
检测仪器	FILR T365 红外热像仪
测试环境	温度16.8℃、相对湿度40%

8.1.23 红外热像检测发现 500kV 复合绝缘子过热

案例简介

2012年8月20日，500kV陵滨线发生复合绝缘子断串事故，为全面分析断串原因，山东省电力公司决定对与其同时投运的500kV华陵线进行全线红外测温。500kV陵滨线和华陵线为原华滨线开断形成，2002年投运，断裂复合绝缘子为保定厂产品。电科院编写了《500kV复合绝缘子红外测温技术要求》，对检修公司人员进行理论和实际操作培训。

检测分析方法

9月6日开始分两组对该线路进行红外测温，每组一台P630红外热像仪，一组配7°镜头，一组配24°镜头。为达到精确测量，考虑到阳光对红外热像仪干扰大，采取晴天日落后1h、清晨日照前及阴天和雨天雨后0.5h无日照时进行测温工作。

9月8日，对500kV华陵线7号塔复合绝缘子进行红外测温时，发现C相绝缘子温升异常，属严重过热。

（1）绝缘子情况。7号塔是直线塔，复合绝缘子为保定厂产品，2002年投运。

（2）红外测温情况。9月8日进行第一次测量，阴天。温度为27.6℃，相对湿度为70%，风速为1m/s，右相大号侧测量距离为58m。测量结果为：右相大号侧绝缘子导线端比正常部位高30℃，如图1和图2所示。

图1　♯7塔C相地面测量

图2　登塔可见光

9月8日进行登塔复测，阴天。温度为27.6℃，相对湿度为70%，风速为1m/s，测量距离为5m。测量结果为：右相大号侧绝缘子导线端比正常部位高43.6℃，如图3和图4所示。

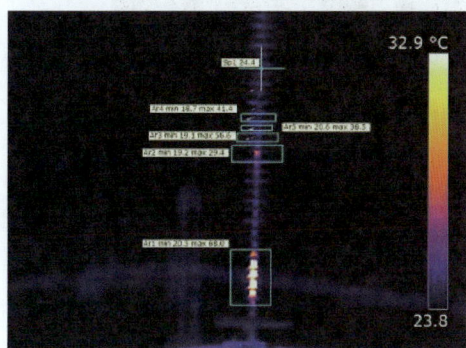

图3　7号右相大号侧登塔复测

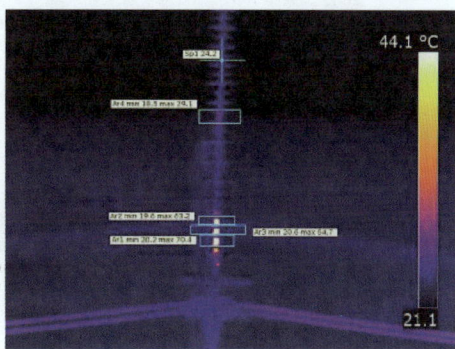

图4　7号右相大号侧登塔复测

使用紫外成像仪进行测量，可以看出：在导线侧均压环上方第二个大伞和第七个大伞附近放电严重，如图5所示。

（3）绝缘子损坏情况。9月9日，超高压公司带电对该绝缘子进行更换。该绝缘子损坏严重，从导线侧一直到14个伞之间，护套均已变硬变脆，13与14伞之间护套穿孔，14伞以上无破损。现场照片如图6所示。

（4）试验室试验。对该支绝缘子纵向解剖，了解护套芯棒破坏情况，从导线侧第一个伞到第九个伞之间护套和芯棒损坏严重，伞群内的护套部分出现粉化现象，芯棒粉化起毛，第十伞以上无粉化现象。13与14伞之间的穿孔已贯穿护套，如图7所示。

图5　紫外图片

◆ 经验体会

通过对500kV绝缘子的试验，经过分析可以得出，近几年绝缘子断裂原因与以往因工艺、材质造成的脆断、内绝缘击穿等不同，由于断裂绝缘子全部采用挤包穿伞工艺，其断裂原因是护套破损后不能有效保护芯棒，致使芯棒受潮，造成环氧树脂水解，玻璃纤维外露失去保护，从而导致芯棒机械性能下降所引起的，而不是由电气性能下降引起。

复合绝缘子运行的可靠性对电力系统的安全生产具有重要的意义，随着绝缘子数目的增多及运行年限的增长，在运行中还是暴露了一些问题，特别是因断裂造成导线落地事故，已成为输电线路运行的重大隐患。

图6　绝缘子现场照片

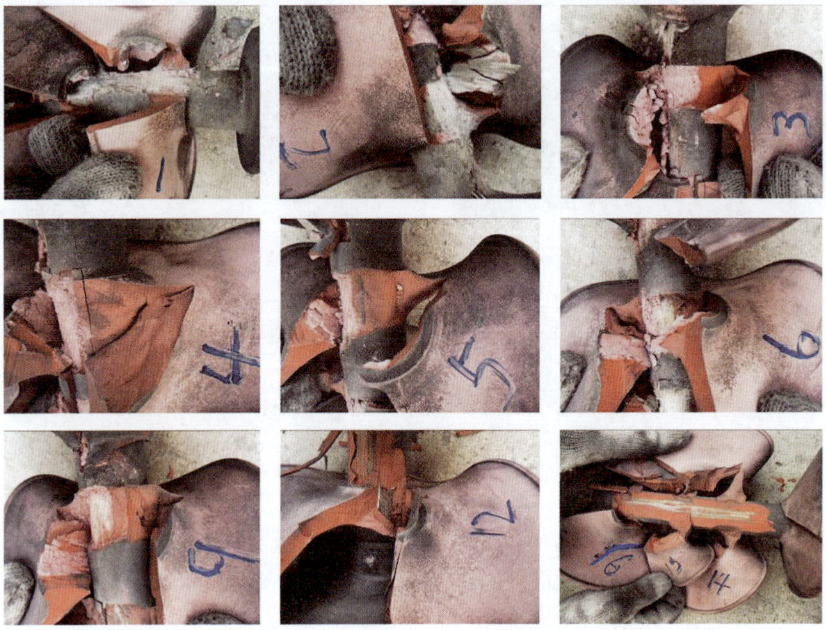

图7　绝缘子纵向解剖图片

此次红外测温测出的缺陷绝缘子与以前直升机红外测温测得的缺陷绝缘子为同一厂家产品，且型号规格相同，护套损坏情况相同，初步判定与复合绝缘子均压环设计、护套材料等关系较大，该批绝缘子存在家族性缺陷。通过红外测温可以有效地检测出缺陷复合绝缘子，判断出绝缘子是否发生故障，从而避免断串跳闸故障，保证电网的安全运行。

❖ 检测信息

检测人员	国网山东省电力集团公司电力科学研究院：刘嵘（28岁）、胡晓黎（50岁）、段玉兵（28岁）
检测仪器	P630 红外热像仪
测试环境	温度 27.6℃、相对湿度 70%

8.2 紫外放电检测技术

8.2.1 紫外放电检测技术发现±500kV宝鸡换流站极Ⅱ平波电抗器母线侧套管异常放电

❖ 案例简介

宝鸡换流站极Ⅱ平波电抗器为西安西电变压器责任有限公司（西变公司）产品，型号为 PKDFP-500-3000-290，额定电感 290mH，额定直流电流 3000A，额定对地直流电压 500kV；极母线侧套管型号 GSETFT1950/553-3800DC，干式，德国 HSP 公司制造，合成绝缘套管干弧距离为 6644mm，套管总长度 9569mm，大伞直径 634mm，爬电距离24 000mm，内部环氧树脂筒、外部 3 节合成绝缘子护套粘接结构。宝鸡换流站极Ⅱ平波电抗器极母线侧套管曾于 2010 年 12 月 2 日、2011 年 5 月 17 日两度出现放电异常情况，并先后将异常套管更换为备用套管、备用平波电抗器套管。2011 年以来，伊敏换流站平波电抗器 HSP 同型号套管也相继 3 次发生放电故障，现象与宝鸡换流站相似，现已全部更换。

德宝直流双极大地回线全压方式运行，德阳送宝鸡 600MW。宝鸡换流站站区天气晴朗。

❖ 检测分析方法

2011 年 6 月 30 日 15 时，陕西电科院对宝鸡换流站站内变压器类设备套管进行例行紫外放电测试，发现极Ⅱ平波电抗器极母线侧套管从上往下数 1/3 处有光子密集区，光子数最大值为 598 个/min，放电连续，但现场听不到放电声音，肉眼看不到放电点；而极Ⅰ平波电抗器极母线侧套管光子数 20～50 个/

min，同一部位无连续放电点。图 1 所示为 6 月 30 日 500kV 运行时极 Ⅱ 套管紫外测试情况。

现场分别于 17 时 55 分、18 时 55 分将极 Ⅱ、极 Ⅰ 降压至 350kV 运行。双极降压至 350kV 后，极 Ⅱ 平波电抗器极母线侧套管最大光子数为 214 个/min，放电周期无明显变化，如图 2 所示。7 月 1 日 9 时紫外测试，极 Ⅱ 平波电抗器极母线侧套管放电部位如图 3 所示。极 Ⅱ 平波电抗器极母线侧套管放电部位光子数 110～170 个/min，放电时间间隔为 0.5～1s/次；而极 Ⅰ 平波电抗器极母线侧套管光子数 12～20 个/min，无连续放电点。

图 1   6 月 30 日 500kV 运行时极 Ⅱ
套管紫外测试情况

图 2   6 月 30 日 350kV 运行时极 Ⅱ
套管紫外测试情况

图 3   极 Ⅱ 平波电抗器极母线侧套管放电部位

由表 1 宝鸡换流站平波电抗器极母线侧套管紫外测试情况可以看出，极 Ⅱ 平波电抗器极母线侧套管持续放电，放电部位固定，且光子数明显高于极 Ⅰ。

表 1   宝鸡换流站平波电抗器极母线侧套管紫外测试情况

序号	运行电压（kV）	测试时间	极 Ⅰ 套管光子数（个/min）	极 Ⅱ 套管光子数（个/min）	极 Ⅱ 套管放电周期（s）	天气情况
1	500	2011-6-30 15：20	20～50	500～600	连续不间断	晴
2	350	2011-6-30 20：00		150～200	连续不间断	晴
3	350	2011-7-1 9：00	12～20	100～200	0.5～1	晴
4	350	2011-7-1 14：00		100～200	0.5～1	阴
5	350	2011-7-1 20：00	10～20	100～200	0.5～1	阴
6	350	2011-7-2 8：00	10～20	100～140	0.5～1	阴
7	350	2011-7-2 16：00	2～15	80～110	0.5～1	阴
8	350	2011-7-2 20：00	1～10	100～140	0.5～1	阴
9	350	2011-7-3 9：00	10～20	100～150	1～2	阴
10	350	2011-7-3 14：00	10～20	100～150	1～2	阴
11	350	2011-7-3 20：00	10～20	100～120	1～2	阴
12	350	2011-7-4 9：00	10～20	100～110	2～3	小雨
13	350	2011-7-4 14：00	10～20	30～50	2～3	小雨
14	350	2011-7-4 20：00	10～20	30～50	2～3	小雨
15	350	2011-7-5 10：00	10～20	30～50	3～5	小雨
16	350	2011-7-5 18：00	10～20	30～50	3～5	小雨

注   上述测试数据均在仪器增益 140 条件下进行测试。

与前两次极Ⅱ平波电抗器极母线侧套管放电情况对比（见表2），套管本次放电位置与前两次基本相同，均在靠近上端1/3处。本次为例行监督过程中通过仪器测试发现异常，放电光子数较前两次稍小，但同一部位在电压较低时紫外检测仍可发现放电点。横向比较说明，该套管存在异常。

表2   极Ⅱ平波电抗器极母线侧套管三次放电情况对比

时　间	极Ⅱ极性	双极负荷（MW）	放电部位	放电方位 （以正对阀厂为零点）	放电光子数（个/min）
2010-12-2	正	1900	上 1/3	六点、十点半	2900（＋400kV）
2011-5-17	正	2000	上 1/3	十点半	1200～1400（＋400kV）
2011-6-30	负	600	上 1/3	四点半	598（－500kV）

为更好的分析异常放电原因，国网陕西省电力公司和西变公司见证工作组在 HSP 公司见证了故障套管的解体。

解体分为两个阶段，一是解体前故障套管的交、直流试验测试阶段；二是套管解体阶段。

（1）交流试验。交流试验电压取套管型式试验电压（928kV）的 85%，即 789kV。试验结果见表3。交流试验结果正常，套管介损和电容值实测结果与出厂值相近。

表3   故障套管交流试验结果

U（kV）	10	200	400	500	600	738	789	738	600	500	400	200	10
C_1（nF）	1	1	1	1	1	1	72s	1	1	1	1	1	1
$\tan\delta$（%）	0.33	0.33	0.33	0.33	0.33	0.33		0.33	0.33	0.33	0.33	0.33	0.33
局部放电（pC）	1	1	1	1	1	3	3	3	3	1	1	1	1

（2）直流试验。为避免套管在直流试验时进一步破坏，试验电压取套管运行电压 553kV，试验时间为 1h。

共有 4 种试验布置：

（1）套管周围无杂物，如图 4 所示，直流试验 1。

（2）在距离套管 2.45m 处放置高度为 3.3m 的针状接地体，针尖距套管 1/3 处距离为 5.5m，如图 5 所示，直流试验 2。

（3）将针状接地体距套管距离由 2.45m 移至 3.95m，高度不变，针尖距套管 1/3 处距离为 6.5m，如图 6 所示，直流试验 3。

（4）针状接地体顶部增加金属屏蔽罩，如图 7 所示，直流试验 4。

图4 　直流试验 1 布置

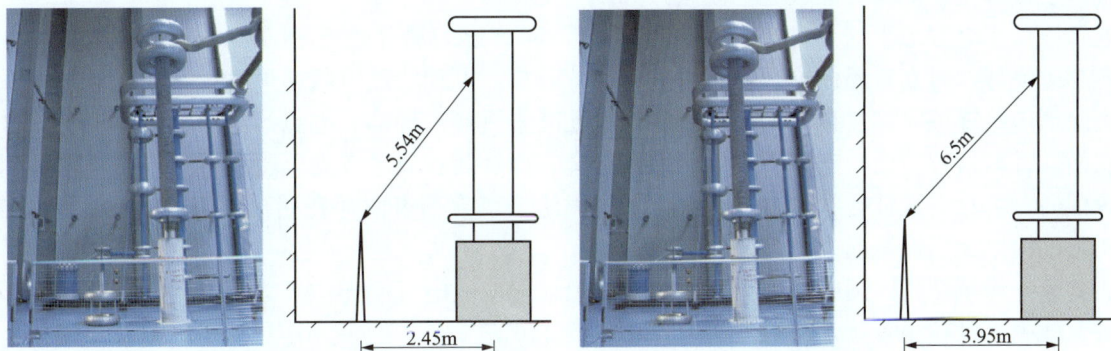

图5 　直流试验 2 布置

图6 　直流试验 3 布置

试验结果如下：

直流试验1，没有发现较大局部放电。

直流试验2，试验进行到45min时出现较大局部放电。

直流试验3，在试验时间内均出现较大局部放电，比直流试验2的局部放电略小。

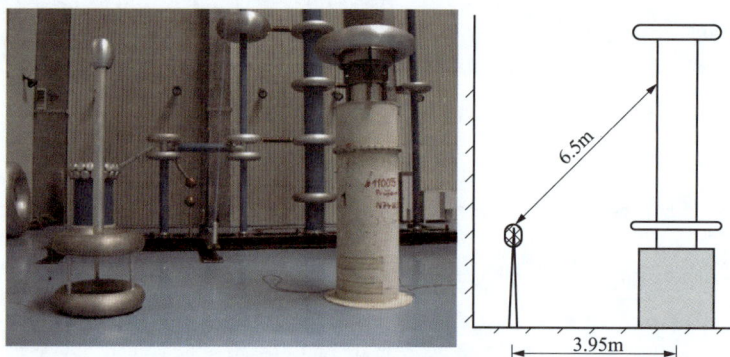

图7　直流试验4布置

直流试验4，没有发现较大局部放电。

解体在HSP科隆工厂包装车间进行。

解体分为两部分，先后分别围绕最严重的放电点、不严重的针状放电点各打开一个面积为600mm×600mm的窗口，径向解体范围达270°。

首先解体的部位为套管上部1/3处，该处外表明显烧蚀。剥离窗口范围内硅橡胶复合外套后，可见环氧树脂桶外壁表面有明显烧蚀点，如图8所示，但未见树枝状放电痕迹。

图8　环氧树脂桶外壁表面有明显烧蚀点

剖开环氧树脂绝缘桶后，可见树脂桶内壁烧损，桶内绝缘填充物（发泡材料）表面存在明显放电痕迹，如图9所示，中心部位碳化严重，四周呈现树枝状放电。除去桶内绝缘填充物后，在套管干式电容芯与上部导体连接部位，发现对应放电烧蚀点，如图10所示。

放电弧根位于电容芯上法兰曲率半径较小一侧，套管径向局部放电将130mm厚绝缘填充物全部贯穿，电容芯子完好，对套管固体绝缘填充物进行切片分析，发现明显电弧通道。

在去除桶内绝缘填充物过程中，还发现多处针孔装未贯穿的局部放电点，其中一处位于套管上部铝制导电桶表面。针对这种情况，选择了一处硅橡胶护套表面针孔状放电点处，再次进行开窗解体。剖开环氧树脂绝缘桶后，可见表面针孔状放电点对应位置桶内绝缘填充物表面存在明显放电痕迹，放电呈树枝状，但环氧树脂桶内壁无明显烧损。

逐层剥离绝缘填充物，同样发现贯穿性放电通道，对应放电点同样位于套管干式电容芯与上部导体连接部位法兰曲率半径较小一侧，与前一放电点相差约150°。

受时间限制，本次仅做了两处局部解体。双方认为，解体部位较具代表性，能够说明问题，满足分析要求，但不排除套管内部仍存在其他放电点。

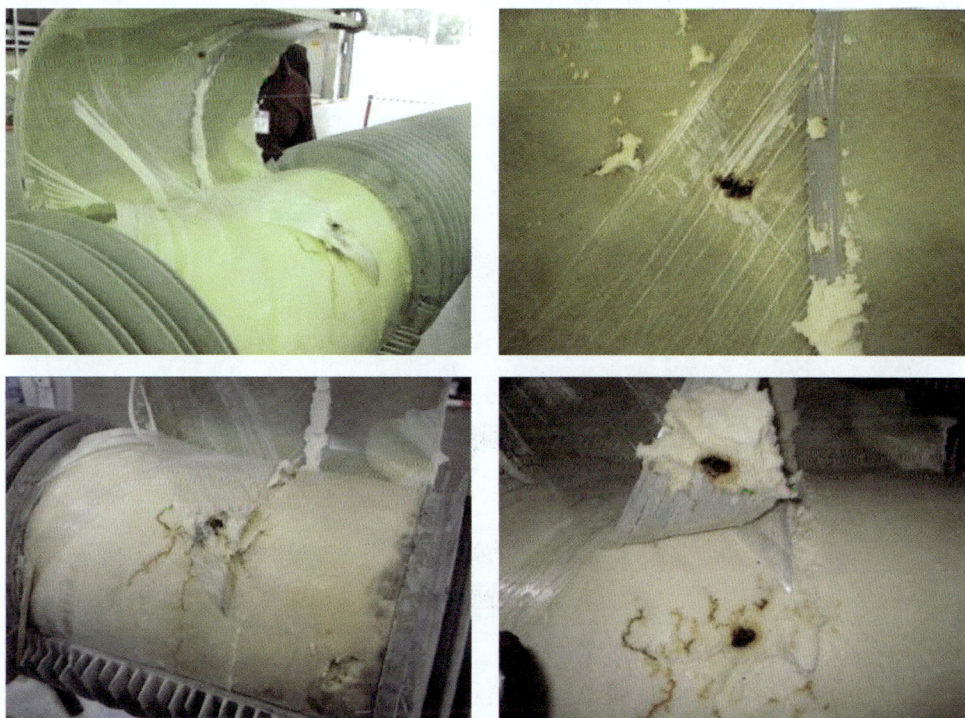

图 9 树脂桶内壁及绝缘填充物烧损、放电情况

图 10 套管干式电容芯与上部导体连接部位对应放电烧蚀点

❖ 经验体会

（1）套管内绝缘设计不合理是套管放电的根本原因。套管内部绝缘材料由内向外由绝缘发泡材料（厚度约 13cm）、环氧树脂桶（厚度约 1.5cm）、硅橡胶伞裙三部分构成，绝缘发泡材料的电阻率远低于环氧树脂桶和硅橡胶的电阻率，最厚的绝缘发泡材料没有起到主绝缘的作用并降低套管的表面场强。绝缘发泡材料与环氧树脂桶内壁的接触面的场强最高，首先在该接触面出现树枝状放电，并向内至套管导电杆，向外至硅橡胶表面发展，造成内外贯穿的放电通道。

（2）套管周围的任何物体均会对套管场强产生影响，但不至于导致套管放电。工程设计采购阶段，设计单位提出了设计要求，HSP 公司承诺满足要求。HSP 公司在套管设计时应充分考虑环境对套管的影响，以满足现场使用条件。

（3）HSP 公司生产的采用绝缘发泡材料、相同绝缘水平、电压和电流等级的干式套管在德宝、呼辽和三沪 Ⅱ 回工程中首次采用，HSP 公司对绝缘材料和套管设计尚未积累足够经验，特别是无法实测绝缘发泡材料的电阻率，仅能估算其值。

检测人员	国网陕西省电力公司电力科学研究院：韩文博（32 岁）、曹利强（32 岁）
检测仪器	以色列 OFIL DayCor CLASSIC
测试环境	温度 31℃、相对湿度 55％
仪器参数	最小紫外光灵敏度：3×10^{-8} watt/cm^2；最小放电灵敏度：1.5pC 于 8m 处；无线电电压探测灵敏度：15dBμV；最小可见光灵敏度：1Lx

8.2.2 紫外成像检测发现 500kV 阻波器支柱绝缘子上端尖刺放电

❖ 案例简介

国网新源控股有限公司天荒坪公司 500kV 出线场设备 1997 年投产。2012 年 4 月对 5405/5406 线出线场避雷器、CVT、出线套管、阻波器和支柱绝缘子进行了紫外电晕放电检测。在检测过程中发现 5405/5406 出线场阻波器、支柱绝缘子上端有电晕放电，其中天瓶 5405 线阻波器 A 相光子数 6184/min，天瓶 5406 线阻波器 B 相光子数 5626/min。经分析后认为是阻波器支柱绝缘子上端的四个固定螺栓没有任何防晕措施，螺杆的螺牙等尖端部位在高电场下电晕放电。后结合设备停电检修，在该类型双头螺杆上下部加装半球形无磁不锈钢屏蔽螺母后正常。

❖ 检测分析方法

在对天荒坪公司的 500kV 出线场避雷器、CVT、出线套管、阻波器和支柱绝缘子在进行紫外电晕放电检测时，发现 5405/5406 出线场阻波器、支柱绝缘子上端有电晕放电。天瓶 5405 线阻波器和天瓶 5406 线阻波器放电图谱分别如图 1 和图 2 所示。

图 1　天瓶 5405 线阻波器放电图谱　　　　图 2　天瓶 5406 线阻波器放电图谱

对图谱仔细分析后发现阻波器、支柱绝缘子上端有放电的位置有四颗固定螺杆，该螺杆为普通镀锌螺杆，虽然旁边有均压罩，但螺杆底部在均压罩的保护范围之外，容易发生端部放电的情况，从而产生电晕。

在 500kV 设备停电后，在这四颗固定的螺杆的上、下两端加装了半球形的屏蔽螺母，如图 3 和图 4 所示，投运后放电现象消失。

图 3　固定螺杆上端的屏蔽螺母

图 4　固定螺杆下端的屏蔽螺母

经验体会

大量事实说明紫外带电检测能够有效地发现电气设备表面的电晕放电缺陷，除了例行周期性紫外带电检测以外，适当增加单机单线、重要出线场设备停电前的紫外带电检测工作，能够有效指导设备检修，提高检修工作效率和质量。经验表明导致电气设备表面的电晕放电的主要原因有以下几点：

（1）导体表面有锐角或尖端以及表面粗糙。

（2）设备均压、屏蔽措施不当。

（3）悬浮金属放电。

（4）运行中导线断股（或散股）。

（5）导电体对地或导电体间间隙偏小。

针对以上情况，提出以下几点措施：

（1）结合设备检修检查导体表面情况，表面存有尖端的部位进行处理或更换。

（2）设备均压、屏蔽措施不当的，重新设计新的屏蔽、均压措施。

（3）设备检修时检查各金属等电位体的连接情况，对连接螺栓进行紧固处理。

（4）根据紫外检测的情况检查出线场导线散股或断股情况。

（5）对确因绝缘距离过小的设备进行调整。

以上对设备检修工艺和质量提出了更高的要求，保证检修质量，全面考虑不留死角，而且在设备检修过程中对设备的处理将更具针对性，避免日后出现严重的电晕放电现象。

检测信息

检测人员	国网上海市电力公司电力科学研究院：陈威俊（41岁）。华东天荒坪抽水蓄能有限责任公司：陆胜（34岁）
检测仪器	CoroCAM 504 紫外成像仪
测试环境	温度17℃、相对湿度80％

8.3 多方法联合技术

8.3.1 紫外光电和超声波检测发现支柱瓷绝缘子断裂

案例简介

2007年5月25日，华能长兴电厂220kV升压站旁路母线A相第1组上节支柱瓷绝缘子（如图1所示）上端与铸铁法兰结合部曾发生断裂事故。在该旁路母线停运检修时，对所有A、B、C相各12组支柱瓷绝缘子共计72只，进行紫外光电检测和超声波检测。经检测，共发现带缺陷绝缘子12只，其中3处为绝缘子上端与铸铁法兰结合部位的贯穿性裂纹，拆卸后此3只绝缘子已断裂。对6只带有较严重缺陷的绝缘子，电厂进行更换处理，及时消除了绝缘子的故障隐患。

检测分析方法

对所有A、B、C相各12组支柱瓷绝缘子共计72只，进行紫外光电检测和超声波检测，如图2所示。紫外光电检测图谱（如图3所示）可以明显发现放电部位；超声波检测法兰口部位，采用爬波和小角度纵波相结合的方式进行检测。按Q/GDW 407—2010《高压支柱瓷绝缘子现场检测导则》进行（注：在进行该案例检测时，此标准尚未形成，该案例的检验方法与标准相同，但检测灵敏度和判废条件与此标准有所不同）。经超声波爬波检测后，发现法兰口部位有明显的超标缺陷信号显示，拆卸后发现3只绝缘子已断裂，进一步印证了超声波检测结果，如见图4～图6所示。

图1　200kV旁路母线支柱瓷绝缘子

图2　瓷绝缘子超声波检测中

绝缘子与铸铁法兰结合部位局部放电

图3　紫外光电检测发现局部放电

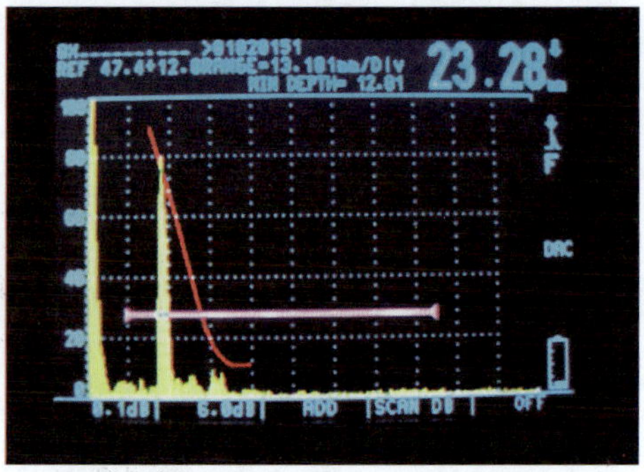

图4　超声波检测发现缺陷信号

经验体会

（1）紫外光电检测为非接触远距离在线检测，在设备运行状态下进行；超声波检测探头必须与设备经耦合剂耦合接触后才能检测，须在设备停运时进行。

图 5　拆卸后断裂的支柱绝缘子（一）

图 6　拆卸后断裂的支柱绝缘子（二）

（2）紫外光电检测工艺简便，成像显示直观，检测人员无需进行特殊的培训，便可掌握；超声波检测工艺相对复杂，为波形显示，非缺陷的直观显示，缺陷的判别有赖于检测人员的技术和经验，检测人员需经专门的培训考核合格后方可进行检测。

（3）紫外光电检测由于是对表面局部放电发出的紫外线进行检测，引起表面局部放电的原因很多，并非一定是由瓷件缺陷引起；超声波检测是对瓷件内部及表面缺陷的直接检测。因此，紫外光电检测发现的缺陷一般需经超声波复核。

（4）紫外光电检测一般只能对靠近母线的部位进行检测，而对离母线较远部位的，即使存在较大的缺陷也不太可能产生放电现象，因而难以检出；超声波检测不存在此问题，对所有检测点具有相同的检出灵敏度。

❖ 检测信息

检测人员	国网浙江省电力公司电力科学院研究院：王炯耿（42 岁）
检测仪器	持式 UV-1 紫外光电检测仪、CTS-9008 支柱瓷绝缘子专用探伤仪

8.3.2　紫外、红外成像和超声波局部放电检测技术发现 220kV 宝钢变电站 35kV 全绝缘管型母线外绝缘局部击穿

❖ 案例简介

国网新疆电力公司乌鲁木齐供电公司 220kV 宝钢变电站 2 号主变压器 35kV 侧全绝缘管母线，型号为 FPTM-35/2500，2011 年 1 月 3 日生产，2012 年 8 月 6 日投运。2014 年 1 月 17 日，检测人员用红外、紫外成像和超声波局部放电检测方法发现三相绝缘管母本体局部存在发热、放电缺陷。经跟踪复测缺陷依然存在。29 日检测时发现 2 号主变压器 35kV 侧 A 相绝缘管母与避雷器接头处产生气体。停电检查发现 2 号主变压器 35kV 侧 A、B、C 相接头绝缘护套层有电蚀灼伤，随后进行处理，送电检测正常。

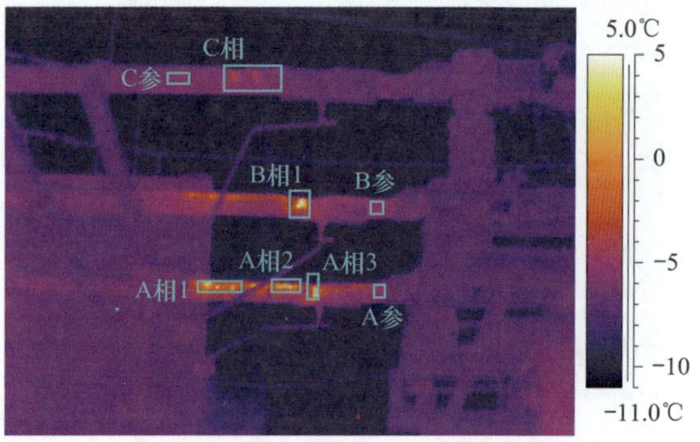

图 1　2 号主变压器 35kV 侧红外图（负荷 148.5A）
（"A 相 1"、"A 相 2"、"A 相 3"、
"B 相"、"C 相"为发热、放电点）

检测分析方法

1 月 17 日，检测人员用红外成像仪对 2 号主变压器 35kV 侧绝缘管母进行检测，发现 2 号主变压器 35kV 侧隔离开关主变压器侧绝缘管母端部存在多处发热点，红外测温图谱如图 1 所示，数据见表 1。

通过红外检测，发现 A 相绝缘管母发热最为严重。用紫外成像检测管母，发现发热部位都存在放电现象，紫外放电如图 2 所示。用超声波局部放电仪对绝缘管母检测，放电信号明显，检测数据见表 2。

表 1　　　　　　　　　　　　　　　　　　　红外检测结果

检测部位		检测温度（℃）	参考温度（℃）	环境温度（℃）	温差（K）	结果
A 相	A 相 1	10.8	−4.9	−11	15.7	严重缺陷
	A 相 2	4.9	−4.9	−11	9.8	严重缺陷
	A 相 3	6.7	−4.9	−11	11.6	严重缺陷
B 相		5.5	−4.9	−11	10.4	严重缺陷
C 相		−3.1	−5.1	−11	2.0	严重缺陷

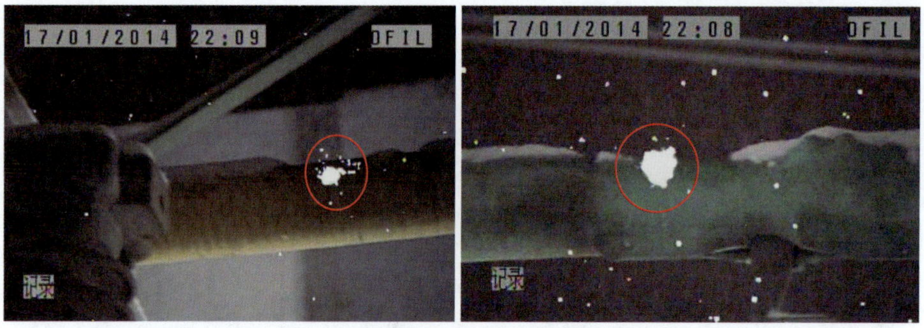

图 2　各部位紫外成像测试图谱
（a）2 号主变压器 35kV 侧 A 相 3 点位紫外图（主变压器与避雷器之间）；
（b）2 号主变压器 35kV 侧 B 相 1 点位紫外图（主变压器与避雷器之间）

1 月 29 日设备巡检时发现，2 号主变压器 35kV 侧隔离开关两侧绝缘管母端部发热严重，其中一处温度已达到 45℃，相对温差超过 50℃，且有气体产生，如图 3 所示。

停电检查，打开 2 号主变压器 35kV 侧三相绝缘管母端部、隔离开关两侧绝缘管母端部共 9 个部位绝缘护套，发现 9 个部位均有不同程度的电蚀痕迹。其中隔离开关高压室侧 C 相接头处烧损最为严重，长度达 20cm 左右，如图 4 所示。分析诊断为全绝缘管母外乎套覆雪导致爬电距离不足，管母端部受潮处电场强度大，在此处发生局部放电，是绝缘管母局部存在发热、放电缺陷的主要原因。现场对 9 个接头进行了全面处理，如图 5 和图 6 所示。处理后送电，检测无异常，缺陷消除。

表 2　　　　　　　超声检测结果

检测部位		局部放电声波（dB）	诊断结果
A 相	A1	44	缺陷
	A2	37	缺陷
	A3	33	缺陷
B 相		36	缺陷
C 相		27	缺陷

（a）

（b）    （c）

图 3   部分接口及外护套破坏情况

（a）A 相接口处气体；（b）发热接口位置；（c）B 相外护套烧毁后情形

图 4   A、C 相绝缘外护套烧毁情况

（a）   （b）

图 5   各相管母处理情况（一）

（a）管母表面清理；（b）管母灼伤点检查

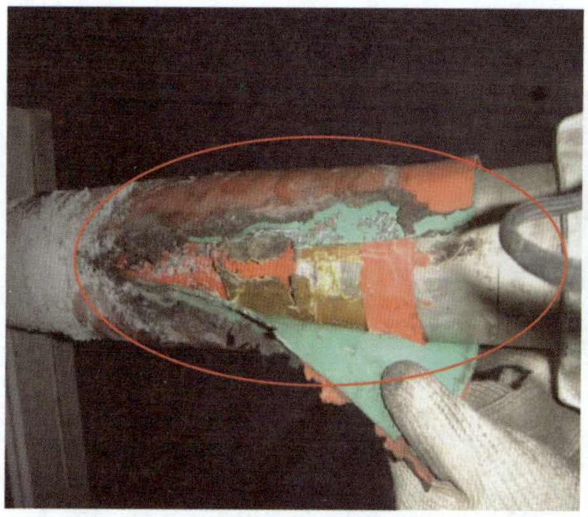

图 5　各相管母处理情况（二）

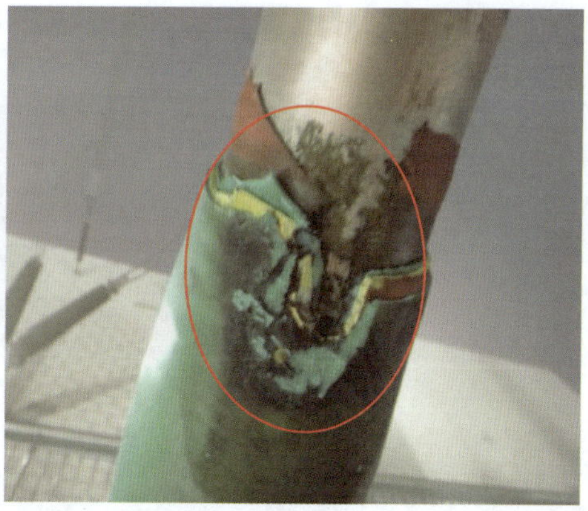

(c) 检查烧毁情况；(d) 剥开后示意

图 6　包扎处理后的接头

经验体会

（1）红外成像、紫外成像和超声波局部放电检测方法能有效地发现全绝缘管母局部存在发热、放电缺陷。

（2）红外成像测温仪器能够精确检测出设备表面的温度，能够有效发现电压至热性缺陷；紫外成像仪器能将局部放电造成的紫外光转化为人眼可见的光，非常直观；超声波局部放电仪将超声转化为人耳可听声音，有助于辨别局部放电类型。将这三种技术结合应用能更有效地进行隐患诊断。

（3）雨雪后全绝缘管母爱护套的绝缘能力降低，建议此时加强此类设备的带电检测，避免事故的发生。

检测信息

检测人员	国网新疆电力公司乌鲁木齐供电公司：刘新宇（43 岁）、艾比布勒·塞塔尔（33 岁）、安斌（28 岁）、李欣宇（36 岁）、廖来新（35 岁）、周立（30 岁）、韩昊（37 岁）、侯冰（30 岁）。 国网新疆电力公司电力科学研究院：范旭华（59 岁）、何丹东（31 岁）、徐路强（30 岁）、金铭（28 岁）、孙帆（27 岁）、吴标（28 岁）、许广虎（31 岁）
检测仪器	红外热像仪（T330，FILR，发射率 0.9）、超声波局部放电检测仪（UP9000，UE，检测频率 40kHz）、紫外检测仪（SuperB，DayCor，增益 160）
测试环境	温度 28.3℃、相对湿度 24%、大气压力 94.3kPa

8.4.1 SF₆ 气体红外成像检测技术发现直流 500kV 平抗阀侧套管漏气

❖ 案例简介

2013 年 4 月 25 日，国网陕西省电力公司电力科学研究院根据省公司《宝鸡换流站 2013 年迎峰度夏前专项带电检测方案》的要求对换流站一次主设备进行 SF₆ 气体检漏工作。宝鸡变电站直流 500kV 极Ⅱ平抗阀侧套管压力 0.31MPa，与之相比较的极Ⅰ平抗阀侧套管压力 0.34MPa，备用平抗阀侧套管压力 0.36MPa。使用 TIFXP-1A 传感器型 SF₆ 定性检漏仪（美国）和 FLIR Systems 公司生产的 GF306 型红外成像气体检漏设备分别进行检漏，发现极Ⅱ平抗阀侧套管升高座附近 SF₆ 气体浓度较大，但无法准确定位漏气点。为此，使用 FLIR Systems 公司生产的 GF306 型红外成像气体检漏设备进行检漏，确认极Ⅱ平抗阀侧套管升高座管路连接处有 1 处漏气点，并进行了准确定位。检修发现为密封胶垫老化、变形，致使接触面密封不严导致 SF₆ 气体泄漏。在进行更换处理后，设备恢复正常。

❖ 检测分析方法

本次检测采用 GF306 型红外成像气体检漏定位仪，它集红外激光光谱技术、激光扫描成像技术、红外图像与可见光图像融合处理等新型技术为一体。热灵敏度为 0.025℃ 和探测灵敏度为 0.001mL/s，可清楚地发现被检测设备的 SF₆ 气体泄漏位置。现场检测时，仅需要将仪器对准被检测设备缓慢移动即可。宝鸡换流站极Ⅱ平抗检测情况如图 1 所示。

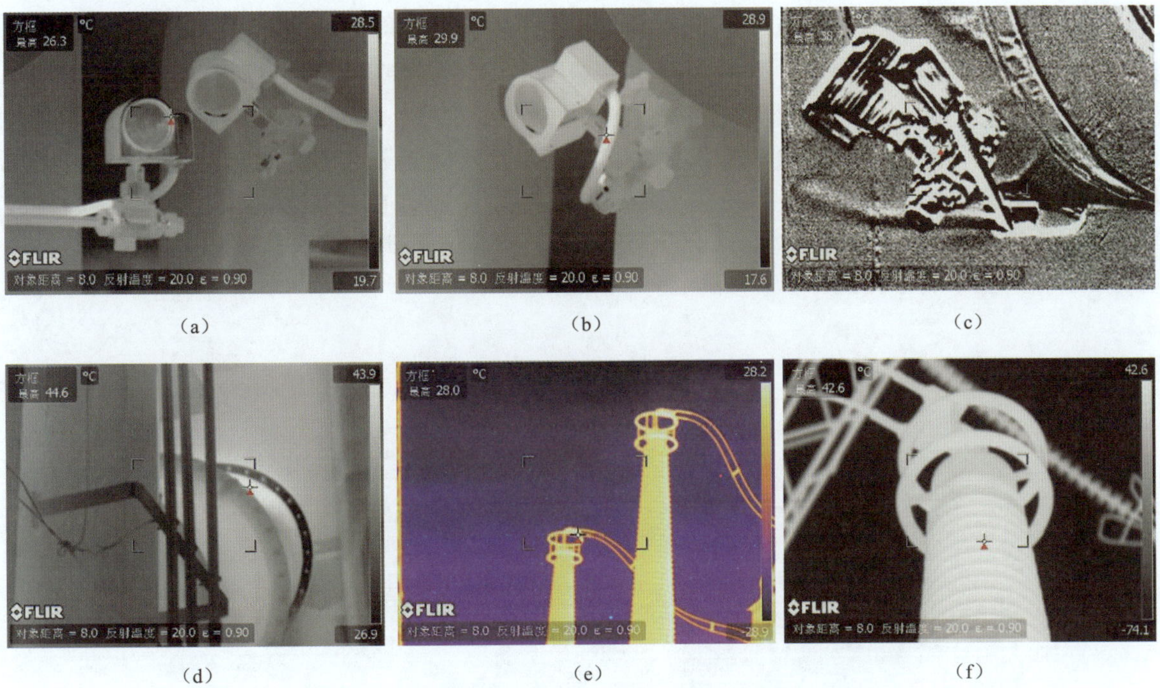

图 1　宝鸡换流站极Ⅱ平抗检测情况

（a）气体压力表-1；（b）气体压力表-2；（c）气体压力表-3（高敏感模式）；（d）套管升高座；（e）套管；（f）套管

从图 2 模拟气体泄漏典型红外热像中可清晰看见成烟雾状喷射出气瓶阀门处。在极Ⅱ平抗阀侧套管升高座附近发现泄漏点，如图 3 所示并指示了可见的泄漏气体喷射方向。

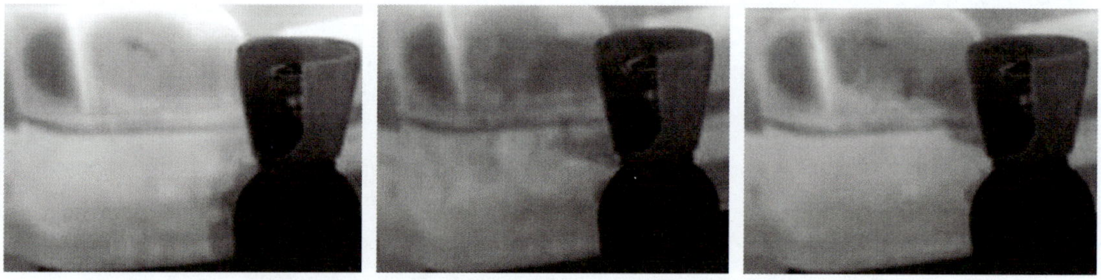

图 2　模拟气体泄漏典型红外成像

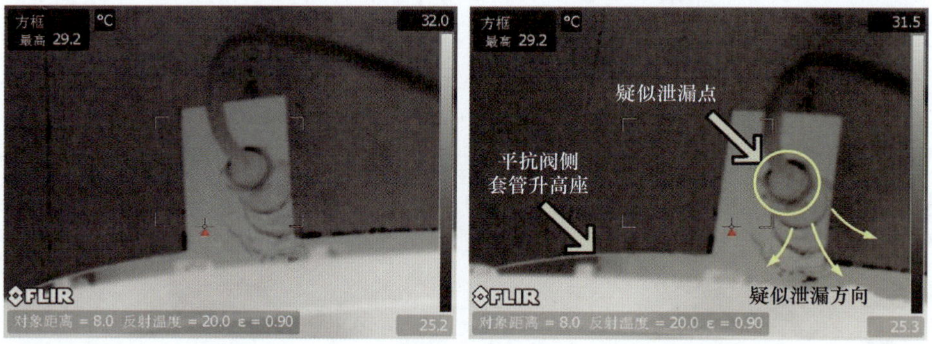

|（a）|（b）|

图 3　极Ⅱ平抗阀侧套管升高座疑似泄漏点
（a）红外成像设备显示的泄漏点；（b）泄漏点及泄漏方向指示

❖ 经验体会

（1）气体泄漏情况多发于管路连接密封处、管道老化处或法兰密封圈老化出，设备的其他缺陷如沙眼等情况并不多见。就检测结果而言，常见的漏点一般有的 SF_6 设备压力表后连接管道、套管的法兰处、TA 的顶部导线引入处的法兰部分，断路器的机构箱内。

（2）阴天、强风情况下，释放到空气中的 SF_6 分子相较于晴朗天气的分子，其温度会更容易变化成背景温度。设备和空气的温度差别会不明显，观测结果会受很大影响。淤血天气下，除上述影响因素外，还可能出现因覆冰导致泄漏点被干扰而无法观察的情况。反之，晴朗天气，因为设备与空气的比热差别，温度差别会十分明显，利于测试。

❖ 检测信息

检测人员	国网陕西省电力公司电力科学研究院：詹世强（50 岁）、卢鹏（29 岁）刘洋（28 岁）、刘晶（28 岁）、雷琅（32 岁）、任双赞（33 岁）
检测仪器	TIFXP-1A 传感器型 SF_6 定性检漏仪（美国）、GF306 型红外热像气体检漏仪（FLIR 公司生产）
测试环境	温度 22℃、相对湿度 54％

8.4.2　超声波局部放电检测技术发现 220kV 盐湖变电站 35kV 穿墙套管内部悬浮电位放电

❖ 案例简介

国网新疆电力公司乌鲁木齐供电公司 220kV 盐湖变电站 1 号主变压器 35kV 侧 C 相穿墙套管生产于 2011 年 5 月 1 日，2011 年 12 月 7 日投运。2012 年 3 月 2 日，检测人员用超声波局部放电检测方法发现 1 号主变压器 35kV 侧 C 相穿墙套管有局部放电信号。2012 年 6、9 月及 2013 年 4 月对该穿墙套管进行跟踪检测，局部放电信号依然存在。停电处理，缺陷消除。

❖ 检测分析方法

用超声波局部放电检测仪对 1 号主变压器 35kV 侧 35kV 穿墙套管 C 相进行测试，测试数据见表 1。

表 1　　　　　　　　　1 号主变压器 35kV C 相穿墙套管超声波局部放电检测数据

日　　期	相对湿度（%）	温度（℃）	室内测试值（dB）	室外测试值（dB）
2012-3-2	57	−5	24	23
2012-9-7	26	27	27	27
2013-4-5	53	6	32	30

通过表 1 测试结果可以看出，该穿墙套管有局部放电，其数据大于标准缺陷注意值 15dB，局部放电的测试数据受湿度的影响较大，初步判断穿墙套管内部局部放电为悬浮电位放电。

停电检查发现 C 相穿墙套管内部下导电铜排上的弹簧和穿墙套管内壁上有明显的放电烧蚀痕迹如图 1 和图 2 所示。原因是下导电铜排上的等电位弹簧与穿墙套管内壁的半导电层未接触，在距离半导电层最近处发生悬浮电位放电。随后对放电烧蚀处进行处理，并更换弹簧，对穿墙套管内壁进行清扫处理。

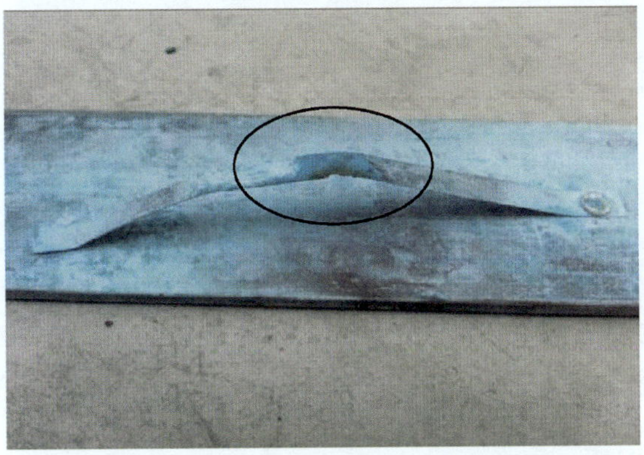

图 1　穿墙套管内导电铜排放电烧蚀痕迹

图 2　穿墙套管内壁烧蚀处

处理之后对该穿墙套管进行复测，复测数据见表 2。局部放电信号消失，缺陷消除。

表 2　　　　　　　　　1 号主变压器 35kV C 相穿墙套管超声波局部放电检测数据

检测日期	湿度（%）	温度（℃）	室内测试值（dB）	室外测试值（dB）
2013-4-16	42	2	0	0
2013-7-12	35	24	0	0
2013-10-9	33	9	0	0

（1）超声波局部放电检测具有很高的灵敏度，能够有效发现穿墙套管内局部放电缺陷。

（2）超声波局部放电法进行检测时，其方向性较强，可以通过改变传感器的方向定位信号源。对于测试区域有多的超声信号，降低灵敏度确定最大声音的方向来排除干扰。

❖ 检测信息

检测人员	国网新疆电力公司乌鲁木齐供电公司：韩昊（37 岁）、廖来新（35 岁）、周立（30 岁）、安斌（28 岁）、杨柱石（32 岁）、侯冰 28 岁。 国网新疆电力公司电力科学研究院：徐路强（30 岁）、何丹东（31 岁）、金铭（28 岁）
检测仪器	超声波局部放电检测仪（UP9000，UE，检测频率 40kHz）
测试环境	温度 −5～27℃、相对湿度 33%～57%、大气压力 90.9kPa

8.4.3 局部放电在线监测发现 13.8kV 发电机定子绕组线棒松动

❖ 案例简介

国网新源控股有限公司北京十三陵蓄能电厂装有 4 台同步可逆式发电电动机，单机容量 200MW，发电机出口电压 13.8kV。2012 年 7 月 10 日，北京十三陵蓄能电厂在利用便携式局部放电测试仪对运行的 3 号发电机进行测试时发现该发电机定子绕组正放电随负荷增长变化明显，由 100MW 负荷时 234mV 增长到满负荷时的 814mV，由此推断 3 号发电机定子绕组线棒存在松动迹象。经检修处理后在线测试局部放电结果稳定，满负荷时正放电低于 100mV，已经解决线棒松动问题。

❖ 检测分析方法

3 号机 2012 年 7 月 10 使用便携式 PDA-IV 进行了在线测试，数据整理后发现 A 相 U2 分支正放电随负荷增长而增长，数据结果见表 1。

局部放电仪 PDA-IV 是一款三维便携设备，可测量定子绕组局部放电脉冲信号的幅值、次数、相位。放电二维图的纵坐标是每秒放电次数，横坐标是放电幅值（单位是 mV），三维图再增加一个相位（0°～360°）显示。通常为了便于

表 1　　　　　　　　不同负荷段下 A 相局部放电状况

负荷（MW）	U1 支路放电（mV）		U2 支路放电（mV）	
	正半轴最大值	负半轴最大值	正半轴最大值	负半轴最大值
109	436	308	234	254
165	300	300	591	189
192	255	216	810	199

查看相位，放电次数用颜色表示，这样可以用相位图（纵坐标是幅值，横坐标是相位）来反映三维数据。

从放电二维图（如图1~图3所示）可以看出，随着负荷增加，正放电（红色曲线）不断向右上角方向偏移，表示正放电逐渐增加。从相位图上可以看出，U2分支放电特征没有变化，但正放电幅值不断增加。

图1　109MW负荷时U2支路放电二维图（量程范围50~850mV）

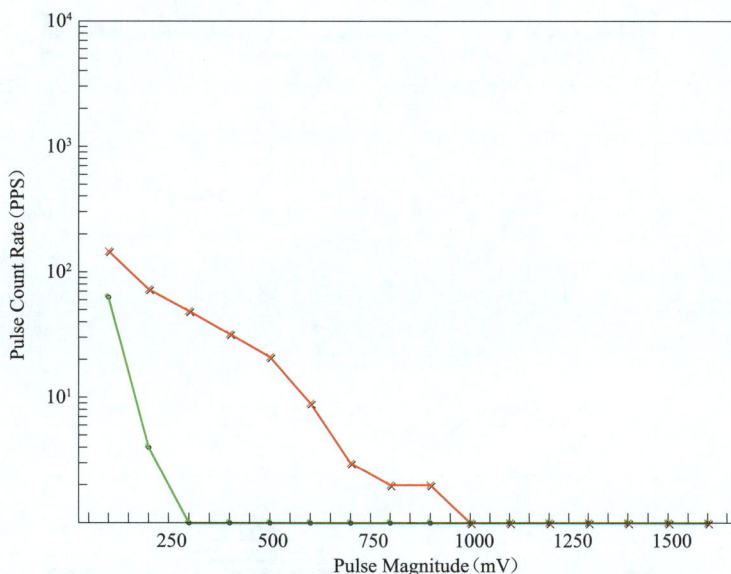

图2　165MW负荷时U2支路放电二维图（量程范围100~1700mV）

发电机工作时，同一槽内的两根线棒有电流通过，且处在磁场当中，这样会会产生径向作用力。根据文献计算该作用力方向不变，大小呈周期性振荡，其振荡频率是工频的2倍；该作用力是切向力的10倍左右，且根电流的二次方成正比。表1的数据正放电符合该规律。

相位图（三维）对比如图4~6所示。

3号机经处理后再次在线测试后U2分支正放电在满负荷下放电明显降低，且正放电无随负荷增长趋势，见表2及图7、图8所示。

图 3　192MW 负荷时 U2 支路放电二维图（量程范围 100～1700mV）

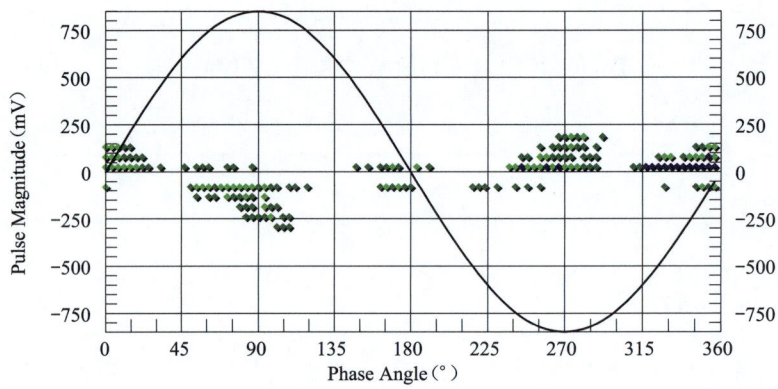

图 4　109MW 负荷时 U2 支路放电相位

图 5　165MW 负荷时 U2 支路放电相位

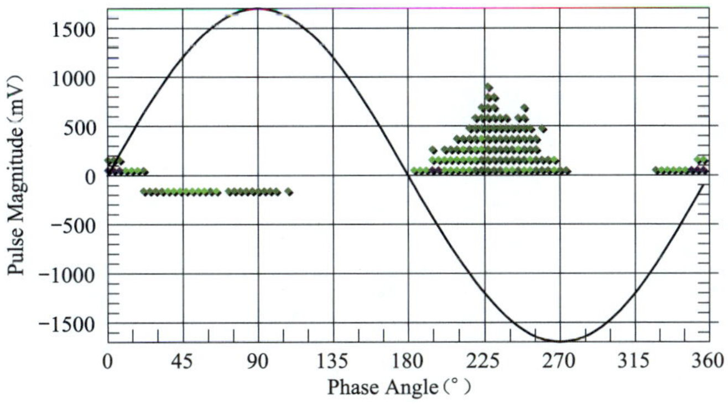

图 6　192MW 负荷时 U2 支路放电相位

表 2　　　　　　　　　　　　　检修后不同负荷段下 A 相局部放电状况

负荷（MW）	U1 支路放电（mV）		U2 支路放电（mV）	
	Qm+	Qm−	Qm+	Qm−
150	214	191	98	97
200	245	246	93	95

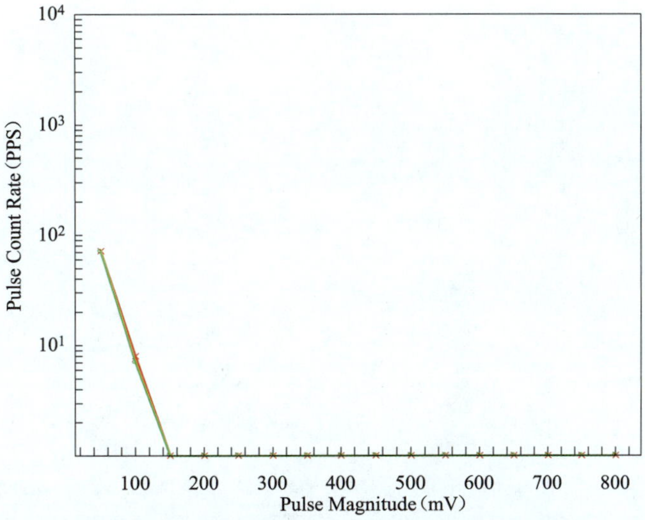

图 7　150MW 负荷时 U2 支路放电二维图（量程范围 50～850mV）

❖ 经验体会

和常规水轮发电机相比，抽水蓄能发电电动机具有转速高、起动频繁、工况变化快等特点，定子绝缘更容易出现问题。根据统计定子绝缘故障占发电机故障率一半以上。定子绝缘的多种故障可通过局部放电表现出来，同时还伴有声、光、热等物理现象，但是利用局部放电在线监测技术是目前最有效的手段。目前通过在线监测技术是提前获知发电机定子绝缘故障早期征兆的有效手段，而局部放电在线监测技术又是其中最成熟、可靠的技术。

局部放电在线监测可发现定子绝缘的制造和运行方面的问题，包括槽内线棒松动（槽内放电）、绝缘老化（长期过热或者频繁变负荷）、定子污染（潮气、油污、灰尘等）、线棒端部高阻防晕层受损、制造问题（浸渍不良）、相间距离过小（有异物或设计缺陷）等问题。

利用在线监测的优点，其测量结果反映电机运行时的真实状况，而这些状况在离线测试下无法侦测到，例如槽内线棒的放电、相间放电、温度因素、负荷因素（通常由电磁力引起的振动）等问题在离线测试下都无法重现。

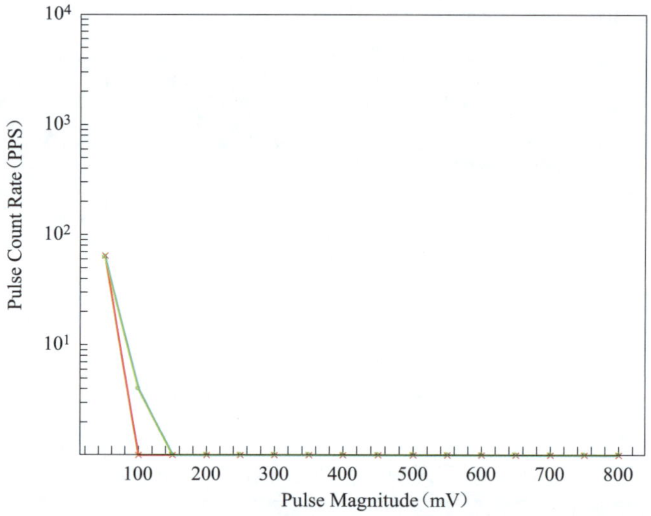

图 8　200MW 负荷时 U2 支路放电二维图（量程范围 50～850mV）

🔶 检测信息

检测人员	国网新源控股有限公司北京十三陵蓄能电厂：赵洪峰（40 岁）、付朝霞（34 岁）、邵卫超（27 岁）。北京华科同安监控技术有限公司：吴建辉（40 岁）
检测仪器	PDA-IV
测试环境	温度 30℃、相对湿度 42%

8.4.4　特高频局部放电检测技术发现 110kV 西山变电站合成支持绝缘子对母排悬浮放电

🔶 案例简介

2012 年 7 月 4 日，检测人员在 110kV 西山变电站使用特高频局放检测仪发现 10kV 5A8 柜处存在典型放电图谱。经过特高频检测图谱初步分析，放电类型为悬浮电位放电。经查找分析怀疑母排与备用螺孔过近，金属间存在间隙产生悬浮电位。通过对此处进行绝缘处理，加压局放信号消失。

🔶 检测分析方法

首先将 10kV 5A9TV、10kV 5A8LA 拉开，10kV 5A9TV、10kV 5A8LA 柜内局放信号消失，因此判断局部放电信号为 10kV 5A9TV、10kV 5A8LA 内部，柜内情况如图 1 所示。

对 10kV 5A8LA 小车逐相进行工频耐压试验，同时测量局部放电信号，加压局部放电检测信号如图 2 所示。A 相出现局部放电信号电压为 5800V，C 相出现局部放电信号电压为 4200V，B 相无局部放电信号。耐压试验同时观察各相外观，未发现可见的放电点。

拆除母排与避雷器，单独对支撑绝缘子加压，三相均未发现局部放电信号，单独对避雷器加压，三相均未发现局部放电信号。拆除避雷器后的母排A、C相局部放电信号依然存在。

拆卸 A、C 相母排的支撑绝缘子与母排的连接，单独对绝缘子进行工频耐压及局部放电测量，两相支撑绝缘子未发现局部放电信号。

将母排与支撑绝缘子连接后，局部放电信号依然存在。将有局部放电信号的 C 相与没有局部放电信号的 B 相母排进行对调后进行试验，发现对调后的 C 相仍存在局部放电信号，B 相无信号。

图 1　10kV 5A8 柜内结构示意

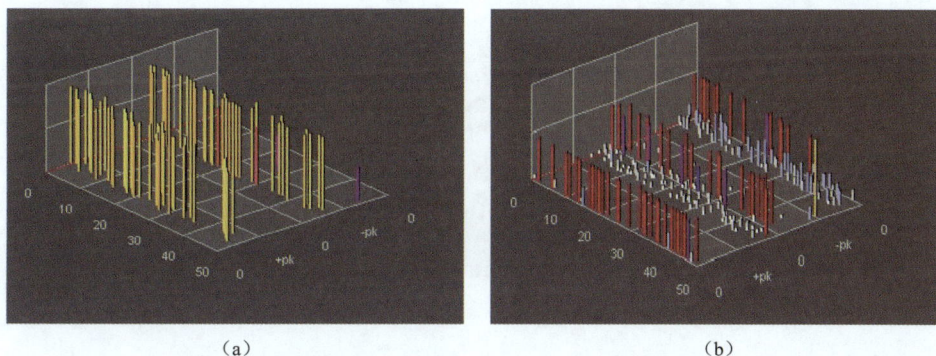

母排复原后，对 A、C 相母排方向进行调整，即将母排旋转 90°后再次安装、试验，A、C 相局部放电依然存在，但放电信号起始电压发生变化。在松动或拆除部分连接螺栓后测试，发现存在局部放电信号消失的情况。

(a)　(b)

图 2　10kV 5A8 加压局部放电检测信号
(a) 5A8 避雷器小车整体 A 相（5800V）；(b) 5A8 避雷器小车整体 C 相（4200V）

经分析，判断支撑绝缘子沉孔与螺栓安装存在不匹配，如内毛刺、锈蚀、螺栓长度等问题。对两相支持绝缘子螺栓进行更换，由 45mm 螺栓更换为 50mm 螺栓，试验后，A 相局部放电信号消失，C 相依然存在。对 C 相绝缘子进行两次更换后，两次测试结果显示局部放电依然存在。进一步分析检查，将 C 相螺栓松动后，局部放电信号消失。

最终分析确定放电点：母排边缘与支撑绝缘子沉孔边缘存在间隙，产生悬浮电位放电。此间隙不存在或间隙过大均不会产生放电，C 相连接处间隙距离刚好满足放电条件。A 相由于更换螺栓后母排位置变化后间隙放电消失，如图 3 所示。

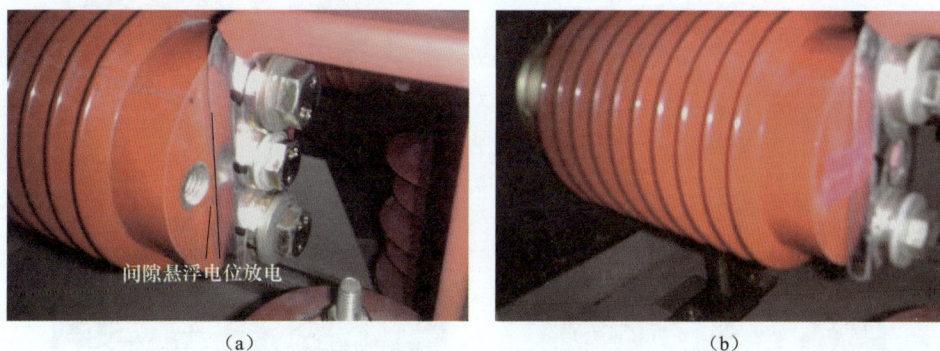

(a)　(b)

图 3　现场检查处理结果
(a) 绝级子局部放电位置；(b) 局部放电位置绝缘处理

经验体会

（1）综合运用特高频法可准确发现开关柜内部放电缺陷，对悬浮电位放电等较为灵敏。

（2）查找缺陷过程中，通过对不同部件进行传统耐压试验与状态监测联合测试，可以缩小排查范围，有利于检修人员进行现场故障查找。

检测信息

检测人员	国网北京市电力公司电力科学研究院：杨东生（27岁）、方烈（43岁）、张振兴（27岁）
检测仪器	DMS特高频局部放电检测仪
测试环境	温度18℃、相对湿度42%、大气压力101.2kPa

8.4.5 光电全站仪带电检测发现±500kV换流站钢构架下挠变形超标

案例简介

±500kV鹅城换流站于2004年2月投运，同年6月双极商业运行，2013年由国网湖南省电力公司检修公司负责运维。该换流站极Ⅰ、极Ⅱ分别配置相同的两组直流滤波器，由相同的钢结构悬吊承载。换流站直流滤波器悬吊钢构架整体概貌如图1所示。

在2012年3月9日的检查过程中发现悬吊钢构架横梁角钢连接处存在微小转动；横梁挠度超标问题在同类型设计的换流站均存在。直流滤波器悬吊钢构架横梁下挠变形如图2所示。2013年，国网湖南省电力公司电力科学研究院针对直流滤波器悬吊钢构架横梁下挠变形开展了带电检测与分析。

图1　换流站直流滤波器悬吊　　　　　图2　直流滤波器悬吊
　　　钢构架整体概貌　　　　　　　　　　钢构架横梁下挠变形

检测分析方法

钢构架挠度检测中的测量坐标系为笛卡尔坐标系，坐标原点设置在 A 柱从下向上数第 2 根水平角钢与立柱主材交点处，X 方向为阀厅指向进线侧，Y 方向为垂直向上，Z 轴方向根据右手定则确定。钢结构横梁编号及测点布置如图 3 所示。

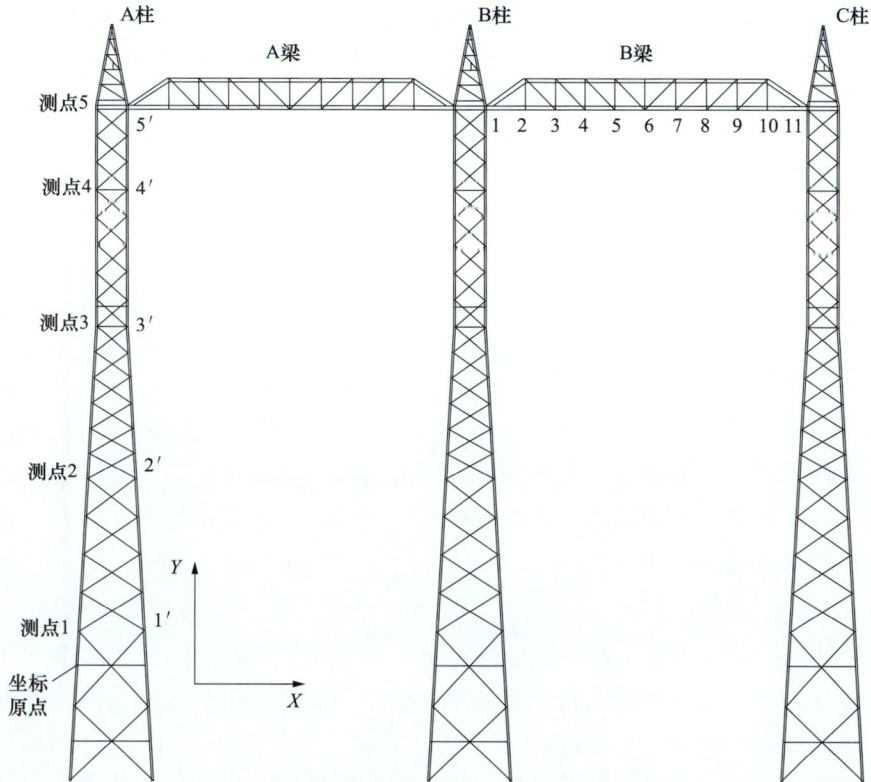

图 3　钢结构梁柱编号及测点布置示意

A、B 横梁在 Y 方向的变形相对差值见表 1，其变形图如图 4 所示。

表 1　　　　　　　　　　　　　　　　极Ⅱ横梁 Y 方向变形相对差值量　　　　　　　　　　　　　　　　mm

测点	1	2	3	4	5	6	7	8	9	10	11
A 梁 ΔY	0	−25	−68	−98	−127	−143	−143	−107	−74	−47	−18
B 梁 ΔY	0	−27	−67	−102	−134	−154	−153	−122	−85	−53	−22

A、B 梁下挠曲线中心向 +X 方向偏移，在 6、7 号测量之间，A 梁测量最大挠度为 143mm，B 梁测量最大挠度为 154mm，两梁端部测量位移差分别为 18mm 和 22mm。A、B 横梁在 Y 方向的变形相对差值见表 2，其变形如图 5 所示。

A、B 梁下挠曲线中心向 +X 方向偏移，在 6、7 号测量之间，A 梁测量最大挠度为 145mm，B 梁测量最大挠度为 148mm，两梁端部测量位移差值较小，最大值为 3mm。

极Ⅰ钢结构横梁最大挠度分别为 145mm 和 148mm，两梁端部位移几乎平齐。极Ⅱ钢结构横梁最大挠度分别为 143mm 和 154mm，两梁端部位移相差约 20mm。如果仅考

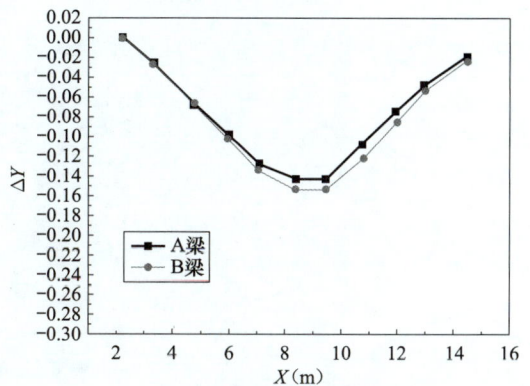

图 4　极Ⅱ横梁 Y 方向变形

表 2						极 I 横梁 Y 方向变形相对差值量					mm
测点	1	2	3	4	5	6	7	8	9	10	11
A 梁 ΔY	0	−26	−65	−99	−136	−145	−143	−108	−73	−42	−2
B 梁 ΔY	0	−22	−64	−101	−131	−148	−143	−104	−68	−32	−3

图 5　极 I 横梁 Y 方向变形

虑绝对挠度值，极 I 钢结构横梁挠度较极 II 大。所以横梁挠度最大是极 I B 梁，为 148mm，其次为极 I A 梁，为 145mm，再次为极 II B 梁，约 144mm，最小的是极 II A 梁，约 133mm。

测量结论：极 I、II 钢结构 A、B 梁的挠度分别为 145、148、133mm 和 144mm。

钢构架下挠变形原因：变形测量发现各横梁的挠度在 133~148mm 之间，超过了规程规范允许值 42mm 的要求。应用大型通用有限元软件 ANSYS 对钢结构整体建模计算，对比分析了全梁连接模型与考虑螺栓滑移模型的位移、轴力数据。从钢结构变形允许值、螺栓孔隙、立柱变形、横梁结构形式、螺栓滑移计算 5 个方面进行系统分析，得出各横梁的挠度超过了允许值。换流站直流滤波器悬吊钢构架下挠变形的主要原因为连接部位螺栓滑移所致。同时钢结构横梁侧面斜材布置不合理、立柱荷载分配不均、螺栓孔隙过大是其次要原因。

◆ 经验体会

通过使用免棱镜光电全站仪对换流站直流滤波器钢构架下挠变形进行带电检测为变电站和换流站结构设备安装、验收、运检提供了新的技术支持。

带电检测测量方法可进一步拓展到输电线路基建、运检过程中，可为导地线弧垂测量、悬垂绝缘子和铁塔倾斜度测量提供技术支持。

◆ 检测信息

检测人员	国网湖南省电力公司电力科学研究院：刘纯（38 岁）、欧阳克俭（33 岁）、谢亿（34 岁）、唐远富（31 岁）、王军（31 岁）、胡加瑞（31 岁）、陈军君（33 岁）
检测仪器	MTS600〔参数：距离测量精度为 ±（2mm＋2ppm. D），放大倍率 30 倍，最短视距 1.5m，测角偏差为 2″，常州市迈拓光电技术有限公司生产〕

STATE GRID
CORPORATION OF CHINA

国家电网公司电网设备状态检修丛书

国家电网公司运维检修部　编

电网设备状态检测技术应用
典型案例（上册）

（2011～2013年）

中国电力出版社
CHINA ELECTRIC POWER PRESS

内 容 提 要

为深化电网设备状态管理工作，提升电网设备状态检测技术应用水平，国家电网公司运维检修部编制完成《国家电网公司电网设备状态检修丛书　电网设备状态检测技术应用典型案例（2011～2013年）》一书。

全书分为8章，包括输电线路状态检测、变压器状态检测、开关类设备状态检测、互感器状态检测、避雷器状态检测、电缆状态检测、开关柜状态检测及其他设备状态检测。书中介绍了各案例的案例简介、检测分析方法、经验体会及检测信息。

本书可供电力系统工程技术人员和管理人员使用，也可供其他相关人员学习参考。

图书在版编目（CIP）数据

电网设备状态检测技术应用典型案例（2011～2013年）/国家电网公司运维检修部组编. —北京：中国电力出版社，2014.12
（2019.8重印）

（国家电网公司电网设备状态检修丛书）

ISBN 978-7-5123-6955-9

Ⅰ.①电…　Ⅱ.①国…　Ⅲ.①电网-电气设备-检测　Ⅳ.①TM7

中国版本图书馆CIP数据核字（2014）第300029号

中国电力出版社出版、发行

（北京市东城区北京站西街19号　100005　http://www.cepp.sgcc.com.cn）

北京盛通印刷股份有限公司印刷

各地新华书店经售

*

2014年12月第一版　2019年8月北京第三次印刷

880毫米×1230毫米　16开本　56印张　1776千字

印数3501—4500册　定价395.00元（上、下册含1DVD）

编写人员名单

刘　明	阎春雨	冀肖彤	张祥全	李　龙	彭　江	
徐玲玲	吕　军	周新风	杨本渤	荆岫岩	李　鹏	
毕建刚	程　序	孔　湧	杨　柳	潘柄利	陈志勇	
刘思远	杨　圆	许　飞	雷红才	岳国良	吴立远	
赵　科	邓彦国	是艳杰	王　珣	陈宝骏	陈瑞国	
印　华	范忠峰	方孟琼	袁帅维	杨　宁	常文治	
弓艳朋	王　楠		张			

前 言

随着国家电网公司特高压交直流电网、智能电网的不断发展，新材料、新工艺、新设备的不断应用，以运行巡视和停电试验为主的传统运检手段已不能全面评估设备的健康状况，尤其对大型设备、全封闭型设备的潜伏性缺陷更不易提前发现。为确保电网设备安全运行，国家电网公司大力推广以带电检测和在线监测为主的状态检测技术，重点检测设备异常时"声、光、电、磁、热"等参数，运用综合分析手段，准确诊断设备"病患"，通过多年努力已积累了一定的经验。

为进一步深化电网设备状态管理工作，提升电网设备状态检测技术应用水平，国家电网公司运维检修部组织收集了公司系统各单位 2011～2013 年的状态检测案例 751 例，组织专家评审并筛选典型案例 371 例，编制完成了《国家电网公司电网设备状态检修丛书　电网设备状态检测技术应用典型案例（2011～2013 年）》一书。全书共包括 8 章，检测对象涵盖输电线路、变压器、开关等电网设备；检测技术涉及局部放电检测、电气量检测、光学成像检测、油化检测等 30 余种带电检测技术。书中介绍了各案例的案例简介、检测分析方法、经验体会及检测信息，是公司系统各单位应用状态检测技术的宝贵成果和经验。

本书可供电力系统工程技术人员和管理人员使用，也可供其他相关人员学习参考。由于时间仓促，书中疏漏之处在所难免，望广大读者批评指正。

编者
2014 年 12 月

目 录

1

第2章 变压器状态检测 ··· 75

下　　册

❖ 第6章　电缆状态检测 ……………………………………………………………………… 629

国家电网公司
STATE GRID
CORPORATION OF CHINA

第1章

输电线路状态检测

国家电网公司
STATE GRID

1.1.1 红外热像检测发现 110kV 闻兴 1178 线耐张线夹发热

◆ 案例简介

2013 年 7 月"迎峰度夏"期间，国网浙江省电力公司杭州供电公司输电运检室管辖的部分 110kV 线路出现重载情况。2013 年 7 月 19 日 9：44，在对重载线路进行红外热像检测工作时，发现 110kV 闻兴 1178 线 2 号塔 C 相大号侧的引流板处发热严重，热点温度为 113.9℃，与邻相导线的温差达到 72.9℃，属于严重缺陷。经分析，发热问题是由于引流板内有杂质引起，随后安排检修人员进行了紧急消缺处理。消缺后，C 相大号侧的引流板温度恢复正常，避免了断线事故的发生。

◆ 检测分析方法

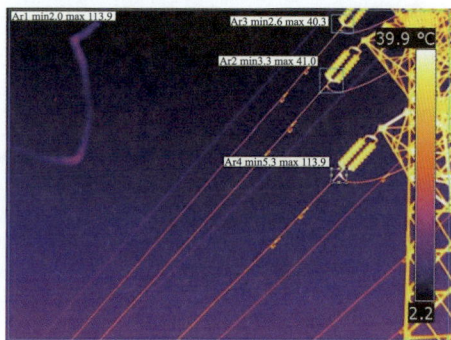

图 1　2013 年 7 月 21 日 19：9：44 闻兴 1178
线 2 号塔 C 相大号侧引流板红外图谱

2013 年 7 月 21 日，国网浙江省电力公司杭州供电公司输电运检室在对 110kV 闻兴 1178 线全线进行红外测温时，发现 2 号塔 C 相大号侧的引流板处发热严重，实时负荷为－58MW，引流板处的温度为 113.9℃，A、B 相耐张串的最高温度分别为 41℃和 40.3℃，红外图谱如图 1 所示，C 相引流板连接点的温度明显高出另外两相。

受"迎峰度夏"用电高峰的影响，闻兴 1178 线的运行负荷已达重载，7 月 21 日的最高负荷达到限额的 82.1%。7 月 26 日班组人员对闻兴 1178 线 2 号塔 C 相大号侧的引流板温度进行了复测。7：50，闻兴 1178 线的负荷约为－52MW，实时测量该点的温度为 74.9℃；10：05，闻兴 1178 线的负荷约为－71.55MW（此负荷已超过 7 月 21 日的最高负荷－70.5MW），该点的实时测量温度为 143℃。图 2、图 3 分别为 7 月 26 日两次测量时的红外图谱。

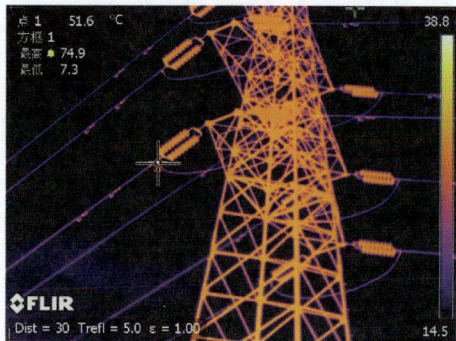

图 2　2013 年 7 月 26 日 7：50 闻兴 1178 线
2 号塔 C 相大号侧引流板红外图谱

图 3　2013 年 7 月 26 日 10：05 闻兴 1178 线
2 号塔 C 相大号侧引流板红外图谱

根据 DL/T 664—2008《带电设备红外诊断应用规范》中的规定，输电导线的连接器热点温度＞130℃或 $\delta \geqslant 95\%$ 时，属于严重缺陷；当热点温度＞130℃或 $\delta \geqslant 95\%$ 时，属于危急缺陷，因此该缺陷已达到严重缺陷（7 月 21 日）和危急缺陷程度（7 月 26 日）。

为了确保线路安全运行，国网浙江省电力公司杭州供电公司输电运检室于 7 月 27 日安排了紧急处理，对引流板内的杂质进行清理，并涂抹导电脂。缺陷处理后，在 7 月 27 日 12：21 再次安排了红外测温复测，此时该引流板的温度为 46.3℃，温度恢复正常，此时的红外图谱如图 4 所示。

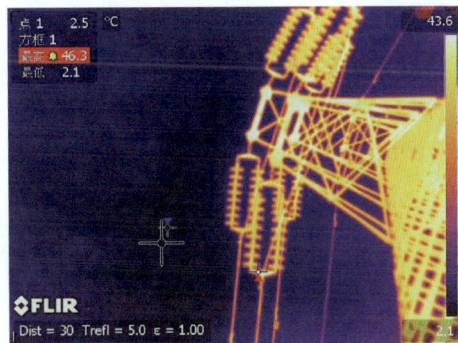

❖ 经验体会

（1）红外热像检测技术是检查输电线路电气设备过热缺陷的有效手段，适当的增加输电线路导线、地线、金具连接点的红外诊断工作，结合设备实际运行情况开展状态检修，可进一步保证输电设备的健康水平。

（2）红外热像检测技术作为一种成熟的带电检测技术手段，利用图谱比对和判断分析能够及时发现并准确判断设备缺陷及其部位，为制定针对性检修策略提供依据，在状态检修工作中发挥着积极的作用。

图 4　2013 年 7 月 27 日 12：21 闻兴 1178 线
2 号塔 C 相大号侧引流板红外图谱

❖ 检测信息

检测人员	国网浙江省电力公司杭州供电公司输电运检室：章伟清（47 岁）
检测仪器	FLIR P630 红外热像仪
测试环境	测试温度 32℃、相对湿度 28%

1.1.2　红外热像检测发现 220kV 店新 4463 线耐张线夹过热

❖ 案例简介

国网浙江省电力公司嘉兴供电公司运维的 220kV 店新 4463 线于 2002 年 7 月投入运行，是 500kV 王店变电站至 220kV 跃新变电站的供电线路。2012 年 11 月 30 日 10：00，输电运检工区红外测温工作人员在对店新 4463 线进行日常检测过程中发现，线路 20 号塔 A 相大号侧耐张线夹连接点处温度异常，连接点温度 25.5℃，导线温度 10.3℃，环境温度为 8℃，推算出相对温差为 86.857%，从数据判断为严重缺陷。检修单位在接到该重要缺陷信息后，立即组织技术人员对该点进行复测，核实确为耐张线夹温度过高，为避免该缺陷持续发展影响线路安全运行，立即组织安排检修人员进行带电处理，及时消除缺陷。

❖ 检测分析方法

220kV 店新 4463 线进行红外热像检测时，发现线路 20 号塔 A 相大号侧耐张线夹连接点处温度异常，红外测温图谱如图 1 所示，测点温度分析见表 1。

对图谱进行仔细分析，发现 A 相大号侧耐张线夹连接点处温度异常，连接点温度 25.5℃，导线温度 10.3℃，环境温度为 8℃，根据 DL/T 664—2008《带电设备红外诊断应用规范》中的公式计算，推算出

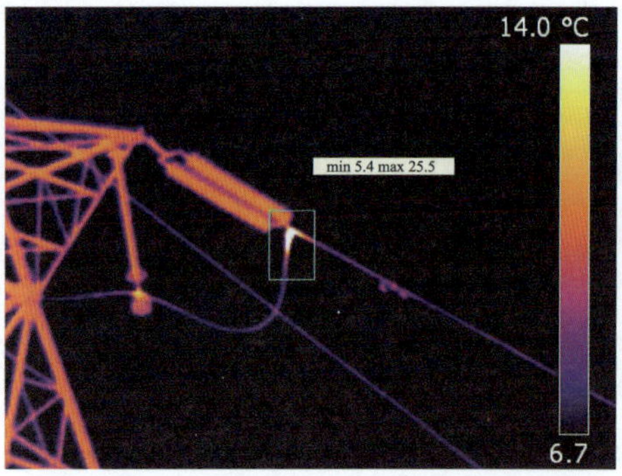

图 1　220kV 店新 4463 线 20 号塔 A 相
大号侧耐张线夹连接器红外热像图谱

表 1　220kV 店新 4463 线 20 号塔 A 相大号侧耐张线夹发热温度分析表

点分析	数值
S01 最高温度	25.5℃

相对温差为 86.857%。依据《输变电设备缺陷分类标准（交流
一次部分）》的分类依据，相对温差值≥80%（且温升＞10℃）
为严重缺陷。

输电检修单位在接到该重要缺陷信息后，立即安排带电作业
进行消缺处理。消缺方法采用国网浙江省电力公司嘉兴供电公司
群创项目成果，即作业人员利用绝缘软梯，进入电场开展等电位
作业，就位后将引流线两端用专用短接线进行搭接转流，短接线
两端经仪器测量电流值相同后，把发热点的引流板接头螺栓打开，检查并清除内部的异物，涂上导电膏并恢
复引流线夹，最后拆除短接线，作业人员退出电场完成消缺，经消缺后的跟踪复查，引流板恢复正常运行。

经验体会

大量事实说明红外热像检测技术能够有效的发现设备过热缺陷，除了例行周期性红外测温以外，
适当增加线路停电前的红外测温工作，能够有效指导设备检修，提高检修工作效率和质量。从多年来
处理过的各类过热缺陷中发现导致接头过热主要原因有以下几点：

（1）导线与金具为螺栓连接，随着运行年限增加，接触面严重锈蚀、氧化，导致过热。

（2）导电接触面存在导电膏，随着运行年限增加，导电膏导电能力逐渐下降，导致过热。

（3）接头螺栓强度不够，随着运行年限增加，接触面间的压力逐渐减小，致使过热。

（4）导电接触面存在杂质，随着运行年限增加，杂质的积累使得导电能力逐渐下降，导致过热。

（5）部分设备连接金属部件强度低、质量差，外加运行工况较差，经过一段时间运行后机械性能大幅
下降，导致产生过热。

针对以上情况，提出以下几点措施：

（1）线路应结合新设备验收与 C 级检修，确保引流板导电接触面干净，不留异物，同时使用导电膏，
避免接触面接触不良导致过热。

（2）接头的连接应使用强度合适的螺栓，避免由于螺栓强度不足造成接触面松动、压力下降。

（3）日常工作中，应加强红外热像检测技术的应用，及时发现问题，并及时进行处理。

检测信息

检测人员	国网浙江省电力公司嘉兴供电公司：陈捷（29 岁）
检测仪器	FLIR 红外线热像仪
测试环境	测试温度 8℃、相对湿度 32%

1.1.3　红外热像检测发现 10kV 团结线输电线路线夹过热

❖ 案例简介

国网黑龙江省电力公司鹤岗供电公司 10kV 团结线 58 号台区，由 10kV 团结线与和平线同杆架设，上下层布置。2000 年 6 月 8 日线路投入运行，两条线路使用的 JKLYJ-10-185mm² 绝缘导线为配合拉手线路，在 10kV 团结线 58 号台区加装了柱上断路器。断路器为大连北方 2000 年 3 月生产的 ZW32-12/630 型真空开关，与引线连接采用 SLG-4B 铜铝过渡线夹。2012 年 10 月 25 日 16：00，在进行 10kV 团结线 58 号台区处红外热像检测工作中，检测 10kV 团结线导线正常温度为 22℃、过热点的最高温度为 63.4℃、最大温差 41℃，10kV 和平线导线正常温度为 24℃、过热点的最高温度为 125℃、最大温差 101℃，和平线 A 相线夹附近导线绝缘皮已经呈灼焦状。两条线路当时的负荷电流分别是 330、350A，环境温度为 6℃。综合判定 10kV 团结线、和平线线路设备线夹存在过热缺陷。10 月 26 日将 10kV 团结线、和平线停电进行过热点处理，送电后缺陷消除，图谱正常。

❖ 检测分析方法

10kV 团结线 58 号台区在进行红外热像检测工作时，发现线路多部位线夹温度分布异常，于是重新选择合适的拍摄角度，采用长焦镜头对线夹部位进行了精确测温，红外和彩色复合照片如图 1、图 2 所示。

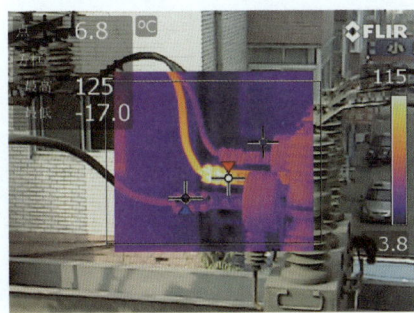

图 1　10kV 团结线线路红外热像及彩色复合图谱（一）　　图 2　10kV 团结线线路红外热像及彩色复合图谱（二）

图 1 图谱最高温度 10kV 侧 A 相线夹 63.4℃，10kV 正常相 22℃，线路运行实时数据：10kV 团结线的负荷电流为 330A。图 2 图谱最高温度 10kV 侧 B 相线夹 125℃，10kV 正常相 24℃，线路运行实时数据：10kV 和平线的负荷电流为 350A，环境温度 6℃。两条线路内最大温差 41℃、101℃，根据 DL/T 664—2008《带电设备红外诊断应用规范》，热像特征以线夹和接头为中心，热点明显，结合现场实测数据与历年测试数据进行对比，见表 1、表 2，红外温度与线路负荷电流大小有关，负荷电流越大，导线温度越高，定性为严重缺陷。

表 1　　　　　　　　　　　　　10kV 团结线历年负荷电流及红外测试统计

试验性质	时间	负荷电流（A）	环境温度（℃）	运行导线正常温度（℃）	最高温度（℃）	温差（%）
例行	2010-8-22	260	29	32	34	2
例行	2011-7-18	240	25	27	30	3
诊断	2012-10-25	330	6	22	63.4	41.4

表 2　　　　　　　　　　　　　10kV 和平线历年负荷电流及红外测试统计

试验性质	时间	负荷电流（A）	环境温度（℃）	运行导线正常温度（℃）	最高温度（℃）	温差（%）
例行	2010-8-22	280	29	33	35	2
例行	2011-7-18	290	25	28	31	3
诊断	2012-10-25	350	6	24	125	101

表 3 处理后线夹直流电阻试验数据表			$\mu\Omega$
线路名称	A 相	B 相	C 相
团结线	11.1	10.9	11.4
和平线	11.8	10.8	10.7

为进一步确定线夹接头部位处理后是否还存在缺陷，又进行了直流电阻试验项目，试验数据均未见异常，试验数据见表 3，确认线路线夹缺陷确已消除。

线夹过热缺陷综合分析：2012 年 7 月，10kV 团结线与和平线由于市政道路改造，将 10kV 团结线 58 号台区所有引线拆除，施工完毕后恢复接线时，由于天色已晚，急需恢复送电，在线夹与导线接头时使用了劣质弹簧垫，导致线夹与导线接触不良，致使局部发热，过热使接触面氧化加剧，进一步增大了接触面的接触电阻，最终导致线路线夹连接处严重过热。

经验体会

红外热像检测技术是一种离线测温技术，可以随时、科学、省时、高效地发现设备过热缺陷。对电网设备状态检修，提供了强有力的技术支撑。为确保缺陷部位能够及时通过红外热像检测技术发现，还应做好以下几个方面：

（1）凡是有接头部位，就有接触不良的概率，在线路红外热像测量时，应逐一测量各个接头部位，确保测量不留死角。

（2）在设备检修后，应尽快安排一次检修部位进行红外测温，以便及时发现缺陷，避免缺陷酿成事故。

（3）把好设备验收质量关，防止劣质设备、零件投入运行，给电网带来安全隐患。

检测信息

检测人员	国网黑龙江省电力公司鹤岗供电公司：吴绪光、曹玉兰
检测仪器	FILR T630 红外热像仪
测试环境	环境温度 6℃、相对湿度 28%

1.1.4　红外测温检测发现 110kV 蜀柳双回预绞式耐张线夹发热

案例简介

110kV 蜀柳双回全线路为双回共塔架设，2010 年 9 月投运，全长 2×42.5km，89 基杆塔，耐张塔 41 基、直线塔 48 基，属陕西省安康市旬阳县境内汉江流域蜀河水电厂送出线路。蜀河水电厂 29 号导线为 LGJ-300/40 双分裂导线，耐张塔 15 基、直线塔 14 基，29 号白柳变电站构架 LGJ-400/35 单导线，耐张塔 26 基、直线塔 34 基。

110kV 蜀柳双回全线耐张线夹均使用预绞式耐张线夹，生产厂家为永固集团股份有限公司，生产日期为 2010 年，投运于 2010 年 9 月。蜀河水电厂 29 号导线耐张线夹为 NL-300/40 预绞式耐张线夹，29 号白柳变电站耐张线夹为 NL-400/35 预绞式耐张线夹。110kV 蜀柳双回预绞式耐张线夹参数见表 1。自投运至 2013 年 5 月线路运行均正常，在开展红外线接点测温时未发现耐张线夹过热现象。2013 年 5 月以后，在丰水季节蜀河电厂满发，110kV蜀柳双回输送电流分别达到550A以上时，多次开展红外测温发现，89号耐张塔、白柳变电站柳蜀双回门型构架预绞式耐张线夹发热，最高温度达到108℃。2013年6月15日，110kV蜀柳Ⅰ线停电，对白柳变电站蜀柳Ⅰ线构架进线A、B、C相发热预绞式耐张线夹采取并沟线夹并分流附线，89号大侧C相发热预绞式耐张线夹采取更换为帕尔普预绞式耐张线夹进行处理，消除此发热隐患。

表1　　　　　　　　　　　110kV蜀柳双回预绞式耐张线夹参数

| 型号 | LGJ、LGJF GB、T1179-1983 | | 线夹长度（mm） | 线径（mm） | 根数 | 节距数不少于 | 线夹质量（kg） |
	标称截面铝/钢（mm²）	外径（mm）					
NL-300/40	300/40	23.94	1270	4.80	6	6	2.30
NL-400/35	400/35	26.82	1422	5.20	6	6	3.00

❖ 检测分析方法

（1）红外线测温过程。

1）抽检情况。2013年5月以后，在丰水季节蜀河水电厂，110kV蜀柳双回输送电流达到550A以上电流时，多次开展红外线接点测温，抽查发现，89号耐张塔、白柳变电站柳蜀双回门型构架预绞式耐张线夹发热，最高温度达到108℃。110kV蜀柳双回发热跟踪检查卡见表2。

表2　　　　　　　　　　　110kV蜀柳双回发热跟踪检查卡

| 时间 | 天气 | 设备名称 | 电压（kV） | 负荷（A） | 测点温度（℃） | | | 环境温度（℃） | 结论 | 测温人员 |
					A相	B相	C相			
2013-5-30 15：00	雨	蜀柳Ⅰ线89号	117	530	90	88	91	28		潘永龙 朱绵山
2013-6-5 19：04	晴	蜀柳Ⅰ线89号	117	625	108	106	104	34		潘永龙 朱绵山
2013-5-30 15：00	雨	蜀柳Ⅱ线89号	117	530	90	88	91	28		潘永龙 朱绵山
2013-6-5 19：04	晴	蜀柳Ⅱ线89号	117	625	103	99	102	34		潘永龙 朱绵山
2013-5-26 10：00	晴	柳蜀Ⅰ线门型构架引线	116	677	91	92	91	34		刘武立 朱江
2013-6-5 19：04	晴	柳蜀Ⅰ线门型构架引线	117	625	104	105	108	34		崔兴建
2013-5-26 10：00	晴	1192柳蜀Ⅱ线门型构架引线	116	640	90	91	91	34		刘武立 朱江
2013-6-5 19：13	晴	1192柳蜀Ⅱ线门型构架引线	117	625	105	107	104	34		崔兴建

2）蜀柳双回全线路红外测温结果。2013年8月，在蜀河水电厂满发，110kV蜀柳双回负荷电流均达到600～650A，安康供电公司运检部输电专业组织人员，对110kV蜀柳双回全线路41基耐张塔，开展红外测温及登塔检查。110kV蜀柳双回耐张预绞丝温度超过70℃，排查结果见表3。蜀河水电厂29号导线耐张线夹为NL-300/40预绞式耐张线夹未发现发热现象，29号白柳变电站导线耐张线夹为NL-400/35预绞式耐张线夹，共计排查出22处预绞式耐张线夹发热隐患点。110kV蜀柳Ⅰ线35号（下、中、上相）大、小侧，46号中相小侧，57号下相及上相大侧；110kV蜀柳Ⅱ线35号（下、中、上相）大、小侧，37号中相大侧，57号（下、中、上）大、小侧预绞式耐张线发热，现场实测最高为蜀柳Ⅰ线35号上相小侧94.7℃。其中，蜀柳Ⅰ线35号中相、上相小侧预绞式耐张线夹与导线温差超过50℃，分别为中相51.5℃、上相51.9℃。

表 3 **110kV 蜀柳双回耐张预绞丝温度超过 70℃ 排查结果**

线路名称	杆号	相序	测量值（℃）					测量日期	测量人员	备注
			小侧预绞丝	引流预交丝	大侧预绞丝	环境温度	导线温度			
蜀柳Ⅰ线	35	下	84	44.3	79.6	28	40.9	2013-8-14	马银武	
蜀柳Ⅰ线	35	中	92.3	44.6	81.9	28	40.8	2013-8-14	马银武	
蜀柳Ⅰ线	35	上	94.7	40.9	83	28	42.8	2013-8-14	马银武	
蜀柳Ⅱ线	35	下	85.1	43.8	89.9	31	42	2013-8-14	马银武	
蜀柳Ⅱ线	35	中	81.4	41.1	82.3	30	42.3	2013-8-14	马银武	
蜀柳Ⅱ线	35	上	75.2	46	86.4	29	41.1	2013-8-14	马银武	
蜀柳Ⅱ线	37	中	65.6	38.1	71.9	26	32.2	2013-8-14	马银武	
蜀柳Ⅰ线	46	中	70.3	75	34.8	24	38.1	2013-8-14	杨冲冲	
蜀柳Ⅰ线	57	下	59.2	40	77.3	24	41.4	2013-8-13	杨冲冲	
蜀柳Ⅰ线	57	中	59.3	48.1	62.9	24	34.5	2013-8-13	杨冲冲	
蜀柳Ⅰ线	57	上	58.5	42.4	70.7	24	38	2013-8-13	杨冲冲	
蜀柳Ⅱ线	57	下	73.8	49.3	77.7	24	42.3	2013-8-13	杨冲冲	
蜀柳Ⅱ线	57	中	73.7	44.6	87.8	24	44.4	2013-8-13	杨冲冲	
蜀柳Ⅱ线	57	上	70.1	42.3	73.9	24	43.2	2013-8-13	杨冲冲	

　　（2）采取措施。2013 年 6 月 15 日，110kV 蜀柳Ⅰ线停电，蜀柳Ⅰ线 89 号塔引线测温报告如图 1 所示，图 2 为蜀柳Ⅰ线 89 号门型构架引线测温报告。对白柳变电站蜀柳Ⅰ线构架进线 A、B、C 相发热预绞式耐张线夹，采取并沟线夹并分流附线，89 号大侧 C 相发热预绞式耐张线夹，采取更换为帕尔普预绞式耐张线夹进行处理，消除此发热隐患，图 3 所示为预绞式耐张线夹安装现场。随后，在对已处理白柳变电站蜀柳Ⅰ线构架进线 A、B、C 相，89 号大侧 C 相发热预绞式耐张线夹，跟踪测温监控检查，未发现过热隐患，现场红外测温如图 4 所示。其他发热隐患点均采取监测，2013 年 10～12 月，在枯水季节，蜀河

电气设备红外检测报告

1　检测工况

单位	安康供电局		输电专业		仪器编号	5 号成像仪	HY-G90LCD
设备名称（电压等级）	1191 柳蜀Ⅰ线 89 号塔引线						
测试仪器	90010338		图像编号		2	辐射系数	
检测时负荷电流	538		额定电流			测试距离	3m
天气	晴天	环境温度		28	湿度	40%	风速	0.2m/s
检测时间	2013 年 5 月 30 日			检测负责人		潘永龙　朱绵山	

2　图像分析

2.1 红外图像

1191 柳蜀Ⅰ线 89 号塔引线。

备注：测量 1191 柳蜀Ⅰ线 89 号塔引线 A＝90℃、B＝85℃、C＝91℃（因测温仪焦距较小无法取得 3 相全景）。

2.2 可见光图像

2013.6.5 日测温：A 相：108℃、B 相：106℃、C 相：104℃。

图 1　蜀柳Ⅰ线 89 号塔引线测温报告

电气设备红外检测报告

1 检测工况

单位	安康供电局		110kV 白柳变电站	仪器编号	5 号成像仪	HY-G90LCD
设备名称（电压等级）	1191 柳蜀Ⅰ线门型构架引线					
测试仪器	90010338		图像编号	2	辐射系数	
检测时负荷电流	538		额定电流		测试距离	3m
天气	晴天	环境温度	28	湿度	40%	风速	0.2m/s
检测时间	2013 年 5 月 30 日			检测负责人		刘武立

2 图像分析

2.1 红外图像

1191 柳蜀Ⅰ线门型构架引线。

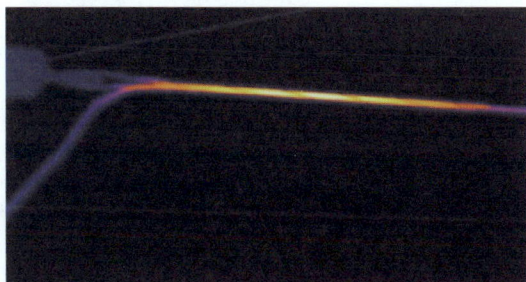

备注：测量 1191 柳蜀Ⅰ线门型构架引线 A＝90℃、B＝85℃、C＝90℃。

2.2 可见光图像

图 2 蜀柳Ⅰ线 89 号门型构架引线测温报告

电厂出力不足，110kV 蜀柳双回负荷电流小于 500A 以下，多次对上述发热隐患点测温，温度及温差均处于正常值。

图 3 预绞式耐张线夹安装现场

图 4 现场红外线测温

（3）原因分析。

1）材质或制造工艺达不到标准引起预绞式耐张线夹发热。结合 110kV 蜀柳双回预绞式耐张线夹发热测温排查，发热均在 29 号白柳变电站 LGJ-400/35 大截面单导线，NL-400/35 预绞式耐张线夹，蜀河水电厂 29 号 LGJ-300/40 双分裂导线，NL-300/40 预绞式耐张线夹未发现发热现象。预绞式耐张线夹属新产品，近年来在输电线路中应用，运行数据积累不足，NL-400/35 耐张线夹无法满足运行要求。

2）涡流效应引起预绞式耐张线夹发热。按照涡流效应产生原因（见图 5），导线外缠绕预绞式耐张线夹，当预绞式耐张线夹通过电流后，将产生交变磁场。导

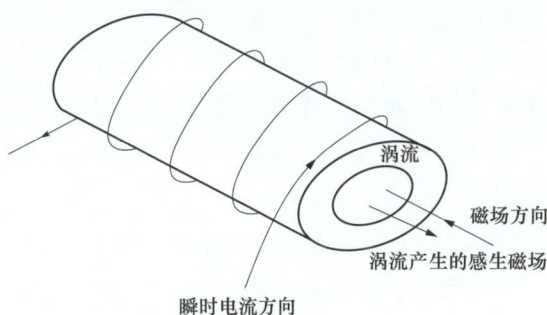

图 5 涡流效应产生图

9

线的圆周方向会产生感应电动势和感应电流，电流的方向沿导体的圆周方向转圈，就会产生涡流现象。由于110kV蜀柳双回高峰负荷电流达到600～650A，且预绞式耐张线夹长度达到1422mm，交变磁场的频率越高，涡流就越大。导体的电阻率越小，则产生的涡流很强，产生的热量就很大，发热温度就会越高。

最终发热分析结果，需要电科院试验查明110kV蜀柳双回预绞式耐张线夹材质等，进一步分析发热原因，采取安全可行的永久处理措施，确保蜀柳双回可靠运行。

经验体会

（1）新型设备在输电线路中的应用，设备生产厂家不仅要提供相关技术参数，还要提供在输电线路中实际运行的应用数据。

（2）新型设备在输电线路应用，应提供相关试验标准及试验机构名称，以防再出现安全隐患后，无法有效进行相关试验，结合试验结果，采取相应治理措施，杜绝此类安全隐患再次发生，确保输电线路安全稳定运行。

检测信息

检测人员	国网陕西省电力公司安康供电公司运检部输电运检室输电运维五班：刘明生、潘永龙、王刚
检测仪器	FLIR Therma CAM E30 红外热像仪、FLUKE Thermal Imagers Ti32 红外热像仪
测试环境	温度28℃、湿度40%

1.1.5　红外热像检测发现220kV滦周一线42号大号侧线夹过热

案例简介

国网冀北有限公司承德供电公司负责运维220kV滦周一线，线路全长16.254km，2008年7月28日投运，施工单位为承德昊源电力承装有限公司。2012年6月28日例行带电测试时发现该线路42号大号侧线夹过热，通过红外测温及相关试验比对后，确定缺陷原因为线路负荷过大，线夹螺栓松动，为严重缺陷，停电对其进行紧固线夹后恢复正常。

检测分析方法

根据带电测试结果对比投运后首次测试及历年试验结果见表1。

工作人员在例行测试时发现红外测温图像中线夹明显有过热痕迹，返回工区进行报告分析。结果显示，相对湿度为25％，环境温度为24.1℃，线夹温度为76.9℃，参照输电线路运行规程，线夹的正常温度为30℃。测温图谱如图1所示。

表1　带电测试结果、投运后首次测试及历年试验数据

测试日期	测试数据			
	相对湿度（％）	环境温度（℃）	线夹温度（℃）	温度差（℃）
2008-8-1	20	25.8	30.2	4.4
2009-7-5	15	30.1	35.2	5.1
2010-10-25	17	16.1	17.5	1.4
2011-3-12	10	9.6	15.6	6
2012-6-28	25	24.1	76.9	52.8

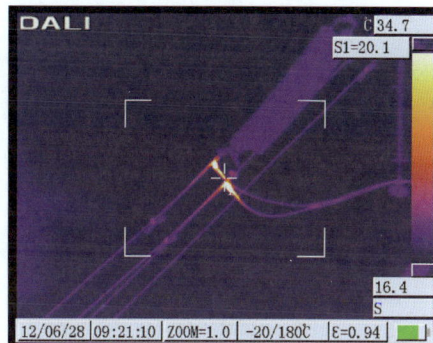

图1　220kV滦周一线42号大号
侧线夹过热红外测温图谱

依据DL/T 664—2008《带电设备红外诊断应用规范》中相对温差的计算公式

$$\delta = (T_1 - T_2)/(T_1 - T_0) \times 100\% \tag{1}$$

式中　T_1——发热点温度；

　　　T_2——正常温度；

　　　T_0——环境温度。

经计算220kV滦周一线42号大号侧线夹的相对温差δ为88.826％，达到了DL/T 664—2008中规定的电流至热设备诊断中输电导线连接器的严重标准，认定属于严重缺陷。

工作人员又对红外测温的报告加以整理，将资料进一步交到公司专家进行审查。测温报告如图2所示。

经专家现场确认此次线夹过热为严重缺陷，缺陷原因为线路负荷过大，线夹螺栓松动，建议拧紧螺母，消除缺陷。现场紧固线夹如图3所示。

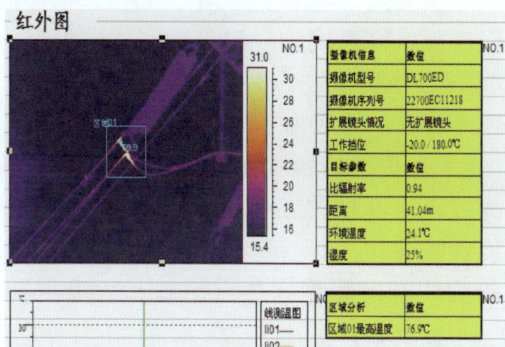

图2　220kV滦周一线42号大号
侧线夹过热红外测温报告

图3　现场紧固线夹

💠 经验体会

（1）此次缺陷发现、跟踪试验到确定缺陷性质，是通过红外测温及例行试验相结合的结果，对今后设备状态评价及状态检修计划的制定，起到了积极作用。

（2）红外测温对导线线夹类电流致热型缺陷的判断较为困难，故障温差较小，特点不明显，且DL/T 664—2008《带电设备红外诊断应用规范》对110kV以上设备未明确规定正常温度，只能结合运行经验和运行规程判断正常温度，建议明确设备不同时间段的正常温度，以提高设备隐患的发现率。

检测信息

检测人员	国网冀北电力有限公司承德供电公司输电运检室带电二班：陈宇（30 岁）。 国网冀北电力有限公司承德供电公司输电运检室生产组：徐硕（27 岁）
检测仪器	P30 红外热像仪（厂家：DALI，仪器编号：23404817，空间分辨率：1.3mrad，精确度：±2%，图像刷新率：50/60Hz，光谱范围：7.5～13μm，操作温度范围 −15±50℃，存储温度范围：−40±70℃）
测试环境	环境温度 24.5℃、环境湿度 25%、大气压 0.1MPa

1.1.6　红外热像检测发现 220kV 桃晓 2571 线 26 号塔耐张线夹发热

案例简介

国网江苏省电力公司检修公司南京分部 220kV 桃晓 2571 线 26 号塔投运于 2000 年 4 月，地处南京燕子矶。2012 年 06 月 23 日由于负荷增大，对该线路进行红外测温，在测温过程中发现 26 号塔上有两相耐

图 1　线夹温度异常红外照片

张线夹有温度异常升高现象，耐张线夹本体温度达到 160℃ 左右。该线路的导线型号为 LGJ-300/40，耐张线夹型号为 NY-300/40，其中，导线为 1976 年投运的旧导线，耐张线夹为 2000 年 4 月更换的新线夹。

图 1 为线夹温度异常红外照片，根据 DL/T 664—2008《带电设备红外诊断应用规范》的附表 K，其热像特征为以线夹和接头为中心的热像，热点明显，故障特征为接触不良，其热点温度大于 110℃，相对温差为 99.6%，大于 95%，属于危急缺陷。

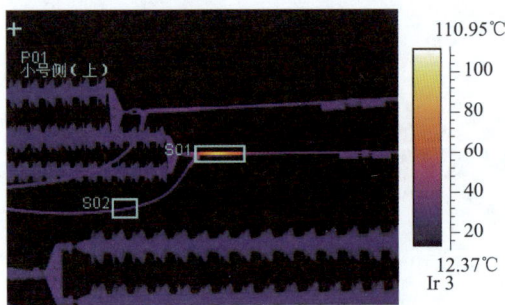

检测分析方法

根据缺陷情况，立刻进行了停电检修，更换其压接管，并对故障压接管进行解剖分析。

（1）线夹接触电阻测量。耐张线夹在运行状态下出现温度异常，运行单位反映当时的线路负荷并未超过设计电流，而且三相线夹中只有上、下两相（上、下为现场安装位置）出现了温度异常，温度高达 160℃，而中间相的温度并不高，未超过 80℃，因此可以排除电流超负荷引起的发热异常。

耐张线夹的铝管主要承载通流作用，其铝管的内壁和钢芯铝绞线的外层是主要的接触面，如果线夹本体出现发热，往往与此接触面的电阻有关，因此参照 GB/T 2317.3—2008《电力金具试验方法 第 3 部分：热循环试验》标准，采用回路电阻测试仪，对线夹的接触电阻进行了测量，结果见表 1。

由测量结果可以看出，在环境温度下，出现温度异常的线夹接触电阻明显大于温度正常的线夹，接触

电阻值相差 4 倍有余，这也说明接触电阻增大是两只线夹出现温度异常的直接原因。

（2）线夹结构分析。外观结构分析：耐张线夹已运行 12 年，由图 2 可以看出，铝管表面有较明显的灰黑色沉积物，钢锚有明显的均匀锈蚀。线夹外部的压接质量（铝管与导线、铝管与钢锚的压接）未见明显异常。与耐张线夹相接的导线表面也有较厚的灰黑色沉积物，铝线表面有轻微的锈蚀痕迹。

表 1　　　　　　线夹接触电阻测量结果

相别	接触电阻（$\mu\Omega$）	备　注
上	633	现场测量有温度异常
中	152	现场测量无温度异常
下	737	现场测量有温度异常

图 2　耐张线夹整体形貌

线表面均产生了锈蚀，进一步增大了接触电阻，表现为线夹本体温度异常。

相比中相，上、下两相耐张线夹有 3 个明显的差异：

1）导线与钢锚端口之间钢芯的长度存在明显差异。经测量，上相中间部位钢芯长度为 30mm，下相中间部位的钢芯长度为 27mm，而中相的钢芯长度为 11mm。

2）导线与钢锚之间钢芯的锈蚀程度存在差异。上相的钢芯表面颜色发黑，有明显的灼烧痕迹［见图 4（a）］，有发热量较大高温氧化的特征。中相的钢芯表面有黄褐色的锈迹，锈蚀程度较轻

线夹内部结构分析：将三只耐张线夹的铝管部位纵向剖开，发现铝管与钢芯铝绞线压接的区域均有明显的黑色灰垢，如图 3 所示。

图 3 表明在线夹压接时，旧导线表面的污垢和锈迹没有完全清理干净，压接成型后在线夹铝管内壁与导线外表面之间因为污垢的存在形成较大的接触电阻，而随着时间的推移，钢芯与铝绞

图 3　耐张线夹压接区域形貌
（自上而下依次为上、中、下三相）

［见图 4（b）］。下相的钢芯表面也呈黄褐色，但是有较多的锈迹，锈蚀程度明显大于中相［见图 4（c）］。

3）压接区导线内层的锈蚀程度存在差异。虽然三只线夹铝管内壁与导线的外表面均存在黑色的污垢，但内层铝线表面的锈蚀程度存在差异。上相压接区导线内层铝线的表面也存在黑色的污垢，有轻微锈蚀。中相压接区导线内层铝线的表面颜色为黄褐色，锈蚀程度轻微。下相压接区导线内层铝线的表面颜色为黄褐色，但存在较明显的锈蚀。

利用红外热像技术，结合线路负荷情况对输电线路进行跟踪监测，已成为一项重要手段。在对该线路线夹进行监测中发现该处温度较高，且在随后的几次跟踪中都发现温度居高不下，立刻进行了停电检修，更换其压接管。

（a）

（b）

图 4　线夹压接区内壁及导线形貌（一）
（a）上相压接区导线表面（外层与铝管压接紧密黏合）；（b）中相压接区导线表面

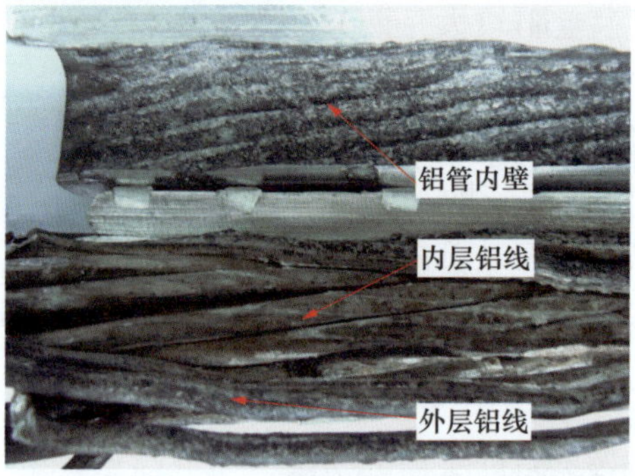

（c）

图 4　线夹压接区内壁及导线形貌（二）

（c）下相压接区导线表面

经验体会

通过对三只耐张线夹进行接触电阻测量、对线夹的压接结构进行解剖等，综合分析得出以下结论和建议：

（1）耐张线夹与导线之间接触电阻过大是线夹发热的主要原因。接触电阻测量得出，出现温度异常的上、下两只耐张线夹的接触电阻远大于同长度导线的电阻，而且超过温度正常线夹接触电阻的 4 倍。

（2）耐张线夹压接在前未彻底清除旧导线表面的污垢及氧化物，导线表面与线夹铝管之间存在较大的接触电阻，随着运行时间的推移，钢芯和铝线的锈蚀程度增加，致使导线铝股之间以及导线与线夹铝管之间的接触电阻进一步增大，发热量加剧，耐张线夹出现温度异常。

（3）耐张线夹中导线与钢锚之间的一段钢芯的长度过长，不符合 DL/T 5285—2013《输变电工程　架空导线及地线　液压压接工艺规程》，温度异常的上、下两只耐张线夹中间导线与钢线端口之间的裸露钢芯长度超过规程要求的 5～6 倍，而此区域正好也是耐张线夹通流面积和导热面积最小的区域，发热量大，散热面积小，因此是线夹温度最高的区域。

耐张线夹的温度异常情况表明，使用旧导线改造进行耐张线夹压接时，要严格执行工艺规范要求，彻底清除旧导线表面的污垢与氧化物，同时也要保证导线与钢锚端口之间的裸露钢芯长度。在导线与耐张线夹之间的接触电阻较小时，流经中间钢芯的电流非常微弱，不会引起明显的发热，当导线与线夹铝管之间的接触电阻显著增大时，流经钢芯的电流也会相应增大，过长的钢芯会产生较大的发热量，轻则引起耐张线夹温度异常，严重时会导致钢芯在高温下强度下降断裂，出现线路断线，因此，建议在压接施工时强化施工过程质量监控。

检测信息

检测人员	国网江苏省电力公司检修公司南京分部：李大雷（31 岁）
检测仪器	DALIDL770A 型红外热像仪
测试环境	温度 34℃、相对湿度 60％

1.1.7 红外热像检测发现 110kV 马溙 792 线 60 号塔 C 相跳线线夹过热

🔷 案例简介

国网江苏省泰州供电公司姜堰运维站 110kV 马溙 792 线于 2003 年 8 月初次投入运行。2012 年 8 月 20 日对该线路进行例行的红外热像检测工作，检测时发现 60 号塔 C 相跳线线夹表面温度为 51.3℃，温度异常（负荷电流为 196A，环境温度为 34.6℃，导线温度 35.6℃），而正常 B 相跳线线夹表面温度为 35.8℃（负荷电流为 196A，环境温度为 34.6℃）。运行人员及时进行登塔消缺，发现线夹连接螺栓松动，导致接触不良，且打开连接板后发现线夹表面氧化严重，随即对线夹进行了处理、消缺。

🔷 检测分析方法

110kV 马溙 792 线 60 号塔 C 相的红外热像检测图如图 1 所示。检测所使用的红外摄像机信息见表 1。

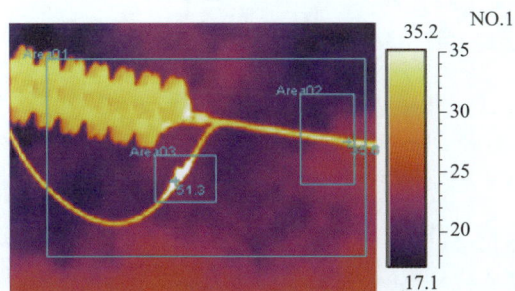

图 1　110kV 马溙 792 线 60 号塔 C 相跳线线夹红外热像

表 1　红外摄像机信息

	摄像机型号	DL770A
	工作挡位	−20.0/250.0
	环境温度	34.6℃
区域分析	Area01 最高温度	51.3℃
	Area01 比辐射率	0.90
	Area02 最高温度	35.6℃
	Area02 比辐射率	0.90
	Area03 最高温度	51.3℃
	Area03 比辐射率	0.90

通过图谱分析，发现 60 号塔 C 相跳线线夹温度异常，表面最高温度为 51.3℃（负荷电流为 196A，环境温度为 34.6℃，导线温度 35.6℃），而正常 B 相跳线线夹表面温度为 35.8℃（负荷电流为 196A，环境温度为 34.6℃）。根据 DL/T 664—2008《带电设备红外诊断应用规范》，发热点接头与导线的温升为 15.7K，而相对温差为 $\delta_T = 92.8\%$，根据输电线路的连接器电流致热型设备缺陷诊断依据判定该缺陷为严重缺陷。从图 1 中看到连接板接头为中心的热点很明显，应为接触不良引起接头过热故障。

运行人员及时对此缺陷进行了消缺，登塔发现连接板螺栓松动，且打开线夹发现表面氧化严重，立即对线夹表面进行打磨除去氧化层，涂抹上中性凡士林，并复紧螺栓，送电后重新测温 60 号塔 C 相跳线温度为 36℃。

🔷 经验体会

近几年来，国网江苏省电力公司泰州供电公司通过红外热像检测技术对重载、满载的线路进行检测，已经发现并消除了十几处类似马溙 792 线 60 号塔 C 相跳线过热缺陷，有力保障了线路安全运行，红外热像检测技术能发现地面巡视、夜间巡视所不能发现的缺陷，是一种比较有效、便捷的检测手段。

（1）导线与金具、金具与金具间为螺栓连接，随着运行年限增加，螺栓会发生松动，导致接触电阻增大，容易导致过热。通过近几年的统计，发现线路跳线过热缺陷是并沟线夹连接情况的约占 80%，而通过改并沟线夹连接为液压连接可使得过热缺陷得到明显下降，因此应将并沟线夹连接逐步改为液压线夹连接，对连接螺栓采用必要的防松措施。

（2）金具表面连接随着运行年限增加，接触面会出现锈蚀、氧化，导致过热现象，因此在进行线路检修时，应对跳线线夹进行抽样开夹检查，发现问题应及时处理。

（3）导线接触面存在导电膏，随着运行年限增加，导电膏导电能力逐渐下降，甚至失效，致使过热，应采用凡士林来替代。

（4）设备过热有时是由多方面问题共同作用的结果，有螺栓松动的问题，有表面氧化的问题，也有导电膏失效的问题，不能只考虑单方面，而应根据现场情况综合处理，提高消缺的质量和效率。

（5）红外带电检测除进行正常周期检测外，在线路重载、单线运行等特殊情况适当增加检测次数，以保障线路安全运行。

◆ 检测信息

检测人员	国网江苏省电力公司泰州供电公司姜堰运维站：沈长林（50岁）、李胜华（38岁）、孙为军（34岁）
检测仪器	DALIDL770A 型红外热像仪
测试环境	测试温度 34.6℃、相对湿度 65％

1.1.8 红外热像检测发现 110kV 昆仑变电站 7021 隔离开关上方导线线夹过热

◆ 案例简介

国网江苏省电力公司常州供电公司溧阳运维站在 2013 年 11 月 8 日 10：00 对 110kV 昆仑变电站进行定期巡视测温过程中，发现 2 号主变压器 7021 隔离开关上方门型架构导线（母线侧）与绝缘子连接处温度异常，其中 A 相 91.8℃，B 相 65.7℃，C 相最高达到 120.7℃，负荷电流 102A。此时环境温度 23℃，相邻同类型设备平均温度 25℃。经停电诊断后发现该连接处氧化严重，使电阻值远大于正常情况，造成严重发热，随即由检修人员消缺处理。

◆ 检测分析方法

在测温巡视发现发热异常后，对此处异常点进行了精确测温，选择成像的角度、色度，拍下了清晰的图谱，并将此情况上报，检测结果见表 1。

测试结果表明，2 号主变压器 7021 隔离开关上方门型架构导线接头（母线侧）ABC 三相异常发热，A 相 91.8℃，B 相 65.7℃，C 相 120.7℃，负荷电流 102A。此时环境温度 23℃，相邻同类型设备平均温度 25℃。根据 DL/T 664—2008《带电设备红外诊断应用规范》判断：故障特征为设备氧化引起电阻增大；缺陷性质为危急缺陷。在随即的检修消缺时，发现该发热点螺栓、夹件表面氧化严重，进行了更换处理，并且在送电后重新进行了的红外热像检测，此设备恢复健康状态，红外图谱正常。

表 1　　　　　　　2 号主变压器 7021 隔离开关上方门型架构导线红外成像检测结果

单　位	常州市供电公司溧阳运维站
变电站名称	110kV 昆仑变电站
设备名称	2 号主变压器 7021 隔离开关上方门型架构导线（母线侧）从左到右 ABC 相

测试仪器	FlukeThermography			
测试时间	2013-11-8 10：26：57		辐射系数	0.95
负荷电流	103.5	额定电流	天气情况	晴
环境温度	23.1℃	相对湿度 37.7%	风速	1.2m/s

测温图片	设备照片

名　称	最　大
A	91.8℃
B	65.7℃
C	120.7℃

校对：	审核：

🔷 经验体会

通过数年来的红外测温巡视，发现红外热像检测技术能够行之有效的发现设备过热缺陷。在变电设备的运行检修过程中，除了进行例行周期性红外测温以外，增加对重要设备、重点部位系统的进行红外测温工作，能够有效指导设备检修，提高检修工作效率和质量。根据多年来的各类过热缺陷和系统案例总结出导致接头过热的主要原因有以下几点：

（1）导线与金具为螺栓连接，随着运行年限增加，接触面严重锈蚀、氧化，导致过热。

（2）导电接触面存在导电膏，随着运行年限增加，导电膏导电能力逐渐下降，导致过热。

（3）接头螺栓强度不够（4.8级），随着运行年限增加，接触面间的压力逐渐减小，致使过热。

（4）部分设备连接金属部件强度低、质量差，外加运行工况较差，经过一段时间运行后机械性能大幅下降，导致产生过热。

针对以上情况，提出以下几点措施：

（1）导线与金具的连接采用压接形式，避免接触面与空气接触导致锈蚀、氧化。

（2）电气设备导电接触面涂薄层凡士林，禁止使用导电膏，避免接触面接触不良导致过热。

（3）接头的连接应使用强度8.8级的螺栓，避免由于螺栓强度不足造成接触面松动、压力下降。

（4）尝试使用防止设备连接端子过热型紧固螺栓。

以上对设备检修工艺和质量提出了更高的要求，保证检修质量，全面考虑不留死角，而且在设备检修过程中对接头的处理将更具针对性，避免日后出现过热现象。

检测信息

检测人员	国网江苏省电力公司常州供电公司溧阳运维站：唐才洪（52 岁）、孙定保（59 岁）
检测仪器	SAT－S160 红外热像仪
测试环境	测试温度 23.1℃、相对湿度 37.7％

1.1.9 红外热像检测发现 110kV 葛潮线引流线过热

案例简介

国网天津市电力公司滨海供电分公司运维的葛潮线由 220kV 葛沽变电站 114 出线至 110kV 潮音寺变电站 111 出线共计 76 基杆塔，线路全长 16.268km，其中部分线段由原大官线（1976 年投运）改造而来，存在新老导线混用情况。2013 年 12 月 4 日 22 点 13 分，在对 110kV 葛潮线进行红外测温时，发现 13 号 A 相引流线夹温度达 32℃。此处连接引线 13 号塔小号侧为旧导线，导线型号为 LGJ-150；13 号塔大号侧导线型号为 LGJ-240，当时引线电流为 211A。针对此缺陷制定并执行了带电加引流线的解决方案，处理后检测温度为 14℃，效果明显，彻底消除了隐患，保障了线路的安全运行。

检测分析方法

（1）红外测温检测及分析判断。试验仪器采用红外测温仪对葛潮线 13 号耐张塔进行红外测温。110kV 葛潮线 13 号 A 相引流线夹红外测温图像如图 1 所示。

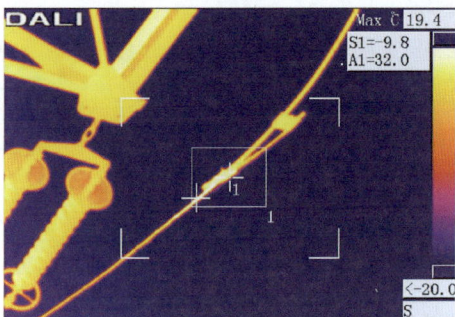

图 1 110kV 葛潮线 13 号 A 相引流线夹红外测温图像

根据规定，两个对应测点之间的温差与其中较热点的温升之比的百分数为相对温差 δ_t，可用式（1）求出

$$\delta_t = (\tau_1 - \tau_2)/\tau_1 \times 100\%$$
$$= (T_1 - T_2)/(T_1 - T_0) \times 100\% \qquad (1)$$

式中　τ_1 和 T_1——发热点的温升和温度；
　　　τ_2 和 T_2——正常相对应点的温升和温度；
　　　T_0——环境温度参照体的温度。

当时发热点 A 相温度为 32℃，其余 B、C 相温度为 0℃，环境温度为 -4℃，求得 δ 为 89％。根据 Q/TGS 1031—2009《红外热成像技术规范》中输电导线的连接器（耐张线夹、接续管、修补管、并沟线夹、跳线线夹、T 型线夹、设备线夹）$\delta \geqslant$ 95％或热点温度＞130℃属于危急缺陷。

（2）故障判断：

1）导线老化是断引线的直接原因。葛潮线9～50号线段投运于1976年，至今已有37年运龄，导线已出现了粉化，换下来的导线一经摔打即有粉屑脱落。导线有效导电截面减小，电阻增大。旧导线和脱落的粉屑如图2所示。

2）线路切改使用旧导线做引线，压接导线接头使得引线受损。

（3）整改措施：

1）鉴于葛潮线运龄久，设备健康水平差，对葛潮线进行一次彻底的大检查，对9～40号线段内的耐张塔过引线进行了处理，带电做过引线，彻底消除葛潮线的导线接头隐患。重做过引线后的测温图像如图3所示。

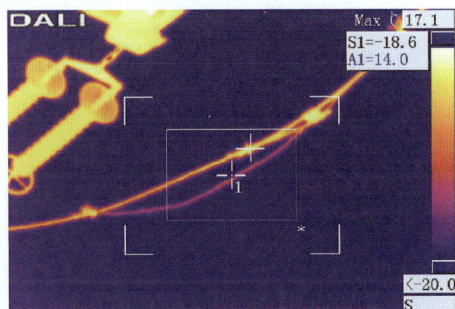

图2 110kV葛潮线导线和脱落的粉屑

图3 110kV葛潮线重做过引线后的测温图像

2）对葛潮线线路缩短巡视周期，加强线路巡视。

3）针对葛潮线导线状况，运检部加强与调控中心的联系，及时了解、掌握线路负荷变化情况，积极开展针对性特巡、测温，以便及时发现并消除线路运行中的隐患。

经验体会

（1）通过红外热成像技术可以发现输电线路正常巡视无法发现的隐患，国网天津市电力公司滨海供电分公司利用此检测技术已发现了多次架空线路过热缺陷，及时处理避免了设备运行事故。

（2）架空线路新旧导线搭接过渡处，容易出现过热现象，应重点进行红外热成像检测。

检测信息

检测人员	国网天津市电力公司滨海供电分公司：李展（27岁）、李毅（30岁）
检测仪器	红外热像仪（700E＋，浙江大立科技股份有限公司）
测试环境	温度10℃、相对湿度30％

1.1.10 红外热像检测发现110kV昌溪1093线引流线并沟线夹发热

案例简介

2013年7月20日15:17国网浙江省电力公司丽水供电公司在对110kV昌溪1093线25号耐张杆测温中，发现B、C相引流线并沟线夹均存在严重温升现象，其中B相温差达37℃，C相温差达41℃。根据DL/T 664—2008《带电设备红外诊断应用规范》分析均属于紧急缺陷，线路不具备运行条件。发现缺陷同时立即通知国网浙江省电力公司丽水供电公司调度，建议昌溪1093线负荷转至遂溪1094线。

测温情况如图1～图3所示。

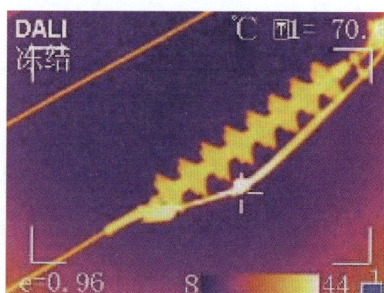

图1 导线夹　　　　　　　　　　图2 B相线夹

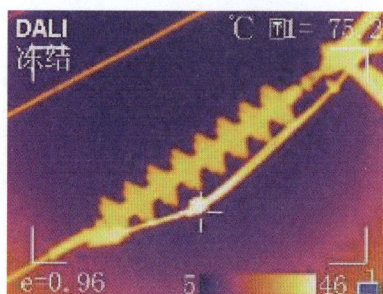

图3 C相线夹

将缺陷情况上报相关职能部门，经会议讨论，决定于2013年7月21日组织人员对110kV昌溪1093线25号缺陷进行应急处理，并对110kV昌溪1093线所有耐张线夹进行检查。

21日在对23号耐张线夹检查过程中发现，C相引流并沟线夹处，由于发热导线外层铝股几乎全部熔断，仅剩6股钢芯连接。在接到检查23号耐张线夹人员的汇报情况后，国网浙江省电力公司丽水供电公司检修公司（输电）立即组织专业组赶赴23号现场，经过对缺陷分析后决定对C相引流熔断部分剪断进行重新搭接。

图4为昌溪1083线25号耐张线夹消缺作业情况。

图4 昌溪1083线25号耐张线夹消缺作业情况

图 5 为昌溪 1083 线 23 号耐张线夹消缺作业情况。图中工作人员正在登杆进行更换作业。

图 5　昌溪 1083 线 23 号耐张线夹消缺作业情况

为提高检修质量，确保停电计划的按时完成，虽现场天气酷热难耐，但经过 6 个多小时的努力，完成了 110kV 昌溪 1093 线 23 号 C 相引流更换，110kV 昌溪 1093 线 25 号 B、C 相引流抢修作业，以及昌溪 1093 线全线耐张杆塔引流线夹的检查工作。于 2013 年 7 月 21 日 16：19 结束抢修作业，汇报地调线路具备复役条件。

昌溪 1093 线长期重载运行，本次运行人员及时发现线路热缺陷直接避免了一次引流断线的停电事故。

❖ 检测分析方法

昌溪 1093 线全线引流采用异径铝并沟线夹连接，在红外测温过程中同时发现了 2、3、13、23 号的异径铝并沟线夹均存在不同程度的发热现象。

故障发生时昌溪 1093 线运行负荷在 8.2～8.3MW。

经现场取样分析（见图 6），这种并沟线夹的缺陷在于握着力不足（采用 ϕ12 螺栓固定）以及与导线接触面偏少，由于安装时连接不够紧密再加上 110kV 昌溪 1093 线长期处于高负荷运行状态，并沟线夹连接处持续发热导致引流线外层铝股熔断。

线夹与导线接触面较小

采用三枚 ϕ12 螺栓固定，握着力明显不足

图 6　异径铝并沟线夹

❖ 经验体会

（1）及时、适时的全面开展红外测温工作。

（2）加强检修作业的质量监督工作。

（3）结合年度停电计划针对老旧线路的螺栓接续部位进行检修及更换，建议将目前在用的异径铝并沟线夹更换为 JB-4 型并沟线夹。

❖ **检测信息**

检测人员	国网浙江省电力公司丽水供电公司：杨健伟（36）、吴夏韬（28）、傅强（29）
检测仪器	红外热像仪（DL 700E＋，浙江大立科技股份有限公司）
测试环境	环境温度 33℃、湿度 50%、黑体比辐射率 0.95、测试距离 3m

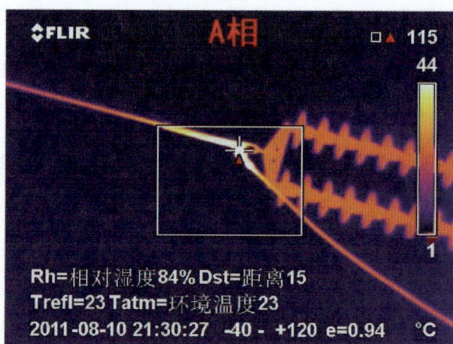

1.1.11 红外热像检测发现 220kV 禹嘉 4725 线 148 号杆塔引流板过热

❖ **案例简介**

国网安徽省电力公司滁州供电公司运维的 220kV 禹嘉 4725 线路于 1997 年 7 月投入运行，是 500kV 禹会变电站与 220kV 嘉山变电站之间的重要供电线路。2011 年 8 月 10 日 21：30 左右，技术人员对 220kV 禹嘉 4725 线路 148 号耐张杆塔引流板进行红外检测时，发现 A 相 115℃、C 相 104℃，而 B 相只有 29.9℃，A、C 相红外测温图谱分别如图 1、图 2 所示，环境温度为 23℃。如果长时间运行，很可能出现引流板烧毁而导致断线事故，造成明光、天长两市大面积停电。因此，向领导反映情况后决定进行带电消除缺陷。随后，检修人员采用等电位作业，通过加装引流线方法，打开耐张引流板将烧伤点和导电膏处理后重新连接。处理后约 8min，耐张引流板温度降低至 40℃以下。采用同样处理方法，另一相引流板经检修后也达到了正常运行温度，及时避免了一起 220kV 输电线路断线事故的发生。

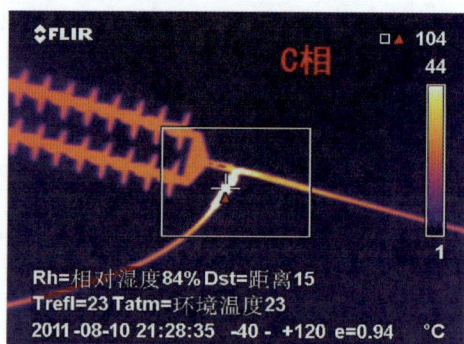

图 1　220kV 禹嘉 4725 线 148 号杆 A 相引流板红外测温图谱

图 2　220kV 禹嘉 4725 线 148 号杆 C 相引流板红外测温图谱

❖ **检测分析方法**

220kV 禹嘉 4725 线路导线型号为 LGJ-400/50，输送额定容量为 200MW，当时输送负荷为 135MW，为输送额定容量的 67.5%，完全符合红外测温应在线路输送额定容量 50% 以上的基本条件。为防止太阳光干扰，测温安排在夜晚进行。因此，测温结果能够准确反应引流板温度。

将红外热像仪拍摄的图片通过 ThermaCAM QuickView 软件进行了图谱分析。图3、图4分别为220kV禹嘉4725线148号杆A相、C相引流板红外检测分析报告。

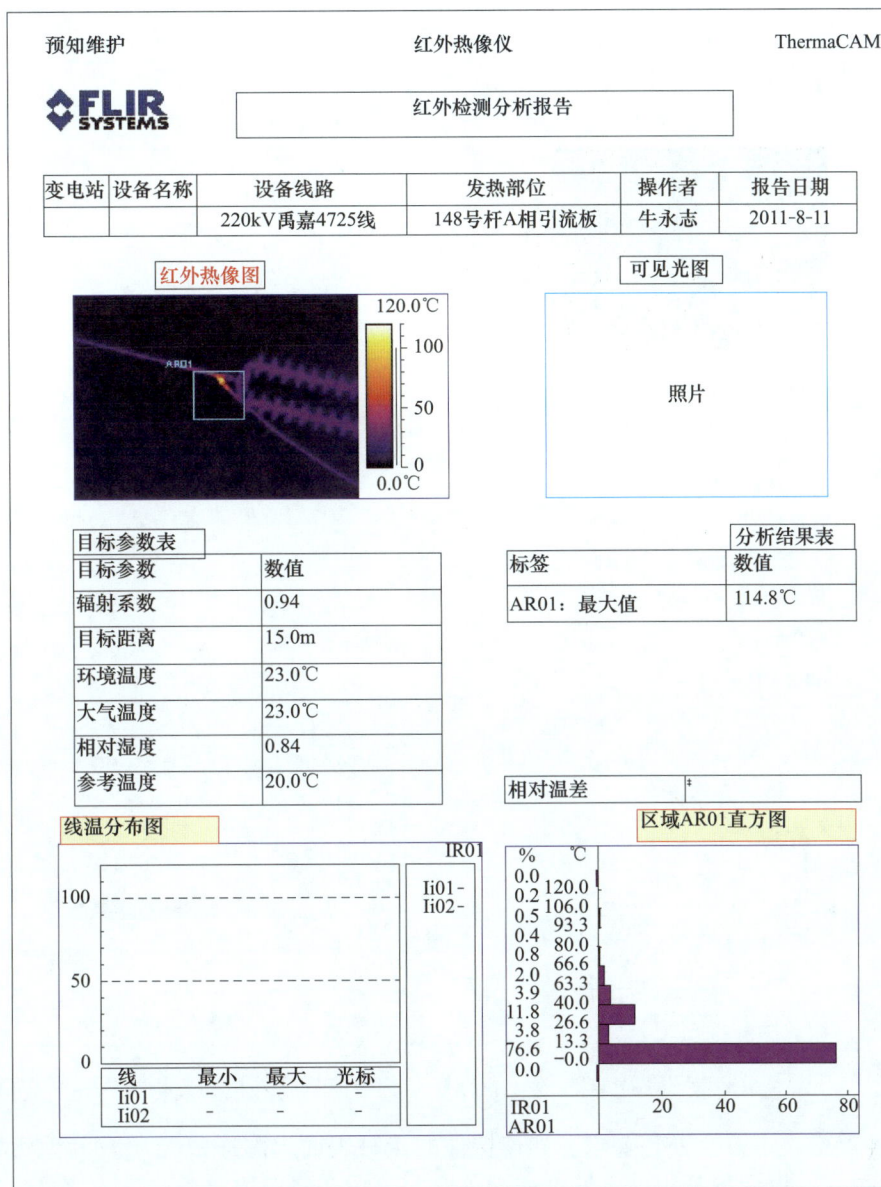

图3　220kV禹嘉4725线148号杆A相引流板红外检测分析报告

根据红外测温结果，分析红外异常的原因可能是导电膏在高温作用下不断挥发、流失干涸，从而失效，造成接触不良，这样接触电阻增大而引起发热。

❖ 经验体会

（1）红外热像检测技术能够有效的发现输电线路设备过热缺陷，尤其是在大负荷高温期间，通过红外检测能够准确反映设备状态，为确保输电线路安全运行提供数据支撑。

（2）耐张跳线接头发现导致过热缺陷的主要原因有以下几点：

1）线路运行时间过长，因受雨、雪、雾、有害气体及酸、碱、盐等腐蚀性尘埃的污染和侵蚀，造成连接金具连接处氧化等。

2）引流线本身不受张力作用，在风力或振动等机械力的作用下，以及线路周期性的加载及环境温度的周期性变化，使连接件连接松弛。

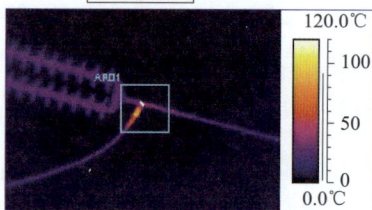

红外检测分析报告

变电站	设备名称	设备线路	发热部位	操作者	报告日期
		220kV禹嘉4725线	148号杆C相引流板	牛永志	2011-8-11

红外热像图　　　　　　　　　　　　　　　　**可见光图**

照片

目标参数表

目标参数	数值
辐射系数	0.94
目标距离	15.0m
环境温度	23.0℃
大气温度	23.0℃
相对湿度	0.84
参考温度	20.0℃

分析结果表

标签	数值
AR01：最大值	104.4℃

相对温差	ª

线温分布图　　　　　　　　　　　　**区域AR01直方图**

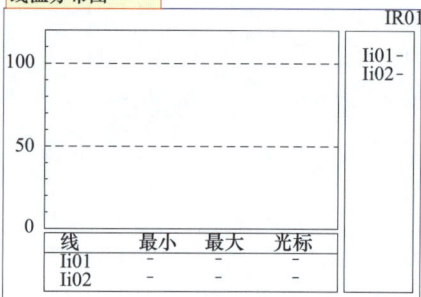

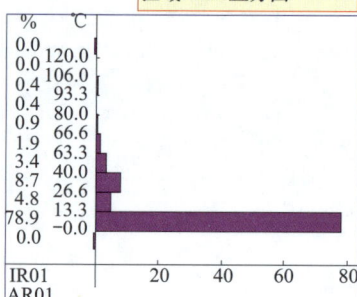

图 4　220kV 禹嘉 4725 线 148 号杆 C 相引流板红外检测分析报告

3）安装施工不严格，不符合工艺要求。如连接件的接触表面未除净氧化层及其他污垢，在检修、安装连接中未加弹簧垫圈，螺帽拧紧程度不够，连接件弯曲等均会降低连接质量。连接件内导线不等径造成接触面积减少。

4）导电脂失效可以在接触面处形成一层保护膜，增强导电，防止水分电解液渗入并隔离空气氧化，但通常都没有对其做封口处理，在高温作用下会不断挥发、流失干涸，使空气沿隙侵入，接触面将失去保护而氧化腐蚀。

（3）随着用电负荷的不断增加，跳线连接处发热的问题也日益突出。因此，需要注意：

1）对并沟线夹等螺栓式连接金具应使用力矩扳手紧固，并对紧固力矩的数据大小作出明确有效的规定。在夹紧螺栓时要垫上弹簧垫片，通过垫片压力才能比较均匀地传到接触面上，并使下面的铝材质不超过它的弹性极限。

2）跳线接续工作完毕后，擦去接触面缝口的导电脂，再涂上一层红铅油做封口处理。铅油封口后，接触面上的导电脂就不易挥发，接触面也就不易形成新的氧化膜而使接触面恶化。

3）除必要的几处断引处，应尽量整引，连接线夹宜采用液压式接续管等新的接续金具。

4）为避免线路接头发热、氧化而损坏，应控制导线允许载流量，确保导线运行温度控制在导线允许的运行温度范围内。

◆◆ 检测信息

检测人员	国网安徽省电力公司滁州供电公司：牛永志（32岁）、后承康（43岁）
检测仪器	FLIR Systems 红外热像仪
测试环境	环境温度23℃、相对湿度84%

1.1.12　红外热像检测发现 110kV 池杏 442 线路耐张杆塔跳线串绝缘子过热

◆◆ 案例简介

国网安徽省电力公司池州供电公司 110kV 池杏 442 线于 1995 年 7 月投入运行，主要对池州城区供电，全线跳线串绝缘子型号为 FC70/146 普通玻璃绝缘子。2013 年 10 月 8 日 10：00，线路运维人员对 110kV 池杏 442 线专业巡视过程中，发现线路 36 号杆塔三相跳线串单片绝缘子温度相差过大，表面最高温度达到 26.2℃，最低温度 22.2℃，环境温度为 21.1℃。经检修人员登杆检查发现跳线串部分绝缘子污秽严重，极易发生输电线路污闪跳闸事故，针对这种情况，立即组织停电检修，将跳线串整串更换为 FC70P/146 防污型玻璃绝缘子，更换处理后跳线串未出现温差现象。

◆◆ 检测分析方法

在对 110kV 池杏 442 线 36 号杆塔进行红外热像检测时，发现跳线串绝缘子温度分布异常，并对异常的中相进行精确测温，选择合适的成像角度、色度，拍摄清晰的图谱，相关图谱如图 1、图 2 所示。

从红外图谱可以看出三相跳线串绝缘子表面温度差异较大，最高温度为 26.2℃，最低温度只有 22.2℃，相差 4℃；根据 DL/T 741—2010《架空输电线路运行规程》，同一绝缘子串存在较大温差，属于异常运行现象。

在对过热绝缘子进行停电更换后，经过检查发现绝缘子污秽较重，并无其他损坏现象，污秽绝缘子串如图 3 所示。

图 1　110kV 池杏 442 线 36 号杆塔整体红外热像图

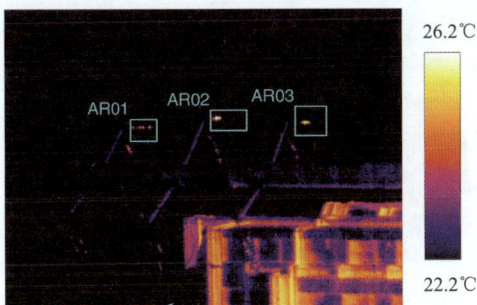

图 2　110kV 池杏 442 线 36 号杆塔绝缘子红外热像分析图

图 3　110kV 池杏 442 线 36 号跳线绝缘子串

经过现场巡视勘察，发现附近有房地产楼盘施工项目和道路施工工作，导致短期内杆塔所在地区污秽程度加重，使得绝缘子积污引起过热情况发生，110kV池杏442线36号杆塔附近环境如图4所示。

图4 110kV池杏442线36号杆塔附近环境

❖ 经验体会

（1）红外热像检测技术在生产中能有效发现设备过热情况，在输电线路运维工作中得到广泛应用。在正常的红外测温工作之外，可以在重点巡视的线路中，增加红外测温的频率，找出隐患缺陷，提高工作质量和效率。综合分析国网安徽省电力公司池州供电公司多年来红外热像检测技术应用情况，输电线路主要是导线接头、引流板、耐张线夹、压接管、绝缘子污秽等部位易出现过热缺陷。

（2）针对易出现过热缺陷的部位，坚持重点监测、及时处理的原则。对重点部位进行周期性检测，确保及时发现异常情况。对于出现的过热异常情况，予以及时处理，着重提高线路重点部位检修的施工质量和工艺要求，确保检修工作高质量完成，避免在运行中过热等缺陷的发生。

（3）架空线路绝缘子局部过热，主要可能是由绝缘子内部缺陷、绝缘子污秽较重等原因造成；绝缘子过热条件下运行，容易老化击穿，危害线路运行安全。开展架空线路绝缘子红外测温是发现绝缘子运行状况的主要途径，为发现消除绝缘子缺陷和掌控绝缘子污秽情况提供有力的技术保障。

❖ 检测信息

检测人员	国网安徽省电力公司池州供电公司：刘飞（31岁）、吴奎（24岁）、周明恩（41岁）
检测仪器	FILR T400红外热像仪
测试环境	测试温度21.1℃、相对湿度92%、大气压101.3kPa

1.1.13 红外热像检测发现 220kV 鸡西变电站母联导线过热

案例简介

国网黑龙江省电力公司鸡西供电公司运维的 220kV 鸡西变电站母联导线 2005 年投入运行，2013 年 5 月 8 日 16：00 例行测温过程中，发现 220kV 母联爆破压接处温度异常，表面最高温度 112℃，正常值为 −15.3℃，环境温度为 −17℃。后经停电更换处理后发现爆破压接点与导线间接触不牢固、松动，经分析后认为是爆破压接点的装药量不够导致压接点与导线间接触不良，经过长时间的运行导致的过热现象，随即进行处理。

检测分析方法

220kV 母联在进行红外热像检测时，发现线夹与导线爆破压接处温度分布异常。并对该爆破压接处进行精确测温，选择成像的角度、色度，拍下了清晰的图谱，如图 1 所示，并将此情况上报生技科。

对图谱的认真分析后发现 220kV 母联爆破压接处温度异常，表面最高温度为 112℃，正常值为 −15.3℃，环境温度为 −17℃。根据 DL/T 664—2008《带电设备红外诊断应用规范》中的公式计算，相对温差 δ_T 为 81.5%，温升为 10K。依据电流

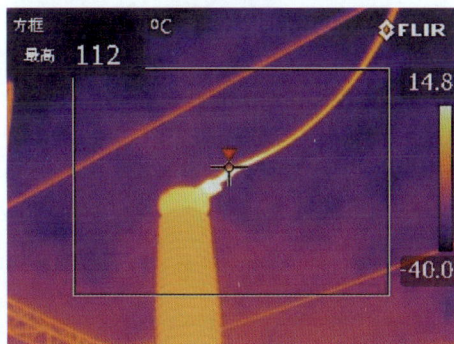

图 1　220kV 母联线夹与导线
爆破压接处红外热像图谱

致热型设备缺陷诊断判据，判断热像特征是以线夹和导线爆破压接处为中心的热像，热点明显；故障特征为过热；缺陷性质为严重缺陷。

处理过程：运行人员在红外线测温过程中发现 220kV 母联爆破压接处温度异常，表面最高温度为 112℃，立即汇报值班长。值班长立即汇报站长，专责后沟通省调对设备进行停电后由检修人员对过热导线爆破压接处予以更换，并对更换、送电后的设备再次进行测温检查并加强巡视。

经验体会

大量事实说明红外热像检测技术能够有效地发现设备过热缺陷，除了例行周期性红外测温以外，适当增加测温次数、重要设备间隔停电前的红外测温工作，能够有效地指导设备检修，提高检修工作效率和质量。中心运维站从多年来处理过的各类过热缺陷中发现，导致接头过热的主要原因有以下几点：

(1) 导线与金具为螺栓连接，随着运行年限增加，接触面严重锈蚀、氧化，导致过热。

(2) 导电接触面存在导电膏，随着运行年限增加，导电膏导电能力逐渐下降，导致过热。

(3) 接头螺栓强度不够（4.8 级），随着运行年限增加，接触面间的压力逐渐减小，致使过热。

(4) 隔离开关合闸位置偏差是导致隔离开关刀口产生过热的原因之一。

(5) 各类隔离开关在正常运行操作过程中触指多次经历引弧、燃弧、熄弧的损伤过程，损伤长期积累直接导致隔离开关刀口严重烧伤，致使产生过热。

(6) 部分设备连接金属部件强度低、质量差，外加运行工况较差，经过一段时间运行后机械性能大幅下降，导致过热。

针对以上情况，提出以下几点措施：

(1) 导线与金具的连接采用压接形式，避免接触面与空气接触导致锈蚀、氧化。

(2) 电气设备导电接触面涂薄层凡士林，禁止使用导电膏，避免接触面接触不良导致过热。

(3) 接头的连接应使用强度 8.8 级的螺栓，避免由于螺栓强度不足造成接触面松动、压力下降。

(4) 尝试使用防止设备连接端子过热型紧固螺栓。

(5) 对已发现处理的严重过热隔离开关，举一反三，结合停电及时检查同类设备。

(6) 在隔离开关检修工作过程中，针对平时运行负荷较大或者当地污染严重的隔离开关，重点关注动、

静触头的烧伤情况。

（7）尽量不使用爆破压接线夹。

以上对设备检修工艺和质量提出了更高的要求，保证检修质量，全面考虑不留死角，而且在设备检修过程中对接头的处理将更具针对性，避免日后出现过热现象。

❖ 检测信息

检测人员	国网黑龙江省电力公司鸡西供电公司：苑福桃、成存昇
检测仪器	FILR P630 红外热像仪
测试环境	环境温度－17℃、环境湿度35％

1.1.14　红外热像检测发现 110kV 白测线 133 号架空地线发热

❖ 案例简介

国网山西省电力公司阳泉供电公司所运维的 110kV 白测线于 1982 年 12 月投入运行，是寿阳 220kV 白家庄变电站至阳泉 110kV 测石变电站的放射型线路。2012 年 3 月 9 日 10：00，输电班组工作人员对 110kV 白测线 133 号架空地线线夹进行了红外诊断，经红外图谱色度分析，发现架空地线线夹温度分布异常，线夹最高温度为 52.3℃，环境温度为 4℃，超出线路的正常运行温度，进一步登杆检查发现架空地线存在断股现象，极易引起断线、线路跳闸事故。随后工作人员对架空地线进行更换，加装了发热螺栓、绝缘裙式放电间隙，避免断线事故的发生。

❖ 检测分析方法

初步分析，架空地线的发热问题是由电气回路的不畅分流异常引起。110kV 白测线 133 号架空地线红外测温图谱如图 1 所示，110kV 白测线 133 号架空地线红外测温点分析见表 1。

通过对红外图谱及测温点数据的认真分析，发现 110kV 白测线 133 号架空地线线夹（SP01 位置点）的最高温度为 52.3℃，正常表面温度为 5.9℃（SP02 位置点）和 5.1℃（SP03 位置点），环境温度为 4℃。根据 DL/T 664—2008《带电设备红外诊断应用规范》的评价依据，相对温升 48.3℃，属于严重缺陷。经工作人员登杆检查，发现 110kV 白测线 133 号架空地线连接处的金具烧伤情况严重，架空地线断股数为 5 股，严重影响线路的安全稳定运行。架空地线金具烧伤后照片如图 2 所示。

经讨论分析，当火车穿越高压输电线路的下方时，架空地线经钢轨并联分流，在下部地线与架空地线的连接点形成一个很大的回流，而连接部件只是普通的连接板夹，接触电阻较大，不能满足导流需要，最终导致发热烧伤。在查清架空地线发热的原因后，输电专业管理人员研制出两种解决方法："疏"和"截"。

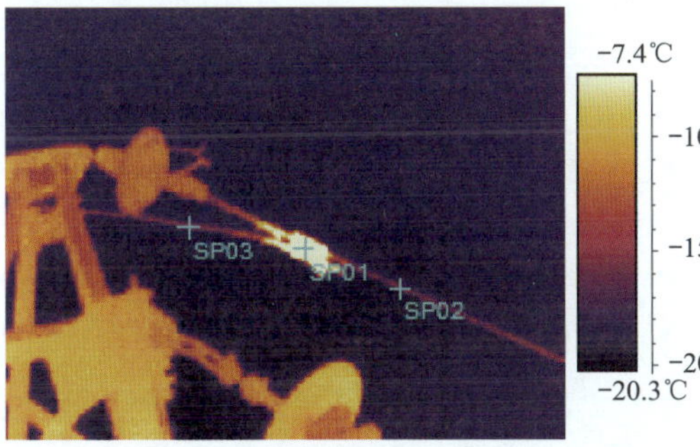

图 1　110kV 白测线 133 号架空地线红外测温图谱照片如图 3 所示。

表 1　110kV 白测线 133 号架空地线红外测温点分析表

点分析	数值
SP01 温度	52.3℃
SP02 温度	5.9℃
SP03 温度	5.1℃

"疏"：加设短接线增强回路的导电能力，即在架空地线肩架和架空地线间加设短接电连接线，畅通故障电流流入架空地线的回路。铁塔和架空地线间加设短接线

图 2　架空地线金具烧伤后照片

图 3　铁塔和架空地线间加设短接线照片

本方案虽然能使故障电流流入架空地线的回路，但经过几次红外测温分析，发现温度仍高于线路正常运行温度，仍有可能引起架空地线断股及金具烧伤，不能解决实际问题，为此加设了一个绝缘裙式放电间隙来弥补此缺陷，并安装发热螺栓便于工作人员在日常巡视过程中监测发热情况。

"截"：加设火花间隙阻断分流通道，研制出一种新型的绝缘裙式放电间隙，即在架空地线的接轨点，采用通过火花间隙接轨的方式，既能保证正常牵引电流回流需要，又能保证正常牵引回流不通过架空地线分流。绝缘裙式放电间隙照片如图 4 所示。

本方法适用于铁路电气化区段接触网用杆塔地线，它将接触网玻璃绝缘子的非带电的金属球头部分与连接金具直接连接起来，并在玻璃绝缘子两端并联了一个放电间隙，在铁塔和架空地线间加设短接线。

当火车经过线路下方产生瞬时电流时，较大的回路电流通过短接线流经放电间隙，并在放电间隙处截断，从而降低了通过连接金具的电流，保证电气化铁路的正常运行。

在随后 4～8 月的测温巡视中，针对 110kV 白测线 133 号的架

图 4　绝缘裙式放电间隙照片

空地线线夹、地线表面温度、环境温度，进行比较分析，架空地线运行温度趋于正常，发热缺陷彻底消除。110kV 白测线 133 号温度变化情况统计情况见表 2。

表 2　110kV 白测线 133 号温度变化情况统计表

110kV 白测线 133 号温度变化情况（4～8月）				
月份	线夹温度（℃）	地线表面温度（℃）	环境温度（℃）	诊断结果
4 月	20.1	18.3	17	正常
5 月	21.3	19.6	18	正常
6 月	24.1	21.4	20	正常
7 月	27.3	26.1	25	正常
8 月	27.2	26.2	24	正常

经验体会

（1）红外测温技术是检查输电线路电气设备过热缺陷的最有效的检测手段，适当的增加输电线路导地线、金具连接点的红外诊断工作，结合设备的实际运行情况开展状态检修，进一步保证输电设备的健康水平。

（2）红外诊断作为一种成熟的带电检测技术手段，利用图谱比对和判断分析能够及时发现并准确判断设备缺陷及其部位，为制定针对性检修策略提供依据，在状态检修工作中发挥着积极的作用。

（3）架空地线回流发热是主供电铁输电线路运行中的常见缺陷，研制一套可行的架空地线防回流发热应急方案，是落实输电线路反事故措施的重要技术手段，为实现输电线路的安全稳定运行提供强有力的理论支撑。

检测信息

检测人员	国网山西省电力公司阳泉供电公司：刘建红（34岁）、程彬（29岁）、贾建军（32岁）。国网山西省电力科学研究院：俞华（34岁）、陈昱同（31岁）、李艳鹏（32岁）
检测仪器	HX-8600红外热像仪
测试环境	测试温度4℃、相对湿度30%

1.1.15　红外热像检测发现35kV戚林Ⅱ线弓子线过热

案例简介

国网山东省电力公司威海供电公司运维的35kV戚林Ⅱ线于2007年9月投入运行，导线型号为2×LGJX-240/30。2012年4月15日16：00，工作人员对该线路全线进行了红外热像检测。在测温过程中，发现35kV戚林Ⅱ线48号塔C相大号侧上分裂导线弓子线与下分裂导线接触点温度异常，表面最高温度54.0℃，当时负荷电流450A。正常相温度10.7℃、环境温度8.8℃，并将此情况上报运维检修部。经过停电登塔检查后发现该处弓子线与导线接触点摩擦，弓子线发生断股，断股3根。工作人员对其用导线缚绑后，又用另一条弓子线对其进行了并接处理，消除了该处安全隐患。

检测分析方法

35kV戚林Ⅱ线48号塔在进行红外热像检测时，发现其C相大号侧上分裂导线弓子线与下分裂导线接触点温度异常，并对该处进行了精确测温，选择成像的角度、色度，拍下了清晰的图谱，35kV 威林Ⅱ线 48 号塔 C 相大号侧弓子线红外热像图谱如图 1 所示。

经过对图谱认真分析，发现 35kV 威林Ⅱ线 48 号塔 C 相大号侧上分裂导线弓子线与下分裂导线接触点表面最高温度 54.0℃，正常相温度 10.7℃，环境温度 8.8℃。根据 DL/T 664—2008《带电设备红外诊断应用规范》中的公式计算，温升 45.2K。依据电流致热型设备缺陷诊断判据，判断热像特征是以上分裂弓子线和下分裂导线为中心的热像，热点明显，故障特征为弓子线破损，缺陷性质为危急缺陷。综合考虑以前测温数据，均未见异常。下一步结合停电检查深入诊断分析。

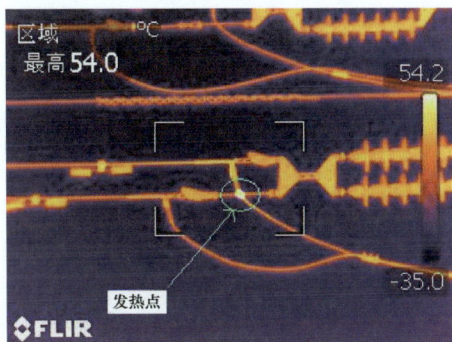

图 1　35kV 威林Ⅱ线 48 号塔 C 相大号侧弓子线红外热像图谱

图 2　35kV 威林Ⅱ线 48 号塔 弓子线修补处理现场

经过综合分析判断，初步认为是由于弓子线与下分裂导线摩擦，致使弓子线磨损严重，引起过热。随即制定检查消缺方案。

工作人员对 35kV 威林Ⅱ线 48 号塔 C 相大号侧上分裂导线弓子线与下分裂导线接触点检查后，发现弓子线在该接触点处磨损严重，导线存在断股现象。经过工作人员使用导线缚绑后，又用另一条弓子线对其进行了并接处理。35kV 威林Ⅱ线 48 号塔弓子线修补处理现场如图 2 所示。

检修完送电后，工作人员再次对该点进行红外热成像检测，测温数据合格，35kV 威林Ⅱ线 48 号塔 C 相弓子线检修完送电后测温数据见表 1。

以上检修结果对红外测试结果进行了很好的印证。工作人员对 35kV 威林Ⅱ线 48 号塔 C 相大号侧上分裂导线弓子线与下分裂导线接触点破股现象进行导线缚绑后，又用另一条弓子线对其进行了并接处理。送电后复测，测量数据合格。红外热成像检测中红外图谱正常。该处安全隐患得到消除。

表 1　35kV 威林Ⅱ线 48 号塔 C 相弓子线检修完送电后测温数据

测温日期	C 相弓子线接触点	环境温度（℃）	结论
2012-4-16	11.5	10.6	合格
2012-4-17	11.4	10.8	合格

经验体会

大量事实说明红外热成像检测技术能够有效的发现设备过热缺陷，除了例行周期性红外测温以外，适当增加线路停电前的红外测温工作，能够有效地指导设备检修，提高检修工作效率和质量。从多年来处理过的各类过热缺陷中发现导致引流线夹过热的主要原因有以下几点：

（1）线夹与金具为螺栓连接，随着运行年限增加，接触面严重锈蚀、氧化，导致过热。

（2）接头螺栓强度不够（4.8 级），随着运行年限增加，导线微风振动致使螺栓松动，接触面间接触不良，致使过热。

（3）导线与线夹在压接过程中，压接质量存在问题，外加运行工况较差，经过一段时间运行后，导致产生过热。

（4）弓子线与导线接触，在微风振动的情况下，使导线磨损严重，从而造成导线破股，导致产生过热。

针对以上情况，提出以下几点措施：

（1）线夹导电接触面涂薄层凡士林，禁止使用导电膏，避免接触面接触不良导致过热。

（2）接头的连接应使用强度 8.8 级的螺栓，并且加装双螺母，避免由于螺栓松动造成接触面接触不良。

（3）加强对导线压接的监督，压接管上打钢印，做到谁压接谁负责，提高压接质量。

（4）上下分裂导线的弓子线与下分裂导线接触点，应用预绞丝对接触点导线进行缚绑，防止摩擦断股发生。

以上对设备检修工艺和质量提出了更高的要求，保证检修质量，全面考虑不留死角，而且在设备检修过程中对线夹的处理将更具针对性，避免日后出现过热现象。

◆ 检测信息

检测人员	国网山东省电力公司威海供电公司：刘学超（27岁）、赵龙（30岁）、杜东（27岁）
检测仪器	FILR T365 红外热像仪
测试环境	测试温度 8.8℃、相对湿度 45％

1.1.16 红外热像检测发现 110kV 北六堡线路 T 接点过热

◆ 案例简介

国网山西省电力公司晋中供电公司运维的 110kV 北六堡 T 接线与 110kV 榆遥线 16～17 号用压接式 T 型线夹进行 T 接，于 2010 年 12 月 10 日投入运行。2013 年 10 月 31 日，变电检修人员对 110kV 榆遥线红外诊断时，发现其 16～17 号与 110kV 北六堡 T 接线 1～2 号中线上方 T 接点温度超过 113℃，为危急过热缺陷，通过用高倍照相机拍摄后，发现 T 接点的引流板螺栓松动，随即停电进行处理，再对连接板螺栓紧固后，线路重新送电，红外热像检测正常，发热缺陷消除。

◆ 检测分析方法

在进行红外诊断时，检测发现中线 T 接点温度超过 113℃。为了检查缺陷点，检测人员用高倍照相机对缺陷处进行了拍摄，拍下了清晰的图片。红外图谱及可见光图如图 1、图 2 所示。

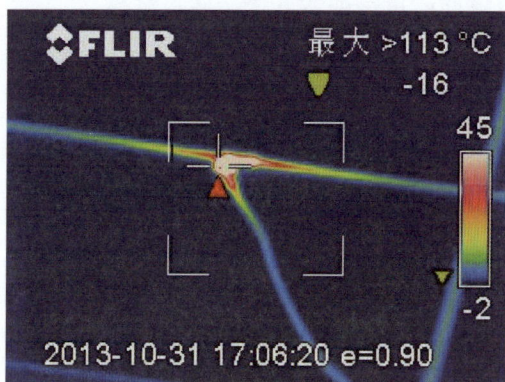

图 1 T 接点红外测温图谱

图 2 T 接点连接螺栓图

通过诊断得到的数据，采用相对温差法，即算出两个对应测试点之间的温差与其中较热点的温升之比的百分数。此 T 接点的相对温差 δ_t 为

$$\delta_t = \frac{\tau_1 - \tau_2}{\tau_1} \times 100\% = \frac{T_1 - T_2}{T_1 - T_0} \times 100\% = \frac{113 - 11.8}{113 - 10} \times 100\% = 98.3\% \qquad (1)$$

式中　τ_1 和 T_1——发热点的温升和温度；

　　　　τ_2 和 T_2——正常相对应点的温升和温度；

　　　　T_0——环境参照体的温度。

由式（1）计算出此 T 接点的相对温差值为 98.3%，按表 1 的规定可判断设备缺陷的性质为危急热缺陷。

通过对图谱、图片认真分析后，认定是由于线路 T 接点螺栓松动，导致其温度过高。随即制定了停电检修的消缺方案。检修人员通过软梯到达 T 接点处，对连接螺栓重新紧固。线路送电后，对 T 接点再次进行红外成像检测，T 型线夹温度正常，红外图谱如图 3、图 4 所示。此 T 接点的相对温差 δ_t 变为

表 1　部分电流致热型设备的相对温差判据

设备类型	相对温差值%		
	一般缺陷	严重缺陷	危急缺陷
导流设备	≥35	≥80	≥95

$$\delta_t = \frac{\tau_1 - \tau_2}{\tau_1} \times 100\% = \frac{T_1 - T_2}{T_1 - T_0} \times 100\% = \frac{11.9 - 11.8}{11.9 - 10} \times 100\% = 5.1\% \qquad (2)$$

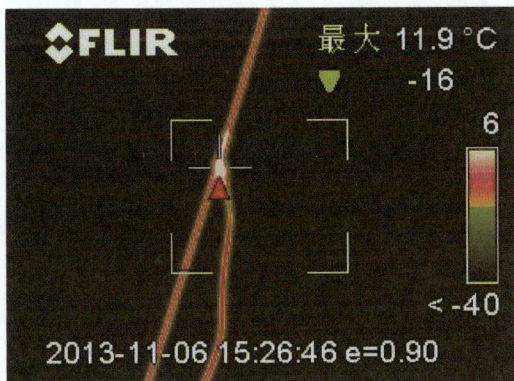

图 3　T 接点处理后红外测温图谱

图 4　T 接点处理后图

由式（2）计算出的相对温差为 5.1%，按表 1 的规定可判断设备无热缺陷。

经验体会

大量事实说明红外诊断技术能够有效的发现设备热缺陷，除了例行周期性红外测温以外，还要适当地对老旧或者新投运的线路增加测温次数，及时发现缺陷或隐患，避免线路故障的发生。本单位从各类热缺陷中发现导致其过热的主要原因有以下几点：

（1）导线与耐张线夹采用压接方式，压接工艺是否规范可能导致导线温度过高，从而造成断线事故。

（2）耐张线夹与引流板为螺栓连接，在新线路投运前，未能及时发现连接螺栓松动，或者由于运行年限的增加，导致连接螺栓松动，都可能使线路出现热缺陷。

（3）电缆接头与引流板连接螺栓松动，或者未采用铜铝过渡板，都有可能造成电缆接头温度过高，发生故障。

针对以上情况，提出以下几点措施：

（1）在新线路架设初期，要加强现场监督制度，确保压接工艺规范、正确。

（2）在线路验收中，要加强验收水平，把每一个连接螺栓都要重新进行紧固，确保接触面良好。

（3）在线路运行中，要及时对线路进行红外热成像检测，确保质量，避免热缺陷故障的发生。

（4）采用电缆连接的线路，要在线路运行之前，确保其接头处使用铜铝过渡板，并将连接螺栓紧固到位，运行后及时对接头进行测温，避免发生热故障。

通过本单位的线路运行经验得出：要避免热缺陷的发生，首先要加强线路的施工质量，确保在线路投运时，设备能够满足运行要求。其次，在设备检修中，加强检修质量，避免由于检修造成热缺陷的发生。最后，要提高运行人员的巡视、验收水平，及时发现线路隐患。

◆ 检测信息

检测人员	国网山西省电力公司晋中供电公司输电运检室：郭建平（25 岁）
检测仪器	FLIR－E65 红外热像仪
测试环境	测试温度 10℃、湿度 60％

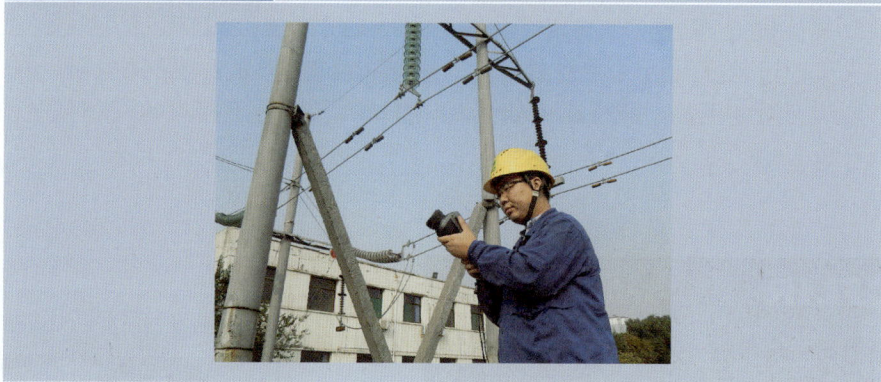

1.2 图像监测技术

1.2.1 图像监测发现 110kV 航鹿 1743 线外力破坏事故隐患

◆ 案例简介

2013 年 8 月 28 日 09：00，国网浙江省电力公司衢州供电公司输电监控中心值班人员通过图像在线监测装置，发现 110kV 航鹿 1743 线 13～14 号塔线路通道附近有吊机施工（见图 1），为防止吊车吊臂与导线安全距离不够，而引起跳闸事故的发生，运行管理人员立即安排运检三班人员前往现场核实。由运维人员对施工方和相关施工车辆的司机了解情况，对施工方负责人员进行安全教育，交代施工中的安全注意事项，并安排运维人员现场监视施工作业直至 10：30 吊机施工作业结束。在当天 11：30 左右，监控值班人员通过图像在线监测装置，再次发现在 110kV 航鹿 1743 线 13～14 号塔线路通道附近出现水泥罐车和大型水泥泵车施工作业（见图 2）。值班人员再次通知运检三班人员前往施工地点全程监控施工作业，防止发生水泥泵车管臂与导线安全距离不足而引发的外力破坏跳闸。

图 1　现场吊机施工图　　　　　　　　图 2　水泥泵车施工图

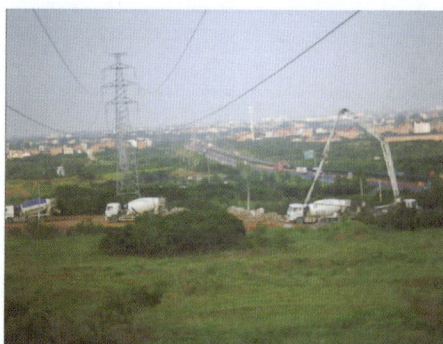

🔷 检测分析方法

自当天 09：00，在线监测值班人员持续对 110kV 航鹿 1743 线 13～14 号塔线路通道附近吊机施工作业进行实时远程监控，并与现场人员核对现场情况。

由运维人员及时赶赴施工作业现场，技术组立即安排运检三班人员前往，班组人员对施工方和相关施工车辆的司机了解情况，对现场施工人员进行安全教育，交代施工中的安全注意事项，向施工作业人员说明保护电力设施的必要性和重要性。与此同时，运行管理人员还积极主动联系施工责任单位的负责人，双方签订《安全隐患告知书》和《安全隐患整改方案》，明确施工作业所带来的隐患和危险，向施工方明确线路的安全距离范围。由于及时发现、及时制止，避免了线路因外力破坏所引发的故障跳闸事件的发生。之后，由在线监测值班人员持续重点关注 110kV 航鹿 1743 线 13～14 号的施工作业情况，安排护线员和运维人员加大对该处的巡视力度，并将此处统计列入线路危险点直至施工作业结束。

🔷 经验体会

（1）对图像视频装置发现的施工作业地段加强远程监控，及时掌握施工作业的变化态势，以便及时提醒运维人员。在施工地段附近的杆塔上安装图像视频在线监测装置，应该动态调整视频图像监控设备的位置，对有外力破坏隐患的地段加强监视。

（2）对外力破坏区域加强人员巡视力度、根据实际情况缩短巡视周期；铁塔安装采取防盗螺栓；加大电力设施保护宣传等。

（3）建筑施工单位及大型吊车驾驶人员，缺乏电力安全知识，而且法律意识淡薄，对很多有影响线路安全运行的行为，缺乏认知，导致了施工车辆引起线路跳闸事故时有发生。

🔷 检测信息

检测人员	国网浙江省电力公司衢州供电公司输电运检室：于洪来（28 岁）
检测仪器	图像视频监测装置（上海欣影电力科技发展有限公司）

1.2.2　图像监测发现 110kV 东昌 1422 线 13 号大号侧道通图像监测外力破坏紧急隐患

🔷 案例简介

110kV 东昌 1422 线投运于 2007 年 4 月，该线路 13～14 号边线外 8m 处为一高楼。2013 年 11 月 1 日 11：20，输电线路状态监测监控人员通过对图像在线监测系统的图片查询发现 110kV 东昌 1422 线 13～14 号通道边线外的楼房屋顶有作业人员下挂巨幅广告条，监控人员初步判断其行为将严重影响线路的安全运行，立即启动在线监测隐患处理流程。监控人员于当日 11：30 电话通知该线路运维班组，该班班长在接受任务后于 11：50 到达现场。现场巨幅广告条已下挂完成，横幅长度约 13m，且垂直下挂，下摆无固定，横幅离导线距离只有 8m，广告条一旦被风吹动，下摆上扬后将马上引起线路跳闸，情况非常紧急。据现场调查，该广告条为该大楼中某房产公司于 11：00 下挂的售楼广告。经交涉，该公司于 12：30 在班长的监护下，将广告条收起。处理完成后沈磊向该房产公司递交了安全告知书，并教育了电力设施保护安全知识。12：50，班长向监控中心汇报现场处理结果，监控中心终结该在线监测隐患处理流程。

❖ 检测分析方法

国网浙江省电力公司绍兴供电公司针对管辖的输电线路，在其路经通道复杂或易受外力破坏区域的杆塔安装图像在线监测系统，实时监控该通道状况，并由输电线路状态监控人员定时查询在线图像数据。监控人员通过前后图像对比判断现场通道变化，初步得出是否会影响线路的安全运行，并启动隐患处理流程，通过现场踏勘及处理，闭环完成处理流程。

2013 年 11 月 1 日 10：00，110kV 东昌 1422 线 13～14 号通道图像在线监测图像显示，现场无危及线路安全运行的异常情况，如图 1 所示。

图 1　正常图像监控

2013 年 11 月 1 日 11：20，监控人员发现，110kV 东昌 1422 线 13～14 号通道图像在线监测图像中，该线路边线外的一高楼有人下挂广告条，初步判断该广告条长度较长，如果被风吹动导致下摆上扬，极易导致线路跳闸，监控中心立即启动监控隐患处理流程，电话通知该线路的运维班组，如图 2 所示。

2013 年 11 月 1 日 11：50，运维人员到达现场。现场巨幅广告条已下挂完成，广告挂接点高于导线，长度约 13m，且垂直下挂，下摆无固定，横幅离导线距离只有 8m，广告条一旦被风吹动，下摆上扬后将马上引起线路跳闸，情况非常紧急，如图 3 所示。

图 2　图像监控发现异常情况

图 3　图像监控显示广告条已悬挂完毕

2013 年 11 月 1 日 12：30，经交涉，相关单位于 12：30 在运维人员的监护下，将广告条收起。处理完成后运维人员向该单位递交了安全告知书，并教育了电力设施保护安全知识。12：50，运维班组向监控中心汇报现场处理结果，监控中心终结该在线监测隐患处理流程。

❖ 经验体会

通道复杂区域的输电线路通道状况变化有时非常突然，如本案例中某房地产公司的广告条挂设，因此输电线路常规巡视甚至特殊巡视已不能满足该类区域的运维要求，图像在线监测系统的应用弥补了人工巡视对通道突发性隐患发现能力的空白。国网浙江省电力公司绍兴供电公司在应用图像在线监测系统来实现通道危险点的实时监控上，有如下经验体会：

（1）图像在线监测的人工监控需由具备电力设施保护知识及一定的线路运行经验的人员担任，并制定完善的监控制度及隐患处理流程，严格规定监控人员巡视时间点、巡视要求，对隐患处理流程应在较短的时间内实现闭环流转。

（2）监控人员不但要对危及线路安全的事件进行跟踪处理，对于不影响线路安全，但通道情况有变化的事件也需及时告知线路维护班组，为其及时、准确判断该通道区域的变化趋势提供实时信息，从而落实相关现场工作，实现危险点提前控制的目标。

（3）图像在线监测装置应安装于通道复杂或易受外力破坏区域的线路杆塔，并根据现场情况及时调整安装杆塔及监视方向。

检测信息

检测人员	国网浙江省电力公司绍兴供电公司：徐雄（35岁）、李胡乔（32岁）、沈磊（32岁）
检测仪器	图像监测装置MSRDT－1，上海欣影电力科技发展有限公司，装置投运于2012年1月5日，运行于国网输电在线监测平台，采用GPRS网络传输方式，摄像头采用枪机形式

1.2.3　图像监测发现110kV合梅1042线外力破坏事故隐患

案例简介

110kV合梅1042线7号塔线路保护区附近有建房施工，为适时掌握线路通道附近的施工动向，国网浙江省电力公司杭州供电公司于2013年7月25日在该施工危险点安装了一套图像监测装置。2013年8月28日，输电线路状态监测中心值班人员通过该套监测装置发现线路下方有吊机施工，严重危及线路运行安全。值班人员根据线路危险点通讯录立即通知现场施工负责人停止施工作业，并联系相关线路负责人赶往现场。随后该吊车在线路运行人员的现场监护指导下，顺利完成吊装作业，成功避免了一次外力破坏事故的发生。

检测分析方法

输电线路图像在线监测装置是安装在高压输电线路杆塔横担上的现场数据采集终端。终端主要由摄像机、太阳能板和主机箱组成，如图1所示。摄像机负责抓拍现场图像，并通过屏蔽数据线接入到主机箱的主控制器中，主控制器通过无线方式（GPRS/CDMA）传送到中心主站接收服务器，主站软件将实时采集的数据展现到客户端，以便管理员实时掌握监测装置周边情况。

摄像机：负责抓拍现场的图像，通过内部的DSP进行处理，将图像压缩成JPEG文件格式，存储到主控制器的RAM中。

太阳能板：负责把太阳能转换为电能，为设备提供电能；同时对主机箱内的蓄电池进行充电，以储备电能应对各种恶劣天气。

主机箱：内置充放电管理模块、主控制器和蓄电池。①充放电管理模块负责将太阳能板转换的电能提供给装置相关电路，对蓄电池进行充电，管理蓄电池的过充和过放，监测电池电量信息等。②主控制器负责控制各摄像机的电源，并读取摄像机中的 JPEG 图像数据，同服务器进行数据通信。③蓄电池负责储存太阳能板所转换的电能。

2013 年 8 月 28 日，监测中心值班人员通过图像监测装置发现的危险点施工照片如图 2 所示。

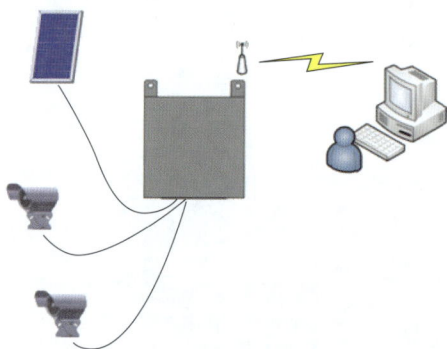

图 1　输电线路图像在线监测装置示意图　　图 2　110kV 合梅 1042 线 7 号塔施工现场监测图片

🔷 经验体会

在输电线路施工危险点安装图像监测装置，能及时发现线路保护区范围内的施工动向，是输电线路防外力破坏的有效手段。

🔷 检测信息

检测人员	国网浙江省电力公司杭州供电公司输电运检室：孙黎鹏（27 岁）
检测仪器	浙江雷鸟 SWM—G200VM20 图像监测装置

1.2.4　图像监测发现 110kV 线路外力破坏事故隐患

🔷 案例简介

2013 年 8 月 12 日 08：30，国网浙江省电力公司宁波供电公司输电线路状态监控中心值班人员例行检查图像监测装置传回现场图片时，查看到 110kV 洪彭 1154、洪山 1155 线 48 号塔图像视频监测装置 08：00 发回的图像，发现线路通道内塔吊吊臂距边导线距离很近，随时威胁线路安全运行。值班人员立即通知线路管辖班组，班组组织运维人员火速赶赴现场，立即制止吊车施工作业，并要求塔吊吊臂与线路保持 8m 以上的安全距离，台风天气不得施工。经过监控中心与运维班组的共同努力，及时制止了一次危险施工，避免了线路跳闸故障的发生。

检测分析方法

通过运行人员现场测量，洪山 1155 线 48～49 号导线对地高度 21m，吊机高度 21.5m，吊机距离导线最近约 3m，不满足运行安全距离要求，如不及时采取措施，该线路随时都有故障跳闸的危险，如图 1 所示。

为确保输电线路保护器范围内施工安全，国网浙江省电力公司宁波供电公司采取防外力针对性预防措施，在大型施工场地范围内输电线路加装在线、监测装置，加强输电监控中心值班，充分利用输电线路在线监控装置全程监控，及时发现并处理输电线路安全隐患，确保输电线路安全稳定运行。

通过危险点加装视频在线监测装置，可以实现全程监控危险点范围内施工情况，及时发现并阻止危及线路安全运行的各类安全隐患，通过人工分析，确定各类施工机械

图 1　在线监测拍摄现场图片

与输电线路保持的距离，确定隐患等级，对不满足安全距离要求的情况，采取电话通知、现场确认等方式通知施工单位立即停止施工，采取相应安全措施后，方可继续施工。通过此种方式，成功阻止多起可能引发输电线路故障事故。

截至目前，国网浙江省电力公司宁波供电公司所有加装视频监控系统的危险点未发生一起外力破坏事故，效果十分明显。

经验体会

（1）图像监测对于辅助输电线路日常运行起到重要作用，有助于及时发现外力隐患，确保线路的安全运行。

（2）实时掌握线路所处的施工环境，及时了解现场的作业情况，必要时安装在线监测装置，全程监控，保障线路的安全运行。

（3）对于发现可能造成危急线路安全运行的隐患要及时处理。

检测信息

检测人员	国网浙江省电力公司宁波供电公司：程国开（32 岁）
检测仪器	图像在线监测设备（WIFP-2.0，杭州东信电力科技有限公司）
测试环境	测试温度 4℃、相对湿度 30%

1.2.5　图像监测发现 110kV 瓦黄 1205 南湾支线异物缠绕导线

◆ 案例简介

国网浙江省电力公司嘉兴供电公司运维的 110kV 瓦黄 1205 南湾支线于 2011 年 6 月投入运行，是 220kV 瓦山变电站瓦黄 1205 线 T 接至 110kV 南湾变电站的供电线路。2013 年 4 月 24 日 10：57，输电运检工区应急指挥中心人员通过图像监控发现 110kV 瓦黄 1205 南湾支线 24 号塔绝缘子上存在异物，通知工区技术组对异物进行拆除紧急处理。该 24 号杆塔为直线钢管杆，绝缘子配置为 FC70/146。沿线路顺大号侧方向，杆塔的右侧为楼层建筑施工点，此前为一般危险点，为有效监控该处施工点潜在的高大机械危险施工而影响线路安全运行，在线路 22、26 号两处安装了图像监测装置。经班组紧急处理，异物被及时移开，避免了因异物引起线路跳闸。

◆ 检测分析方法

110kV 瓦黄 1205 南湾支线进行图像在线监测时，发现线路 24 号杆塔大号侧方向存在异物，图像监控发现异常如图 1 所示。

通过在线监测系统，利用图像监测装置，对线路的本体、通道情况、周边环境进行不间断监控。值班人员通过查看所拍摄回传的照片，比对前后照片，发现在 24 号下相悬垂绝缘子与导线连接处，有明显变化。上报技术组后，工区即刻安排线路巡视，并做好带电消缺工作的安排部署。

通过对图像监测装置后台设置，可以根据需求，调整每张图片拍摄的时间间隔，当线路监测点附近有高大机械

图 1　瓦黄 1205 南湾支线图像监控发现异物

施工等特殊情况发生时，缩短拍摄间隔，特别是在突发情况下，无人值守状态下，可以达到动态掌握现场线路运行情况，以保证线路安全稳定运行。

在接到现场确认异物的信息后，检修人员赶赴现场进行消缺工作。根据现场的情况，该异物的位置在导线与悬垂绝缘子的连接处，靠近塔身，检修人员进入电场开展地电位作业，利用绝缘操作杆和异物处理器，将该薄膜切割清除。根据回传的图片可以看到，影响线路安全运行的异物被及时消除，如图 2 所示，线路恢复正常运行状态。

◆ 经验体会

（1）图像监控系统具有可视化、实时化，在重大危险点处安装监测装置，可提高危险点的监控力度，降低巡视人员的工作压

图 2　瓦黄 1205 南湾支线图像监控发现异物已消除

力。同时，也可填补巡视周期过程中未能及时发现新危险点的空白，可大大提高线路的运维管理能力，特别是突发的异物缠绕，利用图像监控系统，可以填补人员巡视的空白区，及时发现、处理，有效提升输电线路安全运行的可靠性，避免不必要的停电跳闸。

（2）通过图像在线监测系统对输电线路检测系统的管控，可实时掌握输电线路状态信息，及时发现异常情况，避免因外力破坏引起的线路跳闸故障，保证线路安全运行。

（3）由于输电线路图像在线监测系统能够实现对危险点的智能监控，使得线路运维单位能够缓解一部分危险点现场驻守人员的力量，不仅能够实时掌握线路的运行状态，更可以减少大量的现场巡视检查工作，使运维单位有更多的力量用于线路通道运维管理，线路运维管理水平得到了进一步提升。

检测人员	国网浙江省电力公司嘉兴供电公司：林靖嵩（41 岁）
检测仪器	雷鸟 SWM－G200VM20 图像监测装置
测试环境	测试温度 25℃、相对湿度 56％

1.2.6　图像监测发现 500kV 秦乔 5413 线通道下重大危险点

◆❖ 案例简介

　　国网浙江省电力公司嘉兴供电公司运维的 500kV 秦乔 5413 线于 2011 年 11 月投入运行，是秦山核电站到 500kV 乔司变电站的送出线路。2013 年 5 月 20 日 14：19，输电运检工区监控中心图像监控智能识别告警平台，提醒值班人员 500kV 秦乔 5413 线、5414 线 96 号在 13：46 现场并无吊车等机械进场施工，而在 14：19，导线下方出现有吊机开始吊装路灯，存在危及线路安全运行的潜在危险。监控中心值班人员在第一时间联系设备班组，设备主人及时告知施工负责人停止作业并立即赶往危险点现场，通过安全距离的校核，最后在运维班组的监护下顺利完成吊装工作，避免了一次外力破坏事件的发生。

◆❖ 检测分析方法

　　500kV 秦乔 5413 线进行图像在线监测时，图像监控智能识别告警平台发现线路 96 号杆塔下存在吊机作业危险点，图像监控发现异常如图 1 所示。图像智能识别告警发现 500kV 秦乔 5413 线 96 号通道下吊机施工前后图片比对如图 2 所示。

　　国网浙江省电力公司嘉兴供电公司输电线路状态监测中心值班人员，在日常工作中，通过安装于线路上的各类在线监测装置，对线路本体、线路通道等运行参量进行监控，利用高科技智能化手段，解决巡线员工以往靠两条腿走路，对线路现场运行情况不能实时全面及时掌握的难题。其中，图像监测装置因其可视化、实时化，具有十分明显的效果。

图 1　秦乔 5413 线图像监控发现危险点

　　随着输电线路图像监测装置的大量应用，海量的在线监测信息，给在线监测人员带来了巨大的工作量。人工的浏览操作容易造成对现场的情况掌控不及时，不仅劳动效率低，而且智能水平不高，已跟不上在线监测系统的发展。国网浙江省电力公司嘉兴供电公司开发了图像智能识别技术，在图像监控系统的终端植入分析功能，实现图像在线监测的智能识别告警，可极大提升在线监测系统效率。

图 2　图像智能识别告警发现 500kV 秦乔 5413 线 96 号通道下吊机施工前后图片比对

图像智能识别告警，是利用计算机对图像进行处理、分析和理解，以识别各种不同模式的目标和对象的技术。自动图像识别的过程分为图像输入、预处理、特征提取、分析和匹配五个步骤，图像在线监测智能识别告警系统工作流程图如图 3 所示。

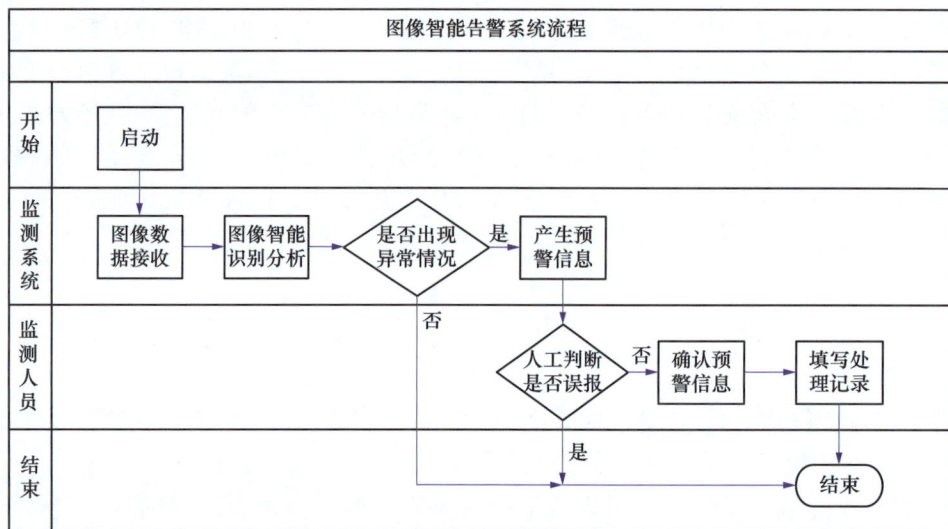

图 3　图像智能识别告警系统流程图

图像智能识别告警系统具体工作方法：

（1）图像监控智能告警系统首先接收图像采集服务器中最新的图像。

（2）对获取的图像进行预处理，将其与该监控装置所拍摄的上一张图片进行对比分析，并提取、标注分析出的目标物体，将图片纳入下一步的目标分析。

（3）如果分析后没有侵入目标，系统则将该图片写入正常图片目录，作为下一张图片的对比分析底图。

（4）如果初步确定图片有侵入目标后，系统根据设置的图像预警触发规则中天气、目标大小、监控区域等判别指标对检测出的目标进行筛选分析，去掉不满足规则的目标后，若该图片无异常则写入正常图片目录。

（5）如果仍存在入侵目标，系统自动将该图片写入告警图像目录，并作为告警信息展示在图像报警信息查询模块中，正如上述秦乔 5413 线、5414 线 96 号的情况。

（6）监测值班人员根据系统的告警信息查看告警图片，如果为误报，则将图片恢复至正常图片目录，如确实为外物闯入线路保护区，如上述秦乔 5413 线、5414 线 96 号，则立即填写处理记录进入危险点处理流程，通知设备主人及现场施工方负责人，要求停止施工，待监护人员到场后，需按照规定在有专人监护下方能施工。

❖ 经验体会

（1）利用科技手段，在图像监控系统的终端植入分析功能，实现图像在线监测的智能告警，图像智能告警系统每分钟能识别不少于 60 张图片，极大地提升了图像监控的效率。图像智能识别系统还具有历史预警信息查询统计功能，同时可以利用系统提供的图像信息模块随时查看报警图像的全部基本信息，可按照时间、线路名称、杆塔号等查询条件快速过滤报警图像信息和统计图像报警的准确性。

（2）通过输电线路在线监测系统智能识别告警系统对输电线路检测系统的管控，提高了监控智能水平和监控质量、及时性、准确性，实时掌握输电线路状态信息，及时发现异常情况，避免因外力破坏引起的线路跳闸故障，保证线路安全运行。

（3）由于输电线路在线监测智能告警系统能够实现对危险点的智能监控，使得线路运维单位能够缓解一部分危险点现场驻守人员的力量。另外，数据采集类监控装置智能告警的实现，不仅能够实时掌握线路的运行状态，还可以减少大量的巡视检查工作，使运维单位有更多的力量用于线路通道运维管理，线路运维管理水平得到了进一步提升。

（4）在线监测预警功能的实现，大大减少了在线监测人员的工作量，以图像监控为例，监控时间由原来的 1h 减少为 5min，按状态监测人员 4 人计，通过图像预警等功能，每天节省约 28 人工时的工作量，一年则可节省约 1036 人工时。

❖ 检测信息

检测人员	国网浙江省电力公司嘉兴市供电公司：吴伟（27 岁）
检测仪器	雷鸟 SWM－G200VM20 图像监测装置
测试环境	测试温度 29℃、相对湿度 59％

1.2.7 图像监测发现 110kV 洋大 1119 线线路下方山区火灾隐患

❖ 案例简介

110kV 洋大 1119 线 48 号图像视频监测装置于 2012 年 11 月 12 日安装投运，装置型号为 SWM-G200VM20。2013 年温州地区天气炎热，久未下雨，正是山区火灾易发时段。同年 9 月 9 日，国网浙江省电力公司温州供电公司在线监测人员通过在线监测系统的图像监测装置发现在洋大 1119 线 48 号杆塔小号侧导线下方有浓烟，可能会有山区火灾发生，随即通知群众护线员赶往现场并让班组特巡人员立即出发前往山区火灾发生点进行特巡。

检测分析方法

2013年9月9日，国网浙江省电力公司温州供电公司输电线路监测中心监测人员通过在线监测系统的图像监测装置发现在洋大1119线48号杆塔小号侧导线下方有浓烟，可能会有山区火灾发生，危及线路安全运行。输电运检室得知此情况后，立即启动防山区火灾预案，通知群众护线员赶往现场并让班组特巡人员立即出发前往山区火灾发生点。班组特巡人员到达洋大1119线48号塔后，该着火点在现场人员的共同努力下消除。班组特巡人员在确认确无发生山区火灾的可能后才结束特巡工作。至此，国网浙江省电力公司温州供电公司通过在线监测装置成功避免了一起外力破坏事故的发生。

2013年9月8日和9日图像监测装置拍摄到的现场画面分别如图1、图2所示。

图1　2013年9月8日图像监测装置
拍摄到的现场画面

图2　2013年9月9日图像监测装置
拍摄到的现场画面

经验体会

（1）图像视频在线监测装置能够在第一时间了解到所有已覆盖监测装置的现场情况，判断线路通道各种外破情况及突发情况。

（2）输电线路图像视频在线监测装置能有效弥补人工日常巡视中的缺陷，实现24h不间断监视，大大节省人力、财力，为线路安全供电提供了更为可靠地保障。根据在线监测的一系列数据，在山区火灾等外破发生前已经启动应急预案并采取行动。

（3）与在线监测中心联动，充分发挥沿线护线员作用。在接收到山区火灾报警后，护线员距离线路较近，可以在特巡人员之前到达现场，反馈山区火灾信息。

检测信息

检测人员	国网浙江省电力公司温州供电公司输电运检室：方慧琳（43岁）、蔡起要（37岁）
检测仪器	SWM－G200VM20图像监测装置

1.3.1 紫外成像及红外热像检测发现 110kV 葛李二线输电线路绝缘子局部放电

◆ 案例简介

国网天津市电力公司城南供电分公司运维的 110kV 葛李二线路于 2008 年 1 月投运，该线路穿越荣程钢铁厂，为 E 级污秽区（等值盐密最高 0.9mg/cm2）。该线路的绝缘子型号为 FU120BP-146D 及 FU120BP-146Q，是新型耐污绝缘子。2013 年 1 月 31 日 20 时，紫外成像检测发现绝缘子局部放电严重（光子数达到 18000），红外热像检测发现伞裙存在电压型致热缺陷。经分析该线路处于钢铁粉尘污秽区域内，长时间无降水造成积污严重。国网天津市电力公司城南供分电公司立即开展该线路绝缘子的停电清扫工作，大大降低了局部放电程度（光子数达到 3000）。鉴于该地区已使用新型耐污绝缘子，外绝缘达到最大统一爬电比距，因此制定了定期清扫、定期进行紫外及红外检测、及时开展雾霾天气下特巡等措施。执行上述措施后该地区未发生绝缘闪络事故。

◆ 检测分析方法

图 1、图 2 为 2013 年 1 月 31 日，输电运检班检测工作中获取的具有代表性的绝缘子运行情况图，图中反映的绝缘子串为葛李二线 6 号塔 C 相。图 1、图 2 检测条件：空气相对湿度 90％，温度－7℃，大雾天气。

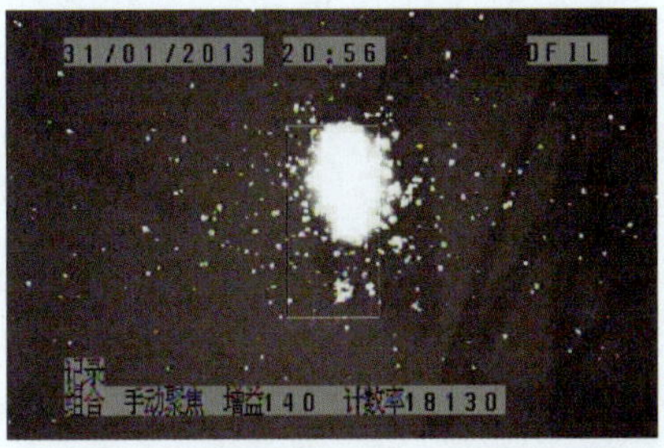

图 1　2013 年 1 月 31 日 20：56 紫外检测图

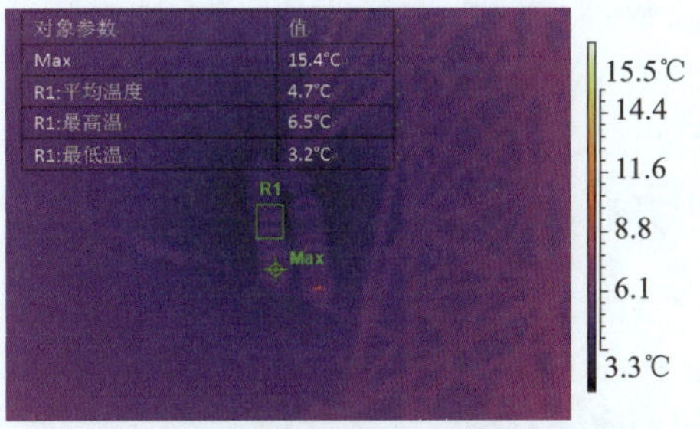

图 2　2013 年 1 月 31 日 20：56 红外检测图

通过观察图 1 可以发现，在增益调节至 140 时，光子计数 18 130，已经逼近 20 000，现场绝缘子放电声音较大，紫外观察绝缘子上下部均有放电现象，绝缘子运行状态较差。同时利用红外成像仪进行观察，多片绝缘子凹槽内部发热。针对这种情况，为保证线路安全稳定运行，组织输电人员开展了绝缘子清扫工作，清扫后经过多次检测，绝缘子运行情况良好。

经分析该线路处于钢铁粉尘污秽区域内，长时间无降水造成积污严重。鉴于该地区已使用新型耐污绝缘子，外绝缘达到最大统一爬电比距，因此制定了定期清扫、定期进行紫外及红外检测、及时开展雾霾天气下特巡等措施。

图 3、图 4 为 2014 年 2 月检测工作中获取的同一串绝缘子运行情况图。该图为绝缘子清扫整一年后，大雾天气运行情况，在增益调节至 140 时，光子计数 14 300，现场可听见较大放电声。经紫外观察可见绝缘子串上、中、下部均有放电现象。绝缘子运行情况与图 1 情况相近。检测条件：空气相对湿度 90％，温度－2℃，大雾天气。

图 5 为 2014 年 2 月检测工作中获取的同一串绝缘子，轻度雾霾天气运行情况。空气湿度较小的情况下，在增益调节至 140 时，光子计数 3500，现场有轻微放电声。经紫外观察可见绝缘子串中、下部均有轻微局部放电现象。红外检测多片绝缘子凹槽内部发热。检测条件空气相对湿度 40％，温度

−4℃，雾霾天气。

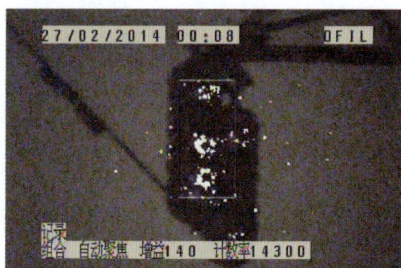

图3　2014年2月27日00：08紫外检测图

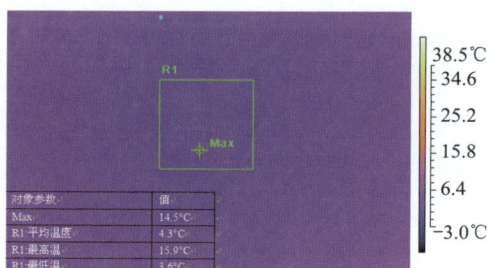

图4　2014年2月27日00：08红外检测图

图5　2014年2月1日15：32紫外检测图

经验体会

（1）对于荣程钢铁厂附近重污秽地区运行的新型绝缘子清扫一年后，绝缘子积污虽然再次达到较严重的水平，但依旧满足该地区绝缘运行要求，因此制定一年的清扫周期较为合理。

（2）空气相对湿度是影响该地区绝缘的很重要的因素，因此，要加强在空气湿度较大天气时对该地区线路的巡视，尤其是湿雾霾天气。

（3）通过观察图2和图4红外图谱，绝缘子发热区域发生在下方凹槽内的钢脚周围，积污严重且难以自洁的区域，紫外检测到的光子计数越多，热点温差越大。清扫时需控制清扫质量，重点清扫此区域。

（4）目前对于紫外成像仪观测绝缘子串放电还没有相关的规范，利用紫外光子数判断放电大小，还需要解决仪器增益、检测距离、焦距调节等对检测过程的影响。因此还需要进一步积累经验数据图谱，需要结合其他检测或试验手段综合分析判断绝缘的运行情况。

检测信息

检测人员	国网天津市电力公司城南供电分公司：王顺利（49岁）、胡庆虎（29岁）、纪广裕（26岁）、张伟龙（25岁）、王兆阳（24岁）
检测仪器	以色列OFIL公司SUPERB紫外成像仪、武汉高德ThermoPro 8红外热像仪
测试环境	检测温度−7℃、相对湿度90%

1.3.2 红外热像检测及紫外成像检测发现 500kV 姆舜 5482 线复合绝缘子发热

❖ 案例简介

国网浙江省电力公司绍兴供电公司运维的 500kV 姆舜 5482 线于 1991 年 5 月投入运行。2013 年 5 月 5 日 16：00，班组工作人员对姆舜 5482 线 103 号塔复合绝缘子进行红外热像检测，发现中相大号侧跳线复合绝缘子串导线侧第 10 片合成绝缘子芯棒处有温度异常现象，发热点温度 41.4℃，正常对应点温度 22.7℃，温升 18.7℃，环境温度 35.1℃，湿度 30%，电流 270A。经登杆红外热像复测、紫外成像检测，发现该发热缺陷仍存在，并有升高趋势。姆舜 5482 线 103 号塔中相大号侧跳线串复合绝缘子为保定修造厂生产，型号为 FXBW-500/100，出厂日期 1999 年 3 月，投运时间为 1999 年。复合绝缘子在长期运行过程中，由于局部放电、泄漏电流流过绝缘物质时的介电或电阻损耗都可引起绝缘子局部温度升高，在电场和化学作用下侵蚀芯棒，形成碳化通道，减小绝缘子的有效绝缘距离，将可能最终导致芯棒断裂，引起 500kV 重要线路掉串、断线跳闸事故的发生。因此国网浙江省电力公司绍兴供电公司立即组织专业人员制定详细、周密的带电作业方案，通过等电位作业更换该串绝缘子，并对更换后的绝缘子进行外观检查、运行电压下红外检测、陡波试验。

❖ 检测分析方法

（1）带电检测。姆舜 5482 线 103 号塔导线大号侧跳线合成绝缘子进行红外热像检测，对图谱分析后发现导线侧第 10 片合成绝缘子芯棒处有温度异常现象。姆舜 5482 线 103 号塔中相大号侧跳线合成绝缘子串发热点温度 41.4℃，正常对应点温度 22.7℃，温升 18.7℃，环境温度 35.1℃，红外热像检测及图谱如图 1、图 2 所示，其基本信息见表 1。根据设备缺陷判断依据，判断合成绝缘子串局部发热，热点明显，缺陷性质为严重缺陷。后续工作在 6 月 18 日进行等电位作业更换后进行试验判断分析。

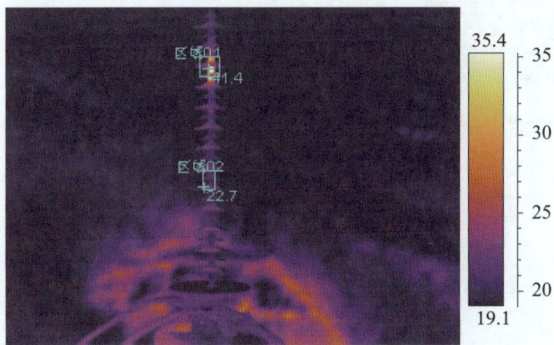

图 1 红外热像检测　　　　　　　图 2 红外热像检测图谱

（2）等电位作业更换。作业采用绝缘硬梯进入、两套 2—2 滑车组提升等电位带电作业方法，如图 3 所示。即跳线横担上跳线串两侧适当位置分别组装两套 2—2 滑车组——2—2 滑车组下端通过提升绳套和重锤托盘连接——两侧 2—2 滑车组同时收紧——提升跳线导线及重锤——待合成绝缘子不受力——拆除上下合成绝缘子连接销子——更换合成绝缘子。

在更换作业前后对该绝缘子进行紫外成像检测，如图 4 所示。作业前对绝缘子串的电晕进行检查，发现电晕放电现象，诊断结果为姆舜 5482 线 103 号塔中相大号侧跳线绝缘子串紫外光子数异常。作业后检测结果为正常。

（3）试验分析。

1）外观检查。将更换下的合成绝缘子进行外观检查，和正常复合绝缘子相比较，试验绝缘子伞套存在大面积的粉化现象，且硬化迹象明显，高压端部伞套表面磨损明显，如图 5 所示。

表1　　　　　红外检测基本信息

摄像机信息	数值
摄像机型号	DL700E+
摄像机序列号	22700EC12020
扩展镜头情况	无扩展镜头
工作挡位	−20.0/180.0
目标参数	数值
环境温度	35.1℃
区域分析	数值
区域01最高温度	41.4℃
区域01比辐射率	0.90
区域02最高温度	22.7℃
区域02比辐射率	0.90

图3　等电位作业更换合成绝缘子

紫外图像（更换前）　　　　　紫外图像（更换后）

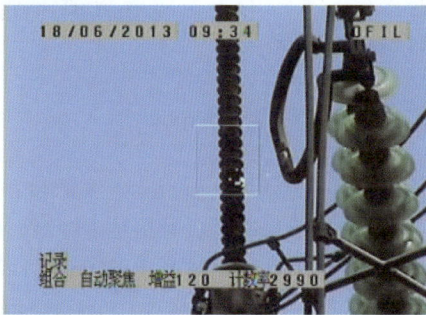

图4　紫外成像检测

图5　合成绝缘子外观检查

2）运行电压下红外检测。

运行电压：318kV（550/√3）；

监测时长：30min；

检测间隔：5min；

环境温度：32℃；

环境湿度：72%；

检测标准：DL/T 664—2008《带电设备红外诊断应用规范》；

试验结果：试验绝缘子施加额定运行电压后，部分区域出现异常温升（发热位置位于自高压端部10片大伞群），不满足标准要求（温升不超过1℃），具体红外检测数据汇总表见表2，对应红外检测图谱如图6、图7所示。

3）陡波试验。

试验区域：高压端部与红外检测异常区域各选择4个伞群（每个区域长度≤500mm），分别编号为区域1（绝缘子高压端部）、区域2（红外检测异常区域）。陡波试验波形图如图8、图9所示。陡波检测数据汇总见表3。

陡波陡度：不小于1000kV/μs，不大于1500kV/μs。

计划每个区域陡波试验次数：25次。

试验电压极性：负极性。

环境温度：32℃。

表2　　　　　红外检测数据汇总表

施加电压（kV）	运行电压施加时长（min）	最高点温度（℃）	最低点温度（℃）	相对温差（℃）	图谱照片
318	5	37.4	33.1	4.3	见图6
	10	44.6	33.0	11.6	
	15	46.1	33.1	13	
	20	47.2	33.1	14.1	
	25	49.1	33.2	15.9	见图7
	30	48.7	33.2	15.5	

图 6 红外检测图（施加运行电压 5min）

图 7 红外检测图（施加运行电压 25min）

图 8 区域 1 陡波试验波形

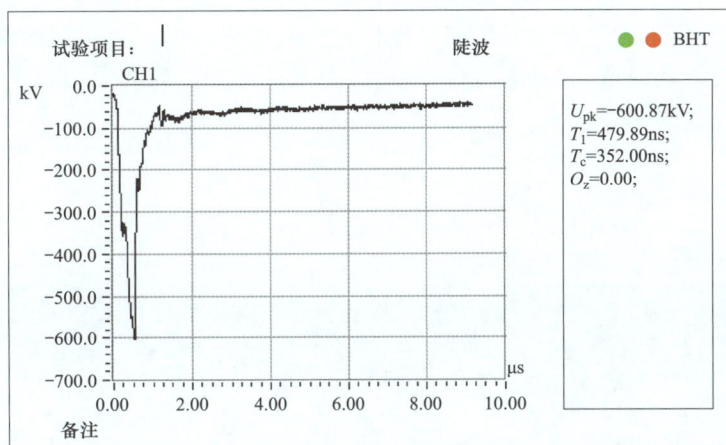

图 9 区域 2 陡波试验波形

环境湿度：72%。

检测标准：GB/T 19519—2004《标称电压高于 1000V 的交流架空线路用复合绝缘子——定义、试验方法及验收准则》。

试验结果：试验绝缘子未通过陡波试验，伞套击穿照片如图 10 所示。

表 3 陡波检测数据汇总表

试验区域	陡波试验次数	通过陡波试验次数	陡波试验图片
1	1	0	图 8
2	5	4	图 9

（4）结论：

1）试验绝缘子未通过陡波及红外检测。

2）试验绝缘子老化迹象明显，老化原因可能与厂家产品质量或投运时间存在关系。

3）试验绝缘子因长期运行导致伞群老化开裂引起芯棒进水发热。

图 10 陡波试验后发热位置伞套击穿

对设备进行红外、紫外带电检测，是目前比较有效的方法，是发现设备潜伏性运行隐患的有效手段，是电力设备安全、稳定运行的重要保障。事实说明红外热像检测技术能够发现设备由于各类原因引起的过热缺陷，除了例行周期性红外测温以外，开展设备停电检修前的红外测温工作，能够有效指导设备检修，提高检修工作效率和质量，保证设备检修后安全运行，避免重复停电。

紫外成像检测高压电气设备外部电晕放电对因设计、制造、安装或检修等原因，形成的锐角或尖端；制造、安装或检修等原因，造成表面粗糙；运行中导线断股（或散股）；均压、屏蔽措施不当；在高电压下，导电体截面偏小；悬浮金属物体产生的放电；导电体对地或导电体间间隙偏小；设备接地不良；在潮湿情况下，绝缘子表面破损或裂纹；在潮湿情况下，绝缘子表面污秽；绝缘子表面不均匀覆冰；绝缘子表面金属异物短接；发电机线棒表面防晕措施不良、绝缘老化、绝缘机械损伤等原因引起放电现象较敏感，作为目前设备状态检修和带电检测的主要手段对随时掌握高压设备的运行状态、故障早期判断、发展趋势有着重要的意义。

（1）加强设备带电检测工作，定期召开设备运行分析会；加强人员培训包括对测试仪器、被测设备的专项培训，提高人员技能水平和分析判断能力准确性。

（2）对存在疑似问题的设备开展综合分析判断在同样运行条件、同型号的电力设备之间进行横向比较，同一设备历次检测进行纵向比较；各类测试数据综合分析比对，各测试手段相互支撑。

（3）紫外成像技术是通过观察复合绝缘子的"电晕"来判断的复合绝缘子缺陷所在位置（例如裂纹、绝缘介质破坏等现象），从而在状态检测中做到与红外热像检测互补的作用。

（4）定期安排运行超过 10 年以上的复合绝缘子、雷击闪络复合绝缘子红外成像检测有利于判断复合绝缘子运行水平，需制订、落实带电检测计划。

（5）加强对运行 10 年以上的复合绝缘子带电登杆检查其劣化程度，对伞裙变硬、变脆、粉化、裂纹、开裂，伞裙出现起痕、树枝状通道、蚀损、密封不良、憎水性下降，局部发热等现象的复合绝缘子，应及时进行更换处理，以提高线路健康水平。

检测人员	国网浙江省电力公司绍兴供电公司：周永伟（47 岁）、杨晓丰（33 岁）、林祖荣（32 岁）、单建华（47 岁）、黄晓光（40 岁）、刘博强（30 岁）
检测仪器	DL700E＋红外热像仪（参数－20.0/180.0）、Daycor 紫外成像测试仪（参数 120、18W）
测试环境	测试温度 35.1℃、相对湿度 30%、大气压 96kPa

1.3.3 综合检测方法发现 220kV 桓秋线分裂导线粘连状态

◆ 案例简介

220kV 桓秋线于 1996 年 10 月 10 日投入运行，淄博段线路全长 7.754km，共 27 基杆塔，起止杆号为 1~27，导线采用 2×LGJ-400/50，双分裂斜排列未加间隔棒，长度为 7.753km，地线采用 GJ-50，OPGW-24B1/140，长度为 7.753km。桓秋线粘连现象发生前，所带负荷电流正常为 400A 左右，线路运行状况良好。桓秋线 2014 年 2 月 20 日，因滨州博兴负荷需求变化，线路负荷载流剧增，为保证正常供电，调度运行方式由 220kV 桓秋线分担负荷，线路载流量达到 800A 以上，线路 2~5 号段杆塔 c 相分裂导线发生粘连现象，并伴有强烈的噪声，随即组织人员赶赴现场。到达现场后，分别测量了线路的温度、线路磁场强度及噪声。

◆ 检测分析方法

针对上述案例简介情况，国网山东省电力公司淄博供电公司组织人员进行了现场相关参数的综合检测并对其进行分析，如图 1 所示。

结合 IES700 系统，实时查看 220kV 桓秋线日曲线实时数据，发现桓秋线于 20 日 8 时开始，其电流幅值一直在升高，最高幅值超过 1100A，当日电流图如图 2 所示。

桓秋线 2~5 号耐张段粘连相温度测量，发生粘连的线路进行红外热成像检测，发现粘连相温度异常。对其进行了精确测温，选择成像的角度、色度，拍下了清晰的图谱，如图 3 所示。

图 1　现场照片

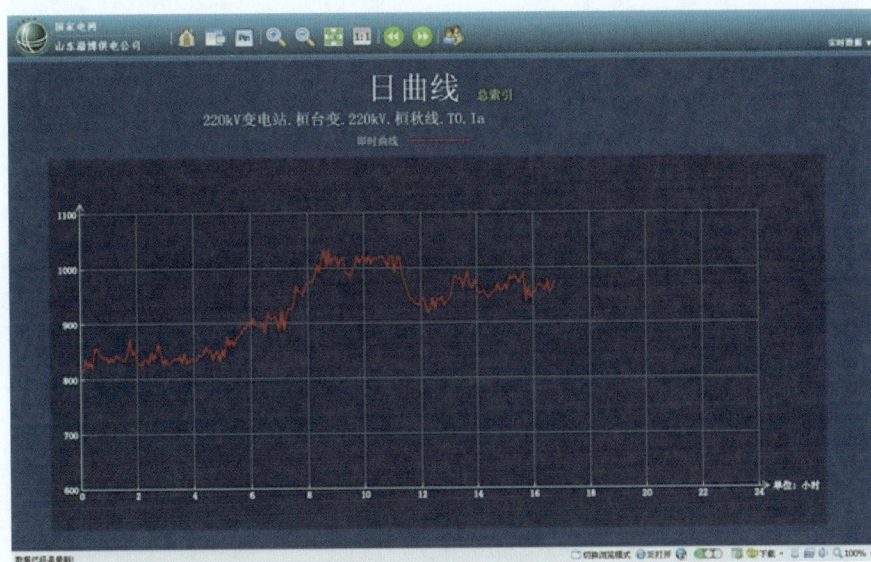

图 2　电流日曲线图

桓秋线运行负荷电流 800A；环境温度 10℃时，热图谱分析发现 2~5 耐张段粘连相 c 相线路温度异常，表面最高温度 18.4℃，其他两相 13℃，相对温差为 8.4℃。如图 4 所示。

测量电场强度与磁场强度。220kV 桓秋线 2~5 号耐张段导线中心垂直处、线路中心左侧 15m 处、线路中心右侧 15m 处防护区内附近的电场强度与磁场强度。通过分别测量线路下方及两侧 15m 范围内距地面 1.5m 处的工频电场、工频磁场，得出电场及磁场强度相关数据，见表 1。

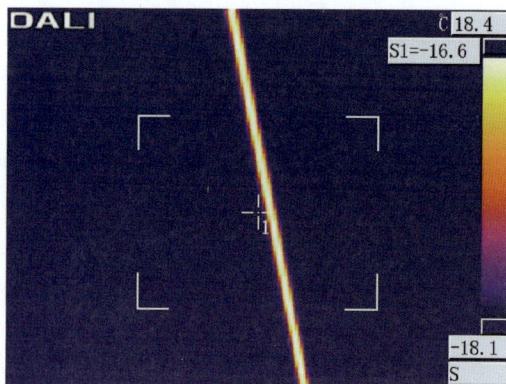

图 3 粘连相红外图谱

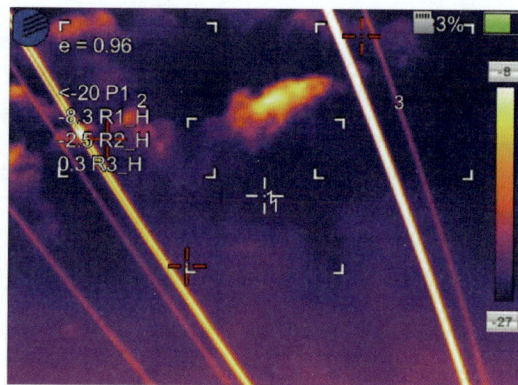

图 4 粘连相测温图

表 1 电 场 及 磁 场 强 度

	线路中心垂直处		线路中心左侧 15m 处		线路中心右侧 15m 处	
	电场（kV/m）	磁场（mT）	电场（kV/m）	磁场（mT）	电场（kV/m）	磁场（mT）
国际标准	2.0	0.00 575	1.0	0.00 195	1.0	0.00 195
粘连段	1.74	0.009	1.705	0.008	1.71	0.005

参照 HJ/T 24—1998《500kV 超高压送变电工程电磁辐射环境影响评价技术规范》相关要求，线路下方及两侧 15m 范围内距地面 1.5m 处的工频电场、工频磁场强度不得超过 4kV/m、0.1mT 的标准限值要求。因此，虽然粘连线路附近电场及磁场强度有一定变化，满足国家标准。使用噪声计测量 220kV 桓秋线 2～5 号耐张段导线中心垂直处、线路中心左侧 15m 处、线路中心右侧 15m 处防护区内噪声，噪声数据见表 2。

表 2 噪 声 数 据 表 dBA

	线路中心左侧 15m 处	线路中心处	线路中心右侧 15m 处
正常段	56.9	57	54
粘连态	70.9	75.5	65.3

依据 GB 3096—2008《声环境质量标准》5 类标准，该地区处在交通干线两侧一定距离之内，应执行 4 类声环境功能区要求。依据 GB 3096—2008《声环境质量标准》5 类标准，该区域要求昼间环境噪声不超过 70dBA，夜间不超过 60dBA，因此其噪声已严重超过国家标准。该区域主要为农田，噪声对居民生活造成的影响较小，可结合线路检修时加装间隔棒进行整改。

❖ 经验体会

（1）相互平行的 2 条导线，通过方向相同的电流 I_1 和 I_2，单位长度导线所受的电磁力为

$$F = \mu I_1 I_2 / 2\pi d$$

式中 μ——介质的磁导率；

d——两导线间的距离。

（2）两导线所受的电磁力为相互吸引力。运行中的双分裂导线可视为 2 条平行导线，同时通过方向、大小相同的电流，在电磁力的作用下，同相双分裂导线具有相互吸引的趋势。

（3）正常运行负荷电流小于 800A，子导线间的电磁力较小，一般不会发生粘连。但在档距较大的风口处或设计施工不良、长期运行等因素的影响使子导线间距离不符合要求时，子导线在大风中舞动或者受到大电流冲击，局部会瞬时十分接近甚至相碰。靠得很近或相碰的子导线所受的电磁力很大，当子导线间局部所受电磁力大于该局部子导线自重时，局部粘连就会出现。

（4）分裂导线某一点发生粘连后，紧靠粘连点的子导线间的距离已很小，在电磁力的作用下，粘连不断延伸。如此距离越近电磁力越大，子导线间越易发生粘连，形成恶性循环。

（5）分裂导线出现粘连必须同时具备两条件：由于大风等外力作用、导线材质差异、导线温升差异、很大的负荷电流作用或其他因素，使得同相分裂导线子导线局部瞬时接触或十分接近；分裂导线的负荷电流足以维持其继续粘连。

（6）导线发生粘连后，分裂导线的几何间距大幅度减少，其附近电晕放电起始电压降低，（为原来的27%），导线附近发生强烈的电晕放电，并伴有如瀑布般的声音。电场与磁场的强度也发生一定程度的变化，对通信等会造成一定程度的干扰。同时，由于强烈的电晕放电现象，加大了线路的损耗，造成能源的浪费。在风吹舞动的情况下，线路还伴有鞭击现象，一定程度加大了导线的磨损，减少了其使用寿命，严重时造成导线断股，严重影响系统的安全运行。

（7）分析结论：220kV桓秋线双分裂导线发生线路粘连现象，主要原因是：

1）负荷电流太大。通过查看 IES 700 系统实时数据和现场分析认为，发生粘连的起始电流为 800A，期间电流最大幅值超过 1100A，远超过其平日的运行负荷，同时伴随着磁场变化，是此次粘连现象发生的根本原因。

2）桓秋线 2～5 号耐张段 c 相导线弧垂在施工和验收时均存在误差。导致线路部分档距内导线的弧垂未达标准，加上线路多年运行老化现象，分裂间距变小，在负荷电流幅值超过 800A 之后，导线间的电磁力增大使得两分裂导线粘连。同档距的其他两相线路在同等条件下并未发生子导线粘连现象。

3）治理措施如下：

（a）在负荷适当降低的情况下，可带电作业加装间隔棒。

（b）调整 2～5 号耐张段相子导线的弧垂。

（c）考虑到线路附近电磁变化强烈可能会加速金具、绝缘子的老化，结合线路检修时检查金具和绝缘子，根据检查结果必要时更换。

（d）虽然线路附近的电场与磁场强度满足国家标准要求，但噪声超过国家标准，考虑到此次线路粘连段发生在空旷农田地带，远离居民区，对人民生活造成的影响较小。若发生在居民区附近，造成的影响需要引起足够的重视，结合参照 GB 3096—2008《声环境质量标准》等国家标准，制定噪声测量方法和治理措施的电网企业标准。

✚ 检测信息

检测人员	国网山东省电力公司淄博供电公司：杨学杰（46 岁）、赵延华（51 岁）、孔祥清（28 岁）
测试仪器	DL 700E 红外热像仪
测试环境	测试温度 10℃、相对湿度 40%、大气压 1005kPa

1.4 其他检测技术

1.4.1 雷电监测系统监测发现 330kV 金柞Ⅱ线雷击故障

✚ 案例简介

330kV 金柞Ⅱ线长 107.469km，于 1992 年 4 月 8 日投运，运维单位为国网陕西省电力公司检修公司。

2013 年 4 月 29 日 04：13，3902 金柞Ⅱ线跳闸，A 相故障，重合成功。柞水变电站侧：3332、3330 开关跳闸，保护Ⅰ：电流差动保护动作，故障测距 73.9km；保护Ⅱ：纵联距离动作，纵联零序方向，故障测距 75.3km；故障录波测距为 75.948km。金州变电站侧：RCS931 保护距离 44.2km；RCS902 保护距离 43.9km，故障录波 44.561km，行波测距 44.9km。故障杆号为 87 号，经度 033：7：46.32N，纬度 109：7：42.92E。故障区段位于陕西省安康市旬阳县小河镇附近，地形为山地。

经雷电监测系统查询，2013 年 4 月 29 日 04：13 左右，金柞Ⅱ线沿线雷电活动较强，其中在 87 号杆塔周围雷电活动频繁，有 5 次雷电发生在 04：13 左右，距离为 7.1km 左右，可能造成 87 号杆塔 A 相跳闸。经巡线人员现场勘查发现 87 号中相（A 相）跳线下均压环处和大号侧导线端均压环有明显放电痕迹，分析线路的跳闸原因为雷击导致线路故障。

建议结合停电计划及时更换雷击绝缘子，在 330kV 金柞Ⅱ线路 85～88 号杆塔安装可控避雷针。

检测分析方法

2013 年 4 月 29 日 04：13，3902 金柞Ⅱ线跳闸，A 相故障发生后。经查寻雷电监测系统，2013 年 4 月 29 日 04：13 左右，金柞Ⅱ线沿线雷电活动较强，图 1 所示为金柞Ⅱ线线路通道内当日雷电活动情况，其中在 87 号杆塔周围雷电活动频繁，故障杆塔周围录得雷电信息情况见表 1。金柞Ⅱ线 87 号坐标为经度 033：7：46.32N、纬度 109：7：42.92E，即经度 33.1295，纬度 109.1286°。

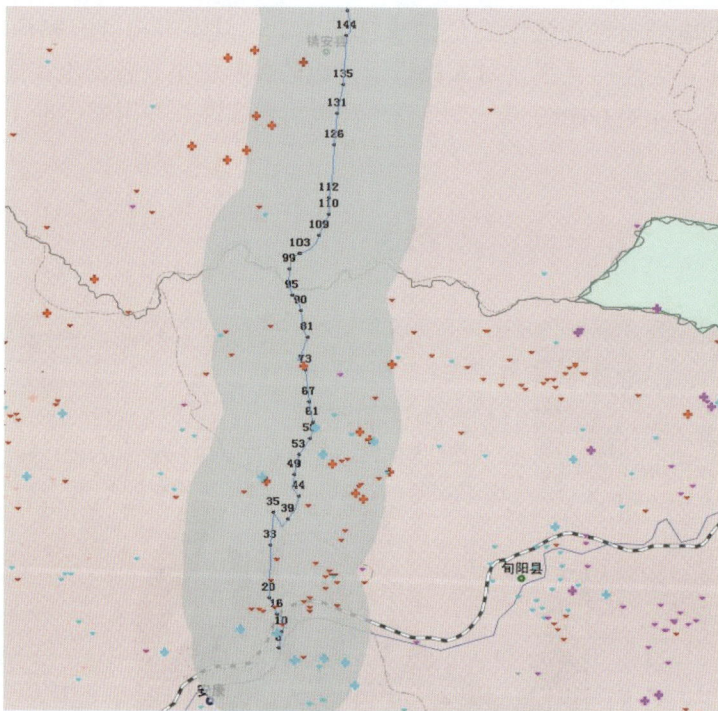

图 1 金柞Ⅱ线线路通道内当日雷电活动情况

表 1 　　　　　　　　　　　　　　故障杆塔周围录得雷电信息情况

序号	时间	经度（°）	纬度（°）	电流强度（kA）	回击次数	与故障杆塔距离（m）
1	2013-04-29 04：12：54	108.014 081	32.361 915	126.2	1	7145.335
2	2013-04-29 04：12：57	108.396 697	33.080 206	−16.6	1	7058.040
3	2013-04-29 04：13：10	109.032 865	32.372 021	−30.4	1	7110.595
4	2013-04-29 04：13：20	108.898 003	32.27 857	−21	1	7124.783
5	2013-04-29 04：13：20	109.190 875	32.306 262	−20.8	1	7112.182

雷电信息查询以时钟同步性为首要原则，距离远近作为辅助判据。87 号杆塔 A 相跳闸时间为 2013 年 04 月 29 日 04：13，以上的 5 次雷电都发生在 04：13 左右，距离都在 7.1km 左右，都有可能是造成 87 号杆塔 A 相跳闸的原因。以第 3 次雷电为例进行分析。计算得到 87 号杆塔 A 相的跳线侧绕击耐雷水平约为 11.07kA，反击耐雷水平约为 89.28kA；导线侧绕击耐雷水平约为 12.84kA，反击耐雷水平约为 102.74kA；而 87 号附近发生的雷电流幅值为 −30.4kA，大于绕击耐雷水平，小于反击耐雷水平，所以从耐雷水平计算结果可初步确定本次雷击跳闸性质为绕击。同时从 A 相跳线下均压环和大号侧导线端均压环放电痕迹上看，进一步证实了此次雷击故障确为一次典型的绕击故障。

4 月 29 日 05：01，渭南检修分部接调度 330kV 金柞Ⅱ线故障查线通知，迅速组织运维人员共 12 人进行故障查线，图 2 所示为 330kV 金柞Ⅱ线 87 号塔牌。16 时 30 分当巡查至 87 号塔时通过望远镜发现 87 号中相（A 相）跳线下均压环（见图 3）和大号侧导线端均压环有明显放电痕迹（见图 4）。

图 2　330kV 金柞Ⅱ线 87 号塔牌

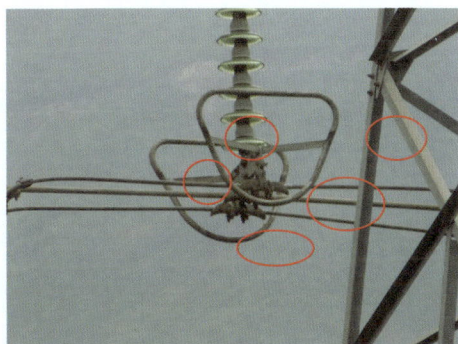

图 3　330kV 金柞Ⅱ线 87 号塔 A 相引流 跳线串下均压环放电痕迹

图 5～图 7 分别为 330kV 金柞Ⅱ线 87 号杆塔整体图、大号侧地形和小号侧地形，该段线路位于山上，走径偏僻，附近无污染源。经检查，故障区段内 4 基铁塔通道内树木和边坡远远超过安全距离，铁塔上和

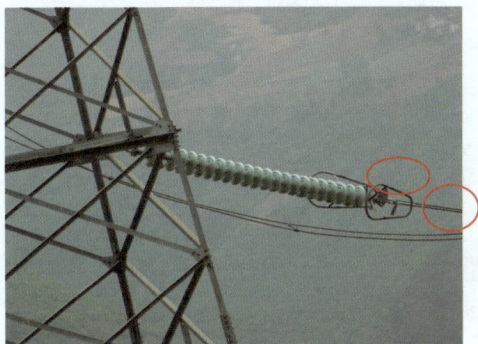

图 4　330kV 金柞Ⅱ线 87 号 A 相大号 侧均压环放电痕迹

图 5　330kV 金柞Ⅱ线 87 号杆塔整体图

图 6　330kV 金柞Ⅱ线 87 号大号侧地形

图 7　330kV 金柞Ⅱ线 87 号塔小号侧地形

通道内无鸟粪和鸟类活动，当天也未发生山区火灾等情况。综合考虑故障区段的地理特征、气候特征、现场情况、结合故障录波信息，综合以上情况，排除线路为外破、污闪、树害、鸟害、风偏、山区火灾等引起线路故障。故障发生时，天气情况为雷雨天气，87号塔身处于山区较高地段，结合A相（中相）引流跳线串均压环及大号侧导线端均压环上的放电痕迹，分析线路的跳闸原因为雷击导致线路故障。

87号塔基周围地形开阔，无任何超高植被或障碍物，两侧均跨深沟，易于雷电绕击导线，山下侧为河流，易于雷云聚集，这种地形容易遭受雷击，此外根据行波测距距金州变电站44.9km，87号实际距金州变电站46.553km，故障发生时，天气情况为雷雨天气。

按照DL/T 620—1997《交流电气装置的过电压和绝缘配合》，计算330kV输电线路LXP-10绝缘子串干弧距离2774mm时，绕击耐雷水平11.07kA。该故障跳线串配置为1×21片，结构高度3066mm，干弧距离2774mm，绝缘配置满足标准要求。

故障时录得雷电流水平均远远大于该基塔跳线串11.07kA的绕击耐雷水平，故障A相又处于山地迎风侧位置，中相跳线保护角14.4°，与B相干弧距离2945mm相比，A相干弧距离2774mm恰好位于该基绝缘的最薄弱点，沟道内雷云在经过该基杆塔时，造成A相（上相）引流绝缘空气间隙击穿导致线路跳闸。因此，87号跳闸原因为雷电绕击线路跳闸故障。

经验体会

（1）早期输电线路防雷差异化设计不够，防雷电绕击办法不多，致使该线路绕击雷害较多。该线路投运时间较早，整体防雷水平较差，避雷线保护角过大，输电线路绕击耐雷水平相对较低，而且山区输电线路大跨越、大档距较多，山坡角度较大，容易发生雷电绕击山地迎风侧导线跳闸。

（2）加装线路避雷器防雷效果明显。金柞Ⅱ线41～43、55、75、77、78、81、125、126、169、170共加装避雷器12组，其效果较为明显。以上杆塔在雷雨天气过程中未发生雷击跳闸故障。

检测信息

检测人员	国网陕西省电力公司电力科学研究院：张鹏（38岁）、蒲路（38岁）、毛辰（31岁）
检测仪器	雷电监测系统
测试环境	测试温度12～17℃，风力3～4级，故障区段天气情况：雷雨天气（大雨）

1.4.2 输电杆塔倾斜在线监测发现110kV白平线杆塔倾斜

案例简介

国网山西省电力公司晋中供电公司110kV白平线输电线路1999年投入运行。2012年6月，输电运检室在线检测中心人员对110kV白平线杆塔倾斜在线监测仪数据记录对比发现，110kV白平线32号杆塔（直线塔）倾斜数据回馈为横线路倾角16°、横线路偏移距离117.3mm；顺线路倾角3°、顺线路偏移距离20.4mm。横线路方向与安装调试原始数据2°56′相比较，差值角度近14°、偏移距离近100mm，相差较大，超出规定范围的40%。随后现场人员使用全站仪实际测量结果显示，110kV输电线路白平线32号塔身横线路方向水平倾斜值 98.56mm，A 塔腿下沉 20mm、B 塔腿下沉 25mm。通过分析发现为晋中市寿阳县境内采空区沉降原因导致杆塔基础下沉，从而引发杆塔倾斜。随即组织人员对杆塔进行加固纠偏处理。

❖ 检测分析方法

国网山西省电力公司晋中供电公司输电运检室杆塔倾斜在线监测仪使用输电运检室与国网山西省电力公司长治电力分公司科技开发中心共同开发研究的型号为 NS9G-B20 的倾斜仪，利用低成本 GRPS 技术，主要完成对输电线路杆塔倾斜的实时自动监测、统计、分析动作。

系统设计有传感器模块、无线监测终端、系统电源、Web 服务器及其管理软件组成，系统工作流程及原理为：由监测杆塔安装的倾斜仪中的传感器模块定时（此应用系统为 4min）采集倾斜度数据，经数据转换为无线信道数据后，通过系统搭载的 GPRS 传送装置（即手机卡），传回 Web 服务器终端，至此前端设备动作完成，前端设备能源使用外载太阳能电池供应。数据反馈回处理器后经过计算机处理后，以以太网方式进行数据发布，数据可通过检测中心联网获得并在计算机软件显示，全套杆塔倾斜在线监测动作完成。

全套系统中前端设备为系统最重要的构成，前端设备中传感器模块是核心也是最复杂的部分，完成对杆塔横向倾斜、纵向倾斜等数据在内的检测。输电线路杆塔倾斜监测系统由于输电线路设备运行的严格要求，就需要该模块能够精确的实时反应杆塔横向纵向倾斜数据，并精确到毫米，国网山西省电力公司晋中供电公司输电运检室使用的杆塔倾斜在线监测仪使用集成电子水平装置，对倾斜数据测量精准可靠。

2012 年 6 月当日发现反馈数据异常现象后，测量人员立即赶赴 110kV 白平线 32 号塔现场进行测量工作，测量工具为莱卡全站仪，测量分三个位置完成，分别测量中心点位置、顺线路方向、横线路方向，重复测量三次取平均值发现杆塔确实存在横线路方向倾斜，通过周围环境观测地表裂纹以及走访附近村民，地质沉降活动也是近期发生的。实际测量数据与仪器反馈数据误差不超过 5％，充分验证了在线杆塔倾斜监测具有可靠性和实时性。

随后组织技术人员对杆塔进行加固纠偏处理，处理方法分为以下几步：第一步先在外角侧塔身横担处向倾斜的反方向做临时拉线两根，通过手板葫芦进行临锚，如图 1 所示；第二步将四腿基础保护帽破除，松动并将地脚母退至顶部，如图 2 所示；第三步专人统一指挥、扳动葫芦收紧两根临时拉线，缓缓将内角侧 A、B 塔脚板抬起，在基础与塔脚板之间垫钢板到塔身恢复至正常位置，如图 3 所示；第四步将临时拉线锚固，替换掉手板葫芦，把地脚母紧固后，制作好保护帽。

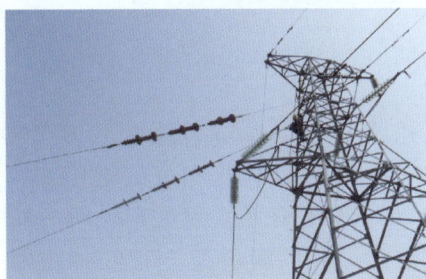

图 1　制作临时拉线

图 2　退地脚母

❖ 经验体会

现阶段杆塔倾斜监测主要依靠义务护线员以及杆塔在线监测倾斜仪两种手段开展，倾斜仪主要使用于无人区以及采空严重区域，运行记录分析得出在线监测装置数据可靠性和实时性完全能够满足需求，且杆塔倾斜仪具有人眼所不能具备的精确度，不再局限于特殊区域的范围限制，用仪器代替人力观察，能够及时发现并防止严重的倾斜甚至倒塔事故的发生。杆塔数据传送环节以及杆塔悬挂部分包括仪器本身以及太阳能供电板在内的防水、防电磁、防外力等

图 3　加垫钢板

方面，要做到定期维护、检修，防止由于环境因素造成通信中断。

检测信息

检测人员	国网山西省电力公司晋中供电公司输电运检室：张健（24 岁）
检测仪器	NS9G-B20 倾斜仪（在线监测）、莱卡全站仪（现场测量）
测试环境	测试温度 25℃、相对湿度 50%、大气压 95kPa

1.4.3 直升机巡检发现 500kV 沥富 5921 线线路地线金具发热

案例简介

500kV 沥富 5921 线起于安徽省芜湖市 500kV 河沥变电站，止于浙江省杭州市 500kV 富阳变电站，线路全长 73.102km，铁塔 151 基（耐张塔 31 基，直线塔 120 基），全线与 500kV 沥阳 5931 线同杆架设，导线采用 LGJ-630/45，地线采用 LGJ-95/55。线路于 2006 年 7 月 14 日投产运行，2008 年 3 月开展 C 级检修。直升机航巡作业前，线路总体运行情况良好。2013 年 3 月 22 日，委托国网通用航空有限公司对 500kV 沥阳 5931 线、500kV 沥富 5921 线开展直升机航巡作业，主要包括红外检测和可见光检查，在巡检中发现沥富 5921 线 0119 号、0126 号、0138 号塔地线挂点金具发热缺陷。缺陷发现后，立即对该类地线金具串进行红外跟踪复测，并开展带电登杆塔现场检查，掌握发热缺陷变化趋势，同时开展专项缺陷分析，制定处置措施，并进行带电作业更换处理，及时消除线路安全隐患。

检测分析方法

（1）直升机航巡作业检查。2013 年 3 月 22 日，委托国网通用航空有限公司对 500kV 沥阳 5931 线、500kV 沥富 5921 线开展直升机航巡作业检查，检查项目为红外检测和可见光检查。即利用红外热像仪对 500kV 沥阳 5931 线、500kV 沥富 5921 线线路上的导线接续管、耐张管、跳线线夹、导地线线夹、金具、绝缘子等进行拍摄，分析数据，判断其是否正常，并同时进行全程红外跟踪录像；运用望远镜、照相机、机载可见光镜头跟踪记录 500kV 沥阳 5931 线、500kV 沥富 5921 线导地线、杆塔、金具、绝缘子等部件的运行状态、线路走廊内的树木生长、地理环境、交叉跨越等情况，同时进行全程跟踪录像。在保证飞行安全的前提下，对每基杆塔整体、塔头、离飞机最近侧横担及金具拍摄照片，重点检查绝缘子、跳线，检查对塔身有无风闪放电痕迹，检查导地线绝缘子金具是否有异常情况，以及导地线及其连接金具是否挂有异物，检查线路走廊内是否有与导线电气间隙小的物体导致放电等。

航巡作业时，由一名飞行员驾驶直升机，另外两名航检员分别操作红外检测设备（机载吊舱等）和可见光检测设备（防抖望远镜等），采取单侧巡视方式，即在线路一侧巡视检查铁塔、三相导线、地线及金具。

巡检结束后整理当天巡视记录，在视频数据整理分析过程中，发现 500kV 沥富 5921 线 0119 号、0126 号、0138 号塔地线挂点金具发热，如图 1～图 3 所示。

沥富5921线0119号塔右地线小号侧挂点金具发热红外成像图

沥富5921线0119号塔右地线小号侧挂点金具发热可见光成像图

图1　500kV沥富5921线0119号塔右地线小号侧挂点金具发热红外成像及可见光成像图

沥富5921线0126号塔右地线小号侧挂点金具发热红外成像图

沥富5921线0126号塔右地线小号侧挂点金具发热可见光成像图

图2　500kV沥富5921线0126号塔右地线小号侧挂点金具发热红外成像及可见光成像图

沥富5921线0138号塔右地线小号侧挂点金具发热红外成像图

沥富5921线0138号塔右地线小号侧挂点金具发热可见光成像图

图3　500kV沥富5921线0138号塔右地线小号侧挂点金具发热红外成像及可见光成像图

对比分析红外热像图与可见光成像图，发现500kV沥富5921线0119号塔右地线小号侧挂点金具发热现象，发热点温度大于100.8℃，正常对应点温度11.3℃，高89.5℃，环境温度12℃，湿度50%，需进行红外测温跟踪。

对比分析红外热像图与可见光成像图，发现500kV沥富5921线0126号塔右地线小号侧挂点金具发热现象，发热点温度大于100.8℃，正常对应点温度12.7℃，高88.1℃，环境温度12℃，湿度50%，需进行红外测温跟踪。

对比分析红外热像图与可见光成像图，发现500kV沥富5921线0138号塔右地线小号侧挂点金具发热现象，发热点温度大于100.5℃，正常对应点温度20℃，高大于80.5℃，环境温度12℃，湿度50%，需进行红外测温跟踪。

（2）缺陷处理。缺陷发现后，立即对出现发热异常的 500kV 沥富 5921 线 0119 号、0126 号、0138 号塔地线挂点金具进行红外跟踪复测及带电登杆塔检查，掌握发热缺陷变化趋势。

2013 年 4 月 22 日，组织召开 500kV 沥富 5921 线地线线夹发热典型缺陷分析会。根据红外测温测量数据及外观检查，500kV 沥富 5921 线部分地线线夹发热缺陷主要原因为：

1）地线线夹放电间隙过小，导致正常运行时间隙放电，使得金具串（特别是螺孔连接孔）过电流发热，金具连接点电流腐蚀加快，引起线夹连接孔首先断裂。

2）该线路同塔双回架设，导线截面为 4×LGJ-630/45，线路负荷较大，导致感应电较大，造成间隙放电电流。

针对该类缺陷制订下列处理对策：

1）全线登杆检查放电间隙距离是否符合设计要求，检查放电电极是否安装牢固；对不符合要求的放电间隙进行调整。

2）复核地线耐张段的接地方式，确保耐张段内至少有一端可靠接地；对有地线金具直接接地的情况，采用加装专用接地引下线方式进行可靠接地。

3）对现场发现地线线夹连接孔有灼伤痕迹的，对地线金具装置进行更换。

（3）后续处理。

1）2013 年 5 月 31 日前完成 500kV 沥富 5921 线 0119 号、0126 号和 0138 号地线金具发热缺陷处理工作。

2）大修立项，对全线进行标修，同时进行 500kV 沥富 5921 线金具装置检查和更换。

🔷 经验体会

（1）直升机能在距离塔头 15m 左右的距离进行悬停检查，能够近距离开展红外测温工作，提高检测准确性，同时还能够发现诸如开口销、螺帽缺失等细小的缺陷，并且获取缺陷的清晰照片，而人工巡视往往受观察角度等影响无法观察到；直升机巡检的效率高，尤其在山区和河湖港汊之地优势尤其明显。

（2）红外诊断作为一种成熟的带电检测技术手段，利用图谱比对和判断分析能够及时发现并准确判断设备缺陷及其部位，为制定针对性检修策略提供依据，在状态检修工作中发挥着积极的作用。

（3）红外测温技术是检查输电线路电气设备过热缺陷的检测手段，增加输电线路导线、地线、金具连接点的红外诊断工作，结合设备的实际运行情况开展状态检修，可进一步保证输电设备的健康水平。

🔷 检测信息

检测人员	国网浙江省电力公司检修分公司：苏良智（33 岁）、吴坤祥（33 岁）、许杨勇（33 岁）
检测仪器	DS-8004HMF-24 机载硬盘录像机、DL700E 红外热像仪
测试环境	测试温度 12℃、相对湿度 50%

1.4.4 覆冰监测发现 220kV 桐国 2335 线 96 号导线严重覆冰

案例简介

国网浙江省电力公司绍兴供电公司运维的 220kV 桐国 2335 线投运于 2001 年 11 月，该线路 96 号位于绍兴地区重冰区域，历史导线等值覆冰厚度曾达 10mm。2013 年 1 月 2 日下午，绍兴地区急剧降温，并下起雨雪，桐国 2335 线 96 号现场气温降到 0℃以下，湿度 100%，并于当日傍晚起现场覆冰拉力数据有上升趋势，初步判断该现场已具备覆冰条件，输电监测中心立即落实监控制度，实施 24h 覆冰在线数据实时监测。1 月 3～5 日，覆冰拉力数据上升 11%，根据现场拉力数据及监测图片分析，导线、绝缘子上有雪松现象。自 1 月 5 日始，桐国 2335 线 96 号拉力呈快速增加趋势，至 1 月 8 日 08：00，拉力数据达到最高值，拉力值上升 99.1%，绍兴公司根据覆冰拉力值增长趋势及时制定融冰方案并落实该段线路应急抢修人员及物资。1 月 8 日后数据缓慢下降，至 1 月 10 日中午，天气回暖，温度回升到 0℃以上，湿度 85%以下，覆冰监测拉力值恢复到正常水平，根据监测图片显示，现场覆冰全部脱落。

检测分析方法

（1）输电线路覆冰在线监测的应用是一种运用多种在线监测技术类型的综合监测应用，包括绝缘子拉力监测、微气象监测以及图像监测等。本案例中桐国 2335 线 96 号杆塔安装有以上 3 种类型监测装置，并集成于一个控制箱。

（2）覆冰在线监测应用分为覆冰预警及覆冰监测两个步骤。

1）覆冰预警：输电在线监测监控人员通过对温度、湿度信息的监测来判断现场环境条件，一般认为温度在 0℃以下，湿度 85%以上，现场具备覆冰条件，监控人员需加强该地区的监控工作。如果该气象条件长时间持续，现场覆冰可能性将进一步增大。通过对微气象监测信息的监控，监测人员可预警重点覆冰监控区域覆冰形成的可能性，从而合理安排监控力量及监控重点，避免覆冰监测不到位。

2）覆冰监测：在通过对微气象的监测实现对现场的预警后，监测中心开始重点落实各点的覆冰监测。覆冰监测一般采用覆冰拉力监测及图像监测装置的综合监测方法。首先我们会对拉力数据设定一个正常值，正常值一般采用天气良好、导线无覆冰的情况下的绝缘子拉力值。各监测时间点的拉力实测值与正常值对比形成增长百分比，从而判断覆冰严重程度。另外其拉力数据同样可换算到导线等值覆冰厚度，从而判断数值是否接近导线等值覆冰厚度设计值。图像监测装置一般监测覆冰线路的绝缘子及导线设备，现场返回的图片以佐证拉力监测数据，确保覆冰严重程度的判断。

（3）本案例监测步骤及要点介绍。

1）2013 年 1 月 2 日 18：00，桐国 2335 线 96 号现场气温－1℃，湿度 100%，监控中心初步判断该现场具备覆冰条件，实施 24h 覆冰监测。

2）2013 年 1 月 5 日 07：00，桐国 2335 线 96 号现场气温－4.1℃，湿度 100%，覆冰拉力值 0.483t（正常值 0.433t），增长 11.6%，覆冰拉力稍有增加，综合判断实时在线监测图片如图 1 所示，绝缘子及导线上有少量雪松，无覆冰。

3）2013 年 1 月 5 日 12：00～1 月 8 日 08：00，桐国 2335 线 96 号拉力数据快速上升，从 0.484t 增加到 0.862t，比正常值增加 99.1%，换算等值覆冰厚度达 10mm。根据拉力值及图片监测信息综合判断，桐国 2335 线 96 号现场绝缘子覆冰逐渐形成覆冰，厚度不断上升。1 月 8～10 日，覆冰拉力有缓慢下降趋势，至 1 月 10 日，现场气温上升到－2.1℃，湿度下降到 84%，出现快速融冰现象，至 15：00，拉力数据回到正常值

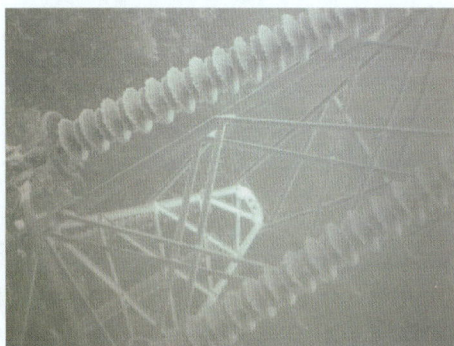

图 1　2013 年 1 月 5 日 07：00 桐国 2335 线 96 号绝缘子图像

水平，图像监测显示线路已无覆冰。导线覆冰拉力变化如图 2 所示，绝缘子覆冰变化图如图 3～图 7 所示。

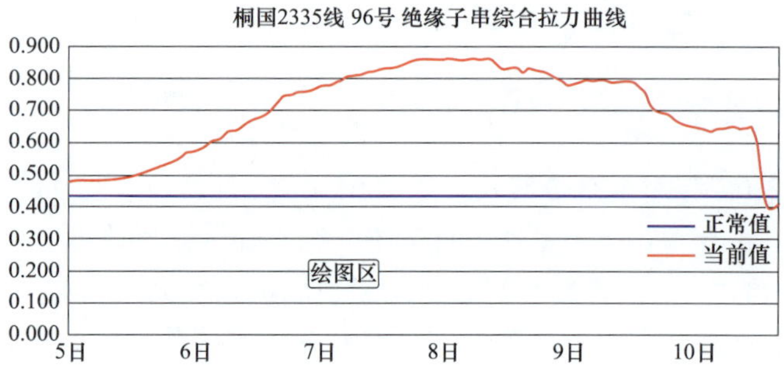

图2 2013年1月5～10日桐国
2335线96号绝缘子拉力变化图

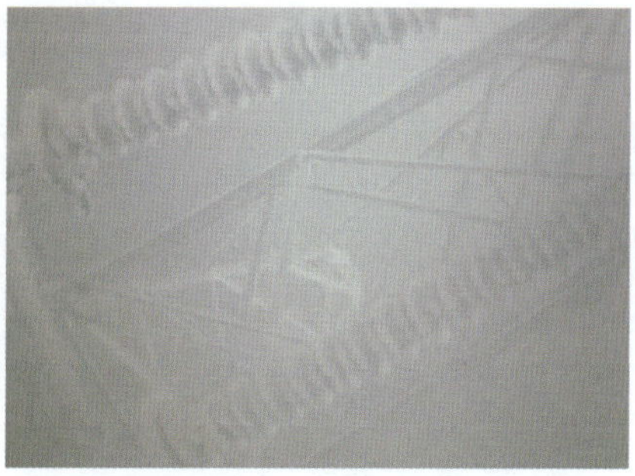

图3 2013年1月6日07：00桐国
2335线96号绝缘子图像

图4 2013年1月7日10：00桐国
2335线96号绝缘子图像

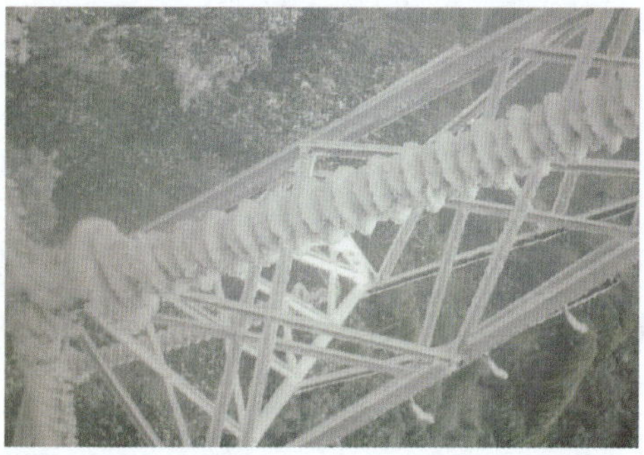

图5 2013年1月8日08：00桐国
2335线96号绝缘子图像

图6 2013年1月10日12：00桐国
2335线96号绝缘子图像

图7 2013年月10日15：00桐国
2335线96号绝缘子图像

2013年1月6日07：00，绝缘子拉力0.636t，比正常值增加46.9％，换算等值覆冰厚度4mm，根据监测图片判断绝缘子及导线覆冰已加重，绝缘子覆冰变化图如图3所示。

2013年1月7日10：00，绝缘子拉力0.823t，比正常值增加90.1％，换算等值覆冰厚度8mm，根据监测图片判断绝缘子及导线覆冰进一步加重，绝缘子覆冰变化图如图4所示。

2013年1月8日08：00，绝缘子拉力0.862t，比正常值增加99.1％，换算等值覆冰厚度10mm，根据监测图片判断绝缘子及导线覆冰严重覆冰，绝缘子覆冰变化图如图5所示。

2013年1月10日12：00，现场气温2.1℃，湿度84％，气候条件转好。绝缘子拉力0.569t，比正常值增加31.4％，根据监测图片及拉力数据前后比较判断绝缘子及导线有快速融冰现象，绝缘子覆冰变化图如图6所示。

2013年月10日15：00，绝缘子拉力已恢复到正常值，根据监测图片及拉力数据判断绝缘子及导线已无覆冰，绝缘子覆冰变化图如图7所示。

❖ 经验体会

输电线路覆冰监测重点区域往往位于山区，且冰灾较严重区域。一旦天气恶劣，形成雨雪冰冻天气，车辆人员都很难进入现场，人工特巡的方式往往要消耗大量的人力及物力，且盲目性较大，人员安全也无法得到保障。输电线路覆冰监测的应用能实时远程掌握现场覆冰情况，有效指导融冰、救灾工作。国网浙江省电力公司绍兴供电公司在应用覆冰监测工作上，有如下经验体会：

（1）覆冰在线监测应用是一种各类输电在线监测技术的综合应用，在覆冰监控重点区域应综合安装如绝缘子拉力监测、绝缘子倾角监测、微气象监测、图像监测、导线测温监测等装置。

（2）覆冰严重区域安装的图像监测摄像头应具备防冻、加热功能，防止镜面受冻而无法拍清现场图片。甚至可以采用红外短波等穿透性较强的拍摄技术，以提升在强雾条件下的图片质量。采用的电源材料及保暖措施也应符合长期低温高湿度的要求。

（3）各监测点的覆冰监测数据及经验需不断积累，为精确判断覆冰严重程度提供充足的历史比对材料。

❖ 检测信息

检测人员	国网浙江省电力公司绍兴供电公司：徐雄（35岁）、吴海静（30岁）
检测仪器	MSRDT-A综合覆冰监控系统
测试环境	测试温度−1℃、相对湿度100%

1.4.5 微风振动监测发现 220kV 晓昌 4R19 线、晓洲 4R20 线大跨越防振设备隐患

❖ 案例简介

国网浙江省电力公司舟山供电公司运维的 220kV 晓昌 4R19 线、晓洲 4R20 线（同塔双回）起点宁波江南变电站终于舟山昌洲变电站线路全长 37.3km（其中舟山段 19.8km），全线架空线路设计（舟山段为 500kV 架空设计），线路途经大猫山岛、凉帽山岛、和尚山岛、盘峙岛等众多岛屿（见图1），全线 100m 以上高塔有 6 基，其中位于凉帽山（48号）和大猫山（49号）2 基塔全高 370m，为目前输电线路"世界第一高塔"，两塔间跨越档距 2756m，跨越航道，线路于 2010 年 7 月建成并投运。线路设计单位为浙江省电力设计院，施工单位为浙江省送变电工程有限公司。

220kV 晓昌 4R19 线、晓洲 4R20 线共计安装 33 个监测单元在线监测设备，包括微风振动、杆塔振动、微气象等设备，供应单位为北京国网富达科技发展有限责任公司（中国电力科学研究院），在线监测装置在线路投运的同时也投入运行，该系统 2012 年 5 月接入国网浙江省电力公司 PMS 在线监测平台。

2013 年 2 月 16~22 日，根据监控平台显示，220kV 晓昌 4R19 线、晓洲 4R20 线（舟山段）微风振

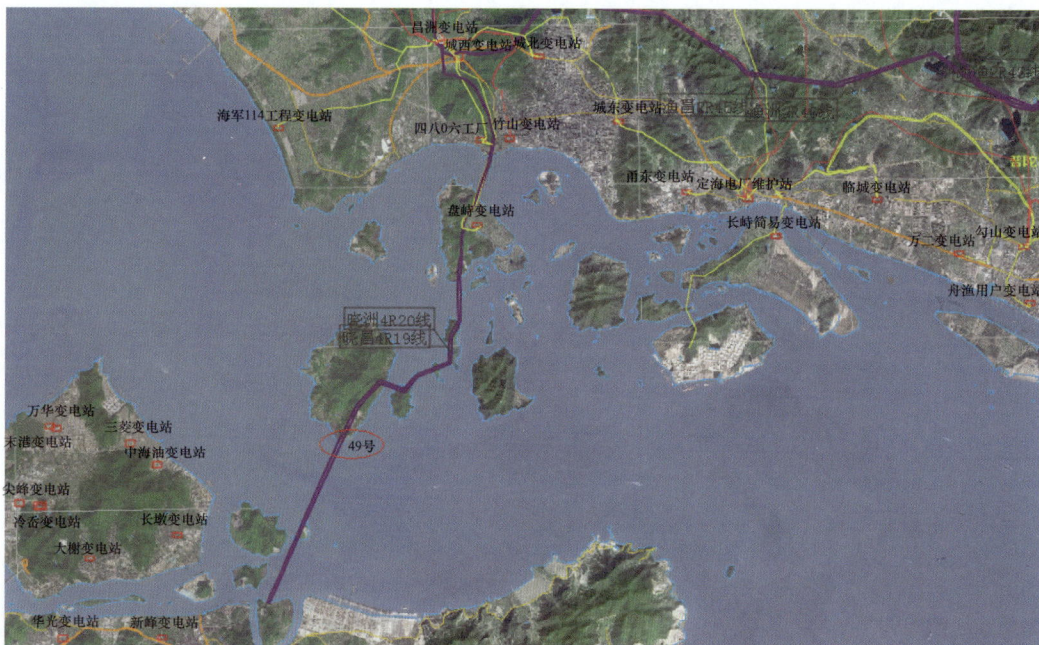

图 1 晓昌/晓洲线路跨海段路径图

动在线监测装置共发出数据报警 42 次，告警装置位于 49 号杆塔，其中晓昌 4R19 线振动幅值最大值 121×10^{-6}ε，告警时间 2013 年 2 月 16 日 06：31：30；晓洲 4R20 振动幅值最大值 132×10^{-6}ε，告警时间 2013 年 02 月 21 日 12：05：33。报警时间主要集中在 16、18、21 三天，期间振动频率最低 18Hz，最高 123Hz，如图 2 所示。

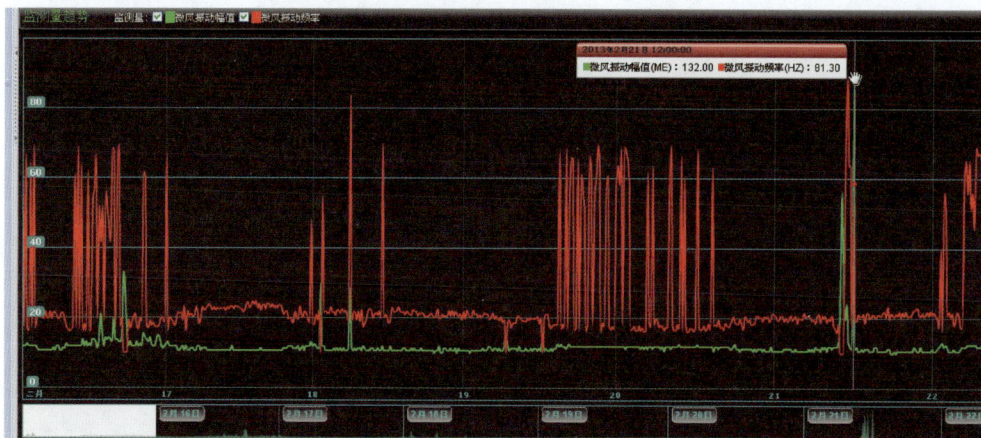

图 2 晓洲 4R20 线路 49 号杆塔微风振动监测数据
注：红色为微风振动频率（Hz），绿色为振动幅值（με）。

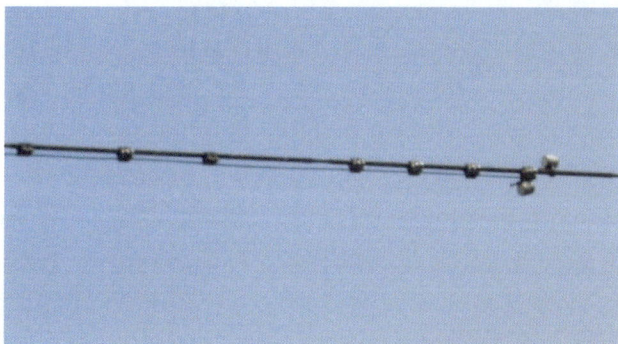

图 3 晓昌 4R19 线 OPGW 光缆小号侧缺陷

检测分析方法

根据报警情况，国网浙江省电力公司舟山供电公司加强对高塔大跨越的监视，要求 49 号塔大猫山值班站人员每天密切关注高塔情况，同时开展线路特巡现场确认现场情况，经现场人员特巡发现晓昌 4R19 线 OPGW 光缆小号侧阻尼线夹缺少一只，光缆小号侧一只仪器翻转，如图 3 所示。

2013 年 2 月 25 日～3 月 8 日国网浙江省电力公司宁波供电公司在晓昌 4R19 线、晓洲 4R20 线宁波段进行线路更换导线大修作业，结合本次停电作业，舟山供电公司对晓昌 4R19 线、晓洲 4R20 线高塔防振设备进行检查维修。本次检修对全部导线、地线防振设备线夹进行紧固，对缺少的光缆阻尼线夹进行修复，对在线监测传感器进行更换。检修发现 OPGW 光缆部分阻尼线夹有松动现象，更换下来的设备发现有 2 个微风振动传感器感应轮已损坏，损坏的设备如图 4 所示。

图 4　更换回的微风振动传感器

微风振动发生风速范围一般为 0.5～10m/s，振动频率一般为 3～150Hz。经分析，220kV 晓昌 4R19 线、晓洲 4R20 线微风振动在线监测数据具备上述的特征。振动发生时间一般持续数小时，有时长达数天，属常时性振动。长期振动的结果易造成导线疲劳断股、金具磨损失效，振动严重时甚至造成断线事故，危及线路安全稳定运行。

微风振动传感器感应轮损坏原因分析判断：220kV 晓昌 4R19 线、晓洲 4R20 线投运后受 2010 年、2012 年两年强台风的影响，OPGW 光缆阻尼线夹松动，导致防振设备防振功能减弱，OPGW 光缆微风振动强烈，感应轮与线夹、导线接触处劳损脱落。

◆ 经验体会

（1）晓昌 4R19 线、晓洲 4R20 线为舟山与大陆联网重要通道，是舟山电网的生命线，因此必须采取相应的措施防止发生线路断线事故，运行单位应加强监视，要密切关注高塔导地线微风振动情况。

（2）通过微风振动在线监测来了解导地线的实时振动水平，评价安装在线路上的防振方案的效果，避免线路长期振动带病运行，进而导致疲劳断股。从而做到及早发现隐患，及时排除故障，将事故隐患消灭在萌芽阶段，确保输电线路的安全运行。

◆ 检测信息

检测人员	国网浙江省电力公司舟山供电公司：唐越（29 岁）、刘东露（33 岁）、马勋（27 岁）、韦立富（33 岁）
检测仪器	微风振动监测设备（LVM-50，北京国网富达科技发展有限责任公司）
测试环境	根据安装在晓昌 4R19 线 46 号杆塔微气象监测数据显示，2 月 16～21 日该杆塔所在位置 10min 最高平均风速 4.4m/s，最低平均风速 0.6m/s，最低气温 2.2℃，最高温度 12.2℃（见图 5）

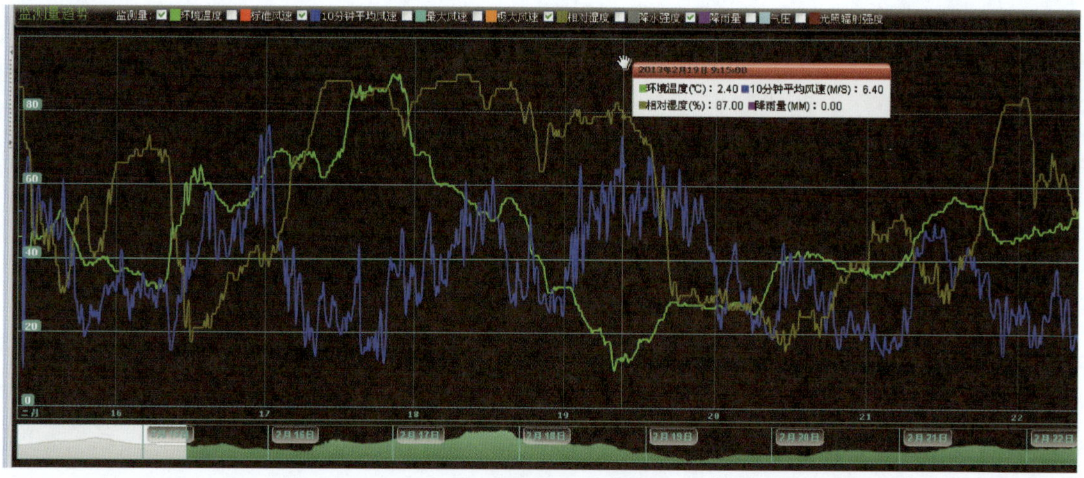

图 5　晓昌 4R19 线路 46 号杆塔微气象数据

注：绿色线为环境气温、蓝色线为 10min 平均风速，橙色线为环境湿度。

1.4.6　输电线路接地电阻测试发现 35kV 迎五线接地体锈蚀

案例简介

35kV 迎五线于 1970 年 1 月投运，起于迎龙变电站，止于五步变电站，导线型号 LGJ-185、LGJ-120，全长 14.228km，于 2011 年 3 月大修。因 35kV 迎五线运行时间长，线路走廊多处于高山，且 35kV 线路在变电站 1～2km 外无地线保护，该线路近年多次发生雷击故障。

2011 年 2 月 8 日，国网重庆市电力公司南岸供电分公司输电运检工区在进行 35kV 迎五线接地电阻测试时发现，35kV 迎五线除在变电站 1～2km 处无地线保护外，还存在接地电阻偏高的情况。经现场检查分析原因：接地型式为在 π 杆接地螺栓处引出的本体接地型式，长期运行后螺栓锈蚀严重，造成连接不紧密，从而使整条线路的接地等效电阻偏高，影响防雷效果。

发现缺陷后输电运检工区立即汇报运维检修部，并制定处理方案。2011 年 3 月，国网重庆市电力公司南岸供电分公司输电运检工区结合大修项目对 35kV 迎五线进行了针对性的接地装置改造，取得了明显效果。

检测分析方法

2011 年 2 月 8 日，输电运检工区对近 2 年发生雷击故障的输电线路进行了接地装置测试检查，接地电阻测试采用 ZC29B-2 接地电阻测试仪和 Fluke 1630 钳形接地电阻表结合使用的方法，ZC29B-2 接地电阻测试仪测试全线，Fluke 1630 钳形接地电阻表测试有地线保护段。用 Fluke 1630 钳形接地电阻表检测结果较 ZC29B-2 接地电阻测试仪测试结果偏高。接地电阻测试结果见表 1、表 2。

表 1　　　　　　　　　　　35kV 迎五线接地电阻 ZC29B-2 接地电阻测试仪测试记录

线路名称	电压等级（kV）	杆号	接地电阻测量情况（Ω）			测量时间	测量人
			（左）	（右）	地质情况		
迎五	35	1	4.3		沙土	2011-2-8	张勇
迎五	35	2	3.1	3.2	沙土	2011-2-8	张勇
迎五	35	3	3.1	2.9	沙土	2011-2-8	张勇
迎五	35	4	1.8	1.8	沙土	2011-2-8	张勇
迎五	35	5	2.6	2.8	沙土	2011-2-8	张勇
迎五	35	6	2.1	2.4	沙土	2011-2-8	张勇
迎五	35	7	3	2.5	沙土	2011-2-8	张勇
迎五	35	47	5	5	沙土	2011-2-9	杨宏

线路名称	电压等级（kV）	杆号	接地电阻测量情况（Ω）			测量时间	测量人
			（左）	（右）	地质情况		
迎五	35	48	2.8	2.6	沙土	2011-2-9	杨宏
迎五	35	49	2.3	2.3	沙土	2011-2-9	杨宏
迎五	35	50	2.8	2.8	沙土	2011-2-9	杨宏
迎五	35	51	4.8	4.5	沙土	2011-2-9	杨宏
迎五	35	52	2.8	3.4	沙土	2011-2-9	杨宏
迎五	35	53	3.5	3.5	沙土	2011-2-9	杨宏

表 2　　　　　　　　　35kV 迎五线接地电阻 Fluke 1630 钳形接地电阻表测试记录

线路名称	电压等级（kV）	杆号	接地电阻测量情况（Ω）			测量时间	测量人
			（左）	（右）	地质情况		
迎五	35	1	4.6		沙土	2011-2-8	张勇
迎五	35	2	10.3	3.4	沙土	2011-2-8	张勇
迎五	35	3	3.3	3.2	沙土	2011-2-8	张勇
迎五	35	4	11.3	9.8	沙土	2011-2-8	张勇
迎五	35	5	3.6	3.9	沙土	2011-2-8	张勇
迎五	35	6	3.2	2.4	沙土	2011-2-8	张勇
迎五	35	7	6.8	3.5	沙土	2011-2-8	张勇
迎五	35	47	5.4	11.8	沙土	2011-2-9	杨宏
迎五	35	48	5.4	5.4	沙土	2011-2-9	杨宏
迎五	35	49	15.2	16.3	沙土	2011-2-9	杨宏
迎五	35	50	5.8	3.8	沙土	2011-2-9	杨宏
迎五	35	51	13.2	15.2	沙土	2011-2-9	杨宏
迎五	35	52	3.2	3.6	沙土	2011-2-9	杨宏
迎五	35	53	5.4	3.6	沙土	2011-2-9	杨宏

经现场检查分析原因：接地型式为在 π 杆接地螺栓处引出的本体接地型式，长期运行后螺栓锈蚀严重，如图 1 所示，造成连接不紧密，从而使整条线路的接地等效电阻偏高，影响防雷效果。

发现缺陷后输电运检工区立即汇报运维检修部，并制定处理措施：①将 π 杆接地螺栓处引出的本体接地型式改为由杆上直接引下接地。②加装接地模块，更换锈蚀的接地体，并严格控制埋设深度。

2011 年 3 月，国网重庆市电力公司南岸供电分公司输电运检工区根据运维检修部安排结合大修项目对 35kV 迎五线进行了针对性的接地装置改造。改造后采用 Fluke 1630 钳形接地电阻表复测，35kV 迎五线接地电阻复测结果见表 3。接地电阻明显降低，至今该线路未发生雷击故障。

图 1　π 杆接地螺栓处本体接地照片

表 3　　　　　　　　　35kV 迎五线接地电阻复测测试记录

线路名称	电压等级（kV）	杆号	接地电阻测量情况（Ω）			测量时间	测量人
			（左）	（右）	地质情况		
迎五	35	1	3.6		沙土	2011-3-16	张勇
迎五	35	2	2.8	2.8	沙土	2011-3-16	张勇

线路名称	电压等级 (kV)	杆号	接地电阻测量情况（Ω）			测量时间	测量人
			（左）	（右）	地质情况		
迎五	35	3	3.4	3.3	沙土	2011-3-16	张勇
迎五	35	4	1.3	1.3	沙土	2011-3-16	张勇
迎五	35	5	2.6	2.6	沙土	2011-3-16	张勇
迎五	35	6	3.2	2.4	沙土	2011-3-16	张勇
迎五	35	7	1.8	1.9	沙土	2011-3-16	张勇
迎五	35	47	3.7	3.8	沙土	2011-3-16	杨宏
迎五	35	48	2.3	2.3	沙土	2011-3-16	杨宏
迎五	35	49	2.2	2.1	沙土	2011-3-16	杨宏
迎五	35	50	2.8	2.8	沙土	2011-3-16	杨宏
迎五	35	51	2.1	2.3	沙土	2011-3-16	杨宏
迎五	35	52	1.4	1.5	沙土	2011-3-16	杨宏
迎五	35	53	2.4	2.5	沙土	2011-3-16	杨宏

❖ 经验体会

（1）有效发现隐性缺陷。在以往输电线路接地电阻通过接地电阻表测试只能测量出接地体的电阻，不能反映出杆塔于接地装置连接处的接触电阻，造成接地装置改造的误区和盲区。

通过不同测试仪器的对比测试红外测温，可以有效反映出接地回路的隐蔽性问题，将其纳入在控、可控、能控范围，转变了传统的机械式测试模式，为线路设备的升级改造提供指导依据，提高了设备运行水平。

（2）减少故障率，提高供电可靠性。本次接地装置改造用时 48 天，通过有目的性的升级改造，提高了输电线路防雷水平，改造后该线路至今未发生雷害故障，有效控制了此类事故的发生，极大地提高了供电可靠性。

❖ 检测信息

检测人员	国网重庆市电力公司南岸供电分公司：张勇（44 岁）、杨宏（48 岁）
检测仪器	接地电阻测试仪 ZC29B-2，（上海精密科家仪器有限公司）Fluke 1630 钳形接地电阻表
测试环境	温度：29℃、湿度：78%

1.4.7 无人机巡线检测发现 110kV 碾双一线导线断股

案例简介

目前国网重庆市电力公司市区供电分公司高压输电网络大部分建设在山区地形上，杆塔较高且部分跨江河、铁路、大沟，依靠巡线员地面巡视，费时费力，且受杆塔高度及地形条件的影响，巡线员对大部分杆塔高处部分的金具、导线巡视存在监控不全的情况。同时，由于地质灾害引发的山体滑坡、泥石流等造成部分地区人员巡视步行不好到达或根本无法到达，存在严重人身安全隐患。为此，国网重庆市电力公司市区供电分公司自主研发了智能无人机，利用其对输电设施及周边环境等进行远距离高空巡视、定点拍照，方便、快捷、准确、安全，极大地减轻了人员的劳动强度和人身安全方面的风险，且能安全可靠地掌握输电网络运行情况。2013 年 8 月 20 日，国网重庆市电力公司市区供电分公司余乐在采用无人机智能巡线过程中，发现 110kV 碾双一线 9 号塔至 10 号塔 C 相导线断股 5 股的严重缺陷。

巡检人员发现该缺陷后立即上报，国网重庆市电力公司市区供电分公司立即组织人员进行实地查勘并制定了消缺方案。8 月 21 日上午 8 时许，检修人员对 110kV 碾双一线 9 号塔至 10 号塔 C 相导线断股处采用加强型预绞丝护线条进行补修，11 时 10 分消缺陷工作完毕，恢复送电。8 月 22 日，国网重庆市电力公司市区供电分公司安排人员对该补修处进行红外测温，未发现异常。

检测分析方法

无人机能通过 GPS 实现高空自动定位和姿态控制，并通过机上图传系统加机上传感器等设备实现机上和地面双向通信，无人机静态图如图 1 所示，并且可以自动沿设定路线飞行，自动巡线设定图如图 2 所示。检测人员在地面对高塔顶部 360°范围且相隔 15～20m 外全方位拍摄，并吊挂热成像仪、摄像机、紫外探伤仪等设备大幅提高巡检效率。采用的频段为 2.4GHz 或 4.8GHz，飞行高度在 200m 以内，不会对其他航空设备造成影响。

图 1　无人机静态图 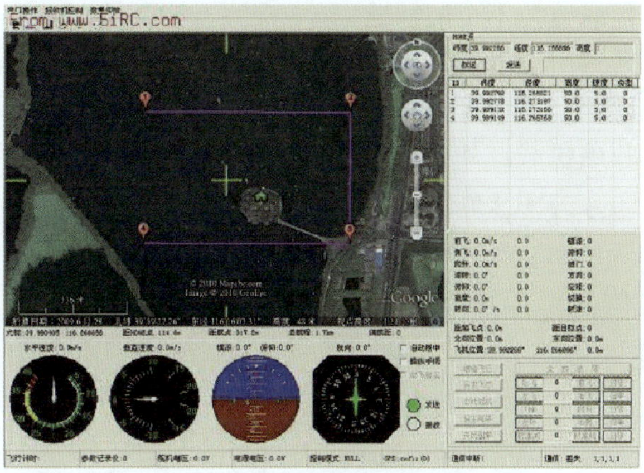　　　　　　图 2　自动巡线设定图

无人机升空后可保持对杆塔带电部分 10m 左右的距离悬停观测，不会给线路安全运行带来隐患。已对 220kV 重水南线、陈桐东线、110kV 碾双一线、碾九线等重点区域线路实现了在线监测，巡视点数 33 个，发现隐患 2 处，确认缺陷 1 处，达到了高空巡线的效果，如图 3 所示。弥补了地面巡视存在的盲点，解决了部分杆塔不满足带电登塔安全要求时的高空巡视问题及高空缺陷拍照取证不方便的问题。

2013 年 8 月 20 日，国网重庆市电力公司市区供电分公司余乐在采用无人机智能巡线过程中，发现 110kV 碾双一线 9 号塔至 10 号塔 C 相导线断股 5 股的严重缺陷，如图 4 所示。同时还发现 110kV 碾双一线 1 号塔 B 相挂点处挂有磁带的一般隐患 1 处，如图 5 所示。

110kV 碾双一线 9 号塔至 10 号塔 C 相导线出现断股，为严重缺陷。根据 Q/GDW 173—2008《架空输电线路状态评价导则》，扣 32 分（导线损伤截面占铝股或合金股总面积 7%～25%），评价为严重状态。

图3 高空巡视效果图

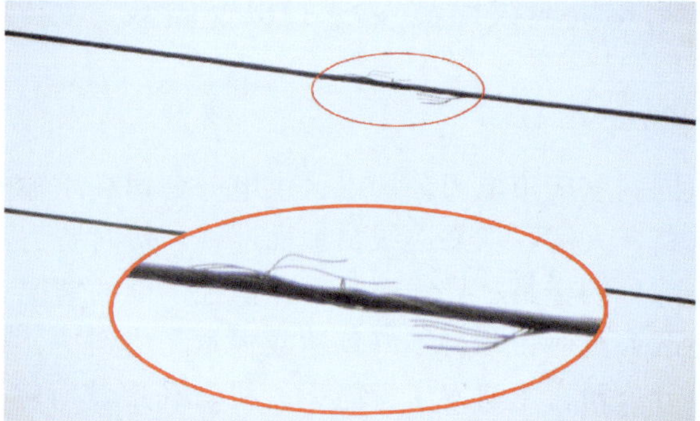

图4 110kV碾双一线9号塔至10号塔C相导线断股

图5 110kV碾双一线1号塔B相挂点处挂有磁带的一般隐患

❖ 经验体会

（1）使用无人机，可弥补巡线员地面巡视受杆塔高度、结构及地形条件的影响而导致对杆塔天上部分的金具、导线监控不全的缺憾。

（2）遇到由于滑坡、泥石流等地质灾害造成部分线路走廊人员行进困难甚至无法进入时，利用旋翼无人机高空远距离巡视可极大地降低人身安全方面的风险，同时又能确保线路隐患的及时发现。

（3）利用机载红外成像仪、紫外探伤仪可实现近距离对高空导线及金具进行监测，特别是导线档距中间有接头而人力无法到达的地区，同时近距离拍摄还可确保测量数据的准确性。

❖ 检测信息

检测人员	国网重庆市电力公司市区供电分公司：余乐（26岁）
检测仪器	无人机
测试环境	测试温度34℃、相对湿度79％

1.4.8 零值带电检测发现 220kV 滨利线瓷复合绝缘子劣化率过高

◈ 案例简介

2013 年 11 月 14 日，国网山东省电力公司东营供电公司按照年度检修计划对 220kV 滨利线、沾利线（同塔架设）五基耐张杆塔瓷复合绝缘子进行了带电检测零值，共计检测绝缘子 1920 片，发现零值绝缘子 24 片，劣化率达到了 1.3%。

220kV 滨利线、沾利线所用瓷复合绝缘子均为青州力王生产的 FXWP-120 型瓷复合绝缘子，投运日期为 2008 年 1 月 28 日。发现零值低值绝缘子过多后，国网山东省电力公司东营供电公司输电运检室于 2013 年 11 月 18 日结合 220kV 滨利线、沾利线的停电，对零值绝缘子进行了更换。对同样采用青州力王 FXWP-120 型瓷复合绝缘子的 220kV 学港线进行了带电检零，共计检测绝缘子 768 片，发现零值绝缘子 19 片。

◈ 检测分析方法

检测人员使用 220kV 检零杆，采用火花间隙法对 220kV 滨利线、220kV 沾利线耐张杆塔绝缘子进行检测（见图 1），共检测 1920 片，发现零值低值绝缘子 25 片。

图 1 采用火花间隙进行带电检零图示

2013 年 11 月 18 日，国网山东省电力公司东营供电公司输电运检室结合 220kV 滨利线、沾利线停电检修工作，对发现的零值绝缘子进行了更换，共更换 24 片。对更换下来的绝缘子进行了外观检查，并先后使用绝缘电阻表及电子绝缘电阻表对其进行了绝缘电阻测试，测试检查结果见表 1。

考虑到这些绝缘子均为同一厂家生产，公司紧急联系青州力王，组织技术人员共同对更换下来的零值绝缘子进行进一步的检测工作，查找零值多发的原因，厂家答复回厂检测分析制定针对措施。

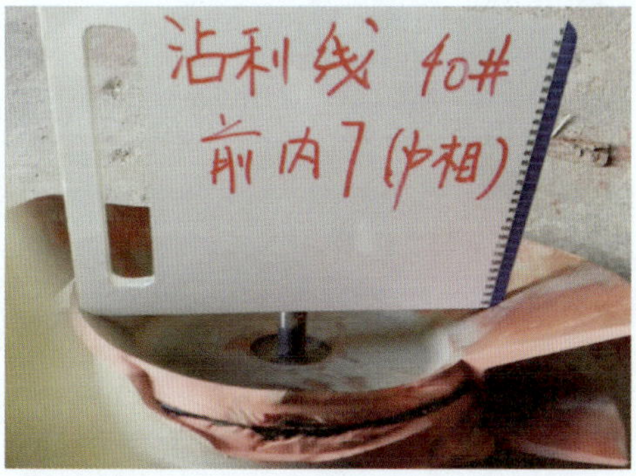

表 1　　　　更换绝缘子绝缘电阻检查结果表

分　类	塔　号	绝缘电阻
绝缘电阻无穷大，玻璃完好（5 片）（见图 2）	沾利线 53 号中相前内 14 沾利线 53 号中相前外 10 滨利线 74 号上相后内 9 滨利线 68 号 2 沾利线 40 号中相前内 7	无穷大
绝缘电阻无穷大，玻璃已碎（8 片）（见图 3）	滨利线 68 号 1 滨利线 68 号 3 沾利线 64 号中相 1 沾利线 53 号中相后内 12 滨利线 74 号下相前内 3 沾利线 69 号上相前内 1 沾利线 69 号中相前外 11	无穷大
零值（11 片）（见图 4）	剩余 11 片	50～300m

图 2　内部玻璃完好绝缘电阻无穷大的绝缘子图

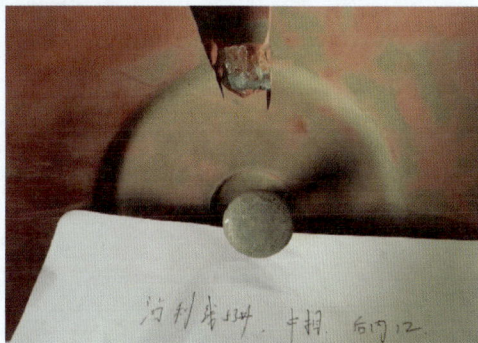

图 3　玻璃破碎绝缘电阻无穷大的绝缘子图

◈ 经验体会

（1）带电检零工作能够检测运行线路存在的零值低值绝缘子，以便及时对绝缘子进行更换，防止因绝

图 4 零值绝缘子图

缘子劣化率过高导致污闪事故的发生，所以需严格按照检修规程要求的周期开展带电检零工作。

（2）此次发现的零值绝缘子均为青州力王生产，需要进一步分析零值多发的原因，是否属家族型缺陷，以便采取相应的处理措施。

（3）重视所辖线路的绝缘子管理，及时更新完善绝缘子台账，及时发现瓷绝缘子存在的安全隐患。

✦ 检测信息

检测人员	国网山东省电力公司东营供电公司：高新军（42 岁）、何敬宝（22 岁）、万朋（21 岁）
检测仪器	220kV 检零杆、绝缘电阻表、电子绝缘电阻表（共立 2131A）
测试环境	测试温度 10℃、相对湿度 30％

1.4.9　零值带电检测发现 110kV 向安 I 回线低值绝缘子缺陷

✦ 案例简介

国网山西省电力公司朔州供电公司 110kV 向安 I 回线 2009 年 3 月 25 日投入运行。该线路一直运行良好。2012 年 3 月 27 日 09：00 按周期采用火花间隙法对其绝缘子进行带电检测，作业人员在对 45 号直线塔 A 相绝缘子串（7 片）由接地侧向导线侧逐片检测时，依次发现有 3 片绝缘子声音较小，而且声音呈不稳定状态。作业人员立即停止检测，并向工作负责人汇报并详细做好记录。工作负责人立即要求测试工作停止。经分析后认为可能有零值或低值绝缘子存在，随后将 A 相 3 片瓷质绝缘子带电进行更换，更换后继续进行检测，以免造成事故。

A相绝缘子串在进行绝缘子测试时，作业人员使用可调式火花间隙仪，又叫短路叉。短路叉的火花间隙是固定不变的。如图1在检测过程，叉的一侧金属控针与测试的绝缘子的钢帽接触，另一侧的金属控针跨过被测绝缘子裙边与相邻的绝缘子的钢帽接触，若检测绝缘子是低值或零值，则分布在该绝缘子上的电位差很小或等于零，就不可能击穿固定的间隙而放电，当作业人员在对45号直线塔A相绝缘子串（7片）由导线侧向横担侧逐片检测时，依次发现有3片绝缘子声音较小，而且声音呈不稳定状态。根据表1的规定，确保输电线路安全，遂停止测零作业，随后将A相3片瓷质绝缘子带电进行更换。

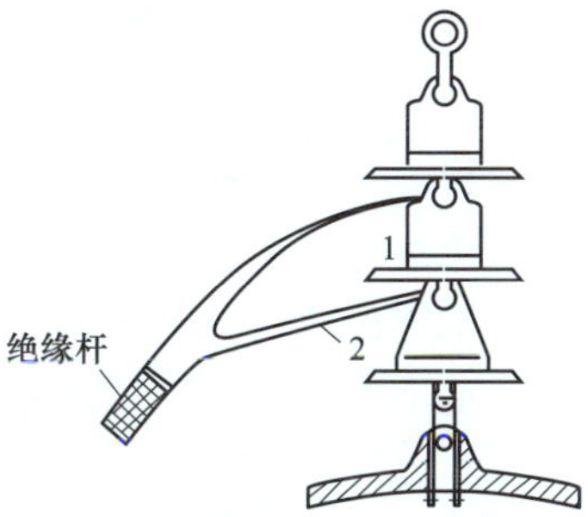

图1　火花间隙仪零值测试

将更换的三片绝缘子采用绝缘电阻检测仪进行校核，该3片绝缘子的绝缘电阻为100、220、56MΩ，绝缘子的正常绝缘电阻应为700MΩ以上，对比发现该三片绝缘子属低值绝缘子。

表1　一串绝缘子中允许零值绝缘子片数

电压等级（kV）	63（66）	110	220	330	500	750
串中绝缘子片数（片）	5	7	13	19	28	29
串中零值片数（片）	2	3	4	5	6	5

瓷质绝缘子经过一段时间运行之后，机械负荷和温度变化的作用下，逐渐失去了其绝缘性能，这种现象称为绝缘子的衰老，即零值或低值绝缘子。如不能及时发现、更换，绝缘子会发生部分收缩或膨胀和产生内力，这种内力会使绝缘子爆裂，减弱绝缘子的电气强度，使绝缘子发生击穿，用火花间隙放电听声音法检测劣化瓷质绝缘子，由于采用固定的放电间隙去检测分布电压值相差5倍以上的绝缘子，其技术原理粗糙。实践证明，用火花间隙法检测出低值或零值绝缘子多数在绝缘子串中间，而运行线路零值炸裂则基本是导线侧的1～2片。

目前对瓷质绝缘子通常采用停电绝缘电阻检测法和带电分布电压法、接地电阻法检测。

（1）绝缘电阻检测仪。绝缘电阻检测仪可停电逐片检测瓷质绝缘子是否有低值或零值，也可安装在绝缘操作杆上，同语音式分布电压检测方法一样；带电检测时，该检测仪会自动记录每片绝缘子的电阻值，只要记录检测的顺序即可，工作结束后，将检测中的数据导入计算机并检查核对。

（2）语音式分布电压检测绝缘子一般原则和注意事项。

1）判定低值或零值绝缘子一般原则。测量时两金属控针应逐片进行，将探针与钢帽和伞盘下的钢脚、钢帽处搭接，语音分布电压检测仪工作，通过光纤从操作杆内传递至后部，发出"嚓嚓"电压值声。

测量时记录发出的每片分布电压值，与DL/T 626《劣化盘形悬式绝缘子检测规程》中的相应位置绝缘子标准电压值比较，明显小于标准值属劣化。

2）语音式分布电压检测注意事项。测量时，把两个端头（金属探针）分别搭在绝缘子串其中一片绝缘子铁帽和下铁脚上，可听到检测仪播出的该片分布电压声音，与规程中该电压等级、该位置的绝缘子标准电压值核对，可得出低值或零值的结果。检测操作时，应从靠近导线的绝缘子开始，逐片向横担侧进行。检测时如发现有零值，应再次核实即可。

针对以上情况，提出以下几点措施：

（1）将瓷质绝缘子更换为玻璃钢耐污绝缘子，这样即使存在零值或低值，均有自爆功能。提高工作效率，降低人工检测成本。

（2）火花间隙法目前几乎淘汰，更换为更便捷、更高效的零质测试方法。

（3）瓷质绝缘子电阻劣化和表面污秽是绝缘子发热异常的主要原因，发热异常直接影响电压分布，电压分布与绝缘子电阻值有直接关系，为了降低绝缘子老化率除了及时清扫污秽外的主要措施有：

1）定期测试电压分布，及时更换。

2）有条件的地方可每隔1～2年将绝缘子串的绝缘子互相调换一下位置。

3）按不同类型分批抽测悬式绝缘子的泄漏电流，以防绝缘子钢帽与钢脚之间的水泥填料受潮使绝缘子击穿，甚至发生绝缘子钢帽炸裂和导线落地事故。

运行20年的绝缘子，分批轮换做交流耐压试验或抽样做机电联合试验，合格后再继续使用。

每片运行中的完好的绝缘子都有一定的电压分布，当绝缘子绝缘降低或失去绝缘时，其电压分布就要降低或呈零值。有些有缺陷的绝缘子如不能及时发现和更换，就要降低线路的绝缘水平，容易发生闪络。所以要定期测量绝缘子的分布电压。

✦ 检测信息

检测人员	国网山西省电力公司朔州供电分公司输电运检室：武翔（35岁）
检测仪器	火花间隙仪、绝缘电阻表
测试环境	测试温度18℃、相对湿度45％

国家电网公司
STATE GRID
CORPORATION OF CHINA

第2章

变压器状态检测

2.1.1 油中溶解气体分析发现 35kV 友谊路变电站 2 号主变压器有载开关绝缘筒与变压器本体渗漏

案例简介

国网天津市电力公司滨海供电分公司运维的 35kV 友谊路变电站 2 号主变压器，由天津变压器总厂生产，出厂日期为 1994 年 9 月，于 1995 年 5 月投运，型号为 SFZ7-16000/35，冷却方式为 ONAN，绝缘油重为 7t，总重为 28.6t。2013 年 2 月 27 日色谱检测，乙炔值为上次试验值的 2 倍，产气速率超标。查询此阶段运行记录，发现有载调压开关调压频繁。对比历次色谱试验发现，总烃中其他组分与上次试验相比无异常，氢气、一氧化碳、二氧化碳数据无异常，近 5 年色谱数据一直比较稳定，初步判断为有载调压机构密封不严，油渗入主变压器本体。此变压器为运行近 20 年的旧变压器，经评价为异常状态，随即对友谊路 2 号主变压器进行每月一测的跟踪检测，检测试验数据平稳无明显上涨。6 月 3 日对其停电检修，发现有载开关绝缘筒与本体渗漏，造成主变压器本体油受到污染，油中溶解乙炔含量超出注意值。经检修处理后，油色谱分析无异常。

图 1 气相色谱仪

检测分析方法

（1）油色谱数据及分析判断。试验仪器采用气相色谱仪（见图 1）对 35kV 友谊路 2 号主变压器油样进行试验。色谱分析结果数据见表 1。

表 1   油中溶解气体色谱分析数据 μL/L

试验日期	设备名称（电压、容量）	含 量							
		甲烷	乙烷	乙烯	乙炔	总烃	氢	一氧化碳	二氧化碳
2013-4-16	友谊路 2 号主变压器	2.02	1.04	4.53	16.50	24.09	4.09	16.77	1364.49
2013-3-16	友谊路 2 号主变压器	2.55	1.76	4.01	16.21	24.53	8.80	48.05	1645.36
2013-2-27	友谊路 2 号主变压器	2.37	1.83	3.88	15.34	23.42	9.10	50.44	1579.43
2012-10-16	友谊路 2 号主变压器	2.01	1.32	3.10	8.25	14.68	8.90	48.90	1466.75
2012-8-27	友谊路 2 号主变压器	1.87	0.98	3.06	7.27	13.18	9.32	41.79	1326.73
2012-6-25	友谊路 2 号主变压器	3.20	1.15	4.41	7.50	16.26	8.36	51.25	1518.21
2011-9-9	友谊路 2 号主变压器	2.15	1.49	2.49	5.05	11.18	5.35	55.94	1629.75
2011-3-11	友谊路 2 号主变压器	1.63	1.02	2.76	3.19	8.60	7.68	22.40	1118.13

根据规定，油浸式变压器的油中气体分析，各气体含量注意值为：乙炔≤5μL/L，氢气≤150μL/L，总烃≤150μL/L。图 2 为油中气体含量曲线图。

（2）故障判断：从 2013 年 2 月 27 日色谱分析中发现，乙炔含量有较大的增长趋势，其他组分无明显上涨趋势。

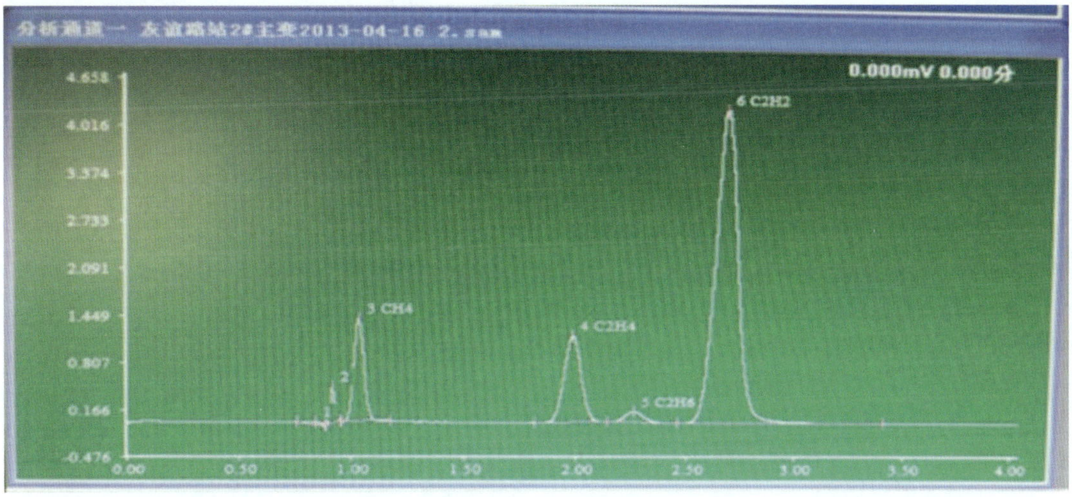

图2 油中溶解气体色谱分析图谱

1）通过 IEC 三比值法分析见表2。

按 IEC 三比值查故障类型见表3，故障类型区域为 D1 或 D2，故障类型为低能量或高能量局部放电。

2）采用改良的三比值法的分析结果见表4。其编码为201，故障类型为电弧放电。

表2　　　　　　　　　IEC 三比值诊断法

日期	比　值		
	C_2H_2/C_2H_4	CH_4/H_2	C_2H_4/C_2H_6
	比值	比值	比值
2013-2-27	3.95	0.26	2.12

表3　　　　　　　　　　　　　　　　　IEC 三比值查故障类型表

情　况	特征故障	C_2H_2/C_2H_4	CH_4/H_2	C_2H_4/C_2H_6
PD	局部放电	NS	<0.1	<0.2
D1	低能量局部放电	>1	0.1～0.5	>1
D2	高能量局部放电	0.6～2.5	0.1～1	>2
T1	热故障 $t<300℃$	NS	>1 但 NS>1	<1
T2	热故障 $300℃<t<700℃$	<0.1	>1	1～4
T3	热故障 $t>700℃$	<0.2	>1	>4

表4　　　　改 良 三 比 值 法

特征气体比值	比值范围编码		
	C_2H_2/C_2H_4	CH_4/H_2	C_2H_4/C_2H_6
比值	3.95	0.26	2.12
编码	2	0	1

3）判断是否涉及变压器内部的固体绝缘材料：过热故障将会涉及变压器内部的固体绝缘材料，导致 CO、CO_2 含量发生显著增长，而本变压器 CO、CO_2 含量无明显增加，故可判断本台变压器过热故障并未涉及固体绝缘。

根据以上数据及分析，初步判断为有载调压开关绝缘筒向本体渗漏，造成主变压器本体油受到污染，经停电检修验证了这一判断，图3为有载调压开关吊检现场情况。

经验体会

（1）油中溶解气体气相色谱分析技术被认为是检测变压器内部是否发生故障以及故障类型的重要手段。通过油色谱检测，国网天津市电力公司滨海供电分公司已发现了多次变压器内部隐患，及时处理避免了设备运行事故。

（2）当变压器中产生乙炔时，一般来说存在比较严重的隐患。但是，此案例表明，应统计分析各组分含量比例、结合运行记录、综合分析设备状态、考虑各种状态原因，

图3 35kV 友谊路2号变压器有载调压开关吊检

才能对设备状态进行准确判断。

（3）通过停电检修，发现主变压器有载调压开关向本体渗油所致，与色谱检测分析结论一致，及时消除了设备隐患。

检测信息

检测人员	国网天津市电力公司滨海供电分公司：王秀红（43岁）、张奇（32岁）、邸晓冬（42岁）
检测仪器	2000B河南中分色谱分析仪
测试环境	测试温度20℃、相对湿度50%

2.1.2　油中溶解气体分析发现110kV侉子庄变电站变压器铁芯多点接地

案例简介

国网冀北电力有限公司唐山市供电公司110kV侉子庄变电站2号主变压器投运于2007年12月，具体情况见表1。

表1　　　　2号主变压器基本情况

型　式	SFZ9-40000/110	生产厂家	沈阳变压器厂
出厂日期	2000-9	投运日期	2007-12
出厂序号	00B08293	上次试验时间	2012-4

2013年4月19日对该主变压器进行在线油色谱测试时发现其总烃181.78.06μL/L，乙炔6.87μL/L，三比值编码022，根据DL/T 664—2008《带电设备红外诊断应用规范》，判断该变压器故障类型为高温过热。当日上报公司运检部，并按照公司缺陷处理流程，进行了系列跟踪测试和相关诊断性试验，最终确定为低压套管劣化，并随即进行了处理。

检测分析方法

该主变压器在进行在线油色谱检测时，发现其总烃181.78.06μL/L，乙炔6.87μL/L。如图1、图2所示。

对照油色谱检测数据，总烃较上次检测值有大幅提升，同时检测出乙炔含

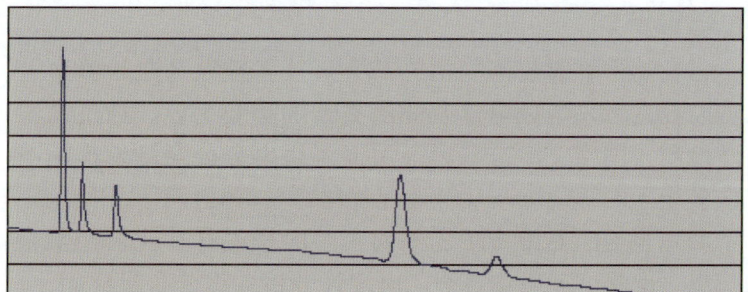

图1　110kV侉子庄变电站2号主变压器油色谱检测曲线

量，根据 DL/T 722—2000《变压器油中溶解气体分析和判断导则》，由于后期无明显增长趋势，所以采用较为有效的三比值法公式计算，三比值法编码原则见表2。

图 2　侉子庄站 2 号主变压器油色谱在线检测截图

表 2　　　　　　　　　　　　　　　　　　三比值法编码对照表

特征气体的比值	比值范围编码			说明
	C_2H_2/C_2H_4	CH_4/H_2	C_2H_4/C_2H_6	
<0.1	0	1	0	例如：$C_2H_2/C_2H_4=1\sim3$ 时，编码为 1
≥0.1～<1	1	0	0	$CH_4/H_2=1\sim3$ 时，编码为 2
≥0.1～<3	1	2	1	$C_2H_4/C_2H_6=1\sim3$ 时，编码为 1
≥3	2	2	2	

对比可得，三比值编码 022，故障类型为高温过热。综合考虑变压器近期运行工况和变压器油中溶解气体试验数据，均未见异常。下一步经行停电例行试验深入诊断分析。

2013 年 4 月 22 日，工作人员对该变压器进行了铁芯接地电流测试，铁芯电流为 5.8A，带电局部放电测试无明显放电迹象（见图 3），建议下一步进行停电试验。

4 月 23 日，按照公司缺陷处理规程对其进行诊断性试验，试验项目为绕组变形、变比、直流电阻、绝缘电阻（含铁芯绝缘电阻）及变压器空载试验，其中，绕组变形、变比及绕组绝缘电阻数据正常。铁芯绝缘电阻测试值为 0。

至此，基本确定缺陷为铁芯多点接地，在铁芯接地线引出处采用电容放电冲击铁芯的方法无明显效果。另外，根据经验公式对油色谱进行计算，热点温

图 3　110kV 侉子庄站 2 号变带电
局部放电超声图谱

度为 686℃，从两方面验证了变压器内部发热应该由铁芯多点接地引起，4 月 26 日现场进行处理，处理后重新投入运行，目前色谱数据及铁芯接地电流数据正常。

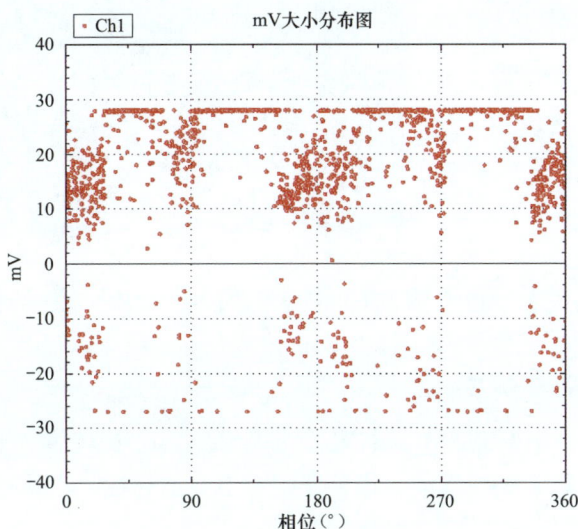

❖ 经验体会

针对类似铁芯多点接地情况的处理，可以依照以下检测程序进行：
（1）检查铁芯下部绝缘垫脚纸板是否完好，对铁芯的绝缘是否完好。
（2）检查铁芯绑扎带是否有松动，绝缘纸是否有脱落。
（3）用绝缘纸板清理铁芯下轭铁底部。

（4）检查下部铁芯片有无翘起、卷边，检查每级铁芯互搭的情况，检查铁芯上、下轭铁部分与铁芯之间绝缘情况，并用万用表测试是否有导通情况。

（5）检查变压器铁芯接地引线部位的绝缘，同时观测铁芯接地部位有无过热痕迹。

（6）用万用表测试每级铁芯之间是否有导通。

此次在线检测发现的缺陷，对带电或者在线检修设备、流程和方法提出了更高的标准，对运维检修人员的技能和责任心也提出了更高要求。在处理过程中，要保证设备安全稳定运行，需要在设备检修过程中对数据的分析处理更具针对性，更快更准地找到目标缺陷，减少人力、物力损耗，避免日后出现过热现象。

检测信息

检测人员	国网冀北电力有限公司唐山供电公司运维检修部油务班：王金龙（46岁）。 国网冀北电力有限公司唐山供电公司运维检修部试验班：张杰（31岁）
检测仪器	油色谱在线系统（0GMA-3000，大连世友电力科技有限公司）
测试环境	测试温度10℃、相对湿度40%、大气压101kPa

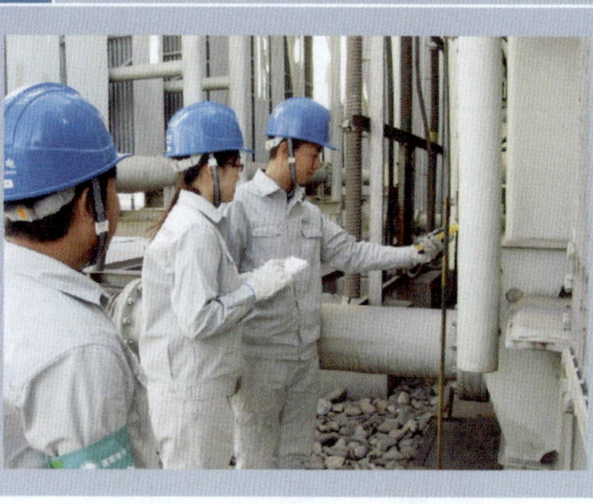

2.1.3 油中溶解气体分析发现500kV安定变电站变压器乙炔含量超标

案例简介

国网冀北电力有限公司检修分公司2012年7月18日16：22油化专业人员发现安定变电站2号主变压器B相在线油色谱装置中色谱数据超标，乙炔达到5.36μL/L（注意值为1μL/L），如图1所示。

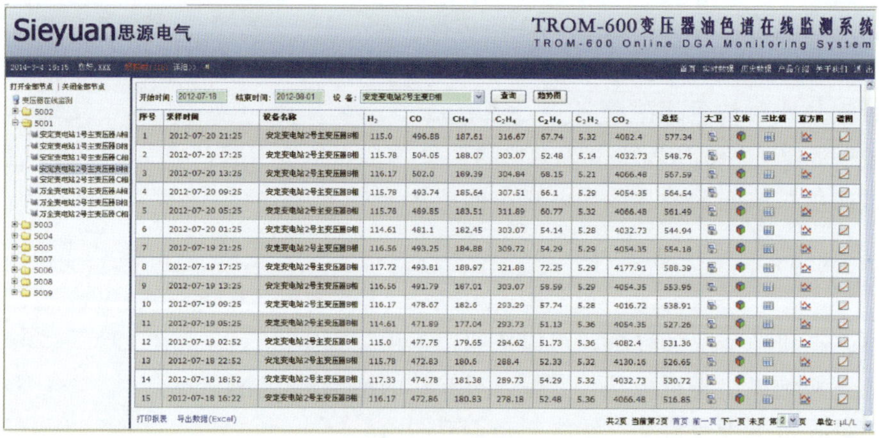

序号	采样时间	设备名称	H_2	CO	CH_4	C_2H_4	C_2H_6	C_2H_2	CO_2	总烃	大卫	立体	三比值	直方图	谱图
1	2012-07-20 21:25	安定变电站2号主变压器B相	115.0	496.88	187.61	316.67	67.74	5.32	4082.4	577.34					
2	2012-07-20 17:25	安定变电站2号主变压器B相	115.78	504.05	188.07	303.07	52.48	5.14	4032.73	548.76					
3	2012-07-20 13:25	安定变电站2号主变压器B相	116.17	502.0	189.39	304.84	68.15	5.21	4066.48	567.59					
4	2012-07-20 09:25	安定变电站2号主变压器B相	115.78	493.74	185.64	307.51	66.1	5.29	4054.35	564.54					
5	2012-07-20 05:25	安定变电站2号主变压器B相	115.78	489.85	183.51	311.89	60.77	5.32	4066.48	561.49					
6	2012-07-20 01:25	安定变电站2号主变压器B相	114.61	481.1	182.45	303.07	54.14	5.28	4032.73	544.94					
7	2012-07-19 21:25	安定变电站2号主变压器B相	116.56	493.25	184.88	309.72	54.29	5.29	4054.35	554.18					
8	2012-07-19 17:25	安定变电站2号主变压器B相	117.72	493.81	188.97	321.88	72.25	5.29	4177.91	588.39					
9	2012-07-19 13:25	安定变电站2号主变压器B相	116.56	491.79	187.01	303.07	58.59	5.29	4054.35	553.96					
10	2012-07-19 09:25	安定变电站2号主变压器B相	116.17	478.67	182.6	293.29	57.74	5.28	4016.72	538.91					
11	2012-07-19 05:25	安定变电站2号主变压器B相	114.61	471.89	177.04	293.73	51.13	5.36	4054.35	527.26					
12	2012-07-19 02:52	安定变电站2号主变压器B相	115.0	477.75	179.65	294.62	51.73	5.36	4082.4	531.36					
13	2012-07-18 22:52	安定变电站2号主变压器B相	115.78	472.83	180.6	288.4	52.33	5.32	4130.16	526.65					
14	2012-07-18 18:52	安定变电站2号主变压器B相	117.33	474.78	181.38	289.73	54.29	5.32	4032.73	530.72					
15	2012-07-18 16:22	安定变电站2号主变压器B相	116.17	472.86	180.83	278.18	52.48	5.36	4066.48	516.85					

图1 安定变电站2号主变压器B相在线油色谱装置的色谱数据

发现问题后及时进行现场采样，做离线色谱试验，数据见表1。

安定变电站2号主变压器B相为乌克兰扎布罗式变压器厂生产，投运时间为1994年12月25日，出厂编号为140245，型号为АОДЦТН，额定容量267MVA，冷却方式为强油循环风冷。

此台变压器上一次油中溶解气体分析例行试验为2012年4月20日，试验数据合格。查看历年试验数据色谱及油质试验均合格。

表1　安定变电站2号主变压器B相在线数据与离线数据对比表　μL/L

特征气体	注意值	在线气体含量	离线气体含量
氢气 H_2	≤150	116.17	102.9
甲烷 CH_4	—	180.83	173.7
乙烷 C_2H_6	—	52.48	49.9
乙烯 C_2H_4	—	278.18	286.2
乙炔 C_2H_2	≤1	5.36	6.0
一氧化碳 CO	—	472.86	482.4
二氧化碳 CO_2	—	4066.48	4573.1
总烃	≤150	516.85	515.8

现场检查，2号变压器本体未见异常现象，负荷率为37%，三相本体顶层油温均为41℃，油位正常，气体继电器内无气体。

检测分析方法

分析过程：根据油色谱数据分析，三比值为022，故障类型判断为高温过热。

表2　2号变压器月度风冷轮换计划

序号	月　份	工　作	辅　助	备　用
1	四月	1、2、4号	5、6号	3号
2	五月	3、5、6号	1、4号	2号
3	六月	2、3、4、5号	6号	1号
4	七月	1、2、4、6号	5号	3号

根据表2所示2号变压器月度风冷轮换计划，五、六月3号风冷均在工作状态，每月10日进行风冷轮换。结合2号变压器B相风冷缺陷，初步判断3号潜油泵可能存在故障。

处理过程：现场立即对3号潜油泵进行解体检查，发现定子和转子表面有明显摩擦痕迹，如图2、图3所示。

图2　解体检查发现定子和转子表面有明显摩擦痕迹

图3　解体检查发现定子和转子表面有明显摩擦痕迹

潜油泵厂家为湖南跃进，2001年出厂，转速1380r/min。2008年4月顺义1号变压器B相曾发生类似问题，潜油泵为同厂家同型号产品。

更换完成后决定：对此台变压器加强技术监督，缩短离线色谱试验周期（第一个月内3天每次），跟踪监视色谱变化情况。后续色谱监督数据乙炔等气体含量呈下降趋势，证实判断对这次故障判断是正确的。

经验体会

（1）实际应用证明，变压器油中气体在线色谱监测技术是对色谱分析的一个有益的和必要的补充。在线监测技术弥补了实验室色谱分析的不足，对变压器运行监督发挥重要作用。技术人员通过在线色谱监测系统提供的实验数据，能及时了解变压器运行状况，确切说是对变压器内部有无相应故障和故障发展有及时做出判断，使"在线"作用得以有效发挥。

（2）对同厂家同型号的潜油泵进行梳理，加强运行监督，定期检测潜油泵工作电流，对运行5～6年的潜油泵要进行及时更换。

检测信息

检测人员	国网冀北电力有限公司检修分公司：杨继涛（41岁）、王清泉（28岁）、贾喜龙（27岁）
检测仪器	河南中分 HS2000B 色谱分析仪
测试环境	测试温度 25℃、相对湿度 40％

2.1.4　油中溶解气体分析发现 500kV 金山岭变电站 66kV 站用变压器氢气含量超标

案例简介

国网冀北电力有限公司检修分公司 500kV 固安、阳乐、金山岭变电站 1、2 号站用变压器均为济南济变志亨电力设备有限公司 66kV 站用变压器，型号 SZ9-1000/66，投运后，6 台站用变压器全部出现绝缘油氢气含量快速增长并超出注意值的问题。故障问题相同，氢气含量快速增长规律相同，诊断为家族性缺陷，以 500kV 金山岭变电站 1 号站用变压器为例进行分析。

500kV 金山岭变电站 1 号站用变压器出厂日期为 2011 年 10 月，2012 年 1 月 7 日投运，2012 年 3 月 21 日 1 号站用变压器绝缘油氢气含量 247.2μL/L，，运行期间有功负荷为 0.05～0.06MW，氢气含量超标后按照 30 天周期进行监测。2012 年 6 月 8 日 1 号站用变压器氢气含量 1714.1μL/L，2012 年 6 月 21 日第一次滤油，2012 年 8 月 17 日 1 号站用变压器氢气含量 1965μL/L。

检测分析方法

1 号站用变压器色谱试验数据见表 1。

表 1　　　　　　　　　　　　　　1 号站用变压器色谱试验数据　　　　　　　　　　　　μL/L

试验日期	含　　量							
	H_2	CH_4	C_2H_6	C_2H_4	C_2H_2	CO	CO_2	总烃
2012-1-29	7.6	0.9	0	0.2	0	8.2	185.3	1.1
2012-2-16	51.6	1.5	0.4	0	0	13	113.4	1.9
2012-3-21	247.2	8.6	2.1	1.1	0	11.3	151.4	11.8
2012-3-21	413.6	14.1	2.7	1	0	8.4	201.2	16.8
2012-4-20	573.6	20.3	2.5	1.1	0	25.7	219.6	23.9
2012-5-10	526.1	31.2	6	0.5	0	23.5	240.7	37.7

试验日期	含 量							
	H_2	CH_4	C_2H_6	C_2H_4	C_2H_2	CO	CO_2	总烃
2012-6-8	1714.1	50	8.3	0.1	0	50.4	176	58.4
2012-6-21	4.3	0.2	0.4	0	0	0.6	22.8	0.6
2012-6-22	23.8	0.7	0.3	0	0	3.5	38.3	1
2012-6-25	159	3.4	1.7	0.1	0	8	103.8	5.2
2012-7-17	882	21.9	3.3	0.1	0	27.1	73.2	25.3
2012-8-17	1965	30.5	3.4	0.1	0	34.2	105.3	34-0

分析过程：设备色谱数据发现主要是氢气含量快速增长并超出注意值，根据特征气体变化趋势，因小于250℃时变压器油分解的气体主要是氢气和甲烷，判定设备为低温过热故障。

处理过程：与厂家技术人员讨论时，他们认为开始认为氢气含量快速增长可能和设备干燥工艺有关，他们认为干燥过程中绝缘材料吸附着一些氢气，运行过程中氢气逐步释放到变压器油中，建议我们进行滤油。滤油后发现氢气依然快速增长。于是厂家进行了返厂大修：对设备重新进行干燥处理，增加铁芯绕组间、铁芯夹件建和垫块等绝缘材料。但设备大修后运行发现氢气增长依然很快且变化趋势与大修前相同。2013年6月厂家对变压器进行了更换，新更换的变压器在设计和制造中在绝缘方面增加了裕度，更换后的变压器在色谱跟踪中没发现异常。

具体原因厂家一直没有给出明确的说法，根据处理过程，我们判定氢气含量超标应该是产品设计和制造过程中就存在缺陷，判定为家族性缺陷。

经验体会

（1）变压器油色谱分析是判定设备健康状况的一个行之有效的检测手段，我们在工作过程中一旦发现问题，要及时进行分析、进行处理。

（2）设备选型时，要选择成熟的产品，并要有相应的运行业绩。

检测信息

检测人员	国网冀北电力有限公司检修分公司：李伟娜（33岁）、白旭（28岁）
检测仪器	河南中分 HS2000B 色谱分析仪
测试环境	测试温度25℃、相对湿度40%

2.1.5 油中溶解气体分析发现 35kV 西团变电站 1 号变压器有载开关渗油故障

案例简介

国网江苏省电力公司盐城供电公司根据检修试验规程的要求，在 2012 年 3、4 月对西团变电站 35kV 1 号变压器进行了 24h、4 天、10 天、30 天的色谱跟踪监测，在检测过程中发现变压器本体油色谱数据，乙炔的指标有增长趋势，见表 1。经分析认为是有载开关油内渗至本体所致，经过检修人员放油后，打开有载开关箱桶，发现有载开关箱桶底部密封垫变形，随即进行处理。

表 1   色 谱 数 据   μL/L

试验日期	H_2 含量	CH_4 含量	C_2H_6 含量	C_2H_4 含量	C_2H_2 含量	总烃含量	CO 含量	CO_2 含量	备注
2012-3-23	51.14	33.88	6.35	18.99	3.05	62.27	1291.98	6312.55	投运 24h
2012-3-27	54.78	37.24	5.70	20.95	3.68	67.57	1455.89	8840.78	投运 4 天
2012-4-1	55.44	35.74	9.47	23.78	4.24	73.23	1593.46	11810.22	投运 10 天

西团变电站 35kV1 号主变压器基本参数数据如下：

型号：SZ10-20000/35；

电压：35±3×2.5%/10.5kV；

容量：20 000kVA；

出厂日期：2004-08-09；

投运日期：2012-03-22（原新丰 1 号变压器）；

生产厂家：连云港东圣变压器有限公司；

编号：BE0371。

检测分析方法

1 号主变压器在进行色谱检测时，发现变压器本体油色谱数据乙炔的指标异常。对改变压器本体进行油色谱持续跟踪，同时取油样分别送到市公司及射阳电厂进行对比跟踪，色谱数据见表 2。

表 2   色 谱 数 据   μL/L

试验日期	H_2 含量	CH_4 含量	C_2H_6 含量	C_2H_4 含量	C_2H_2 含量	总烃含量	CO 含量	CO_2 含量	备注
2012-3-23	51.14	33.88	6.35	18.99	3.05	62.27	1291.98	6312.55	投运 24h
2012-3-27	54.78	37.24	5.70	20.95	3.68	67.57	1455.89	8840.78	投运 4 天
2012-4-1	55.44	35.74	9.47	23.78	4.24	73.23	1593.46	11810.22	投运 10 天
2012-4-5	109.09	64.86	12.89	41.11	7.47	126.33	3155.97	23847.31	跟踪数据
2012-4-12	50.29	30.11	4.89	17.13	3.08	55.21	1284.96	7614.56	大丰数据跟踪
2012-4-12	54	30.1	5.0	18.9	3.6	57.6	1239	7983	射阳电厂
2012-4-16	60.20	35.54	5.98	20.48	3.78	65.78	1576.73	9660.22	跟踪
2012-4-20	85.78	47.73	8.58	30.08	5.70	92.09	2346.48	16567.34	跟踪
2012-4-24	60	29.8	9.4	23.9	7.7	70.8	1238	10660	射阳电厂
2012-4-24	48.88	29.35	5.19	16.69	2.89	54.12	1223.28	7194.44	跟踪
2012-4-28	60.27	34.11	4.90	18.48	3.5	60.99	1394.5	7524.18	跟踪
2012-5-9	49.49	32.86	5.17	19.53	3.86	61.42	1492.37	8965.95	大丰跟踪

对历次的色谱数据认真分析，并联系变压器厂家技术人员，对变压器进行停电电气试验检查（见表 3），排除变压器本体放电、过热等情况引起的乙炔增高，同时通过色谱数据发现乙炔单一数据增长明显，在上海华明有载开关厂家技术专家的支持下，对变压器有载开关进行了放油吊芯检查，发现有载开关底部密封处有渗油现象，如图 1 所示。

西团 1 号主变压器有载开关内渗处理后直流电阻试验数据。

试验日期：2013-4-25。

表 3 变压器停电试验检查

| 分接开关位置 | (变压器)绕组直流电阻 | | | ΔR（%） |
| | 相别 | | | |
	AB（A0）	BC（B0）	CA（C0）	
1	0.094 13	0.094 61	0.094 66	0.56
2	0.090 53	0.090 81	0.090 99	0.51
3	0.086 78	0.087 44	0.087 23	0.76
4	0.0832	0.083 38	0.0836	0.48
5	0.079 69	0.079 87	0.079 90	0.26
6	0.075 84	0.076 17	0.076 23	0.51
7	0.072 54	0.072 55	0.072 76	0.30

油温：20℃。

西团 1 号主变压器有载开关放油吊芯后的图片，经观察在底部有明显的渗油痕迹。

经过综合分析判断，确认是由于有载开关油内渗至本体引起。随即制定处缺检查方案。检修人员将变压器主体绝缘油放空进行脱气处理，将有载开关底盖拆下，更换了新的密封垫圈，恢复底盖，将脱气后的变压器油重新注入变压器主体，静置 1h 后未发现渗油现象，恢复有载开关，并注油后投入运行，经后期色谱跟踪，见表 4，内渗情况排除。

图 1 变压器有载开关吊芯后

表 4 实 验 数 据

试验日期	H_2 含量	CH_4 含量	C_2H_6 含量	C_2H_4 含量	C_2H_2 含量	总烃含量	CO 含量	CO_2 含量	备注
2012-6-14	12.19	0.28	0.92	0.55	0.24	1.99	11.26	14.27	脱气后
2012-6-18	25.51	3.37	1.89	2.89	0.48	8.63	121.26	8.63	处理后第一次
2012-6-27	2.52	1.98	2.60	1.73	0.43	6.74	67.79	502.01	处理后第二次

经验体会

变压器有无故障的重要依据是注意值，但 DL/T 722—2000《变压器油中溶解气体分析和判断导则》中标明的注意值是根据国内大量设备的运行数据通过统计分析而得出的，并非是有无故障的标准值。因此在对照使用注意值时，一定要结合设备色谱分析的历史数据才可对设备的健康状态进行客观的评估。考察设备的产气速率是直观考察设备内部的产气情况，可反映出设备内部有无故障、故障发展的趋势。

DL/T 722—2000 中标明的产气速率注意值在一定的程度上可作为设备有无故障的参考标准。另外还必须全面考虑变压器安装、运行检修等情况。

检测信息

检测人员	国网江苏省电力公司盐城供电公司：景徐芹（49 岁）、钱旭云（32 岁）
检测仪器	GC90-AD 气相色谱仪
测试环境	测试温度 26℃、相对湿度 49%

2.1.6 油中溶解气体分析发现 110kV 松溪变电站 1 号主变压器油中含乙炔

案例简介

国网浙江省电力公司富阳供电公司 110kV 松溪变电站 1 号主变压器为江苏华鹏变压器有限公司的 SSZ9-31500/110 主变压器，出厂日期为 2006 年，投运日期为 2006 年 4 月 26 日。截至 2013 年 10 月 22 日前，主变压器运行状况良好，均未发现油色谱数据异常现象。2013 年 10 月 22 日测得乙炔含量为 0.588μL/L，三比值编码为 1-2-0，为电弧放电兼过热。由于乙炔含量不是很高，因此之后密切跟踪在线色谱数据，适时合理安排色谱离线检测和比对，必要时安排检修。

检测分析方法

110kV 松溪变电站 1 号主变压器油色谱在线监测装置采用国电南自 NS801 系列，该系列在线监测装置能够实现 7 种气体检测。2013 年 10 月 22 日该主变压器油色谱在线监测仪所测气体含量如下：乙炔含量为 0.588μL/L（油中各气体组分含量为：氢气 7.096μL/L、甲烷 10.504μL/L、乙烷 1.78μL/L、乙烯 0.99μL/L、乙炔 0.588μL/L、总烃 13.862μL/L、一氧化碳 350.096μL/L、二氧化碳 431.186μL/L）；三比值编码为 1-2-0，为电弧放电兼过热。2013 年 10 月 22 日在线监测装置发现数据异常后，国网浙江省电力公司富阳供电公司于 2013 年 10 月 23 日进行主变压器油色谱离线试验，发现乙炔值为 0.64μL/L（油中各气体组分含量为：氢气 8.94μL/L、甲烷 11.13μL/L、乙烷 1.87μL/L、乙烯 1.08μL/L、乙炔 0.64μL/L、总烃 14.72μL/L、一氧化碳 488.18μL/L、二氧化碳 450.66μL/L）。从图 1 可以看出，油色谱离线数据与在线监测数据高度吻合，主变压器油中确实存在乙炔。

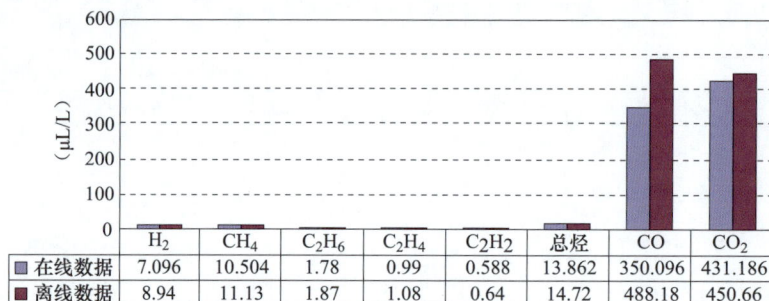

	H_2	CH_4	C_2H_6	C_2H_4	C_2H_2	总烃	CO	CO_2
在线数据	7.096	10.504	1.78	0.99	0.588	13.862	350.096	431.186
离线数据	8.94	11.13	1.87	1.08	0.64	14.72	488.18	450.66

图 1　110kV 松溪变电站 1 号主变压器油色谱数据对比（2013-10-22）

2013 年 10 月 22 日之后密切跟踪在线色谱数据，乙炔含量变化如图 2 所示，可以看出，油中乙炔含量基本平稳。其余气体组分含量均在正常范围内。

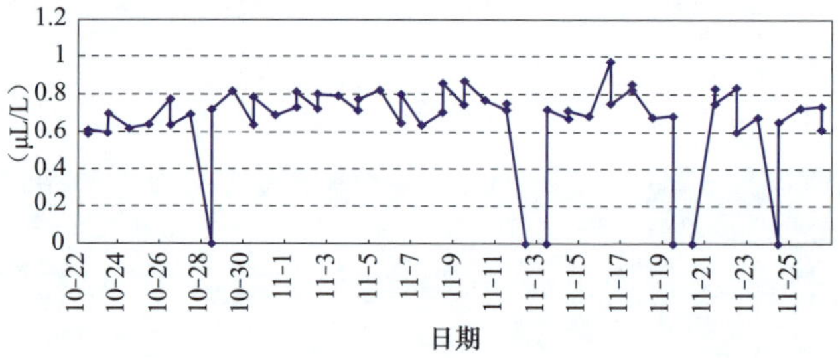

图 2　110kV 松溪变电站 1 号主变压器油色谱 C_2H_2 含量走势图

经验体会

（1）由于 2013 年 10 月 22 日监测数据显示油中乙炔含量不是很高，之后密切跟踪在线色谱数据，合理安排色谱离线检测和比对，必要时安排检修。

（2）根据油色谱在线数据与离线数据的对比结果来看，两者吻合度相当高。利用主变油色谱在线监测系统对主变压器油进行常态化色谱分析，对及时发现主变压器隐患有很大的指导作用。

✤ 检测信息

检测人员	国网浙江省电力公司富阳供电公司：刘国清（28岁）
检测仪器	国电南自 NS801 系列油色谱在线监测装置
测试环境	环境温度 10℃、环境湿度 60％

2.1.7　油中溶解气体分析发现 220kV 遂昌变电站 1 号主变压器油色谱数据异常

✤ 案例简介

国网浙江省电力公司丽水供电公司 220kV 遂昌变电站 1 号主变压器油色谱在线监测装置采用上海思源 TROM-600，该款在线监测装置能够实现 7 种气体检测。该主变压器油色谱在线监测仪所测气体含量如图1、图2所示，其中 2013 年 5 月 23 日测得总烃含量为 181.08μL/L，接近注意值。

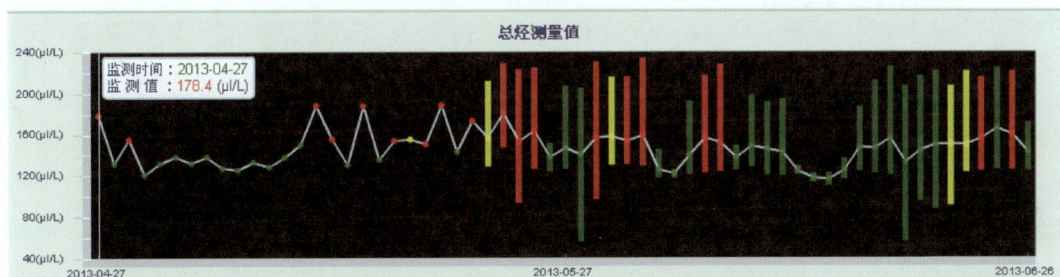

图1　遂昌变电站 1 号主变压器油色谱监测数据

图2　遂昌变电站 1 号主变压器油色谱在线监测

检测分析方法

遂昌变电站 1 号主变压器为常州东芝变压器有限公司 SFSZ10-150000/220 主变压器，出厂日期为 2005 年 05 月 01 日，投运日期为 2005 年 10 月 19 日。2013 年 6 月 27 日该台主变压器油色谱在线监测装置监测到的氢气含量为 138.64μL/L，接近注意值，其余色谱数据均正常。

发现在线监测数据异常后，于 2013 年 5 月 24 日进行主变压器油色谱离线试验，发现总烃含量为 142.56μL/L，接近标准值 150μL/L。遂昌变电站 1 号主变压器油色谱带电检测历次数据见表 1。

表 1　　　　　　　　　　　遂昌变电站 1 号主变压器油色谱带电检测历次数据　　　　　　　　　　μL/L

设备名称	遂昌变电站 1 号主变压器			型　号		SFSZ10-150000/220		
制造厂	常州东芝变压器有限公司			出厂日期		2005-5		
试验日期	H_2 含量	CH_4 含量	C_2H_6 含量	C_2H_4 含量	C_2H_2 含量	总烃含量	CO 含量	CO_2 含量
2005-12-30	3.86	1.29	0.2	1.147	0.31	3.27	4.8	206.7
2006-11-24	70.74	9.4	2.02	9.47	0.43	31.32	257.11	1486
2007-10-12	52.03	70.63	11.15	78.74	0.21	160.73	692.9	2066.2
2008-2-21	53.14	51.37	11.2	64.01	0.15	126.73	388.17	1750.1
2009-3-19	49.21	52.74	10.16	55.34	0.31	118.5	375.42	1930.6
2010-3-10	53.63	57.41	16.01	63.5	0.15	137.07	446.78	2377.3
2011-3-4	48.01	55.59	15.4	57.82	0.11	128.92	372.06	2447.7
2012-2-16	43.98	63.09	21.05	71.63	0.09	155.86	444.12	2570.8
2013-2-28	44.06	63.87	17.66	63.46	0.13	145.12	392.82	2614.5
2013-4-12	51.09	65.50	18.47	64.23	0.00	148.20	394.20	2519.70
2013-5-24	44.23	58.05	18.72	65.79	0.00	142.56	413.17	3001.76
2013-8-1	39.48	56.02	17.58	62.11	0.00	135.71	377.19	3195.07
2013-12-5	12.94	37.90	11.07	40.63	0.00	89.60	178.98	1970.49

注　初步原因分析为油样显示氢气超标，油色谱其他量均正常，油耐压及油微水也正常，需进一步跟踪监测，利用在线监测系统每天观察并记录数据。

经验体会

油色谱在线监测是一种有效的油色谱数据检测装置，它可以实时有效的跟踪和检测变压器油中溶解气体的含量。在油色谱在线监测装置发现数据异常时，及时进行油色谱离线数据的检测，通过在线监测装置和离线油色谱数据的比对，进一步确定变压器油中溶解气体的含量，进而确定有效的处理方法，加强对变压器的跟踪监测。

检测信息

检测人员	国网浙江省电力公司丽水供电公司：饶海伟（45 岁）
检测仪器	上海思源 TROM-600 油色谱在线监测装置
测试环境	测试温度 25℃、测试湿度 46%

2.1.8 油中溶解气体分析发现110kV潮音寺变电站2号主变压器总烃含量超标

案例简介

国网天津市电力公司滨海供电分公司运维的110kV潮音寺变电站2号主变压器,由天津电力工业局供电设备修造厂生产,出厂日期为1994年9月,于1997年04月18投运,型号为SFSZ7-50000/110,冷却方式为ONAF,绝缘油重为17t,总重为90.9t。2011年6月16日,潮音寺2号主变压器10kV出线近区发生了一次三相接地短路事故,对主变压器造成了较大冲击,主变压器差动保护掉闸。主变压器停电后,立刻进行了油色谱、直流电阻、绕组介质损耗、电容量、耐压、绕组变形等化学和电气试验。经分析,电气试验各项指标均在合格范围内,色谱各组分均有大幅度增加,尤其总烃超标、出现乙炔。综合分析,此变压器虽承受了短路过电压的冲击,但内部绝缘没有经历不可恢复性伤害,可继续投入运行,已进行油色谱跟踪检测,近3年的油色谱数据无明显波动,目前此变压器低负荷稳定运行,已列大修计划。

检测分析方法

(1)油色谱数据及分析判断。110kV潮音寺变电站2号主变压器近期色谱数据见表1,其变化趋势如图1所示。

表1 　　　　　　　　　　　　　油色谱检测数据 　　　　　　　　　　　　　μL/L

试验日期	设备名称(电压、容量)	含量							
		CH_4	C_2H_6	C_2H_4	C_2H_2	总烃	H_2	CO	CO_2
2013-6-13	潮音寺2号主变压器	71.73	23.02	139.56	0.12	234.43	15.13	1500.55	4137.84
2012-10-13	潮音寺2号主变压器	66.23	19.36	118.71	0.12	204.42	6.05	1378.33	3987.76
2012-6-9	潮音寺2号主变压器	64.80	18.70	115.89	0	199.39	6.62	1377.66	3603.58
2012-3-31	潮音寺2号主变压器	60.27	17.35	109.58	0	187.20	19.44	1302.54	3154.09
2011-10-14	潮音寺2号主变压器	72.04	21.26	133.54	0	226.84	10.42	1563.29	4636.19
2011-7-11	潮音寺2号主变压器	60.27	17.33	114.21	0.52	192.33	31.57	1311.25	3738.75
2011-6-27	潮音寺2号主变压器	55.60	16.45	108.84	0.68	181.57	36.32	1337.88	3572.05
2011-6-16	潮音寺2号主变压器	115.25	31.80	205.59	1.23	353.87	72.55	2758.98	6827.42
2011-4-10	潮音寺2号主变压器	12.56	5.0	31.23	0	48.79	7.04	1213.42	3359.51

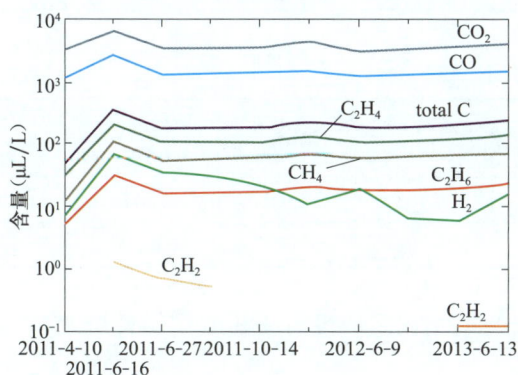

图1 110kV潮音寺2号主变压器油色谱变化趋势图

故障判断:从2011年6月16日色谱分析中发现,色谱各组分有很大的增长趋势,总烃超标、出现乙炔,且乙烯含量占总烃中的比例较大,初步判断为高温过热伴随局部放电。

1)通过IEC三比值法分析见表2。

表2 　　　三 比 值 法

日期	比值		
	C_2H_2/C_2H_4	CH_4/H_2	C_2H_4/C_2H_6
2011-6-16	0.006	1.588	6.47

IEC三比值查故障类型见表3,故障类型区域为T3,故障类型为高温过热,$t>700℃$。

表3			IEC 三比值查故障类型表	
情 况	特征故障	C_2H_2/C_2H_4	CH_4/H_2	C_2H_4/C_2H_6
PD	局部放电	NS	<0.1	<0.2
D1	低能量局部放电	>1	0.1~0.5	>1
D2	高能量局部放电	0.6~2.5	0.1~1	>2
T1	热故障 $t<300℃$	NS	>1 但 NS>1	<1
T2	热故障 $300℃<t<700℃$	<0.1	>1	1~4
T3	热故障 $t>700℃$	<0.2	>1	>4

表4 改 良 三 比 值 法

日期/编码	比 值		
	C_2H_2/C_2H_4	CH_4/H_2	C_2H_4/C_2H_6
2008-6-16	0.006	1.588	6.47
编码	0	2	2

2）采用电协研法（改良三比值法）分析见表4。其编码为022，故障类型为高温过热，$t>700℃$。

3）判断是否涉及变压器内部的固体绝缘材料：过热故障将会涉及变压器内部的固体绝缘材料，导致 CO、CO_2 含量出现显著的增长，按照导则的推荐，一般 $CO_2/CO<3$ 时，可以怀疑该故障涉及了变压器内部的固体绝缘材料发生了裂解。而本次检测的变压器中，$CO_2/CO=6827.42/2758.98=2.48$，故可判断本次短路冲击对固体绝缘也有一定影响。

需停电后结合电气试验情况，进一步判断变压器状态，以确定是否可以继续运行。

（2）停电直流电阻测试数据见表5～表7。

表5 绕组直流电阻（高压绕组一相） Ω

绕组直流电阻（高压绕组一相）	AO	BO	CO	AB互差（%）	BC互差（%）	CA互差（%）	最大互差（%）	不平衡率（%）
2011-6-16	0.322 700	0.322 400	0.323 800	0.093	0.434	0.341	0.434	0.433
2008-9-1	0.314 100	0.315 200	0.315 300	0.350	0.032	0.382	0.382	0.381

表6 绕组直流电阻（中压绕组） Ω

绕组直流电阻（中压绕组）	AmOm	BmOm	CmOm	AmBm互差（%）	BmCm互差（%）	CmAm互差（%）	最大互差（%）	不平衡率（%）
2011-6-16	0.032 300	0.032 450	0.032 430	0.464	0.062	0.402	0.464	0.463
2008-9-1	0.033 890	0.033 760	0.033 690	0.385	0.208	0.594	0.386	0.592

表7 绕组直流电阻（低压绕组一线） Ω

绕组直流电阻（低压绕组一线）	a-b	b-c	c-a	ax、by互差（%）	by、cz互差（%）	cz、ax互差（%）	最大互差（%）	不平衡率（%）
2011-6-16	0.012486	0.012549	0.012488	0.504	0.488	0.016	0.504	0.498
2008-9-1	0.012 466	0.012 565	0.012 466	0.810	0.794	0	0.810	0.792

经近两次主变压器三侧绕组直流电阻发现，与上次试验数据相比阻值没有明显变化，且最大互差和不平衡率均在合格范围内。

（3）绕组变形试验情况。经过对该变压器高、中、低压侧 A、B、C 三相绕组作绕组变形测试表明，该主变压器三侧绕组频响特性一致性符合要求，高、中、低压侧绕组无明显变形及挪位现象，满足运行要求。

该变压器高、中、低压侧绕组频响特性曲线如图2～图4所示，高压绕组相关系数见表8～表10。

图 2 高压绕组频响特性曲线

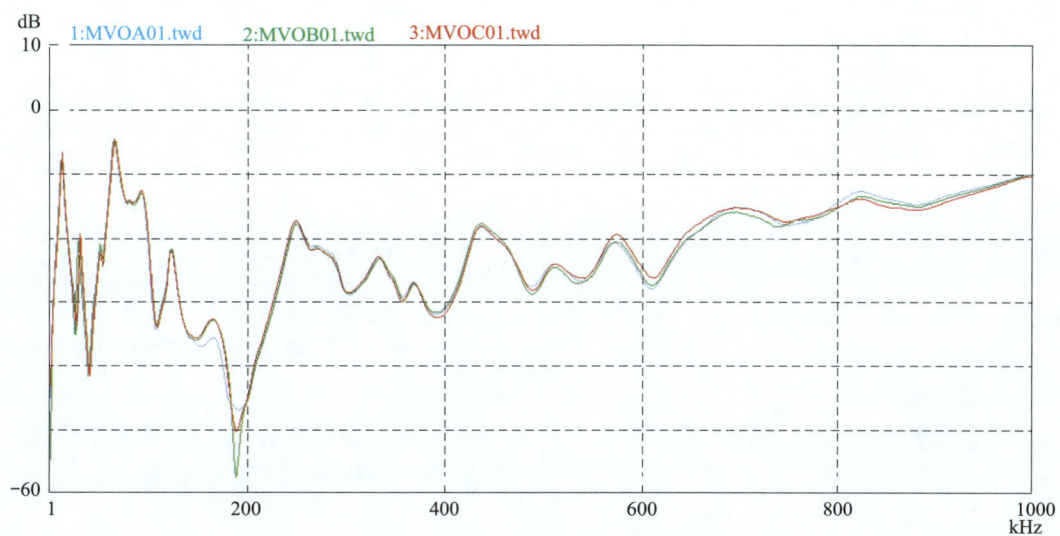

图 3 中压绕组频响特性曲线

图 4 低压绕组频响特性曲线

表 8　　　　　　　　　　　　　高 压 绕 组 相 关 系 数

相关系数 R_{xy}（DL/T 911—2004）	R21	R31	R32
低频段（1～100kHz）RLF	1.639	1.882	1.399
高频段（100～600kHz）RMF	1.890	1.084	1.270
高频段（600～1000kHz）RHF	0.505	0.375	1.896
全频段（1～1000kHz）RFF	2.326	1.690	1.849

表 9　　　　　　　　　　　　　高 压 绕 组 相 关 系 数

相关系数 R_{xy}（DL/T 911—2004）	R21	R31	R32
低频段（1～100kHz）RLF	1.439	2.442	1.445
高频段（100～600kHz）RMF	1.678	1.944	2.105
高频段（600～1000kHz）RHF	2.342	2.029	2.046
全频段（1～1000kHz）RFF	1.886	2.219	2.048

表 10　　　　　　　　　　　　高 压 绕 组 相 关 系 数

相关系数 R_{xy}（DL/T 911—2004）	R21	R31	R32
低频段（1～100kHz）RLF	1.458	1.407	2.840
高频段（100～600kHz）RMF	2.332	1.874	1.754
高频段（600～1000kHz）RHF	1.968	1.234	1.248
全频段（1～1000kHz）RFF	1.888	1.360	1.512

❖ 经验体会

（1）当前，变压器油中溶解气体的气相色谱分析被认为是检测变压器内部是否发生故障以及故障类型的重要手段。通过油色谱检测，国网天津市电力公司滨海供电分公司已发现了多次变压器内部隐患，及时处理避免了设备运行事故。

（2）通过油色谱检测发现设备异常后，应根据缺陷类型结合高频局部放电、红外热像检测、绕组变形测试等手段进行综合诊断分析，才能更准确的发现变压器的潜伏性故障，提高缺陷的检出率。

❖ 检测信息

检测人员	国网天津市电力公司滨海供电分公司：张奇（32 岁）、王秀红（43 岁）、赵勇（28 岁）。 国网天津市电力公司电力科学研究院：唐庆华（35 岁）、李松原（26 岁）
检测仪器	2000B 河南中分色谱分析仪、RZBX 型变压器绕组变形检测仪
测试环境	测试温度 20℃、相对湿度 40％

2.1.9　油中溶解气体分析发现110kV龙石变电站2号主变压器油色谱数据异常

案例简介

国网浙江省电力公司丽水供电公司110kV龙石变电站2号主变压器油色谱在线监测装置采用杭州申昊 ISOM-4000-TR，该款在线监测装置能够实现8种气体检测，该主变压器油色谱在线监测仪所测气体含量如图1、图2所示，其中2013年1月15日测得氢气含量为541.66μL/L。

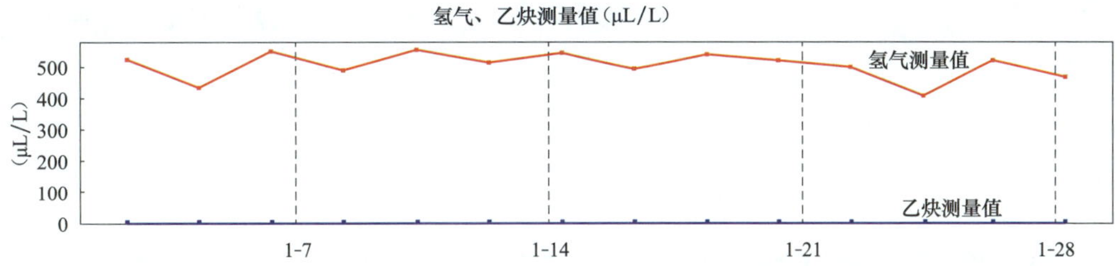

图1　龙石变电站2号主变压器油色谱在线监测

	监测时间	设备状态	氢气	甲烷	乙烷	乙烯	乙炔	总烃	微水	一氧化碳	二氧化碳
1	2013-01-30 08:06:21	正常	530.4	19.21	1.01	0.54	0.3	21.05	-	236.07	33.15
2	2013-01-28 08:06:35	正常	467.27	15.51	0.8	0.43	0.21	16.95	-	204.33	32.22
3	2013-01-26 08:06:18	正常	519.46	18.55	1.02	0.52	0.27	20.37	-	232.58	237.65
4	2013-01-24 09:48:35	正常	409.27	19.86	1.76	0.8	0.4	22.83	-	207.05	467.61
5	2013-01-22 08:06:23	正常	497.24	17.57	0.97	0.52	0.27	19.35	-	216.76	223.58
6	2013-01-20 08:06:23	正常	520.58	18.55	1.09	0.52	0.25	20.41	-	226.32	255.5
7	2013-01-18 08:06:32	正常	537.73	24.27	1.92	0.87	0.49	27.54	-	255.28	393.3
8	2013-01-16 08:06:23	正常	492.42	16.75	1	0.43	0	18.3	-	212.28	253.96
9	2013-01-14 08:06:28	正常	541.66	23.69	1.88	0.89	0	26.96	-	249.56	412.47

图2　龙石变电站2号主变压器油色谱在线监测

检测分析方法

龙石变电站2号主变压器为南京立业变压器有限公司SSZ9-50000/110主变压器，出厂日期为2007年03月01日，投运日期为2007年07月11日。2013年1月15日该台主变压器油色谱在线监测装置监测到的氢气含量为541.66μL/L，其余色谱数据均正常，见表1。

发现在线监测数据异常后，于2013年1月16日进行主变压器油色谱离线试验，发现氢气含量为477.38μL/L。

表1　　　　　　　龙石变电站2号主变压器油色谱带电检测历次数据情况表　　　　　　　μL/L

设备名称	龙石变电站2号主变压器		型　号		SSZ9-50000/110		
制造厂	南京立业变压器有限公司		出厂日期		2007-7		
试验日期	H_2 含量	CH_4 含量	C_2H_6 含量	C_2H_4 含量	C_2H_2 含量	总烃含量	CO 含量	CO_2 含量
2007-6-19	13.72	0.34	0	0	0	0.34	9.19	182.28
2008-3-5	66.85	3.75	0.42	0.37	0	4.54	98.85	551.8
2009-3-11	132.02	7.91	1.12	0.57	0	9.6	109.39	498.63
2010-9-14	314.16	20.8	1.35	0.62	0.47	23.24	108.12	825.91
2011-3-11	367.21	19.19	2.01	0.95	0.85	23	125.25	908.34
2012-4-26	369.55	20.11	1.92	0.93	0.55	23.51	109.35	766.44
2013-1-16	477.38	21	1.45	0.78	0.34	23.57	99.29	720.82
2013-6-4	453.32	22.65	2.13	1.03	0.43	26.24	123.49	970.72
2013-8-7	454.93	25.07	1.98	1.05	0.42	28.52	120.49	1007.2
2013-12-27	643.41	26.26	2.12	1	0.3	29.68	113.57	878.99
2014-2-27	425.82	20.73	1.79	0.84	0.24	23.6	96.44	733.05

初步原因分析为油样显示氢气超标，油色谱其他量均正常，油耐压及油微水也正常，需进一步跟踪监测，利用在线监测系统每天观察并记录数据，根据 2013 年国网浙江省电力公司与南京立业关于氢气异常纪要，国网浙江省电力公司丽水供电公司对该主变压器现执行每 3 月 1 次离线油色谱跟踪。

🟢 经验体会

油色谱在线监测是一种有效的油色谱数据检测装置，它可以实时有效的跟踪和检测变压器油中溶解气体的含量。在油色谱在线监测装置发现数据异常时，及时进行油色谱离线数据的检测，通过在线监测装置和离线油色谱数据的比对，进一步确定变压器油中溶解气体的含量，进而确定有效的处理方法，加强对变压器的跟踪监测，及时掌控设备状态，确保安全稳定运行。

🟢 检测信息

检测人员	国网浙江省电力公司丽水供电公司：李正之（28 岁）
检测仪器	杭州申昊 ISOM-4000-TR 油色谱在线监测装置
测试环境	测试温度 12℃、测试湿度 60％

2.1.10 油中溶解气体分析发现 110kV 港头变电站 1 号主变压器油色谱数据异常

🟢 案例简介

国网浙江省电力公司丽水供电公司 110kV 港头变电站 1 号主变压器油色谱在线监测装置采用宁波理工 IMGA2020，该款在线监测装置能够实现 8 种气体检测。该主变压器油色谱在线监测仪所测气体含量如图 1、图 2 所示，其中 2013 年 6 月 22 日测得乙炔含量为 1.6μL/L。

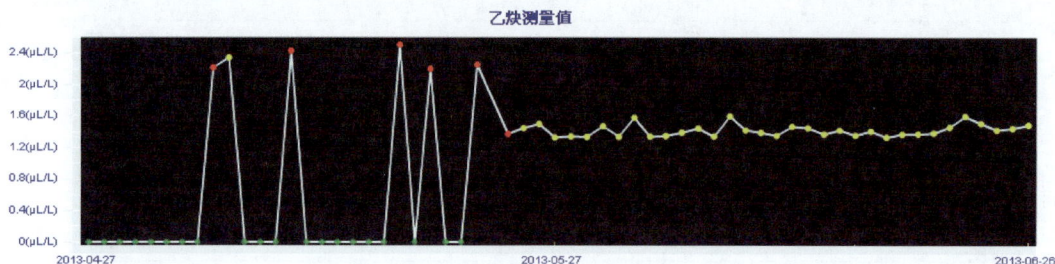

图 1　油色谱在线监测数据

🟢 检测分析方法

港头变电站 1 号主变压器为山东达驰变压器有限公司 SSZ9-40000/110 主变压器，出厂日期为 2005 年 01 月 01 日，投运日期为 2005 年 05 月 10 日。2013 年 3 月 5 日该台主变压器油色谱在线监测装置监测到的乙炔含量为 1.53μL/L，其余色谱数据均正常，见表 1。

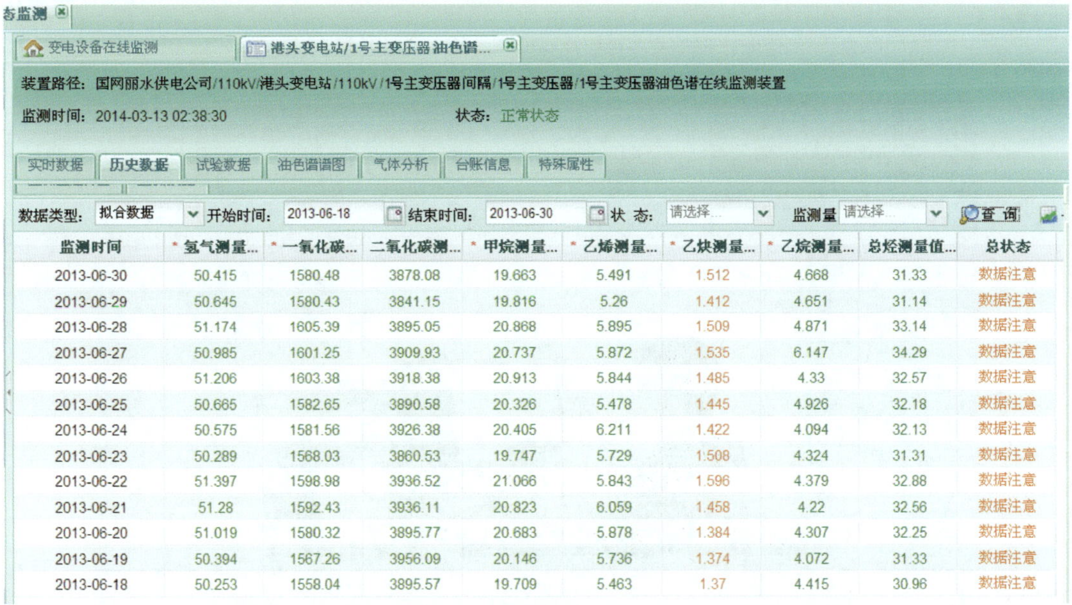

监测时间	* 氢气测量...	* 一氧化碳...	二氧化碳测...	* 甲烷测量...	* 乙烯测量...	* 乙炔测量...	* 乙烷测量...	总烃测量值...	总状态
2013-06-30	50.415	1580.48	3878.08	19.663	5.491	1.512	4.668	31.33	数据注意
2013-06-29	50.645	1580.43	3841.15	19.816	5.26	1.412	4.651	31.14	数据注意
2013-06-28	51.174	1605.39	3895.05	20.868	5.895	1.509	4.871	33.14	数据注意
2013-06-27	50.985	1601.25	3909.93	20.737	5.872	1.535	6.147	34.29	数据注意
2013-06-26	51.206	1603.38	3918.38	20.913	5.844	1.485	4.33	32.57	数据注意
2013-06-25	50.665	1582.65	3890.58	20.326	5.478	1.445	4.926	32.18	数据注意
2013-06-24	50.575	1581.56	3926.38	20.405	6.211	1.422	4.094	32.13	数据注意
2013-06-23	50.289	1568.03	3860.53	19.747	5.729	1.508	4.324	31.31	数据注意
2013-06-22	51.397	1598.98	3936.52	21.066	5.843	1.596	4.379	32.88	数据注意
2013-06-21	51.28	1592.43	3936.11	20.823	6.059	1.458	4.22	32.56	数据注意
2013-06-20	51.019	1580.32	3895.77	20.683	5.878	1.384	4.307	32.25	数据注意
2013-06-19	50.394	1567.26	3956.09	20.146	5.736	1.374	4.072	31.33	数据注意
2013-06-18	50.253	1558.04	3895.57	19.709	5.463	1.37	4.415	30.96	数据注意

图 2　港头变电站 1 号主变压器油色谱在线监测数据

表 1　　港头变电站 1 号主变压器油色谱带电检测历次数据情况表　　μL/L

设备名称	港头变电站 1 号主变压器			型　号		SSZ9-40000/110		
制 造 厂	山东达驰变压器有限公司			出厂日期		2005-1		
试验日期	H_2 含量	CH_4 含量	C_2H_6 含量	C_2H_4 含量	C_2H_2 含量	总烃含量	CO 含量	CO_2 含量
2006-1-10	66.82	3.19	0.56	1.02	0.08	4.85	149.68	882.06
2007-3-12	67.13	7.69	2.47	11.46	0	21.62	137.35	526.26
2008-3-7	70.07	6.46	1	1.28	0.09	8.83	378.8	1274.6
2009-3-12	33.44	7.71	1.29	1.61	0.42	11.03	555.98	1777.3
2010-7-26	46.46	11.46	2.14	2.96	1.86	18.42	856.02	3922.5
2011-3-30	45.38	14.14	2.22	2.65	1.14	20.15	920.85	3669.6
2012-4-13	58.16	19.49	3.02	3.81	1.6	27.92	1208.2	4842
2012-9-7	57.63	18.47	2.99	3.56	1.57	26.32	1178.4	4763
2013-3-6	48.57	18.2	3.14	4.05	1.6	26.99	1236.1	5268.4
2013-6-23	50.21	18.45	3.16	4.25	1.7	25.86	1241.5	4956.1
2013-7-22	38.53	16.80	3.27	4.31	2.04	26.42	1124.8	5850.4
2013-8-17	16.44	11.51	2.38	3.15	1.38	18.42	568.54	4172.8

发现在线监测数据异常后，于 2013 年 3 月 6 日进行主变压器油色谱离线试验，发现乙炔含量为 1.6μL/L。

初步原因分析为油样显示乙炔超标，油色谱其他量均正常，油耐压及油微水也正常，需进一步跟踪监测，利用在线监测系统每天观察并记录数据，及时掌握设备状态，目前公司基于在线监测稳定基础上进行每 3 月 1 次离线油色谱跟踪。

经验体会

油色谱在线监测是一种有效的油色谱数据检测装置，它可以实时有效的跟踪和检测变压器油中溶解气体的含量。在油色谱在线监测装置发现数据异常时，及时进行油色谱离线数据的检测，通过在线监测装置和离线油色谱数据的比对，进一步确定变压器油中溶解气体的含量，进而确定有效的处理方法，加强对变压器的跟踪监测，及时掌控设备状态，确保安全稳定运行。

检测人员	国网浙江省电力公司丽水供电公司：胡鑫威（25岁）
检测仪器	宁波理工 IMGA2020 油色谱在线监测装置
测试环境	测试温度 30℃、测试湿度 50％

2.1.11　油中溶解气体分析发现 110kV 云和变电站 1 号主变压器油色谱数据异常

案例简介

国网浙江省电力公司丽水供电公司 110kV 云和变电站 1 号主变压器油色谱在线监测装置采用杭州申昊 ISOM-4000-TR，该款在线监测装置能够实现 8 种气体检测，该主变压器油色谱在线监测仪所测气体含量如图 1、图 2 所示，其中 2013 年 3 月 18 日测得乙炔含量为 $1\mu L/L$。

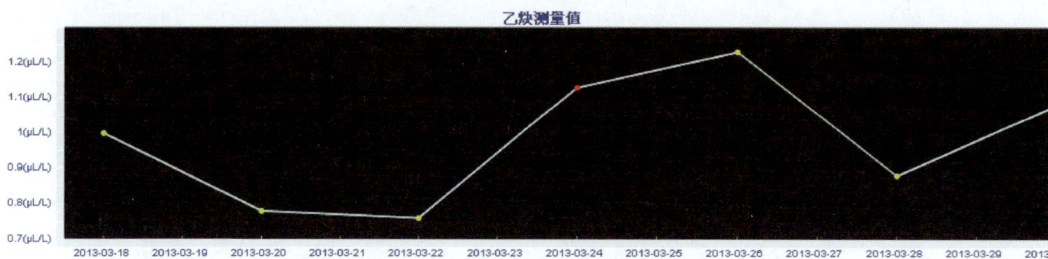

图 1　油色谱监测数据

图 2　云和变电站 1 号主变压器油色谱在线监测

检测分析方法

云和变电站 1 号主变压器为山东达驰变压器有限公司 SSZ9-40000/110 主变压器，出厂日期为 2004 年

05 月 01 日，投运日期为 2005 年 06 月 26 日。2013 年 3 月 18 日该台主变压器油色谱在线监测装置监测到的乙炔含量为 $1\mu L/L$，其余色谱数据均正常，见表 1。

发现在线监测数据异常后，于 2013 年 3 月 19 日进行主变压器油色谱离线试验，发现总烃含量为 $1.62\mu L/L$。

表 1　　　　　　　　　　　云和变电站 1 号主变压器油色谱带电检测历次数据情况表　　　　　　　　　　$\mu L/L$

设备名称	云和变电站 1 号主变压器		型　号			SSZ9-40000/110		
制 造 厂	山东达驰变压器有限公司		出厂日期			2004-5		
试验日期	H_2 含量	CH_4 含量	C_2H_6 含量	C_2H_4 含量	C_2H_2 含量	总烃含量	CO 含量	CO_2 含量
2004-6-16	6.37	0.73	0.12	0.37	0.11	1.33	10.06	358.43
2005-9-10	22.72	3.34	0.46	1.07	5.35	10.22	133.86	1171.6
2006-9-19	14.32	3.01	0.45	0.59	1.65	5.7	122.24	1184.3
2007-6-7	21.4	3.07	0.48	0.62	1.82	5.99	165.38	1248.6
2008-3-4	28.07	5.22	0.67	1.02	1.85	8.76	346.12	1578.1
2009-3-17	24.25	6.12	1.54	1.37	1.13	10.16	404.93	1531.4
2010-3-4	29	8.2	1.35	2.97	1.57	14.09	662.67	1244.9
2011-3-30	32.52	9.87	2	2.64	1.74	16.25	786.09	2736.6
2012-4-15	24.47	9.03	1.59	2.58	1.64	14.84	667.74	3129.6
2013-3-13	28.96	12.28	2.14	4.45	1.62	20.49	757.85	3358.0
2013-8-20	38.22	15.25	2.81	6.10	1.90	26.06	972.02	4722.01
2013-9-6	40.93	16.10	2.60	6.05	1.82	26.57	1048.23	4699.24
2013-10-10	31.94	14.79	2.71	5.77	1.46	24.73	896.79	4472.07
2013-12-20	18.60	13.58	2.56	5.40	1.18	22.72	842.83	3765.04
2014-1-15	33.51	14.95	2.47	5.49	1.20	24.11	1019.79	4116.03

初步原因分析为油样显示氢气超标，油色谱其他量均正常，油耐压及油微水也正常，需进一步跟踪监测，利用在线监测系统每天观察并记录数据。

❖ 经验体会

油色谱在线监测是一种有效的油色谱数据检测装置，它可以实时有效的跟踪和检测变压器油中溶解气体的含量。在油色谱在线监测装置发现数据异常时，及时进行油色谱离线数据的检测，通过在线监测装置和离线油色谱数据的比对，进一步确定变压器油中溶解气体的含量，进而确定有效的处理方法，加强对变压器的跟踪监测。

❖ 检测信息

检测人员	国网浙江省电力公司丽水供电公司：李珞屹（26 岁）
检测仪器	杭州申昊 ISOM-4000-TR 油色谱在线监测装置
测试环境	测试温度 18℃、测试湿度 55%

2.1.12　油中溶解气体分析发现 110kV 松溪变电站 2 号主变压器油中含乙炔

🔷 案例简介

国网浙江省电力公司富阳供电公司 110kV 松溪变电站 2 号主变压器为江苏华鹏变压器有限公司的 SSZ9-31500/110 主变压器，出厂日期为 2006 年，投运日期为 2006 年 4 月 26 日。截至 2013 年 10 月 18 日前，主变压器运行状况良好，均未发现油色谱数据异常现象。2013 年 10 月 18 日测得乙炔含量为 0.865μL/L，三比值编码为 1-2-0，为电弧放电兼过热。由于乙炔含量不是很高，因此之后密切跟踪在线色谱数据，适时合理安排色谱离线检测和比对，必要时安排检修。

🔷 检测分析方法

110kV 松溪变电站 2 号主变压器油色谱在线监测装置采用国电南自 NS801 系列，该款在线监测装置能够实现 7 种气体检测。2013 年 10 月 18 日该主变压器油色谱在线监测仪所测气体含量如下：乙炔含量为 0.865μL/L（油中各气体组分含量为：氢气 2.325μL/L、甲烷 10.574μL/L、乙烷 2.435μL/L、乙烯 1.057μL/L、乙炔 0.865μL/L、总烃 14.931μL/L、一氧化碳 336.617μL/L、二氧化碳 749.115μL/L）；三比值编码为（1-2-0），为电弧放电兼过热。2013 年 10 月 18 日在线监测装置发现数据异常后，国网浙江省电力公司富阳供电公司于 2013 年 10 月 19 日进行主变压器油色谱离线试验，发现乙炔值为 0.9μL/L（油中各气体组分含量为：氢气 2.71μL/L、甲烷 10.76μL/L、乙烷 2.4μL/L、乙烯 1.16μL/L、乙炔 0.9μL/L、总烃 15.22μL/L、一氧化碳 383.02μL/L、二氧化碳 676.67μL/L）。从图 1 可以看出，油色谱离线数据与在线监测数据高度吻合，主变压器油中确实存在乙炔。

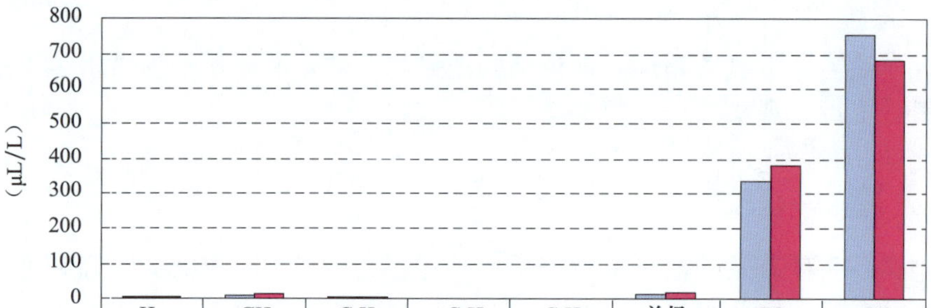

	H_2	CH_4	C_2H_6	C_2H_4	C_2H_2	总烃	CO	CO_2
在线数据	2.325	10.574	2.435	1.057	0.865	14.931	336.617	749.115
离线数据	2.71	10.76	2.4	1.16	0.9	15.22	383.02	676.67

图 1　110kV 松溪变电站 2 号主变压器油色谱数据对比（2013-10-18）

2013 年 10 月 18 日之后密切跟踪在线色谱数据，乙炔含量变化如图 2 所示，可以看出，自 2013 年 12 月 29 日起油中乙炔含量基本平稳。其余气体组分含量均在正常范围内。

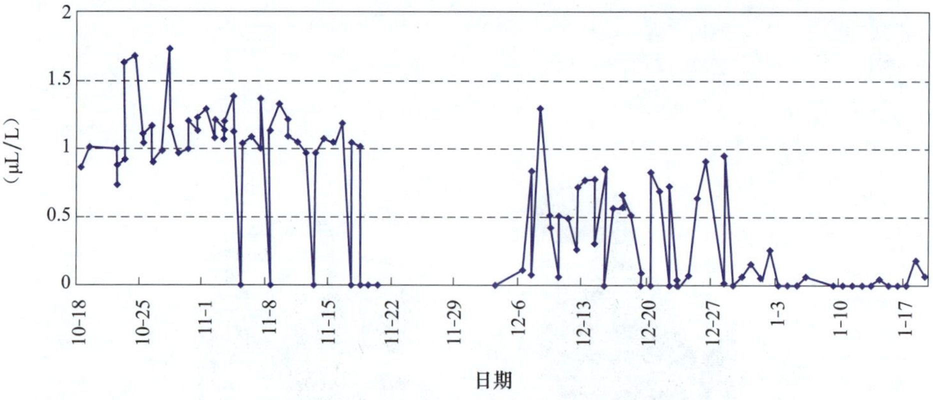

图 2　110kV 松溪变电站 2 号主变压器油色谱 C_2H_2 含量走势图

◆◆ 经验体会

（1）由于 2013 年 10 月 18 日监测数据显示油中乙炔含量不是很高，之后密切跟踪在线色谱数据，合理安排色谱离线检测和比对，必要时安排检修。

（2）根据油色谱在线数据与离线数据的对比结果来看，两者基本吻合。利用主变压器油色谱在线监测系统对主变压器油进行常态化色谱分析，对及时发现主变压器隐患有很大的指导作用。

◆◆ 检测信息

检测人员	国网浙江省电力公司富阳供电公司：刘国清（28 岁）
检测仪器	国电南自 NS801 系列油色谱在线监测装置
测试环境	环境温度 10℃、环境湿度 60%

2.1.13 油中溶解气体分析发现 110kV 磐安变电站 2 号主变压器有载分接开关故障

◆◆ 案例简介

国网浙江省电力公司金华供电公司 110kV 磐安变电站 2 号主变压器于 1999 年 7 月 25 日投运，志友集团济南变压器厂生产，型号为 SFSZ8-31500/110。2013 年 8 月 29 日，运行人员发现该主变压器有载分接开关切换后电压无变化，怀疑是有载分接开关存在故障。有载分接开关的型号为 ZY1A-Ⅲ500/60C±8，系长征电气一厂生产。

缺陷上报后，当天（2013 年 8 月 29 日）由检修工区对该主变压器取油样进行色谱分析，与前一次（2013 年 7 月 3 日）油中溶解气体的色谱分析结果见表 1。

表 1 　　　　　磐安变电站 2 号主变压器故障前后油中溶解气体的色谱分析结果 　　　　　μL/L

试验日期	H_2 含量	CH_4 含量	C_2H_6 含量	C_2H_4 含量	C_2H_2 含量	总烃含量	CO 含量	CO_2 含量
2013-07-03	44.3	10.7	4.45	2.53	0.12	17.8	972	3311
2013-08-29	5760	540	40.5	1000	2760	4370	961	3576

◆◆ 检测分析方法

DL/T 722—2000《变压器油中溶解气体分析和判断导则》中的特征气体含量法是判断有无故障的主要方法之一，其中 110kV 变压器油中溶解气体含量的注意值规定如下：氢为 150μL/L，乙炔为 5μL/L，总烃为 150μL/L。从表 1 中可知，与一个多月前相比，氢、乙炔和总烃含量大幅增长，达到了注意值数十倍以上，尤其是乙炔含量为注意值的 552 倍，据此可判定该主变压器内部发生了严重故障。由于故障气体主要由氢与乙炔组成，其次是乙烯、甲烷、乙烷，符合电弧放电特征。应用改良三比值判断，计算三对比值后得到的编码组合为 112。对应的故障类型也是电弧放电。

随后对 2 号主变压器有载分接开关进行检查，检查结果显示：有载分接开关本体挡位在 10 挡，电动机构在 1 挡；外观检查垂直连杆、水平连杆均连接可靠。现场电动 1-N 方向操作两个挡位，机构挡位变换正常，开关本体仍在 10 挡没有变换；测量远控屏二次电压也没变化。根据上述检查可以确认此有载分接开关存在故障。

为保证电网及设备的安全，上级决定立即对该主变压器进行更换处理，故障主变压器返厂检查维修。该变压器返厂后吊芯检查的结果如下：

（1）从图 1 可以看到，切换开关传动轴（环氧树脂材料）已完全断裂，这是导致有载开关无法调挡的原因。该传动轴较坚固，通常情况下不会发生断裂的情况，可见在切换开关切换过程中一定受到了很大的阻力。

（2）从图 2 可以看到，选择开关并未到位。

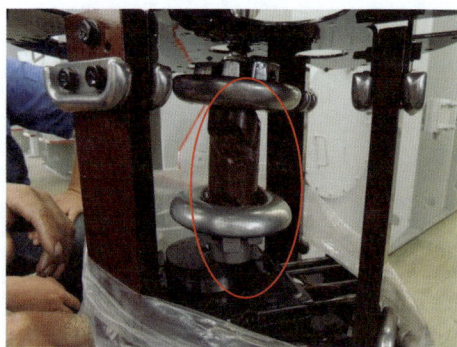

图 1　切换开关　　　　　　　　　　　　图 2　选择开关

（3）从图 3 可以发现，极性开关正从负切换到正，并未到位。

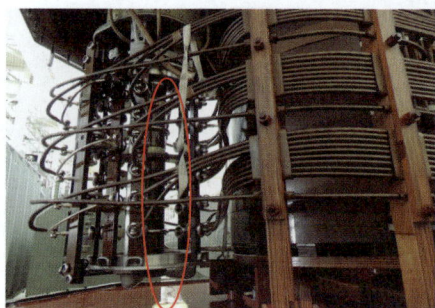

图 3　极性开关

（4）此外，还发现极性开关有一相有明显放电痕迹。该相动触头与其余两相动触头有明显区别，该相触头横截面完全少了一块，如图 4 所示。

图 4　故障相动触头

🔶 经验体会

经综合分析，该主变压器有载开关选择切换过程中遇到较大阻力，切换开关传动轴断裂，使整个分接调压过程无法顺利完成，中途停止。极性开关动、静触头之间发生放电，从而使主变压器内部油中故障气体含量急剧升高。目前存在的疑点便是有载开关选择切换过程中遇到较大阻力的来源。

利用气相色谱法对变压器油中溶解气体进行检测，以判断设备内部是否存在故障及故障的性质是一项非常灵敏、有效的带电检测技术，该项检测技术的应用，为实现设备的状态评估及保障设备的安全运行发挥了重要作用。

❖ 检测信息

检测人员	国网浙江省电力公司金华供电公司：徐康健（57岁）、朱遥远（43岁）、吴瑾（42岁）、楚文成（33岁）
检测仪器	气相色谱仪（中分2000A、中分2000B，河南中分仪器有限公司）

2.1.14 油中溶解气体分析发现220kV岗阳变电站变压器总烃超过注意值

❖ 案例简介

国网浙江省电力公司杭州供电公司220kV岗阳变电站1号主变压器为常州西电变压器厂生产的SS10-180000/220型变压器。该变压器容量为180MVA，2006年6月生产，2006年12月投运。2011年9月22日，状态检测二班班组人员在对该主变压器进行油色谱例行测试中发现该主变压器总烃含量超过注意值（150μL/L），9月23、26、29日，10月4、6、10日分别进行跟踪试验，7次数据基本一致，总烃维持在340～410μL/L之间，氢气和总烃中各组分同步增长。为确诊原因，根据协商，该变压器进行了返厂检修，对产品进行了检查和解体。

❖ 检测分析方法

1号主变压器自2006年12月投运以来，油色谱数据一直在正常范围，直至2011年9月22日下午1时，在进行油色谱例行检测时，发现其总烃含量超过注意值。班组将此情况上报上级主管部门，按照上级要求安排了跟踪测试，具体色谱数据见表1。

表1 岗阳变电站1号主变压器自投运以来的色谱试验数据

H_2含量	CH_4含量	C_2H_6含量	C_2H_4含量	C_2H_2含量	总烃含量	CO含量	CO_2含量	试验日期	试验性质
1.15	0.36	0	0	0	0.36	2.39	104.98	2006-12-27	投运一天
2.21	0.03	0	0	0	0.03	1.92	174.76	2006-12-30	投运四天
3.64	0.06	0	0	0	0.06	3.3	229.52	2007-1-5	投运十天
3.15	0.36	0	0	0	0.36	5.15	195.37	2007-1-23	投运一个月
18.08	1.72	0.61	0.8	0	3.13	44.18	825.58	2007-8-7	例行
14.62	1.52	0.54	0.86	0	2.92	59.67	999.33	2007-10-24	例行
10.76	2.36	0.71	1.22	0	4.29	61.05	1115.22	2008-4-10	例行
13.24	3.28	0.79	1.56	0	5.63	82.65	1151.15	2008-6-25	例行
8.36	6.31	1.93	3.64	0	11.88	101.87	1188.24	2009-2-12	例行

H_2 含量	CH_4 含量	C_2H_6 含量	C_2H_4 含量	C_2H_2 含量	总烃含量	CO 含量	CO_2 含量	试验日期	试验性质
10.58	6.27	2.48	4.69	0	13.44	93.44	1055.47	2009-5-5	例行
10.38	11.21	4.45	7.51	0	23.17	132	1493.39	2009-12-15	例行
10.3	14.03	5.73	9.35	0	29.11	144.25	1663.57	2010-2-3	例行
10	11.7	4.73	7.88	0	24.31	160.35	1762.73	2010-5-27	例行
4.48	17.19	9.21	14.31	0	40.71	147.54	1995.94	2010-9-15	例行
10.37	24.06	11.53	18.12	0	53.71	183.67	2082.68	2010-12-17	例行
11.85	30.69	14.22	22.22	0	67.13	193.97	2058.68	2011-1-24	例行
13.56	45.58	21.83	35.89	0	103.3	197.48	2270.62	2011-5-6	例行
12.72	45	22.42	36.29	0	103.71	192.48	2274.73	2011-5-9	复试
13.11	45.88	23.08	37.63	0	106.59	191.02	2154.77	2011-5-28	跟踪
53.96	149.73	65.25	130.59	0	345.55	212.28	2522.60	2011-9-22	例行
57.28	178.45	77.40	155.34	0	411.19	264.23	3101.88	2011-9-23	跟踪
46.48	151.19	68.28	134.01	0	353.48	218.45	2689.14	2011-9-26	跟踪
54.96	170.45	73.17	146.59	0	390.21	232.18	2650.37	2011-9-29	跟踪
42.73	155.46	68.84	138.80	0	363.10	208.63	2546.78	2011-10-4	跟踪
52.93	178.42	76.37	152.09	0	406.88	248.56	2819.22	2011-10-6	跟踪
50.18	171.12	74.7	148.69	0	394.51	223.62	2659.43	2011-10-10	跟踪

根据三比值法编码 7 次跟踪数据均为 021，故障性质为 300～700℃中温范围的过热故障，故障实例为"分接开关接触不良，引线夹件螺栓松动或接头焊接不良，涡流引起铜过热，铁芯漏磁，局部短路，层间绝缘不良，铁芯多点接地等"。四比值法编码为 1010，为循环电流及（或）连接点过热。用经验公式估算出故障点温度

$$T = 322\lg[(C_2H_4)/(C_2H_6)] + 525 = 621 \text{（℃）（根据 2011 年 10 月 10 日数据计算）。}$$

为了确诊原因，根据协商，该产品返厂进行检修，对产品进行了检查和解体。具体检查过程及分析如下：

表 2　短路阻抗试验数据对比表

短路阻抗（%） （高对中主分接）	出厂试验数据	实际测量数据
	13.79	13.79

变压器返厂后首先将该产品进行复装，进行诊断性试验。产品先做短路阻抗试验，实际测量阻抗与出厂时的阻抗比较见表 2。

试验结果：短路阻抗未发生任何变化。

为保证找到故障点，决定从电路与磁路两个方向寻找。通过吊罩，器身脱油，对产品器身进行解体，具体检查情况如下：

（1）油箱、器身检查。

1）检查铁芯对地绝缘电阻、铁芯级间绝缘电阻，无异常。

2）检查所有高、中、低压套管引线压接整形屏蔽位置，无异常。

3）检查油箱内壁磁屏蔽，无异常。

4）检查升高座电流互感器，无异常。

（2）线圈检查。

1）拔出三相整体相绕组，对整相绕组外观检查未发现异常。

2）将三相高压绕组上所有连接引线在冷压接位置将其断开，拆下高压绕组围屏。检查高压线圈导线间是否存在短路点，逐饼检查高压绕组整体外观及绕组每饼之间是否有异常，均未发现异常。

3）将三相中压绕组上连接引线在冷压接位置将其断开。检查中压绕组导线间是否存在短路点，中压绕组整体外观及绕组每饼之间是否有异常。除检查发现中压 B 相绕组导线存在 1 处短路点，判断位置在绕组自下往上第 7 饼处（根据常州西电公司质量标准，自粘性换位导线烘燥固化后有 1 处短路点不影响性能，可不处理），其他 A、C 两相未发现异常。

4）将三相低压绕组上所有连接引线在冷压接位置将其断开。检查低压绕组导线间是否存在短路点，及低压绕组整体外观及绕组每饼之间是否有异常，均未发现异常。

（3）铁芯检查。

1）检查铁芯上铁轭，B 柱上铁轭副级硅钢片分别朝框间油道位移 6mm。

2）铁芯下铁轭，在 B 柱下端部有落级现象，向下位移 6mm，如图 1 所示。

3）铁芯放倒逐片分解检查，发现 B 相框间油道撑条部分有发黑炭化痕迹，撑条和铁芯发黑处均有焦糊味，铁芯片表面颜色有变色异常及游离炭，部分铁芯片有毛刺，如图 2 和图 3 所示。

（4）经解体检查，发现有以下两个异常。

1）中压 B 相线圈自粘性换位导线有一处短路点（经过试验测量判断位置在线圈自下往上第 7 饼处）。

2）B 柱铁芯片向下位移 6mm，框间油道撑条表面有发黑碳化痕迹，铁芯相应位置有发黑现象。其余部件检查未见异常。

图 1　铁芯下铁轭向下位移

图 2　撑条发黑碳化

图 3　铁芯片发黑

以上解体检查情况与现场油色谱测试数据分析所得基本吻合，可以相互验证。

❖ 经验体会

通过以上的案例可以看出应用油色谱分析技术可以准确地判断变压器故障性质，同时它也是早期发现变压器潜伏性故障的有效手段。

应用油色谱分析技术可以结合电气试验数据、设备的结构等因素综合考虑，只有这样才能真正准确的判断设备的健康状况，防止误判断的发生。

❖ 检测信息

检测人员	国网浙江省电力公司杭州供电公司：黄皓炜（32 岁）、陈健（51 岁）、林敏（46 岁）、沈辰（50 岁）、沈岚（43 岁）
检测仪器	中分气相色谱仪 2000A
测试环境	温度 25℃、相对湿度 55％

2.1.15 油中溶解气体分析发现110kV草塔变电站主变压器铁芯内部非正常焊接

案例简介

国网浙江省电力公司绍兴供电公司110kV草塔变电站2号主变压器为山东达驰变压器有限公司产品，型号为SSZ9-50000/110，2003年9月出厂，产品代号1DB.710.2699，主变压器编号30771，于2003年11月投产。2012年5月15日安装临时性的油色谱在线监测装置（数据未送入统一平台），安装后装置发出2号主变压器总烃超过注意值的报警信号，且经过一段时间连续监测，总烃含量存在缓慢上升的趋势。对其进行多次离线取油样分析，离线数据与在线数据相一致。2013年1月安装固定式在线监测装置后，监测数据反映了同样的问题。

省公司运检部、省电科院领导和专家与主变压器生产厂商进行了两次异常原因和处理方案分析，制订了停电放油检查的处置方案。2013年6月20日放油检查，发现铁芯内部非正常焊接。

图1 草塔变电站2号主变压器
总烃含量在线监测数据

检测分析方法

（1）在线监测结合带电检测分析。2012年5月15日以来，2号主变压器油色谱在线监测发现总烃含量超过 Q/GDW 168—2008《输变电设备状态检修试验规程》规定的注意值 $150\mu L/L$，具体数据统计如图1所示。

2013年1月安装固定式在线监测装置后，同样发现总烃超标的现象。在线监测数据如图2所示。

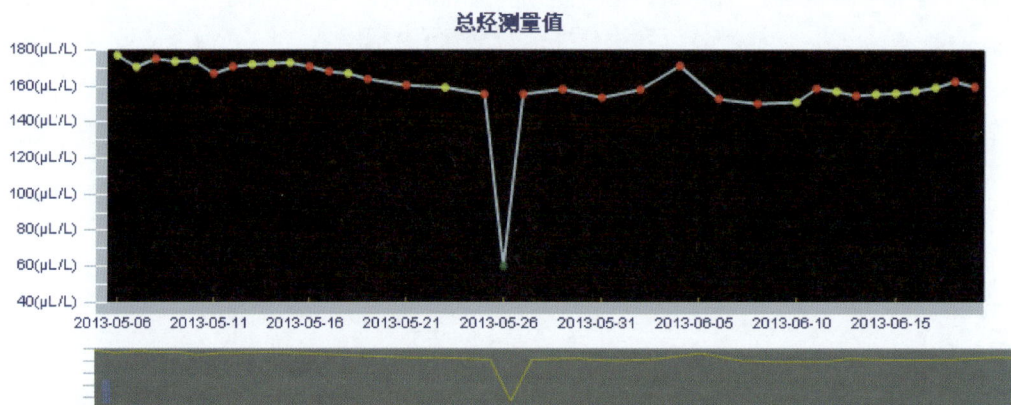

图2 草塔变电站2号主变压器油色谱总烃在线监测数据

随后进行油色谱离线分析、铁芯夹件接地电流、局部放电带电测试，综合分析。油色谱离线分析数据见表1。

表1 草塔变电站2号主变压器部分离线油色谱分析数据

试验日期	H_2含量	CH_4含量	C_2H_6含量	C_2H_4含量	C_2H_2含量	总烃含量	CO含量	CO_2含量
2013-05-06	18	82.0	23.5	67.3	0.0	172.8	1932	9600
2013-05-10	17	78.6	24.1	66.5	0.0	169.3	1893	9598
2013-05-15	14	85.7	25.1	68.7	0	179.5	1724	10699
2013-05-20	17	79.3	23	64.8	0	167.1	1564	9872
2013-05-25	19	82.4	25.3	71.7	0	179.4	1709	12393
2013-06-15	20	80.2	24.6	68.6	0	173.4	1453	10 170

从离线（表1）和在线监测数据（图1）分析来看，数据趋势吻合，且总烃含量基本保持稳定。绝缘油含水量、介质损耗、耐压值等常规试验数据均合格，色谱气体组分主要表现为甲烷和乙烯，三比值法编码为021，分析为300～700℃低温范围的过热故障。

从以上分析来看，主变压器内部局部区域存在300～700℃低温范围的过热故障，且磁回路的可能性较大，决定对主变压器进行停电检查。

（2）停电放油检查。主变压器停电后进行简单的修前试验，发现铁芯、夹件、整体绝缘状况良好，不存在绝缘受潮现象。

打开变压器顶部中低压侧套管手孔板进行上部铁芯、夹件的检查，结果发现上铁轭硅钢片存在非正常的焊接现象（如图3所示），这样容易引起铁芯涡流损耗增大，变压器箱体漏磁偏大。检修人员怀疑这与主变压器油色谱分析总烃异常可能有关。

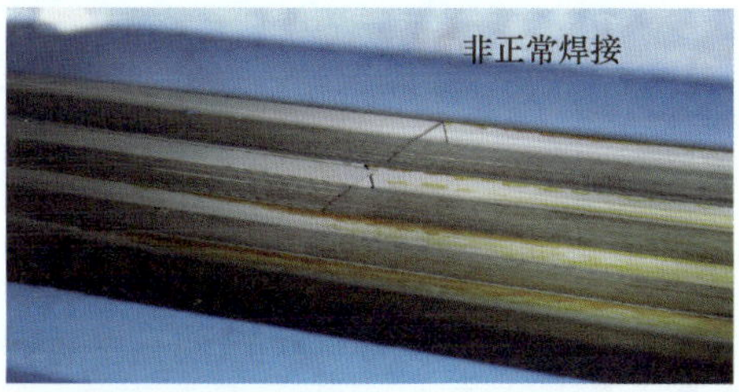

图3 上铁轭硅钢片存在非正常的焊接现象

最终对绝缘油进行热油循环处理，油中溶解气体组分、绝缘油例行试验均达到了交接新油的标准。2号主变压器投入运行后，测量其铁芯、夹件的接地电流，数值已达到正常值范围。今后将运用在线监测和带电检测手段，继续跟踪该主变压器铁芯、夹件接地电流值，确保主变压器安全运行。待负荷较小时进行吊罩处理，检查内部铁芯、夹件的详细情况。

经验体会

（1）主变压器在线监测能有效的对运行主变压器进行长期连续监测，及时发现设备内部隐患，延长停电检修周期，是开展设备状态检修的主要检测手段和检修依据。

（2）加强设备出厂验收，在设备材质与质量上把好关，防患于未然，杜绝今后类似情况再次发生。

（3）在停电检查前应制定详细有效的试验方案，在使用在线监测技术的同时，要充分利用其他带电检测手段，多角度多方位进行检查判断，降低误判率。

（4）认真执行安装验收等各项技术标准、规范，必要时编制施工方案（或作业指导书），明确各项要求与规范，不断提高安装与检修质量。

检测信息

检测人员	国网浙江省电力公司绍兴供电公司：刘安文（32岁）、赵伟苗（34岁）、程光强（54岁）、张建浩（36岁）
检测仪器	杭州柯林KLJC-02油色谱在线监测装置，福建和盛SPM-Z/TRIEDO铁芯接地电流在线监测装置
测试环境	温度11℃、相对湿度60%

2.1.16 油中溶解气体分析发现 220kV 梧桐变电站 1 号主变压器乙炔含量超标

案例简介

国网浙江省电力公司嘉兴供电公司运维的 220kV 梧桐变电站于 2003 年 10 月份投入运行。2013 年 10 月 11 日，该主变压器油色谱在线监测装置告警，乙炔含量突增，检修单位立刻安排了离线数据分析，后经多日离线、在线油色谱持续跟踪分析，乙炔含量每天有 $0.1\sim0.2\mu L/L$ 的增量。为防止变压器内部缺陷发展扩大，10 月 21 日 220kV 梧桐变电站 1 号主变压器停运，10 月 22~23 日完成主变压器诊断试验，10 月 24 日旧主变压器开始拆除返厂，11 月 8 日新主变压器安装完毕。11 月 14~16 日，国网浙江省电力公司嘉兴供电公司组织人员对返厂退运梧桐变电站 1 号主变压器解体，查找故障点。经解体后发现变压器存在三处显著异常部位，及时消除主变压器设备重大隐患并查找出故障缺陷原因。

检测分析方法

油色谱在线监测装置发现 220kV 梧桐变电站 1 号主变压器乙炔数值越报警界限，立刻安排离线数据对比，离线数据乙炔数值为 2.84，将油色谱在线监测分析周期改为 8h/次，离线检测周期改为每天一次，2013 年 10 月 11~20 日，油色谱线监测装置乙炔数据连续告警，每天离线检测数据见表 1。

表 1　　　　　　　　　　　油色谱跟踪检测数据分析表

试验日期	H_2 含量	CH_4 含量	C_2H_6 含量	C_2H_4 含量	C_2H_2 含量	总烃含量	CO 含量	CO_2 含量
2013-10-11	26.61	9.10	1.53	6.21	2.84	19.68	173.05	795.39
2013-10-12	27.11	9.01	1.42	6.08	2.77	19.28	177.98	854.31
2013-10-16	25.83	9.22	1.48	5.77	3.72	20.19	168.08	712.58
2013-10-17	27.36	9.67	1.4	6.12	3.99	21.18	169.48	729.85
2013-10-18	26.8	9.65	1.48	6.45	4.09	21.67	186.03	743.03
2013-10-19	28.6	10.49	1.46	6.98	4.13	23.06	202.25	817.46
2013-10-20	28.97	10.94	1.64	6.96	4.36	23.90	189.17	808.41

通过连续安排离线数据对比，乙炔有明显增长。10 月 21 日 220kV 梧桐变电站 1 号主变压器停运进行诊断性试验，为避免造成设备事故，国网浙江省电力公司嘉兴供电公司于 11 月 8 日完成了新主变压器更换安装，并于 11 月 14~16 日，组织人员对返厂退运主变压器解体，查找故障点。经解体后发现变压器存在三处显著异常部位，具体如下：

故障位置 1：B 相中压绕组存在严重变形。B 相高、低压绕组均无异常，而 B 相中压绕组已明显变形，41~47 段线圈出现鼓包、凹凸、扭曲，部分导线绝缘纸破裂，铜线圈直接外露，如图 1 所示。

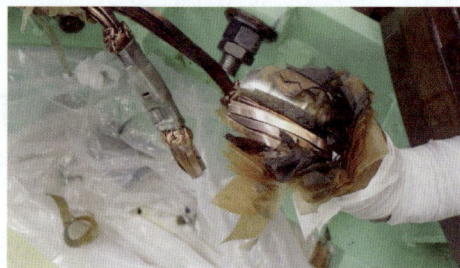

故障位置 2：B 相中压绕组末端有发热痕迹。中压 B 相绕组末端引线有发热痕迹，绝缘纸呈黑色，部分碳化，接头位置铜外表面附着碳迹，如图 2 所示。

图 1　B 相中压绕组存在严重变形　　　　图 2　B 相中压绕组末端发热痕迹

故障位置 3：C 相中压绕组末端有严重发热痕迹。中压 C 相绕组末端引线有发热痕迹，透过扎带能见内部绝缘纸呈黑色，部分碳化、烧蚀，接头位置铜外表面附着碳迹，有两股铜导线熔断，表征现象比中压 B 相严重，倒数第二层绝缘纸有熔铜存在，如图 3~图 5 所示。

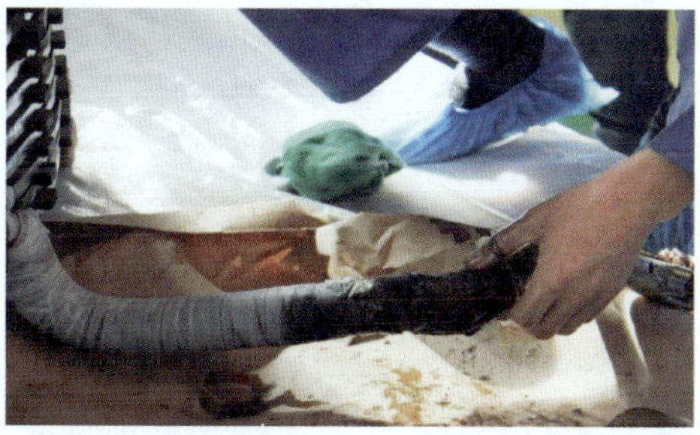

图 3 C相中压绕组末端严重发热痕迹（一）

图 4 C相中压绕组末端严重发热痕迹（二）

通过对返厂主变压器解体检查发现：该主变压器可能是经历了瞬时大电流，大电流的通过伴随着大量热量和巨大的电动力，使得故障点的温度瞬时升高，超过铜的熔点（铜的熔点为1084℃），两股绕组熔断，巨大的电动力导致中压线圈翻滚，41～47段线圈翻滚严重，导致绝缘纸破损，铜线圈外露。在温度高于1000℃时，变压器油裂解产生的气体中含有乙炔。

图 5 C相中压绕组末端严重发热痕迹（三）

经验体会

（1）主变压器离线油色谱的周期测试，对于监控主变压器设备状态具有不连贯性，对于周期空挡内的设备状态无法监控，在线油色谱装置能够对设备油色谱数据实时监测，对于判断设备缺陷发展趋势和掌控设备状态有着无可比拟的优势。

（2）主变压器常规试验对于判断设备初期故障不是很明显，而绝缘油带电检测则能较能敏感地发现设备内部的初期故障，以便于管理人员作出合适的检修策略。

检测信息

检测人员	国网浙江省电力公司嘉兴供电公司：李传才（34岁）、龚培英（45岁）、周迅（37岁）
检测仪器	宁波理工 MGA2000-6H 油色谱在线监测装置
测试环境	温度23℃、相对湿度56%

2.1.17 油中溶解气体分析发现220kV江湾变电站2号主变压器油中总烃含量超标

案例简介

国网浙江省电力公司金华供电公司220kV江湾变电站2号主变压器于2008年6月26日投运，生产厂家为西门子变压器有限公司，型号 SSZ—180000/220。该变压器投运后，油中总烃含量出现缓慢增长。2012 年 9 月 26 日该主变压器油色谱在线监测装置投入运行，并发出了油中总烃含量超出注意值的告警信号，当时总烃含量达到了 150μL/L 的注意值，2013 年 12 月 26 日总烃含量 347.3μL/L。总烃主要由甲烷和乙烯组成，其次是乙烷；乙炔含量小于 0.2μL/L，氢含量在 30～50μL/L 之间。在线检测数据与离线检测数据比较接近。江湾变电站 2 号主变压器油色谱在线监测历史数据和趋势如表 1 及图 1 所示。

表 1		220kV 江湾变电站 2 号主变压器在线监测数据			μL/L
监测时间	总烃测量值	总状态	监测时间	总烃测量值	总状态
2013-10-26	349.51	数据报警	2013-11-23	340.21	数据报警
2013-11-01	347.52	数据报警	2013-12-01	336.61	数据报警
2013-11-03	347.42	数据报警	2013-12-09	326.16	数据报警
2013-11-05	337.63	数据报警	2013-12-17	336.68	数据报警
2013-11-15	326.83	数据报警	2013-12-25	343.03	数据报警
2013-11-17	321.6	数据报警	2014-01-04	337.98	数据报警
2013-11-19	332.62	数据报警	2014-01-12	327.97	数据报警
2013-11-21	336.21	数据报警	2014-01-20	333.78	数据报警

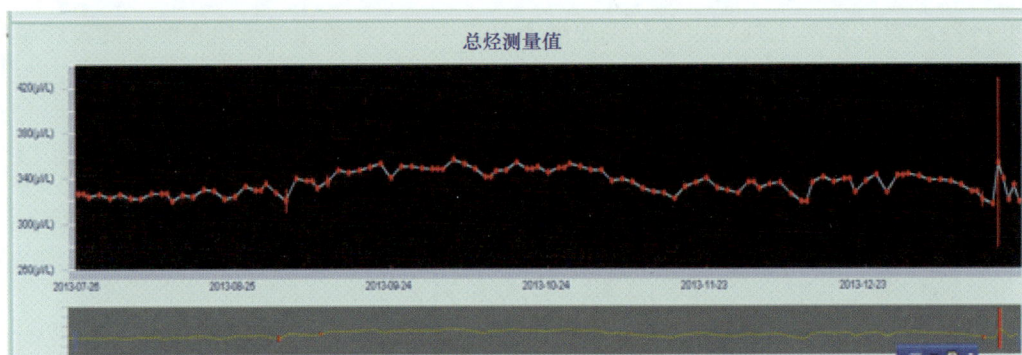

图 1　220kV 江湾变电站 2 号主变压器在线监测总烃含量变化趋势

检测分析方法

用气相色谱法分析油中溶解气体来判断设备内部潜伏性故障，DL/T 722—2000《变压器油中溶解气体分析和判断导则》给出了识别有无故障的两种判断方法：特征气体含量法和产气速率法。特征气体含量法是根据油中溶解气体含量检测结果的大小来判断是否存在故障。特征气体含量法有其局限性，如有些设备在正常运行中所产生的特征气体，经过长期的积累，其含量也能达到较高值；反之，有些投运不久的设备，在故障出现的起始阶段，其气体含量却往往不很高。产气速率考查的是两次取样试验间隔期间气体含量的增长情况，基本上与以前油中气体含量的大小无关（绝对产气速率则完全无关）。相比较而言，用产气速率法识别故障具有比特征气体含量法更为准确、灵敏的特点，在反映故障的发展速度和发展趋势方面更优于特征气体含量法。

产气速率又分为相对产气速率和绝对产气速率，相对产气速率的准确性受某些因素（如前次气体含量的大小）影响较大，而绝对产气速率是反映设备每个运行日产生某种气体的平均值，即每天产生该气体的毫升数，与油中以前该气体的大小完全无关，DL/T 722—2000《变压器油中溶解气体分析和判断导则》中规定变压器油中总烃绝对产气速率的注意值为 12mL/天，相对产气速率的注意值为

10%/月。

由于江湾变电站 2 号主变压器投运后，油中总烃的增长速度比较均匀，故可对投运后至 2013 年 12 月这一时间段计算总烃的绝对产气速率，计算结果表明，该主变投运后总烃的绝对产气速率为 11.2mL/天，接近于 12mL/天的注意值。虽然根据 DL/T 722—2000《变压器油中溶解气体分析和判断导则》中的故障判断方法，江湾变电站 2 号主变压器油中总烃绝对产气速率小于该标准规定的注意值，但与其他正常设备相比，该主变压器油中总烃的增长速度应该说还是比较高的（绝对产气速率已接近注意值），故很难据此作出是否存在故障的判断。目前只能对其加强监视，缩短色谱试验的周期，观察今后的变化情况。

经验体会

绝缘油色谱在线监测是十多年前刚发明的新技术，近几年技术渐渐成熟，并且大力推广开来，在电网高速发展的今天，一个地区的变电站从二十年前的二三十座增加到了一百多座，今后还要更多，如果按照以前检测周期，势必需要更大的工作量，在设备安全与经济效益双重压力下，在线监测技术的发展成为必然。在线监测的重要性在于它的实时性，特别是在离线跟踪的断档期内时，可以不间断地监视设备，确保设备安全运行。

诚然，在线监测技术发展才十几年，还有一些不尽如人意之处，例如，受环境或工作电源的影响，监测数据会出现波动，与离线数据不一致的现象，但是，在日常的监视中，只要把握住其变化趋势，再结合离线的分析，定能及时发现设备是否存在隐患。

检测信息

检测人员	国网浙江省电力公司金华供电公司：吴瑾（42 岁）、朱遥远（43 岁）、徐康健（57 岁）、廖国文（47 岁）
检测仪器	变压器油色谱在线监测系统（上海思源）

2.1.18　油中溶解气体分析发现 110kV 前于变电站 1 号主变压器氢气含量超标

案例简介

国网浙江省电力公司金华供电公司 110kV 前于变电站 1 号主变压器系山东达驰电气有限公司生产，型号为 SZ10—50000/110。该主变压器于 2008 年 12 月 3 日投运，运行后不久出现油中氢气含量较快增长，至 2011 年 12 月 11 日，超过了 $150\mu L/L$ 的注意值（其他气体组分无异常），之后氢气含量继续增长。2013 年 10 月安装了油色谱在线监测装置，厂家为深圳领步，该装置自投入后，马上发出了油中氢气含量超出注意值的告警信号，当时氢气含量达到了 $400\mu L/L$ 的注意值，在后来的连续监测中，发现氢气含量缓慢增长，直到目前的 $480\mu L/L$ 左右（其他气体组分无异常），在线检测数据与离线检测数据比较接近。110kV 前于变电站 1 号主变压器油色谱在线监测历史数据和趋势如表 1 及图 1 所示。

表1 　　　　　　　前于变电站1号主变压器在线监测数据　　　　　　　　　μL/L

监测时间	氢气测量值	总烃测量值	总状态	监测时间	氢气测量值	总烃测量值	总状态
2013-11-23	440.875	12.11	数据注意	2014-01-13	498.341	8.24	数据报警
2013-12-03	453.435	8.84	数据注意	2014-01-19	500.491	9.11	数据报警
2013-12-09	454.933	8.2	数据注意	2014-01-27	497.978	10.6	数据报警
2013-12-18	476.237	8.5	数据注意	2014-02-04	505.863	8.51	数据报警
2013-12-19	492.59	8.48	数据注意	2014-02-14	489.852	7.58	数据报警
2013-12-26	499.464	8.29	数据注意	2014-02-22	490.475	8.4	数据报警
2014-01-01	487.674	9.39	数据注意	2014-03-02	484.571	7.52	数据报警
2014-01-04	487.689	8.37	数据注意				

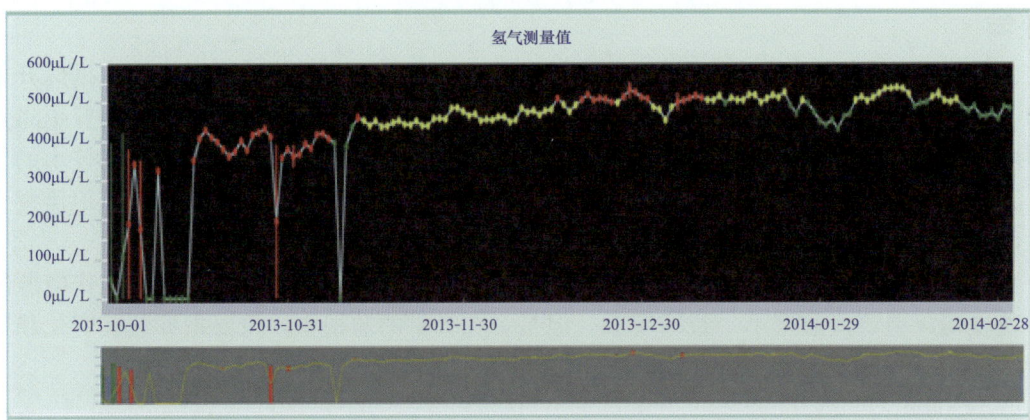

图1　前于变电站1号主变压器在线监测氢气含量变化趋势

🏵 检测分析方法

（1）故障判断。新绝缘油中较少含有氢气，新油使用前还要用真空过滤法进行脱气和脱水，油中溶解系数很小的氢气非常容易被脱掉。所以，大型变压器投运前油中的氢气含量通常都接近于零。正常情况下，变压器投运后油中氢气含量的增长速度十分缓慢。近些年来，110kV变压器投运后油中出现氢气含量异常的案例越来越多。例如，国网浙江省电力公司金华供电公司在近些年投运的110kV变压器中，油中氢气含量超过150μL/L注意值的有25台，其中氢气含量超过300μL/L的有5台（见表2），表2给出了这5台主变压器的投运时间及至2013年底的油中氢气含量。从表2中可知，武义变电站2号主变压器的氢气含量增长速度最快。

根据色谱分析故障诊断原理可知，设备内部发生故障时，故障温度使油发生热解产生氢气时，还将伴随产生其他一些特征气体，如过热时的甲烷和乙烯、高能放电或低能放电时的乙炔、局部放电时的甲烷等。由于上述变压器除氢气以外，其他特征气体均无异常，故可以判定油中的氢气不属故障引起。

表2 　　　部分110kV变压器投运时间及至2013年12月30日油中氢含量　　　μL/L

设备名称	前于变电站1号主变压器	武义变电站2号主变压器	磁都变电站2号主变压器	登胜变电站1号主变压器	永昌变电站1号主变压器
投运时间	2008-12	2012-11	2008-1	2009-6	2005-12
H_2 含量	407	708	323	311	391

（2）油中氢气的来源。对于绝缘油中非故障引起高含量氢气的原因，目前主要有以下几种观点：

1）油中水分在电场和铁等金属作用下发生化学反应生成氢气。

2）低芳烃含量的油在电场作用下具有析气性，例如，烷烃和环烷烃在强电场作用下容易发生脱氢反应。

3）设备内部使用的某些绝缘漆固化不完全，充油后漆膜继续固化可能产生氢气。

4）新不锈钢中可能在加工或焊接过程吸附氢而后又慢慢释放到油中。

5）镍是一种著名的脱氢反应催化剂，当设备内部与油相接触的金属材料中含有镍时，会促使油中一些烃发生脱氢反应。

对上述产生氢气的几种途径进行分析后，认为大多数变压器油中氢含量出现快速增长，与110kV变压器在近些年采用金属膨胀器密封有关，或者说与金属膨胀器不锈钢材料中的镍有关。其理由如下：

1) 油中单纯氢气含量高以前多被认为是油中水分发生化学反应所致，其实这种情况很少会出现。因为无论是互感器还是变压器，现在的注油工艺较严格、设备的密封性能好，这有效阻止了外界水分的进入；同时还将油发生氧化反应所必需的氧气隔绝在外，减小了因油的氧化而产生水分的可能性；何况油中水分含量的大小很容易检测（变压器每年的油质例行试验中有该项目）。

2) 20世纪90年代，互感器采用金属膨胀器密封技术之后，就普遍出现互感器在非故障情况下油中产生高含量氢气的现象；现在110kV变压器采用金属膨胀器密封技术之后，也出现相同情况，可见，这一现象与金属膨胀器有关。

3) 低芳烃含量油在强电场作用下虽能析出氢，但在实践中发现，单纯氢气含量高的现象并非仅发生在低芳烃含量的油中。而且，互感器在现场安装时发现油中单纯氢气含量高的例子非常多，显然这些互感器油中的氢气是在生产厂家注油后至现场安装这段时间内产生的，这些例子表明大多数设备油中出现高含量氢气与电场作用无直接关系。

4) 即使新不锈钢内释放出氢气或绝缘漆固化产生氢气的现象确实存在，那么在设备充油后，油中氢气含量增长的速度应是先快后慢，且氢气含量增长所持续的时间不应该很长，但这与实际案例中氢气含量增长的特点并不相符。这说明上述两种因素即使存在，也不是变压器油中氢气含量异常的主要因素。

5) 变压器油在镍的催化作用下发生脱氢反应的观点可从下面例子得到证明：金华供电公司站前变电站建成投运后，两台主变压器在投产后10多天里，多次取油样分析，测得氢气含量在$400 \sim 3000 \mu L/L$之间变化（其他特征气体无异常）。后查明油中氢气的产气点竟在主变压器底部的取样阀内（该取样阀由安装单位加工改装），而主变压器本体油中氢气含量并无异常。随即将其中一取样阀送到有关部门做光谱定量分析，测得阀体金属中镍含量达$100 \mu g/g$。镍是制作金属膨胀器的不锈钢材料中的主要成分之一，而镍正是能使油中某些烃发生脱氢反应的催化剂。这个例子表明，只要与油接触的固体材料中含有镍，同时油中又有能参与脱氢反应的烃时，无需电场作用脱氢反应就会发生。

❖ 经验体会

（1）变压器投运后，若油中出现单纯氢气含量快速增长，应加强监视，特别应注意其他气体组分含量的变化情况，尤其是甲烷含量的变化，很多局部放电故障案例表明，在故障发生初期，往往先出现氢气含量的快速增长，然后再出现甲烷含量的快速增长。

（2）对于油中氢气含量高的变压器，鉴于油中氢气本身对设备运行的影响可以忽略，一般情况下不必急着进行脱气，可以等到以后变压器吊罩时再进行。

❖ 检测信息

检测人员	国网浙江省电力公司金华供电公司：朱遥远（43岁）、吴瑾（42岁）、楚文成（33岁）、徐康健（57岁）
检测仪器	油色谱在线监测装置（深圳领步）

2.1.19　油中溶解气体分析发现 110kV 邦均变电站 2 号主变压器触头氧化

❖ 案例简介

2012 年 11 月 13 日，国网天津市电力公司电力科学研究院对国网天津市电力公司蓟县供电分公司运维的 110kV 邦均变电站 2 号主变压器进行油色谱试验，发现总烃增长明显，并含有微量乙炔；2013 年 2 月 5 日总烃值达到 165.82μL/L，超过注意值；2013 年 7～9 月总烃值在 220μL/L 上下波动，基本处于稳定状态。后经油色谱分析和停电诊断性试验，判断原因为 2 号主变压器 35kV 侧无励磁分开关 C 相触头氧化或产生油膜，接触电阻变大，造成内部高温过热缺陷。

❖ 检测分析方法

（1）油色谱试验分析。2013 年 7～9 月间油色谱试验结果见表 1。依据 DL/T 722—2000《变压器油中溶解气体分析和判断导则》对 110kV 邦均变电站 2 号主变压器在 2013 年 9 月间两次的试验结果进行分析，见表 1。

表 1　　　　　　　　　　　邦均 2 号主变压器绝缘油色谱试验数据　　　　　　　　　　　μL/L

试验日期	CH_4 含量	C_2H_4 含量	C_2H_6 含量	C_2H_2 含量	H_2 含量	CO 含量	CO_2 含量	总烃含量
2013-07-03	52.11	126.56	20.05	0.39	15.81	1046.07	3550.43	199.11
2013-07-12	59.54	151.58	25.12	0.37	17.96	1202.91	4196.14	236.61
2013-07-16	53.33	134.54	23.06	0.35	15.64	1054.68	3754.9	211.27
2013-07-24	56.12	138.80	22.65	0.25	13.85	1063.58	3898.81	217.82
2013-07-30	56.39	141.04	22.88	0.25	18.22	1148.50	4079.57	220.56
2013-08-09	57.02	140.87	23.66	0.24	17.48	1144.76	4105.23	221.79
2013-08-30	55.98	137.25	22.33	0.21	15.90	1131.60	4009.38	215.78

1）设备中气体增长量注意值。气体组分的绝对产气速率（mL/天）为：H_2，$\gamma_a = 5.26 < 10$；总烃，$\gamma_a = 91.62 > 12$；C_2H_2，$\gamma_a = 0.06 < 0.2$；CO，$\gamma_a = 383 > 100$；CO_2，$\gamma_a = 1578 > 200$。由以上计算可以看出总烃、CO 和 CO_2 的产气速率均超过规程中规定的注意值数据。

2）总烃的相对产气速率。总烃，$\gamma = 62.78\% > 10\%$。

3）三比值等方法综合分析判断。$C_2H_2/C_2H_4 = 0.002$；$CH_4/H_2 = 3.32$；$C_2H_4/C_2H_6 = 6.04$。三比值编码为 022，结合其他故障判断方法如导则法、改良电协法等，初步判断为高于 700℃ 的严重高温过热缺陷。

结合 C_2H_4、CO、CO_2 等增量比较明显，伴有少量的 H_2、C_2H_2，尤其是总烃增长比较大，总烃的相对产气速率达到了 62.78%，设备存在悬浮电位接触不良、导电回路接触不良现象或者结构件或电、磁屏蔽等形成短路环。

（2）停电试验与处理。2013 年 9 月 14 日，110kV 邦均变电站 2 号主变压器按计划停电，由国网天津电力科学研究院进行诊断性试验。在进行直流电阻测试中，发现中压绕组运行分接直流电阻三相不平衡率为 49.8%；C 相比其他两相增大了 1.6 倍，远远超过规程的要求，试验数据不合格。与交接试验结果进行纵向比对，A 相与初值最大偏差为 2.003%，也不满足规程要求，B 相与初值最大偏差为 1.94%，接近边界值。

为分析具体原因，并尝试解决该缺陷，国网天津市电力公司电力科学研究院试验人员将中压无励磁分接开关操动机构的定位销打开，通过反复调节分接开关，以消除触头氧化、油膜等影响，无励磁分接开关操动机构如图 1 所示。操作后，对中压各分接进行了直流电阻测试，C 相直阻值恢复正常，额定分接三相不平衡率为

图 1　无励磁分接开关操动机构

0.86%，与交接试验结果进行纵向比对，与初值最大偏差为 1.14%。

停电检修之后，重新进行油色谱试验，试验数据呈现下降趋势，见表 2。

表 2			处理后邦均 2 号主变压器绝缘油色谱试验数据				μL/L
试验日期	CH₄ 含量	C₂H₂ 含量	C₂H₆ 含量	C₂H₂ 含量	H₂ 含量	CO 含量	CO₂ 含量	总烃含量
2012-09-27	54.98	138.97	22.88	0.25	14.09	1077.02	3993.25	217.08
2012-10-31	54.38	129.83	21.57	0.26	13.10	1068.24	3429.68	206.04

❖ 经验体会

油色谱试验是目前变压器设备带电检测最主要、也是最重要的手段之一，它能有效反映变压器内部过热、接触不良、铁芯多点接地等缺陷，对变压器短路冲击后的绝缘状态和绕组变形也有一定的辅助分析作用。

❖ 检测信息

检测人员	国网天津市电力公司电力科学研究院：王楠（31 岁）、王伟（31 岁）
检测仪器	安捷伦 6890 气相色谱仪
测试环境	主变压器上层油温 35℃、相对湿度 40%

2.1.20 油中溶解气体分析发现 220kV 西陶变电站 2 号主变压器油中总烃含量超标

❖ 案例简介

国网浙江省电力公司金华供电公司 220kV 西陶变电站 2 号主变压器由常州变压器厂生产，型号为 SFS11-180000/220，于 2007 年 3 月 15 日投运。2012 年 11 月 14 日该主变压器油色谱在线监测装置投入运行，油色谱在线监测装置厂家为宁波理工监测科技股份有限公司，型号为 IMGA2020。2013 年 6 月 5 日，在线监测系统发出告警信号，显示总烃超过注意值并且快速增长，当月总烃最高达 400μL/L。根据三比值法判断，该设备内部存在高温过热的隐患。表 1 为 2013 年 6 月 2～30 日在线检测总烃数据。图 1 所示为在线检测总烃变化趋势。

表 1		220kV 西陶变电站 2 号主变压器在线监测系统监测的总烃数据			μL/L
监测时间	总烃测量值	总状态	监测时间	总烃测量值	总状态
2013-06-02	322.82	数据报警	2013-06-05	329.99	数据报警
2013-06-03	322.82	数据报警	2013-06-06	332.21	数据报警
2013-06-04	326.48	数据报警	2013-06-07	326.77	数据报警

监测时间	总烃测量值	总状态	监测时间	总烃测量值	总状态
2013-06-08	336.57	数据报警	2013-06-20	367.95	数据报警
2013-06-09	332.45	数据报警	2013-06-21	371.48	数据报警
2013-06-10	334.77	数据报警	2013-06-22	380.84	数据报警
2013-06-11	334.95	数据报警	2013-06-23	385.58	数据报警
2013-06-12	333.06	数据报警	2013-06-24	388.97	数据报警
2013-06-13	332.25	数据报警	2013-06-25	381.5	数据报警
2013-06-14	334.15	数据报警	2013-06-26	388.95	数据报警
2013-06-15	346.11	数据报警	2013-06-27	375.41	数据报警
2013-06-16	359.15	数据报警	2013-06-28	380.73	数据报警
2013-06-17	355.66	数据报警	2013-06-29	396.04	数据报警
2013-06-18	361.78	数据报警	2013-06-30	403.36	数据报警
2013-06-19	360.7	数据报警			

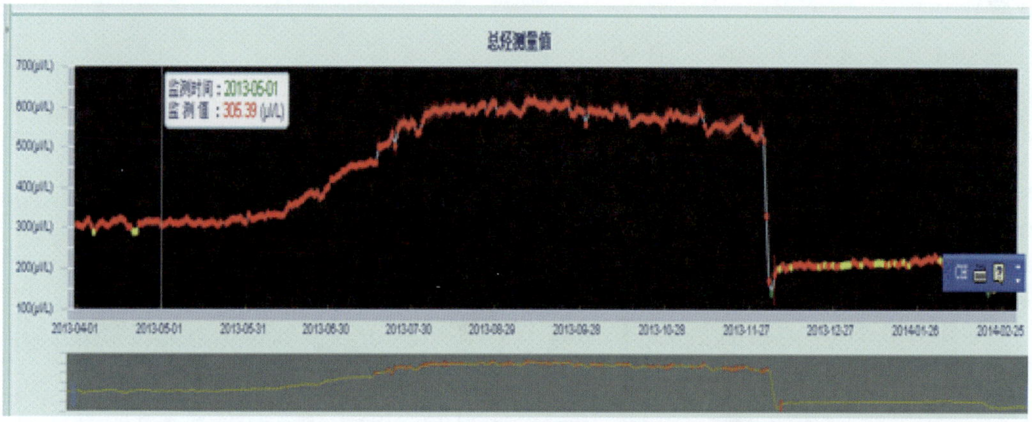

图 1 220kV 西陶变电站 2 号主变压器在线监测总烃含量变化趋势

该主变压器运行后，油中总烃含量增长明显，2009 年 2 月 25 日总烃含量 155.72μL/L，超过 DL/T 722—2000《变压器油中溶解气体分析和判断导则》规定的 220kV 运行主变压器油中总烃含量注意值 150μL/L，2009 年 6 月 3 日总烃含量 213.24μL/L，至 2013 年 6 月 24 日，总烃数据在 200～280μL/L 之间波动。

油色谱在线检测数据与离线检测数据相吻合。

检测分析方法

利用气相色谱法检测变压器油中溶解气体是一种及时发现设备内部潜伏性故障的有效方法。DL/T 722—2000《变压器油中溶解气体分析和判断导则》给出了识别有无故障的两种判断方法：特征气体含量法和产气速率法。

（1）特征气体含量法。

1）油中总烃主要由甲烷和乙烯组成，其次是乙烷；乙炔为零或接近零，氢含量在 40μL/L 左右。但到 2013 年 6 月，该主变压器油中总烃又突然出现快速增长，当月最高达 400μL/L 左右；到 2013 年 8 月总烃最高时接近 500μL/L，之后又趋于稳定并略有下降；此外，乙炔含量在 0.5μL/L 左右；氢含量最高达 100μL/L 左右，最后稳定在 70μL/L 左右。由于故障气体主要由甲烷和乙烯组成，这是设备内部出现过热故障的特征。

2）特征气体含量法是将油中溶解气体含量的检测结果与 DL/T 722—2000《变压器油中溶解气体分析和判断导则》中对应的注意值进行比较后作出判断。特征气体含量法有其局限性，如有些设备在正常运行中所产生的特征气体，经过长期的积累，其含量也能达到或超过注法意值，反之，而有的设备气体含量尚未达到注意值却已出现故障。

（2）产气速率法。

1）产气速率考查的是两次取样试验间隔期间气体含量的增长情况，基本上与以前油中气体含量的大小无关（绝对产气速率则完全无关）。相比较而言，用产气速率法识别故障具有比特征气体含量法更为灵敏的特点，在反映故障的发展速度和发展趋势方面更优于特征气体含量法。

2）产气速率又分为相对产气速率和绝对产气速率，相对产气速率的准确性受某些因素（如故障前气体含量的大小）影响较大，而绝对产气速率是反映设备每个运行日产生某种气体的平均值，即每天产生该气体的毫升数，与油中以前该气体的大小无关，DL/T 722—2000《变压器油中溶解气体分析和判断导则》中规定变压器油中总烃绝对产气速率的注意值为 12mL/天。

3）绝对产气速率的计算。表 2 中给出了几个具有代表性的试验时间，用以计算分析绝对产气速率法。

表 2　　　　　　　　　　　　　西陶变电站 2 号主变压器油中总烃含量　　　　　　　　　　　　μL/L

试验日期	2007-03-18	2008-01-04	2009-01-15	2009-06-09
总烃含量	14.7	74.2	125	225
试验日期	2013-05-27	2013-06-21	2013-07-04	3013-07-08
总烃含量	249	286	314	385

经计算，表 2 中 2007 年 3 月 18 日～2008 年 1 月 4 日这一时间段的绝对产气速率为 12mL/天，刚好达到注意值；2008 年 1 月 4 日～2009 年 1 月 15 日这一时间段的绝对产气速率为 7.8mL/天，低于注意值；2009 年 1 月 15 日～6 月 9 日这一时间段的绝对产气速率为 40.0mL/天，大幅超过注意值；2009 年 6 月 9 日～2013 年 5 月 27 日这一时间段，总烃值较稳定，在 250μL/L 附近波动，绝对产气速率非常低（0.76mL/天）。2013 年 5 月 27 日～7 月 8 日这一时间段的绝对产气速率为 187mL/天，大幅超过注意值。如果将这一时间段再作细分：2013 年 5 月 27 日～6 月 21 日这一时间段的绝对产气速率为 85mL/天；2013 年 6 月 21 日～7 月 4 日这一时间段的绝对产气速率为 124mL/天；2013 年 7 月 4～8 日这一时间段的绝对产气速率为 1023mL/天。

4）根据总烃的绝对产气速率及构成故障气体的主要成分是甲烷和乙烯判断，该主变压器在 2007 年投运后的前期，总烃的绝对产气速率为 12.0mL/天，表明内部可能出现轻微过热，2008 年后有所缓解。2009 年上半年总烃绝对产气速率达 40.0mL/天，为注意值的数倍，表明过热情况又出现，且比以前严重。之后至 2013 年 5 月前，过热情况又消失。但在 2013 年 6 月以后，过热情况再次发生，从总烃的绝对产气速率看，这时的过热情况要比以前严重得多。到 2013 年 8 月，该主变压器油中总烃再次出现稳定，在 380μL/L 附近波动，故障又再次消失。

5）根据 220kV 西陶变电站 2 号主变压器油中溶解气体含量的异常情况，决定于 2013 年 12 月 2 日停运对该主变压器进行了电气试验，结果未发现异常；然后对主变压器实施真空滤油进行脱气处理，脱气后油中总烃降到 200μL/L 左右，之后又出现缓慢下降，至 2014 年 2 月降到 160μL/L 左右。

❖ 经验体会

220kV 西陶变电站 2 号主变压器油中溶解气体异常的原因至今仍未查明。如果从 2013 年 6～7 月油中故障气体的产气速度判断，该主变压器内部存在故障的可能性是非常大的。一般而言，变压器内部发生故障后，故障是不会自行消失的，若不处理，故障会越来越严重，油中故障气体含量或产气速率会越来越高。而西陶变电站 2 号主变压器的情况则不同，表现为其故障好像时有时无，根据这一特征，考虑故障可能与设备运行中某些不断变化的因素有关，当这些因素出现时，故障随之出现，当这些因素消失后，故障随之消失。由此判断，故障发生在导电回路的可能性较小、而发生在磁路或油路的可能性要大一些。

检测人员	国网浙江省电力公司金华供电公司：楚文成（33岁）、徐康健（57岁）、朱遥远（43周岁）、吴瑾（42岁）
检测仪器	变压器油色谱在线监测装置（宁波理工监测科技股份有限公司）
测试环境	温度32℃、相对湿度52%

2.1.21 油中溶解气体分析发现 500kV 芝堰变电站 3 号主变压器内部故障

✣ 案例简介

国网浙江省电力公司金华供电公司 500kV 芝堰变电站 3 号主变压器（产品型号为 ODFS—334000/500）于 2009 年 7 月 9 日投产，当日 22 时 43 分完成冲击和带负荷试验后，该主变压器正式转入试运行。

2009 年 7 月 11 日上午，投产后首次取油样进行色谱分析，发现 B 相氢含量异常（119μL/L）。在向取样人员了解取样情况并经分析后，认为氢含量异常可能是取样前未将取样阀内死油放掉造成的。这种情况以前曾多次发生，原因是一些取样阀的阀体中含有某些脱氢反应的催化剂，在其作用下阀内的油发生了脱氢反应，使得取样阀内油中出现高含量氢，如果取样前未将阀内死油完全放干净，所取油样中的氢含量就会变高。

7 月 12 日上午，再次取样（要求先多放掉些取样阀内的死油），结果发现 B 相烃类气体的分析数据异常，而氢含量比前次大幅下降；A、C 相则正常。当晚 8 时 20 分进行第二次取样，试验结果显示 B 相一些烃类气体含量增长明显；以后几天又进行了几次跟踪试验，试验结果见表1。鉴于在试运行期间 B 相油色谱分析结果出现异常，经有关部门研究决定，7 月 15 日 10 时 36 分该主变压器退出运行。

表1　　　　　　　　　　　　　芝堰变电站3号主变压器B相油色谱分析结果　　　　　　　　　　　　μL/L

取样日期	H_2 含量	CH_4 含量	C_2H_4 含量	C_2H_6 含量	C_2H_2 含量	总烃含量	CO 含量	CO_2 含量	备注
2009-6-17	3.60	0.54	0	0	0	0.54	3.33	53.2	投运前
2009-7-11	119	0	0.53	0.21	0.03	0.77	25.5	139	9：30取样
2009-7-12	27.3	8.03	12.1	2.34	0.43	22.9	24.3	103	9：20取样
2009-7-12	39.7	15.9	21.7	3.04	0.58	41.2	23.2	92.9	20：20取样
2009-7-13	33.6	18.4	25.4	3.95	0.54	48.3	26.1	139	10：00取样
2009-7-13	43.1	20.4	27.1	4.08	0.57	52.2	27.6	129	13：15取样
2009-7-13	41.7	20.2	27.4	4.19	0.56	52.3	27.5	129	21：00取样
2009-7-14	28.1	17.2	26.3	4.24	0.54	48.3	22.3	177	9：00取样
2009-7-20	47.6	19.1	27.0	4.21	0.72	51.0	34.0	203	停运后

✣ 检测分析方法

有关标准规定，500kV 变压器油中溶解气体含量的注意值如下：H_2 为 150μL/L，C_2H_2 为 1μL/L，总烃为 150μL/L。

该变压器运行时间很短，油中 H_2、C_2H_2 和总烃这三项指标均未达到上述注意值，因此特征气体含量法在这一案例中不适用。而产气速率考查的是某一时间段内气体含量的增长速度，基本上与设备运行时间的长短无关；用产气速率判断故障时，对特征气体起始含量很低的新设备，不宜采用相对产气速率的方法而宜采用绝对产气速率方法。

标准中对变压器绝对产气速率的注意值规定如下：H_2 为 10mL/天，C_2H_2 为 0.2mL/天，总烃为 12mL/天。

从表 1 中可知，H_2 含量波动较大且无规律；如前所述，这是受取样阀中存在脱氢反应的影响，故在这种情况下计算 H_2 的产气速率对故障判断没多大意义。

根据表 1 中试运行前后的数据计算 C_2H_2 和总烃的产气速率（运行时间 3.5 天，油重 70t，油密度 0.89t/m^3），得到 C_2H_2 的绝对产气速率为 15.5mL/天，是注意值的 77.5 倍；总烃的绝对产气速率为 1128mL/天，是注意值的 94.1 倍。据此可以判定，该设备内部已存在故障。

由于故障气体主要由 C_2H_4、CH_4 及 H_2 构成，而且还出现微量 C_2H_2，用特征气体法判断，该设备的故障类型符合高温过热特征。若用改良三比值法判断，经计算得到的编码组合为 002，对应的故障类型也是高温过热。

该变压器停役后，现场所进行的检查未能找到故障，决定 B 相返厂作进一步检查。变压器返厂后，进行了电压比测量及联结组标号检定、绕组电阻测量、绝缘电阻及介损测量、长时感应电压试验等项目的检查，结果均未见异常。

由于变压器返厂后的诊断性试验也未能发现问题，决定吊出器身作进一步检查。先刨开封焊的变压器器身进行铁芯、夹件、油箱磁屏蔽等部位检查，结果未见异常。然后进行了分体检查，拆除上铁轭，将主柱器身从铁芯柱上拔出，对器身内部及铁芯进行了深入细致检查。结果发现：高压侧主柱铁芯表面从最小级算起的第 4 级铁芯片，距铁窗下铁轭上表面约 450mm 处与之接触的一根撑棒表面有发黑痕迹，其中出现碳化部分的长度约 100mm；从这支撑棒紧邻碳化点向上还有一段（约 700mm）发黑痕迹，但没有碳化，仅仅是其下部碳化对上部的熏染结果，这支撑棒上有一个约 2mm 小孔，小孔内有污染，如图 1～图 3 所示。另外铁芯接地屏最内层纸筒与这支撑棒碳化处接触部分有熏染发黑痕迹。检查撑棒过热点对应的铁芯部分，铁芯端面光滑，没有毛刺形成片间短路，没有过热形成的烧熔，铁芯完好无损。同时对调柱及旁柱也进行了认真检查，检查结果未见异常。

图 1　支撑棒上的小孔

图 2　支撑棒上的碳化部位

在对上述撑棒进行 X 射线透视，未发现金属异物。经过对撑棒材质等因素进行认真研究和分析后，认为该变压器这次故障的原因是这支撑棒受到了污染或存在腐蚀发生霉变而丧失了绝缘性能，与铁芯片接触后在铁芯端面形成局部涡流产生局部过热，由于撑棒与铁芯紧密接触（铁芯绑带对其施加了很大的压紧力），散热条件很差，因此这支撑棒由于局部过热而发生碳化，也正是这个局部过热造成了油分解出现色谱分析结果异常。

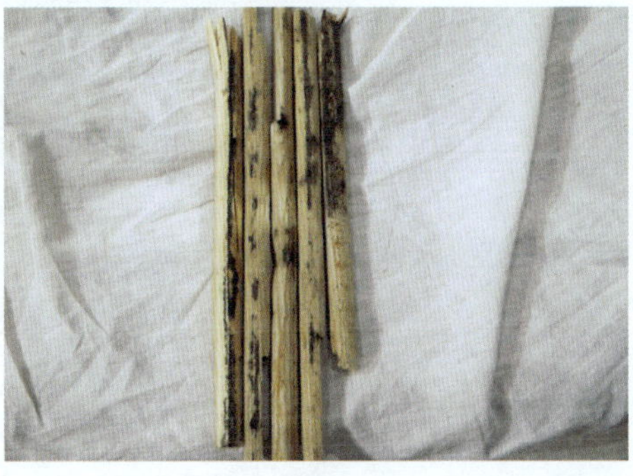

🔶 经验体会

（1）在本案例中，正是利用色谱分析这一带电检测技术，

图 3　受故障影响碳化或熏染发黑支撑棒

在变压器刚刚投产，设备内部的故障刚发生，即被及时发现，有效阻止了故障的进一步发展。

（2）新变压器在投产试运行期间，要高度重视油中溶解气体含量的色谱分析项目；对有异常的分析结果进行故障判断时，往往用产气速率法更能反映设备的真实情况。

🔷 检测信息

检测人员	国网浙江省电力公司金华供电公司：徐康健（57 岁）、朱遥远（43 岁）、吴瑾（42 岁）、廖国文（47 岁）
检测仪器	气相色谱仪，型号中分 2000A 和中分 2000B（河南中分仪器有限公司）
测试环境	温度：29℃、相对湿度 62%

2.1.22 油中溶解气体分析发现 110kV 海涂变电站 1 号主变压器总烃含量超标

🔷 案例简介

国网浙江省电力公司绍兴供电公司 110kV 海涂变电站 1 号主变压器压器于 2001 年 8 月投入运行。海涂变电站 1 号主变压器从 2011 年 2 月 25 日开始，在线监测系统出现总烃超注意值的报警信号。油务人员进行离线取样和油色谱分析工作，也发现相同问题，并继续进行跟踪复测。2012 年 4 月份以来在线监测系统报警数值有所上升，缩短试验周期跟踪检测发现总烃呈增长趋势。2012 年 12 月 8 日安排对 1 号主变压器进行吊罩检查，发现铁芯极间、片间绝缘电阻合格，未发现铁芯回路上的缺陷，但发现主变压器 35kV 侧 B 相套管下部导电杆与绕组连接处有放电痕迹，对该部件进行处理后，油色谱分析各项数据均恢复正常。

🔷 检测分析方法

海涂变电站 1 号主变压器油色谱在线监测装置自 2011 年 2 月以来总烃超过注意值报警，取设备油样进行了专业化油化试验，发现油中总烃超过注意值，相对产气率低于 10%。一方面加强在线监测数据分析，另一方面，根据 Q/GDW 168—2008《输变电设备状态检修试验规程》的要求及时调整离线跟踪周期，进行跟踪复测。在线监测数据如图 1 和图 2 所示，离线跟踪数据见表 1。

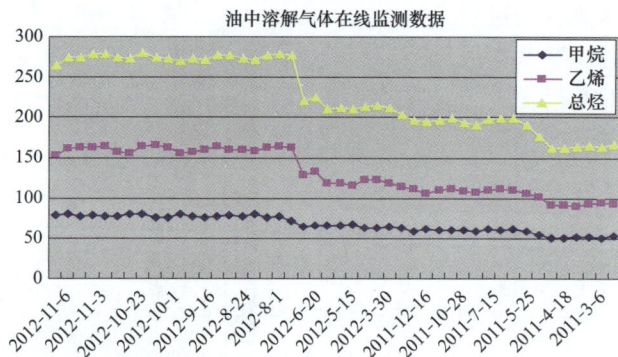

2012 年 4 月以后，从在线监测和离线分析数据来看，1 号主变压器油中的总

图 1　海涂变电站 1 号主变压器在线监测数据（未接入统一平台）

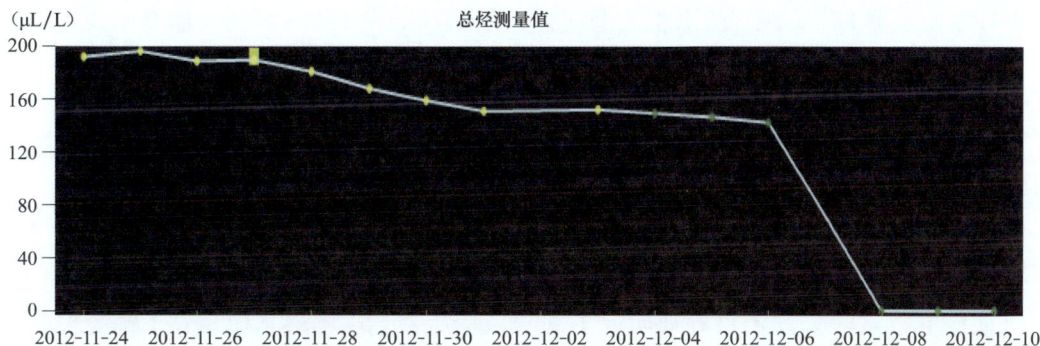

图2 海涂变电站1号主变压器总烃在线监测接入主站后数据

表1 海涂变电站1号主变压器油中溶解气体离线数据 μL/L

试验日期	H₂含量	CH₄含量	C₂H₆含量	C₂H₄含量	C₂H₂含量	总烃含量	CO含量	CO₂含量
2010-03-30	10	3	1.3	5.3	0	9.6	70	507
2010-10-15	14	26.2	9.0	42.5	0.1	77.9	377	2175
2011-02-16	30	55.0	19.7	90.5	0.3	165.5	320	1908
2011-03-30	32	64.8	22.2	110.3	0.3	197.5	302	2175
2011-06-13	37	71.9	27.1	123.2	0.3	222.5	388	2780
2011-07-15	33.00	70.80	26.80	119.80	0.30	217.70	385	2765
2011-08-16	26.00	66.40	27.30	115.30	0.00	209.00	436.00	3287
2011-10-13	25	73	28.9	117.3	0	219.20	505	3568
2011-12-12	21	73.5	21.2	118.4	0	213.1	494	3190
2012-02-16	25	75.3	22	118.4	0.1	215.8	484	3220
2012-04-16	33	85.2	24.2	136.9	0.1	246.4	523	3420
2012-6-26	35	91.9	27.4	158.9	0.2	278.4	525	3933
2012-7-24	40	102.6	32.3	183.3	0.2	318.4	675	4677

烃量发生明显变化，在加强跟踪监测的同时，对1号主变压器进行相应的带电检测，在对其进行铁芯、夹件接地电流试验，检测数据正常，并结合负荷、电压和历次停电例行试验进行综合分析，会同变压器厂家进行问题讨论，变压器内部存在故障的可能性较大，决定进行停电检查处理。

2012年12月8日检修人员对海涂变电站1号主变压器实施吊罩检查，经过对铁芯极间、片间绝缘电阻检测，未发现铁芯回路上的缺陷，但发现35kV侧B相套管下部导电杆与绕组连接处存在放电痕迹，如图3～图5所示。

图3 主变压器35kV绕组压接片

图4 主变压器35kV套管螺杆放电痕迹

图5 主变压器35kV套管导电杆螺栓垫片

吊罩前 1 号主变压器 35kV 侧直流电阻数据误差超出 Q/GDW 168—2008《输变电设备状态检修试验规程》规定值，见表 2，而 2010 年检修时该部位的直流电阻数据显示正常，见表 3。

表 2　吊罩前中压绕组直流电阻试验数据　mΩ

挡位	Am0	Bm0	Cm0	误差
3	61.80	63.55	62.49	2.8%

表 3　2010 年检修中压绕组直流电阻修前试验数据　mΩ

挡位	Am0	Bm0	Cm0	误差
3	62.19	62.42	62.51	0.513%

对比两次直流电阻试验数据，很好地印证了 1 号主变压器 35kV 侧 B 相套管下部导电杆与绕组连接处存在放电痕迹，该部位反复放电现象导致局部过热，油中溶解的甲烷、乙烯、总烃含量超标。预计在今年 5 月份开始因过热加剧导致螺丝松动，又反过来加强了过热的现象，最终导致直流电阻误差超出规定值。

现场对导电杆、垫片、螺丝等结构件进行了处理，并进行了接触面压紧措施，保证该连接处不再发生松动放电现象，电气试验（包括交流谐振耐压和局部放电）数据合格。

主变压器油经过了充分的热油循环，在投运前及投运初的色谱数据见表 4。

表 4　1 号主变压器投运前及投运初的色谱数据　μL/L

取样日期	试验性质	H_2 含量	CH_4 含量	C_2H_6 含量	C_2H_4 含量	C_2H_2 含量	总烃含量	CO 含量	CO_2 含量
2012-12-11	耐压后	0	0.5	0.3	0.6	0.0	1.5	3	140
2012-12-14	投运 1 天	0	0.8	0.4	1.5	0.0	2.7	7	70
2012-12-16	投运 4 天	0	1.6	0.6	3.1	0.0	5.5	14	248

经过一段时间的跟踪检测，油色谱分析数据正常且保持稳定，见图 6。

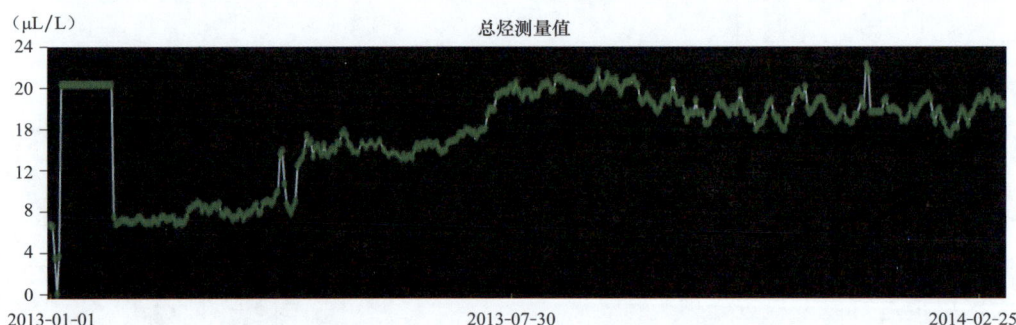

图 6　海涂变电站 1 号主变压器处理后总烃检测值

🍀 经验体会

（1）油色谱在线监测系统的投入运行很好地解决了对主变压器优化参数的实时监测，高效直接的监控方式更好地保证了设备的可控、在控。

（2）在线监测装置的使用和检修试验的结合，多角度验证了运行阶段出现的问题，经过多年经验的积累能准确得出合理应对措施。

（3）金属套管导电杆和本体的连接部分是变压器放电的薄弱环节，在大修和变压器消缺检查问题的重要位置。由于经受不良工况或高负荷运行导致各种参数数据出现问题，需要及时跟踪和根据状态检修相应规程进行检测。

（4）对设备评价不是正常的设备加强在线监测和带电检测，利用接地电流的检测等手段，多方面的发现存在的问题并及时消缺。

检测人员	国网浙江省电力公司绍兴供电公司：刘安文（32岁）、冯哲峰（32岁）、章建成（33岁）、严申劼（30岁）
检测仪器	KLJC-02油色谱在线监测装置（杭州柯林）
测试环境	温度12℃、相对湿度55％

2.1.23 油中溶解气体分析发现110kV普陀变电站主变压器无载励磁开关静触头烧损

案例简介

国网浙江省电力公司舟山供电公司的110kV普陀变电站1号主变压器为南京电力变压器厂的产品，型号为SFSZ9-50000/110，出厂日期为2004年1月1日，投运日期为2004年4月28日，容量比为50000/50000/25000kVA，电压比为$10\pm8\times1.25\%/38.5\pm2\times2.5\%/10.5kV$。

2012年3月23日9时，油化检测人员在对该主变压器进行例行油色谱取样分析时发现，油色谱各组分含量均异常增长，总烃由9.79μL/L增加到56.92μL/L。2012年7月17日第二次跟踪取样，总烃离线数据增加到143.47μL/L，接近注意值（150μL/L）。发现色谱异常后，自2012年7月～2013年1月每周进行一次主变压器油色谱跟踪，总烃基本稳定在150μL/L。为了确定变压器内是否存在严重缺陷，2013年3月3～15日，对该变压器实施带大负荷试验。通过对色谱数据进行三比值法分析，以及根据总烃含量与负荷的关联关系，试验人员判断故障类型是700℃以上的高温过热故障，且是电流致热。结合停电试验数据判断，主变压器中压侧无载励磁开关A相静触头烧损导致总烃超标。更换静触头后，油色谱数据恢复正常。

检测分析方法

油色谱带电取样分析技术是发现充油设备内部过热、放电缺陷的有效手段，110kV普陀变电站1号主变压器历次试验数据见表1。

表1　　　　　　　　　　110kV普陀变电站1号主变压器历次试验数据　　　　　　　　　μL/L

试验日期	H_2含量	CH_4含量	C_2H_6含量	C_2H_4含量	C_2H_2含量	总烃含量	CO含量	CO_2含量
2011-3-29	39.8	4.89	1.64	1.5	0.46	8.49	307.56	3229.67
2011-9-14	33.79	6.05	1.59	1.64	0.51	9.79	389.89	4297.55
2012-3-23	36.59	20.29	6.09	29.9	0.64	56.92	385.27	3960.3
2012-7-17	53.27	50.56	15.02	76.95	0.94	143.47	458.34	5080.1
2012-8-06	52.75	54.36	17	82.54	0.9	154.8	436.64	4988.92
2012-10-10	50.24	58.26	18.78	85.23	0.92	163.19	486.67	5283.99
2012-12-25	44.13	55.05	16.90	81.42	0.73	154.10	464.93	4821.67
2013-1-29	41.98	53.20	16.72	80.14	0.74	150.80	441.96	4479.16
2013-3-01	36.22	52.39	18.49	86.72	0.76	158.36	415.17	4821.90

由表1可知，2012年3月23日，油色谱各组分含量均异常增长，总烃由上次试验的 $9.79\mu L/L$ 增加到 $56.92\mu L/L$。2012年7月17日的试验中发现，总烃数据高达 $143.47\ \mu L/L$，已接近注意值（$150\mu L/L$），可以确认色谱异常。为了保证变压器安全运行，自2012年7月起至2013年3月对该变压器进行油色谱取样分析跟踪，总烃离线数据基本稳定在 $150\mu L/L$。

2013年3月3～15日对主变压器各侧实施带大负荷试验，同时进行油色谱取样分析，负荷数据见表2，油化检测数据见表3。

表2　　　　　　　　110kV普陀变电站1号主变压器大负荷试验负荷数据

日期	110kV侧电流（A）		35kV侧功率（MW）		10kV侧功率（MW）	
	平均值	最大值	平均值	最大值	平均值	最大值
2013-3-8	175	200	28	39	3.5	3.8
2013-3-9	178	215	30	36	4	4.5
2013-3-10	187	210	30	36	4.2	5
2013-3-11	215	255	35	42	4.5	5.5
2013-3-12	195	200	33.9	36	2.3	2.6
2013-3-13	213	240	35.4	40	2.8	3.5
2013-3-14	225	260	38.7	42	3.1	3.5
2013-3-15	209	225	34.7	40	2.5	3

表3　　　　　　　110kV普陀变电站1号主变压器大负荷试验油色谱数据　　　　　　　μL/L

试验日期	H_2含量	CH_4含量	C_2H_6含量	C_2H_4含量	C_2H_2含量	总烃含量	CO含量	CO_2含量
2013-3-07	42.36	53.04	16.54	79.54	0.74	149.86	434.43	4483.62
2013-3-08	40.12	53.35	16.77	80.00	0.76	150.88	433.19	4615.02
2013-3-11	43.21	55.65	18.06	84.96	0.89	159.56	453.30	4803.97
2013-3-13	44.61	56.31	18.76	85.16	0.94	161.54	457.53	4813.18
2013-3-14	45.04	57.66	18.34	89.64	0.82	166.46	435.57	4789.13
2013-3-15	47.57	63.95	19.87	98.63	0.85	183.30	456.22	4844.08
2013-3-18	50.35	65.58	21.05	99.13	0.96	186.72	451.60	4944.71

采用三比值法对3月18号的油色谱数据进行分析，得出编码范围为022，因此判断故障类型为700℃以上的高温过热故障。

（1）故障定位。由表3可知，CO和 CO_2 的含量较少且增长不明显，因此可以排除固体绝缘部分过热。

由于变压器铁芯和夹件的接地电流均小于5mA，因此也可以排除铁芯多点接地造成的变压器内部过热。

未发现变压器外壳温度异常，因此可以排除铁芯和外壳产生涡流引起变压器内部过热。

由表3可知，油中溶解气体中含有少量的 C_2H_2，说明变压器内部除了过热还有放电，因此基本可以排除铁芯局部短路故障。

根据表2和表3的数据发现，总烃含量与负荷有明显的关联，3月11日和3月14日高压侧和中压侧大负荷试验后总烃含量明显变大，C_2H_2 也有所增加，可以判断故障和电流大小有关，为电流致热故障。由表2可知低压侧负荷与平时保持一致，因此总烃增加不可能是由低压侧故障引起的，排除低压侧出现故障。

为了准确判断其内部缺陷情况，试验人员利用停电诊断性试验加以辅助分析。试验结果表明，铁芯夹件绝缘良好，绕组的介损、电容量和变比试验数据正常。高、低压侧的直流电阻三相平衡符合要求，然而中压侧在运行挡位5挡测得的直流电阻数据异常，对无载励磁开关进行调挡操作后断续测量，数据见表

4，发现无载励磁开关调挡操作前 A 相直流电阻明显大于其他相。

表 4 中压侧直流电阻测试数据

挡位	AmO（mΩ）	BmO（mΩ）	CmO（mΩ）	误差（%）	备　注
5	56.60	51.31	51.55	9.9	无载励磁开关调挡操作前
1	51.43	51.13	51.62	0.95	无载励磁开关调挡操作后
2	49.08	49.33	49.65	1.15	
3	46.77	46.74	46.72	0.06	
4	48.98	49.15	49.36	0.77	
5	51.33	51.54	52.03	1.36	

变压器中压侧无载励磁开关调挡操作前，运行挡位第 5 挡相间误差达到 9.9%，严重超出标准（2%为警示值），因此可以判断中压侧回路存在接触不良故障。无载励磁开关调挡操作后，运行挡位第 5 挡相间误差为 1.36%，数据符合规定要求，因此判断故障位置在无载励磁开关静触头上，由于操作后无载励磁开关触头接触表面的氧化膜、碳化膜和油垢被清除，接触电阻下降。

（2）故障处理。2013 年 5 月 29 日 10 时，在停电的情况下，检修人员从人孔进入变压器，对变压器故障进行排除。检修人员发现无载励磁开关 A 相静触头因发热变成黑色，且表面有放电痕迹，如图 1 所示。

从图 1 中可以知道变压器故障类型与故障部位和之前分析的一致。采取更换无载励磁开关 A 相静触头的处理方法，更换后中压侧的直流电阻数据见表 5。由表 5 可知，

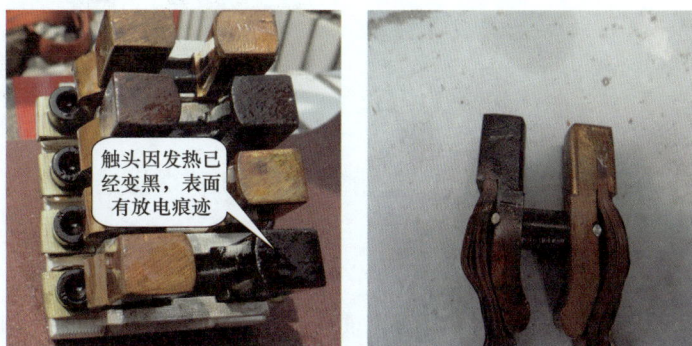

图 1 无载励磁开关 A 相静触头

中压侧直流电阻符合电力设备预防性试验规程要求。将该主变压器的真空滤油、变压器本体热油循环后，并进行相应的修后试验，各项数据合格，并重新投入运行。投运后，色谱跟踪情况见表 6，由表 6 可知油色谱数据稳定且符合要求，故障排除。

表 5 检修后中压侧直流电阻测试数据

挡位	AmO（mΩ）	BmO（mΩ）	CmO（mΩ）	误差（%）	备注
5	50.00	50.07	50.17	0.339	更换 A 相静触头后

注　上层油温 26℃。

表 6 主变压器经检修重新投运后油色谱数据　μL/L

试验日期	H_2 含量	CH_4 含量	C_2H_6 含量	C_2H_4 含量	C_2H_2 含量	总烃含量	CO 含量	CO_2 含量
2013-6.3	7.86	16.55	7.79	34.59	0.25	59.18	61.23	576.93
2013-6-6	8.03	16.51	7.65	34.18	0.27	58.61	59.43	611.53
2013-7-2	6.91	17.02	7.62	34.65	0.36	59.65	66.43	679.31

❀ 经验体会

（1）油中溶解气体色谱分析方法是检测、诊断变压器内部缺陷的比较成熟、有效的方法，对保障变压器运行起到非常重要的作用。

（2）通过三比值分析法可对故障性质进行初步分析，但无法精确定位故障部位。因此，需要将带大负荷试验、油质分析和电气试验等结合起来进行综合分析，同时考虑设备运行和检修情况，从而正确定位故障部位。

（3）在交接和例行试验时，对无载分接开关应先进行调档操作，去除触头表面的氧化膜、碳化膜和油垢，再进行中压侧直流电阻的测试，保证试验结果准确性和设备运行可靠性。

检测人员	国网浙江省电力公司舟山供电公司：张宪标（31 岁）、李勋（28 岁）
检测仪器	油中溶解气体色谱分析仪（中分 2000B 型，河南中分）、变压器直流电阻测试仪（BZC3395，保定金达）
测试环境	温度 9℃、相对湿度 55％

2.1.24 油中溶解气体分析发现 110kV 衙城变电站 1 号主变压器油色谱数据异常

案例简介

国网浙江省电力公司温州供电公司 110kV 衙城变电站 1 号主变压器油色谱在线监测装置采用宁波理工 MGA-2000 系列，该款在线监测装置能够实现 7 种气体检测，其中 2013 年 2 月 17 日测得乙炔含量为 2.31μL/L，超注意值。

检测分析方法

衙城变电站 1 号主变压器为浙江电力变压器有限公司 SZ8-31500/110 型主变压器，出厂日期为 2006 年 6 月 01 日，投运日期为 2006 年 8 月 01 日。2013 年 2 月 18 日该台主变压器油色谱在线监测装置监测到的乙炔含量为 0.6μL/L，超注意值，其余色谱数据均正常。

发现在线监测数据异常后，于 2013 年 3 月 2 日进行主变压器油色谱离线试验，发现乙炔含量平稳，为 0.37μL/L。衙城变电站 1 号主变压器油色谱带电检测历次数据情况见表 1。

表 1　　　　　　　　　衙城变电站 1 号主变压器油色谱带电检测历次数据情况表

设备名称	衙城变电站 1 号主变压器			型　号		SZ8-31500/110		
制 造 厂	浙江省电力变压器有限公司			出厂日期		2006 年 6 月		
试验日期	H_2 含量	CH_4 含量	C_2H_6 含量	C_2H_4 含量	C_2H_2 含量	总烃含量	CO 含量	CO_2 含量
2013-3-2	113.31	49.8	14.47	67.36	0.37	132.02	1624	27 246

初步原因分析为油样显示有微量乙炔，油色谱其他量均正常，油耐压及油微水也正常，怀疑乙炔形成原因为内部存在轻微放电现象，目前乙炔含量稳定。因增容改造并结合在线数据评价结果已更换该台主变压器。

经验体会

（1）在线油色谱装置能够实时监测主变压器绝缘油的状态，为分析设备状态提供重要参考，发现油色谱数据异常后，应通过与离线数据对比、校准以及长期的跟踪监测来确定设备状态是否处于劣化。

（2）工作人员除了关注油色谱的绝对值，也应关注油色谱数据的增量。

检测人员	国网浙江省电力公司温州供电公司变电检修室电气试验一班：张海龙（32岁）
检测仪器	油色谱在线装置（宁波理工）
测试环境	温度11℃、相对湿度61%

2.1.25 油中溶解气体分析发现 110kV 东华变电站变压器油中氢气含量超标

案例简介

国网浙江省电力公司衢州供电公司 110kV 东华变电站 1 号主变压器为南京立业变压器厂产品，于 2006 年投产。自 2007 年 9 月起，本体油样检测到单氢含量逐渐增大，2008 年主变压器停电检修试验，未发现异常。为了更好的掌握主变压器油中气体含量的变化趋势，该主变压器 2012 年 11 月安装了油色谱在线监测装置，装置投产后即报氢气告警，目前每日检测一次油样气体数据，近期氢气数据稳定在 $800\mu L/L$ 左右，未有明显增长趋势。2013 年 4 月，公司联合省公司电科院对该主变压器进行了全面的带电检测工作，9 月 25 日安排主变压器 C 级检修试验工作，均未发现明显的影响运行的缺陷。省公司针对南京立业同类变压器组织专家会同厂家进行了分析，认为东华变电站 1 号主变压器存在材质、工艺等方面的缺陷导致氢气超标，但该缺陷目前未危急设备运行。目前公司对该主变压器实施重点跟踪，进行 3 个月 1 次离线油色谱跟踪，同时每天进行在线监测数据监控，全面掌握油中气体的变化趋势。

检测分析方法

油色谱分析色谱数据从 2007 年 11 月以来的跟踪结果如图 1～图 4 所示。从图 1～图 4 中可以看出，氢气、甲烷和总烃数据随运行时间存在稳步增长，并有一定波动，乙炔含量无明显变化。2011 年 6～8 月，2012 年 7～9 月负荷较大，为 20～25MW，平时负荷约为 15MW 左右，但负荷变化前后，色谱数据无相似变化趋势，色谱与负荷相关性不明显。

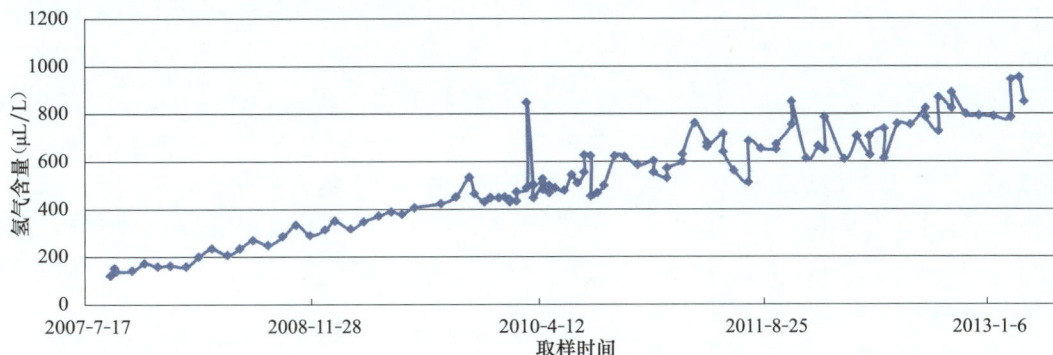

图 1 氢气变化趋势

图 2 甲烷变化趋势

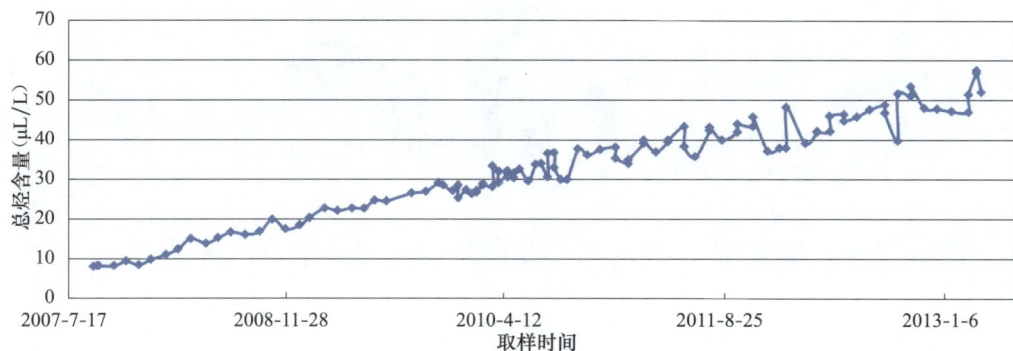

图 3 总烃变化趋势

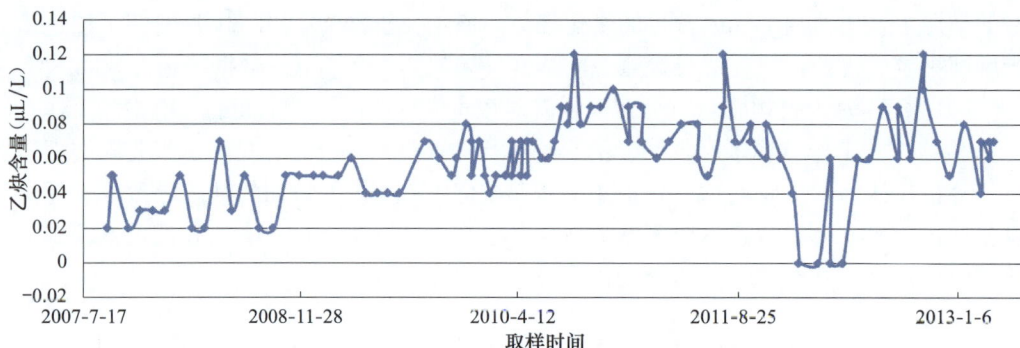

图 4 乙炔变化趋势

且提供的相关色谱报告中，氢气、甲烷的含量取样前放油量的多少有关，如图 5 所示结果，乙烷、乙烯、乙炔含量较少，一氧化碳、二氧化碳含量本身不稳定不具备统计意义。建议进一步加强取样的规范管理，排除色谱取样不规范导致的含量变化，明确放油量与组分含量变化的真实原因。

利用三比值法对色谱数据进行分析，得到如图 6 所示的结果，从图 6 中可以看出，色谱数据三比值特征为局部放电。

（1）带电检测分析。为全面检查东华变电站 1 号主变压器的运行状态，2013 年 3 月 29 日，公司联合省公司电科院专家团对该主变压器开展了带电检测会诊，对主变压器进行了红外热像检测、紫外成像检测、特高频局部放电、超声波局部放电、铁芯接地电流等检测项目，均未见明显异常。

（2）停电试验分析。公司分别于 2008 年、2013 年对东华变电站 1 号主变压器进行停电 C 级检修试验两次，在直流电阻、绝缘电阻、介质损耗、绕组频响分析、低电压短路阻抗、有载开关特性试验等项目中，均未发现异常数据。

（3）同厂家同时期设备比对。为查证该主变压器是否存在设计、材质和工艺等方面的问题，对同厂家（南京立业）出厂的浙江电网运行主变压器进行了比对分析。比对数据利用最近一次的油色谱数据，总计

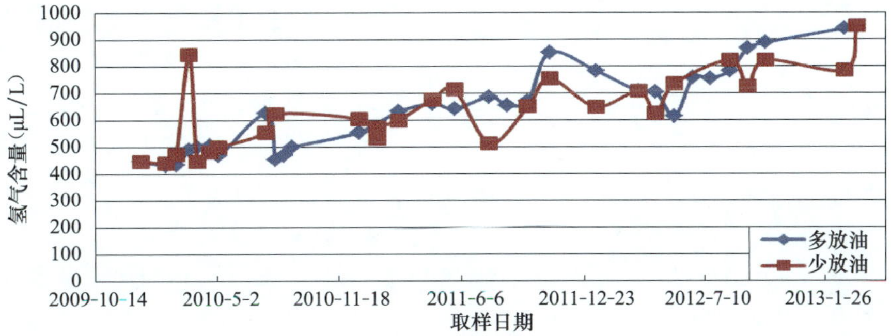

图 5　色谱组分含量与放油量关系

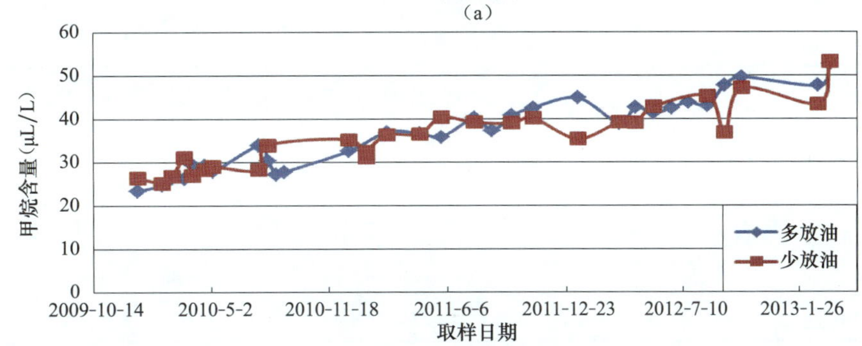

(a) 氢气；(b) 甲烷

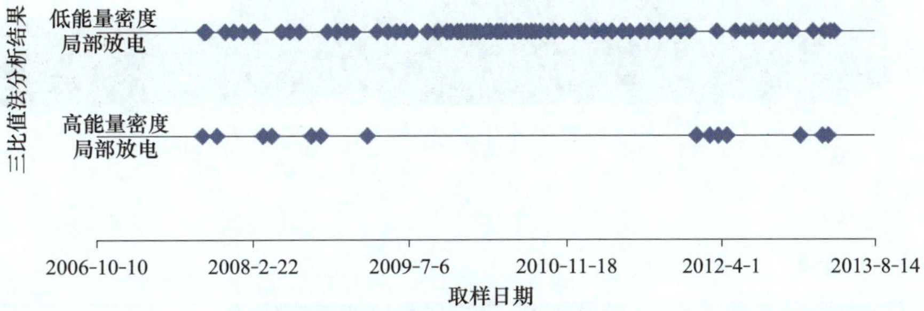

图 6　三比值法分析结果

110kV 变压器 206 台，其色谱数据 2011～2013 年获取，基本上可代表上述变压器目前的设备状态。将氢气数据按照 0～150μL/L、150～500μL/L、500～1000μL/L 进行分类，可得到如图 7 所示结果。从图 7 中可以看出，氢气含量 150～1000μL/L 的设备集中在 2005～2009 年出厂的设备上。初步分析 2005～2009 年氢气超标设备的大量出现，应非偶然现象，可能与变压器厂家的设计、材质和工艺等方面存在一定的相关性。因此，东华变电站 1 号主变压器不能排除设计、材质和工艺共性等方面的问题。

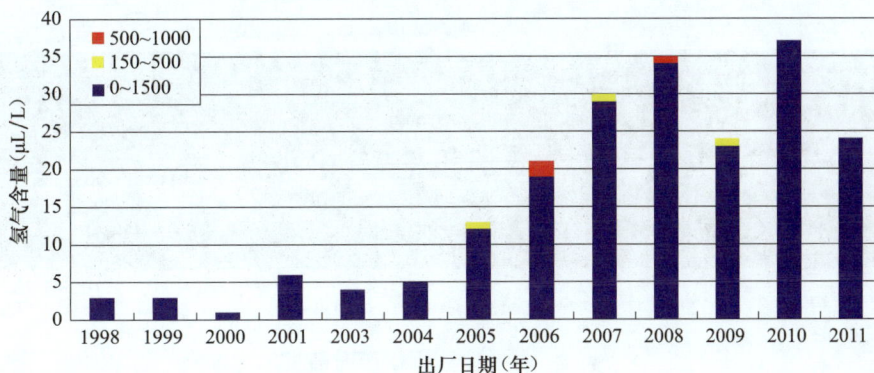

图 7　出厂日期与氢气含量关系

图 8 三比值法分析结果

对上述 6 台氢气含量超过 $150\mu L/L$ 设备利用三比值法进行分析，结果如图 8 所示。从图 8 中可以看出，上述 6 台设备的三比值特性与东华变电站 1 号主变压器的三比值相似，上述 6 台主变压器存在相似问题。氢气超标设备见表 1

在线监测油色谱数据的积累对主变压器运行态势的分析如图 9～图 11 所示。

表 1   氢气超标设备表

单位	变电站	运行编号	型号	出厂编号	出厂日期	报告日期	H_2 含量（$\mu L/L$）
嘉兴局	虹霓变电站	2 号主变压器	SZ9-50000/110	A0508108	2005-8-1	2013-3-13	160.6
绍兴局	解南变电站	2 号主变压器	SZ9-50000/110	a0905143	2009-8-1	2013-3-20	382.0
绍兴局	山头变电站	2 号主变压器	SSZ9-50000/110	A0906166	2006-8-1	2013-3-22	914.0
绍兴局	牌镇变电站	1 号主变压器	SZ9-50000/110	A0807179	2008-9-1	2013-3-21	507.0
衢州局	东华变电站	1 号主变压器	SZ9-40000/110	A0606121	2006-7-29	2013-4-7	842.0
丽水局	龙石变电站	2 号主变压器	SSZ9-50000/110	A0701020	2007-3-1	2013-1-16	477.4

图 9 在线监测氢气历时数据

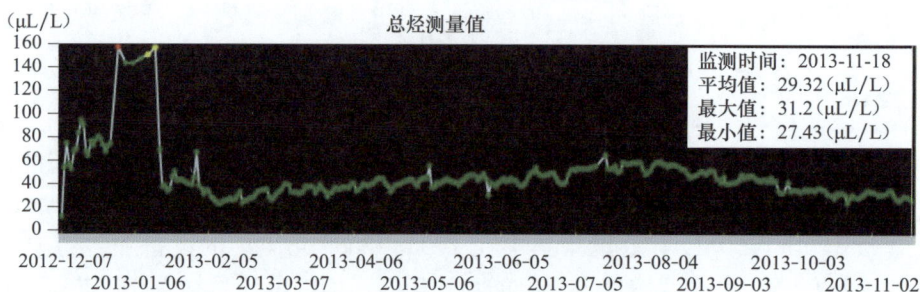

图 10 在线监测总烃历时数据

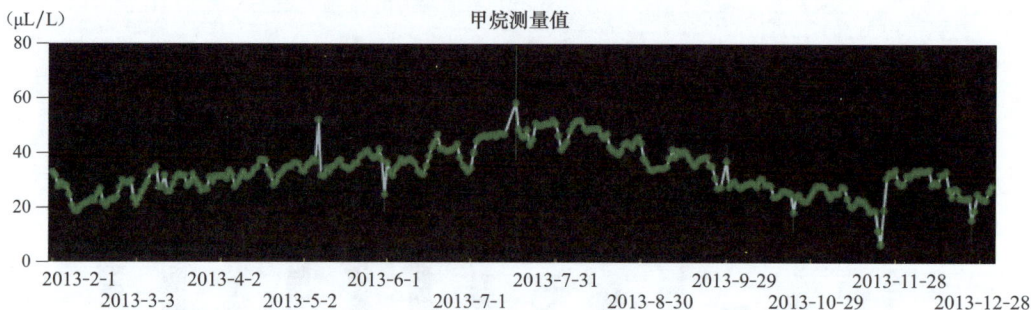

图 11 在线监测甲烷历时数据

从图 9～图 11 所示油色谱历史数据可看出，自 2013 年 2 月以来的 1 年时间里，氢气、甲烷、总烃等气体含量较为平稳，分别维持在 800～900μL/L、30～40μL/L、30～40μL/L 左右，没有继续增长的趋势，可以判断目前该主变压器虽然由于材质、工艺等原因导致氢气超标明显异常，但短期内不影响主变运行，态势发展平稳。

省公司针对南京立业同类变压器组织专家会同厂家进行了分析，根据"关于 110kV 变压器氢气异常原因分析及处理工作会议纪要工作会议纪要"氢气超标是由于变压器厂家材质、工艺等因素引起，暂不影响设备安全运行。

❖ 经验体会

（1）为对 110kV 东华变电站 1 号主变压器实施重点跟踪。要求进行 3 个月 1 次离线油色谱跟踪，同时每天进行在线监测数据监控和分析，全面掌控油中气体含量的变化趋势。

（2）油色谱在线监测装置能够真实、有效地反映变压器本体油中的气体含量，并能在第一时间进行正确的告警。

（3）油色谱在线监测装置能够对主变压器油样进行连续的数据监控，积累大量的有效数据，同时还能够通过大跨度的历史数据横向对比，直观反映出主变压器的运行态势，以利于分析未来发展趋势。

❖ 检测信息

检测人员	国网浙江省电力公司衢州供电公司检修公司：陈超睿（29 岁）
检测仪器	变压器油色谱在线监测装置（IMGA 2020，宁波理工）
测试环境	温度 13℃、相对湿度 64%

2.1.26　油中溶解气体分析发现 220kV 潘桥变电站 1 号主变压器局部过热

❖ 案例简介

国网浙江省电力公司宁波供电公司 220kV 潘桥变电站 1 号主变压器（型号为 OSFPS9-150000/220，济南西门子变压器有限公司生产，2000 年 04 月出厂），2000 年 06 月 23 日投入运行。投运后，潘桥变电站 1 号主变压器运行情况基本良好，总体负载率较高，色谱周期检测，发现该主变压器 2010 年迎峰过夏后主变压器油中总烃数值有较大增长，此后主变压器油中总烃数值逐年缓慢增长，但未超注意值，特征气体三比值编码为 021，显示中温过热，除总烃外其余特征气体数据均正常。为及时监视油中特征气体变化情况，2012 年 8 月安装主变压器油色谱在线监测装置，2013 年 8 月 17 日该台主变压器油色谱在线监测装置监测到的总烃含量为 166.64μL/L，超过报警值，同时油化工作人员现场取样经实验室检测数据，总烃含量为 155.65μL/L。

潘桥变电站 1 号主变压器油色谱在线监测采用上海思源生产的在线检测装置，该款在线监测装置能够实现 6 种气体检测，该主变压器油色谱在线监测仪所测气体含量选取几组数据见表 1，2013 年 8 月 17 日在线监测系统提示告警，主变压器油色谱在线监测总烃值为 $166.64\mu L/L$，三比值编码为 021，为中温过热，离线比对分析乙炔值为 $155.65\mu L/L$，在线监测与离线检测数据基本一致，典型监测数据见表 1，最近 2 个月的在线监测跟踪趋势如图 1 所示，监测显示目前总烃数据基本在 $144\sim169\ \mu L/L$ 之间波动。

表 1　　　　　　　潘桥变电站 1 号主变压器油色谱在线监测数据　　　　　　　　　　　$\mu L/L$

监测时间	H_2 含量	CO 含量	CH_4 含量	C_2H_4 含量	C_2H_2 含量	C_2H_6 含量	总烃含量
2013-07-15	2.665	110.219	98.348	22.75	0	23.592	144.69
2013-08-01	2.369	116.42	121.339	23.282	0	25.143	169.76
2013-08-17	2.665	117.02	123.695	20.6	0	22.345	166.64
2013-09-10	2.369	108.122	126.051	20.682	0	22.194	168.93
2013-09-24	2.369	102.395	119.69	20.15	0	21.891	161.73

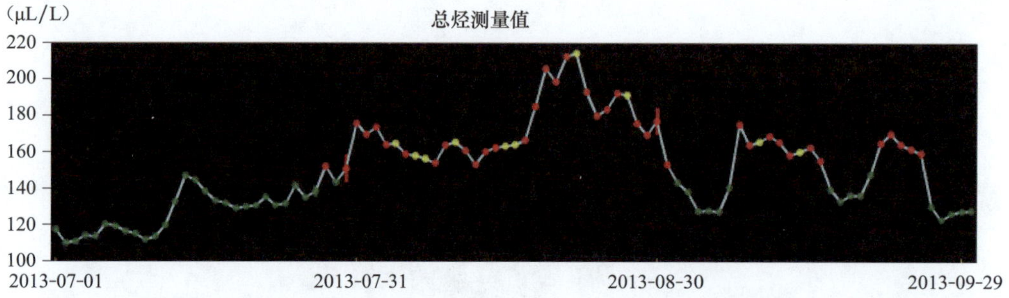

图 1　潘桥变电站 1 号主变压器总烃在线监测趋势

根据三比值中温过热的特征，以及油中一氧化碳、二氧化碳含量稳定且较小，初步分析，油中总烃是由于变压器内部裸金属局部发热产生，排除导电回路金属故障，发热点在铁芯、器身相关金属结构件处概率较大。结合油中总烃最大值出现在迎峰度夏期间，随后逐步下降趋于稳定的特点，判断该热点温度受负荷影响，同时目前未继续恶化，总烃的大波动趋势反映随变压器油温高低，器身和油中总烃的吸收和析出过程，热点总体未进一步发展，处于相对平衡状态，如果该主变出现满载甚至过载现象，则总烃将快速增加。因此在有效控制主变压器负荷的情况下，尚不会危及变压器绝缘的情况。通过及时与调度联系，在运行方式上禁止对该主变压器满负荷运行，迎峰过夏后，根据系统负荷情况适时安排状态检修。

2013 年 11 月 13 日，对潘桥变电站 1 号主变压器进行了检修，厂方服务人员通过人孔进入器身检查，发现主变压器下夹件与油箱等电位连接线有过热轻微变色痕迹，现场增加了等电位连接线的载流截面积，并对变压器进行了油脱气循环处理。大修后，典型监测数据见表 2。

表 2　　　　　　　潘桥变电站 1 号主变压器油色谱在线监测数据　　　　　　　　　　　$\mu L/L$

监测时间	H_2 含量	CO 含量	CH_4 含量	C_2H_4 含量	C_2H_2 含量	C_2H_6 含量	总烃含量
2013-12-01	0	36.307	14.191	4.51	0	5.094	23.8
2013-12-15	0	43.528	18.111	5.601	0	5.92	29.63
2014-01-02	0	40.183	15.529	5.124	0	5.302	25.96
2014-01-25	0	44.125	17.268	5.354	0	5.866	28.49
2014-02-05	0	39.998	15.634	5.073	0	4.3	25.01

最近 2 个月的在线监测跟踪趋势如图 2 所示。近 2 个月在线监测数据跟踪稳定，初步反映了检修处理效果。

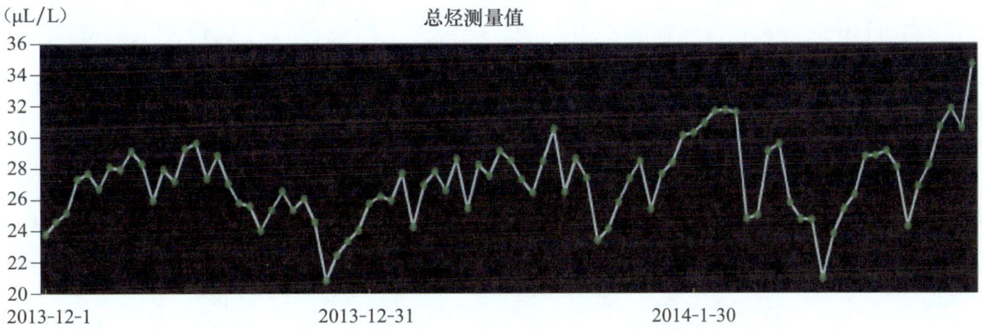

图 2　潘桥变电站 1 号主变压器总烃在线监测趋势

❖ 经验体会

结合油色谱在线监测和离线试验数据，发现主变压器油中特征气体含量异常，根据三比值分析该台主变压器存在中温过热现象，再通过在线监测装置从较长的周期内，观察分析异常的变化趋势，排除偶然因素干扰，得到数据变化趋势的时间特点，得出增长与气温（负荷）的正相关性，以及大数据下的宽平衡性，得出过热在有效控制主变压器负荷的情况下，不会危及变压器绝缘的判断，为合理安排检修计划提供技术支持。

❖ 检测信息

检测人员	国网浙江省电力公司宁波供电公司：胡逸芬（43 岁）
检测仪器	油色谱在线监测设备（TROM600，上海思源电气股份有限责任公司）
测试环境	温度 34℃、相对湿度 30％

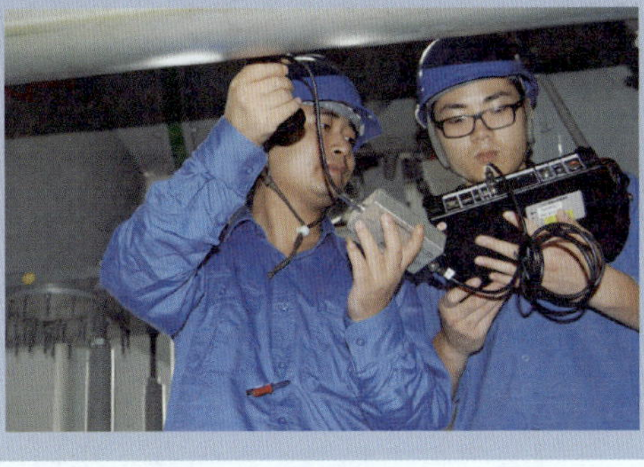

2.1.27　油中溶解气体分析发现 220kV 白马垅变电站 2 号主变压器铁芯多点接地

❖ 案例简介

2013 年 6 月 27 日 11 点，国网湖南省电力公司检修公司 220kV 白马垅变电站 2 号主变压器油色谱在线监测装置报警，油色谱在线监测装置测得 220kV 白马垅变电站 2 号主变压器乙炔含量突增至 $15.86\mu L/L$，总烃含量 $547.86\mu L/L$，异常发生时站内无操作和线路跳闸。综合分析带电检测及油中溶解气体离线跟踪检测数据，判断该主变压器因铁芯多点接地过热造成油色谱异常。异常发生时该主变压器供电负荷较高，不停电对其铁芯接地回路上加装限流滑线电阻改造，改造后铁芯接地电流恢复正常，油色谱长时间跟踪检测数据稳定，避免了主变压器高负荷时期停电检修，缓解了电网压力。

检测分析方法

2013 年 6 月 27 日中午，220kV 白马垅变电站 2 号主变压器油色谱在线监测装置报警，油色谱在线监测装置测得乙炔含量 15.86μL/L，总烃含量 547.86μL/L，与离线油色谱检测数据一致，三比值法编码为 022，判断故障类型高温过热（高于 700℃）。油色谱数据及变化情况如表 1 和图 1 所示。

表 1　　　　　　　　　　　　　　　　油色谱在线监测数据　　　　　　　　　　　　　　　　μL/L

数据时间	H₂ 含量	CO 含量	CO₂ 含量	CH₄ 含量	C₂H₄ 含量	C₂H₂ 含量	C₂H₆ 含量	总烃含量
2013-6-27	120.45	144.09	238.33	210.91	285.39	15.86	35.7	547.86
2013-6-26	38.92	115.39	241.43	58.04	110.19	10.04	11.95	190.22
2013-6-25	38.28	182.48	250.74	57.81	111.6	10.12	11.63	191.16
2013-6-24	39.85	219.46	249.19	59.41	108.77	10.17	10.25	188.6
2013-6-23	38.71	229.35	259.12	58.16	110.13	10.36	10.7	189.35
2013-6-22	40.52	231.37	239.49	60.11	107.56	9.58	12.1	189.35
2013-6-21	41.36	221.25	225.13	57.45	112.35	9.89	10.46	190.15

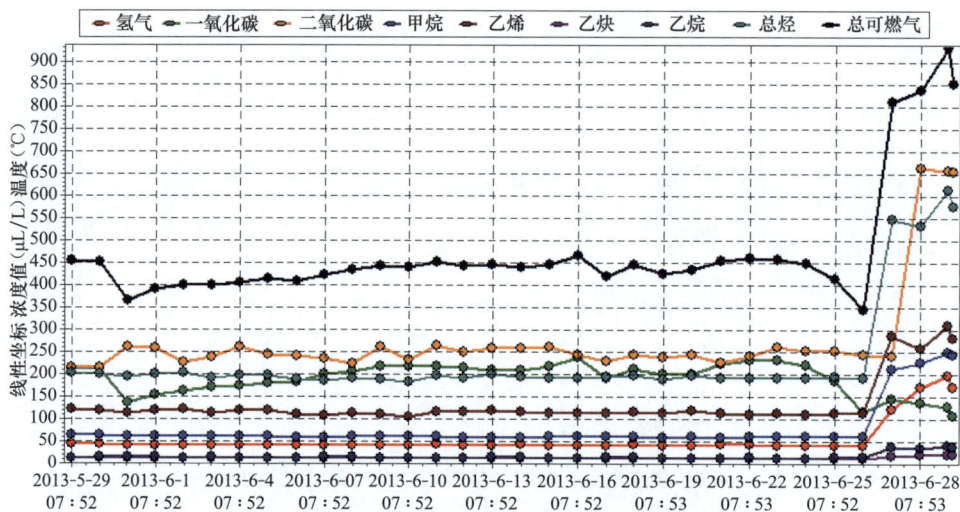

图 1　油色谱变化在线监测数据

异常发生后，国网湖南省电力公司检修公司工作人员对 220kV 白马垅变电站 2 号主变压器进了高频局部放电、铁芯、夹件接地电流及红外测温等带电检测，其中铁芯接地电流为 83mA，较 2013 年 3 月 14 日测量值 61.3mA 有所增加；高频局放测试幅值约为 9mV，与 2012 年 10 月 21 日检测波形相似，无明显脉冲信号（如图 2 所示）；夹件接地电流及红外测温检测结果均正常。2 号主变压器铁芯接地电流历次检测数据见表 2，高频局部放电检测图谱如图 2 所示。

表 2　　　　　　　　220kV 白马垅变电站 2 号主变压器铁芯接地电流检测数据

检测时间	2012-10-18	2013-3-14	2013-6-27	2013-6-28 上午	2013-6-28 下午	2013-6-29
铁芯电流值（mA）	52.1	61.3	83	82	81	78

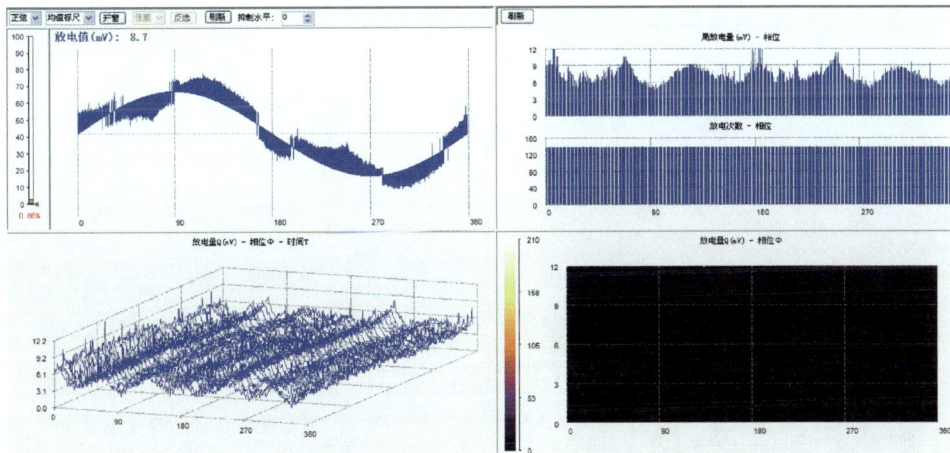

图 2　220kV 白马垅变电站 2 号主变压器高频局部放电检测图谱

根据 220kV 白马垅变电站 2 号主变压器运行状况，综合其色谱跟踪检测数据和带电检测结果分析得出：该变压器因铁芯多点接地过热引起油色谱异常，主绝缘正常。异常发生时该主变压器供电负荷较高，不停电对其铁芯接地回路上加装限流滑线电阻改造（如图 3 所示），改造后主变压器铁芯电流降为 50mA，油色谱连续跟踪检测数据稳定（见表 3），判断发热故障已消除，主变可继续运行，待负荷较低时安排停电进一步检查。

图 3　220kV 白马垅变电站 2 号主变压器铁芯接地回路上串联限流滑线电阻

表 3　　　　　改造后 220kV 白马垅变电站 2 号主变压器油色谱跟踪情况　　　　　　　μL/L

日期	H_2 含量	CO 含量	CO_2 含量	CH_4 含量	C_2H_4 含量	C_2H_2 含量	C_2H_6 含量	总烃含量
2013-06-28	153	149	2154	213.5	280.1	19.4	31.5	544.5
2013-06-29	146.6	168.9	2174.7	222.3	286.4	19.6	31.7	560
2013-06-30	150	167	2235	225.5	310	20.1	33.7	589
2013-07-01	140	153.2	2209.6	219.4	295.5	19.8	33.5	568.4
2013-07-02	143.1	159.9	2211.8	217.5	291.7	19.8	32.9	561.9
2013-07-03	138.1	159.3	2152.6	214.2	289.7	19.1	31.5	554.5
2013-07-04	139.5	154.8	2252.5	227.1	295.6	19.8	31.8	574.3
2013-07-05	138	159.2	2137.4	217.9	292.9	19.8	31.3	562
2013-07-06	139.9	164.2	2133.1	216.2	292	19.3	32.3	559.9
2013-07-09	140	154	2124	217.2	292.9	19.3	32.3	561.7
2013-07-12	140	166	2255	218.2	295.6	19	31.6	564.4
2013-07-15	130.4	149.2	2170	209	285.9	18.3	31.8	545
2013-07-18	131	155.5	2157	204	262	17.6	29.2	513
2013-07-25	132.7	167.9	2337	222.2	295.4	19	33.9	570.5

🍀 经验体会

（1）油色谱在线监测可灵敏预警变压器内部潜伏性故障，特别是对老旧、薄绝缘变压器加装油色谱在线监测装置意义重大。

（2）规范油色谱在线监测运维管理，定期开展油色谱在线检测比对试验，确保油色谱在线监测数据准确，设备隐患发现及时。

（3）对于在线监测检测油色谱异常的变压器，应根据离线油色谱检测及其他带电检测项目结果综合分析，确认异常发生原因制订相应处理措施，切忌盲目安排停电检修。

检测信息

检测人员	国网湖南省电力公司检修公司：丁玉柱（28 岁）、张寒（39 岁）、张国光（39 岁）、唐志剑（35 岁）
检测仪器	油中溶解气体在线监测装置（宁波理工监测科技股份有限公司）、高频局放检测仪（JFD-GD，保定天威新域）
测试环境	温度 21℃、相对湿度 52％

2.1.28　油中溶解气体分析发现 220kV 变压器潜油泵和分接开关缺陷

案例简介

国网河南省电力公司焦作供电公司 220kV 韩王变电站 3 号主变压器 2003 年 1 月投运。主变压器型号为 SFPSZ7-150000/220，1991 年 4 月出厂。该变压器曾由于潜油泵故障造成油中总烃含量超标，更换故障的潜油泵后运行一直比较平稳。现场运行中发现油中总烃含量突然增长，跟踪监督和检查发现变压器潜油泵和分接开关均存在缺陷，经处理后变压器投入正常运行。

检测分析方法

为及时掌握变压器类设备的油色谱情况，国网河南省电力公司建立了全省绝缘油色谱监测管理平台，对各地市供电公司色谱试验室所作的色谱试验数据和在线监测装置采集的数据进行实时的采集和汇总，以帮助专业人员及时掌握设备情况，及时发现设备故障隐患。2013 年 8 月 14 日，省公司、电科院和焦作供电公司同时接到监测管理平台的短信报警：韩王 220kV 变电站 3 号主变压器油中在线监测装置报出该变压器油中总烃突增至 $923.63\mu L/L$（原总烃 $629.47\mu L/L$，为潜油泵缺陷处理后的背景值，较稳定）。立即安排对该变压器进行检查测试，铁芯接地电流检测为"0"，检查潜油泵发现 9 号潜油泵电动机回路电流达到 15A（其余潜油泵电机回路电流为 10A）。8 月 27 日主变压器例行停电后进行高压试验，结果正常，将潜油泵拆除并解体发现 3 号、9 号潜油泵内部有磨损痕迹，9 号潜油泵内部电动机导线有烧伤痕迹，如图 1 所示。将损坏的潜油泵更换后跟踪测试数据渐稳定在 $950\mu L/L$ 左右。

9 月 22 日监测管理平台再次报警：该变压器总烃突增至 $1127.87\mu L/L$，跟踪至 9 月 29 日，总烃涨到 $1570.32\mu L/L$，同时出现乙炔，随后再次停电检修发现高压侧直阻相间偏差为达 3.39％，多次调挡后三

（a）

（b）

图 1　潜油泵损坏

（a）9 号潜油泵；（b）3 号潜油泵

相直阻数据基本一致。同时停电期间将所有潜油泵投入运行，跟踪色谱数据发现总烃及乙炔都有明显增长。

10 月 13 日现场对修 3 号主变压器分接开关吊芯检查，变压器本体放油，进入人孔门检查，发现切换开关周边两对触头存在发热现象；分接开关本体侧接线头有一处松动，如图 2 所示。

图 2　分接开关缺陷

2 号潜油泵存在扫膛，且电动机线圈有烧损痕迹，如图 3 所示。

图 3　图片潜油泵烧损

对切换开关存在发热的触头接触面进行打磨、清擦，重新紧固分接开关本体侧松动的接线头，把所有潜油泵全部更换，将本体绝缘油过滤后 3 号主变压器送电，至今运行正常。通过色谱在线监测装置的提醒，及时发现并跟踪解决了 3 号主变压器存在的潜油泵和分接开关缺陷。

❖ 经验体会

（1）油中溶解气体分析是发现变压器等充油设备潜伏性缺陷的重要方法。

（2）变压器等充油设备安装油中溶解气体在线监测装置可以帮助专业人员及时掌握设备情况，及时发现设备故障隐患。

❖ 检测信息

检测人员	国网河南省电力公司电力科学研究院：李德志（55岁）
检测仪器	中分 3000 油中溶解气体在线监测装置
测试环境	温度 24℃、相对湿度 35％

2.1.29 油中溶解气体分析发现 220kV 武垣变电站 220kV 变压器内部放电

❖ 案例简介

国网河北省电力公司沧州供电公司 220kV 武垣变电站 2 号主变压器，保定天威保变天气股份有限公司 SFPSZ10-180000/220 型产品，2006 年 7 月出厂，2006 年 11 月投运，上次例行试验时间为 2008 年 3 月 19 日，未发现异常。2011 年 07 月 27 日在例行油色谱试验中发现乙炔含量突增到 $3.51\mu L/L$，且其他烃类含量有相应增长，三比值编码为 101，之后国网河北省电力公司沧州供电公司加强跟踪监测并加装了油色谱在线监测装置。2012 年 4 月 25 日，在线监测系统报警，2 号主变压器本体乙炔含量已突变到 $27.8\mu L/L$，经分析判断内部存在放电，立即停电解体检查，发现 A 相中压侧升高座底部法兰部分胶垫老化脱落，掉落在 A 相中部固定分接引线的支架上，在强电场作用下发生放电。

❖ 检测分析方法

（1）例行试验：2011 年 7 月 27 日，该变压器在例行油色谱试验中发现乙炔含量突增到 $3.51\mu L/L$（上次试验时间为 2011 年 5 月 26 日，乙炔含量为 0），之后，国网河北省电力公司沧州供电公司以 7 天为周期连续进行油色谱检测，乙炔含量不断增长，直至 2011 年 8 月 14 日之后乙炔含量开始稳定在 $6\mu L/L$ 左右，截至 2011 年 11 月 24 日为 $6.19\mu L/L$（武垣站 2 号主变压器例行试验乙炔含量变化趋势如图 1 所示），其他油色谱成分也表现出缓慢的增长趋势，但均未超过注意值（武垣站 2 号主变压器各组分例行试验含量变化趋势如图 2 所示）。之后，该变压器加装了油色谱在线监测装置。

（2）监测数据：2012 年 4 月 25 日，油色谱在线监测发出报警，发现该变压器乙炔含量发生突变，上

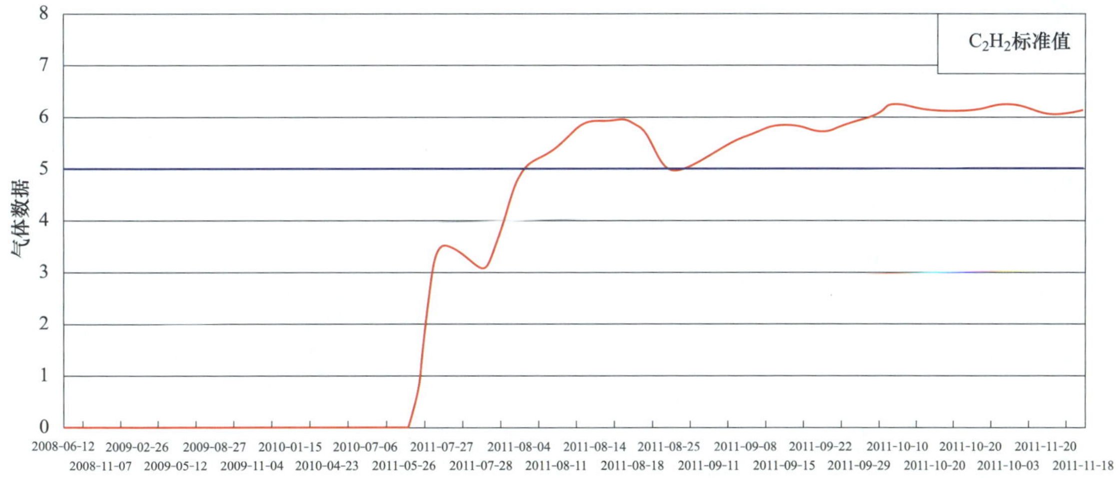

图 1 武垣站 2 号主变压器例行试验乙炔含量变化趋势

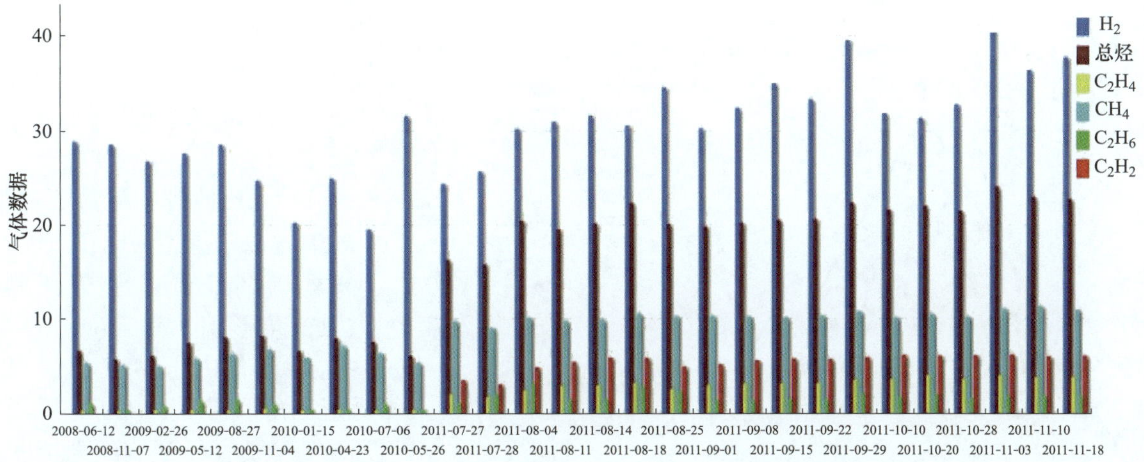

图 2 武垣站 2 号主变压器例行试验各组分含量变化趋势

升至 23μL/L 左右。武垣站 2 号主变压器油色谱在线监测数据见表 1，武垣站 2 号主变压器油色谱在线监测各组分变化趋势如图 3 所示。

表 1　　　　　　　　　　　　武垣站 2 号主变压器油色谱在线监测数据表　　　　　　　　　　　　μL/L

日期 ＼ 组分	CH₄ 含量	C₂H₄ 含量	C₂H₆ 含量	C₂H₂ 含量	H₂ 含量	CO 含量	CO₂ 含量
2012-3-17	10.90	4.72	1.68	7.66	33.21	234.01	707.91
2012-3-18	10.65	4.64	1.80	8.31	38.63	251.74	681.68
2012-3-19	10.44	4.39	1.95	8.05	40.52	250.54	682.30
2012-3-20	10.88	4.61	1.89	8.04	37.97	252.99	719.34
2012-3-21	10.49	5.09	1.71	8.51	34.51	255.85	685.09
2012-3-22	10.61	4.68	1.74	7.47	35.39	260.02	694.79
2012-3-23	10.40	4.44	1.89	8.21	37.28	258.81	695.42
2012-3-24	15.05	12.71	4.40	27.93	65.07	244.27	670.62
2012-3-25	14.89	12.74	3.90	31.37	66.17	255.27	676.96
2012-3-26	17.60	12.33	4.18	27.36	83.05	260.58	720.13
2012-3-27	17.26	11.90	4.14	32.27	76.77	256.37	727.01
2012-3-28	17.26	12.87	3.94	32.81	87.17	273.96	672.50

137

图3 武垣站2号主变压器油色谱在线监测各组分变化趋势

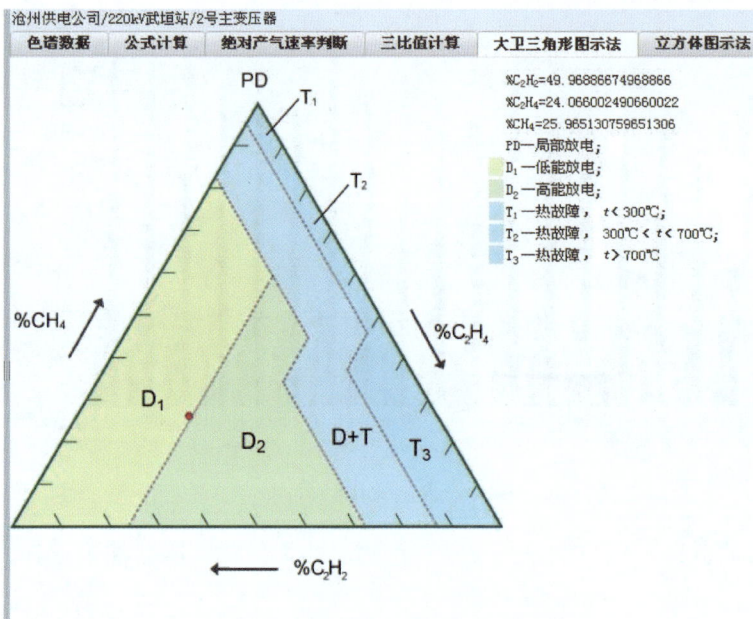

图4 大卫三角形图示法判断分析

（3）数据分析：利用三比值判断法、大卫三角、立方图判断法等方法对故障数据进行分析，结果如下：

1）三比值判断法。三比值编码为101，故障类型为电弧放电。

2）大卫三角、立方图判断法。大卫三角形图示法与立方体图示法均判断设备内部存在低能量放电。大卫三角形图示法判断分析图如图4所示，立方图示法判断分析图如图5所示。

据此分析，变压器色谱超标为内部瞬时放电所致，引起绝缘油分解，乙炔含量缓慢增长直至达到平衡，因此油色谱各项气体含量无明显的连续增长趋势，变压器内部没有连续放电活动。

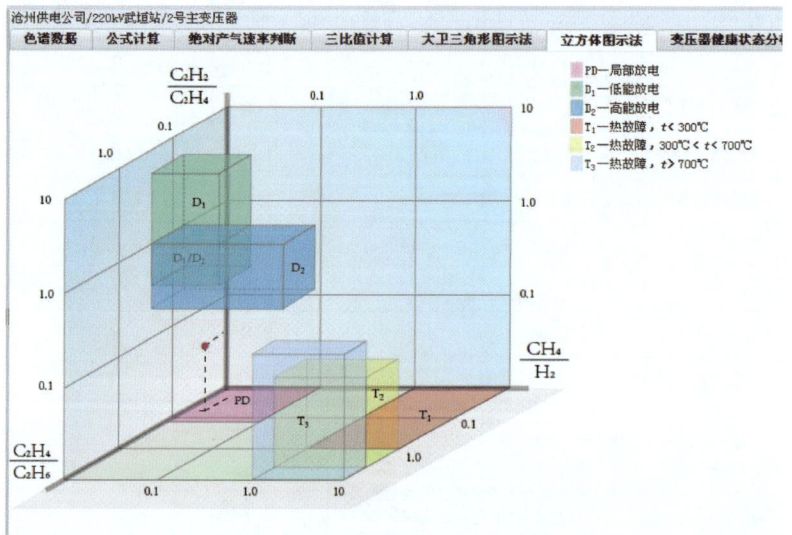

（4）解体检查：判断该设备内部存在局部放电后，对该设备进行了吊罩检查，发现A相中压侧升高座底部法兰胶垫未完全放进密封槽内，出现部分胶垫咬边现象，随着时间的推移，该部分胶垫老化脱落，掉落在A相中部固定分接引线的支架上。胶垫两头附近场强较集中，在此发生放电，使油发生裂解产生气体，放电未涉及固体绝缘，与一氧化碳、二氧化碳含量无明显变化相符。放电后胶垫被烧短，使得与带电部位的距离变大，放电随即停止，这也与乙炔含量突增相符合。

图5 立方图法判断分析

解体检查故障如图 6 所示。

图 6　解体检查故障

经验体会

（1）变压器色谱在线监测装置对发现变压器内部的潜伏性故障及其发展过程的早期诊断非常灵敏有效。在线监测装置能够及时捕捉到事故发生的征兆信息，随时掌握设备的运行状况，弥补了试验室色谱分析监测周期长的不足。

（2）在线监测的精度逊色于试验室检测，应加强在线监测装置状态及数据监控，加强数据的比对，注意监测各组分含量增长速率，确保其正常工作、数据稳定可靠。

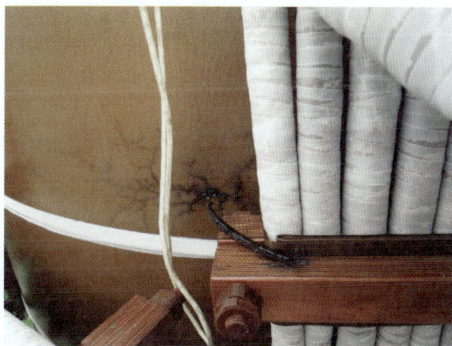

检测信息

检测人员	国网河北省电力公司沧州供电公司：宋慧敏（46 岁）、王倩（29 岁）、周明（30 岁）。 国网河北省电力科学研究院：高树国（32 岁）、刘宏亮（34 岁）
检测仪器	ZF301 气相色谱仪、ZF800 油色谱在线监测装置
测试环境	温度 6℃、相对湿度 30％

2.1.30　油中溶解气体分析发现 35kV 盘龙变电站 1 号主变压器分接开关过热

案例简介

2011 年 4 月 12 日，国网重庆市电力公司永川供电分公司在对 35kV 盘龙变电站 1 号主变压器油样分析时发现色谱异常，总烃超标；随即用色谱三比值法分析定性为过热型缺陷，通过油中色谱分析法与电气试验相结合，判断为分接开关接触不良导致出现过热，2011 年 4 月 26 日对该变压器进行吊芯检查，发现 1 号主变压器分接开关 A 相 1 挡处确有过热痕迹，更换后数次跟踪，油样结果无异常。

检测分析方法

35kV 盘龙变电站 1 号主变压器，型号为 SZ7-6300/35，额定电压为 35±8×1.25％/10.5kV，2000 年生产，2001 年投运，长期在 1 挡运行。主要为工矿企业和居民用电。2011 年度油样色谱分析发现异常，油样色谱分析结果见表 1。

从表 1 中可见总烃为 635.50μL/L，远大于注意值 150μL/L，变压器内部发生过热性故障，而氢气和乙炔含量正常，说明变压器内部没有发生火花和弧光放电，经计算得其三比值法编码为 0，2，2，由此推断变压器内部裸金属高温过热，其温度大于 700℃。由于引起变压器内部裸金属高温过热的因素很多，如果不进一步确诊故障原因，盲目采取变压器吊芯进行处理，不仅难于发现故障点所在，还会大量浪费人力物力，因此，有必要进行常规电试验，更准确的找出故障位置所在。

表 1   1 号主变压器色谱分析结果   μL/L

试验日期	H_2 含量	CO 含量	CO_2 含量	CH_4 含量	C_2H_4 含量	C_2H_6 含量	C_2H_2 含量	总烃含量
2011-5-28	5.48	113.37	18795	48.82	489.57	96.81	0.30	635.50

从表 1 中分析变压器内部裸金属高温过热的各种情况得知，只需要做直流电阻试验、铁芯绝缘及运行中接地电流测试、空载试验和短路试验，便能确定故障部位，省略了交流耐压试验、局部放电试验、绕组泄漏电流测试等许多试验项目，提高了工作效率。

测得该变压器铁芯对地绝缘电阻为 2500MΩ，可排除铁芯多点接地故障，对该变压器绕组直流电阻的测试结果见表 2。

根据 Q/GDW 168—2008《输变电设备状态检修试验规程》规定，1.6MVA 以上变压器，无中性点引出且绕组线间电阻值差别大于平均值的 1% 时应当引起注意，而表 2 中 1 挡位置绕组线间电阻值差为 5.23%，超过 Q/GDW 168—2008《输变电设备状态检修试验规程》规定的警示值。值得注意的是，在 1 挡位置 A 相与 B、C 线间绕组直阻 AB、AC 值偏高，因此可断定，故障出在变压器高压侧的 A 相；同时，由于 2～5 挡位置绕组直阻差值在允许范围内，因此，通过分析得知，故障出现在 A 相分接开关 1 挡位置上，由于分接开关接触不良造成直流电阻增大，在变压器负荷较高的情况下，分接开关高温过热导致变压器油中色谱发生异常现象。

对变压器进行现场吊芯检查验证了试验分析结果，为分接开关 A 相 1 挡发生故障。1 号主变压器分接开关过热缺陷情况如图 1 所示。

表 2   1 号主变压器高压绕组直阻测试结果（32℃）

挡位 \ 相别	AB (mΩ)	BC (mΩ)	AC (mΩ)	相差 (%)
5	976.3	975.5	979.3	0.39
4	1001	1000	1003	0.29
3	1027	1026	1030	0.39
2	1052	1051	1055	0.38
1	1127	1072	1130	5.23
10kV	74.84	74.77	74.85	0.11

图 1   1 号主变压器分接开关过热缺陷

变压器吊芯后，将分接开关更换后测得 1 挡位置高压侧绕组直阻分别为 1071、1072、1073mΩ，相差 0.19%，其他挡位测试结果均正常；对变压器进行滤油及脱气处理后，绕组所有分接的电压比均小于 0.2%，35kV 侧绕组介损为 0.39%，10kV 侧为 0.42%，均小于注意值；泄漏电流测试、耐压试验、空载及短路试验均合格；试验合格投入运行，数次绝缘油色谱跟踪测试结果显示该变压器运行正常。

❖ 经验体会

（1）应用色谱分析来检验变压器油中溶解气体的组分和含量，是能够早期发现变压器内部潜伏性故障的有效方法，是充油设备状态监测的重要手段。

（2）结合色谱分析结果，有针对性地制订电气试验方案，能大大提高事故处理效率且有效准确地判断变压器故障点。

检测信息

检测人员	国网重庆市电力公司永川供电分公司：陈勇（41岁）、黄正运（28岁）、夏维建（26岁）、范国春（41岁）
检测仪器	变压器油气相色谱仪（ZF-30113）、变压器直流电阻测试仪（3384）
测试环境	温度10℃、相对湿度：30%

2.1.31 油中溶解气体分析发现110kV梨园变电站110kV变压器裸金属过热

案例简介

国网山东省电力公司潍坊供电公司110kV梨园变电站1号主变压器，型号为SZ10-5000/110，容量5000kVA，生产日期为2006年1月，投运日期为2006年10月，2010年10月18日，色谱数据和电气试验数据正常，在2011年4月12日进行油中溶解气体例行试验时发现：氢气667μL/L，甲烷1707μL/L，乙烯2048μL/L，乙烷708μL/L，乙炔2.2μL/L，总烃4466μL/L，一氧化碳、二氧化碳与半年前数据相比基本未增长。根据色谱分析数据判断该变压器内部存在裸金属过热的重大隐患。变压器停电试验和进入检查，未发现明显缺陷点。返厂解体检查，发现B相铁芯柱下部与下铁轭上部连接处有两处放电痕迹，疑似金属异物搭桥放电造成的。同时检查B相线圈底部托板也有两处明显放电痕迹，将B相底部托板重新套装回B相铁芯柱，两处放电痕迹对应吻合。在厂内处理后投运至今运行正常。

由于确定该变压器内部存在严重的过热性缺陷，随将变压器停电进行进一步的检查和试验。绕组变形试验，发现绕组有轻微变形，但仍不能确定故障点，其他试验项目正常。进入铁芯检，也未发现异常。

4月12日上午，决定该主变压器返厂大修，将民主站2号主变压器迁移至梨园替代运行的方案。为切实找准故障点和保证大修质量，公司在返厂解体大修过程中派出人员进行解体检查的全过程监督。4月16日下午，在对铁芯检查时发现了B相铁芯柱下部与下铁轭上部连接处有两处放电痕迹，如图1和图2所示，疑似金属异物搭桥放电造成的。同时检查B相线圈底部托板也有两处明显放电痕迹，如图3和图4所示，将B相底部托板重新套装回B相铁芯柱，两处放电痕迹对应吻合。同时检查铁芯其他部位及A、C相线圈底部托板未发现异常。

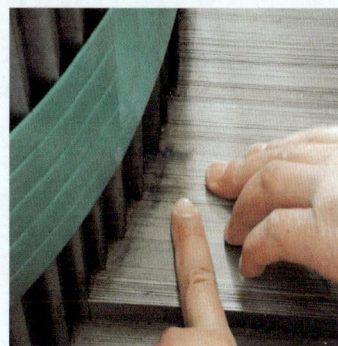

图1 铁芯放电点

检测分析方法

110kV梨园站110kV1号主变压器油中通过溶解气体例行试验发现内部存在过热性缺陷，见表1，氢气667μL/L，甲烷1707μL/L，乙烯2048μL/L，乙烷708μL/L，乙炔2.2μL/L，总烃4466μL/L，一氧化碳、二氧化碳与半年前数据相比基本未增长。根据色谱分析数据判断该变压器内部存在裸金属过热的重大隐患。

图 2　铁芯放电点　　　　　图 3　B相底部托板放电点　　　　　图 4　B相底部托板放电点

表 1　　　　　　　　　　梨园站 1 号主变压器油中溶解气体分析数据

试验日期	取样部位	氢气含量	一氧化碳含量	二氧化碳含量	甲烷含量	乙烯含量	乙烷含量	乙炔含量	总烃含量
2010-10-26	主变压器本体	63	884	2793	35.3	34.2	12.1	0	81.6
2011-04-11 16：30	主变压器本体	662	769	2817	1707	2048	708	2.2	4466
2011-04-11 18：30（停电后）	主变压器本体	605	759	2656	1586	1901	655	2.3	4145

　　通过解体检查，110kV 梨园站 110kV 1 号主变压器内部过热故障原因确定为：变压器油中杂质、金属颗粒聚集在托板和铁芯交接处导致铁芯片间短路，形成环流，产生过热，导致油中烃类气体的突增。

❖ 经验体会

　　（1）油中溶解气体分析，其检测有较强的敏感度，特别是对于变压器类充油设备，能够有效发现其安装、运行、检修过程中的缺陷。

　　（2）油中溶解气体分析对人员的专业水平要求较高，因此检测人员的经验应丰富，综合素质必须高，操作流程要符合规范，这样才能保证测试数据的准确性，为准确判断设备故障原因提供可靠依据。

　　（3）发现数据异常后，必须制定行之有效的检查和试验方案。停电进行进一步检查、试验前，考虑所有的可能性，针对每一个环节进行细致排查。多种手段并用，多角度、全方位进行排查，降低误判断概率。

❖ 检测信息

检测人员	国网山东省电力公司潍坊供电公司：赵玉良（40 岁）、牟红（28 岁）
检测仪器	3430 色谱仪（北京北分）
测试环境	温度 20℃、相对湿度 40%

2.1.32　油中溶解气体分析发现 220kV 镁都变电站 1 号主变压器股间短路

案例简介

2011 年 3 月 22 日 10 时国网辽宁省电力有限公司营口供电公司试验所油化专业对镁都变电站的 1 号变压器定检，进行取样色谱分析。结果发现，总烃达 $172\mu L/L$，超过注意值（$150\mu L/L$），是该数值是上次试验值的 1.7 倍以上。缩短试验周期跟踪分析，将每月一次调整为每天一次。一个月的色谱跟踪试验后发现数据基本稳定，通过两个多月的跟踪试验发现，总烃一直在增加，数据增幅特别明显。以 5 月 31 日～6 月 3 日为例，总烃绝对产气速率达 574mL/天。远远超过注意值（绝对产气速率注意值为 12mL/天）。解体检查后发现低压 C 相线圈 12 根导线中有 4 根和 2 根导线间互相短路。该设备是朝阳电力修造厂 2002 年生产的 SFPZ9—180000/220 变压器，2003 年 5 月投运。

检测分析方法

2011 年，1 月 20 日和 2 月 25 日暴风雪灾害时，变压器二次侧受到多次短路冲击，其中 b、c 相受短路冲击次数最多。色谱分析油中总烃含量超标，数值大于 $1000\mu L/L$，乙炔含量小于 $1\mu L/L$，2011 年 10 月变压器退出运行，14 日主体运至葫芦岛电力设备厂。由于总烃含量超标，乙炔最初一直稳定在 $0.2\mu L/L$ 左右，最后变为 0，所以可以排除放电可能。应用三比值法判断，三比值为 022，表明故障类型属于高温过热（高于 $700℃$）。初步怀疑：①分接开关接触不良；②引线夹件螺栓松动或接头焊接不良；③涡流引起铜过热；④局部短路。

返厂后首先对变压器器身进行脱油处理，详细检查外观情况，重点查找高低压引线、分接开关等位置，没发现异常。对变压器解体，依次拔出调压线圈、高压绕阻和低压绕阻并检查围屏、绝缘端圈等部件。用 500V 绝缘电阻表测量高压 A、B、C 相 3 只绕阻、低压 A、B 相 2 只线圈并绕导线的绝缘电阻，电阻值大于 $50M\Omega$，结论正常；低压 C 相绕阻 12 根导线中有 4 根和 2 根导线间互相短路，结论低压 C 相有股间短路。图 1 和图 2 所示分别为变压器线圈的外部短路点和内部短路点。

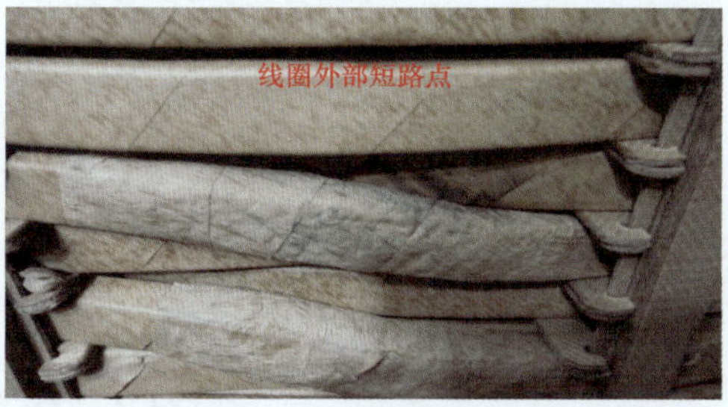

图 1　线圈外部短路点

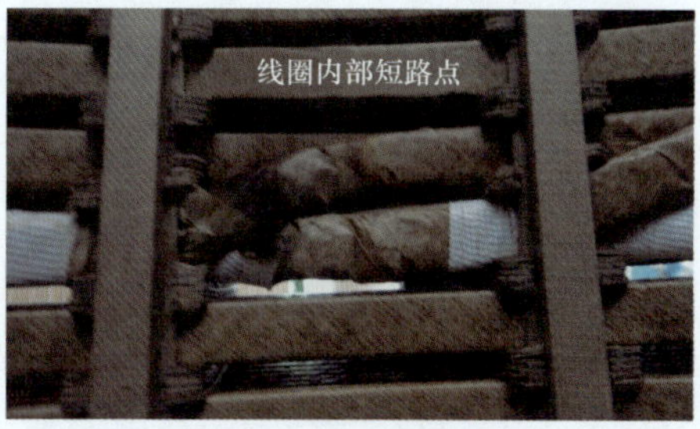

图 2　线圈内部短路点

经验体会

大量事实说明油色谱检测技术能够行之有效的发现变压器局部短路故障，在新变压器或大修后的变压器投入运行前，做好如下工作对设备安全稳定运行具有重大意义：

（1）当新变压器或大修后的变压器投入运行前，变压器油应进行真空过滤，滤油后采取一个油样进行色谱分析，一次作为变压器运行状态分析的基础数据。

（2）220kV 及以上的所有变压器、容量在 120MVA 及以上的发电厂主变压器，在投运后的第 4、10、30 天（500kV 增加投运后第一天），分别采取油样进行色谱分析，将这些分析结果与投运前的分析前的分析结果进行比较。

（3）高压试验专业应结合带电检测情况做好记录。

（4）运行人员加强对变压器的监视，发现问题立即上报。

检测信息

检测人员	国网辽宁省电力有限公司电力科学研究院：屠红梅（42岁）
检测仪器	油色谱检测仪（ZF301型，河南中分）
测试环境	温度2℃、相对湿度40％

2.1.33 油中溶解气体分析发现500kV高岭换流站041B换流变压器引线屏蔽管松动

案例简介

国网辽宁省电力有限公司检修分公司500kV高岭站041B换流变压器型号为ZZDFPSZ-299100/500，是特变电工沈阳变压器集团有限公司2012年8月出厂的产品，于2012年10月30日投入试运行。2012年10月30日，通过状态监测系统发现500kV高岭站041B换流变压器A相油样中乙炔超标，并且数值增长较快，2012年11月1日至5日停运，经滤油处理后投入运行，投运后因乙炔再次出现增长，2012年11月15日至27日决定停运同时排油内检。此次内检发现阀侧侧梁下部屏蔽帽明显松动，用手抖动，有哗哗响声，周围无放电痕迹，现场重新进行紧固处理，试验合格后投入运行。但投运后仍出现乙炔增长趋势，2012年12月30日10时，041B换流变压器A相在线乙炔含量增至10.09μL/L，10时53分，单元4直流正常停运，并更换A相换流变压器，通过检查发现041B换流变压器A相引线屏蔽管出现松动缺陷。

检测分析方法

041B换流变压器A相色谱乙炔数据变化趋势，如图1所示。根据色谱实时数据，通过状态监测系统中的5种诊断方法给出诊断结果，三比值法和IEC 60599法无法进行诊断，改良电协研法的诊断结果是高能量放电兼过热，无编码法和大卫三角形法的诊断结果是低能量放电兼过热，最终根据实际经验诊断为低能量放电。三比值法的诊断结果，如图2所示，IEC 60599法的诊断结果，如图3所示，改良电协研法的

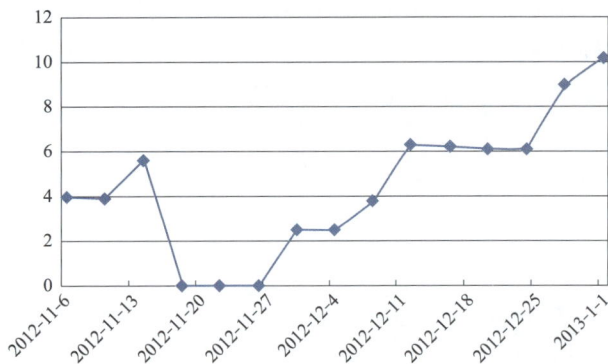

图1 高岭站041B换流变A相色谱乙炔数据变化趋势

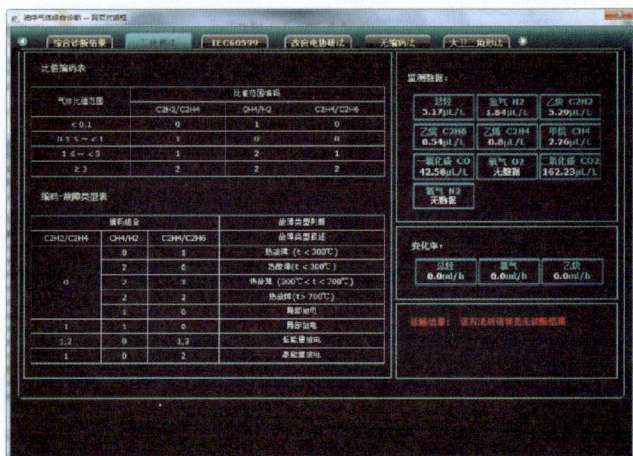

图2 三比值法

诊断结果，如图 4 所示，无编码法的诊断结果，如图 5 所示，大卫三角形法的诊断结果，如图 6 所示。

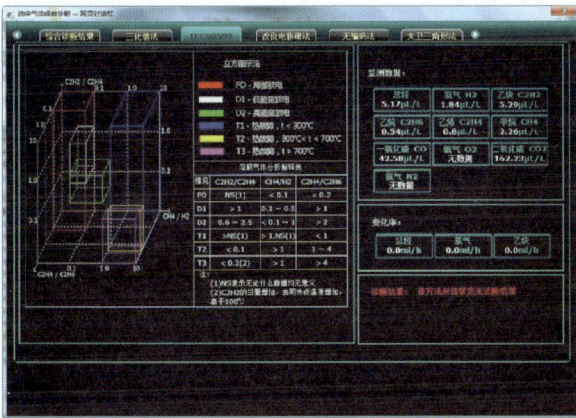

图 3　IEC 60599 法

图 4　改良电协研法

图 5　无编码法

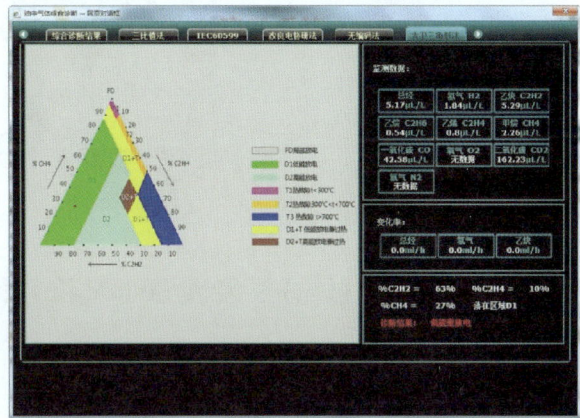

图 6　大卫三角形法

该换流变压器移出后，就地拆除换流变阀侧套管，检查发现换流变阀侧 D 套管升高座内绝缘管与均压筒侧板存在放电痕迹，故障点的位置如图 7 所示，升高座内绝缘管碳化沉积，如图 8 所示。该缺陷产生的主要原因是由于引线屏蔽管固定支架松动，屏蔽管在重力的作用下发生位移，与套管均压球靠在一起，形成虚接放电，产生乙炔的原因是屏蔽管与均压球之间未按工艺要求采取绝缘隔离措施，支架松动后造成屏蔽管与均压球虚接产生放电。

该缺陷的处理方法是，厂家将阀侧 D 套管升高座内绝缘管裸露金属头用绝缘纸重新包裹良好，并在绝缘管上下两处缠绕多层绝缘纸，增加其连接牢固性。在均压筒裸露金属侧板与绝缘管接触处，增加一层绝缘纸，防止绝缘管与均压筒侧板之间放电。处理后的换流变压器阀侧 D 套管升高座内绝缘管，如图 9 所示。

图 7　高岭站 041B 换流变压器阀侧 D 套管升高座

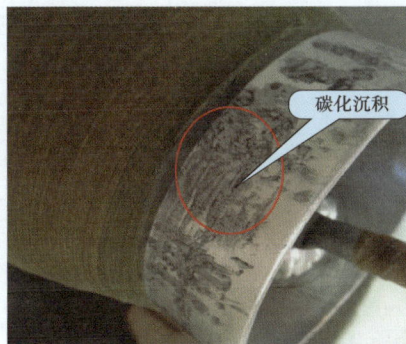

图 8　换流变压器阀侧 D 套管升高座内绝缘管碳化沉积

图 9　处理后的换流变阀侧 D 套管升高座内绝缘管

油色谱在线监测可以较早地发现变压器内部缺陷，避免重大事故的发生，并且状态监测系统中提供的多种诊断方法很有必要，每种诊断方法解决问题的角度不一样，如有任意一种诊断方法给出了设备故障结果，都要引起运行人员的注意，及时地做好故障分析和解决预案。

检测信息

检测人员	国网辽宁省电力有限公司电力科学研究院：钟雅风（55岁）
检测仪器	油色谱在线监测装置（Taptrans型，武汉南瑞）
测试环境	温度18℃、相对湿度40%

2.1.34 油中溶解气体分析发现 500kV 穆家换流站 021C 换流变压器磁屏蔽接触不良

案例简介

国网辽宁省电力有限公司检修分公司 500kV 穆家换流站 021C 相变压器型号为 ZZDFPZ-285200/500（D），为特变电工沈阳变压器集团有限公司生产，2010 年 9 月投入运行。2012 年 6 月 10 日，省公司状态监测系统发现 500kV 穆家换流站极 021C 相变压器油样中乙炔超标，呈现缓慢增长趋势，乙炔增长至 1.6μL/L 时色谱开始稳定，6 月 12 日在线色谱检测数据为 2.06μL/L，并又出现缓慢增长趋势，怀疑变压器内部有放电现象发生。6 月 29 日对该变压器进行带电超声波局放定位，7 月 1 日在年度大修期间对该换流变电站进行排油内检，发现变压器磁屏蔽接触不良缺陷。

图 1 穆家换流站极 021C 相变压器色谱在线监测数据

检测分析方法

021C 相变压器在 2012 年 6 月 14 日重新投入运行后出现乙炔，呈现缓慢增长趋势，乙炔增长至 1.6μL/L 时色谱开始稳定，2013 年 6 月 12 日在线色谱检测数据为 2.06μL/L，并又出现缓慢增长趋势。状态监测系统中的三比值法、IEC 60599 法、改良电协研法、无编码法和大卫三角形法均未给出诊断结果，最终根据实际经验初步诊断为该变压器内部发生低能量放电现象。该变压器色谱的在线监测数据，如图 1 所示，乙炔数据的变化趋势，如图 2 所示。

6 月 28～30 日，厂家对该台产品进行超声波局部放电定位检查，通过超声波定位监测，没有发现明显放电点。7 月 1 日在年度大修期间对该换流变压器进行排油内检，发现磁屏蔽安装耳朵上有绝缘漆，并在其中一个磁屏蔽右上角存在明显放电痕迹，如图 3 所示，开关屏蔽罩有 4 个有松动迹象，但无明显放电痕迹。该缺陷产生的主要原因是该变压器设计时油箱磁屏蔽固定板上表面和耳孔内应不涂漆，但实际生产的产品中，固定板上表面全部涂漆，影响了磁屏蔽与油箱壁间的等电位效果，造成了磁屏蔽与油箱壁间的悬浮放电，并且开关屏蔽罩的松动也可能产生悬浮放电，两个方面都能产生一定量的乙炔气体。该缺陷的处理方法是，现场对放电点最近点磁屏蔽固定板接触面进行了除漆处理，使之可靠接地，并用 243 金属紧固胶对松动的开关屏蔽罩固定螺栓进行紧固处理。

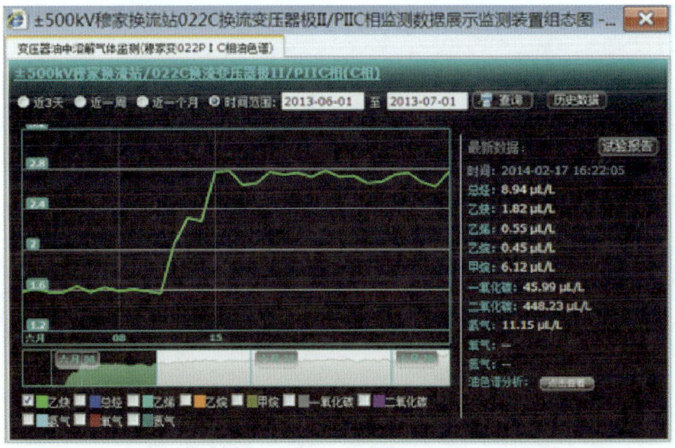

图 2　穆家换流站极 021C 相变压器色谱乙炔数据变化趋势

🔶 经验体会

油色谱在线监测是一种监测设备运行状况的有效手段，在变压器运行中发现油样中乙炔超标，呈现增长趋势时，设备存在潜在故障的可能性较大，运行人员应该加强监视，及时解决可能出现的故障，并结合局部放电定位和停电试验等方法进一步确定设备状态。

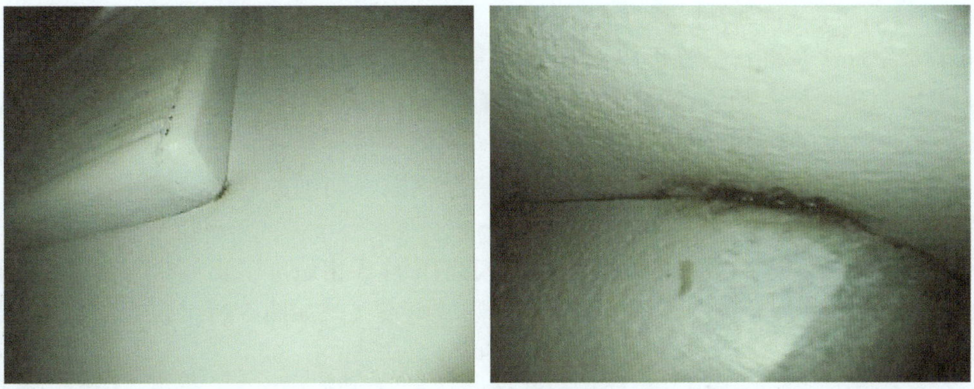

图 3　磁屏蔽放电痕迹

🔶 检测信息

检测人员	国网辽宁省电力有限公司电力科学研究院：耿莉娜（30岁）
检测仪器	油色谱在线监测装置（ZF-3000，河南中分）
测试环境	温度 18℃、相对湿度 40%

2.1.35　油中溶解气体分析发现 220kV 佟二堡变电站 2 号主变压器导电地屏脱焊

🟢 案例简介

国网辽宁省电力有限公司辽阳供电公司 220kV 佟二堡变电站 2 号主变压器，是葫芦岛电力设备厂在 2012 年 7 月生产的产品，其型号为 SZ11-180000/220，于 2012 年 12 月投入运行。2013 年 6 月 7 日，对 2 号主变压器油样进行检测，发现油中出现乙炔，含量为 2.71μL/L，其余指标合格，当日再进行两次取样分析，乙炔含量分别为 2.87μL/L、3.44μL/L，6 月 7 日，安排该 2 号主变压器退出运行并返厂解体后发现高压侧 B 相地屏引出铜带与最下端地屏铜带锡焊处有炭黑痕迹，经确认此处即为故障点。

图 1　异常变压器现场吊罩检查

🟢 检测分析方法

2013 年 6 月 7 日，对 2 号主变压器进行油中溶解气体分析发现乙炔含量超标，次日，葫芦岛电力设备厂对该台变压器进行现场检查处理，该变电站单台主变压器运行。2013 年 6 月 20 日，由葫芦岛电力设备厂对该台变压器进行了现场吊罩检查，如图 1 所示，未发现异常，经辽阳供电公司与葫芦岛电力设备厂协商决定，将该台变压器返厂，进行解体检查。

2013 年 6 月 24 日返厂吊罩后进行器身脱油处理，6 月 26 日器身出炉后，再次进行外观检查，未发现异常。26 日上午首先对铁芯进行绝缘电阻试验、检查引线连接，无异常后进行挑轭，26 日下午拔调压线圈，检查线圈内外部、所有围屏、撑条、上部绝缘端圈及绝缘压板，无故障点。6 月 27 日，辽阳供电公司相关人员到达现场后，开始依次将高压绕组线圈（如图 2 所示）、围屏、低压绕组线圈（如图 3 所示）拆除，分别检查均未发现故障点。

图 2　故障变压器的
高压绕组线圈

进一步拆除地屏绝缘纸板后（如图 4 所示），发现高压侧 B 相地屏引出铜带与最下端地屏铜带锡焊处脱焊，如图 5 所示，且有炭黑放电痕迹（如图 6 所示），经确认此处即为故障点。

依据拆解检查时发现的情况，以及拆解检修前的试验数据可以确定：由于炭黑处铜带脱焊，导致地屏最下端铜带电位悬浮，进而形成放电、产生乙炔。由放电痕迹还可以进一步推测脱焊的原因，具体如下：

图 3　故障变压器的低压绕组线圈

图 4　拆除地屏绝缘纸板

图 5　地屏铜带锡焊处脱焊

（1）垂直引出铜带与水平圆周铜带搭接面积不足，仅为水平铜带宽度的 1/3，减小了焊接面积。

（2）焊锡涂抹面积不足，焊锡并未涂满整个接触面。

图 6 脱焊处的放电痕迹

（3）此部位在套装低压线圈时，受地屏幅向收紧力作用，可能造成脱焊。

经验体会

（1）通过变压器油中溶解气体分析方法对变压器内部的某些潜伏性故障及其发展程度的早期诊断非常灵敏有效，可及时发现潜伏性的事故隐患，采取超前预防措施，减小变压器故障和损坏事故。

（2）油中溶解气体分析的方法也有一定的局限性，如很难判断故障的准确部位，甚至还会由于误判而造成不必要的检修。因此必须了解变压器的结构特点、运行和检修情况，并与各项电气试验项目有机结合，进行综合分析，才能准确判断故障部位。

检测信息

检测人员	国网辽宁省电力有限公司电力科学研究院：黄福存（33岁）
检测仪器	油色谱检测仪（ZF301，河南中分）
测试环境	温度 14℃、相对湿度 45％

2.1.36 油中溶解气体分析发现 66kV 站用变压器油色谱异常

案例简介

2009 年 10 月，进行该设备油色谱定检分析时发现，油中氢气、总烃含量超过规程注意值且甲烷占总烃主要成分，变压器内部结构部件中除了变压器套管可能发生夹层局部放电缺陷外，其他部位不具备发生夹层局部放电的条件及可能，设备内部存在材质应用不良而引入的油中溶解气体组分异常也可以形成上述缺陷特征。

2011 年 3 月 21 日，设备内部油中氢气、总烃含量继续增长并突然出现乙炔组分，设备内部缺陷已经开始恶化，对设备减负荷运行，色谱监测周期不超过 3 个月同时准备备品。

2011 年 6 月 22 日，一直处于空载运行状态的变压器，油色谱检测氢气、乙炔含量继续增长，其他组分无明显增长，缺陷在无负荷情况下依然发展，设备停运并进行相关试验与返厂解体检查。

🔷 检测分析方法

（1）色谱专业人员自设备内部出现缺陷特征后一直对其进行色谱异常监测，设备历次油色谱数据见表1。

表 1   历次油色谱数据统计   μL/L

试验日期	试验性质	组分								备注
		H_2	CO	CO_2	CH_4	C_2H_4	C_2H_6	C_2H_2	总烃	
2007-5-17	验收	15	22	294	2.9	0	0	0	2.9	
2007-6-12	20 天	97	22	444	30.1	0	4.3	0	34.4	
2009-10-8	秋检	462	95	355	212.4	0	31.6	0	244	
2009-10-9	复试	562	109	377	205	0	30.2	0	235.2	
2010-4-30	定检	743	30	145	170.7	0.2	35.2	0	206.1	
2011-3-21	跟踪	1527	109	590	276.5	1.8	31.2	1.9	311.4	减负荷
2011-6-22	跟踪	4166	61.63	405.3	280	0.63	35.59	2.53	318.75	空载
2011-7-17	跟踪	4694.2	51	453	257.1	0.74	33.61	2.62	293.07	空载

表 2   局 部 放 电 数 据   pC

施加电压	局部放电量	
1.3U_m/$\sqrt{3}$	A 相	11 000
	B 相	10 080
	C 相	10 700

（2）局部放电测试。由于该站用变压器为全绝缘变压器结构，故试验时采用三相加压的方式进行局部放电测量。根据 IEC 的标准，试验时所施加的电压首端对地为 $1.3U_m/\sqrt{3}$。试验数据见表2。

试验发现三相测量的局放量不合格，确认设备缺陷，但无法判断设备内部存在局部放电部位。

（3）超声定位试验。在局部放电试验判断出设备内部确实存在放电部位后，专业人员利用超声定位法进一步查找故障部位。使用超声定位探头，对站用变压器内部局部放电的位置进行定位。经过测量，该站用变的放电位置为高压侧中下部，是以距离箱底焊缝处大约 59cm 处的十字交叉点为圆心，以 25.3cm 为半径，在箱壁里面的一个半球区域如图 1 所示。

（4）设备返厂解体。对设备进行返厂解体检查发现，A 相绕组中部引出线焊接部位与来自 C 相线圈绕组中部连接到 A 相绕组上部形成 A 相套管引缆的连接线存在平行交汇段（设备连接组别为 Dyn11，一次连接组别为角接线），在 A 相引出线焊接部位及对应平行交汇段区域包扎的绝缘纸板（为方便描述以下称为 1 号纸板）上存在放电痕迹，如图 2 和图 3 所示，经进一步解剖后确认，A 相线圈中部引出线焊接部位内部绝缘层存在明显放电痕迹，如图 4 所示，缺陷部位与超声定位部位基本吻合，如图 5 所示。

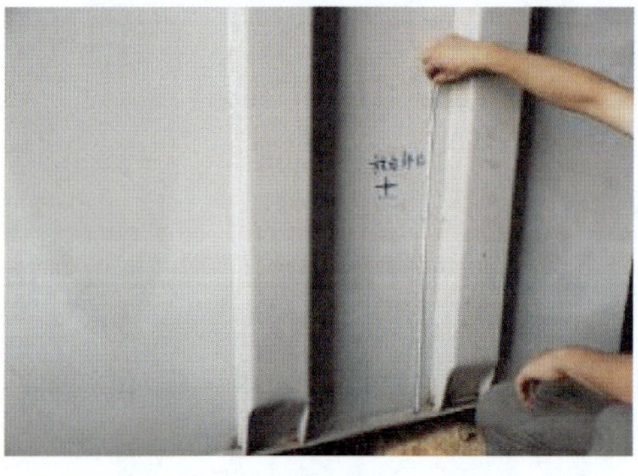

图 1 超声定位查找缺陷部位

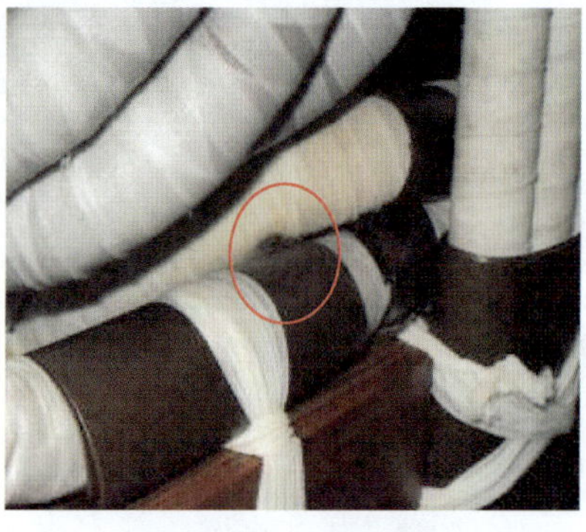

图 2 平行交汇段存在放电痕迹

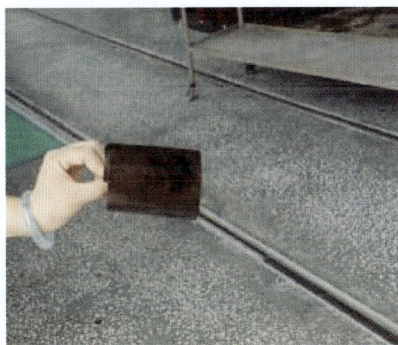

图 3　平行交汇段上 C 相线圈绕组中部连接到 A 相绕组的连接线上包扎的 1 号纸板存在树枝状放电痕迹（图 2 中对应部分）

图 4　A 相线圈中部引出线焊接部位绝缘层放电痕迹

图 5　放电部位高度与超声定位位置高度基本一致

（5）原因分析。

1）分析认为，因工艺不良造成 A 相线圈中部引出线焊接部位绝缘包扎不良且绝缘层过薄，在运行时因电场不均匀而发生放电缺陷（据厂家人员介绍一次接线组别最开始按照星接线设计，后改为角接线引线连接部位绝缘包覆方式未改动）。

2）依据缺陷发展的三个阶段分析，认为第一阶段首先产生夹层局部放电特征与来自 C 相线圈绕组中部连接到 A 相绕组上部形成 A 相套管引缆的连接线外部包扎的 1 号纸板有关，在缺陷发展初期平行交汇段两根引线电位不同，A 相线圈中部引出线焊接部位因工艺不良发生电场畸变，造成平行交汇段间电场强集中，然而 1 号纸板在连接线外缠绕两层以上，层间构成一个相对均匀的电场从而形成了一个有效的夹层，如图 6 和图 7 所示，绝缘油在此夹层能可以发生夹层局部放电而产生绝缘油裂解；随着缺陷的发展进入第二阶段，A 相线圈中部引出线焊接部位继续发生严重的绝缘击穿，放电点相对于 1 号纸板形成针与板电极放电，此类放电为典型的火花放电缺陷，油中出现乙炔组分，此时夹层局部放电和火花放电同时存在；第三阶段故障继续发展，逐渐在 1 号纸板上形成树枝状放电电弧，最终会发生更为严重的电弧放电，平行交汇段引线因电弧放电烧损，严重时造成绕组短路变压器整体烧损。

图 6　1 号纸板在引线上缠绕达 3 层

图 7　1 号纸板形成有效夹层

（6）结论。缺陷存在于两相引出线的交汇段，A 相线圈中部引出线焊接部位因工艺不良首先因电场畸变发生放电，最终导致平行交汇段部位对于的 1 号纸板夹层产生局部放电，随后纸板出现树枝状电弧放电。

经验体会

（1）充油设备色谱异常缺陷初期可以通过缩短色谱检测周期和相关试验来判断故障发展变化程度，一旦确认为缺陷处于发展平稳阶段，可以通过缩短色谱检测周期进行有效监控，避免不必要检修，当发生特征气体组分异常突变后，应立即采取措施，进行相关试验或检查否则继续运行易发生烧损。

（2）利用好变压器局部放电检测手段，能有效确定设备内部缺陷的存在，同时应用超声定位手段大致能确定缺陷位置，上述手段有效辅助缺陷的确定和查找。

检测信息

检测人员	国网吉林省电力有限公司检修公司：尤红丽（42 岁）
检测仪器	ZTGC-TD-2014D、TWPD-2（具备超声定位功能）
测试环境	温度 5～35℃、环境湿度≤80％

2.1.37　油中溶解气体分析发现 220kV 西郊变电站主变压器铁芯制造缺陷

案例简介

2011 年 9 月 26 日，国网吉林省电力有限公司长春供电公司 220kV 西郊变电站 1 号主变压器投运，该变压器为特变电工沈阳变压器集团有限公司产品，制造日期为 2011 年 1 月。设备投运 1 天后进行色谱分析发现乙炔组分达到 $4.96\mu L/L$，接近规程注意值（不大于 $5\mu L/L$）且乙烯组分占总烃主要成分，气体异常特征为"电弧放电兼过热"，经连续跟踪测试发现，乙炔组分含量未见明显增长，排除导电回路存在缺陷的可能，综合分析认为：缺陷存在磁回路且缺陷为混合型缺陷（火花放电与高温过热两种缺陷组合），在进行返厂检修前设备可以继续运行。

为了更好对设备进行监测，2012 年 3 月 2 日，在该变压器上安装了一套绝缘油色谱在线监测装置（河南中分），经过与试验室色谱仪测试数据进行比较，认为该在线监测装置能相对反映出变压器内部绝缘油中溶解气体组分异常情况及变化趋势，可以通过在线监测数据判断设备色谱异常状况。

2012 年 9 月份，检修单位对 1 号主变压器进行了滤油处理，并于 9 月 23 日将设备重新投运，投运后半年内试验室色谱仪几次检测变压器内部乙炔组分含量小于 $0.1\mu L/L$（少于乙炔组分最小检测浓度 $0.1\mu L/L$ 时，组分含量可视为 0），此时油色谱在线监测系统测试数据大部分维持在 $0.2\mu L/L$ 左右，此阶段乙炔无明显增长，总烃组分缓慢增长。

2013 年 4 月 26 日，试验室色谱仪检测发现 1 号主变压器油中溶解气体中乙炔组分明显增长达到 $0.18\mu L/L$，此后检测发现乙炔组分明显增长，总烃含量也明显增长，同时油色谱在线监测装置也反映出乙炔及总烃增长明显的情况。

7 月 24 日，油色谱在线监测装置首次发现乙炔组分含量由 $0.3\mu L/L$ 左右突增到 $1.4\mu L/L$，这些变化引起色谱专业人员的注意，7 月 25 日，利用试验室色谱仪进行取样分析，发现乙炔组分达到 $10.83\mu L/L$，其他烃类气体亦有明显增长，总烃接近注意值，气体异常特征依然为"电弧放电兼过热"，总烃相对产气速率达到 2321％/月（规程规定小于 10％/月），为了确保电网及设备安全，该设备及时停运。

检测分析方法

（1）色谱试验室历次色谱数据能比较准确反映不同阶段 1 号主变压器绝缘油中溶解气体组分异常变化情况。试验室测试的 1 号主变压器历次色谱数据见表 1。

表1

时间	H₂ 含量	CH₄ 含量	C₂H₄ 含量	C₂H₆ 含量	C₂H₂ 含量	CO 含量	CO₂ 含量	总烃含量	试验性质

表 1 试验室测试的 1 号主变压器历次色谱数据 μL/L

时间	H_2 含量	CH_4 含量	C_2H_4 含量	C_2H_6 含量	C_2H_2 含量	CO 含量	CO_2 含量	总烃含量	试验性质
2011-09-27	0	0.04	0	0	0	4	105	0.04	投前
2011-09-29	16	29.17	41.5	4.39	4.96	3	156	80.02	投后一天
2011-09-30	24	32.77	44.27	4.74	5.21	5	142	86.99	监视
2011-10-01	19	29.53	42.92	4.66	4.94	5	193	82.05	下部，上午取
2011-10-02	22	30.61	43.1	4.65	4.96	6	147	83.32	上部，上午取
2012-9-18	0.08	0	0	0	0	2	292	0	验收
2013-1-25	0	1.43	2.48	0	0	32	365	3.91	季检
2013-4-26	0	1.82	3	0.97	0.18	28	464	5.97	季检
2013-5-27	0	1.62	2.65	0.89	0.2	35	463	5.36	监视
2013-6-26	0	1.92	3.1	0.95	0.22	40	453	6.19	监视
2013-7-25	32	52.75	78.23	8.07	10.83	95	611	149.88	季检
2013-7-26	25.4	54.97	77.84	8.72	10.47	95.58	658.27	152	电科院复试

（2）利用绝缘油色谱在线监测装置对 1 号主变压器进行的在线监测数据，虽然与试验室比较气体绝对数值存在一定差异，但是能相对准确地反映出绝缘油中溶解气体各个组分相对含量分布规律及变化趋势，这与试验室测试数据的分布规律及变化趋势是一致的。油色谱在线监测装置测试的 1 号主变压器历次色谱数据（节选）见表 2。

表 2 油色谱在线监测装置测试的 1 号主变压器历次色谱数据 μL/L

采样时间	H_2 含量	CH_4 含量	C_2H_6 含量	C_2H_4 含量	C_2H_2 含量	CO 含量	总烃含量
2012-3-2	25	31.7	4.46	41.4	3.87	48	81.43
2012-4-2	25	31.6	4.45	41.4	3.85	48	81.3
2012-5-2	25	31.6	4.43	41.4	3.85	48	81.28
2012-6-1	25	31.6	4.43	41.4	3.84	48	81.27
2012-9-13	7.75	12	2.72	17.2	1.82	6.45	33.74
2012-10-13	7.75	4.08	0.3	7.31	0.22	5.82	11.91
2012-12-30	7.63	0.15	0.49	0	0.16	5.48	0.8
2013-3-2	7.72	0	0.5	0	0.14	5.14	0.64
2013-4-1	7.71	0.67	0.62	0.54	0.19	5.36	2.02
2013-4-25	7.71	1.86	0.52	2.51	0.22	5.45	5.11
2013-4-27	7.64	1.78	0.6	2.35	0.25	5.5	4.98
2013-4-29	7.7	2.18	0.6	3.32	0.24	5.49	6.34
2013-5-7	7.67	1.41	0.63	2.79	0.31	5.37	5.14
2013-5-27	7.74	1.85	0.56	2.8	0.34	5.19	5.55
2013-7-24	7.67	8.23	2.15	9.33	1.4	5.39	21.11
2013-7-26	7.74	14.6	2.64	18.3	1.71	5.37	37.25

（3）9 月 27 日，在省公司运维检修部组织下，返厂的 220kV 西郊变电站 1 号主变压器进行解体检查。解体中发现：上铁轭与 C 相芯柱交接处面向 B 相的位置有一片边长 15mm 的等腰三角形硅钢片角料，该角料三个角处均有放电痕迹，C 相芯柱相应位置的 19 片硅钢片表面有放电痕迹，如图 1～图 3 所示。该角料可能为上铁轭剪裁过程中未完全切断或者吸附在上铁轭硅的钢片上，因安装工艺控制的疏忽导致在安装过程中掉落至 C 相芯柱与地屏之间。同时，在检查上铁轭时发现硅钢片在安装过程中存

图 1 C 柱铁芯放电位置

在撕裂和变形的情况，具体情况如图 4 所示。

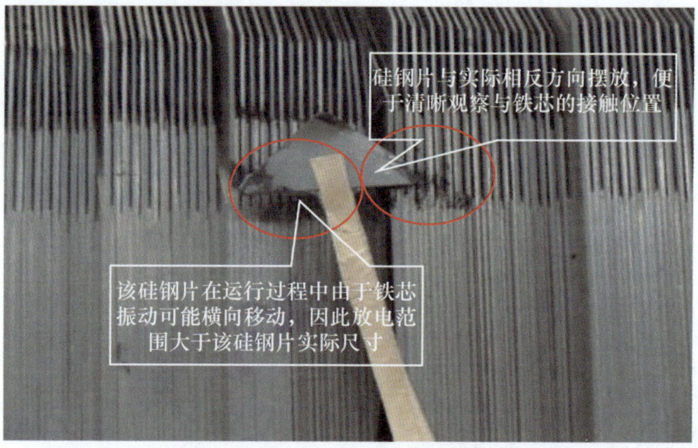

硅钢片与实际相反方向摆放，便于清晰观察与铁芯的接触位置

该硅钢片在运行过程中由于铁芯振动可能横向移动，因此放电范围大于该硅钢片实际尺寸

图 2　边角料与 C 相铁芯放电位置对比

图 3　边角料与上铁芯硅钢片尺寸吻合

图 4　上铁芯撕裂和变形情况

　　根据返厂解体检查情况最终确认了缺陷的存在，变压器制造过程中的工艺控制及检查措施不到位，导致一片边长 15mm 的等腰三角形硅钢片角料掉入 C 相芯柱与地屏间，造成 C 相铁芯柱 19 片硅钢片存在片间短路，硅钢片间短路形成环流产生高温过热（大于 700℃），同时硅钢片角料随着运行时铁芯振动在铁芯硅钢片表面一定范围内移动从而能形成悬浮电位之间的火花放电发生，所以该硅钢片角料的存在形成了铁磁回路中的一个典型的混合型缺陷，"高温过热"加"火花放电"。

🔷 经验体会

　　（1）绝缘油色谱在线监测装置在长春供电公司现场应用从 2005 年就开始了，本案例中应用的装置为可移动式装置，在现场先后对 3 台油色谱异常变压器进行了在线监测，监测数据的分布规律及变化规律同试验室比较相对正确，但因运行年限较长，测试数据绝对数值准确度在下降。

　　（2）目前现场应用的油色谱在线监测装置厂家较多，但经过实际应用及与试验室色谱仪进行比较后认为，河南中分生产的油色谱在线监测装置产品质量最优。

154

检测人员	国网吉林省电力有限公司长春供电公司检修分公司：王允、牛小威（35 岁）
检测仪器	变压器色谱在线监测系统（中分-3000）
测试环境	温度 5～35℃、环境湿度≤80％

2.1.38 油中溶解气体分析发现 110kV 城南变电站 2 号主变压器异常

❖ 案例简介

国网山西省电力公司晋中供电公司运维的 110kV 城南变电站 2 号主变压器型号为 SSZ9-40000/110，三绕组变压器，三侧额定电压分别为 110/36.75/10.5，为华鹏变压器厂 2004 年 11 月制造，于 2006 年 2 月投入运行。2011 年 10 月，油色谱分析发现其绝缘油色谱异常，随后试验人员进行了跟踪测试，检测表明各特征气体都有增长趋势。变电检修人员对该变压器进行红外热成像检测发现套管存在发热异常，停电试验检测发现 B 相绕组直阻偏大，三相绕组不平衡率超标，检查发现 B 相将军帽与绕组引出线导电杆接触不良，有严重烧黑的发热点，处理送电后，色谱及红外热成像检测均正常，缺陷消除，避免了一起变压器事故发生。

❖ 检测分析方法

（1）主变压器绝缘油色谱分析。2 号主变压器绝缘油色谱数据见表 1。

表 1　　　　　　　　　　　　2 号主变压器绝缘油色谱数据　　　　　　　　　　　　μL/L

试验日期	含　量							
	H_2	CH_4	C_2H_4	C_2H_6	C_2H_2	CO	CO_2	总烃
2010-4-10	91.13	6.56	1.67	1.08	0.14	477.14	999.37	9.45
2010-4-18	98.87	6.25	1.74	1.13	0.21	507.78	1182.77	9.33
2010-9-18	108.17	5.68	1.63	1.11	0.29	602.49	1541.82	8.71
2011-2-13	86.42	6.35	1.7	1.19	0.28	548.07	1261.62	9.52
2011-9-3	133.84	8.64	3.24	2.23	0.78	778.41	2080.78	14.89
2011-11-21	125.89	16.07	15.89	3.6	1.12	843.65	2202.94	36.68
2011-11-23	144.3	18.66	20.94	4.03	1.37	885.27	2013.62	45
2011-11-25	131.65	17.52	20.19	3.87	1.24	849.92	1975.82	42.82

2011 年 11 月 21 日的色谱数据与 2011 年 2 月 13 日测试的数据对比，发现甲烷、乙烯、乙烷、乙炔都有明显的增长，判断该主变压器内部有异常发热。11 月 23 日测得的色谱数据与 2011 年 11 月 21 日数据对比，发现甲烷、乙烯、乙烷、乙炔、氢气增长迅速。

表2　三比值法分析数据

三比值	C_2H_2/C_2H_4	CH_4/H_2	C_2H_4/C_2H_6
编码	0	0	2

通过色谱数据三比值法分析看：计算三比值编码为002，对应002编码的故障判断为：700℃以上的高温过热，可能存在分接开关接触不良，引线夹件螺栓松动；将军帽与套管引出导电杆接触不良；绕组焊接部位开焊；漏磁发热；涡流、磁滞损耗发热，铁芯多点接地发热等。三比值法分析数据见表2。

对比11月21日与23日的试验数据，计算绝对产气速率：主变压器油质量$m=22t$，绝缘油密度$\rho=0.9t/m^3$。

总烃的绝对产气速率

$$R_a\Sigma C_1+C_2=(C_{i2}-C_{i1})/\triangle t\times(m/\rho)$$
$$=(45-36.68)/2\times(24/0.9)$$
$$=101.7(mL/d)>12mL/d$$

101.7mL/d远超过了注意值12mL/d。

（2）红外热像图谱测试。发现变压器高压侧B相套管导电杆温度异常，最高温度为77.3℃，正常相为32℃，相对温差为95%（如图1所示）。

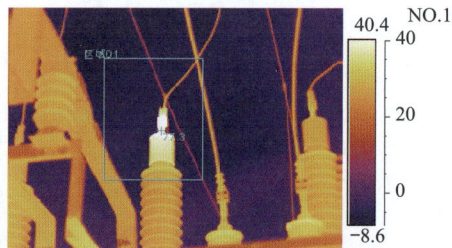

图1　变压器套管红外成像

（3）2号主变压器停电后进行诊断性试验发现高压绕组直流电阻测试不合格（见表3）。

（4）诊断分析。通过变压器绕组直流电阻测试结果发现B相较A、C相明显偏大，且三相绕组不平衡率严重超标，结合红外诊断结果可确定故障为B相绕组引出线导电杆与套管将军帽连接不良。

（5）检查处理。检修人员打开套管将军帽，发现将军帽与绕组引出线导电杆接触不良，有严重烧黑的发热点，现场进行了打磨、清洗、紧固处理（如图2所示）。

表3　2号变压器高压绕组直流电阻测试数据

分接	OA（mΩ）	OB（mΩ）	OC（mΩ）	三相不平衡率（%）
1	482.6	548.5	481.7	13.8
2	473.5	539.5	473.3	13.8
3	464.7	530.6	465.4	14.2
4	453.6	519.6	454.6	14.4
5	446.8	512.6	449.7	14.72
6	439.5	505.7	442.3	14.16
7	432.8	499.7	435.1	14.68
8	424.4	488.7	427.1	14.25
9	411.4	473.1	412.2	14.9

图2　套管将军帽上发热点

处理后B相绕组直流电阻及三相不平衡率测试合格，测试数据见表4。

（6）恢复送电。投运24h后，对该主变压器进行红外诊断、油色谱跟踪试验、测试正常（见图3和表5）。

表4　处理后变压器高压绕组直流电阻测试数据

分接	OA（mΩ）	OB（mΩ）	OC（mΩ）	三相不平衡率（%）
1	482.7	481.6	481.9	0.29
2	473.7	473.6	473.8	0.05
3	464.6	465.5	465.3	0.16
4	453.8	454.1	454.5	0.18
5	446.4	446.5	449.8	0.76
6	439.2	439.5	442.2	0.68
7	432.7	432.4	435.2	0.57
8	424.3	424.8	427.1	0.65
9	411.9	412.4	412.2	0.06

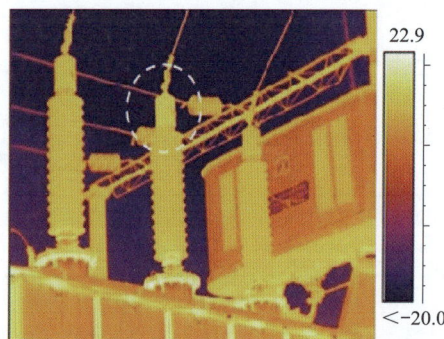

图3　投运24h后主变压器红外热像图谱

试验日期	试验项目							
	H_2 含量	CH_4 含量	C_2H_4 含量	C_2H_6 含量	C_2H_2 含量	CO 含量	CO_2 含量	总烃含量
2011-11-23	144.3	18.66	20.94	4.03	1.37	885.27	2013.62	45
2011-11-25	131.65	17.52	20.19	3.87	1.24	849.92	1975.82	42.82
2011-12-2	130.61	17.32	20.21	3.86	1.21	851.01	1984.34	41.70

❖ 经验体会

（1）通过变压器油中溶解气体色谱分析方法对变压器内部的某些潜伏性故障及其发展过程的早期诊断非常灵敏有效，可及时发现潜伏性的事故隐患，采取超前预防措施，减少变压器故障和损坏事故。

（2）结合红外诊断能够准确的发现缺陷位置，有效指导设备检修，提高检修工作效率与质量。

❖ 检测信息

检测人员	国网山西省电力公司晋中供电公司：史海青（39 岁） 国网山西省电力科学研究院：陈昱同（31 岁）、李艳鹏（32 岁）
检测仪器	FILR P630 红外热像仪（辐射系数 0.9，环境温度 10℃，环境湿度 60%，测试距离 6m）、SM333 绕组直流电阻测试仪、河南中分 2000 绝缘油色谱仪
测试环境	环境温度 10℃、相对湿度 60%、大气压 95kPa

2.1.39 油中溶解气体分析发现 750kV 宝鸡变电站 1 号主变压器 A 相材质缺陷

❖ 案例简介

宝鸡换流站 1 号主变压器 A 相（出厂序号为 2009125，型号为 ODFPS-700000/750）乙炔超标，该台产品于 2009 年 7 月出厂，2009 年 12 月 27 日现场安装调试完毕，并投入正式运行；运行情况正常。

2011 年 11 月 15 日上午，运行人员巡视发现 750kV 1 号主变压器油在线监测装置显示 A 相乙炔含量从以前 0 上升至 1.35μL/L。当时 750kV 1 号主变压器负荷为 230MW，站区天气情况为小雨大雾，气温 10℃。运行公司立即安排运行人员对 750kV 1 号主变压器增加巡视频次，加强红外测温，安排专业人员对 1 号主变压器进行外观检查，未见异常。16 日对 1 号主变压器 A 相取样做离线油色谱分析，并联系宝鸡供电局进行复测。检测和复测均发现 A 相油中含有微量乙炔。随即将 750kV 1 号主变压器退出运行。1 号主变压器停运后，陕西电科院、西电变压器厂分别对 1 号主变压器 A、B、C 三相取油样化验，发现 A 相油中含有微量乙炔。鉴于油色谱的情况，决定放油进箱检查。进箱检查变压器本体各部位均未发现异常，在调柱低压侧器身下部箱底发现接地铜带 1 根。

❖ 检测分析方法

750kV 1 号主变压器退出当晚，省公司运检部在现场组织西安运行公司、陕西电科院、陕西送变电工程公司、西安西电变压器有限责任公司等单位召开现场会，对异常情况处理进行了安排和初步原因分析。

陕送对 1 号主变压器三相进行了相关常规试验项目，包括测量绕组连同套管的直流电阻；测量与铁芯绝缘的各紧固件及铁芯绝缘电阻；测量绕组连同套管的绝缘电阻、吸收比或极化指数；测量绕组连同套管的介质损耗角正切值 $\tan\delta$ 及套管电容值；测量泄漏电流值。试验结果均合格。

1 号主变压器安装了油色谱在线监测。A 相油色谱在线监测情况如下：2011 年 1 月到 9 月，油色谱在线监测未发现乙炔。10 月 25 日，油色谱在线监测发现存在 $0.34\mu L/L$ 的乙炔，并于 11 月 12 日缓慢增长至 $0.63\mu L/L$。在 11 月 13 日上午 7 点 49 分，油色谱在线监测显示乙炔突然增长至 $0.97\mu L/L$，并于 11 月 13 日晚上 17 点 48 分增长至 $1.28\mu L/L$，此后至 11 月 20 日，乙炔值一直稳定在 $1.2\mu L/L$ 左右。11 月 21 日早上 6 点，乙炔值增长至 $1.41\mu L/L$，此后至 11 月 22 日，乙炔值一直稳定在 $1.4\mu L/L$ 左右。

油色谱离线检测情况如下：2011 年 1~9 月，修试所进行的油色谱检测未发现乙炔。10 月监测中发现有 $1.35\mu L/L$ 的乙炔。11 月 16 日，电科院对 1 号主变压器 A 相做油色谱检测，检测结果发现 A 相存在 $0.9\mu L/L$ 的乙炔。11 月 19 日，对 A 相进行局部

表 1　　局部放电试验前后油色谱对比　　$\mu L/L$

日期	电科院 C_2H_2	西变公司 C_2H_2
2011-11-16（局部放电前）	0.9	0.85
2011-11-22（局部放电后）	0.97	1.30

放电试验后，对 1 号主变压器 A 相再次进行油色谱检测，乙炔值为 $0.9\mu L/L$。11 月 21 日，再次进行局部放电试验，试验后对 1 号主变压器 A 相进行油色谱检测，乙炔值为 $0.95\mu L/L$。11 月 22 日，又进行局部放电试验，试验后对 1 号主变压器 A 相进行油色谱检测，乙炔值为 $0.97\mu L/L$，见表 1。

11 月 19~21 日先后 4 次进行了局部放电试验，结果如下：11 月 19 日第一次进行局部放电试验时，在电压升至 1.1 倍电压时局部放电值基本正常；升至 1.2 倍时，高、低压变化不大，中压突然增大至 2000~4000pC；升至 1.3 倍时，变化与 1.2 倍相差不大；升至 1.4 倍时，高压突然增大至 3000~5000pC，低压也有较快增长。1.5 倍时，有很大电晕放电，无法进行监测。放电起始电压为 0.9 倍电压，熄灭电压为 0.7 倍电压。11 月 20 日下午进行测试时，1.3 倍测量电压下中压局部放电量在 2000~4000pC 之间。11 月 21 日下午进行测试时，1.3 倍测量电压下中压局部放电量在 400~600pC 之间。11 月 21 日晚上进行测试时，在 1.3 倍测量电压下 90min 测量时间里中压局部放电量稳定在在 150pC 左右。

根据以上试验数据分析，决定放油进箱检查。并于 2011 年 11 月 25 日 11 点 50 分安排进箱检查，具体检查情况如下：

（1）无载开关分接引线绝缘及其与开关的接触均正常。

（2）检查低压引线绝缘及其与套管尾部连接、均压球等部分均正常。

（3）检查高压、中压引线绝缘部分均正常。

（4）主柱上下两端 16 个磁分路接地情况正常。

（5）上下夹件及高低压侧等电位连线接地情况正常。

（6）调柱励磁与调压线圈间的静电屏及芯柱静电屏接地情况正常。

（7）调柱器身上端压板中屏蔽棒接地情况正常。

（8）在调柱器身下端垫板中屏蔽棒接地发现异常情况。

1）发现调柱低压侧器身下部箱底接地铜带 1 根，如图 1 所示。

2）经检查发现该铜带为调柱器身下端垫板中屏蔽棒接地铜皮，如图 2 所示。

图 1　调柱低压侧器身下部箱底接地铜带 1 根 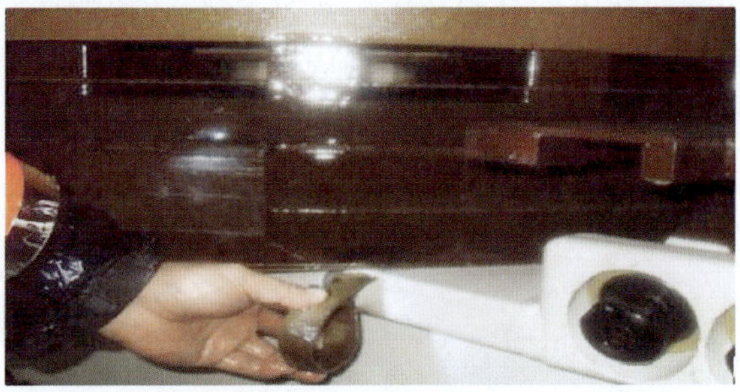　　图 2　调柱器身下端垫板中屏蔽棒接地铜皮

3）经检查发现该铜皮有两处断口，如图3所示。

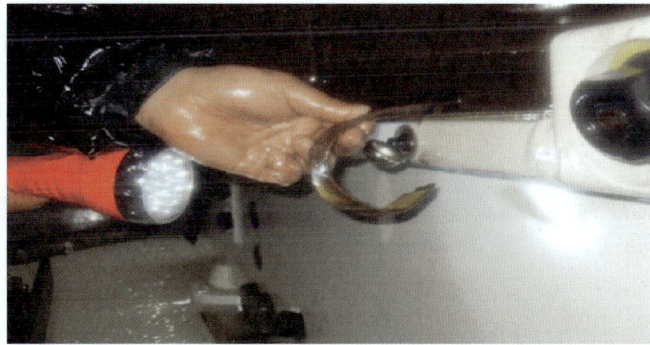

图3　铜皮两处断口

4）器身下端铜皮断口伸出垫板端圈约15mm左右，如图4所示。

图4　铜皮断口伸出垫板端圈

5）与夹件接地部位另一断口，如图5所示。

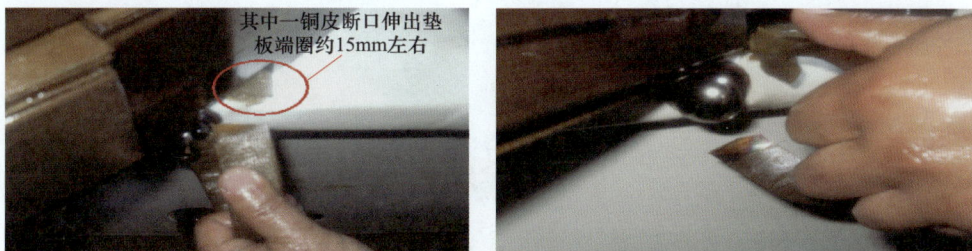

其中一铜皮断口伸出垫板端圈约15mm左右

图5　夹件接地部位另一断口

6）调柱器身下端垫板中屏蔽棒接地原始状态，如图6所示。

陕西电力科学研究院材料技术研究所对750kV宝鸡变电站1号主变压器A相变压器调压柱器身下端垫板中的屏蔽棒接地铜皮进行了分析。

该铜片整体断成三段，图7和图8所示分别为断裂铜皮a、b两面形貌。

铜皮长约225mm，宽约25mm。有两个固定端，甲端固定孔较大居中，乙端固定孔较小偏一侧。

图6　调柱器身下端垫板中屏蔽棒接地

为便于区别，分别将两个断面定义为Ⅰ断面、Ⅱ断面。

750kV宝鸡变电站1号主变压器A相变压器调压柱器身下端垫板屏蔽棒接地铜皮发生的断裂为非一次性快速断裂，具有循环应力导致的疲劳断裂特征。断裂始裂于铜皮A侧，终断于B侧。Ⅰ断面先于Ⅱ断面开裂，Ⅰ断面的断裂过程长于Ⅱ断面。经分析认为该屏蔽棒接地铜皮在安装时即存在损伤，铜皮从屏

图 7　断裂铜皮 a 面形貌

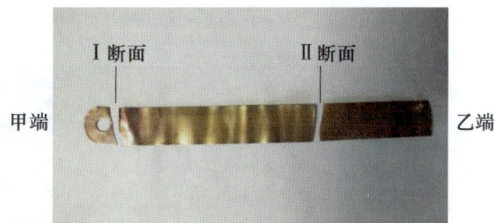

图 8　断裂铜皮 b 面形貌

蔽棒接出后拧转 90°和接地螺栓连接，运行后，由于振动、油流（该位置正好对着冷却器的进油口）等原因导致断裂。

经验体会

（1）油色谱是反映设备内部缺陷的有效方法，而油色谱在线监测装置能一定程度反映设备的真实运行状态，但在判断结果时应结合相关常规试验、离线油色谱数据和局部放电试验等试验结果来共同判断设备的状态。

（2）利用油色谱在线监测数据判断设备运行状态时，不仅需看异常时的油色谱数据，还应结合油色谱历史数据及变化趋势、油色谱在线监测数据与离线检测数据比对评价结果来共同判断。

检测信息

检测人员	国网陕西省电力公司电力科学研究院：黄国强（43 岁）、毛辰（31 岁）、朱红梅（47 岁）、单玉涛（39 岁）、张默涵（33 岁）、韩彦华（40 岁）
检测仪器	油色谱在线监测装置（MGA-2000-6H-6B，宁波理工监测设备有限公司）
测试环境	温度 10℃、相对湿度 37％

2.1.40　油中溶解气体分析发现 110kV 苇泊变电站 2 号主变压器内部引线压接不良发热

案例简介

国网山西省电力公司阳泉供电公司 110kV 苇泊变电站 2 号主变压器（型号为 SSZ11-63000/110）于 2012 年 9 月 25 日投运，按照 DL/T 393—2010《输变电设备状态检修试验规程》要求，对该主变压器进行色谱跟踪试验过程中发现，甲烷、乙烯、乙烷有明显增长趋势，一氧化碳、二氧化碳无增长，因此将该设备的色谱试验跟踪周期缩短为 3 个月。

2013 年 9 月 30 日，主变压器总烃含量 $170.24\mu L/L$，7 月 25 日～9 月 30 日总烃相对产气速率为 $13.57\%/$月，超过规程要求注意值。根据色谱试验数据初步分析判断：主变压器存在不涉及固体绝缘的内部过热故障。决定将油色谱跟踪试验周期缩短为半个月，进一步观察内部发热故障发展趋势。

2013 年 12 月 26 日，主变压器总烃含量已高达 $320\mu L/L$，11 月 29 日～12 月 26 日总烃相对产气速率为 $29.95\%/$月，相对产气率快速增长，远超过规程要求注意值，内部发热故障有加速发展趋势，经阳泉供电公司相关部室研究决定对 2 号主变压器停电进行解体检查，停电前每周对该设备进行一次色谱跟踪试验。

2014年1月6日，苇泊站2号主变压器停电，进行高压试验及主变压器内、外部检查，放油后，工作人员通过人孔进入变压器内部进行检查，发现主变压器35kV套管下部接线板上两根绕组引线压接在同一螺栓下，且C相接线板紧固螺栓已经松动，检查其他连接部位未发现问题。故障点与色谱数据分析的内部过热故障吻合。现场对35kV内部引线压接工艺进行了改进，对全部压接螺栓进行检查紧固，对变压器油进行真空脱气处理，投运前各项试验数据符合规程要求。

2014年1月9日，变压器缺陷处理完毕，送电后按照新投运设备进行色谱跟踪试验，至今已两个多月，色谱跟踪试验5次，试验数据正常，无增长趋势。

❖ 检测分析方法

（1）色谱分析法（判断充油设备故障性质）。变压器投运初期，虽然其总烃含量很低，但通过对表1苇泊站2号主变压器色谱跟踪数据观察，烃类气体已发生明显增长。随即将色谱跟踪周期缩短至季度跟踪。

表1　　　　　苇泊站2号主变压器色谱跟踪数据（2012年9月19日～10月25日）　　　　　μL/L

试验日期	H_2含量	CO含量	CO_2含量	CH_4含量	C_2H_4含量	C_2H_6含量	C_2H_2含量	总烃含量
2012-9-19	11.79	159.3	313.78	4.19	1.92	3.19	0	9.3
2012-9-26	12.35	158.3	324.2	4.21	1.93	3.21	0	9.35
2012-9-29	13.25	160.2	315.3	4.33	1.95	3.42	0	9.7
2012-10-5	15.65	162.5	317.5	5.56	6.20	4.11	0	15.87
2012-10-25	17.2	163.2	313.6	8.23	10.32	5.23	0	23.78

2013年9月30日，2号主变压器色谱跟踪数据见表2，总烃含量170.24μL/L，超过Q/GDW 168—2008《输变电设备状态检修试验规程》要求注意值。计算近三个月的总烃相对产气率为24%，超过Q/GDW 168—2008《输变电设备状态检修试验规程》要求注意值。依据GB/T 7252—2001《变压器油中溶解气体分析和判断导则》中改良三比值法进一步判断，三比值法编码为：022，属于高温过热故障。观察CO/CO_2比值且含量无明显增长，所以故障不涉及变压器固体绝缘。通过以上四点，初步判断故障为不涉及固体绝缘的高温内部过热故障。于是将色谱跟踪周期缩短至半个月，通过总烃相对产气速率进一步观察故障发展趋势。

表2　　　　苇泊站2号主变压器色谱跟踪数据（2013年9月30日～2014年1月15日）　　　　μL/L

试验日期	H_2含量	CO含量	CO_2含量	CH_4含量	C_2H_4含量	C_2H_6含量	C_2H_2含量	总烃含量
2013-9-30	69.25	147.21	306.21	72.24	83.99	13.57	0.44	170.24
2013-10-11	75.27	160.1	327.3	81.6	98.9	14.77	0.57	195.84
2013-10-29	85.09	149.24	334.02	86.97	118.71	16.98	0.53	223.19
2013-11-13	90.23	153.6	336.2	90.2	124.3	17.11	0.54	230.2
2013-11-29	102.7	181.13	355.2	95.6	132.59	17.69	0.55	246.43
2013-12-13	114.2	174.71	356.12	107.91	175.26	18.94	0.37	302.48
2013-12-26	131.7	179.5	362.1	116.55	183.97	19.40	0.32	320.24
2014-1-6	145.92	179.98	362.81	129.25	195.15	20.12	0.33	344.85
2014-1-7	147.23	181.26	363.34	129.50	196.25	21.06	0.37	347.18
2014-1-8	145.46	179.24	363.78	130.92	198.20	20.72	0.34	350.18
2014-1-9	149.22	182.13	362.81	132.25	199.15	23.12	0.40	354.92
2014-1-10	148.52	183.63	366.01	131.37	201.25	22.52	0.35	355.49
2014-1-11	146.67	180.63	362.81	132.25	199.15	23.10	0.40	354.90
2014-1-12	149.22	182.13	362.44	131.55	199.30	20.38	0.35	351.58
2014-1-13	143.27	185.20	369.25	135.35	201.78	22.69	0.35	360.17
2014-1-14	146.72	183.56	364.10	138.93	203.47	23.45	0.39	366.24
2014-1-15	150.62	186.29	364.50	139.97	206.30	24.03	0.45	370.75

2013 年 12 月 26 日，油中总烃含量已高达 320μL/L，故障点温度的估算

$$T = 322\lg\left(\frac{C_2H_4}{C_2H_6}\right) + 525 = 736(℃)$$

通过观察图 1 可知，2013 年 4～12 月总烃相对产气率柱状图，总烃相对产气率，发热故障有加速发展趋势。

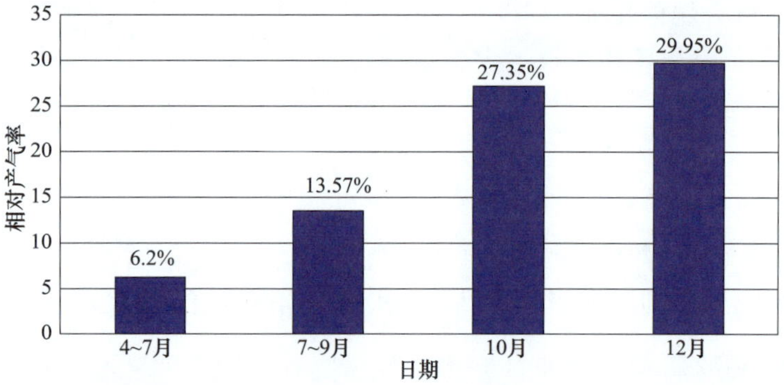

图 1　2013 年 4～12 月总烃相对产气率柱状图

综上所述，色谱试验故障判断为高于 700℃ 内部过热故障，故障原因有以下几方面：铁芯多点接地、涡流引起铜过热、铁芯漏磁、局部短路、层间绝缘不良、分接开关接触不良，引线压接螺栓松动或焊接不良等。

（2）高压带电检测数据判断。通过带电测试主变压器铁芯接地电流 0.47mA，夹件接地电流 0.52mA 测试，试验数据合格。排除变压器多点接地的可能。

（3）为进一步分析、判断缺陷部位，1 月 6 日，在转移负荷过程中，跟踪油色谱变化趋势。

1）方式一：不改变分接，高中运行，低压空载。1 月 7～9 日，主变压器运行了 3 天，每天进行油色谱跟踪。通过油色谱监测发现特征气体与之前增长速率基本相同。说明故障部位与低压 10kV 侧导电回路相关性小。

2）方式二：不改变分接，高低运行，中压空载，1 月 10～12 日，运行 3 天。期间每天监测油色谱数据，发现特征气体基本稳定。说明故障部位与中压 35kV 侧导电回路相关性大。

3）方式三：主变压器高压侧热备用，1 月 13～15 日中低运行 3 天，与之前增长速率基本相同。说明故障部位与高压导电回路相关性小。

同时检查变压器潜油泵及相关附件运行时的状态，未发现异常，因此判断特征气体是由变压器中压 35kV 侧导电回路的缺陷引起。

（4）联系厂方了解内部构造。据了解，该变压器 35kV 内部引线、10kV 内部引线均为螺栓压接。

综上所述，故障点重点怀疑是中压 35kV 侧导电部分接触不良造成的，因此，阳泉供电公司停电处理方案中将 35kV 内部引线作为重点检查部位。

（5）故障处理过程。

1）2014 年 1 月 16 日，对苇泊站 2 号主变压器进行停电检查试验。高压试验项目包括：直流电阻试验、绝缘电阻试验、介损试验，试验结果正常，变压器不存在绝缘缺陷。

2）2014 年 1 月 17 日，放油后，检查主变压器 110kV 套管引线，通过人孔进入变压器内部对有载分接开关、35kV 内部引线、10kV 内部引线、铁芯接地等连接部位进行重点检查，发现 35kV 套管下部接线板上两根绕组引线压接在同一螺栓下，且 C 相引线紧固螺栓已松动，检查其他连接部位未发现问题。随即对 35kV 引线的压接工艺进行改进，将两根绕组引线分开压接，并对全部接线部位压接螺栓进行紧固处理。35kV 套管接线板引线处理前如图 2 所示，35kV 套管接线板引线处理后如图 3 所示。

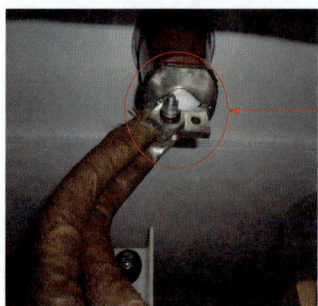

Ⅰ：35kV 套管 C 相接线板上两根绕组引线压接在同一螺栓下。
Ⅱ：引线压接螺栓已松动

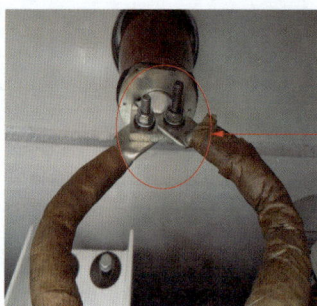

图 2　35kV 套管接线板引线处理前

Ⅰ：将 35kV 套管引线分别压接到不同位置。
Ⅱ：重新检查紧固全部压接螺栓

图 3　35kV 套管接线板引线处理后

2014 年 1 月 19 日，变压器缺陷处理完毕，送电后按照新投运设备进行色谱跟踪试验，色谱跟踪试验 5 次，试验数据正常，无增长趋势。

🔖 经验体会

（1）加强对新投变压器的技术监督，特别是新投运变压器的色谱跟踪和红外诊断工作，当发现试验数据有增长趋势，虽未超过规程规定的注意值，但应引起足够的重视，采取缩短跟踪试验周期的方法进行跟踪监测，及时发现设备存在的潜伏性故障。

（2）色谱试验技术能够灵敏的发现变压器细微的缺陷，对故障类型判断准确，同时应结合高压试验数据、设备内部结构以及同型号设备在其他省份运行情况，对故障点进行综合判断，如该变压器的同一批产品在天津某电厂就发生过同一类型的故障。

（3）作为故障判断的依据，要求确保色谱试验数据的"精、准、可重复性"，要求色谱试验人员相对的稳定性、高素质要求，具有综合的判断能力，做到色谱仪器配置规范、操作规范。

🔖 检测信息

检测人员	国网山西省电力公司阳泉供电公司：李小虎（44 岁）、冯芳梅（45 岁）、唐领英（51 岁）、靳海军（46 岁）、赵万明（51 岁）、张聪伟（29 岁）
检测仪器	2000B 色谱仪（河南中分仪器厂）
测试环境	温度 25℃

2.1.41 油中溶解气体分析发现 750kV 吐鲁番变电站吐哈一线 B 相高压电抗器内部放电

🔖 案例简介

国网新疆电力公司检修公司 750kV 吐鲁番变电站 750kV 吐哈一线 B 相高压电抗器，型号为 BKD2-140000/800-110，生产日期为 2009 年 9 月 1 日，投运日期为 2010 年 1 月 8 日。750kV 吐哈一线 B 相高压电抗器投运后油色谱分析发现痕量乙炔，立即加强油色谱在线和离线跟踪检测。2012 年 5 月 31 日该高压电抗器油色谱在线监测装置发现特征气体含量突增。实验室检测数据与在线监测数据一致，初步判断高压电抗器内部存在严重缺陷。随即安排停电解体检查，发现该高压电抗器地屏接地线出线部位断裂。通过油色谱在线监测及时发现高压电抗器危急缺陷，成功排除了一起 750kV 变电站重要设备的安全隐患，保证了新疆电网的稳定运行。

🔖 检测分析方法

750kV 吐哈一线 B 相高压电抗器投运后油色谱分析发现痕量乙炔，随即加强油色谱在线监测和离线跟踪检测。2012 年 5 月 31 日油色谱在线监测装置异常告警，各特征气体含量出现突增。在线数据见表 1，数据柱状图如图 1 所示。

表 1			750kV 吐哈一线 B 相高压电抗器油色谱在线监测数据						μL/L
日期	时间	H_2 含量	CO 含量	CO_2 含量	CH_4 含量	C_2H_4 含量	C_2H_6 含量	C_2H_2 含量	总烃含量
2012-5-5	12:33	211.5	42.4	495.97	88.67	20.89	0	2.06	111.7
2012-5-30	12:33	179.98	43.2	485.56	87.47	19.85	0	2.67	110.1
2012-5-31	12:33	1659.44	42.9	486.56	23	110.34	29.22	108.91	312.9

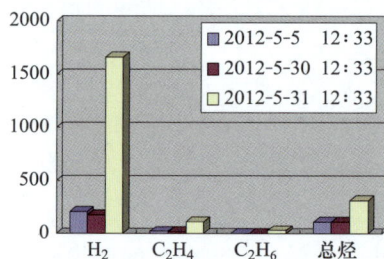

图 1   750kV 吐哈一线 B 相高压电抗器油色谱在线监测数据柱状图

从表 1 和图 1 中看出 2012 年 5 月 31 日油色谱在线数据中氢气、乙炔、总烃等特征气体含量出现了突增。

发现异常后，立即使用便携式色谱仪进一步检测，结果见表 2，数据柱状图如图 2 所示。同时将油样送往吐鲁番供电公司、新疆电科院及检修公司实验室进行检测，检测结果见表 3。

表 2			750kV 吐哈一线 B 相高压电抗器便携式色谱分析仪检测数据					μL/L
试验日期	H_2 含量	CO 含量	CO_2 含量	CH_4 含量	C_2H_4 含量	C_2H_6 含量	C_2H_2 含量	总烃含量
2012-5-30	111.15	46.99	543.61	41.67	20.63	6.44	4.22	72.96
2012-5-31	4812.06	72.36	721.22	617.82	601.15	73.66	3059.32	4351.93

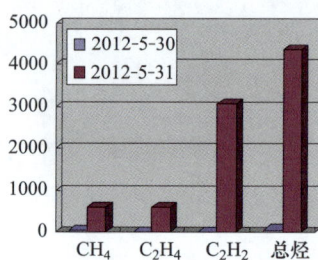

图 2   750kV 吐哈一线 B 相高压电抗器便携式色谱分析仪实验数据柱状图

表 3			750kV 吐哈一线 B 相高压电抗器试验室（离线）近期试验数据						μL/L
取样日期	试验单位	H_2 含量	CO 含量	CO_2 含量	CH_4 含量	C_2H_4 含量	C_2H_6 含量	C_2H_2 含量	总烃含量
2012-4-19	检修公司	125.24	59.12	471.82	82.79	31.39	15.73	4.01	133.92
2012-5-31	吐鲁番供电公司	7512.15	71.16	644.50	597.00	626.00	67.85	4693.24	5984.09
2012-5-31	检修公司	7926.55	77.89	719.49	952.04	897.13	94.71	4841.47	6785.35
2012-5-31	新疆电科院	7911.85	81.76	724.6	947.43	907.19	96.93	4844.48	6796.03

表 2、表 3 和图 2 验证了油色谱在线数据中特征气体的异常增长现象，尤其是氢气、乙炔、总烃严重超标，怀疑设备内部存在缺陷。

为确定故障性质，计算绝对产气速率值如下：

$r_{a(H_2)}$ = 24 815.20mL/天，远大于注意值 10mL/天；

$r_{a(C_2H_2)}$ = 15 377.62mL/天，远大于注意值 0.2mL/天；

$r_{a(总烃)}$＝21 106.37mL/天，远大于注意值 12mL/天。

产气速率严重超出注意值，由此判断该高压电抗器存在严重缺陷。

（1）根据特征气体法，当设备存在过热性故障时，会产生甲烷和乙烯两种特征气体，二者之和占总烃的 80％以上，其次是氢气和乙烷。而且随着故障点温度的升高，乙烯所占的比例将增加。该高压电抗器甲烷和乙烯占总烃 35.28％，判断该设备内部存在过热性故障。

（2）根据特征气体法，当设备存在放电故障时，会产生大量的乙炔和氢气成分。通过 750kV 吐哈一线 B 相高压电抗器 2012 年 5 月 31 日在线与试验数据看出，氢气、乙炔含量较大且有明显的突增。由此判断，此高压电抗器内部存在电弧放电，紧急停运并更换。

2012 年 8 月，对更换下的高压电抗器做如下解体检查：

（1）起吊上铁轭时，大饼与上铁轭下端接触部位的 9 个大理石垫块脱落且大饼上部靠出线侧和冷却侧的 8 个绝缘垫块均有电腐蚀现象如图 3 所示。

（2）吊开大饼后，发现接地线从地屏焊接位置前端断裂，地屏断裂处绝缘有炭化和放电烧蚀痕迹如图 4 所示。

图 3　750kV 吐哈一线 B 相高压电抗器大理石垫块脱落和绝缘垫块电腐蚀

图 4　750kV 吐哈一线 B 相高压电抗器地屏断裂处绝缘炭化和放电情况

（3）拆开地屏后，发现地屏纸板绝缘表面炭化严重，地屏连接铜带与接地线焊接口处局部已烧熔，如图 5 所示。

（4）接地线断裂处铜线芯已缩进绝缘内，外包绝缘表面有炭化痕迹，怀疑为拉断所致，如图 6 所示。

高压电抗器设计存在缺陷。其地屏接地线在穿过大饼及上铁轭时，固定较紧、无伸缩裕度，导致高压电抗器往复振动过程中地屏接地线出线断裂。同时芯柱压紧力超设计值，大理石垫块损坏脱落引起铁芯饼振动增大，加速了地屏接地线的断裂，使得铁芯饼产生悬浮电位放电，导致氢气、乙炔等气体突增。

图 5　750kV 吐哈一线 B 相高压电抗器地屏连接铜带与接地线焊接口处局部烧熔

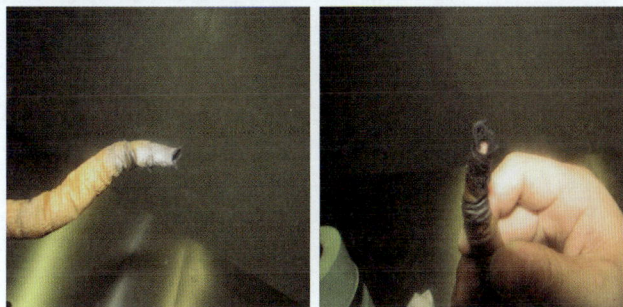

图 6　750kV 吐哈一线 B 相高压电抗器接地线断裂情况

含量的变化趋势，结合便携式色谱仪和实验室检测可准确判断设备缺陷的性质。

经验体会

（1）根据设备运行状况设定油色谱在线装置的巡视周期，严格按照制定的周期在线检测，发现数据异常变化时，应立即进行绝缘油离线实验室化验，对试验结果进行横向和纵向对比，再根据理论知识进行分析判断，采取适当措施，避免缺陷的进一步扩大。

（2）油色谱在线装置可准确反映设备内部气体

检测信息

检测人员	国网新疆电力公司检修公司：黄志强（36 岁）、黄黎明（33 岁）、殷红霞（36 岁）、杨继红（32 岁）、唐程（30 岁）、杨乐（28 岁）。 国网新疆电力公司电力科学研究院：徐路强（30 岁）、何丹东（31 岁）、范旭华（59 岁）、金铭（28 岁）、孙帆（27）岁、许广虎（31）岁、吴标（28）岁
检测仪器	2000 便携色谱仪（河南中分）、TROM-600 色谱在线监测装置（思源）
测试环境	温度 25℃、相对湿度 29％

2.1.42　油中溶解气体分析发现 220kV 山北变电站 1 号主变压器乙炔含量超标

案例简介

国网新疆电力公司哈密供电公司 220kV 山北变电站 1 号主变压器，型号为 SFSZ10-150000，2010 年 12 月 5 日投运。2011 年 2 月 8 日 1 号变压器因 35kV 1 号站用变压器高压侧电缆头发生相间短路故障受到冲击。检测人员对该主变压器进行油色谱分析发现痕量乙炔，随即加强检测跟踪。2011 年 7 月 6 日，油色谱分析乙炔含量超标，立即停电检查，发现变压器绝缘不合格。初步判断为该变压器内部存在放电现象。2011 年 7 月 13 日，该主变压器退运返厂。

检测分析方法

2011 年 2 月 8 日，该变电站 35kV 1 号站用变压器高压侧电缆头发生相间短路故障，1 号主变压器受到冲击。检测人员对该主变压器进行油色谱分析发现痕量乙炔，随即加强检测跟踪。2011 年 7 月 6 日，油色谱分析乙炔含量超标，含量为 $5.61\mu L/L$，超过了注意值，测试数据见表 1。

表 1　　　　　　　　　　220kV 山北变电站 1 号主变压器油色谱分析数据　　　　　　　　　　$\mu L/L$

测试日期	H_2 含量	CO 含量	CO_2 含量	CH_4 含量	C_2H_4 含量	C_2H_6 含量	C_2H_2 含量	总烃含量
2010-12-24	小于检测限	3.2	314.32	0.62	0.24	0.64	小于检测限	1.5
2011-2-8	0.75	2.46	118.21	0.24	0.12	0.3	0.4	1.06
2011-3-02	1.84	5.09	171.41	0.34	0.14	0.32	0.4	1.2
2011-4-18	3.79	8.72	157.96	0.3	0.13	0.25	0.41	1.09
2011-6-14	小于检测限	3.87	427.99	0.93	0.27	0.34	0.71	2.25
2011-7-6	21.0	20.18	199.42	2.01	1.48	0.46	5.61	9.56

检测人员立即安排该主变压器停电检修，发现夹件绝缘电阻测试结果为 120MΩ，与出厂值 1000MΩ 相比，变化较大。

检测人员对该主变压器进行绕组变形、低压短路阻抗及局部放电等诊断性试验发现该主变压器低压绕组存在变形，低压短路阻抗试验不合格，局部放电测试结果超标，初步判断为主变压器内部存在放电现象。

2011 年 7 月 23 日对该主变压器返厂解体检查，发现高压 C 相绕组侧油箱底部有较多黑色沉积物及水迹，如图 1 所示。

试验结果显示该主变压器本体油微水试验 35.2mg/L，超出 25mg/L 的规范要求；测试铁芯对地绝缘电阻为 800MΩ，夹件对地绝缘电阻为 400MΩ，铁芯对夹件绝缘电阻为 80MΩ，绝缘强度严重不足，高压侧三相绕组上端压板发现大面积黑色污染物，并由 A 相至 C 相逐渐加重，黑色痕迹疑似为碳化物，取掉铁芯上铁轭后，C 相铁芯及相邻旁轭顶部靠近低压侧方向局部有黑色放电痕迹，如图 2 所示。

图 1　220kV 山北变电站 1 号主变压器 C 相绕组侧油箱底部黑色沉积物及水迹

图 2　220kV 山北变电站 1 号主变压器绕组压板上端黑色放电痕迹

通过综合分析，该主变压器内部放电的原因是安装注油过程中不慎将不合格的油注入了该变压器，静置过程中油中水分全部沉积到了油箱底部。在该主变压器受到冲击后，在冲击力的作用下将一部分水带到了夹件、高压绕组上端压板、铁芯及相邻旁轭顶部靠近低压侧方向，使得夹件受潮，导致绝缘电阻降低，造成了该变压器内部的局部放电。

❖ 经验体会

（1）油色谱分析能够有效地发现变压器内部存在的缺陷，但还应结合停电试验进一步准确地判断设备内部存在的缺陷类型和缺陷位置。

（2）造成该主变压器内部放电的原因是安装过程中注油工序把关不严，将受潮的油注入该主变压器。因此，在今后的工作当中一定要把好设备投运前的每一关，真正保证设备零缺陷投入运行。

❖ 检测信息

检测人员	国网新疆电力公司哈密供电公司：赵普志（29 岁）、党杰（27 岁）、卢波（30 岁）、刘鑫（28 岁）。国网新疆电力公司电力科学研究院：金铭（28 岁）、许广虎（31 岁）、吴标（28 岁）
检测仪器	2000A 气相色谱仪（中分）、RBX—4 变压器绕组变形测试仪
测试环境	温度 10℃、相对湿度 25％

2.1.43 油中溶解气体分析发现 35kV 煤窟沟变电站 2 号主变压器高温过热

案例简介

国网新疆电力公司吐鲁番供电公司 35kV 煤窑沟变电站 2 号主变压器于 2006 年 6 月投入运行，是吐鲁番 35kV 煤窑沟变电站直供七泉湖工业园的重要供电设备。2011 年 7 月 6 日下午 6 时，班组工作人员对 35kV 煤窟沟变电站 2 号主变压器进行了油中溶解气体分析，发现主变压器总烃超标，含量为 514.95μL/L，超出导则规定的注意值。缩短检测周期进行跟踪分析，发现总烃增长较快，并伴有乙炔出现，2011 年 12 月 3 日氢气和总烃含量剧增，分析判断变压器内部存在高温过热故障。随即对该变压器进行停电试验发现直阻等试验数据不合格，随即安排吊芯检查，发现无载分接开关静触头螺栓松动并有烧黑现象。经分析，发热问题应是由静触头螺栓松动导致，对无载分接开关静触头螺栓进行了打磨紧固，滤油处理后恢复送电。再次检测设备运行正常，避免了 35kV 主变压器跳闸事故的发生。

检测分析方法

2011 年 7 月 6 日下午 6 时，对 35kV 煤窟沟变电站 2 号主变压器进行油中溶解气体分析时发现主变压器总烃超标，持续跟踪分析，总烃增长较快，并伴有乙炔出现，2011 年 12 月 3 日检测发现特征气体含量剧增，立即将主变压器退出运行。依据 GB/T 17623—1998《绝缘油中溶解气体组分含量的气相色谱测定法》测定油中溶解气体含量见表 1。

表 1 　　35kV 煤窟沟变电站 2 号主变压器绝缘油色谱跟踪分析数据　　　　μL/L

试验日期	试验原因	含量							
		H_2	CO	CO_2	CH_4	C_2H_6	C_2H_4	C_2H_2	总烃
2011-7-6	常规	66.43	88.26	1645.96	158.77	52.19	303.99	0	514.95
2011-8-3	跟踪	70.29	100.78	1506.38	203.31	83.38	468.18	0	754.87
2011-9-26	跟踪	88.72	86.24	1428.45	252.55	112.19	625.97	1.46	992.17
2011-10-24	跟踪	106.25	91.35	1480.44	281.98	129.30	687.72	2.56	1081.56
2011-11-22	跟踪	142.50	123.66	1580.44	296.26	142.08	727.45	3.08	1168.87
2011-12-3	跟踪	676.74	176.11	1665.02	969.55	570.57	2483.26	17.48	4040.86

分析油中溶解气体含量，氢气、乙炔、总烃含量超过注意值，计算氢气、乙炔、总烃绝对产气率分别为：122.75、3.31、659.87μL/天，总烃相对产气率达 136.94%/月，均已超过注意值。甲烷和乙烯占总烃含量的主要成分，且甲烷和乙烯含量增速较快，氢气含量急剧增大。根据 DL/T 722—2000《变压器油中溶解气体分析和判断导则》对油色谱试验数据进行综合分析，三比值编码为 022，判断为设备内部存在高于 700℃的过热故障。

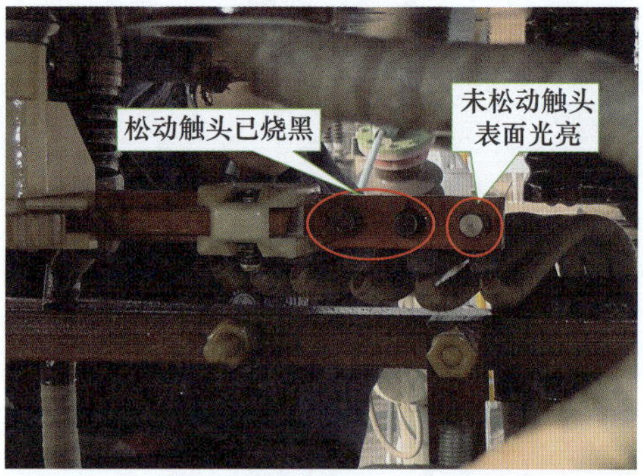

图 1　35kV 煤窟沟变电站 2 号主变压器无载分接开关静触头烧黑图片

松动触头已烧黑

未松动触头表面光亮

该变压器停电检修时，诊断性试验发现该变压器 35kV 侧直流电阻三相不平衡率为 2.4%，超过标准值，初步判断 35kV 侧绕组或分接开关可能存在缺陷。吊芯检查发现该变压器无载分接开关静触头螺栓松动，静触头接触面由于灼烧而发黑，如图 1 所示。

经过分析，判断是分接开关静触头螺栓松动造成接触面电阻增大，引起高温过热，致使静触头接触面由于灼烧而发黑，绝缘油裂解产生特征气体。由于该主变压器为无载调压变压器，分接开关位于本体油箱内，故判断油中烃类和氢气超标是由于分接开关部位缺陷所致，随即对分接开关静触头螺栓进行了打磨紧固，主变压器滤油处理并试验合格后投入运行，设备恢复正常。

168

经验体会

（1）油中溶解气体色谱分析对设备内部存在的潜伏性故障反应灵敏，能准确判断故障严重程度及发展趋势，结合诊断性试验及设备解体检查等方式可确定故障性质和部位。

（2）由于负荷剧烈变化、热胀冷缩及机械振动等原因可能造成设备连接螺栓松动而引起发热或产生局部放电现象，应适当加强季节交替、重负荷时的带电检测工作。

检测信息

检测人员	国网新疆电力公司吐鲁番供电公司：王晓瑜（42岁）、王佩（26岁） 国网新疆电力公司电力科学研究院：许广虎（30岁）、马捍超（28岁）、吴标（28岁）
检测仪器	2000A 气相色谱仪（河南中分仪器厂）
测试环境	温度23℃、相对湿度35％、大气压力98.6kPa

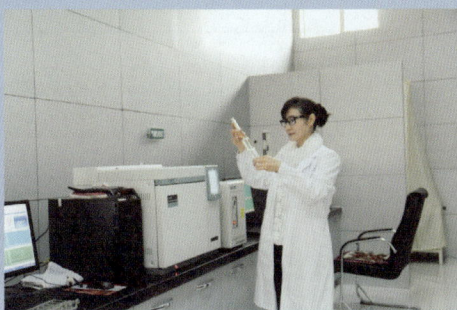

2.1.44 油中溶解气体分析发现750kV哈密变电站哈吐一线C相高压电抗器悬浮放电

案例简介

国网新疆电力公司检修公司750kV哈密变电站750kV高压电抗器，型号为BKD2-140000/800-110，生产日期为2009年9月1日，投运日期为2010年1月8日。750kV哈吐一线C相高压电抗器投运后油色谱分析发现痕量乙炔，随即加强油色谱在线和离线跟踪检测。2011年7月24日油色谱在线监测装置发现特征气体含量突增，便携式色谱仪和实验室色谱仪检测结果与在线数据一致，初步判断高压电抗器内部存在严重放电缺陷。立即安排停电解体检查，发现高压电抗器地屏接地线断裂。通过油色谱在线监测及时发现高压电抗器危急缺陷，成功排除了一起750kV变电站重要设备的安全隐患，保证新疆电网稳定运行。

检测分析方法

（1）数据分析。2011年7月24日750kV哈吐一线C相高压电抗器油色谱在线监测装置告警，各特征气体含量出现异常突增，数据见表1，柱状图数据如图1所示。经油色谱离线检测分析，离线测试结果与色谱在线数据一致，初步判断该高压电抗器内部出现故障，试验室数据见表2，柱状图如图2所示。

表1　　　　　750kV哈吐一线C相高压电抗器油色谱在线监测数据　　　　　　　　μL/L

时间	H_2含量	CH_4含量	C_2H_6含量	C_2H_4含量	C_2H_4含量	CO含量	CO_2含量	总烃含量
2011-4-12	47.20	50.20	42.88	29.37	18.99	5.38	226.76	96.70
2011-7-10	111.15	0.00	543.61	41.67	20.63	6.44	4.22	72.96
2011-7-24	1284.36	0.00	816.60	122.51	163.39	81.95	160.01	1102.50

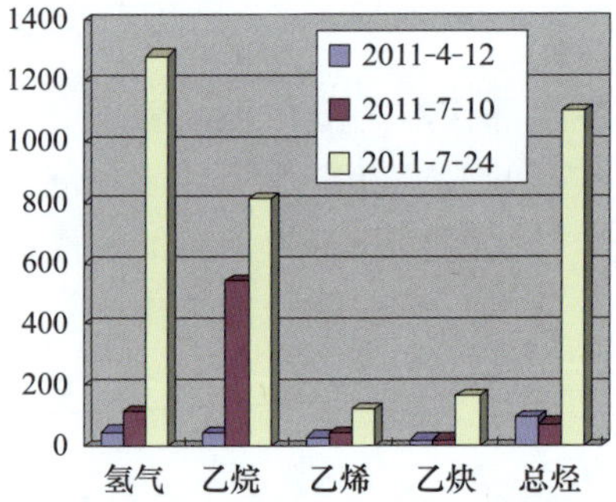

图 1 750kV 哈吐一线 C 相高压电抗器油色谱在线监测数据柱状图

表 2   750kV 哈吐一线 C 相高压电抗器试验室数据   μL/L

时间	H₂ 含量	CH₄ 含量	C₂H₆ 含量	C₂H₄ 含量	C₂H₂ 含量	CO 含量	CO₂ 含量	总烃含量
2011-5-14	54.02	57.71	50.28	30.77	20.33	6.44	260.50	107.80
2011-7-21	62.91	49.11	29.43	10.82	4.28	84.58	525.05	93.64
2011-7-25	7238.97	695.16	231.6	2394.3	2308.92	61.64	267.36	5629.71

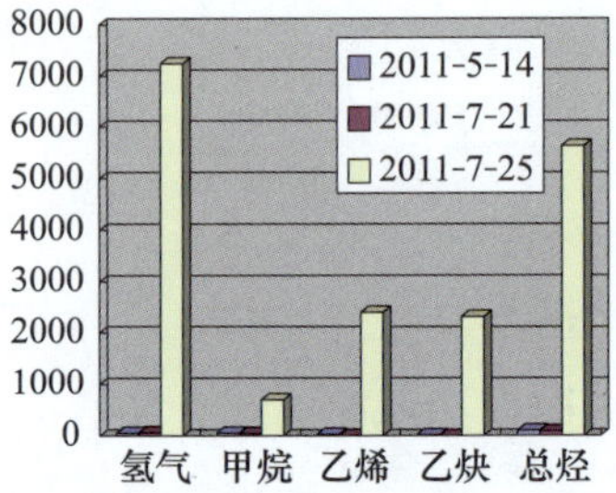

图 2 750kV 哈吐一线 C 相高压
电抗器试验室数据柱状图

从表 1、表 2 和图 1、图 2 中可以看出在线检测数据和离线试验室数据中的各特征气体含量突增且严重超过注意值。

根据试验室两次数据计算出绝对产气速率值如下：

$$r_{a(H_2)} = 28513.81 \text{mL/d} \quad 远大于注意值 10\text{mL/d};$$

$$r_{a(C_2H_2)} = 9157.40 \text{mL/d} \quad 远大于注意值 0.2\text{mL/d};$$

$$r_{a(总烃)} = 21\,997.37 \text{mL/d} \quad 远大于注意值 12\text{mL/d}。$$

绝对产气速率均严重超过注意值，由此判断设备内部存在故障。

（2）故障判断方法。

1）根据特征气体法判断，当设备存在过热故障时：首先会产生甲烷和乙烯两种特征气体，二者之和占总烃的 80% 以上，其次是氢气和乙烷。而且随着故障点温度的升高，乙烯所占的比例将增加。该高压电抗器甲烷和乙烯占总烃 54.87%，判断该设备内部存在过热性故障。

2）根据特征气体法判断，当设备存在放电故障时，会产生大量的乙炔和氢气。通过 7 月 24 日在线与 25 日离线试验数据看出，氢气、乙炔等特征气体有明显的突增现象，判断设备内部存在电弧放电故障。随即安排该高压电抗器停运并进行更换。

（3）解体检查情况。2011 年 8 月对该故障高压电抗器进行解体检查。

1）油箱上下沿连接处、螺孔内外侧方钢上有多处发黑痕迹。芯柱地屏接地线明显烧痕且脱落在油箱底部如图 3 所示。

图 3 高压电抗器解体图

2）铁芯上部大饼与垫压木间、大理石间隙垫、大饼与上铁轭下表面有明显电弧烧痕。多块大理石间隙垫破碎，铁芯饼与绝缘垫木间多块纸板上有电弧烧痕如图4所示。

图4　750kV 哈吐一线 C 相高压电抗器高压电抗器解体图

（4）原因分析。高压电抗器设计存在缺陷。其地屏接地线在穿过大饼及上铁轭时固定较紧、无伸缩裕度，导致高压电抗器往复振动过程中地屏接地线出线断裂。同时芯柱压紧力超设计值，大理石垫块损坏脱落引起铁芯饼振动增大，加速了地屏接地线的断裂，使得铁芯饼产生悬浮电位放电，导致氢气、乙炔等气体突增。

经验体会

（1）根据设备运行状况设定油色谱在线装置的巡视周期，严格按照制定的周期在线检测，发现数据异常变化时，应立即进行绝缘油离线实验室化验，对试验结果进行横向和纵向对比，再根据理论知识进行分析判断，采取适当措施，避免缺陷的进一步扩大。

（2）油色谱在线装置可准确反映设备内部气体含量的变化趋势，结合便携式色谱仪和实验室检测可准确判断设备缺陷的性质。

检测信息

检测人员	国网新疆电力公司检修公司：殷红霞（36 岁）、唐程（30 岁）、黄黎明（33 岁）、杨乐（28 岁）、杨继红（31 岁）、董雪莲（26 岁）。国网新疆电力公司电力科学研究院：范旭华（59 岁）、徐路强（30 岁）、何丹东（31 岁）、金铭（28 岁）、孙帆（27 岁）、许广虎（31 岁）、吴标（28 岁）
检测仪器	TROM-600 色谱在线监测装置（思源电气）、2000A 油色谱分析仪（河南中分仪器厂）
测试环境	温度 25℃、相对湿度 25%、大气压力 91.21kPa

2.1.45 油中溶解气体及铁芯接地电流检测发现 110kV 金源路变电站 1 号主变压器铁芯多点接地

❖ 案例简介

国网天津市电力公司滨海供电分公司运维的 110kV 金源路变电站 1 号主变压器于 2008 年 12 月 19 日投运，型号为 SSZ10-50000/110，自投运以来运行良好，负载率在 30% 左右，共计调压 800 余次，未发生过缺陷及经受过不良工况。2013 年 7 月 30 日 15 时，运行人员检测 110kV 金源路变电站 1 号主变压器铁芯接地电流为 1.8A，当天安排检修试验人员进行了铁芯接地电流复测和油色谱分析，油色谱无异常，接地电流复测与运行测试吻合，后经国网天津市电力公司电力科学研究院进行油色谱复测，油色谱结果合格，随后安排检修试验专业人员对该台主变压器进行了铁芯接地电流、油色谱跟踪测试，其中铁芯接地电流每周一次，一直保持 1.8A，经分析为铁芯多点接地。通过油色谱跟踪及铁芯接地电流密切监测，该缺陷比较稳定，由于该台主变压器于 2013 年 6 月刚停电进行了例行试验，决定采取串接电阻限制接地环流的措施。2013 年 10 月购置两只 500Ω、500W 的电阻，采取两只电阻并联方式串入变压器铁芯接地回路的临时措施，将接地电流值限制在标准范围 0.1A 内（实际接地环流限制在 2mA 左右），保证了变压器安全运行。

❖ 检测分析方法

2013 年 7 月 30 日，国网天津市电力公司滨海供电分公司运行人员在测试金源路站 1 号主变压器铁芯接地电流时发现铁芯接地电流大，达到 1.8A。仔细查看历次试验记录，发现 2013 年 5 月 17 日铁芯接地电流 0.08mA；2013 年 6 月 9 日例行试验各项数据正常，铁芯对地绝缘电阻 1000MΩ；查运行及缺陷情况，此期间并未出现 35、10kV 出线接地及短路缺陷，负荷也一直稳定在 30% 左右。推测铁芯接地电流增大的原因为 6 月 9 日主变压器停电检修完成后，送电时出现励磁涌流冲击导致了变压器振动，进而引起了铁芯多点接地。

为分析铁芯多点接地缺陷的严重程度，对该变压器进行油色谱跟踪检测，铁芯接地电流增大前后油中溶解气体分析数据见表 1。

表 1　　　　金源路站 1 号主变压器铁芯接地电流增大前后油中溶解气体分析数据

油中溶解气体含量	2013-4-9	2013-7-30	2013-8-7	2013-8-28	2013-9-25	2013-10-21	2013-11-19
氢气 H_2（μL/L）	6.63	12.48	15.38	15.40	10.21	90.45	15.17
一氧化碳 CO（μL/L）	126.54	133.11	138.94	144.24	138.71	142.77	141.85
二氧化碳 CO_2（μL/L）	1313.50	1723.81	1765.75	1786.64	1716.95	1763.15	1630.66
甲烷 CH_4（μL/L）	3.15	3.46	3.44	3.24	3.48	3.94	3.77
乙烯 C_2H_4（μL/L）	0.92	0.85	0.81	0.74	0.90	0.92	1.01
乙烷 C_2H_6（μL/L）	1.12	1.43	1.27	1.08	1.41	1.32	1.81
乙炔 C_2H_2（μL/L）	0.00	0.11	0.12	0.09	0.09	0.08	0.13
总烃（μL/L）	5.19	5.85	5.64	5.15	5.88	6.26	6.72
总烃产气速率（%/月）	1.36	3.18	—	−8.69	14.17	6.46	7.35
CO 含量增长率（%）	−21.001	5.192	5.345	3.815	−3.834	2.927	−0.644

从历次铁芯接地电流及油色谱分析数据看，油色谱中发现微量乙炔，但一直在合格范围内，应是铁芯接地电流大后过热导致。通过油色谱跟踪及铁芯接地电流密切监测，该缺陷比较稳定，由于该台主变压器 2013 年 6 月刚停电进行了例行试验，通过状态评价及检修决策，决定采取串接电阻限制接地环流的措施。

2013 年 10 月购置两只 500Ω、500W 的电阻，采取两只电阻并联方式串入变压器铁芯接地回路的临时措施，以限制接地电流值在标准范围 0.1A 内（实际接地环流限制在 2mA 左右），如图 1 所示。防止环流使铁芯发热，油温升高，绝缘件炭化，产生可燃气体，引起轻瓦斯动作。并定期安排铁芯接地电流测试，防止铁芯多点接地消失，造成变压器铁芯电位过高而损坏。

还对运行人员铁芯接地电流测试方法进行了规范，要求测试时尽可能在变压器中间部位测量（此处变压器漏磁通相对较小），先将钳形表紧贴被测导线（但不钳入），得第一次测量数据，即为干扰电流值。然后再将被测导线钳入，读第二次测得的电流值。后者减前者，即近似为铁芯接地电流。

此次处理金源路站 1 号主变压器铁芯多点接地缺陷，避免了变压器损坏事故；通过规范铁芯接地电流测试能及时准确发现此类缺陷，保障变压器铁芯安全运行。下一步措施如下：

（1）结合主变压器停电时测量铁芯绝缘电阻，如绝缘电阻在测量过程中变化较大，或变压器内部有间歇性放电声，变压器铁芯和夹件可能存在虚接地问题，此时，可尝试利用电容器充放电，将异物击穿或打落（用绝缘电阻表将电力电容器充电，然后对铁芯放电）；如绝缘电阻为零，则变压器内部存在实接地，也可尝试利用电容充放电击穿异物，但成功率较低。

图 1　金源路站 1 号主变压器铁芯接地回路串接电阻

（2）如变压器停电处理后问题仍未解决，且有不断发展的趋势，可结合变压器运行年限、缺陷情况、状态评价结果，对变压器进行 A 类检修，彻底排除缺陷。

经验体会

（1）运行中的变压器铁芯必须有一点可靠接地，如两点或多点接地就属于缺陷。变压器铁芯多点接地是比较常见的一种缺陷，如厂家设计制造不良，内部绝缘距离不够，油内有金属焊碴等都可能引起铁芯多点接地缺陷。

（2）判断变压器是否存在铁芯多点接地可以采用铁芯接地电流带电检测和停电时测量铁芯绝缘电阻。运行中铁芯接地电流测试一般采用钳形电流表，但由于变压器漏磁通影响，会导致测量的接地电流存在偏差，因此要对测量人员的测试方法进行规范。

（3）出现铁芯多点接地缺陷后要根据铁芯接地电流大小并结合油色谱分析判断缺陷的严重程度，并进行跟踪测试掌握缺陷变化趋势。

（4）对铁芯多点接地的处理可采取在铁芯接地回路串接电阻的临时措施，变压器停电后可采取电容充放电法试着消除缺陷，若不能就需要 A 类检修，吊罩进行检查处理，彻底消除缺陷。

检测信息

检测人员	国网天津市电力公司滨海供电分公司：吕磊（42 岁）、赵立炟（28 岁）、王秀红（42 岁）
检测仪器	MCL-800D 铁芯接地电流测试仪（日本）、2000B 色谱分析仪（河南中分仪器厂）
测试环境	温度 35℃、晴、相对湿度 54％

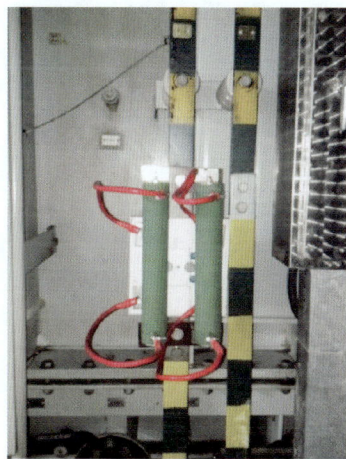

2.1.46 油中溶解气体分析发现 220kV 神农变电站 1 号主变压器高压侧套管末屏放电

❖ 案例简介

国网山西省电力公司晋城供电公司运维的 220kV 神农变电站 1 号主变压器于 2006 年 10 月 10 日投入运行。2013 年 09 月 21 日 10 时，变电检修人员在对 220kV 神农变电站变压器进行油样色谱分析时，发现 1 号主变压器 220kV C 相套管油中甲烷和乙炔含量严重超过注意值。9 月 23 日 11 时，停电试验时发现 1 号主变压器 220kV C 相套管末屏绝缘电阻、介质损耗严重超过注意值，且末屏内有碳化、渗油现象。1 号主变压器 220kV 套管铭牌见表 1。该套管末屏采用弹簧压紧式结构，内部顶帽与末屏金属外壳出现接触不良现象，导致末屏无法可靠接地，从而引起悬浮电位放电。2013 年 09 月 26 日更换为传奇电气（沈阳）有限公司生产的新套管，更换后的新套管试验合格。

表 1   1 号主变压器 220kV 套管铭牌

型　　号	BRDLW2-252/630-4	出厂日期	2006 年 6 月
额定电压	252kV	额定电流	630A
出厂编号	A：06014、B：06015、C：06013	生产厂家	抚顺传奇套管有限公司

❖ 检测分析方法

油务人员对 1 号主变压器 220kV 套管进行油色谱例行试验，试验结果见表 2。从中可以看出，C 相套管油中甲烷、乙炔含量均严重超过注意值，其他试验项目数据均正常。根据 IEC 特征气体三比值法判断：三比值编码为"122"，C 相套管存在电弧放电兼过热故障。

表 2   套管油色谱化验数据   μL/L

日　期	设备名称	H_2 含量	CO 含量	CH_4 含量	CO_2 含量	C_2H_4 含量	C_2H_6 含量	C_2H_2 含量	总烃含量	结论
2013-9-21	1 号主变压器 220kV 套管 A 相	5	402	3	624	1	1	0	5	正常
2013-9-21	1 号主变压器 220kV 套管 B 相	8	346	3	655	0	0	0	3	正常
2013-9-21	1 号主变压器 220kV 套管 C 相	406	230	1530	706	3200	464	2572	7766	异常
2013-9-21	1 号主变压器 220kV 套管 O 相	12	274	9	920	1	12	0	22	正常
试验标准	乙炔≤1μL/L（220kV 及以上）；氢气≤500μL/L；甲烷≤100μL/L（注意值）									

1 号主变压器停电试验过程中，电气试验人员对套管末屏进行绝缘电阻和介损测试，试验结果见表 3。从中可以看出，220kV C 相套管末屏绝缘电阻只有 0.1MΩ，末屏介损试验时，电压升不到 2000V，试验电压升至 500V 时，介损为 7.788%，试验电压升至 1000V 时，介损为 56.79%。试验人员在试验过程中，发现 C 相套管末屏内有碳化、渗油现象，如图 1 所示。

表 3   套管末屏高压试验数据

试验项目	A	B	C	中性点
主绝缘电阻（MΩ）	25 000	20 000	20 000	21 000
介损	0.377%	0.454%	0.461%	0.591%
额定电容（pF）	383	387	384	318
实测电容（pF）	382	386.1	381.6	316.5
末屏对地绝缘电阻（MΩ）	4900	6300	0.1	5810
末屏介损	0.322%	0.317%	56.79%	0.332%

试验标准：主绝缘不低于 10 000MΩ，介质损耗不大于 0.8%，电容量初值差不大于±5%；末屏对地绝缘不低于 1000MΩ，否则要测量末屏介质损耗，应小于 1.5%（注意值）

(a)    (b)

图1 C相套管末屏照片

(a) 末屏防雨帽照片；(b) 末屏装置照片

　　根据电气试验及油色谱数据综合分析，220kV 神农变电站 1 号主变压器 220kV C 相套管末屏接地不良，长期运行造成恶性循环，引起局部放电，导致末屏绝缘损坏，使得套管内的绝缘油分解出大量可燃性气体。为了进一步分析故障原因，对 C 相套管进行返厂解体，发现绝缘垫和绝缘件有放电烧蚀痕迹，内部顶帽和末屏金属外壳内部有烧损痕迹，绝缘油质变黑，如图 2～图 4 所示。

图2 绝缘垫和绝缘件放电烧蚀痕迹

图3 顶帽和末屏金属外壳内部烧损痕迹

　　从图 2、图 3 中可以看出，末屏内已发生悬浮电位放电，末屏接地不良是导致局部放电的根本原因。该类型末屏采用弹簧压紧式结构，弹簧做导体，由于设计存在缺陷，弹簧长期受压出现松弛、弹力不足，内部顶帽与末屏金属外壳不能良好接触。在持续运行过程中，局部放电使得套管内部绝缘油变质、碳化，产生油泥，末屏绝缘件碳化，密封不严，降低了末屏的绝缘强度，出现渗油现象。局部放电能量累积到一定程度，也可能造成套管主绝缘的电容屏发生击穿，引起事故。由于发现及时，避免了重大事故的发生。

　　1 号主变压器 220kV C 相套管已存在严重安全隐患，不可继续投运。2013 年 09 月 26 日更换 C 相套管，新套管为传奇电气（沈阳）有限公司生产，对更换后的新套管进行绝缘电阻、介质损耗、耐压、局部放电等交接试验项目，试验合格。其中部分试验数据见表 4。

图4 套管内油质变黑

表4   新套管电气试验数据比对

试验项目	A	B	C	中性点
主绝缘电阻（MΩ）	25 000	20 000	20 000	21 000
介损	0.377％	0.454％	0.244％	0.591％
额定电容（pF）	383	387	401	318
实测电容（pF）	382	386.1	395.6	316.5

试验项目	A	B	C	中性点
末屏对地绝缘电阻（MΩ）	4900	6300	5920	5810
末屏介损	0.322%	0.317%	0.310%	0.332%

试验标准：主绝缘不低于 10 000MΩ，介质损耗不大于 0.8%，电容量初值差不大于±5%；末屏对地绝缘不低于 1000MΩ，否则要测量末屏介质损耗，应小于 1.5%（注意值）

09 月 27 日，对送电后的 1 号主变压器 220kV C 相套管的油样进行色谱化验，结果合格，试验结果见表 5。

表 5　　　　　　　　　　　　　新套管油色谱化验数据　　　　　　　　　　　　　μL/L

220kV 神农站 1 号主变压器 220kV 套管色谱分析数据									
日　期	设备名称	H_2 含量	CO 含量	CH_4 含量	CO_2 含量	C_2H_4 含量	C_2H_6 含量	C_2H_2 含量	总烃含量	结论
2013-09-27	1 号主变压器 220kV 套管 C 相	1	86	1	289	0	0	0	1	正常
试验标准	乙炔≤1μL/L（220kV 及以上）；氢气≤500μL/L；甲烷≤100μL/L（注意值）									

经验体会

（1）熟悉各类套管末屏的接地方式。220kV 神农站 1 号主变压器 220kV 套管属于弹簧压接式结构，防雨帽不具备接地作用，仅起到防雨作用。在此类变压器套管安装、检修试验完成后，应严格执行接地检测，使用厂家提供的专用工具，确保弹簧回弹良好，有效接地。

（2）例行巡视时，应依靠声音和外观判断套管末屏内有无局部放电和渗油。红外成像测温时，应对末屏进行重点检测，通过三相图谱比较，来判断末屏温度是否正常。

（3）例行试验时，重视套管油色谱试验、末屏绝缘电阻和末屏介损试验，发现超过试验规程标准值，应分析查明原因。

检测信息

检测人员	国网山西省电力公司晋城供电公司变电检修专业：彭飞（40 岁）、栗国晋（47 岁）、靳素芳（43 岁）、吕晋红（46 岁）、李鹏（34 岁）、王文华（32 岁）、李磊（26 岁）、高佳琦（26 岁）。国网山西省电力科学研究院变压器技术监督专业：俞华（34 岁）
检测仪器	中分 2000 色谱仪、AI-6000E 介损测试仪、FLUKE-1550B 绝缘电阻表
测试环境	晴、风力 1 级、相对湿度 45%、环境温度 21℃

2.1.47 油中溶解气体分析发现110kV泊里变电站2号主变压器引线断股

案例简介

国网山西省电力公司阳泉供电公司110kV泊里变电站110kV2号主变压器（型式SFSZ7-31500/110，太原变压器厂生产，编号：870225）于1988年投运，2010年12月17日，试验人员按照周期对110kV及以上变压器油中溶解气体分析时，发现泊里站2号主变压器总烃超过注意值。随后进行了跟踪试验。

2010年12月17日采样时，2号主变压器负荷为6.8MW（主变压器容量为31.5MVA），变压器属于轻载运行，环境温度3℃，主变压器高压分接开关在2分头运行。油色谱数据见表1。

表1 油色谱试验数据 μL/L

试验日期	试验性质	H_2 含量	CO 含量	CO_2 含量	CH_4 含量	C_2H_4 含量	C_2H_6 含量	C_2H_2 含量	总烃含量
2008-4-23	跟踪	77.72	1557	8720	1.01	46.35	1.21	0	48.57
2009-10-16	例行	69.51	843.1	11 532	1.01	29.79	0	0	30.8
2010-12-17	跟踪	101.5	2044	13 507	24.45	128.37	8.97	0	161.8
2010-12-23	跟踪	109.7	2364	15 394	28.70	146.5	9.54	0	184.7
2010-12-30	跟踪	102.1	2134	13 780	26.78	139.5	9.87	0	175.9
2011-1-06	跟踪	103.5	2138	13 790	26.9	137.5	9.85	0	174.25
2011-1-13	跟踪	110.5	2150	13 807	28.91	139.6	8.81	0	177.32
2011-1-19	跟踪	113.4	2278	14 088	28.98	144.1	10.23	0	183.31
2011-1-27	跟踪	111.4	2236	14 080	27.98	149.5	11.60	0	189.08
2011-2-10	跟踪	112.0	2245	14 054	27.52	151.1	11.37	0	189.99
2011-2-16	跟踪	120.7	2263	14 020	28.76	155.8	12.34	0	196.9
2011-2-23	跟踪	122.9	2230	14 011	29.80	154.7	13.28	0	197.78
2011-3-2	跟踪	127.5	2273	14 074	30.40	156.2	12.62	0	199.22
2011-3-9	跟踪	125.1	2264	14 230	31.10	157.6	10.46	0	199.16
2011-3-16	跟踪	129.9	2288	13 970	29.01	156.8	13.50	0	199.31
2011-3-17	跟踪	128.5	2235	14 034	26.40	138.2	12.64	0	177.24
2011-3-18	跟踪	130.4	2231	14 348	30.98	159.5	13.62	0	204.1
2011-3-19	跟踪	133.7	2278	14 139	27.26	155.8	12.88	0	195.94
2011-3-20	跟踪	136.4	2245	14 287	33.88	157.5	10.93	0	202.31
2011-3-21	跟踪	134.4	2289	14 390	31.98	160.9	12.57	0	205.45
2011-3-22	跟踪	136.7	2299	14 123	33.76	153.8	11.30	0	198.86
2011-3-23	跟踪	137.3	2276	14 389	35.76	146.8	13.30	0	195.86
2011-3-24	跟踪	133.5	2291	14 510	29.66	149.7	10.28	0	189.64
2011-3-30	跟踪	140.1	2309	14 490	33.72	160.7	13.26	0	207.68
2011-4-6	跟踪	141.9	2285	14 379	30.88	162.8	14.98	0	208.66

综合考虑泊里变电站2号主变压器运行超过20年，属于老旧变压器，而且CO、CO_2值较高，进行了油糠醛试验，试验合格，排除油老化的可能。2011年3月16日，春检前再次进行色谱跟踪试验，数据无明显变化。从色谱试验数据分析：总烃含量为199.31μL/L，超过注意值150μL/L。其中C_2H_4在烃类气体中占主要成分，应用特征气体法判断为过热性故障。三比值法编码为002，判断结论为高温过热。与历史色谱数据纵向对比，烃类气体的相对产气速率为7.28%，小于规程规定的10%，故障发展趋势缓慢。

检测分析方法

（1）色谱分析法（判断充油设备故障性质）。从色谱试验数据分析：总烃含量为199.31μL/L，超过注意值150μL/L。其中C_2H_4在烃类气体中占主要成分，应用特征气体法判断为过热性故障。三比值法判断结论为高温过热。与历史色谱数据纵向对比，烃类气体的相对产气速率为7.28%，小于规程规定的

10%，故障发展趋势缓慢。主变压器存在不涉及固体绝缘的内部过热故障。

（2）故障诊断。

1）高压带电检测数据判断。2011 年 3 月 16 日，对该变压器进行带电铁芯接地电流测试：铁芯接地电流为 18mA，与往年比较无明显变化。排除变压器多点接地的可能，初步判断该变压器磁路无异常。

2）运行分析。为进一步查找原因，判断缺陷部位。3 月 16 日，进行了转移负荷监视油色谱动态分析。

方式一：不改变分接，高中压运行，低压空载。主变压器运行 3 天，每天进行油色谱跟踪。油色谱仍持续增长，通过 3 月 16~18 日油色谱监测发现特征气体与之前增长速率基本相同。说明故障部位与低压 10kV 侧导电回路相关性小。

方式二：不改变分接，高低压运行，中压空载，运行 3 天。期间每天监测油色谱数据，3 月 19~21 日油色谱仍持续增长，速率与之前基本相同。说明故障部位与中压 35kV 侧导电回路相关性小。

方式三：主变压器高压侧热备用，中低压运行 3 天（3 月 22~24 日），油色谱基本稳定（没有增长趋势），说明缺陷与中压、低压关联度小，缺陷很可能在高压侧。

同时检查变压器潜油泵及相关附件运行时的状态，未发现异常，因此判断特征气体是由变压器高压 110kV 侧导电回路的缺陷引起的。

（3）故障处理过程。2011 年 4 月 7 日停电检查处理，吊罩前进行了高压试验项目：绝缘电阻试验、介损试验，试验结果正常。直流电阻（Ⅱ分头）Ao：758mΩ，Bo：745mΩ，Co：744mΩ（20℃），三相不平衡系数：1.87%，发现 A 相直流电阻值偏大，但不超三相不平衡系数 2%。

4 月 7~10 日对泊里站 2 号主变压器进行吊罩检查，现场检查主变压器绕组及绝缘外观检查良好，变压器吊罩检查如图 1 所示，发现主变压器高压侧 A 相引线接头处有少数断股现象，高压侧 A 相引线接头如图 2 所示。

图 1 变压器吊罩检查　　　　　图 2 高压侧 A 相引线接头

检修人员对引线断股处进行了重新焊接，并对变压器油进行真空脱气处理，送电后按照例行试验要求，进行了 1、4、10 天的色谱跟踪试验，总烃含量明显降低。大修后色谱数据见表 2。

表 2　　　　　　　　　　　　　大修后色谱数据　　　　　　　　　　　　　μL/L

试验日期	试验性质	H_2 含量	CO 含量	CO_2 含量	CH_4 含量	C_2H_4 含量	C_2H_6 含量	C_2H_2 含量	总烃含量
2011-4-11	大修后 1 天	7.35	21.43	726.8	1.91	8.90	1.09	0	11.18
2011-4-14	大修后 4 天	18.09	39.04	841.2	1.22	8.99	0.81	0	11.02
2011-4-20	大修后 10 天	18.78	56.22	1001.3	1.56	9.62	0.84	0	12.02

大修后带电测试铁芯电流为：20mA。大修后高压侧直流电阻（Ⅱ分头）Ao：749mΩ、Bo：744mΩ、Co：745mΩ（20℃），三相不平衡系数：0.64%。

（4）结论。2009 年 10 月 16 日总烃数据值正常，2010 年 12 月 17 日例行试验时总烃值上升，乙烯（C_2H_4）值上升，总烃含量为 161.8μL/L，超过注意值 150μL/L。其中 C_2H_4 在烃类气体中占主要成分。查阅近一年的设备运行记录、检修记录，2009 年 10 月 14 日主变压器停电进行高压套管更换工作，总烃数据异常发生的时间、异常情况的表征与此次吊罩检查的结果相吻合，怀疑当时进行高压套管更换时，施工拉扯引线过度造成轻微断股未能及时发现，运行中导线受伤部分的绝缘在电晕和电流的作用下，A 相引线接头轻微断股处毛刺尖端放电累积效应形成热击穿，造成油色谱总烃升高，符合特征气体法判断以及三比值法判断。另外直流电阻 A 相直流电阻值偏大，与实际解体位置相符。

经验体会

油色谱分析对发现油浸变压器潜伏性故障是非常重要的，当通过油色谱分析发现变压器油中溶解气体异常时，不仅要与规程比较，而且要与历次检测数据进行纵向对比，对故障类型判断准确，同时应结合高压试验数据、设备内部结构以及同型号设备在其他地点运行情况，包括家族性缺陷。观察变化趋势，综合其他手段所得数据，进行综合分析诊断，得出正确结论。

检测信息

检测人员	国网山西省电力公司阳泉供电公司：唐领英（51 岁）、靳海军（46 岁）、李小虎（44 岁）、赵万明（51 岁）。 国网山西省电力科学研究院：俞华（34 岁）、陈昱同（31 岁）、李艳鹏（32 岁）
检测仪器	中分 2000 色谱仪
测试环境	温度 15℃、相对湿度 60％

2.1.48 油中溶解气体分析发现主变压器高温过热

案例简介

国网山东省电力公司潍坊市供电公司 220kV 仁和站 2 号主变压器，型号为 SFSZ10-180000/220，容量 180 000kVA，生产日期为 2005 年，投运日期为 2005 年。2013 年 5 月 20 日，潍坊供电公司电气试验人员在查看各站变压器油在线色谱监测数据时，发现 220kV 仁和站 2 号主变压器在线色谱数据异常，烃类气体超标，增长迅速，且出现乙炔（0.8mL/L），立即安排 21 日现场取样进行色谱分析，总烃升至 369.7mL/L，乙炔 1.76mL/L，变压器状态评价为严重状态。公司组织有关人员反复认真分析试验数据，并结合设备结构，明确了缺陷部位在变压器高压侧 C 相调压绕组 9 分接引出线部分。进一步检查后，发现 220kV C 相调压绕组上部绕组（调压绕组为两绕组并联）9 分接引出线接头与线夹之间基本不接触，导致过热。对缺陷部位导线更换并重新压接后进行绝缘包扎处理，投运后运行正常。

检测分析方法

本变压器安装了色谱在线监测装置，在线监测装置运行情况良好。2013 年 5 月 20 日，查看在线监测数据，发现数据异常，烃类气体超标，增长迅速，且出现乙炔（0.8mL/L）。21 日，取样进行分析，烃类气体继续增长。数据见表 1。

表1			仁和站2号主变压器色谱数据						μL/L
时 间	组 分								备注
	H_2	CO	CO_2	CH_4	C_2H_4	C_2H_6	C_2H_2	总烃	
2013-3-5	14.8	254	630	21.7	23.5	6.5	0	51.7	带电取样
2013-5-20 9：29	55.9	310	730	95.8	120.3	24.6	0.8	241.5	在线监测
2013-5-21	73.8	344	859	148	181	38.9	1.76	369.7	带电取样

分析色谱数据，判断变压器内部存在高温过热性缺陷。合理安排电网运行方式后，将仁和站2号主变压器停电试验，发现变压器220kV侧C相绕组直阻有较大变化，确定故障点在C相高压绕组。

通过认真分析变压器内部结构和变压器各分接头直阻，初步判断缺陷部位在变压器高压侧C相调压绕组9分接引出线部分。

确定缺陷部位后，决定变压器放油后从人孔进入检查处理。首先检查分接开关，未发现放电痕迹。将绕组与引线连接点绝缘剥开，也未发现放电痕迹。在内部采取从绕组与引线连接点开始分段测量8～9分节直流电阻的方法，逐步查找故障部位。不带分接开关测量8～9分节绕组直阻后，确认了故障部位在220kV C相调压绕组上部绕组（调压绕组为两绕组并联后引出）9分接电磁线与线夹之间，与分析结果相同。进一步检查后，发现220kV C相调压绕组上部绕组9分接电磁线与线夹之间基本不接触。如图1～图5所示，导致过热。对缺陷部位线夹更换并重新压接后进行绝缘包扎处理，变压器注油后进行热油循环脱气，按照大修后试验项目进行试验，试验合格。送电后，运行正常。

图1 故障引线

图2 截取缺陷部位

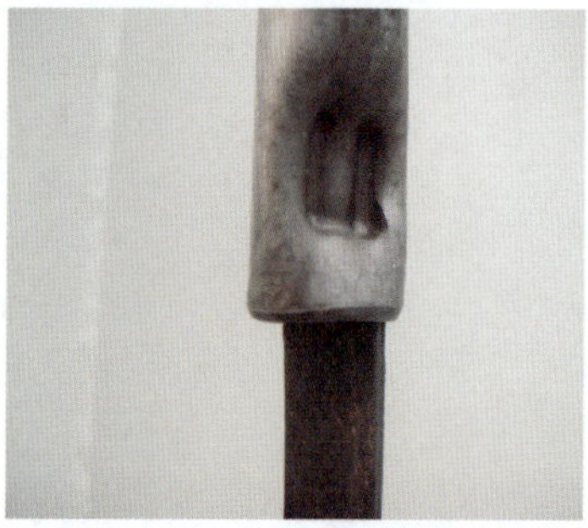

图3 绕组引线与电磁线压接

仁和站2号主变压器从发现缺陷后，由于分析正确，制定的检修策略科学合理，处理及时，避免了一起重大设备事故。

图4 电磁线从线夹中轻易抽出

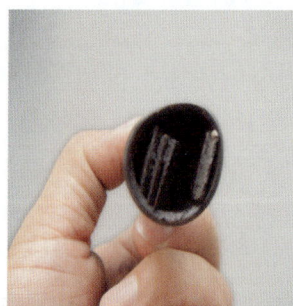

图5 线夹内部填充物（为电磁线段）

🔖 经验体会

（1）在线监测油中溶解气体分析，由于检测及时，运行稳定，检测有较强的敏感度，特别是对于变压器这一设备，能够有效的发现其安装、运行、检修过程中隐藏的缺陷。

（2）油中溶解气体分析对人员的专业水平要求较高，因此检测人员的经验应丰富，综合素质必须高，操作流程要符合规范，这样才能保证测试数据的准确性，为准确判断设备故障原因提供可靠依据。

（3）发现数据异常后，应结合停电试验进行进一步检查、试验。之前必须制订行之有效的试验方案，了解设备结构，有针对性地进行故障排查，才能提高故障判断率。

检测信息

检测人员	国网山东省电力公司潍坊市供电公司：赵玉良（40岁）、牟红（28岁）
检测仪器	3430色谱仪（北京北分）
测试环境	温度20℃、相对湿度40%

2.1.49 油中溶解气体分析发现750kV伊犁变电站伊苏线C相高压电抗器内部金属异物放电

案例简介

国网新疆电力公司检修公司750kV伊犁变电站750kV伊苏线C相高压电抗器，生产日期为2012年8月1日，投运日期为2013年4月26日，型号为BKD-10000/750。2013年5月1日，750kV伊苏线C相高压电抗器试运行后，油色谱分析发现乙炔，立即加强离线跟踪检测。5月5日，乙炔含量异常增长。随即使用超声波局部放电检测仪对该高压电抗器多次测试，检测结果均显示有异常局部放电信号。初步判断，其内部存在局部放电缺陷。停电解体检查，发现高压电抗器内部存在金属异物，引起悬浮电位放电。通过油色谱离线检测及时发现高压电抗器内部危急缺陷，成功排除了一起750kV重大设备事故，保证了新疆电网的稳定运行。

检测分析方法

（1）色谱检测数据。750kV苏线C相高压电抗器2013年5月1日油色谱离线试验室数据，特征气体乙炔含量出现异常增长。离线数据见表1，数据折线图如图1所示。

表1　　　　　　　　　　750kV伊苏线高压电抗器C相色谱离线监测数据　　　　　　　　μL/L

取样日期	试验日期	试验原因	H_2含量	CO含量	CO_2含量	CH_4含量	C_2H_4含量	C_2H_6含量	C_2H_2含量	总烃含量	分析结论
2013-4-25	2013-4-26	投运前	1.369	9.85	126.77	0.256	—	—	—	0.256	未见异常
2013-4-27	2013-4-28	投运前	0.98	11.28	136.57	0.38	—	—	—	0.38	未见异常
2013-4-30	2013-5-1	投运后	2.98	29.91	113.11	0.95	0.3	1.41	0.44	3.09	有微量乙炔
2013-4-30	2013-5-1	投运后	2.84	5.47	121.49	0.6	0.29	0.18	0.53	1.6	乙炔超过注意值
2013-5-1	2013-5-2	投运后1天数据	6.38	7.23	28.12	1.61	0.99	0.43	2.03	5.0	乙炔超过注意值
2013-5-3	2013-5-3	投运后3天数据	23.46	13.98	157.88	4.12	3.18	1.89	6.85	16.04	乙炔超过注意值

取样日期	试验日期	试验原因	H₂ 含量	CO 含量	CO₂ 含量	CH₄ 含量	C₂H₄ 含量	C₂H₆ 含量	C₂H₂ 含量	总烃含量	分析结论
2013-5-3 晚上	2013-5-4 凌晨	投运后 3 天复测数据	26.97	15.43	113.99	3.55	2.84	1.05	6.22	13.66	乙炔超过注意值
2013-5-4 下午	2013-5-4 晚上	投运后 3 天复测数据	29.97	15.66	126.88	4.60	3.77	1.81	7.87	18.05	乙炔超过注意值
2013-5-5 上午	2013-5-5 中午	投运后 3 天复测数据	34.76	14.4	158.69	5.52	4.97	2.09	10.36	22.94	乙炔超过注意值

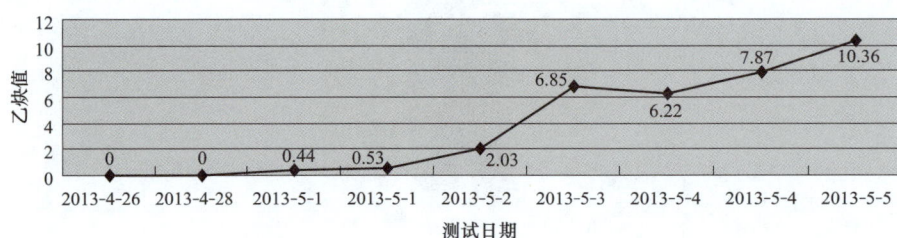

图 1　750kV 伊苏线 C 相高压电抗器乙炔数据柱状图

从表 1 和图 1 中看出，5 月 2～3 日，油中溶解的乙炔、总烃等特征气体含量出现异常增长。

（2）带电检测数据见表 2。从表 2 看出，C 相超声局部放电信号明显大于 A、B 相，初步判断 C 相高压电抗器内部存在超声局部放电缺陷。

（3）故障判断处理。计算绝对产气速率值如下：

乙炔：$r = C_{i2} - C_{i1}/\Delta t \times m/\rho = (6.22 - 2.03)/2 \times 42.6/0.895 = 99.7(\text{mL/d})$

表 2　750kV 伊苏线 A、B、C 相高压电抗器带电检测数据

日期	检测项目	A 相	B 相	C 相
2013-5-3	超声波局部放电（dB）	35	34	41
2013-5-4	超声波局部放电（dB）	36	35	42
2013-5-3	铁芯电流（mA）	2.6	2.58	2.5
2013-5-3	夹件电流（mA）	67.7	68.2	68.9
2013-5-4	铁芯电流（mA）	2.6	2.57	2.51
2013-5-4	夹件电流（mA）	67.6	68.8	68.8
2013-5-4	铁芯电流（mA）	2.6	2.58	2.49
2013-5-4	夹件电流（mA）	67.6	68.8	67.9

氢气：$r = C_{i2} - C_{i1}/\Delta t \times m/\rho = (26.97 - 6.38)/2 \times 42.6/0.895 = 489.9(\text{mL/d})$

总烃：$r = C_{i2} - C_{i1}/\Delta t \times m/\rho = (13.66 - 5)/2 \times 42.6/0.895 = 206(\text{mL/d})$

该设备的产气速率严重超过注意值，初步判断该设备内部存在缺陷。

1）根据特征气体法，发现该设备有乙炔成分，乙炔含量已超过注意值，且氢气和各烃类气体均有明显增长趋势，判断设备内部可能存在潜伏性电性故障。

2）根据改进特征气体法，该设备乙炔含量占总烃的 45%，氢气占氢烃总量的 66%，对应的故障性质为：电弧放电。

3）改良三比值法判断故障性质为电弧放电。

综合以上判断，该高压电抗器内部存在电弧放电，紧急停运并更换。

（4）解体检查情况。

1）2013 年 5 月，厂家技术人员在变电站现场打开人孔进入高压电抗器内部检查，未发现异常。

2）2013 年 9 月 26 日，该台高压电抗器返厂解体检查。当打开上铁轭围屏时，有金属物件从围屏内部滑落，经检查为一枚光面 φ20 的垫片。进一步拆除高压电抗器围屏，发现绝缘纸板放电痕迹如图 2 所示，进而将上铁轭拆除，发现明显放电点如图 3 所示。

图 2　金属垫片和放电痕迹

（5）故障原因分析。

1）高压电抗器在车间装配期间，金属异物掉落围屏夹层内。层状结构的围屏增加了隐蔽性，因此在变电站现场进行检查时，未发现异常情况。

2）金属垫片在围屏与硅钢片的缝隙中，在电场作用下，垫片产生悬浮电位，并且持续放电，导致乙炔、总烃等特征气体持续增长。

❖ 经验体会

（1）根据设备运行状况设定油色谱在线装置的巡视周期，严格按照制定的周期在线检测，发现数据异常变化时，应立即进行绝缘油离线实验室化验，对试验结果进行横向和纵向对比，再根据理论知识进行分析判断，采取适当措施，避免缺陷的进一步扩大。

（2）设备在装配过程中质量控制尤为重要，业主单位与运行单位需派技术人员参与旁站监造。

图 3　拆除上铁轭放电痕迹

❖ 检测信息

检测人员	国网新疆电力公司检修公司：黄黎明（33 岁）、杨继红（31 岁）、唐程（30 岁）、赵海鹏（30 岁）、蒋向荣（29 岁）、董雪莲（26 岁）。 国网新疆电力公司电力科学研究院：何丹东（31 岁）、金铭（28 岁）、徐路强（30 岁）、孙帆（27 岁）、许广虎（31 岁）、吴标（28 岁）、范旭华（59 岁）
检测仪器	2000A 气相色谱仪（河南中分仪器厂）、POCKET AE 超声局部放电测试仪
测试环境	温度 25℃、相对湿度 35%

2.1.50 油中溶解气体分析发现 500kV 王石变电站电抗器等电位连线烧蚀

🔷 案例简介

国网辽宁省电力有限公司检修分公司王石站王渤一线 500kV 电抗器，型号为 XMZ46，加拿大 ASEA 公司 1986 年 1 月出厂，同年投入运行。该产品在 2013 年 3 月 26 日～4 月 7 日进行了大修，主要工作是更换了散热器的胶圈、气体继电器、压力释放阀、温度表、分线箱、油处理等。于 4 月 22 日投入系统运行；4 月 24 日，因内部缺陷停运。4 月 24～5 月 2 日进行了内部检查、消缺。于 5 月 4 日上午 10 时投运。2013 年 5 月 5 日上午 9 时，国网辽宁省电力有限公司状态监测系统报警，发现王渤一线 500kV 电抗器油样中乙炔和总烃数据均超标，经过多次跟踪监视，发现增长趋势明显，怀疑电抗器内部有过热现象发生，通过对该高压电抗器的吊罩检查，发现其等电位连线烧断。

🔷 检测分析方法

（1）油色谱检测。2013 年 5 月 5 日，通过状态监测系统分析出电抗器油样中乙炔数据超标，在线色谱的乙炔为 $3.32\mu L/L$，人工采样的数据为 $4.31\mu L/L$，经过多次在线跟踪监视，发现乙炔和总烃均有明显增长趋势，且都大于告警值。该电抗器色谱的在线试验数据报告见表 1，色谱乙炔和总烃数据变化趋势，如图 1 所示。

表 1   500kV 王渤一线电抗器 C 相色谱试验报告 $\mu L/L$

试验时间	H_2 含量	CH_4 含量	C_2H_6 含量	C_2H_4 含量	C_2H_2 含量	总烃含量	CO 含量	CO_2 含量	备注
2013-5-5 10：00	18.19	21.99	6.58	46.92	3.32	78.81	1.3	316.28	C 相发现 $4.31\mu L/L$ 乙炔
2013-5-5 14：00	31.15	32.37	6.3	45.22	3.11	87	1.82	322.2	跟踪监视
2013-5-5 17：00	40.27	40.95	8.32	44.92	3.11	97.3	2.32	358.6	跟踪监视
2013-5-5 21：00	30.04	49.4	6.85	47.22	2.97	106.44	1.82	426.09	跟踪监视
2013-5-6 04：30	36.89	80.34	9.79	60.34	3	153.47	1.91	445.81	总烃大于 150
2013-5-6 08：30	31.66	80.19	10.49	61.42	2.97	155.07	2.02	442.62	跟踪监视
2013-5-6 14：30	60.04	139.57	15.54	87.25	3.4	242.36	3.35	512.6	跟踪监视
2013-5-6 18：00	58.24	140.17	15.83	87.84	3.67	247.51	3.37	527.7	跟踪监视
2013-5-7 7：00	59.62	183.84	22.59	113.72	3.97	324.12	3.86	633.23	跟踪监视

（2）诊断方法。根据色谱实时数据，通过状态监测系统中的 5 种诊断方法给出诊断结果，三比值法、IEC60599 法、改良电协研法、无编码法和大卫三角形法均给出热故障的诊断结果，最终根据实际经验诊断为该变压器内部发生过热故障。三比值法的诊断结果，如图 2 所示，IEC60599 法的诊断结果，如图 3 所示，改良电协研法的诊断结果，如图 4 所示，无编码法的诊断结果，如图 5 所示，大卫三角形法的诊断结果，如图 6 所示。

（3）缺陷分析。通过对该高压电抗器的吊罩检查，发现缺陷为等电位连接线烧断。该缺陷产生的主要原因是此电抗器铁芯上轭夹件由多块钢板组成，这些钢板之间必须有一点相互连接以保证运行中感应电位

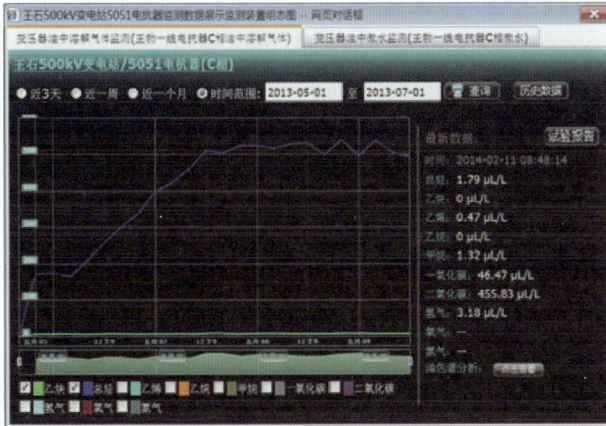

图 1　王石站 500kV 王渤一线电抗器 C 相色谱
乙炔和总烃数据变化趋势

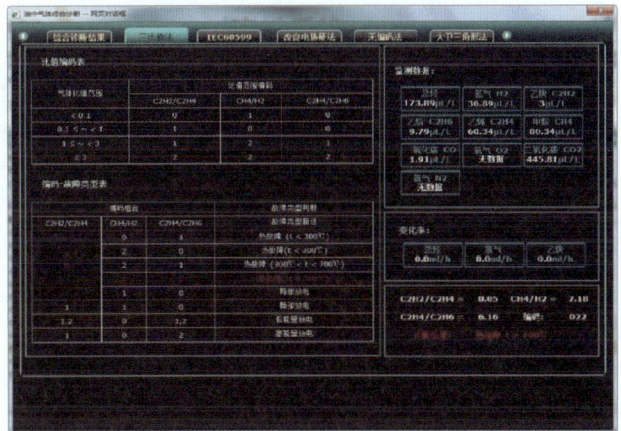

图 2　三比值法

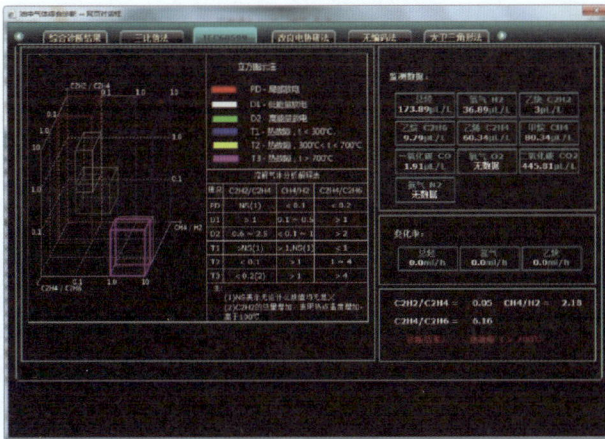

图 3　IEC 60599 法

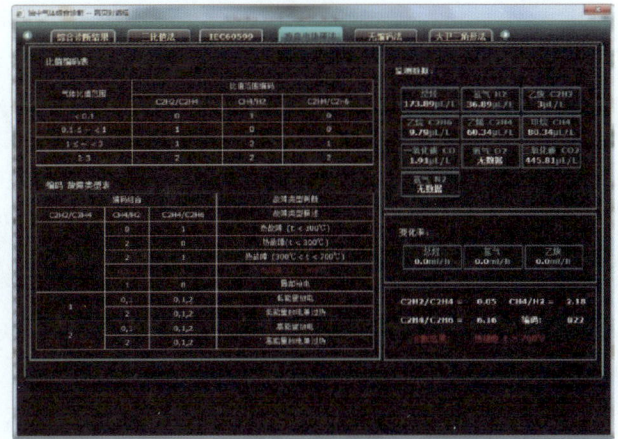

图 4　改良电协研法

图 5　无编码法

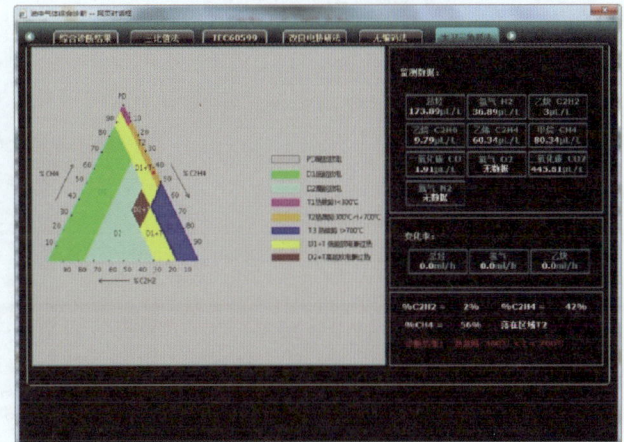

图 6　大卫三角形法

相同（地电位），连接线约为宽 15mm、厚 0.5mm 的铜片，连接线在断开时将在断开部位产生较高的电位差而形成拉弧，产生乙炔，并导致总烃升高。该电抗器铁芯上轭夹件间的等电位连接情况，如图 7 所示，高压侧铁芯夹件与磁屏蔽连接部位的等电位连线烧毁情况，如图 8 所示，油中杂质情况，如图 9 所示。

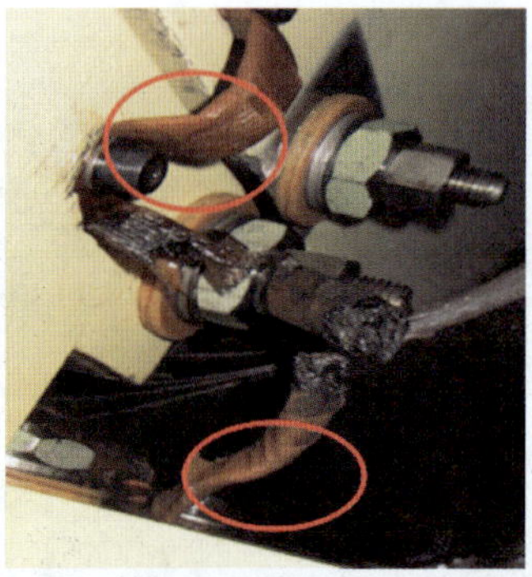

图 7　夹件间的等电位连接情况

图 8　高压侧铁芯夹件与磁屏蔽连接部位的等电位连线烧毁情况

图 9　油中杂质示意

经验体会

状态监测系统能及时地发现高压电抗器运行中的异常状态，并准确地诊断出故障类型，再通过现场试验和吊罩检查等多种手段结合，综合判断电抗器的内部故障原因，查出故障具体的位置并进行科学的处理，对消除设备的故障隐患具有重大的意义。

检测信息

检测人员	国网辽宁省电力有限公司电力科学研究院：李斌（35 岁）
检测仪器	油色谱在线监测装置（ZF-3000，河南中分）
测试环境	温度 18℃、相对湿度 40％

2.1.51　油中溶解气体分析发现 500kV 松北变电站并联电抗器绝缘缺陷

案例简介

国网黑龙江省电力有限公司检修公司 500kV 松北变电站大松 2 号线电抗器 2009 年 6 月投入运行，2010 年 7 月安装油色谱在线监测装置。2011 年 1 月 27 日，油色谱在线监测装置发出 A 相氢气、乙炔、总烃超标告警。试验人员立即取油样进行了复试，证实电抗器内部发生了严重绝缘缺陷，随即对该高抗进行了停电处理。

检测分析方法

该并联电抗器油色谱在线监测装置设置监测周期为 8h 一次，故障发生前，各气体含量监测数值均正常。2011 年 1 月 27 日该装置突然发出氢气、乙炔、总烃超标告警，试验人员立即对数据进行了取样复试，检测数值见表 1。

表 1　　　　　　500kV 松北变电站大松 2 号线电抗器油色谱在线、离线检测数据　　　　　μL/L

检测装置	氢气含量	甲烷含量	乙烯含量	乙烷含量	乙炔含量	一氧化碳含量	二氧化碳含量	总烃含量
在线监测	247.93	150.45	255.90	17.80	34.81	502.87	1674.41	458.96
试验室	236.08	161.69	225.22	15.13	29.76	450.08	1395.76	431.80

依据色谱试验结果判断 A 相高压电抗器内部存在严重绝缘缺陷，不具备继续运行条件，于 12 月 27 日 14 时 37 分退出运行。

1 月 28 日，对该高压电抗器进行高压试验，结果显示高压电抗器夹件对地绝缘电阻为 0MΩ（2010 年 5 月 10 日，对该相高压电抗器进行预试时，夹件对地绝缘电阻为 21 200MΩ），其他试验结果均合格。依据试验结果，判断高压电抗器夹件存在多点接地现象。

1 月 29 日，运维单位与制造厂相关技术人员召开了现场分析会，在综合考虑设备运行状况以及近期高压、化学试验结果后，一致认为造成本次缺陷的主要原因是设备制造和安装工艺不良，必须进行现场吊罩检修。对该高压电抗器进行吊罩检查，发现高压电抗器无出线侧上部器身磁屏蔽由于压紧螺栓松动而导致变位，与油箱磁屏蔽相碰，油箱磁屏蔽上有明显放电和碳黑痕迹。现场将上部器身磁屏蔽恢复到正常位置，采用包裹绝缘纸的方式将上部器身磁屏蔽与油箱磁屏蔽可靠隔离，此处缺陷处理完毕。检查其他部位未见异常。具体缺陷及处理情况如图 1 所示。

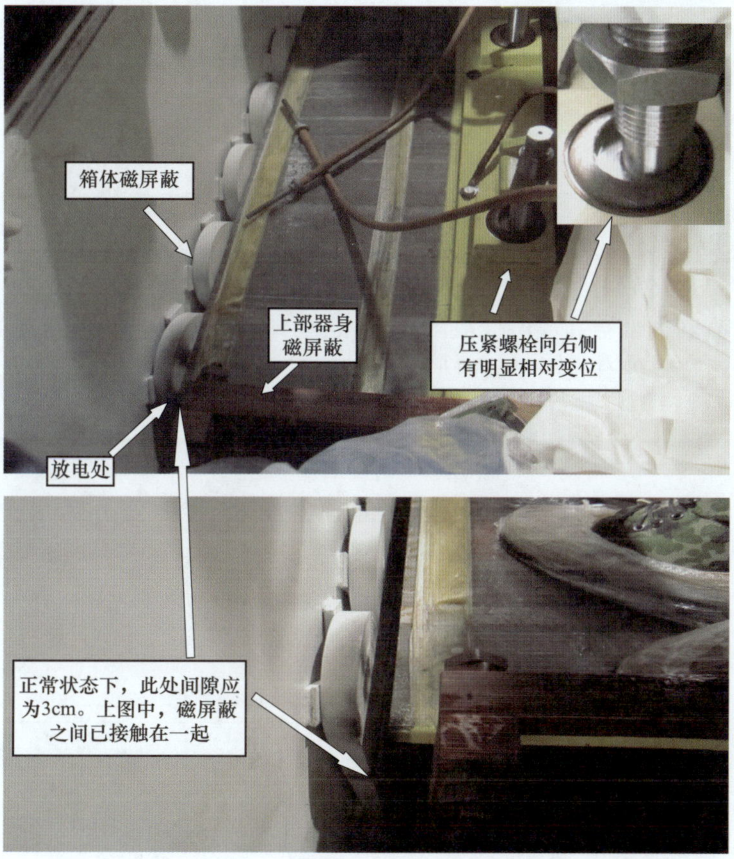

图 1　500kV 松北变电站大松 2 号线电抗器现场吊罩照片

（1）变压器的绝缘油及有机绝缘材料在运行中受到电和热的作用，会逐渐老化和分解，产生各种烃类气体及 CO、CO_2 等气体，当设备内部存在潜伏性故障或绝缘缺陷时，会加快这些气体的产生。通过油色谱检测技术，检测这些气体的含量、组成、增长速率等可以准确判断设备内部是否存在故障、故障类型及发展趋势。

（2）随着状态检修的不断推进，油色谱在线监测装置应用的重要性不断提高。油色谱在线监测装置可以实现对设备实时、准确的监测，减轻了试验人员的工作量，提高了设备运行的可靠性。

❖ 检测信息

检测人员	国网黑龙江省电力有限公司检修公司：赵晓龙
检测仪器	油色谱在线监测系统（中分 3000）、油色谱工作站（中分 2000B）、绝缘电阻测试仪（AVO，3mA）
测试环境	温度 −23℃、环境湿度 46％

2.1.52　油中溶解气体分析发现 750kV 海西开关站海月Ⅱ线 A 相电抗器内部故障

❖ 案例简介

国网青海省电力公司检修公司 750kV 海西开关站海月Ⅱ线 A 相电抗器，型号 BKD2-140000/800-110，油重 34.0t，冷却方式 ONAN。该电抗器于 2011 年 9 月 25 日正式投运，投运一天后色谱分析发现油中出现乙炔，含量为 0.4μL/L，之后对其进行连续跟踪监测，截至 2011 年 10 月 6 日，电抗器内部乙炔持续增长，含量为 1.8μL/L，判断内部存在放电性故障。2011 年 10 月 21 日，对电抗器进行内检，发现电抗器上铁轭上部一角压紧线圈装置处有较明显放电痕迹，随即进行处理。

❖ 检测分析方法

（1）色谱跟踪分析。2011 年 9 月 25 日，国网青海省电力公司检修公司 750kV 海西开关站海月Ⅱ线 A 相正式投运。2011 年 9 月 26 日，青海电科院按有关规定进行了投运后 1 天绝缘油离线色谱分析，发现油中出现乙炔，含量为 0.4μL/L。为此，加强离线色谱跟踪试验，截至 2011 年 10 月 6 日，乙炔含量为 1.8μL/L。2011 年 9 月 26 日～10 月 6 日，离线色谱数据见表 1。

表 1　　　　　　　　　　　　750kV 电抗器投运后绝缘油色谱数据

试验日期	H_2 含量	CO 含量	CO_2 含量	CH_4 含量	C_2H_4 含量	C_2H_6 含量	C_2H_2 含量	备注
2011-9-26	0	11.9	53.0	0.6	0	0	0.4	投运 1 天
2011-9-29	1.6	22.1	108.5	1.0	0.9	0.1	1.6	投运 4 天
2011-10-6	3.9	39.6	94.5	2.4	3.5	0.6	1.8	投运 10 天

从表1的色谱数据可知，2011年9月26日油样中氢气为0μL/L、乙炔为0.4μL/L、总烃为1.0μL/L，2011年10月06日油样中氢气为3.9μL/L、乙炔为1.8μL/L、总烃为8.3μL/L，氢气、乙炔和总烃含量增长明显，产气速率见表2，判断电抗器内部存在故障。

表2　　　　　750kV 电抗器产气速率　　　　　mL/d

时间区间	H₂	C₂H₂	总烃
2011-09-26～10-06	15.4	5.5	28.8
绝对产气速率注意值	10	0.2	12

（2）色谱数据分析。

1）根据GB/T 7252—2001《变压器油中溶解气体分析和判断导则》的要求，运行变压器油中溶解气体C_2H_2的含量注意值为不大于$1μL/L$，2011年9月29日电抗器油中溶解气体C_2H_2的含量为$1.6μL/L$，已超过注意值。

2）绝缘油中氢气、乙炔、总烃的绝对产气速率分别为15.4、5.5、28.8mL/天，氢气、乙炔及总烃绝对产气速率均超过了GB/T 7252—2001《变压器油中溶解气体分析和判断导则》规定的注意值，且增长较快。

3）从表3色谱数据的分析结果可以看出，乙炔、乙烯和甲烷是总烃中的主要成分，根据特征气体法判断，A相电抗器内部存在低能放电性故障。

4）为进一步确定故障性质，利用三比值法对色谱数据进行分析（见表3）。2011年10月6日，电抗器离线色谱数据结果三比值编码为102，结果表明该设备内部存在低能放电。

表3　　　　　　　　　　　750kV 电抗器三比值计算表

日期	特征气体含量（μL/L）					三比值编码			故障类型
	CH₄	C₂H₄	C₂H₆	C₂H₂	H₂	C₂H₂/C₂H₄	CH₄/H₂	C₂H₄/C₂H₆	
2011-10-06	2.4	3.5	0.6	1.8	3.9	1	0	2	低能放电

（3）隐患排查。2011年10月21日，对750kV电抗器进行吊罩检查，主要检查情况如下：

1）排查油箱部分。

a. 油箱箱沿螺栓紧固状态良好，没有松动现象；上下节油箱接地为5个U形铜排，拆除后接触部位无油漆，接触正常；

b. 上节油箱内壁未发现异常现象，如图1所示。

图1　上节油箱内壁

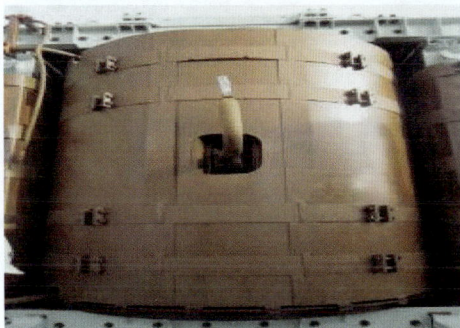

图2　器身部分

2）器身部分。

a. 线圈外围屏清洁良好；首、末端出线外观正常，如图2所示；

b. 芯柱地屏、旁轭两个地屏的接地线接地正常，上下两个大饼静电环接地正常，接地螺栓锁紧良好，如图3所示。

3）器身下部定位装置检查：用榔头敲击4个器身下部定位木件无松动。

4）铁芯垫脚紧固件及绝缘件检查：用扳手拧紧各紧固件无松动，紧固良好，如图4所示。

图3　芯柱地屏、旁轭两个地屏的接地线、上下两个大饼静电环

图4　铁芯垫脚紧固件及绝缘件检查

5）铁芯上下轭穿芯杆检查。首先，用500V绝缘电阻表检查各穿芯杆对夹件与铁芯绝缘电阻均大于500MΩ；之后，用扭力扳手检查拧紧各穿芯杆螺母至规定力矩，如图5所示；再次，用500V绝缘电阻表检查各穿芯杆对夹件与铁芯绝缘电阻均大于500MΩ，如图6所示。

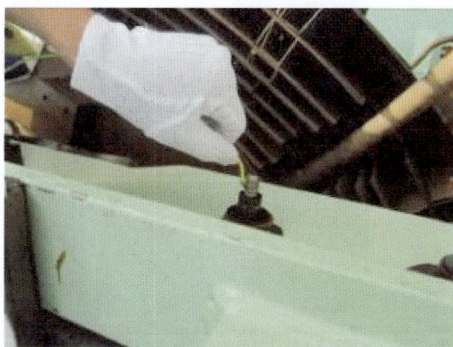

图5　检查拧紧各穿芯杆螺母至规定力矩　　图6　检查穿芯杆对夹件与铁芯绝缘电阻

6）旁轭钢拉带检查。首先，用2500V绝缘电阻表检查各拉带对夹件与铁芯绝缘电阻均大于2500MΩ；之后，用扭力扳手检查拧紧各拉带螺母至规定力矩；再次，用2500V绝缘电阻表检查各拉带对夹件与铁芯绝缘电阻均大于2500MΩ。

7）铁芯上下部侧梁紧固件及绝缘件检查：用扳手拧紧各紧固件无松动，绝缘件外观良好。

8）4根旁轭拉螺杆力矩测量：用扭力扳手用规定力矩拧紧4根拉螺杆螺母无松动。

9）在检查至电抗器器身上铁轭时，发现上铁轭东北角处压紧装置侧沿有较明显的放电部位，放电点面积约300mm²，放电点呈黑色，检查到故障部位与电抗器内检发现部位一致，其余部位无异常，此压紧装置用于从器身上部压紧线圈，防止电抗器在运行、运输过程中线圈发生松动，在上铁轭四角处各有一个压紧装置。压紧装置由压紧装置本体、压盖、4片碟簧及压杯4部分组成，而放电部位即位于压紧装置本

190

体侧沿处。具体放电部位如图7～图11所示。

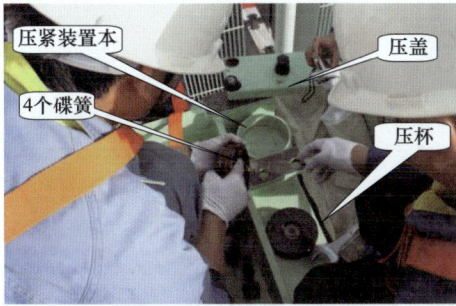

图7　压紧装置各部件

图8　压紧装置本体放电点

图9　压紧装置本体放电点

图10　压紧装置本体放电点

在确定放电部位后，对压紧装置进行了更换，包括本体、碟簧、压杯。随后，对压紧装置螺栓进行了紧固，对器身其余所有螺栓均进行了紧固，对铁芯压紧力进行了测量并进行了紧固。最后，对器身进行清洁，盖罩，如图12所示。

图11　碟簧上部放电点

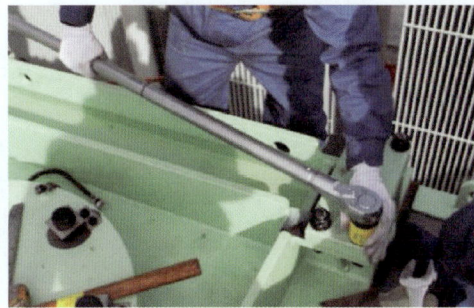

图12　故障处理完成后恢复过程

（4）结论。导致线圈压紧装置出现放电并产生色谱异常的原因是压钉及压杯与压紧装置的支撑件、碟簧间电气连接不可靠，支撑件、碟簧出现瞬间悬浮所致。

🔷 经验体会

（1）大型变压器/电抗器投运后，应严格按照规程要求，做好投运后第一天绝缘油色谱分析，发现设备缺陷及时上报，防止故障扩大，造成更大损失。

（2）色谱分析发现油中出现微量乙炔时，应缩短周期，加强跟踪监视，并及时对数据进行分析，对故障进行准确判断。

检测人员	国网青海省电力公司电力科学研究院：李玉海（47 岁）、李后顺（36 岁）、周尚虎（28 岁）、冯超（30 岁）、张晖（52 岁）、海景雯（27 岁）
检测仪器	6890N 型气相色谱仪（美国安捷伦公司）

2.2 铁芯接地电流检测技术

2.2.1 铁芯接地电流检测发现 110kV 弓家庄变电站主变压器铁芯多点接地

案例简介

国网山西省电力公司晋中供电公司运维的 110kV 弓家庄变电站 1 号主变压器型号为 SFSZ10-50000/110，由江苏中电输配电设备有限公司 2006 年 12 月生产，并于 2006 年 12 月投运。2013 年 3 月 1 日，技术人员对 110kV 弓家庄站进行带电检测时，发现 1 号主变压器铁芯接地电流为 1.6A，根据《国家电网公司变压器状态评价导则》及 Q/GDW 168—2008《输变电设备状态检修试验规程》规定，铁芯接地电流超过 0.3A，单项扣分为 20 分，评价为注意状态。

检测分析方法

（1）弓家庄 1 号主变压器铁芯接地电流试验情况。试验结果见表 1，由于测试结果大于 100mA，超过规程要求，随后对该主变压器进行红外诊断。

表 1　铁芯接地电流检测数据　mA

试验日期	铁芯接地电流
2012-5-22	95
2013-3-01	1600

（2）对 1 号主变压器本体及套管进行红外诊断，如图 1 和图 2 所示，未发现异常。

（3）对 1 号主变压器进行油色谱试验，试验数据见表 2，无异常。

图 1　主变本体红外热成像

图 2　套管红外热成像

表 2　变压器油色谱试验数据　μL/L

试验日期	CH_4 含量	C_2H_4 含量	C_2H_6 含量	C_2H_2 含量	H_2 含量	CO 含量	CO_2 含量
2012-2-27	29.81	10.63	49.72	0	62.91	153.81	1319.66
2012-9-12	16.51	7.77	56.28	0	21.16	153.67	1718.73
2013-3-01	23.22	6.66	56.13	0	84.21	298.69	1850.46

（4）综合分析情况。

1）红外热成像检测未发现变压器本体、套管局部过热现象。

2）从变压器油色谱各特征气体历史数据综合分析，绝缘油色谱数据稳定，无突变量，主变压器内部无放电和局部过热现象。

3）变压器铁芯对地绝缘可能有多点接地，导致铁芯接地电流增大。

（5）停电后的诊断性试验。

2013年3月30日对弓家庄1号主变压器，试验结果见表3，从试验数据中绝缘电阻为零且接地电阻为1.4Ω，分析判断该主变压器存在铁芯多点接地故障。

（6）故障分析。

表3　主变压器进行铁芯对地绝缘电阻试验数据

试验项目	施加电压	测试结果
铁芯对地绝缘电阻	2500V	0MΩ
万用表测量接地电阻	2V	1.4Ω

1）现场分析为变压器本体油箱内部可能有导电类杂质存在，由于变压器油流的作用，导电杂质流动到变压器上夹件与铁芯之间，造成铁芯对夹件导通，铁芯多点接地。由于该变压器夹件未外引出接地，无法测量铁芯对夹件绝缘电阻。

2）由于变压器本身装配型式的制约，吊芯现场很多情况下无法找到其具体确切接地点，特别是由于铁锈焊渣悬浮、油泥沉积造成的多点接地，更是难于查找，故决定采用放电冲击法进行处理。

表4　铁芯接地电流跟踪试验数据　　mA

试验日期	铁芯接地电流
2013-3-30	15
2013-4-6	16
2013-4-26	12
2013-5-28	14
2013-8-10	14
2014-3-2	15

3）利用现场电气试验班组的升压变压器进行慢慢升压放电。当升至2000V左右时，听见本体内部有短促的放电声，接着停止加压，并进行绝缘电阻测试，发现绝缘电阻升至10 000MΩ。至此，多点接地故障已消除。

4）虽然铁芯多点接地故障已消除，但是变压器本体油箱内部还存在导电类杂质，在运行过程中还有可能造成多点接地故障，公司已对该变压器制定吊芯检查计划，在吊芯检查之前，加强运行中的监视，对变压器铁芯接地电流进行跟踪检测，见表4。

❖ 经验体会

（1）通过对变压器铁芯接地电流检测，能够有效检测变压器运行状态下的铁芯多点接地缺陷，有效避免变压器绝缘故障的发生。

（2）放电冲击法可在不吊芯状态下对铁锈、焊渣等悬浮物和油泥沉积造成的多点接地故障进行有效处理，可以作为此类故障的临时处理方法。

❖ 检测信息

检测人员	国网山西省电力公司晋中供电公司：王丽敏，39岁。国网山西省电力公司电力科学研究院：陈昱同（31岁）、李艳鹏（32岁）
检测仪器	ATX3212铁芯接地电流检测仪、2000绝缘油色谱仪（河南中分仪器厂）
测试环境	温度15℃、相对湿度60%、大气压95kPa、测试距离6m

2.2.2　铁芯接地电流检测发现 35kV 秣陵变电站主变压器多点接地

案例简介

国网上海市电力公司市北供电公司 35kV 秣陵变电站 1 号主变压器于 1999 年 3 月投入运行，2013 年 1 月 10 日，班组工作人员对秣陵站变压器进行了铁芯接地电流检测，发现 1 号主变压器铁芯接地电流试验数据为 3.25A，大大超出了不大于 100mA 的标准范围。由于试验数据超标严重，首先怀疑存在测试设备误差的可能性，于是在 2013 年 1 月 11 日进行复测，数据为 3.3A，与首次测试数据基本吻合，排除了仪器故障的可能性。由于数据与前一日相比略有上升，初步判断，变压器内部或外部可能存在铁芯接地的现象，情况较为严重，且有发展的趋势，因此，为诊断是否存在变压器内部的接地，安排取样进行油色谱检测，试验结果合格，数据正常，基本排除了内部接地的可能性。在此基础上，专业技术人员到现场实地勘察，发现在 1 号主变压器油箱中部和下部分别与铁芯接地排都有牢固的金属电路连接，形成铁芯多点接地，随后专业技术人员消除其中一点的金属连接后，铁芯接地电流即恢复正常状态。

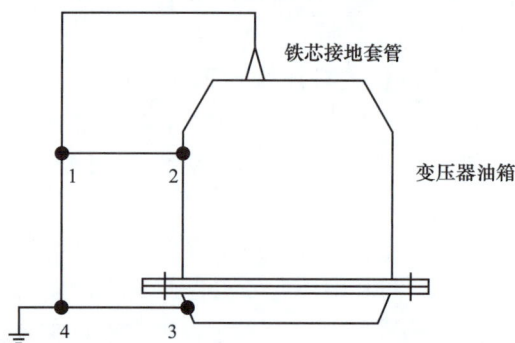

图 1　主变压器铁芯接地接线示意

检测分析方法

在外部接地点的寻找中，专业技术人员经现场勘察，发现在主变压器油箱中部和下部分别与铁芯接地排都有牢固的金属电路连接，如图 1 中的连接点 1 和 4（图 1 中连接点 1 实际情况如图 2 所示，连接点 4 实际情况如图 3 所示）。

根据试验结果，结合现场实际情况综合分析，该主变压器的铁芯接地电流异常的原因可能不单是铁芯多点接地故障，有可能是由于运行中的变压器油箱外侧存在漏磁通，而图 1 中的金属性连接点 1、2、3、4 正好构成了一个完整的金属电气通路匝，故在变压器漏磁通的作用下产生了环流，从而造成铁芯接地排上存在 3.3A 左右的电流。

图 2　图 1 中铁芯接地点 1 的实际情况

图 3　图 1 中铁芯接地点 2 的实际情况

根据上述的初步分析，电试人员首先对铁芯接地套管与连接点 1 之间的电流和连接点 1、4 之间的电流分别进行测量，发现铁芯接地套管与连接点 1 之间的电流几乎为零，而连接点 1、4 之间的电流仍然为 3.7A 左右。随后，在确保下部铁芯接地良好的情况下，拆掉图 2 中油箱上部与铁芯接地排的接连处的螺栓，此处用绝缘隔板把铁芯接地排与油箱隔开，如图 4 所示，消除连接点 1，断开由连接点 1、2、3、4 构成的电气通路，再一次对铁芯接地套管与连接点 1 之间的电流和连接点 1、4 之间的电流分别进行测量，发现两处电流均几乎为零，说明 3.3A 的电流是由于环流产生的。

因此，该主变压器的铁芯接地电流异常原因是：变压器铁芯接地排与油箱间有两点金属连接后构成了一个完整的金属电气通路匝，在运行中变压器油箱外侧附近存在的漏磁通作用下产生了异常环流，从而造成铁芯接地排上存在 3.3A 左右的电流。当在

图 4　现场加装绝缘板消除一点金属连接

检修中消除其中一点的金属连接后，铁芯接地电流即恢复正常状态，如图 4 所示。

经验体会

通过案例可以看出，当发现变压器铁芯电流检测数据异常时，不能直观的判断为变压器内部可能存在铁芯多点接地的故障，而是应全面分析，进行相关诊断性试验，并现场勘测、综合判断才能找出问题根源，并制定相应的解决方案。

检测信息

检测人员	国网上海市电力公司市北供电公司：江云兰（40 岁）
检测仪器	苏州联泰科技，型号：MODEL 140；量程：30/300mA 30/300A
测试环境	温度 5℃、相对湿度 50％

2.2.3 接地电流检测发现 110kV 平圩变电站 2 号主变压器夹件多点接地

案例简介

国网安徽省电力公司淮南供电公司运维的 110kV 平圩变电站 2 号主变压器于 2009 年 3 月投运，型号为 SSZ11-50000/110，投运后该变压器运行状况一直良好。2013 年 5 月 20 日上午 9 时，技术人员开展迎峰度夏前带电检测时，发现夹件接地电流达 275mA。通过认真复测，排除测量仪器等因素影响后，对该变压器进行取油样分析，结果微水、耐压及色谱数据均正常。其后连续一个月对变压器实施运行监视和跟踪测试，发现铁芯接地电流和油样分析数据均未见异常，而夹件接地电流则一直维持在较高水平，且有随变压器负荷增加而增大的趋势。随后，结合停电机会，对变压器实施停电试验诊断，测得铁芯对地、铁芯对夹件绝缘电阻均大于 10 000MΩ，夹件对地绝缘电阻仅有 8Ω，对夹件接地引出线施加 2500V 的电压进行冲击，复测夹件对地绝缘电阻未见增长，初步分析断定变压器内部存在永久性的夹件多点接地缺陷。针对这种情况，公司组织检修人员进行处理，放油后，从检修孔进入变压器内部，发现有载开关金属托板处存在接地现象，随即进行了针对性处理，处理后，复测夹件对地绝缘电阻正常，变压器投运后，及时开展带电检测，测得夹件接地电流也正常，验证了此前分析处理的正确性。

检测分析方法

（1）带电检测。技术人员在对 110kV 平圩变电站 2 号主变压器进行铁芯和夹件接地电流的带电检测时，发现夹件接地电流达到 275mA，根据 Q/GDW 168—2008《输变电设备状态检修试验规程》，夹件接地电流不应超过 100mA，更换另一套仪器反复仔细测量，发现数据结果基本相同，排除了检测仪器故障因素的影响。为确定接地环流引起的过热程度，随即对变压器进行取油样分析，结果微水、耐压及色谱数据均合格，且与上次油质试验数据对比无明显差异，表明环流热效应并未对变压器正常运行造成太大影响，暂时无需对变压器实施停运。

（2）跟踪测试。异常情况出现后，公司加强了对 110kV 2 号主变压器的运行监视和跟踪测试，连续一个月的测量发现铁芯接地电流保持在 3mA 以内，油中各气体含量及其产气速率也未见异常，而夹件接地电流一直维持在 200mA 以上，且随变压器负荷增加而增大，当负荷达到 18MW 时，接地电流一度达 4735mA，远超出规程规定的注意值。接地电流跟踪测试结果见表 1。

表 1　　　　　　　　接地电流跟踪测试数据

测试日期	变压器负荷（MW）	铁芯接地电流（mA）	夹件接地电流（mA）
2013-6-3	7.81	2.1	297
2013-6-7	3.62	1.9	270
2013-6-11	8.36	2.0	410
2013-6-15	9.13	2.1	595
2013-6-19	11.6	2.2	1626
2013-6-23	18.0	2.4	4735
2013-6-28	5.75	1.9	462

鉴于夹件接地电流有随变压器负荷增加而增大的趋势，为确保变压器运行安全，公司分析认为有必要采取适当的限负荷措施。

（3）停电试验诊断。利用天气转凉、用电负荷减小的时机，对 2 号主变压器实施停电试验诊断，测得铁芯对地绝缘电阻均大于 10 000MΩ，而夹件对地绝缘电阻仅为 10kΩ（10kΩ 为仪器的最小量程，用万用表测得为 8Ω），具体测试结果见表 2。

表 2　　　停电绝缘电阻测试数据

施加电压	测量部位	绝缘电阻值	规程规定
1000V	铁芯对地	13 000MΩ	100MΩ
	夹件对地	8Ω	
	铁芯对夹件	11 000MΩ	

对夹件接地引出线施加 2500V 电压进行冲击，复测夹件对地绝缘电阻未见增长，初步分析断定变压器内部发生了永久性的夹件多点接地故障，随即组织技术人员结合试验测试数据和该变压器构造特点对可能的接地点开展讨论预判，并制订了详细的现场检查处理方案。

（4）现场检查处理。检修人员对变压器本体放油，从侧面检修孔进入内部，依次对上部定位柱、有载开关金属托板、下定位栓等诸多可能存在的接地点进行排查。当检查到有载开关金属托板处时，发现金属托板与金属铆钉之间疑似有直接接触现象，尝试松开两颗有载开关法兰紧固螺栓，用橡皮锤反复用力敲击金属铆钉，然后测量夹件对地绝缘电阻，发现绝缘电阻值随之增大至 87MΩ。初步判定有载开关金属托板处就是所要排查的接地故障点，因此，继续敲击金属铆钉，使金属托板与金属铆钉之间距离大于 1cm，并用事先备好的绝缘纸板绑扎在两者之间进行隔离，复测夹件对地绝缘电阻，发现绝缘电阻值进一步增大到 10 000MΩ，再测得铁芯对地、铁芯对夹件绝缘电阻分别为 13 000MΩ 和 12 000MΩ，基本确定故障得到排除，现场检查处理照片如图 1 所示。变压器恢复送电后的铁芯、夹件接地电流带电检测数据也均正常，再次确证了故障已经得到排除，测试数据见表 3。

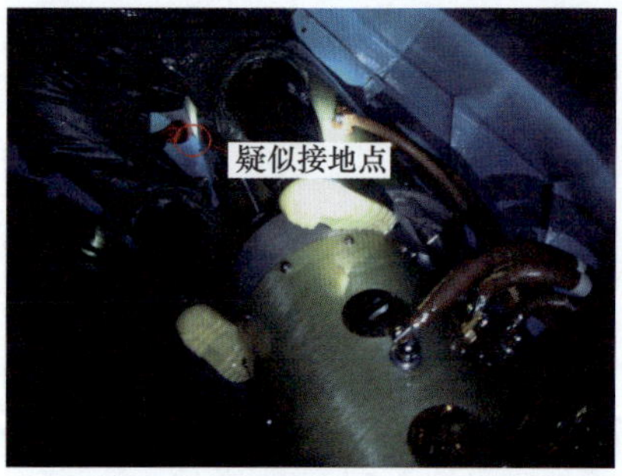

图 1　现场检查处理照片

（5）故障原因分析。从现场检查处理情况来看，本次故障发生的原因是由于变压器设计制造时有载开关的金属托板（金属托板与夹件连通）与金属铆钉（金属铆钉与油箱内壁连通）之间的间隙太小，加之有载开关的现场安装可能存在误差，使得两者间的间隙进一步缩小，又由于变压器运行中长期受电动力产生的振动作用，两者间间隙越来越小，直至相互完全接触，最终导致了夹件多点接地故障的发生。

表 3　　　处理后接地电流测试数据

测试日期	变压器负荷（MW）	铁芯接地电流（mA）	夹件接地电流（mA）
2013-9-17	6.38	2.0	1.8
2013-9-18	5.75	1.9	1.6
2013-9-19	6.12	1.9	1.7

经验体会

（1）铁芯或夹件若发生多点接地，将会形成感应接地环流，严重时将造成铁芯或夹件局部过热，缩短变压器使用寿命甚至直接导致变压器烧毁，在现场运行中需严加注意。利用带电检测手段可快速、有效监视铁芯、夹件接地电流，能及时发现铁芯或夹件多点接地故障，尽量避免对变压器安全运行造成不利影响。

（2）铁芯、夹件接地电流一般不会很大，若检测数据出现异常变化时，应进行油样色谱分析并尽快安排停电对铁芯和夹件的绝缘电阻进行测量，若色谱和绝缘电阻测试数据也均存在异常，必须尽快查明原因并进行有效处理，在变压器确实无法停电时应采取串接限流电阻的临时措施将接地电流限制在合理范围内，并加强运行中的监视。

（3）变压器内部发生铁芯、夹件多点接地的可能部位甚多，通常排查处理起来非常困难，必须对变压器进行全面细致的试验诊断分析，以帮助确定可能性最大的可疑接地点，为故障点排查提供充分的依据，提高现场检查处理效率。若发生的属于不稳定接地故障，可通过对引出线施加电压冲击的方法快速、方便的予以消除。

🔹 检测信息

检测人员	国网安徽省电力公司淮南供电公司：乔冬升（41 岁）、王亚东（44 岁）、杨文龙（36 岁）
检测仪器	HCBT-II 变压器铁芯接地电流测试仪（保定华创电气有限公司）、MIT510/2 绝缘电阻测试仪（美国 Megger 公司）、中分 2000 气相色谱仪（河南中分仪器有限公司）
测试环境	温度 16℃、相对湿度 56%

2.2.4　铁芯接地电流检测发现 110kV 新桥变电站 1 号主变压器铁芯多点接地

🔹 案例简介

国网安徽省电力公司铜陵供电公司 110kV 新桥变电站 1 号主变压器于 2010 年 6 月 21 日投运，型号为 SSZ10-50000/110，出厂编号为 10220044。铁芯和夹件分别自变压器顶部引出，并通过支柱绝缘子固定引下至油箱的下部与箱体相连。自投运以来，变压器整体运行情况良好，无异常情况发生。2011 年 4 月 28 日上午 10 时，在对 110kV 新桥变电站 1 号主变压器铁芯、夹件的接地电流进行测试时，发现 1 号主变压器铁芯、夹件接地电流严重超标，5 月 16 日，1 号主变压器停电检查，技术人员对 1 号主变压器铁芯、夹件引出线检查，未能解决问题。对 1 号主变压器做常规高压试验检查，铁芯与夹件间绝缘不合格，其他数据均无异常。2011 年 8 月 18 日，对 1 号主变压器油色谱分析时发现，乙炔、总烃数据突然增长，9 月份数据再次增长，10 月 7 日乙炔增加到 7μL/L、总烃增加到 462μL/L。随后，安排主变压器吊罩检查，最终在高压侧 B 相线圈外侧下方的下夹件和下铁轭之间发现一枚平垫片。

🔹 检测分析方法

（1）铁芯接地电流检测。2011 年 4 月 28 日上午 10 时，进行 110kV 新桥变电站 1 号主变压器铁芯接地电流测试中发现，铁芯电流高达 6.82A，夹件接地电流也高达 6.82A，远超出变压器铁芯和夹件接地电流警示值 100mA。铁芯和夹件接地电流值均达到 6.82A，初步怀疑铁芯和夹件之间绝缘可能存在薄弱部分形成环流通路。立即进行了变压器接地导通试验、红外测试和油色谱分析，测试结果均未有异常现象。4 月 29 日试化班对 1 号主变压器铁芯接地电流进行复测，结果和上次测试相同。

5 月 9 日，通过二种测试方法查找 1 号主变压器铁芯、夹件接地电流偏大的原因。

第一种方法：将铁芯和夹件通过箱体接地方式改为直接接地，然后进行测量，测试结果为 6.82A 和 6.89A，和上次的测试结果相同。

第二种方法：对 1 号主变压器箱体的两个接地镀锌扁铁进行接地电流测试，数值分别为 0.6A 和 0.4A，考虑一定的裕度，通过箱体接地电流数值不会超过 2A，铁芯和夹件的接地电流并没有通过箱体接地流入大地。

针对这种情况，公司立即安排对 1 号主变压器取油样分析，未发现异常。但考虑到接地电流太大，公司研究决定停电进行处理。

5 月 16 日，技术人员对 1 号主变压器铁芯、夹件引出线检查，未能解决问题。对 1 号主变压器做常规高压试验检查，铁芯与夹件间绝缘不合格，其他数据均无异常。

1 号主变压器恢复运行后，试验人员又对铁芯接地电流进行了密切的监测，未发现数据有明显的变化。与此同时，进行了油色谱的追踪分析。

（2）变压器油色谱检测分析。考虑到铁芯接地电流的异常，公司缩短色谱试验周期，2011 年 8 月 18 日，油色谱分析发现总烃由原来的 27.2μL/L 增至 64.2μL/L，随后经再次缩短试验周期，1 号主变压器油中溶解气体的色谱分析数据见表1。

表1　　　　　　　　　　　　　　1号主变压器油中溶解气体的色谱分析数据　　　　　　　　　　　　μL/L

测试日期	CH_4 含量	C_2H_4 含量	C_2H_6 含量	C_2H_2 含量	总烃 含量	H_2 含量	CO 含量	CO_2 含量	CO/CO_2	C_2H_4/C_2H_6	热点温度（℃）	$(CH_4+C_2H_4)/$总烃
2010-05-30	0.5	0	0	0	0.5	2	8	229	—	—	—	—
2010-06-12	1	0.2	0.4	0.2	2.1	10	23	264	—	—	—	—
2010-06-15	1.1	0.5	0.3	0.2	2.1	10	31	300	—	—	—	—
2010-06-21	1.3	0.6	0.3	0.2	2.4	23	69	362	—	—	—	—
2010-07-07	1.9	0.8	0.4	0.1	3.2	31	121	469	—	—	—	—
2010-07-27	10.6	15.8	2.1	1.2	29.7	39	153	542	—	—	—	—
2010-12-03	10.3	14.2	2.3	0.5	27.3	21	250	722	—	—	—	—
2011-04-28	9.4	14.4	2.8	0.5	27.1	12	190	789	—	—	—	—
2011-05-17	9.5	14.4	2.8	0.5	27.2	14	202	817	—	—	—	—
2011-08-18	19.8	37.2	6	1.2	64.2	26	254	927	0.27	6.20	788.1	0.89
2011-08-19	20.3	38.4	6.1	1.2	66	26	271	1005	0.27	6.30	790.3	0.89
2011-08-30	31.6	55.2	8.4	1.5	96.7	30	266	1003	0.27	6.57	796.5	0.90
2011-09-13	62.7	115.3	16.3	3.8	198.1	58	316	1170	0.27	7.07	807.1	0.90
2011-09-16	61.5	117	16.4	3.8	198.7	52	316	1178	0.27	7.13	808.3	0.90
2011-09-20	64.2	111	15.5	3.8	194	53	306	1084	0.28	7.16	808.9	0.90
2011-09-23	60	112.8	15.8	3.4	192	52	315	1137	0.27	7.14	808.4	0.90
2011-09-27	60.7	111.4	15.4	3.2	190.7	51	325	1138	0.29	7.23	810.3	0.90
2011-09-30	90.4	170.4	24.1	4.1	289	68	301	1144	0.26	7.07	807.0	0.90
2011-10-03	90.5	163.7	22.8	4	281	69	315	1100	0.29	7.18	809.2	0.90
2011-10-07	151.6	267.3	36.2	7	462.1	115	330	1137	0.29	7.38	813.3	0.91
2011-10-10	149.4	261.5	33.6	6.8	451.3	108	348	1184	0.29	7.78	820.9	0.91
2011-10-11	148.5	260.9	33.3	6.3	449	99	344	1185	0.29	7.83	821.8	0.91

根据 GB/T 7252—2001《变压器油中溶解气体分析和判断导则》，不仅总烃超过注意值 150μL/L，其

相对产气速率和绝对产气速率已分别远超过注意值，并且有明显的增长趋势，表明变压器内部存在潜伏性的故障。特征气体三比值编码为 022，符合过热故障的特征。由气体的组分比例分析发现，过热故障对应的是第二种裸金属过热性故障，推断故障点在导电回路还是磁路部分：

（1）通过热点温度估算分析该过热故障对应的是第二种裸金属过热性故障，铁芯是变压器中主要的裸金属，由此可以推断铁芯过热的可能性较大。

（2）可根据导电回路和磁路产气特征的某些差异来进行推断。当故障在导电回路时，往往有含量较高的乙炔，C_2H_4/C_2H_6 的比值也较高，C_2H_4 的产气速率往往高过 CH_4；当故障在磁路时，一般无 C_2H_2 或者很少，且 C_2H_4/C_2H_6 比值较小。根据表 1 数据推测，本例的故障应出现在磁路，并且导电回路故障，总烃含量会随负荷电流的增大而剧增，磁路则不然。8 月 19 日是在另一台变压器的负荷全部转移加至该变压器，负荷明显增加一天后测量的数据，通过 8 月 18 日与 19 日的数据并没有出现增长现象，进一步削减了故障发生在导电回路的可能性。

（3）结合铁芯接地电流偏大，其他试验数据基本正常，红外测温的结果也显示无异常，亦可推断是铁芯的磁路故障。

（4）吊罩检查。2011 年 11 月 10 日，进行 110kV 新桥变电站 1 号主变压器吊罩检查，吊开主变压器钟罩没查看到异常，要求对主变压器铁芯、夹件测量绝缘，测量时，在 1 号主变压器高压测 A、B 相线圈下方有明显放电声。

进一步吊罩检查发现，1 号主变压器高压测 B 相绕组外侧下方的下夹件和下铁轭之间有一枚平垫片，仔细核对是一枚主变压器高压侧套管升高座安装平垫片，垫片两面及边缘都有明显的放电痕迹。垫片发现位置、垫片取出现场、垫片放电痕迹分别如图 1～图 3 所示。

图 1　垫片发现位置

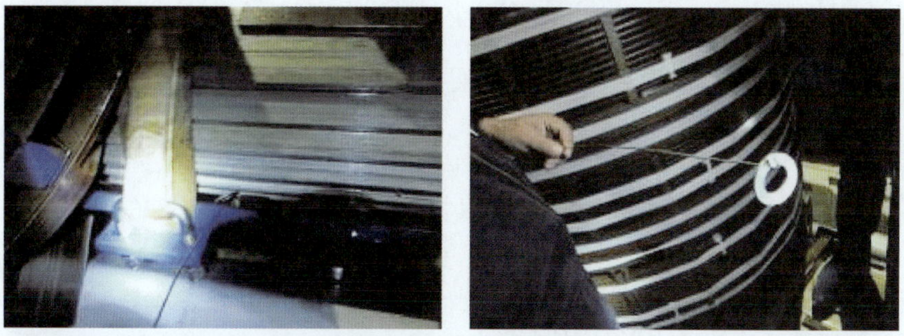

图 2　垫片取出现场

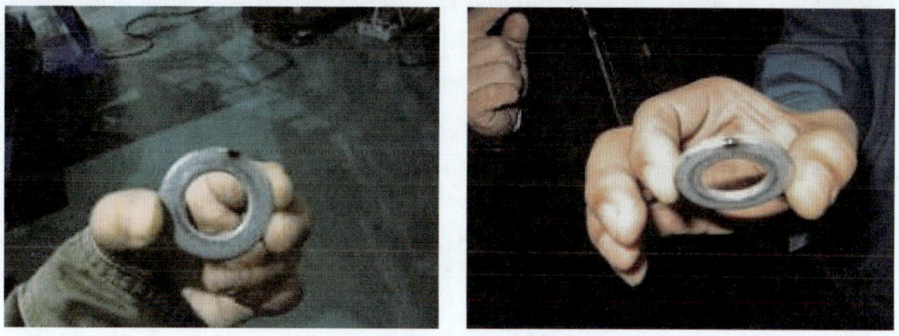

图 3　垫片放电痕迹

（5）缺陷原因分析。根据现场试验和吊罩结果，分析出现接地电流、油色谱异常的原因是由于下夹件和下铁轭之间有一枚平垫片，这样造成主变压器内部多点接地现象，从而导致接地电流超标，最终导致油色谱数据出现异常。

🔹 经验体会

（1）110kV 主变压器铁芯接地电流检测很有必要。

（2）在带电检测发现设备数据有异常后，即使短时间内并未有明显的不正常现象，也应当加强对设备的监测，缩短检测周期，不能因为设备暂时的"稳定"而放松对设备的检测，以免缺陷的迅速发展得不到监控，危害设备安全。

🔹 检测信息

检测人员	国网安徽省电力公司铜陵供电公司：朱宁（45 岁）、洪卫华（36 岁）、程汪刘（34 岁）、王音音（31 岁）、孙成平（38 岁）、邓雄伟（30 岁）
检测仪器	HCBT-Ⅱ铁芯接地电流测试仪（保定华创电气有限公司）、气相色谱仪（河南中分仪器有限公司）
测试环境	温度 23℃、湿度 65％

2.2.5 铁芯接地电流检测发现 500kV 变压器夹件接地电流缺陷

🔹 案例简介

国网冀北电力有限公司检修分公司运维的 500kV 安各庄变电站，安各庄 1 号主变压器 C 相于 2008 年 9 月在西安西电变压器责任有限公司出厂，2008 年 12 月投运。型号为 ODFSZ-250000/500，运行状况正常。按要求进行铁芯夹件接地电流的带电测试；在投运一年（2009 年）和 2013 年进行了例行试验。1 号主变压器三相铁芯接地电流始终小于 5mA，夹件接地电流普遍偏大，从 2010 年开始超过 100mA，但未超过在 120mA。2013 年 6 月例行试验中，重点关注的铁芯夹件绝缘试验，A、B 相正常，C 相发现夹件对地绝缘为零。现场经电容放电法尝试处置无效。经运检部门同意，设备可以投运，加强监测。投运后设备运行正常。在 2014 年 2 月对安各庄 1 号主变压器 C 相铁芯和夹件接地安装了在线监测和限流装置。随着装置自动投入 115Ω 限流电阻时夹件接地电流在 15m 上下波动；切除时约为 114mA。

🔹 检测分析方法

（1）根据国家电网公司状态检修试验规程，近年来持续对主变压器、高压电抗器等大型设备测量铁芯、夹件接地电流。近三年数据见表 1。

表1

年　份	A相铁芯	A相夹件	B相铁芯	B相夹件	C相铁芯	C相夹件
2013	2.6	80.4	2.8	87.1	3.2	112.6
2013	2.6	80.5	2.8	87	3.2	112.6
2012	2.6	81	2.8	86	3.2	112.6
2011	2.9	79	3.1	85	3.2	113.1
2011	2.9	82	3.1	84	3.0	114.1
2010	3.1	78	3.1	87	3.0	115.4

安各庄1号主变压器近三年铁芯夹件接地电流数据　　mA

对该设备每年进行局部放电带电测试，未发现明显放电现象。试验图像如图1所示。

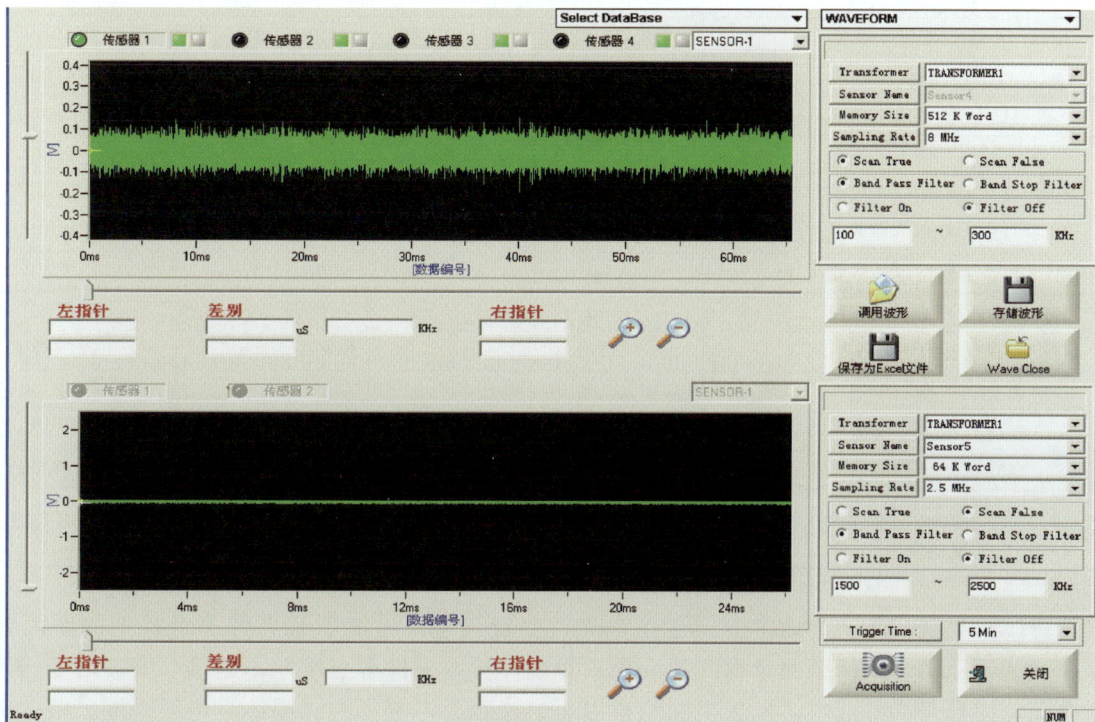

图1　安各庄1号主变压器C相2012年局部放电图像

（2）2013年设备到期进行例行试验。重点关注了夹件对地绝缘和铁芯夹件间绝缘试验。发现夹件对地绝缘为零，铁芯对地和铁芯夹件间绝缘正常，如图2所示，试验数据见表2和表3。

三相分体油浸式变压器试验报告

站名	安各庄变电站	调度号	1号主为C相	试验性质	例行

试验日期　2013-06-16　　　顶层油温（℃）　25.00　　　　环境温度（℃）　30.00

环境温度（%）　40.00　　　试验人员　张宇、侯宜男、董冠初

设备铭牌

资产编号	ZBYQ-046-0000000022
相别	C
设备名称	1号主变压器C相
产品型号	ZBTQ-0DFSZ-250000/500
出厂序号	2008181-3
制造厂家	西安西电变压器责任责任有限公司
出厂日期	2008-09-01
投运日期	2008-12-06

图2　安各庄1号主变压器C相2013年例行试验部分数据

表2 安各庄1号主变压器C相2013年例行试验部分数据 MΩ

测试部位	绝缘电阻测试值
铁心对地	15 000.00
夹件对地	0.00
铁心对夹件	16 000.00

表3 安各庄1号主变压器C相2013年7月油务化验数据 μL/L

相　　别	A相	B相	C相
氢（H_2）浓度上次值	60.00	132.10	29.00
氢（H_2）浓度测量值	68.40	18.70	30.00
甲烷（CH_4）浓度上次值	2.00	3.70	4.70
甲烷（CH_4）浓度测量值	1.90	4.10	4.60
乙烷（C_2H_6）浓度上次值	0.60	0.90	0.90
乙烷（C_2H_6）浓度测量值	0.40	0.80	0.80
乙烯（C_2H_4）浓度上次值	0.20	0.30	0.30
乙烯（C_2H_4）浓度测量值	0.30	0.50	0.30
乙炔（C_2H_2）浓度上次值	0.00	0.00	0.00
乙炔（C_2H_2）浓度测量值	0.00	0.00	0.00
一氧化碳浓度上次值	179.30	392.10	470.70
一氧化碳浓度测量值	169.70	374.20	468.40
二氧化碳浓度上次值	530.10	649.40	960.70
二氧化碳浓度测量值	674.70	706.40	947.00
总烃量上次值	2.80	4.90	5.90
总烃量测量值	2.60	5.40	5.70

根据例行试验数据初步认为该主变压器存在夹件多点接地。可能引起夹件多点接地的原因有以下几种：装配及安装不完善，致使金属杂物滞留或掉入箱内，导致夹件多点接地；运输、安装时变压器发生倾斜或冲撞振动，使器身局部或整体发生机械位移以至绝缘距离不够和绝缘损坏；绝缘受潮。根据例行试验的绝缘、介损数据以及表3的油化数据，绝缘受潮造成该问题的可能性不大。不排除前述两种原因的可能性。

（3）在检修现场，技术人员对尝试用电容充电后，高压端点击拆除接地的夹件放电的方法，试图烧掉可能存在造成夹件多点接地的毛刺等，未能解决问题。后经公司运检部同意投运，并重点加强监测。

（4）2014年2月，运检部安排对存在接地安各庄1号主变压器C相加装铁芯夹件在线监测及限流装置，如图3所示。

本次安装在线监测装置，将原接地线的变压器铁芯、夹件端用$50mm^2$电

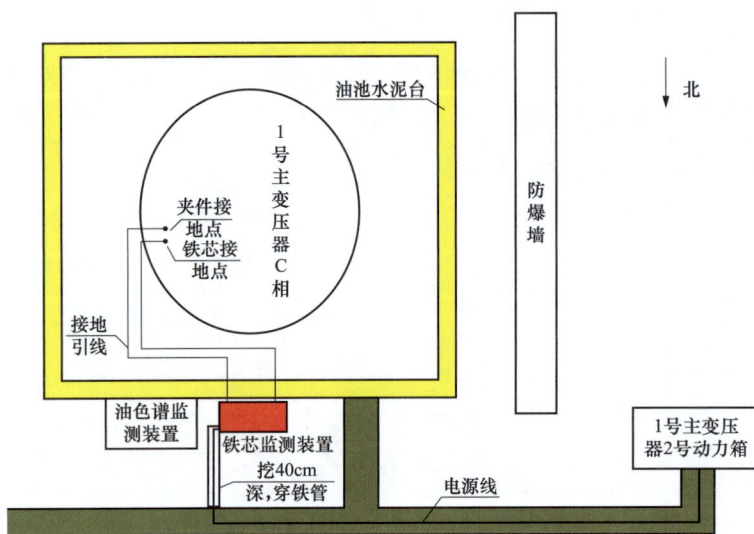

图3 安各庄1号主变压器C相铁芯夹件在线装置安装

缆线引致限流装置的"进端"绝缘子上。将原接地线的接地端用$50mm^2$电缆线引致限流装置的"出端"绝缘子上，即在铁芯、夹件接地电路上串入该测量及限流装置，其串联限流电阻最大为1500Ω。根据测量回路的反馈通过控制短接该电阻的不同区段达到串入不同限流电阻的作用，测量电流在100mA以下时不

串入电阻，超过时首先串入第一挡115Ω电阻。图4和图5所示即为调控效果。

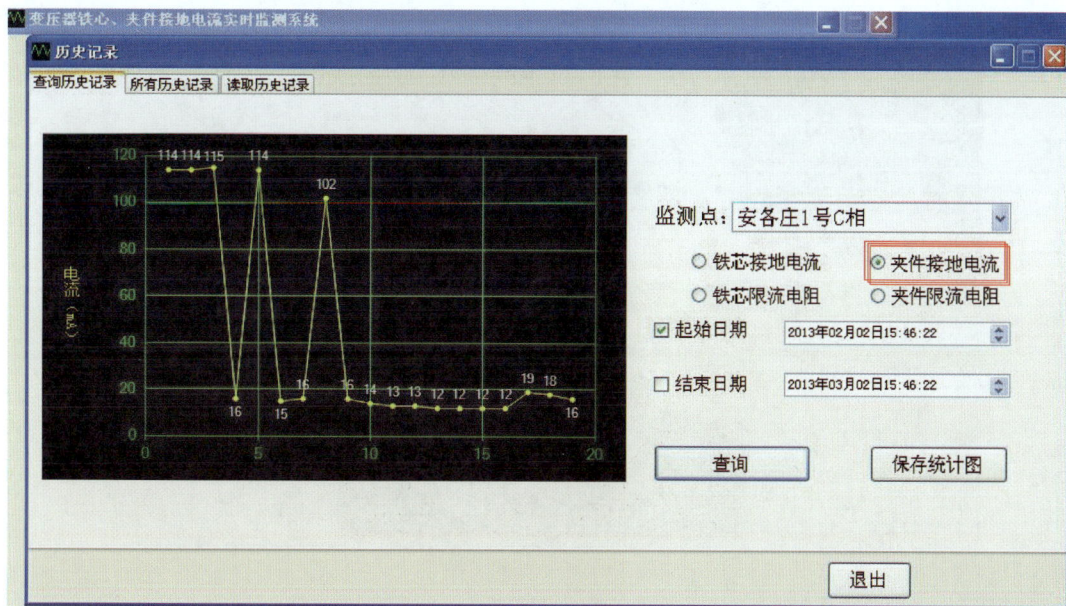

图4　安各庄1号主变压器C相夹件在线监测装置数据图1

图5　安各庄1号主变压器C相夹件在线监测装置数据图2

目前设备运行正常。

经验体会

（1）在冀北检修分公司所辖20余座500kV变电站中，主变压器的夹件接地电流一般都大于铁芯接地电流。对于不同厂家、型号，不同负荷区域的主变压器，部分存在夹件接地电流长期位于或略超过100mA标准上限的情况普遍存在。通过对设备例行试验和油务化验，未发现设备状况由此产生明显劣化。对其接地电流的定期监测也未发现明显增长趋势。

（2）区别于大部分铁芯夹件多点接地，本次夹件对地绝缘为零并未对运行中夹件接地电流造成明显影响，多点接地相别与正常绝缘相别接地电流测试数据接近。也未发生大环流和内部放电造成的绝缘劣化和变压器油劣化。但由于其存在隐患，有必要加装在线监测和限流装置加以关注和控制。

🔷 检测信息

检测人员	国网冀北电力有限公司检修分公司：吴思源（29 岁）、孟庆大（33 岁）、李旸（27 岁）
检测仪器	KEW SNAP 2413F 型钳形电流表
测试环境	温度 30℃、相对湿度 40%

2.3　红外热像检测技术

2.3.1　红外热像检测发现 220kV 前铺变电站 220kV 电容式电压互感器过热

🔷 案例简介

2011 年 6 月 15 日 16：20，国网河北省电力公司衡水供电公司 220kV 前铺变电站 220kV Ⅰ母线 CVT 电压显示异常。经检查，217CVT C 相电压异常，运行人员现场测量 220kV Ⅰ号母线 CVT 二次电压为：A 相 60V、B 相 60V、C 相 30V。18 时 00 分，对该组 CVT 红外热像检测，发现 C 相本体油箱温度比其他两相温度高 17℃，当天 20 时对该 CVT 进行停电操作，6 月 17 日对该 CVT 进行更换处理。二次电压异常，红外热像检测已确定该 CVT 存在危急缺陷，如不及时停电处理，极易引起 CVT 爆裂或着火，退运后的 CVT 及时进行解体分析，查找出了设备损坏原因。为以后同类设备检测及治理提供了宝贵经验。

🔷 检测分析方法

2011 年 6 月 15 日 16：20，220kV 前铺站 220kV Ⅰ号母线 CVT 电压显示异常。经检查，217CVT C 相电压异常。运行人员现场测量 220kV Ⅰ号母线 CVT 二次电压为：A 相 60V、B 相 60V、C 相 30V。

18 时 00 分，对 217CVT 红外热像检测发现 C 相本体油箱温度比其他两相温度高 17℃，已构成危急缺陷，三相 CVT 油箱部位红外图谱，如图 1～图 3 所示。

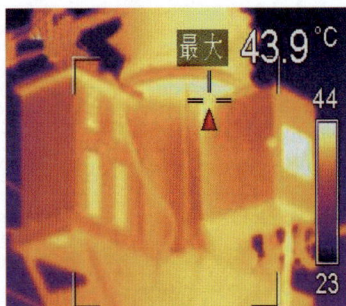

图 1　A 相油箱　　　　　图 2　B 相油箱　　　　　图 3　C 相油箱

20时38分，前铺站220kVⅠ、Ⅱ母线并列，Ⅰ母线CVT停电操作完毕。20时55分，C相电压互感器开始高压电气试验。首先测量上节电容C11及下节电容器的C12测试结果正常（C11介损0.081%；电容量10 020pF；C12介损0.121%；电容量12 380pF）。

当测试下节电容器的C2时，在加压的过程中，介损测试仪显示过电流熔断器熔断。初步判定为C相电压互感器中间变压器一次绕组绝缘损坏或电容C2损坏。因C相CVT二次电压并未下降到0V，C2并未被完全击穿。

该CVT运行中，中间变压器一次绕组绝缘损坏，逐渐发展为对地短路，一次绕组承受电压降低，二次电压也随之降低（17时20分运行人员检查时C相电压30V，17时30分检修人员检查时为16V）。在此过程中，中间变压器尾端的电抗器承受电压升高，温度也迅速上升。此后，高压试验过程中在C2上端（中间抽头）加压测试C2介质损耗时，虽然将中间变压器尾端开路，但由于对地绝缘损坏，升压过程中仪器熔断器烧坏。

6月20日，对该设备进行解体检查发现：

（1）中间变压器一次绕组首端引线外敷绝缘纸烧坏，固定绝缘件出现明显导电通路，这也是造成此CVT二次电压变化的主要原因，如图4所示。

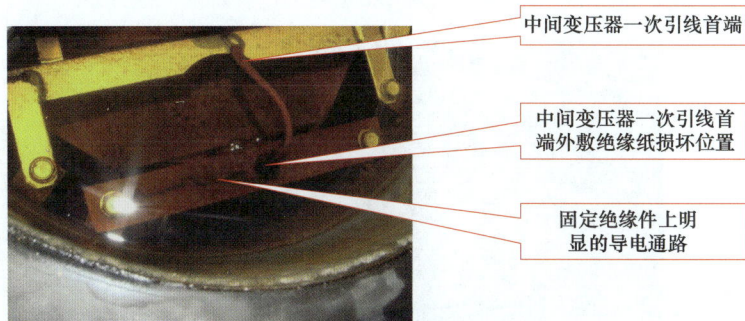

中间变压器一次引线首端

中间变压器一次引线首端外敷绝缘纸损坏位置

固定绝缘件上明显的导电通路

图4　绝缘件上的导电通道

（2）吊开后发现内部零部件及铁芯严重锈蚀，如图5和图6所示。

图5　严重锈蚀的中间变压器

图6　严重锈蚀的中间变压器铁芯

（3）在放掉CVT中间变压器单元油时发现了极少量的水珠，如图7所示。

（4）中间变压器高压尾部并联间隙一侧断开，如图8所示。

水珠位置

图7　中间变压器绝缘板上的水珠

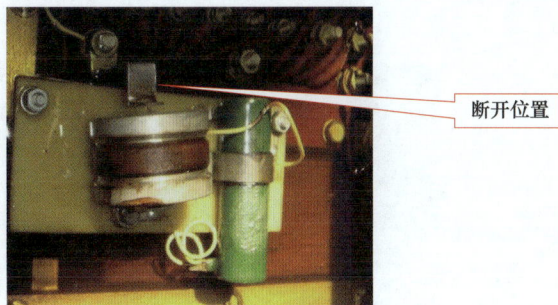

断开位置

图8　一侧断开的间隙

（5）并联电阻有过热痕迹，并联电阻表面起泡，与之相邻的绝缘导线绝缘层被烧坏，如图9所示。

（6）绝缘低板出现大量放电点，如图10和图11所示。

（7）中间变压器底部绝缘板长期受潮老化，表面附着沉积物已成泥状。如图12所示。

通过解体及试验发现中间变压器一次绕组高压首端引线外敷绝缘纸烧坏（长期有害的局部放电所致），裸露导线通过绝缘件上的导电通道（绝缘件受潮，场强集中，局部放电造成绝缘件上的导电通道）直接

绝缘引线绝缘层被烧

并联电阻表面起泡

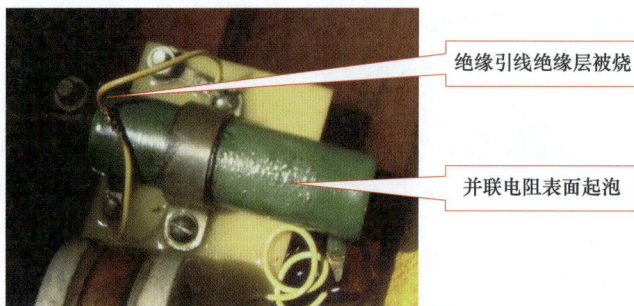

图9　并联电阻的过热痕迹

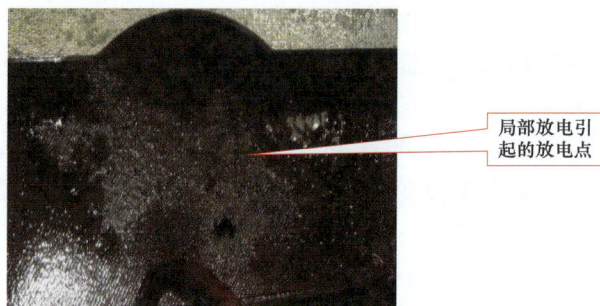

局部放电引起的放电点

图10　中间变压器用绝缘纸板1

局部放电引起的放电点

图11　中间变压器用绝缘纸板2

图12　中间变压器底部用绝缘垫板

接地是造成二次绕组输出电压过低的主要原因。然而造成中间变压器故障的直接原因应与中间变压器长期受潮有关，从解体照片可以看出，此受潮为深度受潮，进水量不是很大，但水分长期存在，并逐渐渗透到绝缘件及一、二次绕组的绝缘层中，并腐蚀铁芯及附件，这种受潮是个逐渐且加速的劣化过程，最终在高电压的作用下，导致绝缘薄弱处（中间变压器首端承受电压高）被击穿。

✿ 经验体会

（1）红外测温技术具有不停电、直观、灵敏、安全等优点，对检测导流设备接触不良等外在型过热缺陷容易判断，对类似变电设备内部过热缺陷应结合设备结构综合判断处理，测试时加强相间和同类型设备横向比较，必要时用专业软件进行三相对比分析。

（2）应加强二次电压的监测，做到缺陷早发现早处理。

✿ 检测信息

检测人员	国网河北省电力公司衡水供电公司：王红星（39岁）、夏学峰（41岁）、郭振丰（44岁）
检测仪器	P30红外热像仪（美国FLIR公司）
测试环境	温度24℃、相对湿度45.0%、风力1~2级

2.3.2 红外热像检测发现 220kV 主变压器 110kV 套管内部丝套过热

案例简介

国网河南省电力公司濮阳供电公司某变电站 220kV 2 号主变压器型号为 SFPSZ9-150000/220kV，110kV 侧套管型号为 BRLW-110/1250-4，2000 年投入运行，从 2013 年 6 月发现 110kV 侧套管运行发热并逐步发展变化。2013 年 10 月 28 日综合停电检修前，对该变压器外部各接头、各侧套管、本体、储油柜等重要部位进行了红外热成像检测。在检测过程中发现 2 号主变压器 110kV 侧 B 相套管端部温度异常，表面最高温度 128.7℃，负荷电流 960A，A 相 102.8℃，正常的 C 相 45.6℃，与变压器的器身温度相近，环境温度 20℃。经过停电例行试验诊断后，检修人员打开 B 相将军帽内部螺栓后，发现由于制造质量，铜质丝杠与丝套接触部位氧化，引起长期接点处过热，随即进行打磨、涂导电膏的工序处理，继续运行温度基本正常。但由于是产品制造质量问题，为了消除隐患，订购厂家新套管进行彻底处理。

检测分析方法

使用 DL-70C 红外热像仪，采用表面温度判断法、相对温差判断法，发现 2 号主变压器 110kV 侧 B 相套管端部温度异常 128.7℃，负载较高时段的最高温度达 135.4℃。分析判断属于电流致热型。并采用图像特征判断法对该变压器 A、B、C 相 110kV 侧套管内部运行状态进行了精确测温，未发现电压致热型内部缺陷。红外诊断人员在合适的位置，针对变压器套管金属为氧化黄铜金属，红外热像检测时采用 0.6 的发射率。存图时选择成像的角度、色彩度，拍下了清晰的红外图谱及可见光照片，如图 1～图 4 所示，并填报电力设备红外诊断缺陷报告，汇报值班调度员和运维检修部。

图 1 变压器三相套管红外热像

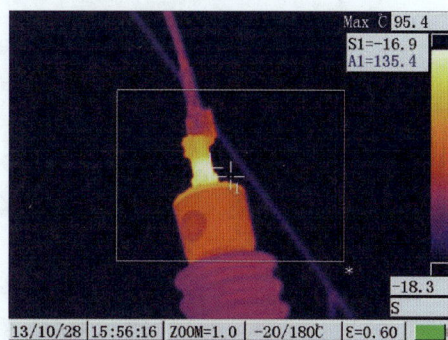

图 2 变压器 B 相套管红外热像

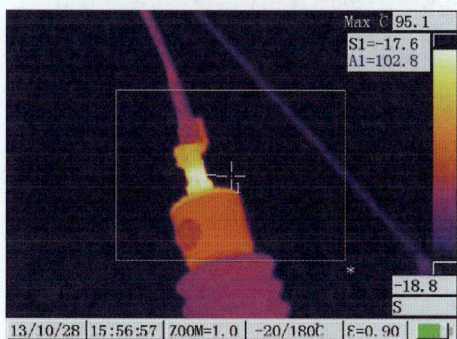

图 3 变压器 A 相套管红外热像

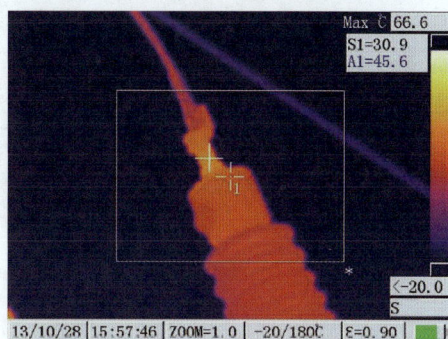

图 4 变压器 C 相套管红外热像

执行 DL/T 664—2008《带电设备红外诊断应用规范》：

（1）一般缺陷：电器设备金属部件的连接部位表面温度不小于 70℃，温差 10～15K；

（2）严重缺陷：电器设备与金属部件的连接部位表面温度不小于 90℃，或相对温差不小于 80%；

（3）危急缺陷：电器设备与金属部件的连接部位表面温度不小于130℃，或相对温差不小于95％。

缺陷判断：

1）2号主变压器110kV侧B相套管端部表面温度最高温度达135.4℃，已达到"危急缺陷"。

2）2号主变压器110kV侧B相套管端部"相对温差"不小于75.5％，接近"严重缺陷"。

计算过程：

$$发热点温升\ \tau_1 = 发热点温度 - 环境温度参照体 = 135.4 - 30.9 = 104.5(K)$$

$$正常相对应点温升\ \tau_2 = 正常相对应点温度 - 环境温度 = 45.6 - 20 = 25.6(K)$$

温升：被测设备表面温度和环境温度参照体表面温度之差。相对温差

$$\delta = (\tau_1 - \tau_2)/\tau_1 \times 100\%$$

$$= (104.5K - 25.6K)/104.5K \times 100\% = 78.9/104.5 \times 100\% \approx 75.5\%$$

3）高压试验班所测量套管导电回路的直流电阻测试数据：

处理前（2013-10-28）2号主变压器110kV侧直阻（mΩ）：mOm为88.11，BmOm为90.28，CmOm为86.78，相间最大误差（％）：3.98。

检修处理后（2013-10-28）2号主变压器110kV侧直阻（mΩ）：AmOm为84.18，BmOm为84.53，CmOm为84.04，相间最大误差（％）：0.58。

停电试验深入诊断分析，证明110kV侧B相套管导电回路直流电阻不合格。

（4）停电检修，发现导电杆螺纹接触面有烧蚀痕迹，打磨后涂导电膏，投运后红外复测三相对比正常如图5～图8所示。

图5 变压器套管检修可见光照片图

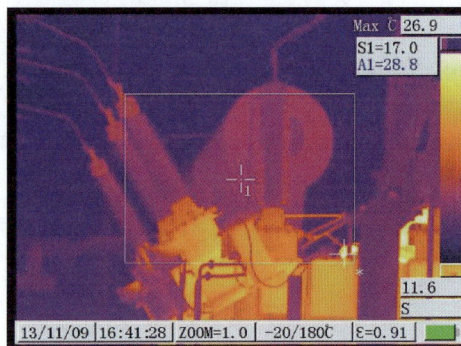

图6 变压器套管正常复测红外热像

（a）

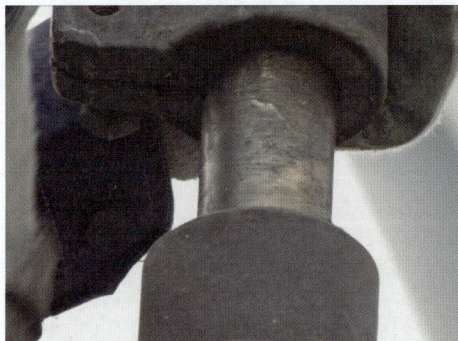

（b）

图7 变压器套管外连接正常可见光照片

（a）导电杆与线夹连接；（b）线夹与导线连接

变压器导电杆内部发热的主要原因如下：

（1）导线与金具为螺栓与螺丝连接，随着运行年限增加，接触面氧化，导致过热。

（2）套管连接金属部件质量差，接触面减小导致产生过热。

（3）做试验后接头螺栓紧固力度不够产生过热。

(a)   (b)

图 8 变压器套管内部连接氧化接触不良可见光照片
（a）螺母纹路氧化发热放电点；（b）螺杆丝杆局部发热放电点

🍀 经验体会

事实说明红外热成像检测技术能够行之有效的发现设备过热缺陷，特别是变压器套管部位，能够有效指导设备检修，提高检修工作效率和安全质量。变压器套管连接处属于螺栓固定的"固定电接触"，局部严重发热烧损可能导致将军帽导电杆端部的密封不良，雨水沿主导管中的引线，渗进变压器绕组造成内部短路事故。只要采取必要措施，会大大降低故障率。

针对以上情况，提出以下几点措施：

（1）加强新装变压器的质量验收与检修试验施工后套管部位的检查。

（2）进行红外热像监督，早期发现套管连接部位的发热问题，避免局部发热演变为故障状态。

🍀 检测信息

检测人员	国网河南省电力公司濮阳供电公司：胡红光（47 岁）
检测仪器	DL-70C 红外热像仪
测试环境	温度 33℃、相对湿度 55%

2.3.3 红外热像检测发现 220kV 金山变电站变压器线夹断裂

🍀 案例简介

国网黑龙江省电力有限公司鹤岗供电公司运维的 220kV 金山变电站 1 号变压器，由哈尔滨变压器厂 2004 年 11 月 2 日生产，型号为 SFPSZ9-120000/220，2004 年 11 月 24 日投入运行。2011 年 5 月 21 日下午 5 时，在对 1 号主变压器部件二季度例行红外热像检测工作中，发现 1 号主变压器套管线夹温度异常，220kV 侧三相线夹温度分别为 38.4、47.2、45.2℃，110kV 侧 B 相线夹温度为 49.5℃，温升达 11.1℃。当天环境温度 22.4℃，变压器油温 29.3℃。根据检测结果初步判断 220kV 侧 B、C 相和 110kV 侧 B 相套管线夹存在严重过热，此时 220kV 侧的负荷电流为 126.1A，有功功率 41 540kW、无功功率 15 310kvar。根据缺陷情况，公司安排 6 月 7 日此变压器停电检修及缺陷处理，在检查线夹时发现铸铜线夹断裂，现场进行了变压器试验及更换断裂的套管接线端线夹。

检测分析方法

1号主变压器整体（变压器箱体、各侧套管、储油柜、引线接头等）进行红外热像检测时，发现多相套管线夹温度分布异常，于是重新选择合适的辐射率，采用广角镜头对套管线夹部位进行了精确测温，红外图谱如图1所示。

图1中，最高温度110kV侧B相线夹49.5℃，220kV正常A相38.4℃、变压器现场运行实时数据：220kV侧的负荷电流为126.1A、有功功率41 540kW、无功功率15 310kvar，环境温度22.4℃，变压器油温29.3℃。根据DL/T 664—2008《带电设备红外诊断应用规范》，热像特征以线夹和接头为中心，热点明显，定性为一般缺陷。图2～图4所示为断裂线夹照片。

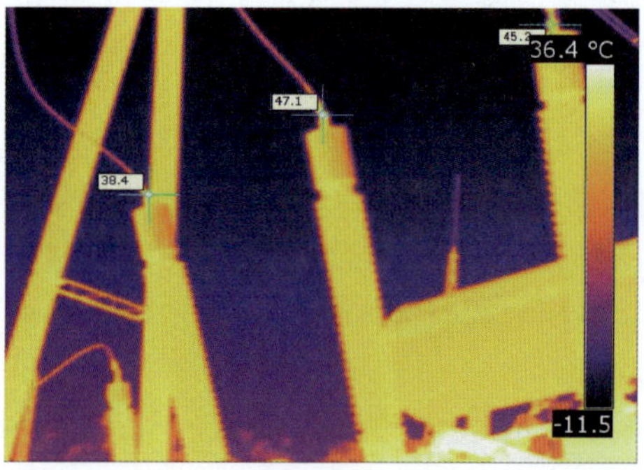

图1 220kV金山变电站1号变压器高压侧三相套管线夹红外成像图谱

图2 220kV金山变电站1号变压器高压侧套管断裂线夹照片

图3 220kV金山变电站1号变压器高压侧套管断裂线夹照片

图4 220kV金山变电站1号变压器高压侧套管断裂线夹照片

为进一步确定1号主变压器是否还存在缺陷，又进行了变压器直流电阻和油化验试验项目经综合分析判断，均未见异常，确认变压器不存在其他缺陷。

历年变压器绕组电阻测试数据对比较（所有数值均已换算至75℃），试验数据见表1和表2，变压器油化验数据见表3。

表1   220kV侧绕组电阻试验数据

时 间	试验性质	分接位置	A（Ω）	B（Ω）	C（Ω）	Δ（%）
2004-11-19	初值	9	0.5655	0.5664	0.5643	0.37
2005-04-19	例行	9	0.5658	0.5667	0.5644	0.41
2006-04-20	例行	9	0.5658	0.5672	0.5643	0.51
2007-04-19	例行	9	0.5657	0.5671	0.5641	0.53
2011-06-07	诊断	9	0.5659	0.5669	0.5642	0.48

表2   110kV侧绕组电阻试验数据

时 间	试验性质	分接位置	AmOm（Ω）	BmOm（Ω）	CmOm（Ω）	ΔR（%）
2004-11-19	初值	2	0.1473	0.1472	0.1474	0.14
2005-04-19	例行	2	0.1474	0.1473	0.1476	0.20

时 间	试验性质	分接位置	AmOm（Ω）	BmOm（Ω）	CmOm（Ω）	ΔR（%）
2006-04-20	例行	2	0.1474	0.1476	0.1473	0.20
2007-04-19	例行	2	0.1475	0.1475	0.1471	0.27
2011-06-20	诊断	2	0.1476	0.1474	0.1472	0.28

表3 　　　　　　　　　　　　　　变压器油化验数据　　　　　　　　　　　　　　μL/L

氢气含量	一氧化碳含量	二氧化碳含量	甲烷含量	乙烯含量	乙烷含量	乙炔含量	总烃含量
3.0	340.0	168.0	16.5	0.0	0.0	0.0	16.5

　　线夹损坏综合分析：变压器套管引线线夹与变压器构架上的上棚线直接连接，上棚线的长度和连接角度，对套管线夹的应力要求非常严格。如上棚线的长度过长，在大风天气下，上棚线的摆动会很大，导致线夹承受很大应力，若导线连接角度选择不合适，导线应力与导线缠绕方向不一致，致使线夹严重受力，经多年积累效应，这是此次线夹损坏的主要原因。由于损坏的线夹为铸铜材料，硬度大而脆，在线夹紧固过程中受力若不均匀，就会使线夹局部发生断裂，在上棚线摆动的应力作用下，导致线夹损坏加重，最终导致线夹断裂，这是此次线夹损坏的重要原因，系产品质量问题。另外，由于线夹为铸铜材料，与套管导电杆的温度变化系数不一致，金山变电站地处北部山区，全年温差达60℃，各个季节线夹的紧固程度存在差异，接触不良时导致接触面过热，加剧线夹的老化，这也是此次线夹损坏的一个因素。更换新的线夹送电后，红外热像图谱正常。

经验体会

　　红外热像检测技术近年来的迅速推广应用，在及时有效的发现设备过热缺陷，起到了不可替代的作用。随着红外热像检测仪器的不断更新换代，检测的灵敏度越来越高，对于发现细微的温度变化的设备过热缺陷，提供了强有力的技术支持。但要发现设备缺陷，还应做到以下几点：

　　（1）克服麻痹思想。因红外热像检测技术日趋完善，加之现场运行设备多年不发生缺陷和事故，必然会导致工作人员思想滑坡。越是运行多年的设备，越要加强对设备红外热像检测，这样才能及时发现设备缺陷，避免设备事故。要找出缺陷发生的规律，找到有效消除缺陷途径，才能制定完善的消缺方案。

　　（2）负荷急剧多变、伴有大的冲击负荷的变压器或经受了严重的自然灾害和不良工况的变压器，适时进行红外热像检测，是及时发现缺陷和减少损失的有效方法。

　　（3）杜绝低劣设备挂网运行。从设备入网源头开始，认真把好关口，加强设备各个环节的质量管理，发现问题设备及时制定消除计划，实现缺陷设备"零容忍"。

检测信息

检测人员	国网黑龙江省电力有限公司鹤岗供电公司：吴绪光、曹玉兰
检测仪器	FILR T630 红外热像仪、ZP-5033 智能型数字兆欧表、TD-3310C 变压器综合参数测试仪
测试环境	温度 22.4℃、相对湿度 35%

2.3.4　红外热像检测发现 220kV 变压器套管接头过热

❖ 案例简介

国网山东电力集团公司烟台市供电公司 220kV 福山变电站 1 号主变压器 1995 年投入运行。2013 年 12 月红外测温普检时对该变压器重要部位进行了红外热成像检测。在检测过程中发现 110kV 侧 B 相套管端部温度异常，表面最高温度 80.3℃。正常相 11.6℃，经过停电例行试验诊断后发现该主变压器 110kV 侧 B 相绕组直流电阻值偏大，三相不平衡差值大 5.9%，超出规程规定的 2%，经分析后认为是内部原因所致。经过检修人员放油后，打开检修发现 B 相绕组首端与导电杆连接的螺栓有松动现象，随即进行处理。

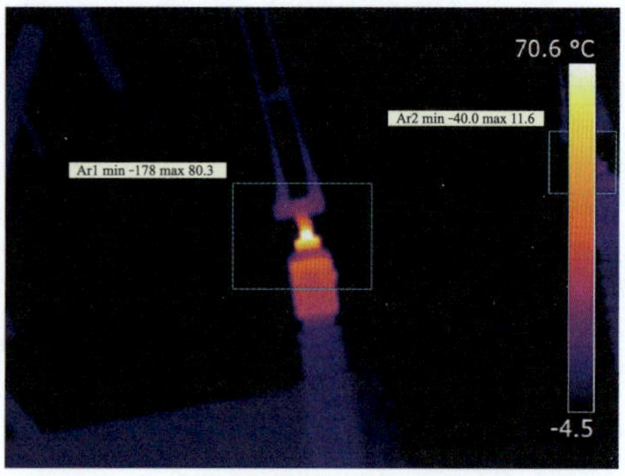

图 1　1 号主变压器 110kV 侧 B 相套管红外热像图谱

❖ 检测分析方法

1 号主变压器在进行红外热成像检测时，发现 110kV 侧 B 相套管整体温度分布异常。对该套管进行了精确测温，选择成像的角度、色度，拍下了清晰的图谱，如图 1 所示。

对照图谱发现 110kV 侧 B 相套管端部温度异常，表面最高温度 80.3℃，正常相最高温度 11.6℃，环境温度 6℃。依据电流致热型设备缺陷诊断判据，判断热像特征是以线夹和接头为中心的热像，热点明显；故障特征为接触不良；缺陷性质为严重缺陷。综合考虑变压器近期运行工况和变压器油中溶解气体试验数据，均未见异常。

经 1 号主变压器停电例行试验诊断时，发现 110kV 侧直流电阻不合格，数据见表 1。

表 1　　　　　　　　　　　　　　　　试　验　数　据

AmOm（Ω）	BmOm（Ω）	CmOm（Ω）	误　差	标　准	结　论
13.75（Ω）	14.53	13.72	5.9%	<2%	不合格

该主变压器 110kV 侧 B 相绕组直流电阻值偏大，三相不平衡差值 5.9%，超出规程规定的 2%。又将历年来的试验数据进行分析比对，数据见表 2。

表 2　　　　　　　　　　　　　　　　历　年　试　验　数　据

试　验　日　期	AmOm（Ω）	BmOm（Ω）	CmOm（Ω）	$\Delta R\% \leqslant 2\%$	结　　论
2001-10	13.42	13.46	13.48	0.45%	合格
2004-9	13.84	13.83	13.83	0.07%	合格
2009-2	13.62	13.61	13.65	0.31%	合格
2011-10	13.59	13.58	13.63	0.37%	合格

经过综合分析判断，初步认为是由于绕组端部接头接触不良引起过热，随即制订处缺检查方案。

检修人员将变压器主体绝缘油放至套管端部以下，打开端部将军帽，发现绕组端部导电杆螺纹与固定螺母有轻微松动，打开连接后，发现绕组端部导电杆螺螺丝磨损较重，造成接触不良，致使发热，如图 2 所示。

以上异常数据对红外测试结果进行了很好的印证。重新紧固后，进行直流电阻复测，测量数据合格，见表 3。在该变压器送电后的红外热成像检测中红外图谱正常，如图 3 所示。

图 2　1 号主变压器 110kV 侧 B 相绕组端部导电杆磨损情况

表 3　　　　　　　　　　　　　　　复 测 试 验 数 据

AmOm（Ω）	BmOm（Ω）	CmOm（Ω）	误　　差	标　　准	结　　论
13.70	13.62	13.70	0.59％	＜2％	合格

🔶 经验体会

（1）红外成像技术是发现电网设备热缺陷的有效手段，本次测温异常发现的导电杆螺纹与固定螺母有轻微松动，在今后应对此类缺陷位置发热传导至他处的现象多加注意，及时消除安全隐患。

（2）作为设备维护管理单位，在加强工程监造力度，对重点部位进行严格检查，严格验收。防止此类异常发生。以上对设备检修工艺和质量提出了更高的要求，保证检修质量，全面考虑不留死角，而且在设备检修过程中对接头的处理将更具针对性，避免日后出现过热现象。

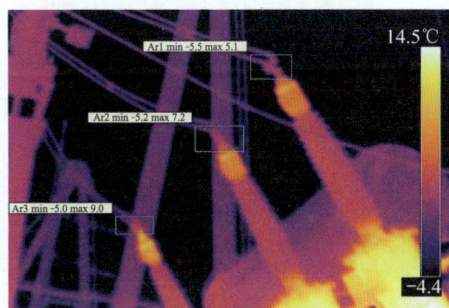

图 3　消缺后 1 号主变压器 110kV 侧 B 相套管红外热像图谱

🔶 检测信息

检测人员	国网山东省电力公司烟台市供电公司：金爱民（43 岁）、胡晓（26 岁）、吕俊（32 岁）
检测仪器	FILR T360 红外热像仪
测试环境	温度 6℃、相对湿度：45％

2.3.5　红外热像检测发现 220kV 变压器高压套管缺油

❖ 案例简介

国网山东省电力集团公司烟台供电公司 220kV 招远变电站 1 号主变压器 1980 年 12 月投入运行，为 1980 年 9 月沈阳变压器有限公司生产的 SFPS3-120000/220 型变压器，投运以来运行良好，2011 年 11 月，在对变电站进行红外测温普检时发现 1 号主变压器 220kV 侧套管温差异常。

❖ 检测分析方法

利用红外热成像软件技术，对此次拍回来的变压器高压侧三相套管图谱进行分析，发现高压套管上部与下部温差有 4.7℃，如图 1 所示的红外热像图谱。对图 1 进行图谱分析后得到图 2 所示照片，比较图 1 和图 2 后，怀疑 1 号主变压器高压套管缺油。

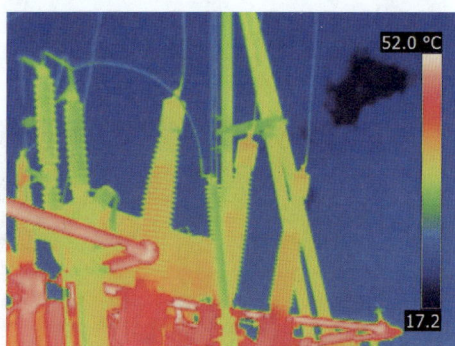

图 1　1 号主变压器高压套管红外热像图谱　　　图 2　1 号主变压器高压套管红外热像图谱分析图

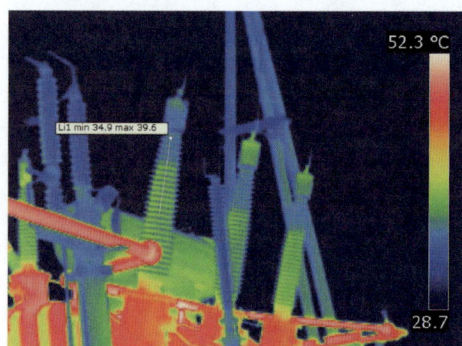

根据 DL/T 664—2008《带电设备红外诊断应用规范》，设备存在过热且超过一定温差，属于一般缺陷。同时在检查该套管油位计时发现，无法清楚看到油位，由于该主变压器投运时间较长，且运行环境恶劣，无法确定是油位计脏污导致无法看清或是套管缺油。

2011 年 11 月 20 日，对该主变压器进行停电检查试验。检修人员对高压侧套管油位计表面擦拭干净，清楚看见该套管缺油，为验证套管内部是否有缺陷，随后对该主变压器在运行了套管的绝缘电阻测量、套管的介质损耗和电容量测量、分接进行绕组直流电阻测量，测量结果见表 1 和表 2。

表 1　处理前变压器高压侧套管数据

项　目	A	B	C	备注
绝缘电阻（MΩ）	10 000	10 000	10 000	
介质损耗 tanδ（%）	0.4	0.4	0.4	
电容量（pF）	440.1	435.3	439.2	
使用仪器	HV-9000、ZP1153			

表 2　处理前变压器高压侧直流电阻数据

日期	2011-11-20	温　度		8℃
项目/相别	A0	B0	C0	三相互差%
电阻（mΩ）	563	562.9	564.3	0.24%

试验数据合格，经检查发现套管内部长期渗漏油，造成套管上部和下部的温度异常。考虑到该变压器即将更换，便重新注入合格的变压器油 50kg 左右，随后经观测，无漏油现象，再次进行了套管的绝缘电阻测量、套管的介质损耗和电容量测量、分接进行绕组直流电阻测量，测量结果见表 3 和表 4。

表 3　处理后变压器高压侧套管数据

项　目	A	B	C	备注
绝缘电阻（MΩ）	10 000	10 000	10 000	
介质损耗 tanδ（%）	0.35	0.32	0.33	
电容量（pF）	448.6	442.5	445.4	
使用仪器	HV-9000、ZP1153			

表 4　处理后变压器高压侧直流电阻数据

日　期	2011-11-20	温　度		8℃
项目/相别	A0	B0	C0	三相互差%
电阻（mΩ）	562.1	561.4	563.2	0.3%

两次测量结果差异很小。在恢复该主变压器的送电后，定期进行红外跟踪监测，未见异常。红外检测图谱如图 3 所示。

图 3　修后 1 号变压器 220kV 侧套管
红外热像图谱

经验体会

（1）红外测温技术是监测电气设备电气性能的有效手段，安全、可靠、无需停电，可以及时发现异常现象和事故隐患。

（2）红外测温技术的使用，为状态性检修体制的推广和实施提供有力的技术支持。

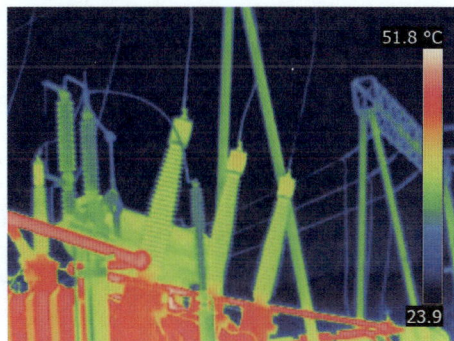

检测信息

检测人员	国网山东电力集团公司烟台供电公司：周辉（43 岁）、李伟（43 岁）
检测仪器	FILR T360 红外热像仪
测试环境	温度 8℃、相对湿度：50％

2.3.6　红外热像检测发现 220kV 冶峪变电站 1 号变压器箱沿大盖螺栓发热

案例简介

2013 年 10 月 22 日 18 时，国网山西省电力公司太原供电公司检修人员在对 220kV 冶峪变电站进行专业红外诊断时，发现 1 号主变压器 B 相高压套管下部大盖螺栓有明显过热，热点温度为 49.2℃，正常相温度 28.2℃，温差为 21K。经与厂家沟通，该主变压器为旧主变压器，未安装磁屏蔽。结合图像特征法，判断该发热原因为漏磁引起的电磁致热。利用钳形电流表测试，发现该处存在较大电流，因此判断是变压器受漏磁通影响，上下钟罩磁密不同产生感应电动势，出现电位差，从而导致金属导体产生电流，造成局部发热。结合近两年油色谱分析，结合实际工作经验，判定为一般缺陷。

检修人员首先更换不锈钢螺栓，安装外跨接短路环，整体温度降为 35℃，减弱致热现状。整体改善效果不很理想。其次通过安装绝缘垫，将箱沿与螺栓绝缘，温度正常，缺陷消除。

图 1　1 号主变压器大盖螺栓红外热像图谱

检测分析方法

220kV 冶峪变电站 1 号变压器进行专业红外诊断时，发现高压侧 B 相套管下部箱沿大盖螺栓处热点明显，如图 1 所示。

随后检修人员选择成像角度，调整辐射率，对该主变压器发热螺栓进行了精确测温，如图 2 所示。热点温度为 49.2℃，正常相温度 28.2℃，温差为 21K。

结合图像特征，判断该发热原因为漏磁引起的电磁致热。

现场将原有螺栓更换为非磁性的不锈钢螺栓后，如图 3 所示，温度未发生根本变化，可以排除由于局部漏磁引发的涡流过热。

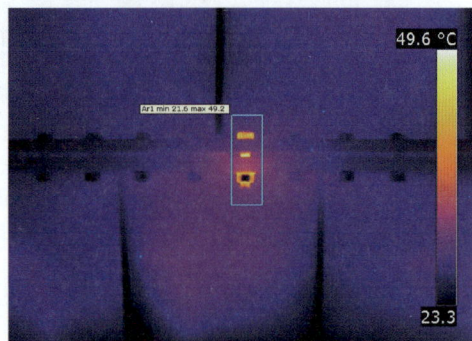

图 2　1 号主变压器箱沿大盖螺栓
红外热像图谱

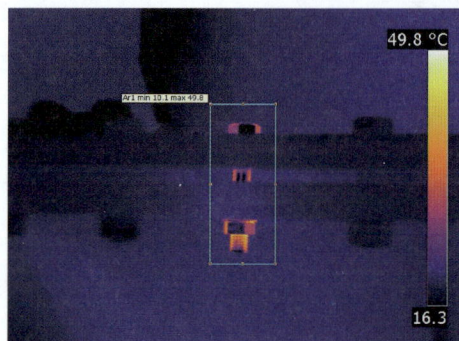

图 3　1 号主变压器箱沿发热大盖螺栓
更换为不锈钢螺栓后红外图谱

该主变压器出厂日期为 1998 年，经与厂家沟通该产品出厂并未安装磁屏蔽。经分析应为变压器的杂散的漏磁通在上下箱体之间形成电压差，而变压器箱沿设置的两处短接点无法完全消除压差，在此处通过螺栓短路。

图 4　钳形电流表验证是否电流存在

连接临时短路线，用钳形电流表测试，发现电流为 165.6A。从而验证此处存在电压差，如图 4 所示。

箱沿大盖螺栓发热可能会引起主变密封垫局部老化，从而导致漏油或油温异常升高等缺陷，经过油色谱分析及近两年色谱数据，无异常增长，结合实际工作经验，对系统不会造成大的损害，判定为一般缺陷。

处理方法：

（1）安装跨接环，即通过铜、铝等短接环将其短路，进行分流，避免温度较高影响到密封垫等。

11 月 2 日，检修人员将原有螺栓更换为不锈钢螺栓，并安装外跨接短路环，在分流的同时增加散热面积，整体温度降为 35.5℃，并且螺栓温度明显降低，为 8.6℃，如图 5 所示。整体改善效果不是很理想。

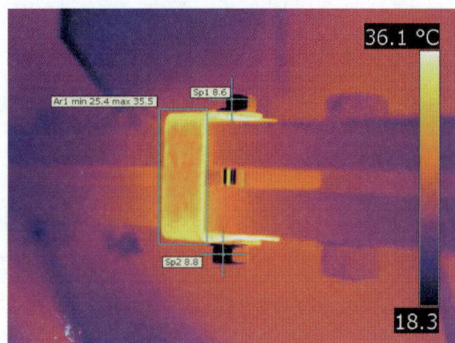

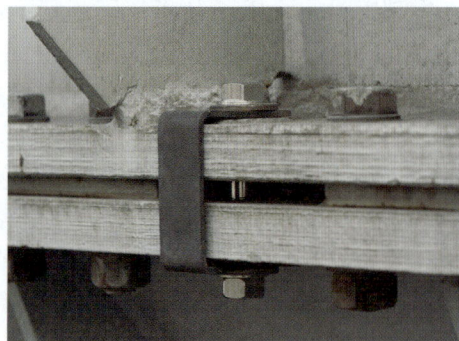

图 5　安装跨接环后的红外图谱与可视图

（2）将箱沿与螺栓绝缘。即通过加装绝缘垫（石棉、环氧树脂等），切断电流通路。11 月 3 日，检修人员加装石棉绝缘垫并经红外诊断，如图 6 所示，温度恢复正常。

再次对 1 号变压器进行红外诊断，发现缺陷消除，如图 7 所示。

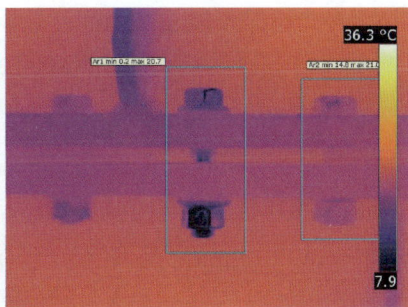

图 6　安石棉垫后的实物图与红外图谱

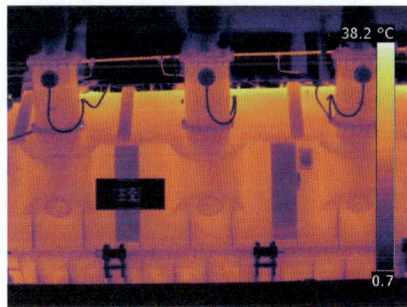

图 7　1 号变压器红外诊断图谱

经验体会

（1）大量事实说明，红外诊断能够有效的发现设备过热缺陷，除了进行例行周期性红外诊断外，适当增加重要设备间隔的红外诊断工作，同时检修前的红外诊断能够给予检修有效指导，有利于提高检修质量和效率。

（2）参照红外图谱要认真分析可能产生发热的原因，必要时可采用试验方法进行验证，查找出原因，能够更有效地进行针对性的检修。

（3）通过典型图谱库和红外诊断经验的积累，能够有效指导红外分析人员对于缺陷进行分析及定性。

检测信息

检测人员	国网山西省电力公司太原供电公司：张省伟（30 岁）、田飞（33 岁）
检测仪器	FLER P630 红外热像仪
测试环境	温度 20℃、相对湿度 30％、测试距离 3m

2.4　联合检测技术

2.4.1　铁芯接地电流检测及油中溶解气体分析发现 35kV 小站变电站 35kV 主变压器铁芯多点接地

案例简介

2012 年 5 月 9 日 10 时，国网天津市电力公司城南供电公司状态检测人员对 35kV 小站变电站 35kV 变电站内 2 号主变压器进行铁芯接地电流检测，发现铁芯接地电流为 12.7A，严重超过 Q/GDW 168—2008《输变电设备状态检修试验规程》内规定铁芯接地电流小于 100mA（注意状态）的规定。该变压器型号为 SZ9-16000/35，生产厂家为江苏华鹏变压器有限公司，出厂日期为 2000 年 7 月。该变压器在 2008 年由南洋变电站退运后经大修，2008 年 10 月移至小站变电站投入运行。2012 年 5 月 12 日 9 时，对 2 号主变压器停电进行诊断性试验，确定主变压器存在铁芯多点接地故障，采用电流冲击试验，但无法消除此故障。为了确保电网安全，5月15日上午8时，对2号主变压器进行更换。8月22日9时，通过对故障变压器解体检修，找到铁芯多点接地故障点。

检测分析方法

国网天津市电力公司城南供电公司在国网天津市电力公司检修公司和国网天津市电力公司电力科学研究院的帮助下进行诊断性试验。2012年5月9、11、12日分别对该变压器进行油色谱检测，数据见表1。

表1　　　　　　　　　　　　　　　小站变电站2号主变压器油色谱检测数据　　　　　　　　　　　　　　μL/L

检测日期	CH₄ 含量	C₂H₆ 含量	C₂H₂ 含量	C₂H₄ 含量	H₂ 含量	总烃含量
5月9日	348	108	7.93	612	178	1076
5月11日	442.7	128	8.8	728.4	336.9	1308
5月12日	528.7	154.6	13.5	917.2	328.2	1614

通过连续三天的油色谱数据分析发现，该变压器内油色谱数据增长迅速，根据DL/T 722—2000《变压器油中溶解气体分析和判断导则》，采用三比值法确定该缺陷编码组合为022，对照故障类型判断方法初步判断该变压器内部存在局部过热（高于700℃）的缺陷，经过综合分析初步判断该变压器存在铁芯多点接地缺陷。

图1　小站变电站2号变压器电流
冲击试验现场

5月12日9时，检修人员对该变压器进行了缺陷处理工作，根据现场检测结果显示该变压器存在铁芯多点接地。现场对主变压器停电后，采取电容器放电冲击的手段进行缺陷处理。进行多次电流冲击试验，试验现场如图1所示。送电后采用万用铁芯接地电流测试仪检测，铁芯接地电流值没有减小，为14A，可见该变压器的缺陷没有消除。冲击试验现场如图1所示。

5月15日8~16时，完成对小站变电站2号主变压器的更换工作，消除了故障隐患。更换后的新变压器铁芯接地电流和油中溶解气体分析均合格。

为了进一步分析故障情况，2012年8月22日9时，城南供电公司委托国网天津市电力公司检修公司对该变压器进行了吊罩检修，发现在C相上部铁芯与层压板之间存在放电，放电原因是在铁芯与层压板之间有个铁质的圆销，造成铁芯多点接地。2号主变压器铁芯黑点为放电点，如图2所示。引起放电的铁质销子如图3所示。

图2　小站变电站2号主变压器铁芯放电故障点

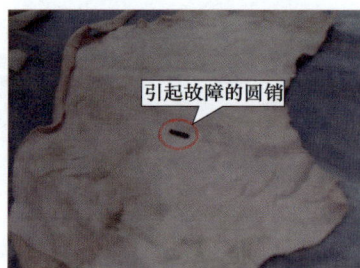

图3　引起放电的铁质销子

经验体会

（1）变压器铁芯接地电流检测能够有效发现变压器是否存在铁芯多点接地情况，但是不能对缺陷的危急程度进行判断，不能精确定位故障点。所以还需要借助其他检测手段或者解体检修才能够判断故障情况。

（2）油中溶解气体分析能够通过油中的特征气体定性判断缺陷的危急程度，但是也不能精确定位故障点。所以还需要借助其他检测手段或者解体检修才能够判断故障情况。

（3）当主变压器出现铁芯多点接地故障后，如何判断缺陷的危急程度非常重要，关系到如何制定检修策略。通过铁芯接地电流检测和油中溶解气体分析虽然能够确定存在故障，但是无法进一步判断变压器是否可以采取串联电阻的保守方式继续运行，还必须解体检修或者更换。

检测信息

检测人员	国网天津市电力公司城南供电分公司：齐彦杰（41岁）、刘莹（32岁）、祁麟（29岁）、王润强（51岁）、郝顺（41岁）
检测仪器	日本万用铁芯接地电流测试仪（MULTI CLAMP LEAKER MCL-800D）、绝缘油气相色谱分析仪（SS-101D）
测试环境	温度18℃、天气晴、相对湿度62％

2.4.2 高频及超声波局部放电检测发现500kV宗州变电站变压器内部放电

案例简介

500kV宗州变电站2号主变压器为江苏华鹏变压器有限公司2011年10月生产的单相三绕组自耦无载变压器，型号为ODFS13-250000/500，额定电压为$525/\sqrt{3}/230/\sqrt{3}/36$kV，2012年8月29日投运。2012年9月2日，变压器油色谱跟踪测试发现内部有痕量乙炔发生，进行高频及超声波局部放电检测，发现该变压器三相都有不同程度的局部放电信号。停电后返厂解体，证实了变压器磁分路与铁芯间，上、下磁分路与夹件安装面间均不同程度存在放电痕迹，磁分路端部绝缘多数移位或破损。

检测分析方法

一、高频局部放电带电检测

检测人员使用PDcheck型高频局部放电测试仪对2号主变压器进行了检测，测试时同步信号取自站内220V检修电源，现场运行情况为：主变压器高压侧电流171A、中压侧396A、低压侧848A，低压侧4号电容器组投入。2号主变压器A、B、C三相高频局部放电图谱如图1所示。

（1）A相数据分析。变压器A相高频局部放电图谱如图2所示，整体信号经分离，共存在红簇信号和黑簇信号。红簇信号如图3（a）所示，具有明显的相位特征，并且相位存在180°翻转关系，其波形具有脉冲波形的特征，据此判断此类信号为局部放电信号，中心频率集中在600kHz左右，频率较低；最大放电量为4.18V，幅值很大。黑簇信号如图3（b）所示，无明显相位特征且波形非放电的脉冲波形，判断黑簇信号属于噪声。

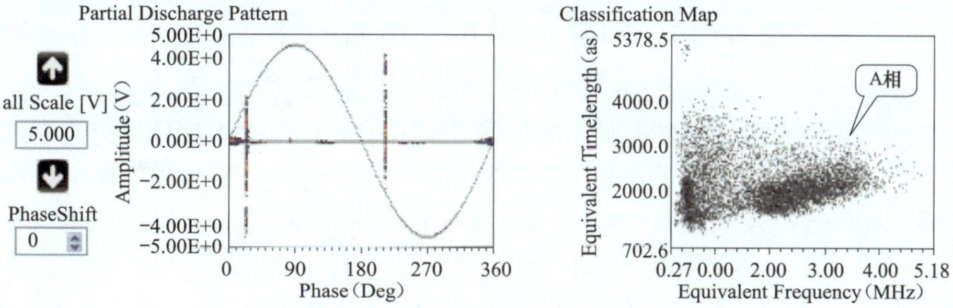

图1 2号主变压器高频局部放电图谱（一）

219

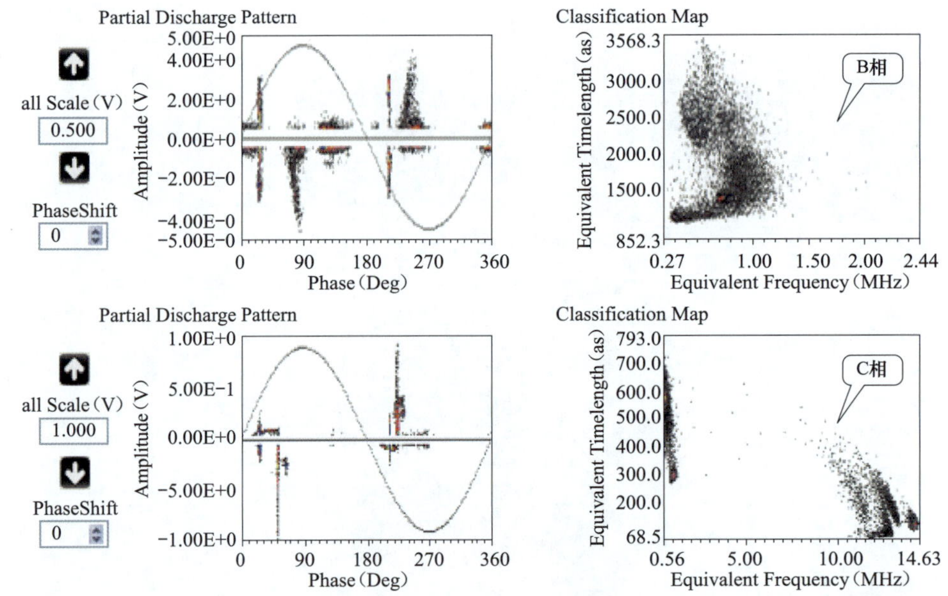

图 1　2 号主变压器高频局部放电图谱（二）

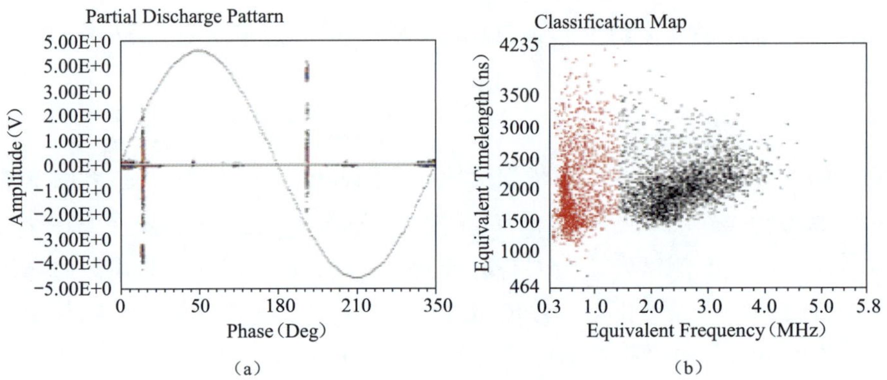

图 2　变压器 A 相高频局部放电图谱

（a）整体信号谱图；（b）分类谱图

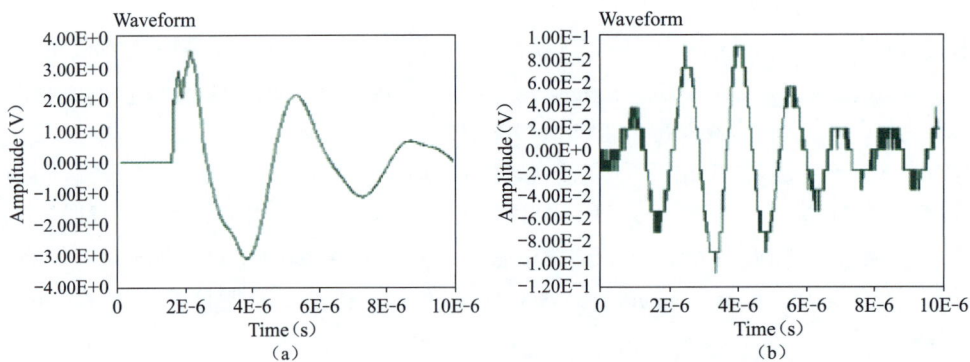

图 3　变压器 A 相高频局部放电分离图谱

（a）红簇信号波形图；（b）黑簇信号波形图

（2）B 相数据分析。变压器 B 相高频高部放电谱图如图 4 所示，整体信号经分离，共存在蓝簇信号、红簇信号和黑簇信号。蓝簇信号如图 5 所示，具有明显的相位特征，其波形具有脉冲波形的特征，据此判断此类信号为局部放电信号，频率集中在 450～600kHz 左右（频率较低），最大放电量为 0.496V（幅值较大）；红簇信号如图 6 所示，具有相位特征，从 A、B、C 三相整体信号谱图中可以看出，B 相中此红簇信号与 A 相红簇在同一个相位（A、B、C 三相测试时取同一个同步信号），最大放电信号幅值 0.371V，因此判断 B 相红簇信号来自 A 相；黑簇信号如图 7 所示，相位谱图和波形图表明是噪声。

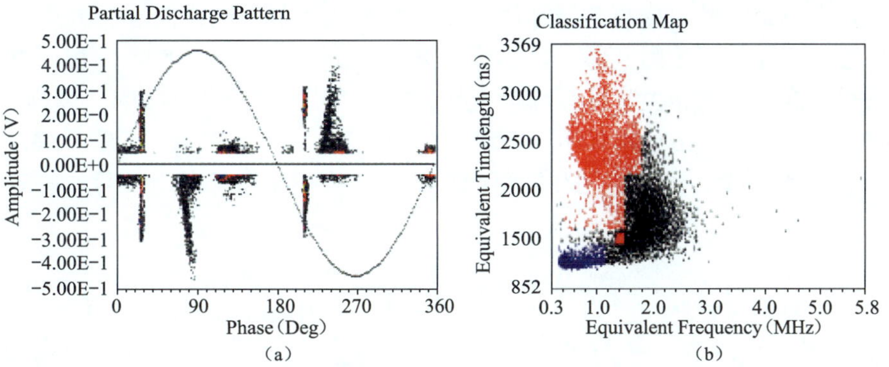

图 4 变压器 B 相高频局部放电图谱
（a）整体信号谱图；（b）分类谱图

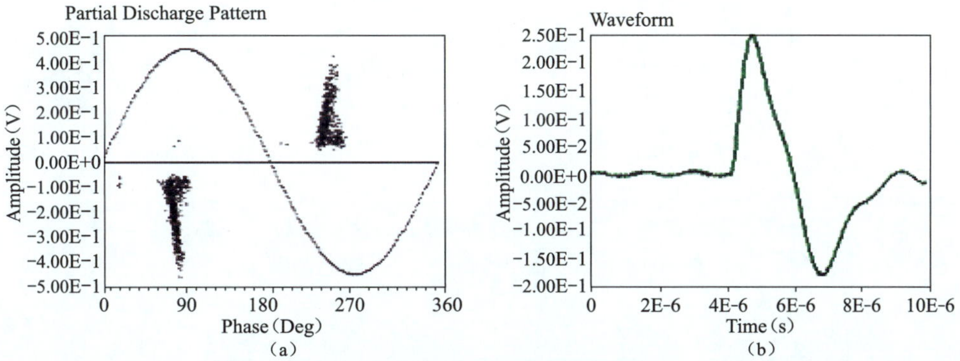

图 5 变压器 B 相蓝簇放电图谱
（a）相位谱图；（b）波形图

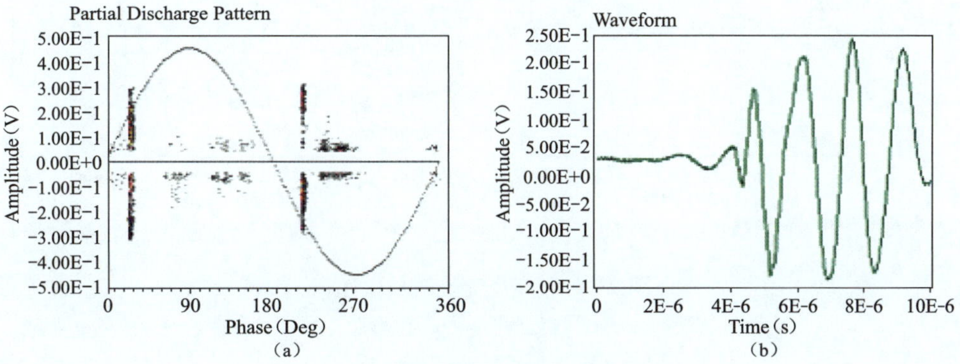

图 6 变压器 B 相红簇放电图谱
（a）相位谱图；（b）波形图

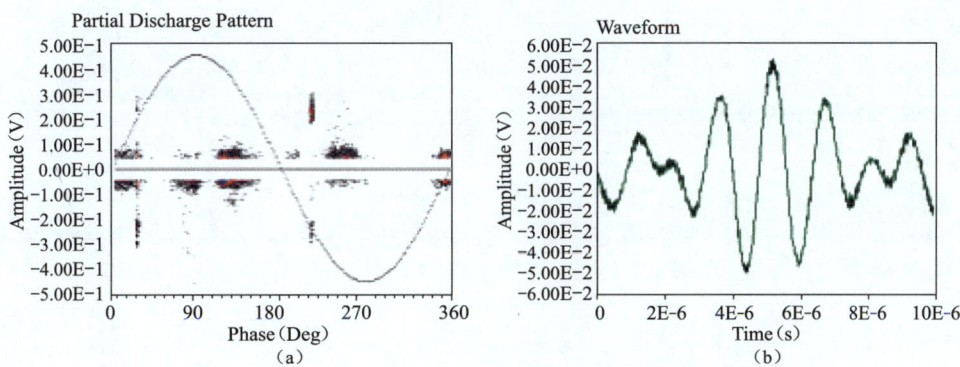

图 7 变压器 B 相黑簇放电图谱
（a）相位谱图；（b）波形图

（3）C相数据分析。变压器B相高频局部放电图谱如图8所示，整体信号经分离，共存在红簇信号、黑簇信号和绿簇信号。红簇信号如图9所示，相位谱图特征表明这个信号来自A相；黑簇信号如图10所示，谱图表明此信号具有放电的相位特征和脉冲波形，频率在10～13MHz之间，判断为变压器内部局放信号；蓝簇信号如图11所示，相位谱图和波形图表明是放电信号，频率在14～14.6MHz，最大幅值0.43V；绿簇信号如图12所示，相位谱图和波形图显示是另外一类局部放电信号，频率在12～13.5MHz之间，幅值最大为0.25V。

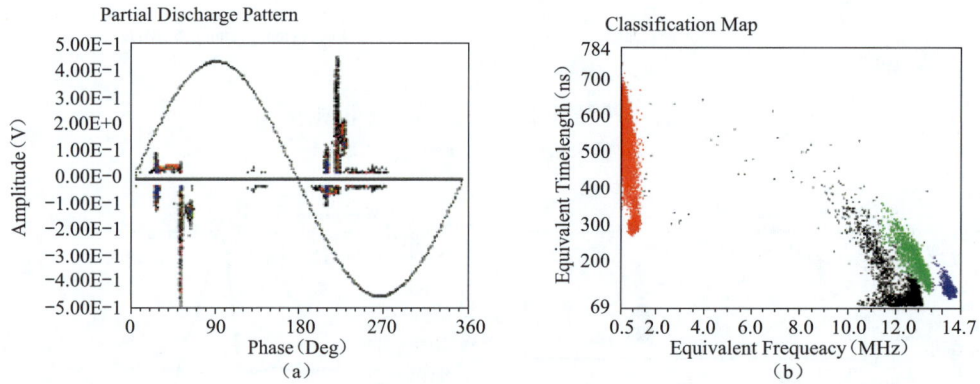

图8　C相变压器高频局部放电图谱
（a）整体信号谱图；（b）黑簇信号波形图

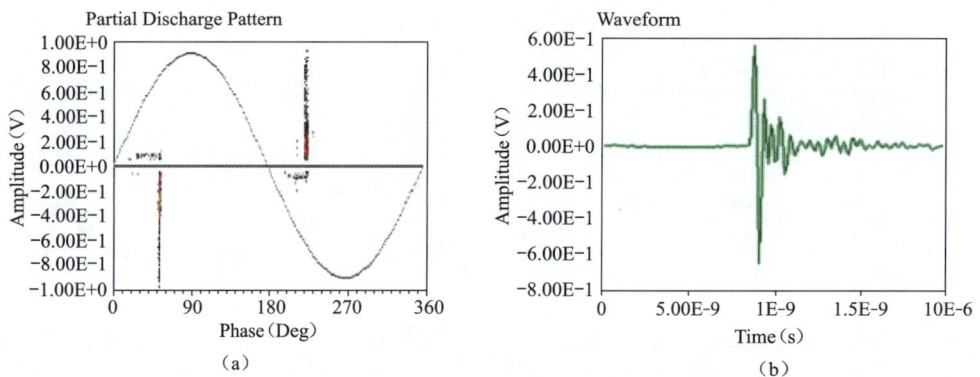

图9　C相变压器红簇放电图谱
（a）相位谱图；（b）波形图

图10　C相变压器黑簇放电图谱
（a）相位谱图；（b）波形图

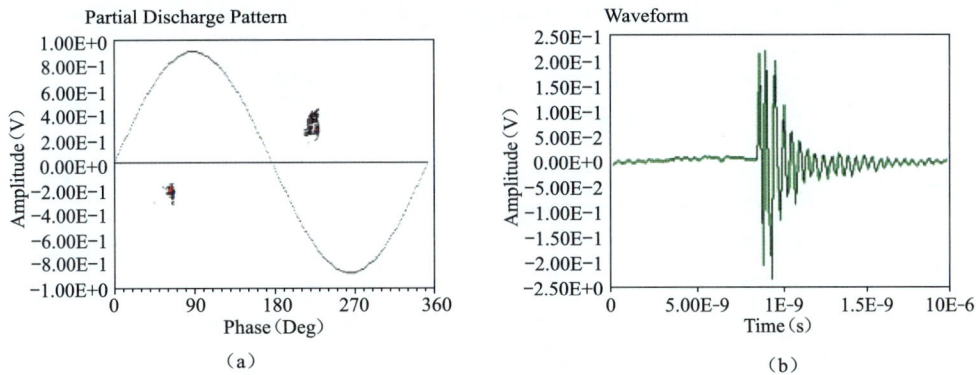

图 11　C 相变压器蓝簇放电图谱
（a）相位谱图；（b）波形图

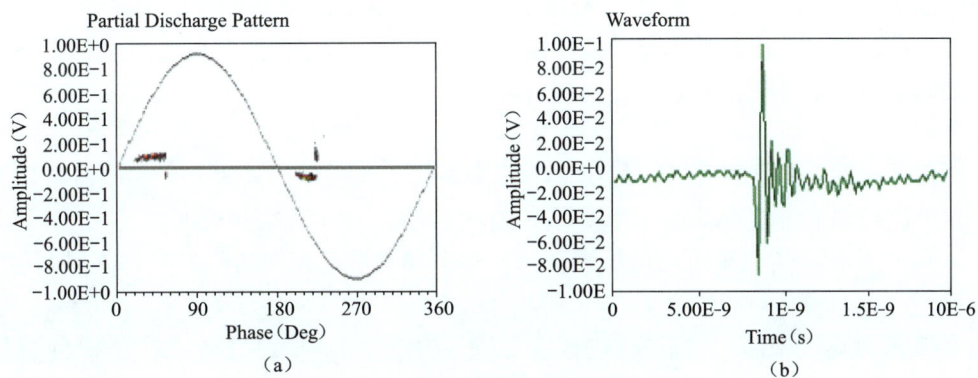

图 12　C 相变压器绿簇放电图谱
（a）相位谱图；（b）波形图

根据上述分析，此变压器三相均存在不同程度的内部放电，其中 A 相最为严重。

二、超声波局部放电定位检测

利用美国物理声学公司的 SAMOS-4 型超声波局部放电定位仪对 A 相进行定位，发现放电主要集中在低压线圈下部储油柜侧夹件区域（高度约 250～600mm）。A 相超声波定位图谱如图 13 所示，定位位置如图 14 所示。

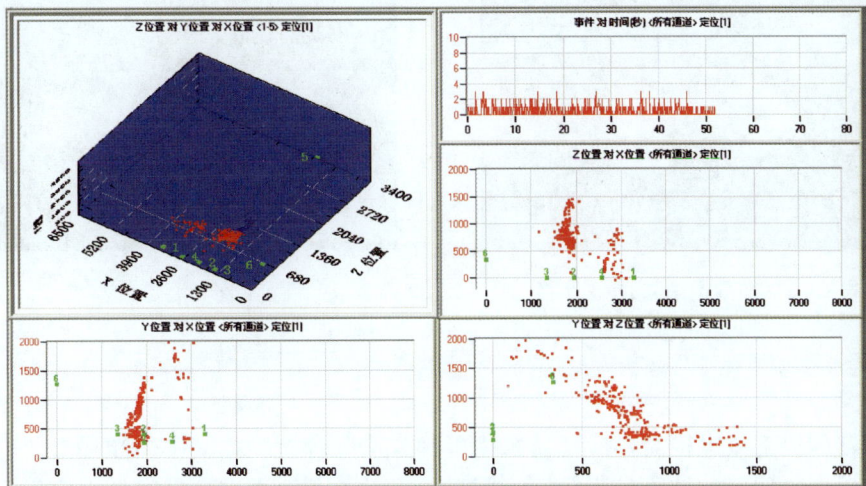

图 13　A 相超声波定位图谱

223

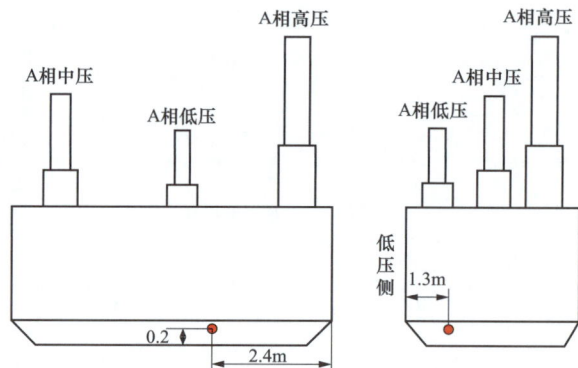

图 14　A相超声波定位位置示意图

通过局部放电测试，发现A相同时存在电信号及可疑声信号，同时铁芯与夹件位置局部放电量相近、相位相反，说明在A相铁芯与夹件间产生了放电。结合油化学试验结果也可以推断该主变压器内部存在连续的火花放电，此放电可能由悬浮电位导致。综合考虑该变压器结构及定位结果，初步怀疑放电位置位于铁芯—夹件之间的夹件磁屏蔽位置。

三、综合分析

当2号变压器低压侧电容器退出时，低压侧电流为零，上述现象均消失，证明其放电位置位于变压器磁回路，这与超声波局部放电定位检测结果一致。由此判断：500kV宗州变电站2号变压器三相均存在不同程度放电，其中A相最为严重，放电位置位于本体下部铁芯—夹件之间的夹件磁屏蔽位置。

四、解体检查

11月份，该变压器返厂检修，检查发现A、B、C三相磁分路与铁芯间，上、下磁分路与夹件安装面间均不同程度存在放电痕迹，其中A相磁分路端部绝缘多数位移或破损，B、C相未见异常。存在放电痕迹的磁分路如图15所示，存在放电痕迹的夹件安装面如图16所示。经检查分析，此次变压器内部局部放电缺陷原因主要有：①磁分路与铁芯间距较小且无可靠绝缘保证措施；②处于220kV绕组端部的磁分路厚度不足（设计值厚度为20mm±2mm，实际仅为14.3mm），在安装槽内存在间隙，导致磁分路与夹件接触不紧密，产生积碳。11月24日，该变压器整改完成；12月28日，完成了现场的安装调试验收工作；2013年1月4日，顺利投入运行，异常现象消失。

图 15　存在放电痕迹的磁分路

图 16　存在放电痕迹的夹件安装面

经验体会

（1）对于变压器的局部放电检测，应坚持采用多种方法联合检测，其中高频局部放电带电检测技术在铁芯获取信号，对于在磁回路的缺陷较为敏感，同时可以对检测信号进行分类处理，但无法对具体位置进行准确定位，而超声波局部放电带电检测技术在现场受到的电气干扰较少，且可以准确定位，所以在检测中应综合利用二者的优势，才能对其缺陷进行准确的检测和定位。

（2）变压器内部结构以及局部放电在其内部传输机理都较为复杂，因此要求从事变压器局部放电带电检测的人员一定要对设备内部结构有深入的了解，才能进行准确的分析和定位。

检测信息

检测人员	国网河北省电力公司电力科学研究院：高树国（32 岁）、刘宏亮（34 岁）、赵军（31 岁）。国网河北省电力公司检修分公司：王伟（30 岁）、卢峰超（28 岁）
检测仪器	高频局部放电检测仪（TECHMP-HQ，意大利 TE-CHIMP 公司）；超声局部放电定位仪（SAMOS-4，美国物理声学公司）
测试环境	温度 26℃、风力 1 级、相对湿度 40%

2.4.3 油中溶解气体分析及超声波局部放电检测发现 500kV 道观河变电站 2 号主变压器 C 相铁芯硅钢片尖端变形

案例简介

500kV 道观河变电站 2 号主变压器为济南西门子变压器有限公司 2013 年 7 月 1 日生产的单相自耦变压器，型号为 ODFS-334000/500。2013 年 11 月 9 日投运后，变压器 C 相油中出现乙炔。11 月 19 日，乙炔含量已超过注意值 $1\mu L/L$。结合超声波局部放电检测和故障定位技术，判断道观河变电站 2 号主变压器 C 相内部低压侧下部附近存在放电故障。内部检查确认了故障为铁芯下铁轭部位硅钢片伸出角变形后在振动的作用下发生片间接触性放电。设备经消缺后现场局部放电试验合格并重新投运。

检测分析方法

一、油中溶解气体分析

500kV 道观河变电站 2 号主变压器投运前 C 相绝缘油乙炔含量为 0。投运后，油中溶解气体结果见表 1～表 4（下部取样）。

表 1　　　　　　　　　道观河 2 号主变压器 A 相投运后油中溶解气体情况　　　　　　　　　μL/L

取样时间	H_2 含量	CH_4 含量	C_2H_4 含量	C_2H_6 含量	C_2H_2 含量	CO 含量	CO_2 含量	ΣCH 含量
11 月 10 日	1	0.50	0.05	0.05	0	15	92	0.60
11 月 12 日	2	0.33	0.12	0.05	0	16	128	0.50
11 月 19 日	2	0.60	0.30	0.10	0	19	188	1.00
11 月 20 日	1	0.63	0.11	0.42	0	18	198	1.16

表 2		道观河 2 号主变压器 B 相投运后油中溶解气体情况						μL/L
取样时间	H₂ 含量	CH₄ 含量	C₂H₄ 含量	C₂H₆ 含量	C₂H₂ 含量	CO 含量	CO₂ 含量	ΣCH 含量
11 月 10 日	1	0.43	0.25	0.78	0	18	126	1.46
11 月 12 日	1	0.44	0.17	0.41	0	16	148	1.02
11 月 19 日	2	0.43	0.35	0.82	0	27	163	1.60
11 月 20 日	2	0.39	0.087	0.282	0	22	135	0.79

表 3		道观河 2 号主变压器 C 相投运后油中溶解气体情况						μL/L
取样时间	H₂ 含量	CH₄ 含量	C₂H₄ 含量	C₂H₆ 含量	C₂H₂ 含量	CO 含量	CO₂ 含量	ΣCH 含量
11 月 10 日	5	3.38	5.34	1.14	0.71	25	137	10.57
11 月 12 日	7	4.19	7.17	1.09	0.86	20	117	13.31
11 月 15 日	7	4.92	8.13	1.47	0.92	21	149	15.44
11 月 19 日	11	6.18	9.76	1.53	1.13	23	168	18.60
11 月 20 日	10	5.98	9.32	1.69	1.20	21	217	18.19

另外，对道观河变电站 2 号主变压器 C 相下部和上部取油样进行对比，检测结果如表 4 所示。

表 4		道观河变电站 2 号主变压器 C 相上、下部取样气体含量对比结果						μL/L
取样部位	H₂ 含量	CH₄ 含量	C₂H₄ 含量	C₂H₆ 含量	C₂H₂ 含量	CO 含量	CO₂ 含量	ΣCH 含量
道观河变电站主变压器 C 相（下部取样）	10	7.26	12.45	1.82	1.43	25	106	22.96
道观河变电站主变压器 C 相（上部取样）	7	4.51	8.12	1.23	0.90	22	88	14.78

由色谱数据可见，A、B 两相无异常，C 相乙炔含量大幅增长，已超过标准规定的注意值。比较上部和下部油色谱数据，可见上部油样故障特征气体含量明显低于下部，判断该故障点位于变压器下部。

二、超声波局部放电检测

对 500kV 道观河变电站 2 号主变压器开展了超声波局部放电检测，各通道传感器布置位置如图 1 所示。

经检测，2 号主变压器 C 相低压侧 4 个检测通道采集到疑似内部放电信号，放电信号波形图如图 2 所示。

图 1 500kV 道观河变电站 2 号主变压器检测传感器布置图

该超声波信号波形呈显著的脉冲衰减形式，各通道之间的相对时延稳定且稳定存在，据此分析 500kV 道观河变电站 2 号主变压器 C 相低压侧下部附近存在内部放电。综合分析油色谱故障特征气体各组分含量和超声波局部放电检测结果，认为变压器内部存在不涉及固体绝缘的裸金属低能量放电故障点，同时伴有过热。根据超声定位结果，故障点位于 2 号主变压器 C 相低压侧下部附近。

三、故障排查

为找到故障点并消缺，对变压器放油后进行内部检查。检查铁芯旁轭与上下铁轭连接处时，发现铁芯从夹件起第二级靠近第三级处，硅钢片伸出角发生变形，与旁边的伸出角几乎接触上，距离大约 0.5mm，如图 3 所示。

开始时间：2013-11-20 15:25:09 结束时间：2013-11-20 15:25:29 滑块时间：2013-11-20 15:25:20

波形幅值 vs 时间(us) 有效波形数 vs 通道 幅值统计 定位

通道一 放大：5.0 参考线：无
通道二 放大：5.0 参考线：无
通道三 放大：5.0 参考线：无
通道四 放大：5.0 参考线：无

图 2　500kV 道观河 2 号主变压器 C 相采集到的放电信号波形图

四、故障原因分析

该变压器铁芯制造工艺为步进搭接，铁芯搭接示意图如图 4 所示。铁芯伸出角尖部之间间隔十片硅钢片，正常距离为 3mm，变形后两个尖部之间的距离大约 0.5mm。

图 3　2 号主变压器 C 相内部
硅钢片变形故障点

图 4　2 号主变压器 C 相
铁芯搭接示意图

变压器运行时，处在电磁场中的铁芯各点感应出的电位不同，两点之间存在一定的电位差。在正常的空载试验和局部放电试验时振动较弱，两个尖端虽然间隙小但未接触，不发生放电；而投运后铁芯伸出的尖角在磁场中发生较强的振动，两个尖端在较强振动状态下发生接触引起放电，同时产生环流引起过热，放电与过热共同故障导致油中溶解气体含量异常。

五、消缺处理

现场使用合适的工具将变形的尖角整形恢复至正常状态，如图 5 所示。同时为保障安全，在消缺后的伸出尖角与第三级铁之间增加了一条 1mm 厚的绝缘纸板（已进行预烘干浸油处理），并使用白布带固定在旁轭屏蔽线的固定麻绳上，如图 6 所示。

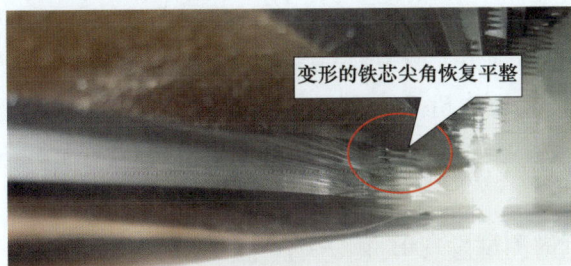

图 5　2 号主变压器 C 相铁芯变形尖角
整形恢复至正常状态

图 6　使用白布带将绝缘纸板固定
在旁轭屏蔽线的固定麻绳上

227

经验体会

（1）故障气体的产生有一个发展过程，变压器油色谱检测对突发性故障不灵敏，且无法对故障进行准确定位。实际工作中不能拘泥于单一的测试手段，多种方法进行综合分析才能有效分析设备缺陷的性质、部位，对消缺方案制定提供有力的指导意见。

（2）加强新投运设备状态检测对发现内部潜伏性缺陷十分重要，分析本台变压器缺陷原因，认为是由于硅钢片裁剪后的工厂内储存、运输、叠片及铁芯的运转过程中意外磕碰所致。制造厂应采取措施避免此类问题的再次发生。

检测信息

检测人员	国网湖北省电力公司电力科学研究院：沈煜、冯天佑、胡然
检测仪器	河南中分 2000B 气相色谱仪、国网电力科学研究院 JFD-8A 局部放电检测超声波定位系统
测试环境	温度 15℃、相对湿度 70％

2.4.4　油中溶解气体分析及铁芯接地电流等检测发现±660kV 银川东换流站 1 号主变压器乙炔含量异常增长

案例简介

银川东换流站 750kV 1 号主变压器由西安西电变压器有限责任公司生产，型号为 ODFPS-700000/750，中压侧额定电压 345kV，低压侧额定电压 63kV，是单相自耦无励磁调压变压器。变压器油重 93t，为新疆克拉玛依市生产的 45 号环烷基变压器油，2010 年 11 月 7 日投运。

10 月 9 日，银川东换流站 750kV 1 号主变压器油色谱测试发现 B 相乙炔含量严重超标。在综合分析该设备油化验、局部放电定位、铁芯接地电流波形等试验报告后，判断该设备内部存在间歇性低能量局部放电故障，放电位置在变压器中铁芯和夹件部位。10 月 22 日，国网宁夏电力公司检修公司、国网宁夏电力公司送变电公司及西安西电变压器有限责任公司三方技术人员进箱检查，检查发现调压线圈底部磁分路与下铁轭夹件连接铜片在与夹件螺丝固定处断裂，产生悬浮现象，此现象与国网宁夏电力公司电力科学研究院做局部放电定位分析位置相符，分析判断此处就是产生乙炔超标的原因。

检测分析方法

10 月 9 日，银川东换流站 750kV 1 号主变压器油色谱测试发现 B 相乙炔含量严重超标。10 月 9～14 日，乙炔含量呈快速增长趋势。截至 10 月 14 日，乙炔含量增至 $5.32\mu L/L$，13～14 日的乙炔绝对产气速率达到 1.91mL/h，但其他含量未出现明显增长。1 号主变压器 B 相气体含量变化趋势如图 1～图 4 所示。

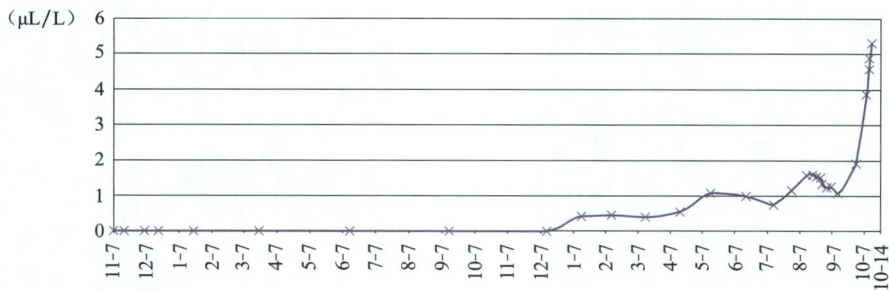

图 1　750kV 银川东换流站 1 号主变压器 B 相乙炔含量变化趋势图

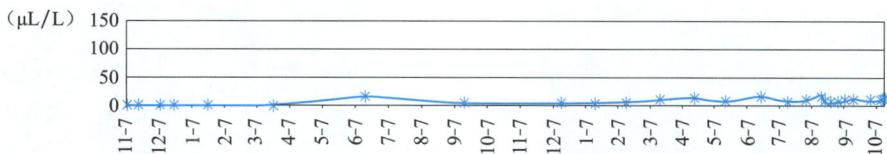

图 2　银川东换流站 750kV 1 号主变压器 B 相总烃含量变化趋势

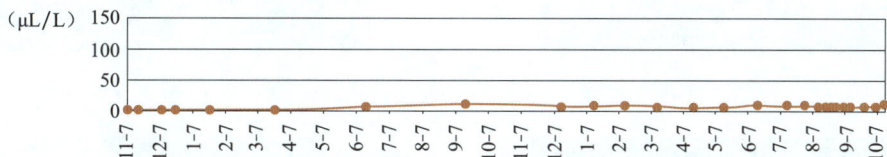

图 3　银川东换流站 750kV 1 号主变压器 B 相氢气含量变化趋势

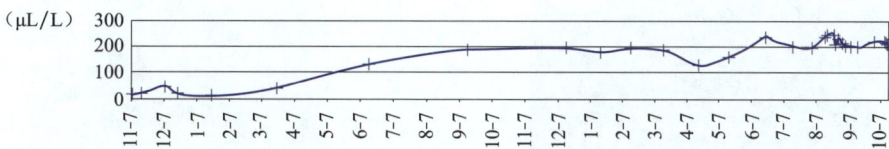

图 4　银川东换流站 750kV 1 号主变压器 B 相一氧化碳含量变化趋势

在发现缺陷后，综合特高频局部放电检测、超声波局部放电定位、铁芯接地电流测试等试验手段进行分析判断。

（1）特高频局部放电检测。测试根据变压器结构特点在套管法兰处、器身人孔、器身缝隙等可能传出特高频信号处进行信号采集。发现 1 号主变压器区存在严重的放电干扰信号，横向对比 A、B、C 三相，发现三相背景值及测试值无明显差异，未发现 B 相内部存在明显放电信号。A、B、C 三相套管及器身缝隙处特高频信号图谱如图 5～图 10 所示。

（2）超声波局部放电定位。通过对 1 号主变压器 B 相进行超声波局放定位，发现铁芯接地引下线两侧局部放电信号最大，测试结果如图 11、图 12 所示。

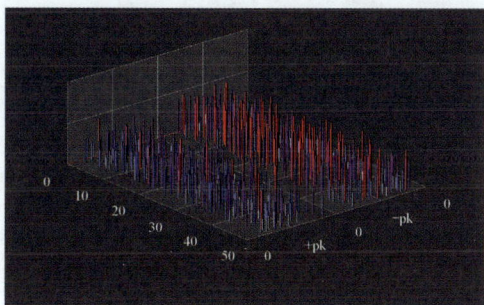

图 5　1 号主变压器 A 相套管特高频信号图谱

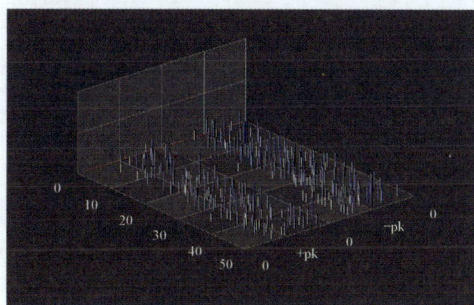

图 6　1 号主变压器 A 相器身缝隙处特高频信号图谱

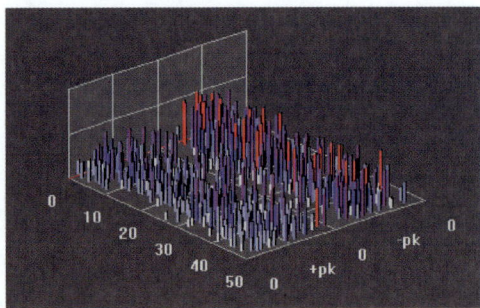

图 7　1 号主变压器 B 相套管特高频信号图谱

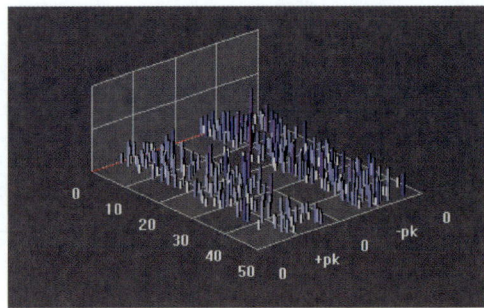

图 8　1 号主变压器 B 相器身缝隙处特高频信号图谱

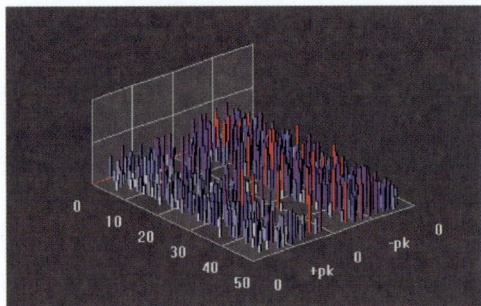

图 9　1 号主变压器 C 相套管特高频信号图谱

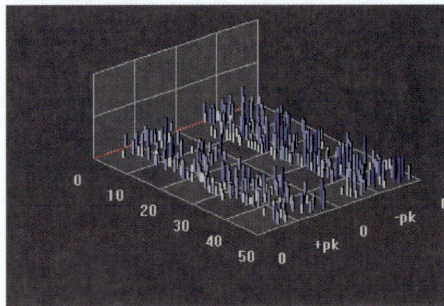

图 10　1 号主变压器 C 相器身缝隙处特高频信号图谱

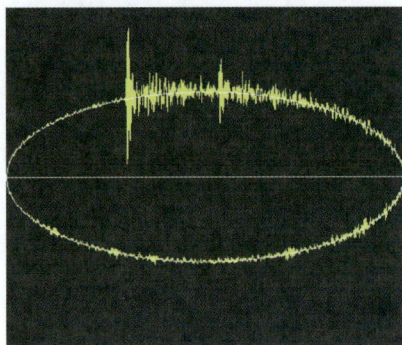

图 11　1 号主变压器 B 相超声信号图谱

图 12　1 号主变压器 B 相超声信号最大处

表 1　10 月 10 日铁芯及夹件接地电流测试结果　mA

相别	A	B	C
铁芯	79.6	79.1	80.4
夹件	224.5	226.7	227.4

（3）铁芯及夹件接地电流测试。10 月 10 日，国网宁夏电力公司检修公司对 1 号主变压器进行铁芯及夹件接地电流测试，三相数据未发现异常。测试结果见表 1。

10 月 15 日，国网宁夏电力公司电力科学研究院对 1 号主变压器进行铁芯及夹件接地电流连续监测及局部放电测试，测试结果表明，铁芯及夹件接地电流稳定，监测 2h 未发现波动。1 号主变压器铁芯及夹件接地电流如图 13 所示。

（4）高频局部放电检测。在 1 号主变压器 A、B、C 三相铁芯接地引下线处分别进行高频局部放电测试，A、C 相铁芯未发现放电信号，B 相存在明显的放电信号，测试结果如图 14～图 17 所示。

（5）试验结论。在综合分析该设备油化验、局部放电定位、铁芯接地电流波形等试验报告后，得出

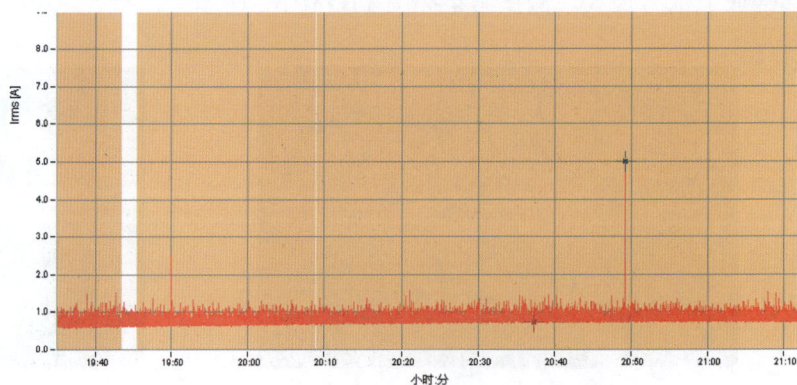

图 13　1 号主变压器铁芯及夹件接地电流

230

试验结论如下：①乙炔含量总体呈缓慢增长趋势，其他含量未出现明显增加，并且乙炔含量曾出现下降现象，初步判断为设备内部存在间歇性低能量局部放电故障。②一氧化碳及二氧化碳含量未出现明显增长及变化，判断该放电故障未涉及固体绝缘。③总烃含量较小，并未出现明显增长。通过对比三相超高频测试结果发现，三相局部放电信号无明显差异，说明放电信号远小于背景值，确定为低能量放电。④乙炔含量增长趋势与负荷变化无关联，可排除导电回路放电缺陷。⑤乙炔含量后期呈快速增长趋势，表明故障点出现劣化趋势。⑥通过对铁芯及夹件接地电流进行连续监测，铁芯及夹件接地电流稳定，未出现多点接地现象。⑦铁芯特高频局部放电测试结果显示，B相铁芯存在疑似悬浮电位放电信号。⑧超声波局部放电定位结果显示，B相内部放电位置位于变压器中铁芯和夹件部位处。

图 14　A 相铁芯局部放电测试结果

图 15　C 相铁芯局部放电测试结果

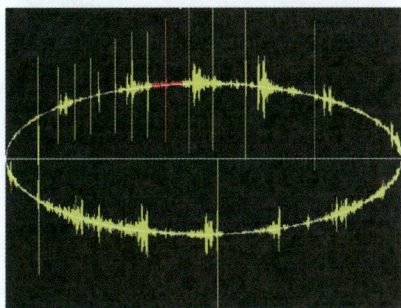

图 16　B 相铁芯局部放电测试结果

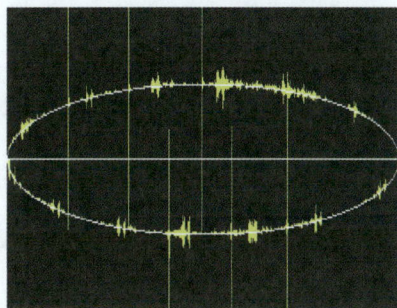

图 17　B 相铁芯局部放电测试结果

最终得出该设备内部存在间歇性低能量局部放电故障，引起乙炔含量异常增长，其放电位置在变压器中铁芯和夹件部位的结论。

（6）处理结果。根据 Q/GDW 169—2008《油浸式变压器（电抗器）状态评价导则》第 30 条，油中溶解气体分析总烃产气速率大于每月 10%，乙炔含量大于注意值，按标准最高扣分仅扣一次，扣 24 分，评价为异常状态，适时安排检修。但是考虑设备资产、故障率、设备负荷、成本等方面，对该设备进行风险评估，该设备风险为高风险。提出以下检修策略建议：对该设备尽快进行停电检修；联系厂家共同制订检修方案和施工三措；更换备用相变压器。

国网宁夏电力公司运维检修部决定停运该设备。10 月 18 日，安排该变压器停电进行备用相轮换，将备用相更换 1 号主变压器 B 相。10 月 22 日 15 时，国网宁夏电力公司检修公司、国网宁夏电力公司送变电公司及西安西电变压器有限责任公司三方技术人员进箱检查，检查发现调压线圈底部磁分路与下铁轭夹件连接铜片在与夹件螺丝固定处断裂产生悬浮现象（见图 18），此现象与国网宁夏电力公司电力科学研究院分析位置相符，经现场人员分析，判断此处为产生乙炔超标的原因。

图 18　连接铜片断裂处

（7）变压器乙炔含量超标问题分析。

1）进箱检查发现，连接铜带在连接螺栓处断裂后并未完全脱开，而是处于虚接状态，铜带断裂处产生悬浮电位，在变压器振动或油流作用下，铜带与固定螺栓处产生局部放电，变压器油分解产生乙炔。经讨论认为，该铜带断裂处产生悬浮电位放电是变压器产生乙炔并持续增长的根本原因。

2）根据变压器整体结构分析，接地铜带断裂的主要原因是在变压器厂生产工序中多次打开测量绝缘电阻，在此过程中受到多次弯折，接地铜带受损。

3）根据西安西电变压器有限责任公司产品运行业绩和经验，每台该型式变压器内部有 20 个磁分路与下铁轭夹件连接铜带，该连接铜带断裂现象属于个例，断裂情况不具有普遍性或家族性特点，不必采取进一步改进措施。

❖ 经验体会

通过分析设备前期收集的大量信息数据，并结合前期的定期评价和设备动态评价结果以及缺陷运行状态下的带电检测试验数据调整评价结果，可以为制订检修策略提供重要的依据，及时准确地处理设备缺陷，保障电网设备的安全可靠运行，避免事故的扩大。

❖ 检测信息

检测人员	国网宁夏电力公司电力科学研究院：丁培（30 岁）、马奎（32 岁）、郝金鹏（29 岁）、李秀广（32 岁）、马波（32 岁）、田禄（31 岁）
检测仪器	DMS 特高频局部放电测试仪、保定天威新域多通道超声波定位巡检仪、电流钳表、局部放电测试仪等

2.4.5 油中溶解气体分析及超声波局部放电等检测发现 220kV 夏庄变电站 2 号主变压器绝缘老化

❖ 案例简介

220kV 夏庄变电站 2 号主变压器，由沈阳变压器厂生产，1984 年 11 月投运，型号为 SFPS3-120000/220，连接组别为 Y0/Y0/Y0/12-12。2000 年，该变压器曾因漏磁产生涡流而导致油化验异常和大盖法兰螺丝高温，吊罩大修一次。截至 2011 年 2 月，该主变压器运行稳定，主变压器油中溶解气体分析正常。2011 年 3 月，通过油中溶解气体分析发现该主变压器总烃含量增长迅速，达到了 $1000\mu L/L$，乙炔含量达到了 $11\mu L/L$ 的高数值。国网山东省电力公司枣庄供电公司在进行红外测温、套管和铁芯带电测试的基础上，利用变压器超声波局部放电检测进行定位，成功分析出了故障部位，故障是变压器高压侧 B 相绕组底部由于绝缘老化等缺陷引发高能放电进而引起过热故障，造成油中溶解气体成分突变。鉴于该变压器已运行接近 30 年，且有历史遗留问题，公司决定对其进行退运处理，更换新变压器。

❖ 检测分析方法

2011 年 3 月 8 日，国网山东省电力公司枣庄供电公司试验班对夏庄变电站 2 号主变压器进行例行油中溶解气体分析时突然发现 2 号主变压器总烃含量增长迅速，达到了 $1000\mu L/L$，大幅超过了 $150\mu L/L$ 的标准值；更为严重的是分析结果显示出现了乙炔，且含量达到了 $11\mu L/L$ 的高数值。数据如表 1 所示。

表 1　　　　　　　　　　　　夏庄变电站 2 号主变压器油中溶解气体含量　　　　　　　　　　　　　$\mu L/L$

取样分析时间	H_2 含量	CO 含量	CO_2 含量	CH_4 含量	C_2H_4 含量	C_2H_6 含量	C_2H_2 含量	总烃含量
2011 年 3 月 8 日	146	973	7129	294	687	67	11	1059

试验班汇报上级部门后，召开分析会讨论分析，认为 2 号主变压器出现缺陷的可能性较大。公司决定将油中溶解气体分析周期缩短为一周一次；同时利用红外测温、铁芯接地电流测试、套管末屏电容电流测试、超声波局部放电监测技术来辅助进行综合分析。2011 年 3 月 10 日，试验班进行了上述测试项目，当日 2 号主变压器负荷约为 6 万 kVA。该主变压器超声波局部放电图谱如图 1 所示，油中溶解气体含量见表 2，红外测温数据见表 3，铁芯接地电流检测数据见表 4。

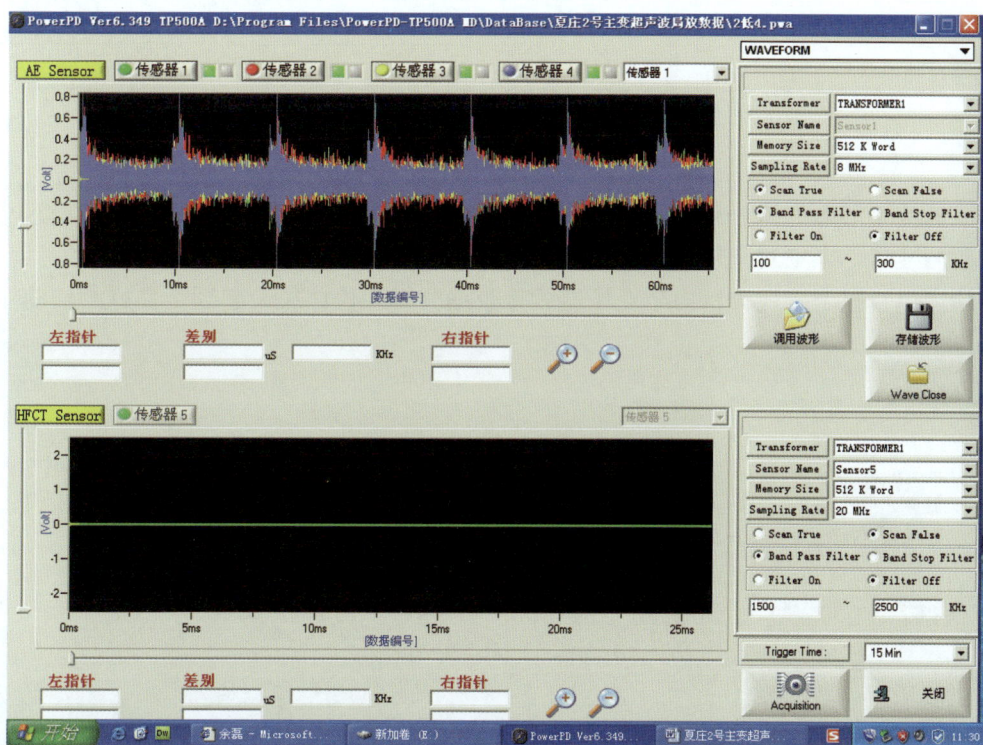

图 1　夏庄变电站 2 号主变压器超声波局部放电图谱

公司成立专家组对表 2～表 4 数据进行了认真分析，并结合以前测试数据进行了对比。发现带电测试数据没有明显变化，认为该变压器套管和铁芯应无异常，属于正常状态。但从超声波局部放电的波形可以判断出变压器内部存在明显放电迹象；利用油中溶解气体分析结果，根据三比值法计算结果为 022，判断存在高于 700℃ 的高温过热故障；利用红外测温和超声波局部放电探头进行定位，分析认为故障点可能位于该变压器高压侧 B 相绕组底部。综合以上状态监测结果分析，认为该变压器高压侧 B 相绕组底部由于绝缘老化等缺陷发生高能放电，进而引起过热故障，造成油中溶解气体成分突变的可能性极大。对该变压器跟踪监测了 2 周，以上监测数据均没有明显转好的迹象，鉴于夏庄变电站 2 号主变压器已运行超过 30 年，公司遂决定将该变压器进行更换。

表 2　　　　　　　　　　　　夏庄变电站 2 号主变压器油中溶解气体含量　　　　　　　　　　　　　$\mu L/L$

取样分析时间	H_2 含量	CO 含量	CO_2 含量	CH_4 含量	C_2H_4 含量	C_2H_6 含量	C_2H_2 含量	总烃含量
2011 年 3 月 10 日	174	1125	8595	326	748	78	12	1163

表3		夏庄变电站2号主变压器红外测温数据			℃
部　位	A相	B相	C相	O相	
2号主变压器 220kV 套管	18.1	16.8	17.5	16.6	
2号主变压器 110kV 套管	23.4	24.5	24.3	23.6	
2号主变压器 35kV 套管	29.9	30.1	29.9		
2号主变压器本体	35.8				
2号主变压器本体西侧大罩底部连接片	88.9				

表4		夏庄变电站2号主变压器铁芯接地电流检测数据			mA
部　位	A相	B相	C相	O相	
2号主变压器 220kV 套管	16.3	14.8	19.4	4.2	
2号主变压器 110kV 套管	7.6	7.2	5.5		
2号主变压器铁芯	6.1				

❖ 经验体会

（1）主变压器油中溶解气体分析对于发现变压器内部缺陷效果显著。目前，220kV 变压器已逐步安装油色谱在线监测装置，未来对于较重要的 110kV 变压器也应安装。

（2）状态检测组合技术方式分析对于变压器故障数据分析和检修决策起到了良好的辅助作用。

❖ 检测信息

检测人员	国网山东省电力公司枣庄供电公司：余磊（29岁）、丁成军（36岁）、孙忠凯（32岁）
检测仪器	SP-3430 气相色谱分析仪、PD-TP500A 变压器超声波局部放电检测仪、FL1R 红外热像仪
测试环境	温度 9℃、相对湿度 45%

2.4.6　油中溶解气体结合高频局部放电检测排除 110kV 南坪变电站 2 号主变压器内部局部放电

❖ 案例简介

2013 年 4 月 16 日，国网重庆市电力公司南岸供电分公司在 110kV 南坪变电站开展全站设备带电检测试验过程中，高频局部放电测试发现 110kV 2 号主变压器（2003 年投运）存在疑似局放缺陷。为进一步核实该异常情况，国网重庆市电力公司南岸公司对该主变压器监视运行、每周取跟踪油样一次进行色谱分析。经过连续 5 个月 12 次绝缘油油中溶解气体跟踪取样分析，排除变压器内部局部放电可能性；经高频局部放电检测和紫外放电检测仪检测发现，为该主变压器连接母线合成绝缘子第一片伞裙处放电传递至变压器引起。2013 年 10 月 17 日结合停电机会，更换该绝缘子后高频局放检测无异常。

❖ 检测分析方法

110kV 南坪变电站 2 号变压器为重庆市亚东亚集团变压器有限公司生产，2003 年投运的 SFZ9-63000/110 型设备，在 2013 年 4 月 16 日开展带电检测试验时发现疑似局部放电处，即对该设备监视运行及专业化特巡。在开展跟踪取绝缘油样进行油色谱分析的同时，结合高频局部放电测试、红外热成像测温等综合评价设备健康水平。连续实施的 110kV 南坪变电站 2 号主变压器 12 次跟踪油样的油中溶解气体分析，数据见表 1。

从油色谱跟踪数据可以看出，扣除氢气和乙炔单次数据测量存在的不确定因素，各气体组分含量均在一定范围内波动，波幅不超过 25％并趋于稳定。其中，乙炔含量保持稳定且未见明显上升趋势。

根据 Q/GDW 169—2008《油浸式变压器（电抗器）状态评价导则》，所有油色谱单项扣分不超过 10 分，故应视为正常状态。

表 1　　　　　　　　　　110kV 南坪变电站 2 号主变压器油色谱数据　　　　　　　　　　　　μL/L

试验日期	H_2 含量	CO 含量	CO_2 含量	CH_4 含量	C_2H_4 含量	C_2H_6 含量	C_2H_2 含量	C_1+C_2 含量
2013-4-16	18	461	6106	40.2	4.5	17.3	0	62
2013-6-4	14	361	5867	36.7	4.4	15.8	0.8	57.7
2013-6-9	21	452	5588	40.5	4.4	16.1	0.5	61.5
2013-6-13	17	432	5405	38.3	3.3	14.5	0.4	56.5
2013-6-20	18	402	5844	35.3	3.5	14.8	0.6	54.2
2013-6-27	20	472	5994	41.9	3.9	16.7	0.5	63
2013-7-4	13	334	4597	29.8	2.8	12.1	0.3	45
2013-7-11	27	403	5187	35.3	3.1	13	0.3	51.7
2013-7-25	18	447	5876	36.3	3.4	14.3	0.3	54.3
2013-8-1	8	272	4325	27	4	14	0.4	45.4
2013-8-14	20	476	6608	41.6	3.9	16.6	0.5	62.6
2013-8-29	20	469	6475	41	4	16.7	0.3	62

油中溶解气体变化情况（2013 年 4 月 16 日～8 月 29 日）如图 2 所示。

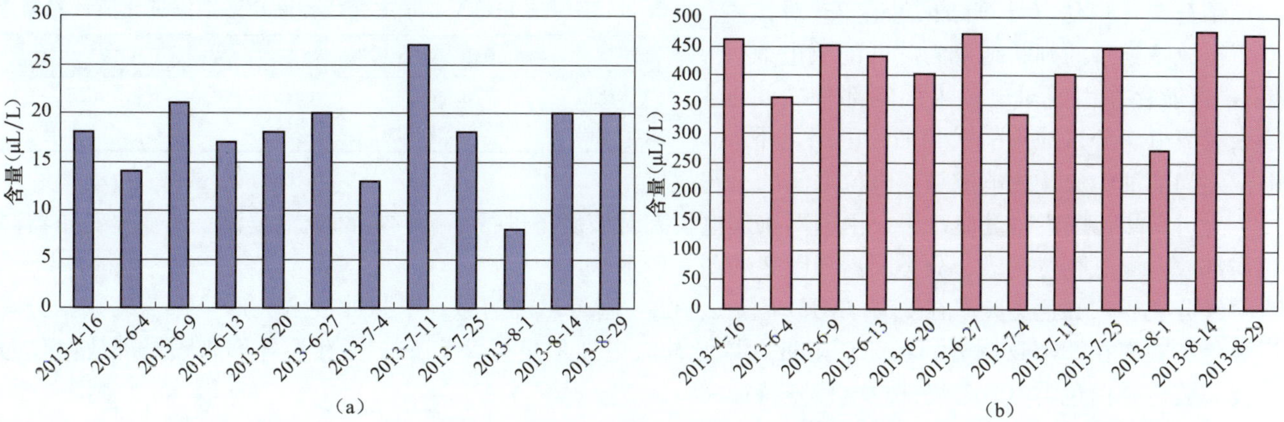

（a）　　　　　　　　　　　　　　　　　　　（b）

图 1　2 号主变压器绝缘油中溶解气体含量变化趋势（一）
（a）油中氢气变化趋势；（b）油中一氧化碳变化趋势

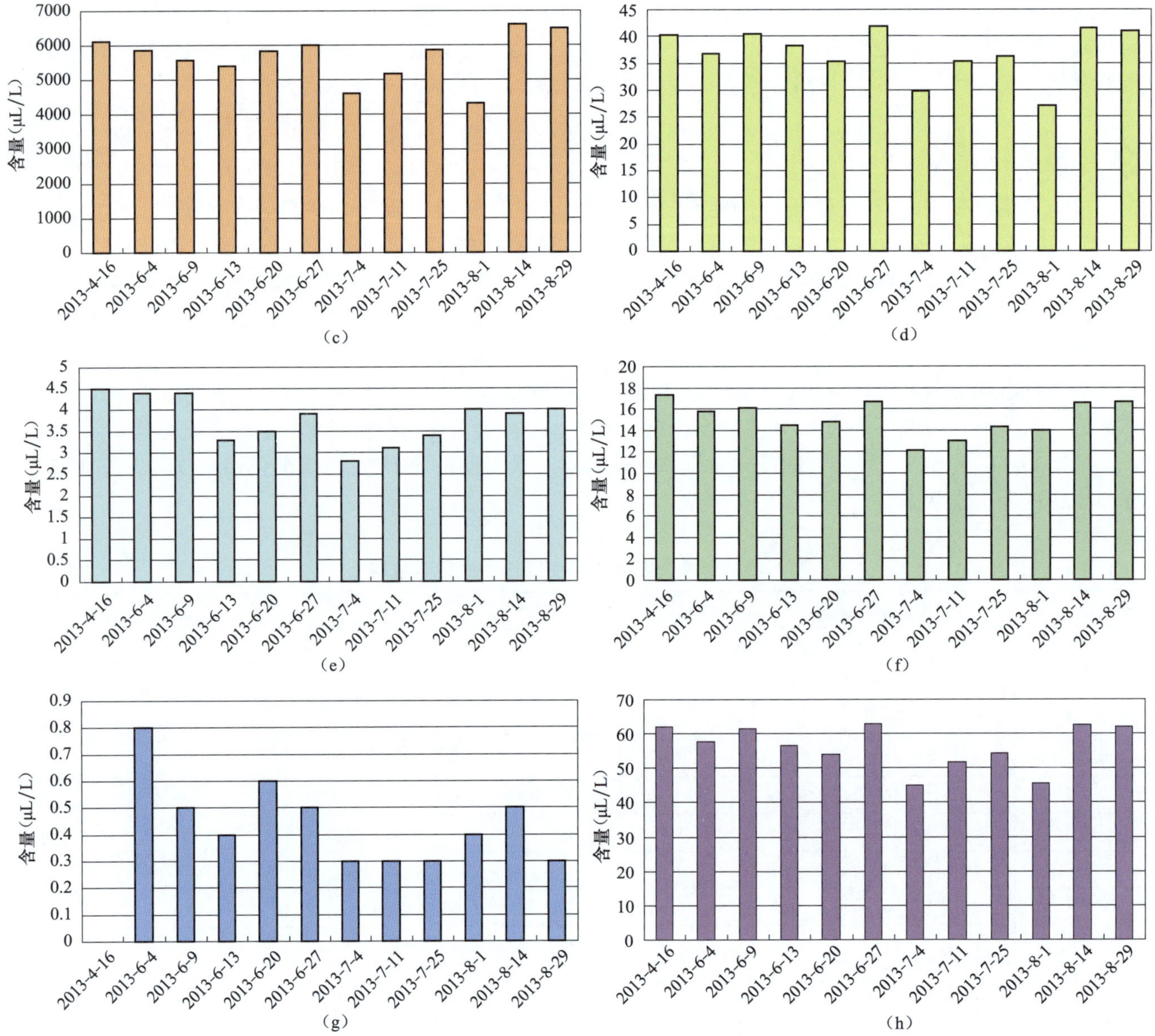

图 1　2号主变压器绝缘油中溶解气体含量变化趋势（二）

（c）油中二氧化碳变化趋势；（d）油中甲烷变化趋势；（e）油中乙烯变化趋势；（f）油中乙烷变化趋势；

（g）油中乙炔变化趋势；（h）油中总烃变化趋势

结合三比值法（计算结果见表2）对该主变压器故障类型的判断结果为"低能放电兼过热"，可能存在引线对电位未固定部件之间连续火花放电、分接抽头引线和油隙闪络、不同电位之间的油中火花放电或悬浮电位之间的火花放电。

表 2　南坪站 110kV 2 号主变压器油色谱数据三比值计算结果

项目	C_2H_2/C_2H_4	CH_4/H_2	C_2H_4/C_2H_6
气体比值	0.11	2.01	0.25
比值编码	1	2	0

为进一步诊断设备健康水平，由国网重庆电科院对该设备进行了高频局部放电复测，2号主变压器高频局部放电测试相位图谱、分类图谱如图2和图3所示。

经分类后，红色类频率在8～10MHz附近，在90°附近出现信号，单脉冲放电波形呈振荡衰减。分类后绿色类频率在5MHz附近，在200°附近，单脉冲放电波形呈振荡衰减，怀疑为外部高频局部放电信号干扰。蓝色和白色类不具备局部放电信号特征。

10月11日，由国网重庆电科院利用全日盲紫外成像仪对该站设备的放电情况普测，发现该主变压器连接母线合成绝缘子第一片伞裙处有放电现象，紫外成像检测如图4所示。结合停电机会更换该处绝缘子后高频局部放电检测无异常。

图 2　2 号主变压器高频局部放电测试相位图谱

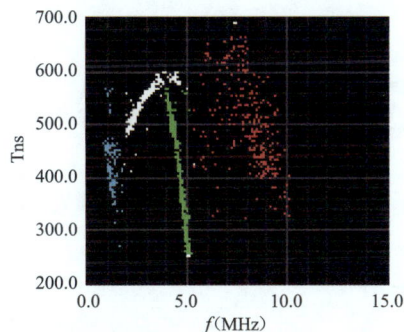

图 3　2 号主变压器高频局部放电测试分类图谱

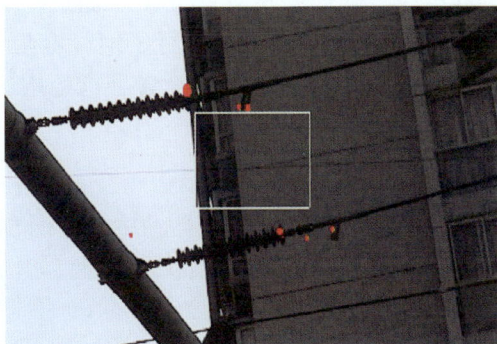

图 4　紫外成像检测

经验体会

因现场设备的局部放电干扰来源较多，对于测试发现的疑似局放现象排除干扰困难很大，且能够深入分析局部放电发生的本质原因还要有丰富的经验与知识积累。因此，能够通过综合评价手段，借助如红外热成像测温、绝缘油中溶解气体分析对设备的健康水平实现较为准确的评价，对于提高运维水平具有重要意义。

检测信息

检测人员	国网重庆市电力公司南岸供电分公司：王士彬（34 岁）、全红（42 岁）、牛康（27 岁）、何亮（26 岁）、陈维希（27 岁）。国网重庆市电力公司电力科学研究院：逄凯（30 岁）、何奇（27 岁）
检测仪器	高频局部放电检测仪（型号：TWPD-2623、PDCHECK）、紫外成像仪（型号 6D）
测试环境	温度 29℃、相对湿度 50%

2.5.1　变压器油中金属含量检测发现 110kV 梅花变电站变压器绝缘下降

❖ **案例简介**

2011 年国网湖南省电力公司电力科学研究院对省公司 110kV 及以上变压器油中金属含量进行普查，国网湖南省电力公司湘西供电分公司 110kV 梅花变电站 2 号主变压器金属铜含量高达 6.1mg/kg，初步怀疑油油质劣化严重，可能影响变压器绝缘。随即要求对该变压器油进行介质损耗因素测试，结果为 2.25（90℃），超过标准值。2011 年 10 月 25 日对该主变压器进行了绝缘电阻测试，发现变压器绝缘电阻下降明显。2011 年 11 月 10 对该主变压器进行滤油处理，处理后各项指标均达到合格标准。

❖ **检测分析方法**

（1）变压器油分析试验。发现梅花变电站 2 号主变压器油中金属铜含量异常之后，对该变压器油中金属含量进行复测，并对该变压器油开展了腐蚀性硫、介质损耗因素、击穿电压等诊断性试验，结果见表 1，发现该变压器油存在严重腐蚀性硫，且介质损耗因素为 2.25（90℃），远高于标准值，初步判断变压器绝缘下降。

表 1　　　　　　　　　　　　　变压器油试验结果

序号	试验时间	金属铜含量（mg/kg）	介质损耗因素（90℃）	击穿电压（kV）	腐蚀性硫
1	2011-07-22	6.1	—	—	—
2	2011-08-14	5.9	2.25	42	有腐蚀性
3	2011-12-1	0.1	0.017	45	无腐蚀性

（2）变压器高压试验。为确认变压器绝缘状况，对变压器开展了例行试验，重点对变压器绝缘电阻进行检测，结合历次绝缘电阻试验数据，发现变压器绝缘电阻下降明显，详细结果见表 2。

表 2　　　　　　　　　　　　　主变压器绝缘电阻试验数据

检测时间	检测部位	绝缘电阻 R15″（MΩ）	绝缘电阻 R60″（MΩ）	K_1	换算至 20℃（MΩ）	检测时间	检测部位	绝缘电阻 R15″（MΩ）	绝缘电阻 R60″（MΩ）	K_1	换算至 20℃（MΩ）
2002-05-29	高—中低及地	6000	10 000	1.7	18 371	2002-05-29	低—高中及地	—	7000	—	12 860
2004-12-27	高—中低及地	6500	10 400	1.6	5896	2004-12-27	低—高中及地	—	7200	—	4082
2009-11-24	高—中低及地	4000	5700	1.43	3503	2009-11-24	低—高中及地	2300	4100	1.783	2520
2011-10-17	高—中低及地	1630	2400	1.47	2961	2011-10-17	低—高中及地	1020	1730	1.7	2134
2011-11-29	高—中低及地	5300	7500	1.42	9566	2011-11-29	低—高中及地	3800	5470	1.44	6976
2002-05-29	中—高低及地	3000	6000	2.0	11 023	2002-05-29	铁芯—地(外引)	—	2000	—	3674
2004-12-27	中—高低及地	4000	7200	1.8	4082	2004-12-27	铁芯—地(外引)	—	2400	—	1360
2009-11-24	中—高低及地	2200	3700	1.68	2274	2009-11-24	铁芯—地(外引)	—	3200	—	1967
2011-10-17	中—高低及地	1050	1500	1.43	1850	2011-10-17	铁芯—地(外引)	—	1300	—	1604
2011-11-29	中—高低及地	3700	5500	1.49	7015	2011-11-29	铁芯—地(外引)	—	4700	—	5995

（3）变压器油滤油处理。为防止变压器因为绝缘下降而发生事故，又对该主变压器油进行了吸附滤油处理，并对滤油后的绝缘油添加金属减活剂。处理后油中金属铜含量降至 0.1mg/kg，介质损耗因素降至 0.017（90℃），腐蚀性硫实验结果为非腐蚀性，见表 1。

经验体会

（1）多年的研究表明，通过检测变压器油中金属铜含量可以有效地跟踪观测变压器绝缘状况，及时检测并跟踪油中金属元素的含量变化，有助于监视及准确判断变压器的潜伏隐患与故障所发生的部位。变压器油中金属的来源主要有以下几方面：

1）新变压器油中的高含量金属杂质。

2）油中存在的腐蚀性硫对金属的腐蚀。

3）潜油泵磨损。

4）变压器安装调试、吊罩检查、检修焊接等工作过程，会造成金属对油品的污染；运行过程中焊接部位的过热熔化，会增加油中的金属锡、铜等。

（2）针对以上几点，提出以下几点措施：

1）加强对新变压器油入网检测，在新变压器油入网检测项目中增加金属含量检测项目。

2）变压器在投运前和投运一年后试验时，应检测变压器油中的腐蚀性硫及金属元素铜、铁的含量。

3）对运行中的变压器油要进行定期的跟踪检测，积累数据，掌握变化规律，及时发现问题。对发生事故或有异常现象的变压器油，更要及时采样分析，为事故判断提供依据。

4）对金属含量异常高的主变开展诊断性试验，确定变压器绝缘状况，如果发现变压器绝缘明显下降，应进行滤油处理。

5）对滤油处理后的变压器油进行跟踪监测，掌握处理后油品质量，确保主变压器安全。

检测信息

检测人员	国网湖南省电力公司电力科学研究院：钱晖（44 岁）、周舟（33 岁）、龚尚昆（30 岁）、刘小玲（49 岁）。国网湖南省电力公司湘西供电分公司：李敏敏（40 岁）、张建华（49 岁）
检测仪器	MOA II 油料光谱仪（仪器精度：0.1mg/kg）
测试环境	温度 15℃、环境湿度 64%、晴

2.5.2 高频局部放电检测技术发现 500kV 船山变电站 2 号主变压器套管末屏断线

案例简介

2012 年 3 月 13 日 15：00，国网湖南省电力公司检修公司工作人员高频局部放电检测发现 500kV 船山变电站 2 号主变压器信号异常。通过高倍望远镜检查发现 500kV 船山变电站 2 号主变压器 A、B

相高压套管末屏周边有渗漏油现象，对其铁芯、夹件接地电流、油色谱及红外热成像检测均未发现异常。初步判断该变压器 A、B 相高压套管末屏处可能存在异常。停电检查发现 500kV 船山变电站 2 号主变压器 A、B 相高压套管末屏接地不良，分析为末屏悬浮放电造成末屏密封件损坏渗油，将套管返厂进行末屏改造后复测信号正常。

❖ 检测分析方法

500kV 船山变电站 2 号主变压器 A、B 两相高频局部放电检测图谱如图 1 和图 2 所示。A、B 两相放电量幅值分别为 221mV 和 237mV，幅值正负分明且放电相位图谱具有较明显 180°特征，根据生变电〔2010〕11 号《电力设备带电检测技术规范（试行）》规定，初步判断变压器存在异常局部放电，对其进行了铁芯、夹件接地电流、本体油色谱及红外测温检测，未发现异常。对 2 号主变压器外观检查发现 A、B 两相高压套管末屏周边均有渗漏油痕迹，决定对主变压器停电检查。拧开 A 相高压套管末屏金属盖帽时，发现盖帽内部冒出带有墨黑杂质的绝缘油（如图 3 所示），当完全拧开末屏盖帽时，绝缘油呈柱状流出，无法进行相关试验。B 相高压套管渗油现象较轻，如图 4 所示，末屏绝缘电阻测试时，电子绝缘电阻表电压只能升至 230V，绝缘电阻测试值仅为 80kΩ；对末屏电压加至 1000V 时，末屏处发生火花放电并冒烟，试验不合格。

缺陷套管型号为 BRDLW-550/1600-4，沈阳传奇电气有限公司产品，2007 年 7 月出厂，2008 年投入运行。根据该类型油浸纸电容式套管的末屏结构和现场检查情况分析，判断 2 号主变压器 A、B 相高压套管末屏已在内部出现严重问题，随即对 A、B 相高压套管返厂进行检查处理。

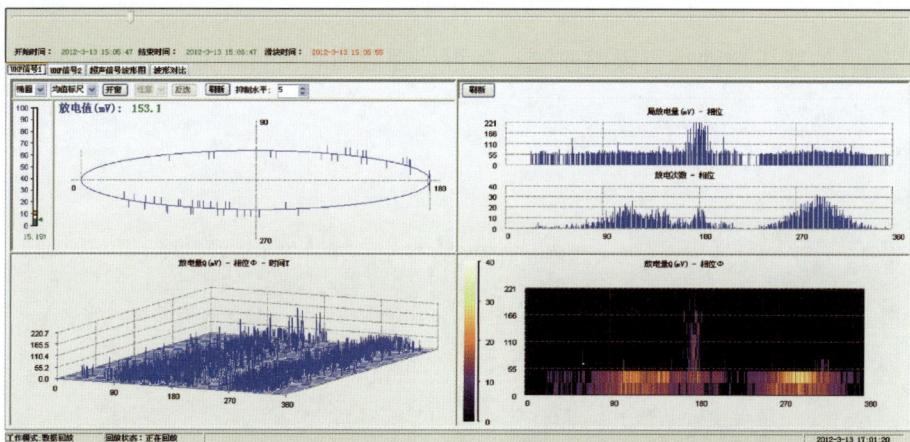

图 1 500kV 船山变电站 2 号主变压器 A 相高频局部放测试图谱

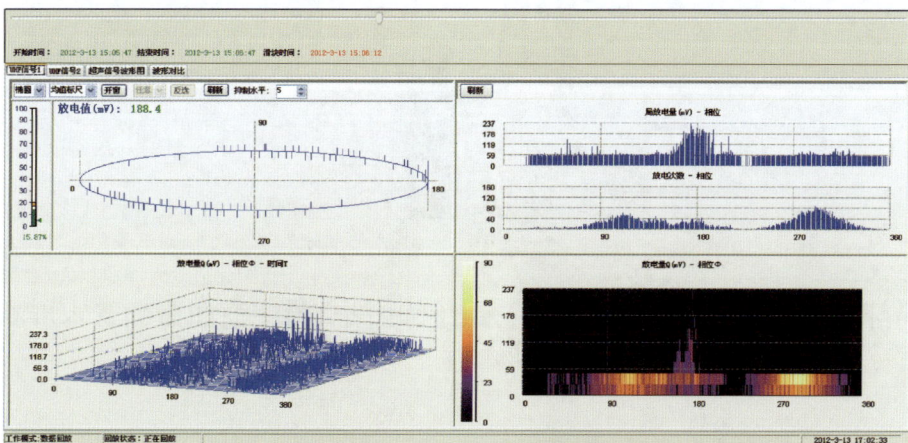

图 2 500kV 船山变电站 2 号主变压器 B 相高频局部放测试图谱

图3　A相高压套管末屏漏油

图4　B相高压套管末屏漏油

通过检查发现：A相高压套管末屏金属盖帽、引线柱、接地护套等处均有墨黑杂质的绝缘油（如图5和图6所示），A相套管末屏测量端子引线内部断线（如图7所示），分析A相高压套管末屏断线引发内部悬浮放电造成绝缘油碳化形成杂质，同时局部放电造成套管末屏密封件受损，绝缘油经盖帽密封处渗出。B相高压套管末屏金属盖帽和引线柱等处也发现绝缘油，轻拉引线发现引线存在松动（如图8所示），分析为B相高压套管因末屏引线松动造成接触不良引起绝缘电阻数据异常。故障套管返厂末屏改造后复测正常。

图5　A相高压套管末屏盖帽油污

图6　A相高压套管弹簧卡涩

图7　A相高压套管末屏引线断线

图8　B相高压套管末屏引线松动

🔷 经验体会

（1）高频局部带电检测发现异常信号时，应通过历史检测图谱和同厂同型变压器图谱横向比较，综合其他带电手段检测结果进行综合分析判断。

（2）加强高频局部放电典型图谱的培训，提高检测人员发现问题能力。

（3）套管检修应该严格按照厂家说明书进行，使用专用工具进行末屏接地线拆接，严禁野蛮作业。检修结束后，应确认末屏可靠接地。

（4）对末屏采用内压式弹簧接地结构套管开展专项排查，及时发现隐患。结合停电开展内压式弹簧接地套管末屏改造。

（5）建议新投变压器套管末屏严禁采用内压式弹簧接地结构。

检测信息

检测人员	国网湖南省电力公司检修公司：刘涵（26岁）、张国光（39岁）、丁玉柱（28岁）、张寒（39岁）
检测仪器	JFD-GD高频局放检测仪（保定天威新域）、T808高倍望远镜
测试环境	温度14℃、相对湿度70%

2.5.3 射频局部放电检测发现220kV昌吉变电站110kV变压器套管局部放电

案例简介

国网新疆电力公司昌吉供电公司220kV昌吉变电站110kV 2号主变压器，型号为SFSZ7-31500/110，1994年6月1日出厂，1996年8月28日投入运行。2012年9月6日，使用射频局放巡检仪发现110kV 2号主变压器处信号异常，测试曲线高于基线。对变压器取油样进行油色谱分析，发现氢气、总烃含量严重超过注意值，根据特征气体及三比值判定为油中局部放电。随即安排对该主变压器进行解体检查，发现10kV套管A相内部有放电痕迹，管壁表面存在颗粒物。对该套管进行更换，投入运行后测试数据正常。

检测分析方法

2012年9月6日，使用射频局部放电巡检仪发现110kV 2号主变压器处信号异常，测试曲线高于基线。随即对该主变压器选择测试点进行测试。测点如图1所示。

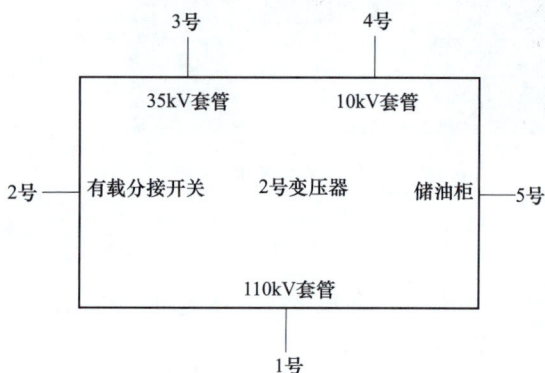

图1 2号主变压器各测试点分布

在1号、2号点位置测试，频率波形与基线基本重合，数据无异常。在3号、4号、5号点测试，频率波形非常相似，明显高于基线，频率波形与基线波形有很大差异。各位置的频率扫描图如图2所示（■—基线，■—1号测点，■—2号测点，■—3号测点，■—4号测点，■—5号测点）。

其中4号点10kV套管处频率波形与基线差别最大，数值明显高于基线，各频率段测试波形与基线波形有很大差异，基本确定此处存在局部放电。

为了对该套管诊断结论进一步确认，进入时域模式测量，发现存在周期性的放电信号，信号强度为35dBm，4号测点的波形如图4所示（中心频率550MHz）。

在5号测点时域模式测量也能发现周期性放电信号，与4号测点的放电信号相似，但信号强度变小，为27 dBm，如图5所示。

图 2 2 号主变压器各测试点频率波形

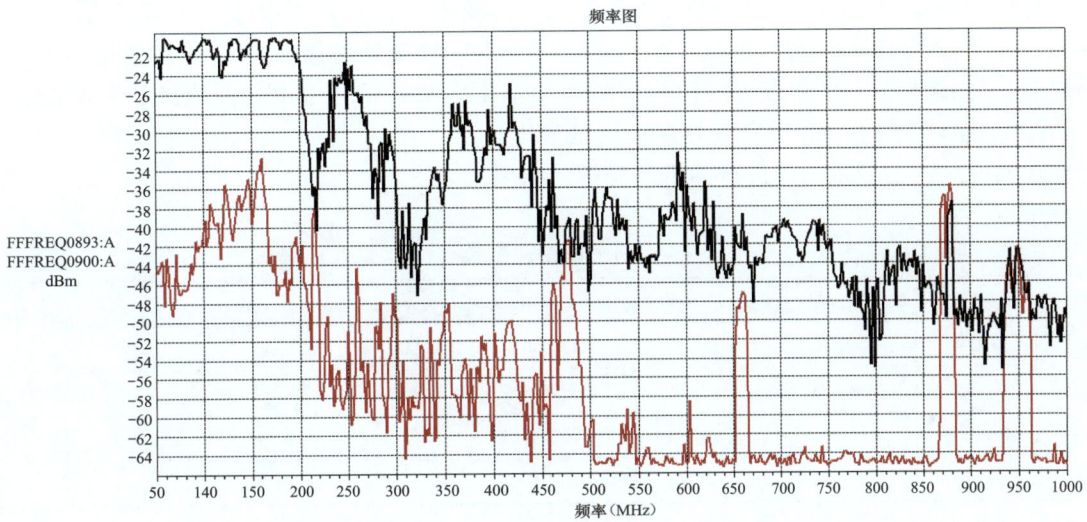

图 3 4 号点 2 号主变压器低压套管位置频率波形

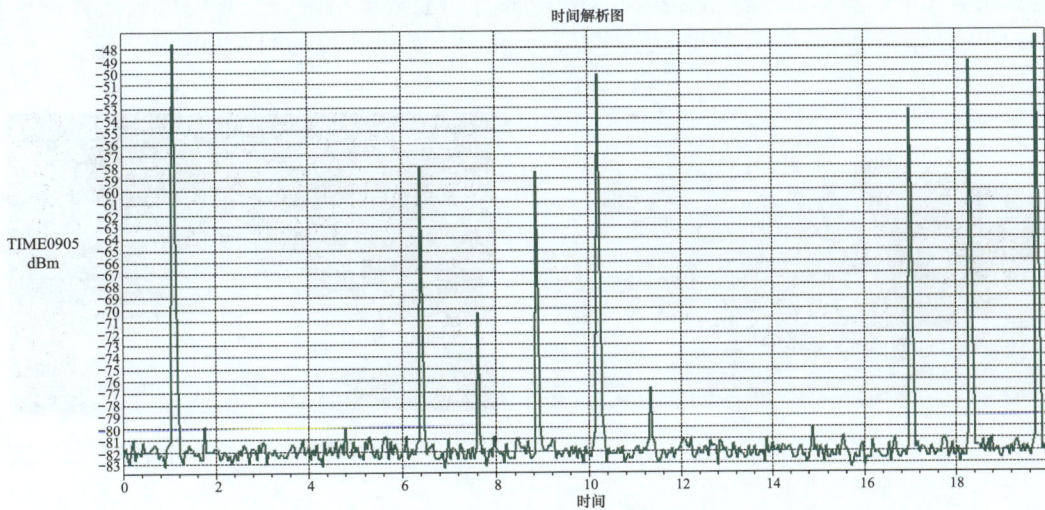

图 4 4 号测点的时域放电波形,信号强度为 35dBm

图 5　5 号测点的时域波形

　　根据检测的数据结果显示，3 号测点、4 号测点、5 号测点位置频率波形明显高于基线，波形与基线有差异，时域波形均有局部放电特征，4 号测点即 10kV 套管处时域波形信号强度最大，3 号、5 号测点处的局放信号谱线与 4 号测点处的信号谱线波形基本一致，信号强度有所衰减，判断此信号来自 4 号测点，初步判定 4 号测点 10kV 套管处存在局部放电。

　　随后检修人员对该主变取油样进行油色谱分析，结果见表 1。

表 1　　　　　　　　　　　　　　　　　　　　油色谱检测数据　　　　　　　　　　　　　　　　　　μL/L

日期	H_2 含量	CO 含量	CO_2 含量	CH_4 含量	C_2H_4 含量	C_2H_6 含量	C_2H_2 含量	总烃含量
2009-12-2	43.34	419.36	2158.92	21.72	2.20	23.41	0.00	47.33
2010-9-11	38.52	624.15	2377.74	23.73	2.10	27.74	0.00	53.57
2011-4-8	46.37	765.16	2256.80	27.77	3.61	32.00	0.00	63.38
2012-9-6	837.76	946.11	3009.74	101.04	4.12	51.3	0.13	156.59

　　分析结果发现氢气、总烃含量超过注意值，发现痕量乙炔（220kV 及以下主变注意值，氢气：150μL/L、总烃：150μL/L、乙炔：5μL/L），三比值编码 010，判断故障类型为局部放电。

　　对该主变压器 10kV 套管进行解体后发现 A 相内部有明显放电痕迹，套管内壁表面存在大量颗粒物。10kV 套管 B 相、C 相无放电痕迹，管壁表面光滑、无异物，放电情况如图 6 和图 7 所示。

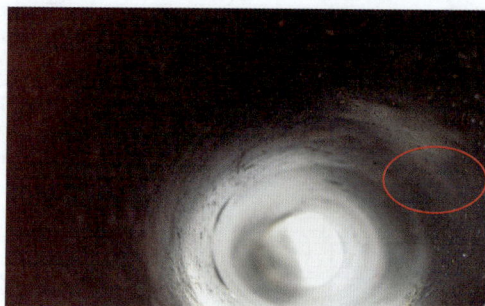

图 6　A 相套管表面放电痕迹

图 7　A 相套管管壁上附着颗粒物

　　检修人员随即对 2 号主变压器 10kV 套管 A 相进行了更换，重新投入运行后复测，测量数据恢复正常，故障排除，测试结果如图 8 所示。

图 8   A 相套管更换后变压器四周频率波形

经验体会

（1）射频局部放电设备操作简单，图谱数据容易分析，要掌握使用方法配合其他带电检测方法能准确定位故障位置和判断故障类型。

（2）检测点的选取和对同一设备不同位置的异常波形信号的对比分析很重要，是快速准确找到故障点的关键。

（3）基线的选取视情况而定，通常在变电站大门外 10m 处选取，特殊情况下可以选取设备一侧的信号作为基线，直观的区分与另外各侧信号的差异，方便分析判断。

检测信息

检测人员	国网新疆电力公司昌吉供电公司：叶景龙（28 岁）王磊（32 岁）夏明磊（25 岁），杨杰（26 岁）。国网新疆省电力公司电力科学研究院：金铭（28 岁）、何丹东（31 岁）、徐路强（30 岁）
检测仪器	PDS100 射频局放检测仪（使用温度 0～50℃、测量范围 50～1000MHz，精度 100kHz）、中分 2000 气相色谱仪（工作温度 5～35℃、相对湿度≤80%）

国家电网公司
STATE GRID
CORPORATION OF CHINA

第 3 章

开关类设备状态检测

3.1.1 红外热像检测发现 110kV 真理道变电站 110kV 隔离开关出线座发热

✦ 案例简介

国网天津市电力公司城东供电分公司 110kV 真理道变电站 110kV112-2 隔离开关为北京开关厂生产的 GW5-110GD/600 型隔离开关，于 1980 年 9 月投运。2012 年 08 月 07 日 20 时，变电运维人员在夜间巡视中利用红外测温仪对全站设备和接头进行红外热像检测。在检测过程中发现 110kV112-2 隔离开关线路侧 C 相出线座底部温度异常，表面最高温度为 130.2℃，负荷电流 136A。正常相温度 30.7℃、负荷电流 136A、环境温度 30℃、相对湿度 60%。根据 DL/T 644-2008《带电设备红外诊断应用导则》规定，热点温度大于 130℃属于危急缺陷，需要立即开展停电检修。当日 22 时，检测人员对 112-2 隔离开关线路侧 C 相出线座底部进行复测，表面最高温度仍然大于 130℃。停电后经过检修人员拆解后，发现出线座导电夹板断裂，随即进行更换处理。

✦ 检测分析方法

2012 年 8 月 7 日 20 时，变电运维人员在对 110kV112-2 隔离开关在进行红外热像检测时，发现 112-2 隔离开关线路侧 C 相出线座底部温度异常。随后分别在两个不同时段对该隔离开关精确测温，选择成像的角度、色度，拍下了清晰的图谱，如图 1、图 2 所示。

图 1 112-2 隔离开关线路侧 C 相
出线座红外热像图谱（时段一）

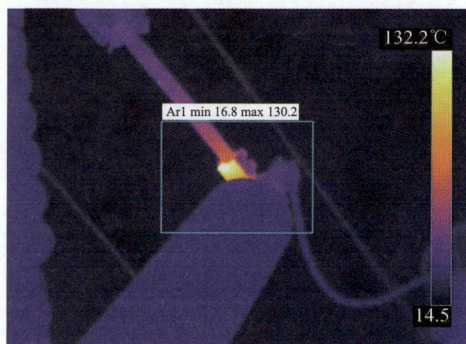

图 2 112-2 隔离开关线路侧 C 相
出线座红外热像图谱（时段二）

专业技术人员分析图谱后发现 112-2 隔离开关线路侧 C 相出线座底部温度异常，表面最高温度大于 130℃（负荷电流 130A）正常相 30.7℃（负荷电流 130A）环境温度 30℃，相对湿度 60%。根据 DL/T 644-2008《带电设备红外诊断应用规范》中的公式计算，相对温差 δ 为 99%，温升 99.3℃。依据电流致热型设备缺陷诊断判据"热点温度大于 130℃或 δ 不小于 95%，属于危机缺陷"，判断热像特征是以隔离开关出线座导电夹板为中心的热像，热点明显；故障特征为接触不良；缺陷性质为危急缺陷。

运维检修部随即制订检查处理方案：立即申请停电检修，停电检查隔离开关出线座和导电夹板是否存在锈蚀、氧化、偏位、螺栓紧固不亮等现象，对存在问题开展检修。当日夜间检修人员将 112-2 隔离开关出线座拆解取下后，发现 112-2 隔离开关出线座导电夹板断裂，且出线座底部与导电夹板均存在部分烧伤点，紧固螺栓锈蚀严重。导电夹板断裂照片如图 3 所示。检修人员更换出线座、导电夹板、紧固螺栓和打磨主闸刀锈蚀、烧伤表面，重新组装后，隔离开关停电检修完毕。送电后对 112-2 隔离开关整体进行红外热像复测，复测结果正常。红外热像复测图谱如图 4 所示。

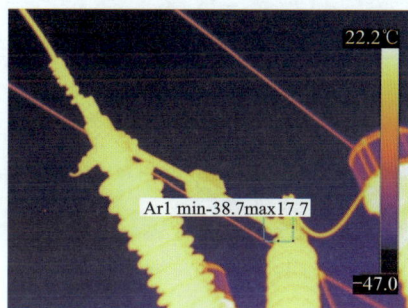

图 3 112-2 隔离开关线路侧 C 相出线座导电夹板断裂

图 4 112-2 隔离开关线路侧 C 相出线座红外热像图谱

经验体会

（1）事实说明红外热成像检测技术能够行之有效的发现设备过热缺陷，应按技术导则要求规范开展红外检测工作。

（2）除了例行周期性红外测温以外，应适当增加夜间巡视、大负荷期间、重要线路保电期间以及重要设备间隔停电前的红外测温工作。

检测信息

检测人员	国网天津市电力公司城东供电分公司：邢智（46 岁）、耿东（46 岁）、韩斌（32 岁）
检测仪器	FILR T330 红外热像仪
测试环境	温度 30℃、相对湿度 60％

3.1.2 红外热像检测发现 500kV 浑源开闭站 500kV 隔离开关接线板发热

案例简介

国网冀北电力有限公司检修分公司大同分部运维的 500kV 浑源开闭站于 2003 年 3 月 31 日投入运行，是西电东送的枢纽站。2011 年 7 月 20 日 21 时，检修人员在对该站隔离开关进行例行红外测温过程中，发现托源二线串补 5021DR-2 隔离开关静触头接线板存在异常发热现象，故障点温度达到 87.2℃，如图 1 所示；正常相温度为 19.1℃，如图 2 所示，环境温度 16℃，相对湿度 70％，相对温差达到 98.4％，最大温升为 69.2℃，现场可见光照片如图 3 所示。通过对图片发热点的分析，主要的发热源在静触头接线板上，确认发热原因可能是引线接线板与静触头接线板之间接触不良造成。

图 1　故障位置红外热像图

图 2　正常相红外热像图

检测分析方法

　　根据发热设备及状态，判断为电流致热性缺陷，依据《状态检修试验规程》及 DL/T 664—2008《带电设备红外诊断应用规范》，对测温图片进行分析，确认为电流致热型缺陷。热点温度为 87.2℃，未超危急缺陷的 110℃，但相对温差为 98.4%，超过危急缺陷的 95%。最高温升为 69.2℃，未超温升极限的 75℃，但已接近极限温升。综合分析判断此缺陷为危急缺陷。

图 3　现场可见光照片

　　结合设备停电，对 5021DR-2 隔离开关 C 相接线板进行了检查，如图 3～图 5 所示，检查结果如下：

　　（1）检查接线板间及静触头上的紧固螺栓，并未发现有螺栓松动现象，螺栓弹簧垫片压接良好。

　　（2）检查引线接线板与静触头接线板外观，未发现有断裂痕迹。

　　（3）对接线板进行检查，其接触面并未有缝隙。

　　（4）对隔离开关进行接触电阻试验，试验结果为 560μΩ，交接试验为 97μΩ，远远大于出厂试验结果与厂家标准（130μΩ）。

图 4　现场检查照片

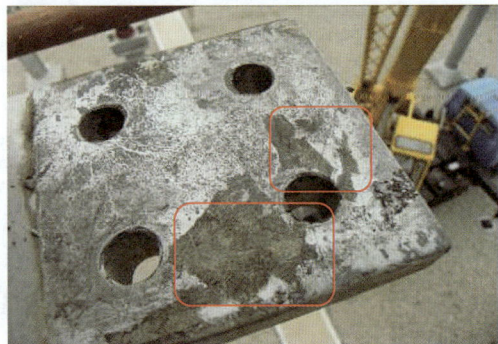

图 5　接线板故障照片

　　（5）对接线板进行拆除，发现静触头连接板表面有大约 5cm² 的一块不均匀油纸（确认其为出厂时的保护纸）。

　　1）对连接板表面进行清理后，恢复接线。

　　2）再次进行接触电阻测试，试验结果为 213μΩ。

　　3）使用酒精擦拭动静触头。

　　4）触电阻测试，试验结果为 126μΩ。

　　经分析，接线板发热的主要原因为保护纸未清除即进行安装，造成接触面积减小。在恢复送电后，对 5021DR-2 隔离开关 C 相进行测温，发现接线板温度明显下降，恢复至 26.3℃，如图 6 所示。

图 6　检修后红外热像图

经验体会

（1）加强设备投运前的验收管理工作，严格按照标准化作业指导书进行验收，避免设备带缺陷投运。

（2）在进行红外测温过程中，检修人员发现了多次发热缺陷，但部分设备测试距离较远，无法细致测试较小设备的发热点，不利于缺陷的判断，建议对红外测温设备进行更新，并适当的加装变焦镜头。

（3）通过多次处理发热缺陷，发现过热缺陷多为螺栓松动、接触面氧化、接线板变形及存在异物、闸刀接触位置不正等缺陷，建议停电检修前，对检修设备进行精确红外测温，用以辅助判断设备缺陷，合理安排检修内容，并减少设备重复停用。

检测信息

检测人员	国网冀北电力有限公司检修分公司：武斌（31岁）、丁波（34岁）
检测仪器	FLIR P30 红外热像仪
测试环境	温度16℃、相对湿度70％

3.1.3 红外热像检测发现 500kV 安各庄变电站 220kV 隔离开关发热

案例简介

国网冀北电力有限公司检修分公司运维的 500kV 安各庄变电站 220kV 系统于 2005 年投入运行。2013年 1 月 8 日 18 时，班组工作人员对该 220kV 系统各电气设备外部各电气触头部位进行了红外热成像检测。在检测过程中发现：安南线 2212-4 隔离开关 A 相动静触头连接处发热 90℃、B 相 60℃、C 相 46℃。随后，对隔离开关的动触头、静触头接触部位进行推拉，改善隔离开关的接触状况，缺陷得以临时处理。并结合停电时机，对隔离开关进行更换。避免再次产生发热。

检测分析方法

在例行的周期性红外测温过程中，发现该变电站220kV 系统隔离开关存在着触头接触发热现象。对该发热点进行了精确测温，选择成像的角度、色度，拍下了清晰的图谱，如图1所示。

对隔离开关的动触头、静触头接触部位进行推拉，改善隔离开关的接触状况，缺陷得以临时处理。并结合停电时机，对隔离开关进行更换。避免再次产生发热。

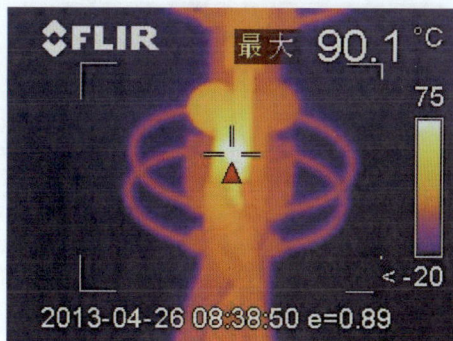

图 1　220kV 安南线 2212-4 隔离开关红外热像图

经验体会

导致连接处过热的主要原因有以下几点：

（1）导线与隔离开关在运行中，随着污秽、雨水深入隔离开关导电接触面，氧化、腐蚀，造成隔离开关导电接触面接触日益劣化，最终导致隔离开关发热。

（2）隔离开关在运行过程中，因为机构卡涩等原因造成闸刀合闸位置不正，导致隔离开关过热。

（3）隔离开关在正常运行操作过程中触指多次经历引弧、燃弧、熄弧的损伤，致使产生过热。

（4）隔离开采用材质金属部件强度低、质量差，外加运行工况较差，经过一段时间运行后机械性能大幅下降，导致产生过热。

检测信息

检测人员	国网冀北电力有限公司检修分公司：甄庆海（36岁）、刘继斌（38岁）
检测仪器	FILR T330 红外热像仪
测试环境	温度−12℃、相对湿度50%

3.1.4 红外热像检测发现 500kV 唐山西变电站 35kV 隔离开关连接排发热

案例简介

国网冀北电力有限公司检修公司运维的 500kV 唐山西变电站于 2008 年投入运行。2013 年 12 月 20 日 17 时，班组工作人员在例行的周期性红外测温过程中，发现该变电站 35kV 系统隔离开关存在着触头接触发热现象，严重干扰着设备的安全可靠运行。在检测过程中发现：2 号变压器 1 号电容器组 321-2 隔离开关触头 A 相发热 94.6℃、C 相 62.3℃、B 相 27.8℃。设备停电检修后发现，造成发热的原因既不是隔离开关导电接触面脏污接触不良，也不是触头烧损，而是设备运行年限的问题，该批次隔离开关在运行一段时间之后，都不同程度出现类似发热问题。对该批次产品进行升级改造，避免了相同部位再次发生发热缺陷。

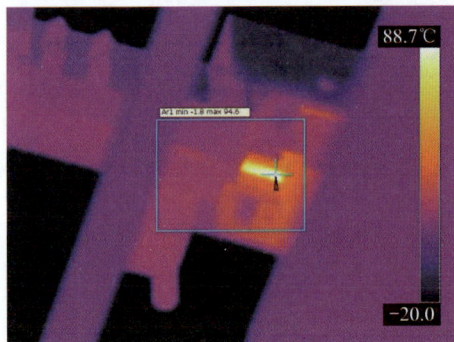

图1 35kV321-2 隔离开关 A 相红外热像图

检测分析方法

在例行的周期性红外测温过程中，发现该变电站 35kV321-2 隔离开关存在着触头接触发热现象。对该发热点进行了精确测温，选择成像的角度、色度，拍下了清晰的图谱，如图 1 所示，并将此情况上报运检部。

结合停电时机，对该类隔离开关进行增容性检修，彻底解决了该问题，避免了相同部位再次发生发热缺陷。

经验体会

（1）导线与隔离开关在运行中，随着污秽、雨水深入隔离开关导电接触面，氧化、腐蚀，造成隔离开关导电接触面接触日益劣化，最终导致隔离开关发热。

（2）隔离开关在运行过程中，因为机构卡涩等原因造成刀闸合闸位置不正，导致隔离开关过热。

（3）隔离开关在正常运行操作过程中触指多次经历引弧、燃弧、熄弧的损伤，致使产生过热。

（4）隔离开采用材质金属部件强度低、质量差，外加运行工况较差，经过一段时间运行后机械性能大幅下降，导致产生过热。

检测信息

检测人员	国网冀北电力有限公司检修分公司：刘春生（41岁）、郑顺利（45岁）
检测仪器	FILR T330 红外热像仪
测试环境	温度－14℃、相对湿度55％

3.1.5 红外热像检测发现110kV干校变电站35kV隔离开关支柱绝缘子发热

案例简介

2013年6月6日10时，国网上海市电力公司奉贤供电公司状态检测人员在对110kV干校变电站进行专业巡检工作中，利用红外成像测温，发现35kV 2号电容器副隔离开关支柱绝缘子底部存在发热现象。从红外图像中发现三相的支柱绝缘子、拉杆绝缘子在36℃左右，隔离开关闸刀、静触头等温度都在33.7℃左右。发热点与正常相对应点有3℃左右的温升差。

该隔离开关型号为GN2-35，是上海华通开关厂于1979年3月22日生产，并在同年9月25日投运。参照DL/T 664—2008《带电设备红外诊断应用规范》的相关内容，状态检测小组评价该缺陷为一般缺陷，将其记录在案。检测人员定期对该隔离开关进行红外测温，跟踪其缺陷发展情况。变电检修人员利用该变电站综合自动化改造的停电机会对其进行了处理。

检测分析方法

通过对35kV 2号电容器副隔离开关红外热像图谱进行分析，发现该设备红外图像温度场分布存在一定梯度，支柱绝缘子与拉杆绝缘子都存在发热现象。其红外热像图和可见光图分别如图1和图2所示。红外热像检测分析结果见表1。

利用红外热像技术，可以清楚看到三相支柱绝缘子、拉杆绝缘子温度比正常点高3℃左右。该隔离开关属于小爬距隔离开关，支柱绝缘子爬距较小。当绝缘子表面积累灰尘等杂质时，会产生表面的放电现象，而且在电压作用下会产生泄漏电流，从而共同使绝缘子发热。

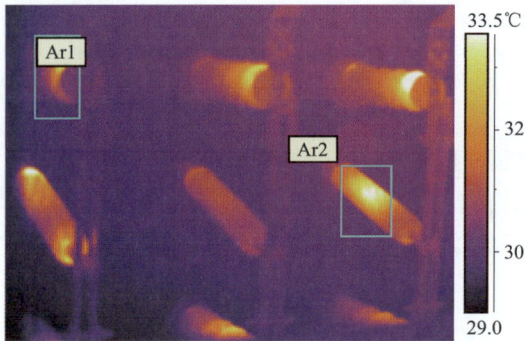

图 1　红外热像图

图 2　可见光图

表 1　　　　　红外热像检测分析结果

热点部位	35kV 2 号电容器支柱绝缘子
热点温度 T_1	36.4℃
正常点温度 T_2	33.7℃
缺陷类型	电压致热型
温升	12.4℃
温差	2.7℃
缺陷性质	一般缺陷

2013 年，结合该变电站综合自动化改造工程，将放电的小爬距隔离开关喷涂 PRTV 涂料，设备运行情况恢复稳定。

经验体会

（1）该起缺陷是典型的电压致热所引起的。对全区处于污染严重地区的变电站应该加强红外测温等状态检测工作。通过增加巡检频率，加大检测力度，建立科学的跟踪检测机制，确保每个设备能安全可靠运行。

（2）针对部分位于重污染区域的变电站，对于敞开式的设备绝缘子，可以采取更换大爬距绝缘子、喷涂 PRTV 等措施，加强各类绝缘子防污能力，提高绝缘强度，可以有效防止类似缺陷的发生。

（3）各类带电检测作业应结合先进、可靠的测试仪器以及 DL/T 664—2008《带电设备红外诊断应用规范》等技术规范，才能准确地评价设备运行状态以及缺陷性质。

检测信息

检测人员	国网上海奉贤供电公司：施会（28 岁）、徐胡平（28 岁）
检测仪器	FLIR P630 红外热像仪（彼岸科技有限公司）
测试环境	温度 24℃、相对湿度 65%、大气压 101.3kPa

3.1.6　红外热像检测发现 110kV 奔南变电站多处隔离开关发热

案例简介

2012 年国网江苏省电力公司常州供电公司在迎峰度夏前，安排对 110kV 奔南变电站变压器、110kV

设备、支柱瓷绝缘子等重要设备进行红外热像检测。在检测过程中发现多处发热现象，其中 110kVⅠ段吕奔线 7113 隔离开关 A、C 相和 7111 隔离开关 B、C 相热像图均显示刀口处温度异常；另外 35kV 母线分段 3001 隔离开关 C 相靠近母线侧支柱绝缘子处温度异常。发热设备自 1995 年投运，已运行 17 年。情况上报后，公司立即开展了停电检查试验，110kV 隔离开关试验结果表明发热相隔离开关接触电阻增大，检查后发现触头接触面氧化脏污、接线座罩壳内部件锈蚀，触指弹簧压力不够等；而 35kV 母线侧 C 相支柱绝缘子发热则由于绝缘子与连接排长期压紧，出现细微裂纹。公司随即更换了缺陷老旧绝缘子，并对所有 110kVⅠ段设备进行了全面检查清扫小修，确保了设备健康。

❖ 检测分析方法

（1）隔离开关刀口发热（电流致热型）。110kV 吕奔线 7113 隔离开关 A、C 相和 7111 隔离开关 B、C 相热像均显示刀口处温度异常，7113 隔离开关红外热像如图 1 所示，红外热像温度数据见表 1。

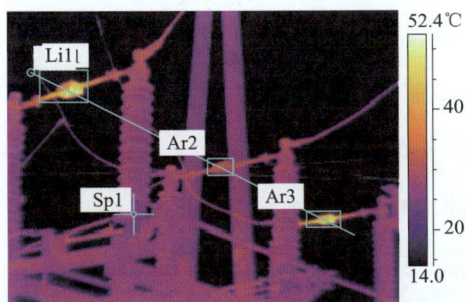

图 1　110kV 吕奔线 7113 隔离开关红外热像图
注：从左至右依次为 C、B、A 相。

表 1　110kV 吕奔线 7113 隔离开关红外热像温度数据表　℃

日期	2012 年 7 月 6 日
最高温	52.8
最低温	0.7
大气温度	30.0
反射表像温度	33.0
Li1 最高温度	51.3
Ar1 最高温度	52.8
Ar2 最高温度	33.3
Ar3 最高温度	50.6
Sp1 温度	25.8

根据图像和表中数据分析：热像图明显以刀口压接弹簧为中心的发热特征，A、C 相均为隔离开关刀口部位发热，温度分别为 52.8、50.6℃，其他相刀口部位温度为 33.3℃，环境参照体温度 25.8℃；温差 A 相为 19.5℃、C 相为 17.3℃；相对温差 A 相为 72.2%、C 相为 69.8%；根据 DL/T 664—2008《带电设备红外诊断应用规范》，电流致热型设备缺陷诊断判据：温差不大于 15℃时，为一般缺陷；热点温度相对温差不小于 80% 时，为严重缺陷。判断上述设备有劣化为严重缺陷的趋势。

7111 隔离开关 B、C 相红外热像图如图 2 所示，红外热像温度数据见表 2。

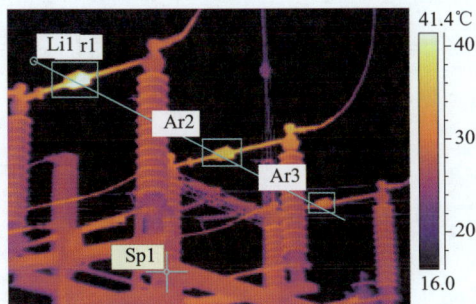

图 2　110kV 吕奔线 7111 隔离开关红外热像图
注：从左到右依次 C、B、A 相。

表 2　110kV 吕奔线 7111 隔离开关 B、C 相红外热像温度数据表　℃

最高温	47.3
最低温	5.6
大气温度	30.0
反射表象温度	33.0
Li1 最高温度	44.5
Ar1 最高温度	47.3
Ar2 最高温度	37.9
Ar3 最高温度	31.2
Sp1 温度	27.0

图 2 基本与图 1 有类似特征，计算分析可以得出 C 相温差为 16.1℃，相对温差为 79.3%，接近严重缺陷程度；B 相温差为 6.7℃，相对温差为 61.4%，为一般缺陷；另外，热像图上可以看出 B 相动触头导电杆及导电杆与接线座滚动接触处有发热现象。

综上所述，初步判断以上缺陷是因设备长期运行引起弹簧老化、触头及连接处表面氧化导致电阻增大，从而引起发热，在负荷电流为 89A 的情况下虽然未达到严重缺陷程度，但考虑到即将面临高温高负荷运行形势，故决定尽快进行停电处理。

停电后，对 7113、7111 隔离开关进行了接触电阻测试，发现缺陷相数据均有增大现象，数据见表 3。

发热相接触电阻数据均超过了制造厂规定值 200μΩ，正常相的数据也偏大。检查发现，缺陷相隔离开关弹簧压力不足、生锈，接触表面氧化、污秽积灰，7111 隔离开关 B 相导电杆锈蚀，接线座的转动轴芯和滚轮间的接触面已氧化、罩壳内滚轮压簧等部件已锈蚀。证实了之前的原因判断。

经过对压力不足、锈蚀严重的触头弹簧进行更换，对中间触头、导电杆、接线座及连接部位、接触面等导电回路清扫、砂纸修平，试验数据恢复正常，其测试电阻见表 4。

表 3　7113、7111 隔离开关测试电阻（处理前）　μΩ

隔离开关	A 相	B 相	C 相
7113 隔离开关	831	189	795
7111 隔离开关	201	336	503

表 4　7113、7111 隔离开关测试电阻（处理后）　μΩ

隔离开关	A 相	B 相	C 相
7113 隔离开关	143	139	141
7111 隔离开关	129	126	131

（2）支柱绝缘子发热（电压致热型）。35kV 母线分段 3001 隔离开关 C 相靠近母线侧支柱绝缘子热像图如图 3 所示，红外热像温度数据见表 5。

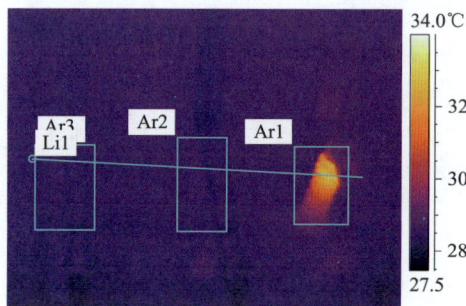

图 3　35kV 母线分段 3001 隔离开关 C 相靠近母线侧支柱绝缘子红外热像图
注：从左到右依次为 A、B、C 相。

表 5　35kV 母线分段 3001 隔离开关 C 相靠近母线侧支柱绝缘子红外热像温度数据表　℃

最高温	33.1
最低温	27.6
大气温度	30.0
反射表象温度	33.0
Li1 最高温度	33.0
Ar1 最高温度	33.1
Ar2 最高温度	29.2
Ar3 最高温度	29.1

根据热像图及温度数据可知，温度升高并不大。图 3 中，与高压母排连接处温度最高，从上至接地点温度逐渐降低，显示支柱绝缘子在靠近母排处绝缘性能降低。由此可判断此例为典型的电压致热型支柱绝缘子类型缺陷。

停电检测发现，该支柱绝缘子与高压母排连接处因长期压紧，出现了内部瓷质材料老化疏松，并有细微裂痕。经更换及耐压试验，送电后检测，红外热像图无异常。

❖ 经验体会

（1）紧固螺母不到位、未拧紧、未加弹簧垫、连接件焊接工艺差等缺陷属于电气设备的外部故障，对这种安装施工不合格，不符合工艺要求的产品，通过红外热像检测精确测温，发热情况一目了然。因此在设备投运初期要充分利用红外热像检测技术将问题发现，并尽快处理。

（2）除了迎峰度夏度冬前及周期性红外热像精确测温检测外，还可以在到期设备修试前及重要设备间隔停电前进行红外测温工作，以有效指导设备检修，提高检修工作效率和质量。

（3）应通过对红外检测技术案例的研究和探讨交流来提高对设备缺陷的敏感性，并加强检测技术的培训学习，全面提高检修人员准确缺陷定性及正确缺陷消除策略制定的能力。

检测人员	国网江苏省电力公司常州供电公司、张鸣（39岁）、顾逸（29岁）
检测仪器	FLIR T330 红外热像仪
测试环境	温度30℃、相对湿度60%

3.1.7 红外热像检测发现500kV莆田变电站隔离开关推动和调节连杆发热

案例简介

国网福建省电力有限公司检修公司运维的500kV莆田变电站220kV莆进Ⅱ路2762隔离开关于2008年5月投入运行。2011年10月6日，在专业巡检工作中，工作人员利用红外热像检测发现2762隔离开关C相导电臂的推动和调节连杆（图1中的部件①）发热，最高温度点107.8℃。经分析，是由于安装时对导电回路螺栓的紧固程度不够，所以造成电弧放电烧伤，产生发热

检测分析方法

（1）红外热像图谱分析。该隔离开关为苏州AREVA高压电气开关有限公司生产的SPOT-252水平半弓架式隔离开关。隔离开关的结构图如图1所示，对其进行了红外热像检测，红外热像图如图2所示。

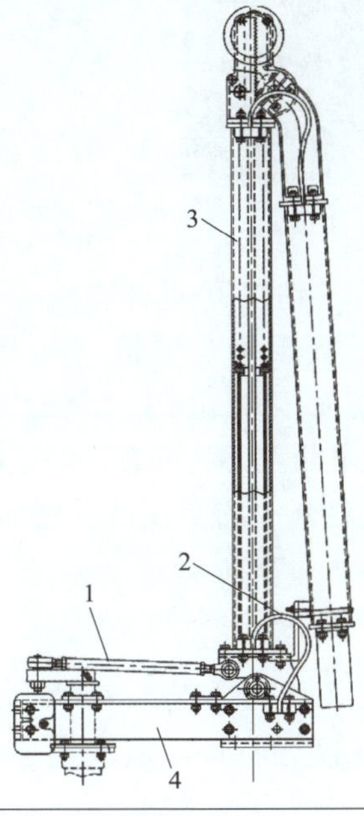

厂家	苏州AREVA高压电气开关有限公司
型号说明	SPOT-252
出厂日期	2006-05-01
投运日期	2008-05-15
额定电流	2000A
额定动稳定电流	125kA
3S热稳定电流	50kA
合闸、分闸操作时间	6000、6000ms
主回路电阻值不大于	$130\mu\Omega$
2007年交接试验回路电阻值	$89.2\mu\Omega$

图1　SPOT-252隔离开关结构图

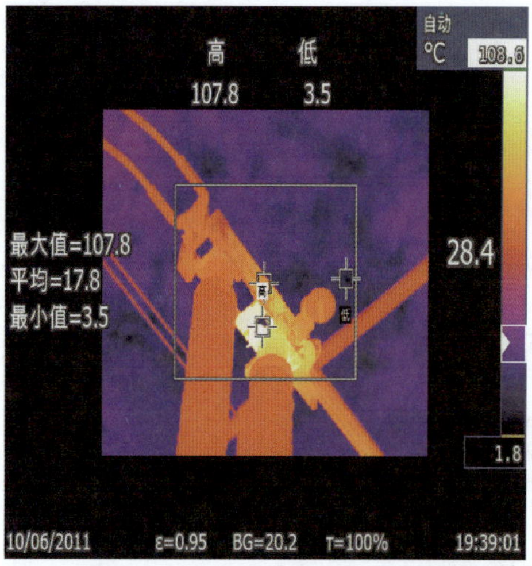

图2 220kV莆进Ⅱ路2762
隔离开关C相红外热像图

由图2可知，最大温度达到107.8℃，根据DL/T 664—2008《带电设备红外诊断应用规范》：刀口、转头的温度130℃＞t＞100℃，缺陷分类定为Ⅱ类。判断是导流软铜带（图1中部件2）与后臂（图1中部件3）及导流底座（图1中部件4）的接触面氧化，或固定螺杆松动，造成负荷电流经导电臂的推动和调节连杆分流从而发热。导电臂的推动和调节连杆为钢构件，长期通电流过热将使其强度发生改变，在闸刀分、合受力的过程中可能发生断裂。因此，在处理导流软铜带的接触面时，应同时更换导电臂的推动和调节连杆。

（2）停电检测原因分析。对该隔离开关进行停电试验，查明原因，对图3中1-6之间的导电回路进行直流电阻测量，为7.757mΩ，明显偏大。当进一步缩小范围测量直流电阻时，发现2762隔离开关C相动触头下部的软连接导电带（图3中的3-4软连接带）下部连接螺栓松动（图3中的4-5之间的紧固螺栓），甚至可以用手旋出，如图4所示。将导电带拆下，发现导电带与隔离开关底座的下部连接面（图3中的4-5间连接面）留有导电膏涂抹的痕迹，如图5所示。导电带下部连接处有被电弧烧伤的痕迹（见图6），为该2762隔离开关C相动触头软连接导电带下部连接螺栓松动，造成导电带接触不良，产生的电弧烧伤。另外，导电带的接触不良，也致使工作电流从隔离开关本体和双四连杆分流，从而引发该隔离开关发热。

图3 2762隔离开关现场照片

图4 螺栓松动

图5 隔离开关底座下表面

图6 电弧烧伤痕迹

将导电带的上、下部连接面分别打开，对连接表面进行处理，然后重新安装，并用力矩扳手均匀紧固（90N·m）。测量修后导电带上、下部连接面直流电阻，分别为6.4、7.4μΩ，隔离开关导电部分直流电阻为82.9μΩ，满足隔离开关的主回路电阻要求，且与该隔离开关的交接试验值相当。

❖ 经验体会

（1）该隔离开关的发热原因主要是安装时对导电回路螺栓的紧固程度不够，隔离开关经过长时间的运行，该处螺栓逐渐松动，导致接触不良，造成电弧放电烧伤，最终导致了工作电流的分流，从而产生隔离开关动触头发热的缺陷。

（2）在新设备投产交接验收中，应对螺栓的紧固力矩进行校验，而不能仅仅以导电回路电阻值作为唯一的参考值。经验发现，有的隔离开关在导电回路电阻值合格的情况下（不排除安装方为了通过验收，涂抹导电膏或是缩小测量回路范围的情况），经过一段时间的运行，也会产生发热的现象。因此，对交接设备进行螺栓的再次紧固很有必要。另外，加强运行设备的红外热像检测工作，也能帮助发现发热类缺陷。

🔷 检测信息

检测人员	国网福建省电力公司检修公司：吴庆泽，（43岁）、宋微浪（29岁）
检测仪器	FILR 9002 红外热像仪
测试环境	温度 14℃、相对湿度 50％

3.1.8　红外热像检测发现66kV开关站红白线2号6675-甲隔离开关接线座线夹过热

🔷 案例简介

国网新源水电有限公司白山发电厂红石电站 66kV 开关站红白线 2 号断路器线路侧 6675-甲隔离开关于 1986 年 1 月投入运行，是红石电站 66kV 开关站直供白山镇变电所线路。隔离开关型号为 GW5A-66，为瓦房店高压开关厂生产。2012 年 7 月 26 日，在进行红外热像检测时，发现 6675-甲隔离开关 A 相接线座处温度过高，接线座线夹最高温度 96.94℃，负荷电流 350A，三相负荷电流均衡，当时环境温度为 30℃，而且 B、C 两相同位置均在 45℃左右。分析判断为设备线夹接触不良过热所致。

🔷 检测分析方法

红外热像检测时，发现 6675-甲隔离开关 A 相接线座线夹处温度过高。并对该设备进行了精确、多角度的红外成像拍摄。影像资料如图 1 所示，图 1 中 6675-甲隔离开关三相红外图像各点温度说明见表 1。

（a）　　　　　　　　　（b）

图 1　红白线 6675-甲隔离开关 A 相接线座红外热像图与可见光图
（a）红外热像图；（b）可见光图

图 2 为 6675-甲隔离开关 A、B 两相红外图，图 3 为 6675-甲隔离开关 A、B 两相可见光图，图 2、图 3 中已清晰地标注了各个部位的温度。A 点为 A 相隔离开关接线座，温度最高 92.27℃；B 点为 B 相隔离开关接线座，温度 44.01℃。同位置最大相间温差 48.26K，根据 DL/T 664—2008《带电设备红外诊断应用规范》的分类依据，热点温度 92.27℃大于 80℃，相对温差 48.26℃，属设备线夹接触不良过热的严重缺陷。a 点为 A 相隔离开关触头，温度 42.3℃；b 点为 B 相隔离开关触头处，温度 35.4℃，相同部位的温度最大相间温差 7℃属一般缺陷。建议核对回路的负荷情况，适时安排处理。

表 1　　　　　　　　　　　图 1 中 6675-甲隔离开关三相红外图像各点温度说明

	三相测温点	温度（℃）	放射率
隔离开关接线座处温度	A 为 A 相线夹	96.42	0.92
	B 为 B 相线夹	44.74	0.92
	C 为 C 相线夹	44.37	0.92
隔离开关盖帽处温度	a 点为 A 相盖帽	38.60	0.92
	b 点为 B 相盖帽	34.70	0.92
	c 点为 C 相盖帽	34.80	0.92

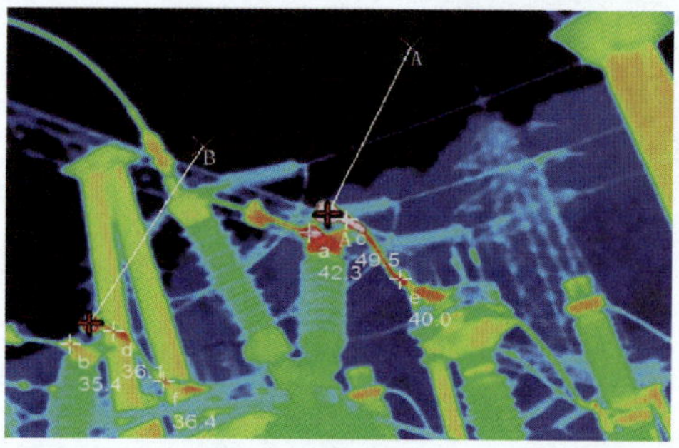

图 2　红白线 6675-甲隔离开关 A、B 两相红外图

图 3　红白线 6675-甲隔离开关 A、B 两相可见光图

图 2 中红白线 6675-甲隔离开关 A、B 两相对应各点温度说明见表 2。

表 2　　　　　　　　红白线 6675-甲隔离开关 A、B 两相对应各点温度说明　　　　　　　　℃

部　位	测温点	温度
A 相	A 点为 A 相隔离开关接线座	92.27
	a 点为 A 相隔离开关触头	42.3
	c 点为 A 相外引线鼻子中部	49.5
	e 点为 A 相电流互感器侧引线	40.0
B 相	B 点为 B 相隔离开关接线座	40.01
	b 点为 B 相隔离开关触头	35.4
	d 点为 B 相外引线鼻子中部	36.1
	f 点为 B 相电流互感器侧引线	36.4

红外图像分析的热像四边形直方图谱如图 4 所示，红外图像分析的热像线温曲线如图 5 所示。经过对红外图像分析后可以看出，此缺陷为设备线夹连接、隔离开关触头过热，属于电流致热型缺陷。

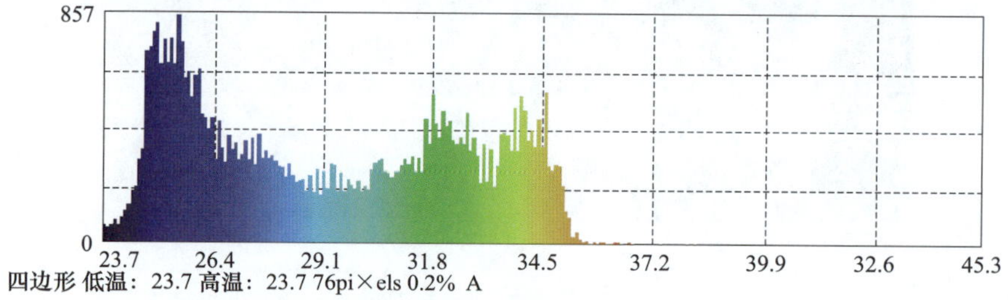

图 4　红外图像分析的热像四边形直方图谱

$(^\circ\!C)$

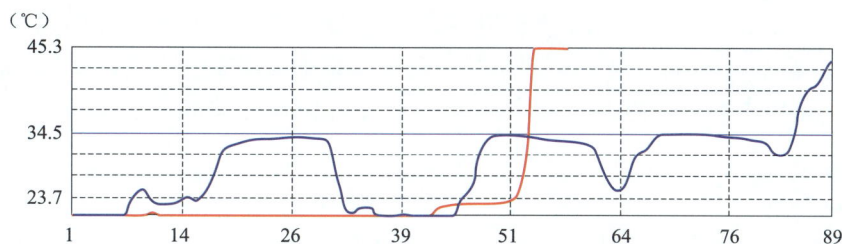

图 5 红外图像分析的热像线温曲线

联系调度停电后,将隔离开关的导电杆与引线夹分解检查,发现导电杆和线夹接触部分已锈蚀(雨水导致锈蚀),对导电杆和线夹的接触面分别进行了研磨处理,同时对防水罩、隔离开关触头及触指进行研磨,接触部分涂抹导电膏;将分解部分进行回装,然后测量 6675-甲隔离开关直流电阻,直流电阻测试数据见表 3。

表 3　处理后直流电阻测试数据　$\mu\Omega$

A 相	B 相	C 相	标准	结论
140	132	135	<150	合格

设备恢复送电运行 2h 后,对 6675-甲隔离开关进行红外热成像复测,三相隔离开关线夹温度均已恢复正常。

经验体会

红外热像检测技术能够及早发现设备缺陷,红外热像检测和电气预防性试验工作应同步开展分析比对,对设备缺陷定义和处理提供技术支撑,有效降低非计划停运和事故几率,在日常巡回检查中还应注意以下因素的影响:

(1)注意环境条件。蒸汽、尘土、烟雾等图像对测试仪器的影响,尽可能摄取清晰的画面,这对后期的分析至关重要。

(2)有别于接触式测温仪器。红外测温成像仪能够在设备运行状态下及安全距离内进行非接触式测量,测量精度与接触性测量仪器有测量上的误差,需加强分析比照。

检测信息

检测人员	国网新源水电有限公司白山发电厂:张斌(47 岁)
检测仪器	NEC-G100 红外热像仪
测试环境	温度 30℃、相对湿度 42%

3.1.9　红外热像检测发现 35kV 鄢家变电站 35kV 隔离开关绝缘子发热缺陷

案例简介

国网四川省电力公司德阳供电公司 35kV 鄢家变电站位于德阳市罗江县境内,2011 年 2 月 7 日 19 时,运维人员在对 35kV 鄢家变电站 35kV 场地设备的红外巡检过程中,发现 35kV 进线避雷器隔离开关 5198

号 C 相绝缘子存在局部异常发热情况，发热部位的温度为 31.6℃，而正常相 B 相隔离开关绝缘子对应部位的温度为 26.1℃，温差达 5.5℃。根据 DL 664—2008《带电设备红外诊断应用规范》，判断为危急缺陷，经分析后决定立即停电处理，更换了发热的 5198 号 C 相隔离开关绝缘子。

❖ 检测分析方法

运维人员在 35kV 鄂家变电站红外热像测温时发现 35kV 进线避雷器 5198 号隔离开关 C 相支柱绝缘子温度异常，通过多方位反复测式，红外图谱如图 1 所示。

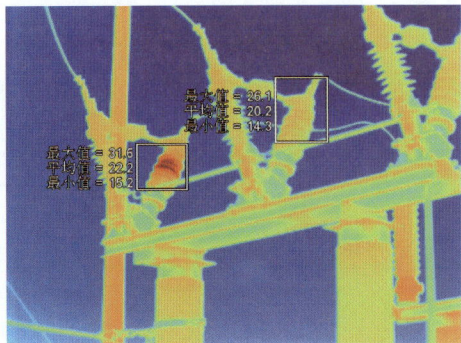

图 1 5198 号隔离开关红外热像图

从红外热像图中可以看出，隔离开关绝缘子最上面的两片瓷裙存在温度异常的情况，可能是由于表面脏污引起，也有可能是内部缺陷所致。拆除隔离开关，在实验室对异常隔离开关绝缘子进行试验检测和解剖验证，情况如下：

（1）试验情况。

1）绝缘电阻测试。为了找到缺陷原因，首先对绝缘子进行了绝缘电阻测试。在试验前先对绝缘子进行常规检查，发现绝缘子表面脏污，但未见裂纹或其他异常情况。采用数字绝缘电阻表对其进行绝缘测试，试验接线如图 2 所示，测试结果见表 1。

表 1　绝 缘 测 试 结 果

试验分类	缺陷绝缘子绝缘电阻	正常绝缘子绝缘电阻
绝缘子清洁前	58.6MΩ	106GΩ
绝缘子清洁后	51.3MΩ	

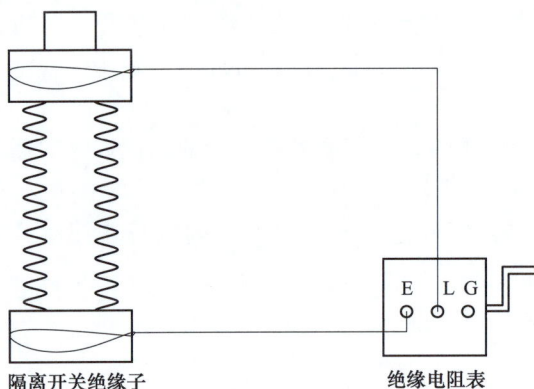

图 2　绝缘电阻测试

2）耐压试验。对清洁后的绝缘子进行耐压试验，同时用红外热像仪观察温度变化情况，耐压试验结果见表 2，耐压前后绝缘电阻对比见表 3，耐压时红外热像图如图 3 所示。

表 2　耐 压 试 验 结 果

试验绝缘子	试验电压	耐压装置二次电流、电压情况
正常绝缘子耐压	72kV/1min 通过	电流几乎为零，电压稳定
发热绝缘子耐压	72kV/1min 未通过	电流在 0～12A 剧烈波动，电压不稳定，放电声音较大

表 3　耐压前后绝缘电阻测试

试验分类	缺陷绝缘子绝缘电阻
耐压前	43MΩ
耐压后	52MΩ

3）绝缘电阻分解测试。从耐压试验时的红外热像图可以看出，瓷裙温度较低，越靠近绝缘子本体部位，温度越高，说明缺陷很有可能在绝缘子内部。因此有必要对绝缘子绝缘进行分解测试，根据实际情况，设计了图 4 所示的测试方法，以确定缺陷的具体部位。

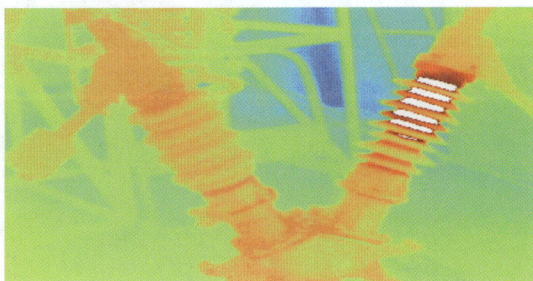

图 3　耐压时绝缘子红外热像图

通过图 4 所示的方式测得的绝缘电阻高达 103GΩ。

（2）试验数据分析。从常规绝缘电阻测试发现绝缘很低，可能存在贯穿性的低阻通道。通过对绝缘子表面进行清洁、处理，绝缘电阻仍然很低，但也不能就此排除表面的原因。耐压试验时，二次电流、电压波动很大，说明了绝缘子存在间歇性放电现象。

绝缘子绝缘电阻分解测试时可以认为内部电阻和外部电阻并联的模型，如图 5 所示。

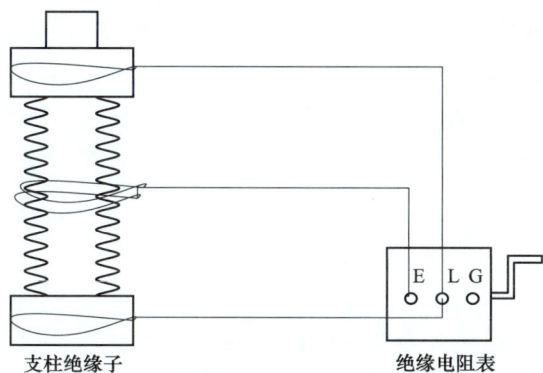

图 4　绝缘电阻分解测试

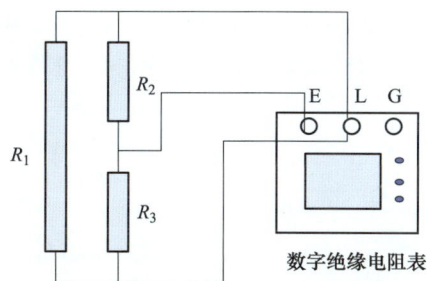

图 5　绝缘电阻分解测试原理图

R_1 为内部电阻，R_2、R_3 为表面电阻，从图 5 可以看出，R_1 被短接旁路，测试结果仅为 R_2、R_3 的并联电阻。从试验数据可以看出表面绝缘电阻高达 $103 G\Omega$，说明了表面绝缘正常，因此，通过排除法，确定缺陷应该在绝缘子内部，并且是贯穿性的低阻通道。从耐压时的红外热像图也间接证实了缺陷来自绝缘子内部。

（3）解剖检查。为了验证试验分析，采用切割机对绝缘子进行纵向剖切，其剖切断面如图 6、图 7 所示。

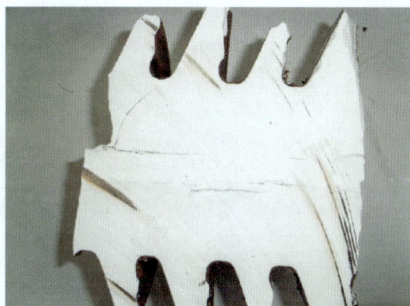

图 6　绝缘子纵向剖切图（温度异常区域）

图 7　绝缘子横向剖切图（绝缘子底部区域）

从剖切图可以看到在绝缘子中心确实存在多条裂纹，越靠近绝缘子温度异常区域，裂纹越多。

经验体会

（1）红外成像检侧具有精度高，容易通过横行判断发现异常现象的特点，如果巡视中发现设备表面温度存在局部异常，应引起运行人员的高度重视，同时采用精确测温方法对异常设备进行检测，对发现异常的设备应及时分析、判断，找出引起设备异常的原因，做出正确的检修决策。

（2）绝缘子内部裂缝容易导致其绝缘降低，引起绝缘子异常发热，发现类似的缺陷应立即停电处理。

检测信息

检测人员	国网四川省电力公司德阳供电公司：邓勇（39 岁）、罗飞（35 岁）、胡海（34 岁）、张原（30 岁）
检测仪器	DL700-EM 红外测温仪
测试环境	温度 8℃，相对湿度 30％

3.1.10 红外热像检测发现 220kV 开关站 220kV 母联正母线隔离开关过热缺陷

国网新源水电有限公司富春江水力发电厂红外测温工作始于 2000 年，依据 DL/T 664—1999《带电设备红外诊断技术应用导则》的要求，制定《富春江带电设备红外检测诊断制度》（简称《制度》）。2008 年，根据 DL/T 644—2008《带电设备红外诊断应用规范》进行了修订。按《制度》要求开展全厂一次设备红外检测工作，正常诊断周期为 3 个月，迎峰度夏期间的 7～9 月，检测诊断周期调整为每月 2 次。

❖ 案例简介

2011 年 7 月 25 日 10 时，国网新源水电有限公司富春江水力发电厂在对 220kV 开关站一次设备进行例行的设备运行状态下红外热像检测时，发现 220kV 母联正母线隔离开关 B 相阴阳极触头接触面温度较其他相异常，表面最高温度达 116℃（A、C 相温度 48.7℃），当时负荷电流 270A。根据 DL/T 644—2008《带电设备红外诊断应用规范》中的公式计算，定性为严重缺陷。后经调度许可，于 7 月 26 日设备停役，检查发现 220kV 母联正母线隔离开关 B 相阴阳极触头电烧蚀严重，随即更换该相阴阳极触头，更换后设备试验检测正常，投运后设备温度正常。

❖ 检测分析方法

（1）检测过程发现缺陷。220kV 母联正母线隔离开关为法国 ALSTOM 公司 2004 年生产的，2005 年 5 月投入运行，设备参数见表 1。

表 1　　　　　　　　　　　　220kV 母联正母线隔离开关设备参数

型　式	双柱水平旋转中心开断式	型　式	双柱水平旋转中心开断式
型　号	D300—252	热稳定持续时间（s）	3
额定电压（kV）	220	分、合电容电流（A）	≥1
最高电压（kV）	252	分、合电感电流（A）	≥0.5
额定电流（A）	1250	接地开关动、热稳定电流（kA）	40/100
额定动稳定电流峰值（kA）	100	接地开关热稳定持续时间（s）	3
额定热稳定电流（kA）	40	支柱式绝缘子爬电距离（mm）	≥6300

红外检测发现 220kV 母联正母线隔离开关 B 相阴阳极触头接触面温度较其他相异常时，针对设备出现的问题，检测人员选择适合的成像角度、色度，拍下了清晰的 220kV 母联正母线隔离开关 B 相红外热像图，如图 1 所示。

根据 DL/T 644—2008《带电设备红外诊断应用规范》中的公式计算，该隔离开关相对温差为 80.12%，属隔离开关设备严重缺陷。

（2）消缺处理。后经上级电力调控部门许可，于 7 月 26 日设备停役，检查时发现隔离开关导电部分的阴触子、阳极触头被电弧严重烧蚀（均低于导电面 2mm），具体情况如图 2 所示。

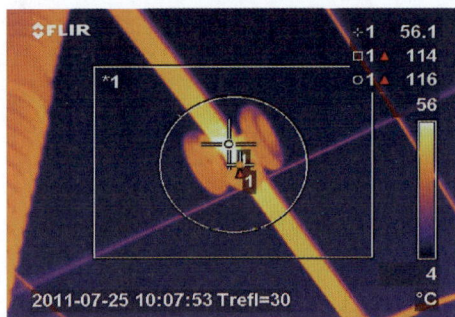

图 1　220kV 母联正母线隔离
开关 B 相红外热像图

图 2　220kV 母联正母线隔离
开关 B 相触头电弧烧蚀图

针对缺陷情况，对 220kV 母联正母线隔离开关进行三相回路电阻测量试验，测量数据见表 2。

从表 2 可以看出，B 相导电回路接触电阻值明显较 A、C 相偏大，且大于 120μΩ，不符合厂家规定的接触电阻值要求。

表 2　220kV 母联正母线隔离开关三相回路电阻测量数据（消缺前）　μΩ

相别	A 相	B 相	C 相
电阻	102	521	107
结论	<120 合格	>120 不合格	<120 合格
备注（厂家提供）	<120 合格		

将 220kV 母联正母线隔离开关三相回路电阻历年来的试验数据进行分析对比，对比数据见表 3。对比结果显示 220kV 母联正母线隔离开关三相回路电阻正常情况下均在 120μΩ 以内。由此可以确认 B 相导电部分的阴触子、阳极触头需要进行更换。

表 3　220kV 母联正母线隔离开关三相回路电阻测量数据对比表　μΩ

试验日期	A 相	B 相	C 相	结论
2002 年 3 月	95	98	96	合格
2003 年 12 月	89	90	88	合格
2005 年 10 月	102	108	103	合格
2007 年 11 月	109	100	98	合格
2009 年 10 月	112	103	102	合格
2011 年 7 月	102	521	107	不合格

随后更换 B 相隔离开关的阴阳极触头，并对 A、C 相进行导电回路检查、维护工作。经过消缺处理后对 220kV 母联正母线隔离开关三相回路电阻再次进行测量，测量数据见表 4，测试数据正常。设备投运后红外测温数据正常。

（3）故障原因分析。

1）该组隔离开关属 220kV 正母线隔离开关，由于接线方式的原因，设备停电检修的机会较少，隔离开关在正常运行操作过程中触指多次经历引弧、燃弧、熄弧的损伤过程，损伤长期积累直接导致隔离开关刀口严重烧伤，致使主回路接触电阻变大，并在运行过程中产生过热现象。

表 4　220kV 母联正母线隔离开关三相回路电阻测量数据（消缺后）　μΩ

相别	A 相	B 相	C 相
电阻	92	94	98
结论	<120 合格	<120 合格	<120 合格
备注（厂家提供）	<120 合格		

2）国网新源水电有限公司富春江水力发电厂 220kV 开关站地处山边，受环境污染（粉尘）较大，导电接触面导电膏易沾染粉尘颗粒，且随着运行年限增加，导电膏导电能力逐渐下降。

3）隔离开关合闸位置偏差导致隔离开关刀口产生过热。

◆ 经验体会

针对本案例情况，提出以下几点措施：

（1）严把设备的检修质量关，在隔离开关检修工作过程中，针对平时运行负荷较大或者当地污染严重的隔离开关，重点关注动、静触头的烧伤情况。将设备回路电阻测试项目列入设备检修常规项目，确保将设备的缺陷消除在萌芽状态。

（2）对运行年限较长的隔离开关设备，以每年两个区段（8 组隔离开关）的检修进度，逐年安排设备大修。

（3）对已发现的严重过热隔离开关缺陷，吸取经验教训，结合停电及时检查同期同类设备。

检测人员	国网新源水电有限公司富春江水力发电厂：孙海龙（36岁）、吕岚（32岁）、王彤（37岁）
检测仪器	FLIR P65 红外热像仪、保定金达 5501 回路电阻测试仪
测试环境	温度 32℃、相对湿度 46%

3.1.11　红外热像检测发现 500kV 林海变电站罐式断路器套管接头过热缺陷

❖ 案例简介

国网黑龙江省电力有限公司检修公司 500kV 林海变电站主一次 5021 罐式断路器于 2006 年 11 月投入运行。2011 年 4 月 15 日，检测人员在红外精确检测中发现该断路器 B 相 B2 柱套管接头温度异常，表面最高温度 22℃，明显高于其他两相相同位置（其他两相相同位置分别为 10、9℃），负荷电流为 300A，环境温度为 5℃。判断该套管接头松动，因接触不良导致电流型过热，为一般缺陷。在停电检修中，通过测试回路电阻进一步确认初步判断，现场对该罐式断路器套管进行解体，更换接线板及导电杆后，重新投入运行，红外热像图谱测试正常。

❖ 检测分析方法

500kV 林海变电站主一次 5021 罐式断路器红外热像及可见光图如图 1 所示。5021 断路器（靠 2 母线侧）将军帽：A2 为 10℃，B2 为 22℃，C2 为 9℃，环境温度 5℃。最热部位位于 B2 将军帽处，高于环境温度 17℃，与相邻 A、C 相比较也明显偏高。

根据 DL/T 644—2008《带电设备红外诊断应用规范》中的公式计算可得：相对温差为 59%，温升为 17℃。判断为电流致热型设备缺陷，热像特征为套管顶部柱头为最热的热像，热点明显；故障特征为柱头内部并线压接不良；缺陷性质为一般缺陷。计划结合秋检进行解体检修。

2011 年 9 月 17 日，该罐式断路器停电秋检。试验人员进行回路电阻测试时发现回路电阻值为 2.41mΩ，其他两相回路电阻值均小于 0.2 mΩ；外观检查时发现导线与接线板连接处及压接盘螺丝均有过热现象、压接盘处有放电痕迹，判断该套管接线端子接触不良，检查情况如图 2 所示，解体照片如图 3 所示。

现场对套管接线板进行拆除，发现压接板紧固螺栓及垫片均有不同程度烧损、接线板压接盘紧固螺栓烧损、接线板底座与导电杆上接触面有较厚导电脂和油污痕迹、接线板底座处有放电痕迹。

为彻底消除隐患，现场对该罐式断路器套管进行了解体，更换了接线板及导电杆。上述处理结束后，重新进行了回路电阻测试，测试数据合格。重新投入运行后，红外检测未见异常过热现象。

❖ 经验体会

（1）在电力系统的各种电气设备中，导流回路部分存在大量接头、触头或连接件，如果由于某种原因引起导流回路连接故障，就会引起接触电阻增大，当负荷电流通过时，必然导致局部过热。通过红外热像

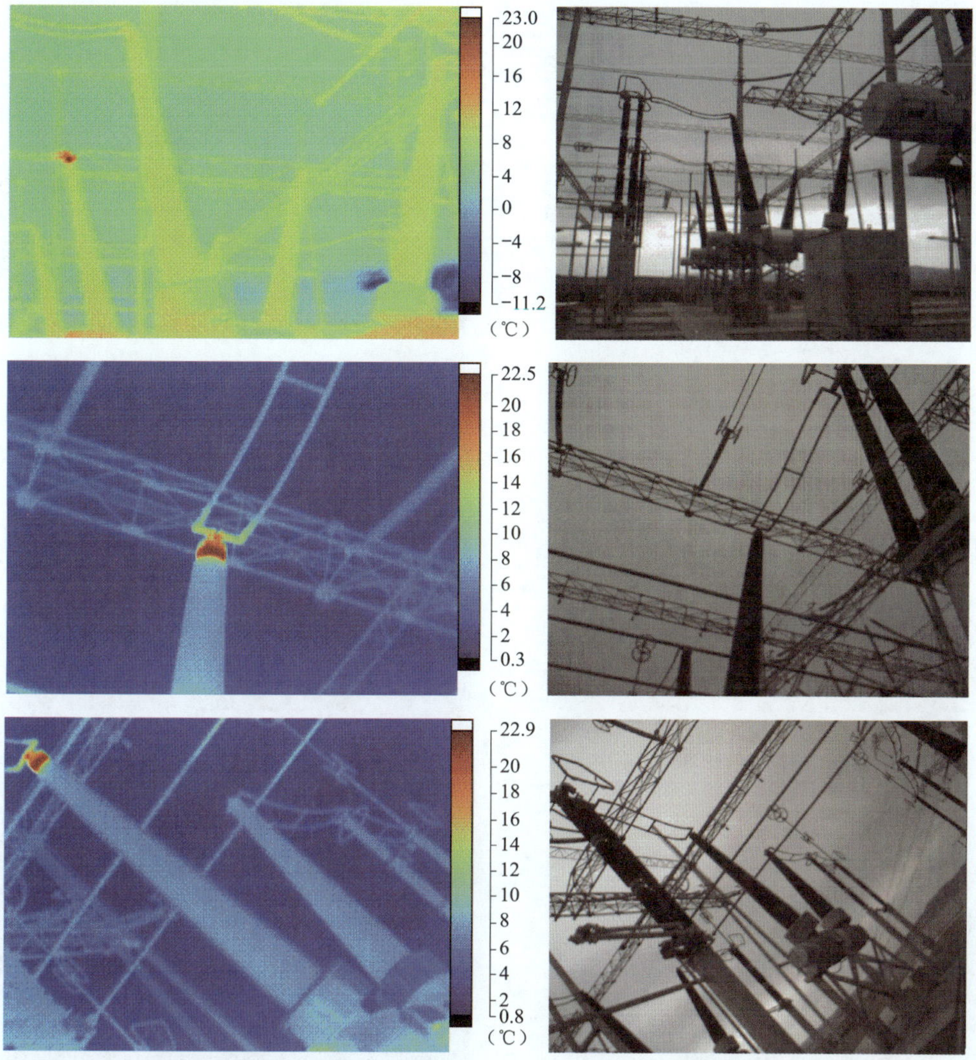

图 1　500kV 林海变电站主一次 5021 罐式断路器红外热像图及可见光图

(a) 红外热像图；(b) 可见光图

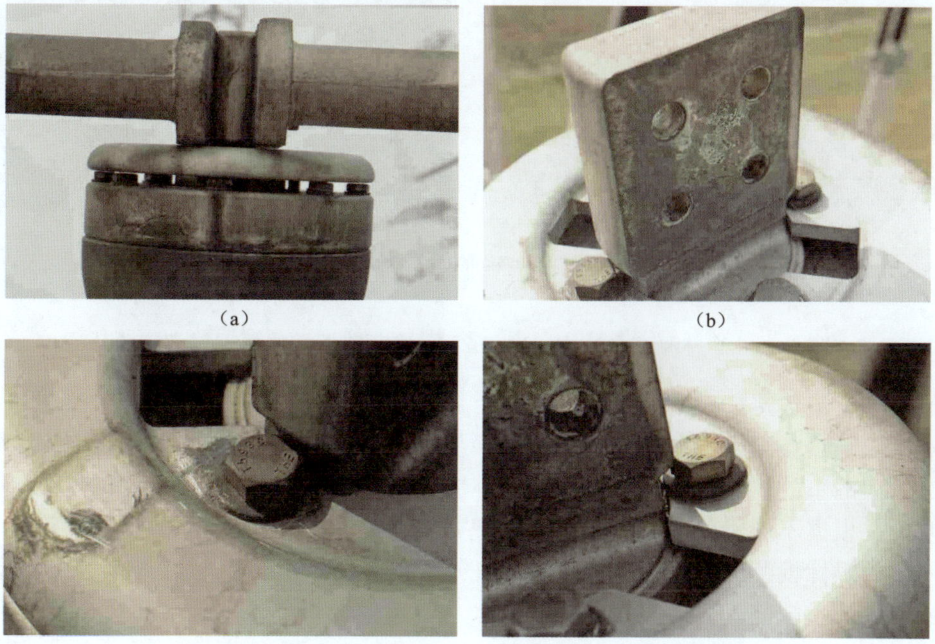

图 2　500kV 林海变电站主一次 5021 罐式断路器现场外观检查照片

图 3　500kV 林海变电站主一次 5021 罐式断路器接线板现场解体照片

检测能够有效地发现电流致热型设备缺陷。

（2）虽然本次缺陷热点温度不高，缺陷性质为一般缺陷，但解体检查发现部分原件烧损严重，如继续运行将可能产生较大的事故。制定缺陷处理方案时，应注意对于一般缺陷应分析其产生原因及其继续发展所能产生的后果，并根据不同设备采取相对应的处理方案，防止缺陷扩大影响安全运行。

（3）系统内红外热像检测一般采取红外普测和红外精确检测两种方式。红外普测能够及时准确发现设备严重过热的危急、严重缺陷，对检测人员的技术水平要求较低；红外精确检测每年只进行一、二次，但检测人员一般技术水平较高，能够发现设备轻微过热的隐藏缺陷。应根据运行管理方式对检测人员采取针对性培训。

检测信息

检测人员	国网黑龙江省电力有限公司检修公司：赵晓龙
检测仪器	FLUKTI55 红外热像仪 回路电阻测试仪（保定金达 5501，100A）
测试环境	温度 5℃、相对湿度 40%

3.1.12　红外热像检测发现 500kV 遂宁变电站 1 号主变压器 35kV 侧 301 断路器 B 相电流互感器接线板发热

案例简介

2012 年 8 月 9 日 21 时，国网四川省电力公司检修公司南充分部运维人员发现 500kV 遂宁变电站 1 号主变压器 35kV 侧 301 断路器 B 相电流互感器变比接头过热，表面温度达 93.3℃，同时间 A 相温度为 57.1℃，C 相温度为 47℃，根据 DL 664—2008《带电设备红外诊断应用规范》中红外成像检测判断方法判断，该缺陷属于严重缺陷，需立即进行处理。检修人员到达现场进行处理，由于 301 断路器电流互感器是全密封倒立式，发热点在并联接线板右下角螺栓处，由于是全密封结构，串并联连接板无法取下。检修人员采取先取下并联四颗螺栓，然后把下图最左、右边的空眼处戴上螺栓，暂时改成串联方式。方法为在最左与最右边分别戴上两颗螺丝拧紧，使发热点与变比连接板张开约 2cm 间隙，从间隙处发现发热点及四个螺眼处都有黑色硬质的异状物（这是最大的发热原因），取下的螺栓无发热痕迹，随后用小挫刀和细砂布打磨掉黑色硬质的异状物，更换变比连接点四颗螺栓为无磁螺栓。恢复为正常运行状态下的接线方式，恢复投运后测温，温度正常，该发热缺陷消除。

图 1　1 号主变压器 35kV 侧 B 相电流互感器接头测温图

检测分析方法

（1）利于红外热像检测技术进行测温，温度达到 93.3℃，状态检修评价为异常状态，发热图片如图 1 所示。测温数据见表 1。

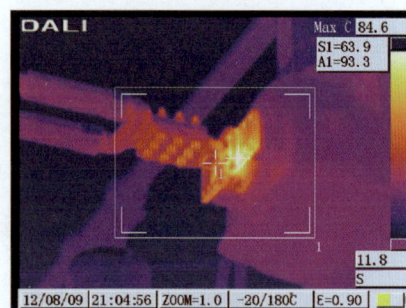

表 1　1 号主变压器 35kV 侧 301 断路器 B 相电流互感器红外测温数据表

测试点			1 号主变压器 301 断路器 B 相电流互感器母线侧出头	
日期	最高温度（℃）	正常相温度（℃）	环境温度（℃）	对应开关电流（A）
2012-8-9	93.3	47.2	35	1221

（2）处理方法。

1）301 断路器电流互感器是全密封倒立式，发热点在并联接线板右下角螺栓处，由于是全密封结构，串并联连接板无法取下，发热点位置如图 2 所示。

2）先取下并联四颗螺栓，然后把下图最左、右边的空眼处戴上螺栓，暂时改成串联方式，如图3所示。

3）在最左与最右边分别戴上两颗螺丝拧紧，使发热点与变比连接板张开约2cm间隙，从间隙处发现发热点及四个螺眼处都有黑色硬质的异状物（这是最大的发热原因），取下的螺栓无发热痕迹。发热点异物如图4所示。

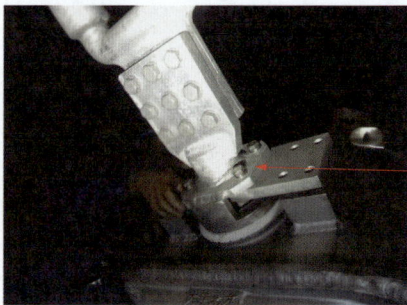

图2　发热点位置图　　　　图3　由并联方式改接串联方式操作图　　　　图4　发热点异物图

4）随后用小挫刀和细砂布打磨掉黑色硬质的异状物，更换变比连接点四颗螺栓为无磁螺栓。恢复为正常运行状态下的接线方式。

❖ 经验体会

利于红外热成像技术可以很直观、很清晰地发现电流致热型设备的缺陷，它具有以下优点：

（1）易于操作。红外线测温仪属于非接触式的远距离检测设备，能够有效保证操作者的人身安全。作为一种相对先进的红外线检测技术，它能够在不妨碍设备正常运行的前提下检测设备的运行情况，从而使对事故的预防性检测变为对事故的预知性检测。

（2）快速反应时间。红外线热像仪检测设备能够在短时间内对相当数量的设备进行准确、全面的检测，及时发现设备运行过程中各方面的问题，甚至还可以对这些问题的具体位置、性质、严重程度做出科学的判断。

（3）高精确度温测：精度高的红外线热像仪还能分辨出细微的温度差别，并可以将设备的热图像实时显示到屏幕上，不仅为热图像数据库的建立提供了技术支持，也实现了图像采集、储存和分析的一体化。

❖ 检测信息

检测人员	国网四川省电力公司检修公司南充分部：张昊（26岁）
检测仪器	红外热像检测仪（浙江大立科技股份有限公司，型号DL700E＋）

3.2 SF₆ 气体检漏技术

3.2.1 红外热像检测发现 220kV 渡东变电站 GIS SF₆ 气体泄漏

❖ 案例简介

国网浙江省电力公司绍兴供电公司 220kV 渡东变电站 2 号主变压器 220kV 副母隔离开关及断路器母线侧接地开关气室系平顶山高压开关厂生产的 ZF11-252kV 系列 SF₆ 封闭式组合电器组件之一，此组合电器 2008 年 3 月出厂，2008 年 9 月安装投产，至今运行时间为 4 年。2012 年 10 月 8 日，国网浙江省电力公司绍兴供电公司渡东变电站上报 2 号主变压器 220kV 流变气室低气压报警（额定压力 0.5MPa，报警压力 0.45MPa）缺陷，运维人员随即安排补气，并经检漏未发现漏点。随后 1 个月内又多次出现该气室低气压报警，采用各种方法均未能发现漏点。后考虑当时昼夜温差较大，怀疑存在热胀冷缩现象。11 月 1 日 21 时左右，户外温度明显下降后，采用最先进的红外线检漏仪对该气室进行测量，迅速锁定漏点，实际漏点为 2 号主变压器 220kV 副母隔离开关 C 相观察窗处，经过处理恢复正常。

❖ 检测分析方法

（1）现场检测。解体前外观检查：观察窗外表锈蚀严重，有机玻璃体中心偏下，死角处有隐蔽裂痕，如图 1 所示。

解体后外观检查：观察窗有机玻璃明显开裂，主裂纹四周布满细小裂痕，气室处密封槽有少许压痕，但密封条良好，无异物、老化、压痕等现象，如图 2～图 4 所示。

图 1 观察窗锈蚀严重

图 2 观察窗密封胶条良好

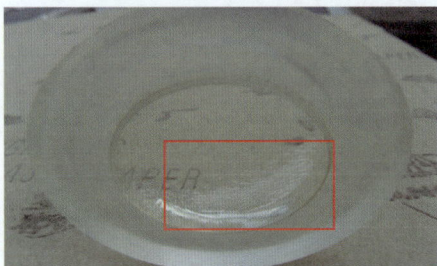

图 3 有机玻璃开裂

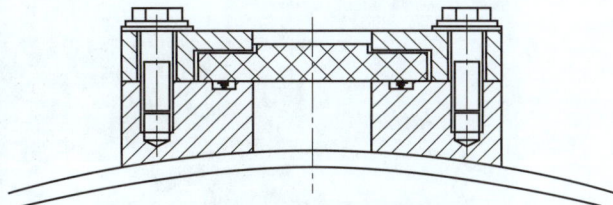

图 4 观察窗结构图

现场检测图片如图 5 所示。

（2）处理过程。对该气室先测漏点，数据合格后脱开三相气联，使 C 相气室独立，回收 C 相气室气体至微正压后，解体观察窗，处理密封面（500 目砂皮及百洁布打磨，无水乙醇清洗，吸尘器清扫，无纺布拆洗）；更换 C 相开裂观察窗有机玻璃及内外密封圈，更换 C 相吸附剂及密封圈，并装配；抽真空 3h

图 5　现场检测

后补气至 0.52MPa，静止后测漏点合格。3 天后观察该气室 SF_6 压力保持不变。

（3）原因分析。通过对观察窗有机玻璃检查，判断有机玻璃开裂主要由以下原因引起：安装工艺不到位，观察窗外压圈四周 6 只 M8×30 不锈钢螺栓未按要求均匀紧固，单边受力引起有机玻璃体产生裂纹；材料抗老化存在问题，仅仅 4 年时间，主裂纹四周出现细小老化迹象；有机玻璃观察窗设计结构有问题，凸台与密封面间存在应力点，受力后易发生开裂，即裂纹沿该圆弧沿面展开；气室外密封面法兰不平整，存在压痕，有机玻璃体与压痕接触后产生应力；观察窗安装时位置未居中，观察窗压紧法兰与观察窗（有机玻璃）凸台接触，使该处出现应力，长期受力后引起开裂。

（4）防范措施。加强对该类结构观察窗日常巡视力度，并列入 C、D 级检修制重点检查内容，必要时列入相关作业指导书检查内容；建议厂家对该观察窗结构（强度）作必要的改进；加强出厂验收、现场施工质量监督和投产前验收。

❖ 经验体会

（1）室外检测风速不宜过大，最好是微风；室外检测会受到环境条件影响（不同季节可能会有不同的检测结果）；室内检测要有空气流动，检测时打开抽风机；特别适宜夜间检测（环境影响减少，如光照等因素）；使用高灵敏度模式，方便查找微量气体泄漏的位置，有利于在风速较大时发现泄漏点。

（2）注意不同材质间衔接部位检测，由于有机玻璃与铝法兰二者膨胀系数相差 8 倍左右，在本案例中观察窗中有机玻璃存在缺陷情况下（细小开裂），当夜间温度下降，有机玻璃出现收缩，在罐体内 0.5MPa SF_6 压力作用下就出现了泄漏，白天气温上升，有机玻璃出现膨胀，缺陷处收缩闭合，这是白天检不出漏气的原因。

❖ 检测信息

检测人员	国网浙江省电力公司绍兴供电公司：汤卫（47 岁）、陈越伟（55 岁）、刘安文（32 岁）、冯哲峰（32 岁）
检测仪器	GF306 红外成像检漏仪（FLIR，气体探测灵敏度 < 0.001mL/s、测温范围 −40—+500℃、精度±1℃、功耗 < 8W）
测试环境	温度 12℃、相对湿度 78%

3.2.2 红外热像检测发现 220kV 西子变电站 GIS SF₆ 气体泄漏

❖ 案例简介

国网浙江省电力公司绍兴供电公司 220kV 西子变电站 110kV GIS 线路间隔是 ZF6-126kV 系列 SF₆ 封闭式组合电器组件，于 2012 年 5 月出厂，2012 年 9 月安装投产。2013 年 1 月 5 日 1 时 17 分，110kV 西阳 1004 线路流变及隔离开关气室低气压报警。技术人员于当天上午迅速赶往现场对其进行补气并检漏，由于天气原因没有检测出漏点。1 月 6 日凌晨，该线路隔离开关气室再次出现低气压报警。用 SF₆ 泄漏红外线检测热像设备对该气室进行检漏。发现大量烟雾状气体从气室顶部积雪中冒出，1 月 10 日解体检查，发现 C 相接地端绝缘子纵向明显开裂。将开裂的绝缘套管拆除，清理密封表面后，该缺陷消除。

❖ 检测分析方法

（1）现场检测。2013 年 1 月 5 日 1 时 17 分，220kV 西子变电站 110kV 西阳 1004 线路流变及隔离开关气室低气压报警，报警压力为 0.45MPa。技术人员于当天上午迅速赶往现场对其进行补气并检漏，由于大雪覆盖，GIS 设备出线间隔距离地面较高，加上该气室由线路隔离开关及线路流变同一布置，体积较大，接地开关结构如图 1 所示，当天未能检出漏点。

补气至额定压力后 24h 内再次报警，说明该气室存在重大气体泄漏点，采用最先进的 SF₆ 泄漏红外线检测热像设备对该气室进行检漏，如图 2 所示。检漏仪显示存在大量烟雾状气体从气室顶部积雪中冒出，如图 3 所示。工作人员扒开积雪发现线路接地开关 C 相接地端绝缘子处漏气，用热水冲洗干净积雪后，发现大量气泡从积水中涌出，并能清晰听到气泡破裂的"啵啵"声。

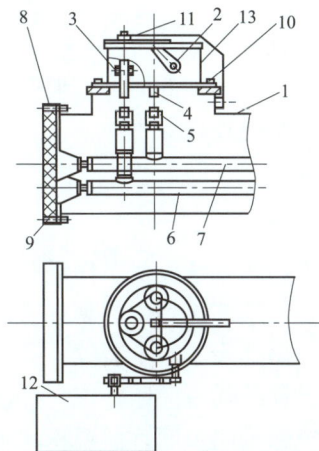

图 1 接地开关结构

1—罐体；2—传动拐臂；3—中间触头；4—动触头；
5—静触头；6—导体；7—导体；8—盆式绝缘子；
9—O 型密封圈；10—O 型密封圈；11—接地端子；
12—操动机构；13—传动机构室

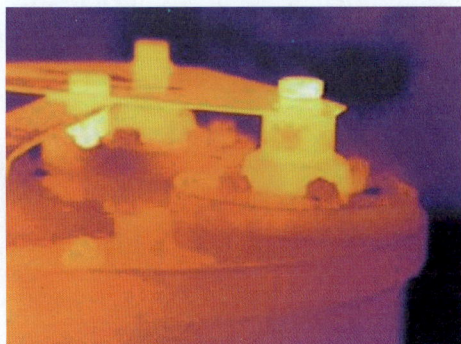

图 2 SF₆ 泄漏红外线检测成像图

图 3 接地绝缘子外部漏点

（2）处理过程。1 月 10 日天气良好，满足解体 GIS 设备的空气湿度要求，正式启动检修方案。开工前先对该气室进行微水测试，测试结果 76μL/L（运行标准 500μL/L），符合 Q/GDW 1168—2013《输变电设备状态检修试验规程》标准要求。随后根据施工方案回收该气室 SF₆ 气体至微正压（回收气体量约 50kg）后，开始解体设备，主要解体工作有接地开关机构与隔离开关脱离、拆除接地引流排、清扫设备表面、清除原涂玻璃胶、拆除相关紧固螺栓。然后将该 100kg 左右接地开关从 GIS 筒体中抬出，对该线路接地开关接地端进行解体检查，发现 C 相接地端绝缘子纵向明显开裂，如图 4 所示。

解体后经检查密封圈弹性良好，表面无异物存在，但能看到一条不明显的压痕，疑似与绝缘子裂痕接触后形成，如图 5 所示。

将开裂的绝缘套管拆除，清理密封表面后（500 目砂皮及百洁布打磨，无水乙醇清洗，吸尘器清扫，无纺布拆洗）换上新绝缘套管、相关密封圈及吸附剂后装配。完成装配然后开始抽真空 3h（抽真空至

图 4　接地绝缘子瓷套裂纹　　　　　　　　　　　图 5　密封圈压痕

40Pa，继续抽真空 2h）后充气至 0.52MPa 并包扎相关工作点，静止 24h 后测微水合格（数据 37μL/L），并检漏，法兰、螺栓四周涂玻璃胶密封，结束工作票。经 3 天观察，目前该气室 SF_6 压力保持不变，设备运行正常，情况良好。

经验体会

根据现场实际情况及工作经验判断接地端引出绝缘子开裂主要由以下原因引起：

（1）安装工艺不到位。观察窗外压圈四周 6 只 M10×40 涂锌螺栓未按要求均匀紧固，不均匀受力引起接地端引出绝缘子产生裂纹。

（2）设计结构有问题。该户外接地端引出绝缘子朝天方向安装又无防雨措施，易引起积水或雨水渗入螺栓孔与绝缘子间隙间，低温积冰水体膨胀产生应力，受力后诱发贯穿性开裂，即裂纹沿螺栓孔贯穿。

（3）环氧树脂属脆性物质，抗内外力能力弱。铜质导电杆与环氧树脂绝缘子膨胀系数不完全相同，在冰冻或酷暑条件下，会产生一定的应力。

为杜绝该类缺陷的发生，提出以下几点防范措施：

（1）加强对该部位安装质量监督力度，加装防雨罩，防止雨雪直接接触或阳光直射。

（2）加强对该类结构接地端引出绝缘子日常巡视力度，尤其是 SF_6 泄漏红外线检测热像，列入 D 级检修重点检查内容。

（3）建议厂方在设计制造设备或变电站设备安装时，更改接地端引出绝缘子朝向，避免设备因无防雨措施，引起积水或雨水渗入螺栓（尤其是针对户外设备）。

检测信息

检测人员	国网浙江省电力公司绍兴供电公司：赵伟苗（33 岁）、汤卫（47 岁）、冯哲峰（32 岁）
检测仪器	GF306 红外成像检漏仪（气体探测灵敏度 <0.001mL/s、测温范围－40～500℃、精度±1℃、功耗<8W）
测试环境	温度 0℃，相对湿度 40%

3.2.3　红外热像检测发现 110kV 莲花变电站 GIS SF₆ 气体泄漏

◆ 案例简介

国网湖南省电力公司株洲供电分公司 110kV 莲花变电站 GIS 2001 年投入运行。2010 年开始运行，发现 5X24 电压互感器气室压力偏低，2010 年 6 月密度继电器报警，随后运维单位进行补气处理，至 2011 年 7 月，共补气 7 次，最短补气周期为 1 个月补气一次。国网湖南省电力公司电力科学研究院于 2011 年 7 月 11 日 10 时对该气室进行了红外热像检漏试验，检漏发现 5X24 电压互感器 A 相与相邻相连接的管路螺丝处存在泄漏。国网湖南省电力公司电力科学研究院于 2011 年 7 月 18 日对该泄漏部位进行了带压堵漏处理，处理后设备表压维持稳定，至今未再补气。

◆ 检测分析方法

对 GIS 进行 SF₆ 红外热像检漏时发现 5X24 电压互感器 A 相与相邻两相连接的管路附近有 SF₆ 气体流动。随即对该部位进行了精确测量，通过对热像的角度、对比度的优化，拍下了清晰的泄漏图片，图 1 和图 2 分别是红外检漏镜头和常规镜头下的图像。

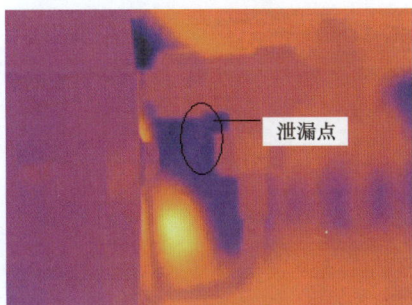

图 1　5X24 电压互感器 A 相泄漏红外图

图 2　5X24 电压互感器 A 相泄漏普通图像

通过多方位的热像检测，结合定量检漏仪，定位泄漏点位于 A 相与相邻相连接的管路螺丝处，定量检漏仪显示泄漏量为 230μg/L。该设备的补气记录见表 1，根据 GB 11023—1989《高压开关设备六氟化硫气体密封试验方法》，采用压差法计算，该气室额定压力 0.25MPa，报警压力 0.2MPa，通过表 1 可以发现最短补气周期为 1 个月，计算年泄漏率为

表 1　5X24 电压互感器补气记录

序号	日期	补气前压力（MPa）	补气后压力（MPa）	备注
1	2010 年 1 月 20 日	0.20	0.28	
2	2010 年 5 月 25 日	0.21	0.28	
3	2010 年 8 月 10 日	0.20	0.29	
4	2010 年 11 月 3 日	0.20	0.30	
5	2011 年 2 月 1 日	0.20	0.30	
6	2011 年 5 月 20 日	0.20	0.32	
7	2011 年 6 月 23 日	0.20	0.32	

$$F_{\mathrm{r}} = \frac{\Delta p}{p+0.1} \times \frac{12}{\Delta t} \times 100\% = \frac{0.05}{0.25+0.1} \times \frac{12}{1} \times 100\% = 171.4\%$$

图 3　5X24 电压互感器 A 相堵漏后照片

年泄漏率远高于 GB/T 8905—2012《六氟化硫电气设备中气体管理和检测导则》规定的 0.5% 的年漏气率，通过补气周期变化可以判断设备泄漏日益增加，且设备额定压力较低，随时有因设备泄漏导致绝缘强度下降而发生事故的可能，建议及时进行处理。因该设备是室内 GIS，且运行多年，彻底处理泄漏部位需要将该间隔完全解体，工作量较大，检修工期长，容易导致设备其他部位发生泄漏。综合考虑后，决定对设备进行带压堵漏，处理后设备如图 3 所示，处理后设备泄漏缺陷消除，表压维持稳定。

经验体会

大量事实表明，红外热像检漏技术是检测 SF_6 电气设备气体泄漏部位的有效手段，特别是对设备带电部位的泄漏可在远处观测，能够有效指导设备检修，提高检修工作效率和质量。我单位从多年来处理过的各类泄漏事故发现导致设备泄漏的主要原因有以下几点：

（1）断路器法兰盘，随着运行年限的增加，法兰盘密封圈容易老化破损或是热胀冷缩产生的应力破损。

（2）气体管路连接螺帽，随着运行年限的增加，螺帽密封圈容易老化破损，部分设备检修之后也容易导致密封圈破损或恢复不到位导致漏气。

（3）阀门漏气，部分阀门在多次开合后容易导致密封破坏。

（4）管路焊接处，设备制造时管路焊接工艺不严，在长期的压力作用下发生应力破损导致漏气。

针对目前 SF_6 电气设备泄漏存在的问题，六氟化硫设备泄漏的预防和处理可以采取以下措施：

（1）设备生产厂家要在设备的设计、选材、加工、装配等各环节严把质检关，杜绝不合格的产品进入下一个生产环节和出厂。根据客户的设备使用环境，有针对性地提供产品，确保设备的使用性能，如提供低温耐受性较好的密封材料、垫圈，以避免环境温度较低造成泄漏。

（2）设备的使用单位要把好订货和设备交接验收关。订货要根据设备安装、使用条件选择合适的设备配置和提出必要的使用条件要求。设备在安装验收阶段发生泄漏的情况较多，泄漏主要发生在设备本体到各个气体管路、SF_6 密度继电器、阀门等连接处，多属于装配或安装的工艺问题，个别属于配件的质量问题。此阶段进行泄漏检查、消缺或更换比较容易，是预防 SF_6 气体泄漏的重要环节。

（3）在设备投入运行后的第一个寒暑期内也是 SF_6 气体泄漏的高发阶段，在此阶段要密切监视 SF_6 设备的运行情况，发现问题及时解决并分析其发生的原因，如属于家族缺陷要及早采取措施处理，以避免同类泄漏事件不断发生。

（4）做好设备的检修维护工作，及时更换使用寿命到期或易老化、破损可能导致气体泄漏的零部件，如密封垫等，消除泄漏隐患。

（5）不管是由于哪种原因引发的气体泄漏事件，处理缺陷都要认真及时，对泄漏现象仔细分析，对泄漏原因仔细甄别，采取有效、合理的措施解决泄漏问题。

（6）可以对不带电的泄漏部位进行带压堵漏处理，该技术具有操作简单、检修工期短、工作量小等优点。

检测信息

检测人员	国网湖南省电力公司电力科学研究院：龚尚昆（30岁）、周舟（33岁）、陶靖（57岁）
检测仪器	FLIR GF306 红外成像检漏仪、2000 LEAKMETER SF_6 气体泄漏检测仪
测试环境	温度34℃、相对湿度52%

3.2.4 红外热像检测发现 500kV 蒲河变电站 GIS 断路器气室 SF_6 气体泄漏

案例简介

2013 年 1 月 18 日 9 时 35 分，国网辽宁省电力有限公司检修公司蒲河变电站 500kV 沙蒲 2 号线 5063 断路器 SF_6 气体压力低报警，A 相 SF_6 气体压力为 0.52MPa（报警值为 0.52 MPa，闭锁值为 0.5MPa，额定值为 0.6MPa）。12 时 1 分，检修人员到现场对缺陷断路器气室进行了补气处理，补气量约 20kg。经检漏发现设备漏气位置在沙蒲 2 号线 5063 断路器气室 A 相 II 母线侧电流互感器连接法兰处，如图 1 所示。

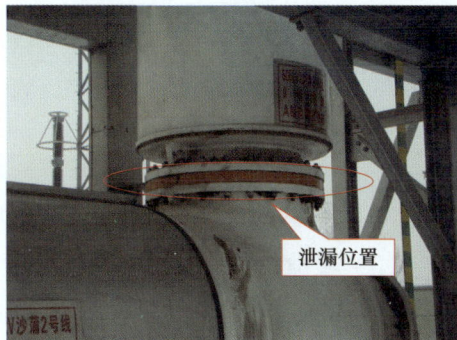

图 1 沙蒲 2 号线 5063 断路器气室
A 相气体泄漏位置

该设备是新东北电器（沈阳）高压开关有限公司 2008 年生产的 ZHW-550 型 HGIS 组合电器，2009 年 7 月投运。

2011 年，蒲河变电站 500kV HGIS 组合电器曾出现过因厂家安装施工过程中注胶工艺不良，导致法兰密封胶圈外侧无防水措施，致使雨水、灰尘等进入法兰接触面，在电场作用下，造成金属法兰贯穿性锈蚀。

检测分析方法

按照国网辽宁省电力有限公司整体安排，省检修公司开展重大节日隐患排查工作，采用 SF_6 气体泄漏热像检测技术成功发现泄漏点，泄漏原因为注胶工艺不良，雨水侵蚀导致设备气体泄漏缺陷，SF_6 气体泄漏图谱如图 2 所示。

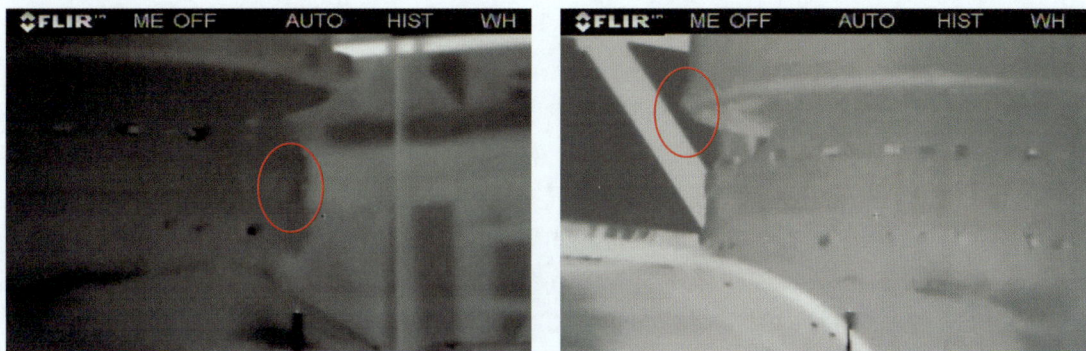

图 2 SF_6 气体泄漏热像图谱

本次缺陷初步判断为设备在补注硅脂前可能已出现轻微腐蚀现象，硅脂补注后虽能将外侧的灰尘、水分和空气进行隔绝，使法兰锈蚀问题得到缓解，但是由于原法兰已经形成锈蚀状态，随锈蚀面逐步的发展，最终导致密封面贯穿性锈蚀，造成 SF_6 气体泄漏。

处理措施为，结合 2013 年春检，在 3 月对该组合电器 SF_6 气体泄漏缺陷进行处理。主要作业内容为对缺陷组合电器进行相关部分解体。更换拆解和缺陷部位密封胶圈。复装后进行常规试验和耐压试验，缺陷消除。

经验体会

大量事实说明红外热像检漏技术能够行之有效的发现 SF_6 气体泄漏，在设备停电处理前，做好如下工作对设备安全稳定运行意义重大：

（1）对缺陷设备定期开展微水带电检测，检测周期为每月一次，避免气体泄漏导致设备绝缘水平降低。

(2) 对补气用备用气体进行微水检测。

(3) 在补气 24h 后开展一次微水带电检测工作。

(4) 高压试验专业应结合带电检测情况做好记录。

(5) 运行人员加强 HGIS 组合电器气室压力监视，发现问题立即上报。

检测信息

检测人员	国网辽宁省电力有限公司电力科学研究院：李爽（30 岁）
检测仪器	FLIR GF306 红外成像检漏仪
测试环境	温度 18℃、相对湿度 50％

3.2.5 红外热像检测发现 110kV 浩门变电站 822 隔离开关气室漏气

案例简介

2013 年 11 月 27 日，国网青海省电力公司海北供电公司调控中心监控人员监测到浩门 110kV 变电站 110kV GIS 82 号间隔 822 隔离开关气室压力降低告警信息，运行人员现场检查发现浩门 110kV 变电站 110kV GIS 82 号间隔 822 隔离开关气室压力降低，气室压力表计显示压力为 0.3MPa（达到报警压力值）。由于当时有风，泄漏的 SF_6 气体顺风在泄漏设备四周飘荡，以致检测到多处告警，但无法确定具体的泄漏点，随后工作人员用 SF_6 红外检漏一体机对 822 气室间隔法兰周围进行了检测，发现有明显的漏气现象，确认浩门 110kV 变电站 110kV GIS 82 号间隔 822 隔离开关气室法兰连接处螺丝孔上端处气体泄漏。运行人员申请停电处理。

检测分析方法

用 SF_6 红外检漏一体机对浩门 110kV 变电站 110kV GIS 82 号间隔 822 气室进行检测，发现有明显的漏气现象，确认浩门 110kV 变电站 110kV GIS 82 号间隔 822 隔离开关气室法兰连接处螺丝孔上端处气体泄漏。如图 1～图 3 所示。

图 1 822 隔离开关气室监测情况

根据现场情况，拆解过程中绝缘法兰与拐臂盒、壳体对接面上未发现有异物；观察绝缘法兰，也未见其表面有明显凸起、凹坑等缺陷。裂纹起源于一螺孔内，并向内延伸至其内径端面，该裂纹已经延伸至绝缘法兰背面，形式同正面，在解体过程中发现螺孔内部有部分冰渣，如图 4 所示。

裂纹形成原因应为螺栓紧固后绝缘法兰受力不均。

按照装配工艺规范，装配时应将螺栓对角循环递进锁紧，该接地拐臂盒螺栓在装配紧固时未按这一原则进行，导致绝缘法兰该螺孔位置始终受到不对称应力作用。之所以当时未断裂是因为材料出厂时间短，强度高，还在绝缘法兰的可承受范围之内。自2008年4月投运来已经过5年多时间，环氧树脂材料不断老化，特别是近期冬季夜间气温骤降，温差变化过大，环氧树脂的收缩反

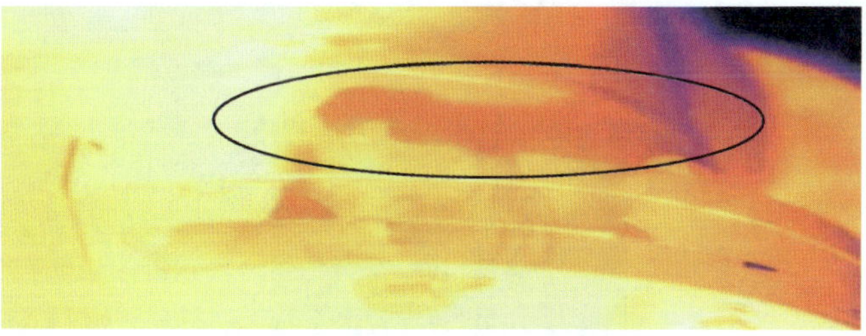

图2　圈中深色区域为泄漏气体

应率要低于铝合金，铝合金相对较大的收缩率加大了原本不对称应力的作用，绝缘法兰所受应力变化较大，超出承受极限，从而在应力集中的螺孔位置出现裂纹，导致漏气现象。

图3　漏气点位置示意图

图4　822隔离开关气室法兰面裂纹

绝缘法兰的加工方式为模具浇筑成型方式，其材料为环氧树脂，质硬。在成型时如果局部凝固速度不均匀也会产生收缩应力。其圆环式的结构在力学方面受到不对称的外力时也易"掰裂"。根据现场检漏及解体情况，可判断此次漏气原因即为此绝缘法兰开裂造成。

根据以上情况分析，裂纹形成原因主要有以下几点：

（1）螺栓紧固后绝缘法兰受力不均。按照我公司装配工艺规范，装配时应将螺栓对角循环递进锁紧，该接地拐臂盒螺栓在装配紧固时可能未按这一原则进行，导致绝缘法兰该螺孔位置始终受到不对称应力作用。

（2）昼夜温差大，特别是夜间气温骤降，环氧树脂的温度膨胀系数为26×10^{-6}，铝为23.9×10^{-6}，当温度变化时，环氧树脂和铝的伸缩不一致，使环氧树脂内部存在残余应力，使得在对接面产生开裂现象。

（3）铝合金或绝缘法兰平面度超出技术要求，导致绝缘法兰受力不均匀或其内部存在气孔、裂纹，使其局部应力集中，从而造成法兰开裂。

（4）雨水沿壳体表面流下，渗入到螺栓的空腔中，特别是寒冷的冬季，雪水渗入，积少成多，遇冷结冰膨胀导致法兰受力。

◆◆ 经验体会

（1）SF_6红外检漏一体机能够有效的发现GIS设备SF_6气体泄漏缺陷。

（2）应推广带电检测手段在日常设备巡视中的应用，增加设备巡视手段。

检测人员	国网青海省电力公司海北供电公司：刘俊（33岁）、丁润玲（32岁）、高寅（28岁）
检测仪器	FLIR GF 306 红外成像检漏仪
测试环境	温度−12℃、相对湿度53%

3.2.6　红外热像检测发现220kV东鸣变电站220kV GIS设备盆式绝缘子SF₆气体泄漏

❖ 案例简介

2011年11月，国网山西省电力公司长治供电公司220kV东鸣变电站220kV东长 II 线279间隔南隔离开关气室压力降低并报警，经红外检漏检测，发现漏气点为B、C两相南、北隔离开关之间竖向盆式绝缘子。该设备为新东北电气（沈阳）高压开关有限公司2007年5月生产的GIS组合电器，2007年12月投产，断路器型号 ZF6-252/Y-CB，隔离开关型号 ZF6A-252/（F）DS。处理该缺陷需要将220kV南、北母线同时配合停电，由于当时现场不具备全站停电的条件，临时对其安装密封卡具，大大降低了设备漏气速度，等待停电处理。

2012年4月19日，220kV东鸣变电站220kV设备停电，对220kV 279间隔B、C相南、北隔离开关之间竖向盆式绝缘子漏气缺陷进行了处理，发现漏气原因为盆式绝缘子产生穿越密封槽的螺孔裂纹，随后对两个盆式绝缘子进行了更换，并对所有盆式绝缘子进行了注胶处理，至今未再发生类似缺陷。

❖ 检测分析方法

2011年11月，220kV东鸣变电站220kV 279间隔南隔离开关气室发出低压告警信号，利用SF₆红外热像检漏技术仔细检查所有可能存在的漏气部位，最后发现B、C相南、北隔离开关之间盆式绝缘子存在较严重的漏气现象，漏气视频截图如图1和图2所示。图3所示为漏气盆式绝缘子，初步判定为竖向盆式

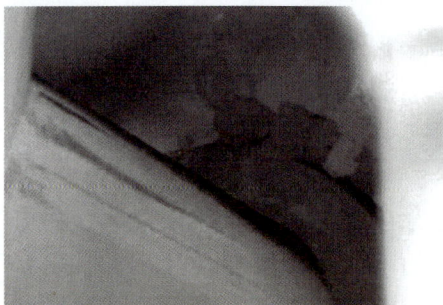

图1　279间隔南隔离开关B相漏气截屏图

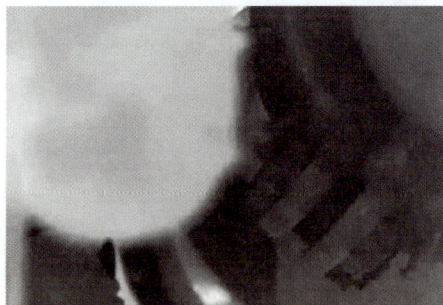

图2　279间隔南隔离开关C相漏气截屏图

绝缘子裂纹所致。根据漏气速度判断，需要立即进行处理。更换该盆式绝缘子需要将220kV南、北母线配合停电。考虑到东鸣站220kV南、北母线同时停电将涉及10条220kV线路停电，对电网供电可靠性影响很大。综合考虑停电计划和漏气速度控制等因素，经反复讨论和多方咨询，决定采用密封卡具对两个盆式绝缘子进行临时堵漏，缓解漏气，如图4所示。

图3　279间隔漏气盆式绝缘子

图4　漏气盆式绝缘子临时安装密封卡具

密封卡具对整个盆式绝缘子进行包封后，通过注胶孔对密封卡具与盆式绝缘子之间的空隙进行注胶，大大降低了漏气速度，补气周期由原来的1天延长为1周，避免了由于设备严重漏气引起的重大停电事故。但是，这种方法只能作为临时处理措施，不能从根本上解决漏气问题。

2012年4月19日，对东鸣变电站220kV设备全部停电，将279间隔B、C相南、北隔离开关解体，更换竖向盆式绝缘子。盆式绝缘子拆下后，发现B相竖向盆式绝缘子北隔离开关侧6点钟方向螺孔内侧有长约12cm的裂纹，如图5所示。C相竖向盆式绝缘子南隔离开关侧6点钟方向螺孔内侧有长约6cm的裂纹，如图6所示。两条裂纹均已穿越密封槽。现场发现，所有螺栓孔均未填注密封胶，竖向盆式绝缘子下方螺栓孔严重锈蚀，上方螺栓孔轻度锈蚀，整个注胶槽内无密封胶。

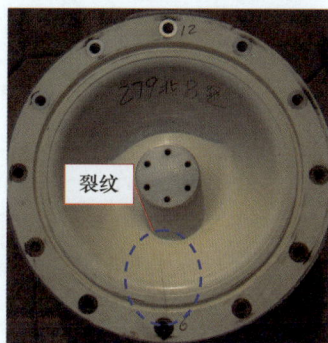

图5　B相竖向盆式绝缘子裂纹

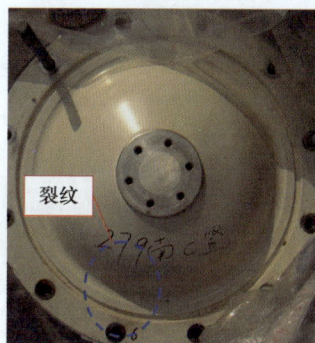

图6　C相竖向盆式绝缘子裂纹

根据上述解体后观察到的现象判断，造成本次漏气的主要原因是厂内组装时没有完成注胶工序，雨雪天气，雨水沿螺栓螺纹进入盆式绝缘子注胶槽内，并积蓄在最低处（竖向盆式绝缘子6点钟位置），所以导致了下方的螺孔锈蚀严重。进入冬季后，由于长治地区昼夜温差较大，夜间最低气温−10℃以下，而白天最高气温却在0℃以上，盆内的积水在对接面及螺孔内反复结冰、融化，造成盆式绝缘子的螺孔撑胀开裂，对接面缝隙增大，密封圈失效，同时螺孔裂纹越过密封槽，气室内的气体向外泄漏，如图7所示。

针对本次异常处理分析，公司经过与厂家沟通协商，决定对在运的新东北GIS组合电器全部进行补胶注胶工作，弥补厂内安装和现场安装中未注胶及注胶不到位问题。具体做法是绝缘盆对接面补注胶、绝缘盆外缝全面抹胶，阻断所有绝缘盆进水通道，如图8所示，历经3个月时间全部完成（2012年4～8月）。通过这种方法从根本上解决了盆式绝缘子进水问题，至今没有发生此类漏气缺陷。

图 7 盆式绝缘子漏气示意图

图 8 盆式绝缘子注胶处理

经验体会

（1）对出现漏气缺陷的盆式绝缘子安装密封卡具的处理方式可以大大降低设备的漏气率，延长故障设备的补气周期，避免不必要的大面积停电事故，但是其不能从根本上解决漏气问题。

（2）对全部 GIS 盆式绝缘子进行带电注胶处理，对所有的法兰密封面和盆式绝缘子对接面涂抹防水胶，从根本上解决了由于注胶不到位引起的漏气缺陷，对于解决 GIS 设备 SF_6 气体泄漏问题有重要的意义。

检测信息

检测人员	国网山西省电力公司长治供电公司运维检修部：何杰（31 岁），国网山西省电力公司电力科学研究院：陈昱同（31 岁）
检测仪器	GF306 红外成像检漏仪
测试环境	温度－5℃、相对湿度 50％

3.2.7 红外热像检测发现 500kV 海会变电站 220kV GIS AC 母线分段间隔 2030-C 隔离开关盆式绝缘子 SF_6 气体泄漏

案例简介

国网山西省电力公司检修公司运维的 500kV 海会变电站于 2011 年 9 月投入运行。2012 年 9 月 16 日 9 时，检修人员对 500kV 海会变电站临会Ⅱ线进行停电检修工作。在现场检修工作时，检修人员利用 FLIR 公司生产的型号为 GF306 的 SF_6 红外检漏仪对 500kV 海会变电站全部 GIS 组合电器开展带电红外检漏工作。检查发现，220kV GIS 组合电器 AC 母线分段间隔 2030-C 隔离开关 C 相气室与母线连接处的盆式绝缘子有两处渗漏点。随后检修人员现场利用肥皂水检漏方法，观察发现盆式绝缘子上有两条明显轴向裂纹，最后对该盆式绝缘子进行了更换。

图 1　220kV AC 母线分段间隔盆式绝缘子渗漏处

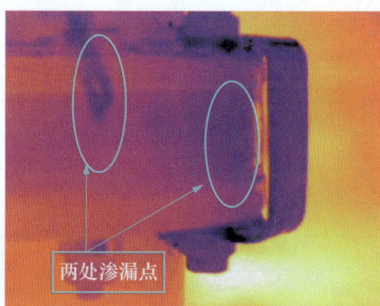

❖ 检测分析方法

（1）220kV GIS 组合电器 AC 母线分段间隔 2030-C 隔离开关 C 相气室与母线连接处的盆式绝缘子渗漏处，如图 1 所示。

（2）220kV AC 母线分段间隔盆式绝缘子红外热像检测照片与可见光照片，如图 2 和图 3 所示。

（3）原因分析及现场情况采取措施。前期，技术人员对 500kV 海会变电站全部 GIS 组合电器进行带电检测，并未发现 SF$_6$ 气体渗漏现象，此次盆式绝缘子气体渗漏判断为近期产生的设备故障。由于在运行过程中，特别是在春秋季节温差变化较大的情况下，GIS 组合电器无法承受相关罐体及法兰带来的热胀冷缩应力，导致突发性开裂渗漏。

图 2　220kV AC 母线分段间隔盆式绝缘子渗漏处红外热像检测照片

图 3　220kV AC 母线分段间隔盆式绝缘子裂纹

2012 年 9 月 16 日，发现盆式绝缘子气体渗漏故障后，立即安排检修人员对渗漏设备进行特巡（专项巡视检查 1 次/h），要求气室压力值不得低于额定压力值，气室压力值下降趋势明显时立即通知检修人员进行带电补气工作；同时现场检修人员密切配合运行值班人员，做好检漏补气准备工作；并对站内保存的应急 SF$_6$ 气体（50kg/瓶）进行微水试验测试（全部合格）。

同时将此次情况上报国网山西省电力公司运检部，将现场情况通知 GIS 组合电器设备制造厂家（新东北电气股份有限公司）。

由于气室内气体渗漏量较小、气室空间较大，并且气室压力受环境温度、光照等因素影响，所以从 2012 年 9 月 16 日～23 日气室压力值变化不明显，220kV GIS 组合电器 AC 母线分段间隔 2030-C 隔离开关 C 相气室压力监测值变化情况统计情况见表 1 和表 2。

表 1　　　　　220kV GIS 组合电器 AC 母线分段间隔 2030-C 隔离开关 C 相气室压力监测值（9 月 16 日～19 日）　　　　　　　　　　MPa

9 月 16 日		9 月 17 日		9 月 18 日		9 月 19 日	
时间	压力值	时间	压力值	时间	压力值	时间	压力值
16：00	0.48	0：00	0.50	0：00	0.50	0：00	0.50
17：00	0.48	4：00	0.50	4：00	0.50	4：00	0.50
18：00	0.48	8：00	0.50	8：00	0.50	8：00	0.50
19：00	0.49	9：00	0.49	9：00	0.50	9：00	0.49
20：00	0.49	10：00	0.49	10：00	0.49	10：00	0.49
22：00	0.50	11：00	0.50	11：00	0.49	11：00	0.49
		12：00	0.50	12：00	0.50	12：00	0.50

9月16日		9月17日		9月18日		9月19日	
时间	压力值	时间	压力值	时间	压力值	时间	压力值
		13：00	0.50	13：00	0.50	13：00	0.50
		14：00	0.50	14：00	0.50	14：00	0.50
		15：00	0.49	15：00	0.50	15：00	0.49
		16：00	0.49	16：00	0.49	16：00	0.49
		17：00	0.48	17：00	0.49	17：00	0.48
		18：00	0.48	18：00	0.48	18：00	0.48
		19：00	0.48	19：00	0.48	19：00	0.48
		20：00	0.49	20：00	0.49	20：00	0.49
		22：00	0.49	22：00	0.50	22：00	0.50

表2　220kV GIS 组合电器 AC 母线分段间隔 2030-C 隔离开关 C 相气室压力监测值（9 月 20～23 日）　　MPa

9月20日		9月21日		9月22日		9月23日	
时间	压力值	时间	压力值	时间	压力值	时间	压力值
0：00	0.50	0：00	0.50	0：00	0.50	0：00	0.50
4：00	0.50	4：00	0.50	4：00	0.50	4：00	0.50
8：00	0.50	8：00	0.50	8：00	0.50	8：00	0.50
9：00	0.49	9：00	0.49	9：00	0.49	9：00	0.49
10：00	0.49	10：00	0.49	10：00	0.49	10：00	0.49
11：00	0.49	11：00	0.50	11：00	0.50	11：00	0.50
12：00	0.50	12：00	0.50	12：00	0.50	12：00	0.50
13：00	0.50	13：00	0.50	13：00	0.50	13：00	0.50
14：00	0.50	14：00	0.50	14：00	0.50	14：00	0.50
15：00	0.50	15：00	0.49	15：00	0.49	15：00	0.49
16：00	0.49	16：00	0.49	16：00	0.49	16：00	0.49
17：00	0.48	17：00	0.48	17：00	0.48	17：00	0.48
18：00	0.48	18：00	0.48	18：00	0.48	18：00	0.48
19：00	0.48	19：00	0.48	19：00	0.49	19：00	0.48
20：00	0.50	20：00	0.49	20：00	0.50	20：00	0.49
22：00	0.50	22：00	0.50	22：00	0.50	22：00	0.50

　　通过对拆解的开裂盆式绝缘子进行研究分析，发现开裂盆式绝缘子两处裂缝位置在全部通过螺孔侧面，且存在受力面不均匀的情况。经过与厂家技术人员分析讨论，结合现场 GIS 组合电器装配安装工艺流程，认为 500kV 海会变电站 220kV GIS AC 母线分段间隔盆式绝缘子开裂原因为：装配人员在设备安装时，设备密封注胶过程为防止防水胶溢出，没有按设备安装工艺要求使用力矩扳手力矩紧固，使盆式绝缘子受力不均，盆式绝缘子受到螺栓应力出现裂纹，在长时间运行中裂纹不断延伸超过密封槽，从而出现漏气现象。盆式绝缘子裂纹如图 4 和图 5 所示。

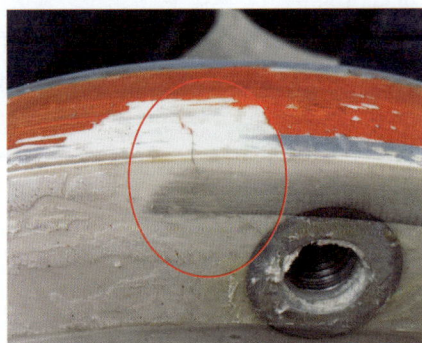

图 4　盆式绝缘子裂纹 1

图 5　盆式绝缘子裂纹 2

2012年9月23日，厂家携带所更换盆式绝缘子备件以及工器具到达500kV海会变电站工作现场，对存在开裂盆式绝缘子进行更换处理。

❖ 经验体会

通过对500kV海会变电站220kV GIS AC母线分段间隔盆式绝缘子开裂故障进行分析，可以看出导致故障的根本原因为：

(1) 安装过程中，个别工作人员未严格按标准、按工艺、按图纸进行装配、安装。

(2) 对新建变电站设备安装过程的监督存在漏洞，现场监管不严，导致未按照工艺标准进行安装。

为了防止其他同类设备发生类似故障，并造成设备事故，应采取以下措施：

(1) 设备表面温度变化较大时，加强GIS组合电器的运行监测，并进行红外检漏。

(2) 在现场安装作业中，加强安装过程监督，确保严格按安装作业指导书和工艺流程进行操作。

❖ 检测信息

检测人员	国网山西省电力公司检修公司：盛军（30岁）、巩晓龙（29岁）
检测仪器	FILR GF306红外成像检漏仪
测试环境	温度−30～+60℃、相对湿度+25％～+40％

3.2.8 红外热像检测发现500kV福瑞变电站220kV GIS气室密度继电器相间连接管路SF$_6$气体泄漏

❖ 案例简介

国网山西省电力公司检修公司运维的500kV福瑞变电站于2013年6月投入运行。2013年12月11日8时，运维人员发现220kV 2603（备用）间隔QS4气室低气压报警，气室压力为0.34MPa；2013年12月13日12时，发现2号主变压器2002间隔QS6气室低气压报警，气室压力为0.34MPa。随后检修人员利用FLIR生产的型号为GF306的SF$_6$红外检漏仪对气室开展红外检漏工作，检查出B相管路连接阀处漏气。拆解后对存在问题的密封圈、密封垫进行了更换，问题得到解决。

❖ 检测分析方法

因气室压力的变化较大，怀疑气室存在渗漏部位，因此利用FLIR生产的型号为GF306的SF$_6$红外检漏仪对该气室开展红外检漏工作，如图1所示。

检测出母线筒压力表三相联通管路有渗漏现象，仔细检测后确认位置为：B相管路连接阀处漏气，如

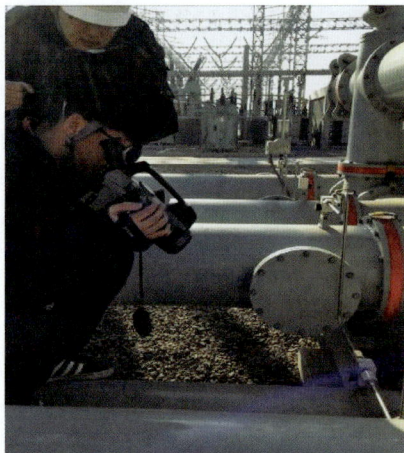

图 1　现场检漏照片

图 2 所示。

　　将发现气体渗漏处进行拆解处理，拆解后发现渗漏是由于管路连接部位密封不严造成，连接面对接部位密封垫质量不符合要求，未能与对接面完全贴合，如图 3 所示。

　　最后将存在问题的密封圈、密封垫进行更换后该问题解决，对渗漏复检后未发现渗漏，随后通过近一个月的巡查、跟踪未发现异常，该缺陷得到处理，设备正常运行。

◆ 经验体会

　　应用红外热像检漏技术对 SF_6 充气设备进行检测，不仅快捷、方便，具有成本低、定性准确等特点，更能为及时处理发现的设备缺陷提供有力的技术支撑。为充分利用该技术确保设备正常稳定运行，除例行检测外，还在专业化巡视中和设备停电检修前进行检漏，提前查找设备漏气故障，提高检修质量。

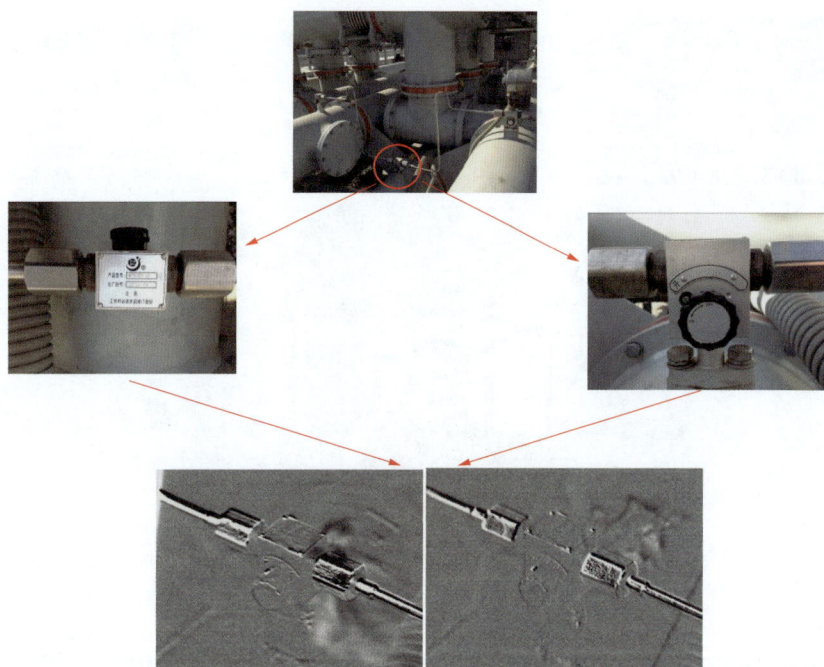

图 2　漏气点位置及红外检漏照片

图 3　气体渗漏处拆解后问题密封圈、密封垫

286

检测信息

检测人员	国网山西省电力公司检修公司：刘钧（31 岁）、郭靖（27 岁）
检测仪器	FILR GF306 红外成像检漏仪
测试环境	温度−30～+60℃、相对湿度+25%～+40%

3.2.9 激光成像检测发现 220kV 徐庄变电站 220kV GIS 母线 SF₆ 气体泄漏

案例简介

2014 年 2 月 8 日 16 时，巡视中发现国网河北省电力公司沧州供电公司 220kV 徐庄变电站备用 220kV 间隔 II 母线隔离开关及 220kV II 母线气室压力偏低，当日采用手持式 SF₆ 检漏仪几次检测，始终未准确地找到漏气点，2 月 11 日 11 时，采用激光检漏仪进行检漏，准确发现备用 220kV 间隔 II 母线隔离开关 C 相气室与 II 母线气室连接的盆式绝缘子螺栓部位漏气。2 月 20 日，对 220kV 备用间隔 II 母线隔离开关 C 相气室进行解体，发现该部位密封式盆式绝缘子存在长 120mm 的贯穿性裂纹，并现场进行了更换，缺陷消除。

检测分析方法

（1）2014 年 2 月 11 日 11 时，技术人员在 220kV 徐庄变电站使用 HX-1 型 SF₆ 泄漏激光成像仪进行检测，如图 1 所示，发现 220kV 间隔 II 母线隔离开关 C 相气室与 II 母线气室连接的盆式绝缘子螺栓部位漏气，位置如图 2 和图 3 所示，气体泄漏伴随着风力断断续续地飘出，呈烟状飘散。试验人员选择合适的位置、成像角度和背景进行了拍摄，如图 4 所示。红色圈所示有烟状物，视频中为动态显示，更为明显。

图 1 现场测试照片

图 2 漏气部位

287

图 3 漏气点

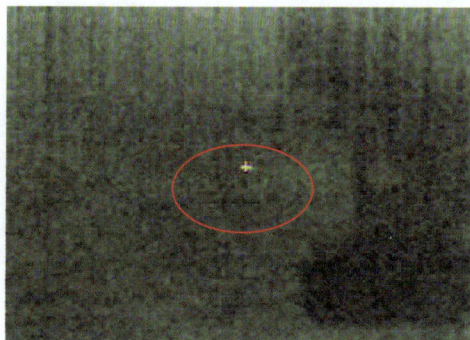

图 4 气体泄漏图像

2014 年 2 月 20 日，对 220kV 备用间隔 II 母线隔离开关 C 相气室进行解体，发现该部位密封式盆式绝缘子存在长 120mm 的贯穿性裂纹，如图 5 所示，裂纹已穿越密封垫。现场对该密封式盆式绝缘子进行了更换。

为准确判断盆式绝缘子开裂的原因，将该缺陷盆式绝缘子返厂进行 X 光照射、冰冻等试验。检验发现，本次盆式绝缘子安装孔漏气位置为光孔（非螺纹孔），防雨帽拆解图如图 6 所示。由于厂家设计原因，该位置加装有隔离开关操动机构安装板，机构安装板与壳体法兰配合不紧（安装板与壳体法兰表面粗糙度要求较低），法兰及盆式绝缘子安装孔内易渗水，如图 7 所示。法兰下部螺栓同步配有防雨帽，安装孔内进水后无法排出，冬季孔内积水结冰膨胀，造成绝缘子运行过程中裂纹漏气。现场对相同结构的其他间隔进行了检查，发现有两个螺栓处进水，如图 8 所示，随即对该站 GIS 所有底部光孔螺栓防雨帽内防水垫进行去除。

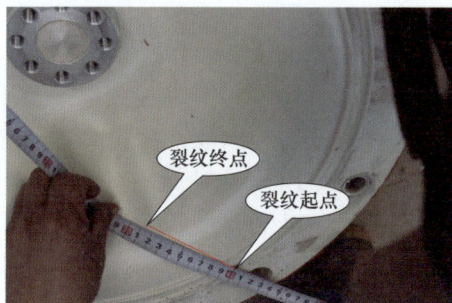

图 5 缺陷部位

图 6 防雨帽拆解图

图 7 盆式绝缘子安装结构图

图 8 螺孔存水

2 月 23 日完成微水测试、包扎检漏以及耐压试验，并恢复送电。

（2）消缺后国网河北省电力公司认真总结缺陷发生原因，对河北南网在运西开公司 252kV 户外 GIS 进行排查，去除盆式绝缘子光孔下部防雨帽，并对该螺栓按工艺 83.5N·m 力矩进行紧固。沿机构安装板或壳体跨接连片与壳体结合面涂覆防水胶。对盆式绝缘子螺纹孔进行抽查，每站不少于 5 条，若发现有进水现象或痕迹，对所有螺栓进行检查处理，目前已经完成整改。同时制定反事故措施，今后对于户外安装 GIS，若盆式绝缘子采用防雨帽结构，必须对机构连板、接地跨接线等部位采取厂内打胶等防水措施。

（1）设备 SF_6 气体泄漏往往存在突发性和间歇性，设备缺陷检测过程中，宜多角度仔细观测，重点观测法兰、管道接口等密封处。如排除相关位置，重点做好 GIS 表面的测试，有效发现因砂眼造成的设备漏气。

（2）进行 SF_6 气体激光成像法检测应在天气晴好、无风或微风的情况下进行，阴天、强风情况下，气体扩散迅速，气体温度容易变成背景温度，观测结果会受到较大影响，不利于发现设备缺陷部位。

❖ 检测信息

检测人员	国网河北省电力公司沧州供电公司：蒋曦（28 岁）、李颉（34 岁）、宫宁（27 岁），国网河北省电力公司电力科学研究院：李晓峰（34 岁）
检测仪器	激光成像检漏仪（HX-1，厦门红相电力设备股份有限公司）
测试环境	温度 5℃、相对湿度 45％、风力 2～3 级

3.2.10 红外热像检测发现 220kV 双龙变电站 GIS 设备 SF_6 气体泄漏

❖ 案例简介

国网山东省电力公司莱芜供电公司 220kV 双龙变电站 220kV 鲁双Ⅱ线 GIS 设备 2008 年 1 月投入运行。2012 年 8 月，220kV 双龙变电站鲁双Ⅱ线，气室内 SF_6 气体压力值过低报警，出现漏气缺陷。通过使用定量检漏仪，现场进行漏气检查，发现双龙变电站鲁双Ⅱ线-2 隔离开关泄漏气体含量大于 $2000\mu L/L$，进而采用 SF_6 成像检漏仪检测漏气点，在高灵敏度模式下发现漏气点，并对漏气位置的漏气视频进行了录制，确定了 220kV 双龙变电站鲁双Ⅱ线-2 隔离开关 A 相漏气。根据现场设备情况，组织技术人员制定了详细的施工方案，安排检修人员对鲁双Ⅱ线-2 隔离开关 GIS 设备进行解体大修，对漏气点进行处理。

❖ 检测分析方法

（1）现场检测。双龙站 220kV 鲁双Ⅱ线在进行 SF_6 漏气检测时，发现鲁双Ⅱ线-2 隔离开关 A 相漏气。现场使用 SF_6 红外成像检漏仪进行了 SF_6 漏气检测，并录制下了现场漏气的视频，漏气点视频截图如图 1 所示。

由于采用普通模式观察 SF_6 漏气情况并不理想，无法直观和清晰的观察设备的漏气情况，因此，现场使用 SF_6 红外成像检漏仪的高灵敏度模式进行 SF_6 漏气检测观察，并录制下了现场漏气的视频，漏气点视频截图如图 2 所示。

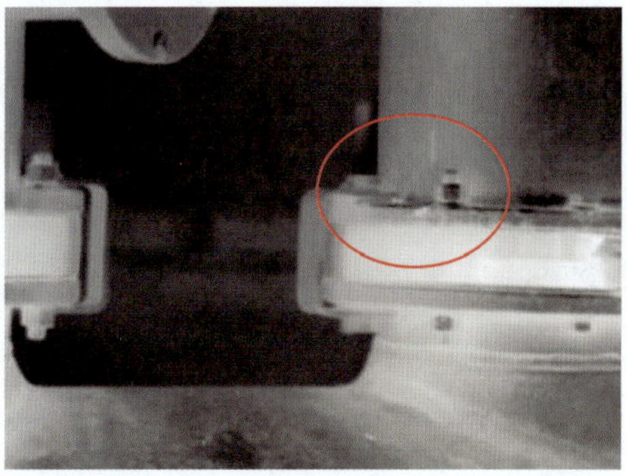

图1　220kV鲁双Ⅱ线-2隔离开关SF₆漏气视频截图　图2　220kV鲁双Ⅱ线-2隔离开关SF₆漏气视频高灵敏度模式截图

经过对录制的设备漏气视频进行分析，确定了双龙站220kV鲁双Ⅱ线-2隔离开关A相漏气，且漏气较为严重，需要及时制定缺陷消除方案，并进行处理。

（2）缺陷处理。检修人员对双龙站220kV鲁双Ⅱ线-2隔离开关A相漏气缺陷进行分析，并结合录制的漏气视频和现场实际制定了合理的漏气缺陷处理方案，方案主要包括确定检修设备、工器具及消耗性材料，并对现场的具体检修流程进行了确定。

施工过程中，检修人员对220kV鲁双Ⅱ线-2隔离开关A相进行了解体，解体后，发现GIS设备的铁件、外壳发锈蚀严重、胶垫压缩量不足。如图3～图5所示。

随后，检修人员对锈蚀面进行了处理，检查清洗，更换密封圈及绝缘盆，重新组装完成后，做回路电阻试验合格。更换吸附剂，并重新补充SF₆气体，对包扎的所有气室气隔进行检漏，对打开的所有气室进行微水检测，对鲁双Ⅱ线开关进行掉合闸试验，对鲁双Ⅱ线隔离开关进行传动试验，对鲁双Ⅱ线进行耐压试验，并验收合格后送电。最终完成了缺陷的处理。

图3　解体后漏气点锈蚀情况1

（3）原因分析。220kV双龙变电站的220kV GIS外壳采用的是铁质材料，设备经过长期运行后，法兰面及螺栓压接处密封胶老化，灰尘雨水进入到设备压接密封处，造成锈蚀，锈蚀点处氧化铁的膨胀，造成设备密封胶圈压缩量不足，无法起到应有的密封作用，严重时将导致设备气室内部气体外泄，进而造成设备漏气的后果。

由于设备绝缘盆之间的接地螺栓开孔较大，同时没有采取防水措施，只是用玻璃胶对外部进行了封堵，时间久了玻璃胶一旦失效，外部水分便会进入到接地螺丝孔，由于设备为铁质产品，同时酸处理不好，造成设备的接地螺栓孔开始锈蚀，并进一步向气室方向锈蚀，锈蚀后铁锈膨胀鼓包进而形成漏气点。

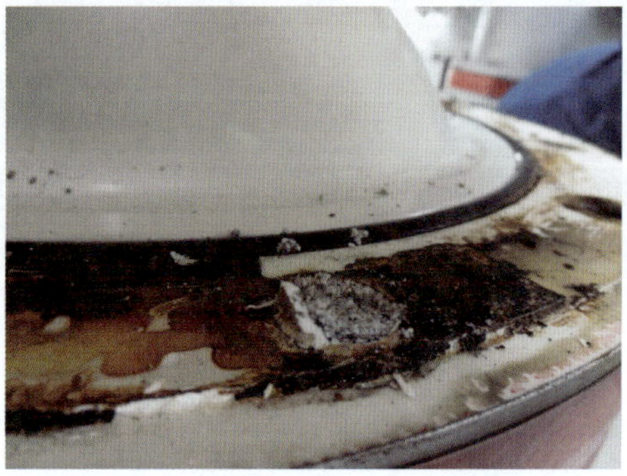

图4　解体后漏气点锈蚀情况2

图5　解体后漏气点锈蚀情况3

❖ 经验体会

（1）SF₆红外成像检漏仪对室内、室外的GIS设备发生的SF₆漏气检测具有较强的敏感度，能够有效的发现、识别GIS设备的漏气情况，并能准确的判断漏气的位置，对于GIS设备漏气的缺陷具有很好的现场检测效果。

（2）SF₆红外成像检漏仪的使用对检测人员的专业水平要求较高，检测人员必须熟悉所需检测的GIS设备，熟悉GIS设备常见的漏气点位置，能够对漏气情况有一定的预判，并能结合现场阳光、风速、设备安装位置等实际情况快速找到合适的观察点，以保证检测数据的准确，防止出现长时间检测效果不明显或发现不了漏气点的情况出现。

（3）带电进行SF₆漏气的红外热像检测，必须提前制定行之有效的检测方案，结合现场充分考虑检测过程中所有的危险因素，检测过程中必须针对每一个可能发生漏气的位置进行细致的检测，充分利用SF₆红外成像检漏仪可录像、可拍照、可测温等多种功能进行多角度、全方位的排查，提高漏气点查找的效率和准确性。

（4）GIS设备在经过长期运行后，由于外界环境、制造工艺、安装质量等因素的影响，设备锈蚀、老化严重，极易发生漏气缺陷。在故障处理时，影响停电范围大、施工难度高，建议在条件允许的情况下将GIS设备安装在室内，必要时对室外GIS设备采取防护措施，减少外界环境的影响。

检测信息

检测人员	国网山东省电力公司莱芜供电公司：宋建国（39岁）、张文娟（38岁）、赵希希（26岁）
检测仪器	FLIR GF306红外成像检漏仪
测试环境	温度12℃、相对湿度40%

3.2.11 红外热像检测发现110kV港城变电站110kV断路器SF₆气体泄漏

案例简介

国网河北省电力公司沧州供电公司110kV港城变电站2号主变压器112断路器于1999年11月18日投入运行。2013年6月，综合巡检过程中，发现112断路器SF₆压力指示表已经降至0.45MPa（额定压力0.5MPa，报警压力0.45MPa，闭锁压力0.43MPa），低于同一变电站内同一型号设备（1号主变压器111断路器压力0.53MPa），初步判断压力表损坏或断路器存在某一位置密封不严造成漏气情况。7月4日，对该设备进行红外检漏，发现上法兰部位存在疑似漏点，之后对112断路器进行3次不停电补气，压力升至额定值之后一段时间再次降低至报警值。10月11日，经停电检修处理，发现上法兰密封胶圈老化、断裂，密封不严，存在漏气，随即进行更换处理。

检测分析方法

2013年7月4日上午，对110kV港城变电站112断路器进行了红外检漏检测，通过检测，发现断路器上部法兰处存在气体泄漏，气体泄漏并不持续，伴随着风力断断续续地飘出。试验人员选择合适的位置，成像角度、背景。录下视频记录，如图1所示。

7月17日，再次对该断路器进行红外检漏，与7月4日发现疑似漏点位置一致，均为上部法兰处。8月

SF₆气体泄漏

图1　港城变电站 112 断路器上部法兰红外图

22日、9月29日分别对该设备进行不停电补气，约15天后，压力再次降低至报警值。根据测试结果综合分析判断，初步认为压力表正常，112断路器上部法兰存在漏气，10月11～13日，对112断路器进行停电检修、试验。打开法兰，发现该设备法兰密封胶垫老化，已经断裂，密封不严，所以形成漏点，造成断路器 SF₆ 压力不断降低。112 断路器试验数据见表1。

表1　　　　　　　　　　　　　　　　　　　**112 断路器试验数据**

试验时间	相别	回路电阻（$\mu\Omega$）（标准≤40）	分闸时间（ms）（标准 19～25）	合闸时间（ms）（标准≤40）	SF₆ 气体（$\mu L/L$）	结论
2010 年 6 月 12 日（例行试验）	A	37	22.8	34.2	150（≤300）	合格
	B	35	23.1	34.7		
	C	34	23.3	34.3		
2013 年 10 月 13 日（修后）	A	36	23.3	33.8	100（≤150）	合格
	B	36	23.6	34.1		
	C	34	24	33.9		

处理后试验数据与例行试验没有明显变化，以上处理过程及试验数据对红外检漏结果进行了很好的印证。更换上部法兰胶垫，SF₆ 压力表充至额定压力后无异常变化。再次对设备进行红外检漏，设备显示正常，没有明显漏点。

经验体会

（1）红外检漏对于发现 GIS、SF₆ 断路器等设备的漏气故障，有着明显区别于停电检测的优势，相比于激光检测也能更快速的发现漏点。

（2）针对 GIS 设备及 SF₆ 断路器等设备的增多，部分设备老化或者安装过程中因为安装水平的原因造成密封性能下降，设备漏气。这类缺陷事故需要在检修过程中进行重点排查，采用合适的检测方法，结合不同手段进行处理。停电检查前必须制定行之有效的试验方案，考虑所有的可能性，针对每一个环节进行细致排查，避免因检测手段单一造成对故障的误判。

检测信息

检测人员	国网河北省电力公司沧州供电公司：李良（32 岁）、蒋曦（28 岁）、王朝阳（31 岁）。国网河北省电力公司电力科学研究院：高树国（32 岁）、庞先海（31 岁）、路艳巧（31 岁）
检测仪器	GF706 红外成像检漏仪（浙江大力科技股份有限公司）
测试环境	温度 35℃、相对湿度 45%、风力 2～3 级

3.2.12 红外热像检测发现 220kV 水寨变电站断路器 SF₆ 气体泄漏

❖ 案例简介

国网河南省电力公司周口供电公司 220kV 水寨变电站周水 2 断路器为北京 ABB 高压开关设备有限公司生产的 LTB245E1 型断路器，于 2012 年 12 月投运。2013 年 3 月 22 日，A 相发出 SF₆ 气压报警信号，23 号断路器气压继续下降至闭锁值以下。采用 SF₆ 气体泄漏热像法检测到断路器底座上存在一处漏点，随即进行处理。

❖ 检测分析方法

周水 2 断路器气室最高压力 0.80MPa，额定压力 0.70MPa，报警压力和闭锁压力分别为 0.62MPa 和 0.60MPa，投运时设备充气压力为 0.72MPa。发现气压降低后，用高灵敏度 SF₆ 定量检漏装置对设备进行全方位检查，由于现场环境风力较大，未检测到漏点。

使用 SF₆ 气体泄漏热像检测仪，首先对周水 2A 相断路器上下法兰、支柱处气室进行检测，未发现异常。最终在断路器底座上发现一处漏点，漏点为断路器轴封盖，将封盖处的密封垫更换后，缺陷得到处理。具体如图 1～图 3 所示。同时对周水 2 其他两相断路器进行泄漏检测，未发现漏点。

图 1 底座漏气点（可见光）

图 2 底座漏气点（红外光）

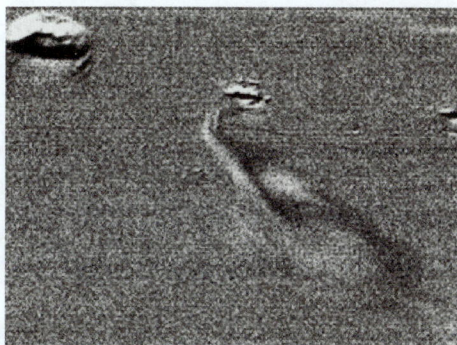

图 3 底座漏气点（高灵敏度模式）

❖ 经验体会

（1）周水 2 断路器 A 相在投运不足 1 年的时间内发生漏气现象，而在投运前严格按照相关规程进行了密封性试验，结果正常。说明设备在经过冬季后，密封垫等元件经过剧烈温差变化后发生了劣化，导致缺陷发生。建议在物资抽检时除了传统检测项目外，加大对密封元件的抽检力度。

（2）采用常用的包扎法进行 SF₆ 断路器的检漏工作，对容易包扎的部位非常有效，而对形状不规则的部位检测效果往往不理想，而 SF₆ 气体泄漏热像检测可以很好地弥补包扎法的不足。

检测人员	国网河南省电力公司电力科学研究院：蒲兵舰（28岁）
检测仪器	GF306 红外成像检漏仪
测试环境	温度 18℃、相对湿度 38％

3.2.13　红外热像检测发现 110kV 姚家洲变电站、丹江变电站 110kV 断路器 SF₆ 气体泄漏

◈ **案例简介**

国网江西省电力公司萍乡供电公司 110kV 姚家洲变电站 110kV 母联 131 断路器自 2011 年 8 月 10 日起共计漏气 3 次，110kV 丹江变电站 110kV 五丹线 121 断路器自 2011 年 10 月 26 日起共计漏气 3 次，由于检测手段有限一直未能找到漏点。针对这两起典型漏气缺陷，2013 年 5 月 20 日，利用 SF₆ 气体泄漏红外热像仪查找漏气点，发现 110kV 姚家洲变电站 110kV 母联 131 断路器漏气点位于 C 相补气阀门接头处，结合停电更换了阀门接头；110kV 丹江变电站 110kV 五丹线 121 断路器漏气点位于 B 相瓷套与底座法兰连接处，现场进行了补漏。两起漏气缺陷处理后复测均正常，缺陷成功消除。

◈ **检测分析方法**

（1）110kV 姚家洲变电站 110kV 母联 131 断路器。

1）检测过程。现场检测的萍乡 110kV 姚家洲变电站 110kV 母联 131 断路器 C 相 SF₆ 泄漏成像视频截图如图 1 所示，从图 1 中可以清晰地看出 SF₆ 泄漏成像情况。该断路器型号为 S1-145F1，由苏州阿尔

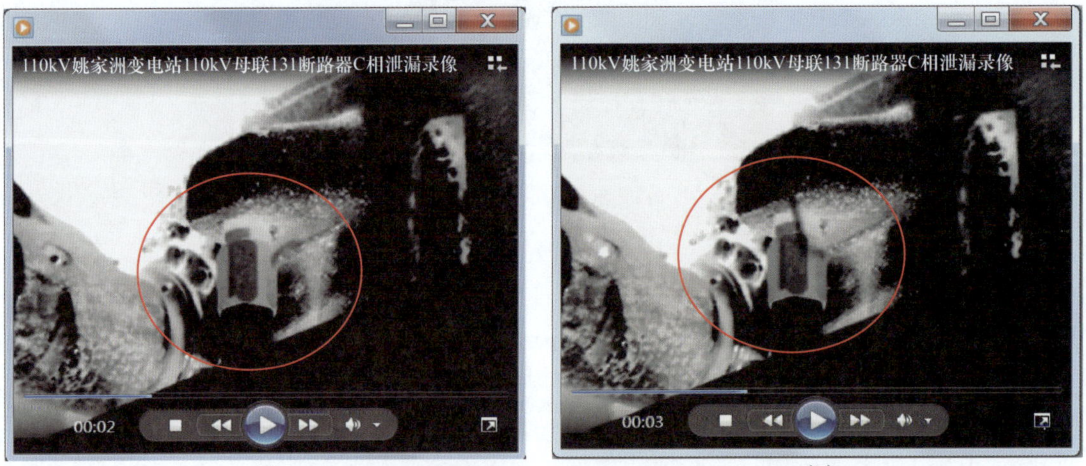

图 1　110kV 姚家洲变电站 110kV 母联 131 断路器 SF₆ 泄漏成像视频截图
(a) 00：02 成像视频截图；(b) 00：03 成像视频截图

斯通开关有限公司 2001 年 1 月生产，2001 年 11 月投运，SF$_6$ 气体额定压力为 0.68MPa、报警压力为 0.58MPa、闭锁压力为 0.48MPa。

2) 异常原因分析。从检漏仪器所拍摄的视频及图片可明显看见断路器 C 相充气阀门接头存在砂眼，气体从该砂眼处漏出。导致漏气的原因为接头质量不佳。断路器漏气部位如图 2 所示。

3) 处理措施。检测找到漏点后及时联系断路器设备厂家，更换了阀门接头，缺陷得以消除；阀门接头更换前加强了 SF$_6$ 气体压力表计监视。

图 2　110kV 姚家洲变电站 110kV 母联 131 断路器 SF$_6$ 漏气点位置

（2）110kV 丹江变电站 110kV 五丹线 121 断路器。

1) 检测过程。现场检测的 110kV 丹江变电站 110kV 五丹线 121 断路器 SF$_6$ 泄漏成像视频如图 3 所示，从图 3 中可以清晰地看出 SF$_6$ 泄漏成像情况。该断路器型号为 3AP1FG，由杭州西门子开关厂 2000 年 11 月生产，2011 年 6 月投运，SF$_6$ 气体额定压力为 0.5MPa、报警压力为 0.45MPa、闭锁压力为 0.43MPa。

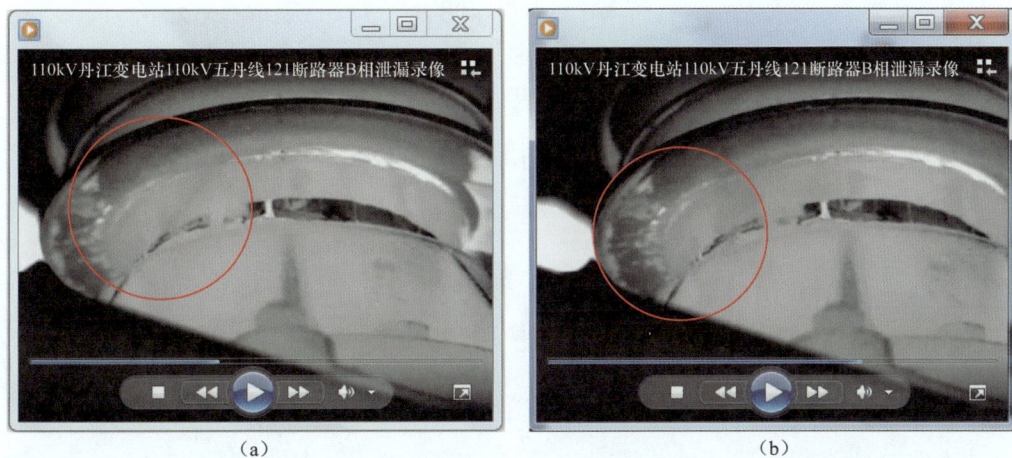

图 3　110kV 丹江变电站 110kV 五丹线 121 断路器 SF$_6$ 泄漏成像视频截图
（a）成像视频截图 1；（b）成像视频截图 2

图 4　110kV 丹江变电站 110kV 五丹线 121 断路器 SF$_6$ 漏气点位置

2) 异常原因分析。从检漏仪器所拍摄的视频及图片可明显看见断路器 B 相瓷套与底座法兰连接处有气体漏出。导致漏气的原因为瓷套与底座法兰处存在砂眼。断路器漏气部位如图 4 所示。

3) 处理措施。查找到漏点后及时联系断路器厂家，制定了现场检修方案，现场进行了补漏，缺陷得以消除。消缺前加强了 SF$_6$ 气体压力表计监视。

◆ 经验体会

（1）SF$_6$ 气体泄漏红外热像检漏具有较高的实用性和可操作性，可在 SF$_6$ 设备上逐步推广应用。现场检测经验表明，SF$_6$ 气体补气间隔小于一年的泄漏设备，SF$_6$ 气体泄漏热像法可检出。

（2）SF$_6$ 断路器充气阀门、外瓷套法兰连接处、密度继电器等为漏气多发部位，检漏工作应重点关注这些部位，以提高检漏工作效率。

检测人员	国网江西省电力公司萍乡供电公司：陈国锋（31岁）、梅高华（42岁），国网江西省电力公司电力科学研究院：刘明军（31岁）、周友武（28岁）
检测仪器	FLIR GF306红外成像检漏仪
测试环境	温度29℃、相对湿度55%、大气压102.0kPa

3.2.14　红外热像检测发现110kV丹桂变电站103号C相断路器SF₆气体泄漏

🔹 **案例简介**

2012年11月9日10时，国网重庆市电力公司南岸供电分公司110kV丹桂变电站3号主变压器110kV侧103号SF_6断路器C相近段时间先后发出两次SF_6泄漏告警信号，SF_6压力接近闭锁值，威胁电网设备安全稳定运行。在该局检修人员停电检漏未果后，向国网重庆市电力公司电力科学研究院提出协助查找设备漏点工作请求。当天12时，国网重庆市电力公司电力科学研究院检测人员利用两种检漏设备相结合的方法找到该断路器基座与瓷套连接处有明显的SF_6气体泄漏点，经向国网重庆市电力公司运检部报告后紧急更换该断路器。

图1　103号断路器C相泄漏位置可见光图

🔹 **检测分析方法**

SF_6的红外吸收特性较空气强，根据兰伯比尔定律，两者反应的红外影像不同，将通常可见光下看不到的气体泄漏，以红外视频图像的形式直观地反映出来。由于该SF_6断路器处于室外，泄漏的SF_6气体受空气流动等天气因素影响较大，一旦泄漏即被空气稀释并吹散，给检测工作造成较大困难。

检测人员先使用XP-1A型SF_6检漏仪对泄漏设备的泄漏情况进行确认，仪器显示该设备底座周边有较为明显的泄漏情况发生。之后使用SF_6气体检漏红外热像仪对泄漏设备的各阀门、管路及其连接处进行带电检测。经过全方位的细致扫描，最终发现该断路器的基座与瓷套连接处有气体泄漏发生，泄漏位置的可见光图片与红外泄漏热像图片分别如图1和图2所示。

🔹 **经验体会**

检测人员在工作中需要先后使用两种检漏仪，先使用XP-1A型检漏仪，由于其灵敏度较红外热像检

漏仪高，可以更加灵敏快速地判断设备泄漏的大致位置，但是
受到设备空间限制，尤其是带电设备，无法以更接近的距离进
行检漏，故无法准确地判断具体泄漏点；之后使用红外热像检
漏仪，在之前缩小了检测范围之后，有针对性地在一定的检测
范围内进行检漏。

在使用红外热像检漏仪时，首先应对待检设备构造进行
充分了解，掌握易泄漏点，然后再使用红外热像检漏仪对检
测区域进行缓慢、仔细、反复地扫描，期间需克服阳光直射
造成检漏仪热像效果不佳或肉眼观测结果偏移等影响，同时

图2　103号断路器C相泄漏位置红外热像图

也需对待检设备进行反复观测，以避免在设备泄漏量较小而空气中风力较大将其吹散稀释而来不及观
测的问题出现。

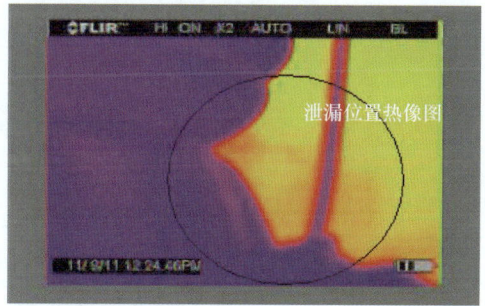

❖ 检测信息

检测人员	国网重庆市电力公司电力科学研究院：苗玉龙（28岁）、杨华夏（34岁）
检测仪器	红外成像检漏仪（XP-1A，TIF；GASFIND LR IW，FLIR）
测试环境	温度12℃、相对湿度73%

3.2.15　红外热像检漏发现220kV平顺变电站110kV 161断路器盆式绝缘子SF$_6$气体泄漏

❖ 案例简介

2013年12月28日，国网山西省电力公司长治供电公司220kV平顺变电站110kV平西I线161断路
器气室压力降低并报警，该设备为新东北电气（沈阳）高压开关有限公司2009年5月生产的GIS组合电
器，于2010年7月投产，110kV断路器型号为ZF6-126CB。试验人员到现场后，采用SF$_6$气体红外热像
检漏技术仔细检查所有可能存在的漏气部位，最后发现A相断路器与母线侧电流互感器之间盆式绝缘子
存在较严重的漏气现象，机构已经闭锁，断路器无法进行分闸操作，经研究，决定先补充SF$_6$至额定气
压，然后分闸停电处理。处理时检查发现，A相断路器与母线侧电流互感器之间盆式绝缘子产生了穿越
密封槽的裂纹，导致密封失效，产生漏气，更换盆式绝缘子后，缺陷得到消除。

❖ 检测分析方法

2013年12月28日，试验人员利用SF$_6$红外热像检漏仪，对110kV 161断路器气室进行仔细检查，
最后发现A相断路器与母线侧电流互感器之间的盆式绝缘子存在较严重的漏气现象，如图1和图2所示，
初步判断为盆式绝缘子裂纹引起的漏气。

图 1　110kV 161 断路器漏气位置可见光照片

漏气位置
及绝缘盆

图 2　110kV 161 断路器漏气位置视频截图

2013 年 12 月 30 日，工作人员对 110kV 161 间隔 A 相断路器与母线侧电流互感器之间竖向盆式绝缘子漏气缺陷进行了更换处理，盆式绝缘子拆下后，发现其 6 点钟方向螺孔内侧有长约 5cm 的裂纹，裂纹已穿越密封槽，如图 3 和图 4 所示。竖盆下方螺栓孔与完好的螺栓孔进行对比，均已严重锈蚀，如图 5 所示。现场更换了盆式绝缘子，并对盆式绝缘子进行了注胶处理。

依据解体结果，盆式绝缘子漏气是由于产生了穿越密封槽的裂纹，导致密封圈失效，裂纹发生在最下侧螺栓孔处。这是因为 GIS 设备在安装时，没有严格按照施工程序进行注胶处理或者注胶不到位，而密封胶的主要作用就是为了防止水分或潮气沿螺栓、螺纹等缝隙浸入盆式绝缘子，在雨雪天气，由于没有密封胶的防水作用，雨水很容易沿着螺栓浸入盆式绝缘子内部，在螺纹以及盆式绝缘子的缝隙形成积水。从螺栓孔的锈蚀程度也可看出，下方的螺栓孔锈蚀程度明显大于上方的螺栓孔，这是由于水分进入盆式绝缘子后长期聚集在下方所致。进入冬季后，由于长治地区昼夜温差大，夜间最低气温能达到 $-10℃$ 以下，而白天最高气温却在 $0℃$ 以上，盆内的积水在气温的骤变下，反复结冰、融化，使得盆式绝缘子反复承受应力，以至螺栓孔处产生裂纹，当裂纹穿越密封槽时，与内部气室连通，密封圈作用丧失，从而引起盆式绝缘子漏气。

图 3　盆式绝缘子裂缝位置照片

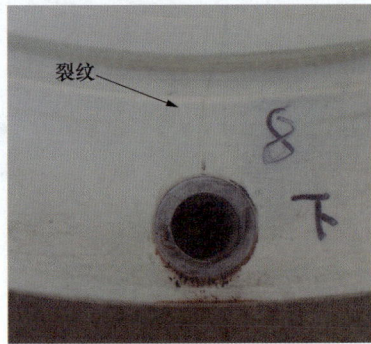

图 4　盆式绝缘子裂纹近照

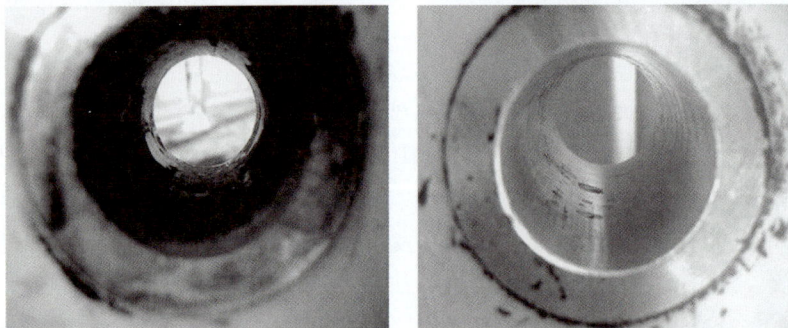

图 5　锈蚀螺栓孔与完好螺栓孔对比照片

❖ 经验体会

（1）注胶工艺对该类型盆式绝缘子至关重要。由于 GIS 设备在安装时注胶不到位，导致雨水沿螺栓浸入盆式绝缘子形成积水。进入冬季后，盆内的积水在气温的变化下，反复结冰、融化，使得盆式绝缘子反复承受应力产生裂纹，当裂纹穿越密封槽时引起盆式绝缘子漏气。

（2）对全部 GIS 盆式绝缘子进行注胶检查处理，对所有的法兰密封面和盆式绝缘子对接面涂抹防水胶，该方法可以从根本上解决由于注胶不到位引起的漏气缺陷，对于解决 GIS 设备 SF₆ 气体泄漏问题有重要的意义。

（3）加大带电测试工作力度，应用新型的带电检测仪器对发生气压降低的气室进行仔细检测，发现漏气现象后立即处理，防止小缺陷演变成恶性事故。

❖ 检测信息

检测人员	国网山西省电力公司长治供电公司变电检修室：张辰西（24 岁）
检测仪器	GF306 红外成像检漏仪
测试环境	温度 2℃、相对湿度 40％

3.2.16　红外热像检测发现 500kV 伊敏换流站 5031 断路器 A 相罐体侧面焊接处存在漏点

❖ 案例简介

国网内蒙古东部电力有限公司检修分公司运维的 ±500kV 伊敏换流站于 2010 年正式投入运行，在设备运维过程中，发现 5031 断路器 A 相密度继电器压力有下降趋势，其他各项试验数据均合格，由于气体压力下降，2012 年 6 月大修期间对该罐体进行一次补气处理，2013 年 5 月针对漏气断路器进行 SF₆ 泄漏成像带电检测时发现 5031 断路器 A 相罐体侧面存在漏气现象，并在 7 月年度停电检修时对 A 相漏气点砂眼进行补焊，在完成检修处理后持续对泄漏点进行检测，未发现有泄漏，A 相密度继电器压力无下降趋势，最终避免了一起可能由压力过低导致压力闭锁的事故。

❖ 检测分析方法

2013 年 5 月对断路器进行 SF₆ 泄漏成像带电检测时发现 5031 断路器 A 相罐体侧面存在漏气现象，如图 1 所示。并确定泄漏部位为右侧端部靠上位置。

通过停电检查罐体，发现侧面焊接处存在砂眼，如图 2 所示。

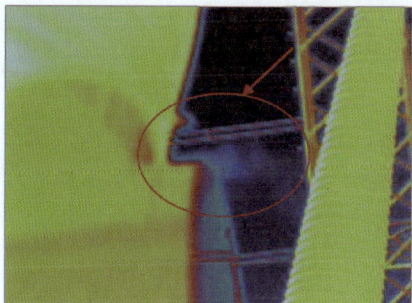

图 1　5031 断路器 A 相泄漏点成像图

图 2　5031 断路器 A 相罐体砂眼图

厂家专业焊工对漏气点进行切割、打磨后明显看到焊接形成焊缝气泡小孔，如图3所示。此气泡是属于焊接工艺不良导致。

图3　罐体砂眼经过打磨后图片

厂家技术人员对切割点补焊、打磨抛光及补漆后进行开盖检查，检查并未发现焊接导致的掉漆等问题，按照工艺要求，对罐体吸附剂及密封圈进行了全部更换，并对罐体进行了清洁处理。封盖后进行抽真空处理（真空度达到133Pa后继续抽真空30min），同时静放24h，用SF6回收装置回充SF6气体至0.53MPa，之后对该台断路器进行了各项例行试验，各项试验数据均合格，详见表1～表5，投运后该断路器运行正常，无压力下降情况。

表1　动作特性测试

相别		A相			B相			C相		
线圈		合闸	分闸1	分闸2	合闸	分闸1	分闸2	合闸	分闸1	分闸2
直流电阻（Ω）		150	151	149	151	150	149	150	153	148
绝缘电阻（MΩ）		>500	>500	>500	>500	>500	>500	>500	>500	>500
动作电压（V）	2010年	91	93	92	90	100	94	91	99	96
	2013年	110	89	98	98	98	93	118	108	98
线圈		合闸			分闸1			分闸2		
相别		A相	B相	C相	A相	B相	C相	A相	B相	C相
2010年	时间（ms）	65.0	67.0	65.2	15.8	16.7	16.3	16.4	16.6	16.3
	不同期（ms）	2.0			0.9			0.3		
2013年	时间（ms）	64.6	63.0	64.0	15.1	15.0	15.8	15.4	14.8	15.5
	不同期（ms）	1.6			0.8			0.7		
合分时间（ms）		A相			B相			C相		
2010年		45.7			47.2			46.3		
2013年		38.2			39.8			40.1		

注　厂家标准：合闸时间50.0～75.0ms；合闸不同期≤4ms；分闸时间14.0～19.0ms；分闸不同期≤2ms；合分时间35～55ms。

表2　导电回路电阻检测

相别	2010年			2013年		
	A相	B相	C相	A相	B相	C相
回路电阻（μΩ）	137	136	137	175.4	182.0	183.7

注　厂家标准≤230μΩ。

表3　SF6气体湿度检测

相别	2011年			2013年		
	A相	B相	C相	A相	B相	C相
气体水分（μL/L）	109	112	116	89	81	96
检漏	无渗漏					

表4　断口并联电容量及介损

日期	2011年			2013年		
相别	A相	B相	C相	A相	B相	C相
tanδ	0.082%	0.076%	0.089%	0.084%	0.080%	0.068%
C（pF）	692.7	769.3	849.2	739.2	744.8	780.9

相别		报警		闭锁 1		闭锁 2	
		动作值	返回值	动作值	返回值	动作值	返回值
2010 年	A 相	0.4393	0.4560	0.3919	0.4086	0.3938	0.4096
	B 相	0.4436	0.4583	0.3980	0.4091	0.4005	0.4069
	C 相	0.4429	0.4577	0.3957	0.4022	0.3975	0.4050
2013 年	A 相	0.444	0.469	0.399	0.419	0.397	0.418
	B 相	0.434	0.456	0.391	0.414	0.392	0.405
	C 相	0.440	0.458	0.393	0.407	0.394	0.408

注 定值点：报警 0.45；闭锁 0.40；标准：报警 0.45±0.03；闭锁 0.40±0.03。

◈ 经验体会

（1）由于伊敏换流站区域属于高寒地区，冬季漫长寒冷，夏季早晚温差大。我们发现对于 SF$_6$ 气体绝缘的断路器出现轻微漏气时定位漏点困难，易受环境、温度等因素影响，建议检测工作应选择天气晴朗、温度较高的时间段进行，定位漏点的成功率较大。

（2）发现疑似泄漏迹象后，应变换角度、方位进行检测，并尽可能背对阳光方向检测，有利于获得更清晰的图像。

（3）在处理断路器类似泄漏问题时，应进行补焊，采用其他方法并不能彻底解决此类问题。

◈ 检测信息

检测人员	国网内蒙古东部电力有限公司检修分公司：吴胜利（30 岁）
检测仪器	FLUKE GF306 红外成像检漏仪
测试环境	温度 20℃、相对湿度 46%、大气压 93kPa

3.2.17　红外热像检测发现 110kV 郭道变电站 110kV 断路器 SF$_6$ 气体泄漏

◈ 案例简介

2013 年 3 月 25 日，国网山西省电力公司长治供电公司 110kV 郭道变电站 110kV 沁郭线 193 断路器 SF$_6$ 气体压力降低并报警，经技术人员利用 SF$_6$ 红外检漏，发现该断路器 B 相气管与极柱连接处存在较严重的漏气现象。检修人员临时对其进行了补气处理，并及时申请了 4 月份停电计划。2013 年 4 月 15 日，在该断路器检修过程中发现，密封胶圈变形和老化是造成漏气的主要原因，随后对该密封橡胶圈进行了更换，处理完成后，再未发生漏气缺陷。

该设备为江苏如高高压开关有限公司 2006 年 6 月生产的断路器，于 2006 年 12 月投产，其型号为：

LW36-126（W）/T3150-40；额定电压：126kV；额定电流：3150A；额定开断电流：40kA；额定气压：0.6MPa。

检测分析方法

110kV 郭道变电站 110kV 沁郭线 193 断路器漏气现象始发于 2011 年 2 月，运行人员在巡检时发现 193 断路器气压明显低于额定气压，为 0.57MPa，检修人员到现场后采用传统的手持式 SF_6 检漏仪对断路器进行了全面检查，未发现明显的漏气部位。2011~2013 年，该断路器共发生 5 次压力异常报警，检修

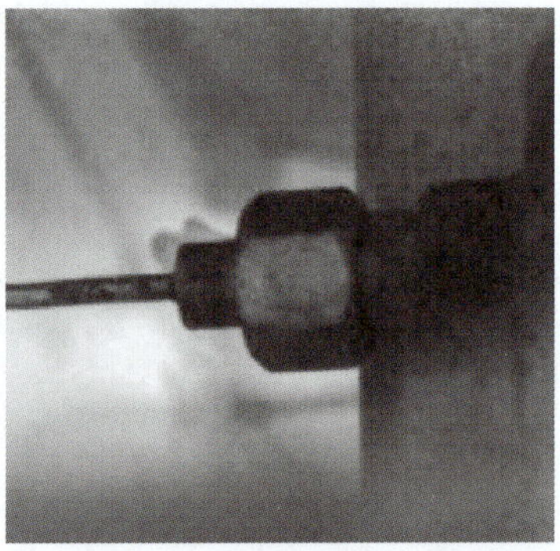

图 1　193 断路器漏气处红外成像截屏图

人员均到变电站进行断路器漏气检查，由于当时没有配备红外成像检漏仪，所以，检修人员只能采用手持式检漏仪对断路器本体以下管路、阀门、连接接头等部分进行漏气检查，均未检测出明显的漏气点，不能对漏气部位进行精确定位。

2013 年 3 月 25 日，郭道变电站 110kV 沁郭线 193 断路器 SF_6 气体压力降低并报警，试验人员采用新配置的 SF_6 红外成像检漏仪到现场进行检测，发现该断路器 B 相气管与极柱连接处存在较严重的漏气现象，并对其漏气部位进行了精确定位，如图 1 所示。判断为断路器 B 相气管与极柱连接处密封不严造成的漏气。

2013 年 4 月 15 日，对 110kV 沁郭线 193 间隔进行检修。检修人员对该断路器 B 相气管与极柱连接处进行了解体检查，如图 2 所示，发现逆止阀与对接头连接处的密封胶圈有挤压现象，取下密封圈发现其存在严重的老化变形现象，并且胶圈本身由于挤压产生了多处裂痕，如图 3 所示。漏气正是由于密封胶圈存在变形及多处裂痕导致的密封不严所致，检修人员对密封胶圈进行了更换，处理完成后，对断路器重新进行了全面的红外检漏检查，未发现其存在其他漏气部位，缺陷消除送电后，对其进行了两次跟踪复测，至今该断路器未再发生类似缺陷。

图 2　逆止阀与对接头连接处解体照片

根据上述处理过程分析，断路器漏气是由于进气管道的橡胶密封圈老化变形和裂纹所导致的。引起原因是：设备装配过程中，技术人员未严格按照组装工艺要求进行密封圈安装，在逆止阀与对接头连接时导致密封圈位置错位，密封圈受力不均造成挤压现象，但是能起到密封作用，设备密封性检查时并未查出漏气缺陷，当断路器投入运行后，随着运行时间的延长，受挤压部位的密封圈逐步老化，挤压部位由于受力不均产生了许多压痕，导致 SF_6 气室与大气连通，在断路器气室压力的作用下产生了漏气。

图 3　老化变形且有多处裂痕的密封圈

经验体会

（1）断路器的密封元器件的质量及安装工艺是影响其性能的一项重要指标。

（2）采用先进的带电检测手段可以直观的发现许多潜在隐患。

对此提出以下解决措施：

（1）为防止断路器设备在运行中发生类似故障，对断路器应实行全过程管理。在设计制造阶段，应优先选择具有成熟制造经验、并在电网内有多年成功运行经验的断路器厂家。在安装调试阶段，选取资质齐全的安装单位，安装时避免恶劣天气环境，并做好安装记录备查。交接时对重要的技术指标应进行复查，不合格者不准投运，保证设备零隐患投运。

（2）应建立和健全专业管理体系，加强对断路器设备的技术管理工作，加强对运行和检修人员的技术培训工作，使之熟悉掌握所管辖范围内高压开关设备的性能和检修的技术要求。加强新型试验手段的应用，对出现气压降低的设备采用红外检漏技术仔细排查所有可能漏气的部位，一旦发现漏气缺陷，尽快进行消缺处理。

🔷 检测信息

检测人员	国网山西省电力公司长治供电公司变电检修室：齐振忠（29 岁）
检测仪器	GF306 红外成像检漏仪
测试环境	温度 6℃、相对湿度 40%

3.2.18 带电检测发现 220kV 河峪变电站 102 断路器 SF$_6$ 气体泄漏

🔷 案例简介

国网山西省电力公司晋中供电公司运维的 220kV 河峪变电站 2 号主变压器 102 断路器于 2007 年 10 月 12 日投运。2013 年 1 月 13 日，变电运维人员在例行巡视过程中发现 2 号主变压器 102 断路器低气压报警，报警压力为 0.44MPa，随后通知检修人员对其进行补气，补气后经 SF$_6$ 气体检漏发现断路器本体 B 相阀门处瓷套支柱下部与连接充气管路阀门处漏气，该阀门需进行更换。运检部安排先联系厂家，准备新阀门，并定期观察 102 断路器 SF$_6$ 气体压力情况，及时进行补气保持断路器气体压力。2 月 20～21 日，102 断路器停电，检修人员对该阀门进行了更换，重新进行 SF$_6$ 气体检漏，发现无漏气现象且 SF$_6$ 压力表指示无变化，缺陷消除。

其中 102 断路器为西安西电高压断路器有限责任公司 LW25-126 型产品，2007 年 1 月制造，2007 年 10 月 12 日投运，SF$_6$ 气体密度表额定压力为 0.5MPa、报警压力为 0.45MPa、闭锁压力为 0.4MPa。

🔷 检测分析方法

检测人员利用 LLD-100 型 SF$_6$ 气体定量检漏仪对断路器进行定点检漏，有针对性地对疑似漏气点逐一排查，在本体 B 相阀门处检测到泄漏的 SF$_6$ 气体，并对该部位进行了可见光照片拍摄，并进行了具体标注，如图 1 所示。

图 1　漏气位置

从图 1 中可以看出，该断路器本体 B 相阀门处包封薄膜塑料鼓起，该处存在漏气点，随即联系断路器厂家准备备件并计划停电检修。在停电之前，加强监测，及时进行补气，1 月 13 日～2 月 20 日期间共补气 5 次，见表 1。

表 1　　　　　　　　　　1 月 13 日～2 月 20 日期间补气情况

次　数	日　期	补气前气压（MPa）	补气后气压（MPa）
第一次	1 月 13 日	0.44	0.54
第二次	1 月 24 日	0.46	0.54
第三次	1 月 28 日	0.48	0.54
第四次	2 月 7 日	0.46	0.54
第五次	2 月 13 日	0.49	0.54

2 月 20～21 日制定检修计划并对 102 断路器停电，检修人员对该阀门进行了更换。检修过程及检漏现场如图 2 所示。

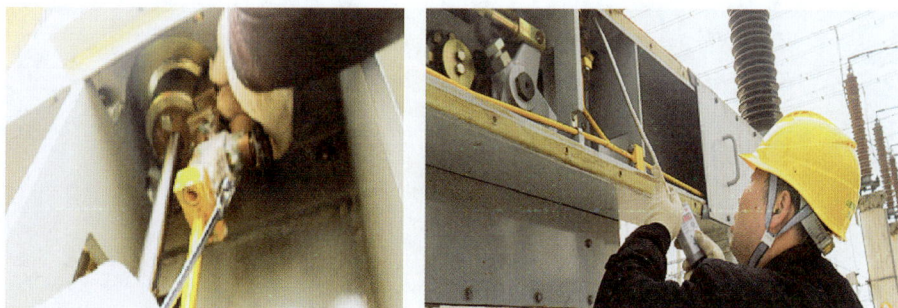

图 2　现场更换阀门和检漏

表 2　　　　跟踪观察气体密度继电器结果

次　数	时　间	当前气压（MPa）
第一次	2 月 21 日 7 时 30 分	0.52
第二次	2 月 21 日 12 时 00 分	0.52
第三次	2 月 21 日 20 时 50 分	0.50
第四次	2 月 22 日 6 时 35 分	0.52
第五次	2 月 22 日 13 时 20 分	0.51
第六次	2 月 22 日 22 时 50 分	0.50
第七次	2 月 23 日 9 时 25 分	0.52
第八次	2 月 23 日 16 时 15 分	0.51
第九次	2 月 24 日 8 时 10 分	0.50
第十次	2 月 24 日 15 时 10 分	0.50

阀门更换完毕，跟踪观察气体密度继电器并检漏，结果显示见表 2。

分析几次补气情况，初步判断为，在 2013 年 10 月初，随着气温、气压降低，阀门密封垫收缩导致密封不良，开始漏气，平均间隔时间为 12 天左右，并有逐步加大趋势。

经解体检查该阀门，漏气处密封垫轻微损伤，判断为产品质量问题，由于出厂装配工艺不良，造成密封垫损伤，长期运行后老化导致漏气。

❖ 经验体会

（1）运维人员例行巡视中，如遇有 SF_6 压力降低的情况，应及时通知检修人员进行分析、处理。

（2）运维人员应做好每块密度表压力巡视记录并存档，便于对比、分析。

（3）每次补气前后应进行检漏，且根据不同部位采用检漏仪、成像仪及肥皂泡沫法等多种检漏方法开展检漏，及时查找有无漏气及漏气部位。

检测人员	国网山西省电力公司晋中供电公司：姜少华（32 岁）
检测仪器	LLD-100 气体定量检漏仪
测试环境	温度 5℃、相对湿度 70%、大气压 95kPa

3.3 SF₆ 气体分解产物检测技术

3.3.1 SF₆ 气体分解产物检测发现 220kV 夏庄变电站 110kV GIS 接触不良

❖ **案例简介**

国网河北省电力公司邯郸供电公司 220kV 夏庄变电站于 2013 年 5 月 11 日 11 时投入运行，在试运行 3.5h 后，工作人员发现 110kV GIS 组合电器 111、112 主进间隔避雷器上方四通气室（-4 隔离开关气室）出现持续"嗡嗡"异响并伴有轻微"呲呲"放电声，同时上述两间隔 A、C 相避雷器在线监测仪指针在起始黄区（0～2mA）持续摆动，汇控柜内带电显示器指示灯闪烁。现场工作人员随即申请将 111、112 间隔组合电器退出运行，并对两间隔气室进行 SF₆ 气体分解产物测试，发现 111-4、112-4 隔离开关气室 SO₂ 含量超标，其他气室数据正常。经解体检查，发现厂家在安装过程中漏装了 111、112 间隔的避雷器导体安装过渡块，导致以上两间隔内部避雷器与主回路接触不良发生拉弧放电。通过现场安装避雷器导体过渡块、清理主回路导体触头等措施，缺陷得到消除。

❖ **检测分析方法**

工作人员对 111-4、112-4 气室进行 SF₆ 气体分解产物测试，发现气体成分与投运前相比已发生变化。以上两气室交接及诊断试验数据见表 1 和表 2。

表 1   111、112 间隔 SF₆ 气体分解产物交接试验数据

序号	气体组分（μL/L）	注意值	112-1	112-4	111-1	111-4	1 号出口避雷器	2 号出口避雷器
1	H₂S	≥5	0	0	0	0	0	0
2	SO₂	≥5	0.2	0.1	0	0.1	0.1	0.6
3	HF		0	0	0	0	0	0
4	CO		0.9	0.9	0.9	1.9	0.6	0.9
5	湿度		142	109	126	140	132	129

表 2   111、112 间隔 SF₆ 气体分解产物诊断试验数据

序号	气体组分（μL/L）	注意值	112-1	112-4	111-1	111-4	1 号出口避雷器	2 号出口避雷器
1	H₂S	≥5	0	1.5	0	2.3	0	0
2	SO₂	≥5	0.2	10.1	0	13.2	0.1	0.6

设备名称			112-1	112-4	111-1	111-4	1号出口避雷器	2号出口避雷器
序号	气体组分（μL/L）	注意值						
3	HF		0	0	0	0	0	0
4	CO		0.8	1.4	0.9	2.3	0.6	0.8
5	湿度		139	63	121	94	127	121

经检测，111-4、112-4气室SO_2含量由投运前的$0.1\mu L/L$增加到$10\mu L/L$以上，均超出《电力设备带电检测技术规范（试行）》（国家电网生变电〔2010〕11号）规定值标准，H_2S气体含量与投运前交接试验数据相比也有所增长。初步认定以上两气室存在内部放电缺陷，随即制定缺陷处理措施。

工作人员打开111间隔避雷器上方四通罐体（111-4隔离开关气室）盖板，进行内部检查。在检查过程中发现，避雷器至主回路的A、C两相导体触头上有灰白色粉末（主要成分为CF_4），图1为触头烧损痕迹及灰白色粉末照片。避雷器上方的过渡块未装，造成避雷器至主回路的导体插入深度不够，导体触头总长60mm，插入屏蔽罩内15mm（要求插入50mm），图2为避雷器导体插入深度不够照片。随后拆开111间隔避雷器，发现避雷器至主回路A、C两相导体表面有长约30mm、宽约2mm、深度0～1.5mm的放电痕迹。经过清理和检查，避雷器至主回路导体对接处的屏蔽罩和梅花触指未见烧损迹象。

图1　触头烧损痕迹及灰白色粉末

图2　避雷器导体插入深度不够

工作人员将112间隔避雷器上方四通罐体（112-4隔离开关气室）的盖板及避雷器拆开，发现112间隔与111间隔存在同样问题，但112间隔避雷器至主回路A、C两相导体放电烧损情况没有111间隔严重。

缺陷原因分析如下：

（1）据该设备厂家说明，为避免GIS设备进行现场耐压试验时内部避雷器击穿，此设备厂家在出厂时将GIS设备避雷器单元与主回路单元拆分运输，待现场做完耐压试验后，再将避雷器单元与主回路单元进行组装。

（2）220kV夏庄变电站111、112主进间隔与避雷器连接处为特殊结构，与出线间隔存在差异，图3为111、112主进回路与避雷器气室连接处过渡法兰照片。由于该避雷器法兰与上方四通罐体（-4隔离开关气室）法兰对接口连接螺丝排布不一致，出厂时加装了一个宽30mm的过渡法兰调整对接口螺孔位置，又因避雷器连接导体为标准件，所以在安装时必须加装高度为30mm的过渡块，以保证避雷器连接导体与主进回路连接可靠。图4为主进间隔避雷器导体过渡块照片、图5为加装了过渡块的避雷器导体照片。

（3）厂家在出厂运输或安装过程中漏掉了111、112主进间隔的避雷器导体安装过渡块。在组合电器安装图纸、装箱清单中也未标出过渡块，安装说明书中也没有因111、112间隔避雷器对接法兰改变结构后需要加装对过渡块的说明。

（4）厂家现场服务人员对安装过渡块的要求不清楚。以上原因导致过渡块漏装，避雷器至主回路的导体与主回路接触不良，A、C相导体连接处有间隙，在设备带电后产生持续的间隙放电，最终导致111-4、112-4隔离开关气室SO_2含量超标。

缺陷认定后，厂家工作人员拆除了111、112间隔避雷器连接导体，对111-4、112-4隔离开关气室主导电触头进行了清理，重新安装111、112间隔避雷器导体过渡块和主回路连接导体，回装避雷器后，测

图 3　111、112 主进回路与避雷器　　图 4　主进间隔避雷器导体过渡块　　图 5　加装了过渡块的避雷器导体
　　　　气室连接处过渡法兰

量避雷器至主回路的导体插入屏蔽罩内深度为 45mm，满足装配要求，缺陷消除。

经验体会

（1）SF$_6$ 气体具有卓越的绝缘性能和灭弧性能，被广泛应用于断路器、气体绝缘组合电器、气体绝缘变压器、气体绝缘互感器、气体绝缘电缆等各种输变电设备中。纯净的 SF$_6$ 气体在常温常压下无色、无味、无毒，不可燃，理化性质稳定，但若设备内部存在局部放电、重燃和严重过热性故障时，SF$_6$ 气体将发生分解，产生 SO$_2$、H$_2$S、CO 等有害化合物，不仅使 SF$_6$ 电气设备绝缘性能下降，而且会严重威胁人身安全。对 SF$_6$ 电气设备中 SF$_6$ 气体分解产物进行检测，能够准确、迅速、方便地判断 SF$_6$ 电气设备内部是否存在故障，从而保证 SF$_6$ 电气设备和电网安全稳定可靠运行。

（2）对于设备有特殊结构装配部件、特殊安装工艺要求的，设备厂家要在现场安装图纸及说明书中作明确标注和说明。

（3）要严把设备入网关，加强对基建安装现场的监督管理，指定专人负责，避免由于厂家安装人员业务水平有限等原因造成设备带缺陷运行的安全隐患。

检测信息

检测人员	国网河北省电力公司邯郸供电分公司：袁育红（46 岁）、李佳（27 岁），国网河北省电力公司电力科学研究院：庞先海（31 岁）、杨桦（28 岁）、顾朝敏（29 岁）
检测仪器	SF$_6$ 气体分解产物检测仪（ATSM902DF，常州爱特科技有限公司）
测试环境	温度 35℃、相对湿度 45%

3.3.2 SF₆气体分解产物检测发现 220kV 富家变电站 GIS 设备安装及制造工艺不良

❖ **案例简介**

国网辽宁省电力有限公司本溪供电公司富家变电站 220kV 太富 2 号线 GIS 型号为 ZF11-252，是河南平高 2008 年产品，2009 年 2 月投入运行。2011 年 4 月 9 日，在对 220kV 太富 2 号线间隔进行分解物检测时，发现该间隔进线气室 SF₆气体分解产物含量异常。经分析需停电处理，将所有电连接打开检查，未发现明显的放电和过热痕迹，但发现多处安装和制造工艺不良，包括导电部位附着有脏污物，套管电连接内静触头弹簧触指槽内及底部附着有微量银屑状粉末，电导体上有多处划痕和凹坑等。

❖ **检测分析方法**

2011 年 4 月 9 日，对 220kV 太富 2 号线 GIS 间隔进行 SF₆气体分解物检测发现检测结果超标，该异

图 1 测试异常数据气室与位置示意图

常气室内并无开关，结构简单，位置如图 1 所示。测得 $SO_2 + SOF_2$ 含量较大，达到 $4.02\mu L/L$，接近标准注意值 $5.0\mu L/L$，且 CO 含量较大，达到 $288\mu L/L$。具体数值见表 1。组织相关专业人员研究，怀疑气室内可能存在 SF₆气体分解，且涉及含碳物质分解，但分解程度不是很大。

2011 年 5 月 14～18 日，国网辽宁省电力有限公司本溪供电公司和制造厂人员对异常间隔进线气室进行了细致的解体检查，将全部安装装配拆下，所有电连接打开检查，未发现明显的放电和过热痕迹，但发现多处制造安装工艺不良，包括导电部位附着脏污物，如图 2 所示，套管电连接内静触头弹簧触指槽内及底部附着有微量银屑状粉末，如图 3 所示，电导体

表 1　　SF₆气体分解产物测试数据

气室名称	SO₂+SOF₂	H₂S	HF	CO
进线	4.02	0.00	0.00	288.2

上有多处划痕和凹坑，如图 4 所示，制造厂技术人员现场全部进行了处理，恢复安装后送电。

由解体结果可以看出，该间隔 SF₆气体在安装时即混入杂质，在整体制造工艺不良，导体上存在多处划痕和凹坑，运行中出现微小局部放电，引发 SF₆气体分解；另外，个别电连接部位接触不良过热，电连接部位导电部位附着脏污物，引发 SF₆气体分解；电连接内静触头弹簧触指或导电杆的镀银层硬度或附着力不足，摩擦产生微量银屑，运行中出现微小局部放电，引发 SF₆气体分解。

图 2 导电杆电连接部位脏污

❖ **经验体会**

通过 SF₆气体分解产物的测量可及时发现 GIS 气室内部存在过热缺陷，该缺陷可能是接触不良、尖

图 3 套管电连接内静触头弹簧触指槽内和底部银屑状粉末

图 4 导体表面凹坑

端放电、有灰尘杂质等原因造成。注意电连接内静触头弹簧触指或导电杆的镀银层硬度和附着力是否符合标准要求，必要时开展金属镀银层检测。

检测信息

检测人员	国网辽宁省电力有限公司电力科学研究院：毕海涛（35岁）
检测仪器	JH3000 SF_6 气体分解产物检测仪（厦门加华电力科技有限公司）
测试环境	温度 12℃、相对湿度 40％

3.3.3 SF_6 气体分解产物检测发现 66kV 崔家变电站 GIS 分支母线导体设备对中不良

案例简介

国网辽宁省电力有限公司鞍山供电公司 66kV 崔家变电站 66kV GIS 崔采南线间隔，型号为 ZF12-72.5，河南平高 2008 年 12 月生产，2010 年 5 月 26 日投运。2011 年 5 月 12 日，检测人员对 66kV GIS 崔采南线间隔的各气室进行了 SF_6 气体分解产物测试，发现Ⅰ母隔离开关气室 $SO_2 + H_2S$ 已达 89μL/L，严重超标，其余气室正常。根据测试结果判断，该气室已出现 SF_6 气体分解，从分解产物成分可以看出内部已产生电弧。将该间隔进行停电处理，组织相关人员对 GIS 进行检查，发现该气室内分支母线导体在安装固定在两侧盆子上时，与隔离开关动触头拉杆配合不良，导致隔离开关动触头拉杆在穿过该导体与静触头接触偏心，合闸不到位，接触不良，A 相最为严重，在长期运行中不断放电，产生 SO_2 分解物。

检测分析方法

2011 年 5 月 12 日，对 66kV GIS 崔采南线间隔的各气室进行 SF_6 气体分解产物测试，发现Ⅰ母隔离开关气室 $SO_2 + H_2S$ 已达 89μL/L，严重超标，其余气室正常。故障的崔采南线间隔如图 1 所示。

联系平高制造厂技术人员赶到现场，并于 5 月 16 日开盖检查，发现崔采南线间隔Ⅰ母隔离开关气室

图 1　故障 GIS 间隔

内充满 SF$_6$ 分解产物粉尘。

5月20日，技术人员开始进行现场故障处理，进行细致检查，发现B相静触头上有明显动触头偏心合闸后产生的压痕，如图2所示，A相静触头上烧蚀痕迹也呈偏心形态，一侧烧蚀特别严重，如图3所示。

故障的直接原因为该气室内分支母线导体在安装固定在两侧盆子上时，与隔离开关动触头拉杆配合不良，导致隔离开关动触头拉杆在穿过该导体与静触头接触偏心，合闸不到位，接触不良，A相最为严重，在长期运行中不断放电，产生 SO$_2$ 分解物。

图 2　B 相静触头

图 3　A 相动静触头照片

由于该部分装配在设备安装时由制造厂整体运输到现场，现场不进行调试，该故障原因为制造厂出厂时安装工艺不良所致。

❖ 经验体会

（1）SF$_6$ 分解产物检测方法可有效检测故障部位，节约了检修时间，提高了检修效率。

（2）通过 SF$_6$ 气体成分分析，可以早期诊断出设备缺陷发展过程中的一些隐患，为防止故障的进一步扩大提供了保障。

❖ 检测信息

检测人员	国网辽宁省电力有限公司电力科学研究院：毕海涛（35岁）
检测仪器	JH3000 SF$_6$ 气体分解产物检测仪（厦门加华电力科技有限公司）
测试环境	温度 17℃、相对湿度 40%

3.3.4 SF₆气体分解产物检测发现750kV武胜变电站GIS设备Ⅱ母C相避雷器导电杆与导电杆座连接松动

❖ 案例简介

2011年11月24日，工作人员对国网甘肃省电力公司检修公司750kV武胜变电站750kVⅡ母避雷器气室进行SF₆气体分解产物测试发现分解产物异常，SOF_2+SO_2含量为$10\mu L/L$。测试结果表明750kVⅡ母C相避雷器有异常现象，后经解体检查，发现避雷器导电杆与其底座螺纹连接处有白色粉末，经查该避雷器导电杆与导电杆座连接有松动。

❖ 检测分析方法

通过对750kVⅠ、Ⅱ母GIS避雷器进行SF₆气体分解产物测试数据横向比较，以及分解物成分含量分析，可以发现GIS等SF₆气体在异常电场下分解变化的情况，发现设备内部隐患。

工作人员现场测得750kVⅠ、Ⅱ母GIS避雷器SF₆气体分解物（SOF_2+SO_2）测试值见表1。

表1　　　　SF₆气体分解物测试值

设备名称	SF₆气体分解物含量（$\mu L/L$）	是否有异常现象
750kVⅡ母C相避雷器	10	有
750kVⅠ母C相避雷器	0	无
750kVⅡ母B相避雷器	0	无
750kVⅠ母B相避雷器	0	无
750kVⅡ母A相避雷器	0	无
750kVⅠ母A相避雷器	0	无

（1）异常设备申请停电后，现场检查情况。移除罐体后进行逐步解体检查，整体外观无异常，避雷器阀片完好，但气室底部有灰白色粉末物质，如图1所示。去除均压环后，拆下上部导体连接部分，发现导电杆与导电杆底座部位有灰白色粉末物质，并发现导电杆松动，如图2所示。将导电杆与其底座拆开后，发现螺纹处存在烧黑痕迹如图3所示。

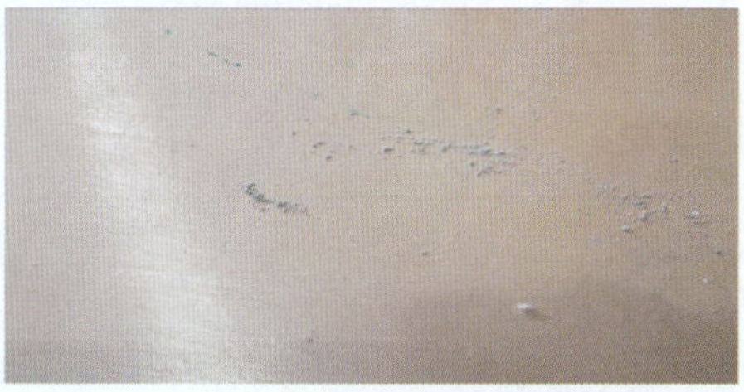

图1　气室底部有灰白色粉末物质

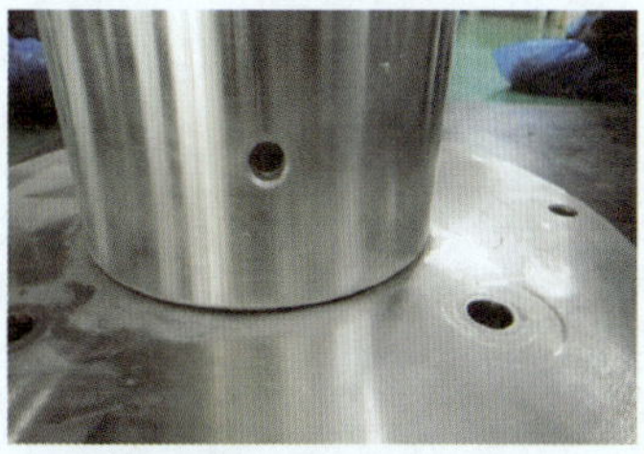

图2　导电杆松动、导电杆与导电杆底座部位有灰白色粉末物质

图3　导电杆与其底座连接螺纹烧黑痕迹

（2）避雷器返厂解体检查情况。2011年11月28日，750kVⅡ母A、B相避雷器在制造厂解体，发现存在与C相同样的问题。A相及B相避雷器导电杆与其底座螺纹连接处有少量白色粉末，导电杆与导电杆座连接有松动，其他部位检查情况正常。

（3）返厂解体检查原因分析及处理方案。从避雷器解查情况分析，该放电情况系导电杆与其底座装配不到位，进而松动导致螺纹连接处发生放电，致使SF₆气体分解产生灰白色粉末状物质。从设计层面分析，放电的原因系导电杆与其底座的连接方式设计不合理，将导电杆与其底座的连接方式由原来的螺纹连接改为一体式结构，可确保其连接的可靠性，避免出现放电情况。从表1中可以明显发现750kVⅡ母C相避雷器罐体内部存在异常，从而及早发现了设备隐患，保证设备安全运行。

经验体会

SF₆ 气体分解产物测试技术，通过对测试数据横向比较，以及分解产物成分含量分析，可以发现 GIS 等 SF₆ 气体在异常电场下分解变化的情况，发现设备内部隐患。是 SF₆ 气体绝缘设备的带电检测工作行之有效的方法。

检测信息

检测人员	国网甘肃省电力公司检修公司：谢亮（42岁）
检测仪器	TP40 SF₆ 气体综合测试仪

3.3.5 SF₆ 气体分解产物检测发现 220kV 新立变电站 HGIS 母线隔离开关设备合闸不到位

案例简介

国网辽宁省电力有限公司盘锦供电公司 220kV 新立变电站 1 号主一次 HGIS 设备为山东泰开 2011 年制造的 ZF16-252 型产品，2011 年 10 月 25 日投运。2013 年 5 月 21 日，在对 220kV 变电站深度隐患排查工作中，试验人员在对该 220kV 变电站设备进行 SF₆ 气体成分检测时发现，该 1 号主一次 HGIS 母线隔离开关气室 A 相 SO₂ 含量为 200μL/L（正常为 <2μL/L），严重超标，其余气室未发现异常。后经 HGIS 主回路直流电阻测试显示：A 相回路电阻偏大。为输电设备安全稳定运行，决定停电对设备进行解体检查，发现异常原因为母线隔离开关机构 A 相传动拉杆调整不到位导致动静触头插入深度不足，长期通过负荷电流产生过热，触头逐渐烧损所致。

检测分析方法

试验人员在对该 220kV 变电站设备进行 SF₆ 气体成分检测时发现，该 1 号主一次 HGIS 母线隔离开关气室 A 相 SO₂ 含量为 200μL/L（正常为 <2μL/L），经拆解异常位置，该处角型隔离开关静触头与动触头接触位置均有烧蚀痕迹，且比较均匀，如图 1 所示。同时，气室内部弥漫粉尘，壳体内表面未发现烧蚀痕迹，绝缘子无异常，屏蔽罩无异常。

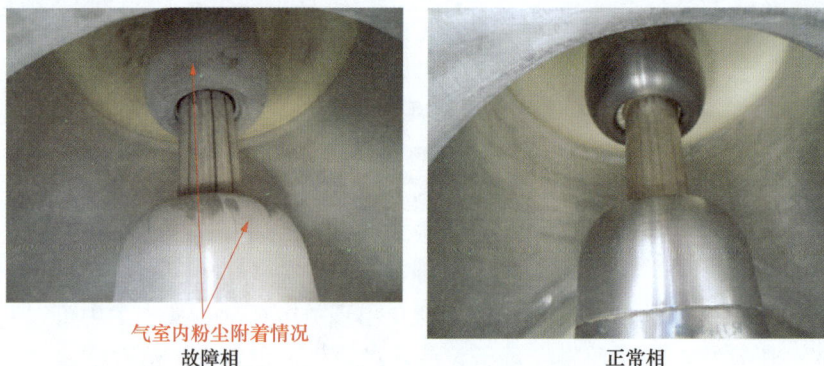

气室内粉尘附着情况

故障相　　　　　　　　正常相

图 1 隔离开关动、静触头情况

分合操作，发现合闸到位时，A相动静触头插入深度与B、C相比较存在明显差异，其中B相22mm、C相21mm、A相刚刚接触［制造厂标准为（21±1）mm］，A相不符合工艺标准要求。B相刚合时，三相合闸位置对比情况如图2所示。

A相 　　　　　　　B相 　　　　　　　C相

图2　动、静触头合闸到位情况

将A相刀闸动静触头拆下检查，触头、触指均烧蚀漏铜，如图3所示。动静触头正常外貌如图4所示。

图3　A相刀闸动、静触头烧蚀情况

图4　正常触头情况

对隔离开关机构进行全面检查，发现A相机构连杆在合闸后拐臂行程不到位，B、C相正常。更换烧蚀的动静触头，清理气室，重新调整A相机构连杆，测量合闸到位后动静触头插入深度合格，恢复安装，异常消除。

本次异常的直接原因是1号主一次HGIS母线隔离开关机构A相传动拉杆调整不到位导致动静触头插入深度不足，长期通过负荷电流产生过热，触头逐渐烧损所致。根本原因是制造厂装配工艺不良，出厂检验不细致。

❖ 经验体会

（1）隔离开关机构A相传动拉杆调整不到位对设备安全稳定运行影响较大，建议运维单位联系制造厂，开展隔离开关拐臂机械位置的检查并做好标记。同时，开展SF₆分解产物、超声波局放的普测工作。

（2）为保障该类设备安全稳定运行，应切实加强组合电器设备的厂内监造、现场安装关键环节见证和交接验收工作。

（3）要求制造厂完善设备出厂装配、调试、检验试验工艺流程，加强人员培训和产品质量控制，从根本上杜绝此类故障。

检测信息

检测人员	国网辽宁省电力有限公司电力科学研究院：包蕊(33岁)
检测仪器	JH3000 SF$_6$气体综合测试仪（厦门佳华电力科技有限公司）
测试环境	温度18℃、相对湿度50%

3.3.6 SF$_6$气体分解产物检测发现220kV长治西变电站110kV断路器内部局部放电

案例简介

2012年3月29日，国网山西省电力公司长治供电公司利用SF$_6$气体综合分析仪对220kV长治西变电站带电检测过程中发现，110kV长中Ⅰ线131断路器微水含量为482μL/L，并且伴有H$_2$S和SO$_2$有害气体的存在，含量分别为70.5μL/L和100μL/L，均已超出标准要求。后经停电返厂检修发现有害气体超标是由于断路器绝缘杆和动触头拉杆连接轴销与轴孔存有间隙，间歇性局部放电造成杂质气体的产生。最后对断路器进行了更换。

110kV 131断路器型号：LW25-126，生产厂家：西安高压开关厂，额定电压：126kV，额定电流：1600A，额定气压：0.5MPa，出厂日期：1999年4月，2000年1月投入运行，一直处于运行状态。

检测分析方法

2012年3月29日，对110kV长中Ⅰ线131断路器进行气体成分综合测试时，发现其微水含量为482μL/L，H$_2$S和SO$_2$有害气体含量分别为70.5μL/L和100μL/L。随后的两个月又对其进行了两次SF$_6$气体成分带电测试。该断路器历次微水和成分试验数据见表1。

表1   该断路器历次微水和成分试验数据

试验日期	环境温度（℃）	工作状态	微水（μL/L）	纯度	H$_2$S（μL/L）	SO$_2$（μL/L）
2012年3月29日	18	运行	482	99.96%	70.5	100.0
2012年4月27日	22	运行	485	99.97%	72.4	100.0
2012年5月29日	27	运行	484	99.97%	72.0	100.0

根据QGDW 168—2008《输变电设备状态检修试验规程》和《电力设备带电检测技术规范（试行）》（生变电〔2010〕11号）对断路器内SF$_6$气体水分和成分的要求，该断路器微水含量已超过标准值300μL/L，气体成分中的SO$_2$和H$_2$S成分，也已大大超过警戒值5μL/L。通过翻阅相关资料和对该型断路器结构进行深入研究，初步判断该断路器内部有放电故障。经联系断路器生产厂家，对断路器极柱进行了更换，并现场调试、投运。将故障极柱返厂检查。

2012年7月30日，故障断路器在西安高压开关厂成品三车间对三相逐一解体。对该断路器的解体情况如图1和图2所示，B、C相未见缺陷情况，A相打开后发现绝缘拉杆与灭弧室动端拉杆连接处有黑色粉尘附着，拆下轴销发现有明显放电灼烧痕迹。

图1　B、C相拉杆连接处洁净

图2　A相拉杆连接处有黑色粉尘附着

经测量对比发现，A相轴销轴孔发生明显变化，如图3～图5所示。正常轴销直径为12.45mm，A相轴销最小直径为11.20mm。B、C相灭弧室动端拉杆轴孔直径为12.50mm，A相轴孔扩大为14.20mm。B、C相绝缘拉杆轴孔直径为12.50mm，A相轴孔为14.50mm。

B、C相动、静触头表面较为洁净，而A相动、静触头表面大量黑色粉尘，但主触头导电部分完好无损，没有电腐蚀痕迹，动、静触头有轻微灼烧痕迹，如图6～图8所示。

A相动、静触头底座与瓷套连接部位的密封胶有灼烧痕迹，如图9所示。

图3　B、C相（左数第1、2个）完好轴销与A相（左数第3个）有烧蚀轴销对比

图4　A相动端拉杆轴孔与轴销配合明显存在间隙

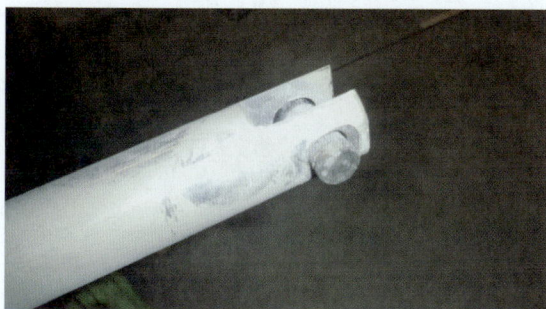

图5　A相绝缘拉杆轴孔与轴销配合明显存在间隙

图6　A、B相动触头对比（有粉尘者为A相）

通过断路器的解体，可以判定断路器微水含量、SO_2和H_2S成分超标的原因是该断路器绝缘杆和动触头拉杆连接轴销与轴孔存有间隙，断路器多次动作，导致轴销与轴孔间隙增大，产生悬浮电位，造成放电，进而使间隙继续增大，形成恶性循环。导致A相动作滞后于B、C相，A相灭弧时间延长，产生更多热量，进而使密封胶碳化，分解出少许水分。

与此同时，悬浮放电和电弧燃烧将使A相灭弧室内的固体绝缘材料及SF_6气体产生分解，造成SF_6气体微水、SO_2和H_2S成分超标。

处理：在该型号断路器绝缘拉杆上端金属杆与动触头装配连杆的连接轴销两侧加装等电位连接片，避免悬浮电位的产生，如图10所示。

图7 A相静触头

图8 A相静触头、主触头

图9 进入A相静触头座SF₆气体侧的被灼烧密封胶

图10 连接轴销两侧加装等电位连接

❖ 经验体会

（1）继续开展 SF_6 电气设备的气体成分带电检测工作，特别加强该型号、同批次 SF_6 断路器的 SF_6 气体成分带电检测工作，检测到异常情况，缩短检测周期，有必要时进行停电大修或返厂检修。

（2）开发其他气体成分的带电检测技术，丰富 SF_6 气体成分检测手段。供电基层检修试验单位使用的 SF_6 气体成分综合分析测试仪，只能检测 SO_2 和 H_2S 两种气体成分，而且最高量程很低，影响了对运行中的 SF_6 电气设备运行状态的准确评估。所以，现实应用中就需要配置性能优异、检测成分多样、量程精准的测试仪器，不断提高带电检测方法技能，有助于及时、准确发现 SF_6 气体电气设备的异常，超前防控事故的发生，提高设备的可靠性，保证电网的安全与稳定。

❖ 检测信息

检测人员	国网山西省电力公司长治供电公司变电检修室：吕永红（41岁）
检测仪器	HZCA300 SF₆ 气体综合测试仪
测试环境	温度 5℃、相对湿度 40％

3.3.7　SF₆ 气体分解产物检测发现 110kV 安沙变电站断路器内部放电

📇 案例简介

国网湖南省电力公司长沙供电分公司 110kV 安沙变电站 500 断路器为西安西电高压开关有限责任公司 1999 年 11 月出厂的产品，型号 LW25-126，额定电流 2000A，额定开断电流 31.5kA，编号 311。2011 年 11 月 29 日，国网湖南省电力公司电力科学研究院在带电检测过程中发现该断路器 SF₆ 气体分解产物测试结果异常，SO_2 为 30.4 μL/L、H_2S 未检出、CO 为 103.1 μL/L，湿度、纯度测试结果正常。根据运行单位记录，该断路器于 2011 年 11 月 1 日 8 时操作动作一次，之后再无动作，此时距检测日期已有 28 天。因此判断设备内部存在放电性缺陷，SO_2 由放电产生，要求尽快停运检修或更换。解体后证实灭弧室活塞杆与绝缘拉杆接头连接处存在放电。

📇 检测分析方法

（1）现场检测分析。110kV 安沙变电站 500 断路器现场 SF₆ 气体带电检测结果见表 1。

表 1　　SF₆ 气体带电检测结果

SO_2（μL/L）	H_2S（μL/L）	CO（μL/L）	湿度（μL/L）	纯度
30.4	0	103.1	87	98.4%

根据带电检测结果判断，SO_2 含量超过国网湖南省电力公司电力科学研究院 2009 年《SF₆ 电气设备气体分析方法的故障诊断研究》科研项目规定的"有灭弧室设备（$SO_2 + SOF_2$）≤2μL/L"注意值要求；同时，国家电网公司《电力设备带电检测技术规范（试行）》（主变电〔2010〕11 号）规定，断路器中 SF₆ 气体分解产物 SO_2 或 H_2S 含量≥5μL/L 即认定为缺陷状态。

根据运行单位记录，该断路器于 2011 年 11 月 1 日 8 时操作动作一次，之后再无动作，此时距检测日期已有 28 天。因此判断设备内部存在放电性缺陷，SO_2 由放电产生，要求尽快停运检修或更换。

（2）解体情况。对该断路器三相进行解体检查，其中两相内部完好，一相在灭弧室活塞杆与绝缘拉杆接头连接处存在烧损现象，如图 1 所示，提升杆销孔外表有破损，孔径增大，圆柱销中部已明显变细，活塞杆端部表面明显烧损，动、静触头表面发黑，灭弧室内有大量残余灰黑色粉末。

图 1　断路器解体照片（一）

图 1　断路器解体照片（二）

（3）缺陷原因分析。灭弧室活塞杆与绝缘拉杆接头连接处为轴销配合连接结构，误差积累配合间隙偏大，使轴销与孔之间产生悬浮电位烧蚀零部件，产生灰黑色粉末，随断路器分、合闸操作扩散至灭弧室。断路器在操作冲击过程中，不断地使配合间隙增大、轴销变细、孔变大。

◈ 经验体会

（1）SF_6 气体分解产物检测作为一种 SF_6 气体绝缘设备带电检测方法，是发现设备潜伏性运行隐患的有效手段，是电力设备安全、稳定运行的重要保障。

（2）针对存在家族性缺陷的西安西电高压开关有限责任公司 2002 年 10 月以前出厂的 LW25-126、LW15-252 型瓷柱式断路器，应严格按照检测周期进行 SF_6 分解产物带电检测，必要时缩短检测周期。若出现 SF_6 分解产物检测结果超标，在复测确认后应尽快退出运行并进行本体解体检修。

◈ 检测信息

检测人员	国网湖南省电力公司电力科学研究院：周舟（33 岁）、胡旭（38 岁）
检测仪器	SF_6 气体综合测成仪［STP1000A＋，泰普联合科技（北京）有限公司］
测试环境	温度 15℃、相对湿度 64％

3.3.8 SF$_6$气体分解产物检测发现 110kV 西庄变电站 110kV 断路器内部局部放电

❖ 案例简介

110kV 西庄变电站一台 LW25-126 断路器，2006 年 4 月 1 日出厂，2006 年 9 月 1 日投运。2011 年 3 月 20 日 SF$_6$ 断路器分解物普查中，检出 76μL/L 二氧化硫，分析内部存在局部放电。2011 年 3 月 24 对该断路器进行了更换。同时对断路器解体发现，活塞杆、销、拉杆连接处的配合尺寸超差，轴销与孔之间存在悬浮电位。

❖ 检测分析方法

（1）检测方法。本案例使用厦华生产的 SF$_6$ 气体分解产物电化学传感器检测仪现场带电检测断路器 SF$_6$ 分解物中 SO$_2$ 和 H$_2$S 含量，检测到 76μL/L 二氧化硫。

（2）检测依据。2005 年 6 月国家电网公司颁发的"十八项电网重大反事故措施"提出必要时开展 SO$_2$、H$_2$S 等分解产物含量的检测；《国网公司状态检修试验规程》将 SF$_6$ 气体分解产物测试列为诊断项目；国家电网公司《电力设备带电检测仪器配置原则》（生变电〔2010〕212 号）将 SF$_6$ 气体分解产物测试仪列为地市公司必配仪器；《高压电气设备绝缘技术监督规程》《用于电气设备的六氟化硫气体质量监督与运行管理导则》《六氟化硫气体设备中气体的检测和处理导则和再利用的规范》等标准均规定了 SF$_6$ 气体分解产物的含量上限，距最近一次跳闸一周以后 SO$_2$＋SOF$_2$≤2.0。

（3）现场测试及分析。2011 年 3 月 20 日，SF$_6$ 断路器分解物普查中，检出 76μL/L 二氧化硫，次日进行复测，检测数据变化不大，随即请求上级帮助，3 月 22 日复测确证，SF$_6$ 气体中二氧化硫很高，认为断路器状态不正常。

SF$_6$ 电气设备内部故障可分为放电和过热两大类，而放电又分为电晕放电、火花放电和电弧放电。悬浮电位放电故障能量不大，一般情况下只有 SF$_6$ 分解产物，主要生成 SO$_2$、H$_2$S 和少量 HF。正常运行的断路器未进行大的故障电流开断时，SF$_6$ 的分解产物很少，断路器在分合时会产生高温电弧，使 SF$_6$ 生成带电离子，但由于分、合闸速度极快，又有高效的灭弧功能，使带电离子在瞬间复合成 SF$_6$，其复合率达 99.9%，绝缘材料又远离电弧区，因此，正常运行的断路器中，SF$_6$ 气体和固体绝缘材料的分解产物很少。但若 SF$_6$ 断路器有内部故障如局部放电及严重过热性故障，将使故障区域的固体绝缘材料、轴销及 SF$_6$ 气体产生分解，分解产物主要是硫化物和氟化物，说明该断路器内部存在局部放电。

按照 Q/GDW 171-2008《SF$_6$ 高压断路器状态量评价标准》，SF$_6$ 高压断路器状态量评价标准内部局部放电，单项扣分 24 分，断路器状态异常，必须尽快安排 A 或 B 类检修。

（4）解体检查。3 月 24 日对该断路器进行了解体，如图 1 所示，在一相灭弧室中，发现触头处出现黑色的附着物，轴销脱落，如图 2、图 3 所示。分析认为造成故障的主要原因是：由于活塞杆、销、拉杆连接处的配合尺寸超差，使轴销与孔之间产生悬浮电位。加之开关的操作冲击，进一步增大配合间隙，增强悬浮电位，导致销在活塞杆、拉杆连接孔处连续震动，就会发出异响声。在有悬浮电位烧蚀零部件以及轴销的连接震动的共同作用下，配合间隙不断加大，最终可能导致轴销脱落。

图 1 现场解体

图 2 断路器内部粉尘杂质

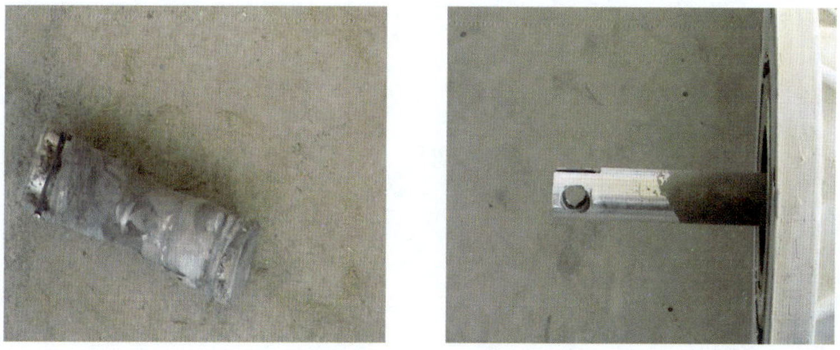

图 3　轴销脱落

（5）改进措施。断路器厂家对该活塞杆、销、拉杆连接处进行设计改进，将销子适当的加长，在挡圈槽外开浅槽，加上弹片，使弹片始终卡在浅槽中，弹片另一端用螺钉固定在活塞杆和拉杆上，每相两个弹片，利用弹片的弹性使活塞杆、拉杆和销子有效接触，消除悬浮电位。

❖ 经验体会

（1）在进行停电检测同时，科学制订和落实设备带电检测计划，加强运行设备状态检（监）测分析，充分利用状态检修辅助决策系统，及时准确、动态掌握设备状态变化，是防止状态检修决策失误导致设备障碍甚至事故的发生的重要措施。

（2）开展状态检修，要尽量采用先进的检测手段，通过统筹配置仪器、仪表和技术培训是基本的手段。

❖ 检测信息

检测人员	詹世强、卢鹏、菅永峰
检测仪器	JHC40000-1
测试环境	温度 8℃、相对湿度 58%

3.3.9　SF$_6$ 气体分解产物检测发现 330kV 凉州变电站 3322 A 相断路器灭弧室侧轴承脱落

❖ 案例简介

国网甘肃省电力公司检修公司 330kV 凉州变电站 3322 断路器（LW10E-363W 型）于 2002 年 9 月由河南平高电气股份有限公司生产，2003 年 5 月投运，截止故障前，断路器三相开断次数分别为 A 相 22 次、B 相 19 次、C 相 12 次；无切断故障电流和不良工况；投运后在 2009 年 4 月进行过例行检查试验，试验数据合格。2013 年 7 月 4 日 16 时，对该断路器 A 相进行 SF$_6$ 三相（分解物、纯度、微水）检测，因 CO 超量程无法测试，后协调北京泰谱联合厂家紧急生产 1 台符合现场测试量程 SF$_6$ 组分测试仪，并在 7 月 9 日到达现场进行了复测，发现 CO 为 417μL/L，SO$_2$ 为 3μL/L，H$_2$S 为 0，微水 92.52μL/L，纯度 98.9%，同时安排试验人员进行红外精确测温，结果无异常。

检测分析方法

（1）该断路器 A 相 SF_6 气象色谱分析数据如表 1 所示。解体检查前 SF_6 气体测试数据如表 2 所示。

因此台断路器 A 相 CO 气体含量较大，存在 SO_2 气体，分析认为断路器存在严重缺陷，对其进行停电解体检查。

（2）A 相本体解体情况。对 A 相灭弧室及三联箱整体起吊，对 A1、A2 灭弧室与三联箱进行解体检查，并对 A1、A2 灭弧室动静触头进行分解（本体支柱未解体）。灭弧室及三联箱装配整体起吊后，发现支柱导向密封面残留有大量不规则金属铝屑，如图 1 所示。经检查均为铝制导向槽与滚轮磨损脱落物，如图 2 所示。并发现 A1 侧四连杆变向机构转动轴的轴承脱落（即转动轴未固定在轴承内），如图 3 所示。转动轴端部边缘磨损严重并与轴承脱离，如图 4、5 所示。三联箱装配吸附剂盖板对应轴承位置有明显转动摩擦痕迹，如图 6、7 所示。同时，未发现转动轴端部限位弹性挡圈，也未发现掉落的弹性挡圈。

表 1　330kV 凉州变电站 3322 断路器 A 相 SF_6 气象色谱分析数据

序号	检测对象	检测结果	
		物质名称	含量（$\mu L/L$）
1	7 月 12 日 15 时 50 分，使用 RFQ 750 气体采样装置从 330kV 凉州变电站 3322 断路器 A 相气室取回的样气	CS_2	37
2		CO	466
3		SO_2F_2	22
4		C_2F_6	513
5		C_3F_8	415
6		CF_4	76
7		SO_2	1.4
8		H_2O	184
9		$S_2F_{10}O$	0
10		SiF_4	0
11		SF_4	0
12		S_2F_{10}	0
13		H_2S	0

表 2　解体前 SF_6 气体测试数据

相别	微水含量（$\mu L/L$）	SO_2（$\mu L/L$）	H_2S（$\mu L/L$）	CO（$\mu L/L$）	纯度	测试时间及状态
A	30.36	5	0	617	97.64%	7 月 16 日 16 时 30 分，就地分合操作 3 次后测试
A	32.30	3.3	0	481	98.71%	7 月 17 日 13 时解体前
B	38.73	0	0	51	99.79%	7 月 17 日 14 时解体前
C	62.21	0	0	35	99.97%	7 月 17 日 14 时 40 分，解体前
A	62.26	3.7	0	610	98.10%	7 月 17 日 14 时 40 分，解体前 SF_6 气体减压至 0.5MPa
	62.26	3.7	0	583	98.11%	7 月 17 日 16 时 40 分，解体前 SF_6 气体减压至 0.3MPa
	62.26	3.8	0	582	98.10%	7 月 17 日 16 时 50 分，解体前 SF_6 气体减压至 0.2MPa
结论	（1）7 月 16 日测试数据为断路器 A 相就地分合操作 3 次后数据，SO_2、CO 均有增加，表明断路器灭弧室内存在故障。 （2）7 月 17 日测试数据有所下降原因为断路器支柱内装吸附剂对气体吸附					
备注	仪器型号：STP1000A＋（增大 SO_2、CO 量程型） 厂家：泰普联合科技开发（北京）有限公司					

经验体会

（1）通过 SF_6 气体分解物、纯度、微水测试检测，能够发现 SF_6 设备的内部缺陷。

图 1　支柱顶部导向密封面残留有大量不规则金属铝屑

图 2　铝制导向槽磨损

图 3　A1 侧固定轴销的轴承脱落

图 4　灭弧室动触头铝制导向槽磨损 1

图 5　灭弧室动触头铝制导向槽磨损 2

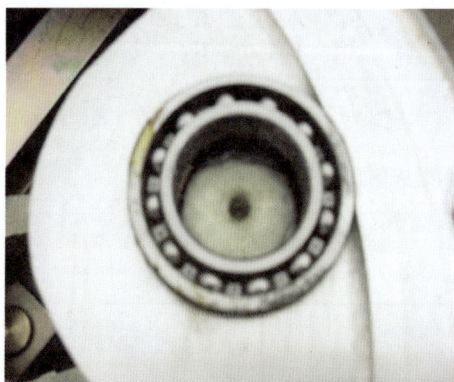

图 6　轴销边缘磨损严重

图 7　对应轴承位置有明显转动摩擦痕迹

（2）该故障产生的原因如下：A 相断路器三联箱内四连杆机构转动轴固定轴承的弹性挡圈未安装，致使运行中 A1 灭弧室侧轴承脱落，导致动触头装配及连杆机构发生偏斜，三联箱内导轨组件严重损伤。分合闸过程中，四连杆机构侧向受力，造成动触头装配中心位置发生偏离，导致 A1 断口动静弧触头、主触头啃伤，喷口烧蚀局部碳化。其次，由于三联箱内四连杆机构失稳，波及到 A2 断口，造成 A2 灭弧室主触头异常磨损。

❖ 检测信息

检测人员	国网甘肃省电力公司检修公司：黄旭（27 岁）、罗少文（27 岁）
检测仪器	STP1000A＋SF$_6$ 气体综合测试仪

3.3.10　SF$_6$ 气体分解产物检测发现 220kV 华山变电站 35kV 母线电压互感器缺陷

❖ 案例简介

国网上海市电力公司检修公司 220kV 华山变电站 35kV GIS 设备为德国西门子公司早期进口产品，1991 年 8 月投运。2011 年 4 月 29 日 10 时，带电检测人员在对该站 GIS 设备进行局放检测工作中，发现该变电站 35kV GIS 正一段母线电压互感器 3U_0 电压远高于正常运行值，压变及其二次回路存在异常。通过对互感器本体进行 SF$_6$ 气体成分分析检测，发现互感器气室 SO$_2$、CO、H$_2$S 气体成分严重超标，解体后发现电压互感器内部元件过热灼烧情况较为严重，成功避免一起负荷密集中心城区 35kV 母线恶性故障。

❖ 检测分析方法

带电检测人员发现 220kV 华山变电站 35kV GIS 正一段母线电压互感器 3U_0 电压远高于正常运行值，压变及其二次回路存在异常，采用超高频、超声波法对该互感器进行局放检测，由于城区背景噪音偏大，无法采集有效的局放信号。再采用 SF$_6$ 气体成分分析法对互感器本体气室进行检测，发现互感器气室 SO$_2$、CO、H$_2$S 气体成分严重超标，其中 SO$_2$ 数值 103×10^{-6}、CO 数值 1004×10^{-6}、H$_2$S 数值 209×10^{-6}，基本确定互感器内部存在过热、放电情况。

在停电排查互感器二次回路工作中发现，该电压互感器本体接线端子空间偏小，导致二次电缆交错布置，使得二次接线及端子排潮、散热条件较差，二次接线盒内端子、二次电缆存在锈蚀、过热迹象，如图 1 所示。

在解体互感器内部元件工作中发现，该电压互感器内部过热灼烧情况较为严重，如图 2 所示。分析认为，由于该电压互感器本体采取二次浇筑工艺，造成一次绕组和二次绕组浇筑界面间同种材料物理特性不同，导致互感器绝缘特性、热老化特性无法满足长期运行要求，从而造成过热灼烧。目前该类型产品多采用一次浇筑工艺，从而避免了此类问题的产生。

图1 电压互感器二次端子箱内情况

图2 电压互感器内部故障情况

❖ 经验体会

（1）SF_6气体分析方法是检测、诊断 GIS 内部放电缺陷比较有效的方法，但其检测灵敏性受气室吸附剂吸收能力、气室容积大小等因素影响限制。

（2）在市区或局放背景复杂的场所中，超声波、超高频难以对小幅度局放信号检测工作实现有效检测，需要对此类环境下如何提高局放检测有效性进行进一步研究。

❖ 检测信息

检测人员	国网上海市电力公司检修公司：张浩（41 岁）、胡明（45 岁）、杨建平（39 岁）
检测仪器	GA10-SF_6型 SF_6成分分析仪（德国 WIKA）
测试环境	温度 18℃、相对湿度 56％

3.4 超声波局部放电检测技术

3.4.1 超声波局部放电检测发现 110kV 万码变电站 GIS 内部异物缺陷

❖ 案例简介

2012 年 12 月 19 日 10 时，国网天津市电力公司电力科学研究院对 110kV 万码变电站 110kV GIS 设备进行超声波局部放电检测，发现 I 段 11 号间隔母线超声与背景及其他间隔相比异常，连续测量方式下，

B 相母线气室有效值和周期峰值比背景值大、且稳定，分别为 0.2mV、4.2mV，50Hz 和 100Hz 信号明显。与相邻气室以及同气室 A、C 两相的测量结果对比，初步判定 11 号间隔 B 相母线导体存在放电缺陷。随后，12 月 22 日 13 时，对该气室进行解体检修，重新进行试验，试验顺利通过。

检测分析方法

2012 年 12 月 19 日 10 时，国网天津市电力公司电力科学研究院对 110kV 万码变电站 GIS 设备进行交流耐压和超声波局部放电联合检测，在交流耐压顺利通过之后，进行超声波局放检测，发现 Ⅰ 段 11 号间隔母线 B 相超声检测异常，具体位置如图 1 所示。峰值大于背景值 10 倍以上，且 50Hz 和 100Hz 相关性明显，如图 2 所示。考虑到 Ⅰ 段 11 号间隔 A、C 两相超声局放检测顺利通过，初步判定原因为 B 相 Ⅰ 段 11 号间隔母线粘有异物。

图 1　110kV 万码变电站 110kV
组合电器 Ⅰ 段 11 号间隔

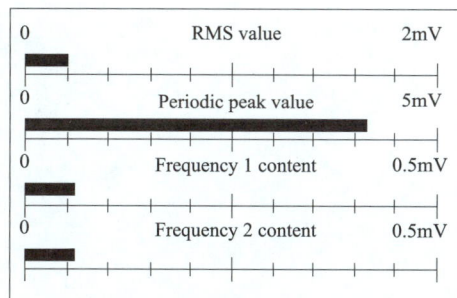

图 2　连续测量方式下 110kV
组合电器 11 号间隔 B 相图谱

图 3　B 相母线拐角背面残余包装用塑胶残留物

12 月 22 日 13 时，厂家对异常气室进行排气、开仓检查，发现 110kV GIS Ⅰ 段 11 号间隔 B 相母线处存在胶体残留物，如图 3 所示。

清除异物后，重新对该 GIS 进行耐压局部放电试验，数据合格，试验顺利通过。

经验体会

（1）超声波局部放电检测能够有效地检测出 GIS 内部绝大部分缺陷，在 GIS 交接耐压试验顺利通过的情况下也依然有可能存在绝缘缺陷，发生局部放电。因此为保证 GIS 设备正常送电投运，应在 GIS 现场交流耐压试验通过之后，进行 GIS 局部放电检测项目，作为对现有交接试验项目的补充。

（2）在 GIS 交接试验过程中，应按标准严格开展局部放电，只要是发现有局部放电异常信号，即使低于运行设备检修的经验值，也应该进行处理，把缺陷消除在初始状态，做到零缺陷移交，防止送电后缺陷发展成为事故。

检测信息

检测人员	国网天津市电力公司电力科学研究院：李松原（27 岁）、张黎明（33 岁）
检测仪器	AIA-1 GIS 超声波局部放电检测仪（挪威 TransiNor AS 公司）
测试环境	温度 0℃、相对湿度 35％

3.4.2 超声波局部放电检测发现 110kV 新中村变电站 110kV GIS 振动

❖ 案例简介

2013 年 10 月 10 日 10 时，国网天津市电力公司电力科学研究院利用超声技术手段，对 110kV 新中村变电站 110kV GIS 进行局部放电检测。发现 112 间隔电缆进线气室存在较大振动情况，在连续测量模式下，100Hz 相关性明显，相位模式测量下呈典型振动图谱。10 月 15 日 15 时，对其进行了 X 射线成像，照片显示，A 相与 C 相电缆头连接的电联节屏蔽罩存在明显偏移。2013 年 11 月 27 日 14 时，对 112 间隔进行停电检修，解体发现，112 间隔电缆进线气室的电缆头处电联节屏蔽罩与基座内部 V 型槽之间存在间隙，在电动力的作用下，造成振动现象。

❖ 检测分析方法

图 1 为 110kV 新中村变电站 110kV GIS 112 间隔电缆进线气室的超声局部放电检测的相位图，其呈现出典型的振动图谱。图 2 为 112 间隔电缆进线气室的 X 射线影像图，照片显示，A 相与 C 相电缆头连接的电联节屏蔽罩存在明显偏移，由此判定，振动是由于电缆头连接的电联节屏蔽罩松动而引起的。2013 年 11 月 27 日 14 时，对 112 间隔进行停电检修，解体发现，112 间隔电缆进线气室的电缆头处电联节屏

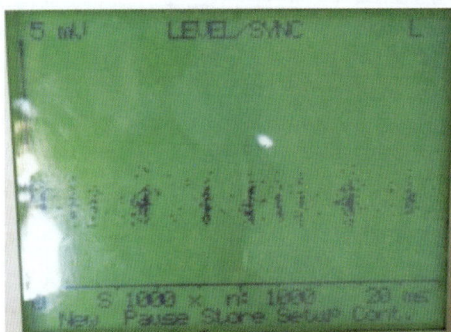

图 1 112 间隔电缆进线气室超声局部放电检测的相位谱图

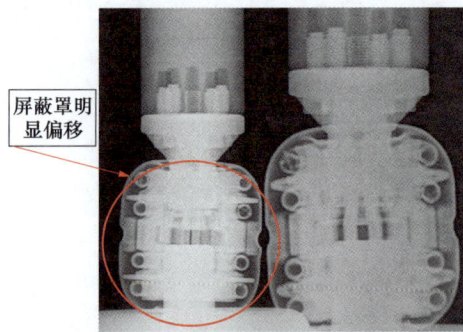

屏蔽罩明显偏移

图 2 112 间隔电缆进线气室 X 射线影像

蔽罩采用旋压方式将外屏蔽与基座内部 V 型槽配合定位，由于生产把控不严格，造成二者之间存在间隙，在电动力的作用下，造成振动现象。

✥ 经验体会

（1）对超声波局部放电检测有异常情况的设备要特别重视，需要对数据、图谱进行横向和纵向的分析比较，并要注意其状态的变化情况，并且超声波局部放电检测能够敏锐发现设备振动缺陷。

（2）X 光透视对发现组合电器及其他设备内部位移极为有效，该技术必将为设备的状态检修提供准确而有效的技术支持，实现组合电器的"可视化"检测。

✥ 检测信息

检测人员	国网天津市电力公司电力科学研究院：李松原（27 岁）、张黎明（33 岁）
检测仪器	AIA-1 GIS 超声波局部放电检测仪（挪威 TransiNor AS 公司）、X 射线成像仪
测试环境	温度 14℃、相对湿度 60%

3.4.3 超声波局部放电检测发现 220kV 海河下游变电站 110kV GIS 振动

✥ 案例简介

2013 年 11 月 15 日 10 时，国网天津市电力公司电力科学研究院对 220kV 海河下游变电站 110kV GIS 进行超声波局部放电检测。在检测过程中发现 4 母线电压互感器（TV）存在较大振动，但是 5 母线 TV 并未发现振动现象。后经现场检查发现，4 母线 TV 并未支撑牢固，从而产生机械振动，在对现场支撑钢架进行紧固后，振动现象得以排除。

✥ 检测分析方法

采用 AIA-1 进行超声波局部放电检测时，发现 220kV 海河下游变电站 110kV GIS 4 母线 TV 间隔存在明显机械振动情况，且 A、B、C 三相 TV 振动情况极为相似。检测 5 母线 TV 时，并未发现振动情况。图 1 为 4 母线 TV，图 2 为相位测量模式下振动图谱。

随后试验人员对 4 母线 TV 进行外观和安装检查，发现支撑该 TV 的支撑钢架并未接触到设备本体，没有起到支撑的作用。工作人员立即对支撑钢架进行重新安装和紧固，如图 3 所示。

图 1　220kV 海河下游变电站
110kV GIS 4 母线 TV 间隔

图2　4母线TV间隔超声波局部放电检测的相位图谱　　　　图3　对TV支撑钢架进行重新安装

安装紧固完成之后，重新进行超声波局部放电检测，4母线TV振动现象完全消失，故障排除。

经验体会

（1）超声波局部放电检测可以有效发现设备振动缺陷，效果明显优于特高频等电磁信号检测手段。

（2）对于电压互感器振动现象应引起重视，需要横向、纵向比较分析。同时也应该根据现场安装的实际情况以及结合其他带电检测手段进行综合判断和全面考虑，最后给出准确的判断和处理方案。

检测信息

检测人员	国网天津市电力公司电力科学研究院：李松原（27岁）、张黎明（33岁）
检测仪器	AIA-1超声波局部放电检测仪（挪威 TransiNor　AS公司）
测试环境	温度8℃、相对湿度40%

3.4.4　超声波局部放电检测发现220kV井矿变电站110kV GIS内部异常声响

案例简介

国网河北省电力公司石家庄供电公司220kV井矿变电站110kV GIS备用111间隔投运后发现有异常声响。2013年3月13日对该设备进行超声局部放电带电检测，发现110kV GIS备用111间隔内1号母线、2号母线气室有局部放电信号并伴有"嗡嗡"异响。2013年3月23～26日，对111-1隔离开关及母线气室、111-2隔离开关及母线气室及其相邻的母线波纹管备用气室进行解体检查，发现隔离开关传动机构绝缘连杆和母线动静触头之间存在晃动缺陷，3月26日下午处理后送电，异响消除。局部放电检测未发现异常。

设备生产日期：2012 年 6 月，投运日期：2013 年 1 月，型号：ZF10-126，额定电压：126kV，额定电流：2000A，出厂编号：120113，生产厂家：山东泰开高压开关有限公司。新投运未到检修周期。

检测分析方法

（1）超声局部放电带电检测情况。2013 年 3 月 13 日，对井矿变电站 110kV GIS 111 备用间隔 1 号母线进行超声局部放电带电检测，试验数据见表 1。

表 1   **220kV 井矿变电站 110kV GIS 111 备用间隔超声检测数据**

背景噪声：有效值：0.3mV；峰值：2.5mV；50Hz 相关性：0mV；100Hz 相关性：0mV			
间隔名称	隔室名称	超声检测结果	特高频检测结果
111 备用间隔	1 号母线 111-1 隔离开关	5mV，1mV，0mV，0.15mV	盆式绝缘子被金属封闭

试验结论：110kV GIS 111 备用间隔 1 号母线 111-1 隔离开关处局部放电检测数据异常。超声局部放电检测峰值为 5mV，有效值为 1mV，100Hz 相关性为 0.15mV，50Hz 相关性为 0mV，初步分析认为内部元件安装时未紧固好，在电动力作用下造成振动。

（2）设备解体情况。在对异常 GIS 气室解体检修工作中，对解体气室内部进行了详细的检查。

1）对 GIS 内壁及连接导线检查。解体检查内壁表面清洁、光滑，未发现异物、凸起或毛刺等。母线导体完好，无碰伤、毛刺等，也无放电痕迹。基本可以排除由于异物或尖端放电引起异响。

2）对气室内所有的螺丝进行了排查紧固。对绝缘盆子静触头屏蔽罩、静触头固定螺丝、母线连接排螺丝等气室内的所有螺丝进行了检查，未发现松动现象，但在静触头的固定螺丝中由于安装原因，螺丝长度选择不当，存在弹簧垫未压紧现象，如图 1 所示。

由于该螺丝处于导线凹槽处，内六角扳手无法使用，故安装时更换为普通螺丝，但更换后的螺丝比原螺丝长度稍长，如图 2 所示，出现上面螺丝虽已上紧，但不能将弹簧垫压平的情况。

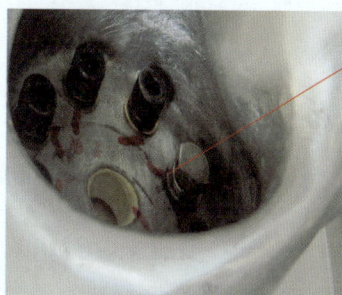

图 1   静触头固定螺丝弹簧垫未压紧   图 2   两种螺丝长度对照

虽然弹簧垫没有压平，但已经压上，不存在晃动和松动现象，故可排除此处螺丝松动造成出现异响的可能。

3）对动静触头连接处进行了检查。在 111-2 隔离开关气室解体时，发现 A 相母线与绝缘盆子连接的动触头连接引线有晃动现象，用手晃动会出现磕碰的声音，如图 3 所示。

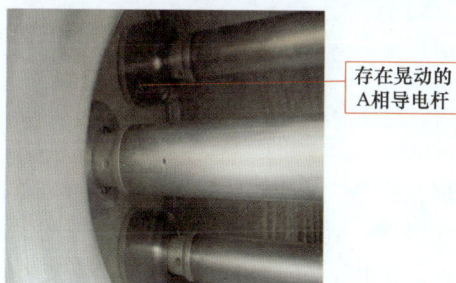

图 3   存在晃动的导电杆

329

处理方法：将固定引线的连接排上的四条螺丝（如图4所示）松下，将引线旋转向右90°后，晃动量减小。

动静触头的连接是靠周围一圈弹簧触指压紧的，出线晃动很正常，很多这样的触头都会出现晃动的情况。并且结合局放检测报告，111-2隔离开关气室未发现异常，故判断由于触头晃动而引起异响的可能性不大。

4）对隔离开关本体及传动连杆进行检查。在检查111-1隔离开关时，发现111-1隔离开关B、C相之间的传动绝缘拉杆（绝缘拉杆3）底部有晃动现象。具体位置如图5所示。

图4 连接排上的四条螺丝

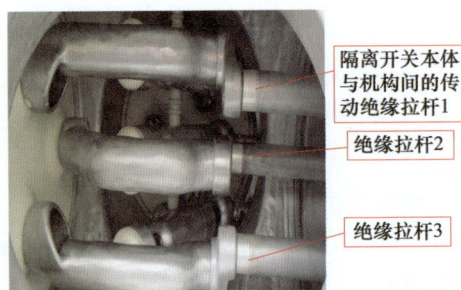

图5 111-1隔离开关传动绝缘拉杆

隔离开关操作机构在气室上方，绝缘拉杆为三串组成，如图5所示，即绝缘拉杆1、2、3分别为机构和隔离开关相间的传动杆。在绝缘拉杆3处，（如图6所示）用手抓住连杆3顺着插入槽方向来回晃动可以听到"磕、碰"的声音。

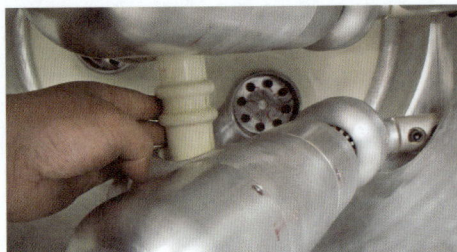

图6 111-1隔离开关传动绝缘拉杆晃动

（3）处理方法。手动合上隔离开关，晃动量消失，然后将隔离开关手动分开，但在整个分闸过程中没有再出现连杆晃动的现象。

厂家运输和安装时，111-1隔离开关均是在合闸位置，验收送电前，厂家将其手动摇至分闸位。在分闸后，厂家可能没有将其摇到底，而恰巧在这个位置上，出现最下方传动拉杆插接位置绝缘拉杆正好在不受力状态，从而出现晃动现象。结合局部放电试验，111-1隔离开关处局部放电检测数据异常，内部元件安装时未紧固好，在电动力作用下造成振动。由此判断，在母线送电的情况下，传动绝缘拉杆与母线达到了相同的共振频率，而发生振动，引起异响的可能性较大。

经过以上检查处理，2月26日下午送电后异响消除，超声检测未发现异常。

（4）存在的问题。绝缘拉杆结构不够可靠，拉杆与隔离开关齿轮插接位置容易出现配合不严密的情况。

（5）现场安装不精细，安装完成后未详细检查内部固定螺栓紧固情况及相关运动部位的配合情况。

❖ 经验体会

（1）本次缺陷原因为制造厂家现场安装工艺把关不严，安装时未详细检查内部固定螺栓紧固情况及相关运动部位的配合情况。应吸取该次教训，在现场安装中防止由于松动造成的异常状况的出现。

（2）新设备投运，要严肃交接试验流程，仔细检查设备投运后运行状态，出现异常情况及时与制造厂家、安装部门沟通，并将异常情况及时汇报，提高入网设备质量水平。

检测信息

检测人员	国网河北省电力公司电力科学研究院：庞先海（31 岁）、李晓峰（34 岁）、顾朝敏（30 岁），国网河北省电力公司石家庄供电公司：辛庆山（42 岁）
检测仪器	AIA-1 超声波局部放电检测仪（挪威 TransiNor AS 公司）
测试环境	温度 25℃、相对湿度 45％

3.4.5 超声波局部放电检测发现 220kV 边务变电站 220kV GIS 母线支撑绝缘子缺陷

案例简介

国网河北省电力公司沧州供电公司 220kV 边务变电站 220kV 2 号主变压器投运后发现 212 GIS 间隔母线有异常声音，超声局部放电检测发现 220kV GIS 212 间隔下侧 I 母线检测结果偏大，数据最大值出现在 212 间隔 B 相下侧 I 母线罐体底部，212 间隔下侧 II 母线及 212 间隔无异常，分析认为可能存在支撑绝缘子放电缺陷，重点怀疑部位为 212 间隔 B 相下侧 I 母线罐体底部支柱绝缘子。后对 GIS 进行解体发现 220kV I 母线支撑绝缘子存在不明黑色痕迹，现场进行了更换，恢复送电后经检测缺陷消除。

检测分析方法

220kV GIS 为山东泰开高压开关有限公司生产，2013 年 4 月 12 日投入运行，投运现场发现 212 间隔母线处有异常声响。

针对 212 间隔异常情况，国网河北省电力公司电力科学研究院技术人员对其进行了 SF_6 分解物及湿度检测，未发现异常情况，H_2S、SO_2 含量均小于 $1\mu L/L$，湿度小于 $40\mu L/L$，满足《电力设备带电检测技术规范（试行）》要求，超声检测发现 212 间隔下侧 I 母线放电幅值较大，100Hz 频率相关性明显高于 50Hz 频率相关性，判断 GIS 设备内部存在局部放电缺陷，具体检测结果见表 1。

表 1   **220kV 边务变电站 212 间隔超声检测数据**

间隔名称	隔室名称	超声检测结果
背景		0.4mV、1.5mV、0mV、0.0mV（有效值，峰值，50Hz 相关性，100 Hz 相关性）
212 下侧 I 母线	A 相下侧母线	2.5mV、8mV、0.02mV、0.3mV
	B 相下侧母线	3mV、11mV、0.05mV、0.7mV
	C 相下侧母线	2mV、7mV、0.01mV、0.25mV
212 下侧 II 母线		无异常
212 间隔断路器		无异常

鉴于以上情况，对 212 间隔下侧 I 母线进行了解体检修，检查发现 220kV I 母线 B 相支撑绝缘子存

图1　220kVⅠ母线绝缘子缺陷部位

在黑色痕迹，疑似放电灼伤，判断为母线绝缘子制造工艺不良，导致在运行电压下绝缘表面电场分布不均，产生沿面放电，具体缺陷部位如图1所示。

针对缺陷情况，对母线支柱绝缘子进行了更换，设备投运后，异常声响消失，局部放电检测无异常，缺陷消除，设备恢复正常运行。

经验体会

（1）本次缺陷原因为制造厂家对生产工艺把关不严，将不符合要求的绝缘件装配到设备中，今后工作要加强新设备驻厂监造环节监管，并把好出厂试验关，从源头上消除设备安全隐患。

（2）新设备投运，要严肃交接试验流程，仔细检查设备投运后运行状态，出现异常情况及时与制造厂家、安装部门沟通，并将异常情况及时汇报，提高入网设备质量水平。

（3）超声波检测法在操作和故障判断上容易实现，对GIS类设备局部放电缺陷、自由颗粒、电晕放电都有较强的灵敏度，并可以实现故障定位，且检测时间短，适合巡检使用。

检测信息

检测人员	国网河北省电力公司电力科学研究院：庞先海（31岁）、李晓峰（34岁）、顾朝敏（29岁），国网河北省电力公司沧州供电公司：刘东亮（34岁）
检测仪器	SF$_6$气体分解物检测仪（ATSM902DF，常州爱特科技有限公司）、超声波局部放电测试仪（AIA-1型，挪威AIA科技公司）
测试环境	温度25℃、相对湿度45％

3.4.6　超声波局部放电检测发现220kV高寺台变电站220kV GIS气室内部放电

案例简介

国网冀北电力有限公司承德供电公司220kV高寺台变电站220kV GIS为山东泰开高压开关有限公司2012年产品，2012年12月31日投入运行。2013年12月27日10时在进行GIS超声局部放电带电检测例行试验时发现2202间隔相邻5母线气室超声信号明显偏大，为悬浮放电。后经对该母线解体检查发现母线一接头中梅花触头中有2件触片出现松动现象，并有放电痕迹。

检测分析方法

220kV 5 号母线、2204-4 隔离开关间隔 GIS 超声局部放电带电检测试验数据见表 1。

表 1 220kV GIS 超声局部放电测试数据

序号	设备运行编号	测试部位	有效值（mV）	峰值（mV）	50Hz 相关性（mV）	100Hz 相关性（mV）	分析
1	220kV 5 母线	底部	3.6	12.5	0.12	0.18	悬浮放电
		上部	3.3	11.4	0.03	0.04	悬浮放电
2	2202-4	A 相	0.56	2.85	0.02	0.03	无异常
		B 相	0.76	2.95	0.02	0.03	无异常
		C 相	0.56	2.60	0.02	0.03	无异常

气室连续模式图谱如图 1 所示。气室脉冲模式图谱如图 2 所示。

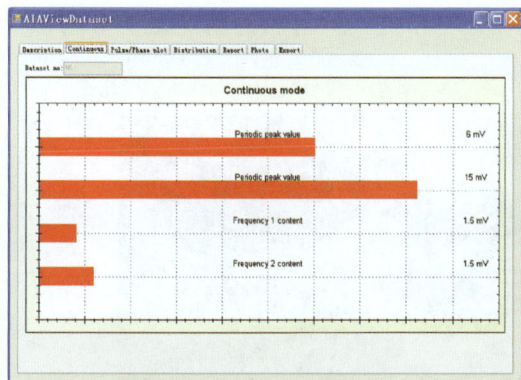

图 1 气室连续模式图谱

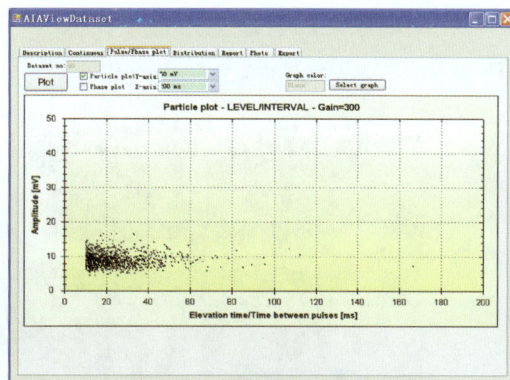

图 2 气室脉冲模式图谱

高寺台变电站 220kV 5 母线超声局部放电试验检测到有效值大于 2mV、峰值大于 5mV、最大峰值为 12.5mV 的异常信号，与 50Hz 相关性 0.1mV，100Hz 相关性 0.2mV，判断 GIS 内部有悬浮屏蔽放电缺陷。

为掌握设备缺陷发展状况，试验人员对高寺台变电站 2202 间隔进行超声局部放电跟踪检测。检测发现 2202 相邻的 220kV 5 母线气室超声信号依然明显偏大，且局部放电量有较大的增长趋势。进行 SF₆ 气体分解产物分析时未发现异常。超声局部放电测试数据见表 2。

表 2 GIS 超声局部放电跟踪测试数据

序号	设备运行编号	测试部位	有效值（mV）	峰值（mV）	50Hz 相关性（mV）	100Hz 相关性（mV）	分析
1	220kV 5 母线	底部	15	52	0.6	1.7	悬浮放电
		上部	12.4	44	0.2	0.75	悬浮放电
2	2202-4	A 相	0.60	2.9	0.02	0.03	无异常
		B 相	0.50	2.9	0.03	0.03	无异常
		C 相	0.65	2.6	0.02	0.03	无异常

跟踪检测时气室连续模式图谱如图 3 所示。跟踪检测时气室脉冲模式图谱如图 4 所示。

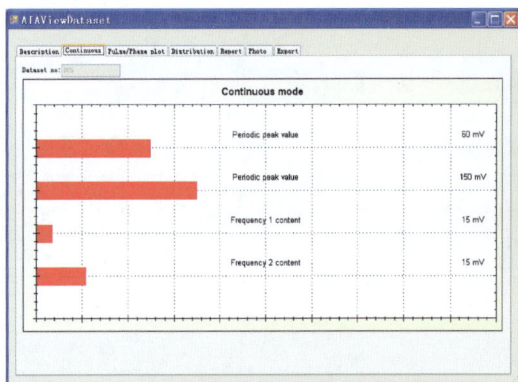

图3　跟踪检测时气室连续模式图谱

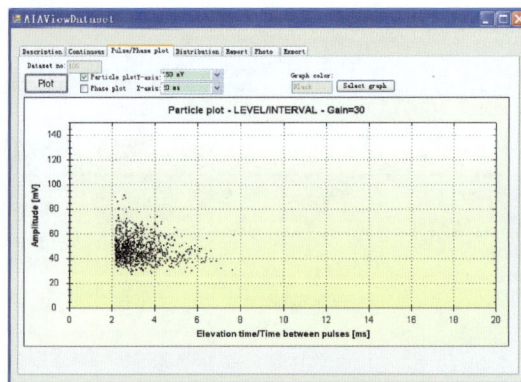

图4　跟踪检测时气室脉冲模式图谱

高寺台变电站2202相邻5母线气室超声局部放电试验检测到有效值大于15mV、最大峰值为52mV的异常信号，与此同时50Hz相关性0.6mV，100Hz相关性1.7mV，与第一次复测结果相比信号有效值明显增长，判断GIS内部有异常振动和放电现象。

2014年1月17～19日对高寺台变电站220kV 5母线气室进行解体检查。通过手动拍打2202相邻5母线内的B相横向母线，听力辨别有异常声响。然后拆下该处梅花触头的屏蔽罩，发现梅花触头中的2件触片出现松动现象，并有放电痕迹，其他30个触片均未发现异常。拆解后的梅花触头和母线接头如图5所示。

梅花触头　　　　　　　　　　　　母线接头

图5　梅花触头和母线接头

经解体分析，超声信号偏大的原因是由于安装不当造成的梅花触头稍有偏斜，导体安装后两侧不对称平行安装，一端插入量较大的状态下，另一端刚好倾斜搭接于触头导向棒，此端导体与导向棒的缝隙较大，形成了几率极小的对接状态，有合适的共振源作用于此处造成共振，使零件之间轻碰产生响声。

设备生产厂家对有缺陷的梅花触头进行了更换处理，同时对该母线内其他触头进行了检查，未发现类似问题。

经验体会

（1）GIS超声波局部放电检测中即使50Hz或100Hz相关性数值不超出规程规定的数值也能通过有效值和周期性峰值异常变化发现GIS设备内部缺陷。

（2）进行SF_6气体分解产物分析时未发现SO_2成分原因为：由于母线气室太长，气体量太大的原因（长11.924m，SF_6重量217kg），另外可能由于气室内有吸附剂，微量SO_2被吸附剂吸附，仪器检测不到。

检测人员	国网冀北电力有限公司承德供电公司：宁岩（27岁）、尚鑫（33岁）
检测仪器	ZF-506 SF₆气体分解物检测仪（河南中分仪器有限公司） APD6 GIS超声局部放电检测仪（北京国电迪扬电气设备有限公司）
测试环境	温度1℃、相对湿度28％

3.4.7 超声波局部放电检测发现110kV顾家屯变电站GIS内部放电

案例简介

国网冀北电力有限公司廊坊供电公司顾家屯110kV变电站2012年6月12日投运，2012年10月27日，运行人员在对站内避雷器进行带电测试时发现111淑安二线进口避雷器B相泄漏电流无法测量，B相泄漏电流监测仪指针不停抖动，A、C相泄漏电流正常，通过超声局部放电，发现GIS因安装工艺不良，引起内部放电。

检测分析方法

使用APD6型超声局部放电故障诊断仪对该气室进线测试，发现在去除背景噪声因素后，电压有效值$V_{RMS}>200\text{mV}$，呈现出较强的100Hz相关性，100Hz频率值为7.5mV，$V_{f2}/V_f \gg 1$。测量相邻带电间隔避雷器气室，其有效值、峰值均不超过背景噪声值。对照典型图谱，判断为该避雷器气室内部存在电位悬浮放电或者松动现象。测量结果如图1所示。

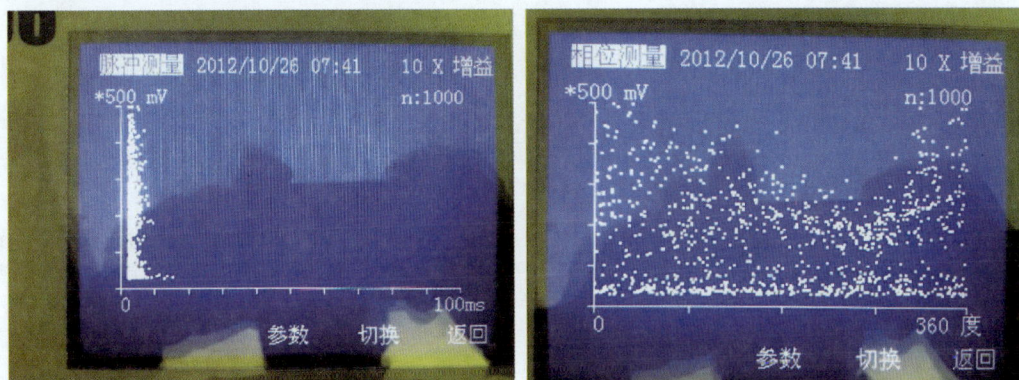

图1 故障气室脉冲测量相位图

正常气室测量结果如图2所示。

图 2　正常气室脉冲测量相位图

11 月 28 日，对该罐式避雷器解体，发现 B 相导电棒与梅花触头接触处有灼烧发黑痕迹，表面轻微凹陷，和导电棒接触屏蔽罩表面有少许粉末状物质，经仔细辨认为铝粉，如图 3、图 4 所示。其余两相导电棒未发现异常现象。随即对 B 相导电棒、梅花触头及屏蔽罩表面进行清洁处理后，重新组装完毕后再重复做高压试验，A、B、C 相均未出现异常响声且无局部放电，表明该问题已基本消除。为追根溯源，打开罐体，以 B 相导电棒为基准，对这三相导电棒间距进行测量，分别为 280mm、282mm、278mm，B 相导电棒距离其他两相距离不均等，出现偏心约 1～2mm。

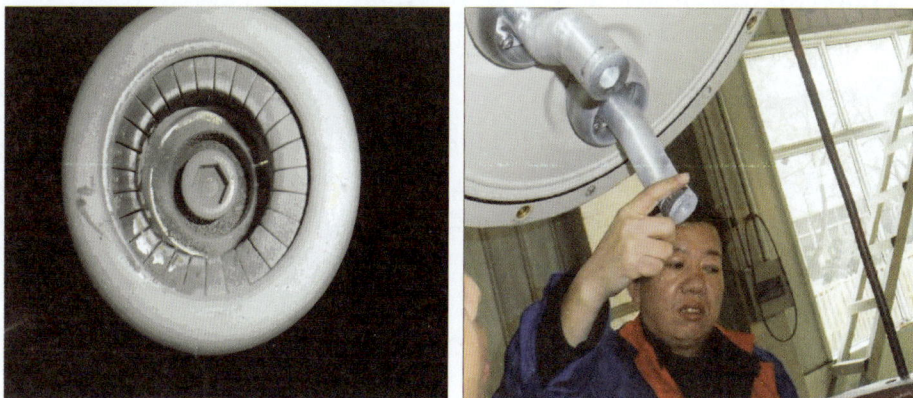

图 3　隐患部位图

结合上述情况，分析判断造成罐式避雷器异常响声的原因是导电棒在组装过程中未能保证三相间中心

图 4　隐患部位图

距离均为 280mm，导致导电棒与芯体中心位置不同心，加之厂家（平高）配送的梅花触头弹簧的回弹性稍不一致，从而使导电棒一侧与梅花触头接触紧密，而另一侧接触不良，在高电压作用下，经长时间带电运行导电棒表面（与触头相接触部位）发生放电发热，导致出现放电粉尘及灼烧发黑痕迹以及异常响声。

解体的结果与现场超声局放测试判断结果一致。

❖ 经验体会

（1）对 GIS 避雷器设备的巡视，重点检查泄漏电流、进行带电测试、检查是否有异常音响。

（2）建议为运行人员配备超声波局部放电监测设备，提高巡视质量。检修试验工区继续开展超声局部放电测试

工作，及时掌握设备运行状况。

（3）超声局放检测对于发现 GIS 内部隐患灵敏度较高。

检测信息

检测人员	国网冀北电力有限公司廊坊供电公司：王建新（36岁）、赵志山（32岁）、安冰（31岁）
检测仪器	APD6 型超声局部放电测试仪
测试环境	温度 12℃、相对湿度 50%

3.4.8 超声波局部放电检测发现 220kV 芙蓉变电站 220kV GIS 内部颗粒放电

案例简介

2012 年 7 月 5 日 9 时，国网湖南省电力公司检修公司工作人员对 220kV 芙蓉变电站 GIS 设备进行超声波局部放电带电检测，发现 220kV Ⅱ 母 6022 隔离开关段超声波局部放电数据异常。通过选取不同测量点及试验数据的综合分析，判断 6022 隔离开关 C 相气室存在内部放电故障。随后利用该站停电检修的机会对 220kV Ⅱ 母 6022 隔离开关气室进行开盖检查，发现隔离开关气室内壁已覆盖了一层微小颗粒，清除金属颗粒后复测超声波局部放电信号恢复正常。

检测分析方法

通过分析超声波测试数据可以发现 220kV 芙蓉变电站 220kV Ⅱ 母 6022 隔离开关段母线超声信号的峰值、有效值和 100Hz 相关性偏大，且脉冲模式较为集中，如图 1、2 所示，现场无明显异响。

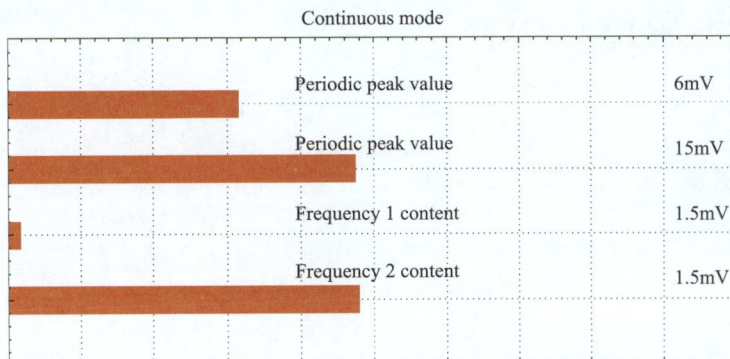

图 1 6022 隔离开关段超声检测连续模式图

进一步在 6022 隔离开关段选取检测点，各检测点位置及测量值见表 1。

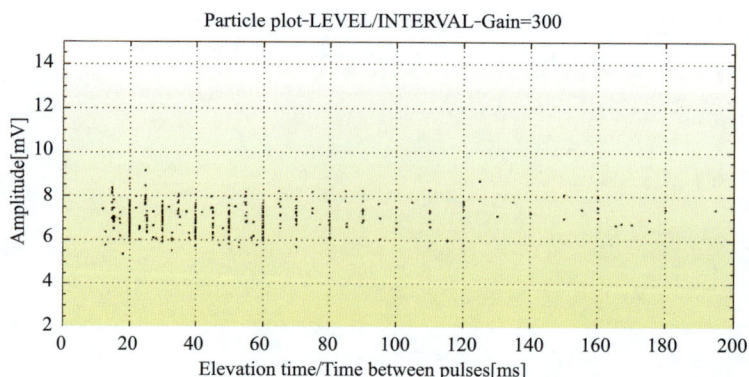

图 2　6022 隔离开关段超声检测脉冲模式图

表 1 　检测位置及测量值

检测点		1	2	3	4
位置描述		II 母 6022 隔离开关段	6022 隔离开关 A 相	6022 隔离开关 B 相	6022 隔离开关 C 相
连续模式（mV）	有效值	1.9	0.5	0.5	9
	峰值	6.5	1.8	1.8	54
	50Hz 相关性	0.02	0.01	0.01	0.1
	100Hz 相关性	0.65	0.01	0.01	6.5
脉冲模式		低，集中于正负峰值处	低	低	高，集中于正负峰值处

由表 1 可知，6022 隔离开关 C 相气室的超声信号最强，如图 3、4 所示，A 相（如图 5、6 所示）和 B 相的超声信号正常。因此，故障位置应在 6022 隔离开关 C 相气室。图 3 中，故障源信号与 100Hz 有较强的相关性，而图 4 脉冲模式中也有明显的放电故障迹象。II 母 6022 隔离开关段的检测图与 6022 隔离开关 C 相检测图谱相似，因此 II 母的超声信号偏大可能是隔离开关 C 相的超声信号传播过来所致。

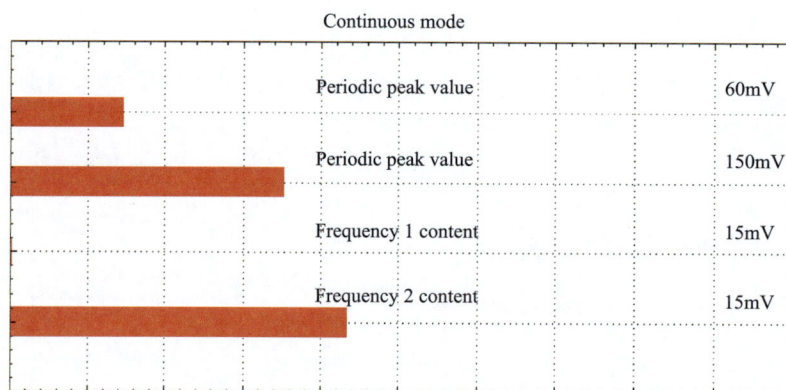

图 3　6022 隔离开关 C 相气室超声检测连续模式图

2012 年 11 月 8 日利用停电检修机会对 220kV II 母 6022 隔离开关气室开盖检查，发现隔离开关气室内壁已覆盖了一层微小颗粒如图 7 所示。分析产生原因可能是装配过程中进入气室的灰尘，或者隔离开关运行时在频繁操作中由于电弧烧蚀作用而生成的残余颗粒，如不及时清除，可能发生运行中放电故障。

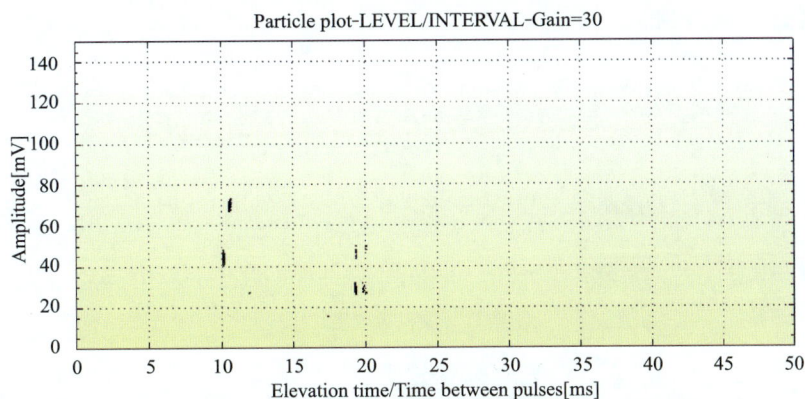

Particle plot-LEVEL/INTERVAL-Gain=30

图 4　6022 隔离开关 C 相气室超声检测脉冲模式图

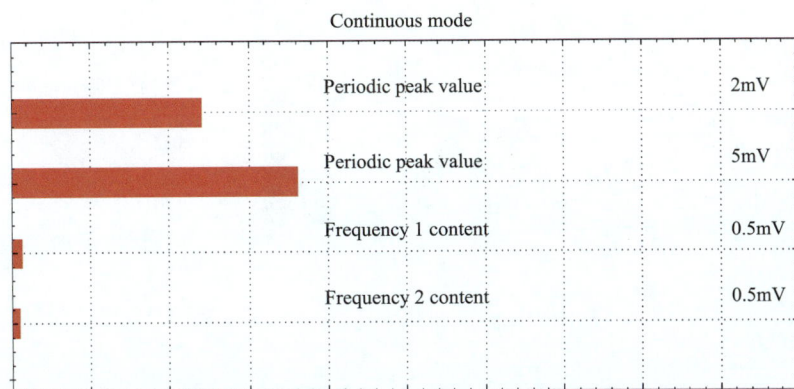

Continuous mode

Periodic peak value	2mV
Periodic peak value	5mV
Frequency 1 content	0.5mV
Frequency 2 content	0.5mV

图 5　6022 隔离开关 A 相气室超声检测连续模式图

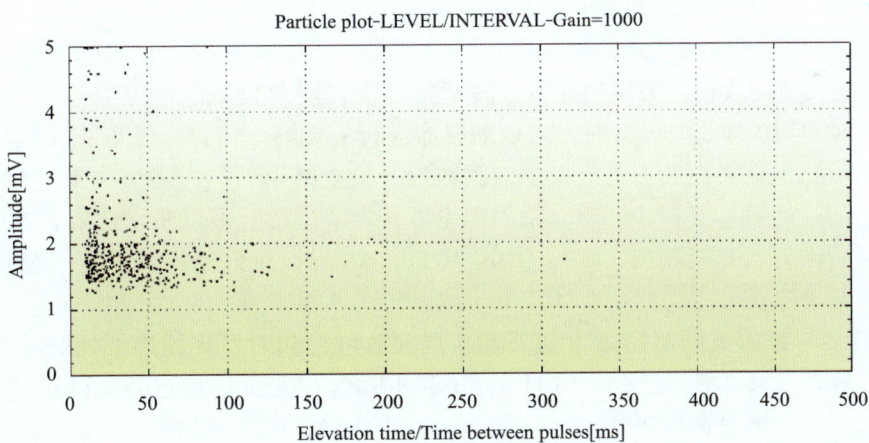

Particle plot-LEVEL/INTERVAL-Gain=1000

图 6　6022 隔离开关 A 相气室超声检测脉冲模式图

经验体会

（1）当利用超声波检测法在某一段 GIS 设备测试到疑似信号时，需进行相邻气室多点测量综合判断信号来源的正确位置。

（2）进行超声波数据测试和分析时需比较连续模式、脉冲模式的差异性，对照典型图谱初步判断 GIS 设备可能存在的缺陷类型，以便停电后有针对性地开展检查工作。

（3）对疑似局部放电信号应记录在案，利用停电机会进行检查

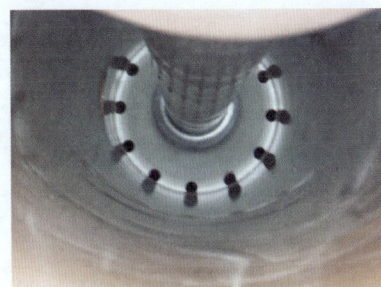

图 7　6022 隔离开关 C 相气室解体图

处理，停电处理前做好跟踪检测。

检测人员	国网湖南省电力公司检修公司：张国旗（28岁）、张寒（39岁）、张国光（39岁）
检测仪器	AIA-I GIS 超声波局部放电检测仪
测试环境	温度21℃、相对湿度70%

3.4.9　超声波局部放电检测发现500kV鞍山变电站220kV罐式断路器内部器件松动

❖ 案例简介

　　国网辽宁省电力有限公司检修公司500kV鞍山变电站220kV鞍旗2号线罐式断路器，是ALSTOM公司的美国工厂USC在2006年11月生产的产品，其型号为HGF1014F3。2013年8月21日15时对该断路器A相进行超声局部放电检测发现结果异常，测量波与背景值相差较大，峰值差异达到5.2倍，并且50Hz和100Hz的相关性均较强。为准确评价设备运行状况，对此台罐式断路器进行了SF_6分解物测试，结果未见异常。2013年10月24日10时，对该断路器进行了拆解、检查，发现积尘板与罐体内的安装台阶边缘有轻微刮擦，积尘板表面及下部有极少的颗粒物。检查结束后，对罐体内部使用吸尘器进行吸尘，并对零部件进行清洁；然后，安装、调整、紧固积尘板，再次进行轻敲试验，结果震颤声消失；最后，更换吸附剂和密封圈后恢复、安装端盖。2013年10月25～26日，对该断路器进行了相关的测试工作，测试结果均合格，异常消除。

　　对220kV鞍旗2号线罐式断路器A相进行超声局部放电检测时发现超声波探测结果异常，测量波与背景值相差较大，峰值差异达到5.2倍，并且50Hz和100Hz的相关性均较强。另对该台断路器B、C相的分解物和超声波测量，测量值均正常。

❖ 检测分析方法

　　现场测试位置如图1所示，当超声局放传感器从"1"位置向"2"位置的方向移动，监测值的异常结果逐步减小，整个测试过程中，断路器本体上半部信号幅值均小于下半部，由此确认，异常点位于A相极的位置"1"的下部。

　　对该断路器进行SF_6气体分解产物测试，结果未见异常，见表1，对该断路器各相超声波的测试结果进行对比，仅发现A相的位置"1"处测量值与其他位置测量值相差较大，对A相的位置1和位置2处分别进行测试，具体的测量结果如图2、3所示。

图1　现场测试位置

表 1

表 1　　　　　　　　　　断路器 A 相 SF$_6$ 气体分解产物测试数据　　　　　　　　　　μL/L

项目	SO$_2$	H$_2$S	HF	CO	H$_2$O
数据	0.0	0.0	0.0	12.9	0

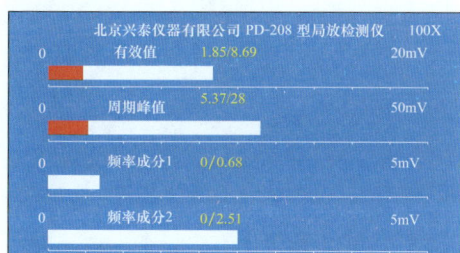

图 2　位置 1 处连续波形　　　　　　　　　图 3　位置 2 处连续波形

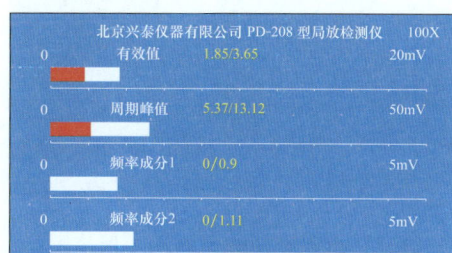

图 2、3 中，深色为取自构架的背景波形，白色为测试信号。从图 2 可以看出有效值和峰值的测量值与背景值之比均在 5 倍以上，而图 3 中有效值和峰值的测量值与背景值之比，在 2～2.1 倍之间。从超声局部放电的相位波形图（见图 4、5）上，可以进一步证实 A 相位置 1 与位置 2 处超声局部放电检测结果的差异。

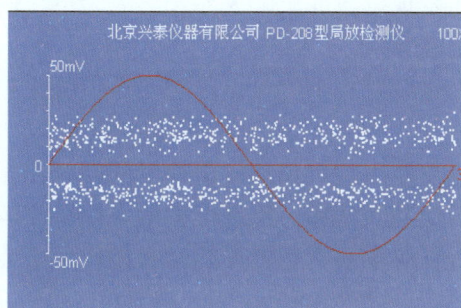

图 4　位置 1 处相位波形　　　　　　　　　图 5　位置 2 处相位波形

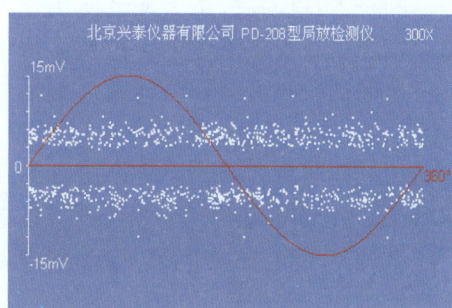

从图 4、5 中可以看出，位置 1 处记录的脉冲幅值在 10～20mV 之间，而位置 2 处的脉冲幅值在 3～9mV 之间，每个周波内峰值脉冲连续、不规则，检测信号呈现机械松动或异物的信号特征。随后，相关人员追查该线路的运行记录：该线路开关在 6 月 2 日有开合记录，为带电实传实验，5 月 16 日实验前，测试时结果正常，8 月 21 日局部放电检测试验结果异常。

由于 SF$_6$ 气体分解产物测试时并未检测出 SO$_2$、H$_2$S 等典型放电分解物，所以可以断定罐体内部并未发生明显的放电和闪络现象。结合超声局部放电图谱特征，初步分析认为操作断路器时机械振动导致零件松动。

经商讨决定，对该相罐体进行拆解分析，并对该断路器位置 1 附近进行重点检查。拆解工作于 2013 年 10 月 24 日全面展开，检修人员在回收 SF$_6$ 气体并抽真空后，拆除异常侧端盖，检查罐体内部各个零部件状态及其紧固螺栓的紧固力矩，结果均未见异常；导电杆、绝缘棒、触头连接处也均未见异常；罐体内的清洁状况良好，未发现金属颗粒或其他杂物。但是在拆卸积尘板的固定螺钉前，轻拍积尘板，听到有轻微的震颤声，积尘板出现震颤碰撞的位置如图 6 所示；将积尘板抬起后，靠近端盖侧的安装螺栓的位置，发现下部有少量的杂质颗粒物，如图 7 所示。检查结束后，对罐体内部使用吸尘器进行吸尘，并对零部件进行清洁；然后，安装、调整、紧固积尘板，再次进行轻敲试验，结果震颤声消失；最后，更换吸附剂和密封圈后恢复、安装端盖。2013 年 10 月 25、26 日，对该 A 相断路器进行了相关的测试工作，测试结果均合格，具体数据和测试结果如下：

（1）机械测试：合、分闸时间等据符合、达到出厂测试的标准要求。

（2）泄漏测试的年泄漏率小于 0.5% 要求。

（3）水分测试数据小于 $150×10^{-6}$。

（4）耐压测试 252kV 测试 3min，368kV 测试时间 1min，均顺利通过。

（5）在额定电压下对罐体进行了超声波测试，测试数据符合要求，未发现异常。

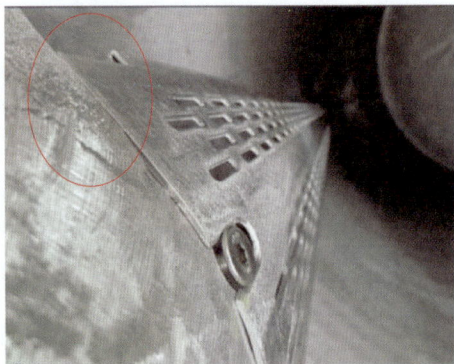

图 6　出现震颤碰撞的积尘板位置

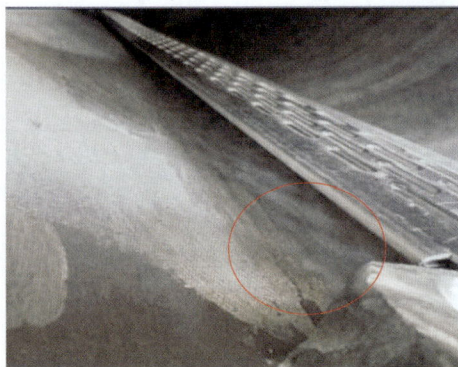

图 7　积尘板下侧有少量杂志颗粒物

依据拆解检查时发现的异常情况，以及拆解检修前后的试验对比可以确定：在断路器运行过程中由于积尘板安装不牢，造成积尘板与罐体内的安装台阶边缘轻微刮擦，进而造成超声局部放电异常。

◆ 经验体会

（1）超声诊断技术在设备检测方面的应用，可以提前发现设备的故障先兆和事故隐患，便于有计划地安排检修处理，避免贵重设备和电网中重要运行设备遭受破坏。

（2）在某一范围内发现有局部放电超声信号时，应通过设置多个测量点，对比分析变化趋势来判断故障位置。

（3）在故障诊断时要针对每一个环节进行细致排查，在使用超声局部放电检测的同时要充分利用其他检测技术，多种手段并用多角度、全方位进行排查，降低误判断概率，保证电网的安全可靠运行。

（4）运行设备内部不可靠的连接，会受到设备运行时强磁场和电场的影响，长期作用下会造成紧固件的松动，产生局部放电。

◆ 检测信息

检测人员	国网辽宁省电力有限公司电力科学研究院：朱义东（33 岁）
检测仪器	SF$_6$ 气体综合测试仪、GIS 超声波局部放电检测仪
测试环境	温度 10℃、相对湿度 40％

3.4.10　超声波局部放电检测发现 220kV 柳林变电站 110kV GIS 内部放电

◆ 案例简介

国网河南省电力公司郑州供电公司 220kV 柳林变电站 110kV GIS 2011 年 11 月投入运行，为北京北开电气股份有限公司生产的全封闭式组合电器。2011年12月13日，柳林变电站110kV GIS设备在运行过程中，运行人员巡视过程中柳上110间隔有异响，12月14日带电检测人员在现场利用超声波局部放电检测仪器对柳上110间隔进行测试，发现柳上110断路器气室有轻微放电现象并伴随振动，需停电进行处理。

检测分析方法

110kV上母运行，上母只带电压互感器、避雷器间隔。2011年12月14日带电检测人员对柳上110断路器进行超声波局部放电检测，检测图谱如图1~图3所示。

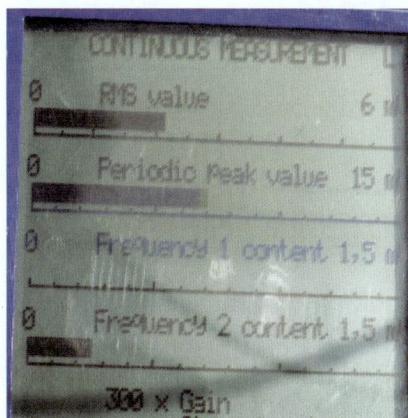

图1 连续测量模式

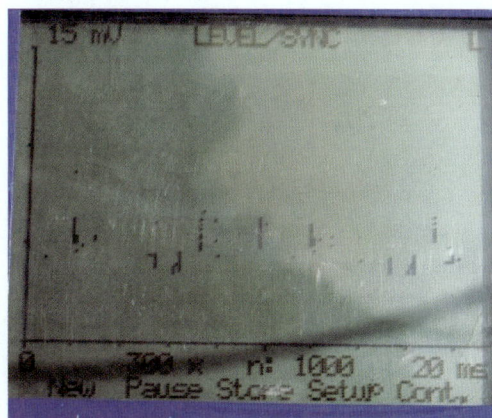

图2 相位测量模式

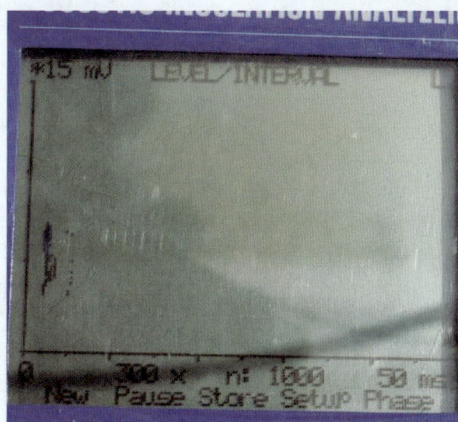

图3 脉冲测量模式

图谱分析：信号峰值为6MV左右，但呈现典型的100Hz相关性。判断为该气室中心导体可能有屏蔽松动现象。进行停电处理，发现开关与流变处屏蔽罩松动，紧固后送电。

2012年1月6日，在对处理后的柳上110断路器进行局部放电复测时，发现局部放电图谱中有类似毛刺放电的波形，如图4所示。图谱中信号大小约为2MV左右，出现了50Hz相关信号，从相位图上可明显地看出在负半周放电的特性，判断气室内存在毛刺放电。北京北开电气股份有限公司又一次进行现场开盖检查。

柳上110断路器现场解体后发现有纤维状物质、铜屑、生锈垫片及不规范使用的螺丝以及异常电场分布状态，图5为现场图片。

经验体会

（1）从解体图片可见，现场安装不规范、随意使用不合适零部件、清洁不彻底是造成本次局部放电的

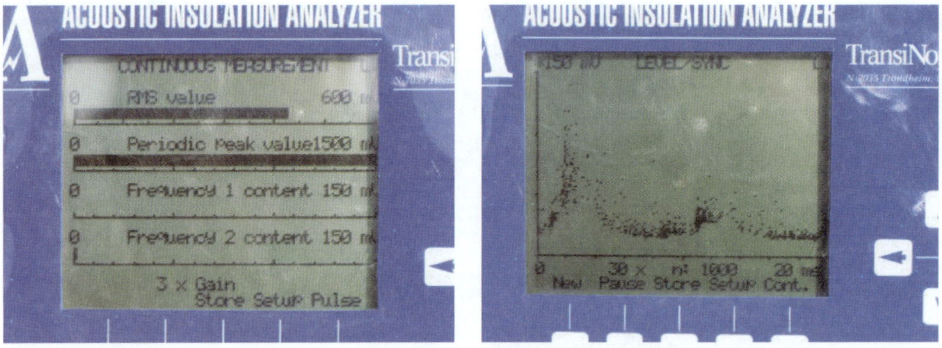

图 4　连续、相位模式

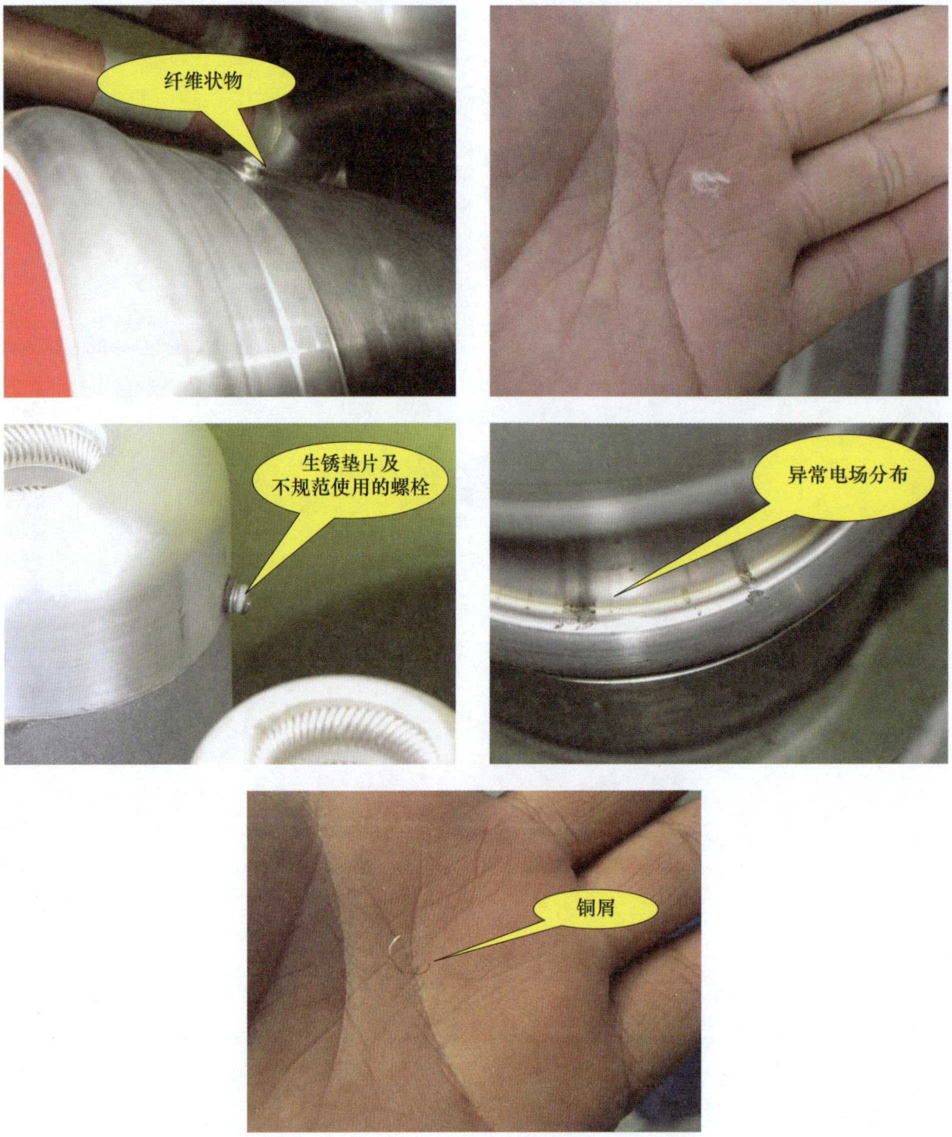

图 5　柳上 110 断路器现场解体图片

主要原因。

（2）SF₆组合电器现场安装条件较差，因此，要在现场安装时，加强对尘埃、杂质、漏气、气体水分和充气等方面的质量控制，并预先制定保证安装质量的相应措施等。

检测信息

检测人员	国网河南省电力公司郑州供电公司：田凤兰（32岁）
检测仪器	AIA-1超声波局部放电检测仪
测试环境	温度5.2℃、相对湿度55％

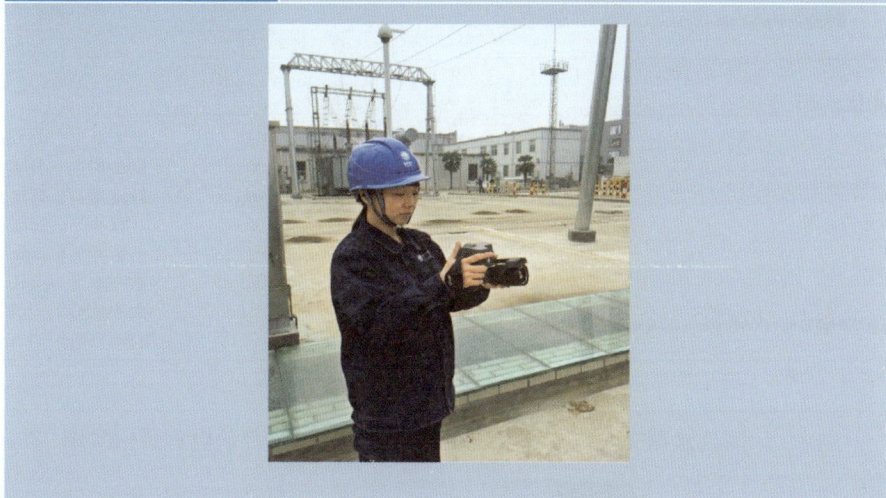

3.4.11　超声波局部放电检测发现500kV永源变电站GIS断路器局部放电

案例简介

2012年9月6日10时，在对国网黑龙江省电力有限公司检修公司运维的500kV永源变电站方源甲线1525GIS断路器进行超声波局部电局放检测过程中，发现该断路器C相局部放电信号异常，且幅值较大。经初步分析判断，局部放电故障点在GIS壳体上或与壳体接触的内部件上，局部放电故障可能由内部的绝缘支撑缺陷引起。

停电检修期间拆除C相套管，检查内部装配情况，查找故障部位，检查情况如下：断路器套管内部导向套与导向概装配安装不到位，在断路器运行时产生轻微震动，形成了因震动引起的局部放电信号；检查盆式绝缘子及静触指、铝套防护罩等未见任何异常。经现场技术人员处理，套管安装复位，进行工频耐压试验合格，并同时测量局部放电信号，小于2mV，检测试验结果合格，该GIS按计划投入运行。

检测分析方法

（1）检测方法。将AE900的声发射传感器贴在断路器的外壳，通过10m同轴电缆与AE900主机相连，根据接收到的信号进行故障类型的识别，故障定位及故障分析。开机后先测量环境的背景信号，进行背景信号测量。如背景信号与仪器本身的电气背景基本相符，说明环境中不存在大的干扰源，断路器上的局部放电故障是由设备自身的缺陷引起的。背景信号如图1所示。

局部放电超声测试准备好后，查看AE900的局部放电测试数据，进行局部放电的相位方式测量，保存测试的局部放电故障数据。现场对AE900的局部放电测试数据进行分析后，在GIS上选择下一个局部放电测试点，并记录试验数据。如发现有异常的局部放电信号，选择多个测试点，进行详细测量。

（2）对异常GIS检测过程。

1）异常GIS上的测试点选择如图2所示。

2）检测结果。测试点1的超声信号局部放电特征明显，通过改变测试频率带宽（下限频率从10kHz改到50kHz），超声信号幅值明显变小，可初步判断故障源与断路器壳体接触，排除了中心导体（高电位）上存在局部放电故障的可能性。具体测试数据如图3所示。

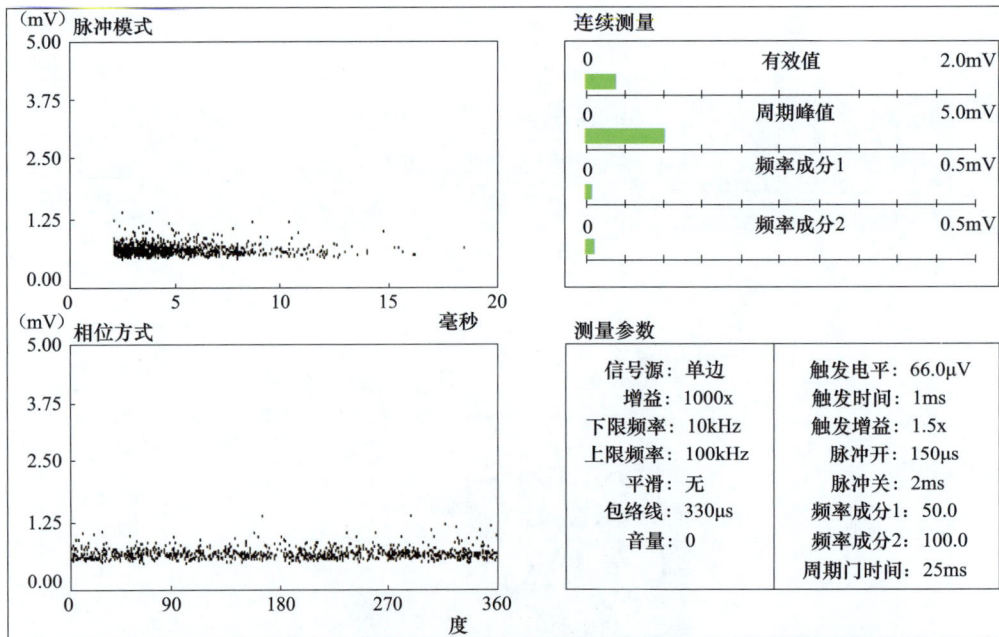

图1 500kV永源变电站方源甲线1525GIS断路器局部放电背景信号图

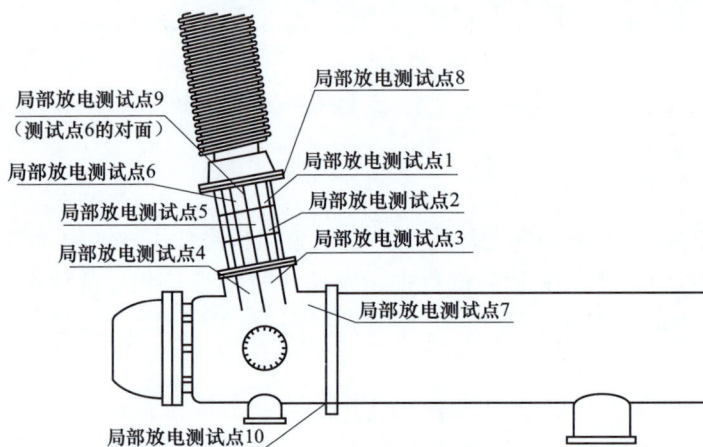

图2 500kV永源变电站方源甲线1525GIS断路器局部放电测试点分布图

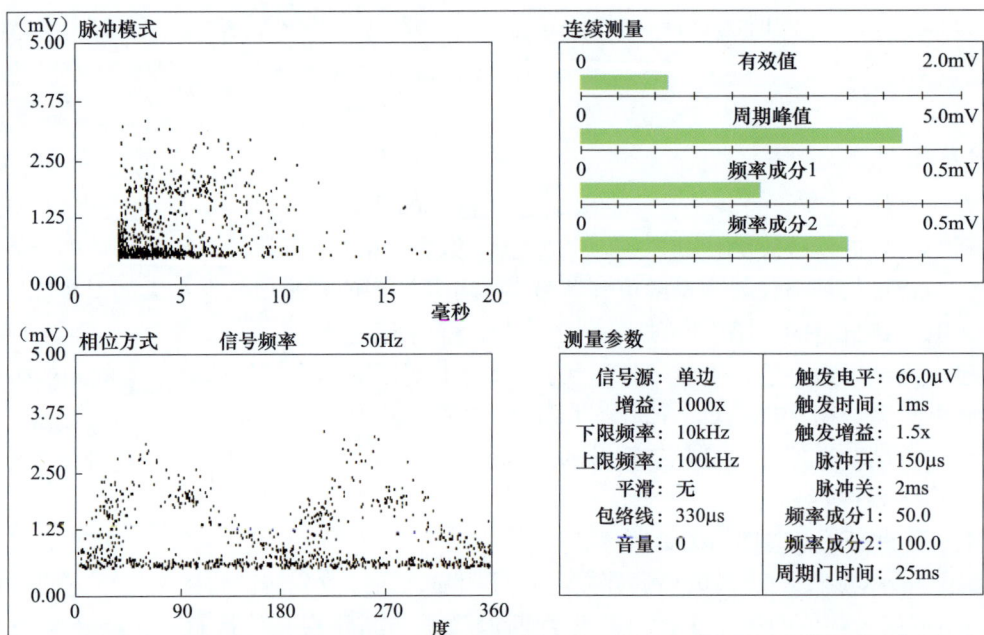

图3 局部放电测量点1测试数据

测试点 2 的测试数据与测试点 1 相仿，超声信号局部放电特征明显，初步判断故障源与断路器壳体接触。具体数据如图 4 所示。

图 4　局部放电测试点 2 测试数据

测试点 3 的测试数据的信号幅值水平明显降低，在将信号放大增益调整到 3000 倍时，才能查看到超声信号的变化，信号具有一定的局部放电特征，已不如测试点 1、2 的特征明显，具体数据如图 5 所示。

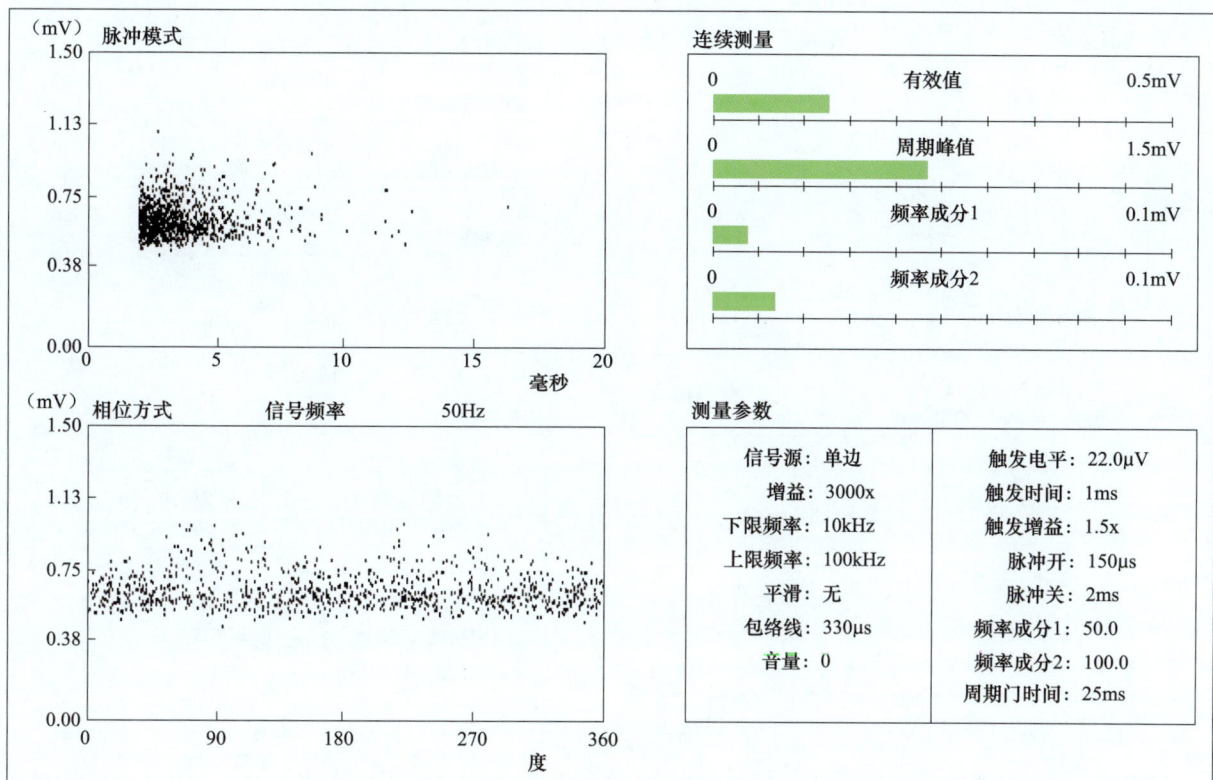

图 5　局部放电测量点 3 测试数据

测试点 4 的测试数据与测试点 3 相仿，信号放大增益调整到 3000 倍时，能查看到超声信号的变化，信号的局部放电特征不十分明显，具体数据如图 6 所示。

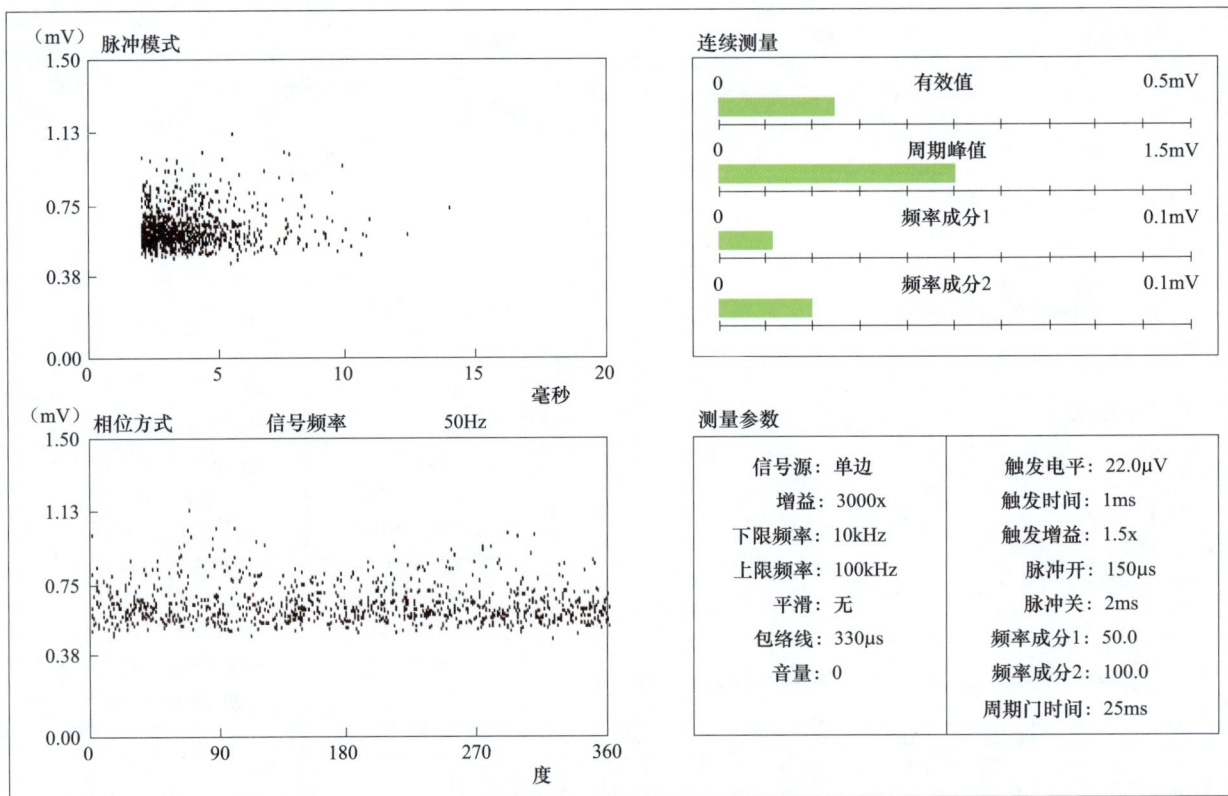

图 6　局部放电测量点 4 测试数据

测试点 5 的超声信号局部放电特征非常明显，信号水平较高，信号沿断路器壳体传导，故障源不在中心导体上。测试数据如图 7 所示。

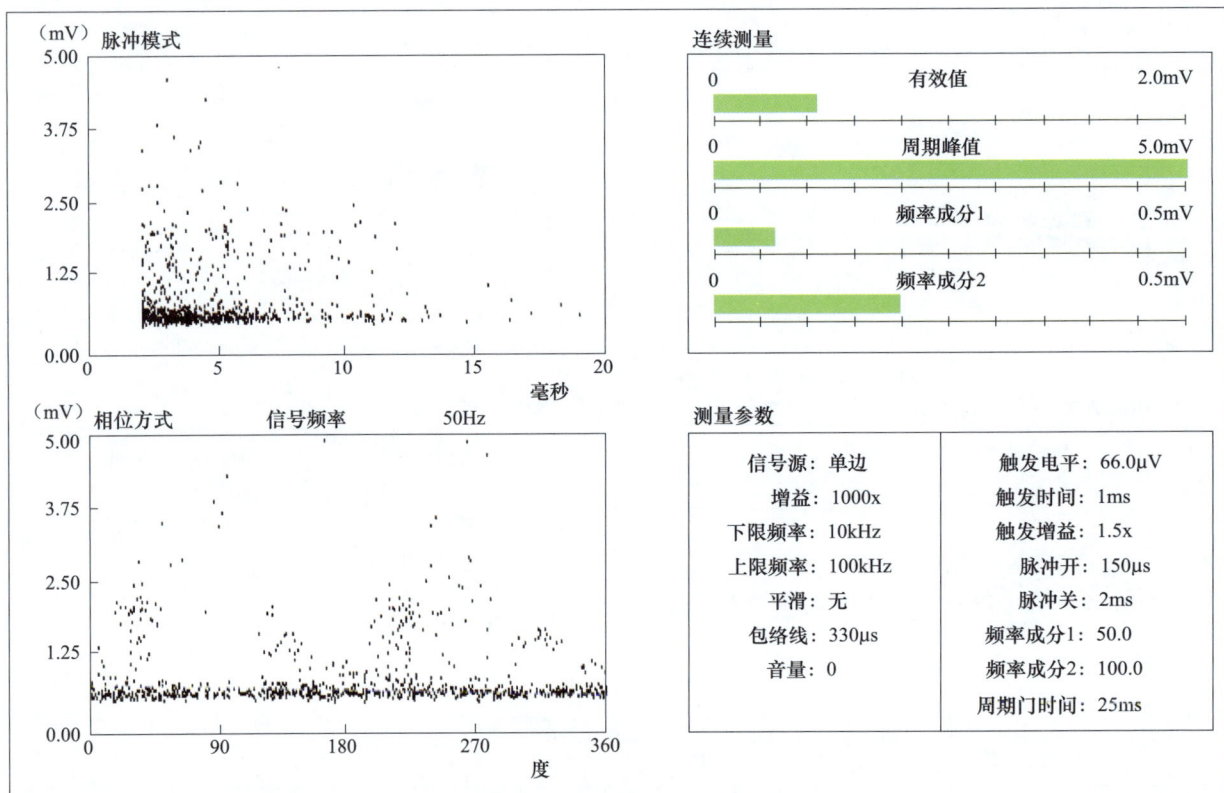

图 7　局部放电测量点 5 测试数据

测试点 6 的测试数据与测试点 5 相仿，具体测试数据如图 8 所示。

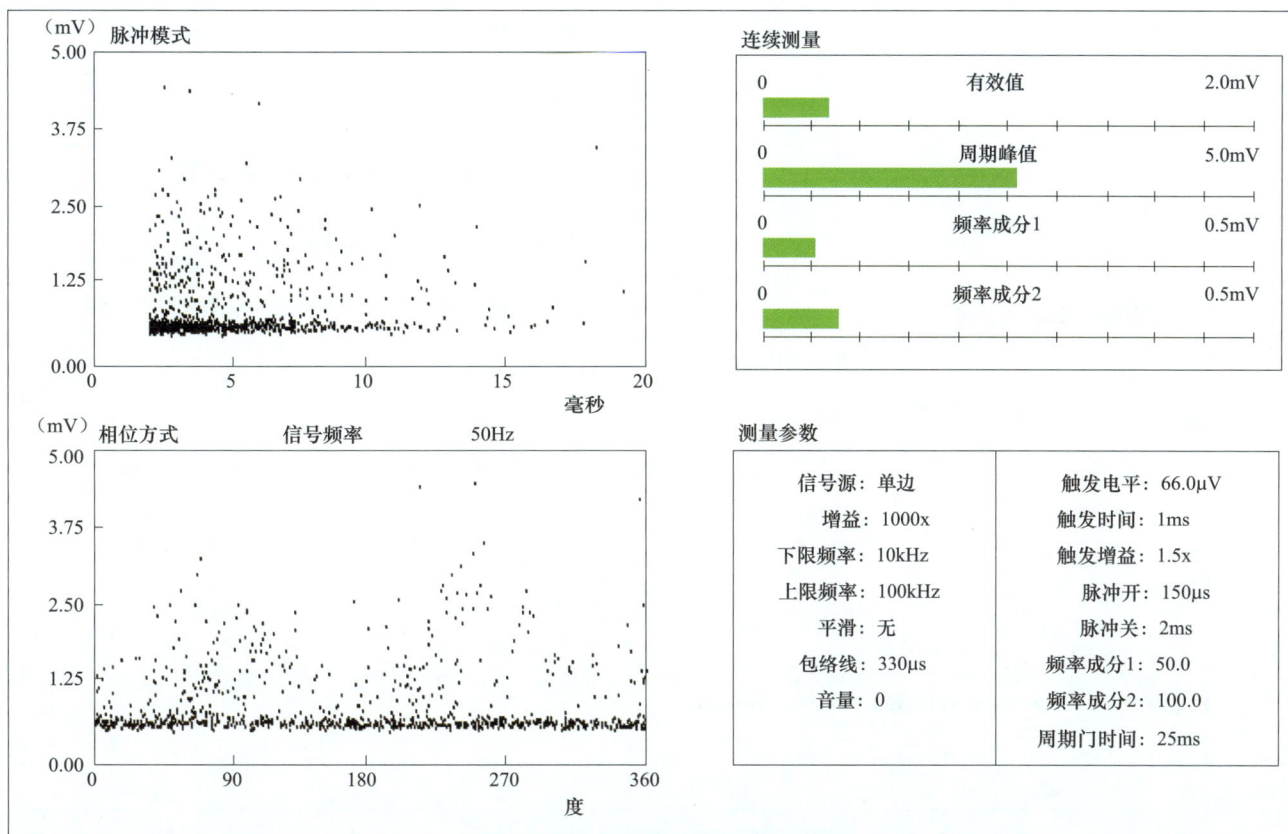

图 8　局部放电测量点 6 测试数据

测试点 7 的超声信号与背景信号区别不大，局部放电特征不明显。具体测试数据如图 9 所示。

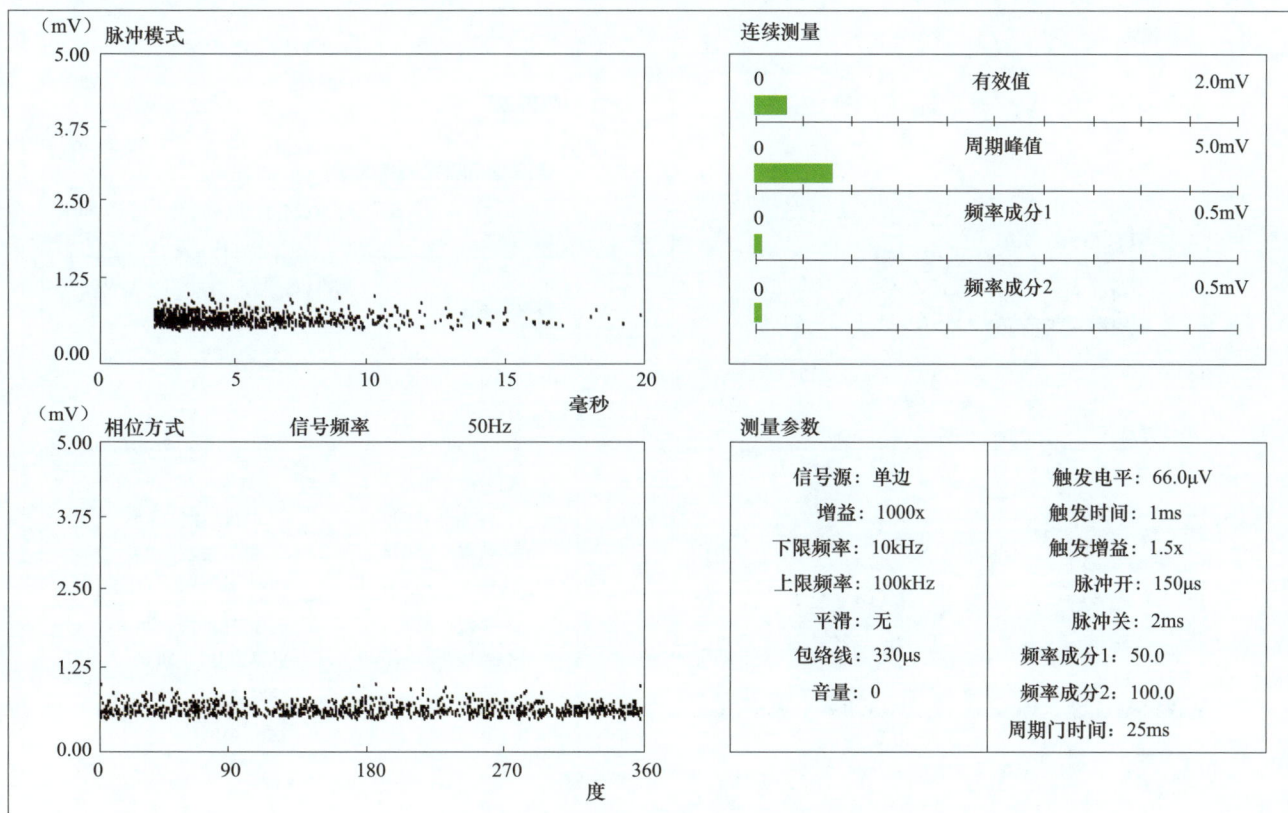

图 9　局部放电测量点 7 测试数据

测试点 8 的超声信号水平很高，局部放电特征明显，测试点更接近故障源，具体测试数据如图 10 所示。

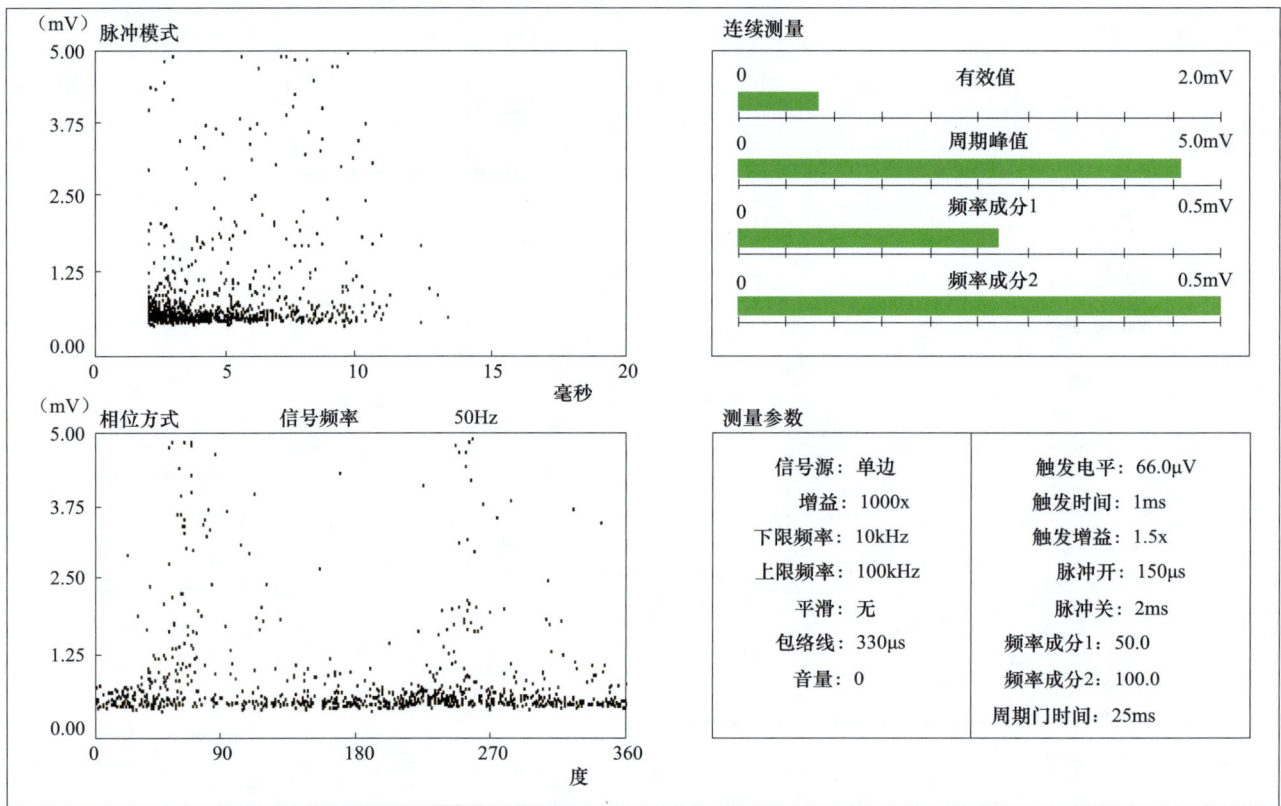

图 10　局部放电测试点 8 测试数据

测试点 9 为测试点 6 的对面，超声信号比测试点 6 的水平偏低，局部放电特征明显。具体测试数据如图 11 所示。

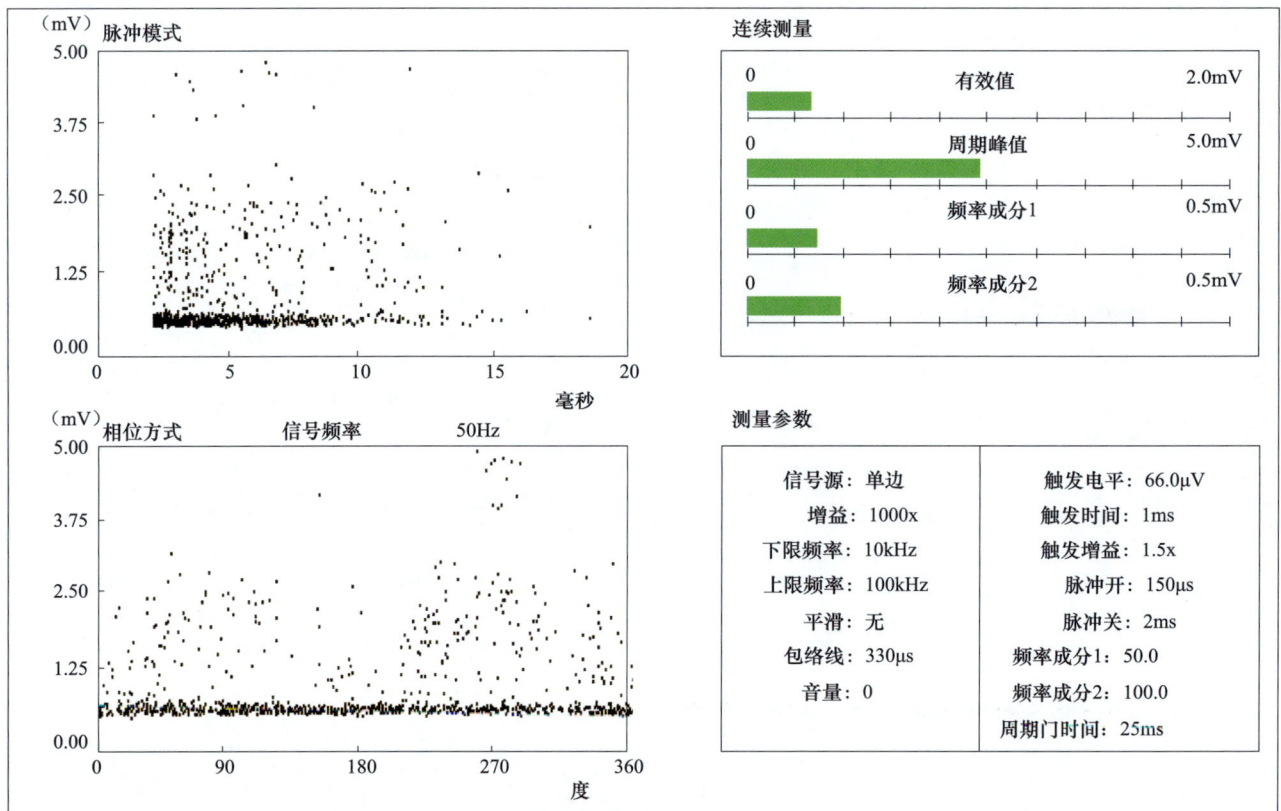

图 11　局部放电测试点 9 测试数据

测试点 10 超声信号与背景信号无明显差别，不存在局部放电特征。具体测试数据如图 12 所示。

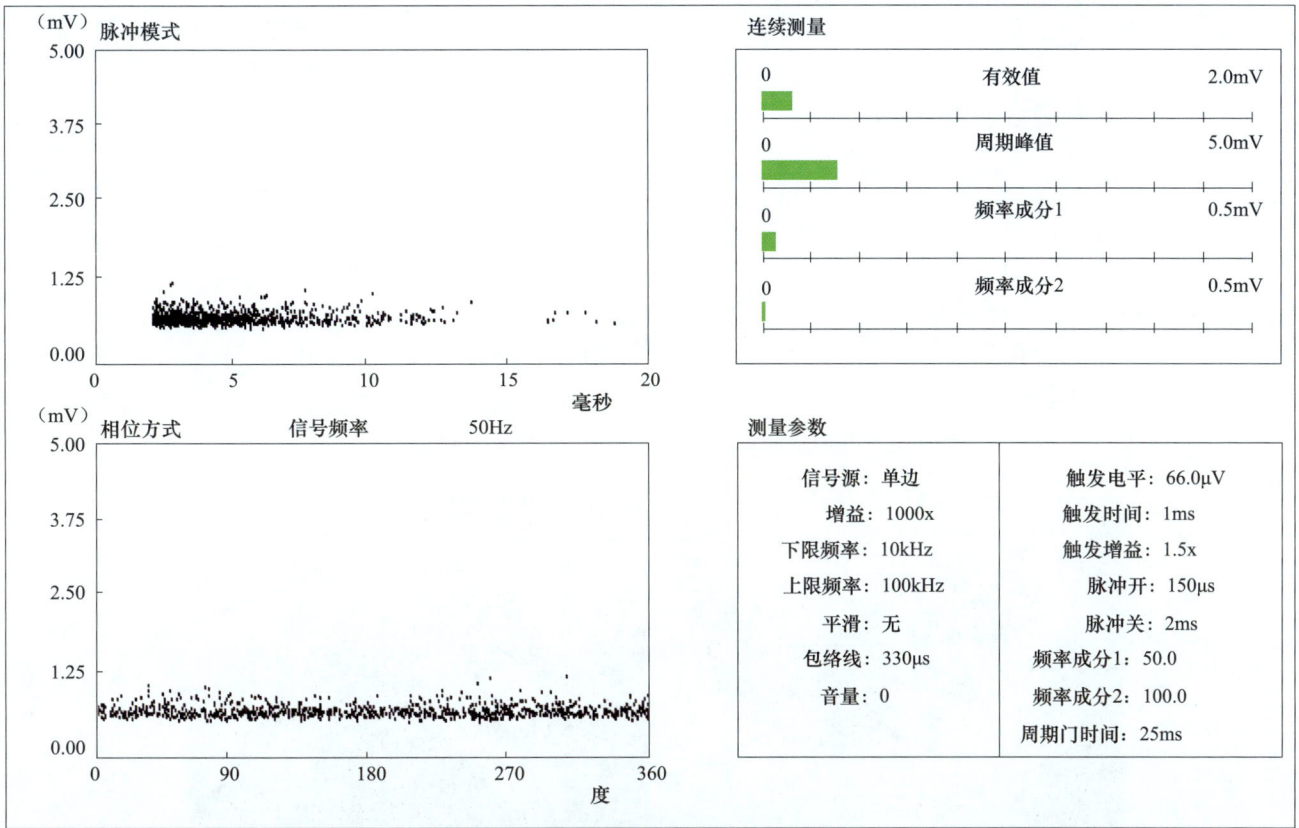

图 12 局部放电测试点 10 测试数据

（3）数据分析。测试点 1～10 的超声信号幅值对比如图 13 所示。

通过对局部放电测试数据的分析和对比，可以看出：

测试点 1、2、5、6、8、9，这六个测试点的超声信号的幅值水平较高，表现出明显的 100Hz 相关性，局部放电特征明显。

在测量上述六个测试点的过程中，通过改变 AE900 的超声信号采集频率带宽（下限频率从 10kHz 改到 50kHz），超声信号幅值明显变小，可

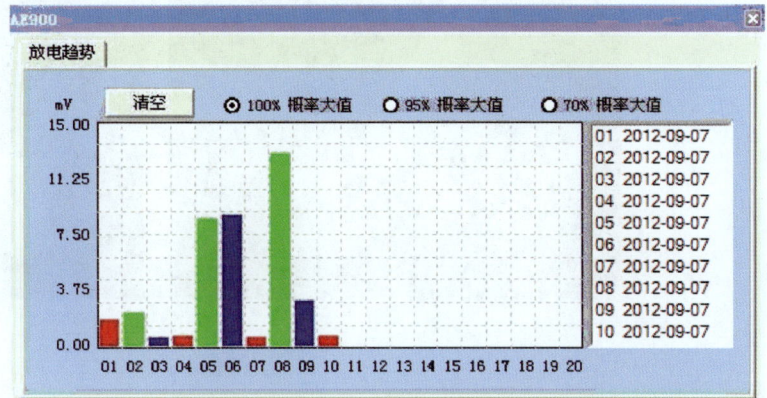

图 13 局部放电测试点 1～10 的测试数据信号水平对比

初步判断故障源与断路器壳体接触，排除了中心导体（高电位）上存在局部放电故障的可能性。

测试点 3、4、7、10，这四个测试点的超声信号的幅值明显偏低，100Hz 相关性也不明显，说明这四个测试点远离局部放电故障点。

越接近套管下法兰局部放电信号越明显，越往测试点 6 方向局部放电信号越明显，当测试点转到测试点 6 背面时，局部放电信号有减小趋势。说明局部放电故障点集中在测试点 6 向上的区域的可能性极大。具体位置见图 14 的标注圈。

测试点 6 处存在明显的局部放电信号，且幅值较大。经初步分析判断，局部放电故障点在 GIS 壳体上或与壳体接触的内部件上（局部放电故障可能由内部的绝缘支撑缺陷引起），绝缘不存在随时击穿的隐患，断路器不必马上退出运行，建议采取相关措施进行处理。

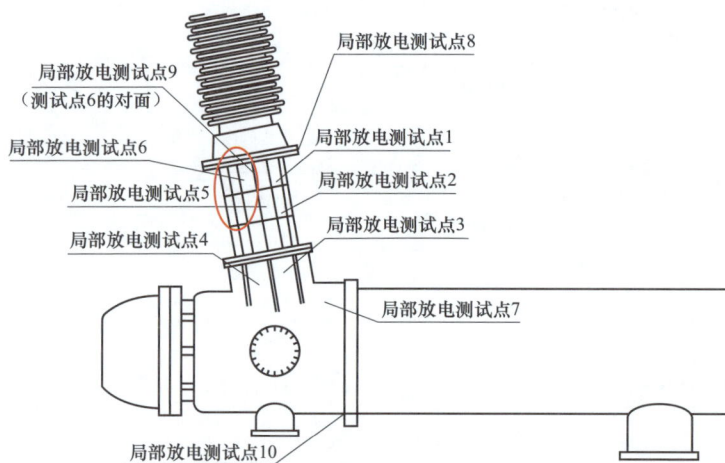
图 14 局部放电故障区域判断图

（4）解体检查及处理情况。停电检修期间拆除 C 相套管，检查内部装配情况，查找故障部位，检查情况如图 15 所示，在盆式绝缘子及静触指、铝套防护罩等处发现放电痕迹，现场将该盆式绝缘子进行拆除后更换成新品。放电原因为断路器套管内部导向套与导向概装配安装不到位，在断路器运行时产生轻微振动，形成了因振动引起的局部放电信号。经现场技术人员处理，套管安装复位后，进行工频耐压试验合格，并同时测量局部放电信号，小于 2mV，检测试验结果合格，该 GIS 按计划投入运行。

放电痕迹
图 15 500kV 永源变电站方源甲线 1525GIS 断路器解体检查

经验体会

（1）由于 SF_6 绝缘电气设备（如 GIS，SF_6 断路器等）具有故障率低，免维护等特点，在电力系统被广泛使用。但是 SF_6 绝缘电气设备内一旦出现缺陷，则不易查找。采用带电检测技术可以有效地对 SF_6 绝缘电气设备进行绝缘诊断和局部放电故障定位，及时发现绝缘电气设备内绝缘等缺陷，防止缺陷扩大影响安全运行。

（2）超声波局部放电检测是带电检测的一项重要手段。超声波检测的定向性使其能快速定位局部放电源。持续局部放电信号通常表示电晕，这种局部放电潜在有很大的隐患，通常会造成绝缘子或线套的早期功能衰竭。不规则的局部放电信号表示存在电弧和电痕现象，通常出现于断路器内部和变压器，这些现象预示着潜在火灾和爆炸危险。

（3）加强现场带电局部放电定位检测与诊断工作，逐步积累带电检测工作经验，丰富"故障专家诊断系统数据库”，为电网设备状态检修工作迈上新的台阶保驾护航。

检测信息

检测人员	国网黑龙江省电力有限公司电力科学研究院：孙晨、张洪达
检测仪器	AE900 局部放电故障检测仪（北京兴迪仪器有限责任公司）
测试环境	温度 22℃、相对湿度 40%

3.4.12 超声波局部放电检测发现 110kV 滨河变电站 GIS 内部放电

案例简介

2011 年，国网宁夏电力公司电力科学研究院对国网宁夏电力公司辖内 110kV 及以上电压等级 GIS 设备进行超声波、特高频局部放电普测时，发现国网宁夏电力公司中卫供电公司 110kV 滨河变电站Ⅱ母 121 间隔 GIS 设备内部存在异常信号，之后对存在异常放电信号的设备缩短测量周期进行跟踪测试，观察该信号发展情况。根据跟踪测量情况，判断该设备内部存在颗粒放电。后结合停电检修机会对该 GIS 气室进行了内部清洁及置换 SF_6 气体抽真空处理后，发现该气室内部放电信号消失。

检测分析方法

2011 年 4 月 29 日，进行 GIS 设备超声波局部放电普测，发现国网宁夏电力公司中卫供电公司滨河 110kV 变电站Ⅱ母 121 间隔 GIS 110kVⅡ母 121 间隔向母联方向第二节封闭母线超声波信号幅值偏大，如图 1 所示。

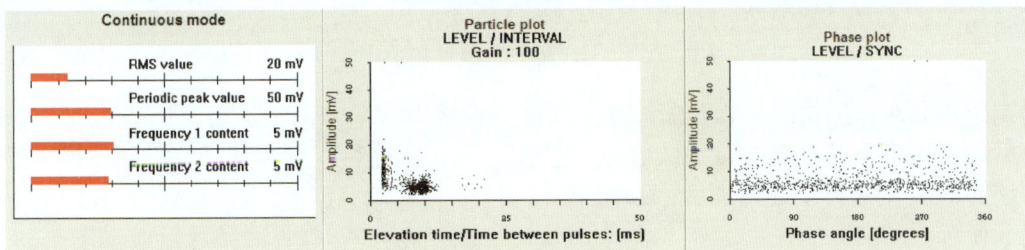

图 1 2011 年 4 月 29 日 GIS 气室的信号幅值图、飞行图、相位图

该处超声波放电测试图谱的有效值、峰值、频率一、频率二均有明显变化。参照飞行图与相位图，该处存在疑似放电信号，该信号为自由颗粒的可能性最大。由于该 GIS 无法进行特高频局部放电测试。根据测试结果建议对该 GIS 进行气体分解产物成分分析测试，并缩短测量周期进行跟踪测试，观察该信号发展情况。

该 GIS 气室气体分解产物成分分析未发现异常，随后对该气室进行跟踪测试，不同时间点测量的结果如图 2、图 3 所示。

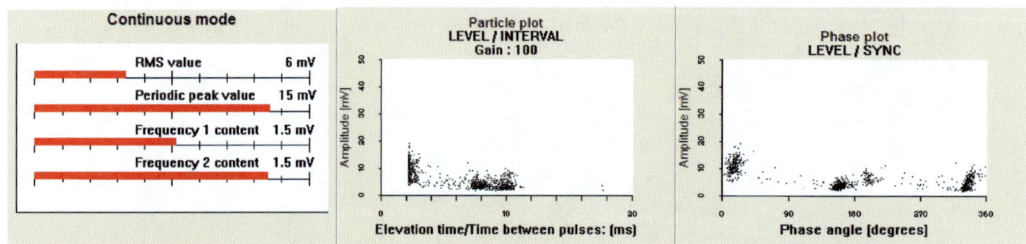

图 2　2011 年 6 月 23 日 GIS 气室的信号幅值图、飞行图、相位图

图 3　2011 年 7 月 22 日 GIS 气室的信号幅值图、飞行图、相位图

8 月 21 日该气室超声波局部放电测试信号幅值及特征与图 3 无明显变化。

2011 年 4 月 29 日、7 月 22 日、8 月 21 日测得信号规律相同，信号为自由颗粒的可能性最大，三次测得信号飞行时间都小于 50ms，且峰值都小于 50mV；而图 2 超声局部放电测得信号为悬浮放电的可能性最大，测得超声信号峰值小于 30mV。根据 GIS 内部颗粒信号特征（飞行信号特征明显，随机运动，信号可能会增大，也有可能会消失，颗粒掉进壳体陷阱中不再运动，可等同于毛刺、电晕放电等信号特征）判断该气室内部存在颗粒放电。

根据该信号幅值、位置及发展趋势等因素，结合特高频局部放电测试及 SF$_6$ 气体分解产物成分分析测试判断该位置内部缺陷可不立即进行处理，但应加强监测。

2012 年 07 月 2 日再次进行测试发现该气室异常信号未消失。测试图谱如图 4 所示。

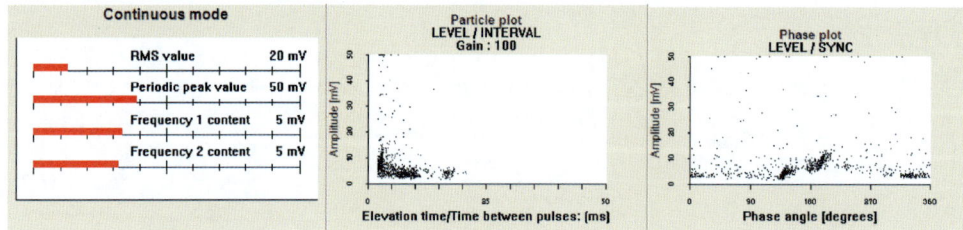

图 4　2012 年 7 月 02 日 GIS 气室的信号幅值图、飞行图、相位图

综合前期超声波跟踪测试结果，判断该气室内部颗粒放电缺陷未消失。为避免缺陷进一步扩大，与厂家进行协商后，利用更换该 GIS 一处波纹管机会对该 GIS 气室进行了内部清洁并重新置换了 SF$_6$ 气体。

经过对该 GIS 气室进行上述处理后。2012 年 11 月 19 日，对滨河 110kV 变电站 GIS 进行了复测。测试图谱如图 5 所示。

此次信号有效值、周期峰值小而稳定，频率 1、频率 2 信号极小，飞行图及相量图谱无放电特征（如图 5 所示）。判断该气室抽真空处理后内部放电信号消失。

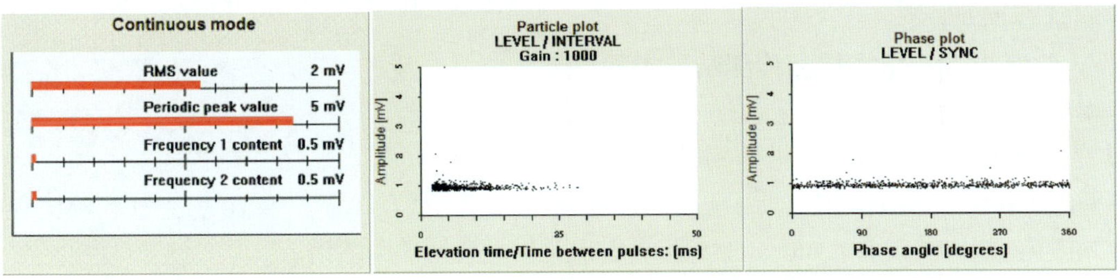

图 5　2012 年 11 月 19 日 GIS 气室的信号幅值图、飞行图、相位图

❖ 经验体会

超声波检测技术对 GIS 类设备的局部放电检测有较强的敏感度，能够有效的发现 GIS 设备中的缺陷。在使用超声波检测技术的同时要充分利用其他检测技术，多种手段并用多角度、全方位进行排查，结合其他检测技术能够有效进行缺陷判断。

❖ 检测信息

检测人员	国网宁夏电力公司电力科学研究院：郝金鹏（29 岁）、马飞越（28 岁）、周秀（30 岁）
检测仪器	AIA-1 GIS 设备局部放电故障定位仪 DMS 特高频局部放电测试仪

3.4.13　超声波局部放电检测发现 110kV 南康变电站 110kV GIS 内部异常

❖ 案例简介

2014 年 2 月 24 日，国网山东省电力公司济南供电公司 110kV 南康变电站 110kV 仲南线（104）COMPASS 设备 C 相开关在运行中声音略有增大，出现异常。根据 2012 年集团公司颁发的《山东电力集团公司十八项电网重大反事故措施》和 2010 年集团公司《山东电力集团公司输变电设备状态检修试验规程实施细则》的相关要求，工区于 2014 年 2 月 25 日上午对该 COMPASS 设备开展诊断性带电检测工作，先后开展了红外热像检测、超声波局部放电检测、COMPASS 设备 SF$_6$ 气体湿度检测以及分解产物检测项目。

❖ 检测分析方法

一、红外热像检测

对设备进行红外热像检测时，线路负荷电流为 48.6A，环境温度为 12℃。经检测，110kV 仲南线（104）开关 A、B、C 三相热点最高温度均为 23℃左右，没有明显热点。依照电力行业 DL/T 664—2008《带电设备红外诊断应用规范》有关规定，未达到缺陷性质的要求。红外热像检测诊断结果为正常。

二、超声波局部放电检测

首先对 110kV 仲南线（104）COMPASS 设备 C 相开关（异音较大）进行检测，随后对 A、B 两相开关检测进行测试数据对比。

对 110kV 仲南线 104 开关 C 相检测结果如下：

（1）C 相测试背景。

测试位置：位于 C 相开关操作机构拐臂顶端。

测试结果：连续模式下（如图 1 所示）信号幅值有效值约为 7.2mV、峰值为约 21.5mV；50Hz 相关性、100Hz 相关性很小，相位模式下（如图 2 所示）可看出背景为典型噪声图谱。

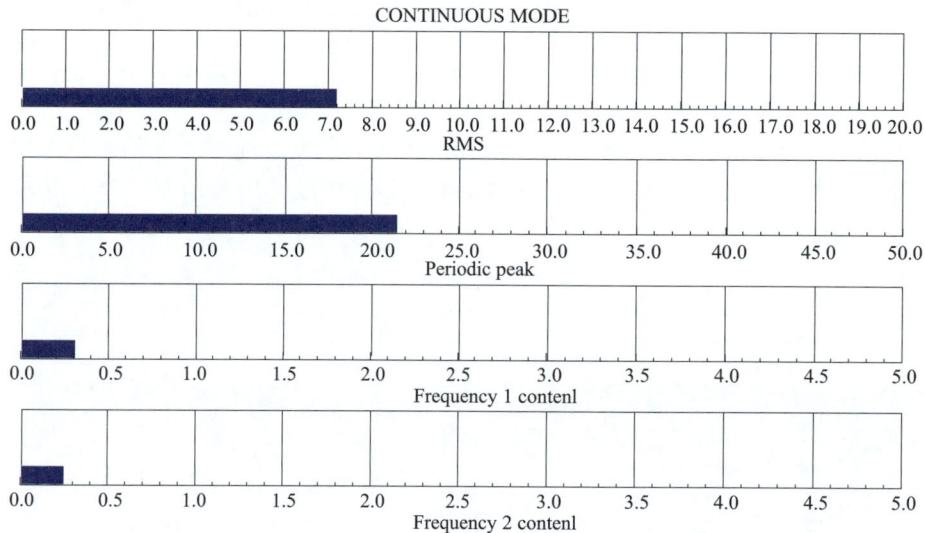

图 1　C 相测试背景—连续模式

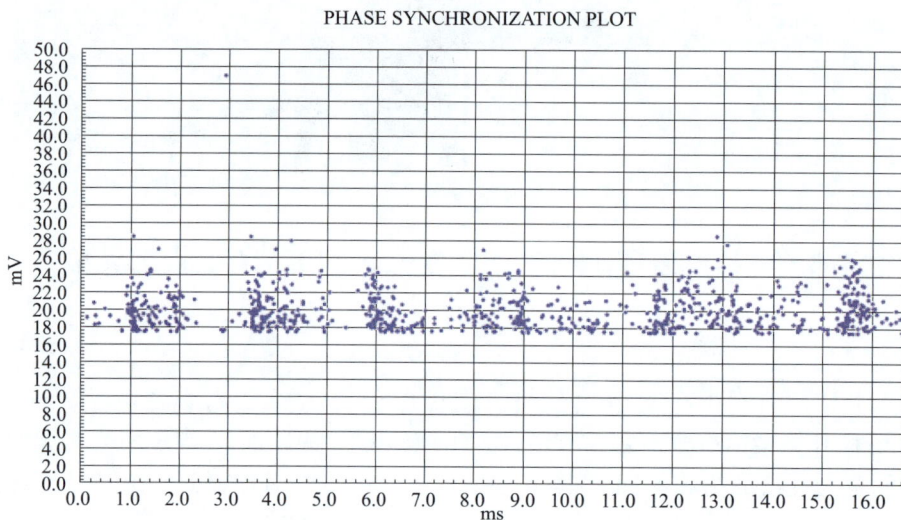

图 2　C 相测试背景—相位模式

（2）C 相开关测试结果。

测试位置：C 相开关底部金属板。

测试结果：

1）连续模式下（如图 3 所示）。

信号幅值有效值约为 195mV、峰值约为 1040mV，且局部放电信号稳定，测试数值与背景测试结果相比出现明显增长，增幅较高，说明内部存在较大的放电。从 50Hz 和 100Hz 的相关性看，50Hz 相关性约为 11mV，100Hz 相关性约为 16mV，可看出 50Hz 相关性和 100Hz 相关性较明显，且 100Hz 相关性比50Hz 相关性大，说明存在由于设备内部部件松动引起放电。

CONTINUOUS MODE

图 3   C 相测试—连续模式

2）相位模式下（如图 4 所示）。

从相位与幅值关系上看，放电一般发生在电压上升沿，并且产生较为连续的包络线，一个周期内有两簇信号集中度不太明显的聚集点，说明可能存在因接触松动而造成的电位悬浮放电。同时从相位模式也可以看出呈现多条竖线痕迹，并在 180°左右两侧分布，对称均匀度不明显，说明可能内部存在机械振动。

综上所述，110kV 仲南线 C 相开关内部存在因部件松动造成的悬浮放电和机械振动现象。

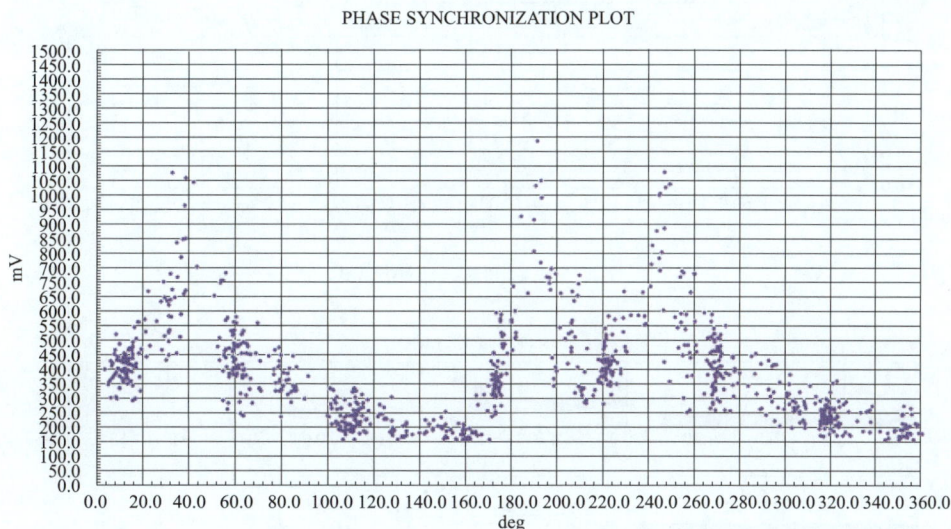

图 4   C 相测试—相位模式

对 110kV 仲南线 104 开关 B 相检测结果如下：

测试位置：B 相开关底部金属板。

测试结果：连续模式下（如图 5 所示）：信号幅值有效值约为 12.5mV、峰值约为 47mV，局部放电信号幅值较小，同时 50Hz 相关性和 100Hz 相关性很小。相位模式下（如图 6 所示）未出现明显局部放电信号聚集点，幅值随相位变化很小。说明 B 相开关超声波局部放电测试正常。

对 110kV 仲南线 104 开关 A 相检测结果如下：

测试位置：A 相开关底部金属板。

测试结果：连续模式下（如图 7 所示）：信号幅值有效值约为 18mV、峰值约为 50mV，局部放电信号有效值较小，同时 50Hz 相关性和 100Hz 相关性较小。相位模式下（如图 8 所示）未出现明显局部放电信号聚集点，幅值随相位变化很小，为典型噪声图谱。说明 A 相开关超声波局部放电测试正常。

357

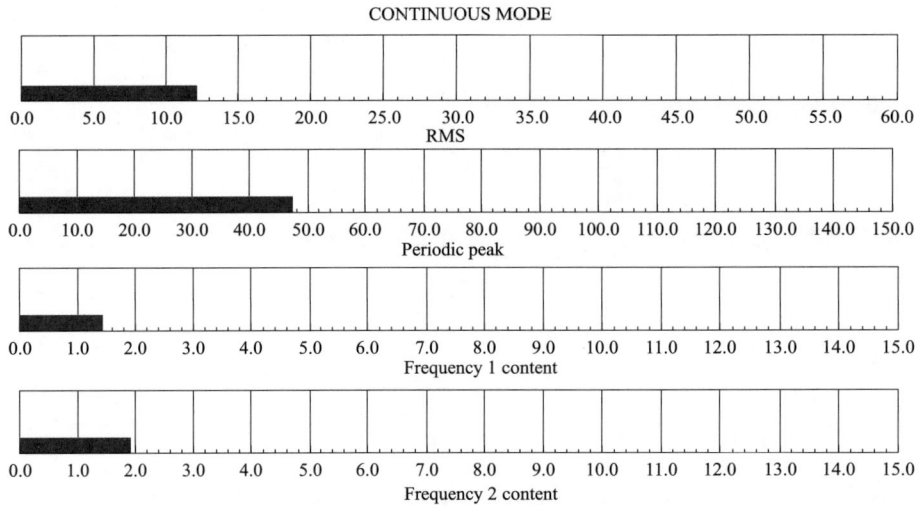

图 5 B 相测试—连续模式

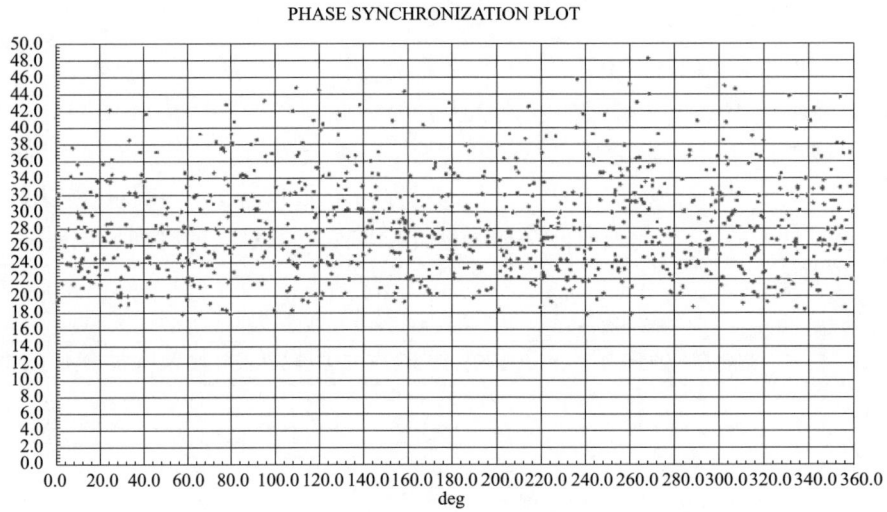

图 6 B 相测试—相位模式

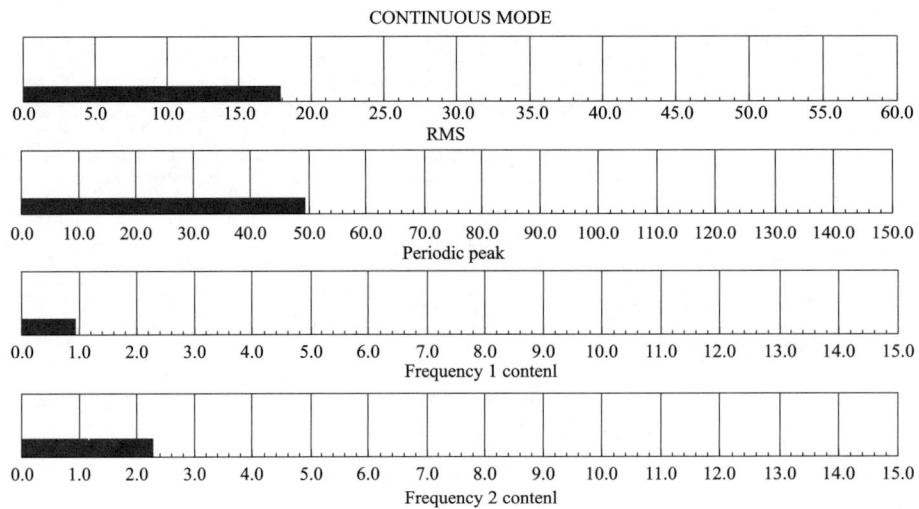

图 7 A 相测试—连续模式

测试结果对比：对 110kV 仲南线（104）COMPASS 设备超声波局部放电测试数据进行对比，见表 1。

PHASE SYNCHRONIZATION PLOT

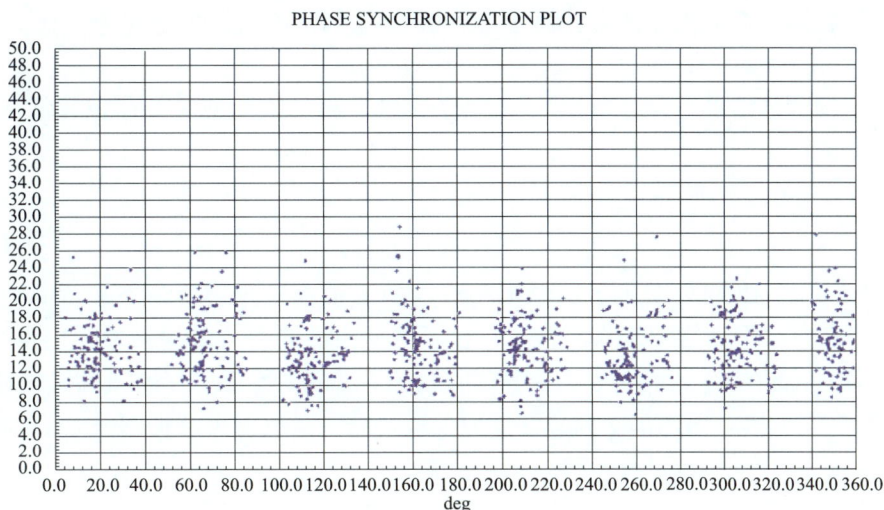

图 8　A 相测试—相位模式

通过三相数值对比，110kV 仲南线（104）COMPASS 设备三相同类设备在同等条件下检测的数据有明显区别，C 相开关信号幅值的有效值、峰值以及 50Hz/100Hz 相关性都明显高于 A、B 两相开关。同时根据以上对 C 相开关在连续模式和相位模式下

表 1　110kV 仲南线（104）COMPASS 设备超声波局部放电测试数据比对表

相别	A	B	C
RMS（有效值，mV）	18	12.5	195
peak（峰值，mV）	50	47	1040
50Hz 相关性（mV）	0.9	1.4	11
100Hz 相关性（mV）	2.2	1.8	16

的图谱分析，存在明显的异常信号，具备较明显的典型局部放电特征。

超声波/超高频局部放电测试结果显示：110kV 仲南线（104）C 相开关内部存在因部件松动造成的悬浮放电，并伴随机械振动现象。A 相和 B 相开关正常。

三、SF_6 气体湿度检测以及分解产物检测

根据《山东电力集团公司十八项电网重大反事故措施》中规定：对于带电局部放电检测发现局放量异常的设备，应同时结合 SF_6 气体分解产物检测技术进行综合分析和判断。同时结合《山东电力集团公司输变电设备状态检修试验规程实施细则》中诊断性试验项目要求进行 SF_6 气体成分分析。因此对 110kV 仲南线（104）COMPASS 设备进行 SF_6 产气体湿度检测和分解产物检测。

（1）SF_6 气体湿度检测。测试时 110kV 仲南线 104 开关压力为 0.6MPa。

SF_6 气体湿度测试结果为 80μL/L，小于状态检修试验规程中要求的运行中注意值 300μL/L。气体湿度检测结果显示正常。

（2）SF_6 气体分解产物检测。110kV 仲南线 104 开关 SF_6 气体分解产物测试结果见表 2。

结合 2010 年国网公司《电力设备带电检测技术规范（试行）》规定：正常 SO_2 小于等于 2μL/L，缺陷 SO_2 大于等于 5μL/L。可见该开关分解产物 SO_2 组分为 3.6μL/L 超出正常值，但未达到缺陷值。同时结合设备厂家的分析结论：分解物含量偏高，内部可能存在低能量放电或接近 500℃ 过热性故障。

为对比，同时对 110kV 内桥开关 103 开关进行 SF_6 气体分解产物测试，结果见表 3。

表 2　110kV 仲南线 104 开关 SF_6 气体分解产物测试结果表

气体组分	测试结果（μL/L）
SO_2＋SOF_2	3.6
H_2S	0
HF	0
CO	18.7

表 3　110kV 仲南线 103 开关 SF_6 气体分解产物测试结果表

气体组分	测试结果（μL/L）
SO_2＋SOF_2	0
H_2S	0
HF	0
CO	12.3

SF$_6$ 气体分解产物测试各项指标正常。通过 104 开关与 103 开关分解物含量对比，可见 SO$_2$＋SOF$_2$ 含量偏高。

SF$_6$ 气体分解产物测试结果：分解物 SO$_2$＋SOF$_2$ 含量偏高，该开关内部存在较低能量放电的可能性很大，应加强监督。

❖ 经验体会

对 110kV 某变 110kV 仲南线（104）COMPASS 设备的带电检测诊断结果进行综合分析如下：该设备红外热像检测、SF$_6$ 气体湿度检测结果正常；C 相开关超声波局部放电检测发现内部存在因部件松动、脱落或接触不良造成的电位悬浮导致放电，具备较明显的局部放电特征，并伴随机械振动现象。SF$_6$ 气体分解物 SO$_2$＋SOF$_2$ 含量偏高，因内部电位悬浮导致低能量放电造成的可能性很大，110kV 仲南线 C 相开关存在明显异常。

❖ 检测信息

检测人员	国网山东省电力公司济南供电公司：刘珂（30 岁）、李冰（31 岁）
检测仪器	AI-6106 氧化锌避雷器带电测试仪、P30 红外热像仪、AIA-100 GIS 超声局部放电检测仪、A601FD SF$_6$ 气体湿度检测仪、ZSDP SF$_6$ 气体分解物检测仪
测试环境	温度 7℃、相对湿度 50%

3.4.14 超声波局部放电检测发现 110kV 河口变电站 110kV GIS 电压互感器铁芯夹件螺栓松动

❖ 案例简介

国网山东省电力公司东营供电公司 110kV 河口变电站 110kV GIS 于 2004 年 7 月生产，2005 年 9 月投运，生产厂家为上海西安高压电器研究所有限责任公司；学河 I 线电压互感器由上海 MWB 互感器有限公司生产。2012 年的 3～4 月期间，国网山东省电力公司东营供电公司电气试验班利用超声波局部放电检测仪对公司所属 26 个 110kV 及以上 GIS 进行逐一测试，初步发现了 9 处疑似放电位置，跟踪进行详细复测分析，公司确定 110kV 河口站 GIS 的个别位置有疑似放电现象。随后上报电力科学研究院，电力科学研究院于两后两次进行复测，测试结果和分析结论基本与公司一致。联系厂家技术人员，共同讨论解决方案，安排停电计划进行处理。

❖ 检测分析方法

4 月 16 日在 GIS 超声波局部放电普测时，110kV 河口变电站 110kV 学河 I 线 C 相电压互感器（见图

1）疑似放电信号很强，测得信号为 40mV，4 月 25 日进行复测测得则为 60mV（见图 2），有明显的增长趋势，且伴有"嗡嗡"声。

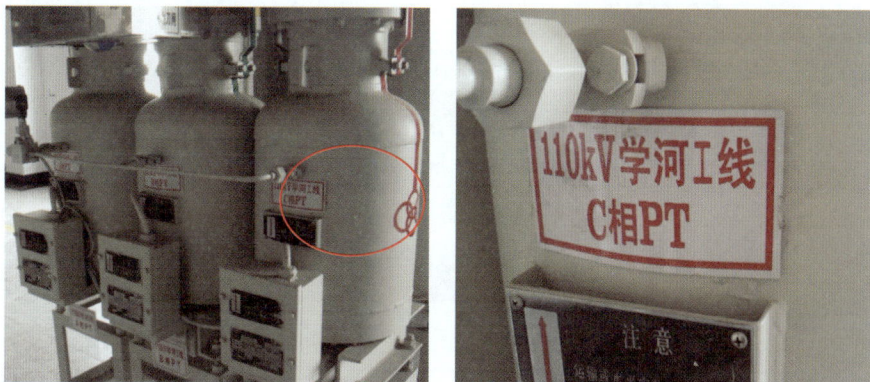

图 1 110kV 河口变电站 110kV 学河Ⅰ线 C 相电压互感器疑似放电位置

5 月 3 日和 5 月 14 日电力科学研究院专业人员对 110kV 河口变电站 110kV 学河Ⅰ线 C 相电压互感器进行超声波测试前，测量的背景信号为均值 0.2mV、周期峰值 0.85mV（见图 3）。

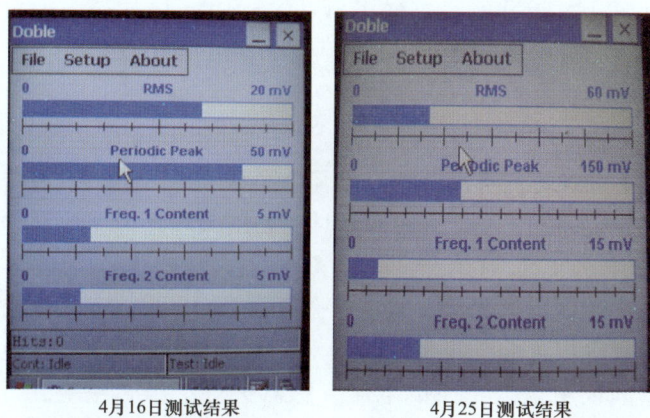

4月16日测试结果   4月25日测试结果

图 2 110kV 河口变电站 110kV 学河Ⅰ线 C 相电压互感器检测信号   图 3 背景信号测量

继而对 110kV 河口变电站 110kV 学河Ⅰ线 C 相电压互感器上部、中部及下部的同一水平位置进行多点反复测试后，发现在 C 相电压互感器上部、中部处测得的信号较强，测试位置及结果如图 4、图 5 所示。

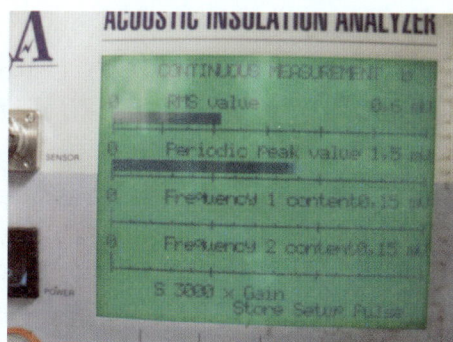

图 4 所测 110kV 河口变电站 110kV 学河Ⅰ线 C 相电压互感器信号较大处

Continuous mode

Periodic peak value	60mV
Periodic peak value	150mV
Frequency 1 content	15mV
Frequency 2 content	15mV

图 5　连续模式

由图 5 可见，连续模式下所测信号的均值为 20mV、周期峰值为 80mV、1 倍频信号较弱、2 倍频信号幅值为 8mV。

除 110kV 河口变电站 110kV 学河Ⅰ线 C 相电压互感器外，对该站同类型设备 110kV 学河Ⅰ线 A 相、B 相电压互感器、学河Ⅱ线电压互感器及断路器、隔离开关、母线也进行了超声波局部放电测试，结果表明这些设备的超声波信号强度与背景信号相差不大。在 110kV 学河Ⅰ线 C 相电压互感器盆式绝缘子浇筑口处，进行了超高频局部放电测试，未发现异常信号。

经与厂家技术人员讨论分析，由对 110kV 学河Ⅰ线 C 相电压互感器、其他同类电压互感器及断路器、隔离开关、母线等设备进行超声波局部放电测试的结果表明，110kV 学河Ⅰ线 C 相电压互感器的测试结果不仅远高于背景信号测量值，也远高于同类型其他线路电压互感器；同时现场用人耳还能听到该电压互感器内有"嗡嗡"声。这说明 110kV 学河Ⅰ线 C 相电压互感器存在内部缺陷。由图 5 明显看出，1 倍频信号很小，而 2 倍频信号较强，初步判断为电压互感器内绝缘支撑松动、偏离等引起的电位悬浮放电或机械振动。

6 月 30 日生产厂家上海西安高压电器研究所有限责任公司技术人员对 110kV 学河Ⅰ线 C 相电压互感器进行了整体更换。7 月 10 日，在生产厂家车间内对更换下来的电压互感器进行了吊芯检查。打开电压互感器后发现铁芯夹件上的四个 M8 紧固螺栓紧固程度不一样，随即用扭力扳手测试时发现靠近底板侧的

绕组侧M8紧固螺栓，顺时针旋转一圈后才达到20N·m

底板侧M8紧固螺栓，力矩已达到要求

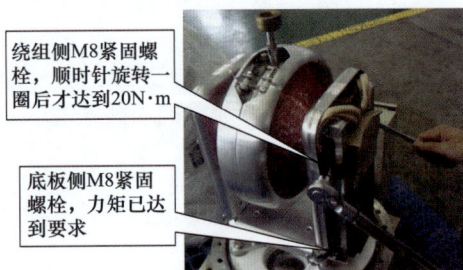

图 6　吊芯后现场检查

两个紧固螺栓紧固力矩达到了标准的 20N·m，而靠近绕组侧的两个紧固螺栓在相同的扭力作用下顺时针旋转了 360°后才达到 20N·m，如图 6 所示。

根据吊芯检查情况，结合运行检测中测得的超声波信号的分析，确定电压互感器运行中噪声偏大的原因主要是铁芯夹件上四个紧固螺栓没有完全达到装配工艺要求（20N·m），铁芯未充分夹紧，从而造成运行中电压互感器的铁芯在电磁场的作用下振动而发出"嗡嗡"的噪声。

7 月 18 号对 110kV 河口变电站 110kV 学河Ⅰ线更换后并投入运行的 C 相电压互感器进行超声波检测，超声波噪声值与背景值基本相同，表明缺陷已消除，设备运行良好。

🔷 经验体会

（1）超声波局部放电检测不但能检测到 GIS 制造、安装和维护过程中，由于内部绝缘表面脏污、毛刺、自由粒子、固体绝缘内部缺陷等引起的 GIS 局部放电现象的存在，还能检测到紧固螺栓或零部件松动的情况，能够对发现设备运行隐患提供有力保障。

（2）本次缺陷发生主要原因是厂内装配人员没有严格执行装配工艺，铁芯夹件上四个紧固螺栓没有完全达到装配工艺要求（20N·m），铁芯未充分夹紧。反映出生产厂家的内部质量管控方面存在不到位的

问题、监理公司厂内质量监督工作还不够细致，都需要进一步深化、细化。

（3）严格带电检测项目的执行，可以及时发现设备安全运行隐患，确保设备健康运行。

检测信息

检测人员	国网山东省电力公司东营供电公司：王立强（48 岁）、郭立（31 岁）
检测仪器	AIA-100 GIS 超声波局部放电检测仪
测试环境	温度 19℃、相对湿度 55%

3.4.15 超声波局部放电检测发现 220kV 乐安变电站 110kV GIS 导向杆松动

案例简介

国网山东省电力公司东营供电公司 220kV 乐安变电站 110kV GIS 为山东泰开高压开关有限公司 2005 年生产产品，2006 年投入运行，发现异常的备用 116 间隔因无出线一直处于冷备用状态。2012 年的 4 月 26 日 11 时，对 220kV 乐安变电站 110kV GIS 进行超声波局部放电检测时，发现有疑似放电位置，跟踪进行详细复测分析，公司确定为局部放电现象。随后上报电力科学研究院，电力科学研究院先后两次安排人员现场进行复测，测试结果和分析结论基本与公司一致。于是公司生技部联系生产厂家，共同制定了解决方案，安排停电计划进行解体检查处理。

检测分析方法

4 月 26 日在对 220kV 乐安变电站 110kV GIS 进行超声波局部放电检测时发现 110kV II 母线筒备用 116 间隔部分（见图 1）及其附近有疑似放电信号，且备用 116 间隔部分噪声信号较强（均指信号峰值），达到 25mV（见图 2，可与左边环境背景信号对比），附近部分约 15mV。

图 1　220kV 乐安变电站 110kV GIS 疑似放电位置

5 月 4 日和 5 月 14 日对 220kV 乐安变电站 110kV GIS 2 号母线进行了超声波多点反复测试（超声波测试背景信号为均值 0.2mV、周期峰值 0.9mV），发现备用 116 间隔处存在最强信号点，测试位置和测试结果分别如图 3 和图 4 所示。

图 4 所示的超声波测试结果为均值 9mV、周期峰值 31mV、1 倍频信号 0.2mV、2 倍频信号 0.6mV，远大于所测的背景信号。而对 2 号母线其他部位及其他设备气室的超声波信号测试结果与背景信号相差不大。这说明备用 116 间隔处存在内部缺陷。根据连续模式测试结果，具有 1 倍频和 2 倍频相关性，初步诊断为绝缘支撑件、紧固螺栓松动或存在电位悬浮、颗粒杂质。

6 月 15～20 日，山东泰开高压开关有限公司派技术人员对 110kV II 母线筒备用 116 间隔（备用 4）及其相邻的备用 115 间隔（备用 3）进行整体更换，之后对其解体检修，在拆除备用 116 间隔（备用 4）的

一般背景噪声信号值　　Ⅱ母线备用116间隔某处信号值

图2　备用116间隔检测信号

图3　2号母线所测信号最大处

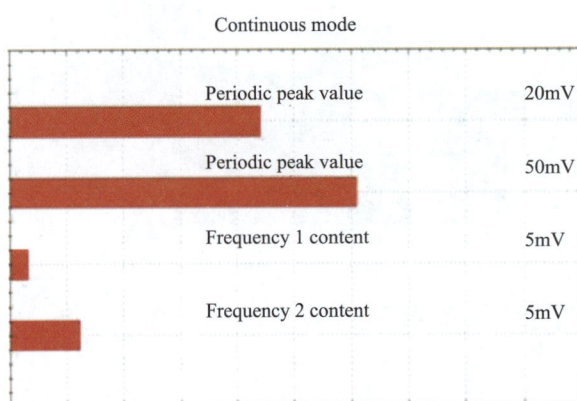

图4　连续模式

A相导体时，发现靠近117间隔的导向杆也存在松动的情况（见图5、图6）。在拆除备用115间隔时，发现A相梅花触头——靠近2号主变压器间隔侧的导向杆也存在松动的情况。

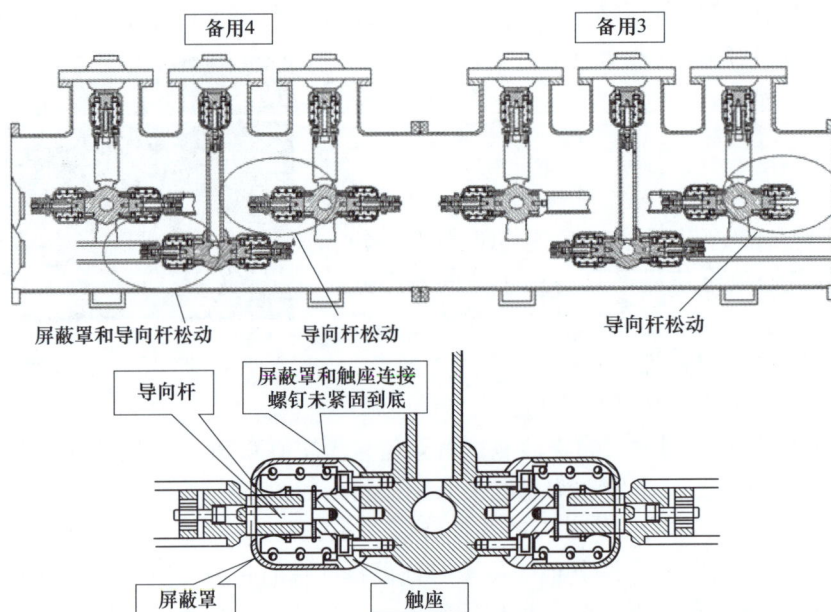

图5　母线内部异常部位图示

7月13日对已运行半个月的Ⅱ母线备用115、116间隔部分进行超声波复测，结果噪声均接近背景值，证明处理结果良好，缺陷消除。

图 6　屏蔽罩及触座连接图

（标注：屏蔽罩和触座连接螺钉未紧固到底）

经验体会

（1）本次缺陷是由于导向杆和螺钉未紧固到底，在运行过程中电磁场力的作用下产生机械振动，进行超声波测量时信号过大。导向杆和螺钉未紧固到底的原因为现场安装时，安装人员没有严格执行装配工艺，因为根据厂家的装配工艺，在安装屏蔽罩和导向杆时，螺钉的螺纹处应涂覆适量的螺纹紧固胶，然后再用扳手将螺钉紧固到底，当紧固胶凝固后，螺钉的拆卸是异常困难的，即使经过长时间运行，也不会引起零件松动。

（2）严格带电检测项目的执行，及时发现设备安全运行隐患，确保设备健康运行。

（3）加大基建施工现场安装监督力度，特别是关键点的现场监督，杜绝因现场安装人员责任心不强为设备运行留下隐患。

检测信息

检测人员	国网山东省电力公司东营供电公司：王立强（48岁）、郭立（31岁）
检测仪器	AIA-100 GIS超声波局部放电检测仪
测试环境	温度19℃、相对湿度55％

3.4.16　超声波局部放电检测发现 220kV 尚店变电站 110kV GIS 内部构件移位松动

案例简介

国网山东省电力公司聊城供电公司220kV尚店变电站110kV等级GIS 2010年生产并同年投运。2014年1月8日19时，电气试验人员进行超声波检测过程中，根据运行人员巡视情况，检测发现该站尚庙线120间隔存在局部放电异常情况。进行超声波定位检测后，确定出线气室和2号母线侧隔离开关气室内存在放电点，并初步判断放电类型为悬浮放电。解体检查后，发现出线气室内导体连接处的屏蔽罩有移位，2号母线侧隔离开关气室内导体紧固螺栓有松动，随即进行处理并复测。

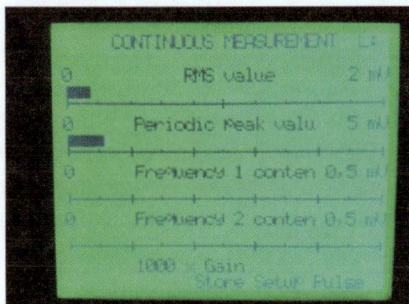

图 1　背景噪声测试结果

检测分析方法

结合运行人员巡视情况，在尚庙线120间隔附近可清晰听到机械振动的声音，位置在120间隔出线气室附近。试验人员以0.5m为间距，对出线侧气室进行超声波局部放电排查，测试到背景噪声峰值为0.6mv左右，如图1所示。

在出线气室与电压互感器连接的十字部位测到放电量异常，于是缩小探头的移动距离，进行详细排查，在A点测得放电量最大，峰值为2.3mV左右，具有明显的100Hz相关性，如图2所示。

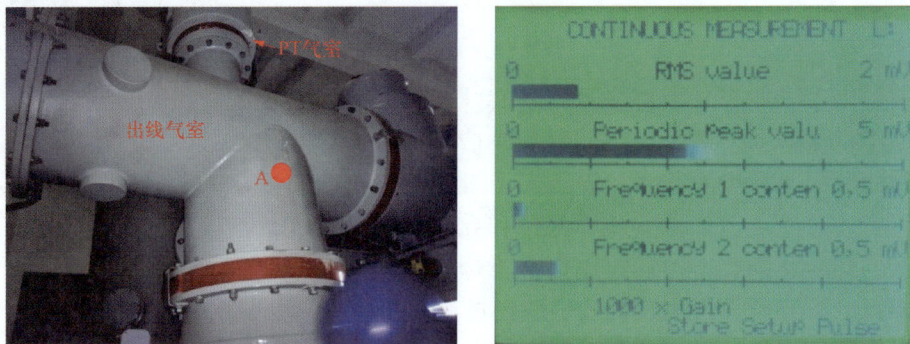

图2 出线气室现场照片及局部放电测试结果

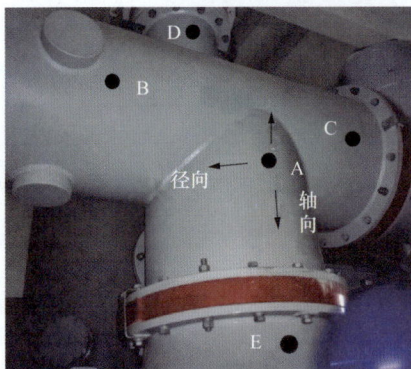

图3 轴向和径向局部放电测试示意图

（1）放电点定位过程。沿A点轴向测试，上下两侧局部放电量均逐渐减弱，在B、C、D、E各点所测到的信号与背景值接近，说明不存在外部传播信号进入出线气室的可能性，放电点存在于出线气室内部。沿A点径向测试，在A点所在径向平面上放电量基本无变化，如图3所示，说明放电点不在GIS外壳上，而在内部导体上。

（2）其他气室排查。对120间隔其他气室进行逐一排查，在2号母线侧隔离开关十字连接部位测到异常信号，经过轴向、径向测量后比较后，确定了最大放电点位置，并确定放电点在内部导体上，放电特点及放电量与出线侧部位相似，如图4所示，连续测量模式下放电量越大于背景噪声值，且100Hz相关性较明显。

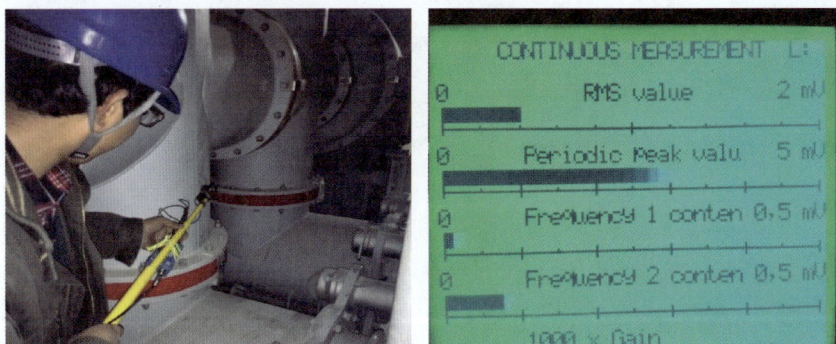

图4 尚庙线120间隔2号母线侧隔离开关气室局部放电测试图及连续模式下测试结果

（3）局部放电类型初步判断。在相位模式下进行测试，发现放电点呈簇状聚集，且一个工频周期内出现两次放电簇，与悬浮放电典型谱图相似，如图5所示。结合连续检测模式下的100Hz相关性信号，可以初步判断所测到的出线气室及2号母线侧隔离开关气室内存在悬浮电位放电，且放电点在内部导体上。尚庙线120间隔所带线路为铁路供电，负荷非常重要，如若为螺栓松动引发的放电，情况持续恶化可能造成螺栓脱落，引起绝缘击穿，将造成严重后果。检测人员立即上报，相关部门迅速联系厂家并分析原因，通知厂家安排专业人员进行处理。

（4）拆解检查。对GIS内气体处理完毕后，检修人员与厂家进行气室解体检查，发现出在线气室内导体连接处的屏蔽罩有移位，2号母线侧隔离开关气室内导体紧固螺栓有松动，如图6所示。

检修人员恢复了屏蔽罩，并对螺栓进行了紧固，对气室进行抽真空、注气、检漏等工作后，再次进行局部放电复测，检测结果接近背景噪声，如图7所示。此次紧急解体检修，成功避免了螺丝继续松动脱落造成放电、扩大事故的可能。

此前进行超声波局部放电检测没有异常放电，初步判断长期运行过程中，屏蔽罩、紧固螺栓在电动力和机械应力作用下，逐渐松动，其中屏蔽罩位移较大，在电动力作用下不断振动，发出异响。

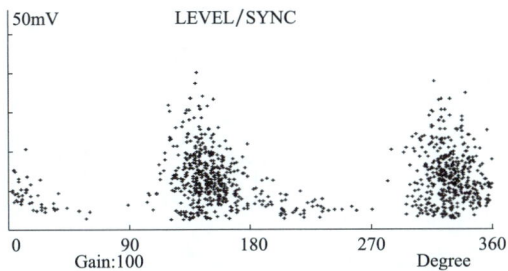

图5 悬浮放电相位模式典型谱图

图6 现场拆解照片

图7 处理后局部放电复测结果

经验体会

（1）超声波局部放电检测技术具有抗干扰能力强、灵敏度高、可定位的优点，是目前进行 GIS 局部放电测试最为可有效的测试手段。

（2）GIS 运行过程中，在电动力和机械振动等的影响下，屏蔽罩、螺栓容易发生松动、变形，引起局部放电，严重时可能会造成内部绝缘击穿。为避免此类事故的发生，应重视和加强运行 GIS 的局部放电检测工作，及时分析和处理局部放电异常现象。

（3）本次测试起于 GIS 气室内部异响，经测试，在发出异响的出线气室内部存在局部放电，但此后，在可以确定没有异响的其他气室也检测到了具有相同特点的局部放电，说明局部放电与人耳可听到的机械振动没有必然的联系。进行局部放电检测时应保证螺栓连接处、断口、GIS 导体拐角等关键部位全面覆盖。

（4）超声波局部放电对悬浮放电、金属颗粒放电、尖端放电较为敏感，但对于绝缘内部（如盆式绝缘子）的气隙放电灵敏度较差，同时考虑对不同频段的抗干扰能力不同，有条件时可采用特高频与超声波联合检测法进行测试，以提高检测的准确性和全面性。

（5）现场局部放电测试数据，尤其是故障时的测试数据较为珍贵，可作为以后故障判别的比对材料，应注意积累和保存，逐渐建立和完善各故障类型的局部放电相关谱图数据库，为将来的故障定位和放电类型判断提供可靠依据。

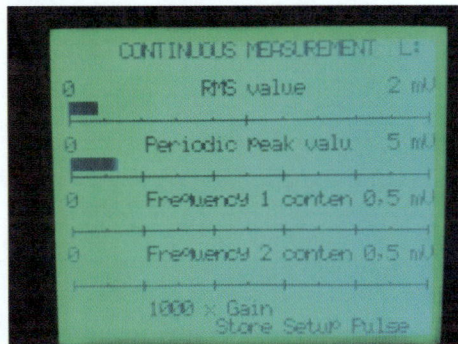

检测信息

检测人员	国网山东省电力公司聊城供电公司：隋恒（28 岁）、陈虎（36 岁）、岳彩鹏（30 岁）
检测仪器	AIA-1 超声波局部放电测试仪
测试环境	温度−3℃、相对湿度 15％

3.4.17　超声波局部放电检测发现 220kV 延农变电站 110kV 延佳线 522 间隔盆式绝缘子闪络

❖ 案例简介

2011 年 5 月 21 日，国网湖南省电力公司检修公司工作人员对 220kV 延农变电站 110kV 延佳线 522 扩建间隔进行交接耐压试验，超声波局部放电检测发现 110kV 延佳线 522 间隔 B 相耐压时局部放电信号异常。通过测试数据分析放电可能是因绝缘件缺陷引起。开盖检查发现盆式绝缘子存在沿面闪络痕迹，更换缺陷盆式绝缘子后再次试验超声波部局放电信号恢复正常。

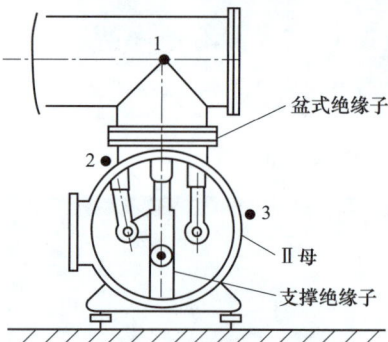

图 1　缺陷位置示意图

❖ 检测分析方法

试验时重点选择了 3 个测量点进行检测（如图 1 所示），发现检测点 2 处信号最强（如表 1 所示）。在 A、C 相分别加压也在相同位置发现超声信号，但是超声信号强度要弱于 B 相加压时的信号强度。

表 1　　　　　　　　　　　　　　　各检测点的测量值

检测点		1	2	3
连续模式（mV）	有效值	0.28	0.8	0.5
	峰值	3.2	12.6	6
	50Hz 相关性	0.15	5.7	0.32
	100Hz 相关性	0.15	4.2	0.15
脉冲模式		低，集中于负峰值处	高，集中于负峰值处	低，集中于负峰值处

为了确定缺陷位置，通过分、合 5222 隔离开关对主回路逐段检测。分开 5222 隔离开关，检测结果表明加压部分的超声信号再次出现异常，缺陷位置为 5222 隔离（接地）开关气室，与首次发现的缺陷位置相同，其缺陷信号的图谱也一致。

通过分段测试发现，5222 隔离开关处于分、合位置时 5222 隔离（接地）开关气室内部都存在较为明显的放电现象，因此分段测试只能确定放电部位在 5222 隔离（接地）开关气室内部，尚很难精确定位缺陷部位。

测试数据的幅值、50Hz 相关性和 100Hz 相关性较大，脉冲模式集中（如图 2、3 所示）。通过了解设备内部的具体结构，对比典型缺陷图谱，初步判断放电可能是由绝缘件上的缺陷引起的。

随后对该 GIS 进行了开盖检查。检查发现与放电部位临近的盆式绝缘子发生了沿面闪络（如图 4 所示），虽然闪络路径是由 B 相导体向外壳闪络，但并不是沿最短路径进行。盆式绝缘子出厂时经过了严格的耐压试验，故分析闪络是由于装配时在盆式绝缘子上遗留的金属粉末或附着了其他杂质所引起。

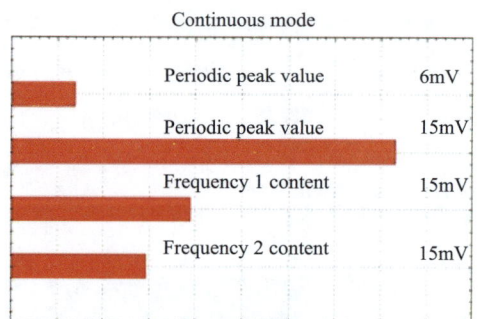

图 2　缺陷部位超声检测连续模式图

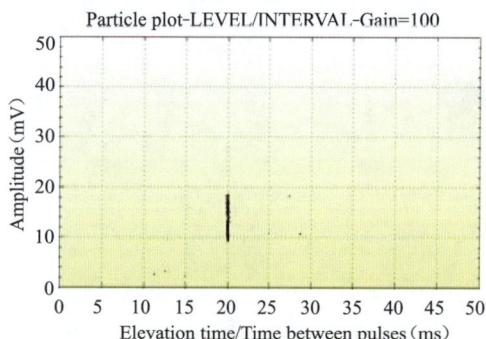

图 3　缺陷部位超声检测脉冲模式图

图 4　盆式绝缘子上有明显闪络痕迹

检修人员对 5222 隔离开关气室内导电部位和其他的绝缘件进行认真检查，未发现异常，更换缺陷盆式绝缘子后再次试验超声信号恢复正常。

经验体会

（1）GIS 交接试验时应严格执行《国家电网公司十八项电网重大反事故措施》（国家电网生〔2012〕12〕352 号）要求，严格按有关规定对新装 GIS、罐式断路器进行现场耐压，耐压过程中应进行局部放电检测。

（2）GIS 组合设备交接耐压试验发现局部放电异常，可采取分段加压、多点检测的方法进一步确定缺陷位置。

（3）盆式绝缘子区域是绝缘薄弱的高发区，检测时需重点关注。

（4）需进一步积累盆式绝缘子缺陷的相关典型图谱。

检测信息

检测人员	国网湖南省电力公司检修公司：张寒（39 岁）、张国光（39 岁）、张国旗（28 岁）
检测仪器	AIA-I GIS 超声波局部放电检测仪
测试环境	温度 23℃、相对湿度 53％

3.4.18　超声波局部放电检测发现 110kV 桃花变电站 1122 号隔离开关气室内部自由金属颗粒缺陷

案例简介

2013 年 9 月 26 日 10 点，国网重庆市电力公司长寿供电分公司徐家坪运维站运行人员在对 110kV 桃花变电站进行巡检时发现 112 间隔超声波局部放电信号异常，电气试验班试验人员对 1122 号隔离开关气室及相邻 163 号断路器气室和 1631 号隔离开关气室进行了超高频局部放电（测试设备为 PDCheck）对比测试。测试表明该气室存在局部放电。

9 月 26 日 18 时，对 112 母联间隔进行超声波局部放电精确检测（检测设备 AIA-2 超声波局部放电检测仪），在 1122 号隔离开关气室的盆式绝缘子左侧底部检测到信号最大点。在该点测试的信号峰值已达到 1500mV。信号特征表现为：有效值、峰值较大，50Hz 频率与 100Hz 相关性较低，通过脉冲模式检测，信号呈现明显的自由导电颗粒放电图谱。并且在盆式绝缘子右侧点检测到幅值较小但相似的信号，初步判断为自由导电颗粒放电。2013 年 9 月 29 日对该气室故障三工位开关进行现场拆解检查，发现壳体内部的底部有两个长约0.5～1cm 的螺旋状铝屑。

检测分析方法

（1）超声波局部放电检测技术分析。112间隔1122号气室底部超声波局部放电测试结果如图1、2所示。放电有效值和峰值较大，且峰值不稳定。50Hz和100Hz相关度较低。采用脉冲模式后，发现呈典型自由金属颗粒放电图谱特征。通过对1122号隔离开关气室多处进行检测，该处幅值最大。

图1　112间隔1122气室底部超声波局部放电测试连续图谱

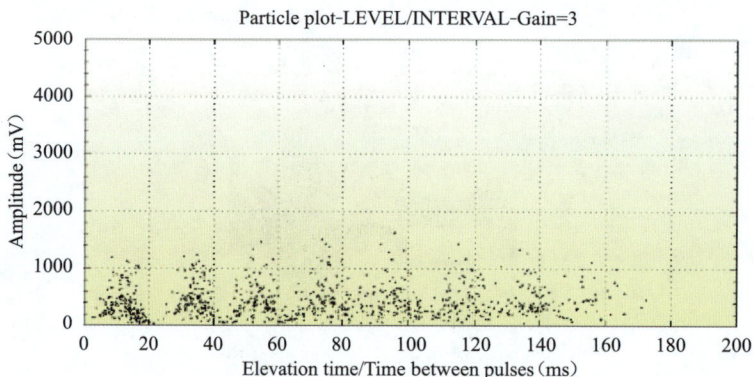

图2　112间隔1122气室底部超声波局部放电测试脉冲模式图谱

112间隔盆式绝缘子右侧母线气室底部超声波局部放电测试结果如图3、4所示，测试结果发现放电有效值和峰值较大，且峰值不稳定。50Hz和100Hz相关度较低。脉冲模式图谱呈典型自由金属颗粒放电图谱特征。判断此处信号为1122号隔离开关气室传递衰减信号。

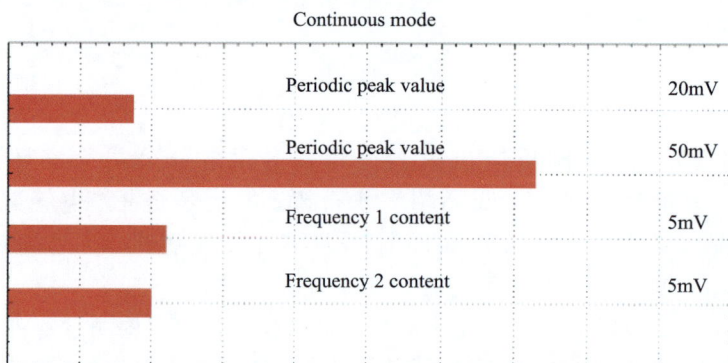

图3　112间隔盆式绝缘子右侧母线气室底部超声波局部放电测试连续图谱

112间隔1122号气室中部超声波局部放电测试结果如图5、6所示。该处信号为1122号气室底部传递衰减信号。1122隔离开关气室的超声波局部放电检测信号连续模式的有效值和峰值较大，且信号峰值不稳定。50Hz和100Hz相关度较低。脉冲模式图谱呈典型自由金属颗粒放电特征。通过对1122号隔离开关气室多处进行检测，112间隔1122号气室底部（近检修手孔右侧）幅值最大。

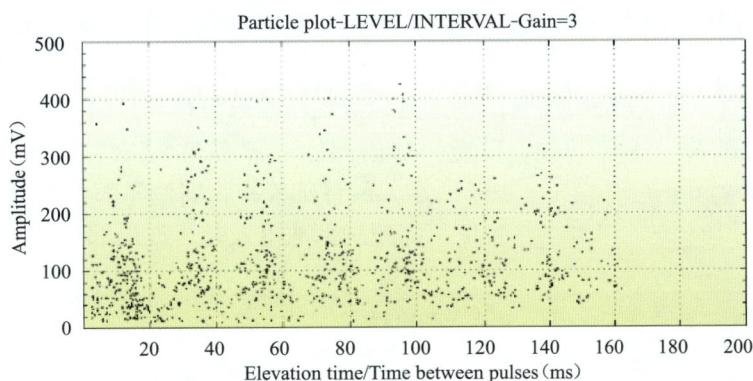

图 4　112 间隔盆式绝缘子右侧母线气室底部超声波局部放电测试脉冲模式图谱

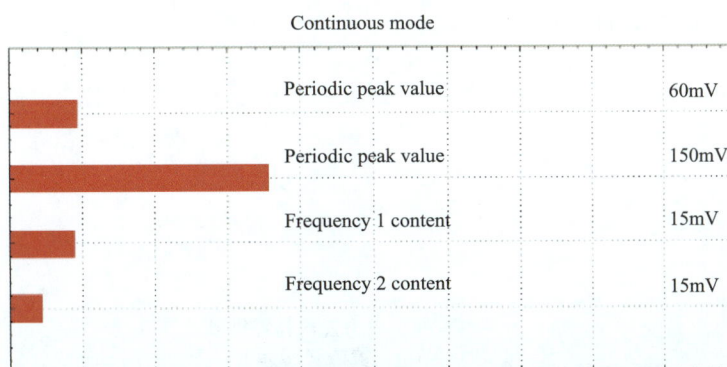

图 5　112 间隔 1122 气室中部超声波局部放电测试连续图谱

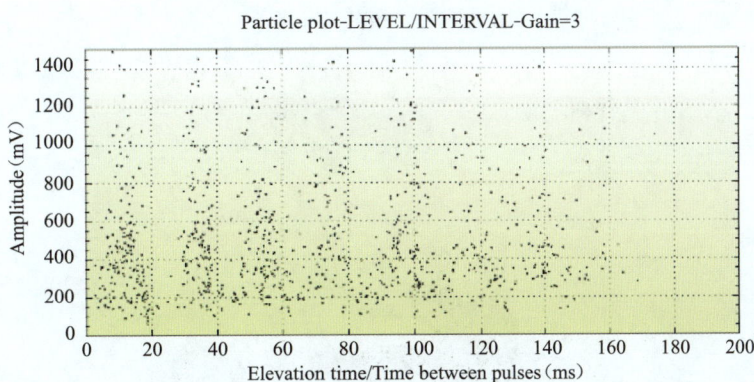

图 6　112 间隔 1122 气室中部超声波局部放电测试脉冲模式图谱

（2）SF_6 气体组分检测技术和分析评价。为了较准确分析局部放电异常的 GIS 气室可能存在内部缺陷，试验人员对 1122 号气室进行了 SF_6 气体组分分析。结果见表 1。

表 1　　　　　　　　　　　　　110kV 桃花变电站 1122 号气室气体测试数据

项目	组分分析（μL/L）			项目结论	气体湿度（μL/L）	项目结论	压力值（MPa）	检漏仪检漏
	SO_2	H_2S	CO					
1122 号隔离开关气室	0	0.1	1	合格	275	合格	0.42	不漏
1121 号隔离开关气室	0	0.1	8	合格	267	合格	0.44	不漏
试验结论	合格							

结果表明，1122 号及 1121 号气室的气体组分正常，说明气室内部存在局部放电的放电能量较小，不足以引起 SF₆ 气体分解。

（3）现场解体情况。9 月 29 日，按照排查方案，组织检修分公司和厂家对 1122 号隔离开关气室进行拆解。经现场拆解检查故障三工位开关，发现壳体内部的底部有两个长约 0.5～1cm 的螺旋状铝屑，如图 7 所示。经仔细检查，其他零部件未发现异常。这一检查结果验证了高频局部放电及超声波局部放电试验的有效性和准确性。

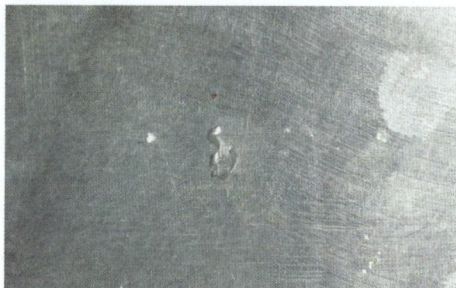

图 7　GIS 内部两个螺旋状铝屑

经验体会

（1）对于气体绝缘金属封闭开关设备（GIS）内部放电缺陷，可以采用超声波局部放电、高频局部放电和 SF₆ 气体组分分析技术进行较为有效的检测。综合运用三种方法就能对内部放电缺陷的性质、严重程度和部位进行有效的判断，为准确的设备状态评价提供了重要支持。

（2）实际推广应用中，可以采用超声检测法进行大面积的普查，对于发现可能存在异常的气室，在采用超高频局部放电和 SF₆ 气体组分分析技术进行综合判断，可以有效提供状态评价的效率。

检测信息

检测人员	国网重庆市电力公司长寿供电分公司：刘立（45 岁）、杨晓波（35 岁）、黄琦（26 岁）。国网重庆市电力公司电力科学研究院：逄凯（30 岁）、彭君建（24 岁）
检测仪器	AIA-2 GIS 超声波局部放电检测仪
测试环境	温度 25℃、相对湿度 60％

3.5　特高频局部放电检测技术

3.5.1　特高频局部放电检测发现 110kV 新街口变电站 GIS 134 间隔断路器气室内部放电缺陷

案例简介

2012 年 6 月 15 日、7 月 5 日和 7 月 24 日，对 110kV 新街口变电站 GIS 三次检测中均发现 134 间隔 B 相断路器气室内存在局部放电，并存在两种局部放电信号：①连续的局部放电信号，相位分布非对称，信号幅值相对较小；②间歇式的放电信号，相位分布对称，信号幅值较大。超声波、SF₆ 气体检测数据未见异常。8月2日，通过改变运行方式对放电源进行定位，分别拉开 134-3 和 134-4 隔离开关，使断路器上、下口分别带电，确认放电源位于断路器上口位置。分别于 7 月 31 日和 8 月 7 日组织两次跟踪复测，检测确认 134 间隔 B 相断路器气室内存在放电源，特高频法与改变运行方式定位的放电源位置一致。

图 1　134 间隔盆式绝缘子编号示意图

检测分析方法

2012 年 6 月 15 日，采用特高频法检测发现 134 间隔 B 相断路器存在异常信号，134 间隔盆式绝缘子编号如图 1 所示。通过对不同盆式绝缘子检测图谱幅值比较，初步定位此异常信号位于 134 间隔 B 相断路器气室中部靠上位置（5 号盆式绝缘子信号幅值最大，称此信号为信号 1），检测图谱见图 2。

2012 年 7 月 24 日，复测过程中，检测发现 134 间隔 B 相断路器内还存在第二种间歇性放电信号（统称信号 2），信号 2 在 2012 年 6 月 15 日及 7 月 5 日测试中并未出现，检测图谱见图 3。将探头分别长时间

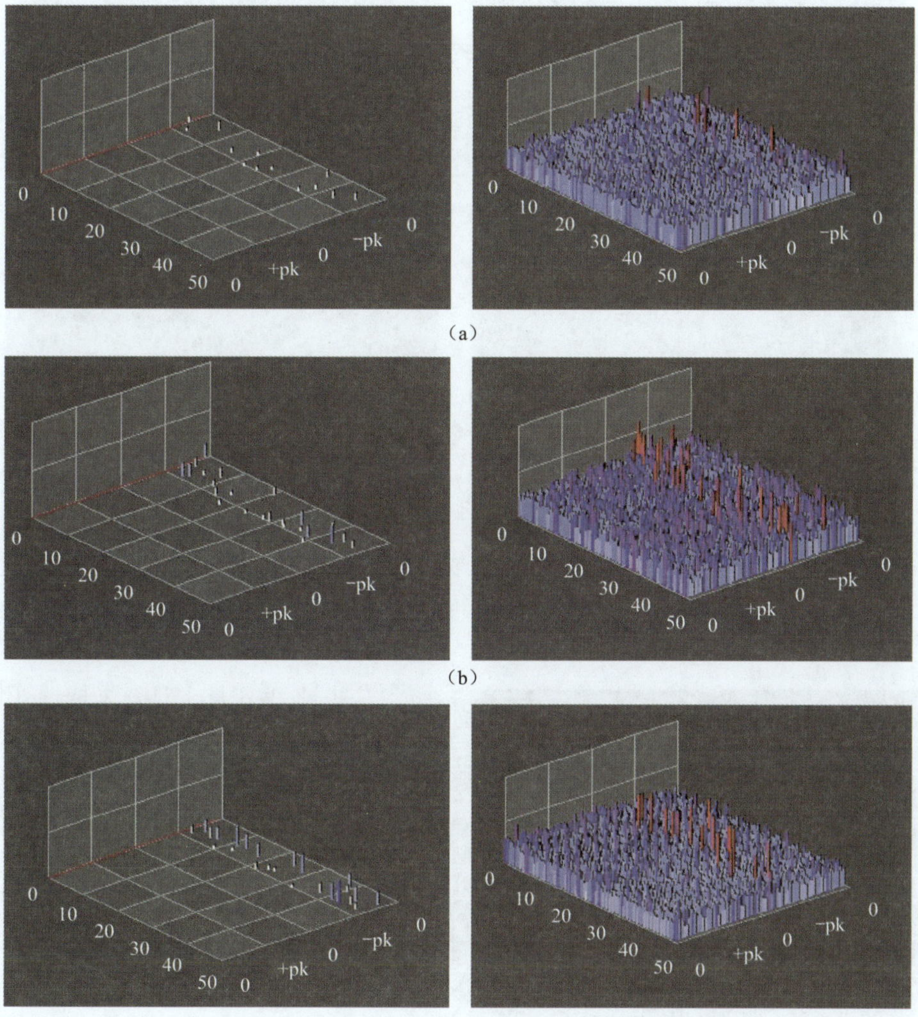

图 2　134 间隔 B 相断路器检测信号（左图无放大器，右图加装放大器）（一）
(a) 134 间隔 B 相断路器 3 号盆式绝缘子检测信号；(b) 134 间隔 B 相断路器 4 号盆式绝缘子检测信号；
(c) 134 间隔 B 相断路器 5 号盆式绝缘子检测信号

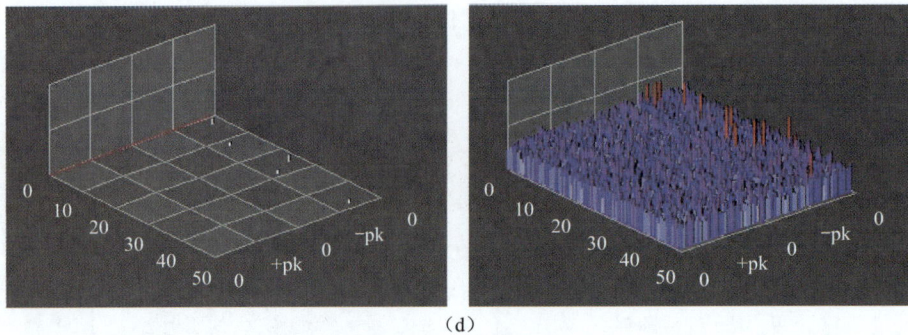

图2 134间隔B相断路器检测信号（左图无放大器，右图加装放大器）（二）

(d) 134间隔B相断路器6号盆式绝缘子检测信号

捆绑在4、5、6号3个盆式绝缘子上，通过对比可看出信号2是同一放电信号，且5号盆式绝缘子处信号最大，A相和C相检测不到此信号。通过对比4、6号盆式绝缘子信号大小，判断信号源位于134间隔B相断路器气室内，且该信号与典型自由粒子放电信号图谱相似度较高。

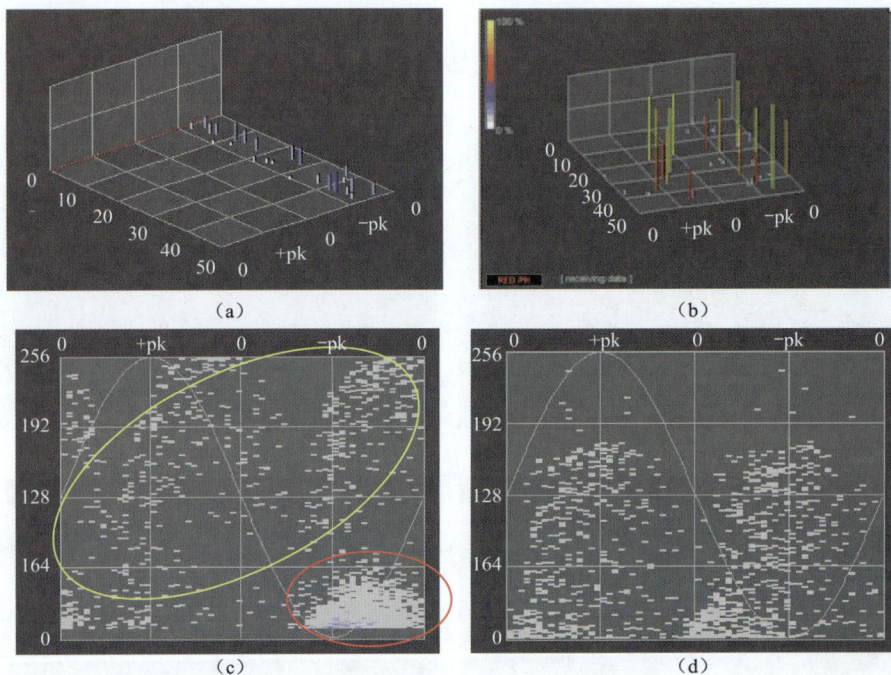

图3 134间隔5号盆式绝缘子检测信号

(a) 6月15日检测信号；(b) 7月24日检测信号；(c) 信号积累图（PRPD）；(d) 典型自由粒子放电积累图

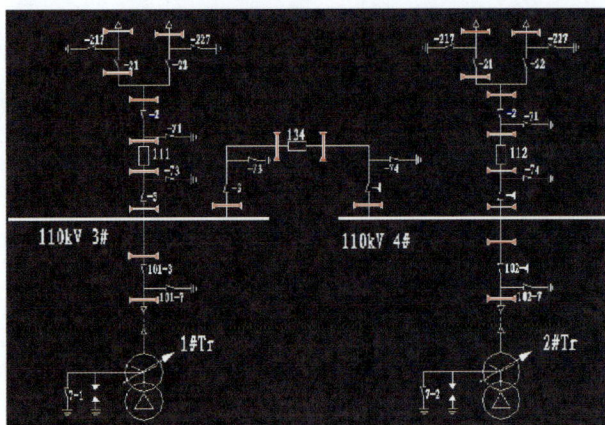

图4 134间隔一次接线图

2012年8月1日，采取改变运行方式的办法确定134间隔B相断路器内部异常位置。134间隔一次接线图如图4所示，正常运行方式下测得信号与2012年7月24日测得结果相同。在拉开134-4隔离开关合上134-3隔离开关后，信号1、2同时消失；在拉开134-3隔离开关合上134-4隔离开关后，断路器上口带电，断路器下口不带电，此时两个信号同时出现，信号2幅值增长且放电速率增强。恢复正常运行方式后，检测发现信号2消失，信号1依然存在，但信号幅值略有减小，检测图谱见图5。

2012年7月31日和8月7日，采用特高频

(a)　　　　　　　　　　　　　(b)

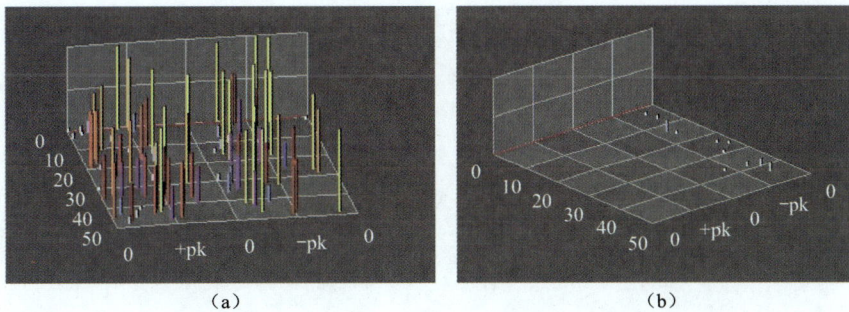

图5　改变运行方式5号盆式绝缘子检测信号

(a) 134间隔5号盆式绝缘子信号（134-3隔离开关拉开，134-4隔离开关合上）；

(b) 134间隔5号盆式绝缘子信号（134-3、134-4隔离开关均合上）

传感器、示波器对放电源进行定位，传感器布置位置为1号探头放置于134间隔B相断路器上口盆式绝缘子处，2号探头放置于下口盆式绝缘子处。根据图6所示的示波器波形分析，1号探头（5号盆式绝缘子）先测到放电信号，放电信号距离上口较近，两探头之间信号时延2.1ns。根据计算，放电源距离1号探头（5号盆式绝缘子）51cm，如图7所示。

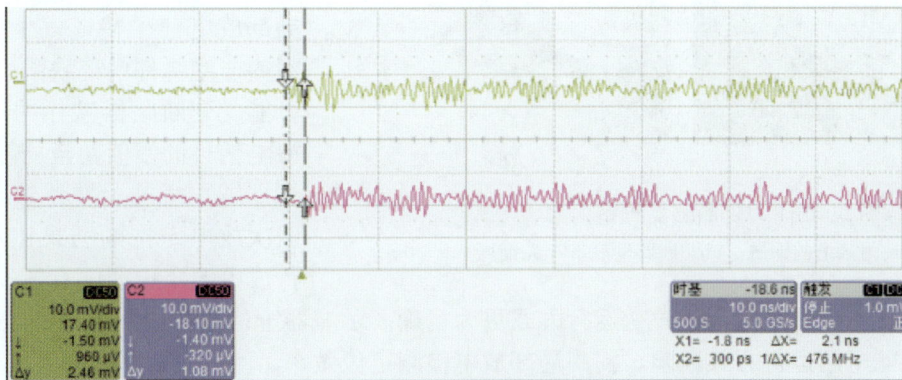

图6　示波器检测信号波形

2012年9月4日，对134间隔断路器气室开仓进行检查，气室内情况见图9。检查发现断路器气室底部存在少量金属铜屑，断路器灭弧室表面局部有少量灰尘，未发现其他异常现象。

2012年9月7日，开仓检查后，对134间隔恢复运行操作过程中进行检测，当134-3、134-4隔离开关都合上时出现异常信号，当134-3、134-4任一隔离开关拉开时，均检测不到该信号，如图8所示。

根据恢复运行时检测结果，断路器气室内仍然存在局部放电缺陷，随后对该缺陷进行跟踪检测，未发现该缺陷有明显变化。根据开仓检查发现气室内底部存在铜屑和由于

图7　示波器检测定位示意图

(a) 特高频探头放置位置；(b) 134间隔放电源位置

断路器操作导致检测信号的改变这两种现象，初步怀疑缺陷是由于断路器灭弧室内动、静触头摩擦导致铜屑的产生。经分析，由于该GIS断路器灭弧室为外部绝缘材质圆柱筒，内部动、静触头结构，当内部存在少量铜屑时，会产生自由粒子局部放电，具体原因需进一步根据内部结构进行分析。

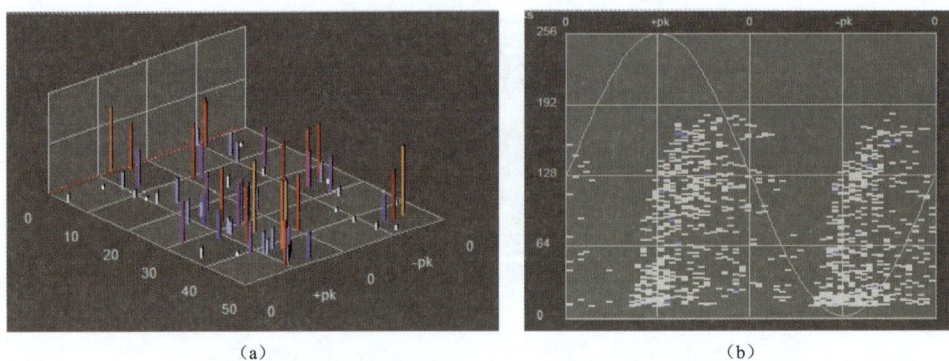

（a）　　　　　　　　　　　　　　　　　　　（b）

图 8　恢复运行过程中检测的信号（134-3、134-4 隔离开关均合上）

（a）134 间隔 5 号盆式绝缘子信号；（b）5 号盆式绝缘子信号积累图（PRPD）

（a）　　　　　　　　　　（b）

图 9　134 间隔断路器气室内部

（a）吸附剂上的铜屑；（b）断路器底部存在铜屑

经验体会

（1）134 间隔 B 相断路器气室内存在两种不同特性局部放电信号，在改变运行方式进行进一步定位过程中，发现局部放电信号特征发生变化。断路器气室内非绝缘件内部缺陷引起的局部放电，可能受到断路器动作的影响而改变局部放电信号的幅值甚至局部放电特征。

（2）通过示波器法与改变运行方式两次放电定位的结果比对，示波器法进行放电源定位能够有效发现局部放电点，根据被测设备条件不同，该定位比改变运行方式更为精确。示波器定位法的应用可减少改变运行方式定位的传统方式，降低电网运行方式风险，提高局部放电检测定位效率。

（3）对于特高频法发现的局部放电，在检测信号幅值较小的情况下，开仓检查可能无法发现明显的放电痕迹。

检测信息

检测人员	国网北京市电力公司检修分公司：徐甘雨（29 岁）、韩晓昆（37 岁）、方烈（43 岁）
检测仪器	DMS 特高频局部放电检测仪、Lecroy 高速示波器
测试环境	温度 23℃、相对湿度 52%、大气压强 101.2kPa

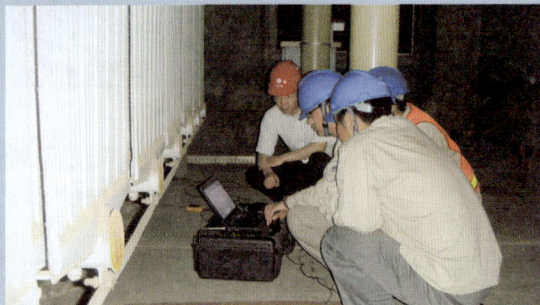

3.5.2　特高频法发现 110kV 神路街变电站 145 间隔 GIS 盆式绝缘子沿面放电缺陷

◆ 案例简介

2012 年 8 月 30 日，对 110kV 神路街变电站进行状态监测，发现 145 间隔存在异常信号，145 间隔盆式绝缘子示意图如图 1 所示。通过对不同盆式绝缘子检测图谱幅值比较，初步定位此异常信号位于 145-5 隔离开关至 5 号母线气室内。2012 年 9 月 7 日，对 145 母联间隔进行复测，异常信号依然存在，通过分析波形及内部元件，判断此异常原因为 5 号盆式绝缘子内部空穴或沿面放电，测量谱图如图 2 所示。

2012 年 9 月 18 日，通过改变运行方式检测，拉开 145-5、145-4 隔离开关，合上 145-57 隔离开关进行检测，异常信号仍然存在且放电图谱无明显变化，判断此信号位于 145-5 隔离开关母线侧至 5 号母线处。2012 年 9 月 25 日，

图 1　145 间隔盆式绝缘子示意图

对该变电站 145-5 隔离开关及 5 号母线开仓检查、清理，恢复运行后进行跟踪复测，异常信号未消失。2013 年 6 月 15 日，更换 5 号盆式绝缘子后复测异常信号消失，经 CT 扫描未发现盆式绝缘子内部存在空穴，判断沿面放电为形成局部放电信号异常的主要原因。

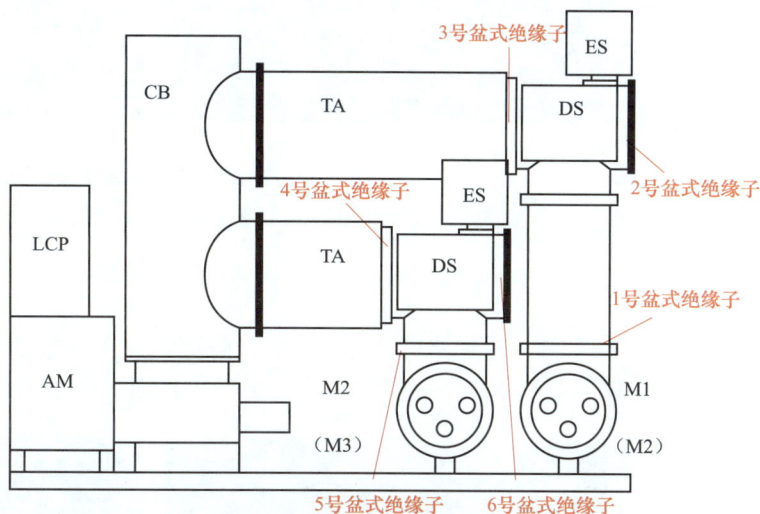

图 2　145 间隔各盆式绝缘子检测信号（一）

（a）2012 年 8 月 30 号 145 间隔 4 号盆式绝缘子信号（加装放大器）；（b）2012 年 9 月 7 号 145 间隔 4 号盆式绝缘子信号（加装放大器）；（c）2012 年 8 月 30 号 145 间隔 5 号盆式绝缘子信号（加装放大器）；（d）2012 年 9 月 7 号 145 间隔 5 号盆式绝缘子信号（加装放大器）

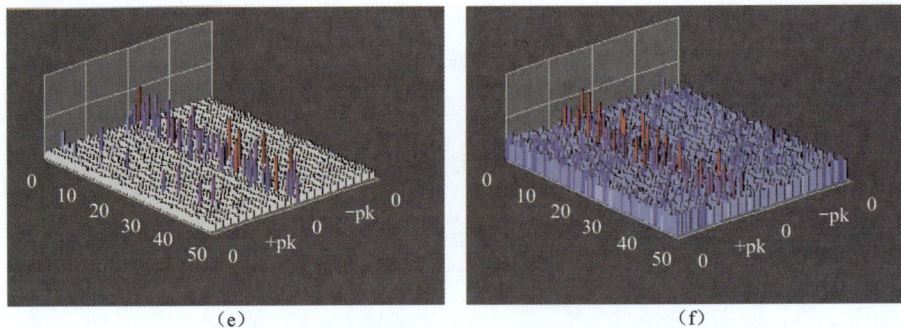

图 2　145 间隔各盆式绝缘子检测信号（二）

（e）2012 年 8 月 30 号 145 间隔 6 号盆式绝缘子信号（加装放大器）；（f）2012 年 9 月 7 号 145 间隔 6 号盆式绝缘子信号（加装放大器）

❖ 检测分析方法

　　2012 年 9 月 5 日，对神路街变电站 145-5 隔离开关及 5 号母线开仓检查，仓内情况如图 3 所示。在检查过程中，发现 145-5 隔离开关气室内盆式绝缘子表面有少量黑色颗粒、浮尘，绝缘拉杆有黑色痕迹。

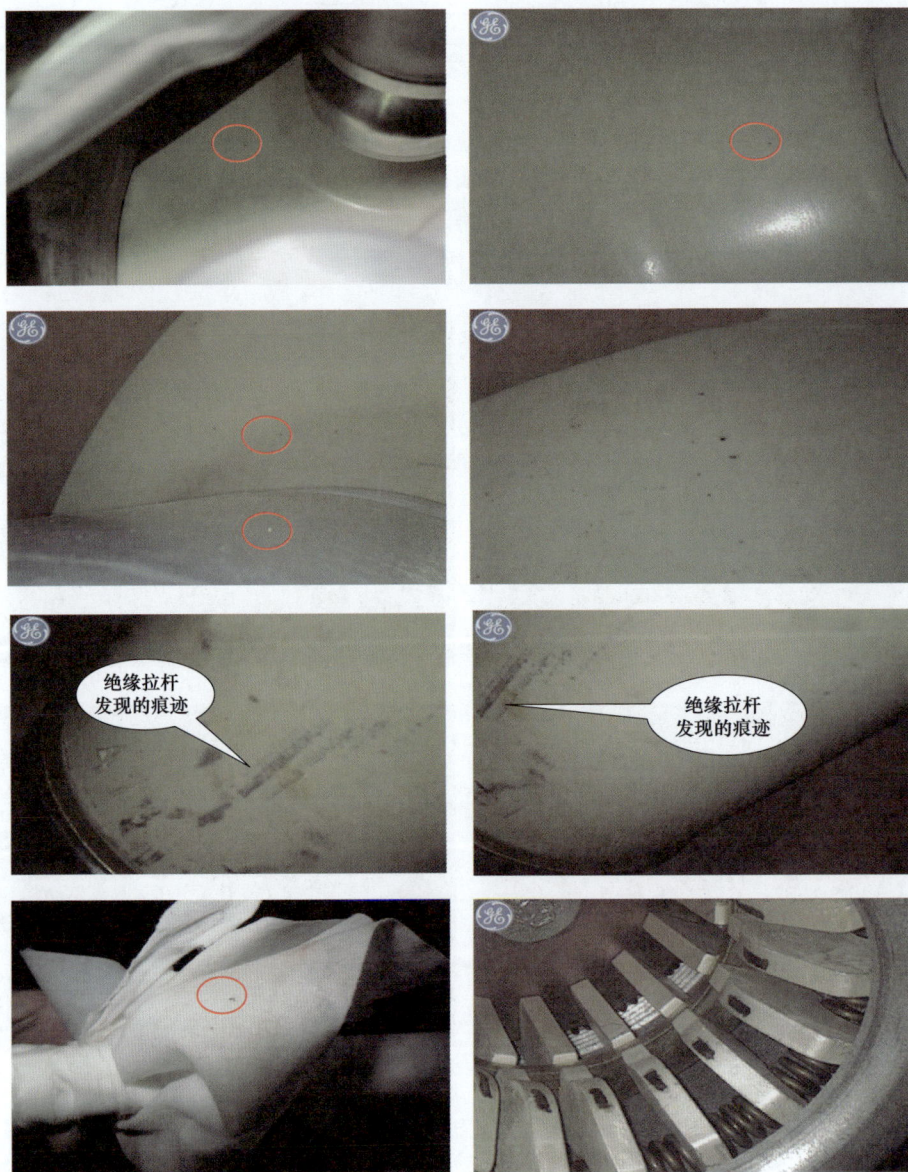

图 3　145-5 隔离开关气室内情况

　　145-5 隔离开关母线侧导电杆有绿色导电脂，盆式绝缘子有污垢，导电杆有破损点，但表面光滑，无尖端。如图 4 所示。

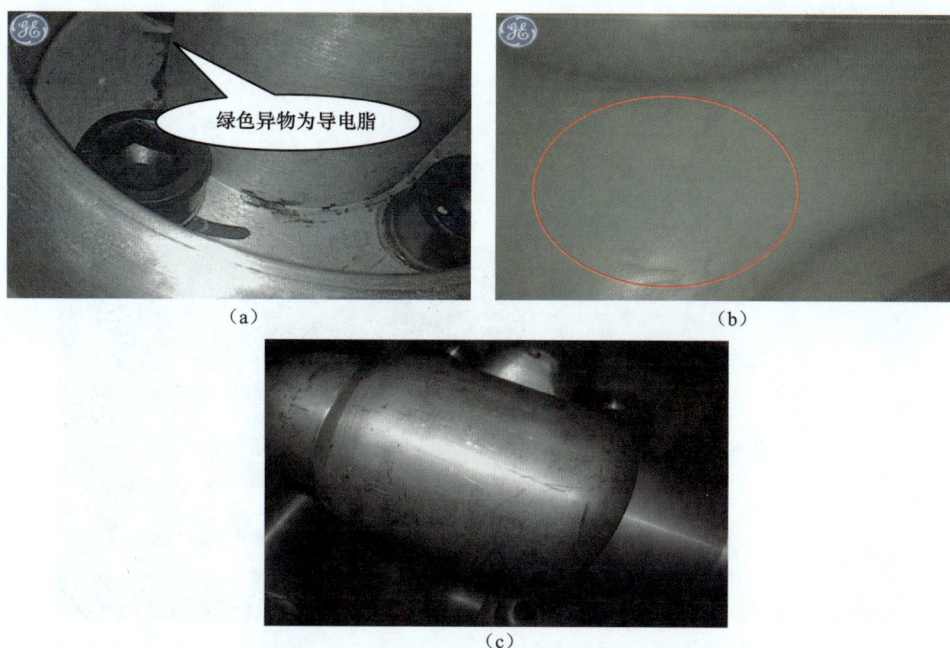

图 4　145-5 隔离开关母线侧导电杆
（a）导电杆有绿色电脂；（b）盆式绝缘子有污垢；（c）导电杆有破损点

2012 年 9 月 7 日，对 145 母联间隔进行复测，异常信号依然存在，且此放电信号在第四象限位置由不连续发展成连续的放电信号，频谱分析放电信号频率在 870MHz～1.3GHz 之间，通过示波器定位发现此放电信号在 5 号盆式绝缘子附近，通过分析波形及内部元件，判断此异常原因为 5 号盆式绝缘子内部空穴或沿面放电。

2012 年 9 月 18 日，通过改变运行方式检测，当拉开 145-5 隔离开关、145-4 隔离开关，合上 145-57 隔离开关进行检测时，异常信号仍然存在且放电图谱与之前检测图谱无明显变化，如图 5 所示。采用 AIA 超声波局部放电定位仪进行带电检测，分别在隔离开关操作前，145-5 隔离开关拉开、145-4 隔离开关拉开、145-57 隔离开关合上的情况下进行检测，在 145-5 隔离开关气室内测到了频率为 50Hz、100Hz 相关信号，排除颗粒放电可能。判断此信号位于 145-5 隔离开关母线侧至 5 号母线处。

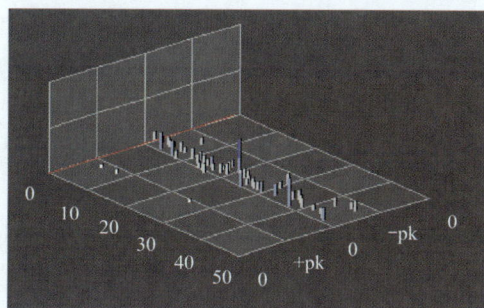

图 5　145 间隔 5 号盆式绝缘子检测信号
（拉开 145-5 隔离开关、145-4 隔离开关，
合上 145-57 隔离开关）

2012 年 9 月 24 日，对 145 间隔进行复测，发现异常信号之前的连续特性发生变化，连续信号中断，连续信号与不连续信号交替出现，且在不连续期间幅值略有增长，如图 6 所示。

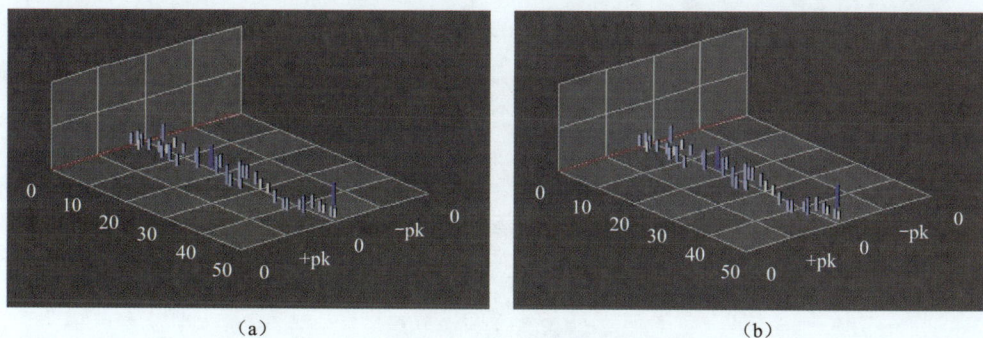

图 6　145 间隔 5 号盆式绝缘子检测信号
（a）连续信号；（b）非连续信号

379

开仓检修恢复后，检测发现异常信号依然存在，检测结果与之前，无明显变化，跟踪检测未见明显变化。检测信号幅值较小，根据以往试验检测信号量与传统局部放电检测量的关系，该局部放电量基本在几十 pc。

2013 年 6 月 15 日，更换 5 号盆式绝缘子后复测局部放电信号消失，对更换下的盆式绝缘子进行 CT 扫描检测及分析，发现盆式绝缘子表面靠近高压电极部分存在放电痕迹，通过 CT 扫描未发现盆式绝缘子内部存在气隙，判断沿面放电是导致局部放电信号异常的主要原因，检查情况如图 7 所示。

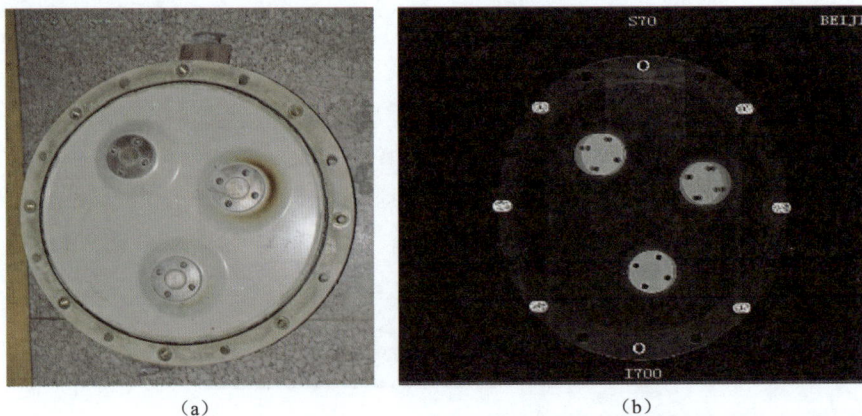

图 7　更换下的 145 间隔 5 号盆式绝缘子检查情况
(a) 5 号盆式绝缘子外观；(b) 5 号盆式绝缘子 CT 扫描图

经验体会

（1）经过对断路器气室特高频检测及对更换下的盆式绝缘子检查，有效说明特高频局部放电检测对盆式绝缘子沿面放电局部放电现象的检测灵敏度，特高频法能够发现盆式绝缘子沿面放电的局部放电缺陷。

（2）经过断路器气室开仓检查及处理，对于沿面放电缺陷无法通过断路器气室清理等检修方式消除局部放电缺陷的情况，必要时应更换组合电器内部相关绝缘部件。

（3）对特高频状态检测发现的设备内部缺陷，除对检测波形进行相关性分析外，应对检修或更换下的相关部件进行多种手段解体，必要时应采取 X 射线、CT 扫描等方法采集部件内部情况，以便于对缺陷成因进行综合分析。

检测信息

检测人员	国网北京市电力公司检修分公司：赵璧（29 岁）、方烈（43 岁）、张振兴（27 岁）
检测仪器	DMS 特高频局部放电检测仪、Lecroy 高速示波器
测试环境	温度 26℃、相对湿度 61%、大气压强 101.2kPa

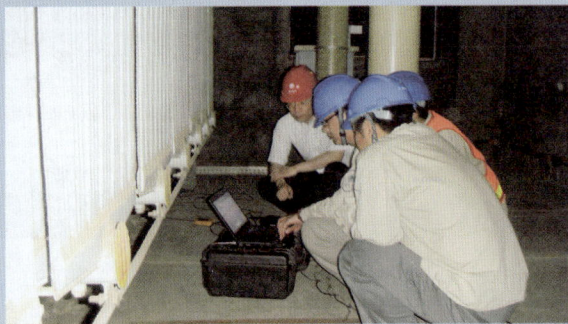

3.5.3 特高频局部放电监测发现 220kV 大堡头变电站 220kV GIS 内部局部放电信号

案例简介

2012 年 11 月 24 日，国网山西省电力公司长治供电公司试验人员在查看 220kV 大堡头变电站 GIS 特高频局部放电在线监测装置后台数据时发现，33 号耦合传感器连续报出 GIS 盆式绝缘子存在较严重的局部放电信号。33 号传感器安装于 220kV 城堡线 286A 相出线管型母线竖向盆式绝缘子处。该 GIS 设备为新东北电气（沈阳）高压开关有限公司 2007 年 11 月生产的 GIS 组合电器，2008 年 6 月投产。220kV 断路器型号为 ZF6-252/Y-CB，在线监测装置为英国 DMS 公司生产的局部放电在线监测装置，2009 年安装并投入运行。

试验人员携带便携式 GIS 局部放电测试仪到大堡头变电站开展了针对性的局部放电测试，未发现 GIS 设备存在典型的 GIS 局部放电图谱，监测装置的检测系统和通信系统也未发现异常。在回装传感器时发现，盆式绝缘子上固定传感器所用的屏蔽带由于长久风吹日晒，存在老化现象，使得耦合传感器不能与盆式绝缘子良好接触，当外界存在较严重的噪声、电磁干扰信号时，耦合传感器很容易检测到并误报出局部放电信号。更换存在松弛现象的屏蔽带后，缺陷得到消除。

检测分析方法

如图 1 所示，33 号耦合传感器监测到的特高频局部放电信号，经数据分析，发现该耦合传感器已经连续几天报出数量比较密集的局部放电信号，并且系统提示应立即采取消缺措施。GIS 局部放电在线监测装置系统，如图 2 所示。

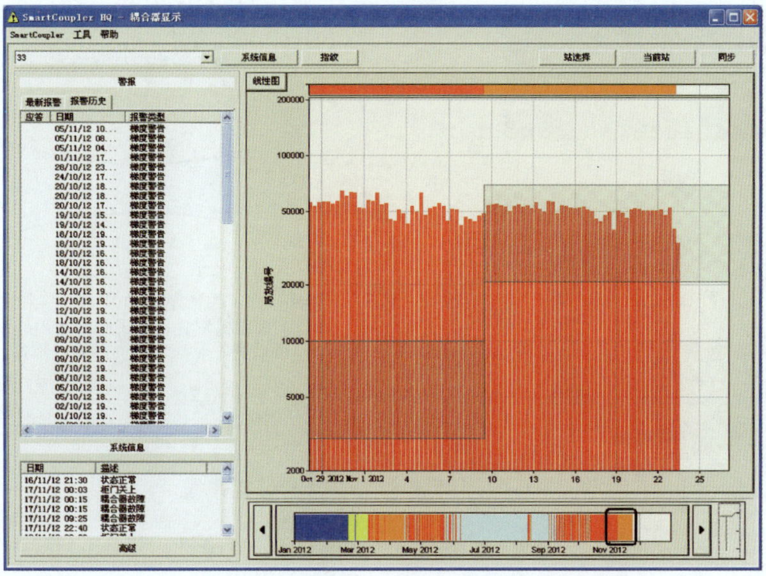

图 1　在线监测装置 33 号传感器后台数据界面

220kV 大堡头变电站 220kV GIS 设备区局部放电在线监测装置安装位置如图 3 所示，耦合传感器实际安装位置如图 4 所示。33 号传感器安装在 220kV 城堡线 286A 相出线管型母线竖向盆式绝缘子处。查阅该盆式绝缘子 2012 年 2 月 23 日的带电测试数据，发现其试验数据并无异常，试验图谱未发现明显的局部放电现象，没有典型的放电特征，如图 5 所示。其附近的盆式绝缘子也没有发现典型的局部放电特征。

2012 年 11 月 24 日，试验人员携带便携式 GIS 局部放电测试仪，到 220kV 大堡头变电站开展全面且有针对性的局部放电测试，如图 6 所示。经检测，未发现 GIS 设备存在典型的 GIS 局部放电图谱，检测到的局部放电信号，如图 7 所示，与 2012 年 2 月 23 日检测到的图谱类似。仅能检测到一些由于外界噪声、电磁波等引起的干扰信号，由此排除由于 GIS 内部放电引起的局部放电现象。

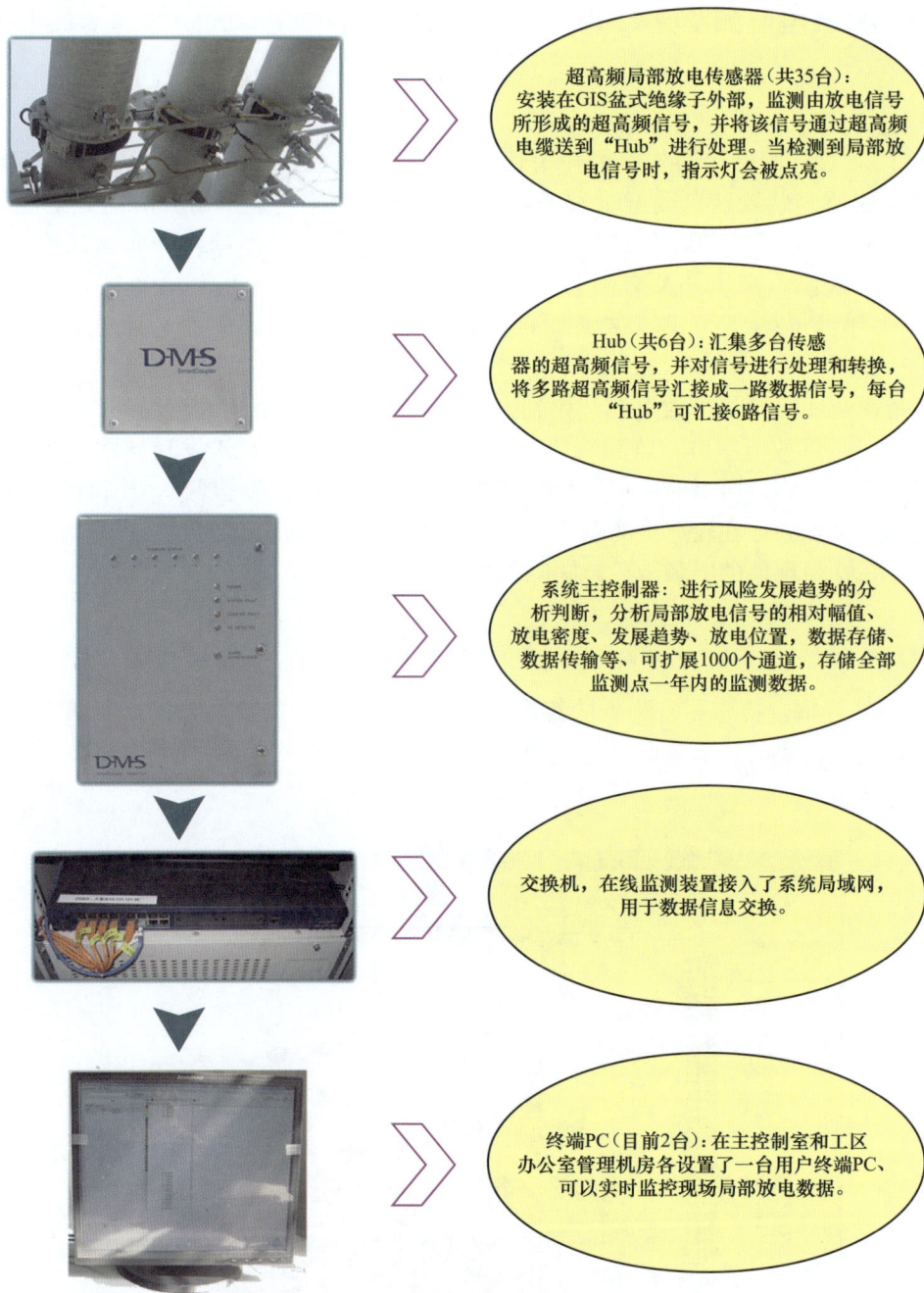

超高频局部放电传感器（共35台）：安装在GIS盆式绝缘子外部，监测由放电信号所形成的超高频信号，并将该信号通过超高频电缆送到"Hub"进行处理。当检测到局部放电信号时，指示灯会被点亮。

Hub（共6台）：汇集多台传感器的超高频信号，并对信号进行处理和转换，将多路超高频信号汇接成一路数据信号，每台"Hub"可汇接6路信号。

系统主控制器：进行风险发展趋势的分析判断，分析局部放电信号的相对幅值、放电密度、发展趋势、放电位置，数据存储、数据传输等，可扩展1000个通道，存储全部监测点一年内的监测数据。

交换机，在线监测装置接入了系统局域网，用于数据信息交换。

终端PC（目前2台）：在主控制室和工区办公室管理机房各设置了一台用户终端PC、可以实时监控现场局部放电数据。

图 2　GIS 局部放电在线监测装置系统

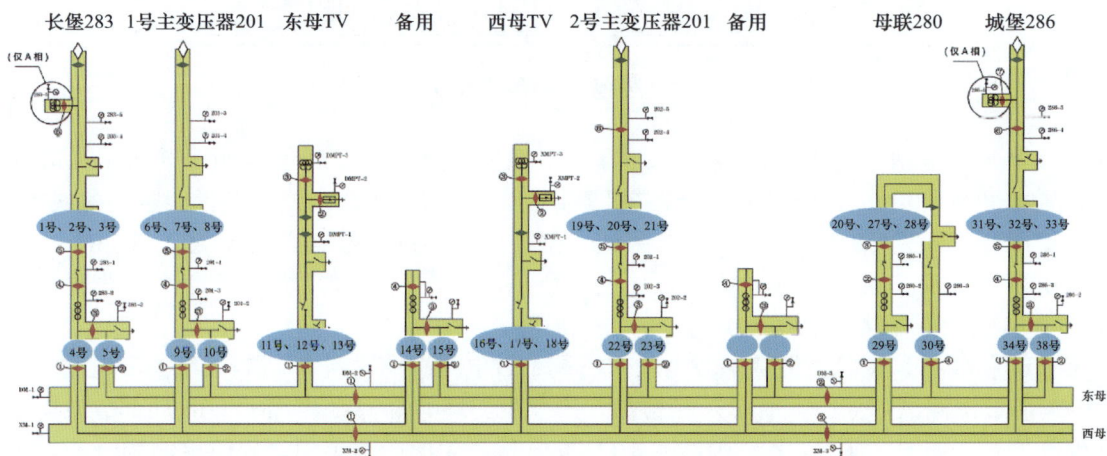

图 3　GIS 设备局部放电传感器安装位置

图4　220kV 城堡线 286 出线盆式绝缘子
局部放电传感器安装位置

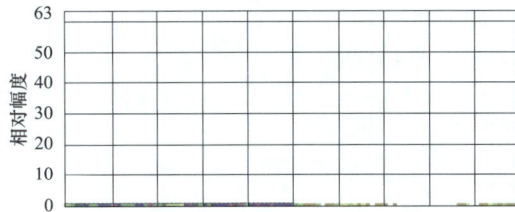

图5　城堡线 286A 相出线管型母线竖向盆式
绝缘子历史图谱（PRPD）

图6　试验人员到现场进行局部放电复测

图7　城堡线 286A 相出线管型母线
竖向盆式绝缘子检测图谱

　　试验人员协同厂家工程师对在线监测装置的检测系统和通信系统进行检查，如图 8 所示，未发现任何异常。最后，将拆下的耦合传感器重新安装过程中，发现固定传感器所用的屏蔽带已经失去弹性，传感器无法紧贴在盆式绝缘子上，加大紧固力度后，该屏蔽带断裂。这是因为：盆式绝缘子上固定耦合传感器所用的屏蔽带由于风吹日晒，橡胶逐渐老化，出现了固定松弛的现象，使得耦合传感器不能与盆式绝缘子良好接触，屏蔽带丧失了屏蔽作用，当外界存在较严重的噪声、电磁干扰信号时，耦合传感器可以很容易检测到并误报出局部放电信号。随后对全部的耦合传感器屏蔽带进行全面检查，并更换存在松弛现象的耦合传感器屏蔽带，如图 9 所示，缺陷得到消除。

图8　在线监测装置检测系统和通信系统检查

◆◆ 经验体会

（1）大堡头变电站 220kV GIS 设备区局部放电在线监测装置的应用，取得了良好的效果。GIS 设备

图 9　更换后的耦合传感器屏蔽带

局部放电在线监测系统从根本上改善了 GIS 设备局部放电测试方法，降低了劳动强度，缩短了现场设备的测试时间提高了 GIS 设备局部放电量监测的精度，减少了数据统计分析等工作。

（2）从本次局部放电案例可以看出，当在线监测装置后台报出局部放电信号后，不应立即判断 GIS 设备内部一定存在局部放电现象，可能由于监测装置本身出现了导致误报信号的故障，应到现场进行全面检查后方可下结论。

（3）该局部放电在线监测装置后台软件只提供了监测位置在一段时间内的放电量，不能体现放电幅值和放电特征图谱，导致试验人员不能根据后台数据立即判断局部放电信号的类型，建议生产厂家能进一步升级后台软件，以便现场的监测数据更有价值。

❖ 检测信息

检测人员	国网山西省电力公司长治供电公司运维检修部：何杰（31 岁）。国网山西省电公司电力科学研究院：陈昱同（31 岁）、李艳鹏（32 岁）
检测仪器	DMS 局部放电在线监测装置（英国 DMS 公司）、PDE-GIS 局部放电测试仪（青岛华电科技信息有限公司）
测试环境	温度 8℃、相对湿度 45%

3.5.4　特高频局部放电检测发现 220kV 平顺变电站 110kV GIS 断路器内部局部放电信号

❖ 案例简介

2012 年 2 月 21 日，国网山西省电力公司长治供电公司对 220kV 平顺变电站 GIS 设备进行特高频局部放电检测。检测过程中，在 110kV 102 间隔及其附近的盆式绝缘子检测到一个比较稳定的特高频局部放电信号，通过放电强度对比，发现在 102 断路器上盆式绝缘子处测得的放电强度最大，初步认为放电位置在该盆式绝缘子附近。2 月 22 日和 2 月 23 日，又分别对其进行复测，测量结果没有变化，放电类型判断为接触不良型。后用高速示波器对放电部位进行精确定位，确定其放电点位于 102 断路器气室内。技术人员制定了跟踪监测计划，每月复测一次，局部放电信号稳定。制定检修计划检修。

110kV 102 断路器型号：ZF6-126CB，生产厂家：新东北电气（沈阳）高压断路器有限公司，额定电压：126kV，额定电流：2000A，出厂日期：2009 年 5 月 1 日。2010 年 1 月 25 日投入运行以来一直处于运行状态，2011 年 3 月 7 日，开展例行试验过程中未发现异常。

❖ 检测分析方法

102 断路器的气室间隔如图 1 所示。图 1 中标号①、②、③、④的盆式绝缘子分别对应 1021 隔离开关侧盆式绝缘子、102 断路器气室上盆式绝缘子、102 断路器气室下盆式绝缘子和母线侧 TA 的母线侧盆式绝缘子，这 4 个位置检测到的局部放电实时检测界面，如图 2、图 4、图 6、图 8 所示，放电幅值只作为放电量趋势的参考。从实时界面可以看到，盆式绝缘子①、②、③、④的放电量分别为 0.7V、1.7V、1.4V 和 1.25V，显然，盆式绝缘子②测得的局部放电信号强度最大。这 4 个盆式绝缘子的相位—相对幅度图谱，如图 3、图 5、图 7、图 9 所示，放电相位比较稳定，主要集中在 240° 附近，通过与特征放电图谱对比，判断内部放电故障为 "GIS 内部存在浮动电极或接触不良型的放电故障"。

图 1　102 断路器气室间隔图

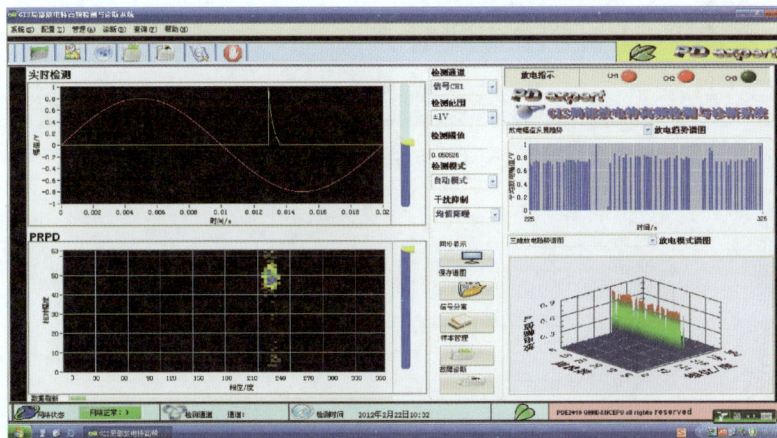

图 2　1021 隔离开关附近盆式绝缘子局部放电实时检测界面

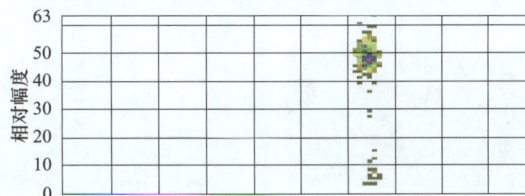

图 3　1021 隔离开关附近盆式绝缘子局部放电相位—相对幅度图

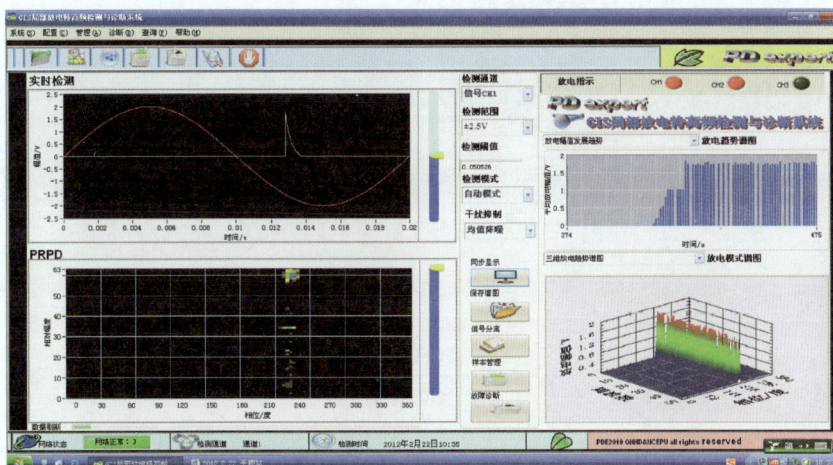

图 4　102 断路器气室上盆式绝缘子局部放电实时检测界面

385

图 5　102 断路器气室上盆式绝缘子局部放电相位—相对幅度图

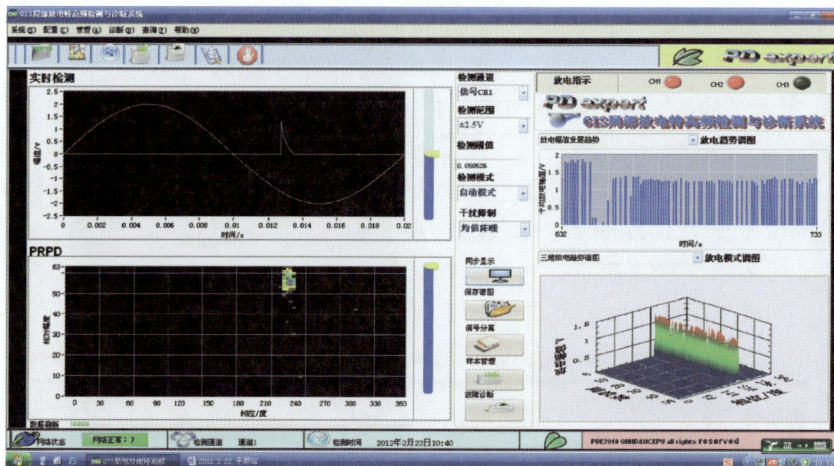

图 6　102 断路器气室下盆式绝缘子局部放电实时检测界面

图 7　102 断路器气室下盆式绝缘子局部放电相位—相对幅度图

图 8　102 母线侧 TA 母线侧盆式绝缘子局部放电实时检测界面

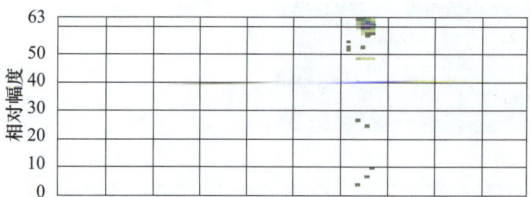

图 9　102 母线侧 TA 母线侧盆式绝缘子局部放电相位—相对幅度图

检测到局部放电信号后，用 SF_6 气体成分测试仪对 102 间隔的气室进行微水和成分测试，测试结果见表 1。微水和成分测试结果正常，SF_6 气体中没有放电引起的大量分解物。

表 1   102 间隔气室微水和成分测试表

序号	检测部位	检测结果			
		微水（μL/L）	纯度	H_2S（μL/L）	SO_2（μL/L）
1	102 断路器气室	86	99.99%	0	0
2	1021 隔离开关及 TA 气室	95	99.99%	0	0
3	102 进线套管气室	85	99.99%	0	0
4	102 母线侧 TA 气室	92	99.99%	0	0

2012 年 2 月 23 日，采用高速示波器进行时间比较法定位测试，如图 10 所示，确定缺陷位置位于主变压器 102 间隔的断路器气室内部。

局部放电定位图谱，如图 11 所示，其中蓝色显示 2 号主变压器 102 间隔测量位置 3 接收到的信号，黄色显示 2 号主变压器 102 间隔测量位置 4 接收到的信号，通过该图可以看出测量位置 3 先接收到信号，判断信号源位于测量位置 3 左侧。

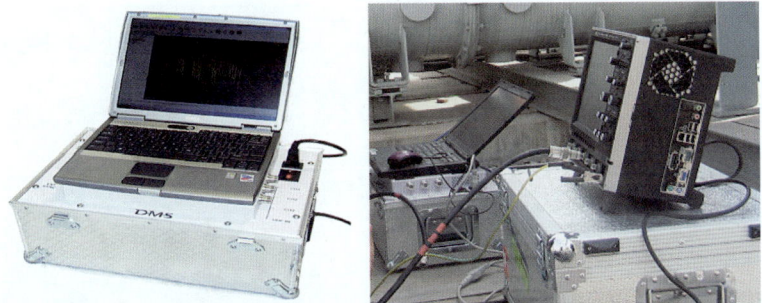

图 10   DMS 便携式局部放电测试仪及其定位装置

局部放电定位图谱，如图 12 所示，其中蓝色显示 2 号主变压器 102 间隔测量位置 2 接收到的信号，黄色显示 2 号主变压器 102 间隔测量位置 4 接收到的信号，通过该图可以判断测量位置 2 先接收到信号，通过时间差计算可以判断信号位于测量位置 2、3 之间。

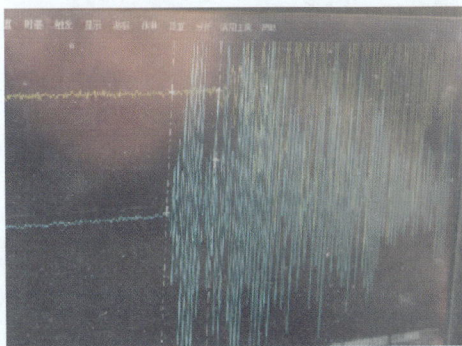

图 11   时间定位法进行放电位置的确定（位置 3、4 之间）

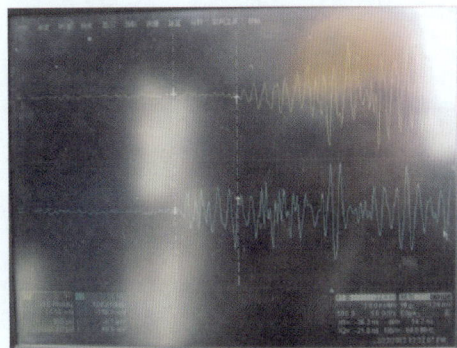

图 12   时间定位法进行放电位置的确定（位置 2、4 之间）

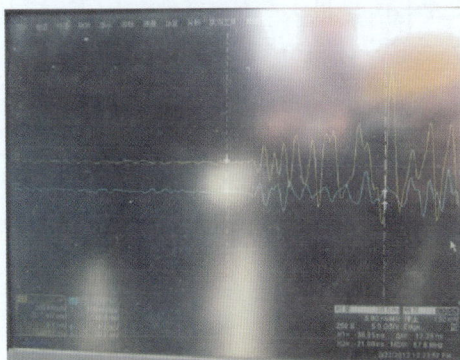

图 13   时间定位法进行放电位置的确定（位置 2、3 之间）

局部放电定位图谱，如图 13 所示，其中蓝色显示 2 号主变压器 102 间隔测量位置 2 接收到的信号，黄色显示 2 号主变压器 102 间隔测量位置 3 接收到的信号，通过该图可以看出测量位置 2、3 几乎同时接收到信号，所以可以判断信号位于测量位置 2、3 之间，即 102 断路器气室存在局部放电信号。

在 102 断路器间隔发现疑似局部放电信号并精确定位后，制定了跟踪检测计划，每隔 1~2 个月复查一次，共进行了 20 次特高频局部放电检测工作。检测结果显示，放电相对幅值没有明显增长，相位特性也没有明显变化。目前，已制定检修计划，待解体检修确定具体放电位置与放电原因。

🔷 经验体会

（1）特高频局部放电检测技术是目前发现组合电器内部因接触不良、脏污、悬浮电位、自由金属颗粒等引起的局部放电最有效的手段，该方法已广泛应用于我公司。

（2）发现放电信号后，应对其进行初步定位，通过检测相邻盆式绝缘子寻找最大放电信号部位。如果需要精确定位，则需要利用高速示波器进行定位测试。

（3）对发现的疑似放电信号，建议制定跟踪检测计划，对其放电信号进行持续关注。

（4）局部放电检测过程中，要尽量排除外部环境中其他放电点的干扰，再作出判断。

🔷 检测信息

检测人员	国网山西省电力公司长治供电公司变电检修室：吕永红（41岁）。 国网山西省电力公司电力科学研究院：陈昱同（31岁）
检测仪器	PDE-GIS特高频局部放电检测仪
测试环境	温度−3℃、相对湿度40%

3.5.5　特高频局部放电检测发现500kV张家港变电站500kV HGIS绝缘缺陷

🔷 案例简介

2012年7月，国网江苏省电力公司检修公司苏州分部在交接验收时发现张家港变电站3号主变压器5003断路器（HGIS）存在局部放电异常信号。2012年7月12、15日，国网江苏省电力公司电力科学研究院对5003断路器（HGIS）进行了超高频及超声波局部放电复测。检查结果表明500367接地开关C相操作连杆支撑绝缘子附近存在明显的超高频局部放电信号，局部放电信号最大幅值为−36dB，而超声波局部放电检测未见异常。后经省公司、省电科院及省检修分公司讨论决定，对该组HGIS进行持续跟踪检测。

2012年7月24、31日，国网江苏省电力公司电力科学研究院专业技术人员对3号主变压器5003断路器（HGIS）进行了跟踪检测，结果与前期检测结果类似：500367C相接地开关处存在明显的超高频局部放电信号，信号幅值与前期检测值相当；超声波检测无明显放电信号。

2012年9月14日，国网江苏省电力公司电力科学研究院专业技术人员再对该组HGIS进行了跟踪检测，检测手段包括超高频局部放电检测、超声波局部放电检测及X光可视化探伤。检测结果表明：超高频局部放电信号较前期信号有较明显减小。其他检测手段未见异常。

2012年11月2日，国网江苏省电力公司电力科学研究院专业技术人员对该HGIS开展了新一轮复测，检测手段包括超高频局部放电检测、超声波局部放电检测。检测结果表明：超高频信号明显减小，超声波检测未见明显异常信号。

2013 年 1 月 31 日，迎峰度冬带电检测中，国网江苏省电力公司电力科学研究院对该 HGIS 开展局部放电复测发现：异常超高频局部放电信号消失，超过声波检测未见明显异常信号。因局部放电信号消失，停止对其进行跟踪检测。

2013 年 5 月 21 日，迎峰度夏带电检测中，国网江苏省电力公司电力科学研究院对该 HGIS 开展局部放电复测，发现 500367C 相接地开关处再次出现超高频局部放电信号，最大幅值达−27dB（约为 2012 年检测的最大值−36dB 的 3 倍）；且局部放电信号发生重复率较高，信号特征与前期结果差异较大；其他部位未检测到有效放电信号；超声波局部放电检测未见异常。

2013 年 5 月 23 日，国网江苏省电力公司电力科学研究院再次对该 HGIS 进行局部放电复测诊断，发现 500367C 相接地开关处超高频局部放电信号幅值变大，最大幅值约为−25dB，其他信号特征未发生明显变化；同时 500327C 相接地开关处也发现存在异常超高频信号（从信号特征和幅度来看，与 500367 接地开关绝缘子处的为同一缺陷导致）；其他部位未检测到有效放电信号；超声波局部放电检测未见异常。

2013 年 5 月 25 日，国网江苏省电力公司电力科学研究院会同国网江苏省检修公司苏州分部、ALSTOM 公司、北京兴迪（局部放电仪器制造厂家）、上海华乘（局部放电仪器制造厂家）等单位，再次对 3 号主变压器 5003 断路器开展了综合检测，各参与方均认可 3 号主变压器 5003HGIS 内存在局部放电异常信号。同时，5 月 25 日检测发现 500367C 相接地开关处超高频局部放电信号比 5 月 23 日略小，与 5 月 21 日相当，约为−28dB；而 500327C 相接地开关处仅见微弱超高频信号；其他部位未检测到有效放电信号；超声波局部放电检测未见异常；分解产物检测未见异常。

为了实时监测 5003 断路器局部放电信号变化情况，国网江苏省电力公司电力科学研究院于 5 月 25 日在存在异常信号的设备上安装了两套 GIS 运行状态重症监护系统，将局部放电检测结果通过无线网络发送至后台服务器，监护期间，国网江苏省电力公司电力科学研究院派员 24 小时监控。每天编制异常信号监测分析报告，并提交省公司运检部和省检修分公司。

❖ 检测分析方法

3 号主变压器 5003 断路器整体结构如图 1 所示。

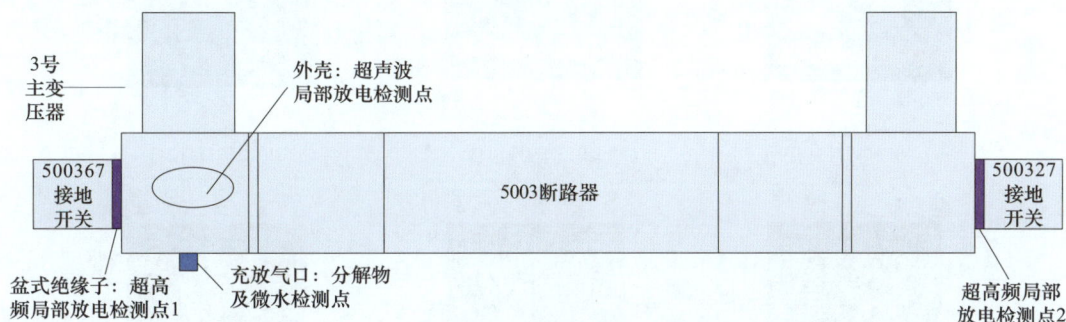

图 1　5003 断路器 C 相超高频局部放电检测位置示意图

超高频局部放电现场检测位置如图 2 所示。

（1）超高频局部放电检测。

1）500367 接地开关盆式绝缘子处存在异常信号。由于该组 HGIS 采用金属法兰结构的盆式绝缘子，仅能从接地开关操作连杆支撑绝缘子处检测超高频信号。各次检测过程中，均从 500367C 相接地开关处发现存在异常信号。

为评估信号变化情况，下面将该位置在 2012 年 7 月 31 日、11 月 2 日，2013 年 5 月 21、23 日及 25 日的信号检测谱图进行集中对比，PRPS 谱图如图 3 所示，PRPD 谱图如图 4 所示。

图 2　超高频局部放电现场检测图
注：超高频传感器检测位置 1——500367 接地开关
C 相操作连杆支撑绝缘子。

389

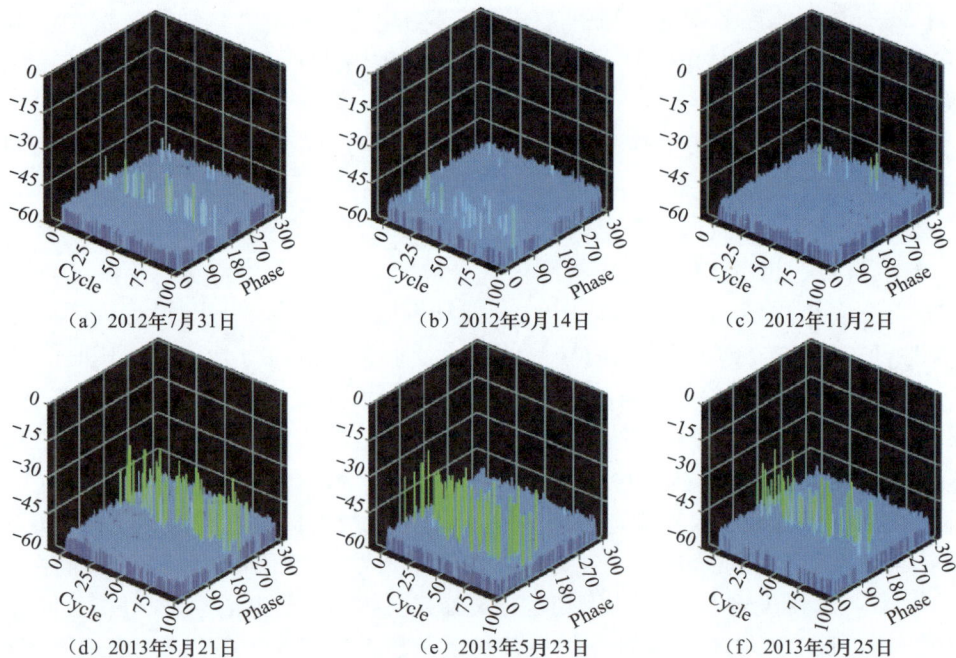

图 3　500367C 相接地开关盆式绝缘子右侧超高频信号（PRPS）

注：图 3（a）～图 3（f）中，深蓝色、均匀分布的柱状图为背景信号。而其中突起的高幅值柱状脉冲则为局部放电脉冲信号。

图 3（a）～图 3（c）为 2012 年所测信号，可以发现其值呈下降趋势，2012 年 11 月 2 日已趋于消失。图 3（d）～图 3（f）为
2013 年 5 月 21、23、25 日检测信号值，可以发现其幅值和重复率已明显大于 2012 年所测信号。

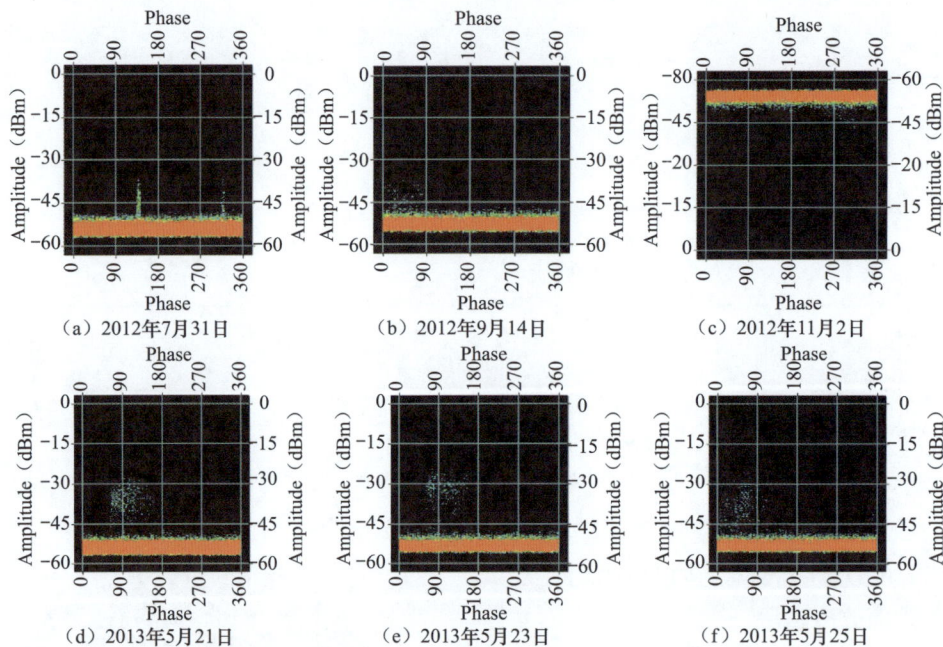

图 4　500367 接地开关 C 相操作连杆支撑绝缘子右侧超高频信号（PRPD）

注：图 4（a）～图 4（f）中，红色、均匀分布的水平点状图为背景信号。而其中突起的高幅值点状脉冲则为局部放电脉冲
信号。图 4（a）～图 4（c）为 2012 年所测信号，可以发现其值呈下降趋势，2012 年 11 月 2 日已趋于消失。图 4（d）～
图 4（f）为 2013 年 5 月 21、23、25 日检测信号值，可以发现其幅值和重复率已明显大于 2012 年所测信号。

　　不同时期检测结果表明，5 月 21、23、25 日所测局部放电信号较前期明显增大，其中 5 月 23 日信号幅值较 5 月 21 日要大，而 5 月 25 日信号幅值又与 5 月 21 日相当，表明局部放电信号幅值存在一定波动。

　　2）500327C 相接地开关操作连杆支撑绝缘子存在异常信号。在 2013 年 5 月 21 日及以前的各次检测

过程中，均未在500327接地开关操作连杆支撑绝缘子检测到异常局部放电信号。在5月23日的复测过程中，检测点可见较明显异常信号。而5月25日检测时，该信号仍存在，但放电重复率及信号幅值略有减小。其PRPS及PRPD谱图对比图如图5所示。

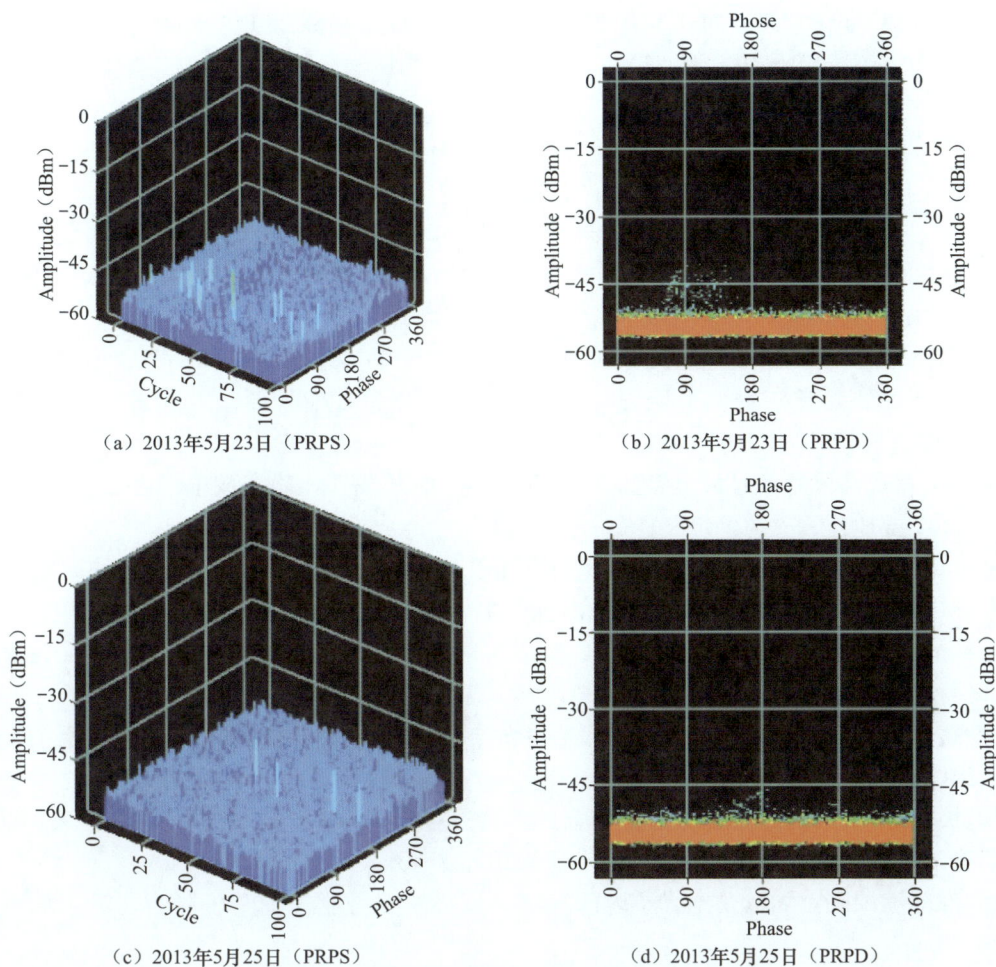

（a）2013年5月23日（PRPS）　　　（b）2013年5月23日（PRPD）

（c）2013年5月25日（PRPS）　　　（d）2013年5月25日（PRPD）

图5　500327接地开关C相操作连杆支撑绝缘子右侧超高频信号

从谱图中可以看出，该处的信号特征与500367C相接地开关处的信号相同，幅值较小。同时，5月25日所测信号幅值及放电重复率较5月23日小，表明信号具有一定波动性。

通过分析重症监护系统监测结果，5月25日～6月20日期间的信号特征与5月25日的信号特征相同，未出现较大的变化。

（2）超声波局部放电检测。2013年5月21、23、25日，应用超声局部放电仪对3号主变压器5003断路器开展了超声波局部放电检测，检测结果正常，未发现明显放电信号。

（3）SF$_6$分解产物检测。2013年5月25日，应用SF$_6$分解产物检测仪对3号主变压器5003断路器开展了气体分解产物检测，未见SO$_2$、H$_2$S等分解产物。

2013年5月25日，应用SF$_6$微水检测仪对3号主变压器5003断路器开展了气体微水检测，微水值介于150～200ppm之间，满足标准要求。根据第三部分检测结果可以发现，仅采用局部放电超高频法可检测到存在异常局部放电信号。

（4）与2012年检测信号对比情况。综合对比近期检测结果和前期检测结果发现，近期（2013年5月21、23、25）检测到的局部放电信号较2012年发现的局部放电信号的特征发生明显变化，具体表现为：

1）放电幅值已超过-25dB，为前期-36dB的3.13倍。

2）放电谱图特征与前期结果不同：本次检测到的信号正负半波不对称，即放电脉冲集中在工频周期的半波范围内，而前期检测结果则为正负半周信号比较对称；本次检测到的信号相位区间已接近 90°，而前期检测结果则约为 30°；本次检测到的信号发生重复率较高，而前期信号发生重复率较低。

因此，初步判断前期出现的缺陷可能经长期带电运行后已自行消失（前期缺陷类型判断为金属尖刺），而近期检测发现的缺陷为新发展的缺陷。

（5）近期检测信号变化情况。对比 5 月 21、23、25 日的检测结果发现：

1）5 月 25 日起始放电相位较 5 月 21、23 日要小，即工频电压作用下，绝缘缺陷在较低的工频电压下即可发生局部放电现象，表明绝缘缺陷有一定劣化趋势。

2）5 月 23 日信号幅值较 5 月 21 日要大，表明绝缘缺陷有一定劣化趋势。（5 月 25 日信号幅值较 5 月 23 日小，这可能是因为其放电起始相位低，放电瞬时工频电压幅值较小，造成放电能量不高引起）。

3）5 月 23 日及 25 日，在前期未检测到异常信号的 500327C 相接地开关处，检测到了较明显异常信号，图谱特征与 500367C 相接地开关处的相同，可以判定为同一个缺陷的放电信号。考虑到该处 5 月 21 日未检测到异常放电信号，进一步表明缺陷有一定劣化趋势。

（6）放电位置诊断。将局部放电超高频传感器置于 500367 接地开关、500327C 相接地开关处，可以发现 500367 接地开关处异常信号幅值明显较 500327 接地开关处信号要大，因此可判定放电位置距离 500367 接地开关较近。

经时差法定位发现，异常信号最早到达 500367C 相接地开关处，确定放电源在 500367 接地开关气室附近，靠近 500367 接地开关支撑绝缘子。

（7）放电类型诊断。结合近几年 GIS/HGIS 局部放电研究成果，产生局部放电的缺陷一般有金属表面尖刺、自由金属颗粒、绝缘表面污秽、绝缘内部气隙，以及金属部件松动引起的悬浮电极，结合各类缺陷的典型放电特征、HGIS 的结构及安装特点，判断本次发现的缺陷按可能为绝缘件表面污秽缺陷、悬浮电极缺陷（部件松动）或绝缘内部气隙缺陷。

1）绝缘件表面污秽缺陷，如盆式绝缘子上存在密封胶、粉尘等，该类缺陷可能位于主变压器侧套管下侧水平盆式绝缘子上。

2）悬浮电极缺陷（部件松动），如导体与盆式绝缘子插接不紧，内部螺栓松动等，该类缺陷可能位于主变压器侧套管下侧水平盆式绝缘子插接不紧、500367 接地开关部件松动等。

3）绝缘内部气隙缺陷，如盆式绝缘子内部气泡，该类缺陷可能为主变压器侧套管下侧水平盆式绝缘子内部气隙。

（8）对设备的影响分析。根据上述检测结果，该缺陷对设备安全运行的影响分析如下：经过连续几天的检测，发现该缺陷放电信号幅值、谱图特征有较小幅度的波动，表明缺陷有一定的劣化趋势；随着放电的持续，该缺陷会进一步劣化直至绝缘击穿，将会对设备安全运行构成严重威胁；在过电压、系统扰动等特殊工况下，该缺陷随时可能会导致设备绝缘击穿；在未停电前必须加强状态监测工作力度，跟踪异常信号变化情况。

根据检测结果及分析结论，结合相关文献及其他 GIS 运行案例，经省公司、省电科院和省检修分公司讨论决定，对张家港变电站 5003C 相 HGIS 进行停电处理。为此，各方制订了解体检查工作方案，明确停电范围、停电时间以及负荷转移方案等，于 6 月 20～24 日在现场对 5003C 相 HGIS 进行了解体检查。

根据工作方案，将 500367 接地开关气室整体拆卸运回苏州阿尔斯通公司进行了工频耐压和局部放电检测试验，未发现异常信号；现场更换了全新的主变压器侧套管（6 月 29～30 日在西瓷厂对原套管进行了工频耐压和局部放电检测试验，未发现异常信号）。省电科院在现场对未拆解的母线侧套管、母线侧隔离开关气室和 5003 断路器气室进行了局部放电检测，未发现异常。

设备厂家在现场复装时，对所有对接面进行彻底清理，并确保连接件按照工艺进行安装，确保盆式绝缘子表面无污秽、连接部件可靠接触。

6 月 25 日，经重新组装的 5003HGIS 进行了现场 SF$_6$ 微水检测、谐振耐压试验、局部放电检测试验等，均未发现异常。

❖ 经验体会

　　双泗和张家港的 HGIS 均为苏州阿尔斯通公司首批 500kVHGIS 产品，经了解其早期产品在上海等地也发生过故障，说明其早期在产品组装工艺控制方面存在问题。通过本次解体检查，清洁了张家港变电站 5003HGIS 对接面盆式绝缘子表面，并更换了主变压器侧套管，消除了产生异常局部放电信号的隐患，保证了设备安全运行。

❖ 检测信息

检测人员	国网江苏省电力公司电力科学研究院：杨景刚（31 岁）、贾勇勇（28 岁）
检测仪器	PD208 局部放电检测仪、局部放电综合巡检仪、PDS-G100 局部放电检测仪
测试环境	温度 18℃、相对湿度 55％

3.5.6　特高频局部放电检测发现 1000kV 南阳变电站 1000kV HGIS 盆式绝缘子缺陷

❖ 案例简介

　　国网河南省电力公司 1000kV 特高压南阳变电站 1000kV HGIS 为新东北电气集团有限公司生产，2011 年 12 月投运。2012 年 4 月 3 日，用特高频局部放电检测方法在 T023 B 相 26 号、27 号盆式绝缘子发现异常局部放电信号，汇报国网总部后停电处理缺陷。

❖ 检测分析方法

　　（1）特高频局部放电检测仪测量。T023 B 相 26、27 号盆式绝缘子发现疑似局部放电信号后连续监测。检测人员用特高频法进行检测，检测结果如图 1、图 2 所示。

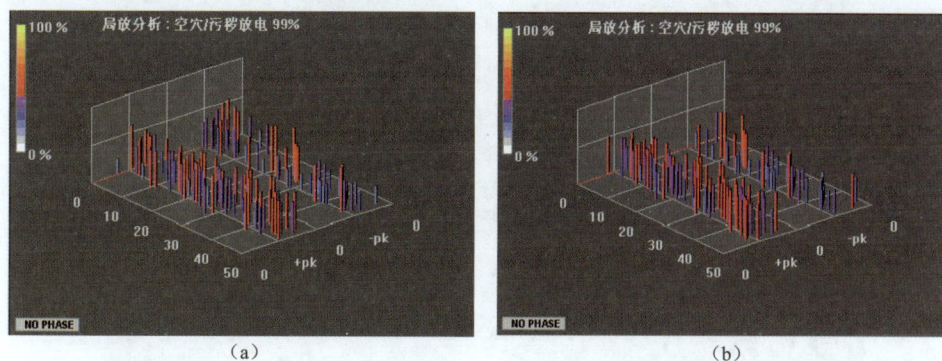

（a）　　　　　　　　　　　　　　（b）

图 1　26 号盆式绝缘子连续检测数据（一）

（a）4 月 3 日；（b）4 月 4 日

（c）   （d）

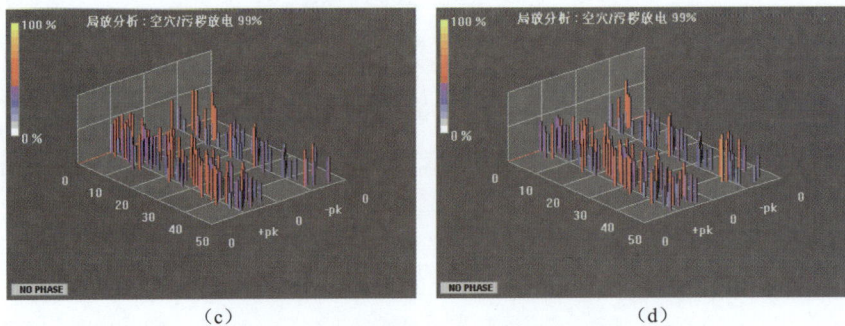

图1 26号盆式绝缘子连续检测数据（二）

（c）4月5日；（d）4月6日

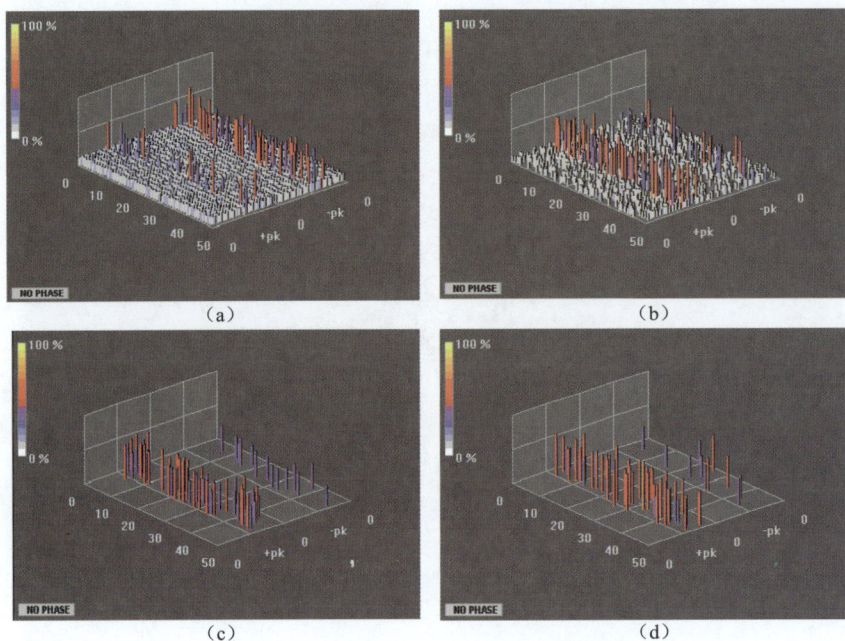

（a）   （b）

（c）   （d）

图2 27号盆式绝缘子连续检测数据

（a）4月3日；（b）4月4日；（c）4月5日；（d）4月6日

（2）示波器局部放电测量。将特高频局部放电检测探头接入示波器中，其中，信号显示26号盆式绝缘子信号幅值为20~35mV，27号盆式绝缘子为10~20mV，数据如图3、图4所示。

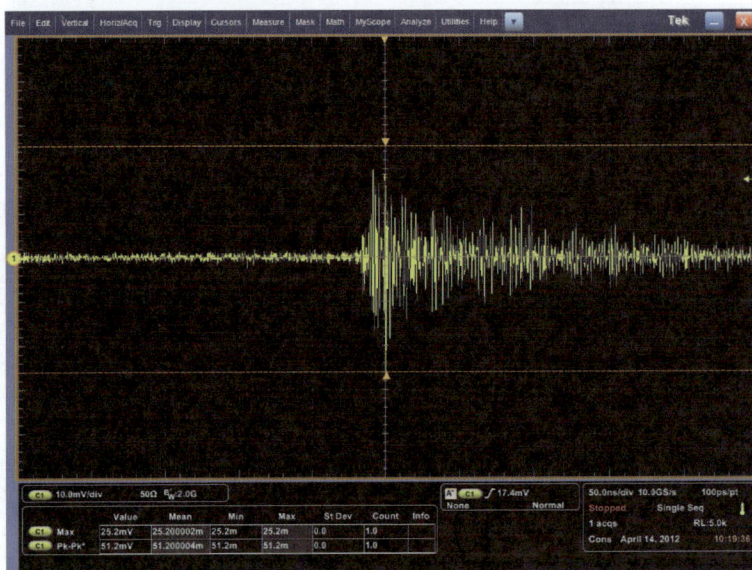

图3 26号盆式绝缘子信号（25mV）

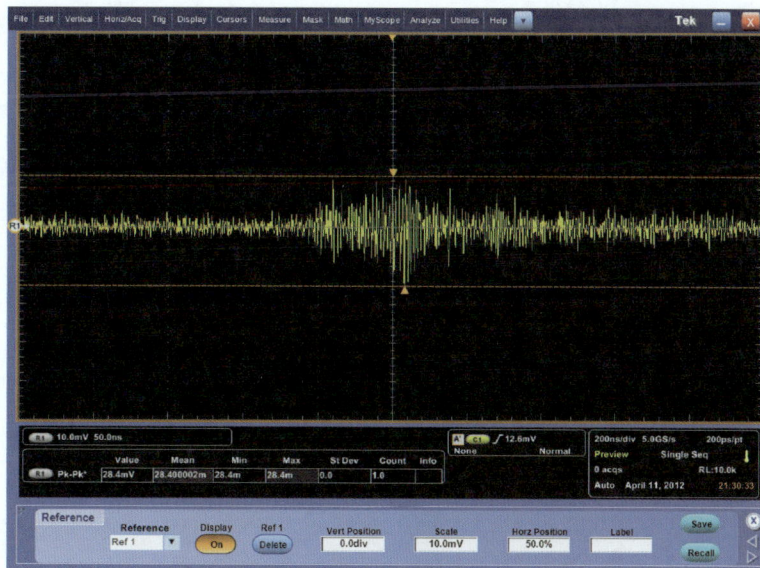

图 4　27 号盆式绝缘子信号（14mV）

　　4 月 18 日，T023 间隔停电，除 27 号盆式绝缘子及套管气室外，T023 间隔所有气室均不带电。经测量，26、27 号盆式绝缘子未再检测到疑似局部放电信号。由此排除 27 号盆式绝缘子及套管气室存在局部放电的可能。

　　综合分析认为，26 号盆式绝缘子及 CT6B 相和 T0232B 相气室存在疑似局部放电的可能性较大。

　　（3）解体分析。对 T023 B 相 26、27 号盆式绝缘子进行解体检查，肉眼观察下，未发现明显缺陷，如图 5 所示。随后返厂进行脉冲电流法局部放电检测，未发现异常。

图 5　26 号盆式绝缘子解体图

　　（4）检修后复测情况。将 26 号盆式绝缘子更换为全新绝缘子后，T023 间隔恢复运行，进行特高频局部放电检测，未发现异常，检测结果如图 6 所示。

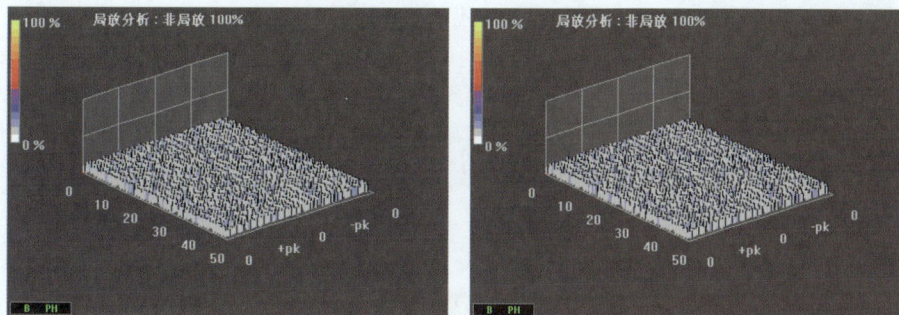

图 6　26、27 号盆式绝缘子检修后复测结果
(a) 26 号盆式绝缘子检测数据；(b) 27 号盆式绝缘子检测数据

✦ 经验体会

　　（1）特高频局部放电检测技术灵敏度高、抗干扰能力强，可以有效发现 GIS 类设备运行中的缺陷。

　　（2）本案例中 26 号盆式绝缘子在返厂试验中未检测出异常局部放电，但 T023 经过检修后，复测局部放电现象消失，说明局部放电缺陷存在于 HGIS 各元件之间的装配点处，特别是绝缘件之间的装配点处，经过检修消除了缺陷隐患。

　　（3）特高频局部放电检测与其他检测技术，如超声波、SF_6 分解产物配合使用可以提高检测效率，同时降低误判概率，避免不必要的停电成本。

检测人员	国网河南省电力公司电力科学研究院：谢伟（36 岁）
检测仪器	DMG-P 便携式 GIS 特高频局部放电检测仪
测试环境	温度 23℃、相对湿度 40%

3.6　X 射线检测技术

3.6.1　X 射线检测发现 110kV 虹桥变电站 GIS 焊缝未熔合缺陷

案例简介

2013 年 10 月 18 日，国网浙江省电力公司金属监督技术小组对基建阶段的 110kV 虹桥变电站 GIS 设备进行金属技术监督检测工作。在对由北京北开电气股份有限公司生产的 ZFW21-126 型 GIS 设备电流互感器外壳焊缝进行超声波抽查检测时，发现 3 个间隔互感器壳体焊缝存在超标缺陷，再对其余 4 个间隔进行扩大检查，发现其余基建工程 8 个间隔互感器 GIS 壳体焊缝亦不合格。后对这些缺陷进行数字式 X 射线成像（DR）验证，发现缺陷均为危险性的未熔合缺陷。

检测分析方法

对 GIS 焊缝采用大功率连续射线源透照，观测到经超声波检测超标缺陷的部位为明显的未熔合缺陷，如图 1 所示，从底片上观测，未熔合长度达 21mm，如图 2 所示。GIS 焊缝缺陷按 JB/T 4730.2—2005《承压设备无损检测　第 2 部分：射线检测》进行判定。

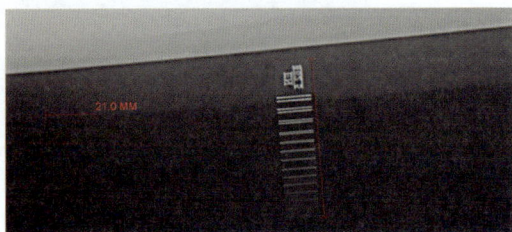

图 1　110kV 虹桥变电站 GIS 互感器焊缝未熔合缺陷

图 2　底片上显示的未熔合缺陷长度

经验体会

（1）由于 DR 技术检测焊缝效率低，GIS 焊缝应先用超声波检测，当发现缺陷信号不能确定时再用 DR 技术进行验证。

（2）GIS焊缝拍摄容易被内部金属部件遮挡，选择好拍摄角度尤其重要或在筒体内部未安装金属部件时拍摄。

（3）GIS焊缝缺陷的评定对检验人员要求较高，应安排具有无损检测资格的检验人员进行评定。

（4）因成像板、被拍摄物体、射线源之间存在一定的距离，导致成像与物体的实际大小有所不同，如要得到精确的数据，需建立数学模型，进行修正计算。

（5）GIS焊缝缺陷与厂家对焊接质量的控制工艺有直接关系，如不进行监督和有效的质量控制，容易出现未熔合等危险性缺陷。

检测信息

检测人员	国网浙江省电力公司电力科学研究院：王炯耿（42岁）、张杰（35岁）
检测仪器	VIDISCO数字化X射线成像系统（XRS-3脉冲射线源，ERESCO MFR3 GE连续射线源）

3.6.2 X射线数字成像检测发现GIS设备塑料吸附剂罩断裂

案例简介

某开关设备公司生产销售的110kV及以上GIS设备，在国内多地出现因塑料吸附剂罩开裂、脱落所引发的设备闪络事故。国网青海省电力公司电力科学研究院采用X射线数字成像检测系统，对东垣110kV变电站中110kV GIS设备吸附剂罩进行X射线数字成像检测，发现其吸附剂罩均为塑料材质。国网青海省电力公司要求供应商对所有吸附剂罩进行更换。在更换塑料吸附剂罩的过程中，工作人员发现更换下来的塑料材质吸附剂罩各螺栓孔处均存在不同程度裂纹性缺陷，存在断裂脱落的隐患。应用X射线数字成像检测技术，有效检测出GIS设备中的塑料材质吸附剂罩，在其发生断裂脱落前进行了更换，避免了GIS设备闪络事故的发生。

检测分析方法

某开关设备公司的GIS设备吸附剂罩按材质可分为塑料吸附剂罩和金属吸附剂罩。塑料吸附剂罩结构如图1所示，从图中可看出，其孔洞均在端部，侧面一周均无孔洞。金属吸附剂罩结构如图2所示，金属吸附剂罩加工过程均为平板冲孔后再挤压成型，故其端面孔洞很规

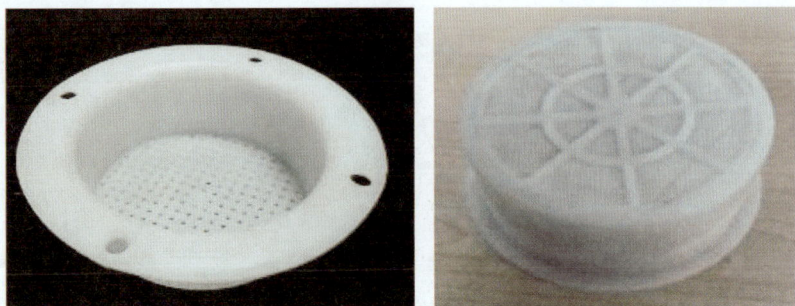

图1 塑料材质吸附剂罩

整，而侧面一周孔洞在挤压拉拔过程中发生拉长变形。

图 3 所示为塑料材质吸附剂罩 X 射线影像，其特点有 2 处：①通过 X 射线影像图可看出吸附剂罩侧面一周无孔洞，为均匀材质；②由于吸附剂罩为塑料材质，对射线的衰减弱，内部吸附剂颗粒清晰可见。尽管隔离开关气室吸附剂罩部位壳体为铸铝制造，厚度较大，使得影像清晰度不高，但仍可区分材质。

图 2　金属材质吸附剂罩

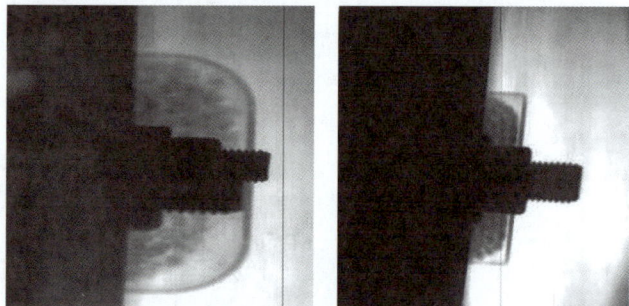

图 3　塑料材质吸附剂罩 X 射线影像

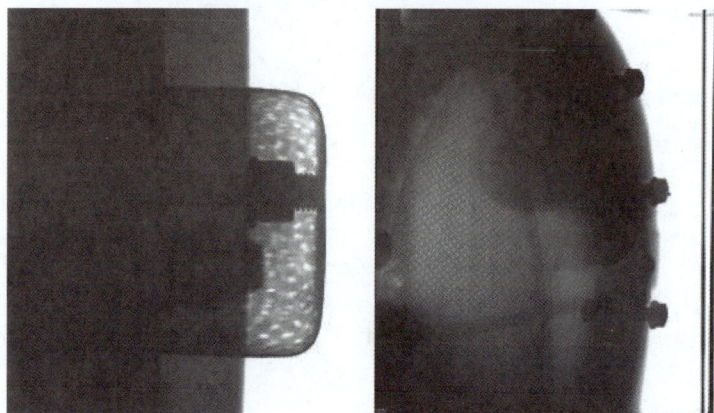

图 4　金属吸附剂罩 X 射线影像图片

金属吸附剂罩 X 射线影像如图 4 所示。由于金属材质本身与吸附剂颗粒对 X 射线的衰减差异悬殊，金属吸附剂罩内部吸附剂颗粒无法成像显示。同时，从图中可看出，金属吸附剂罩侧面一周的孔洞十分清晰，并呈现出拉长变形的形状。通过对不同材质吸附剂罩 X 射线影像结构的观察，可区分其材质是金属还是塑料。因此，X 射线数字成像检测技术可准确区分金属吸附剂罩与塑料吸附剂罩。

对泉湾 110kV 变电站中 110kV GIS 设备吸附剂罩进行了 X 射线数字成像检测，检测位置如图 5、图 6 所示。

图 5　泉湾 110kV 变电站 110kV 间隔隔离开关吸附剂罩检测部位

图 6　泉湾 110kV 变电站 110kV 母线吸附剂罩检测部位

图 7 所示为拆卸下来的塑料吸附剂罩，可明显看出各螺栓孔处均存在比较严重的开裂现象，存在断裂脱落后引起设备闪络的隐患。

图 7　塑料吸附剂罩各螺栓孔开裂情况

❖ 经验体会

（1）X 射线数字成像检测技术为一种新型的带电检测技术，具有"可视化"特点。X 射线数字成像检测技术可应用于 GIS 设备内部故障缺陷的诊断，对设备内部异物碎屑、触头烧损、螺丝松动、结合不到位、结构变形等缺陷可准确定位，是对 GIS 设备常规检测方法的有力补充。

（2）通过内部结构的可视化诊断技术，可对 GIS 设备中断路器、隔离开关、母线连接部位等故障高发部位进行成像检测，实现常规检测方法所无法达到的效果，有力地保障了 GIS 设备的可靠、稳定运行。

❖ 检测信息

检测人员	国网青海省电力公司电力科学研究院：王志惠（34 岁）、刘高飞（27 岁）、陈文强（32 岁）
检测仪器	ERESCO MF4 型便携式射线机（美国通用公司）

3.6.3　X 射线成像检测发现 220kV 高桥变电站 220kV GIS 间隔隔离开关合闸不到位

❖ 案例简介

2013 年 8 月，国网宁夏电力公司银川供电公司 220kV 高桥变电站 220kV GIS（型号：ZF1-252；上海西安高压电器研究所有限责任公司；2006 年 9 月出厂）进行正常停电检修，Ⅰ母线、Ⅱ母线检修后交流耐压试验顺利通过，准备投入运行时，Ⅰ母电压互感器周围出现异响。为保证设备安全运行，220kV GIS Ⅱ母投入运行，Ⅰ母转检修状态。初步分析Ⅰ母电压互感器周围异响可能由于隔离开关检修时处理不到位引起。2013年8月2日上午10时，为准确查找缺陷部位，在Ⅰ母停电状态下，对电压互感器侧三相隔离开关气室进行X射线成像检测，重点检测隔离开关在合闸状态下内部结构情况，检测发现电压互感器A相、B相隔离开关合闸不到位，分析确定异响是由于对隔离开关进行检修后，隔离开关机构恢复调整不到位造成隔离开关动静触头未充分接触。

❖ 检测分析方法

国网宁夏电力公司采用X射线CR成像系统，射线机型号为ERERCO 65MF4。成像时，X射线机面向被测电压互感器隔离开关，正对隔离开关后方相应位置设置X射线成像板，X射线成像板感光形成底片，并经过CR扫描系统输出为专用数字图像，现场检测情况如图1所示。

图1　X射线成像现场检测部位图

首先，在Ⅰ母电压互感器侧隔离开关现场分闸状态下进行X射线成像检测，检测A、B、C三相隔离开关分闸状态正常。其次，为进一步确定隔离开关情况，分别对三相隔离开关进行合闸状态下成像检测。A相、B相隔离开关合闸状态下成像结果显示隔离开关动触头未完全插入梅花触头内，动触头仅插入至静触头侧第一个抱紧弹簧的下沿，隔离开关动静触头未充分接触，如图2、图3所示。C相隔离开关合闸状态成像结果正常，静触头与动触头充分接入，并且动触头已插入静触头第一个抱紧弹簧与第二个抱紧弹簧之间，接近第二个抱紧弹簧的下沿，如图4所示。最后，借助X射线成像测试结果，确定缺陷部位。GIS厂家对隔离开关机构行程重新调整，调整后220kVⅠ母及Ⅰ母电压互感器投运前试验顺利通过，高桥220kV变电站220kV GISⅠ母正常投入运行。

❖ 经验体会

（1）GIS隔离开关由于机构行程调整不到位易出现合闸不到位现象，造成隔离开关部位局部放电，并加剧隔离开关损坏。

（2）GIS隔离开关在安装检修完成后，无法打开检查内部接触情况。在现场运行出现异常时，结合X射线成像检测，可以直观呈现设备内部结构情况，为诊断设备缺陷提供可靠的依据。

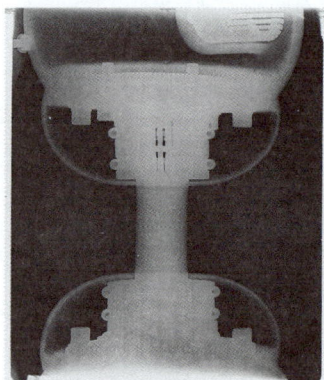

图2　隔离开关A相成像结果

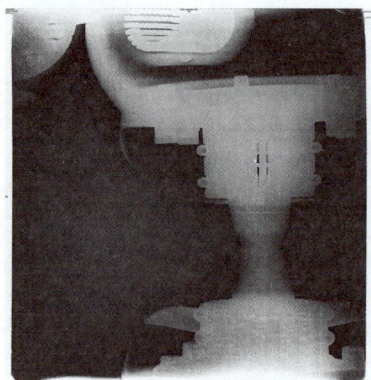

图3　隔离开关B相成像结果

图4　隔离开关C相成像结果
（图中白色阴影为成像板扫描
停滞引起，不影响结果判断）

❖ 检测信息

检测人员	国网宁夏电力公司电力科学研究院：马飞越（28岁）、常彬（30岁）
检测仪器	X射线机（GE ERESCO65MF4）
测试环境	温度25℃、湿度40％

3.6.4 X射线检测发现220kV荷花变电站隔离开关触头镀银层厚度不合格

❖ 案例简介

2010年1月17～20日，国网浙江省电力公司金属技术监督小组对220kV荷花变电站工程开展基建阶段金属技术监督工作，对隔离开关触头镀银层厚度进行抽检。分别抽取了湖南长高高压开关集团股份公司、江苏省如高高压电器有限公司、宁波阿鲁亚德胜隔离开关有限公司、温州昌泰电气有限公司4个厂家的产品，采用X射线荧光法进行检测，发现湖南长高高压开关集团股份公司GW7C-2520W型、温州昌泰电气有限公司GW4-405D型等触头镀银层厚度均未达到DL/T486-2010《高压交流隔离开关和接地开关》第5.107.5规定的"导电杆和触头的镀银层厚度应≥20μm"要求。后用金相法对X射线荧光镀层测量的结果进行复验，结果证明X射线荧光法检测结果准确。

❖ 检测分析方法

采用X射线荧光镀层测量技术对隔离开关触头进行检测，检测时取样点如图1、图2所示。经检测，湖南长高高压开关集团股份公司GW7C-2520W型、温州昌泰电气有限公司GW4-405D型产品触头镀银层厚度见表1。

图1 X射线荧光镀层测量厚度时取样点

图2 X射线荧光镀层测量厚度时取样点

表1 不合格触头镀银层厚度范围

型号	GW7C-2520W	GW4-405D
厚度	$13.77\sim16.23\mu m$	$3.14\sim6.75\mu m$

为进一步验证 X 射线荧光法测量厚度的准确性，采用显微镜观测方式进行验证。在不合格产品中抽取了湖南长高高压开关集团股份公司生产的 GW7C-2520W 型隔离开关静触头制成金相样，观测其镀银层并在显微镜下测量厚度，如图 3 所示，发现厚度与 X 射线荧光法测量结果一致。

经验体会

（1）隔离开关触头镀银层厚度直接影响触头接触电阻大小。

（2）由于隔离开关触头镀银成本高，如不对隔离开关触头镀银层进行监督，生产厂家对隔离开关触头镀银层厚度要求远小于标准要求的 $20\mu m$，甚至为了降低成本有厂家采用便宜的锡代替贵重的银。

（3）X 射线荧光法检测隔离开关触头镀银层厚度是一种无损的检测方法，经检测合格的触头仍然可以返回基建现场安装使用。

（4）X 射线荧光法检测隔离开关触头时需到现场拆卸触头，除极个别型号的隔离开关因触头和连杆是一体的，其余触头均可以拆卸。厂家常常为了规避检测而找借口不允许拆除触头，对此应加大技术监督的执行力度。

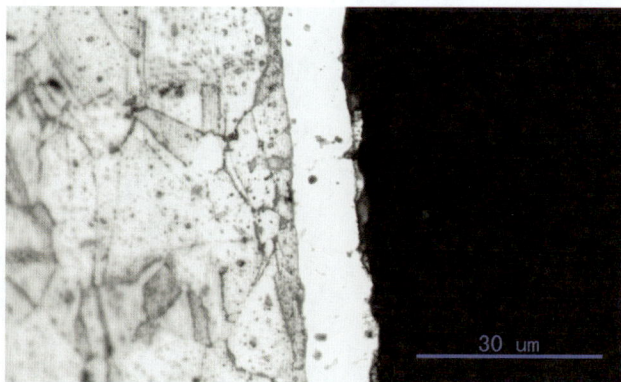

图 3　金相法获得的 GW7C-2520W 型隔离开关触头试样照片

检测信息

检测人员	国网浙江省电力公司电力科学研究院：张杰（35 岁）、王炯耿（42 岁）
检测仪器	X-RAY XDL-230 型镀层测厚仪、200-MAT 蔡司金相显微镜

3.7　联合检测技术

3.7.1　超声波局部放电和 SF₆ 气体分解产物检测发现 220kV GIS 避雷器导电杆断裂

案例简介

国网新疆电力公司乌鲁木齐供电公司 220kV 宝钢变电站 220kV GIS 避雷器，型号为 Y10WF-204/

532，2010年4月1日生产，2012年8月25日投运。2012年8月29日，检测人员用超声波局部放电检测方法发现220kV II 母线222Y GIS避雷器内部有较大的局部放电，立即开展SF₆气体分解产物检测，发现该气室SO₂、H₂S气体含量异常。经分析诊断该GIS避雷器内部有严重缺陷，停电开仓检查，发现避雷器导电杆断裂。将GIS避雷器整体更换恢复送电，送电后检测数据正常。

❖ 检测分析方法

8月29日，用超声波局部放电检测220kV宝钢变电站220kV II 母线GIS避雷器，检测环境干扰信号幅值小于10mV，A、B相峰值信号幅值小于450mV，C相峰值信号幅值达4500mV，检测结果见图1~图3。从图上可以看出C相峰值信号幅值远大于A、B相峰值信号幅值，初步判断该缺陷来自C相。对C相超声信号进行飞行模式及相位模式分析如图4、图5所示，判断内部缺陷可能为颗粒和悬浮电位放电。

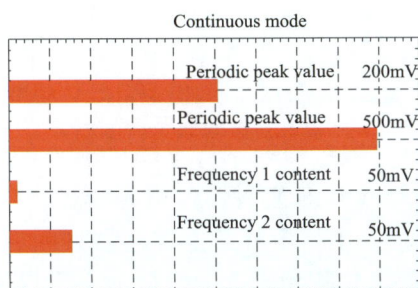

图1　220kV II 母线 GIS 避雷器 A 相超声波
局部放电检测连续图谱

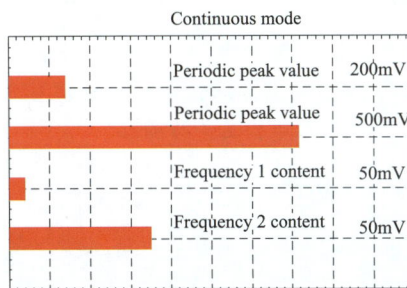

图2　220kV II 母线 GIS 避雷器 B 相超声波
局部放电检测连续图谱

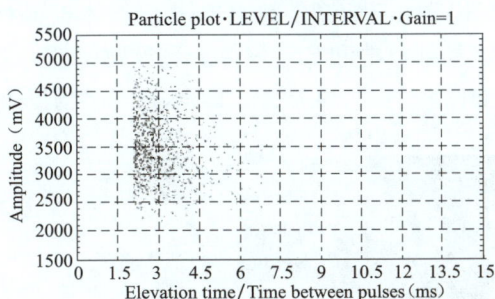

图3　220kV II 母线 GIS 避雷器 C 相超声波
局部放电检测连续图谱

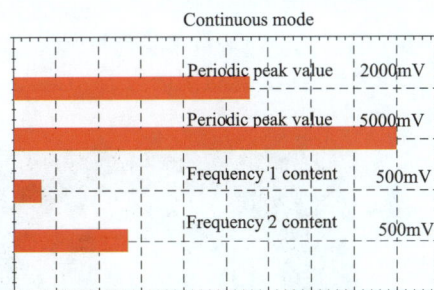

图4　220kV II 母线 GIS 避雷器 C 相超声波
局部放电检测飞行图谱

用SF₆气体分解产物检测发现SO₂含量为1.41μL/L，H₂S含量为0.5μL/L。根据国家电网公司状态检修试验导则的规定，应监督SO₂和H₂S增长情况，气体分解产物见表1。

8月30日，对GIS避雷器C相复测，超声信号依然存在，检测结果如图6~图8所示。连续图谱表明依然存在颗粒和悬浮电位放电，根据DL/T 1250—2013《气体绝缘金属封闭开关设备带电超声局部放电检测应用导则》，判断局部放电异常严重。而SF₆气体分解产物检测SO₂含量为106μL/L，H₂S含量为101μL/L，有明显的增长。综合分析认为该气室内存在颗粒和悬浮电位放电，并且有明显加剧的趋势，已严重影响设备的安全稳定运行，立即安排停电检修。

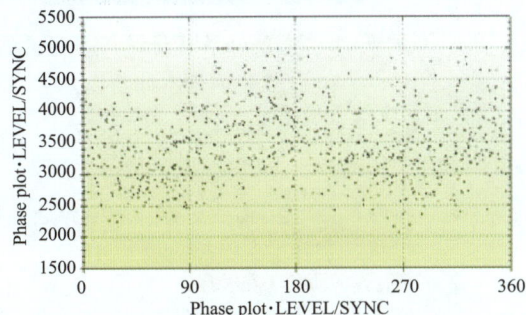

图5　220kV II 母线 GIS 避雷器 C 相超声波
局部放电检测相位图谱

403

表 1 　　　　　　　　　　　　　　　　气 体 分 解 产 物 表

产　物	8 月 29 日	8 月 30 日 11 时	8 月 30 日 13 时
SO_2（μL/L）	1.41	20.21	106
H_2S（μL/L）	0.5	7.6	101

注　测量仪器 SO_2 和 H_2S 有效量程是 $0\sim100\mu$L/L，超出量程就停止检测。

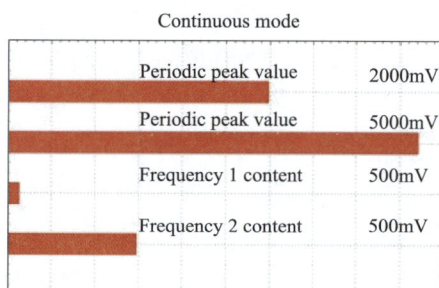

图 6　220kV II 母线 GIS 避雷器 C 相超声波
局部放电检测连续图谱

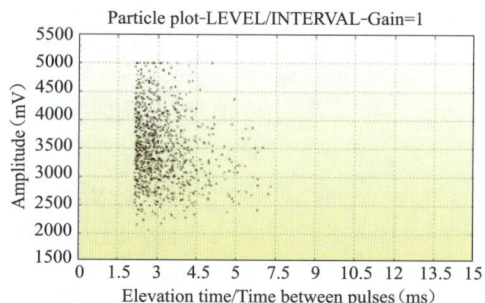

图 7　220kV II 母线 GIS 避雷器 C 相超声波
局部放电检测飞行图谱

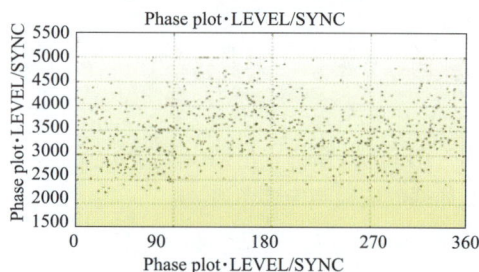

图 8　220kV II 母线 GIS 避雷器 C 相超声波
局部放电检测相位图谱

对 220kV II 母线 GIS 避雷器停电开仓检查，如图 9、图 10 所示。避雷器内部主导电杆与本体连接处断裂，气室内部表面附着白色金属氟化物粉末。分析认为由于焊接工艺不良，导致避雷器内部主导电杆与本体脱焊，从而产生悬浮电位放电，进而引起 SF_6 气体分解产生 SO_2、H_2S，气室内部混合气体与金属发生化学反应生成白色金属氟化物。

随后对 220kV II 母线 GIS 避雷器进行整体更换处理，更换后进行超声波局部放电和 SF_6 气体分解产物检测，结果无异常。检测结果如图 11~图 13 所示，气体分解产物见表 2。

图 9　220kV II 母线 GIS 避雷器
C 相内部本体断裂处

图 10　220kV II 母线 GIS 避雷器
C 相内部主导电杆断裂处

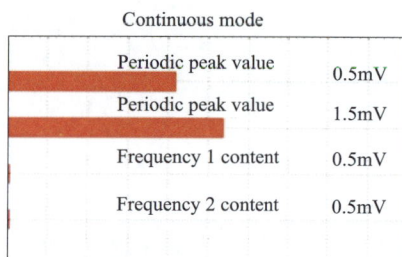

图 11　220kV II 母线 GIS 避雷器 C 相超声波
局部放电检测连续图谱

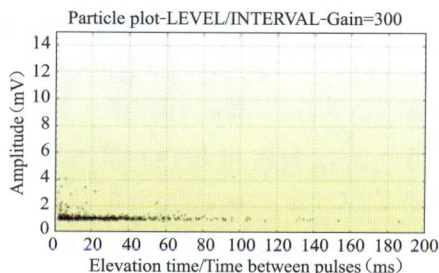

图 12　220kV II 母线 GIS 避雷器 C 相超声波
局部放电检测飞行图谱

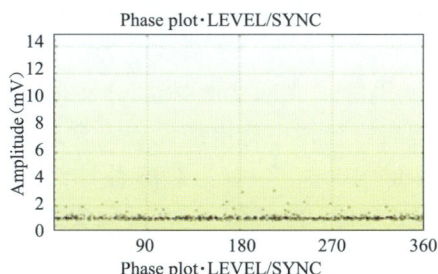

图 13 220kV Ⅱ 母线 GIS 避雷器 C 相超声波
局部放电检测相位图谱

表 2 气体分解产物表

产物/时间	9 月 6 日
SO$_2$（μL/L）	0
H$_2$S（μL/L）	0

经验体会

（1）超声波局部放电和 SF$_6$ 气体分解产物检测方法，能有效地检出 GIS 设备内的隐患，避免事故的发生。

（2）SF$_6$ 气体分解产物检测时，应尽可能地将管路中的气体排出，检测到的气体应为气室中流出的气体，这样能提高检测数据的真实性，从而避免对气室的误判断。

（3）在生产工艺、运输安装等环节中会造成 GIS 避雷器质量缺陷，应加强驻厂监造和现场验收，保证设备零缺陷投运。

（4）建议对新投运的设备严格按检测周期开展带电检测，提前发现设备的隐患，防止缺陷扩大为事故，提高设备和电网的运行可靠性。

检测信息

检测人员	国网新疆电力公司乌鲁木齐供电公司：廖来新（35 岁）、刘新宇（43 岁）、艾比布勒·塞塔尔（33 岁）、安斌（28 岁）、李欣宇（36 岁）、周立（30 岁）、韩昊（37 岁）。 国网新疆电力公司电力科学研究院：李山（32 岁）、陈文涛（28 岁）、张媛（26 岁）、李晓光（31 岁）
检测仪器	AIA-2 超声波局部放电检测仪器（TransNor As，检测超声带宽 10kHz～200kHz）、SF$_6$ 气体分解产物检测仪器（JH-3000，厦门加华，检测产物 SO$_2$ 和 H$_2$S 有效量程是 0～100μL/L）
测试环境	温度 15℃、相对湿度 27%、大气压强 93kPa

3.7.2 超声波和特高频局部放电检测发现 220kV 兆通变电站 220kV GIS 电缆终端放电

案例简介

2012 年 5 月，国网河北省电力公司石家庄供电公司 220kV 兆通变电站发现兆常 Ⅱ 线 1A 电缆 GIS 终端有渗油现象，5 月 16 日，国网河北省电力公司电力科学研究院对兆通变电站运行中的 30 个充油式 GIS 电缆终端头进行了局部放电带电检测，发现有 8 个存在异常，且局部放电信号数值较大。经解体发现该终端头内部存在严重放电烧伤痕迹，绝缘已严重劣化。分析认为注油工艺不符合规范，注油少未达到规定高度，在油管附近的电场发生了变化，使油分解，因分解产生的聚合物聚集，进一步造成电场不均匀，使局部放电量进一步增大。对所有缺陷电缆终端头进行更换处理后缺陷消除。兆通变电站 220kV 电缆为双并电缆（每路 6 条），共 6 路 36 条，都是特变电工山东鲁能泰山电缆有限公司中标电缆设备（含此公司自己联系采购的 Nexans 公司电缆附件及安装），电缆型号为 YJLW02-1×1000，一端为 GIS 注油终端，保护接地；另一端为户外瓷套终端接架空线，直接接地；无中间接头。分别在 2007 年 4～8 月间安装投运。

❖ 检测分析方法

一、带电检测情况

（1）局部放电检测情况。5 月 16～17 日，对兆通变电站 220kV 电缆 GIS 终端进行了局部放电检测，220kV 电缆 GIS 终端中有 3 路检测到局部放电信号，分别为 262、263、265 间隔。检测数据见表 1。

表 1　　220kV 电缆 GIS 终端进行局部放电检测数据

测试部位	有效值（mV）	周期峰值（mV）	频率成分 1（mV）	频率成分 2（mV）
背景	0.4	2.5	0	0
262-1C	15/16	45/45	1.5/1.5	3.0/3.1
263-1A	26/28	100/105	1.5/1.6	4.0/4.5
263-1B	25/23	100/90	1.8/1.6	4.0/4.0
263-2C	35/30	150/120	1.5/1.2	6.5/5.0
265-1A	12/15	50/60	1.6/1.8	3.2/3.8
265-1B	50/55	200/200	2.8/3.2	7.5/8.0
265-1C	15/18	70/90	1.0/1.3	4.8/5.0
265-2C	25/28	90/100	1.5/1.6	4.1/4.5

5 月 17 日晚，对 220kV 电缆户外瓷套终端进行红外测温，未发现异常。

（2）油色谱检测情况。根据 Q/GDW168—2008《输变电设备状态检修试验规程》5.15.2.3 条规定的电缆及附件内的电缆油中溶解气体分析：各气体含量满足下列注意值要求（μL/L），可燃气体总量＜1500；H_2＜500；C_2H_2 恒量；CO＜100；CO_2＜1000；CH_4＜200；C_2H_4＜200；C_2H_6＜200。

目前已对停电的 263 兆常一线、264 兆常二线进行油色谱检测，结果见表 2。

表 2　　　　　　　　　　264 兆常二线 GIS 终端油色谱分析　　　　　　　　　　μL/L

样品	CH_4	C_2H_4	C_2H_6	C_2H_2	H_2	CO	CO_2	总烃
新油	3.25	0.81	0.29	0.00	2.46	2.65	552.87	4.35
264-1A	878.71	2482.03	4473.79	2553.72	7409.67	6537.47	1791.58	10 388.25
264-1B	801.71	1.08	150.64	0.00	3993.21	193.96	14 254.49	953.43
264-1C	726.77	1.38	2059.38	0.00	9741.11	34.61	352.61	2787.53
264-2A	914.66	0.89	2263.46	0.00	10 388.05	27.01	265.72	3179.01
264-2B	695.31	42.56	2572.55	21	8560.39	18.11	565.94	3334.42
264-2C	960.20	29.64	333.40	5.21	188.37	480.94	2439.99	1328.45

从上表可以看出：产生聚合物的 1B、1C、2A、2B 相，油色谱分析有一共同特点即 H_2 均超标严重，见表 2，C_2H_6 超标严重，而相对正常的 2C 相 H_2 值正常，C_2H_6 超标也不严重。

以上各相除 CO_2 有 4 相异常外，其余均正常。

比较表 3 和表 4 可以看出，发生局部放电的 263-1A、263-1B、263-2C 相油色谱有一共同特点即 H_2 和 C_2H_6 严重超标，而且 263-1B 产生了 C_2H_2，与局部放电检测结果比较发现这 3 相正是检测到局部放电的 3 相。

表 3　　　　　　　　　　264 兆常Ⅱ线户外终端油色谱分析　　　　　　　　　　μL/L

样品	CH_4	C_2H_4	C_2H_6	C_2H_2	H_2	CO	CO_2	总烃
264-1A	1034.87	0.42	130.56	0.00	134.12	10.27	1911.65	1165.85
264-1B	1034.86	2.28	103.29	0.00	128.26	14.25	1098.02	1140.43

样品	CH₄	C₂H₄	C₂H₆	C₂H₂	H₂	CO	CO₂	总烃
264-1C	1034.64	0.00	37.58	0.00	30.68	2.59	855.64	1072.22
264-2A	1034.54	0.00	45.97	0.00	29.70	29.91	665.25	1080.51
264-2B	1034.58	0.30	118.97	0.00	174.96	29.10	1137.28	1153.85
264-2C	1034.20	0.00	108.42	0.00	94.12	17.69	1054.15	1142.62

表 4   **263 兆常 I 线 GIS 终端油色谱分析**   μL/L

样品	CH₄	C₂H₄	C₂H₆	C₂H₂	H₂	CO	CO₂	总烃
263-1A	939.17	0.00	1053.41	0.00	15 732.33	49.58	237.73	1992.58
263-1B	971.02	0.17	2911.14	0.27	17 503.24	10.53	194.48	3882.33
263-1C	976.41	21.28	150.95	0.00	376.04	494.59	2108.62	1148.64
263-2A	902.06	18.51	158.44	0.00	133.38	506.78	1820.31	1079.01
263-2B	1034.81	25.16	150.84	0.00	142.65	545.70	2388.80	1210.81
263-2C	976.33	0.13	2841.44	0.00	17 766.65	14.21	191.76	3817.90

二、解体检测情况

将 263 间隔 6 个 GIS 终端头全部解体检查，发现不同程度存在缺陷，部分相解体检查情况如下：

（1）263-1A 相解体检查情况。电缆仓内油压及油质情况。当放油位管内的油时，电缆仓内有大量的气体且压强很大，油喷射而出，如图 1 所示。

放出的电缆油，油质已经发生了变化，原本纯净透明的油已经变得乌黑且有大量的杂质，如图 2 所示。

图 1   油喷射而出   图 2   已变黑的绝缘油

杂质已经将油嘴堵塞，如图 3 所示。密封法兰与环氧套管之间的 O 型圈已因压力过大被挤出错位，且已断裂，如图 4 所示。

图 3   杂质已经将油嘴堵塞   图 4   密封圈已错位

2）电缆终端情况。电缆开仓检查后，发现应力锥及电缆上均有放电痕迹且应力锥上已出现裂痕，如图5所示。

绕包的绝缘自粘带及PVC带上与绝缘带连接的应力锥底部发现放电点且出现较深裂痕，如图6所示。

图5　应力锥及电缆上的放电点

图6　应力锥下绕包的胶带出现了较深裂痕

电缆环氧套管内壁有2处放电痕迹，如图7所示。油位管已因放电烧断，如图8所示。

图7　套管上的2处放电点

图8　油位管已断裂脱落

（2）263-1B相解体检查情况。电缆仓内油压及油质情况。当放油时，发现仓内为负压力，放出的电缆油颜色发黄。油量26L，含有杂质，同时伴有刺鼻的气味。密封法兰上沉淀有大量的黄色杂质，如图9所示。

应力锥上有杂质呈发散状排列，怀疑为电场作用，如图10所示。

图9　密封法兰上的黄色杂质

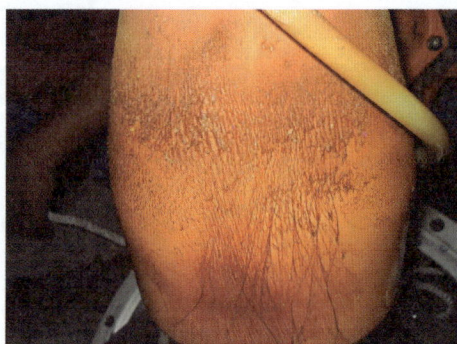

图10　杂质呈发散状排列

电缆上及套管内壁无大量聚合物，但是电缆主绝缘及套管内壁上有杂质干结粘连物，如图11、图12所示。

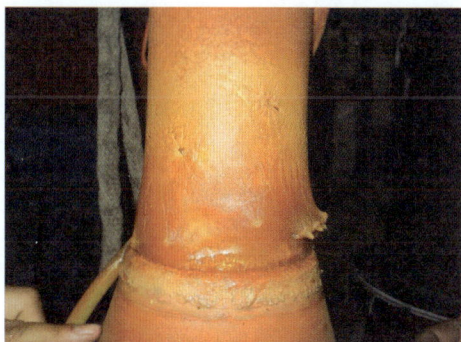

图 11　电缆主绝缘上的杂质粘连物

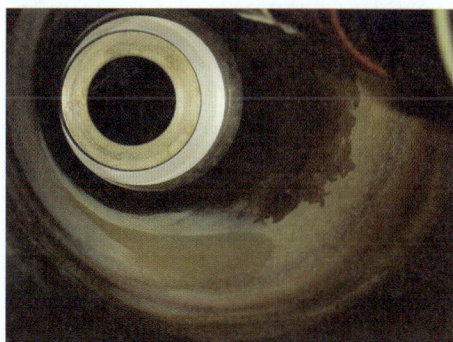

图 12　环氧套管内壁上的杂质干结物

❖ 经验体会

（1）本次缺陷原因为制造厂家现场注油工艺把关不严，注油少未达到规定高度，在油管附近的电场发生了变化，使油分解，因分解产生的聚合物聚集，进一步造成电场不均匀，使局部放电量进一步增大。应吸取该次教训，加强充油设备现场注油环节的监督。

（2）加强电缆设备带电检测工作，坚持采用多种方法联合检测。充分利用超声波、特高频等局部放电检测方法在局部放电检测中的应用，加强油色谱检测方法的使用。出现异常情况及时与制造厂家、安装部门沟通，并将异常情况及时汇报，提高电网设备运行水平。

❖ 检测信息

检测人员	国网河北省电力公司电力科学研究院：庞先海、李晓峰（34 岁）、景皓（32 岁）。国网河北省电力公司石家庄公司：何志刚（42 岁）、张丽芳（43 岁）
检测仪器	AIA-1 超声波局部放电检测仪（挪威 AIA 科技公司）、特高频局部放电检测仪（PDM2000，北京圣泰有限公司）
测试环境	温度 18℃、相对湿度 45％、大气压强 101kPa

3.7.3　SF_6 气体分解产物检测、特高频和超声波局部放电检测发现 220kV 华山变电站 110kV GIS 局部放电

❖ 案例简介

国网上海市电力公司检修公司 220kV 华山变电站的 110kV GIS 为华通开关厂生产，1993 年 6 月投

运。2011 年 5 月 27 日上午 11 点，国网上海市电力公司检修公司带电检测人员对华山变电站 110kV GIS 进行局部放电例行检测中发现明显的特高频信号。经特高频、超声波与 SF₆ 气体分解产物检测法联合进行定位分析，确定放电信号来自 3 号主变压器 110kV C 相的断路器室内，经对该设备解体维护发现该断路器绝缘拉杆内壁有明显放电痕迹，放电通道由高压端向低压端发展，离拉杆低压端部最近的距离只有 4cm 左右，处于绝缘击穿的边缘。

🔷 检测分析方法

带电检测人员在 220kV 华山变电站 110kV GIS 室进行特高频局部放电巡检时发现在 3 号主变压器 110kV C 相间隔附近存在明显的特高频信号。经特高频时间差定位分析，发现在 3 号主变压器 110kV C 相的断路器室附近存在一个局部放电源。传感器位置如图 1 所示。在检测中发现相比于传感器 1，传感器 2 检测的信号在时间上超前，而且信号幅值也更大，传感器 2 检测信号如图 2 所示。

图 1　3 号主变压器 110kV C 相断路器室传感器布置

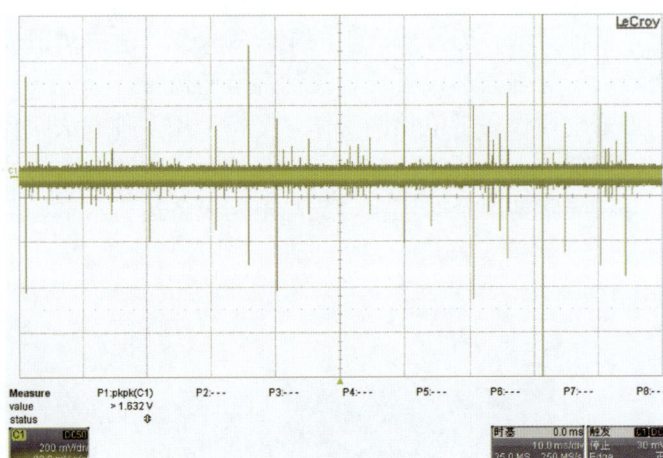

图 2　传感器 2 测得的特高频信号

由图 2 中可见，放电信号的幅值较大，最大值大于 1.6V，放电信号具有工频相位相关性，在每个工频周期的正负半周都有放电脉冲，放电具有连续性和重复性。

对该断路器气室继续用声电联合定位，如图 3 与图 4 所示，为对应声电联合定位传感器位置与其检测波形图。其中传感器 1 与传感器 2 为特高频传感器，传感器 3 为超声波传感器。

从图 4 中可以看到，特高频传感器 2 检测的超高频信号为图中的上部黄色信号，图中的下部蓝色的信

图 3　声电联合检测定位图

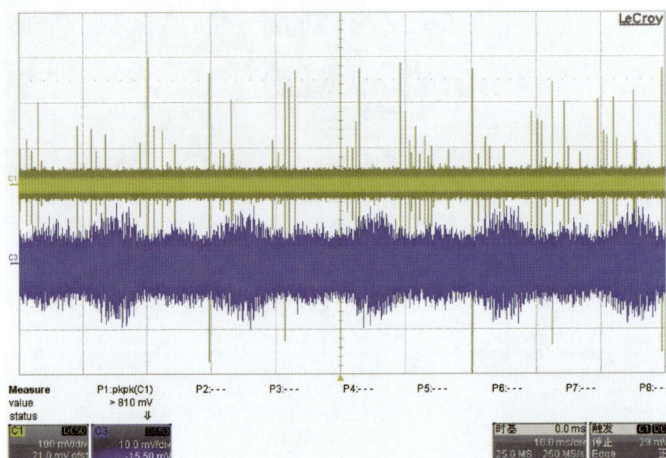

图 4　传感器 2 与传感器 3 检测信号

号为超声传感器 3 检测的超声波信号。从图中可见超声波形也与工频周期相符，且特高频脉冲与超声脉冲一一对应。因此，可确定 3 号主变压器 110kV C 相的断路器室内确实存在局部放电源。

图 5 为实验室模拟绝缘 GIS 绝缘缺陷的图谱库中绝缘内部气隙放电产生的特高频信号图，放电信号在一个工频周期的正负半周具有较好的对称性，放电脉冲较多。图 4 中的特高频信号与其相比，非常相似。因此，可初步判断检测到的局部放电信号可能为绝缘件内部气隙类的放电缺陷。

为进一步明确局部放电气室和局部放电性质，对 3 号主变压器 110kV 断路器气室进行 SF₆ 气体分解产物检测。由于 3 号主变压器 110KV 断路器室三相连通，

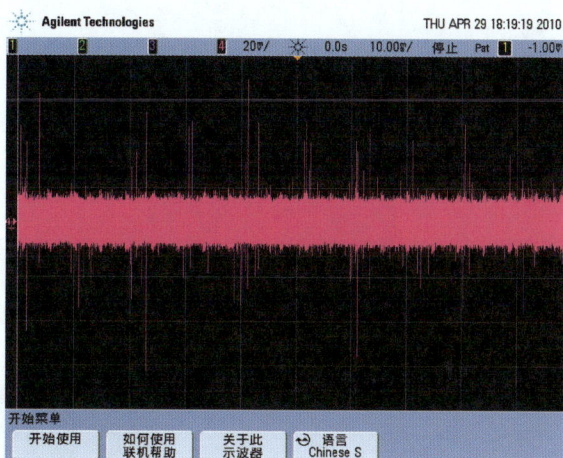

图 5　实验室模拟气隙放电特高频波形

所以先测量三相气室的成分，然后逐一测量各相气室，检测结果见表 1。为确定其他断路器正常运行 SF₆ 气体成分构成情况，技术人员还对其他间隔断路器的气体成分进行分析，测量结果未发现 H_2S。由表 1 气体成分分析结果可以得到，C 相断路器气室内的 H_2S 气体含量明显大于 A、B 两相，放电源位于 3 号主变压器 110kV 断路器 C 相气室内。这与前面局部放电检测分析的结果是一致的。

表 1　　气体成分检测结果　　μL/L

气室	H_2S	CO	SO_2
三相	3.4	35	0
A 相	0.7	45	0
B 相	1.6	54	0
C 相	3.8	68	0

2011 年 6 月 10 日，检修公司对华山变电站 3 号主变压器 110kV 断路器 C 相进行解体维护。发现绝缘拉杆壁内存在明显的放电通道。绝缘拉杆部件如图 6 所示，其内部放电缺陷如图 7 所示。该放电通道的起始端呈弧形，弧度接近 1/3 个圆周，放电通道由高压端向低压端生长发展，呈直线型，长约 23cm，较宽，约 2～3cm，

离低压端拉杆端部最近的距离只有 4cm 左右，处于绝缘击穿的边缘。如不及时采取措施，必将导致重大的绝缘击穿事故。

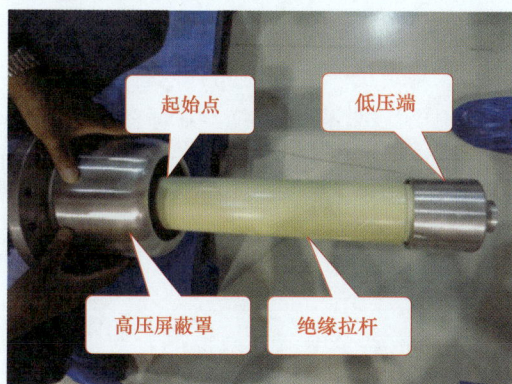

图 6　断路器绝缘拉杆部件

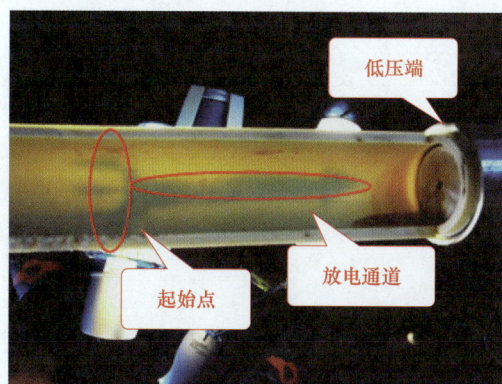

图 7　绝缘拉杆轴向剖开内部放电通道

❖ 经验体会

（1）特高频法在 GIS 设备局部放电检测方面检测效果较好，能初步确定信号的放电类型和放电位置。

（2）超声波作为一种局部放电检测有效手段，联合特高频法检测能进一步确定 GIS 设备局部放电存在的真实性与定位的准确性。

（3）SF₆ 气体分析方法通过对可疑气室的检测，进一步印证特高频、超声波检测结果，为 GIS 内部放电缺陷的确诊提供一种有效补充措施。

检测信息

检测人员	国网上海市电力公司检修公司：俞燕乐（32 岁）、汪倩（32 岁）、胡明（45 岁）
检测仪器	PDS-G2500 局部放电检测与定位系统（上海华乘电气技术参数：4 通道，可接特高频、超声信号或高频信号，检测带宽：特高频：$500 \sim 1500$ MHz；超声：20k~ 300kHz）、GA10-SF$_6$ 型 SF$_6$ 成分分析仪（德国 WIKA）
测试环境	温度 21℃、相对湿度 52％、大气压强 101kPa

3.7.4　运行中持续电流及超声波局部放电检测发现 220kV 紫云变电站 110kV GIS 内避雷器绝缘老化

案例简介

国网安徽省电力公司合肥供电公司 220kV 紫云变电站 110kV GIS 设备于 2007 年 11 月 24 日投入运行，其 220kV 1 号主变压器 110kV 侧 A 相避雷器型号为 Y10WF-106/266。2012 年 2 月 29 日上午 9 时，在巡视设备时发现其在线监测仪显示泄漏电流约为 0.68mA，其余两相均显示约为 0.5mA，针对这种情况，国网安徽省电力公司合肥供电公司于 3 月 12 日安排专业技术人员对该间隔避雷器进行运行中持续电流检测和 GIS 超声波局部放电检测，带电测试结果显示 A 相阻性电流为 330μA，而 B、C 相阻性电流分别为 38、45μA，符合 Q/GDW 1168—2013《输变电设备状态检修试验规程》中 5.16.1.4 规定的"与同组间其他避雷器测量结果相比较，增加 1 倍时应停电检修"，同时 GIS 超声波局部放电检测也确定该处有带电粒子并存在局部放电现象。鉴于上述试验结果，国网安徽省电力公司合肥供电公司经过讨论和分析，决定将该避雷器退出运行，并进行试验，结果表明该项避雷器确已发生绝缘老化。

检测分析方法

本次的缺陷消除过程中运用了多种状态检修技术，主要包括避雷器全电流在线监测、避雷器阻性电流及全电流的带电测试和 GIS 超声波局部放电检测技术：

（1）避雷器全电流在线监测。避雷器全电流在线监测是目前较常见的技术，无论是 GIS 变电站中的避雷器还是敞开式变电站中的避雷器都采用了此项技术，一般与避雷器共同投运。主要检测避雷器在运行过程中的放电次数和泄漏电流 I_x。放电次数主要表征该避雷器限制过电压的次数，泄漏电流主要表征该避雷器运行过程中整体的绝缘状况。

在进行设备巡视过程中，合肥供电公司有关人员发现 220kV 紫云变电站 220kV 1 号主变压器 110kV 侧三相避雷器泄漏电流值之间存在差异，具体值见表 1。

由于相关的规程和标准对于泄漏电流 I_x 尚无明确条文规定且设备运行无明显异常，公司决定对该间隔进行进

表 1　在线监测仪显示数据

	A 相	B 相	C 相
计数器（次）	5	5	5
泄漏电流 I_x（mA）	0.68	0.50	0.50

一步跟踪关注，并安排相关专业人员利用其他状态检修技术进行复测。

（2）避雷器运行中持续电流检测。针对现场在线监测仪结果异常现象，及时安排了带电检测，检测结果见表2。

历史检测结果见表3。

根据 Q/GDW 1168-2013《输变电设备状态检修试验规程》中 5.16.1.4"通过与历史数据与同组间其他金属氧化物避雷器的测量结果相比较做出判断，彼此应无显著差异。当阻性电流

表2 避雷器运行中持续电流检测数据

	A 相	B 相	C 相
阻性电流 I_r（μA）	330	38	45
泄漏电流 I_x（μA）	686	477	466
阻性分量比例 I_r/I_x（%）	48.10	7.97	9.66
阻性电流与全电流相位角 φ（°）	61.25	85.43	84.46

增加 0.5 倍时应缩短试验周期并加强监测，增加 1 倍时应增加停电检查。"的规定，紫云变电站 220kV 1 号主变压器 110kV 侧 A 相避雷器，阻性电流已增加远高于 1 倍，该避雷器应进行停电检查。由于该避雷器处在 SF₆ 气体绝缘的套筒中，属于 GIS 的一部分，仅靠避雷器运行中持续电流带电检测仍无法确定是否为该避雷器的缺陷以及何种缺陷。因此，公司又安排相关专业人员对该间隔 GIS 进行了超声波局部放电检测。

表3   历史避雷器运行中持续电流检测数据

年份	2011			2010			2009		
	A 相	B 相	C 相	A 相	B 相	C 相	A 相	B 相	C 相
阻性电流 I_r（μA）	38	36	42	38	36	41	36	35	39
泄漏电流 I_x（μA）	482	475	462	476	467	465	478	472	470
阻性分量比例 I_r/I_x（%）	7.88	7.58	9.09	7.98	7.71	8.82	7.53	7.42	8.30
阻性电流与全电流相位角 φ（°）	85.48	85.65	84.78	85.42	85.58	84.94	85.68	85.75	85.24

（3）GIS 超声波局部放电检测。GIS 超声波局部放电检测现场测试数据如图 1～图 4 所示。

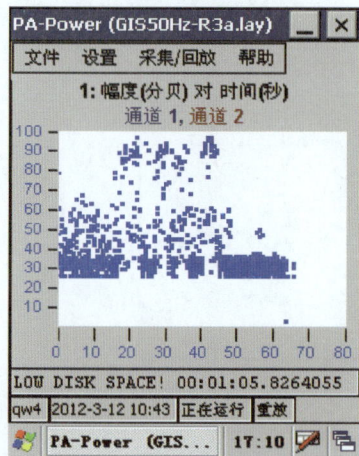

图 1 幅度对时间

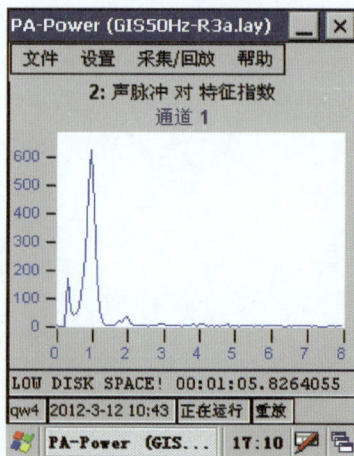

图 2 声脉冲对特征指数

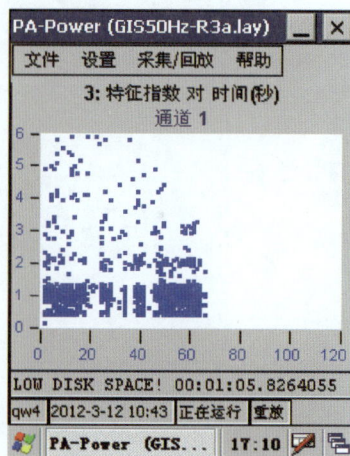

图 3 特征指数对时间

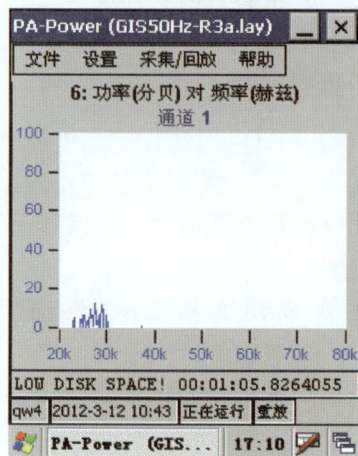

图 4 分贝对频率

从图 2 中现场测试数据可得，特征指数 1 中声脉冲有明显集中，基本呈线状，可基本判断存在一定的局部放电或者带电颗粒。在图 1、图 3 及图 4 中暂时无法判断是否存在缺陷，为了进一步确认该间隔是否存在缺陷，对现场测试数据做进一步的分析提取，分析结果如图 5、图 6 所示。

从图 5 中可得，该脉冲信号分别在 135°和 315°达到最大幅值，从图 6 可得，在一个周期内声脉冲的幅值（蓝色部分）与相位（红色部分）基本呈对称分布，符合局部放电信号呈 180°对称的特征规律，可以确认此处存在局部放电。

（4）停电检查。综合上述检测技术手段，国网安徽省电力公司合肥供电公司经过分析讨论，最终决定将该避雷器退出运行。从退下来的避雷器外观检查来看，未发现明显放电痕迹，但对该避雷器进行绝缘电阻

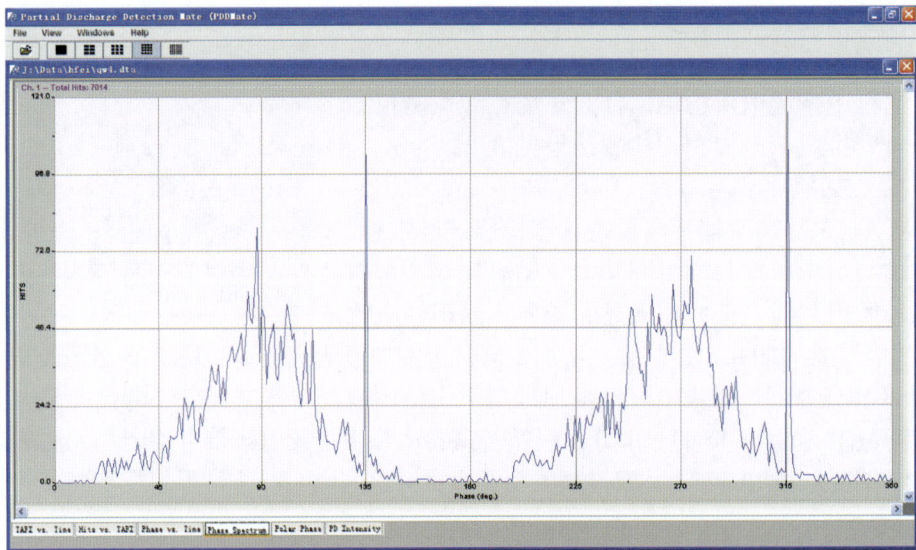

图 5　声脉冲相位分布图

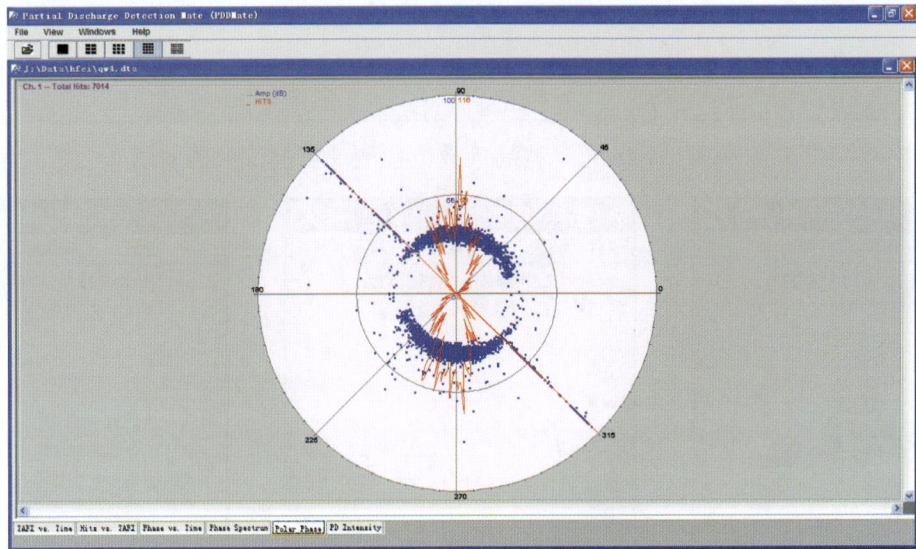

图 6　声脉冲相位极坐标图

表 4　绝缘电阻测试和直流 1mA 电压（U_{1mA}）及 0.75U_{1mA} 下的泄漏电流测试数据

	A 相	B 相	C 相
绝缘电阻（MΩ）	2450	9700	9500
U_{1mA}（kV）	97.30	148.10	148.10
0.75U_{1mA} 下泄漏电流（μA）	78	37	44

测试和直流 1mA 电压（U_{1mA}）及 0.75U_{1mA} 下的泄漏电流测试，其试验数据见表 4。

由表 4 中试验数据可确认 A 相避雷器绝缘确已老化，需更换。

经验体会

（1）避雷器全电流在线监测、避雷器运行中持续电流检测和 GIS 局部放电超声波检测技术能够及时发现避雷器绝缘老化。

（2）由于状态检修技术仍处于发展阶段且测试仪器厂家众多，对于上述单一状态检修技术的测试结果仍无法完全信赖，需要多种状态检修技术共同验证。

（3）状态检修技术可以在设备发生事故之前发现其缺陷，避免发生设备所造成的损失，保证电网、设备的安全稳定运行。

检测信息

检测人员	国网安徽省电力公司合肥供电公司：童鑫（30岁）、周章斌（28岁）、秦鹏（32岁）
检测仪器	JC2-10/80 MOA 在线监测仪（上海思源电气股份有限公司）、AI6109 氧化锌避雷器带电测试仪（济南泛华仪器设备有限公司）、Pocket AE 掌上型局部放电测试仪〔美国物理声学公司（PAC）〕
测试环境	温度 10℃、相对湿度 50%

3.7.5 特高频和超声波局部放电带电检测发现 110kV 东宝变电站 GIS 02 电流互感器 C 相内部螺栓松动

案例简介

2010 年 12 月 27 日，荆门供电公司对东宝变电站 110kV GIS 进行操作时，发现 02 电流互感器 C 相周围人耳可听到异常声响。2010 年 12 月 30 日，对荆门东宝变电站 110kV GIS 02 电流互感器 C 相进行了特高频、超声波局部放电检测。

检测分析方法

本次综合采用特高频法与超声波法，通过对接收信号的数据及特征量进行分析，并与典型图谱进行比对，以检测 GIS 是否存在各种类型缺陷。检测时分别采用了 DMS 特高频局部放电检测仪与 AIA-1 超声波局部放电检测仪对 02 电流互感器 C 相进行了检测。实物图及检测位置如图 1 所示。

（1）检测时，在 02 电流互感器 C 相周围人耳听到持续异常声响。

（2）DMS 检测情况。采用 DMS 特高频局部放电测试仪检测时，在 02 电流互感器 C 相右侧的盆式绝缘子处测得特高频异常信号。其单周期数据显示图、峰值检测数据显示图、PRPD 检测数据显示图分别如图 2～图 4 所示。

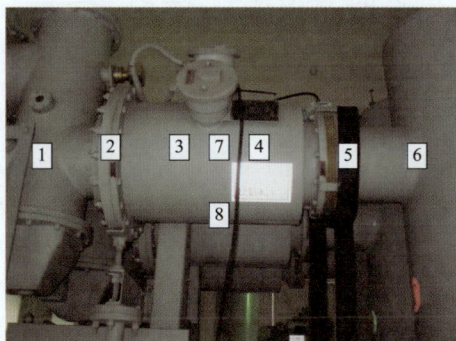

图 1 02 电流互感器实物图与检测位置

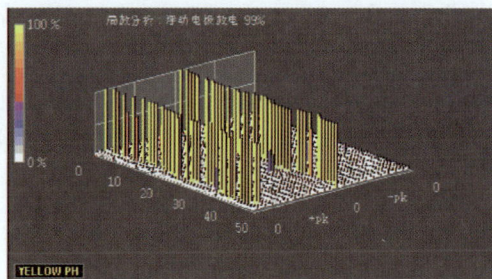

图 2 单周期显示图

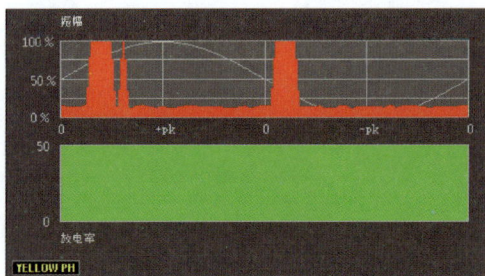

图 3　峰值检测数据显示图

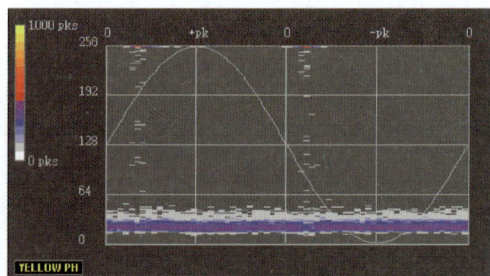

图 4　PRPD 检测数据显示图

DMS 模式识别为浮动电极放电。由于信号较强，同时在空气中与此间隔的其他盆式绝缘子上均测得此类信号。

（3）AIA-1 检测情况。第一次检测和第二次复测数据分别见表1、表2。

表 1　第 一 次 检 测 数 据

测量点	有效值	峰值	与 50Hz 的相关性	与 100Hz 的相关性
1	30	125	2	14
2	400	3500	20	250
3	110	800	10	70
4	120	900	10	60
5	10	50	0.5	2
6	4	10	0.1	0.9

表 2　第 二 次 复 测 数 据

测量点	有效值	峰值	与 50Hz 的相关性	与 100Hz 的相关性
1	5	25	0.1	2
2	300	2000	20	200
3	130	1400	10	100
4	300	2500	10	200
5	40	200	5	15
6	200	2500	10	150
7	380	2000	20	200

注　单位为 mV，以上有效值、峰值、与 50Hz 的相关性、与 100Hz 的相关性均为测量点测得的超声波信号转化为电信号的参数。

02 电流互感器 C 相测量点 7 的幅值与时间的关系图谱以及幅值与相位的关系图谱分别如图5、图6所示。

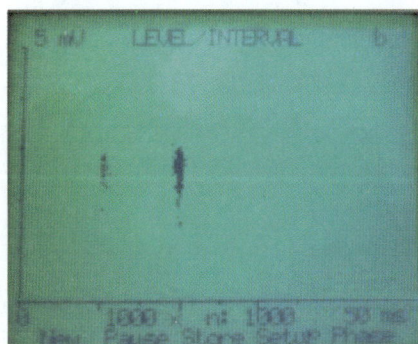

图 5　幅值与时间的关系

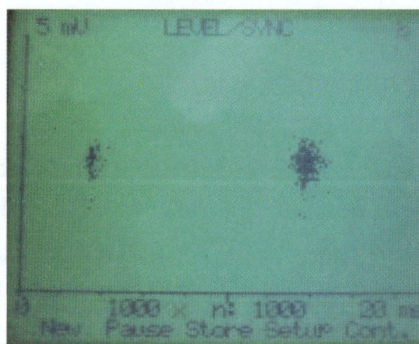

图 6　幅值与相位的关系

其他测试点 1、2、3、4、5、8 的相应图谱均与图5、图6相似。

由两次测量结果均可看到，02 电流互感器 C 相上的测量点 2、3、4、7、8 对应电信号的有效值、峰值、与 100Hz 的相关性以及峰值系数（与 100Hz 的相关性除以与 50Hz 的相关性）均很大，且测量时峰值较稳定，呈现悬浮电位放电的典型特征。而 02 电流互感器 C 相附近区域的测量点 1、5、6 的信号，明显弱于 02 电流互感器 C 相上测量点的信号，据此分析，超声波的信号源在 02 电流互感器 C 相。

（4）检测结果判断。通过采用超高频、超声波两种方法，均检测到 02 电流互感器 C 相处有明显异常信号，且识别的放电模式相吻合，由此综合判断，02 电流互感器 C 相内部可能存在部件松动，并附带机械振动，且同时存在悬浮电位放电。

针对 02 电流互感器异响情况与检测结果，荆门供电公司于 2011 年 1 月 23 日对 02 电流互感器进行了现场解体检查。

（5）解体检查情况。解体检查发现，02 电流互感器 C 相的屏蔽筒和筒壁紧固螺栓松动，02 电流互感器 C 相内有大量 SF_6 气体分解粉末（靠断路器侧较多），屏蔽筒（靠断路器侧）有块区域内凹，且内凹区域呈现黑色，屏蔽筒（靠断路器侧）有放电痕迹。

电流互感器装配示意图如图 7 所示。

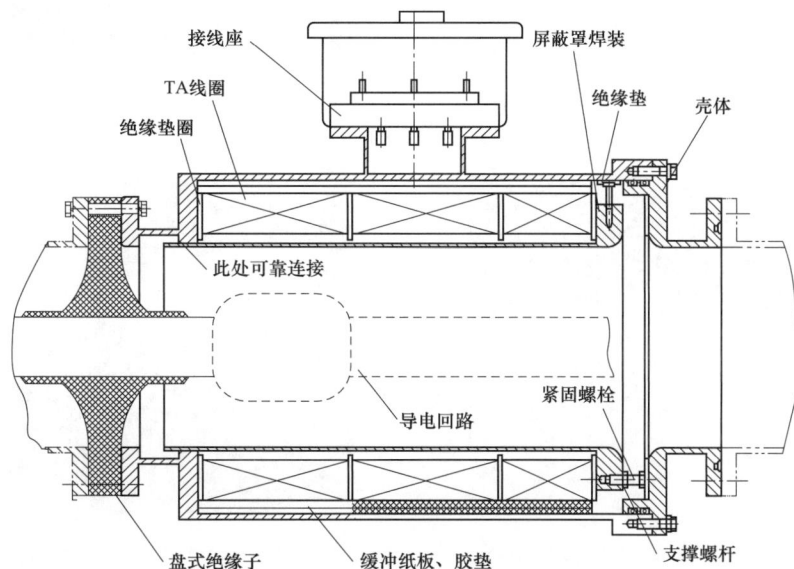

图 7　电流互感器装配示意图

屏蔽筒固定方式示意图如图 8 所示。

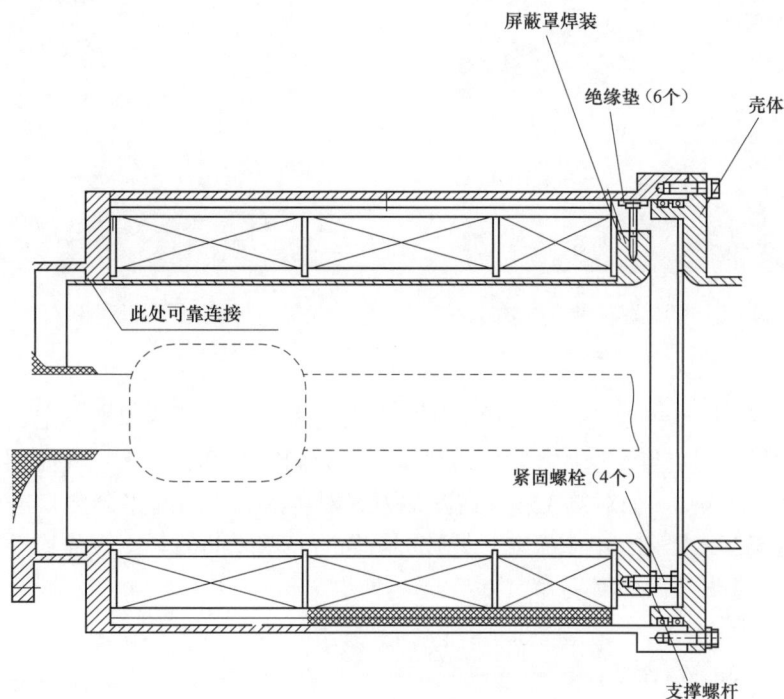

图 8　屏蔽筒固定方式示意图

现场照片如图 9～图 14 所示。

图 9 屏蔽筒（靠隔离开关侧）固定方式

图 10 屏蔽筒和筒壁紧固螺栓松动

图 11 屏蔽筒、罐体内（靠断路器侧）
SF_6 分解粉末

图 12 盆式绝缘子（靠断路器侧）
上 SF_6 分解粉末

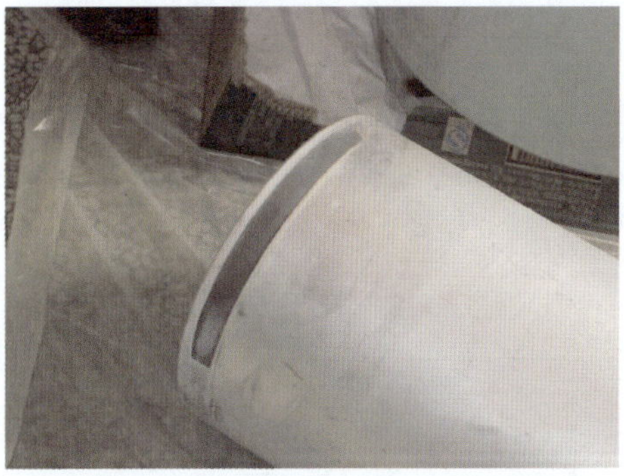

图 13 屏蔽筒（靠断路器侧）有块
区域内凹，且内凹区域呈现黑色

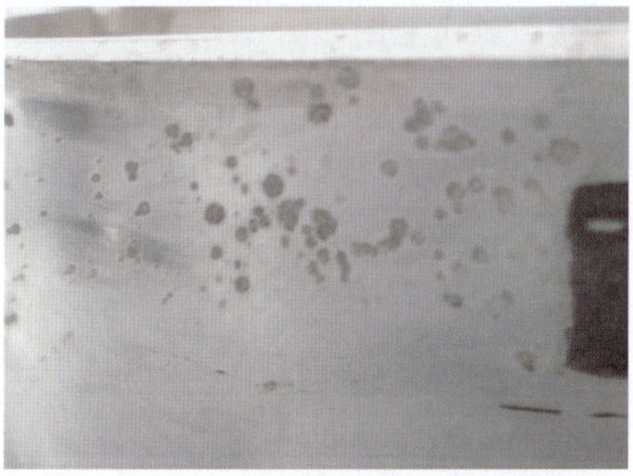

图 14 屏蔽筒（靠断路器侧）放电痕迹

（6）分析。结合图 7～图 9 可看到，屏蔽筒的固定方式为靠隔离开关侧单端固定：通过 6 个带绝缘垫的螺栓（不能固定电位）纵向固定与 4 个金属紧固螺栓（同时起固定电位的作用）横向固定。通过解体检查发现，4 个金属紧固螺栓均有松动，而对侧无螺栓或其他方式对屏蔽筒（靠断路器侧）进行机械固定和电位固定。在运行过程中，电流互感器存在电磁振动，导致屏蔽筒与筒壁之间的紧固螺栓松动，屏蔽筒电位无法固定，形成悬浮电位放电，造成 SF_6 气体分解。

经验体会

（1）局部放电能够检测到 GIS 设备内部的绝缘缺陷。

（2）加强 GIS 设备状态局部放电检测对发现内部潜伏性缺陷具有十分重要的意义，要求平高集团有限公司对故障单元进行更全面的理化分析，并形成分析报告，在全省范围内对同型号相同设计的 GIS 进行排查工作。

检测人员	国网湖北省电力公司电力科学研究院：全江涛、陈敏
检测仪器	DMS 特高频检测仪、AIA－1 超声局部放电检测仪

3.7.6 SF_6 气体分解产物检测及特高频局部放电检测发现 220kV GIS 避雷器局部放电

❖ 案例简介

　　国网河南省电力公司安阳供电公司林州 220kV 变电站 2 号主变压器 220kV 侧出口避雷器为 GIS 型避雷器，型号 Y10WF5-204/532，2010 年 2 月投运。投运后历次带电检测数据正常。2013 年 7 月 4 日，巡视人员发现林 222 避雷器 A 相有持续异常声响，并且 A 相在线监测泄漏电流表指针有摆动，三相数据显示分别为：A：0.65 mA、B：0.8 mA、C：0.8 mA。立即安排试验人员对林 222 避雷器进行了带电检测：SF_6 气体微水及分解物测试，测试结果正常；阻性电流带电检测，由于从 TV 二次取电压瞬间带电测试仪电压回路保险管熔丝熔断，未得到测试数据；特高频局部放电测量，测得的局部放电信号幅值很大，判定为局部放电信号，避雷器内部存在放电。7 月 12 日的 SF_6 气体微水测试正常；分解物测试 $SO_2 + SOF_2$ 含量为 93.3μL/L，HF 含量 4.47μL/L，CO 含量 23.4μL/L。停电进行试验，进行直流 1mA 电压及 75%1mA 直流电压下电流的试验，当电压升至 130kV 时，避雷器内部出现放电声。

❖ 检测分析方法

　　运行人员发现林 222 避雷器 A 相异常后，试验人员对其进行了特高频局部放电检测、SF_6 微水及分解物测试、阻性电流带电检测。

　　（1）特高频局部放电检测。

　　当传感器置于林 222 避雷器 A 相上端盆式绝缘子上时测得的放电信号幅值最大，图谱显示达千伏级，图谱如图 1 所示；与 A 相避雷器气室相连的 C 相避雷器（林 222 避雷器 A、B、C 相气室经连接 SF_6 密度继电器的管路相连，公用一个密度继电器）上部盆式绝缘子上安装传感器测得的放电信号虽也达千伏级，但明显小于 A 相，图谱如图 2 所示；当传感器置于与林 222 避雷器较近的林 220kV 北母线的盆式绝缘子上测得的放电信号明显减小，幅值为百伏级，图谱如图 3 所示。

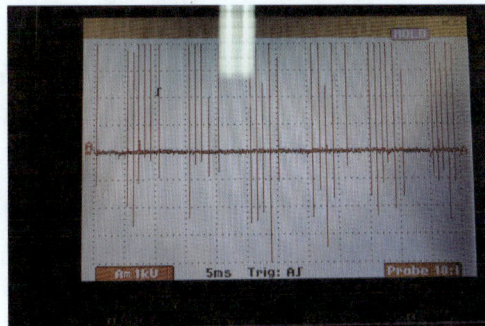

图 1　在林 222 避雷器 A 相上侧的盆式绝缘子上安放传感器测得的图谱

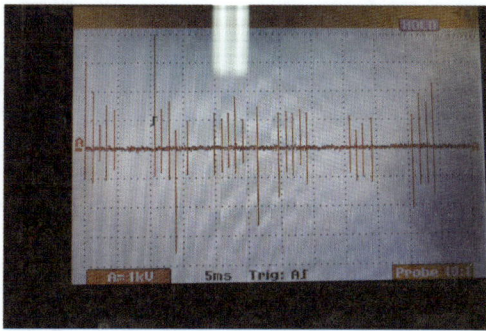
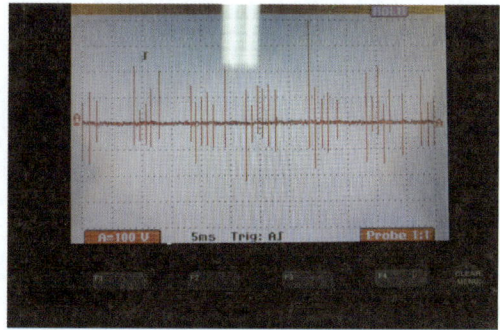

图2　在林222避雷器C相上侧的盆式绝缘子 上安放传感器测得的图谱　　图3　与林222避雷器较近的林22北母线上的盆式 绝缘子上安放传感器测得的图谱

通过局部放电信号传播衰减比较法可以看出林222避雷器A相处幅值最大，排除其他干扰信号，可以判定其内部存在局部放电。放电图谱显示放电信号出现在工频相位的正负半周，对称性强，放电信号强且相邻放电时间间隔基本一致，放电次数少，放电脉冲幅值基本稳定，具有明显的悬浮电位放电图谱特征，可以认为放电形式为悬浮电位放电。SF₆气体微水及分解产物测试：林222避雷器进行SF₆微水及分解产物测试数据未见异常，测试数据见表1。

表1　　　　　　　　　　　　　林222避雷器进行SF₆微水及分解产物测试数据

气室名称	测试时间	测试项目（μL/L）				
		微水	SO_2+SOF_2	H_2S	HF	CO
林222避雷器气室 （三相连通）	2013-7-4	120	0	0	0	16.6
	2013-7-12	134	93.3	0	4.47	23.4

（2）阻性电流带电检测。

由于从TV二次取电压瞬间带电测试仪电压回路保险管熔丝熔断（2次），未得到测试数据。分析认为可能是林222避雷器内部放电电压感应至TV二次产生的瞬时高压脉冲所致。

根据以上带电检测结果，判定林222避雷器内部存在悬浮电位放电，在加强巡检巡视带电监测的同时与该避雷器制造厂家联系，尽快准备同型号避雷器，以备更换。

随后的跟踪检测中同一部位的特高频局部放电图谱无明显变化。微水含量在合格范围内。

7月12日的SF₆气体分解产物测试数据异常，分解产物中SO_2+SOF_2含量为93.3μL/L，HF含量4.47μL/L，CO含量23.4μL/L，数据见表1。SO_2+SOF_2含量远超IEC60480-2004《六氟化硫电气设备中气体的检测和处理导则和再利用的规范》规定的最大可接受杂质的质量等级：分解产物总量≤50 μL/L 或（SO_2+SOF_2）≤12μL/L 或 HF≤25μL/L。分解产物主要是SO_2+SOF_2+HF说明此避雷器内部存在高能放电。

结合特高频局部放电及SF₆气体分解产物测试结果可以判定林222避雷器A相内部存在高能的悬浮电位放电。遂决定进行更换。停电后对林222避雷器进行了停电试验，B、C相试验合格；在对A相进行直流1mA电压及75％1mA直流电压下电流的试验时，当电压升至130kV时，避雷器内部出现放电声。

对更换下的林222避雷器A相运回制造厂进行解体。现场打开GIS避雷器侧面固定吸附剂分子筛的法兰盖，发现GIS内部有放电形成的粉尘物质。用行吊吊开GIS避雷器上面法兰盖（盆式绝缘子），发现GIS避雷器上面法兰盖固定导电杆的小法兰盖和导电杆断裂开。小法兰盖和导电杆出厂是一体，现已断裂开成为两部分，运行时存在间隙放电。用行吊吊开GIS避雷器的罐体，露出避雷器，发现GIS内部的部件表面，有很多放电形成的粉尘物质，解体情况如图4所示。

◆ 经验体会

（1）特高频局部放电及SF₆气体分解产物测试能有效发现GIS设备内部的放电缺陷，现场要严格执行国家电网公司《电力设备带电检测技术规范（试行）》的规定对GIS设备进行特高频局部放电及SF₆气

图 4　林 222 避雷器 A 相返厂解体情况

体分解物测试，及其他带电检测项目，以及时发现、处理缺陷，保证 GIS 设备的安全运行。

（2）对于 GIS 设备出现的异常声响，仪表的指示异常等不正常的情况，决不能忽视。要及时运用各种带电检测技术进行带电检测，综合监测数据及异常情况进行分析，判断有无缺陷、缺陷性质、缺陷部位。并提前制定检修方案，尽量缩短停电检修时间。

❖ 检测信息

检测人员	国网河南省电力公司安阳供电公司：李萍（34 岁）
检测仪器	19XC-2X5C 型福禄克高速示波器、LB-4AS 型外置式超高频（UHF）传感器、JH4000-4 型 SF₆ 气体分解产物测试仪
测试环境	温度 34℃、相对湿度 65％

3.7.7 超声波和特高频局部放电检测发现 220kV 龙桥变电站 220kV GIS 1 号母线内部器件松动

❖ 案例简介

2014 年 3 月 2 日下午 16 时，国网重庆市电力公司检修分公司运检人员对 220kV 龙桥变电站进行 GIS 巡检时，发现 220kV 1 号母线 GM11 气室处信号较其他气室有明显偏大现象，2014 年 3 月 3 日，国网重庆市电力公司电力科学研究院技术人员对该气室进行复查，超声波检测发现周期峰值较正常气室明显增大，特高频局部放电检测无异常，初步判定缺陷原因为 GIS 内部器件松动引起振动加剧。3 月 9 日，对 GM11 气室进行开罐检查，发现 B 相主母线接头屏蔽罩在安装紧固过程中并未涂抹防松胶。对该气室处理后，进行耐压及超声波局部放电试验，局部放电检测无异常。

图 1　GM11 气室图

❖ 检测分析方法

2014 年 3 月 2 日下午 16 时，国网重庆市电力公司检修分公司运检人员对 220kV 龙桥变电站进行 GIS 巡检时，发现 220kV 1 号母线 GM11 气室处信号较其他气室有明显偏大现象，图 1 为疑似缺陷气室图。随后，国网重庆市电力公司检修分公司对 GM11 气室开展带电检测，未发现有典型的局部放电信号，但超声波周期峰值较正常气室明显增大。

2014 年 3 月 3 日，国网重庆市电力公司电力科学研究院技术人员利用 AIA2 超声波局部放电检测仪和 DMS 特高频局部放电检测仪对 GM11 气室进行复查，AIA2 超声波局部放电检测发现周期峰值较正常气室明显增大，而特高频局部放电检测无异常。

（1）超声检测图谱分析。

如图 2 所示，为正常气室连续模式图谱，周期有效值为 0.3 mV，周期峰值接近 1.5mV，图 3 为疑似缺陷气室 GM11 连续模式图谱，周期有效值为 2.4 mV（为正常气室的 8 倍），周期峰值接近 9mV（为正常气室的 6 倍），较正常气室有明显增长。50Hz、100Hz 相关性有所增加，但不明显。

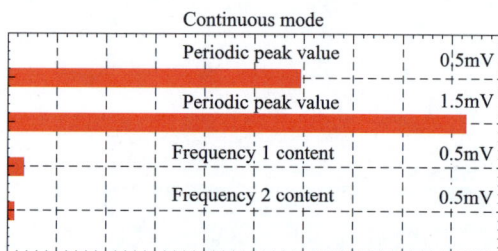

图 2　正常气室超声检测连续模式图

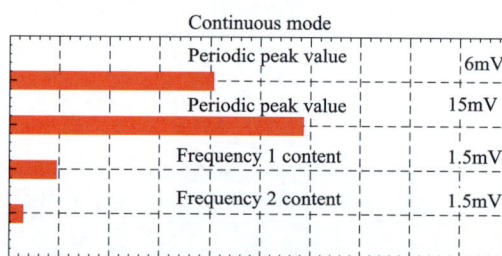

图 3　疑似缺陷气室 GM11 连续模式图谱

图 4 为疑似缺陷气室 GM11 脉冲模式图谱，未出现典型的"三角驼峰"形状，可以排除自由金属微粒缺陷，图 5 为疑似缺陷气室 GM11 相位模式图，未呈现一定的相位相关性，可以排除悬浮放电、毛刺以及绝缘子沿面放电等缺陷。

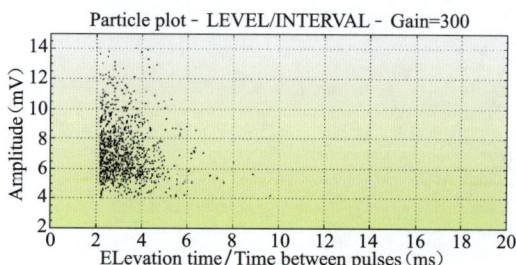

图 4　疑似缺陷气室 GM11 脉冲模式图谱

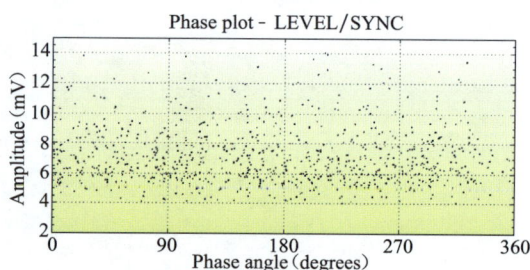

图 5　疑似缺陷气室 GM11 相位模式图谱

（2）特高频检测图谱分析。

利用特高频探头在疑似缺陷气室 G11 盆式绝缘子处检测到的 PRPS 图谱，如图 6 所示。图谱中未检测到疑似局部放电信号。

由超声图谱未检测到典型局部放电信号，以及特高频 PRPS 图中未检测到信号，可以得出结论：疑似缺陷气室中没有发生局部放电现象；由超声检测到信号，特高频未检测到信号，且超声检测频段范围为 10～200kHz，特高频为检测频段

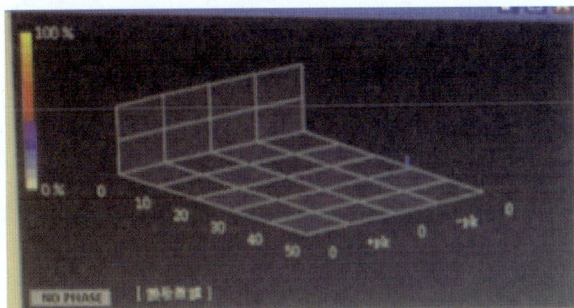

图 6　疑似缺陷气室 GM11 特高频 PRPS 图谱

300MHz 以上，可以得出结论：疑似缺陷气室中检测到的信号频率较低，在 10～200kHz 范围内。

考虑到 GIS 设备机械振动频率较低，一般在 10kHz 左右，且振动产生的噪声较大，符合现场巡查及试验检测结果，由此初步判定缺陷原因为 GIS 内部器件松动引起振动加剧。

（3）解体处理。

为了保证设备的安全运行，国网重庆市电力公司检修分公司于 3 月 9 日对疑似缺陷气室进行开罐处理。开罐过程中，没有发现烧损或放电痕迹，但发现 GM11 气室 B 相主母线接头屏蔽罩松动，220kV 母线开罐后的内部图如图 7、图 8 所示。在对 B 相主母线接头屏蔽罩检查时，发现屏蔽罩在安装紧固过程中并未涂抹防松胶，从而导致了屏蔽罩的松动。最后，检修人员对屏蔽罩进行涂抹防松胶并重新紧固处理。

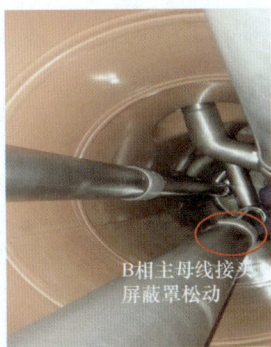

图 7　220kV 1 号母线解体图 1

图 8　220kV 1 号母线解体图 2

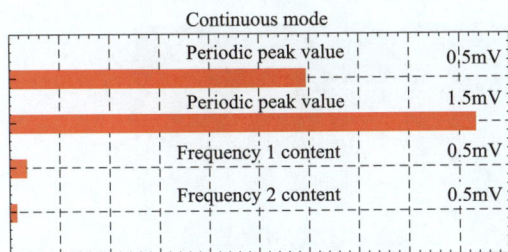

图 9　处理后耐压过程中的局部放电超声连续模式图

对缺陷气室处理后，进行耐压及超声波局部放电试验，局部放电检测连续模式图谱较处理前周期有效值和峰值明显降低，恢复正常水平，处理后耐压过程中的局部放电超声连续模式测试如图 9 所示。

经验体会

（1）在进行超声波检测时不能仅凭未发现典型缺陷图谱来判断气室无缺陷，应根据特高频局部放电检测和各个超声波局部放电检测状态量以及各气室测试结果综合判断。

（2）超声波局部放电检测技术具有抗电气干扰能力强，可准确定位的优点，是目前进行 GIS 局部放电测试比较可靠有效的检测手段，但超声波在气体介质传播过程中信号衰减较快，在进行现场局部放电普测时，一定要严格取点距离，以免漏测放电点。检测人员在进行带电检测工作时，不但要熟悉所测设备的工作原理，还要熟悉 GIS 内部结构部件组成，这样在检测出疑似放电信号时，才能有的放矢地对信号进行分析判断。

🔷 检测信息

检测人员	国网重庆市电力公司检修分公司：高超（27岁）、任远龙（40岁）、邓旭东（37岁）。 国网重庆市电力公司电力科学研究院：郝建（30岁）、龙英凯（28岁）
检测仪器	GIS超声波局部放电检测仪（型号 AIA-2）、GIS特高频局部放电检测仪（型号 DMS）
测试环境	温度9℃、相对湿度71％

3.7.8 渗透和超声波探伤检测发现 330kV 明珠变电站 110kV GIS 设备母线筒体支架焊缝裂纹缺陷

🔷 案例简介

2012 年 11 月 26 日，330kV 明珠变电站 110kV GIS 设备Ⅱ段母线 84 断路器间隔母线筒与北支架焊缝处产生贯穿性裂纹缺陷，发生 SF₆ 气体泄漏，开裂漏气位置如图 1 所示。国网青海省电力公司电力科学研究院通过渗透、超声波检测方法，在该变电站 110kV GIS 设备母线筒体支架焊缝位置共发现 12 处焊缝裂纹性缺陷，裂纹表面最大长度 65mm，其余裂纹沿母线筒体最大深度为 2.7mm，筒体壁厚为 8mm。经初步分析，造成筒体支架焊缝产生裂纹发生 SF₆ 气体漏气的直接原因为母线筒体在环境温度变化下产生较大变形量，产生金属疲劳效应，同时也说明 GIS 设备波纹管适应环境温度变化的能力不足。

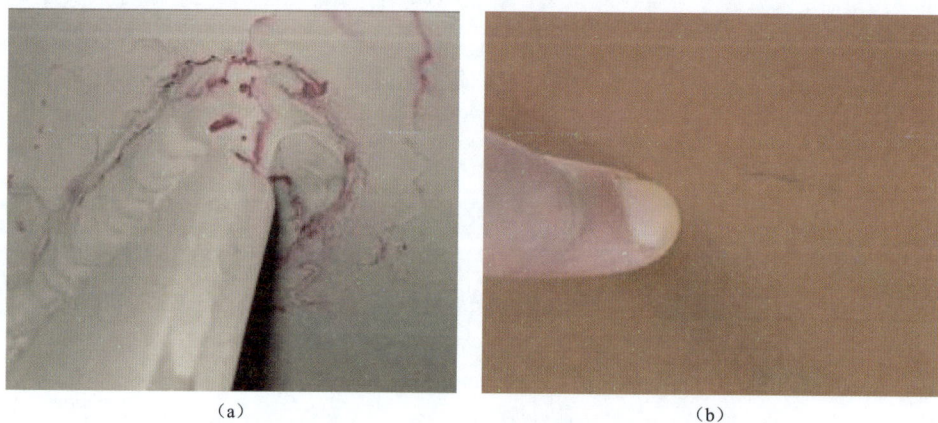

图 1 GIS 设备开裂漏气位置
（a）漏气位置处筒体外表面；（b）漏气位置处筒体内表面

🔷 检测分析方法

由于表面油漆层与母线筒本体力学性能的不同，应力过大首先引起油漆层开裂、脱落。如图 2、图 3

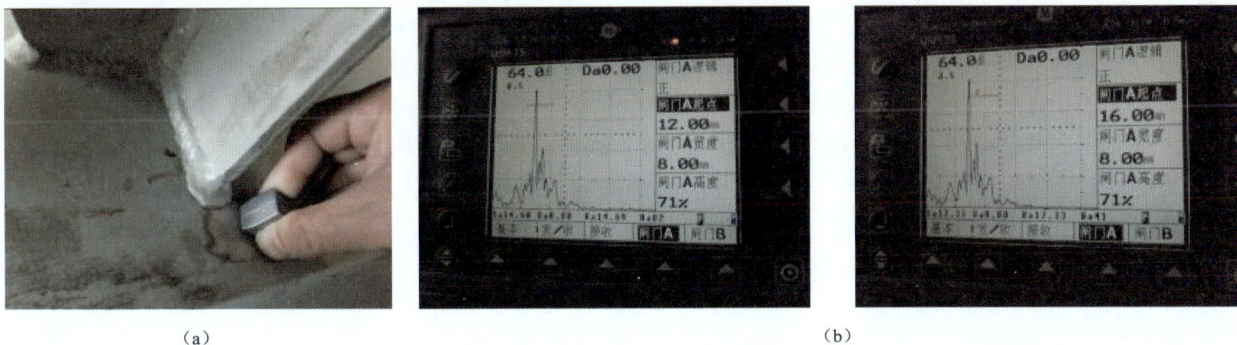

图 2 超声波检测

(a) 超声波检测位置；(b) 裂纹深度（17.33mm－14.68mm＝2.65mm）

所示，找出 GIS 设备母线筒支架焊缝存在涂漆层开裂处或漆层脱落位置，将漆皮除去，用超声波检测确定裂纹裂入母线筒体的深度，用渗透检测确定裂纹表面开口长度，根据裂纹深度占筒体厚度比例来判定裂纹性缺陷的危害程度。通过定期监测裂纹缺陷的发展变化趋势，在缺陷发展成为贯穿性裂纹前进行预警，保证设备的安全、稳定运行。

图 3 渗透检测

经验体会

长期以来，电网设备制造商在产品设计、制造过程中非常重视产品的电气性能，而对外支架等组部件的力学性能、焊接工艺重视不够，在较恶劣的运行环境下设备外支架等由于结构设计不合理或安全裕度不够而发生开裂，对设备的安全稳定运行带来极大隐患。

GIS 设备采用金属封闭、SF6 气体绝缘结构，筒体结构的密封性对于设备的安全运行具有重要意义，应用渗透检测、超声波检测等无损检测技术可有效发现 GIS 筒体是否存在影响安全运行的缺陷，对已存在的缺陷可有效监测其发展趋势，在其发展成为贯穿性裂纹缺陷前进行预警，防止漏气事故的发生。

检测信息

检测人员	国网青海省电力公司电力科学研究院：王志惠（34 岁）、陈文强（32 岁）、刘高飞（27 岁）
检测仪器	USM35 超声波探伤仪、4P8×9BM 表面波探头、H-ST 着色渗透探伤剂

3.7.9 超声波和特高频局部放电检测发现 220kV 水浒变电站 GIS 内部避雷器处屏蔽松动

案例简介

2012 年 3 月 10 日，国网山东电力集团公司菏泽供电公司试验人员使用超声局部放电测试仪对 220kV

水浒变电站 GIS 进行带电测试时，发现 110kV 马铁 I 线避雷器处存在异常信号。经过多点重复测试对比发现，信号最大处位于避雷器上端与出线气室连接的位置。通过认真分析后，确定该 GIS 拐角附近存在局部放电源。由于不能直接判断缺陷类型，故请北京某仪器厂家使用 GIS 特高频局部放电检测仪对该位置进行了复测，同样得出了明显的局部放电信号。综合分析超声波和特高频检测局部放电信号的情况，初步确认为避雷器上端导体连接处接触不良或者部件松动导致放电现象的产生。公司随即组织技术、检修人员进行充分讨论，制定了详细的停电试验检查方案。经 GIS 停电解体后发现，避雷器上端导体处由于屏蔽松动而形成悬浮电位，导致了局部放电。

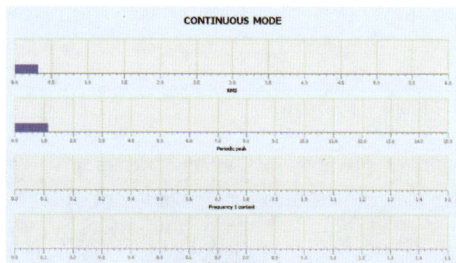

图 1　背景信号

◆ 检测分析方法

（1）信号对比法。

110kV GIS 马铁 I 线在进行超声波局部放电检测过程中，发现避雷器处超声信号偏大，异常情况比较明显。试验人员首先在 GIS 室内对空气背景噪声进行检测，得出了如图 1 所示的背景信号。

在确定 110kV 马铁 I 线避雷器处存在局部放电信号后，为便于对比分析，试验人员将多个测试位置进行了标号，如图 2 所示。根据测试信号情况分析其变化趋势，进而更精确定位局部放电源所在位置。

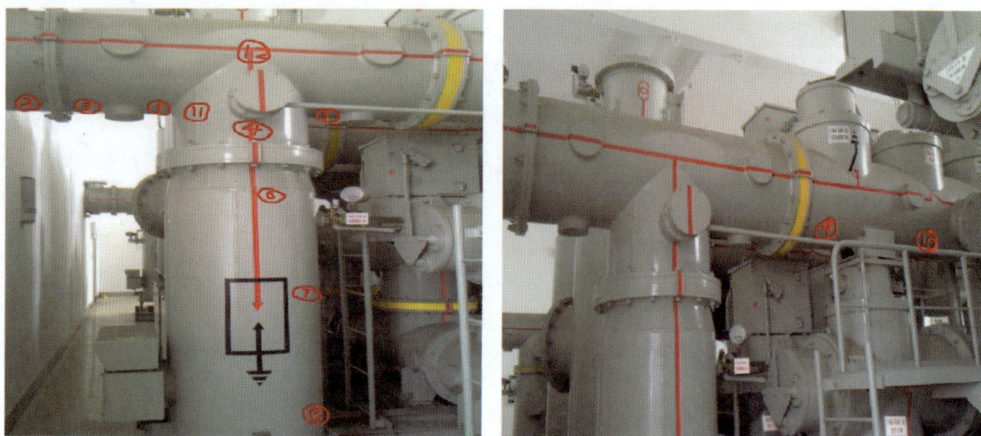

图 2　马铁 I 线避雷器

通过对各标记点多次重复测试，得到 1、2、5、6、9 位置处的信号谱图，如图 3～图 7 所示。对测试数据进行分析并得出以下结论：

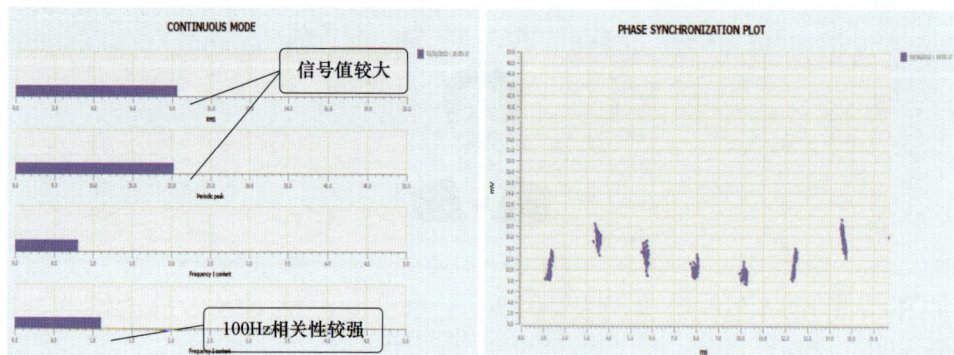

图 3　位置 1 测试谱图

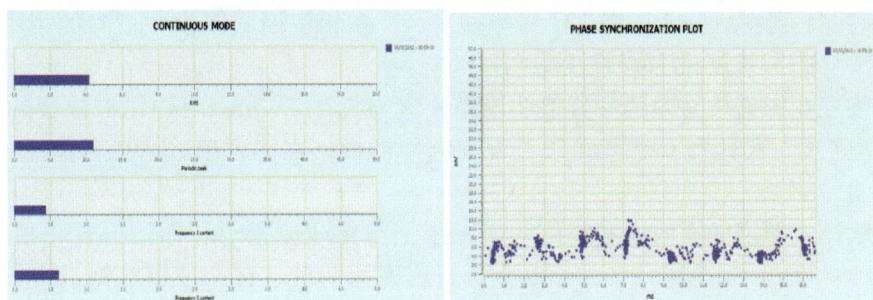

图 4　位置 2 测试谱图

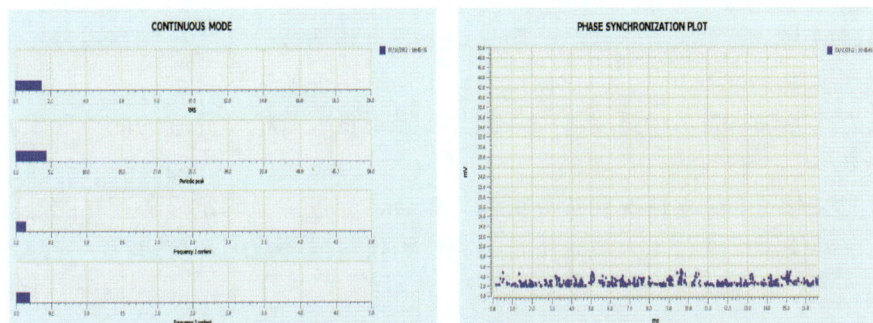

图 5　位置 5 测试谱图

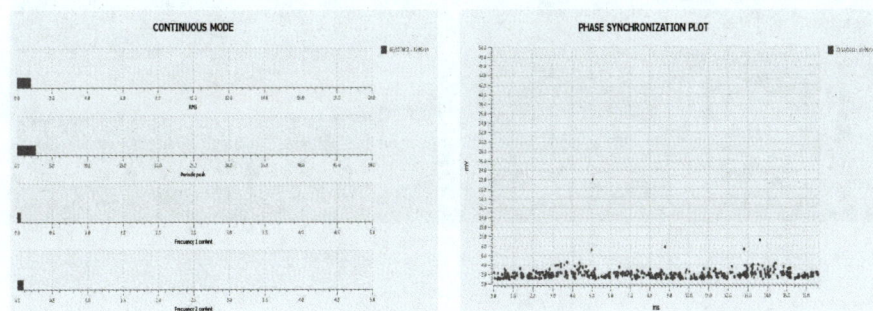

图 6　位置 6 测试谱图

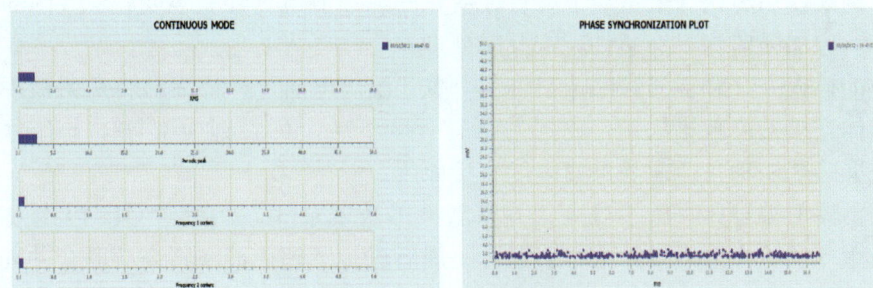

图 7　位置 9 测试谱图

位置 1：在连续模式图谱与测试背景相比有效值和峰值明显增大，有效值达 8mV，峰值达 20mV，频率成分 1 和频率成分 2 也出现且频率成分 2 大于频率成分 1；在相位模式图谱中呈现周期性表现为几簇信号的集聚点；

位置 2：在连续模式中有效值和峰值都明显减小（与标注 1 位置相比），有效值达 4mV，峰值达 11mV，频率成分 2 大于频率成分 1；在相位模式中也呈现几簇信号的集中区域；

位置 5：在连续模式图谱中有效值和峰值明显减小（与标注 1 位置相比），有效值约为 1.8mV 左右，峰值约为4.2mV左右，频率成分2依旧大于频率成分1；在相位模式图谱中信号的集中点区域平滑，表现的不再那么明显；

位置6：在连续模式图谱中有效值和峰值明显减小（与标注1位置相比），有效值约为0.8mV，峰值约为2.5mV，频率成分2依旧大于频率成分1表现为周期性；在相位模式中信号集中区域表现为平滑，不再有强烈的信号集中区域；

位置9：在连续模式图谱中有效值和峰值明显减小（与标注位置1和标注位置5相比），有效值约为1.2mV，峰值约为2.5mV，频率成分2大于成分1表现为周期性；在相位模式图谱中表现为趋于一条直线；

综合分析：信号的最大源出现在标注1位置，信号幅值从标注1向2位置（向左）和标注5和9位置（向右）呈现递减趋势；信号幅值从标注1位置向标注位置6（向下）也呈现递减趋势；与测试背景相比有效值和峰值都明显增大，频率成分1和2都明显增大并且频率成分2大于频率成分1那么在相位模式中一个周期必然出现几簇信号的集中点，而在相位模式中也恰恰说明了这点。

因而初步确认为此类缺陷是由于避雷器中某部分接触不良或者松动导致的此类现象。

（2）特高频法复测。

采用超声波检测法对局部放电情况初步分析和判断后，为进一步确定设备存在的缺陷类型和局部放电程度，公司邀请北京某仪器厂家技术人员采用特高频检测仪对局部放电部位进行了复测，得到了如图8所示试谱图。

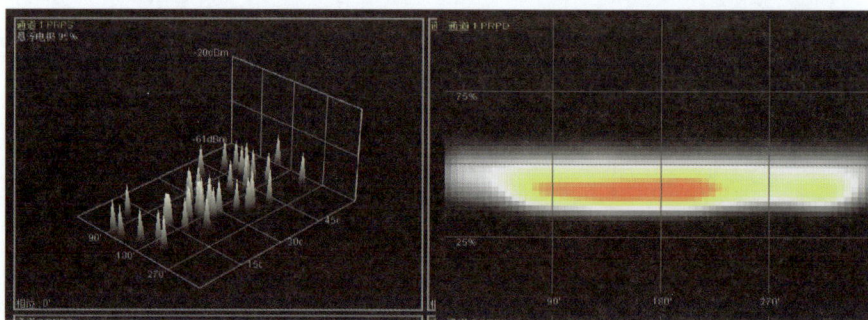

图8　特高频测试谱图

特高频测试仪自动判断局部放电为悬浮放电信号。随后又对相邻间隔进行测试、对比，未检测到明显的特高频PRPS和PRPD谱图信号。

经过综合分析判断，初步认为避雷器上端存在明显的悬浮放电。经验表明：GIS内部只要形成了悬浮电位，就是危险的，应加强监测，有条件就应及时处理。

根据公司安排的检查方案和检修策略，110kV马铁I线停电后，检修人员将避雷器拆开解体如图9所示，发现其上端导体连接处屏蔽罩松动。将屏蔽罩打开取下后，可看到内部导体上有明显的放电灼蚀痕迹。因此可推断，屏蔽罩松动是造成悬浮放电的直接原因。

工作人员对避雷器上端导体进行了处理，并将新换屏蔽罩紧固，然后对GIS内部进行清理，重新充气至额定压力。经耐压试验合格后投入运行。运行一周后进行了超声波和特高频联合的局部放电检测，均未发现明显的异常信号。

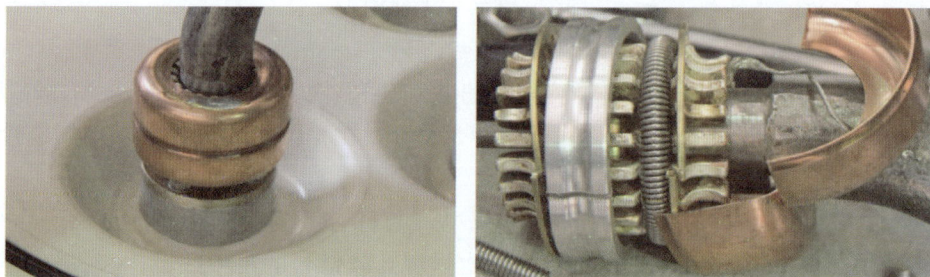

图9　设备解体后照片（一）

图 9 设备解体后照片（二）

经验体会

（1）超声波局部放电检测法具有抗电气干扰能力强、定位准确度高的优点，但由于超声传感器监测有效范围较小，在局部放电定位时，需对 GIS 进行逐点检测，工作量非常大。

（2）特高频局部放电检测法具有很高的检测灵敏度，而且能够准确识别放电缺陷类型，但故障定位的范围较大，适宜于对 GIS 局部放电进行普测的带电检测工作。

（3）基于超声波和特高频联合的局部放电检测方法是进行 GIS 带电测试的重要手段，能够有效发现 GIS 内部存在的缺陷类型并进行局部放电定位，可广泛应用于现场 GIS 状态诊断工作中。

（4）悬浮放电是 GIS 运行中较易产生的缺陷。带电测试工作中，应将几种比较常见且典型的缺陷类型的放电特征进行总结，对以后的局部放电检测工作有重要的指导作用。

检测信息

检测人员	国网山东电力集团公司菏泽供电公司：王震（29 岁）、黄志强（37 岁）、郭磊（31 岁）
检测仪器	AIA100 型 GIS 超声波局部放电诊断仪
测试环境	温度 15 ℃、相对湿度 50 ％、大气压强 101 kPa

3.7.10 多方法检测发现日月山 750kV 变电站 GIS 隔离开关 C 相气室内部异音

案例简介

2014 年 2 月 20 日，国网青海省电力公司日月山 750kV 变电站运行人员在巡视过程中发现 750kV GIS 设备月海 II 线 75521 隔离开关 C 相气室内部存在异音，75521 隔离开关主要技术参数见表 1。随后，国网青海省电力公司电力科学研究院设备状态评价中心组织相关技术人员对该气室进行了超声波、特高频局部放电检测、SF₆ 气体组分测试及 X 射线成像检测等相关试验、分析。判断该 750kV 变电站 750kV GIS 设备月海 Ⅱ 线 75521 隔离开关 C 相气室内部中心导体或均压罩或触头处存在机械振动。经开箱处理后设备恢复正常。

表 1   75521 隔离开关主要技术参数

序号	项目名称		数值
1	额定电压（kV）		800
2	额定频率（Hz）		50
3	额定电流（A）		5000
4	额定雷电冲击耐受电压（kV）	对地	2100
		断口间	2100＋650
5	额定操作冲击耐受电压（kV）	对地	1550
		断口间	1300＋650
6	额定 1min 工频耐受电压（kV）	对地	960
		断口间	960＋460
7	额定短时耐受电流（kA）		50
8	额定短路持续时间（s）		3
9	额定峰值耐受电流（kA）		135
10	额定母线转换电流（A）		1600
11	额定母线转换电压（V）		400
12	开、合容性小电流（A）		2
13	开、合感性小电流（A）		1

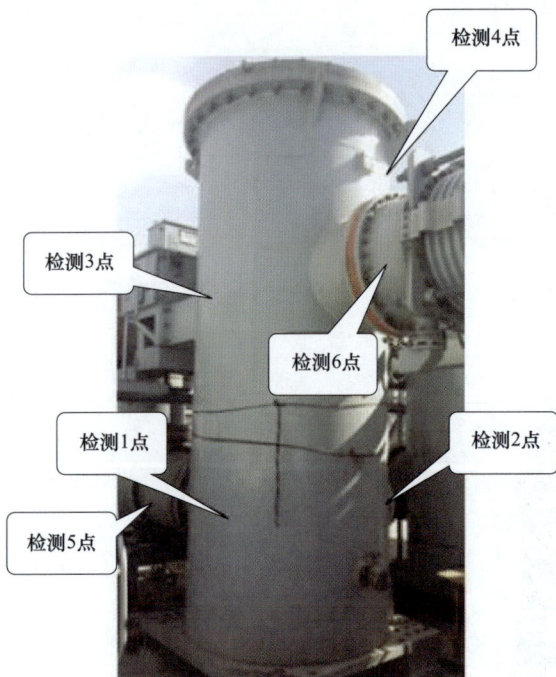

图 1　超声波局部放电检测测点分布图

❖ 检测分析方法

一、超声波局部放电检测

2014 年 2 月 20 日、21 日，国网青海省电力公司电力科学研究院技术人员先后两次对异音气室及其邻近的气室进行了超声波局部放电检测，并对所测得的连续图谱、飞行图谱及相位图谱进行了分析，测点分布图如图 1 所示，检测数据见表 2。

（1）对表 2 检测数据进行分析，可以看出测点 1、2、3、4 超声波局部放电检测数据有效值、峰值基本一致，无明显偏差，测点 5、6 检测数据比测点 1、2、3、4 点明显偏小，并且靠近隔离开关上部的 3、4 测点幅值比下部的测点的幅值偏大，初步判断异音来自 75521 隔离开关 C 相气室上部。

（2）从测点 1、2、3、4 的连续图谱如图 2 所示，可以看出，50Hz 与 100Hz 呈弱相关性，可以排除 GIS 内部存在尖端放电的可能。

表 2   超声波法连续模式检测数据（背景：0.2/0.8mV）

检测部位	有效值（mV）	峰值（mV）	50Hz 相关性（mV）	100Hz 相关性（mV）
检测 1 点	0.6	2.5	0.02	0.25
检测 2 点	0.6	2.5	0.01	0.08
检测 3 点	0.8	3.0	0.01	0.3
检测 4 点	0.8	2.8	0.02	0.28
检测 5 点	0.3	1.5	0.01	0.03
检测 6 点	0.35	1.4	0.01	0.02

（3）根据测得的飞行时间图谱如图3所示，及检测过程中对气室外壳用橡皮锤进行敲打，数据无明显变化等现象，可以排除自由颗粒在电场作用下迁移可能。

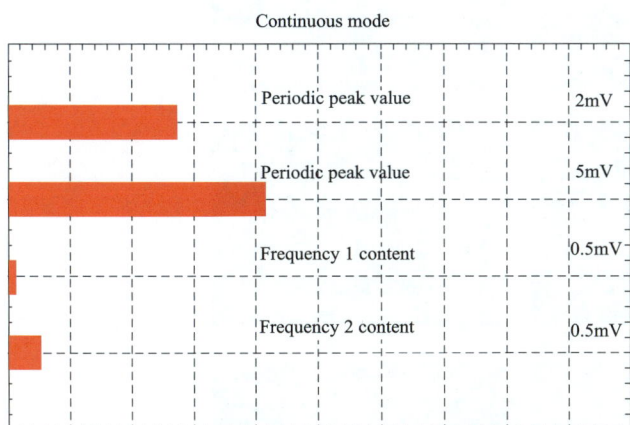

图2　超声局部放电连续模式检测图谱

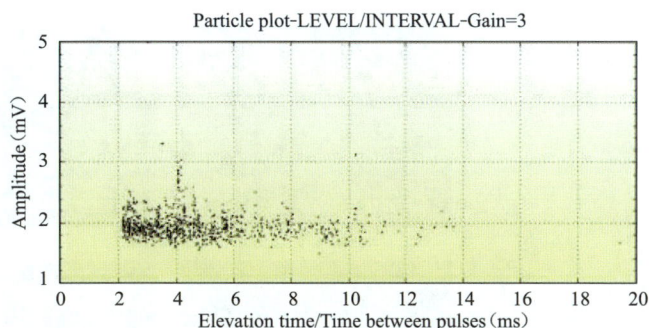

图3　超声局部放电飞行时间检测图谱

（4）根据检测所得相位图谱对应的相位关系如图4所示，可以看出测量点的分布呈竖线状，分布在360°范围内，各竖线状点图的幅值基本一致，符合机械振动的典型图谱，初步判断75521隔离开关C相气室内部可能存在机械振动。

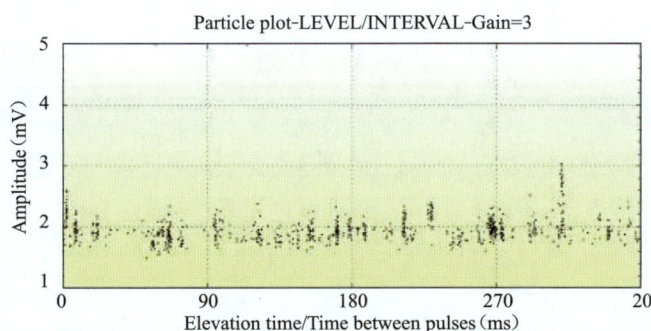

图4　超声局部放电相位关系检测图谱

（5）2014年2月21日，再次对该气室进行复测，测点1、2、3、4测得的幅值在0.7/2.5mV附近，与2月20日测得数据比较，无明显变化。

二、特高频局部放电检测

利用DMS特高频局部放电检测对75521隔离开关C相气室相关盆式绝缘子进行检测，检测结果和检测图谱如图6所示。

对图6的检测图谱进行分析，可以看出测点1、2、3测得的特高频检测图谱均无明显放电信号，且无明显相关性，可排除GIS内部存在高能局部放电和GIS内部盆式绝缘子存在缺陷的可能。

结合超声波、特高频局部放电检测分析结果，2014年2月21日，国网青海省电力公司电力科学研究院对该气室开展了SF_6组分分析及X射线数字成像检测。

图5　超声波局部放电检测测点分布图

三、SF_6组分分析

从表3可以看出，SF_6组分分析结果都在合格范围内，可以排除高能放电的可能。

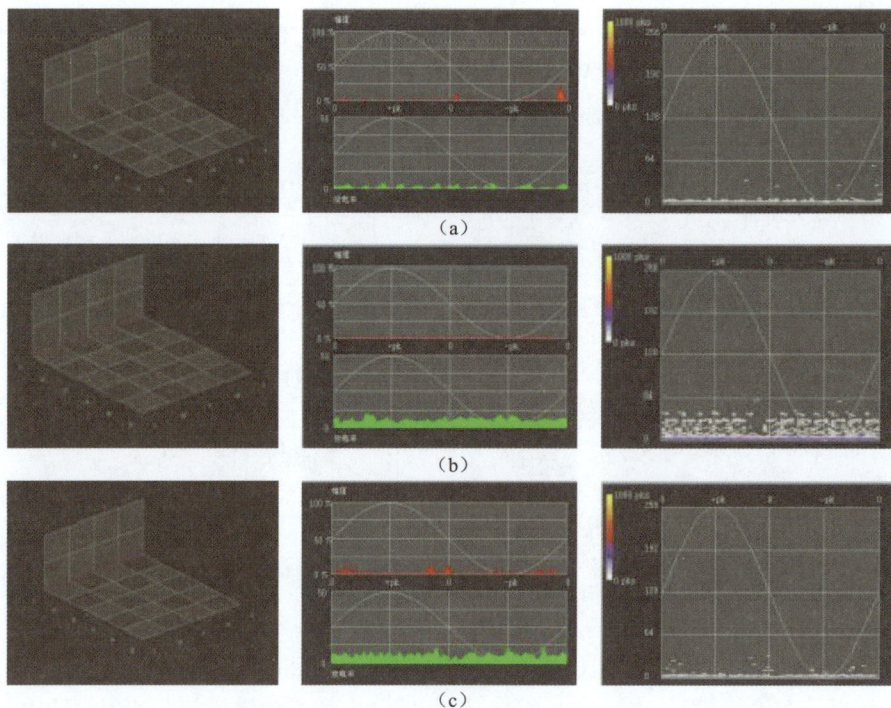

图 6　各测点特高频检测图谱

（a）检测 1 点图谱；（b）检测 2 点图谱；（c）检测 3 点图谱

表 3　　　　　　　　　　　　　　　　　　SF₆ 组分分析

SF₆ 气体成分 气室编号	SO₂（μL/L）	H₂S（μL/L）	纯度
75521 隔离开关气室 C 相	0	0	99.70％
标准	≤2	≤2	≥97％
结论	合格	合格	合格

四、X 射线成像检测

采用 X 射线对 75521 隔离开关 C 相内部结构进行了成像检测，此次检测中结合内部结构简图，可看到动静触头处均压罩、绝缘支撑杆、电阻器内部结构无异常。内部结构图及局部影像图如图 7～图 9 所示。

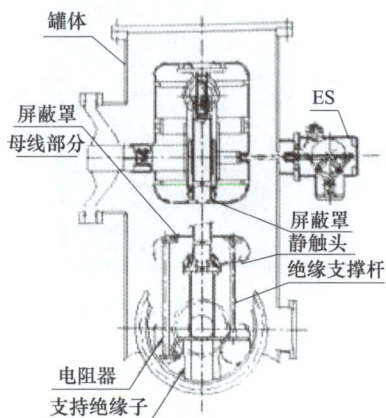

图 7　75521 隔离开关内部结构图

图 8　触头、屏蔽罩及绝缘支撑杆影像图

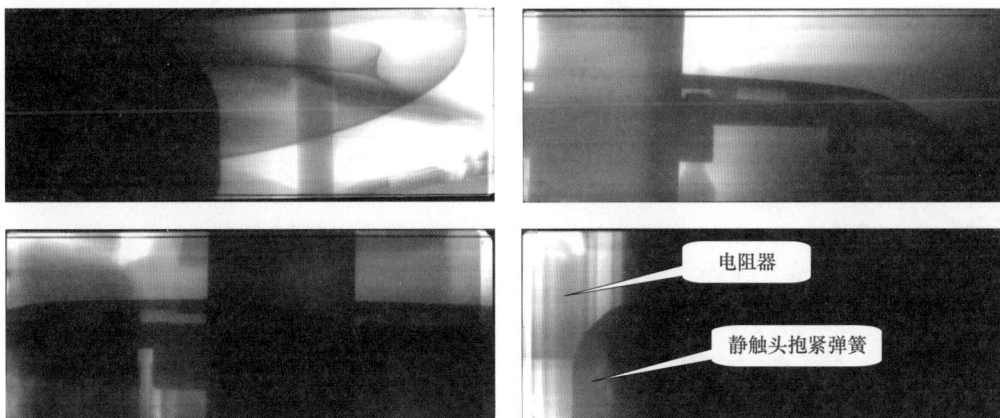

图 9　电阻器、抱紧弹簧影像图

五、综合分析

（1）从超声波检测法的连续测量模式可以看出，超声波法测试幅值较其他气室偏大，结合超高频检测法、SF$_6$组分分析及 X 射线成像检测结果，可以排除气室内部存在高能局部放电缺陷的可能。

（2）从超声波检测法的飞行图谱可以看出，飞行图的颗粒飞行时间小于 20ms，且在测试过程中对该气室外壳用橡皮锤进行敲打，数据无明显变化，可以排除颗粒放电的可能。

（3）从特高频法检测图谱可以看出，特高频未检测到放电信号，可排除 GIS 内部盆式绝缘子存在缺陷的可能。

（4）从超声波法检测的相位图谱来分析，可以看出各测量点的分布呈竖线状，分布在 360°的整个区间内，各竖线状点图的幅值基本一致，符合机械振动的典型图谱，可以初步判断 75521 隔离开关 C 相气室内部存在机械振动。

（5）从超声波局部放电检测表 2 中的数据可以看出测点 1、2、3、4 超声波法检测数据有效值、峰值基本一致，无明显偏差，排除缺陷在筒壁的可能，可以初步判断缺陷可能在 75521 隔离开关 C 相气室内部对应的中心导体或屏蔽罩或触头处。

综合以上分析，可以判断该 750kV 变电站 750kV GIS 设备月海Ⅱ线 75521 隔离开关 C 相气室内部中心导体或均压罩或触头处存在机械振动。

六、解体检查处理情况

（1）2014 年 3 月 1 日至 2 日，对 75521 隔离开关 C 相气室进行了解体检查，对重点怀疑的隐患点（中心导体处的均压罩、触头）进行检查，并对其紧固螺钉进行紧固处理，如图 10 所示。

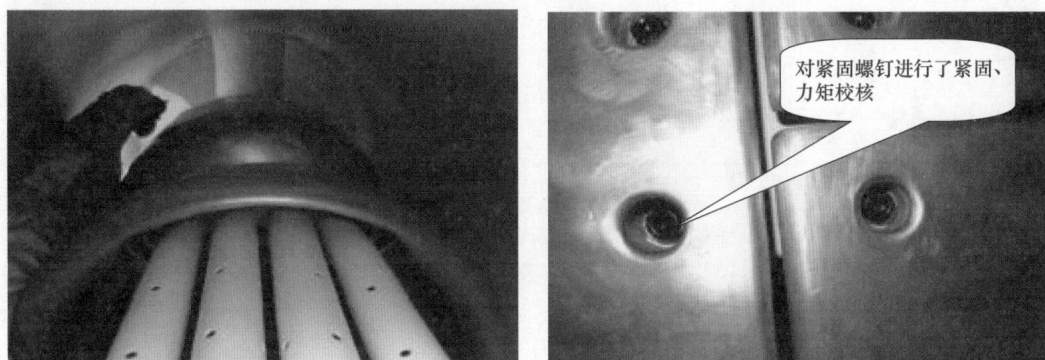

图 10　75521 隔离开关 C 相气室解体处理

（2）2014 年 3 月 3 日，对处理投运后的 75521 隔离开关 C 相气室进行带电检测，具体检测情况如下：

1）超声波局部放电检测。从处理前后的检测数据见表 4，可以看出，处理后检测数据幅值明显减小，50Hz、100Hz 相关性基本消除，且未检测到机械振动信号。

433

表 4 故障处理前后超声波局部放电检测连续模式检测数据（背景：0.2/0.8mV）

检测部位	有效值（mV）		峰值（mV）		50Hz 相关性（mV）		100Hz 相关性（mV）	
	处理前	处理后	处理前	处理后	处理前	处理后	处理前	处理后
检测 1 点	0.6	0.2	2.5	0.8	0.02	无	0.25	无
检测 2 点	0.6	0.2	2.5	0.8	0.01	无	0.08	无
检测 3 点	0.8	0.2	3.0	0.8	0.01	无	0.3	无
检测 4 点	0.8	0.2	2.8	0.8	0.02	无	0.28	无
检测 5 点	0.3	0.2	1.5	0.8	0.01	无	0.03	无
检测 6 点	0.35	0.2	1.4	0.8	0.01	无	0.02	无

2）超高频局部放电检测。从检测数据和图谱如图 11 所示，可以看出，无明显放电信号，且无明显相位相关性，未检测到盆式绝缘子异常。

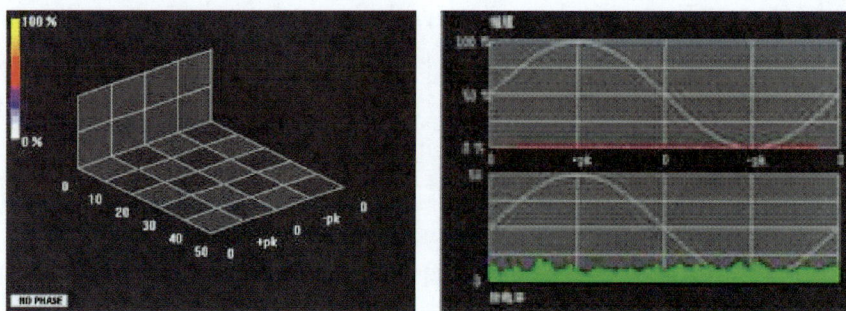

图 11　处理后超高频局部放电检测图谱

3）A、B、C 三相超声波局部放电检测。从 A、B、C 三相超声波局部放电检测数据见表 5，可以看出，三相检测数据基本一致。

通过本次带电检测找到了隐患点，并对其进行解体检查处理，解体处理后 75521 隔离开关 C 相气室异音消除。

表 5　　　　　　　　A、B、C 三相超声波局部放电检测数据（背景：0.2/0.8mV）

检测部位	有效值（mV）	峰值（mV）	50Hz 相关性（mV）	100Hz 相关性（mV）
A 相检测 1 点	0.2	0.8	无	无
A 相检测 2 点	0.2	0.8	无	无
B 相检测 1 点	0.2	0.8	无	无
B 相检测 2 点	0.2	0.8	无	无
C 相检测 1 点	0.2	0.8	无	无
C 相检测 2 点	0.2	0.8	无	无

❖ 经验体会

（1）GIS 由于其具有的优点，目前在电力系统中应用非常广泛，其在投运后可靠性很高，但安装工艺要求也很高，在投运前需要更加可靠、全面的检测。

（2）由于 GIS 内部构造的复杂性，在缺陷检测时，应该尽可能采用多种方法，通过对多种检测结果的综合分析，能够更准确地判断出缺陷状况。

（3）检测结果的准确性除依赖检测设备以外，检测人员的技术水平也具有很大的影响，应尽可能加强检测人员的技术水平，提高其业务素质。

（4）发现 GIS 存在潜在缺陷并经过各种检测手段确认后，应尽快开箱处理，可以有效减少事故的发生，提高电网安全运行水平。

检测信息

检测人员	国网青海省电力公司电力科学研究院：康钧（30 岁）、曲全磊（31 岁）、王志惠（34 岁）、周尚虎（28 岁）
检测仪器	AIA-1 超声局部放电测试仪（北京兴迪仪器有限公司）、EPESCO MF4 型便携式射线机（美国通用）、STP1000 SF$_6$ 气体组分综合测试仪（北京泰普联合有限公司）

3.7.11　特高频和超声波局部放电检测发现 220kV 堰上变电站 2215 间隔 GIS 母线仓内部放电

案例简介

2011 年 11 月 22 日，运维队人员在 220kV 堰上变电站开展日常工作时发现 2215 间隔处有间歇性异音，状态监测专业人员对 220kV GIS 设备尤其在 2215 间隔和 5 号母线仓处进行了异常检测，使用特高频法、超声波定位法检测确定 5 号母线仓内存在局部放电。

在监测过程中发现对母线施加外力时，放电信号立即出现且幅值较大，放电特征明显。从信号特征分析，该信号为导电体上连接部位接触不良或异物引起的局部场强过大，导致间歇性放电。开仓检查发现 2215-5 隔离开关下侧 B 相触头屏蔽罩内螺丝松动，波纹管内 B 相触头触指弹簧有放电痕迹。

检测分析方法

2011 年 11 月 22 日，现场使用超声波局部放电探测仪进行超声波检测，检测数据见表 1。

表 1　　　　　　　　　　　　　　超声波局部放电探测仪检测数据

调度号	相　位	有无异音	备注（频率、dB 值）
220kV 5 号母线（2215 间隔）	—	有	20kHz、28dB

2215 间隔各盆式绝缘子特高频局部放电检测信号如图 1 所示。

2011 年 11 月 26 日，为有针对性地开展检修工作，通过倒停 2215 间隔内隔离开关使不同设备部件带电的方式进行超声波法检测定位，超声波定位探头布置如图 2 所示。

根据预先制定的试验方案，在合上 2245 开关时检测发现大约 3 分钟的连续信号，后逐渐变为间歇性信号，且信号间隔逐渐拉长，最后信号发生间隔长约十几分钟。在 5 号母线气室 A、B、C 三个盆式绝缘子下部母线上 6m 左右的区域内测出异常超声信号，最大点在 4、5 探头附近区域；该信号为间歇性特征，放电时间间隔无规律性，测量时间内最大信号峰值 1000mV。

缺陷在借助外力激活时，设备超声信号最大值高于背景信号 1000 倍以上，设备操作后三分钟内的信号幅值高于背景信号 150 倍左右，信号的衰减性突出。随后根据方案依次合上 2215-47、拉开 2215-47、合上 2215-5、拉开 2215-5，放电信号依然存在，且超声波和特高频放电图谱、幅值都没有变化，如图 3、图 4 所示。

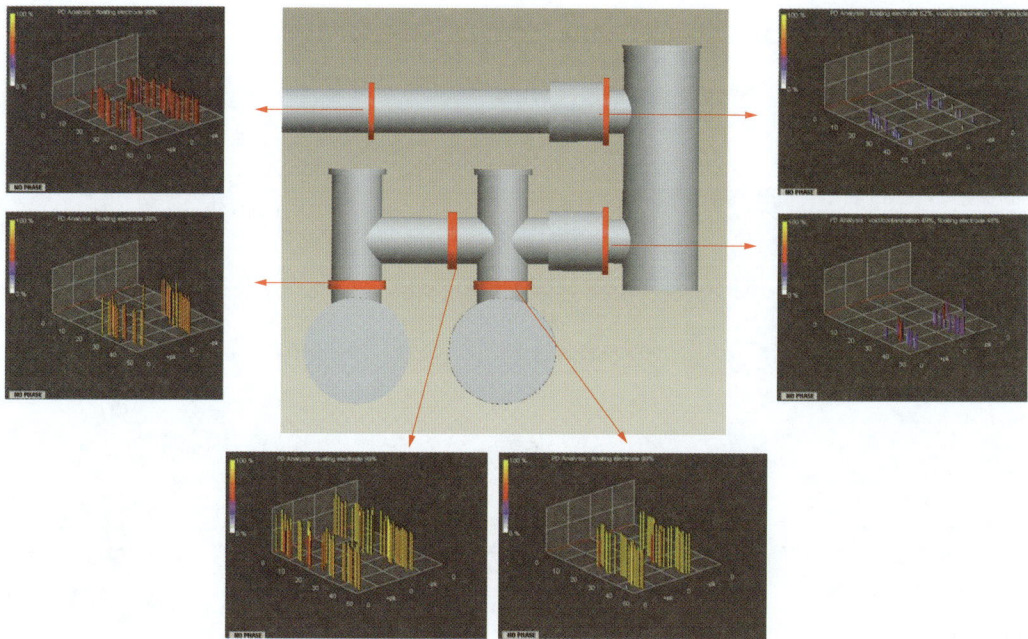

图1 2215间隔各盆式绝缘子特高频局部放电检测信号

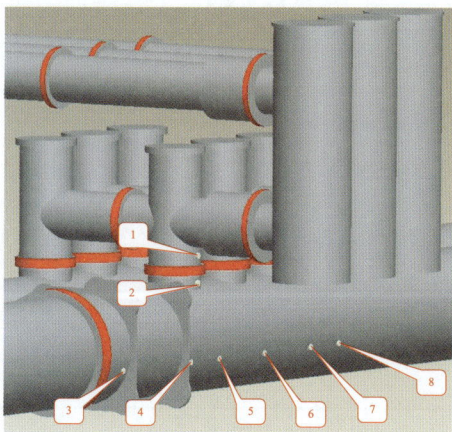

图2 2215间隔超声波定位探头布置示意图

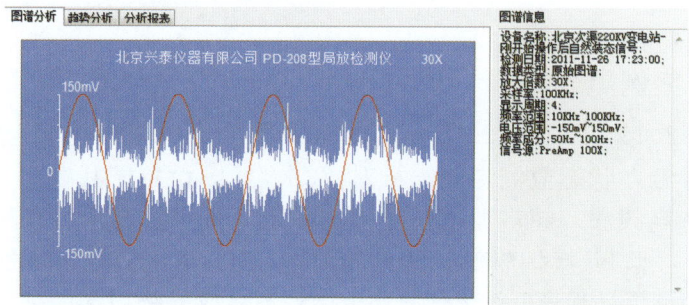

(a)

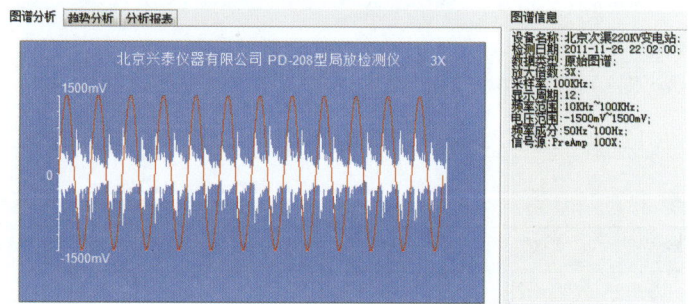

(b)

图3 2215间隔超声波定位检测图谱
(a) 2215间隔超声波定位检测图谱(连续信号);
(b) 2215间隔超声波定位检测图谱(间歇信号)

该缺陷放电具有能量积累过程,外力可导致放电;信号放电高频分量大、超声信号大,放电类型为浮游电极放电。该缺陷固定在某一位置,可能是由于导电体上连接部位接触不良或异物导致。根据特高频和超声波定位,放电点应在5号母线波纹管2215侧至2215-5B相隔离开关下方的母线筒,母线仓体结构如图5所示。

分析结果:2011年11月30日,对该站220kV母线(2215间隔侧)进行了开仓检查,发现2215-5隔离开关仓与220kV 5号母线之间盆式绝缘子下部触头屏蔽罩内安装螺丝未紧固到位且导电块内壁有疑似放电痕迹,220kV 5号母线波纹管左侧触头屏蔽罩内黑色放电痕迹,触头弹簧上有轻微烧痕,如图6所示。

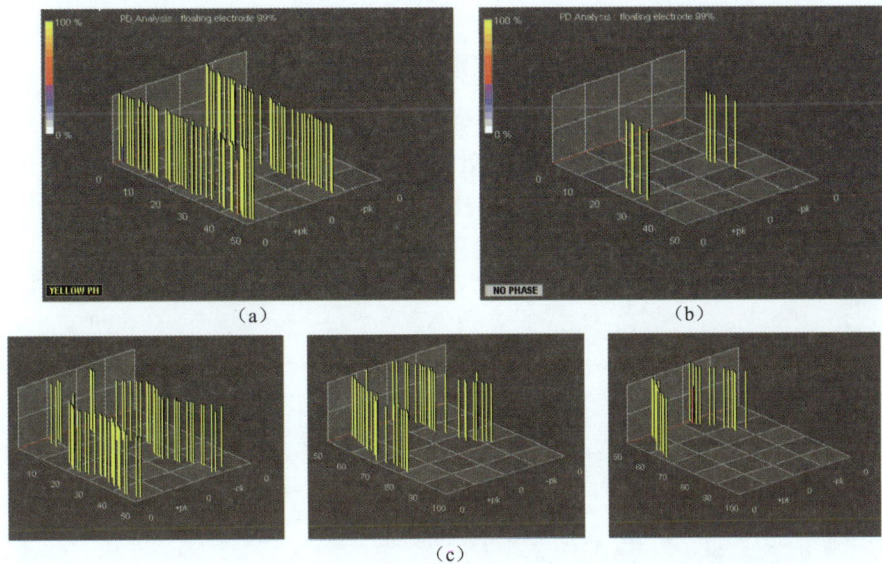

图 4 改变运行方式过程中检测信号

（a）合上 2245 开关 3 分钟内（连续信号）；（b）间歇式信号；（c）间歇式放电出现（三次放电间隔十几秒左右）

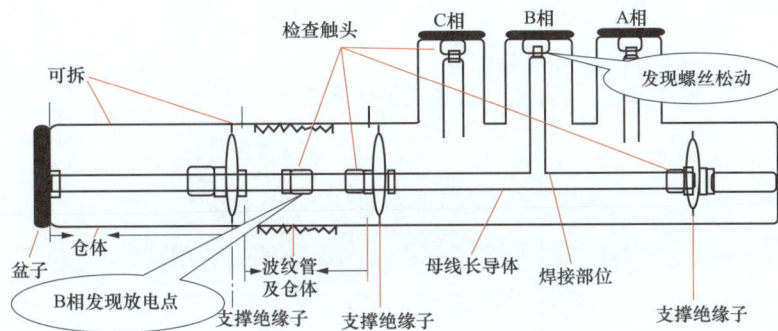

图 5 母线仓体结构示意图

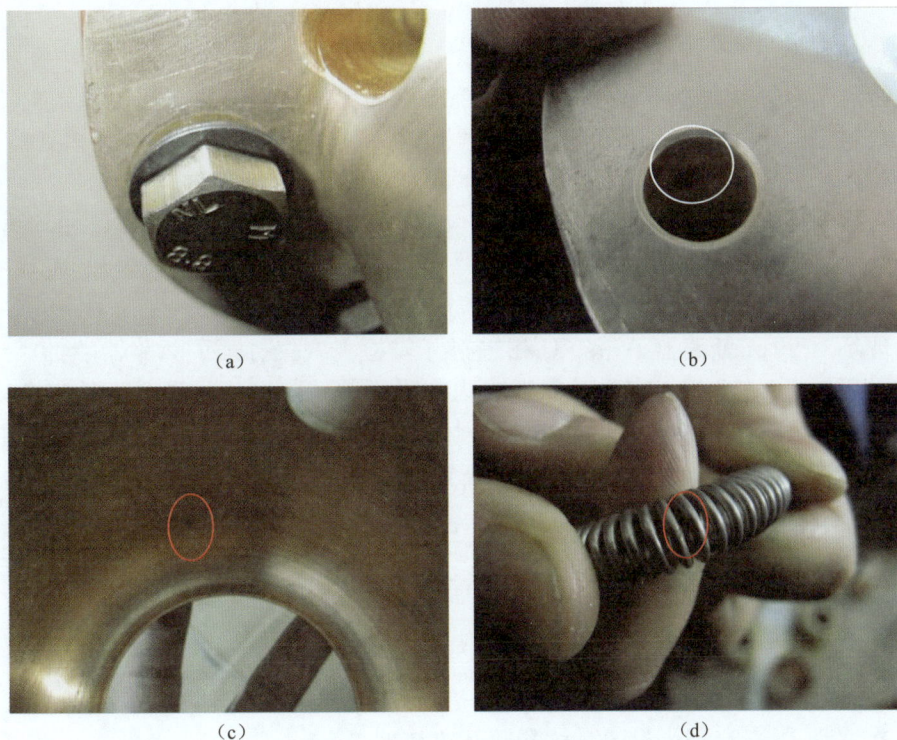

图 6 母线仓体检查发现问题

（a）、（b）2215-5 隔离开关仓与 220kV 5 号母线之间盆式绝缘子下触头；（c）、（d）波纹管左侧触头屏蔽罩

经验体会

（1）通过对组合电器母线仓体内部屏蔽罩局部放电的解剖证实，有效说明特高频局部放电监测对此类局部放电现象的检测灵敏度，同时超声波定位法针对此类放电能够有效开展局部放电点定位，联合应用超声波法、特高频法有利于精确定位放电点，缩小设备停电排查处理范围。

（2）通过对设备各独立仓体特高频信号进行对比，可初步判断具有局部放电特征的信号来源，并可有效剔除外界干扰信号对局部放电判断的干扰。

检测信息

检测人员	国网北京市电力公司检修分公司：徐甘雨（29岁）、韩晓昆（37岁）、方烈（43岁）
检测仪器	DMS特高频局部放电检测仪、兴泰PD-208超声波局部放电检测仪
测试环境	温度8℃、相对湿度43%、大气压强101.2kPa

3.7.12 特高频和超声波局部放电检测发现500kV西津渡变电站500kV HGIS微粒缺陷

案例简介

7月11日，国网江苏省电力公司电力科学研究院应用局部放电声电联合检测系统对500kV西津渡变电站第一串HGIS开展带电检测，经局部放电特高频检测、超声波检测，确定存在多处疑似局部放电异常信号，具体如下：

（1）5011断路器A、C相，5012断路器A、B、C相，5013断路器A、B、C相均可见明显特高频、超声波局部放电信号。

（2）5011断路器B相未见异常特高频、超声波局部放电信号。

7月13日，现场对5011断路器A相、C相进行开盖检查（仅打开了断路器端部靠近吸附剂处的盖板），发现：5011断路器A、C相气室中，靠近吸附剂附近筒体内壁均可见明显外来杂质，杂质成分包括铝、银、铜、铬等金属材料以及氟化物、纤维、环氧等化合物。初步判定上述杂质主要来源于产品部件原材料或原材料之间的化学产物（如触头镀银层、金属外壳、SF_6与金属材料之间的化学产物等）。

检测分析方法

一、缺陷设备信息

500kV西津渡变电站第一串HGIS为新东北电气集团超高压有限公司产品，该设备于2013年4月生产，原计划2013年7月17日启动，设备具体参数及铭牌见表1。

表 1　　　　　　　　　　　　**500kV 西津渡变电站第一串 HGIS 设备参数**

制造厂商	新东北电气集团	设备型号	ZHW-550	生产日期	2013 年 4 月
额定电压	550kV	额定电流	4000A	额定短时耐受电流	63kA
设备铭牌					

7 月 12 日，对 500kV 西津渡开关站第一串 HGIS 开展的局部放电诊断试验发现：5011 断路器 A、C 相，5012 断路器 A、B、C 相，5013 断路器 A、B、C 相均可见明显特高频、超声波局部放电信号；5011 断路器 B 相未见异常特高频、超声波局部放电信号。

以特高频检测信号为例，具体检测数值见表 2。

表 2　　　**各断路器处典型特高频检测信号**

断路器编号	信号幅值（近似值）	最大值位置
5011 A 相	40mV	断路器靠近 50111 隔离开关侧
5011 B 相	未见异常	—
5011 C 相	60mV	断路器靠近 50111 隔离开关侧
5012 A 相	75mV	断路器靠近 50122 隔离开关侧
5012 B 相	30mV	断路器靠近 50121 隔离开关侧
5012 C 相	60mV	断路器靠近 50121 隔离开关侧
5013 A 相	75mV	断路器靠近 50131 隔离开关侧
5013 B 相	50mV	断路器靠近 50132 隔离开关侧
5013 C 相	50mV	断路器靠近 50132 隔离开关侧

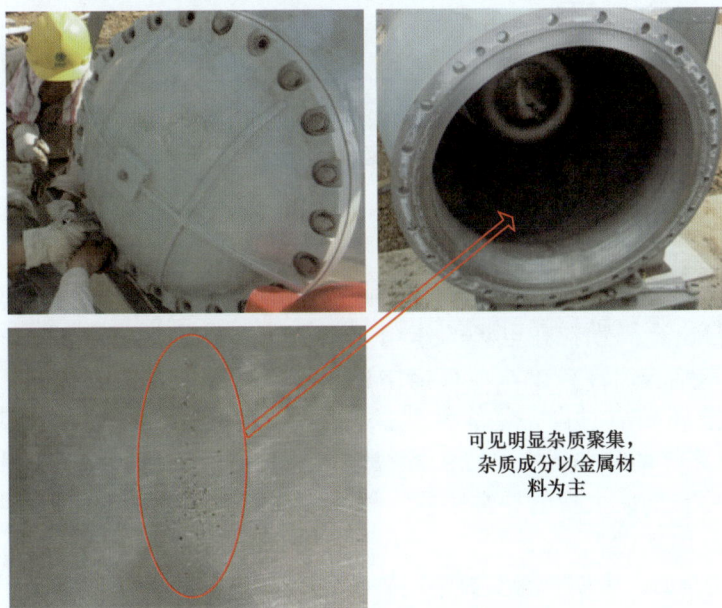

综合局部放电信号的重复率、相位特征及历史检测经验，初步判断可能的缺陷类型有：

（1）自由金属微粒缺陷：如内部存在金属碎屑等。

（2）导体尖刺缺陷：如金属表面光洁度不够、GIS 筒体内壁金属沉积（非跳动性）等。

（3）悬浮电极缺陷：如螺栓松动、灭弧室屏蔽罩松动等。

7 月 13 日，现场对 5011 断路器 A、C 相进行开盖检查，在打开断路器端盖板时，发现靠近端盖板处气室底部均有明显杂质聚集，杂质成分以金属材料为主，如图 1、图 2 所示。

可见明显杂质聚集，杂质成分以金属材料为主

图 1　5011 断路器 A 相开盖检查情况

可见明显杂质聚集，
杂质成分以金属材料为主

图2　5011断路器C相开盖检查情况

二、杂质成分分析

7月13日，国网江苏省电力科学研究院及时对5011断路器A、C相气室中发现的异常杂质进行成分分析，经扫描电子显微镜及能谱分析仪分析确定：5011断路器A、C相气室发现的异常杂质成分类似，杂质成分包括铝、银、铜、铬等金属材料以及氟化物、纤维、环氧等化合物。初步判定上述杂质主要来源于产品部件原材料或SF$_6$气体分解产物与杂质间的化合物。

根据杂质材质分析结果，结合设备具体结构、用料、安装工艺及试验情况，推测产生上述异常杂质的原因可能为：

（1）含银成分碎屑应来自设备主触头的镀银层。厂家表示其产品出厂前均按"十八项反措"要求进行了200次机械磨合试验，试验产生的碎屑应在出厂前清理完毕。若出厂前清洁不彻底，可能仍有部分碎屑留存在灭弧室绝缘筒或屏蔽罩内，在断路器现场调试操作过程中被气流吹出，积聚在筒体底部；若断路器主触头制造、装配出现问题，现场调试操作也会产生较多的碎屑。（断路器计数器显示A相现场操作87次、C相85次）。

（2）含铝成分碎屑应来自铝质筒体、屏蔽罩或导体。断路器在工厂安装过程中，应对元件和筒体内部进行严格的清洁。但现场发现的异常杂质中有部分疑似为铝质元件打磨时产生的丝状物，说明厂家设备出厂前的清洁不彻底。

（3）该产品现场安装结合面较多，结构不合理，其他厂家现场安装一般只涉及套管插拔。加上现场安装条件较差，因此，在A相筒壁上存在疑似灰尘状物质。

❖ 经验体会

针对5011断路器A、C相断路器气室发现的异常杂质，其可能对设备运行造成如下影响：

（1）异常杂质中的自由金属颗粒在电场的作用下，会发生移动甚至跳跃，在强电场下会发生异常放电现象，严重时将导致绝缘击穿。十八项反措中要求200次机械磨合试验的目的，就是消除开关设备在初始磨合状态产生金属碎屑对设备绝缘性能的影响。2006年省内500kV晋陵变电站（三菱公司HGIS）启动时曾发生线路隔离开关气室绝缘击穿故障，经分析故障由内部异物引起。省内大量GIS和断路器解体时尚未发现存在如此大量的异常杂质，即使2011年茅山变电站原采用的西开断路器返厂检查时也只发现了零星的金属细微颗粒。

（2）出现片状镀银层杂质，表明主触头镀银层破损较严重，严重影响主触头的导电性能，存在过热引发故障的隐患。

（3）异常杂质的来源较复杂，既有内部元件清理不到位遗留的碎屑，也有断路器机械操作产生的碎屑

（此类碎屑随着操作次数的增加还可能增多），还有现场安装时混入的防水胶和尘土，碎屑的性质和数量不确定，对可能引起的设备安全风险无法准确估计。

建议加强设备出厂的质量管理，提高设备投运前的工作质量，要求厂家严格执行十八项反措中"断路器、隔离开关和接地开关出厂试验时应进行不少于 200 次的机械操作试验，以保证触头充分磨合。200 次操作完成后应彻底清洁壳体内部，再进行其他出厂试验"。

❖ 检测信息

检测人员	国网江苏省电力公司电力科学研究院：贾勇勇（28 岁）、赵科（29 岁）
检测仪器	PD208 局部放电检测仪、PDS-G100 局部放电检测仪
测试环境	温度 26℃、相对湿度 76%

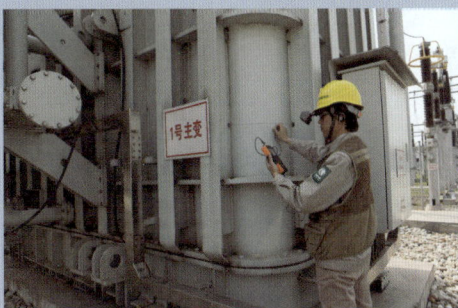

3.7.13　超声波和特高频局部放电检测发现 330kV 西庄变电站 HGIS 隔离开关异常缺陷

❖ 案例简介

2012 年 11 月 28 日，国网陕西省电力公司电力科学研究院在对陕西电网主设备带电检测例行普查工作中，发现 330kV 西庄变电站 33122A 相隔离开关有异响现象，采用多种技术手段对该位置进行一年时间连续的跟踪检测。通过测试分析确定，外壳接地连接体的铜铝过渡片的现场安装不当是引起异响的原因，经处理该相隔离开关的异响现象消失。结合本次工作经验，检查发现 330kV 西庄变电站同类 5 处隐患并予以消除。

❖ 检测分析方法

一、超声波局部放电检测

现场对 HGIS 异响部位进行连续监测，发现 33122A 相隔离开关的异常振动信号与负荷有一定关系。当流经该隔离开关的电流达到 180A 时，异响振动信号出现，并随着电流的增大而增大。经过测试发现，当电流达到 228A（最大值）时，异常振动信号有效值达到背景噪声的 4 倍。

测量点测量位置如图 1 所示。

（1）背景噪声：测量得到背景噪声为 0.15mV/0.52mV（有效值/峰值）。

（2）位置 1、TA2、位置 4、位置 5 测试结果与背景噪声相同，无异常。

（3）位置 6 测量结果如图 2～图 4 所示。

测量结果表示连续模式下超声波信号的有效值及峰值为 2.4mV/7.5mV，约为背景噪声的 16 倍，飞行模式下未见飞行颗粒图形。相位模式下表现为较明显的机械振动特征。

二、特高频局部放电检测

将特高频传感器置于 33122A 相隔离开关与 TA 之间的盆式绝缘子处，并连接外置噪声传感器，对 PRPD 和 PRPS 图谱进行测量，并进行一段时间的观察，测量结果如图 5 所示。从特高频局部放电检测图谱及专家系统分析结果来看，未发现明显放电迹象，特高频局部放电检测结果如图 5 所示。

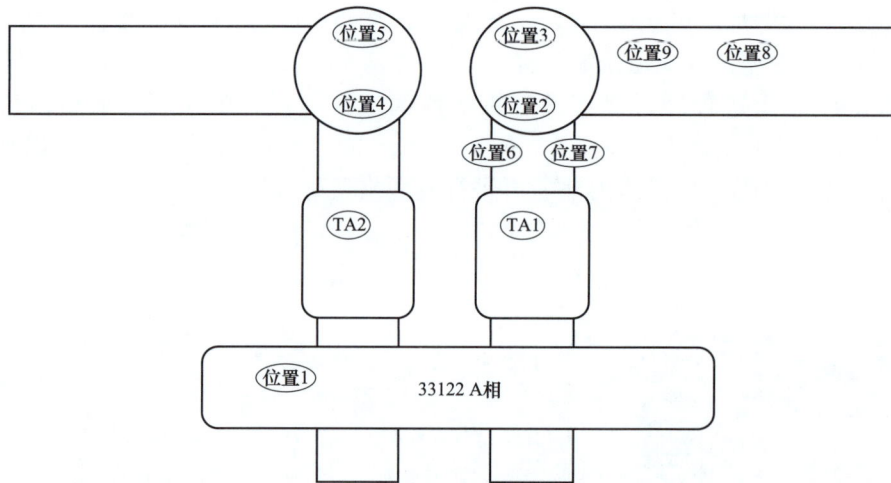

图 1　测量点位置示意图

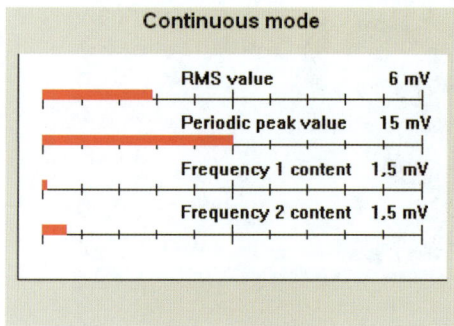

图 2　连续模式

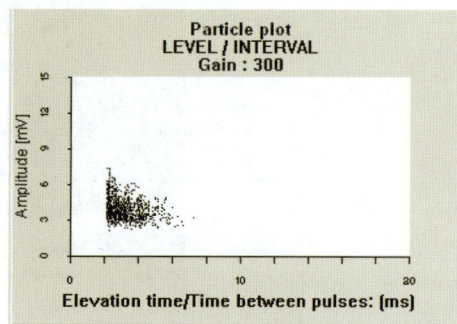

图 3　飞行模型

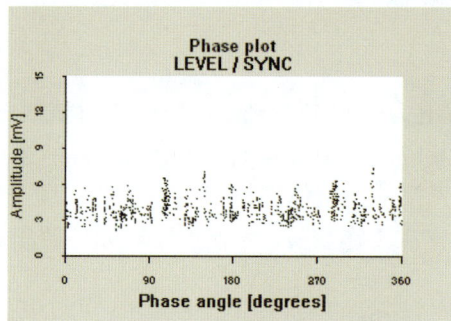

图 4　相位模式

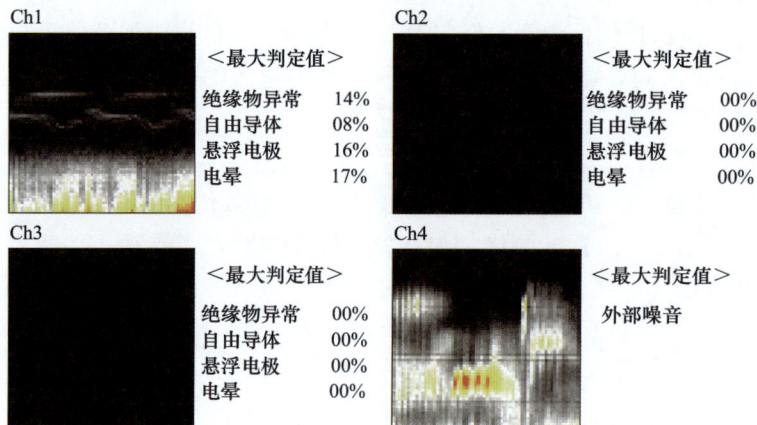

（a）

图 5　超高频局部放电检测结果（一）

（a）检测结果 1

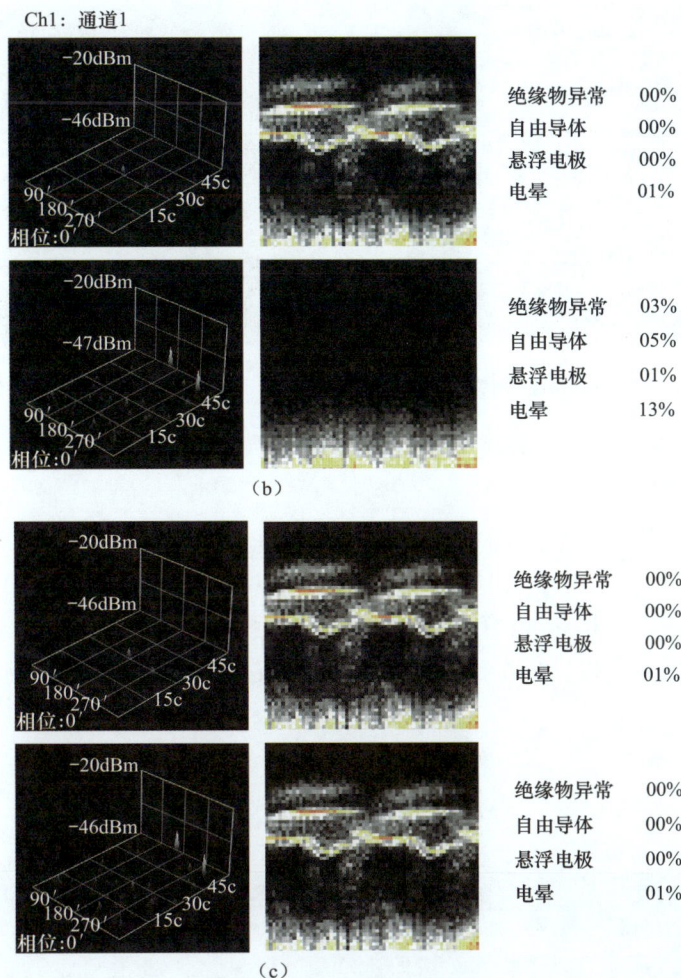

Ch1: 通道1

	绝缘物异常	00%
	自由导体	00%
	悬浮电极	00%
	电晕	01%

	绝缘物异常	03%
	自由导体	05%
	悬浮电极	01%
	电晕	13%

（b）

	绝缘物异常	00%
	自由导体	00%
	悬浮电极	00%
	电晕	01%

	绝缘物异常	00%
	自由导体	00%
	悬浮电极	00%
	电晕	01%

（c）

图 5　特高频局部放电检测结果（二）

（b）检测结果 2；（c）检测结果 3

2013 年 12 月 15 日，国网陕西省电力公司电力科学研究院联合国网陕西省电力公司检修公司渭南分部及开关厂家，对该设备进行了进一步的检查，发现 TA 气室与隔离开关气室外壳的接地连接体的铜铝过渡片安装位置错误（应装在设备外壳与接地连接体之间），具体安装如图 6、图 7 所示。

图 6　接地连接体的铜铝过渡片安装位置

图 7　接地连接体的铜铝过渡片安装位置放大图

拆解下来的接地体和铜铝过渡片如图 8、图 9 所示。

综合超声、特高频检测结果，检查发现异响原因为 33122A 相隔离开关与 TA 外壳连接的两处接地连接体的下端铜铝过渡片均安装错误，分别对这两处的铜铝过渡片进行了打磨和重新安装。之后对 33122A 相隔离开关进行了重新测试，发现异响现象消失。超声波局部放电检测结果与背景噪声相同。随后，于 2013 年 12 月 15 日的晚高峰（流经该隔离开关的电流最大值 274A）和 12 月 16 日的早高峰（流经该隔离

图 8 拆解下来的接地连接体

图 9 拆解下来的铜铝过渡片

开关的电流最大值 232A）对该处隔离开关采取了多种技术手段检测，超声波、特高频局部放电和 SF$_6$ 分解物检测结果均在正常范围内。

❖ 经验体会

引起此次缺陷的原因是外壳接地连接体的铜铝过渡片的现场安装不当，在设备交接验收中未发现，随后的运行过程中造成异响。因此以后的工作中，需加强现场设备验收的技术监督工作，杜绝此类隐患再度发生。

❖ 检测信息

检测人员	国网陕西省电力公司电力科学研究院：吴经峰、杨韧、张默涵、牛博、詹世强、菅永峰、卢鹏、刘洋、雷静宇
检测仪器	AIA-1 超声波局部放电测试仪，编号：TN122-05、超高频局部放电测试仪（IPDM-2000X，编号：114202）
测试环境	温度 18℃、相对湿度 65%

3.7.14 超声波局部放电和 SF$_6$ 气体分解产物检测发现 110kV 南康变电站 110kV 仲南线 104 断路器内部放电

❖ 案例简介

国网山东电力集团公司济南供电公司 110kV 南康变电站 110kV COMPASS 设备为 2004 年 9 月 22 日投运，2014 年 2 月 25 日，检修人员在对该站 110kV 仲南线 104 断路器进行带电检测时，发现超声波局部放电信号异常，为进一步定性缺陷，对该断路器进行了超声波局部放电和 SF$_6$ 气体成分分析跟踪监测，判断该断路器内部存在悬浮放电。停电解体检查发现断路器的提升杆均压罩松动造成悬浮放电，经检修处理后恢复送电，避免了断路器内部闪络故障。

❖ 检测分析方法

（1）2014 年 2 月 25 日第 1 次检测情况。104 断路器 C 相（测试位置：开关底部金属板）超声波局部放电信号相比 A、B 相明显偏大，见表1。连续模式下局部放电信号有效值 195mV，峰值 1040mV，50Hz 相关性 11mV，100Hz 相关性 16mV，如图 1 所示；从相位与幅值关系上看，放电一般发生在电压上升沿，并且产生较为连续的包络线，信号呈现多条竖线痕迹，并在 180°左右两侧对称分布，如图 2 所示。

表1　　2月25日第1次检测3相开关局部放电数据

相别	A	B	C
RMS（有效值）	16mV	12.5 mV	195 mV
peaK（峰值）	38 mV	47 mV	1040 mV
50Hz 相关性	0.9 mV	1.4 mV	11 mV
100Hz 相关性	2.2 mV	1.8 mV	16 mV

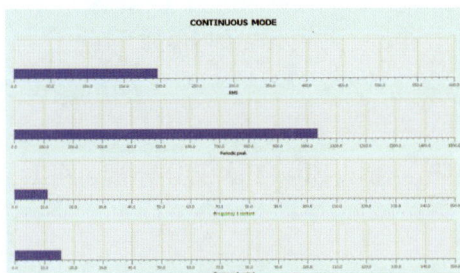

图 1　2月25日第1次检测 C 相超声波局部放电数据（连续模式）

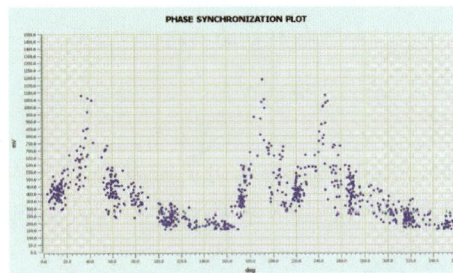

图 2　2月25日第1次检测 C 相超声波局部放电数据（相位模式）

SF_6 气体分解产物中，组分"SO_2＋SOF_2"含量 3.6uL/L，组分"H_2S"、"HF"含量 0，组分"CO"含量 18.7uL/L，超出《电力设备带电检测技术规范（试行）》中正常标准（SO_2 小于等于 2uL/L），略低于缺陷标准（SO_2 大于等于 5uL/L）。

初步判断 C 相断路器内部存在部件松动、电位悬浮造成的低能量放电，为进一步定性缺陷性质，决定对其进行跟踪检测。

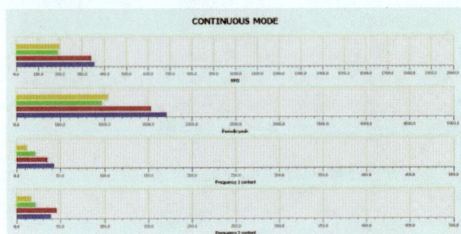

图 3　连续 4 次超声波局部放电测试图谱（连续模式，黄色为 2 月 25 日，浅绿色为 3 月 3 日，红色为 3 月 10 日，蓝色为 3 月 17 日）

（2）跟踪检测情况。经 3 月 3 日、10 日、17 日 3 次跟踪检测，超声波局部放电信号成明显发展趋势，如图 3 所示、测试数据见表 2。

SF_6 气体分解产物中，组分"SO_2＋SOF_2"含量增长较快，至 3 月 17 日第 4 次检测时达到 8.4uL/L，见表 3。

（3）解体检查情况。3 月 26 日，停电解体检查发现 C 相断路器内部气体有刺激性气味，分解产生的白色粉末附着于提升杆、均压罩表面，污染较严重，均压罩松动且有明显电蚀痕迹，如图 4、图 5 所示。

表2　　　　　　　　　　连续 4 次超声波局部放电测试数据

C 相	测试位置：开关底部金属板			
测试时间	2014-2-25	2014-3-3	2014-3-10	2014-3-17
RMS（有效值）	195mV	190mV	340mV	355mV
peaK（峰值）	1040mV	960mV	1520mV	1700mV
50Hz 相关性	11mV	20mV	34mV	41mV
100Hz 相关性	16mV	21mV	45mV	40mV

表3　　　　　　　　　连续 4 次 SF_6 气体分解产物测试数据对比

气体组分	2014-2-25	2014-3-3	2014-3-10	2014-3-17
SO_2＋SOF_2	3.6μL/L	5.8μL/L	8.4μL/L	8.4μL/L
H_2S	0	0	0	0.04μL/L
HF	0	0	0	0
CO	18.7μL/L	19.1μL/L	18.5μL/L	20.1μL/L

| 图 4 | C 相断路器内部均压罩 | 图 5 | C 相断路器内部提升杆 |

❖ 经验体会

超声波局部放电检测技术可灵敏发现设备内部放电缺陷，辅以 SF_6 气体成分分析，可对缺陷性质作出较准确的判断，对指导状态检修工作有重要意义。

❖ 检测信息

检测人员	国网山东电力集团公司济南供电公司：王万宝（30 岁）、刘辉（28 岁）
检测仪器	AIA-100 便携式 GIS 超声波局部放电测试仪、ZSDP SF_6 气体分解产物测试仪
测试环境	温度 7℃、相对湿度 30％

3.7.15 超声波和特高频局部放电检测发现 750kV 烟墩变电站 750kV 罐式断路器局部放电

❖ 案例简介

国网新疆电力公司检修公司 750kV 烟墩变电站 7512C 相罐式断路器，生产日期为 2012 年 12 月 1 日，投运日期为 2013 年 6 月 25 日，型号为 LW13-800。2013 年 6 月 25 日，检测人员使用超声波局部放电测试仪发现 750kV 烟天二线 7512C 相断路器超声波局部放电信号异常，随即利用超高频和射频局部放电对该断路器进行了多次测试，检测结果均显示有异常局部放电信号。使用超高频局部放电定位仪对放电位置进行定位，判断该断路器套管底部区域存在局部放电缺陷。停电开罐检查，发现悬浮放电点主要集中在套管内屏蔽支撑件螺栓、均压环缝隙处。更换套管后，放电信号消失。

❖ 检测分析方法

（1）超声波局部放电测试。使用超声波局部放电测试仪进行测试得到的 7512C 相断路器超声波局部放电测试图谱如图 1 所示。（a）、（c）、（e）为正常断路器超声波局部放电图谱，连续模式峰值 2mV，无

446

相关性。（b）、（d）、（f）为该断路器异常图谱，连续模式峰值25mV，100Hz相关性0.5mV，相位模式总体呈现一、三象限相关性。

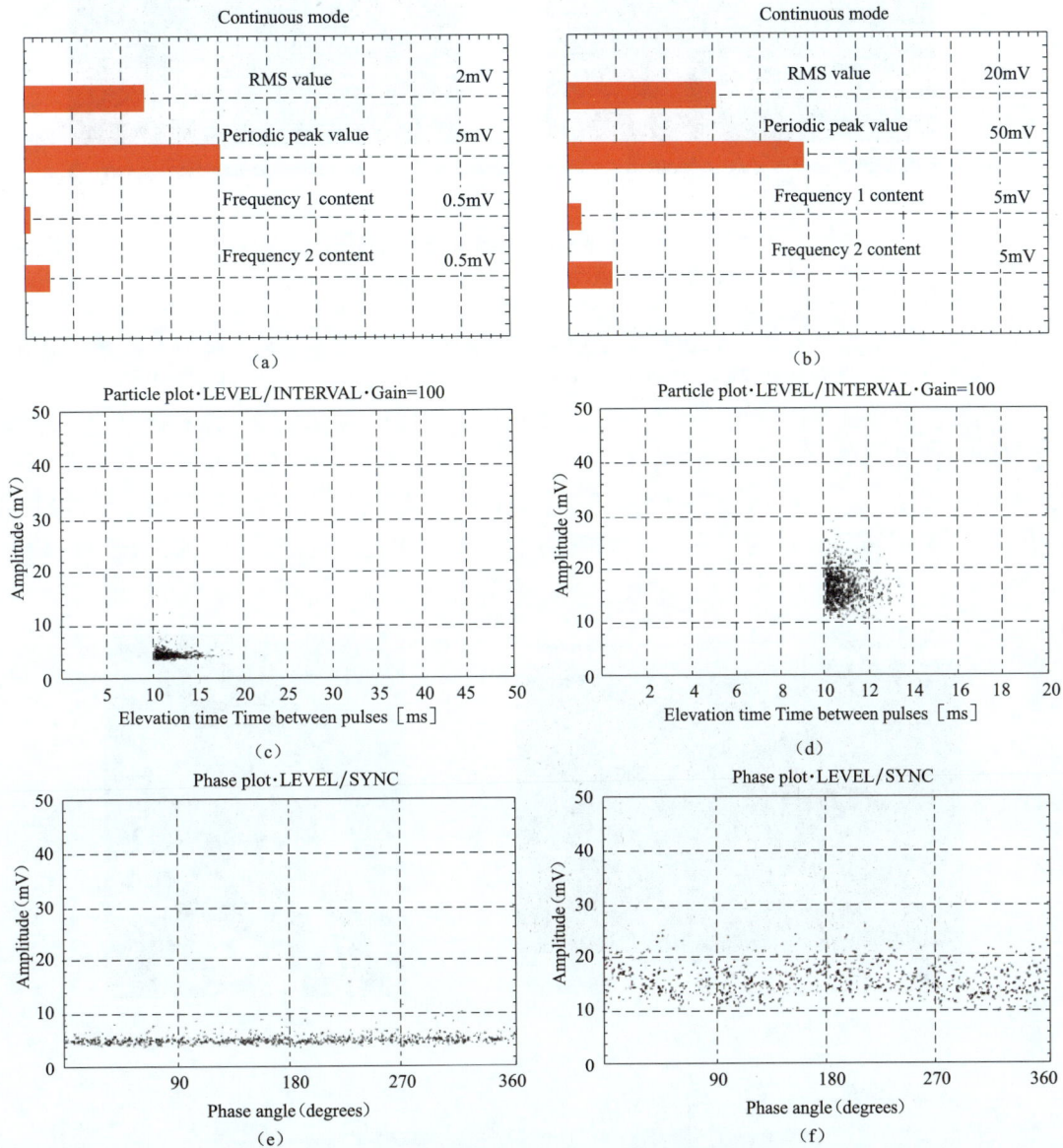

图1　7512断路器超声波局部放电测试图谱

（a）A相连续图谱；（b）C相连续图谱；（c）A相飞行图谱；（d）C相飞行图谱；
（e）A相相位图谱；（f）C相相位图谱

从图1可以看出设备内部有明显的放电信号，100Hz相关性及相位分布均符合悬浮放电特征，判断该断路器内部存在悬浮放电缺陷。为进一步确定放电部位，对不同位置的测试图谱进行分析比对，发现断路器线路侧套管下部区域信号幅值最大，相关性最明显。初步判断异常信号位于线路侧套管下部区域，根据断路器内部结构推断该缺陷为屏蔽部件连接处或均压环悬浮放电。

（2）SF$_6$气体组分分析。断路器气体分解产物检测结果为零，SF$_6$气体分解产物成分正常，成分见表1。

表1 　　　　　　　　　　　　　**SF$_6$气体分解产物成分表**　　　　　　　　　　　　　μL/L

分解物	SO$_2$	H$_2$S	CO	HF
含量	0	0	0	0

（3）特高频局部放电测试。采用断路器内置特高频传感器进行局部放电测试，检测图谱如图2所示。

447

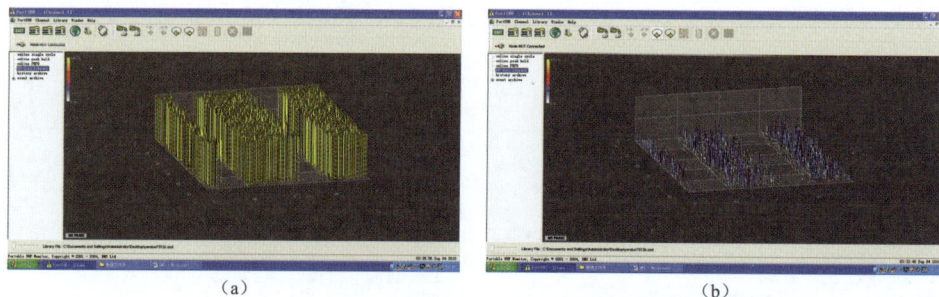

(a)   (b)

图 2   断路器特高频局部放电三维图谱

(a) C 相异常图谱；(b) B 相正常图谱

由图 2 中（a）、（b）可以看出，C 相断路器内部有明显的放电信号。图谱显示第一象限与第三象限放电信号明显，与悬浮电位典型放电特征相似。放电信号颜色呈现黄色，表示危险等级较高。

（4）射频局部放电测试。用射频局部放电测试仪扫描断路器周围放电信号，与背景值比较差值最大为 30dB，初步判断该断路器内部存在局部放电。

（5）声电联合测试定位。采用声电联合局部放电定位测试方法进行测试，使用高速示波器捕捉不同位置的超高频信号，发现局部放电信号在 TA 上沿偏下 30cm 的位置达到了第一次同步且信号较强，如图 3～图 5 所示。

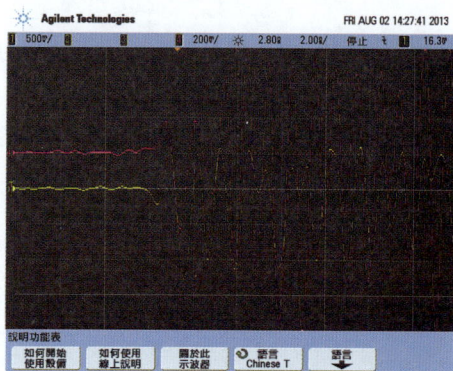
图 3   高频信号波形

图 4   高频测试探头位置图

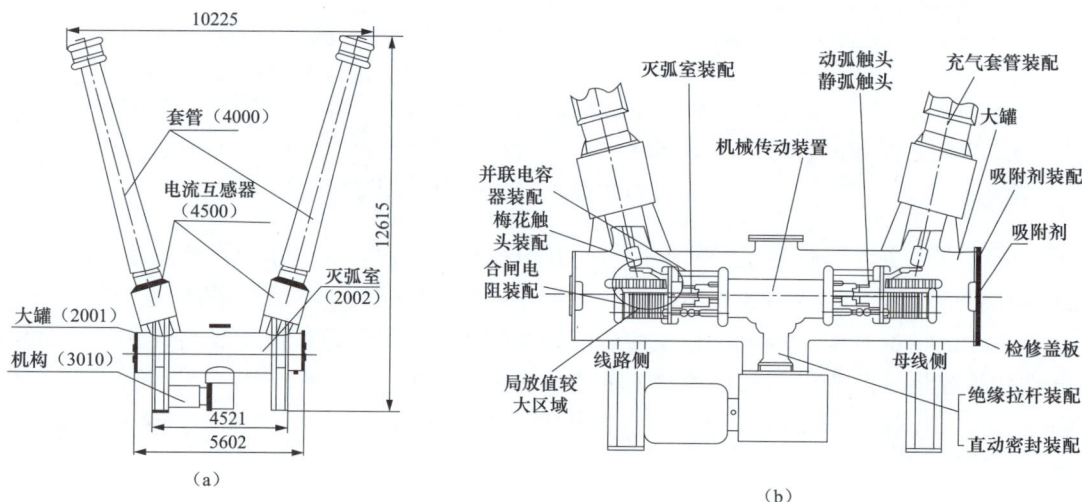
图 5   断路器结构图

(a) 断路器外部结构图；(b) 断路器内部结构图

同时还有一个较弱的局部放电信号在离套管法兰盘之上 1.2m 的位置达到了第二次同步。说明上部还有一个局部放电信号源。从解体情况分析，第一个信号源对应绝缘支撑件的位置，局部放电信号是从法兰盘结合的密封圈逸出的。从信号强度来看，这是放电最为集中的部位，第二个较弱的信号来自于屏蔽筒底部，因信号被壳体屏蔽，此放电信号是从法兰筒顶部与套管结合部位逸出。试验人员同时排除了特高频信号来自于750kV母线的可能。

在之前分析的基础上进一步确定疑似信号位置。从断路器结构图分析可知，局部放电信号值较大的区域装配有合闸电阻和并联电容器，鉴于该750kV断路器在西北联网二通道中的重要性，为防止隐患进一步扩大，决定对该断路器线路侧套管进行更换。

（6）解体检查情况。2013年9月15日，在对线路侧套管更换过程中，发现拆除的旧套管内屏蔽底部均压环有明显放电痕迹（6个支撑件中5个发黑），放电位置对应于设备套管TA上沿向下20～30cm，与之前测试推断基本一致。放电部位如图6、图7所示。更换完毕，带电检测无异常。

图6 套管内屏蔽筒绝缘支撑件

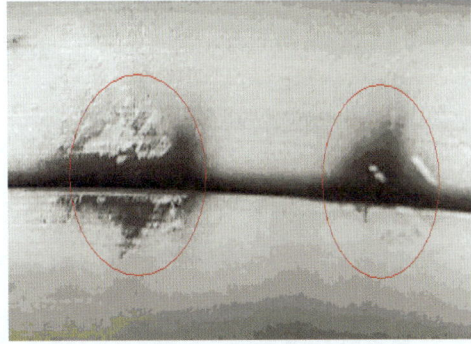

图7 支撑件屏蔽环放电

解体检查发现绝缘支撑件底部、接触面和螺孔内均有黑色电蚀痕。绝缘支撑件与内屏蔽筒下沿接触部位，螺孔两端及内部均有明显痕迹，且外屏蔽筒底部与绝缘支撑杆之间、底部屏蔽筒螺孔内有发黑痕迹如图8、图9所示；TA上沿部位固定外屏蔽筒的螺孔也有轻微放电痕迹如图10所示。

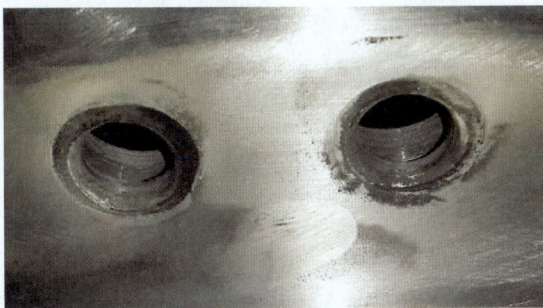

图8 树脂绝缘支撑件螺孔放电痕迹

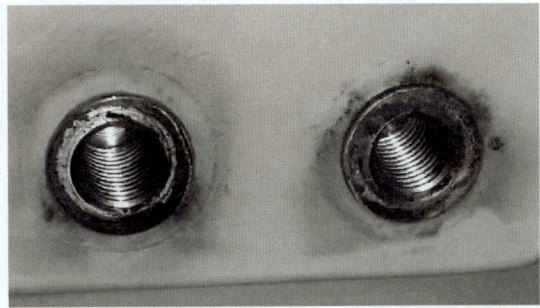

图9 与树脂绝缘支撑件接触部位放电痕迹

该套管内部局部放电的性质为典型的多点悬浮电位放电，因发现及时，持续时间较短，未形成烧蚀成洞的严重缺陷。

（7）原因分析。螺杆本身材质和设计工艺不合理。现场发现有问题的螺栓表面呈深黑色，该螺杆表面采用了磷化处理（防止SF_6气体对其表面腐蚀），放电部位的黑色粉末为沉头螺杆表面经过磷化处理的物质，根据磷化温度的不同，其可能形成二价铁或者三价铁。二价铁和三价铁化合物相比铝合金材质，均为非良导体，其中氧化亚铁为绝缘体。螺杆在加装不锈钢垫片后，前后接触不良，或者因位置偏移，接触面不够紧密，即与铝合金材质的均压环不能紧密接触导通，这

图10 内屏蔽筒底部均压环固定外屏蔽筒螺孔处放电痕迹

样非同一电位的螺杆就成了电场环境中的悬浮电位点，在较强的电场环境下产生悬浮电位，造成多点放电。在与螺杆接触的均压环、绝缘支撑件等部位也会产生放电现象，并且逐步积累金属粉末，造成解体时观察到的放电迹象。

❖ 经验体会

（1）对新投设备应严格按照要求开展带电检测，尤其对 750kV 高电压等级有缺陷的设备应采用超声波、超高频局部放电等多种方法相互验证，准确判断缺陷类型和放电位置。

（2）在设备隐患未消除前，持续跟踪监测，根据检测结果判断故障发展趋势并制定相应检修策略。

❖ 检测信息

检测人员	国网新疆电力公司检修公司：黄黎明（33 岁）、杨继红（31 岁）、杨乐（28 岁）。 国网新疆电力公司电力科学研究院：张勇（31 岁）、李伟（40 岁）、孙帆（27 岁）、公多虎（29 岁）、罗文华（26 岁）、王建（28 岁）
检测仪器	AIA-2 超声局部放电测试仪（检测超声带宽 10kHz～500kHz）、PDS-G1500 声电联合局部放电测试仪、DMS 超高频局部放电测试仪、PDS100 射频局部放电检测仪、STP1000A＋SF$_6$ 气体分解产物检测仪
测试环境	温度 25℃、相对湿度 31%

3.7.16　X 射线检测、特高频及超声波局部放电检测发现 220kV 白沙变电站 110kV 母线隔离开关气室母线紧固螺栓松动

❖ 案例简介

国网浙江省电力公司温州供电公司在 220kV 白沙变电站 110kV GIS 设备进行超声波及特高频局部放电检测时，发现有局部放电信号。利用 X 射线成像仪对疑似故障点内部进行透视，发现 C 相母线导体与支持绝缘子之间的固定螺丝松动，螺丝孔与固定压板之间存在明显缝隙，螺丝未紧固。停电打开后，实际情况确如测试所反映的情况，由于母线 C 相固定螺丝未拧紧造成局部放电和振动，紧固后恢复正常。

❖ 检测分析方法

2012 年 3 月，国网浙江省电力公司温州供电公司状态检测一班人员对某 220kV 变电站 110kV GIS 设备进行 GIS 局部放电测量。在对 GIS 设备进行超声波局部放电测试时，发现出线间隔 A 与 I 段母线连接处存在明显局部放电现象，超声波峰值超过 50mV，并且信号向两侧逐渐衰减，并存在轻微异响。超声波局部放电检测点如图 1 所示，检测数值见表 1。

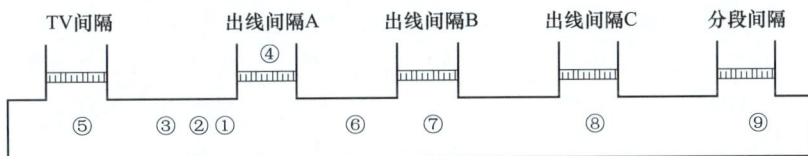

图1 超声波局部放电检测点

特高频检测过程中，也发现 GIS 设备 I 段母线处水平盆式绝缘子均存在强烈局部放电信号，特征图谱如图2所示。综合判断后决定当天停运该 GIS 设备。

随后，对 110kV I 段母线气室进行 SF_6 分解产物测试，未发现 SO_2、H_2S、HF 等异常分解产物。

表1 超声波局部放电检测数值

测量点	放电量有效值	放电量峰值	测量点	放电量有效值	放电量峰值
背景噪音	1mV	5mV	5	10mV	20mV
1	30mV	50mV	6	10mV	20mV
2	30mV	50mV	7	5mV	15mV
3	25mV	40mV	8	1mV	15mV
4	20mV	40mV	9	1mV	10mV

根据检测情况，初步判断该 GIS 设备 110kV 母线固定不到位或螺丝松动。为进一步查明原因，3月26日，现场进行 X 射线成像检测，如图3所示。

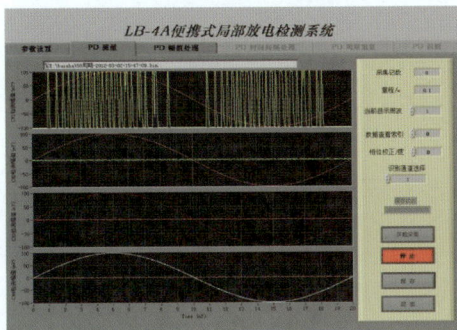

图2 特高频检测特征图谱

图3 现场X射线成像检测

对疑似故障点内部透视，发现 C 相母线导体与支持绝缘子之间固定螺丝松动，螺丝孔与固定压板之间存在明显缝隙，螺丝未紧固，如图4所示。

4月20日，对故障 GIS 设备现场解体处理，解体检查情况同超声局部放电和 X 射线成像检测结论，确认故障点为出线间隔 A 附近②处母线 C 相固定螺丝未拧紧造成局部放电和振动，未发现其他异常，故障点照片如图5所示。

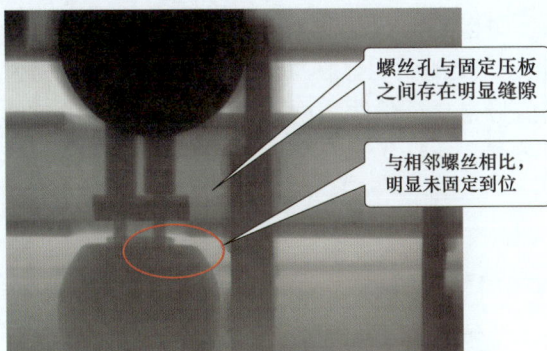

图4 疑似故障点X射线透视成像图

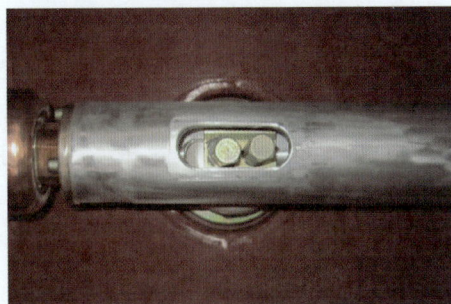

图5 解体后故障点情况

❖ 经验体会

（1）使用超声波特高频局部放电联合检测手段进行检测，可大大提高检测的准确度，并可对缺陷进行初步定位；在此前提下进行 X 射线成像检测，大大提高了检测的成功率。

（2）SF_6 分解产物检测由于受吸附剂、母线气室体积较大等因素影响，未能检测出分解产物存在。

SF$_6$ 分解产物测试在 GIS 故障检测中有 定的局限性，可作为辅助检测手段。

（3）在对 GIS 进行局部放电检测时，应使用特高频局部放电、超声波局部放电联合的方式进行检测，充分发挥特高频局部放电检测灵敏，超声波局部放电检测定位准确的优势。如发现异常信号，应注意甄别被试 GIS 设备本身局部放电对背景值的干扰，并选用其他原理特高频局部放电仪器反复测试。

（4）对于运行中的 GIS 设备，应按带电检测周期要求，进行特高频、超声波局部放电、SF$_6$ 分解产物测试、红外成像等带电检测，及时开展设备状态评估，以准确掌握设备运行状况。如发现异常情况，应综合运行多种检测手段加以诊断。

❖ 检测信息

检测人员	国网浙江省电力公司温州供电公司变电检修室电气试验一班：陈达（32 岁）
检测仪器	AIA-2 型便携式超声波局部放电检测仪（德国 PDSG 公司）、LB-4A 便携式 GIS 超高频局部放电检测仪、SXT-4 分解产物分析仪、X 射线成像检测仪
测试环境	温度 20℃、相对湿度 60％

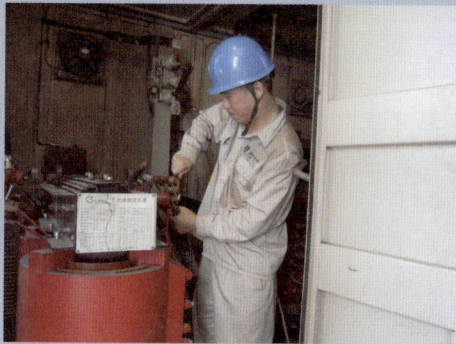

3.7.17　特高频及超声波局部放电检测发现 220kV 龙泉变电站开关柜局部放电

❖ 案例简介

国网上海市电力公司检修公司 220kV 龙泉变电站 35kV 开关柜是厦门 ABB 产品，2006 年 9 月投运。2012 年 3 月 27 日下午 1 点，国网上海市电力公司检修公司运行人员在设备巡视时听到可疑声响。随后带电检测人员采用特高频传感器对开关柜进行局部放电检测，检测到明显特高频信号。经定位分析发现信号来自 35kV Ⅱ 段母线柜附近，超声检测信号也表明放电信号来自该母线柜内。3 月 28 日，停电解体，发现 35kV Ⅱ 段母线 C 相柜间套管内部放电，其原因是由于安装时 35kV 母线柜间套管中高压导体与套管均压罩之间的连接簧片安装不到位，导致悬浮放电。

❖ 检测分析方法

带电检测人员采用特高频传感器对龙泉变电站 35kV 关柜进行局部放电检测，在 35kV Ⅱ 段桥母线及其周围检测到明显的局部放电信号，信号如图 1 所示。该信号规律为每个工频周期出现两组脉冲信号，信号幅值变化较小且两组信号具有很好的对称性，符合悬浮电位放电特征。

把特高频传感器分别放置在 35kV Ⅱ 段母线引线柜附近和母线柜附近。采用特高频时差定位法进行定位分析，发现信号来自母线引线柜内，定位分析信号如图 2 所示。检测人员再采用超声波检测，结果也表明放电信号来自该母线柜内。结合该间隔结构进行分析后，判断放电缺陷可能位于母线引线柜内的套管部件。

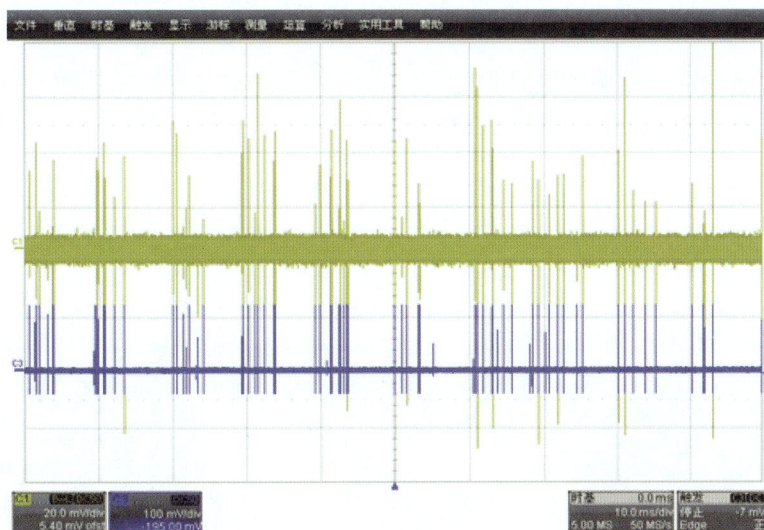

图 1　检测到的特高频信号

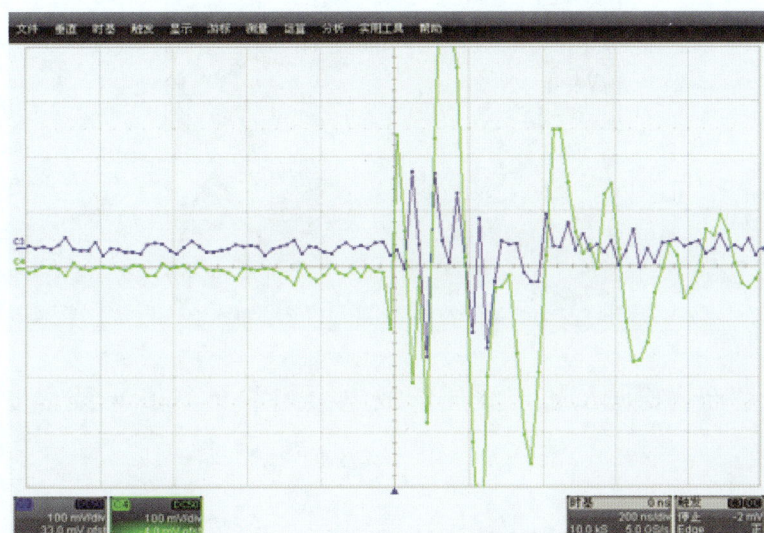

图 2　特高频时差定位分析信号

2012 年 3 月 28 日，对 35kVⅡ段母线引线柜停电解体，发现 35kV Ⅱ段母线引线柜内 C 相套管放电，放电缺陷图片如图 3 所示。放电原因是安装时 35kV 母线与套管均压罩之间的连接簧片安装不到位，导致悬浮放电。

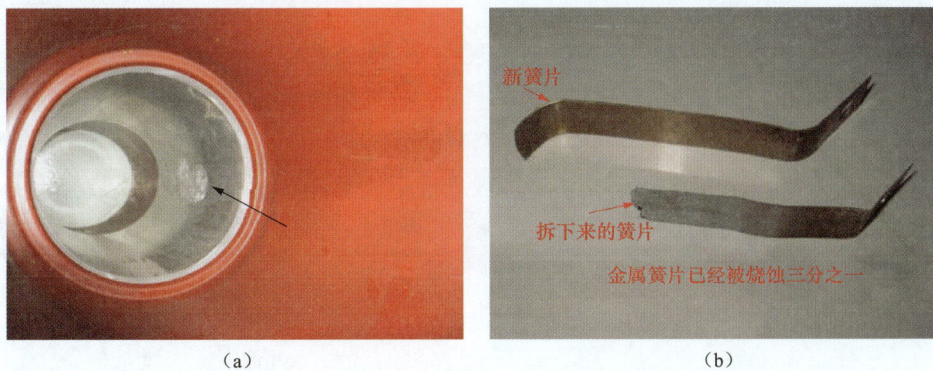

（a）　　　　　　　　　　　　　　　　　　　（b）

图 3　35kV Ⅱ段母线 C 相套管放电缺陷
（a）套管均压罩放电灼烧痕迹；（b）连接簧片灼烧痕迹

453

经验体会

（1）特高频、超声波局部放电检测法是检测、诊断开关柜内部放电缺陷比较有效的方法。

（2）开展超声波、特高频联合局部放电检测工作对于确定放电类型和放电位置比较有效，为提高检修效率提供了有力支持。

检测信息

检测人员	国网上海市电力公司检修公司：冯远程（32岁）、朱伟（38岁）、杨一清（31岁）、丁古芸（27岁）
检测仪器	PDS-G2500局部放电检测与定位系统（上海华乘电气技术参数：4通道，可接特高频、超声信号或高频信号，检测带宽：特高频：500～1500MHz；超声：20～300kHz）
测试环境	温度12℃、相对湿度56％、大气压强101kPa

3.7.18 SF₆气体分解产物检测及超声波局部放电检测发现220kV凌水变电站PASS设备内部放电故障

案例简介

2012年7月17日，国网辽宁省电力有限公司大连供电公司在对凌水220kV变电站66kV水龙左线PASS设备进行带电测试时发现，该间隔SF_6气体分解产物超标。随即停电处理，成功发现组合电器内部缺陷，母线侧隔离开关动触头及其所对应的壳体有放电痕迹，为瞬态故障电流导致短路接地。该设备基础参数见表1。

表1　　设备基础参数表

设备厂家	中电（绥化）	设备型号	LTB-D
额定电压	72.5kV	额定电流	2500A
出厂序号	90515	出厂日期	2007年12月
投运日期	2009年12月		

检测分析方法

2012年7月17日，对凌水220kV变电站66kV水龙左线PASS设备进行带电测试时发现，该间隔SF_6气体分解产物超标，于7月19日进行了复测，数据前后变化不大。测试数据见表2。

该间隔PASS设备为三相分箱结构，如图1所示。三相共用一块SF_6密度继电器，A相和C相侧分别有SF_6气体检测用阀门，B相没有SF_6气体检测用阀门。

同时进行的超声波局部放电测试发现，A相存在悬浮电位放电信号，但信号不强，测试结果见图2

表2　　SF₆气体分解产物前后测试数据　　μL/L

间隔名称	测试部位	测试日期	H₂S	SO₂	CO
水龙左线	A相侧	7月17日	0	88.4	39.3
	A相侧	7月19日	0	85.5	27.7
	C相侧	7月17日	107.6	146.0	208.0
	C相侧	7月19日	107.4	145.9	219.3

图1 故障间隔实物图

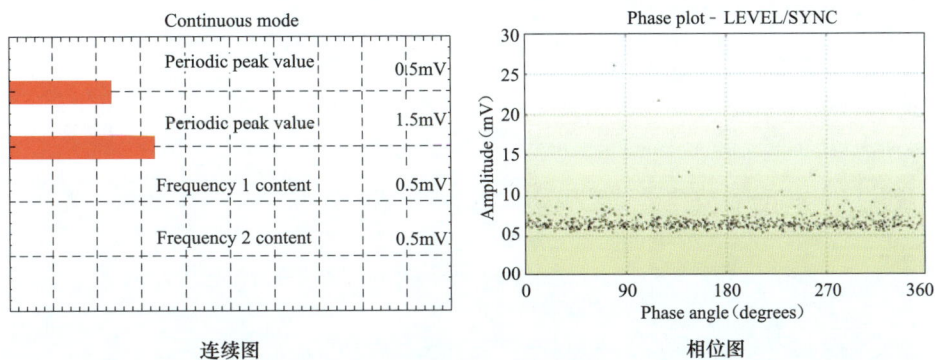

图2 测试背景图谱

和图3。通过被测间隔连续图与背景连续图比较可以看出，幅值和有效值相对背景都有所增大，存在100Hz相关性，相位图呈现较为典型的悬浮电位信号特点。

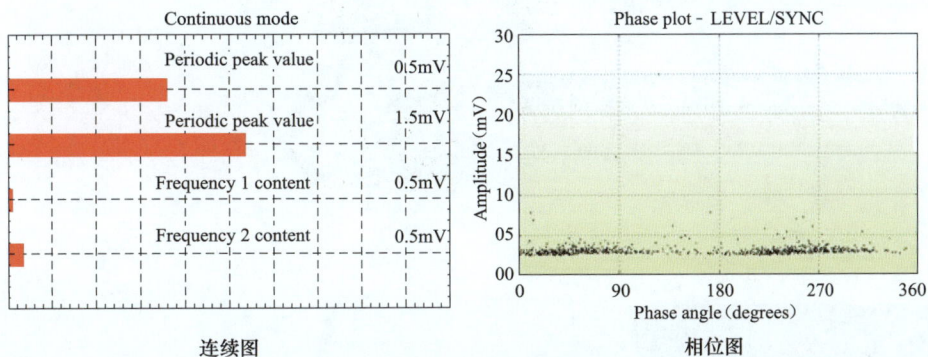

图3 水龙左线A相测试图谱

水龙左线运行至今，累计开断故障电流3次，最近一次为2012年7月2日，开断故障电流8730A。

停电后对异常间隔进行了解体检查，发现母线侧隔离开关动触头及其所对应的壳体有放电痕迹，如图4所示。

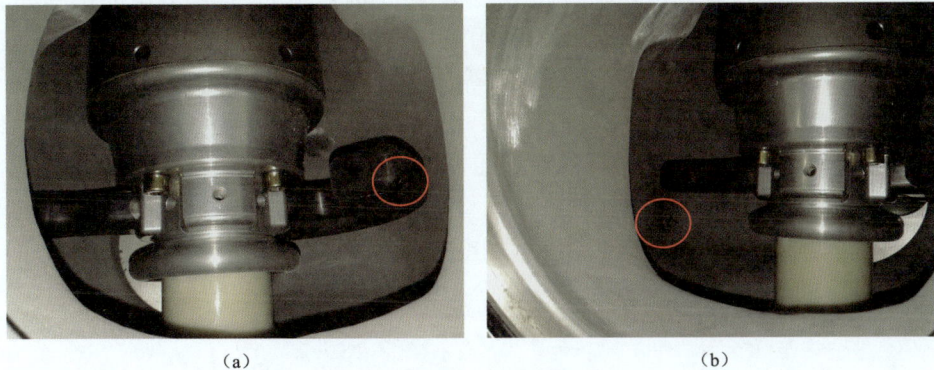

（a）   （b）

图4 故障间隔解体情况

经验体会

当 SF_6 气室内存在局部放电或高能放电时，SF_6 气体会分解成其他气体成分，以及产生一定超声振动。通过气体成分的检测和超声测试即可判断是否存在上述缺陷。主要体会如下：

（1）SF_6 气体成分检测和超声波局部放电测试已成为国网辽宁省电力有限公司必须进行的带电检测项目。实践证明，通过二者的联合测试，可有效准确地发现 SF_6 设备内部存在的放电缺陷。

（2）单一的试验方法并不能准确有效地判断设备缺陷，多种检测方法包括停电检测可有效发现设备缺陷。

（3）断路器切短路开断电流后，若吸附剂或 SF_6 分解产物较多，SF_6 气体分解产物将超标，应及时采取更换气体或吸附剂，避免引起绝缘故障。

检测信息

检测人员	国网辽宁省电力有限公司电力科学研究院：鲁旭臣（32岁）
检测仪器	JH3000 型 SF_6 分解产物检测仪（厦门加华）、AIA-II 型超声波局部放电检测仪
测试环境	温度 17℃、相对湿度 40%

3.8 其他检测技术

3.8.1 SF_6 气体压力监测发现 220kV 北田变电站 101 北隔离开关气室漏气

案例简介

国网山西省电力公司晋中供电公司 220kV 北田变电站 110kV 101 北隔离开关 GIS 气室在 2006 年 6 月投入运行。2013 年在该变电站大检修前夕，提前利用输变电设备状态监测系统对 GIS 气室进行了定期跟踪。工作人员利用输变电在线监测系统发现 101 北隔离开关压力偏低（额定气压 0.4MPa、现实际气压 0.39MPa、原实际气压 0.42MPa）如图 1 所示，并且压力数据曲线呈下降趋势。由于报警限值为 0.35MPa，所以未发生报警信号。9 月 28 日，对该压力值进行跟踪检查，气压值降低为 0.38MPa。10 月 8 日，现场对 101 北隔离开关气室进行 SF_6 气体泄漏检测，确认 101 北隔离开关气室有砂眼存在，如图 2 所示，SF_6 气体发生微弱泄漏。检修人员随即进行停电大检修。

检测分析方法

利用南京顺泰 SF_6 气体压力在线监测装置结合 FLIR 生产的 GF306 型 SF_6 气体检漏仪对 GIS 气体泄

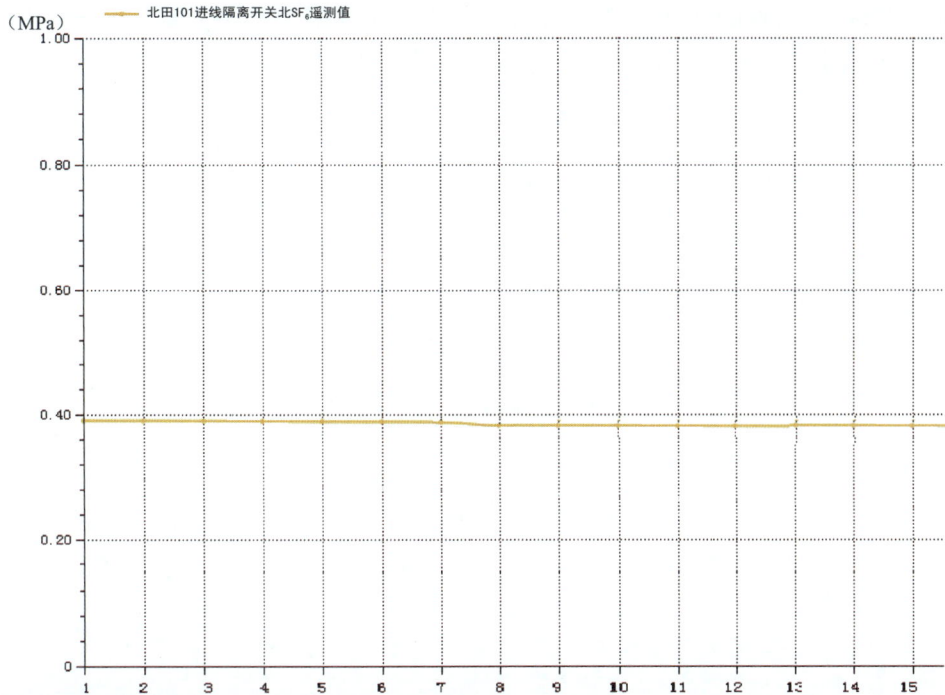

図1　输变电设备状态监测系统 GIS 气室气体压力值

	曲线名称	曲线时间	最大值	最大值时间	最小值	最小值时间	平均值	峰
1	北田101进线隔离开关北SF₆遥测值	2013-10	0.39	2013-10-01	0.38	2013-10-01	0.38	0.00

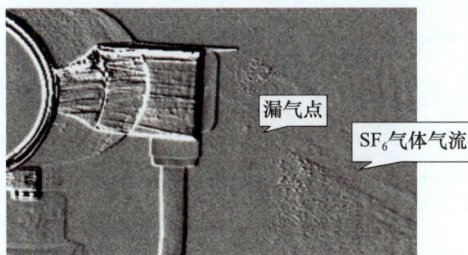

图2　现场 SF₆ 气体红外检漏图

漏气室进行定点检漏。

对 GIS 气室进行 SF₆ 气体压力在线监测时发现 101 北隔离开关气室气体压力值偏低，为 0.39MPa，且压力值变化曲线呈下降趋势。随后对该变电站进行带电检测，检测人员利用红外检漏仪对 101 北隔离开关气室进行重点检查，在气压表后侧检测到微弱的 SF₆ 气体泄漏呈黑烟状飘散的影像，对砂眼部位进行了可见光照片拍摄，并进行具体标注，可见光图片如图 3 所示。

在 10 月大检修设备停电期间，该设备厂家人员对缺陷点进行了铆焊处理，如图 4 所示。

图3　砂眼部位可见光照片

图4　厂家人员铆焊 GIS 砂眼后的可见光图

457

10月24日，消缺后进行红外检漏复测时，没有发现101北隔离开关气室存在SF_6气体泄漏点，SF_6气体压力表正常，在线监测数据也恢复正常值，检测数据如图5所示。

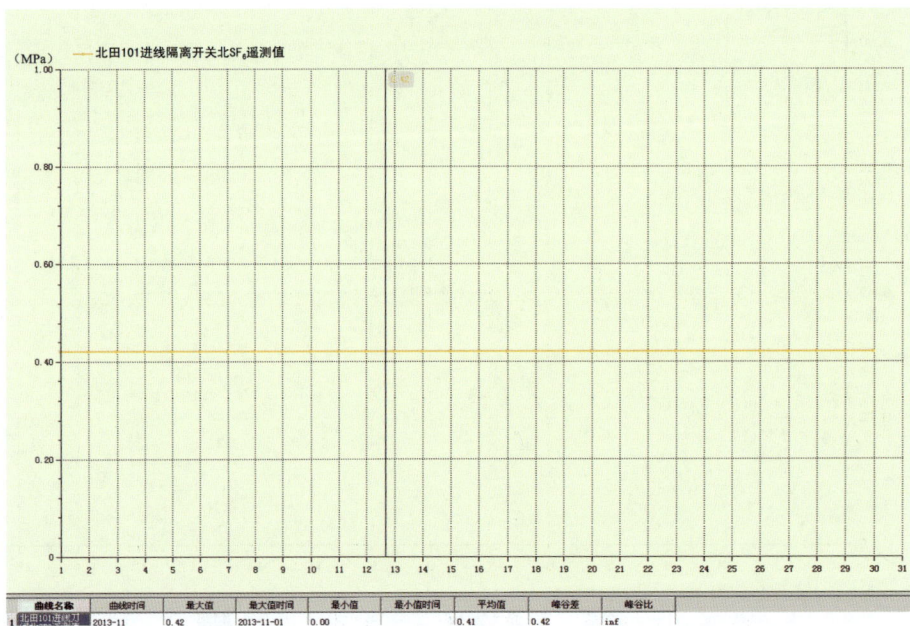

图5　输变电设备状态监测系统GIS气室气体压力值（处理后）

❖ 经验体会

（1）电气设备的在线监测能及早发现故障征兆，可克服运维人员少、巡视周期长的实际困难。

（2）通过检测手段及早消除隐患从而避免事故的发生，为状态检修提供了检修依据。电气设备的在线监测可及时、准确地掌握设备的真实状态，但是实现电力设备的状态检修，不能完全依靠在线监测，必须充分利用一切可以掌握设备状况的检测手段，如设备巡视、定期试验项目和诊断性试验项目等。

（3）红外SF_6检漏仪可清晰直观定位缺陷部位，尤其是对GIS外壳上存在的微小漏点非常方便。

❖ 检测信息

检测人员	国网山西省电力公司晋中供电公司：姜少华（32岁）
检测仪器	P630红外热像仪（FILR辐射系数0.9）
测试环境	温度10℃、相对湿度60%、大气压强95kPa、测试距离6m

3.8.2 声学振动检测发现 220kV 赵店子变电站隔离开关绝缘子断裂缺陷

案例简介

2012 年 12 月底，国网冀北电力有限公司唐山供电公司预定组织 220kV 赵店子变电站投运，国网冀北电力有限公司唐山供电公司按照国网冀北电力有限公司运维检修部关于组织 220kV 设备操作前进行绝缘子带电探伤的工作部署，安排变电检修室于 12 月 25 日进行相关隔离开关设备绝缘子带电探伤。在对本次设备绝缘子带电探伤图谱分析后发现，对应 2211-5 隔离开关 A 相支柱绝缘子的图谱在 4000～4500 波段测试信号存在明显尖峰。根据现场情况分析，发现该隔离开关 A 相上节支柱绝缘子上口存在内部损伤。单柱单臂垂直伸缩隔离开关基本情况见表 1。

表 1   单柱单臂垂直伸缩隔离开关基本情况

型号	GW16-252	生产厂家	平高集团有限公司
出厂日期	2001 年 1 月	投运日期	2012 年 9 月
出厂序号	2000576	上次试验时间	2013 年 4 月

检测分析方法

（1）带电检测。检测人员在 12 月 25 日进行相关隔离开关设备绝缘子带电探伤。在对设备绝缘子带电探伤图谱分析后发现，对应 2211-5 隔离开关 A 相支柱绝缘子的图谱在 4000～4500 波段测试信号存在明显尖峰，根据 DL/T644—2008《带电设备红外诊断应用规范》，判断该绝缘子存在内部损伤，绝缘子图谱如图 1 所示。

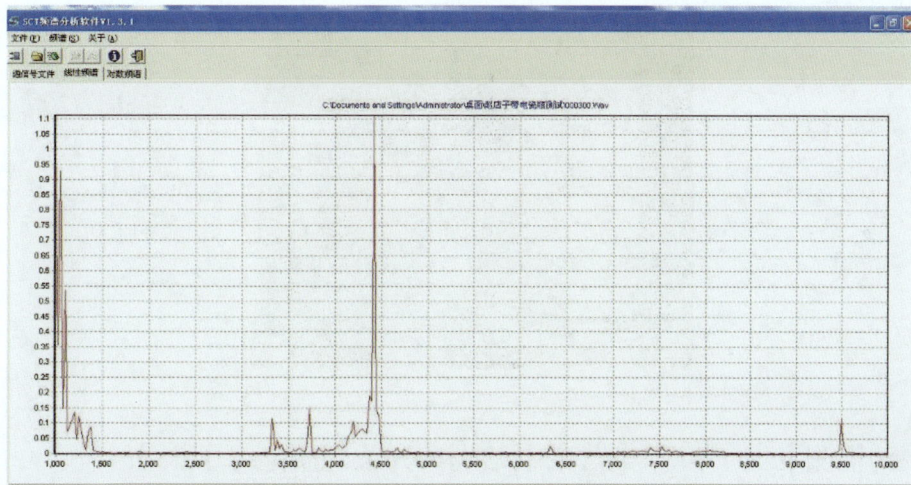

图 1   2211-5 隔离开关 A 相支柱绝缘子的图谱

（2）停电检查。国网冀北电力有限公司唐山供电公司运维检修部根据变电检修室现场测试的情况，立即向国网冀北电力有限公司运维检修部汇报，该变电站于 2012 年 12 月 25 日对 220kV 5 号母线及 2211 间隔进行停电检查。

设备停电后，检修人员将绝缘子表面积尘清除后进行抵近检查，发现 2211-5 隔离开关 A 相上节支柱绝缘子上口已出现胶装松动，如图 2（a）所示。国网冀北电力有限公司唐山供电公司迅速使用备用设备，连夜组织更换损坏的绝缘子。现场检查已换下的

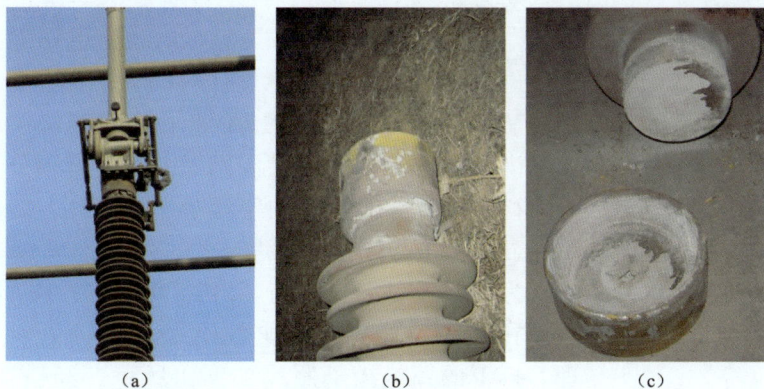

（a）　　　　　　（b）　　　　　　（c）

图 2   2211-5 隔离开关 A 相支柱绝缘子拆解图

支柱绝缘子，经简单处理即发现支柱绝缘子上口内水泥胶封已明显损坏，支柱上部金属帽受力脱落，如图2（b）、（c）所示。

经验体会

（1）带电探伤检测技术对检测绝缘子的内部细纹或者断裂有较强的敏感度，能够有效地发现在运行过程中隐藏的缺陷。

（2）带电探伤检测技术的应用大大降低了检测成本，但对现场检测人员的责任心和数据分析人员的综合素质有较高要求，操作流程要符合规范，监测数据结合现场经验准确判断。

（3）发现疑似缺陷后，配合其他例如红外热成像等技术进行判定，然后制订停电后的诊断性试验方案，综合考虑所有的可能性，做好各种情况下的预案，针对每一个环节进行细致排查，以做到设备正常稳定运行。

检测信息

检测人员	国网冀北电力有限公司唐山供电公司变电检修室：赵绍亮（41岁）、王丙昭（27岁）
检测仪器	SCT-1瓷支柱绝缘子带电探伤检测仪（天津科远电气股份有限公司）
测试环境	温度−7℃、相对湿度45％、大气压强101kPa

3.8.3 声学振动检测发现110kV小营变电站隔离开关瓷质绝缘子损伤

案例简介

国网冀北电力有限公司承德供电公司运维的110kV小营变电站内110kV 5号母线5-9隔离开关，型号为GW5-110ⅡD2W，生产厂家为沈阳高压开关厂，出厂日期为2004年10月，投运日期为2005年3月19日。2013年8月7日11时，对该变电站隔离开关进行支柱绝缘子振动声学探伤测试时发现110kV 5号母线5-9隔离开关A相支柱绝缘子测试图谱异常。9月24日，国网冀北电力有限公司电力科学研究院对该支柱绝缘子进行复测，复测结果显示该绝缘子存在问题。

为确保设备安全运行，2013年11月18日，对存在问题的隔离开关支柱绝缘子进行更换处理。拆下的瓷绝缘子照片如图1所示。经检查，绝缘子上、下法兰与瓷质部分连接位置出现绝

图1 拆下的瓷绝缘子照片

缘子裂纹。

❖ 检测分析方法

瓷支柱绝缘子声学振动的测试方法如下：测试仪器由两个功能探针实现对整个瓷支柱绝缘子的测试，一个探针作为发射探针，发射一串特殊的振动波激励绝缘子产生纵向振动，另一个探针接收振动反馈波采集绝缘子共振时的泛波频率，该反馈波包含绝缘子的全部信息，利用专用软件进行分析，并以频谱的形式显示出来。通过观察即可判断该绝缘子是否有裂纹、裂纹大概部位、机械强度是否降低或丧失以及绝缘子是否老化等缺陷。测试示意图如图 2 所示。

测试步骤为：将测试仪器举起，探针抵住底部法兰并保持 6s 即完成测试。测试数据用专用软件打开为图谱文件，现场测试如图 3 所示。

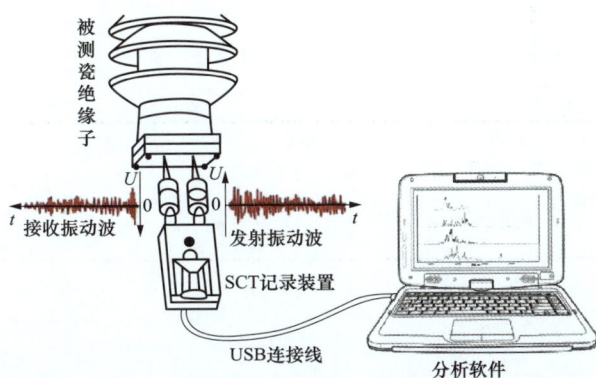

图 2 测试示意图

图 3 现场测试照片

8 月 7 日，对 110kV 小营变电站 5-9 隔离开关测试结果图谱如图 4～图 9 所示（GW5 型隔离开关每相有两只瓷绝缘子，需对每支绝缘子各测一次）。

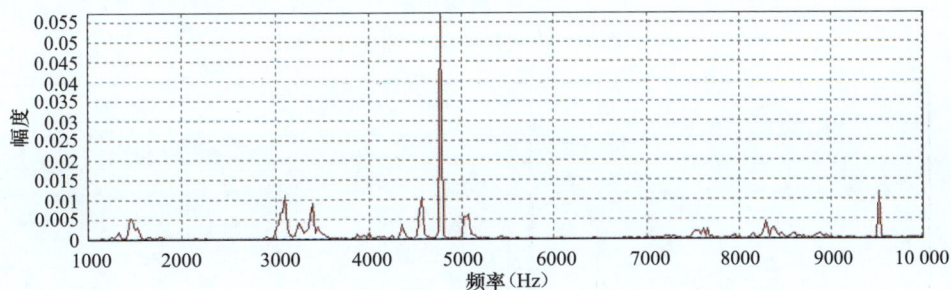

图 4 A 相瓷绝缘子图谱 1

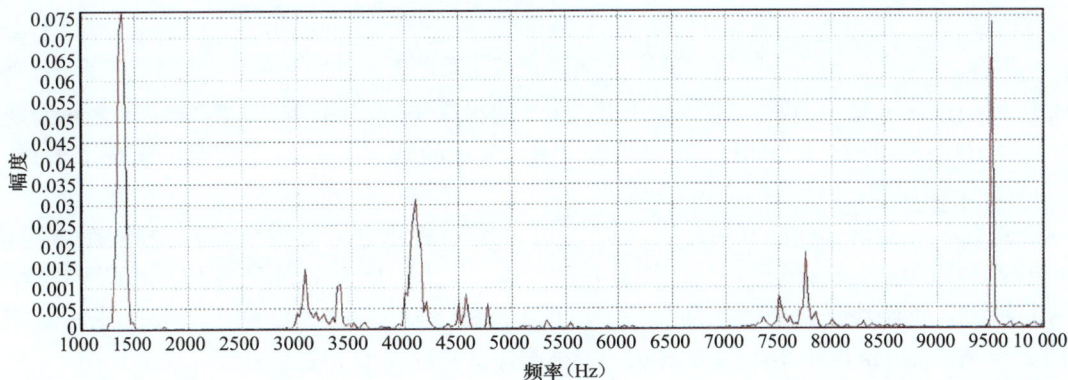

图 5 A 相瓷绝缘子图谱 2

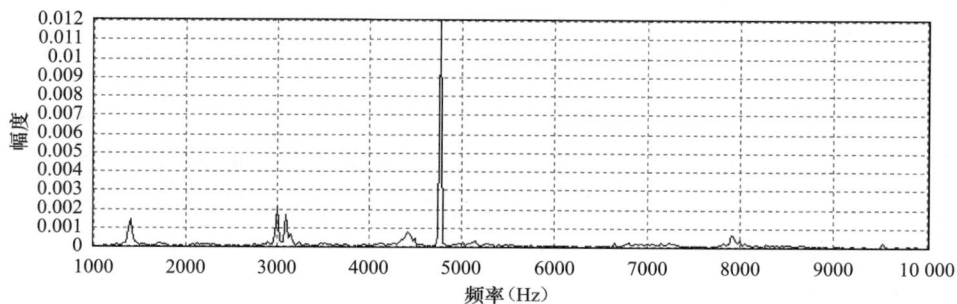

图 6　B 相瓷绝缘子图谱 1

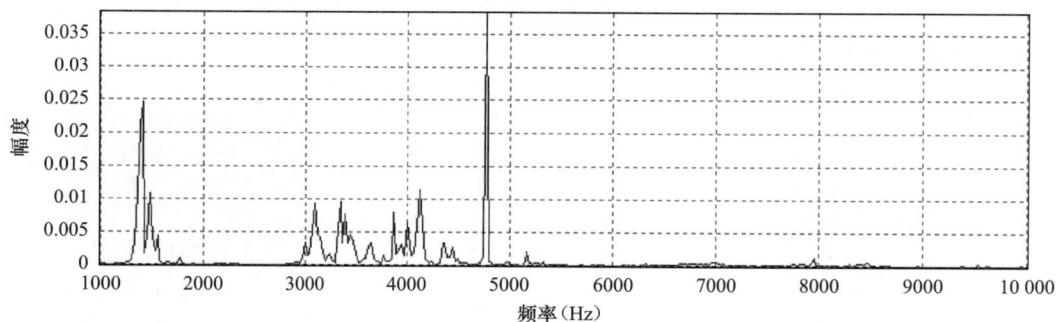

图 7　B 相瓷绝缘子图谱 2

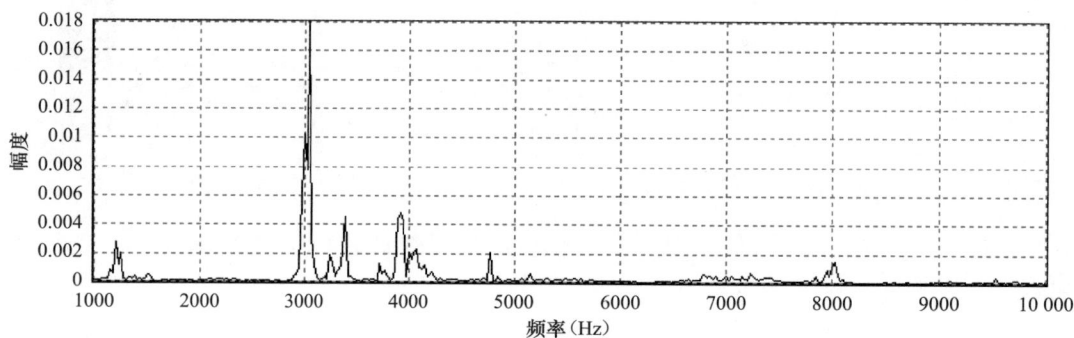

图 8　C 相瓷绝缘子图谱 1

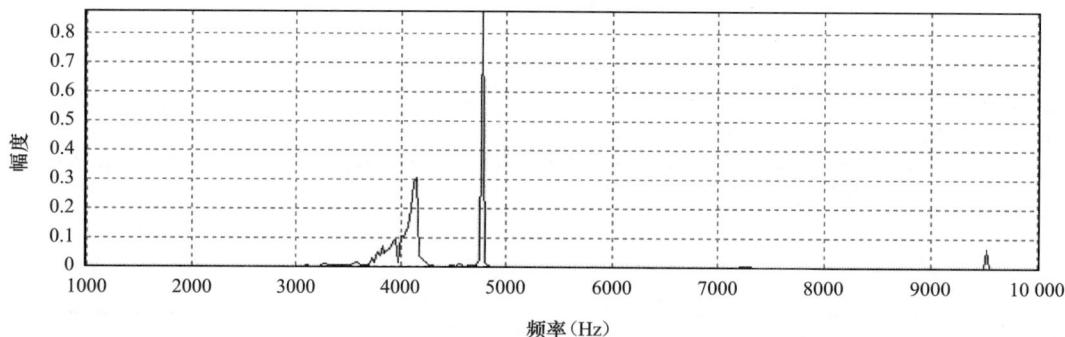

图 9　C 相瓷绝缘子图谱 2

由以上所列图谱显示图 4、图 6、图 7、图 8、图 9 的绝缘子测试图谱在 2.5～6kHz 之间出现波峰，未出现 1000～2000Hz 或 9000～10 000Hz 谐振频率。图 5 显示的 A 相瓷绝缘子图谱中出现了 1000～2000 及 9000～10 000Hz 谐振频率。

根据《瓷绝缘子振动声学检测判断规则（V1.3）》（国网冀北电力有限公司）：测试图谱在频率 2.5～6kHz 之间出现波峰，属于正常波形，为性能良好的绝缘子；图 10 为 110kV 室外配电设备绝缘子振动功率谱密度评定图例，该绝缘子机械性能良好（未出现 1000～2000Hz 或 9000～10 000Hz 谐振频率）。

测试图谱在频率 2kHz 以下出现明显波峰，则被测瓷支柱绝缘子下法兰附近有缺陷；图 11 为 110kV 底部有裂纹的绝缘子振动功率谱密度评定图例，裂纹出现在底法兰上部（出现 1000～2000Hz 谐振频率）。

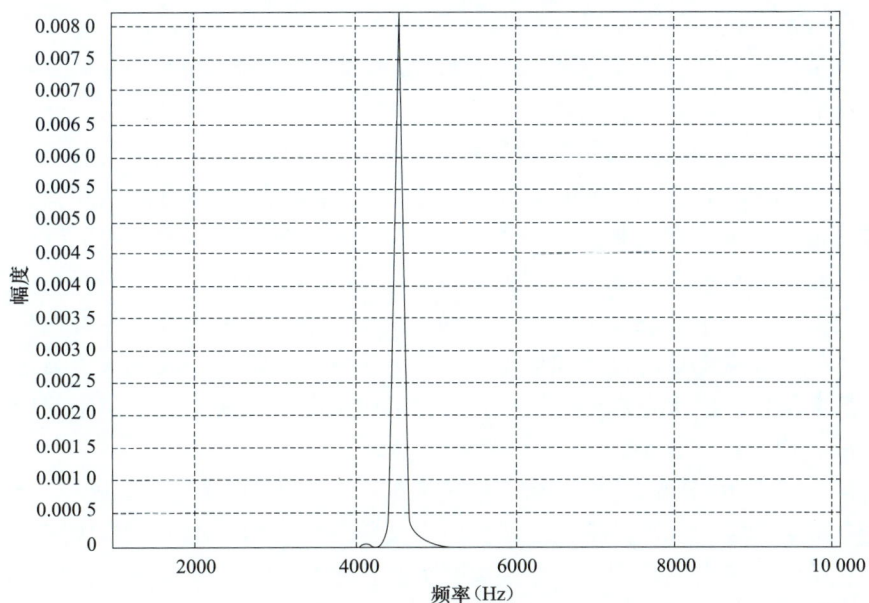

图 10　瓷质性能良好的绝缘子

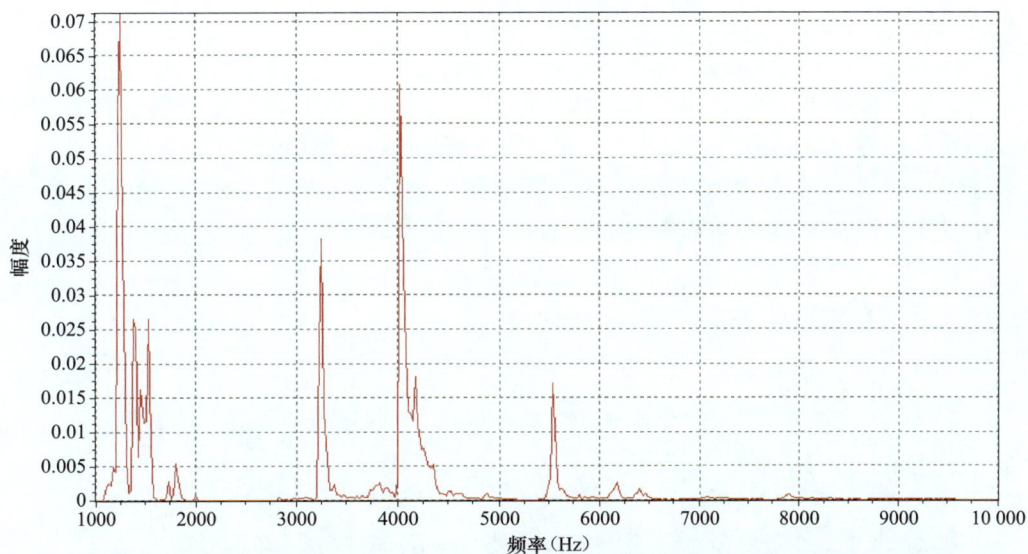

图 11　下法兰处有缺陷的绝缘子

测试图谱在频率 8～10kHz 出现明显波峰，则被测瓷支柱绝缘子上法兰附近有缺陷。图 12 为 110kV 上部法兰区域有缺陷的绝缘子振动功率谱密度评定图例（出现 9000～10 000Hz 谐振频率）。

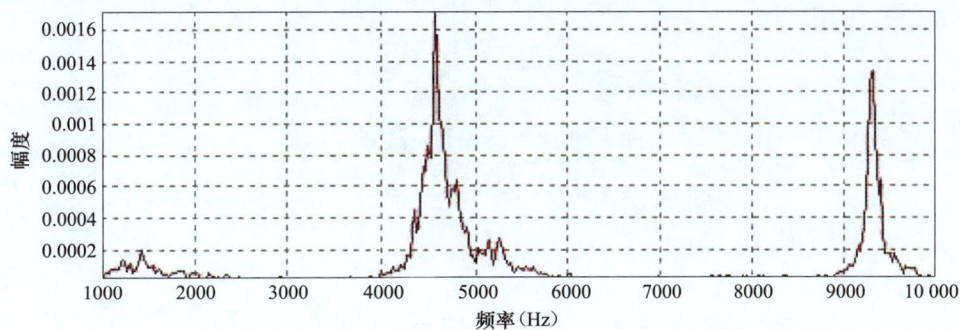

图 12　上法兰处有缺陷的绝缘子

将图 4～图 9 的测试频谱与典型图例（图 10～图 12）进行比对，可得出图 5 中 A 相瓷绝缘子的上、下法兰区域存在缺陷。

由缺陷图谱可知波峰出现在 1.3kHz 处和 9.6kHz 处，被测瓷支柱绝缘子的下法兰和上法兰附近都有缺陷。具体原因可能有以下几种：

（1）支柱绝缘子制造质量问题造成断裂。①瓷件烧制工艺不当。支柱绝缘子制作工艺不当会导致瓷件内部产生较大缺陷，如制作过程中温度和时间控制不当，可导致绝缘子出现层状开裂、断裂面中心存在黄芯。某些瓷件致密度差，内部存在大量气空和微裂纹，机械强度低，在应力作用下极易断裂。制胚过程中瓷件产生夹层夹渣，这些夹层夹渣周围存在微观裂纹。②胶装质量问题。法兰口（法兰和瓷件胶装的外部）没有密封或密封不良，可造成运行中法兰内进水，由于瓷件、水泥胶装剂和铸铁法兰 3 种材料膨胀系数不同，使得法兰内瓷体承受的应力过大和集中，瓷体产生裂纹等缺陷。胶装采用滚花压槽工艺，尽管此工艺可提高瓷件的胶装强度，但会造成凹凸纹处和沟槽处应力集中，应力集中作用的最终结果，是导致瓷件内微裂纹逐渐扩展，造成瓷件断裂。

（2）运行、检修、操作不当导致支柱绝缘子出现细纹：①由于检修维护不到位，造成设备失修，设备和金具间的松固定变成紧固定，隔离开关出现锈蚀、卡涩等现象；由于温度变化作用，产生长时间的高变应力，最终导致支柱绝缘子疲劳出现细纹。②隔离开关操作不当，产生短时间的很大的机械负荷，导致支柱绝缘子出现细纹甚至断裂。

◈ 经验体会

（1）支柱瓷绝缘子振动声学探伤测试有较强的敏感度，能够有效的发现瓷绝缘子隐藏的缺陷。

（2）通过将异常图谱与典型图谱进行比对，能大致分析出缺陷所在的部位。

（3）瓷绝缘子性能状况容易受生产条件、运行环境和人员操作维护情况影响，今后还需加强瓷绝缘子的带电检测，及时发现设备隐患，确保操作时人身和设备安全。

◈ 检测信息

检测人员	国网冀北电力有限公司承德供电公司：李东旭（35 岁）、张亮（31 岁）。国网冀北电力有限公司电力科学研究院：王春水
检测仪器	SCT-I（生产厂家：天津市科远系统工程有限公司）
测试环境	温度 25℃、相对湿度 32％

3.8.4 渗透探伤检测分析 500kV 宗元变电站隔离开关拐臂连杆开裂

◈ 案例简介

2013 年 3 月 25 日，在对国网湖南省电力公司检修公司运维的 500kV 宗元变电站进行状态检测时发现

50531 和 50522 隔离开关拐臂连杆存在严重开裂情况，同时还有锈迹，如图 1 和图 2 所示。该隔离开关型号为 GW35，生产日期为 2007 年 11 月，2008 年 3 月投运，连杆设计材料为 0Cr18Ni9 奥氏体不锈钢，形状为六角型。经过现场检测与分析，发现连杆材质不合格且结构设计不合理。随后清查出省内采用了六角型连杆的隔离开关共有 72 组，并结合停电检修将所有六角型连杆更换为圆钢连杆。

图 1　拐臂连杆宏观形貌

图 2　连杆表面裂纹

❖ 检测分析方法

经渗透检测，纵向裂纹长达 300mm，约占连杆总长的 72%。横向裂纹数量多，密集分布在连杆的中部表面，如图 3 所示。

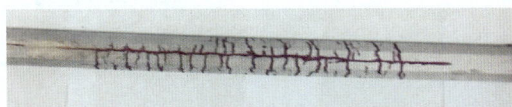

图 3　渗透检测显示的裂纹

采用合金分析仪分析不锈钢材质，试样的 Si 和 Mn 含量超过标准上限，而 Cr、Ni 含量低于标准下限，详见表 1，连杆材质不满足 GB/T 1220—2007《不锈钢棒》标准的要求。

表 1　　　　　　　　　　　　　连杆材质成分分析

元素	Si	Mn	Cr	Ni	Fe
标准	≤1.00%	≤2.00%	18.00%~20.00%	8.00%~11.00%	余量
试样 1	2.16%	2.98%	15.28%	6.44%	余量
试样 2	2.67%	3.06%	15.62%	6.35%	余量

原因分析：奥氏体不锈钢工件在加工后残余应力未消除的情况下容易产生时效开裂现象（也叫延迟开裂，当时不会开裂，过一段时间才开裂）。六角型连杆采用的是拉制工艺，容易残余较大应力，纵向裂纹符合时效开裂特性。同时，奥氏体不锈钢在拉应力条件下容易发生应力腐蚀。连杆处于拉应力服役工况，并且六角钢结构比圆钢结构外表面微观缺陷多，较易在环境介质的侵蚀下活化而为应力腐蚀开裂创造有利条件。考虑到横向裂纹在应力区域（连杆中间部位）密集分布，可以判断横向裂纹是应力腐蚀裂纹。另外，连杆的 Cr、Ni 含量低，材质成分不满足 GB/T 1220—2007《不锈钢棒》标准的要求，对连杆的失效开裂有重要影响。

❖ 经验体会

（1）材质合格是保证材料使用性能的必要条件，对不锈钢等金属部件的入网要严格把关，加强检验。

（2）承力部件的结构设计尤为重要，应尽量遵循平滑过渡和圆角处理原则，最大限度减少部件表面缺陷，降低应力集中程度，保证部件使用寿命，降低失效风险。

检测人员	国网湖南省电力公司电力科学研究院：刘纯（38 岁）、谢亿（34 岁）、胡加瑞（33 岁）、王军（31 岁）、欧阳克俭（33 岁）
检测仪器	着色渗透探伤剂（DPT-5）、手持合金分析仪（DP2000，美国 Innov-x 公司）
测试环境	温度 23℃、相对湿度 65％

3.8.5 遥控照相检测发现 110kV 五家渠变电站 110kV 隔离开关设备线夹开裂

❖❖ 案例简介

国网新疆电力公司乌鲁木齐供电公司 110kV 五家渠变电站于 1996 年 2 月投入运行。2013 年 4 月 1 日，利用无线遥控影像技术检测发现 110kV 岗五线线路侧隔离开关设备线夹有裂缝。经检查，发现该批次设备线夹存在质量缺陷，铜铝过渡位置焊接工艺不满足要求，因此，对同批次同类型设备线夹进行集中更换。

❖❖ 检测分析方法

无线遥控影像技术是通过一台能够远方控制的相机以及一个远程控制终端实现。相机安装在试验合格绝缘杆上，伸到带电设备线夹附近，利用远程控制终端调整相机的拍摄位置，然后通过终端控制相机进行拍摄，并将相机采集到的图像实时传输到远程控制终端上。现场操作如图 1、图 2 所示。

图 1 现场检测

图 2 远程控制终端与相机无线连接

检测发现 110kV 岗五线线路侧隔离开关 A 相设备线夹上有一条明显的缝隙，对拍摄的照片进行分析，该缝隙确为裂缝，后更换缺陷设备线夹。现场拍摄的照片如图 3 所示，正常的设备线夹如图 4 所示。

检查发现设备线夹质量不过关，导致设备线夹开裂最主要的原因是铜铝过渡位置焊接工艺不满足要求。

图 3　发现设备线夹上有裂缝

图 4　正常的设备线夹

❖ 经验体会

（1）无线遥控影像技术可以在设备带电运行情况下，及时发现设备线夹存在裂缝的隐患，避免发生线夹断裂事故。

（2）在用于 110kV 及以下设备拍摄时，应注意安全距离，防止相机固定杆造成相间短路。

❖ 检测信息

检测人员	国网新疆电力公司乌鲁木齐供电公司：王志远（30 岁）、陈臻（34 岁）、刘占钧（49 岁）。国网新疆电力公司电力科学研究院：张勇（31 岁）、何丹东（31 岁）、徐路强（30 岁）
检测仪器	影像采集器（WB280F）、远程控制终端（GT-N5100）

3.8.6　光谱分析发现 500kV 瓯海变电站隔离开关操作连杆螺栓成分不合格

❖ 案例简介

2008 年 6 月 2 日，国网浙江省电力公司温州供电公司运行人员发现 500kV 瓯海变电站海场 4357 线正母线隔离开关 A、B 相间操作连杆断裂，不能分闸。隔离开关型号为 DR21-MH25，编号为 04/K60002023，连杆材料为 0Cr18Ni9，为西门子（杭州）高压开关有限责任公司生产。该隔离开关于 2003 年投入运行，2008 年 6 月首次断裂，据了解该连杆机构比其他线路操作频繁，连杆机构现场连接结构如图 1 所示。国网浙江省电力公司温州供电公司送 2 个连杆构件至国网浙江省电力公司电力科学研究院进行断裂原因分析，如图 2 所示。结果表明，由于断裂连杆与设计要求材料不符（耐腐蚀性能较差），在 T 型接头根部产生局部腐蚀，连杆机构在每次动作时，瞬时应力较大，根部应力集中，首先产生应力腐蚀微裂

图 1　闸刀连杆断裂部位

467

纹，裂纹在多次动作应力作用下扩展，引起连杆断裂。

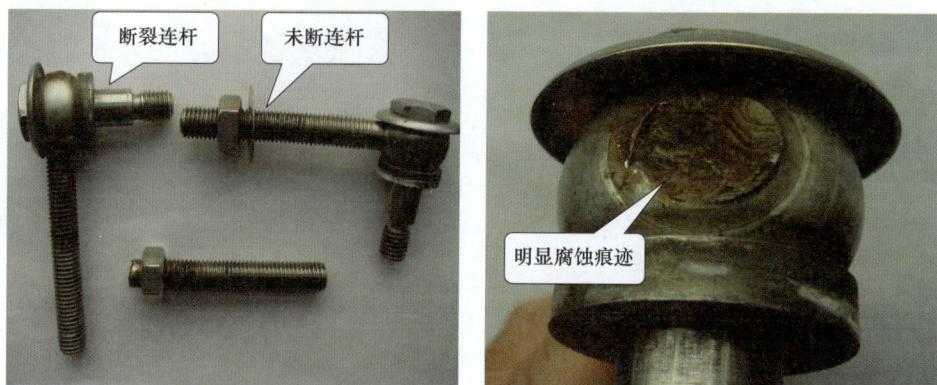

图2　断裂样宏观

检测分析方法

通过断裂样的宏观图像观测，如图2所示，断口存在明显的腐蚀痕迹，且撕裂部位（暗色区域）裂纹扩展较快，疲劳断面比较粗糙，如图3所示。

根据定量光谱分析结果，未断连杆螺杆、螺母基本符合0Cr18Ni9材料的要求。断裂连杆C、Cr、Mn、Ni元素含量与0Cr18Ni9不符，规定要求C的含量为4%～10%、Cr的含量为17%～19%、Mn的含量小于等于2%、Ni的含量为8%～11%，实际检测断裂连杆元素C的含量为12.0%～14.9%、Mn的含量14.40%、Cr的含量为14.34%～14.38%、Ni的含量为0.67%～0.73%、应为1Cr14Mn14Ni。用金相方法分析断裂连杆和未断裂连杆的组织，发现断裂连杆为马氏体组织，如图4所示，而未断裂连杆为奥氏体组织，如图5所示，印证了光谱分析的检测结果。

图3　端口体视镜

图4　断裂连杆横截面母材金相组织

图5　未断连杆断口显微组织（500×）

经验体会

（1）不锈钢分为多种，其中，0Cr18Ni9耐蚀性比1Cr14Mn14Ni好。

（2）0Cr18Ni9比1Cr14Mn14Ni中Ni元素含量多，因此价格贵一些，在没有明确规定的情况下，供应商一般会选用价格便宜的1Cr14Mn14Ni代替0Cr18Ni9。

（3）手持式X射线荧光光谱分析仪适合现场进行不锈钢成分分析，操作简便易行。

（4）本检测项目如前移至基建阶段的技术监督时进行，则能收到事半功倍的效果。

检测人员	国网浙江省电力公司电力科学研究院：楼玉民（43 岁）、胡洁梓（31 岁）
检测仪器	SPECTROTESTccd 材料分析移动工作站、手持式 X 射线荧光光谱分析仪、200-MAT 蔡司金相显微镜

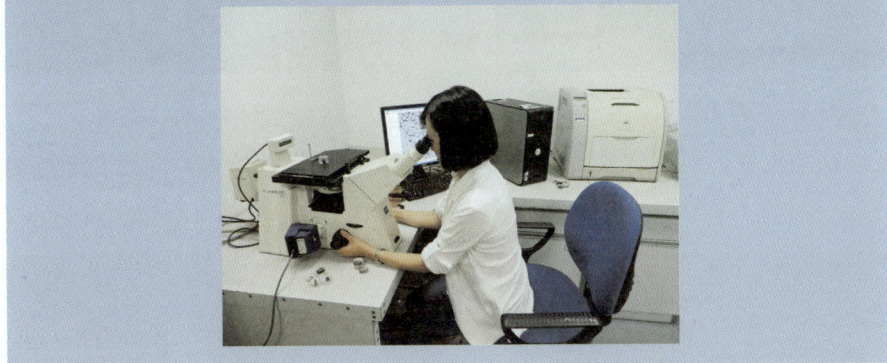

3.8.7　渗透探伤检测分析 220kV 龙塘变电站断路器拐臂盒裂纹

案例简介

2011 年 8 月 12 日，国网湖南省电力公司衡阳供电分公司运维的 220kV 龙塘变电站 516 断路器发生 SF$_6$ 低气压报警，运行单位巡检时发现其 B 相拐臂盒靠近法兰盘处有裂纹（该断路器为 LW29-126/T3150-31.5 型，2006 年 1 月生产，2006 年 11 月投运，拐臂盒设计材质为铸铝 ZL101A）。国网湖南省电力公司电力科学研究院技术人员对拐臂盒进行现场检测，并与供应商提供的新拐臂盒进行对比分析，最终查明裂纹产生原因主要为筒身与底板过渡处厚度、圆角弧度等不符合设计要求，局部应力过度集中导致的。国网湖南省电力公司运维检修部要求各供电公司对同批次同型号产品进行排查，共发现 4 台断路器存在同样问题，均进行了更换。

检测分析方法

对拐臂盒进行渗透探伤，由于裂纹较隐蔽，直接观测困难，仅在设备运行状态下可见，如图 1 所示。运用渗透探伤的无损检测技术确定缺陷位置，如图 2 和图 3 所示，白底上的红色线条为裂纹。

图 1　拐臂盒全貌

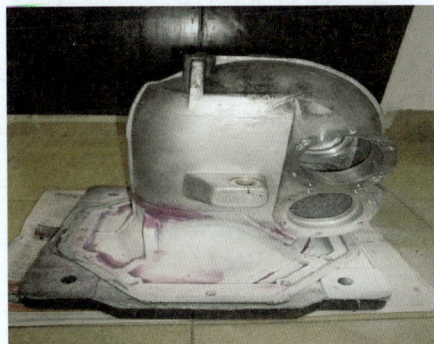

图 2　拐臂盒渗透探伤全貌

渗透探伤发现，裂纹在拐臂盒圆锥部分与底板过渡连接处，位于拐臂轴孔下方，分布在加强筋两侧，呈直线型，长度约 223mm，裂纹深度约 22.3mm，裂纹部位的底板厚度为 24.7mm，几乎贯穿底板，如图 4 所示。

图3 拐臂盒裂纹位置　　　　　　　　　图4 裂纹截面

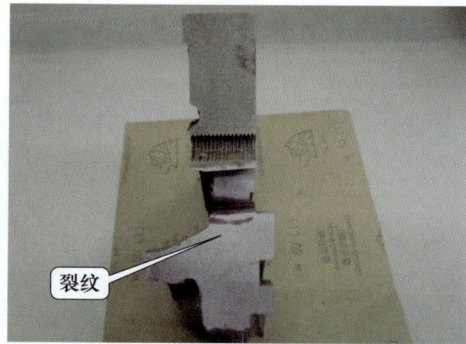

针对渗透发现的缺陷位置，对拐臂盒解体切割，进行各部位尺寸检查，同时与新拐臂盒进行对比，如图5所示。

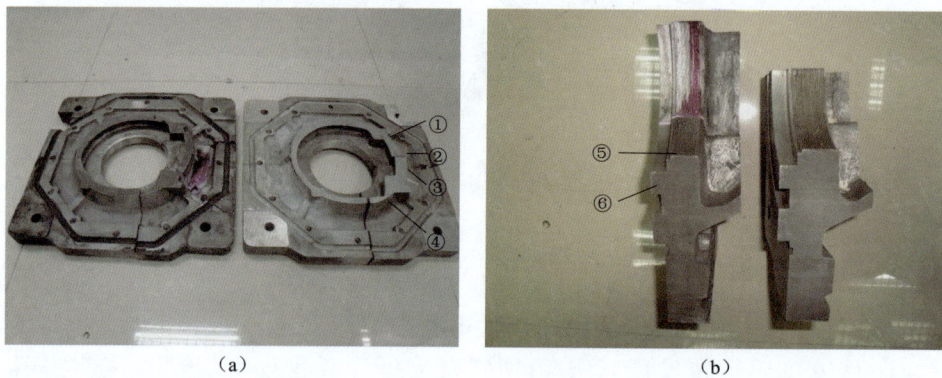

（a）　　　　　　　　　　　　（b）

图5 拐臂盒底座图

（a）全貌图（左为老样，右为新样）；（b）截面图

注：图中标注部位的数据见表1。

尺寸测量数据见表1，拐臂盒加强筋侧圆锥的壁厚不均匀，且小于设计值。另外设计图中箱体圆锥部分与底板直接圆弧过渡，铸造圆角R为22mm，而两个拐臂盒试样的圆锥部分与底板非均匀过渡，铸造圆角R均小于22mm，且底板与圆锥过渡处有一个约13mm厚的减薄区，设计图中该处厚度为37.5mm，而实测仅24.3mm。

因此，该拐臂盒铸件部分位置与设计图不相符，底板与圆锥过渡处厚度较设计值减薄约13mm，加强筋侧圆锥的壁厚、过渡处铸造圆角均小于设计值。断裂位置为厚度薄弱处附近，裂纹产生的主要原因为圆锥与底板过渡处厚度、圆角弧度等均未达到设计要求，造成该区应力过度集中，在运行中产生裂纹。

表1　　　　　　　　　　　　　　断裂拐臂盒与新样局部尺寸对比

部位	①	②	③	④	⑤	⑥	底板
老样（mm）	12.8	15.9	14.9	10.4	26.7	38.9	34.1
新样（mm）	15.6	24.3	22.6	6.6	30.9	44.4	35.4
设计值（mm）	24.6	24.6	24.6	20.3	22.1	34.8	36.0

用光谱仪对铸铝材质进行化学元素分析，数据见表2。

表2　　　　　　　　　　　　　　拐臂盒材质成分

元素	Al	Si	Fe	Cu	Mn	Mg	Ti
标准	余量	6.5%～7.5%	≤0.2%	≤0.1%	≤0.1%	0.25%～0.45%	0.08%～0.20%
试样	90.8%	8.26%	0.364%	0.010%	0.063%	0.364%	0.113%

拐臂盒 Si、Fe 元素含量超出 GB/T 1173—2013《铸造铝合金》标准要求，加剧了厚度薄弱导致的裂纹缺陷产生。

考虑到该产品厚度过渡存在制造缺陷，因此应加强对同型号产品运行状态下的检查，重点检查拐臂盒圆锥与底板过渡处是否存在裂纹，存在裂纹的要进行更换。

❖ 经验体会

（1）部分设备厂家设计能力不足，对材料和结构设计知其然而不知其所以然，即使存在缺陷也不自知。应着力于提高自身设计水平，从源头上确保设备安全，每一起事故的发生都要从中吸取深刻教训。

（2）对于机构拐臂等关键承力部件，尺寸厚薄与设计一致、过渡平滑、合适的圆角处理都是必不可少的，各种细节抓好才能改善构件的综合性能，减少局部应力集中导致的裂纹缺陷。

（3）对设备的金属材质检测由于以前工作开展较少，容易出现问题，如本例中标准牌号的铸铝，本为成熟产品，但仍存在部分成分偏差，一定程度上会影响力学性能。今后应加强材质方面的检测、把关。

❖ 检测信息

检测人员	国网湖南省电力公司电力科学研究院：刘纯（38 岁）、陈军君（33 岁）、谢亿（34 岁）、欧阳克俭（33 岁）
检测仪器	着色渗透探伤剂（DPT-5）、卡尺、手持合金分析仪（DP2000，美国 Innov-x 公司）
测试环境	温度 20℃、相对湿度 68%

3.8.8　特性曲线测试发现 110kV 驼井变电站 10kV 断路器机构缺陷

❖ 案例简介

国网新疆电力公司昌吉供电公司 110kV 驼井变电站 10kV 4 号电容器 1024 断路器，型号 ZN68-12/1250-31.5，2009 年 2 月出厂，2009 年 7 月投入运行。2011 年 12 月 9 日，对该变电站进行断路器分合闸线圈电流波形检测时发现 1024 断路器主触头动作时间明显过长，经分析异常由机构箱热风幕损坏使气温骤降，导致断路器操动机构内润滑脂凝固引起。对热风幕检修后，进行断路器分合闸测试，断路器恢复正常。

❖ 检测分析方法

2011 年 12 月 9 日，检测人员对该变电站进行断路器分合闸线圈电流波形检测，合闸电流波形图如图 1 所示。

分闸电流波形图如图 2 所示。

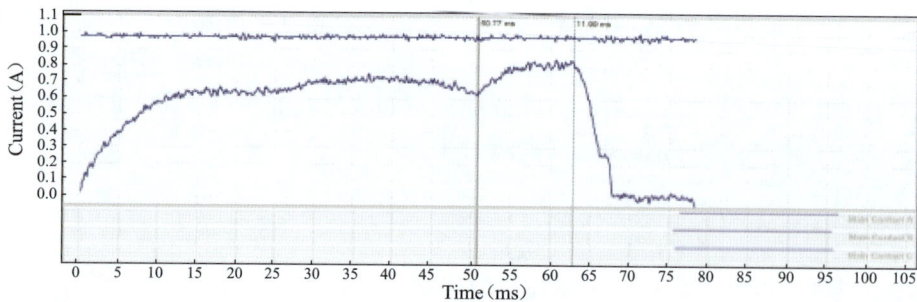

图1　合闸电流波形图

注：缓冲截止时间：50.62ms；辅助开关动作时间：62.58ms；第一峰值电流大小：0.73A；第二峰值电流大小：0.83A；
A相停止时间：76.33ms；B相停止时间：75.55ms；C相停止时间：75.78ms；三相不同期性：0.78ms。

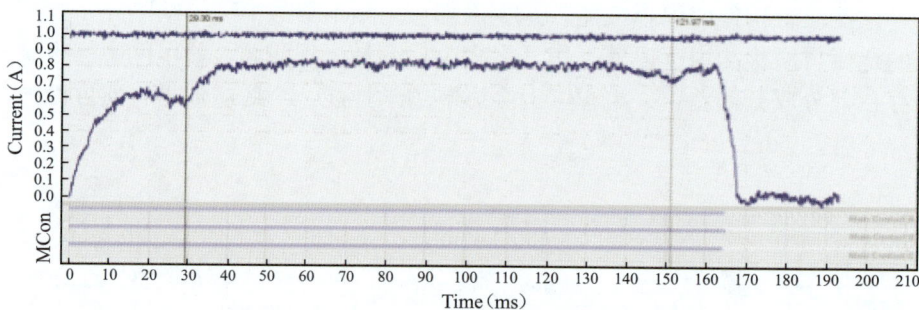

图2　分闸电流波形图

注：缓冲截止时间：41.48ms；辅助开关动作时间：162.13ms；第一峰值电流大小：0.62A；第二峰值电流大小：0.85A；A相停止时间：164.45ms；B相停止时间：165.00ms；C相停止时间：164.06ms；三相不同期性：0.94ms；脱扣器开始动作时间：17.19ms。

与其他间隔断路器分闸电流波形对比图如图3所示。

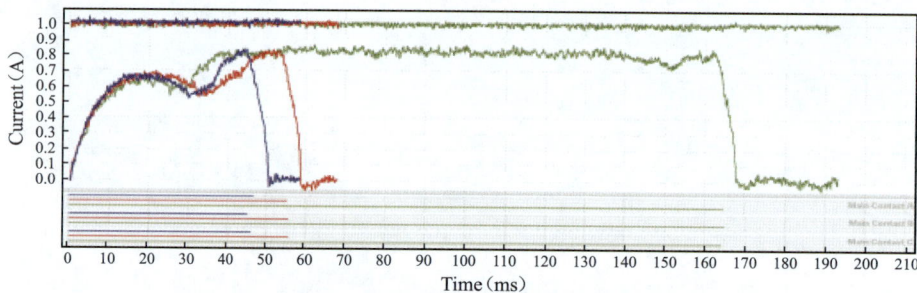

图3　与其他间隔断路器分闸电流波形对比

注：蓝线：驼园线断路器；红线：2号电容器断路器；绿线：4号电容器1024断路器。

对1024断路器分闸电流波形进行分析，发现1024断路器分闸电流波形明显长于其他2个断路器分闸电流波形。通过对该波形进行分段分析，判断该断路器操动机构分合闸线圈衔铁动作时间过长，造成主触头合闸动作时间过长。由于该断路器在温度较低时经常出现分闸时间过长，初步判定隐患的原因是热风幕损坏使储能变速箱内部润滑脂凝固。随后检修人员更换了热风幕，经复测分合闸线圈特性试验数据合格，断路器机构性能恢复正常。

❖ 经验体会

（1）通过断路器分合闸线圈电流波形参数与断路器出厂参数以及与其他间隔同类型断路器分合闸线圈电流波形的对比，可以判断断路器机构潜在的缺陷，避免事故发生。并且，测试时间较短，可有效地解决定期停电对断路器进行维护的时间过长及成本过高问题，值得推广应用。

（2）通过监测控制回路中的直流电流波形并建立标准参照数据库可直观、及时地判断断路器操动机构及主机构是否存在缺陷；解决设备长期运行后存在的分合闸线圈老化、弹簧疲劳、传动部件润滑不够、分合闸顶杆易卡涩等内部机械故障。

检测人员	国网新疆电力公司昌吉供电公司：叶景龙（28岁）、夏明磊（26岁）、翟亮（30岁）。 国网新疆电力公司电力科学研究院：公多虎（29岁）、罗文华（26岁）、王建（28岁）
检测仪器	ProfileP3断路器分合闸特性曲线测试仪

3.8.9 特性曲线测试发现110kV山口水电厂升压变电站35kV断路器机构辅助开关缺陷

❖ **案例简介**

国网新疆电力公司阿勒泰供电公司110kV山口水电厂升压变电站35kV 1号电抗器断路器，型号LW8-35，生产日期1996年6月12日，1997年5月20日投入运行。2013年1月4日，检测人员利用断路器分合闸特性曲线测试仪对35kV 1号电抗器断路器进行例行试验时发现断路器合闸特性曲线异常，进一步检查发现断路器机构辅助开关存在缺陷，更换辅助开关后缺陷消除。

❖ **检测分析方法**

2013年1月4日，检测人员用断路器分合闸特性曲线测试仪对该断路器进行测试，1号电抗器断路器合闸波形如图1所示。

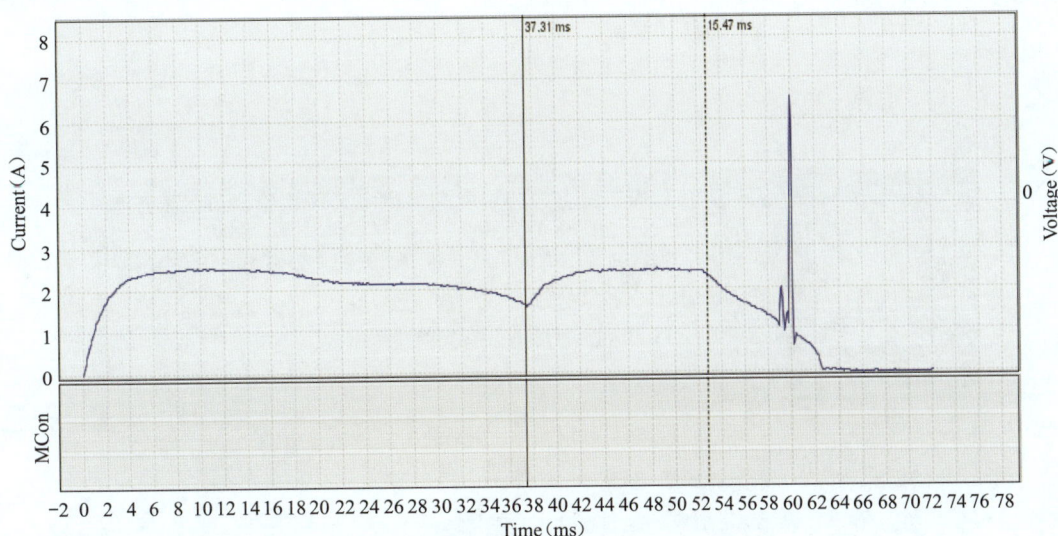

图1 1号电抗器断路器合闸波形

由图1可知，合闸缓冲截止时间为37.31ms，辅助开关动作时间为52.78ms，第一峰值电流为2.65A，第二峰值电流为2.52A，电流截止时间为62.15ms，但是在电流截止前出现高脉冲电流峰值达6.8A。虽然该断路器以前没有做过同类型的试验，无法与正常时的特性曲线相比较，但是根据同一类型断路器特性曲线，在电流波形截止前出现高达6.8A峰值，初步判断由于辅助开关在动作后出现弹跳现象。随后对该辅助开关进行解体检查，发现静触头有电蚀痕迹。分析由于该断路器投退比较频繁机械性能下降，进而引起动静触头接触不良，影响开关整体性能，造成断路器合闸失败。

更换该断路器的机构辅助开关，并进行测试，更换辅助开关后断路器合闸特性曲线如图2所示。

从图2中可以看出，合闸缓冲截止时间为31.57ms，辅助开关动作时间为36.17ms。第一峰值电流为2.42A、第二峰值电流为2.30A、电流截止时间51.07ms，峰值电流也相对减小，最重要的是电流截止前的峰值电流消失。电流截止时间在规定范围内，合闸电流波形平滑、合格，缺陷消除。

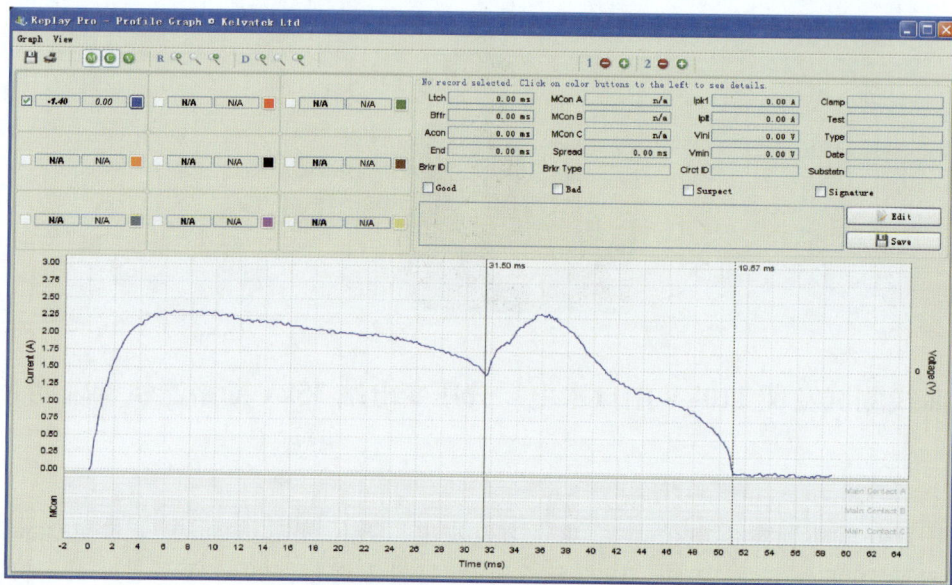

图2 更换辅助开关后断路器合闸特性曲线

经验体会

断路器分合闸特性曲线测试仪主要通过采集断路器现在的分合闸波形与前期工作正常时的波形进行比对，以此判断断路器各机构是否存在隐患。建议在新断路器投入运行前，增加断路器特性曲线图谱的收集工作，并建立相应的图谱库，为今后的工作提供基础数据。

检测信息

检测人员	国网新疆电力公司阿勒泰供电公司检修公司：饶朝沛（28岁）、高峰（42岁）。国网新疆电力公司电力科学研究院：公多虎（29岁）、罗文华（26岁）、王建（28岁）
检测仪器	Profile P3断路器分合闸曲线测试仪
测试环境	温度－5℃、相对湿度35％

3.8.10　SF_6 湿度检测发现 110kV 秀湖变电站 19180、19280 号接地开关气室 SF_6 水分超标缺陷

◆ 案例简介

110kV 秀湖变电站 GIS 设备于 2013 年 3 月 17 日安装，5 月 30 日变电站投运。GIS 设备生产厂家为北京北开股份有限公司，并由重庆送变电电力工程公司负责安装完成。2013 年 7 月 23 日，根据规程要求对新投运的 110kV 秀湖变电站 GIS 进行 SF_6 气体湿度、纯度及分解物测试，发现 19180 号和 19280 号接地开关气室 SF_6 气体湿度测试结果超标。考虑到试验时空气相对湿度较大，对测试结果可能存在一定影响，后在各种气象条件下对设备进行多次试验，确定测试数据可靠，确定 19180 号和 19280 号接地开关气室 SF_6 气体湿度超标。

◆ 检测分析方法

2013 年 7 月 23 日，国网重庆市电力公司璧山供电分公司根据规程要求对新投的 110kV 秀湖变电站 GIS 进行 SF_6 气体湿度、纯度及分解物测试，发现 19180 号接地开关和 19280 号接地开关气室 SF_6 气体湿度测试结果超标。随即通过 DMT-242P 型号的 SF_6 湿度测试仪对 GIS 设备进行监测，19180 号、19280 号接地开关气室 SF_6 气体湿度跟踪试验数据见表 1。

针对 19180 号、19280 号接地开关 GIS 气室 SF_6 气体湿度测试不合格，从以上检查试验结果判断，原因是安装时抽真空不彻底或时间不够和未放置干燥剂。

2013 年 8 月 19 日，要求厂家配合处理。2013 年 8 月 21 日，对 19180 号接地开关气室解体检查，发现该气室干燥剂未安装，19180 号气室未装干燥剂的现场检查如图 1 所示。重新安装干燥剂，抽真空补气处理后，试验结果正常。

表 1　19180、19280 号接地开关气室 SF_6 气体湿度跟踪试验数据

GIS 气室	试验日期	水分（$\mu L/L$）	结论
19180 号接地开关	2013-7-26	669	水分超标
	2013-8-2	651	水分超标
	2013-8-2	676	水分超标
	2013-8-19	728	水分超标
19280 号接地开关	2013-7-26	653	水分超标
	2013-8-2	638	水分超标
	2013-8-2	667	水分超标
	2013-8-19	772	水分超标

图 1　19180 号接地开关气室未装干燥剂的现场图片

2013 年 8 月 23 日，对 19280 号接地开关气室解体检查处理，检查结果与 19180 号接地开关相同。重新安装干燥剂，抽真空补气处理后，试验结果正常，见表 2。

表 2　处理后试验数据

GIS 气室	试验日期	水分（$\mu L/L$）	纯度	分解物（$\mu L/L$）	
				H_2S	SO_2
19180 号接地开关	2013-8-22	495	99.61%	0	0
19280 号接地开关	2013-8-24	491	99.30%	0	0

◆ 经验体会

（1）在 GIS 设备监造、基建阶段，要严格控制安装质量，加强对安装过程的监督，严格按照 GIS 施

工工艺进行安装。

（2）SF₆ 湿度检测技术对于发现 GIS 类设备内部水分超标缺陷非常直观，但在检测时应排除测试时大气因素的影响，跟踪测试几次，应在天气晴朗、相对湿度较低的情况下取得可靠数据。同时根据 GIS 内部结构确定检测范围，若为非独立气室，应同时检测附近连通气室，防止水汽扩散。

❖ 检测信息

检测人员	国网重庆市电力公司璧山供电分公司：陆毅娜（38 岁）、牟祖艳（33 岁）、奉永鹏（31 岁）
检测仪器	DMT-242P SF₆ 湿度测试仪
测试环境	温度 39℃、相对湿度 50％

3.8.11　SF₆ 湿度检测发现 220kV 夺底变电站 110kV GIS SF₆ 水分超标

❖ 案例简介

2012 年 3 月 16 日，国网西藏电力有限公司电力科学研究院评价中心检测室对 220kV 夺底变电站 110kV GIS 室进行 SF₆ 带电检测时，检测出Ⅰ母线 TV 与 0125 隔离开关连接气室（计量气室）微水含量为 710.2μL/L，该气室微水含量超出标准要求（电力行业标准 DL/T596 要求运行中湿度不大于 500μL/L）范围。经分析后认为是该气室内部原因所导致。经过设备厂家对该气室解体检查后发现，该气室盖板处的吸附剂罩内未装吸附剂，随即进行处理。

❖ 检测分析方法

2012 年 3 月 16 日，对 220kV 夺底变电站 110kV GIS 室进行 SF₆ 带电检测时，检测出Ⅰ母线 TV 与 0125 隔离开关连接气室（计量气室）微水含量为 710.2μL/L，该气室微水含量超出标准要求（电力行业标准 DL/T596 要求运行中湿度不大于 500μL/L）范围。在此基础上，5 月 15 日，国网西藏电力有限公司电力科学研究院评价中心对微水超标气室进行数据复测工作，110kV GIS 室Ⅰ母线 TV 与 0125 隔离开关连接气室（计量气室）微水含量为 1226μL/L，微水值超标。根据微水复测结果，5 月 16 日，评价中心对夺底变电站微水超标气室进行 SF₆ 综合检测，110kV Ⅰ母线 TV 与 0125 隔离开关连接气室（计量气室）微水含量为 1186μL/L（微水含量实测值受海拔、温度和压力等客观因素影响，大数值微水值在一定范围波动属正常）。检查设备外观无损伤，气密表显示压力在额定值以上，SF₆ 分解产物检测、纯度检测、红外泄漏成像结果均正常。微水超标气室带电检测数据表见表 1。

表 1

微水超标气室带电检测数据表

GIS 间隔（开关）	检查项目	检测结果				检测日期	备注
110kV Ⅰ 母线 TV 与 0125 隔离开关之间的连接气室（计量气室）	SF₆ 微水检测	压力（MPa）	露点（℃）	微水值（μL/L）			该气室本身体积很小，随环境影响 SF₆ 气体压力有微小变化属于正常，并非漏气所致。除了微水检测值超标外其他各项检测指标均正常
				实际	修正		
		0.60	-23.71	710.2	1093.7	2012-3-16	
		0.59	-18.06	1226	1888	2012-5-15	
		0.58	-19.06	1186	1826	2012-5-16	
	SF₆ 分解产物检测	SO_2+SOF_2（μL/L）	H_2S（μL/L）	CO（μL/L）	纯度（%）		
		0.0	0.0	0.0	99.99	2012-3-16	
		0.0	0.0	0.0	99.99	2012-5-16	
	SF₆ 泄漏检测	未发现泄漏点				2012-3-16	
		未发现泄漏点				2012-5-16	

　　为了彻底解决微水超标问题，输变电公司联系设备厂家人员准备吸附剂、密封垫等材料，并对问题气室进行了检查，打开端盖后对内部导电杆、防爆膜、内壁、盖板、密封垫等进行例行检查，发现以上气室盖板处的吸附剂罩内未装吸附剂，及时对以上气室装上吸附剂。真空抽至 133Pa 以下保持半小时，真空度无变化，继续抽真空半小时后充入 SF₆ 气体，此过程要紧密关注相邻两气室的气密表压力（防止压差对连接处盆式绝缘子造成损伤，造成相邻气室失压）。在完成抽真空更换新气并静置 24h 后，中心对上述两个气室的 SF₆ 气体进行了综合检测，检测结果正常，设备恢复投运。打开盖板后气室内部图如图 1 所示，厂家进行安装吸附剂图如图 2 所示；处理完成静置 24h 后检测数据见表 2。

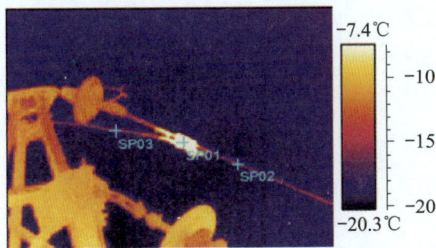

图 1　打开盖板后气室内部图

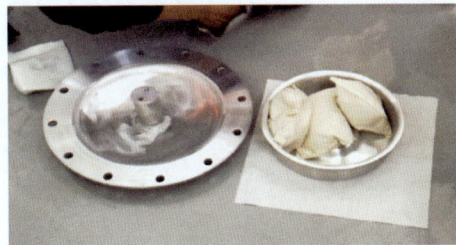

图 2　厂家进行安装吸附剂图

表 2　　　　　　　　　　　　　　　　**处理完成静置 24h 后检测数据表**

GIS 间隔（开关）	检查项目	检测结果				检测日期	备注
110kV Ⅰ 母线 TV 与 0125 隔离开关之间的连接气室（计量气室）	SF₆ 微水检测	压力（MPa）	露点（℃）	微水值（μL/L）		2012-5-28	
				实际	修正		
		0.58	−47.05	55.70	85.78		
	SF₆ 分解产物检测	SO_2+SOF_2（μL/L）	H_2S（μL/L）	CO（μL/L）	纯度		
		0.0	0.0	0.0	99.99%		
	SF₆ 泄漏检测	未发现泄漏点					

　　通过表中数据分析，微水含量增长率较大且运行时间较长。因此，微水超标的原因为：该气室内无干燥剂或者干燥剂失效，一部分气室的内导电杆、材料本身含有或吸附水分，这些水分在运行中缓慢向气室释放；另一部分水分透过密封薄弱环节从大气中向设备内渗透而进入。这两部分微量水分无干燥剂吸附，造成微水含量持续增长。

❖ 经验体会

（1）加强新设备交接验收把关工作，做好相关技术监督工作，防止问题设备混入系统运行而造成设备安全隐患，导致系统事故。

（2）现场见证设备安装过程，防止类似漏装设备内部配件的事情发生，以及对内部配件质量严格把关。

（3）加强设备带电检测工作力度，根据检测结果对检测过程中发现的问题气室，加强数据复测及原因分析工作，并及时提出处理意见，尽早消除设备隐患。

❖ 检测信息

检测人员	国网西藏电力有限公司电力科学研究院：扎西（37 岁）
检测仪器	DP-206 便携式精密露点仪